高等学历继续教育教材

大学信息技术基础

主　编　陆亚文　孙奕鸣　毛丹青

副主编　朱建国　徐曼婷　张林锋

中国教育出版传媒集团

高等教育出版社·北京

内容提要

　　本教材是高等学历继续教育信息技术基础知识的公共课教材,旨在帮助学习者对信息技术有一个全面认知,系统训练学习者的操作技能,为其解决工作实际问题提供参考范式,为终身学习打下基础。本教材共 6 个项目,内容从组装和管理办公计算机系统到文档、表格、演示文稿处理,再到应用人工智能,以循序渐进的 21 个具有代表性的工作任务为主线,通过详细的步骤解读,融合知识点讲解,旨在提升学习者的信息技术应用能力。

　　本教材适用于高等学历继续教育各专业学习者、中等职业教育和高等职业教育学习者学习使用,也可作为社会人士的参考用书。

图书在版编目（CIP）数据

　　大学信息技术基础 / 陆亚文,孙奕鸣,毛丹青主编 .
北京 : 高等教育出版社,2025. 3.　　--ISBN 978-7-04
-063903-2

　　I. TP3

中国国家版本馆 CIP 数据核字第 2025RS1599 号

DAXUE XINXI JISHU JICHU

| 策划编辑 | 刘　佳　袁　畅　单　巍 | 责任编辑 | 袁　畅 | 封面设计 | 张　志 | 责任绘图 | 李沛蓉 |
| 版式设计 | 杨　树 | 责任校对 | 窦丽娜 | 责任印制 | 张益豪 | | |

出版发行	高等教育出版社		网　　址	http://www.hep.edu.cn
社　　址	北京市西城区德外大街 4 号			http://www.hep.com.cn
邮政编码	100120		网上订购	http://www.hepmall.com.cn
印　　刷	北京利丰雅高长城印刷有限公司			http://www.hepmall.com
开　　本	787mm×1092mm　1/16			http://www.hepmall.cn
印　　张	43			
字　　数	810 千字		版　　次	2025 年 3 月第 1 版
购书热线	010-58581118		印　　次	2025 年 3 月第 1 次印刷
咨询电话	400-810-0598		定　　价	86.00 元

前言 <<<<<<<<

在数字化时代，随着人工智能技术的发展，信息技术已经渗透到社会生活的方方面面，成为实现自动化、智能化办公的基石。为了帮助高等学历继续教育的学习者解决实际工作中的问题，提升工作技能和个人职业发展竞争力，我们精心编写了这本教材。

本教材在设计上参考了全国计算机等级考试（一级）大纲，涵盖了大纲知识点，采用Windows 10和WPS Office作为实际操作环境，亦充分考虑高等学历继续教育的特殊性，旨在提供一套系统、实用的信息技术学习方案，通过6个项目、21个工作任务，引导学习者掌握信息技术。通过对本教材的学习，学习者将能够独立完成办公计算机的组装与配置，熟练掌握Windows 10操作系统的基本操作和文件管理技巧，学会使用WPS Office等常用办公软件进行文档、表格和演示文稿的制作与处理。同时，本教材特别增加了人工智能与大数据的应用内容，帮助学习者了解最新技术趋势。

本教材采用项目式编写，注重实用性与操作性，围绕"信息技术在办公中的应用"这一主题展开，共分为6个项目，每个项目涵盖多个实用任务。以任务为导向，通过任务描述、思维导图、知识准备、任务实施、任务拓展5个模块，引导学习者逐步深入学习，循序渐进地掌握相关知识与技能。在"任务描述"模块中，以具体工作需求引导学习者进入解决实际工作任务情境中；"思维导图"模块则根据每个任务的具体学习需求设置思维导图，帮助学习者理清知识脉络；在"知识准备"模块中，学习者可以系统学习相关理论知识；"任务实施"模块则提供了具体的操作步骤，引导学习者在实践中锻炼技能；"任务拓展"模块则进一步拓展了学习者的知识视野，引导他们进行深入实践和思考。本教材注重实践与应用，每个项目都配备了丰富的实践案例和拓展练习，帮助学习者将所学知识转化为实际能力。

本教材主编为杭州科技职业技术学院陆亚文教授、浙江科技大学孙奕鸣老师和杭州科技职业技术学院毛丹青老师。参与本教材编写的还有杭州科技职业技术学院雷勋文老师、翁伟盛老师、张林锋老师，宁波城市职业技术学院朱建国老师，呼伦贝尔学院徐曼婷老师。具体编写人员如下：陆亚文（项目1），雷勋文、翁伟盛（项目2），毛丹青（项目3），张林锋、朱建国（项目4），孙奕鸣（项目5），陆亚文、徐曼婷（项目6）。

编者力求保证教材质量，但仍难免存在疏漏之处，恳请广大读者和专家批评指正，以便我们不断修订完善。

编者

本书教学课件

目录 <<<<<<<<

项目2　日常管理办公计算机

项目3 文档处理

项目4 表格处理

项目5 演示文稿处理

项目6 应用人工智能帮助工作

任务导学

2016年3月，围棋机器人"阿尔法狗"（AlphaGo）以4比1的总比分战胜韩国职业围棋九段棋手李世石；2017年5月，AlphaGo以3比0的总比分战胜世界排名第一的我国棋手柯洁；2022年7月，一款增强现实（AR）翻译眼镜"One More Thing"发布，这款AR眼镜的外观与普通眼镜相似，配备有麦克风、摄像头和透明显示器，具有实时翻译功能，支持超过24种语言翻译，并且能够让用户在保持正常交流的同时查看翻译后的字幕；2024年1月，一个人工智能系统阿尔法几何（AlphaGeometry）无须人来演示即可解决国际数学奥林匹克竞赛复杂几何问题……越来越多的人工智能产品正在影响着人类的生活。

导　学

1. 知识目标
- 能够熟知计算机的发展历史，并能列举各个时期的特点。
- 能够列举计算机的不同类型和对应的特性。
- 能够区分计算机软件和硬件，并能阐述它们之间的逻辑关系。

2. 技能目标
- 能够安装显示设备。
- 能够安装麒麟操作系统。
- 能够安装计算机的输入/输出设备。

3. 核心素养
- 关注计算机周边的新产品，了解其功能和性能。
- 能够积极拥抱新技术，关注新技术的发展。

4. 重/难点知识
- 麒麟操作系统的安装。
- 根据使用需求选择和配置性价比较高的硬件设备。

任务 1   认识计算机

任务描述

小孙在一家贸易公司上班，公司有 80 名员工，但只有他一个人从事计算机维护和网络管理工作。公司的办公计算机是在 8 年前采购的，经常出现各种各样的问题。因此，小孙工作很繁重，每天奔波在各个工位维修计算机。现在公司准备更新这批计算机。小孙希望今后能更为高效地开展工作，例如，可以对公司各台计算机进行远程重置还原、软件安装、杀毒等操作。他开始研究哪些型号的计算机能满足他的这些需求。

思维导图

任务 1 思维导图如图 1-1 所示。

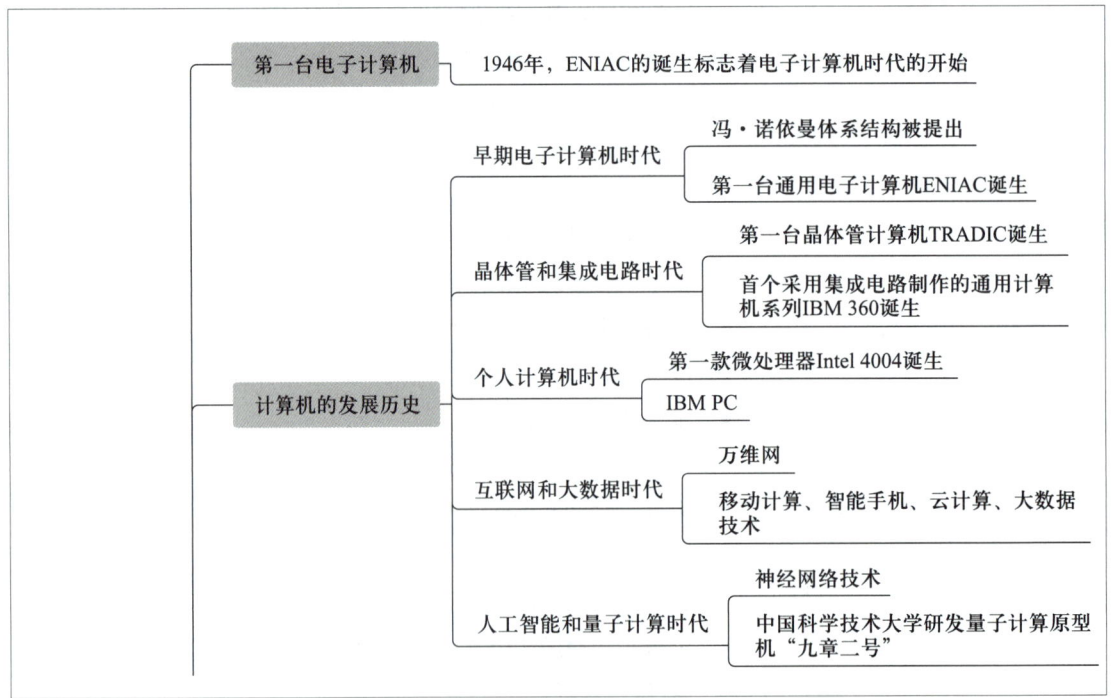

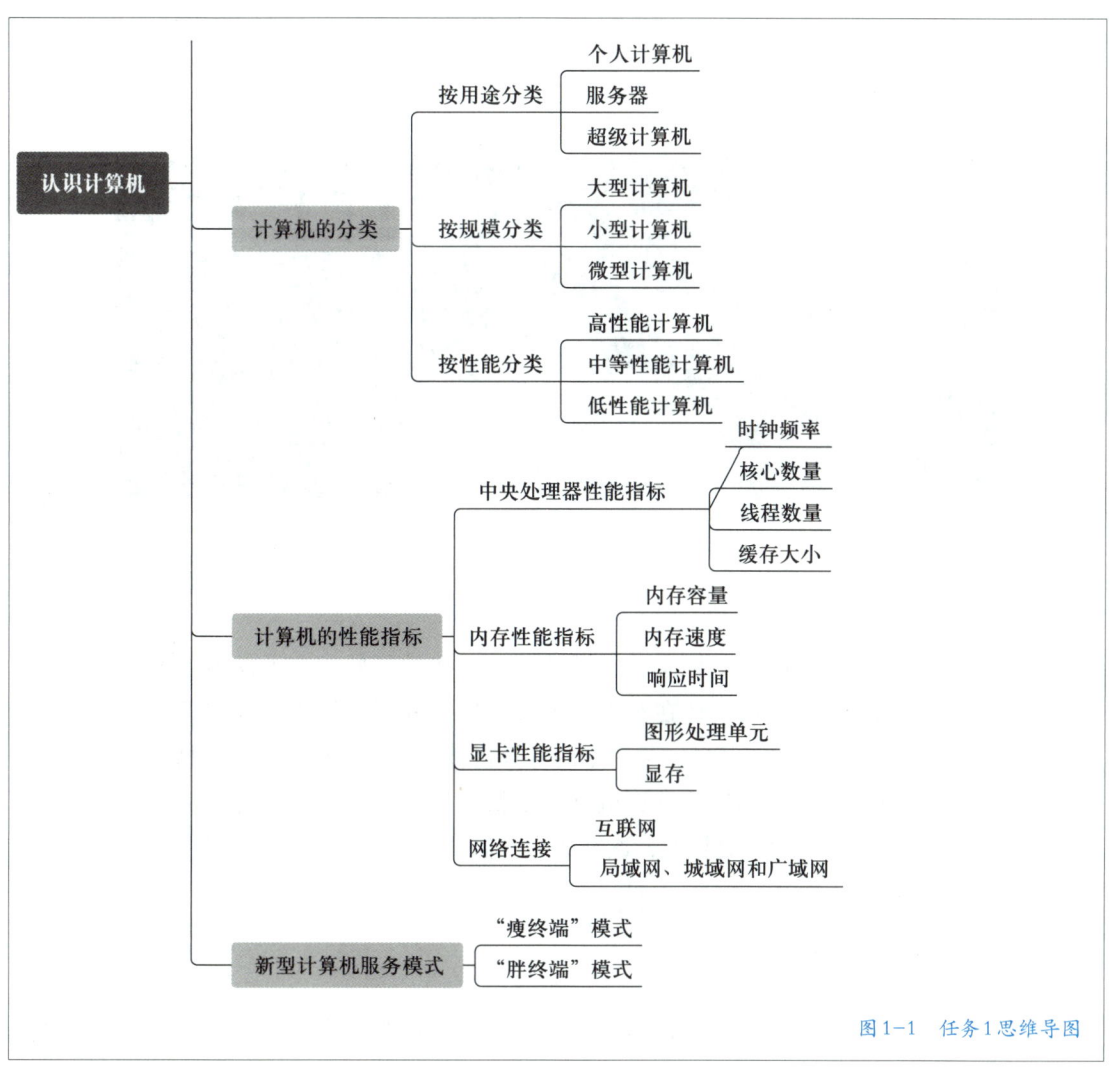

图1-1　任务1思维导图

知识准备

一、第一台电子计算机

1. 第一台电子计算机的诞生

1946年，世界上第一台通用电子计算机ENIAC（Electronic Numerical Integrator and Computer）在美国宾夕法尼亚大学研制成功。ENIAC的设计初衷是用于执行科学和工程领域的计算任务，特别是用于支持美国军方的弹道计算。

ENIAC使用了一万多根电子管，还包含其他各种电气元件，因此ENIAC

占据了一个大房间，如图 1-2 所示。其庞大的结构体现了当时计算机技术的复杂性。

图 1-2　ENIAC

2. ENIAC 诞生的意义

ENIAC 的诞生标志着电子计算机时代的开始。它不仅推动了科学计算和工程设计的发展，还在军事、天气预报等领域取得了重大突破。ENIAC 为计算机科学奠定了基础，为后来的计算机技术发展提供了有力支持。

ENIAC 的诞生使计算机进入了快速发展的轨道。从此以后，计算机变得更小、更强大、更智能，逐渐成为我们现代生活中不可或缺的一部分。

二、计算机的发展历史

1. 早期电子计算机时代（20 世纪 40 年代）

• 1945 年，冯·诺依曼体系结构的理论被提出，并成为现代计算机体系结构的基础。

• 1946 年，第一台通用电子计算机 ENIAC 诞生。

2. 晶体管和集成电路时代（20 世纪 50—60 年代）

• 20 世纪 50 年代，美国贝尔实验室研制出世界上第一台晶体管计算机 TRADIC，它的出现标志着计算机从电子管时代向晶体管时代过渡。缩小了计算机的体积，降低了功耗，极大地提升了计算机的性能。

• 20 世纪 60 年代，集成电路的出现进一步提高了计算机的性能和可靠性。1964 年，IBM 公司推出了世界上首个采用集成电路制作的通用计算机系列 IBM 360。与之前的晶体管计算机相比，IBM 360 体积更小、价格更低、可靠性更高、计算速度更快。

3. 个人计算机时代（20 世纪 70—80 年代）

• 20 世纪 70 年代，英特尔（Intel）公司成功研制出世界上第一款微处理器 4004，这标志着基于微处理器的微型计算机时代的到来。微处理器的出现使得计算机的核心部件可以集成在一个小芯片上，这大大降低了计算机的制造成本和复杂度。随后，越来越多的公司开始涉足个人计算机（PC）市场，推出了各种型号的个人计算机，其中，具有代表性的有 Apple Ⅱ 等。

- 20 世纪 80 年代，随着微处理器的升级和软件的丰富，个人计算机迅速普及，其中，具有代表性的有 IBM PC 等。

4. 互联网和大数据时代（20 世纪 90 年代—21 世纪第一个十年）

- 20 世纪 90 年代，英国计算机科学家蒂姆·伯纳斯－李（Tim Berners-Lee）发明了万维网，这使得互联网变得更加易于访问和使用。随后，美国伊利诺伊大学国家超级计算机应用中心（NCSA）开发了浏览器 Mosaic。紧接着，网景公司的网景导航者（Netscape Navigator）和微软公司的 Internet Explorer 等浏览器相继问世，进一步推动了互联网的普及。互联网的商业化和普及改变了计算机的使用方式。

- 21 世纪第一个十年，移动计算和智能手机的兴起进一步改变了计算机的形态。现代商业云基础设施正式出现，云计算开始崭露头角，提供了按需获取计算资源和存储资源的服务。大数据技术的发展使得处理海量数据变得更为可行，影响了计算机科学的发展。

5. 人工智能和量子计算时代（2010 年至今）

- 当前，随着神经网络的发展，深度学习技术开始在图像识别、语音识别等领域取得突破性进展，为人工智能在各领域的应用发展提供了强大的支持。

- 2021 年，中国科学技术大学研发了量子计算原型机"九章二号"，其处理高斯玻色取样的速度比当时最快的超级计算机快 10^{24} 倍。量子计算机的发展正逐渐引起关注，有望在未来改变计算的方式。

三、计算机的分类

计算机可根据用途、规模和性能等进行分类，每个类别都有其特点和适用场景。

1. 按用途分类

（1）个人计算机（PC）

PC 通常用于个人办公、学习和娱乐，具有小型化、便携性强的特点。常用的个人计算机操作系统有 Windows、macOS、Linux。

（2）服务器

服务器专用于提供服务，如网页托管、数据库服务等，具有高性能、高可靠性的特点。常用的服务器操作系统有 Linux、Windows Server 等。

（3）超级计算机

超级计算机用于处理极大规模的科学计算，具有极高的计算能力。常见的超级计算机包括中国的天河系列和美国的 Summit 等。

2. 按规模分类

（1）大型计算机

大型计算机是一种高性能的计算机，具有大量内存和处理器，能够实时处理大容量数据的计算任务。大型计算机在政府部门、大型企业等得到广泛应用。大型计算机主要用于对计算能力和数据安全性有极高要求的领域。

（2）小型计算机

相对于大型计算机而言，小型计算机的软件、硬件系统规模较小，但价格低、可靠性高、操作灵活方便，通常用于工业自动控制、大型分析仪器和测量仪器、医疗设备、科学和工程计算等特定领域。

（3）微型计算机

微型计算机，简称"微型机"或"微机"，俗称"电脑"，是一种由大规模集成电路组成的体积较小的电子计算机。通常用于个人或小型企业的日常数据处理。

3. 按性能分类

（1）高性能计算机

高性能计算机包括超级计算机和专用于科学计算的计算机，具有极强的计算能力。

（2）中等性能计算机

中等性能计算机包括一些服务器和工作站，适用于一般的企业和科研应用。

（3）低性能计算机

低性能计算机包括个人计算机和一些嵌入式系统，适用于日常办公和轻量级应用。

四、计算机的性能指标

计算机的主要性能指标涉及多个部件，包括中央处理器（Central Processing Unit，缩写为 CPU）、内存、显示适配器（俗称显卡）、网络连接等的性能指标。

1. 中央处理器的性能指标

（1）时钟频率（Clock Frequency）

时钟频率是 CPU 每秒执行的时钟周期数，以赫兹（Hz）为单位。较高的时钟频率通常表示 CPU 能够更快地执行指令，具有较高的计算速度。例如，英特尔酷睿（Intel Core）i9 系列最高时钟频率可达 5.3 GHz，超微半导体锐龙（AMD Ryzen）9 系列最高时钟频率可达 5.7 GHz。

（2）核心数量（Number of Cores）

多核处理器具有多个独立的处理单元，称为核心。多核处理器可以同时执行多个任务，从而使系统整体的并行处理能力得到提升。例如，Intel Core i9 系列最高可以达到 10 核，AMD Ryzen 9 系列最高可达 16 核。

（3）线程数量（Number of Threads）

线程是 CPU 执行任务的最小单位。支持多线程的 CPU 可以同时执行多个线程，具有较强的多任务处理性能。例如，Intel Core i9 系列最高可以达到 20 个线程，AMD Ryzen 9 系列最高可达 32 个线程。

（4）缓存大小（Cache Size）

CPU 内置缓存用于临时存储数据，较大的缓存通常能提高数据访问速度，减少对主存的访问次数。

在选择 CPU 时，通常需要考虑性能需求、预算、用途等多个因素，以选择最适合自己需求的产品。另外，由于技术和市场的不断变化，建议经常查阅制造商的官方网站或相关新闻以获取最新的信息。

2. 内存性能指标

内存是计算机运行程序和数据的临时存储空间。如果内存容量不足，或者读写速度慢，会导致 CPU 等待数据，从而影响整个计算机的运行速度。

（1）内存容量（Capacity）

内存容量表示计算机能够同时存储的数据量，通常以 GB 或 TB 为单位。

（2）内存速度（Speed）

内存速度指的是数据从内存读取或写入内存的速度，通常以 MHz 或 GHz 为单位。

（3）响应时间（Response Time）

响应时间指存储设备对读写请求的响应速度，即启动应用程序或加载文件所需的时间。较短的响应时间意味着较快的存储设备响应速度。

大内存可以让计算机更高效地处理多个任务，可以使大型软件运行更快速和更稳定。例如，可以同时打开多个浏览器标签页、文档和应用程序，而不会因为内存不足而卡顿。

3. 显卡的性能指标

（1）图形处理单元（Graphics Processing Unit，缩写为 GPU）

图形处理单元是显卡的核心部件，决定了显卡的基本性能。独立 GPU 是可添加到计算机的独立卡，而集成 GPU 内置在 CPU 中或主板芯片组中。独立 GPU 通常提供更高的性能，适用于游戏和资源密集型任务。目前市场上主要的显卡芯片供应商有英伟达（NVIDIA）和超微半导体（AMD）。

（2）显存（Frame Buffer）

显存用于存储显卡处理过的或即将处理的数据。显存容量直接影响显卡支持的分辨率和颜色深度。常见的显存容量有 512 MB、1 GB 等，显存容量越大，显卡处理高分辨率视频和游戏的能力越强。市场上主流的显存类型有GDDR3、GDDR4、GDDR5 等。

4. 网络连接的性能指标

（1）互联网（Internet）

计算机通过互联网连接，实现全球范围内的信息共享和通信。

（2）局域网（LAN）、城域网（MAN）和广域网（WAN）

局域网、城域网和广域网分别用于组织内部、城市内部或跨地域的计算机之间的连接。

在选择计算机时，应综合考虑各项性能指标，并考虑实际使用情境，确保获得最佳性能。

五、新型计算机服务模式

云桌面（Cloud Desktop），又称桌面虚拟化、云电脑，是一种基于云计算技术的虚拟化服务模式。它并不代表一种特定类型的物理计算机，而是将计算资源从本地计算机转移到云端。本地计算机可以通过互联网从远程服务器获取计算能力，通过虚拟化技术，用户就能在本地终端设备上访问虚拟桌面，获得类似于使用本地计算机的体验。

云桌面的基础设施由云服务提供商提供和管理，用户只需使用终端设备，如个人计算机、平板计算机或智能手机，即可通过互联网访问云上的计算资源。在这种模式中，用户不再需要强大的本地硬件来执行复杂的计算任务，而是通过连接到云端的虚拟机来运行应用程序、访问文件和执行各种计算任务。这有助于实现资源的集中管理、灵活的计算能力分配，以及更高的安全性。

1. "瘦终端"模式

虚拟桌面架构（Virtual Desktop Infrastructure，缩写为 VDI）模式，也称"瘦客户机"模式或"瘦终端"模式，即虚拟云桌面在云主机上运行，"瘦终端"是一种依赖服务器的终端设备，其计算能力相对较弱，主要负责显示用户界面，依赖远程服务器的算力进行应用程序的运行和数据处理。这种模式有助于集中管理和维护，减轻终端设备的负担，但是对本地局域网的依赖度较高。典型的"瘦终端"有联想"瘦终端"、新华三"瘦终端"、锐捷"瘦终端"等，锐捷"瘦终端"如图 1-3 所示。

图1-3 锐捷"瘦终端"

"瘦终端"具有以下特点：

● 资源轻量："瘦终端"的硬件配置和操作系统相对简单，只需要支持网络连接和具备显示功能。

● 中心化管理：应用程序和数据都存储在远程服务器上，便于集中管理和维护。

● 成本较低：由于硬件和操作系统资源较为有限，"瘦终端"通常成本较低。

● 安全性较高：由于数据和应用程序主要存在于服务器端，"瘦终端"相对较难受到恶意软件的影响。

2. "胖终端"模式

智能桌面虚拟化（Intelligent Desktop Virtualization，缩写为IDV）模式，也称"厚客户机"模式或"胖终端"模式，采用集中存储、分布运算的构架，云桌面放在本地终端运行，系统镜像放在服务器统一管理。该模式的终端设备具有较强的计算和存储能力，能够在本地运行一部分应用程序和执行数据处理任务。与"瘦终端"模式不同，"胖终端"模式的终端设备拥有更多的本地资源，而不是完全依赖远程服务器。在本地局域网出现故障时，终端设备仍可独立运行，此时其相当于一台处理能力较弱的PC。典型的"胖终端"有新华三"胖终端"、锐捷"胖终端"等，锐捷"胖终端"如图1-4所示。

图1-4 锐捷"胖终端"

"胖终端"具有以下特点：

● 本地处理："胖终端"具备较强的计算和存储能力，可以在本地运行大部分应用程序。

● 相对独立："胖终端"不像"瘦终端"那样完全依赖远程服务器，在一定程度上可以独立运行。

● 应用灵活：用户可以根据需要安装和运行各种本地应用程序。

● 成本较高：由于需要更多的硬件资源和具备较强的计算能力，因此"胖终端"通常成本较高。

任务实施

一、梳理使用需求

小孙根据公司的实际情况梳理了一张采购需求清单，见表1-1。

表1-1 采购需求清单

序号	使用需求	描述
1	计算机用途	使用办公软件、图像处理软件、视频剪辑软件，使用网络打印机、手写板等设备
2	计算机型号和性能	AMD Ryzen 9系列、固态硬盘、集成GPU、内存16 G
3	管理需求	对计算机进行远程重置还原、软件安装、杀毒等操作
4	网络需求	局域网、互联网
5	成本需求	低成本

二、选择计算机服务类型

根据小孙梳理的使用需求，"胖终端"和"瘦终端"模式均可满足其中的管理需求和用途需求。但是，在局域网发生故障的情况下"瘦终端"模式将无法正常运行，会影响公司的日常办公。综合上述情况，保障公司的正常办公是首要任务，最终小孙选择"胖终端"模式。

任务拓展

一、多核处理器和并行处理

1. 多核处理器

具备多核处理器的计算机拥有多个处理核心，能够同时执行多项任务。多核处理器能提高计算机的整体性能。

2. 并行处理

并行处理是指计算机可以同时处理多个任务或指令。并行处理能够加速复杂计算和提高大规模数据处理的能力。

二、指令集体系结构

指令集体系结构（Instruction Set Architecture，缩写为 ISA）是计算机体系结构中与程序设计紧密相关的一个关键部分，它定义了软件和硬件之间的接口。具体来说，ISA 定义了一台计算机可以执行的所有指令的集合，对每条指令都规定了计算机需要执行的具体操作、所处理的操作数存放的地址空间，以及操作数的类型。计算机的指令系统也可以称为计算机的指令集。CPU 通过解析和运行指令集中的二进制代码来完成特定的操作。

1. 复杂指令集计算机（CISC）

CISC 拥有复杂的指令集，一条指令可以执行多个低级操作，适用于复杂的科学计算和多功能应用。

2. 精简指令集计算机（RISC）

RISC 拥有简化的指令集，每条指令执行一个基本操作，以提高执行速度，适用于需要快速执行的应用。

三、计算机中数据的表示、存储与处理

1. 数制的概念

计算机的基本功能是对数据进行运算和加工处理。计算机中的数据有两种：数值数据和非数值数据。所有数据在计算机中都是用二进制数码表示的。

除了二进制之外，常用的数据表示方法还有十进制、八进制和十六进制。这些都是利用固定的数字符号和统一的进位规则来计数的方法，也称进位计数制。

（1）数制的术语

一种进位计数制包含一组数码和基数、数位、权 3 个基本因素。

● 数码：一组用来表示某种数制的符号。例如，十六进制的数码是 0、1、

2、3、4、5、6、7、8、9、A、B、C、D、E、F；二进制的数码是0、1。

 • 基数：该数制可使用的数码个数。例如，十进制的基数是10；二进制的基数是2。

 • 数位：数码在一个数中所处的位置。

 • 权：基数的幂，表示数码在不同位置上的数值。

（2）常用的计数制

① 十进制

十进制是我们日常生活中最常使用的数制。十进制的数码包括0、1、2、3、4、5、6、7、8、9，基数为10，位权为10^n（n为符号所处的数位）。每个数位计满10向高位进1，即"逢十进一"。

② 二进制

二进制是计算机中使用的数制。二进制的数码包括0、1，基数为2，位权为2^n（n为符号所处的数位）。每个数位计满2向高位进1，即"逢二进一"。

③ 八进制

八进制的数码包括0、1、2、3、4、5、6、7，基数为8，位权为8^n（n为符号所处的数位）。每个数位计满8向高位进1，即"逢八进一"。

④ 十六进制

十六进制的数码包括0、1、2、3、4、5、6、7、8、9、A、B、C、D、E、F，基数为16，位权为16^n（n为符号所处的数位）。每个数位计满16向高位进1，即"逢十六进一"。

（3）不同数制数据的书写方式

 • $11101101_{(2)}$，$331_{(8)}$，$35.81_{(10)}$，$FA5_{(16)}$

 • $(10110.011)_2$，$(755)_8$，$(139)_{10}$，$(AD6)_{16}$

 • 10101001B，7890O，3762D，2CE6H

其中，B、O、D、H分别表示二进制（Binary）、八进制（Octal）、十进制（Decimal）和十六进制（Hexadecimal）。

常见数据在各种进位制中的表示，如表1-2所示。

表1-2　常见数据在各种进位制中的表示

十进制（D）	二进制（B）	八进制（O）	十六进制（H）
0	0	0	0
1	1	1	1
2	10	2	2
3	11	3	3
4	100	4	4
5	101	5	5

续表

十进制（D）	二进制（B）	八进制（O）	十六进制（H）
6	110	6	6
7	111	7	7
8	1000	10	8
9	1001	11	9
10	1010	12	A
11	1011	13	B
12	1100	14	C
13	1101	15	D
14	1110	16	E
15	1111	17	F

2. 不同数制数据的相互转换

（1）二进制与十进制的转换

① 二进制转十进制

二进制转十进制采用"按权展开"的方式。

例：$(1011.101)_2 = 1 \times 2^3 + 0 \times 2^2 + 1 \times 2^1 + 1 \times 2^0 + 1 \times 2^{-1} + 0 \times 2^{-2} + 1 \times 2^{-3} = 8 + 0 + 2 + 1 + 1/2 + 0 + 1/8 = (11.625)_{10}$

② 十进制转二进制

整数部分：除以 2 取余数，直到商为 0，余数从右到左排列。

小数部分：乘以 2 取整数，整数从左到右排列。

例：$(100.345)_{10} = (1100100.01011)_2$，计算步骤如图 1-5 所示。

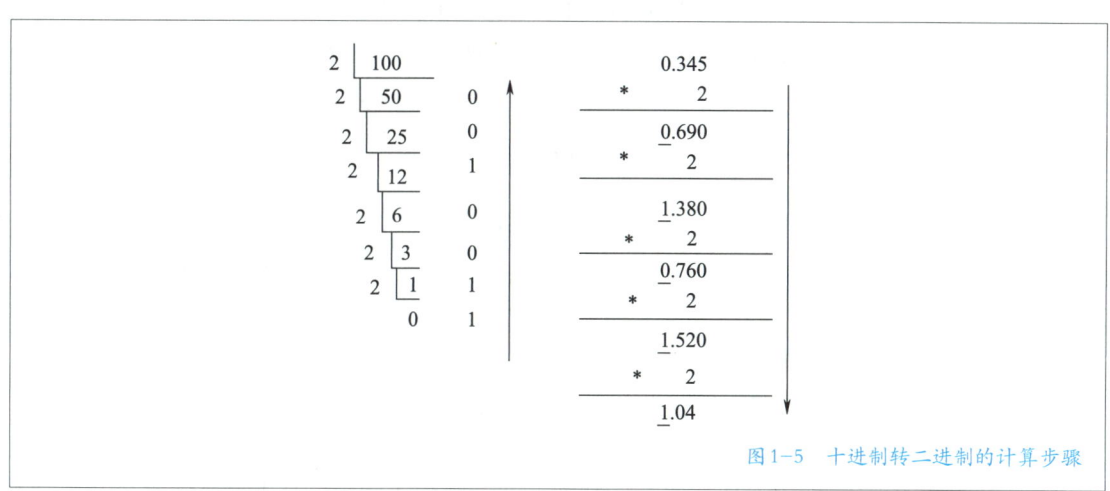

图 1-5　十进制转二进制的计算步骤

一个有限的十进制小数并非一定能够转换成一个有限的 r 进制小数，即上述过程中乘积的小数部分可能永远不等于 0 ，可按要求进行到某一精度为止。

（2）八进制与十进制的转换

① 八进制转十进制

八进制转十进制同样采用"按权展开"的方法。

例：$(2576)_8 = 2 \times 8^3 + 5 \times 8^2 + 7 \times 8^1 + 6 \times 8^0 = (1406)_{10}$

② 十进制转八进制

十进制转八进制采用与十进制转二进制相同的方法。

例：$(100)_{10} = (144)_8$，计算步骤如图 1-6 所示。

$$
\begin{array}{r|lr}
8 & 100 & \\
8 & 12 & 4 \\
8 & 1 & 4 \\
& 0 & 1
\end{array}
$$

图 1-6　十进制转八进制的计算步骤

（3）十六进制与十进制的转换

① 十六进制转十进制

十六进制转十进制同样采用"按权展开"的方法，十六进制非数值的数码先转换为对应的十进制数，如 A 转换为 10，F 转换为 15。

例：$(F.B)_{16} = 15 \times 16^0 + 11 \times 16^{-1} = 15 + 11/16 = (15.6875)_{10}$

② 十进制转十六进制

十进制转十六进制采用与十进制转二进制相同的方法。

例：$(100)_{10} = (64)_{16}$，计算步骤如图 1-7 所示。

$$
\begin{array}{r|lr}
16 & 100 & \\
16 & 6 & 4 \\
& 0 & 6
\end{array}
$$

图 1-7　十进制转十六进制的计算步骤

（4）二进制与八进制的转换

① 二进制转八进制

将二进制数转换成八进制数的方法是：从小数点开始，将二进制数整数部分从右向左 3 位一组，小数部分从左向右 3 位一组分别进行转换，若不足 3 位，用 0 补足即可。

例如，将二进制数 1100101110.1101 转换为八进制数的方法如图 1-8
所示。

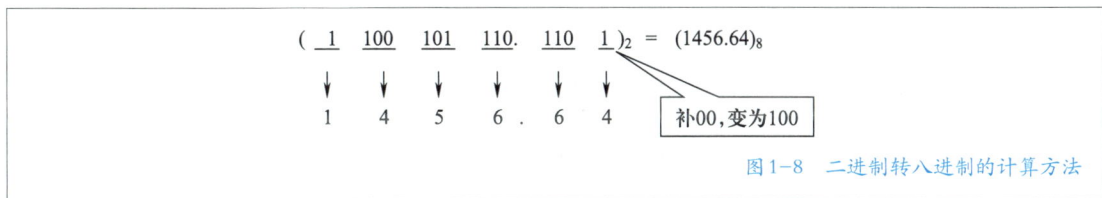

图 1-8 二进制转八进制的计算方法

② 八进制转二进制

将八进制数转换成二进制数的方法是：以小数点为界，向左或向右将每一
位八进制数用相应的 3 位二进制数取代，然后将其连在一起即可。若中间位不
足 3 位，在前面用 0 补足。

例如，将八进制数 3216.43 转换为二进制数的方法如图 1-9 所示。

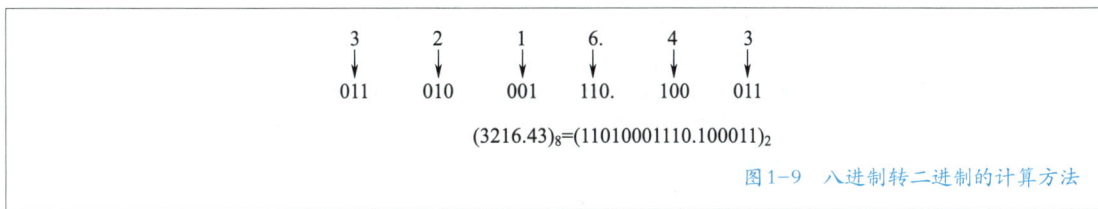

图 1-9 八进制转二进制的计算方法

（5）二进制与十六进制的转换

① 二进制转十六进制

二进制数转十六进制数的转换方法：从小数点开始，整数部分从右向左 4
位一组，小数部分从左向右 4 位一组分别转换，不足 4 位用 0 补足。

例如，将二进制数 1101101110.110101 转换为十六进制数，如图 1-10
所示。

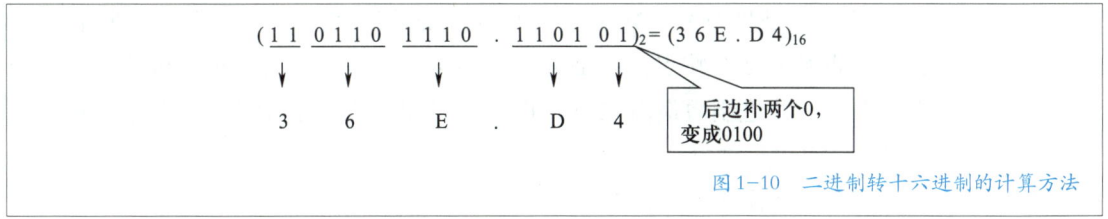

图 1-10 二进制转十六进制的计算方法

② 十六进制转二进制

十六进制数转二进制数的转换方法：以小数点为界，向左或向右每一位
十六进制数用相应的 4 位二进制数取代，然后将其连在一起即可。

例如，将十六进制数 36E.D4H 转换为二进制数的方法，如图 1-11 所示。

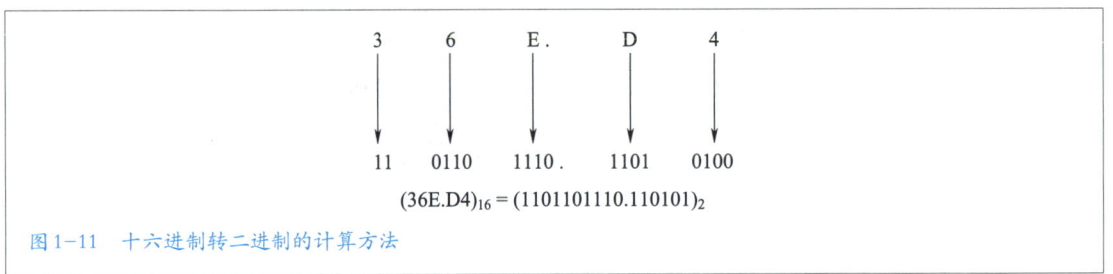

$(36E.D4)_{16} = (1101101110.110101)_2$

图 1-11　十六进制转二进制的计算方法

（6）八进制与十六进制的转换

八进制数与十六进制数之间的转换，一般用二进制数作为桥梁，即先将八进制数或十六进制数转换为二进制数，再将二进制数转换成十六进制数或八进制数。计算方法如图 1-12 所示。

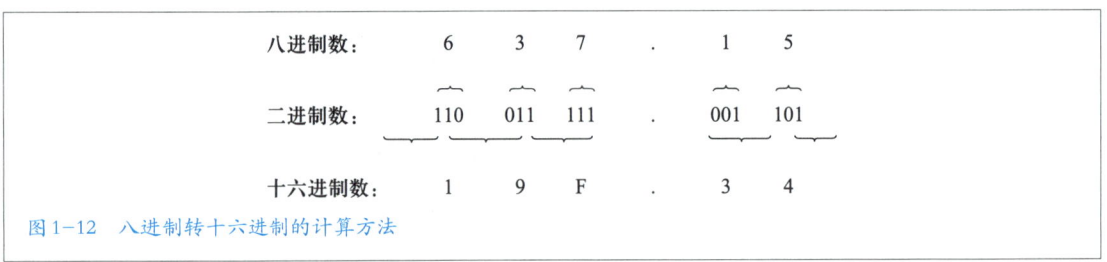

图 1-12　八进制转十六进制的计算方法

3. 数的编码表示

计算机中的信息包括文本、语音、图形和图像等。信息必须先数字化编码，才能传送、存储和处理。编码是指采用少量的基本符号，按一定的组合原则，以表示大量复杂多样的信息。在计算机内部使用"0"和"1"来表示上述各类信息。

（1）整数的表示

机器数是将符号"数字化"的数，是数字在计算机中的二进制表示形式。机器数有 2 个特点：一是符号数字化，二是其数的大小受机器字长的限制。其中，二进制数最高位用"0"表示正数，"1"表示负数，其余位仍表示数值。

机器数的形式主要有 3 种：

① 原码

在原码表示方法中，数值用绝对值表示，在数值的最左边用"0"和"1"分别表示正数和负数，$[X]_原$ 表示 X 的原码，如果机器字长为 n 位，则原码定义如下：

$$[X]_{原} = \begin{cases} X & 0 \leqslant X \leqslant 2^{n-1}-1 \\ 2^{n-1}+|X| & -(2^{n-1}-1) \leqslant X \leqslant 0 \end{cases}$$

例如，当使用 2 个字节来存储一个整数时，十进制数 +67 和 −67 的原码表示为：

[+67]$_{原}$= 0000000001000011

[−67]$_{原}$= 1000000001000011

② 反码

原码表示法比较直观，其数值部分就是该数的绝对值，而且原码与真值、十进制数的转换十分方便。但是它的加减法运算较复杂，而且原码中 0 的表示不唯一。为了克服原码运算的缺点，机器数的反码表示法被提出。对正数来说，其反码和原码的形式相同；对负数来说，反码为其原码的数值部分各位取反。用 $[X]_{反}$表示 X 的反码，如果机器的字长为 n 位，则反码定义如下：

$$[X]_{反} = \begin{cases} X & 0 \leqslant X \leqslant 2^{n-1}-1 \\ (2^n-1)-|X| & -(2^{n-1}-1) \leqslant X \leqslant 0 \end{cases}$$

例如，当使用 2 个字节来存储一个整数时，十进制数 +67 和 −67 的反码表示为：

[+67]$_{反}$= 0000000001000011

[−67]$_{反}$= 1111111110111100

③ 补码

反码解决了负数加法运算问题，将减法运算转换为加法运算，从而简化运算规则，但是反码中 0 的表示仍然不唯一。大多数计算机系统采用补码来表示整数。

如果机器数是正数，则该机器数的补码与原码一样；如果机器数是负数，则该机器数的补码是对它的原码（除符号位外）各位取反，并在末位加 1 而得到的。用 $[X]_{补}$表示 X 的补码。设机器字长为 n 位，则补码定义如下：

$$[X]_{补} = \begin{cases} X & 0 \leqslant X \leqslant 2^{n-1}-1 \\ 2^n-|X| & -(2^{n-1}-1) \leqslant X < 0 \end{cases}$$

例如，当使用 2 个字节来存储一个整数时，十进制数 +67 和 −67 的补码表示为：

[+67]$_{补}$= 0000000001000011

[−67]$_{补}$= 1111111110111101

补码具有反码的优点，同时 0 在补码中的表示是唯一的。还有一个更重要的作用，就是利用高位溢出，将减法运算变成加法运算。

（2）定点表示法

根据小数点的位置是否固定，数据可分为定点数表示和浮点数表示。定点数表示是指小数点固定，小数点固定在有效数位的最前面或最后面。因为小数点位置是固定的，所以可以隐藏。当小数点固定在数据最右端时，称定点整数，如 101；当小数点固定在数据最左端时，称定点小数，如 0.1001。

（3）实数的表示

与整数采用定点数表示相对应，实数采用浮点数表示。在计算机中，一个浮点数由两部分构成：阶码（P）和尾数（S）。阶码是整数，尾数是纯小数。二进制数 M 即可表示为：$M=2^P*S$。其中，P 是二进制整数，S 是二进制小数。这里称 P 为数 M 的阶码，阶码 P 指明了小数点的位置。S 为数 M 的尾数，S 表示了数 M 的全部有效数字。另外，还规定阶符 P_S 表示阶码的正负，尾符 S_S 确定数据的正负。

由于一个实数在计算机内仅由这 4 个数据来表示，但是计算机分配给一个实数的内存空间是固定的，因此大多数实数存储在计算机内并不是精确的。

4. ASCII 码

美国信息交换标准代码（American Standard Code for Information Interchange，简称 ASCII）主要用于在计算机内处理西文字符。标准 ASCII 码也叫基础 ASCII 码，使用 7 位二进制数（$2^7=128$ 种）来表示所有的大写和小写字母、数字 0~9、标点符号，以及在美式英语中使用的特殊控制字符。ASCII 码存储时占用一个字节，也就是 8 位，标准 ASCII 码最高位为 0。若最高位为 1，则为扩展 ASCII 码。

常用 ASCII 编码如表 1-3 所示。

表 1-3　常用 ASCII 编码

字符	ASCII码（十六进制）	ASCII码（十进制）	备注
0 ~ 9	30 ~ 39	48 ~ 57	0~9，是连续的，且为升序
A ~ Z	41 ~ 5A	65 ~ 90	A~Z，是连续的，且为升序
a ~ z	61 ~ 7A	97 ~ 122	a~z，是连续的，且为升序

5. 汉字编码

由于计算机使用的是英文键盘，因此汉字在计算机中进行处理需要编码、输入、存储、编辑、输出和传输等操作。汉字在计算机中的处理步骤如图 1-13 所示。

（1）输入码（外码）

汉字输入就是将汉字符号输入计算机中，由于键盘上的键是英文字母或符号，不能直接输入汉字，人们就设计了许多输入方法，通常是用一串英文字母或符号键对应一个汉字，这一串为每个汉字定义的键的序列就叫作汉字的输入码，或称外码。

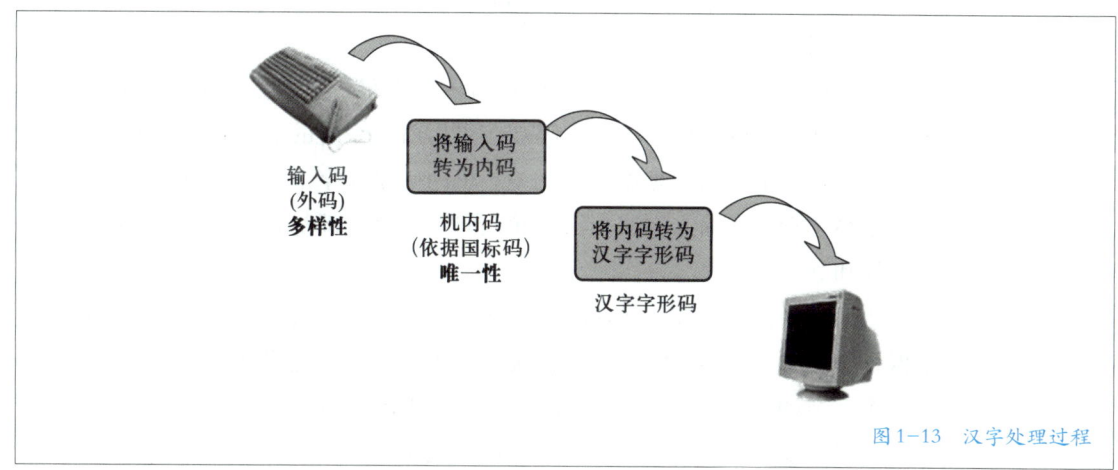

图1-13 汉字处理过程

例如，输入"汉字"，用"智能 ABC"输入法，输入码是"hanzi"；而用"五笔输入法"输入时，输入码是"icpb"。

（2）汉字交换码（国标码）

计算机内部处理的信息都是用二进制代码表示的，汉字也不例外。汉字交换码是指，具有汉字处理功能的不同的计算机系统之间在交换汉字信息时所使用的代码标准。自国家标准 GB/T 2312-1980 公布以来，我国一直沿用该标准所规定的国标码作为统一的汉字信息交换码。

GB/T 2312-1980 标准包括了 6 763 个汉字，按其使用频度分为一级汉字 3 755 个和二级汉字 3 008 个。一级汉字按拼音排序，二级汉字按部首排序。此外，该标准还包括标点符号、数种西文字母等 682 个。

区位码是国标码的另一种表现形式，把国标 GB/T 2312-1980 中的汉字、图形符号组成一个 94*94 的方阵，分为 94 个"区"，每区包含 94 个"位"，其中"区"的序号从 01 至 94，"位"的序号也是从 01 至 94。94 个区中位置总数为：94*94=8836 个。

区位码中的区码和位码都是十进制数，区位码与国标码之间的关系如下：

国标码首字节 = 区码（二进制表示）+00100000B

国标码尾字节 = 位码（二进制表示）+00100000B

例如，根据"文"字的区位码"4636"，可计算出它的国标码。具体计算过程如下：

"文"字国标码首字节 =00101110B（区码 46 的二进制表示）+00100000B= 01001110B

"文"字国标码尾字节 =00100100B（位码 36 的二进制表示）+00100000B=

01000100B

因此，"文"字国标码表示：4E44H。

（3）汉字机内码

汉字机内码，简称内码，指计算机内部存储、处理加工和传输汉字时所用的由 0 和 1 组成的代码。输入码被接受后就由系统的输入码转换模块转换为机内码，与所采用的键盘输入法无关。机内码是汉字最基本的编码，不管是什么汉字系统和汉字输入方法，汉字输入码到机器内部都要转换成机内码，才能被存储和处理。

当系统中同时存在 ASCII 码和汉字交换码时，将会产生二义性。因此，为了保证中西文的兼容，汉字处理系统应对国标码加以适当处理和变换。将国标码两个字节的最高位都置为 1，作为汉字的机内码表示，这种汉字编码称为汉字机内码（汉字机内码一般使用十六进制表示）。

汉字机内码计算方法：

机内码首字节 = 国标码首字节（二进制表示）+10000000B

= 国标码首字节（十六进制表示）+80H

= 区码（十六进制表示）+20H+80H

= 区码（十六进制表示）+A0H

机内码尾字节 = 国标码尾字节（二进制表示）+10000000B

= 国标码尾字节（十六进制表示）+80H

= 位码（十六进制表示）+20H+80H

= 位码（十六进制表示）+A0H

例如，由"文"字的国标码 4E44H，可以根据上述方法求得它的机内码是：CEC4H。

（4）汉字字形码

汉字字形码又称汉字字模，用于计算机输出汉字，是指在显示器或打印机上输出汉字的字形。汉字字形码通常有两种表示方式：点阵表示和矢量表示。

用点阵表示字形时，汉字字形码指的是这个汉字字形点阵的代码。根据输出汉字的要求不同，点阵的数量也不同。简易型汉字为 16*16 点阵，提高型汉字为 24*24 点阵、32*32 点阵、48*48 点阵等。每个点占用一个二进制位的存储空间，点阵规模越大，字形越清晰美观，所占存储空间也越大。一个 16*16 点阵的汉字的字形码占 16*16=256 b = 32 B。如图 1-14 所示。

而采用矢量表示方式存储的是汉字字形的轮廓特征。在输出汉字时，通过计算机的计算，由汉字字形描述生成所需大小和形状的汉字点阵。矢量表示的字形与最终文字显示的大小和分辨率无关，可以输出高质量的汉字。

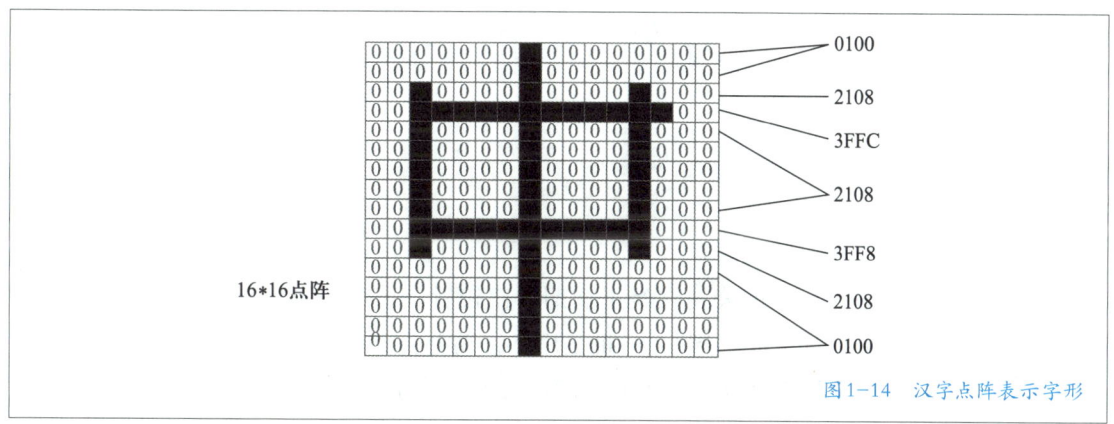

16*16点阵

0100
2108
3FFC
2108
3FF8
2108
0100

图1-14 汉字点阵表示字形

汉字字形码的集合称为汉字字形库，或称汉字字库。

任务2　配置笔记本计算机

任务描述

小孙所在的公司在经过前期的比较后，采购了两批计算机，一批是用于日常办公的"胖终端"，一批是用于移动办公的笔记本计算机。现在，小孙要把新的笔记本计算机配置好，满足员工移动办公的需求。

思维导图

任务2思维导图如图2-1所示。

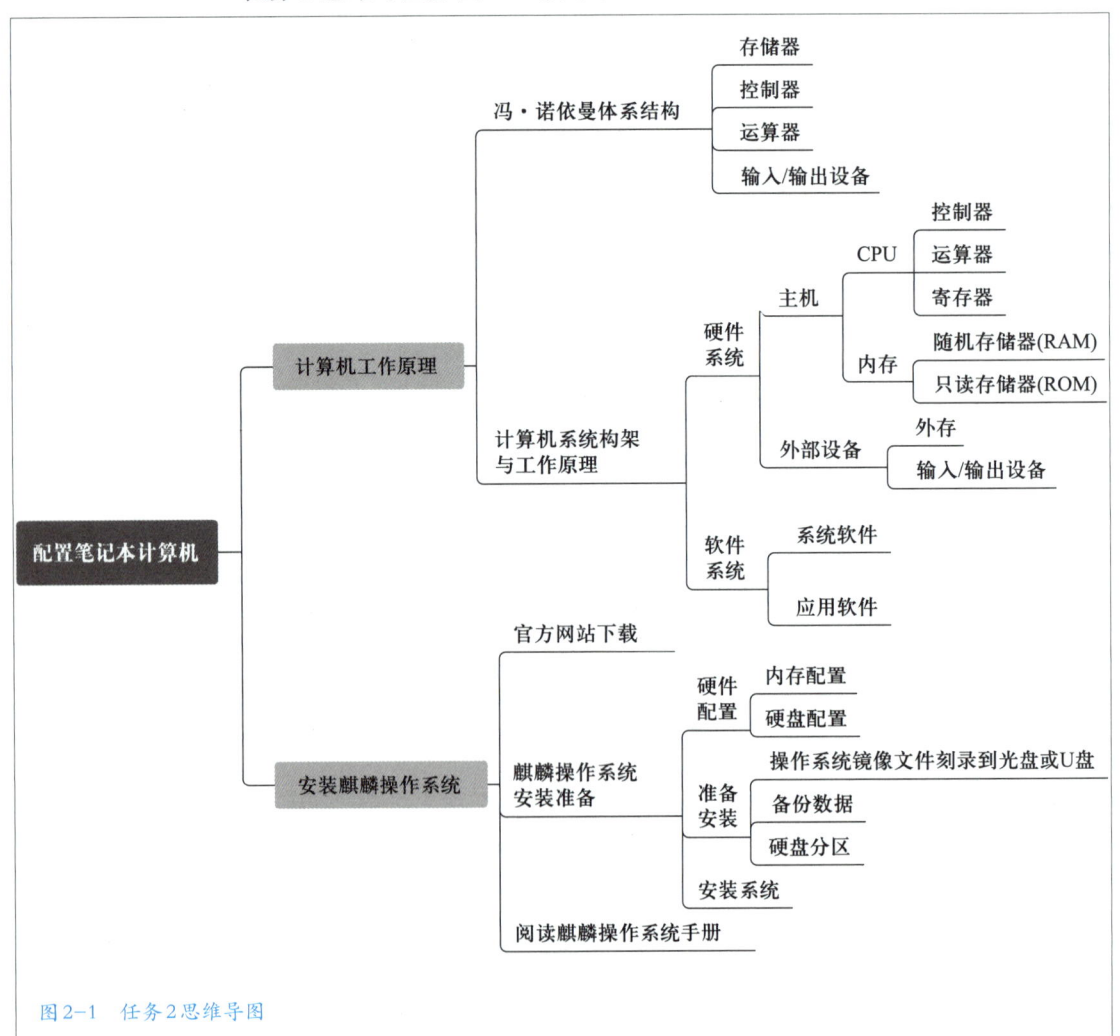

图2-1　任务2思维导图

知识准备

一、计算机工作原理

1. 冯·诺依曼体系结构

美籍匈牙利数学家冯·诺依曼于 1945 年提出的"程序存储和程序控制"理论是现代计算机架构的基础之一。以该理论为核心设计的计算机,其体系结构被称为冯·诺依曼体系结构,如图 2-2 所示。计算机的内部存储器(简称"内存")或主存储器(简称"主存")中同时存储程序(指令)和数据,且都是以二进制的形式存储。计算机通过程序计数器(Program Counter,缩写为 PC)来追踪当前正在执行的指令。PC 是一个寄存器,它保存着下一条指令的地址。CPU 从内存中读取指令,然后通过指令寄存器(Instruction Register,缩写为 IR)来暂时存储这条指令。CPU 会解析指令,然后执行相应的操作。程序中的指令通常按照它们在内存中的顺序执行。每执行完一条指令,PC 会自动更新,指向下一条指令的地址。虽然指令是顺序执行的,但程序可以通过条件语句和循环结构来改变执行的顺序,通过比较结果和跳转指令,使得程序可以重复执行某些指令或根据条件选择不同的执行路径。

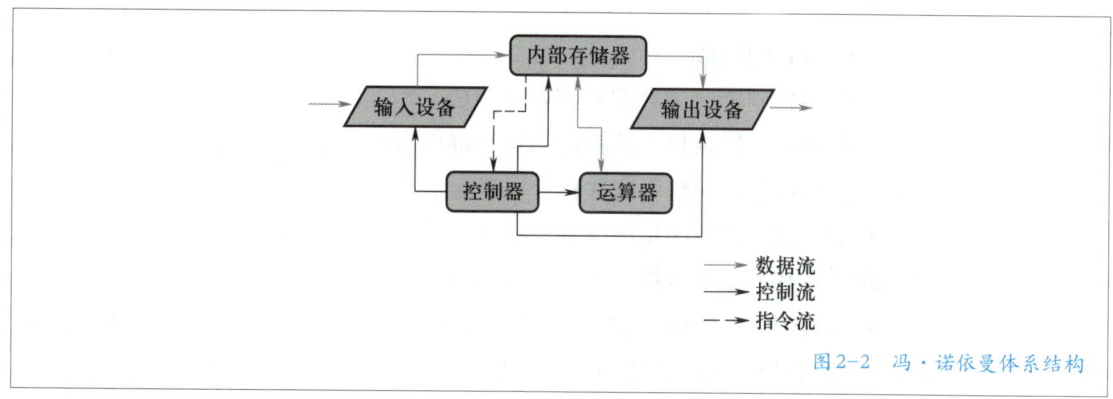

图 2-2 冯·诺依曼体系结构

2. 计算机系统构架与工作原理

一个完整的计算机系统由硬件系统和软件系统构成。没有软件系统的硬件称为"裸机","裸机"是无法直接使用的。硬件系统包括主机和外部设备(简称"外设"),软件系统包括系统软件和应用软件,完整的计算机系统架构如图 2-3 所示。

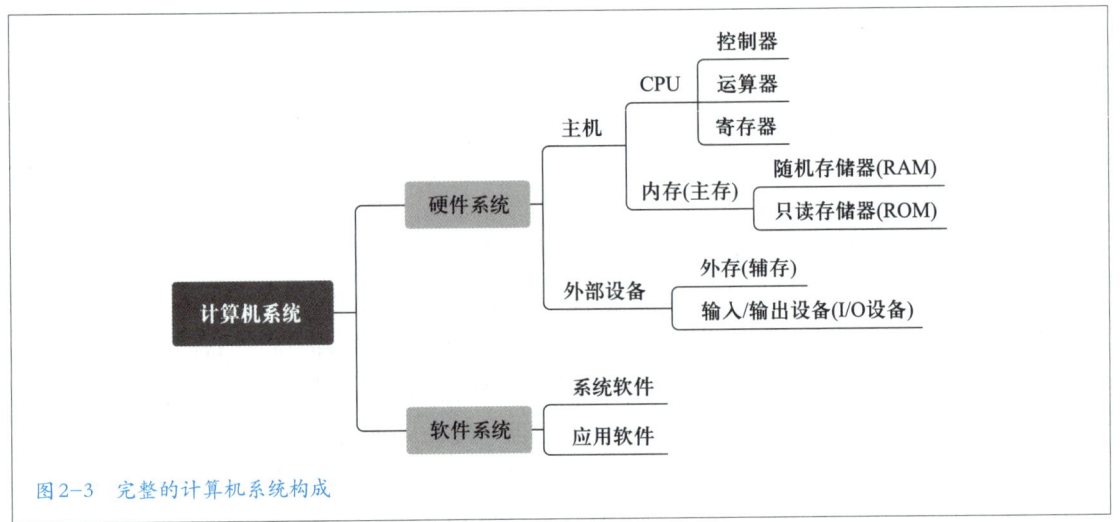

图2-3 完整的计算机系统构成

二、计算机硬件系统组成

计算机硬件系统是指计算机的物理组成部分，包括各种设备和组件，以执行计算和数据处理任务。计算机硬件主要分为CPU、内存、外存、输入设备和输出设备等多个部分。

1. CPU

（1）CPU的组成

CPU由控制器、运算器和寄存器组成。

• 控制器：控制整个计算机的各个部件有条不紊地工作，其基本功能是从内存中读取指令，并解码这些指令以确定需要执行的操作。

• 运算器：其功能是进行算术运算和逻辑运算，能够执行加法、减法、乘法、除法等基本算术运算，以及逻辑运算（如与、或、非）等。

• 寄存器：是CPU内部的高速存储区域，用于暂时存储指令、数据和地址，能够被CPU快速地访问，从而提高数据处理速度。常见的寄存器包括指令寄存器、数据寄存器和地址寄存器。

（2）主流CPU

• Intel Core系列：由Intel公司推出的一系列CPU产品，包括桌面、移动和服务器平台。Intel Core i9、Core i7、Core i5和Core i3是其中一些主要系列。

• AMD Ryzen系列：由AMD公司推出的一系列CPU产品，包括桌面、移动和服务器平台，有Ryzen 9、Ryzen 7、Ryzen 5和Ryzen 3等系列。

• Apple M系列：由苹果公司推出的一系列处理器芯片，主要包括M1、M1 Pro和M1 Max等。这些处理器芯片被广泛应用于苹果的MacBook、iPad和

iMac 等产品中。

● Qualcomm Snapdragon 系列：由高通公司推出的一系列移动处理器，广泛用于智能手机和平板计算机。

2. 存储器

存储器主要用来存储程序和相关数据信息，存储器分为内存储器和外存储器。

（1）内存储器（内存）

内存储器简称内存，又称主存。内存在计算机中用来存放当前正在执行的程序和数据，内存和 CPU 构成了计算机的主机部分，CPU 的组成及其与内存的关系如图 2-4 所示。内存是 CPU 可以直接存取数据的存储器，也是计算机程序运行过程中数据存储的最主要场所，所有数据都通过内存和 CPU 进行交换，因此它的性能高低直接影响系统整体性能的发挥。

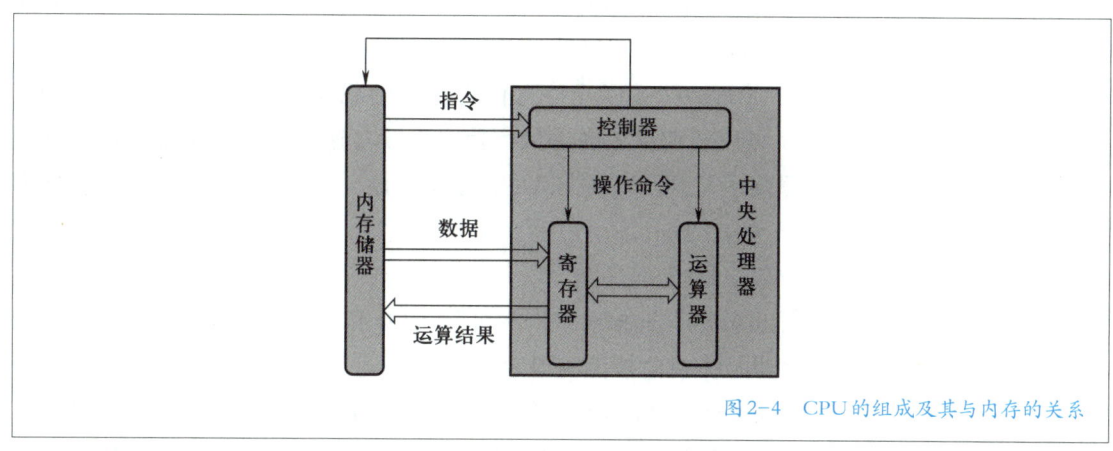

图 2-4　CPU 的组成及其与内存的关系

内存储器通常分为以下两类：

● 随机存储器（RAM）：用户程序和数据使用的存储器，断电后，RAM 中的信息随之丢失。

● 只读存储器（ROM）：用来存放固定的程序和信息的存储器，断电后，ROM 中的信息保持不变。

（2）高速缓冲存储器（Cache）

高速缓冲存储器（Cache），简称高速缓存，是在 CPU 和内存之间设置的高速小容量存储器，容量较小但存取速度显著高于主存。CPU 处理数据时，先从外存读入 RAM，再由 RAM 读入 Cache，CPU 直接从 Cache 中读取数据后进行处理。

（3）外存储器（外存）

外存储器简称外存，也称辅助存储器（辅存），是指除计算机内存及 CPU

缓存以外的存储设备，具有长期保存数据，并且在断电后仍然能够保留所存储信息的特点。外存储器与计算机或其他电子设备通过不同的接口连接，如USB、Thunderbolt、SATA等，作为扩展存储容量的一部分。外存储器通常分成以下4类：

- 硬盘驱动器（HDD）：使用旋转的磁盘来存储数据，数据通过磁头读写；具有相对较大的存储容量，价格相对较低，适合长期存储大量文件和应用程序；但读写速度相对较慢，机械结构容易受到物理冲击的影响；主要用于台式机、笔记本计算机等。

- 固态硬盘（SSD）：采用闪存作为存储介质，具有读写速度快、功耗低、体积小、不受机械冲击影响、寿命较长的特点；但存储容量较大时成本较高；其逐渐取代传统硬盘，成为高端计算机和移动设备的标准配置。

- 闪存驱动器（USB）：通过USB接口连接到计算机，用于数据传输和存储；具有小巧便携的特点，适合传输文件和备份数据；存取速度介于硬盘和其他外部存储器之间。

- 光盘（CD/DVD）：以光信息作为存储的载体；具有价格低、容量大、耐用的特点，可以长期存放各种数字信息；读写速度较慢。光盘主要分成两类，一类是只读型光盘；另一类是可记录型光盘，包括一次写入型和可重复擦写型。

3. 输入/输出设备

输入和输出的概念是相对于"主机"（CPU和内存）而言的，数据进入主机为输入，数据从主机向外传送则为输出。

输入设备是向计算机输入数据和信息的设备。最常见的输入设备包括键盘和鼠标，其他如触摸屏、扫描仪、数码相机、手写笔、麦克风等也属于输入设备。

输出设备是用于把计算机的各种计算结果以数字、字符、图像、声音等形式呈现出来的设备。常见的输出设备有显示器和打印机，其他如投影仪、音箱、耳机、绘图仪等也属于输出设备。

磁盘和磁带等设备既可以向主机输入数据，也可以将主机的数据输出存储，因此这些设备既是输入设备也是输出设备。

4. 总线

计算机总线是计算机各种功能部件之间传送信息的公共通信干线，它可以根据不同的标准进行分类。根据信息传输种类可分为数据总线、地址总线和控制总线；根据连接对象可分为内部总线和外部总线；此外，还有扩展总线和局部总线等其他分类方式。这些总线共同构成了计算机系统的信息传输网络，确保计算机各部件之间的有效通信和数据交换。

三、计算机软件系统组成

计算机软件系统与硬件系统之间相互依存、相互影响，共同构成了计算机系统的完整功能。硬件是软件的基础，软件是硬件的灵魂。软件系统必须依托硬件系统才能运行，没有硬件的支持，软件无法执行其功能。同样，没有软件的支撑，硬件也无法启动工作。计算机软件系统包括系统软件和应用软件，具体分类如图 2-5 所示。以操作系统为核心的软件结构图如图 2-6 所示。

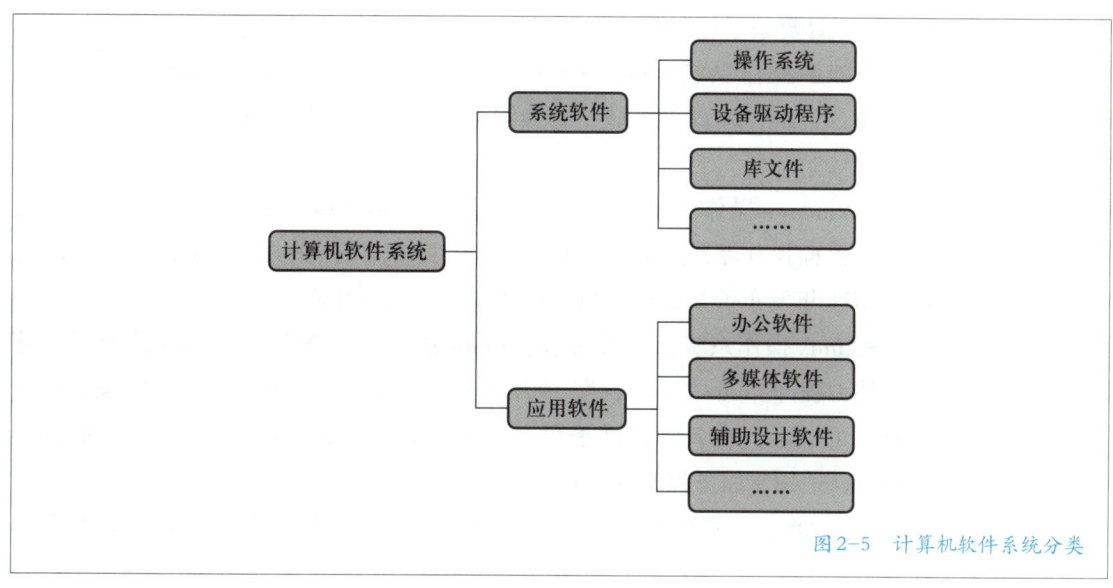

图 2-5 计算机软件系统分类

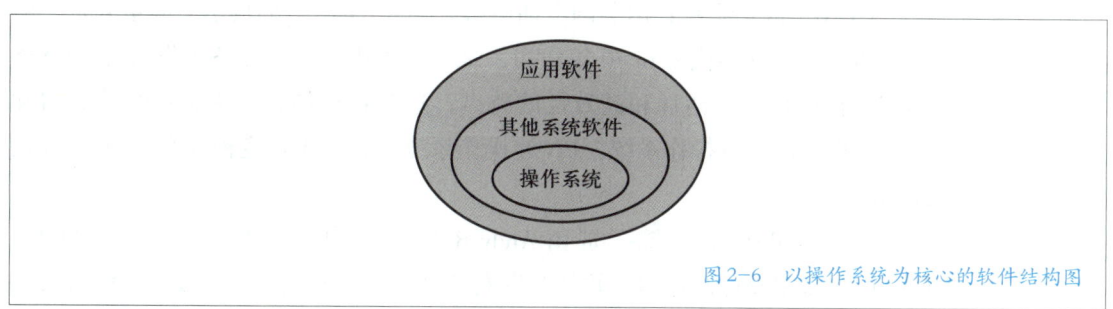

图 2-6 以操作系统为核心的软件结构图

1. 系统软件

系统软件是指能够控制和协调计算机及其外部设备，支持应用软件开发和运行的系统级程序。它负责管理和控制计算机的硬件和软件资源，为应用软件提供必要的运行环境和支撑服务。系统软件的主要功能是管理和控制计算机的硬件和软件资源，确保系统的稳定性和高效性。它通常包括操作系统、设备驱动程序、库文件和系统工具等多个组成部分，每个部分都有其特定的功能和作用。

（1）操作系统

操作系统（Operating System，简称 OS）位于整个软件系统的核心位置，其他系统软件处于操作系统的外层，应用软件则处于计算机软件的最外层。

操作系统的主要功能是负责管理计算机系统中的硬件资源和软件资源，提高资源利用率，同时为计算机用户提供各种强有力的使用功能和方便的服务界面。只有在操作系统的支持下，计算机系统才能正常运行，如果操作系统遭到破坏，计算机系统就无法正常工作。常见的计算机操作系统有：

• 麒麟操作系统（Kylin OS）：由我国自主研发的操作系统，主要应用于国防、金融、教育等领域；有银河麒麟、中标麒麟、优麒麟、星光麒麟等版本。

• Windows 操作系统：由微软公司（Microsoft Corporation）开发的一组图形用户界面操作系统。自从 1985 年微软发布 Windows 1.0 以来，不断更新迭代，2021 年发布了 Windows 11，广泛用于个人计算机。

• Linux 操作系统：一系列基于 Linux 内核的操作系统。Linux 内核是由芬兰软件工程师 Linus Torvalds 在 1991 年首次发布的，它是一个开源的操作系统内核，可以运行在各种硬件平台上。Fedora、Debian、CentOS 是常见的 Linux 发行版，适用于服务器和开发环境。

• macOS：由苹果公司开发的操作系统，专门用于苹果的 Macintosh 系列计算机。

• UNIX 操作系统：由美国电话电报公司（AT&T）的贝尔实验室开发，诞生于 20 世纪 60 年代末和 70 年代初，是一种多用户、多任务操作系统。UNIX 具有可扩展性、灵活性和高效性的特点，这些特点使其成为企业级服务器和高级工作站的首选操作系统。UNIX 操作系统现在以多种变种存在，包括 AIX、Solaris 等。

• Android 操作系统：是由 Andy Rubin 及其团队初创，2007 年 11 月，Google 与多家硬件制造商、软件开发商及电信运营商组建了开放手机联盟，共同研发和改良 Android 系统，并发布了 Android 的源代码。其基于 Linux 内核，主要用于智能手机和平板计算机。

• iOS：由苹果公司开发的移动设备操作系统，专用于 iPhone 和 iPad。

• Chrome OS：由谷歌（Google）公司开发的基于 Linux 的操作系统，主要用于 Chromebook 等设备。

• FreeBSD：一种类似于 UNIX 的开源操作系统，主要用于服务器环境。

每种操作系统都有其特性、用途和适应场景，在选择操作系统时通常取决于具体的需求，如个人使用、服务器运行、嵌入式系统等。

（2）设备驱动程序

设备驱动程序（Device Driver）简称驱动程序，是一种用于与硬件设备通信的程序，使得操作系统能够控制和管理这些硬件设备。驱动程序充当操作系统与硬件之间的桥梁，允许它们协同工作，确保硬件设备能够正确地被操作系统识别、配置和使用。

驱动程序的主要功能包括：

• 设备识别：识别连接到计算机的硬件设备，并向操作系统提供相关信息，以便系统正确配置和管理这些设备。

• 设备控制：实现与硬件设备交互的指令和协议，允许操作系统通过驱动程序控制硬件设备的行为。

• 数据传输：管理数据在计算机和硬件设备之间的传输，确保数据能够正确地发送和接收。

• 中断处理：响应硬件设备产生的中断，处理硬件设备发出的信号，以保证系统能够适时地做出响应。

• 电源管理：参与电源管理，通过控制硬件设备的电源状态，实现节能和延长硬件寿命的目的。

驱动程序通常由硬件设备的制造商提供，与操作系统紧密配合。在操作系统启动时，它们会被加载到系统内存中，成为操作系统的一部分。通过驱动程序，硬件设备能够在操作系统中正常工作，并与应用程序协同运行。

（3）库文件

库文件（Library Files）是系统软件中的重要组成部分，它包含了一组可重复使用的代码和函数，供开发人员在编写程序时调用。这些库文件有助于简化程序的开发，提高代码的重用性，同时减少程序的代码量。

库文件主要有两类：静态库（Static Library），通常以 lib（Windows）或 a（UNIX/Linux）为扩展名，在编译时将库文件的代码嵌入可执行文件中；动态库（Dynamic Library），通常以 dll（Windows）或 so（UNIX/Linux）为扩展名，在程序运行时，由操作系统动态地加载到内存。

库文件的作用：

• 代码重用：库文件中包含了一系列常用的功能和工具函数，开发人员可以直接调用这些函数，避免重复编写相同的代码。

• 模块化开发：将一些功能相似或相关的代码组织成库文件，使得程序的开发更加模块化和更具可维护性。

• 标准化接口：库文件提供了标准化的接口，降低了程序的开发难度，提高了代码的可读性。

• 优化性能：库文件通常由专业的团队编写和优化，可以提供高效的算法和数据结构，有助于提高程序的性能。

在编程过程中，开发人员可以通过引用库文件来加速程序的开发，并利用已有的功能模块，从而更加专注于程序的业务逻辑。

（4）系统工具

系统工具是系统软件的一部分，它们是用于管理和维护计算机硬件、软件和资源的程序。这些工具提供了对系统底层功能的直接访问，允许用户和管理员进行系统配置、监控和故障排除。

常见的系统工具包括：

• 任务管理器：允许用户查看和管理正在运行的进程和应用程序，可以结束不响应的任务或程序。

• 资源监视器：提供对系统资源（CPU、内存、磁盘、网络）使用情况的实时监控，帮助用户识别系统瓶颈和性能问题。

• 设备管理器：用于管理计算机硬件设备，包括驱动程序的安装、设备状态的查看和硬件配置的更改。

• 系统配置工具：允许用户配置系统启动时加载的程序和服务，用于管理启动项和进行系统设置。

• 注册表编辑器：提供对 Windows 注册表的直接访问，允许用户编辑系统配置信息和进行应用程序设置。

• 磁盘清理和磁盘碎片整理工具：用于释放磁盘空间，清理不需要的文件，并优化磁盘上文件的存储。

• 备份和恢复工具：允许用户创建系统和文件备份，以便在需要时进行恢复，包括 Windows 备份和还原工具。

• 系统更新工具：用于下载和安装操作系统的更新程序，保障系统的安全性和稳定性。

• 防病毒和防恶意软件工具：提供实时保护，扫描计算机以检测和删除恶意软件。

• 系统信息工具：显示关于计算机硬件、软件和网络的详细信息，用于故障排除和系统诊断。

• 系统恢复工具：允许用户将系统还原到先前的状态，以解决系统问题或恢复损坏的系统文件。

• 性能监视器：提供更详细的系统性能信息，包括进程、服务、网络活动等。

• 事件查看器：记录系统和应用程序事件的日志，用于故障排除和系统状态的监控。

• 命令提示符：提供文本界面，允许用户使用命令行进行高级系统操作。

这些系统工具为用户和系统管理员提供了丰富的功能，以确保计算机系统的正常运行，保证系统的安全性和稳定性。

2. 应用软件

应用软件是一类为用户提供特定功能和服务的计算机程序，用于执行各种任务，解决具体问题或满足特定需求。与系统软件不同，应用软件是为了满足用户日常工作、娱乐和学习等需求而开发的。

系统软件为应用软件提供了基础和平台，而应用软件通过系统软件的支持，可以拓宽计算机系统的应用领域，扩展计算机的功能。

应用软件的主要分类如下：

• 办公软件：用于处理文档、制作表格、创建演示文稿等，常见的有 WPS Office、Microsoft Office、Google Docs 等。

• 多媒体软件：用于图像编辑、音频处理、视频剪辑等，如 Adobe PhotoShop、Adobe Premiere、Audacity 等。

• 娱乐软件：包括游戏软件、音乐播放器、视频播放器等，如 Spotify、VLC Media Player 等。

• 教育软件：用于教学和学习，包括电子教科书、学习平台等。

• 辅助设计软件：用于工程设计、建模、动画制作等，如 AutoCAD、3ds Max 等。

• 开发工具：用于软件开发，包括集成开发环境（IDE）、编译器、调试器等。

• 网络浏览器：用于访问互联网，如 Google Chrome、Mozilla Firefox、Microsoft Edge 等。

• 通信软件：用于实时通信，包括电子邮件客户端、即时通信工具等。

• 安全软件：用于防病毒、防恶意软件侵入，设置防火墙等，如 Windows Defender、360 安全卫士等。

• 生产力工具：用于提高工作效率，例如时间管理工具、任务管理工具等。

这些应用软件的不同功能使得计算机成为人们日常生活和工作中不可或缺的工具。

任务实施

一、安装麒麟操作系统

1. 了解麒麟操作系统

麒麟操作系统是基于 Linux 内核开发的。该系统具有高安全、高可靠、高可用、跨平台等特点，可兼容大部分的硬件产品。它提供了丰富的应用软件生态，支持多种 CPU 平台，并针对网络环境下各种攻击的特点，突破了能有效防御缓冲区溢出攻击、病毒攻击的关键技术，大大提高了系统的安全性和易用性。此外，麒麟操作系统还提供自动更新和升级功能，通过软件包管理器定期检查软件仓库中的可用更新，并在用户同意后自动下载和安装新版本。

麒麟操作系统有不同的版本，如银河麒麟操作系统等，不同版本在具体的应用场景和功能上会有所不同。

以下是麒麟操作系统的主要特点：

• 安全性：麒麟操作系统拥有全新的安全架构和完善的安全机制，能有效防止恶意攻击，保护用户的隐私和数据安全；支持安全沙箱和安全策略，以进一步增加安全性。银河麒麟操作系统通过了 GB/T 20272-2019《信息安全技术 操作系统安全技术要求》等保四级测评认证，是目前国内安全等级最高的操作系统。

• 可靠性：麒麟操作系统已经广泛应用于国防、金融、教育等众多领域，显示了其高度的可靠性和稳定性。系统支持软件 / 硬件 RAID（独立磁盘冗余阵列），包括 RAID0、RAID1、RAID5、RAID10 等多种模式，具备出色的数据存储和管理能力。

• 可用性：麒麟操作系统支持网络冗余，提供多模式网卡绑定功能，可以满足不同场景的网络需求。同时，也支持全量和增量的备份还原，为数据恢复提供了强大的保障。

• 跨平台性：麒麟操作系统兼容 Linux 平台上的应用，符合 POSIX（可移植操作系统接口）系列标准，因此，Linux 平台上的大型应用如图形环境、Oracle 数据库服务等可直接运行在这个平台上。

• 定制化：银河麒麟嵌入式操作系统 V10 是一款面向物联网及工业互联网场景的安全实时嵌入式操作系统，可满足嵌入式场景对操作系统小型化、可靠性、安全性、实时性、互联性的需求。

2. 下载麒麟操作系统

麒麟操作系统的官方网站详细介绍了该系统的各个不同的版本，包括服务器操作系统、桌面操作系统，以及其他版本的操作系统，如图 2-7 所示。

在个人计算机上安装的是桌面操作系统，下面以银河麒麟桌面操作系统为例介绍下载麒麟操作系统的方法和步骤。单击"桌面操作系统"，打开银河麒麟桌面操作系统详情页面，如图 2-8 所示。

图2-7 麒麟操作系统官方网站

图2-8 银河麒麟桌面操作系统详情页面

在该页面下方提供了相关资源的展示信息和下载方法，如图2-9所示。可以在安装前详细阅读产品白皮书以了解麒麟操作系统，阅读产品安装手册学习如何安装麒麟操作系统，阅读产品用户手册学习如何使用麒麟操作系统等。

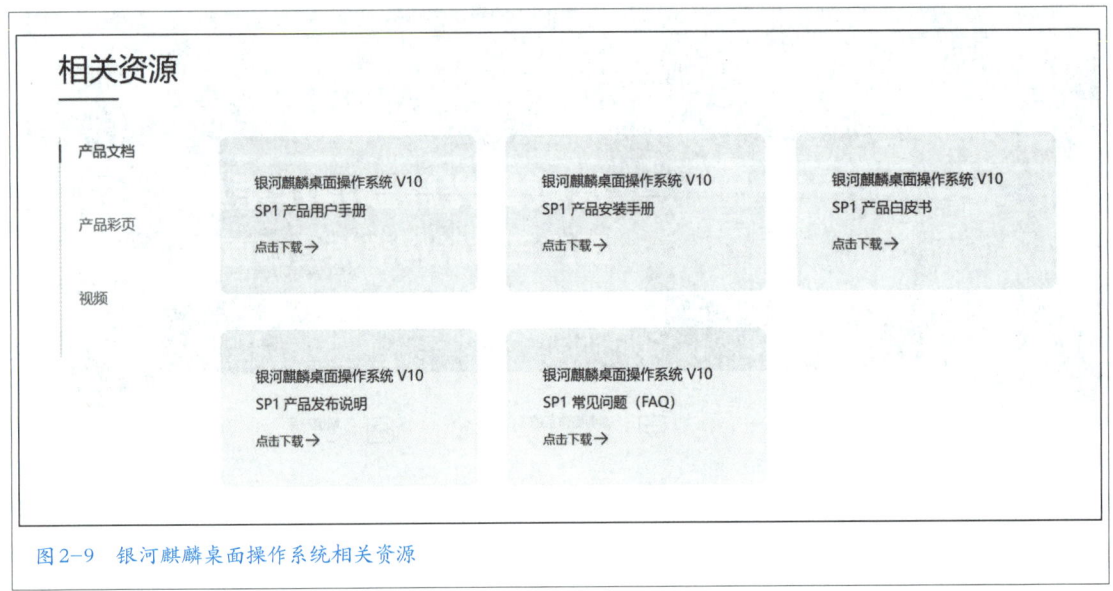

图 2-9　银河麒麟桌面操作系统相关资源

　　单击"申请试用"链接，跳转到"产品试用申请"页面，如图 2-10 所示。

图 2-10　"产品试用申请"页面

　　填写试用申请后，单击"立即提交"按钮，导航到"试用版下载链接"页面，如图 2-11 所示。

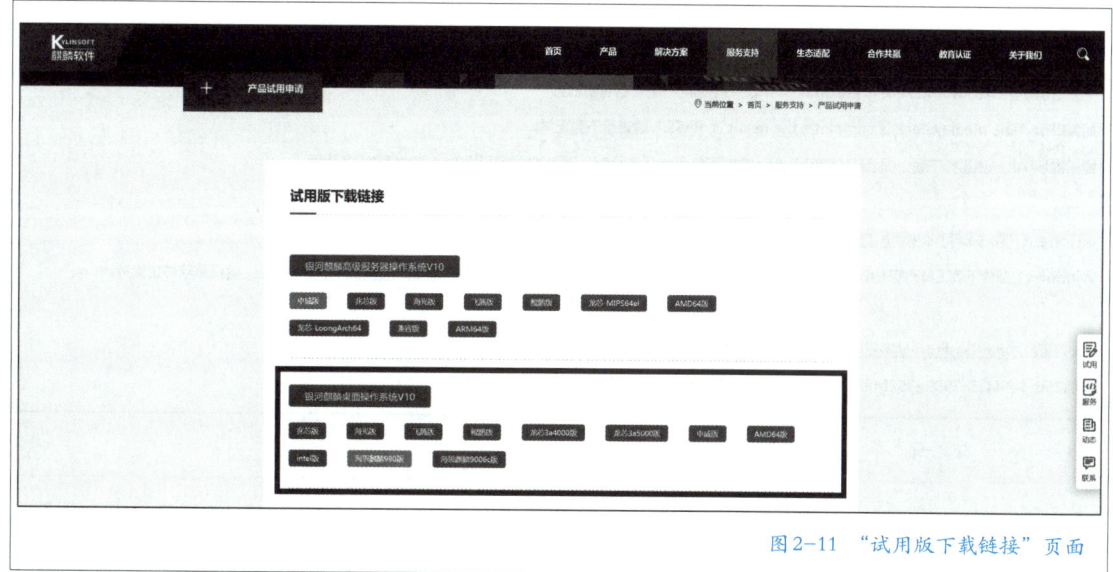

图 2-11　"试用版下载链接"页面

　　用户按照计算机的硬件配置与使用需要，在"银河麒麟桌面操作系统V10"组中选择相应的版本，此处小孙选择了"intel 版"，单击对应按钮，弹出下载链接对话框，如图 2-12 所示。

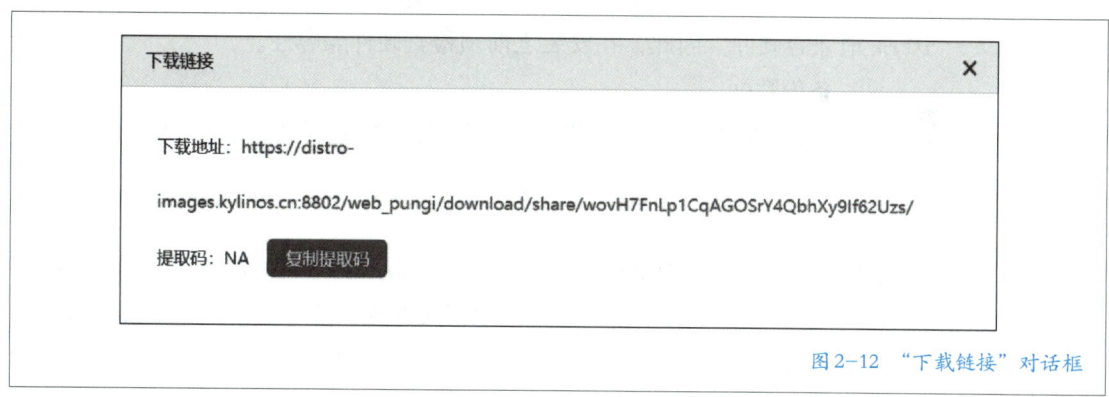

图 2-12　"下载链接"对话框

　　直接单击下载地址，导航到下载页面，如图 2-13 所示。

　　选择合适的下载地址即可下载银河麒麟桌面操作系统 V10 SP1 版的 ISO 镜像文件。

3. 麒麟操作系统安装准备

（1）硬件最低配置和推荐配置

- 内存最低配置 2 GB，推荐配置 8 GB 及以上。
- 硬盘空间最低配置 50 GB，推荐配置 128 GB 及以上。

（2）安装准备

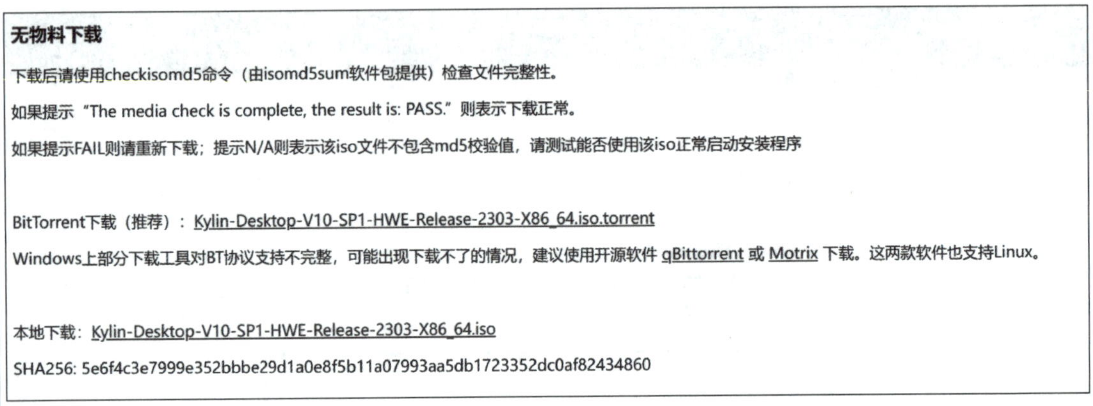

无物料下载

下载后请使用checkisomd5命令（由isomd5sum软件包提供）检查文件完整性。

如果提示"The media check is complete, the result is: PASS."则表示下载正常。

如果提示FAIL则请重新下载；提示N/A则表示该iso文件不包含md5校验值，请测试能否使用该iso正常启动安装程序

BitTorrent下载（推荐）：Kylin-Desktop-V10-SP1-HWE-Release-2303-X86_64.iso.torrent

Windows上部分下载工具对BT协议支持不完整，可能出现下载不了的情况，建议使用开源软件 qBittorrent 或 Motrix 下载。这两款软件也支持Linux。

本地下载：Kylin-Desktop-V10-SP1-HWE-Release-2303-X86_64.iso

SHA256: 5e6f4c3e7999e352bbbe29d1a0e8f5b11a07993aa5db1723352dc0af82434860

图 2-13 下载页面

---

① 准备所需组件

将下载的操作系统镜像文件刻录到光盘或拷贝到 USB 盘（简称 U 盘）启动器中，准备好《银河麒麟桌面操作系统 V10 SP1 产品安装手册》以便安装时查阅。

② 检查硬件兼容性

虽然银河麒麟桌面操作系统具有良好的硬件兼容性，与近年来生产的大多数硬件兼容。但是，由于硬件的技术规范改变频繁，可能难以保证系统会 100% 地兼容硬件。因此，在安装之前须检查硬件兼容性。

③ 备份数据

在安装麒麟操作系统之前，须将硬盘上的重要数据备份到其他存储设备中。

④ 硬盘分区

硬盘分区是指将硬盘的整体存储空间划分成多个独立的区域，分别用来安装操作系统、应用程序，以及存储数据文件等。这个过程实际上就是对硬盘的一种格式化。每个分区都是硬盘上的一个独立逻辑单元，如常见的 C 盘、D 盘等。一块硬盘可以被划分为多个分区，分区之间是相互独立的，访问不同的分区如同访问不同的硬盘。

4. 麒麟操作系统安装引导

将安装光盘放入光驱中或将 U 盘启动器插入 USB 接口中，重启计算机。根据计算机启动时的提醒，按下相应快捷键进入计算机的 BIOS（基本输入输出系统）管理界面设置系统启动项（注意：不同硬件的界面各不相同）。若使用的是内置光驱，"第一启动选项"选择"光驱"；若使用的是 U 盘启动器或者 USB 外置光驱，则"第一启动选项"选择"USB"。

启动计算机后，进入银河麒麟操作系统安装引导界面，如图 2-14 所示。

图2-14　安装引导界面

• 该系统支持体验模式，选择第 1 项"试用银河麒麟操作系统而不安装"
选项，则会进入试用界面，可以试用一个全功能的操作系统而不安装，如图
2-15 所示。双击桌面"安装 Kylin"图标，可以退出试用界面并开始安装麒麟
操作系统。

图2-15　麒麟操作系统试用界面

- 选择第 2 项"安装银河麒麟操作系统",直接开始麒麟操作系统的安装。

5. 麒麟操作系统安装过程

- 在"选择语言"界面选择"中文(简体)",单击"下一步",如图 2-16 所示。

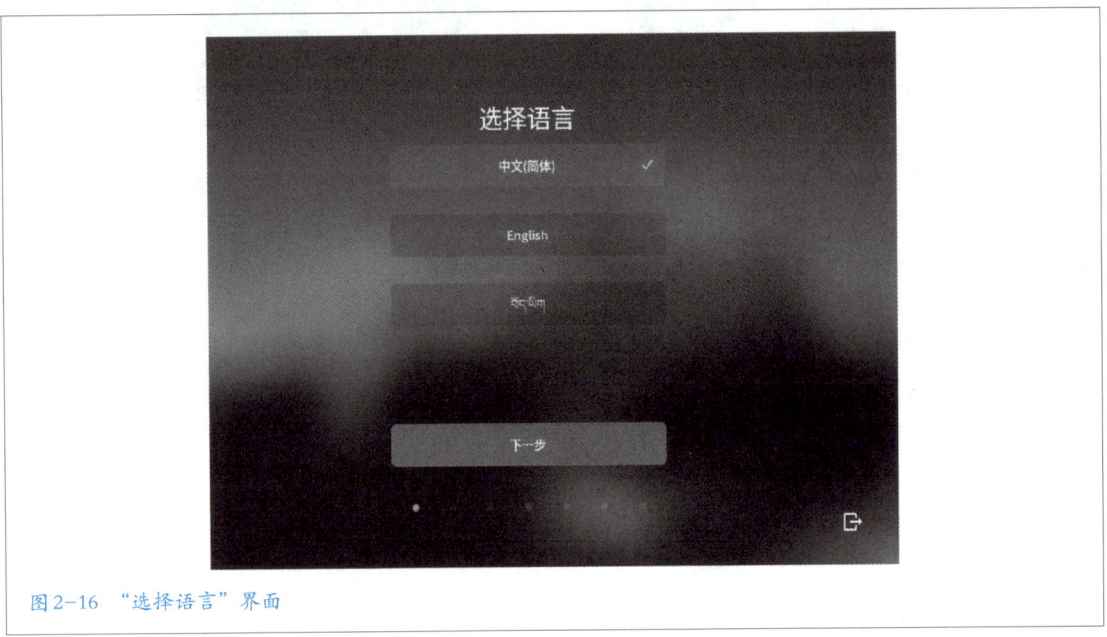

图 2-16 "选择语言"界面

- 在"阅读许可协议"界面,勾选"我已经阅读并同意协议条款",单击"下一步",如图 2-17 所示。

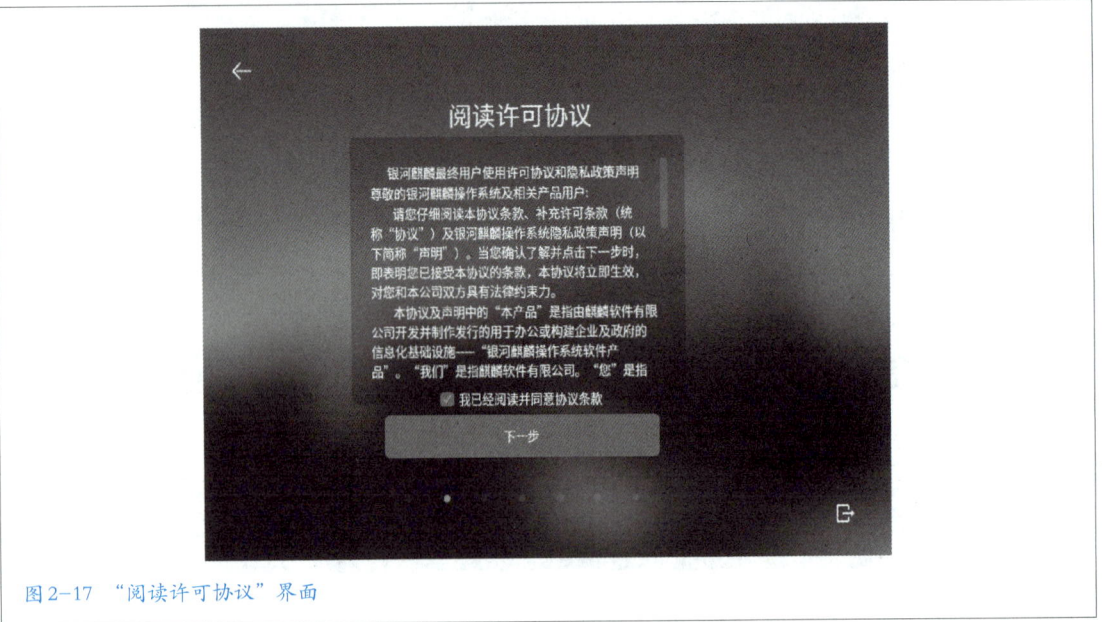

图 2-17 "阅读许可协议"界面

• 在"选择时区"界面中，在下拉列表中选择城市来切换时区，或在地图中单击选择城市来切换时区，单击"下一步"。

• 在"选择安装途径"界面，根据实际情况选择"从 Live 安装"或"从 Ghost 安装"，本次选择"从 Live 安装"，单击"下一步"，如图 2-18 所示。

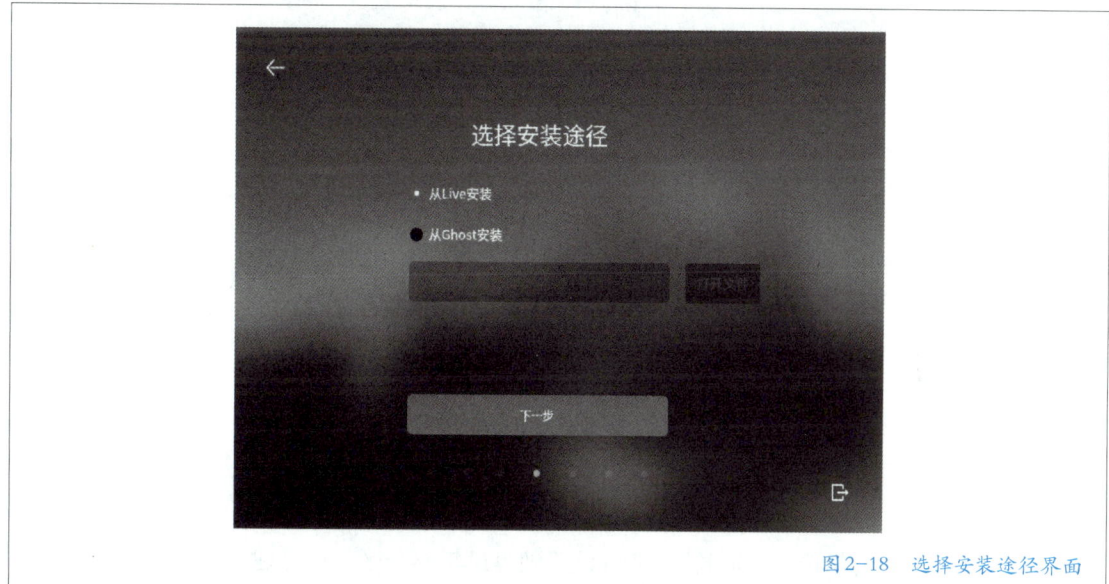

图 2-18　选择安装途径界面

• 选择系统的安装方式，如图 2-19 所示。若选择"全盘安装"，则在选择的盘符中进行全盘安装，并格式化整个硬盘，以及进行自动分区；若选择"自定义安装"，可根据实际需要进行分区创建和分区容量分配。本次选择"全盘安装"。

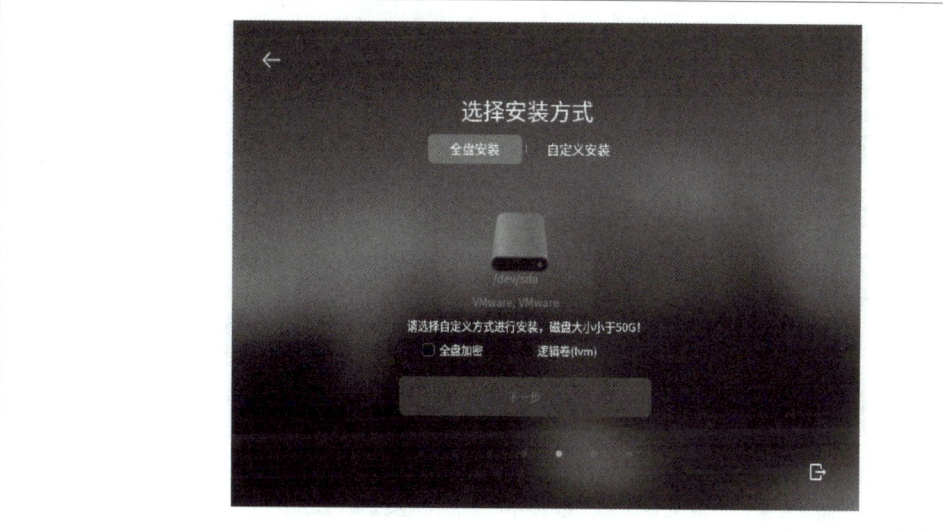

图 2-19　"选择安装方式"界面

若勾选"全盘加密",需要设置磁盘加密的密码并确认,如图 2-20 所示。完成后,单击"下一步"。

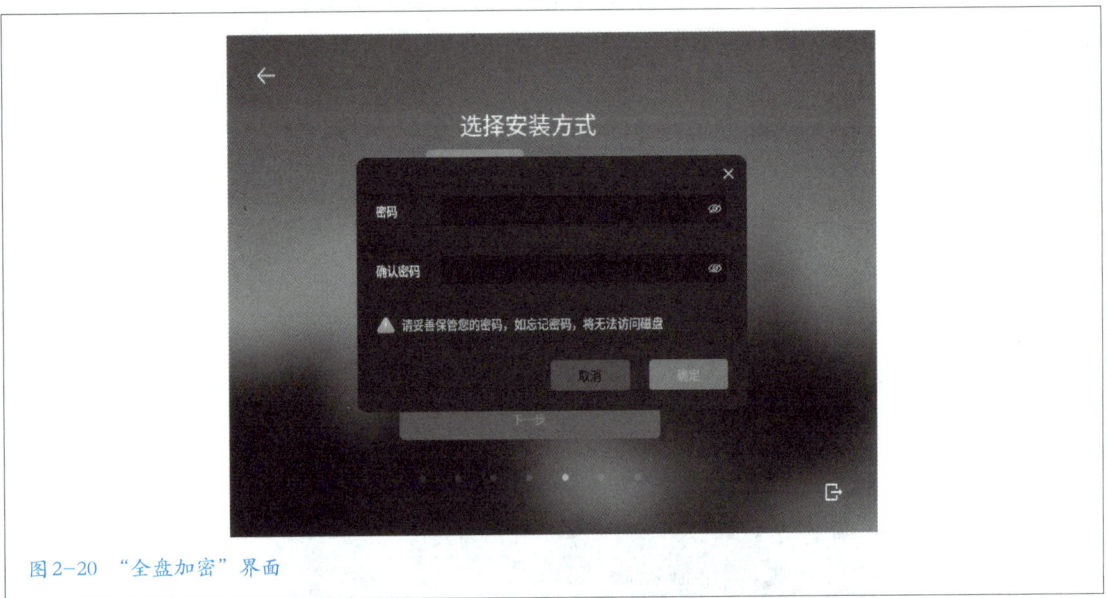

图 2-20　"全盘加密"界面

若勾选"逻辑卷",则可设置硬盘逻辑卷分区,这是建立在硬盘和分区之上的逻辑层,能提高磁盘分区管理的灵活性,适用于管理大存储设备,并允许动态调整文件系统的大小。完成勾选后单击"下一步"。系统在该磁盘中自动分区并显示分区结果,确认安装盘符后,勾选"格式化整个磁盘",然后单击"下一步"。

● 在"确认全盘安装"界面,勾选"格式化整个磁盘",如图 2-21 所示。

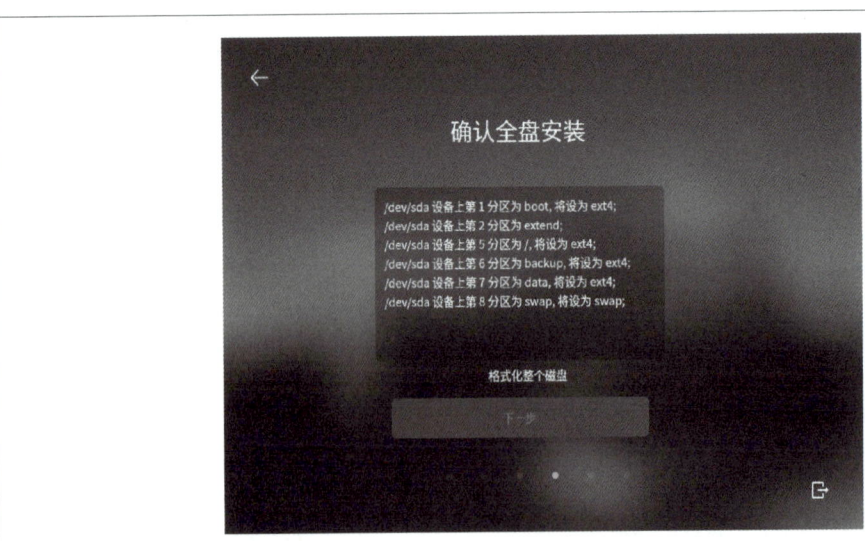

图 2-21　"确认全盘安装"界面

• 在"创建账户"界面，可以选择"稍后创建"，即在系统安装完成后创建账户。本次选择"立即创建"，如图 2-22 所示。

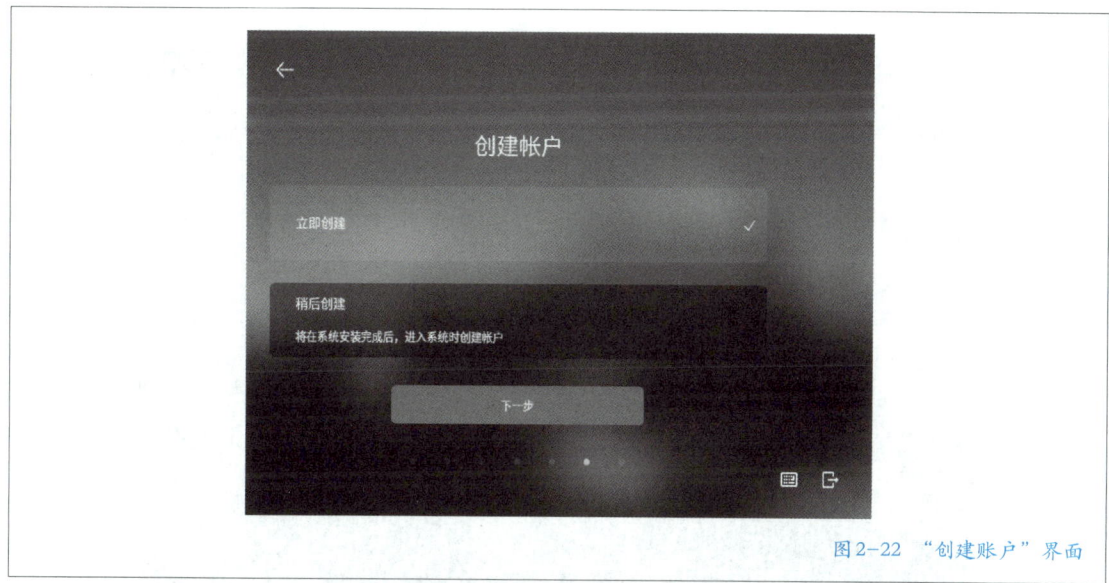

图2-22 "创建账户"界面

• 在"创建用户"界面第一个空格中输入用户名，系统将自动填充推荐的主机名（可自定义修改），然后设置登录密码并再次输入密码进行确认。若勾选"开机自动登录"，则在开机时自动登录系统且不需要输入密码。设置完成后，单击"下一步"，如图 2-23 所示。

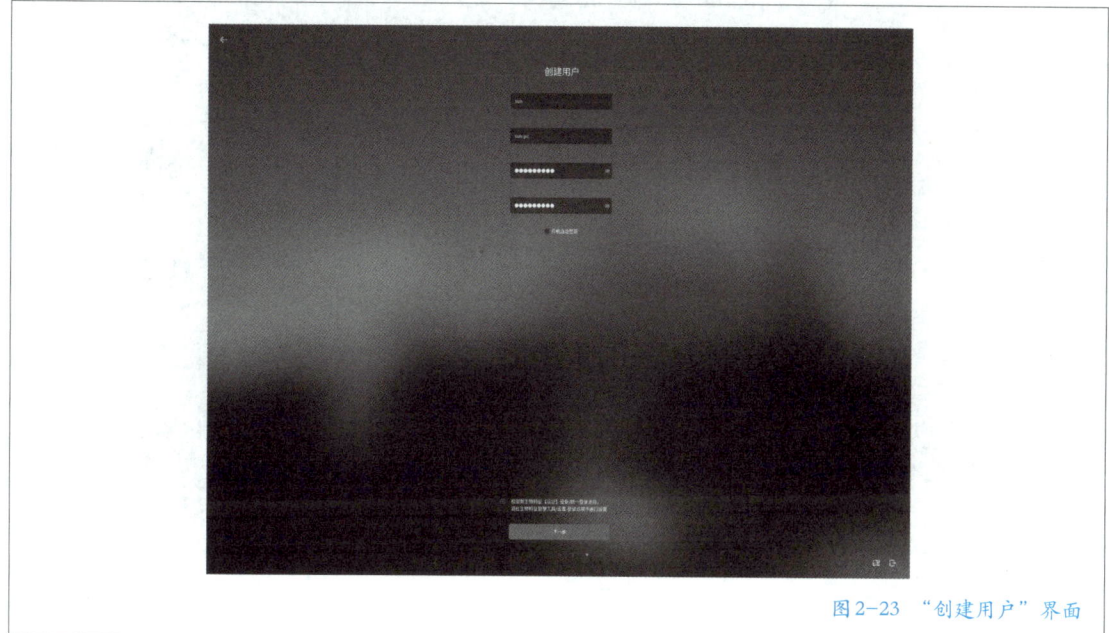

图2-23 "创建用户"界面

● 勾选需要安装的软件或驱动程序，单击"开始安装"，进入安装界面，如图 2-24 所示。

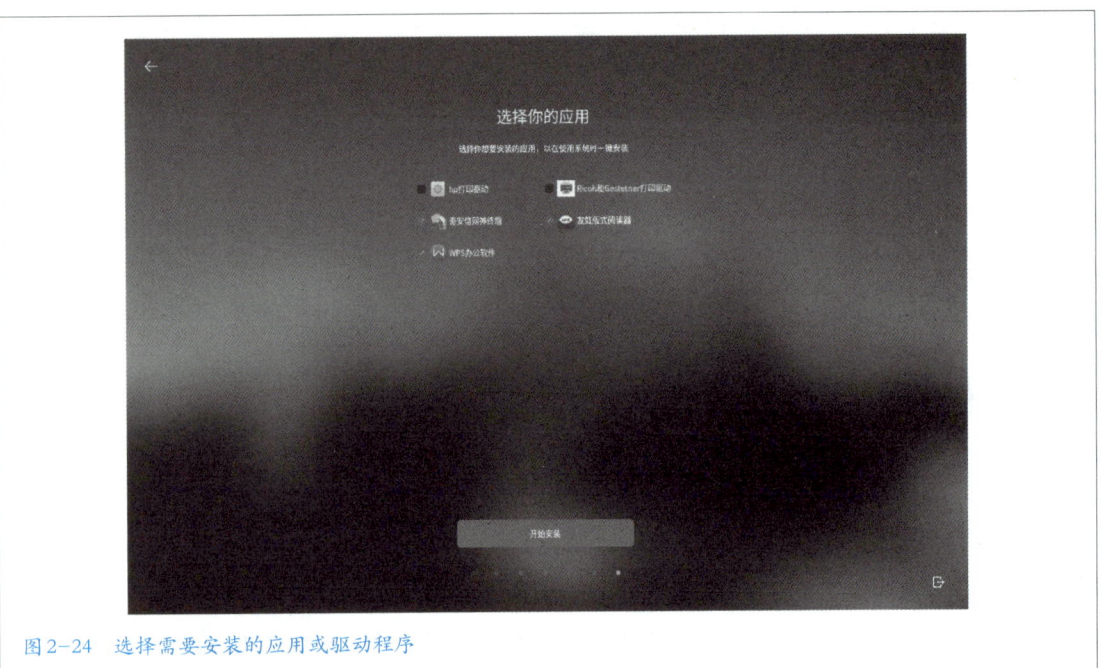

图 2-24　选择需要安装的应用或驱动程序

● 此时系统开始安装，界面显示系统安装进度条，如图 2-25 所示。

图 2-25　系统安装进度条界面

系统在安装过程中支持用户实时查看安装日志，单击安装界面右下角的"安装日志"按钮，可以查看或隐藏系统安装日志，安装日志如图 2-26 所示。

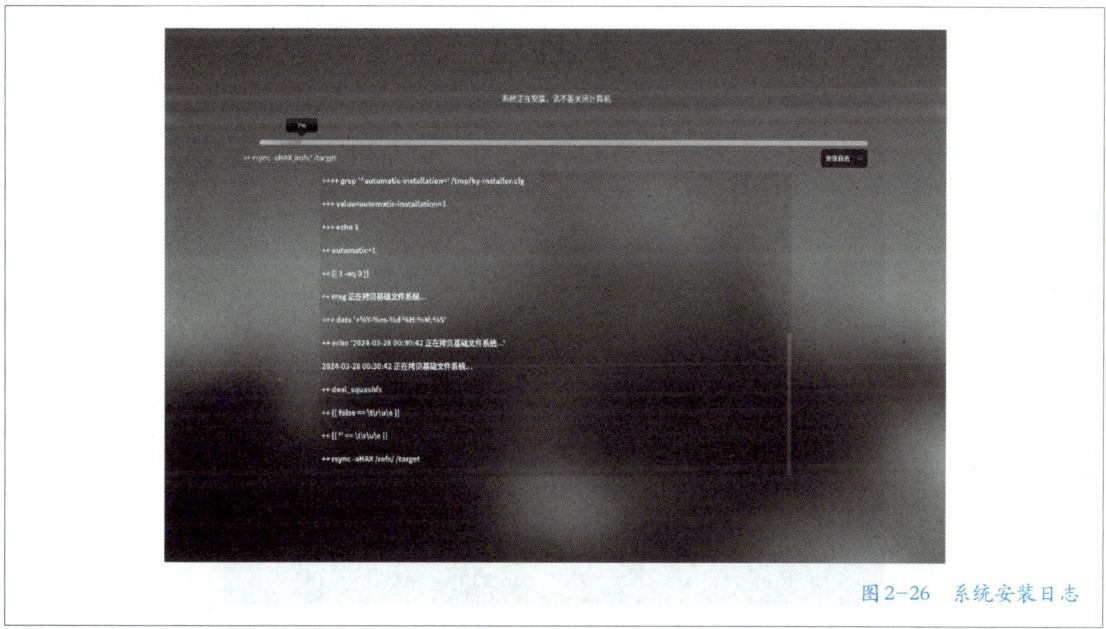

图 2-26 系统安装日志

• 系统安装完成后，界面如图 2-27 所示，单击"现在重启"按钮，系统重新启动。

图 2-27 安装完成界面

在重启过程中，系统会自动弹出光驱或提示"请取出安装介质，然后按回车键"，如图 2-28 所示。

图 2-28　取出安装介质提示

按照提示，取出光盘或 U 盘启动器后，按下回车键，等待系统重启。

● 待扫描文件系统等操作完成后，进入系统登录界面，如图 2-29 所示。

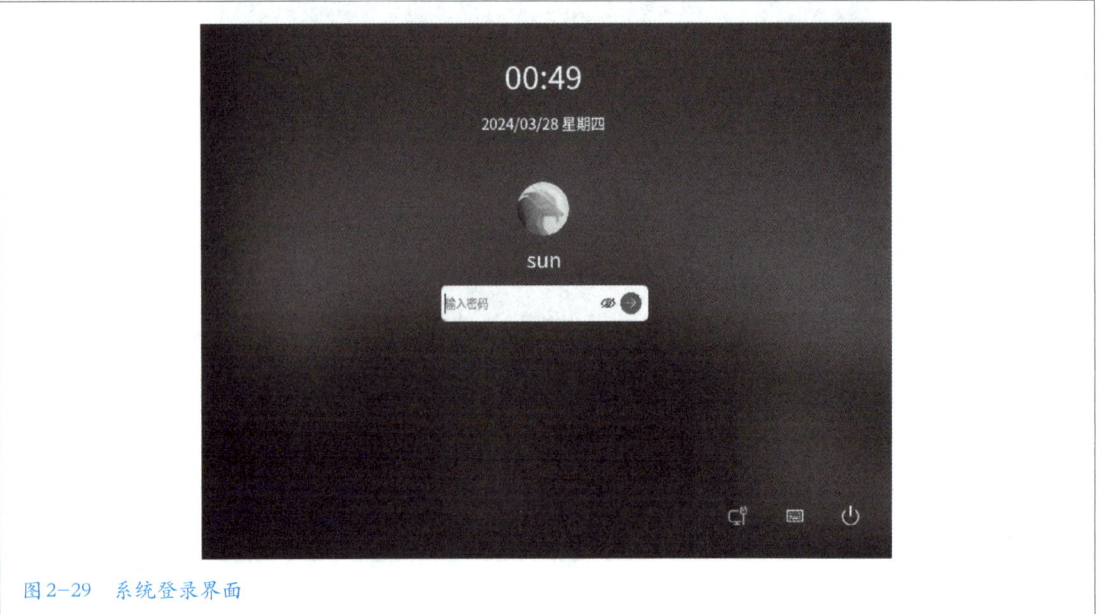

图 2-29　系统登录界面

• 输入正确的密码后，则进入系统桌面，如图 2-30 所示。

图 2-30　麒麟操作系统桌面

　　系统安装完成后，小孙开始仔细阅读产品用户手册，学习使用麒麟操作系统。

二、安装输入设备

1. 安装键盘

　　下面以国产京东京造 K1 SE 双模双系统蓝牙机械键盘为例介绍键盘的安装方法，K1 SE 键盘如图 2-31 所示。

图 2-31　K1 SE 键盘官方产品图

　　该款键盘支持 Windows 和 macOS 双系统，支持有线和蓝牙两种连接方式，最多可以同时连接 3 台设备，采用 87 键的布局模式。

下面以 Windows 10 操作系统为例介绍设备连接方式。（本书如无特别说明，Windows 系统均指 Windows 10）

（1）有线连接

将键盘背后的系统切换开关拨到 Windows 模式，将连接方式开关拨到 Cable 模式，键盘则进入与 Windows 系统的有线连接模式。随后将附赠的数据线 Type-C 端插入键盘背后对应的接口，数据线另一端插入计算机的 USB 接口。Windows 系统会自动识别到该键盘并进行快速配置，配置完成后键盘即可正常使用。采用有线连接方式时，键盘只能连接一台计算机设备。

（2）蓝牙连接

将键盘背后的系统切换开关拨到 Windows 模式，将连接方式开关拨到蓝牙（BlueTooth）模式，键盘则进入与 Windows 系统的蓝牙连接模式。

在第一次连接计算机时，首先同时长按键盘 Fn 和数字 1 键 4 秒，键盘进入蓝牙配对状态，此时键盘指示灯开始慢闪；打开 Windows 的开始菜单，单击"设置"选项进入设置主界面；单击"设备"按钮进入设备设置主页，在左侧菜单中选择"蓝牙和其他设备"，在右侧窗格中打开计算机的蓝牙功能，如图 2-32 所示。

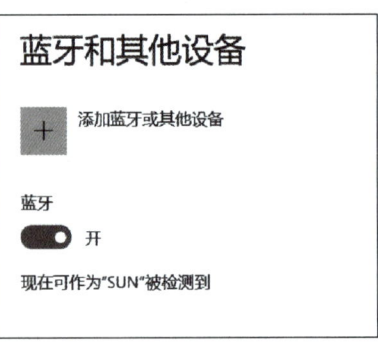

图 2-32　打开蓝牙功能

然后，单击"添加蓝牙或其他设备"选项，打开"添加设备"页面，如图 2-33 所示。

接着，单击"蓝牙"类型设备，此时计算机将搜索一定范围内可检测到的蓝牙设备，并显示在"添加设备"页面的列表中，如图 2-34 所示。

最后，在检测到的蓝牙设备列表中选择 Keychron K1 SE 键盘进行配对连接，连接成功后，显示设备就绪状态，如图 2-35 所示。

返回"蓝牙和其他设备页面"，在下方列表中可以看到计算机已经连接了 K1 SE 键盘，如图 2-36 所示。

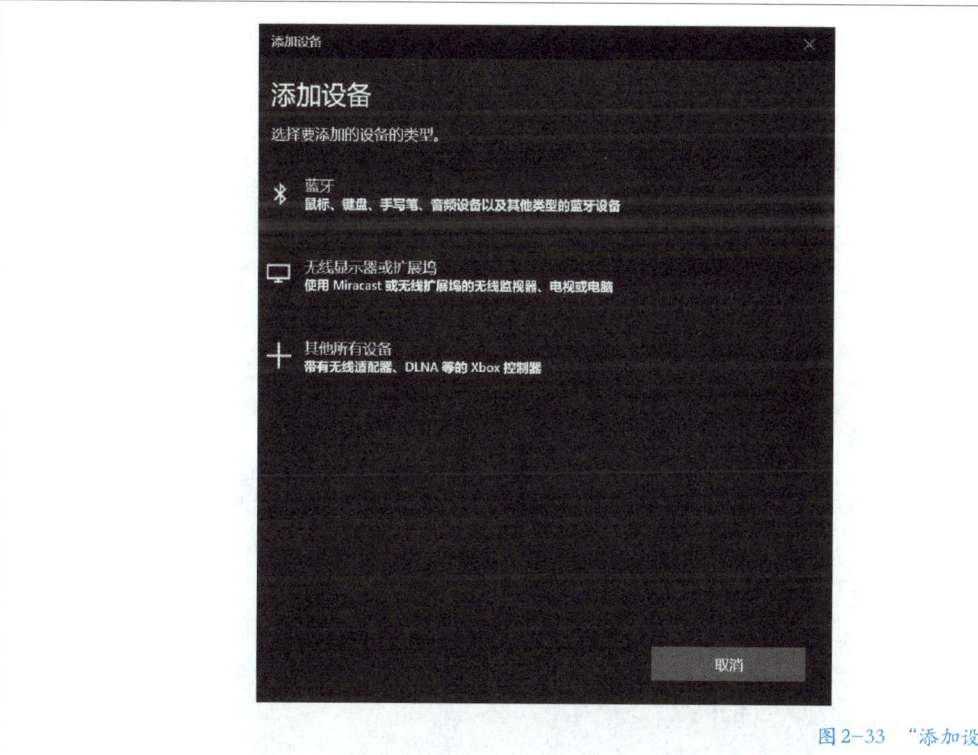

图 2-33 "添加设备"页面

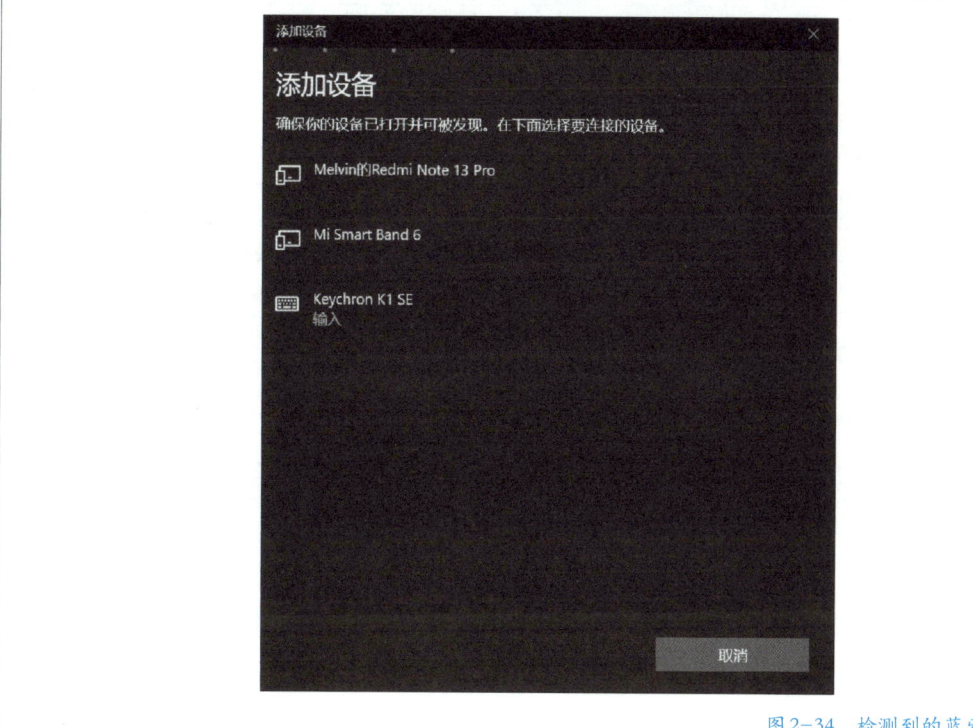

图 2-34 检测到的蓝牙设备列表

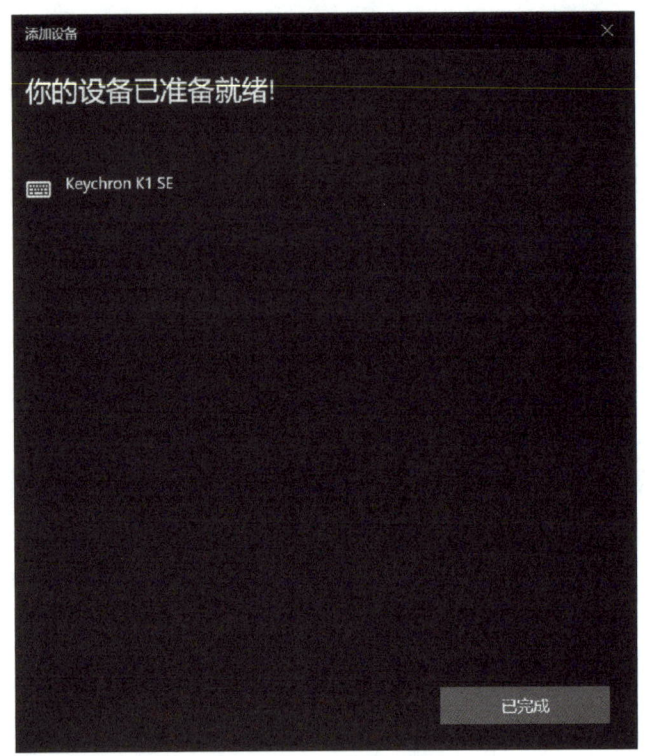

图2-35　键盘蓝牙连接成功

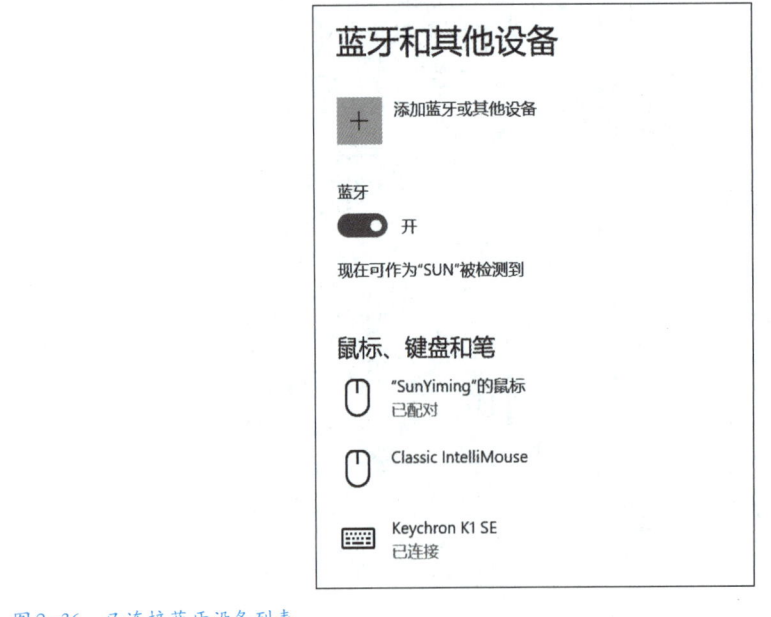

图2-36　已连接蓝牙设备列表

此时，键盘可以正常使用。如果要使用蓝牙连接其他设备，可采用同样的方法，在配对时同时长按 Fn 和数字 2 键，或 Fn 和数字 3 键。连接成功后，可以短按 Fn 和数字 1 键、Fn 和数字 2 键，或 Fn 和数字 3 键在 3 台设备之间进行切换。

2. 安装鼠标

下面以罗技 M750 L 鼠标为例介绍鼠标的安装方法，罗技 M750 L 鼠标如图 2-37 所示。

图 2-37　罗技 M750 L 鼠标官方产品图

该款鼠标支持 Windows 和 macOS 双系统，支持无线 USB 和蓝牙两种连接方式，最多可以同时连接 3 台设备。

（1）无线 USB 连接

该鼠标配置了一个无线 USB 接收器，它是一个小型的 USB 设备，将其插入计算机的 USB 接口后，Windows 系统会自动识别到该接收器，并做快速配置，此时打开 Windows 的开始菜单，单击"设置"选项进入设置主界面，单击"设备"按钮进入设备设置主页，在左侧菜单中选择"蓝牙和其他设备"，在右侧"蓝牙和其他设备"窗格中的"鼠标、键盘和笔"栏中可以看到"USB Receiver"，表明无线接收器已经可以正常使用，如图 2-38 所示。

连接成功后，在鼠标的背后短按设备切换按钮，指示灯在 1、2、3 三个设备标识之间切换。选择 1 号作为本次连接的设备号，长按切换按钮，鼠标与无线 USB 接收器开始连接。连接成功后，设备号下的指示灯常亮，即表示连接成功，此时鼠标可以正常使用。

将无线 USB 接收器插入其他计算机中，可以采用同样的方法进行连接，选择 2 号或者 3 号设备键来连接即可。由于鼠标只配备了一个无线接收器，因此，在采用此连接方式时，一只鼠标只能同时连接一台计算机设备。

图2-38 "蓝牙和其他设备"窗格

（2）蓝牙连接

为了使鼠标能同时连接多台设备，可以采用蓝牙的方式来连接，此时将不再需要无线 USB 接收器。

采用与键盘蓝牙连接类似的方式，可以将鼠标与计算机正确连接，在连接时长按鼠标背后的切换按钮，可以分别选择 1、2、3 号连接不同的计算机设备，从而实现鼠标与 3 台计算机设备的同时连接。

三、安装显示设备

公司分配给小孙的是笔记本计算机，已经内置了显示器，为了工作方便，小孙想要再外接一台显示器，主要能达到以下目的：

● 扩展屏幕空间：外接显示器可以极大地扩展屏幕空间，使用户能够同时查看更多的内容，能够更轻松地进行多任务处理，提高工作效率。例如，可以在笔记本计算机屏幕上查看电子邮件或浏览网页，而在外接显示器上打开另一个应用程序或文档，而无须在笔记本计算机屏幕上频繁切换窗口。

● 提升显示效果：外接显示器通常具有更大的屏幕尺寸、更高的分辨率和更好的色彩表现，能够提供更清晰、更逼真的图像和视频效果。这对于图形设计、视频编辑、游戏开发等需要高质量显示效果的场景尤为重要。

• 保护眼睛和缓解疲劳：长时间盯着笔记本计算机的小屏幕容易导致眼睛疲劳和视力下降，而外接显示器可以提供更大的字号和图标，减轻眼睛的负担；同时，通过调整显示器的亮度和对比度，可以获得更舒适的视觉体验。

• 提高工作效率和舒适度：外接显示器可以与笔记本计算机配合使用，形成更符合人体工学的办公环境。例如，用户可以将笔记本计算机放在桌面上，将外接显示器放置在与视线相同的高度，用户在查看屏幕时无须频繁低头或抬头，减少颈部和背部的疲劳感。

1. 外接显示器安装

小孙向公司申请购买了一台 AOC 品牌的 21 寸 4K 超高清分辨率的液晶显示器（LCD），该显示器采用的接口为高清多媒体接口（HDMI）以及 DisplayPort（简称 DP）。

将 HDMI 连接线的一端插入显示器背面的 HDMI 插座，另一端连接笔记本计算机的 HDMI 接口。如果笔记本计算机没有 HDMI 接口，可以购买相应的接口转换器或者相应接口的连接线。接通显示器电源，打开显示器开关，即可使用显示器。

2. 外接显示器设置

连接好显示器后，在 Windows 10 系统下，同时按下键盘上的 Windows 键和 P 键（简称 Win+P 组合键），打开"投影"菜单，如图 2-39 所示。

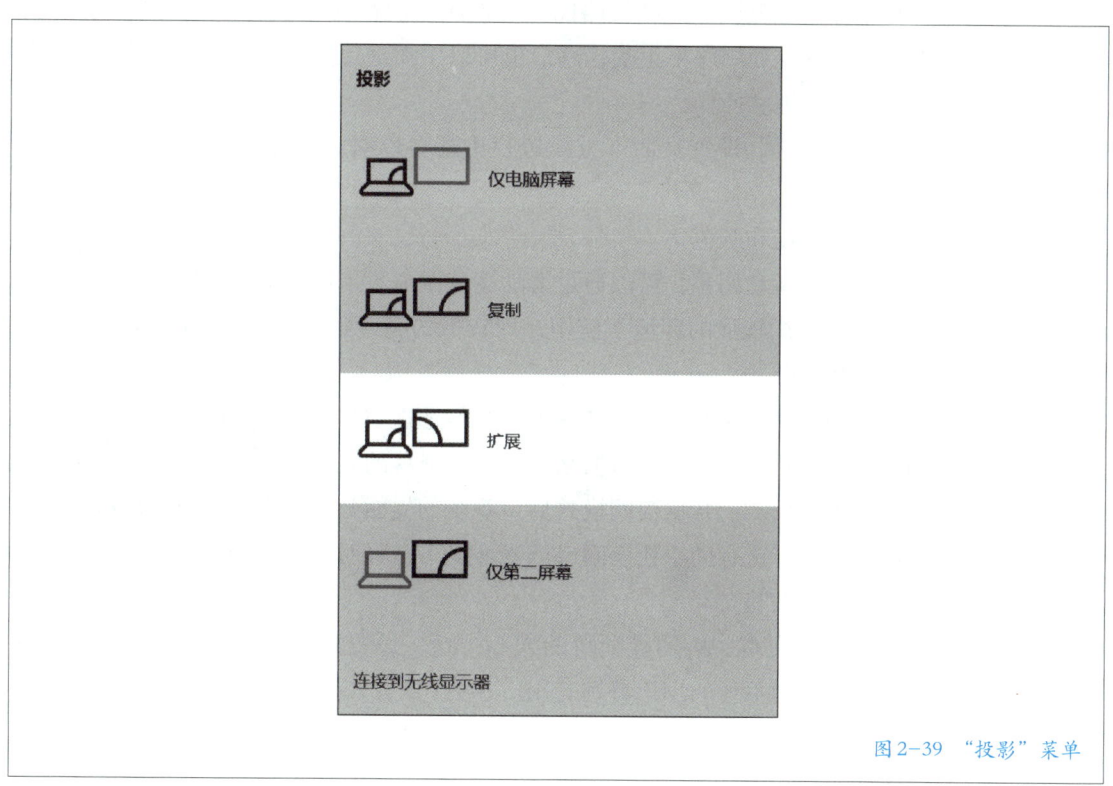

图 2-39 "投影"菜单

在"投影"菜单中，可以选择不同的显示模式，以适应使用的需求。

• "仅电脑屏幕"：此模式下，外接显示器将不会显示任何内容，只有笔记本计算机的主屏幕会显示内容。

• "复制"：此模式下，外接显示器将显示与笔记本计算机主屏幕相同的内容。

• "扩展"：此模式下，外接显示器将作为笔记本计算机主屏幕的扩展，可以将应用程序窗口拖动到外接显示器上，以扩展用户的工作空间。

• "仅第二屏幕"：此模式下，笔记本计算机主屏幕将不会显示任何内容，只有外接显示器会显示内容。

选择需要的显示模式后，Windows 10 将自动应用设置，并将内容显示到外接显示器上。

如果要对显示器进行详细设置，则打开 Windows 10 的"开始"菜单，单击"设置"选项打开 Windows 设置主界面，单击"设备"按钮进入设备设置主页，在左侧菜单中选择"屏幕"选项，在右侧窗格中可以看到屏幕的相关设置，如图 2-40 所示。

单击"检测"按钮，保证 Windows 10 能够检测到所有已连接的显示器。一旦系统检测到所有显示器，在"重新排列显示器"栏中可以看到所有已连接的显示器的缩略图。这些缩略图通常按照它们在物理空间中的排列顺序显示，如果它们的排列顺序不正确，用户也可以手动进行拖动调整。此设置有利于扩展显示时的拖动操作。

在"屏幕"设置页面下方设置栏中还可以对显示器进行其他设置，主要包括：

（1）亮度和颜色

• 亮度滑动调整：可以通过滑动亮度调节条来调整屏幕的亮度。较高的亮度适合在光线较强的环境下使用；而较低的亮度则适合在较暗的环境中使用，以减少视疲劳。

• 当光线变化时自动调节亮度：当勾选这项功能时，系统会根据当前环境的光线条件和用户的使用习惯来自动调整屏幕的亮度和颜色设置。

• 夜间模式：开启夜间模式后，系统的界面颜色将变为深色，以减少屏幕发出的蓝光。这有助于在夜间或低光环境下减轻对眼睛的刺激。

（2）缩放与布局

• 更改文本、应用等项目的大小：这一设置能使文本等更易于阅读或使用，对于视力不佳的用户特别有用。

• 显示器分辨率：可以在下拉框中选择显示器的分辨率，建议使用推荐值。

图2-40 "屏幕"设置页面

• 显示方向：对于支持旋转功能的显示器，可以更改其显示方向。这在某些特定应用场景（如展示长文档或网页）可能非常有用。

（3）多显示器

- 多显示器设置：可以实现与"投影"菜单同样的功能。
- 高级显示设置：单击该选项，可以在打开的页面中进一步调整显示器的刷新率等参数。这些设置通常对于追求最佳显示效果的用户或专业应用场景非常重要，如图 2-41 所示。

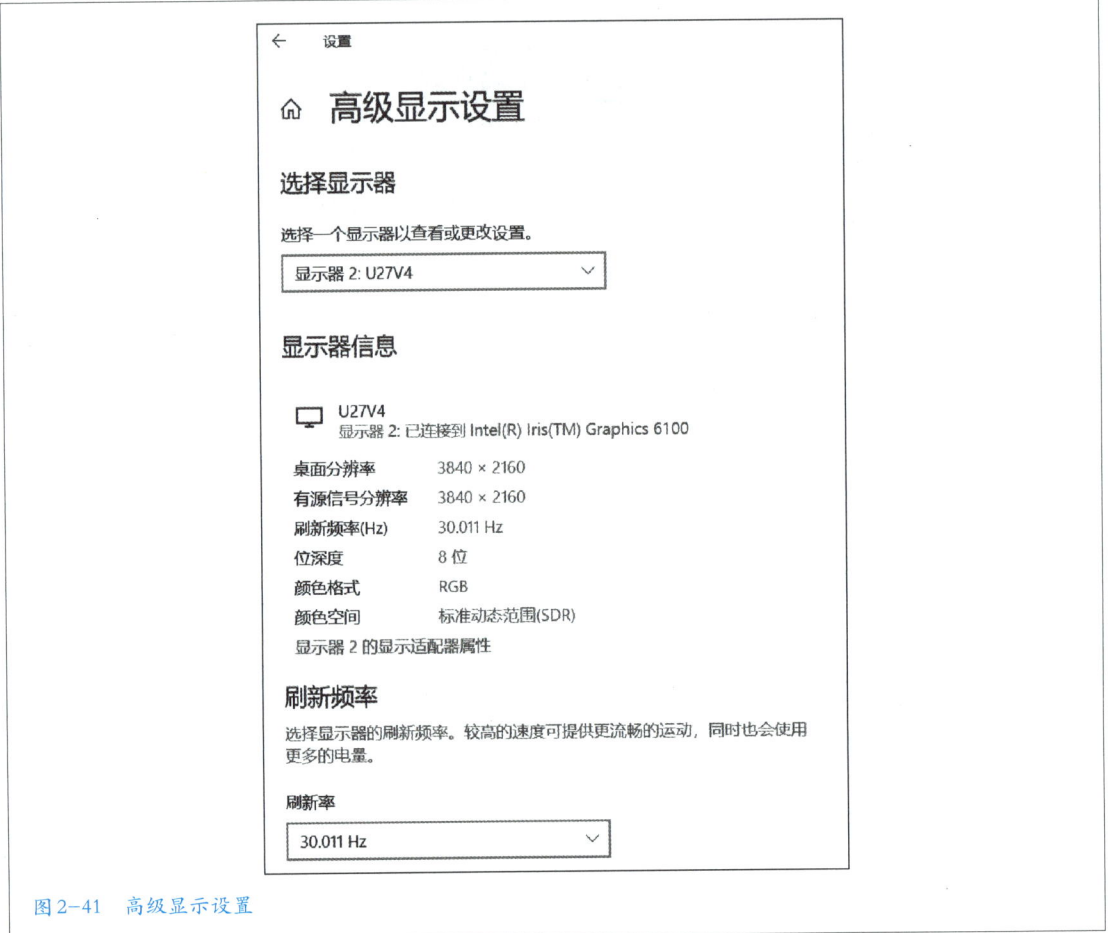

图 2-41　高级显示设置

另外，如果用户希望在使用外接显示器时合上笔记本计算机，可以在"电源选项"中进行设置。

- 打开"开始"菜单，在 Windows 系统文件夹中找到并单击"控制面板"，打开"控制面板"界面，如图 2-42 所示。
- 首先单击"硬件和声音"，然后单击"电源选项"，打开"电源选项"设置界面，如图 2-43 所示。
- 单击"电源选项"界面左侧的"选择关闭笔记本计算机盖的功能"，跳转到"定义电源按钮并启用密码保护"设置界面，如图 2-44 所示。

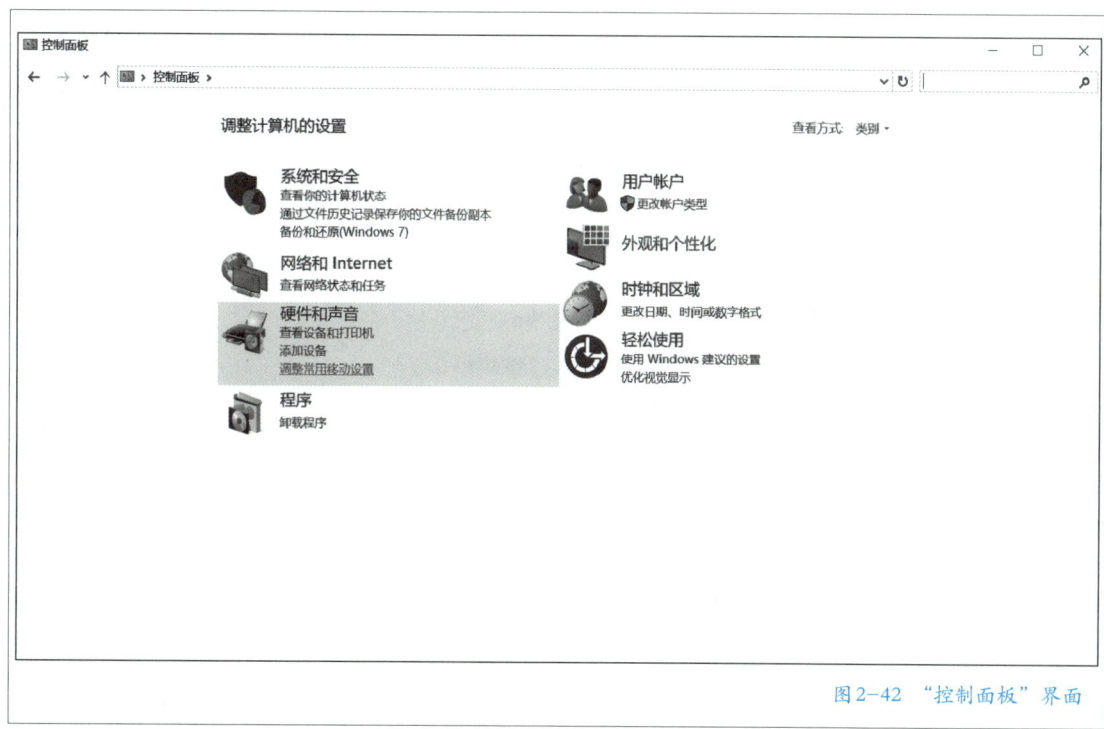

图2-42 "控制面板"界面

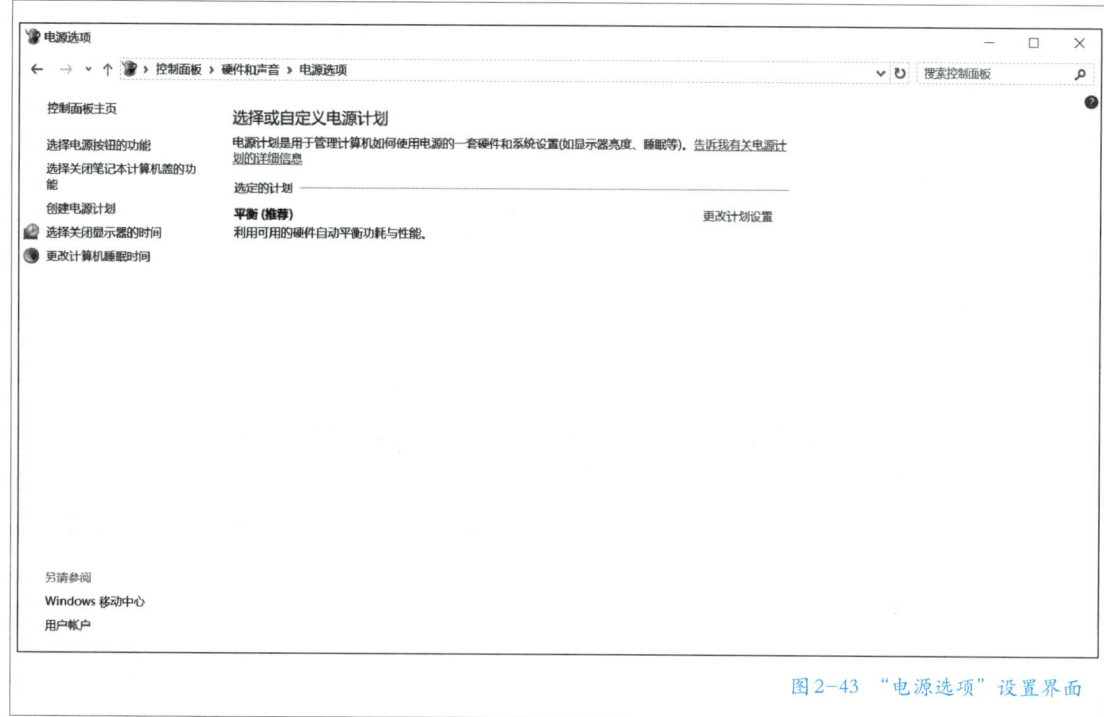

图2-43 "电源选项"设置界面

图2-44 "定义电源按钮并启用密码保护"设置界面

• 找到"关闭盖子时"选项，选择在使用电池或接通电源时"不采取任何操作"。这样，当连接外接显示器并合上笔记本计算机时，Windows 10 将继续在外接显示器上显示内容。

任务拓展

一、输入设备

1. 键盘

键盘是指一种操作计算机设备的指令和数据输入装置。它是计算机最常用也是最主要的输入设备，通过键盘可以将英文字母、汉字、数字、标点符号等输入计算机中，从而向计算机输入数据、发出命令等。

键盘可以分为标准键盘、多媒体键盘、游戏键盘、笔记本键盘等类型，不同类型的键盘有不同的特点和用途。标准键盘是最常见的键盘类型，也被称为普通键盘或办公键盘，它通常包含 104 个键，包括数字键、字母键、功能键和控制键等。多媒体键盘在标准键盘的基础上增加了一些多媒体功能键，适用于需要频繁使用多媒体设备的用户。游戏键盘是为游戏爱好者专门设计的，增加了部分快捷键，具有超强的反应速度。笔记本键盘是一种嵌入式键盘，直接嵌在笔记本计算机的机身中。

2. 鼠标

鼠标是计算机的一种外接输入设备，也是计算机显示系统纵横坐标定位的指示器，因形似老鼠而得名。其标准称呼为"鼠标器"（Mouse）。鼠标的使用是为了代替使用键盘的烦琐操作，从而使计算机的操作更加简便快捷。

鼠标按其工作原理和内部结构的不同可以分为机械式、光机式和光电式。鼠标可以对当前屏幕上的游标进行定位，并通过按键和滚轮装置对游标所经过位置的屏幕元素进行操作。鼠标的基本操作包括指向、单击、双击、拖动和右键单击。

- 指向：移动鼠标，将鼠标指针移到操作对象上。
- 单击：快速按下并释放鼠标左键。单击一般用于选定一个操作对象。
- 双击：连续两次快速按下并释放鼠标左键。双击一般用于打开窗口，启动应用程序。
- 拖动：按下鼠标左键，移动鼠标到指定位置，再释放左键。拖动一般用于选择多个操作对象、复制或移动对象等，也可以用来拖动窗口。
- 右键单击（可简称右击）：快速按下并释放鼠标右键，一般用于打开一个与操作相关的快捷菜单。

除了键盘和鼠标之外，计算机还有其他的输入设备，如扫描仪、触摸屏、手写板、游戏手柄等，这些设备适用不同的需求和场景。

3. 键盘和鼠标的连接方式

键盘和鼠标主要有有线连接、无线 USB 连接和蓝牙连接 3 种连接方式。

- 有线连接：有线连接是常见的最稳定的连接方式。通常使用 USB 接口或 PS/2 接口将键盘和鼠标直接连接到计算机上。这种连接方式的优点是传输速度快、稳定性高，适用于需要长时间稳定使用的场合。
- 无线 USB 连接：无线 USB 连接主要通过无线 USB 接收器实现。无线接收器通常是一个小型的 USB 设备，插入计算机的 USB 接口后，通过无线信号与键盘、鼠标进行通信。这种连接方式的优点是摆脱了线材的束缚，使用更加灵活方便，适用于需要移动使用的场合。但需要注意的是，无线 USB 连接可能会受到干扰，且有信号距离限制。
- 蓝牙连接：蓝牙连接也属于无线连接，蓝牙是一种广泛使用的无线通信技术，它可以使键盘和鼠标与计算机之间在短距离内进行数据传输。这种连接方式的优点是无须额外的接收器，只要计算机支持蓝牙功能，就可以与键盘和鼠标进行配对和连接。但蓝牙连接的传输速度可能略慢于有线连接，且在某些情况下可能会受到干扰。

二、输出设备

1. 显示器

显示器是计算机的标准输出设备，它的作用是将计算机内部的数据、图像、文字等信息以可视化的形式展现出来，供用户直观地进行查看和操作。

（1）显示器的分类

根据显示技术的不同，显示器可以分为多种类型，如阴极射线管（CRT）显示器、液晶显示器（LCD）和有机发光二极管（OLED）显示器等。

CRT显示器是早期常见的显示器类型，具有色彩鲜艳、亮度高、对比度高等优点，但体积大、重量大、功耗高，且容易产生辐射，现已基本被淘汰。

LCD是当前主流的显示器类型，具有体积小、重量小、功耗低等优点，广泛应用于各种计算机设备中。

OLED显示器则是近年来新兴的一种显示器类型，具有自发光的特性，能够实现更好的色彩表现、更高的对比度和更薄的机身设计。

（2）LCD的技术性能指标

● 分辨率：指显示屏能够显示的像素数量，通常以横向像素数和纵向像素数来表示。分辨率越高，显示的图像就越清晰。

● 亮度：指显示屏的光强度，较高的亮度可以提供更好的可见性，适用于光线比较强烈的环境中。但是，亮度并非越高越好，过高的亮度可能会导致眼睛疲劳。

● 对比度：指画面上某一点最亮时（白色）与最暗时（黑色）的亮度比值，它直接决定该液晶显示器能否表现出丰富的色阶。较高的对比度可以使图像更加鲜明，色彩更加丰富。

● 响应时间：这是液晶显示器的一个重要参数，包括黑白响应时间和灰阶响应时间两种。黑白响应时间是指液晶显示器各像素点对输入信号的反应速度，即像素点由全黑变为全白或由全白变为全黑所需要的时间。响应时间越短，显示动态图像时的拖影就越少，动态清晰度也就越高。

● 视角：全称为可视角度，是指用户从不同的方向清晰地观察屏幕上所有内容的角度。该数值越大越好，较大的视角范围意味着即使从斜角观看，图像也能保持稳定。

● 最大显示色彩数：这是衡量液晶显示器色彩表现能力的一个参数。最大显示色彩数越高，所显示的画面色彩就越丰富，层次感也越好。

● 色域、刷新率、点距、耗电量等也是液晶显示器的重要技术性能指标。

在选择显示器时，用户需要根据自己的使用需求和场景来选择合适的类型、尺寸和分辨率等参数。例如，一般的办公或娱乐场景，对分辨率、响应时间没有特殊需求，选择大众化产品即可；而对于图像和视频编辑、电竞或多任务处理场景，则需要选择分辨率高、刷新率快、响应时间短的显示器。此外，专业用户还需要考虑显示器的面板类型、色域和色准等参数，以获得更好的色彩表现和还原度。

（3）常见的显示器尺寸

计算机显示器尺寸用对角线长度衡量，以"英寸"为单位。目前常见的显示器尺寸主要有以下几种：

• 19英寸：这种尺寸的显示器曾经是台式计算机的主流选择，现在依然有一定的市场。它的分辨率通常较高，适合办公和日常使用。

• 20~24英寸：这个范围的显示器尺寸也比较常见，特别是在一般家庭和办公场所。它们能够提供良好的视觉效果和适中的屏幕空间。

• 27英寸：该尺寸的显示器被很多专业人士和游戏爱好者所青睐。这种大尺寸的显示器可以提供更好的视野和更高的分辨率，适用于专业图像处理、视频编辑、游戏等领域。

• 另外，市面上还有一些32英寸甚至更大的显示器可供选择，但这些通常比较适合特定的工作或娱乐需求。

除此之外，一些特定类型的显示器，如曲面显示器和全面屏显示器，尺寸可能会有所不同。曲面显示器常见的有34英寸、37英寸、40英寸等尺寸，能够带来更加沉浸式的体验。而全面屏显示器则追求更高的屏占比，即边框非常窄，屏幕面积相对于整个设备的比例更高，常见的尺寸为32英寸及以上。

（4）显示器的常用接口

显示器的常用接口主要有以下几种：

• VGA（Video Graphics Array）接口：一种模拟视频接口，通常用于连接台式计算机、老款笔记本计算机和投影仪。VGA接口，有3排共15针插孔，是目前最为大众化的显示接口。然而，由于其传输的是模拟信号，容易受到干扰，显示效果可能不如数字接口清晰。

• DVI（Digital Visual Interface）：一种数字视频接口，分为DVI-A（模拟信号）、DVI-D（数字信号）和DVI-I（模拟信号＋数字信号）3种类型。DVI通常用于连接电视机、投影仪，支持高分辨率和高刷新率的显示。

• HDMI（High-Definition Multimedia Interface）：一种数字高清多媒体接口，通常用于连接电视机、计算机显示器、投影仪、游戏机、蓝光播放器等设备。HDMI支持高清视频和音频传输，具有传输速度快、画质清晰等优点。

• DP（DisplayPort）：一种数字视频接口。DP支持高分辨率、高刷新率、多屏拼接等技术，展示更多画质内容。与HDMI相比，DP在传输速度、分辨率和支持的设备数量方面具有优势。

这些接口各有特点，用户可以根据自己的需求和设备的接口类型选择合适的连接方式。例如，对于需要传输高清视频和音频的设备，HDMI 或 DP 可能是更好的选择；而对于连接电视机或投影仪等场景，VGA 或 DVI 可能更为适用。

（5）显卡

前文提到，GPU 是显卡的核心部件。当计算机运行程序时，CPU 会产生一系列的图形指令和数据。这些指令和数据需要被发送到显卡进行处理，GPU 接收到这些指令和数据后，会对其进行解释和处理。GPU 利用内部的计算单元（流处理器）来执行复杂的图形计算，如 3D 渲染、图像缩放、视频编码等。处理完成后，显卡需要将数字信号转换为模拟信号，通过视频输出接口（如 HDMI、DVI、DP 等）传输到显示器上，显示器再将其转化为可视化的图像。

2. 投影仪

投影仪主要利用凸透镜成像原理，将物像放大投射到投影屏上。其内部构造包括光学系统、通风设备和电路等。光源产生的光线先照射到图像显示元件上产生影像，然后通过镜头进行投影。图像显示元件将投影灯的光线分成红、绿、蓝三色，再通过棱镜合成为一个图像，最后投影到屏幕上。投影仪在教育、商业等领域广泛使用。

（1）投影仪类型

数字光处理（DLP）投影仪：使用微镜阵列反射光线，通过色轮产生彩色图像。

液晶显示（LCD）投影仪：使用液晶面板控制光线，形成图像。

液晶硅（LCoS）投影仪：结合了 LCD 和 DLP 技术的优点，提供高对比度和较好的色彩表现。

发光二极管（LED）投影仪：使用 LED 作为光源，具有较长的使用寿命和较低的能耗。

（2）投影仪技术参数

亮度：投影仪的亮度通常以流明（lumen）为单位，符号为 lm 亮度越高，投影图像在明亮环境下的可见度越好。

对比度：对比度是投影仪显示最亮和最暗区域的能力，高对比度可以提供更清晰、更生动的图像。

分辨率：分辨率决定了投影图像的清晰度，常见的分辨率有 480P、720 P、1080 P 和 4K 等。

投影距离和屏幕尺寸：投影仪的投影距离和屏幕尺寸是选择投影仪时需要考虑的重要因素。短焦投影仪可以在较短的距离内投射较大的图像，适合空间有限的场景。

连接方式：现代投影仪通常支持多种连接方式，如 HDMI、VGA、无线连接等，方便与计算机、手机和其他设备连接。

三、程序设计语言及其处理程序

计算机程序是指一组指示计算机完成特定工作的指令，通常用某种程序设计语言编写，运行于计算机上。程序设计语言通常分为 3 类。

1. 机器语言

机器语言就是由 "0" 和 "1" 组成的二进制代码，是计算机唯一能直接识别、直接执行的计算机语言。机器语言依赖于计算机指令系统，不同的计算机指令系统，其机器语言是不同的，因此存在兼容性问题；机器语言的执行效率高，但是不便于记忆和理解，编写的程序难以修改和维护，因此人们很少直接使用机器语言编写程序。

2. 汇编语言

汇编语言是机器语言的进化，它用助记符来表示机器语言中的指令和数据，每一条汇编语言的指令对应一条机器语言的代码。由汇编语言编写的程序不能直接由计算机执行，必须先转换成计算机能直接识别的二进制代码。汇编语言源程序的执行过程如图 2-45 所示。

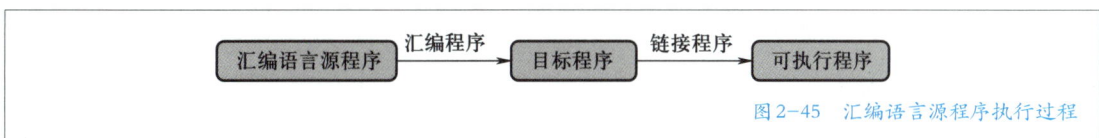

图 2-45　汇编语言源程序执行过程

编写汇编语言程序比编写机器语言程序简单，但是汇编语言和机器语言都是面向机器的程序设计语言，仍然属于低级语言，与运行的计算机的指令系统相关，程序的可移植性差。

3. 高级语言

高级语言是一种与硬件结构及指令系统无关，表达方式比较接近自然语言和数学表达式的计算机程序设计语言。高级语言描述问题能力强，通用性、可读性、可维护性都较好。但是，高级语言的源程序不能被计算机直接识别，仍然需要转换。转换的方式有编译和解释两种，高级语言源程序的两种执行过程如图 2-46 所示。

编译方式是先利用编译程序将源程序整个编译成等价的、独立的目标程序，然后通过链接程序将目标程序链接成可执行程序。

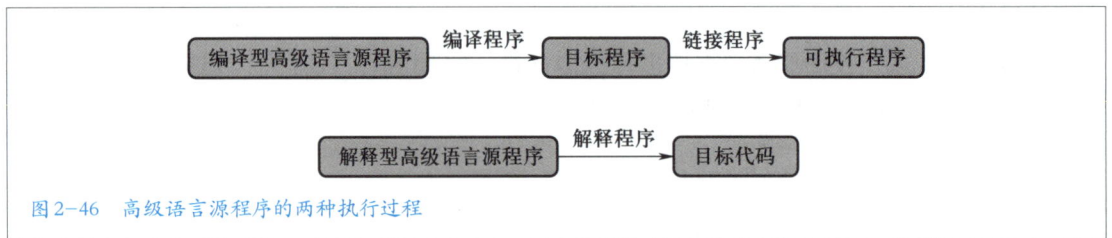

图 2-46　高级语言源程序的两种执行过程

　　解释方式是将源程序通过解释程序逐句翻译，翻译一句执行一句，边翻译边执行，不产生目标程序。在整个执行过程中，解释程序一直在内存中。

　　常见的高级语言有 C/C++、Java、Python、C#、Pascal、Basic 等。

任务3　设置无线网络

任务描述

小孙的公司目前共有 12 间办公室，其中 4 间大办公室，每间办公室 18 个人；8 间小办公室，每间办公室 1 个人。该公司办公室布局如图 3-1 所示。办公室内设有有线网络端口，在现有基础上，小孙想给公司搭建一个无线网络，方便同事们日常办公。

办公室5	办公室6	办公室1	办公室2
办公室7	办公室8		
办公室9	办公室10	办公室3	办公室4
办公室11	办公室12		

图 3-1　办公室布局图

思维导图

任务 3 思维导图如图 3-2 所示。

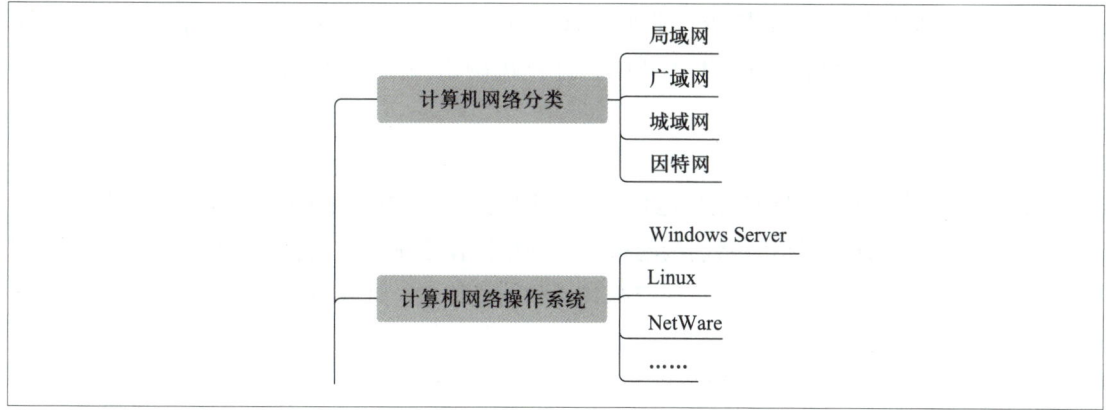

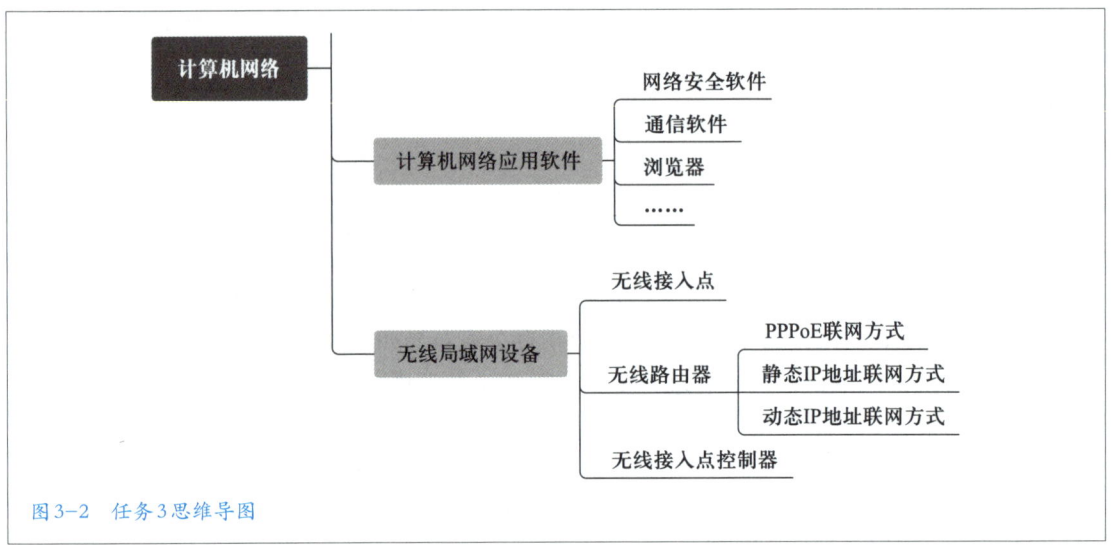

图3-2　任务3思维导图

知识准备

一、认识计算机网络

1. 计算机网络发展历史

20世纪60年代，美国国防部为了设计一个分散的指挥系统，以提高安全性和确保军事指挥信息的畅通，开始了对计算机网络的研究。1969年，美国国防部高级研究计划署（ARPA）建立了"阿帕网（ARPANET）"，这是计算机网络发展过程中的一个里程碑。最初，ARPANET由4台大型计算机组成，供科学家们进行计算机联网实验用，这就是互联网的前身。ARPANET采用了TCP/IP协议，此后，TCP/IP协议的广泛应用为互联网的形成奠定了基础。20世纪90年代开始，计算机网络向全球化、高速化和智能化的方向发展。

2. 计算机网络的原理和应用

计算机网络是将地理位置不同的具有独立功能的多台计算机及其外部设备，通过通信线路连接起来。在网络操作系统、网络管理软件及网络通信协议的管理和协调下，实现资源共享和信息传递。计算机网络最重要的特性是连通性和共享性。

计算机网络的应用场景非常广泛，在网络办公、电子商务、娱乐社交、远程教育等领域都离不开计算机网络的支持，计算机网络已经渗透到现代生活的方方面面。

3. 计算机网络分类

（1）局域网

局域网（Local Area Network，缩写为 LAN）是将一定区域内的各种计算机、外部设备和数据库连接起来形成的计算机通信网。局域网通过专用数据线路与其他地方的局域网或数据库连接，形成信息处理系统。局域网通过网络传输介质将网络服务器、网络工作站、打印机等网络互联设备连接起来，实现系统管理文件、共享应用软件、共享办公设备等通信服务。局域网一般属于一个部门或单位，是封闭型网络，在一定程度上能防止信息泄露和外部网络攻击，具有较高的安全性。

（2）广域网

在一个较大范围内，并且超过集线器所能连接的距离时，必须要通过路由器来连接，这种网络类型称为广域网（Wide Area Network，缩写为 WAN）。例如，一家公司在一个国家的不同城市有 A、B、C、D 等分部，甚至在其他国家也有分部，把这些分部以专线方式连接起来，即构成广域网。

广域网的数据传输介质主要是电话线或光纤，由互联网服务提供商（ISP）预先铺设线路，因为工程浩大，维修不易，而且带宽是可以根据需求进行调整的，因此广域网的价格会根据带宽不同而不同。

（3）城域网

城域网（Metropolitan Area Network，缩写为 MAN）是作用范围在广域网与局域网之间的网络，其网络覆盖范围通常可以大到整个城市。城域网借助通信光纤将多个局域网联通，共用城市网络，这不仅使局域网内的资源可以共享，局域网之间的资源也可以共享。例如，将政府各部门、各机构连接在一起，组成政务城域网，实现政务信息的共享和交流。政务城域网是政府信息化建设的重要组成部分，通过它，政府可以更加高效地处理各种事务，提高政务服务水平，保障政务数据安全。

（4）因特网

因特网（Internet）是连接个人计算机、服务器、电话和智能设备的全球网络，它们使用传输控制协议（TCP）标准相互通信，以实现信息和文件的快速交换和其他类型的服务。因特网是全球最大、覆盖范围最广的计算机网络，在教育、医疗、金融、娱乐等领域广泛应用。例如，淘宝、京东等电子商务平台，微信、微博等社交媒体平台，国家智慧教育公共服务平台、中国大学MOOC 等在线教育平台均是基于因特网为用户提供服务的平台。

4. 计算机网络操作系统

计算机网络操作系统（Network Operating System，缩写为 NOS）是网络的心脏和大脑。它通过网络通信协议来实现计算机之间的连接和通信，并提供共享资源的管理、数据的存储与转发、用户认证、安全防护等功能。常见的网络操作系统有 Windows Server、Linux、NetWare 等。它可以用于搭建企业网络，并提供文件共享、打印共享、邮件服务、数据库服务等多种网络服务，还可以用于搭建云服务、构建物联网平台、实现虚拟化等多种场景。例如，阿里云是云服务提供商，它使用自主研发的飞天操作系统作为其底层支撑，飞天操作系统是一个大规模分布式系统，用于管理和调度阿里云数据中心内的数百万台服务器，提供弹性的计算、存储服务，同时确保高可用性和数据安全性。

5. 计算机网络应用软件

计算机网络应用软件是基于计算机网络操作系统提供的服务和接口，为用户提供各种具体的网络应用功能的软件。这些软件通常用于帮助用户使用互联网传输文件、发送电子邮件、进行在线聊天等。网络应用软件需要依赖网络操作系统提供的网络通信和数据传输功能才能正常工作。常用的网络应用软件有网络安全软件、通信软件、浏览器等。

二、无线局域网

1. 无线局域网概述

无线局域网（WLAN）是一种使用无线通信技术连接计算机设备的局域网。与传统的有线局域网相比，无线局域网通过无线信号传输数据，允许设备在不受物理连接约束的情况下进行通信。这种技术在移动性、灵活性和便携性方面提供了更大的自由度。

2. 无线局域网的应用

（1）公共场所

在咖啡厅、图书馆、机场等公共场所为用户提供无线网络，方便用户进行互联网访问和办公。

（2）家庭生活

在家庭内部，无线局域网不仅可以提供互联网访问功能，还可以使各种设备互相连接，提供物联设备控制等服务。例如，在家庭内构建无线局域网，可连接智能门锁、扫地机器人、智能窗帘、摄像头等设备，实现远程控制家用电器、定时开关设备等功能。

（3）移动办公

无线局域网可以连接各种移动设备，如笔记本计算机、平板计算机和智能手机，移动设备可以通过无线局域网实现灵活的移动办公。无线局域网在移动办公中的应用极大地提高了办公的灵活性和效率。它不仅打破了传统有线网络的束缚，还为员工提供了更加便捷、高效和安全的网络接入方式。

3. 无线局域网设备

（1）无线接入点

无线接入点（Access Point，缩写为 AP），主要作用是为智能手机、平板计算机、笔记本计算机等无线设备提供网络连接，使它们可以访问互联网并进行通信。简单来说，AP 就是一个将有线网络转换为无线网络的设备，让用户在无线网络信号覆盖范围内可以自由地使用无线网络，覆盖半径为几十米至上百米。

AP 类型很多，按功能来分，可分为室内 AP 和室外 AP。室内 AP 功率为100 mW 以内，室外 AP 大于 500 mW。按接入模式来分，可分为"胖"AP 和"瘦"AP。"胖"AP 无须接入无线接入点控制器（AC），"瘦"AP 要和 AC 一起使用来调节漫游等功能。按用途来分，可分为面板 AP、吸顶 AP、放装型 AP等。用户可根据使用场景不同来选择不同的 AP。

（2）无线路由器

无线路由器是一种用于连接互联网的设备，属于"胖"AP 模式，可以看作一个转发器。它与宽带网络连接，将网络信号转发至附近的无线设备上，如笔记本计算机、智能手机、平板计算机，以及其他带有 Wi-Fi 功能的设备。目前流行的无线路由器一般都支持多个无线设备同时在线使用，信号覆盖半径为数十米至上百米。无线路由器常见的联网方式有 PPPoE、静态 IP 地址、动态 IP 地址 3 种。

① PPPoE 联网方式

PPPoE 是一种基于以太网的点对点协议（Point-to-Point Protocol，缩写为PPP），即通常人们所说的宽带拨号方式，它实现了用户主机和网络服务器之间的连接。在这种方式下，用户需要输入用户名和密码进行身份验证，验证通过后才能连接到互联网。

② 静态 IP 地址联网方式

使用这种方式上网时，路由器被分配一个固定的 IP 地址，因此也称为固定 IP 地址联网方式，该地址不会随时间或网络连接状态的变更而改变。这种方式在网络连接中提供了高度的稳定性和可管理性，尤其适用于需要长期保持网络连接稳定性的场景，如企业网络、服务器运行、远程访问等。

③ 动态 IP 地址联网方式

无线路由器的动态 IP 地址联网方式，又称为 DHCP 联网或自动获取IP 地址联网，是互联网服务提供商为路由器动态分配 IP 地址的一种上网方式。采用这种方式下，用户无须手动设置 IP 地址、子网掩码、网关和域名服务器（Domain Name Server，缩写为 DNS）地址，这些参数由路由器自动从互联网服务提供商获取，并分配给连接到路由器的设备。动态 IP 地址是临时的，网络设备每次连接到互联网时都会改变，而静态 IP 地址是固定的，不会改变。对于大多数家庭用户来说，动态 IP 地址已经足够满足日常上网需求。

（3）无线接入点控制器

无线接入点控制器（Wireless Access Point Controller），简称为接入控制器（Access Controller，缩写为 AC）是一种专用于管理"瘦"AP 的设备。AC 负责集中管理和控制网络中的多个"瘦"AP，实现对无线网络资源的优化和配置。在办公楼、学校、商场、酒店、机场、医院等场所，AC 可以实现对无线网络的集中化管理和优化，确保用户能够获得高质量的无线网络服务。同时，AC 还可根据用户的需求和喜好，提供个性化的网络服务，优化用户体验，保障网络安全。

任务实施

一、设计一体化网络方案

办公环境既要满足每位员工的无线上网需求，也要保障每个工位的有线上网需求。小孙考虑了两个方案。

方案一：公司有线网络已经建好，如果无线网络采用"瘦"AP 模式，需要新增 AC、"瘦"AP 和支持以太网供电的交换机（POE）等设备，此外，"瘦"AP 的安装还需要放线施工，成本较高。

方案二：考虑到公司办公室数量不多，在不改变原有网络结构的情况下，给每个办公室配一台无线路由器即可满足无线上网需求。其中，为每个小办公室配置一台普通无线路由器；为每个大办公室配置一台高配置、高并发和高性能的企业级无线路由器。

结合需求和造价，小孙最终选择方案二。为保障从运营商光纤接入的网络带宽不衰减，所有办公室路由器都直接上联三层汇聚交换机，由三层汇聚交换机接入路由器，再由路由器接入运营商的光纤。该公司一体化网络拓扑图如图 3-3 所示。

按图 3-3 所示的网络拓扑结构，原有的有线网络架构不用改变，只需配置每个房间的无线路由器，并增加三层汇聚交换机即可。三层汇聚交换机同时具有开放系统互连（Open System Interconnect，缩写为 OSI）参考模型中数据链路层的交换功能和网络层的路由功能。三层汇聚交换机 H3C 5130S-52P 设备外观如图 3-4 所示。

三层汇聚交换机通过上联光口与主路由器的 LAN 接口进行互联，三层汇聚交换机的上联接口为 49~52 光口，支持千兆和万兆速率上联，可以根据主路由器的 LAN 接口速率选择千兆或者万兆光模块，将光纤跳线一端接入三层汇聚交换光模块接口，另一端接入主路由器的 LAN 光模块接口，即可完成三层汇聚交换机与主路由器的互联。

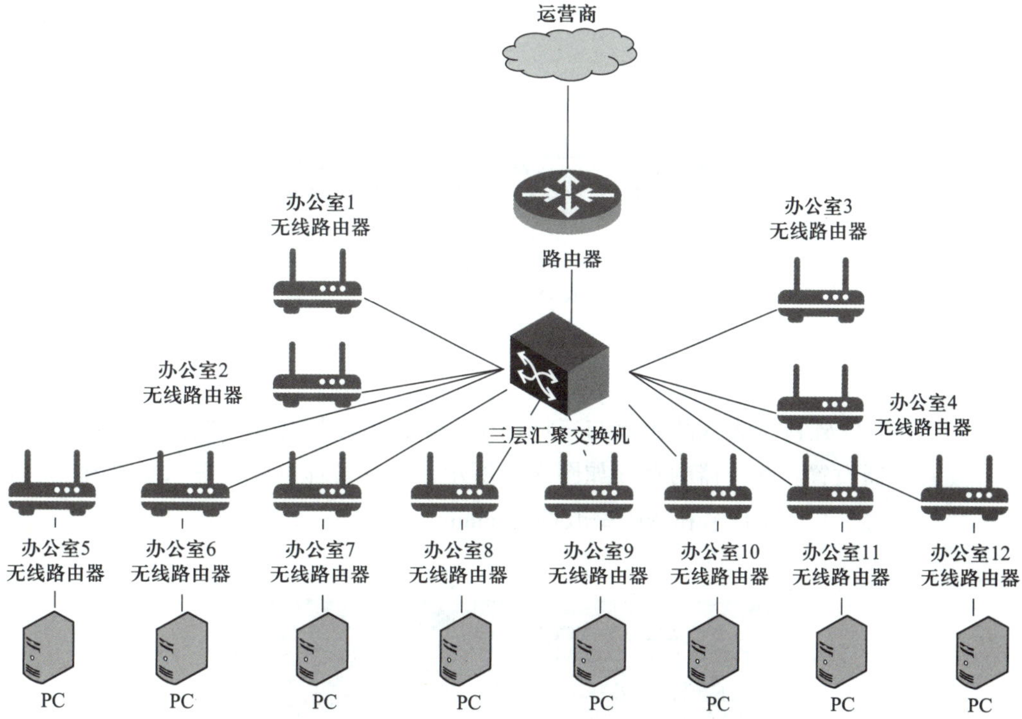

图3-3　公司一体化网络拓扑图

图3-4　三层汇聚交换机 H3C 5130S-52P

二、设置小办公室无线路由器

办公室 5、办公室 6、办公室 7、办公室 8、办公室 9、办公室 10、办公室 11 和办公室 12 为小办公室，它们的无线路由设置是一样的。

首先，将无线路由器连接电源；然后，将网线的一端插入无线路由器的 WAN 接口，另一端插入办公室墙上或者地面上预留的有线口，即可将无线路由器连接至三层汇聚交换机。

下面以 TP-LINK AC1200 为例介绍无线路由器配置。该设备外观如图 3-5 所示。

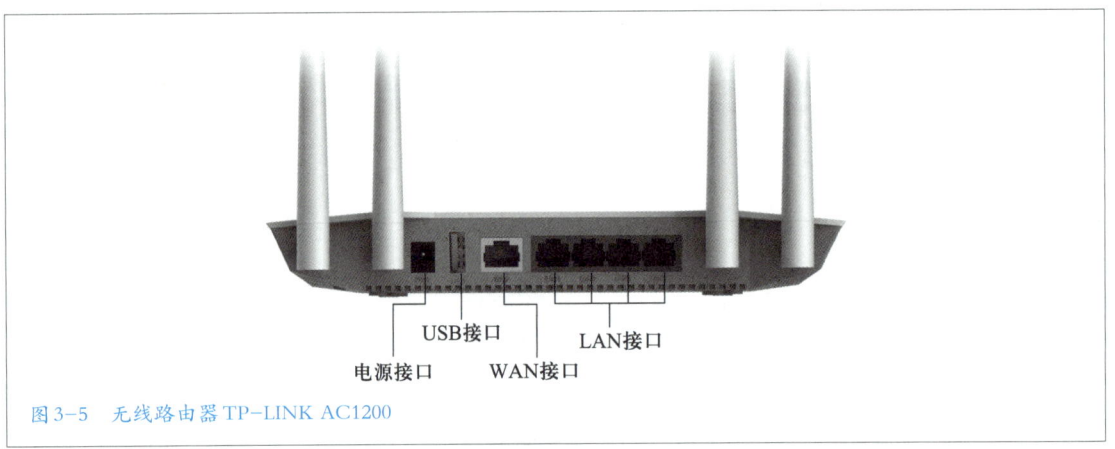

图 3-5　无线路由器 TP-LINK AC1200

连接好无线路由器与三层汇聚交换机后，打开无线路由器电源进行路由器设置。路由器的背面如图 3-6 所示，印有管理页面的登录地址和无线名称等，初始用户名和密码一般均为 admin。

图 3-6　无线路由器背面

由于每一台无线路由器在默认情况下都是开启动态主机配置协议（Dynamic Host Configuration Protocol，缩写为 DHCP）服务的，因此，计算机通过无线方式连接到路由器时，路由器会自动为其分配一个 IP 地址。所以，此时不需要对计算机进行 IP 地址设置，只需要连接即可。连接步骤如下：

1. 连接无线路由器

单击 Windows 系统任务栏右下角的"网络"图标，如图 3-7 所示。

打开无线信号列表，如图 3-8 所示。选择要配置的无线路由器信号名称为 TP—LINK_1607，这个无线信号名称与无线路由器的名称是一致的，单击"连接"按钮，将计算机连接到路由器。

图 3-7 任务栏"网络"图标

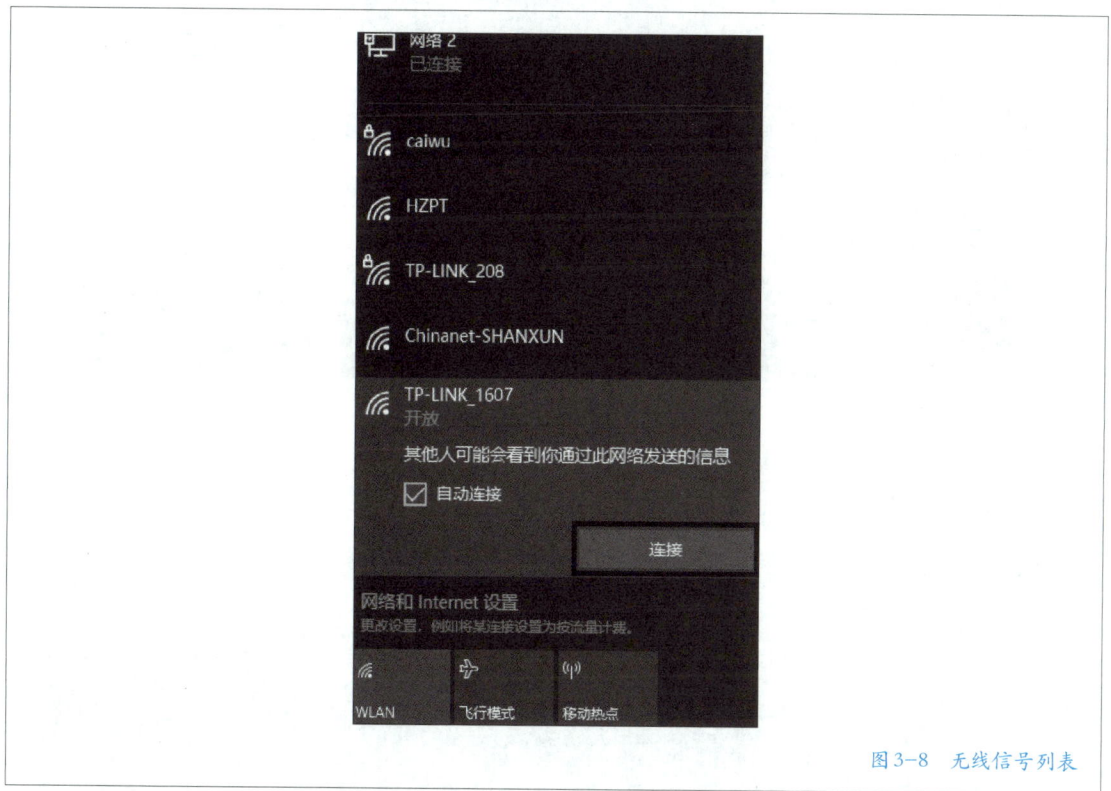

图 3-8 无线信号列表

2. 登录路由器管理界面

打开浏览器，在地址栏中输入路由器的 IP 地址 192.168.0.1，打开路由器登录界面，首次登录需要强制更改密码，如图 3-9 所示。单击"确定"按钮，打开路由器管理界面，如图 3-10 所示。

3. 设置路由器基本参数

打开路由器管理界面后，用户可根据需要完成基本网络参数的设置。单击"路由设置"图标，如图 3-11。选择"上网设置"菜单进入基本设置界面，如图 3-12 所示。

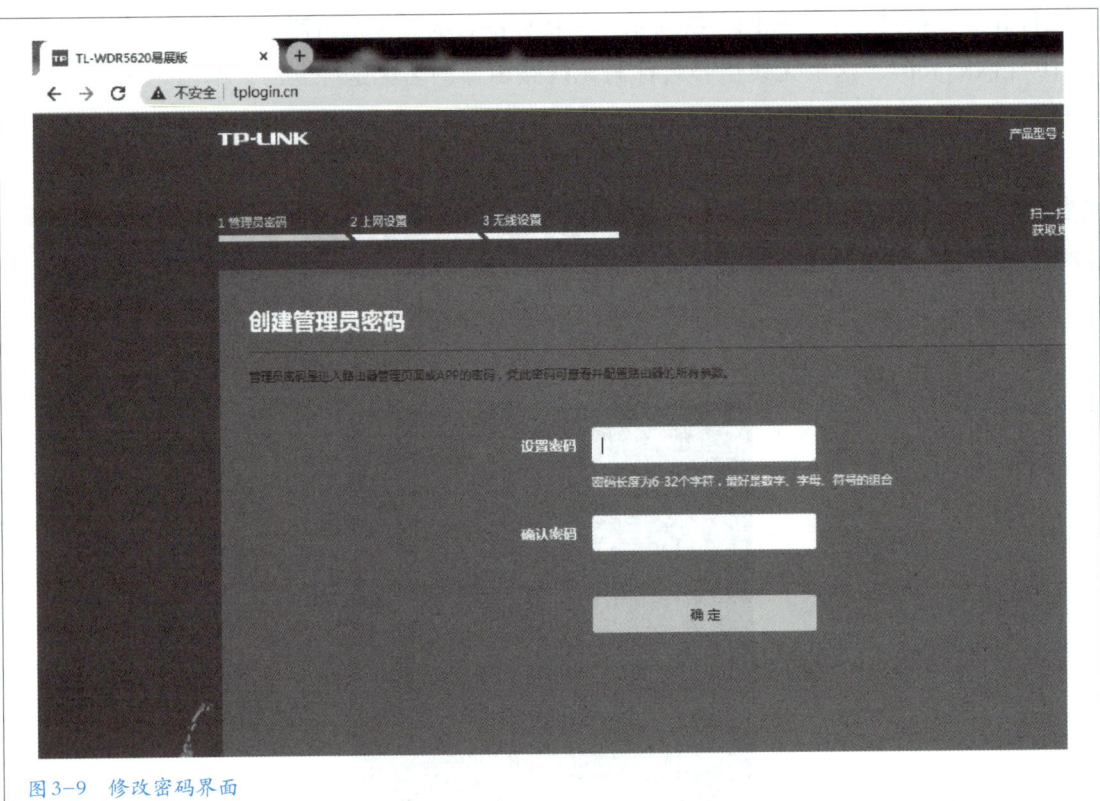

图3-9 修改密码界面

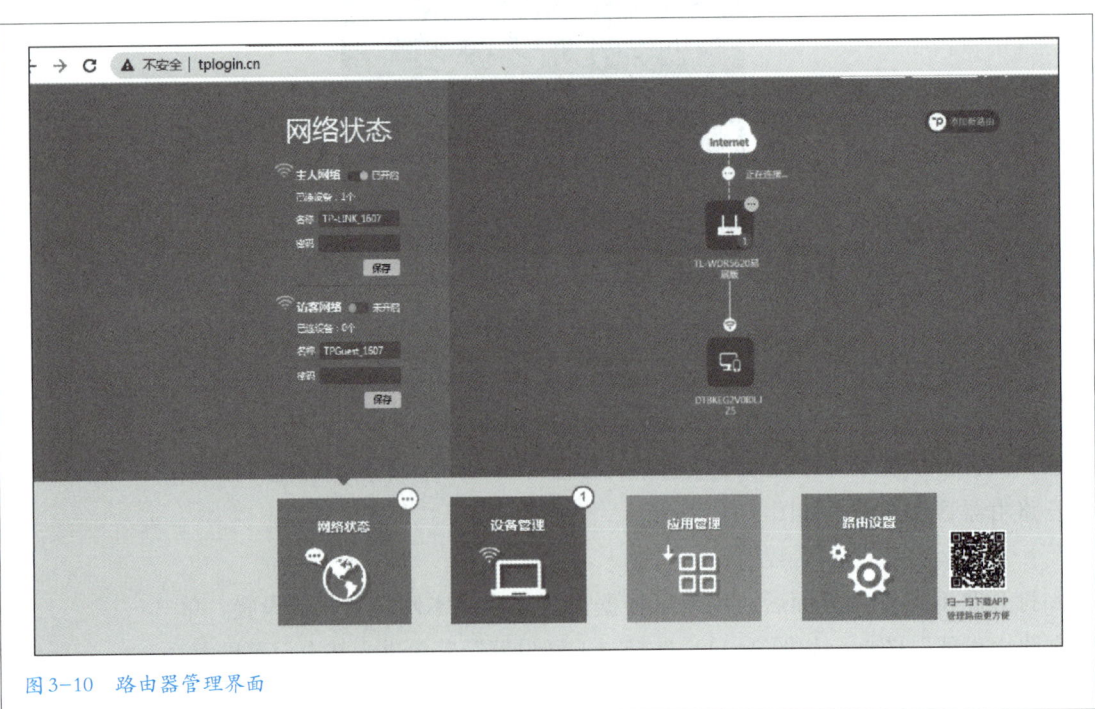

图3-10 路由器管理界面

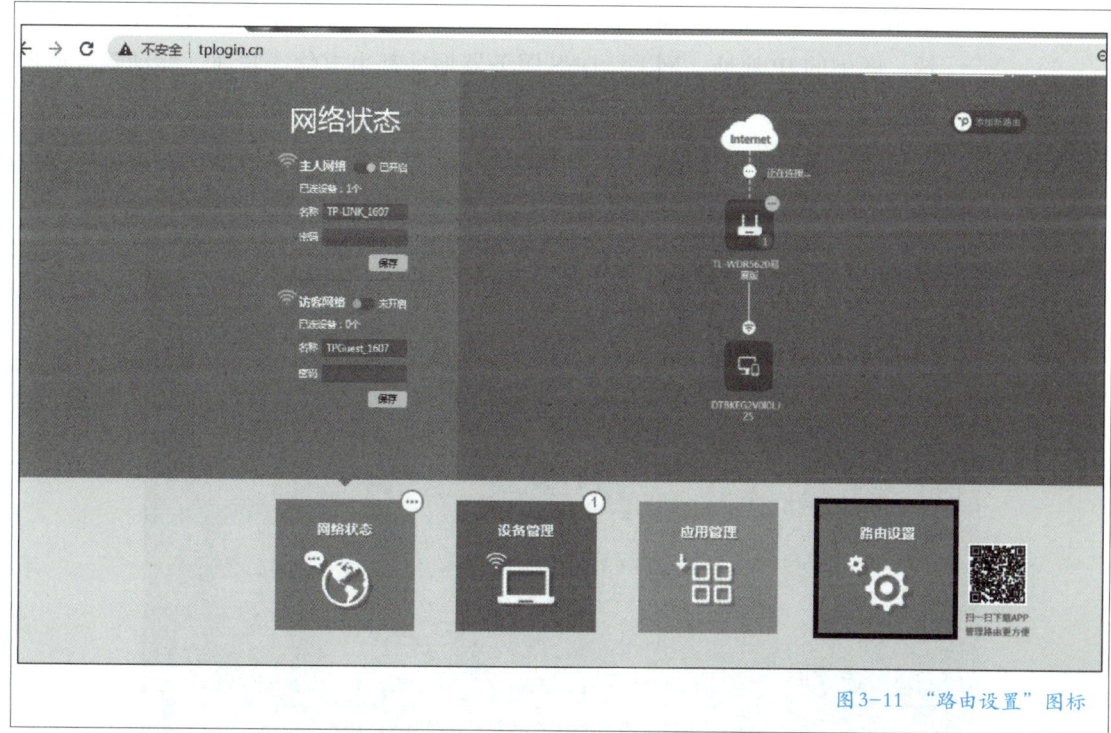

图3-11 "路由设置"图标

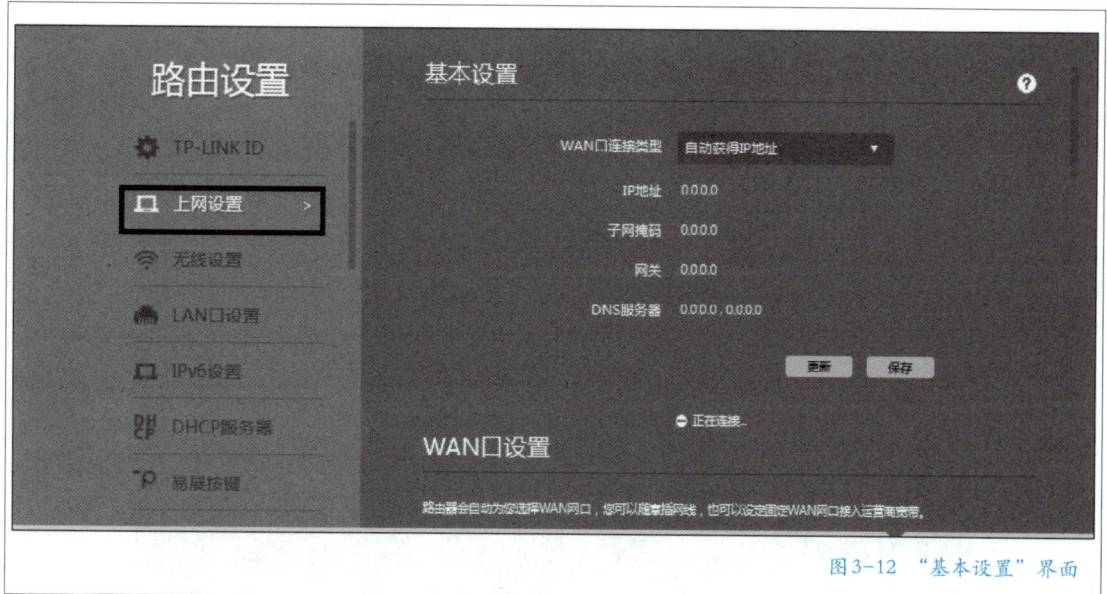

图3-12 "基本设置"界面

　　在"基本设置"界面的"WAN口连接类型"下拉列表中，有"宽带拨号上网""固定 IP 地址"和"自动获得 IP 地址"3 种联网方式，互联网服务提供商主要采用的是"宽带拨号上网"和"固定 IP 地址"的联网方式。用户可根据实际情况进行选择。宽带拨号方式常用于家庭联网，配置信息如图3-13

所示。"固定 IP 地址"联网方式通常用于企事业单位，配置信息如图 3-14 所示，图中的 IP 地址、网关、DNS 服务器地址都由电信、联通、移动等互联网服务提供商提供。完成配置后，单击"保存"按钮，即可访问互联网。

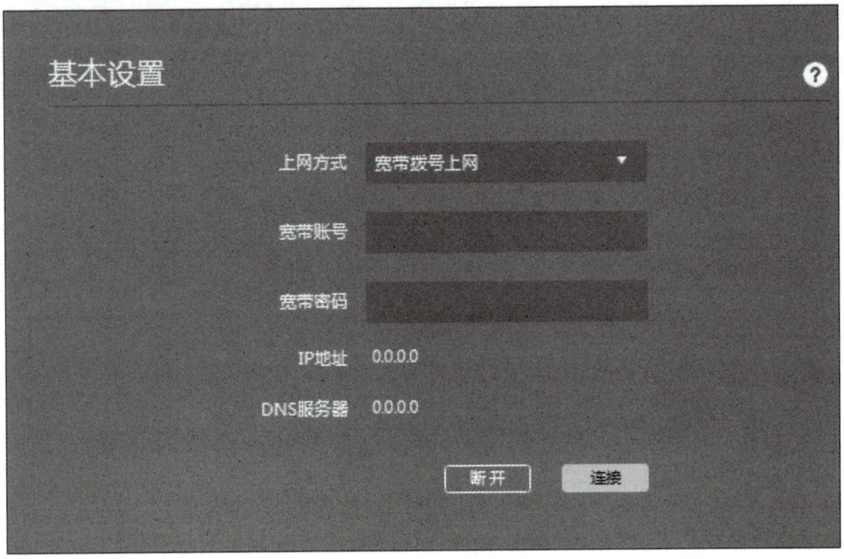

图 3-13 "宽带拨号上网"配置信息

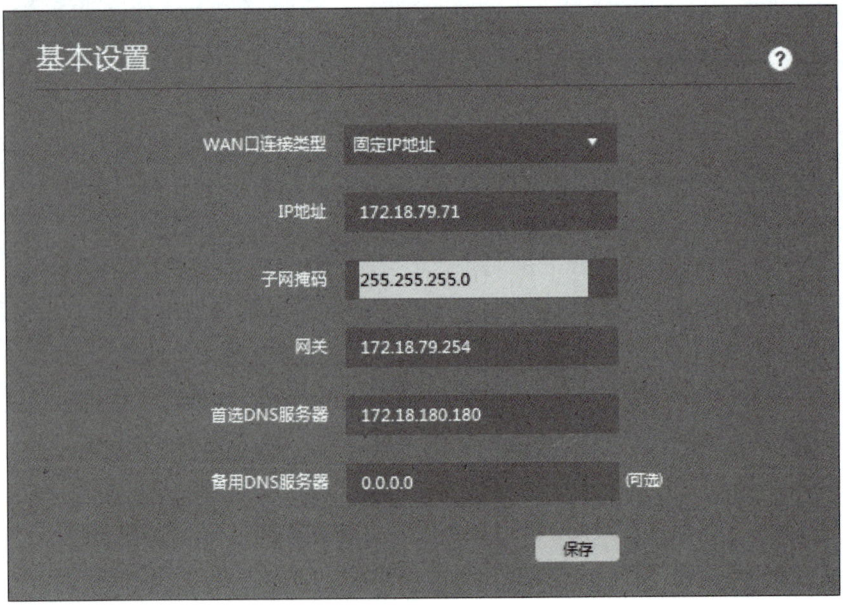

图 3-14 "固定 IP 地址"配置信息

4. 设置路由器无线功能

完成路由器的"上网设置",即保证路由器能连接互联网;接下来进行"无线设置",即连接办公室内的无线终端,如笔记本计算机、智能手机等。

在"路由设置"页面单击"无线设置"菜单,进入无线设置界面。如图 3-15 所示。如果无线功能没有开启,可以选择"无线功能"的"开"按钮开启无线功能。在无线设置界面可以修改无线名称和无线密码。此外,该路由器有 2.4G 和 5G 两个频段的无线信息,在"2.4G 高级设置"中可以选择"多频合一",使用相同的无线名称和无线密码。

值得注意的是,修改无线名称和无线密码后,之前连接的无线网络会断开,需要重新连接新的无线名称,输入新的无线密码,即可连接互联网。

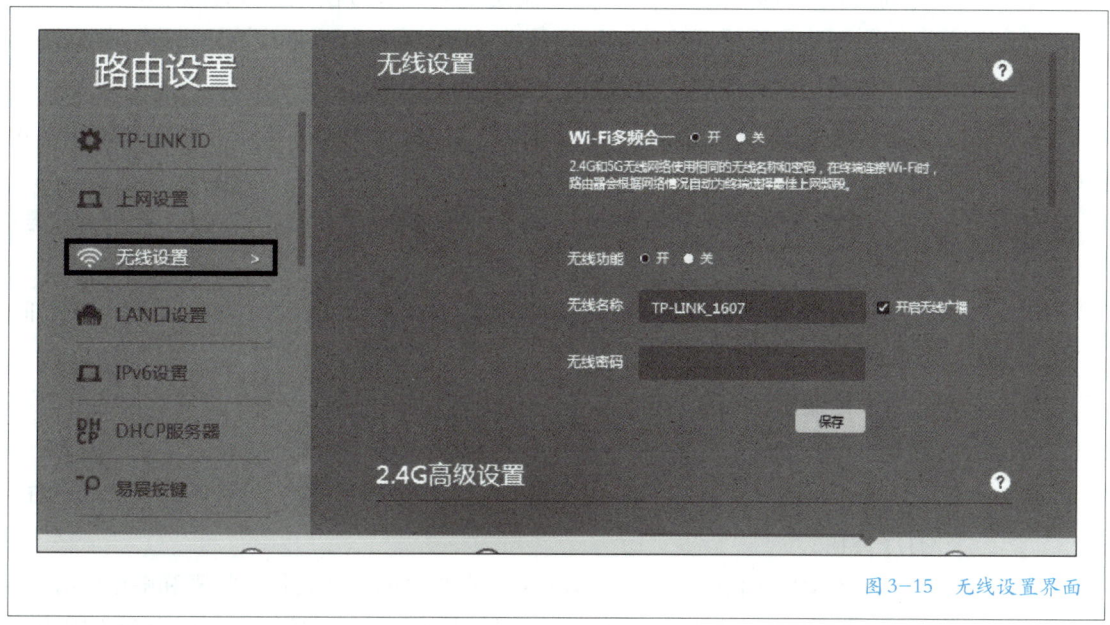

图 3-15 无线设置界面

三、办公设备连接无线网络

完成上述设置后,打开计算机任务栏右下角的无线标志,选择设置好的无线网络,输入密码,即完成网络连接。智能手机和平板计算机无线网络连接与计算机连接方式一致。

四、设置大办公室无线路由器

大办公室的无线路由器需要选择高配置、高并发和高性能的企业级的无线路由器,可以选择 H3C MER5200 企业级无线路由器。设置方式与小办公室路由器设置方式一致。

任务拓展

一、计算机网络体系结构

计算机网络体系结构是指通信系统的整体设计，为网络硬件、软件、协议、存取控制和拓扑提供标准。计算机网络按照层次划分为不同功能模块，换句话说，计算机网络的各层和各层上使用的全部协议统称为网络系统的体系结构。

1. OSI 参考模型

为了实现计算机网络的标准化，国际标准化组织（ISO）和国际电报电话咨询委员会（CCITT）于 1984 年制定了 OSI 参考模型，如图 3-16 所示。OSI 参考模型将计算机网络体系结构分成 7 层，从低到高依次为物理层、数据链路层、网络层、传输层、会话层、表示层和应用层。

● 物理层（Physical Layer）：定义了传输介质上的机械、电气等特性，如电压、电流等。

● 数据链路层（Data Link Layer）：提供了可靠的点对点连接，负责帧的封装和解封装。

● 网络层（Network Layer）：负责数据的路由和转发，实现不同网络之间的通信。

● 传输层（Transport Layer）：提供端到端的通信控制，包括数据的分段和重组。

● 会话层（Session Layer）：负责建立、管理和终止会话连接，确保数据的有序传输。

● 表示层（Presentation Layer）：负责数据的格式转换、加密和解密等处理。

● 应用层（Application Layer）：提供网络服务的接口，为用户和应用程序提供网络服务。

OSI 参考模型是一种比较完善的体系结构，每个层次之间的关系比较密切，但存在一些重复部分，是一种理想化的体系结构，在实际的实施过程中有较大的难度。事实上，现行的工业标准是 TCP/IP 参考模型。

2. TCP/IP 参考模型

TCP/IP 参考模型是一组以 TCP 和 IP 为核心的工业标准协议，是互联网信息交换规则的集合体。TCP/IP 参考模型将协议分成 4 个层次，如图 3-17 所示，它们分别是网络接口层、互联网层（网际层）、传输层和应用层。

● 网络接口层（Network Interface Layer）：对应 OSI 参考模型的物理层和数据链路层，负责数据在物理介质上的传输。

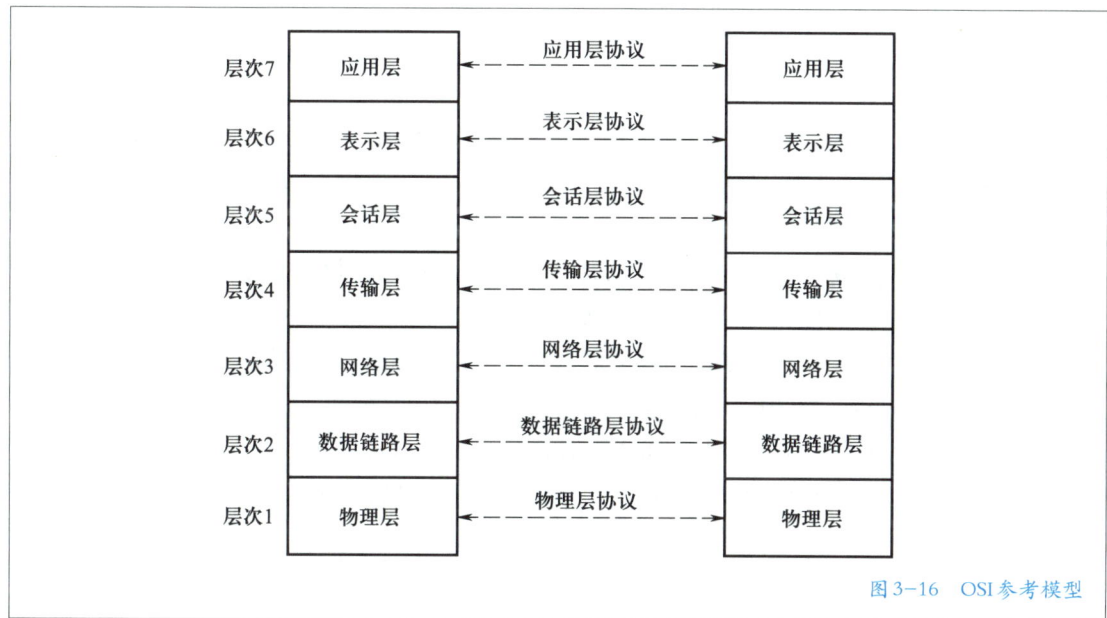

图 3-16　OSI 参考模型

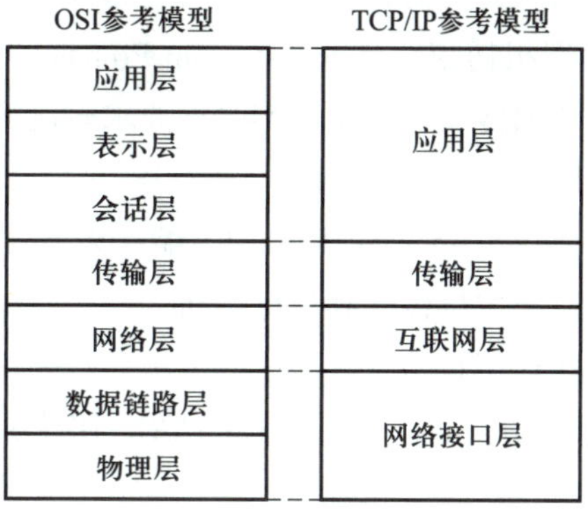

图 3-17　TCP/IP 参考模型

● 互联网层（Internet Layer）：也称网际层，对应 OSI 参考模型的网络层，负责数据的路由和寻址。

● 传输层（Transport Layer）：对应 OSI 参考模型的传输层，负责端到端的通信控制。

● 应用层（Application Layer）：对应 OSI 参考模型的会话层、表示层和应用层，提供网络服务的接口。

TCP/IP 参考模型比 OSI 参考模型更贴近实际应用，并且被广泛应用于互联网。它将网络通信划分为更容易管理和理解的层次，使不同厂商的设备能够协同工作。

二、网络协议和技术

1. 网络协议的概念

网络协议是为网络通信中的数据交换制定的规则、标准和约定。它定义了数据传输的格式、顺序、错误检测等细节，使得不同厂商、不同类型的设备能够在网络中协同工作。

网络协议的3个要素是语义、语法和时序。语义表示要做什么，语法表示要怎么做，时序表示做的顺序。

- 语义：用来说明通信双方进行数据交换时所规定的符号的含义，这些符号包括控制信息、动作信息和响应信息等。
- 语法：用来规定数据与控制信息的结构或格式。
- 时序（同步或规则）：对事件发生顺序的详细说明。

2. 常见的网络协议和技术

（1）传输层协议

- 传输控制协议（Transmission Control Protocol，缩写为 TCP）：提供可靠的、面向连接的数据传输，确保数据的完整性和顺序性。
- 用户数据报协议（User Datagram Protocol，缩写为 UDP）：提供不可靠的、无连接的数据传输，适用于实时性要求较高的应用。

（2）互联网层协议

- 互联网协议（Internet Protocol，缩写为 IP）：定义了网络中的主机地址，负责将数据包从源主机传输到目标主机。

（3）网络接口层技术

- 以太网（Ethernet）：基于 CSMA/CD 协议的局域网技术，广泛应用于有线网络中。
- 无线局域网（Wi-Fi）：用于支持无线网络通信。

（4）应用层协议

- 超文本传输协议（HyperText Transfer Protocol，缩写为 HTTP）：用于在 Web 浏览器和 Web 服务器之间传输超文本的协议。
- 超文本传输安全协议（HyperText Transfer Protocol Secure，缩写为 HTTPS）：以安全为目标的 HTTP 通道，通过传输加密和身份认证，保证传输过程的安全性。
- 文件传输协议（File Transfer Protocol，缩为 FTP）：在网络上进行文件传输的协议。
- 简单邮件传输协议（Simple Mail Transfer Protocol，缩写为 SMTP）：用于在网络上传输电子邮件的协议。

任务 4　设置有线网络

任务描述

　　小孙的公司目前每个工位上都已经铺设了有线网络。作为网络管理员，小孙需要为办公室建立一个可靠的有线网络来保障公司的日常工作和网络安全。他开始考虑如何规划和设置这个网络，以满足需求。同时，他也需要为新员工制作一个有线网络配置说明，让员工们可以自己动手配置网络。

思维导图

　　任务 4 思维导图如图 4-1 所示。

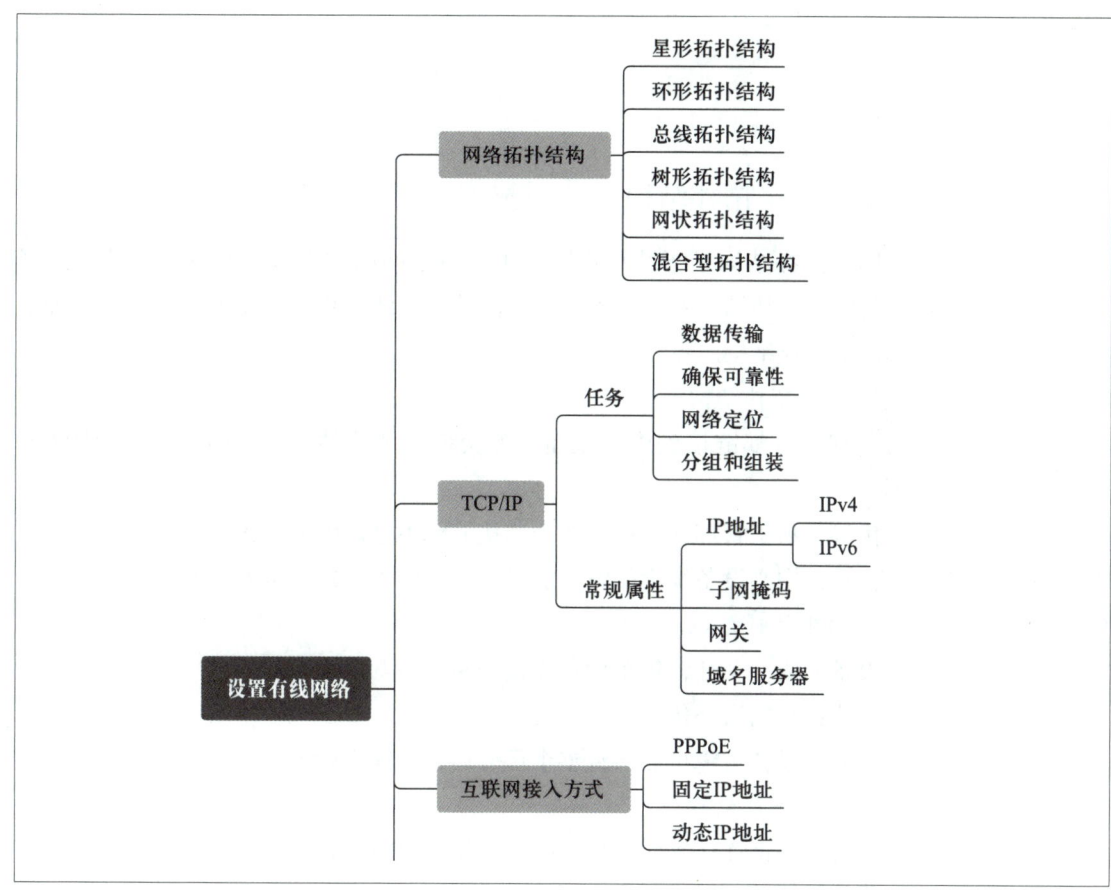

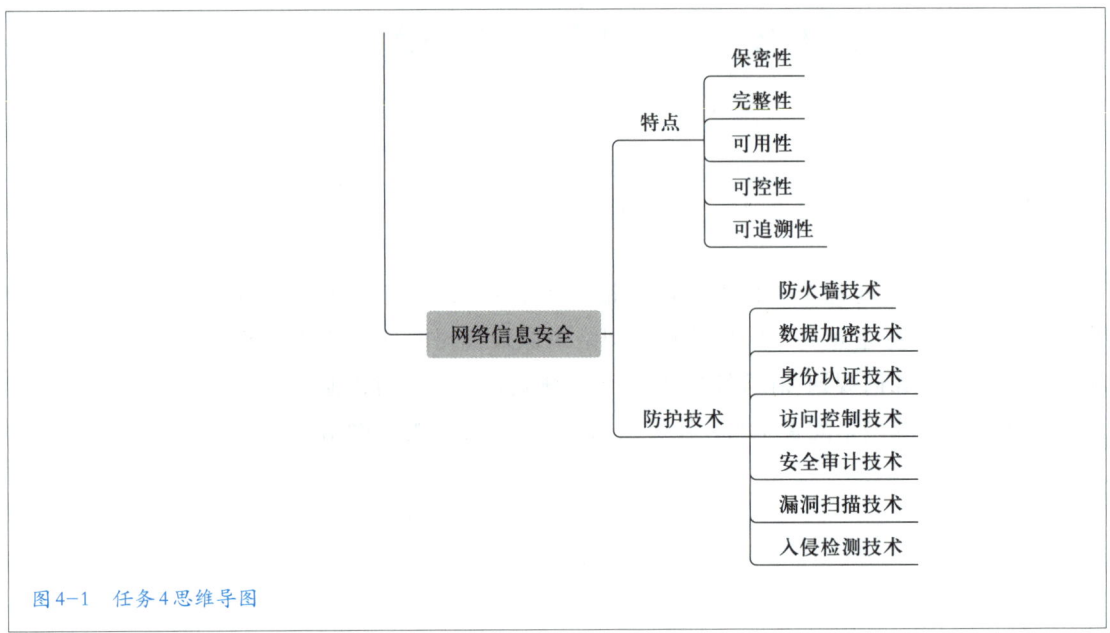

图 4-1　任务 4 思维导图

知识准备

一、网络拓扑结构

网络拓扑结构是指计算机网络中设备之间的物理或逻辑连接方式。选择适当的网络拓扑结构对于构建稳定、高效的有线网络至关重要。以下是几种常见的网络拓扑结构。

1. 星形拓扑结构

所有设备都链接到中心设备（如交换机或集线器），中心设备负责转发数据。

优势：易于管理和维护，单个连接故障不会影响其他设备。

劣势：中心设备发生故障可能导致整个网络失效，成本较高。

2. 环形拓扑结构

设备形成一个环，每个设备连接到左、右两个设备。

优势：数据沿环传递，不会发生冲突。

劣势：设备故障可能导致整个环瘫痪，扩展性较差。

3. 总线拓扑结构

所有设备都连接到同一根总线，数据通过总线传输。

优势：简单，适用于小型网络，成本较低。

劣势：总线故障可能导致整个网络失效，不适用于大型网络。

4. 树形拓扑结构

设备以树状结构连接，类似于公司的组织结构。

优势：提供了更好的可扩展性和灵活性。

劣势：成本较高，管理较为复杂。

5. 网状拓扑结构

每个设备都与网络中的其他设备直接连接。这种结构非常灵活，可以提高网络的冗余性和可靠性。

优势：高度冗余，一个设备故障不会影响整个网络，可靠性较高。

劣势：布线复杂，成本较高，管理和维护相对困难。

6. 混合型拓扑结构

混合型拓扑结构是不同拓扑结构的结合，可以更好地满足复杂网络环境的需求。

优势：兼顾多种拓扑结构的优点，适应性强。

劣势：配置和管理相对复杂，成本因使用不同结构而异。

以上常见的网络拓扑结构如图 4-2 所示。

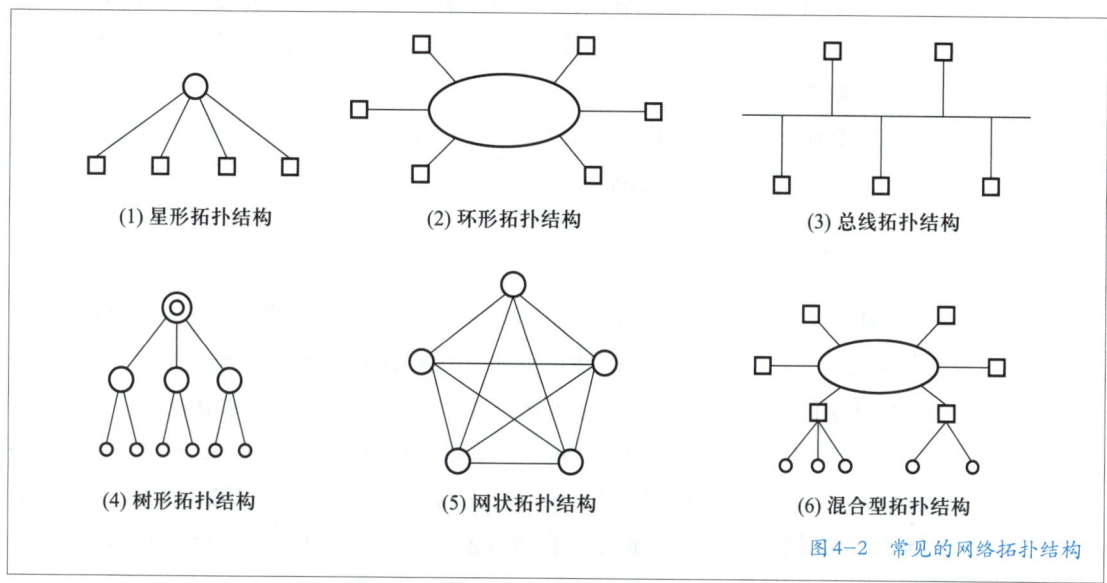

(1) 星形拓扑结构　　(2) 环形拓扑结构　　(3) 总线拓扑结构

(4) 树形拓扑结构　　(5) 网状拓扑结构　　(6) 混合型拓扑结构

图 4-2　常见的网络拓扑结构

在实际应用中可根据需求选择适当的网络拓扑结构。大型网络需要层次化的树形拓扑，而小型网络可以选择简单的星形拓扑或总线拓扑。

二、TCP/IP

TCP/IP 是一组用于计算机网络通信的规则和约定，它像是网络中的"语言"，让不同的计算机和其他设备能够互相交流和传递信息。想象一下，计算机就像人类社会中的个体，它们之间需要进行交流和合作。TCP/IP 就像是人们之间使用的共同语言，其作用是让计算机能够互相理解、发送和接收信息。

1. TCP/IP 的任务

具体来说，TCP/IP 帮助计算机在网络中完成以下任务：

（1）数据传输

像人类通过语言来交流一样，TCP/IP 帮助计算机之间传递数据，这些数据可以是文本、图片、音频、视频等各种形式的信息。

（2）确保可靠性

传输控制协议 TCP 负责确保数据的可靠传输。它会监控数据的发送和接收，确保数据按正确的顺序到达，而且没有丢失或损坏。

（3）网络定位

互联网协议 IP 负责为每台计算机在网络上分配一个独特的地址，这使得计算机能够找到彼此，并将信息发送到正确的地址。

（4）分组和组装

在大部分情况下，传输的数据量比较大，TCP/IP 会将数据分成小块，即分组，这样有助于更高效地传输和处理数据。接收端再将这些小块组装还原成完整的数据。

TCP/IP 作为互联网通信的基础，使得不同种类和品牌的计算机能够连接到一起，形成全球范围的网络。

2. TCP/IP 常规属性

（1）IP 地址

IP 地址（Internet Protocol Address）是在 TCP/IP 网络中用于标识和定位计算机的唯一数字标识符。IP 地址充当了类似于房屋地址的角色，用于在网络中准确定位和寻找设备。IP 地址分为两个主要版本：IPv4 和 IPv6。

IPv4（Internet Protocol version 4）是最常用的 IP 地址版本，使用 32 位二进制数表示。IPv4 地址通常以点分十进制的形式表示，如 192.168.1.1。IPv4 提供了约 42 亿个地址，但随着互联网规模的扩大，这个地址空间就显得不够了。

IPv6（Internet Protocol version 6）是为了解决 IPv4 地址空间不足的问题应运而生的。IPv6 使用 128 位二进制数，提供了远远超过 IPv4 所提供的地址空间。IPv6 地址的表示形式更为复杂，采用冒分十六进制表示法，如 2001:0DB8:85A3:0000:0000:8A2E:0370:7334。

IP 地址分为两个主要类型：公有地址和私有地址。公有地址是全球唯一的，用于在互联网上识别和定位设备。公有地址由互联网服务提供商分配，例如，阿里云服务器的地址就是公有地址。私有地址用于局域网内部，不直接暴露在互联网上，例如，办公计算机的 IP 地址是 192.168.0.100，这个地址就是私有地址。私有地址范围在 IPv4 中通常包括：

A 类地址：10.0.0.0~10.255.255.255

B 类地址：172.16.0.0~172.31.255.255

C 类地址：192.168.0.0~192.168.255.255

对 IP 地址的分配和管理是网络通信的基础，它允许设备相互识别和通信。在互联网中，IP 地址是数据在网络中准确定位和传递的关键。

（2）子网掩码

子网掩码（Subnet Mask）是一种用于将 IP 地址划分为网络地址和主机地址两部分的 32 位二进制数。它与 IP 地址一起使用，以定义一个网络中子网的边界，帮助网络设备确定 IP 地址所属的网络段，以实现正确的路由和寻址。当两台设备的 IP 地址和子网掩码进行逻辑"与"运算后得到相同的网络地址时，它们就位于同一网络中，可以直接通信而不需要通过路由器进行转发。

在实际应用中，子网掩码的配置对于网络的正常运行至关重要。正确设置子网掩码可以确保网络设备能够正确识别 IP 地址中的网络部分和主机部分，从而实现正确的网络通信。同时，子网掩码还可以用于网络安全控制，例如，通过限制访问某些子网来防止未经授权的访问。

常见的子网掩码有：

255.255.255.0：用于划分小型网络，最多允许有 254 台主机。

255.255.255.128：用于划分较小的网络，每个子网最多可以有 126 台主机。

255.255.255.255：用于指示单个主机，没有可用的主机地址，因为所有位都用于网络标识。

（3）网关

网关（Gateway）用于不同网络之间的数据传输。网关的主要功能是将数据从一个网络传输到另一个网络，充当连接不同网络的桥梁。

因为计算机本身不具备路由寻址能力，所以计算机把所有的 IP 分组发送至一个默认的中转地址进行转发，也就是默认网关。这个网关可以在路由器上，可以在三层交换机上，可以在防火墙上，可以在服务器上，所以和物理设备无关。现在主机使用的网关，一般指的是默认网关。

（4）域名服务器

域名服务器 DNS 是计算机网络中用于将易于记忆的域名（如 www.baidu.com）映射到计算机网络中的 IP 地址，即 DNS 实现了域名和 IP 地址之间的转换，充当了互联网的"电话簿"功能。

三、互联网接入方式

前文提到无线路由器的常见联网方式有 3 种。同样，常见的互联网接入方式也有 PPPoE、固定 IP 地址和动态 IP 地址 3 种。

1. PPPoE

PPPoE 是一种常见的宽带接入方式，通常用于数字用户线路（Digital Subscriber Line，缩写为 DSL）和光纤等宽带连接。通过 PPPoE 技术和宽带调制解调器，可以实现高速宽带网的个人身份验证访问，为每个用户创建虚拟拨号连接，这样就可以高速连接到互联网。电信、移动、联通等运营商常用该方式。

2. 固定 IP 地址

固定 IP 地址，也称为静态 IP 地址，是一种为网络设备分配固定 IP 地址的网络接入方式。与动态 IP 地址分配方式不同，固定 IP 地址接入方式需要网络管理员手动为每个设备配置一个唯一的、不会改变的 IP 地址。固定 IP 地址接入方式易于管理，安全性和稳定性高。

3. 动态 IP 地址

动态主机配置协议（Dynamic Host Configuration Protocol，缩写为 DHCP）允许计算机在接入网络时自动获取 IP 地址和其他网络配置信息，基于 DHCP 的接入方式即动态 IP 地址接入方式，这种方式大大简化了网络配置过程，提高了网络的可用性和可管理性。

四、网络信息安全

1. 网络信息安全的特点

网络信息安全涉及保护计算机系统、网络免受未经授权的访问、破坏，防止数据泄露的一系列原则和措施，保证系统连续、可靠地运行，网络服务不中断。网络信息安全具有以下特点。

- 保密性：确保信息不被未经授权的用户所获得，即防止信息泄露。
- 完整性：保证信息在传输或存储过程中不被窜改、破坏或丢失，即保持信息的原始状态。
- 可用性：确保授权用户在需要时可以访问和使用信息，即保证网络服务和信息系统的正常运行。
- 可控性：对信息的传播和使用具有一定的管理能力，防止非法复制、窜改和传播信息。
- 可追溯性：确保信息来源的可靠性和真实性，防止信息被伪造或窜改后无法追溯。

保障网络环境安全稳定对于保护个人隐私、商业机密和国家安全具有重要意义。

2. 网络信息安全防护技术

可采取多种技术手段和管理措施保障网络信息安全，主要的防护技术包括防火墙技术、数据加密技术、身份认证技术、访问控制技术等。

● 防火墙技术：防火墙是网络安全的第一道防线，能够有效地阻止非法用户访问内部网络，过滤不安全的服务和非法用户。

● 数据加密技术：数据加密是保护网络信息安全的重要手段，通过对数据进行加密处理，保证数据在传输和存储过程中的机密性和完整性。

● 身份认证技术：身份认证是确认用户身份的过程，通常采用用户名和密码、动态口令、数字证书等方式进行身份认证，以确保只有授权用户才能访问系统资源。

● 访问控制技术：访问控制是限制用户对系统资源的访问权限，根据用户的身份和权限来控制其对系统资源的访问，防止未经授权的地址访问和操作。

● 安全审计技术：安全审计是对网络安全事件进行监测、记录和分析的过程，通过对网络系统的安全审计，可以及时发现安全漏洞和威胁，并采取相应的措施进行防范和应对。

● 漏洞扫描技术：漏洞扫描是检测网络系统安全漏洞的过程，通过对网络系统进行漏洞扫描，可以及时发现安全漏洞并进行修补，提高网络系统的安全性。

● 入侵检测技术：入侵检测是检测非法入侵和恶意攻击的过程，通过对网络系统的入侵检测，可以及时发现安全威胁并进行响应，防止非法入侵和攻击对网络系统造成损害。

除此之外，用户加强网络安全意识，也是提高整个网络系统安全性和可靠性的重要内容。

任务实施

一、设计有线网络拓扑结构

小孙所在公司的网络属于小型网络，因此网络设计采用传统三层架构，核心层配备一台高性能的有线路由器，上联互联网服务提供商（即运营商）网络出口，下联三层汇聚交换机。三层汇聚交换机负责各办公室计算机的网络数据交换。普通二层网络交换机连接各办公室的有线网络主机。该办公室有线网络拓扑结构图如图 4-3 所示。

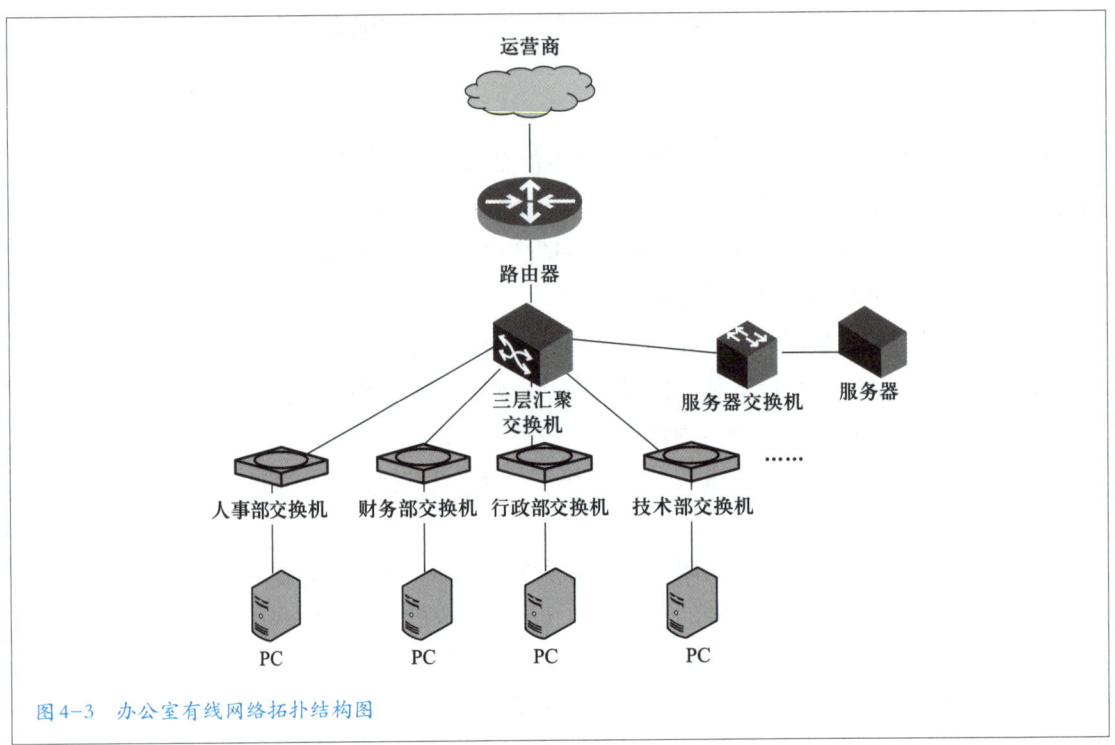

图4-3　办公室有线网络拓扑结构图

二、规划IP地址

为方便日后管理，小孙需要对公司的IP地址进行整体规划，在按功能和部门进行细分的同时，也要预留部分IP地址以满足后期网络拓展的需求。公司IP地址规划表如表4-1所示。

表4-1　公司IP地址规划表

部门（功能）	IP地址段	子网掩码	网关
公司所有IP	192.168.0.1~192.168.255.254	255.255.0.0	192.168.0.1
服务器	192.168.10.1~192.168.10.254	255.255.255.0	192.168.0.1
财务部	192.168.20.1~192.168.20.254	255.255.255.0	192.168.0.1
人事部	192.168.30.1~192.168.30.254	255.255.255.0	192.168.0.1
行政部	192.168.40.1~192.168.40.254	255.255.255.0	192.168.0.1
技术部	192.168.50.1~192.168.50.254	255.255.255.0	192.168.0.1
……	……	……	……

三、配置有线网络路由器

目前，有线网络路由器（简称有线路由器）主流厂商有 TP-LINK、锐捷、新华三、华为等，同级别设备的性能和配置大致相同，网络管理员可根据公司人数和网络需求来选择相应型号的设备。下面以 Windows 10 操作系统和 H3C MER5200 型号的有线路由器为例，介绍路由器的配置。H3C MER5200 设备外观如图 4-4 所示。

图 4-4　有线路由器 H3C MER5200

1. 连接路由器

H3C MER5200 网络接口分两个区域，一个是 WAN 接口区域，另一个是 LAN 接口区域。WAN 接口区域共有两个网络接口，分别为 GE0 口和 GE1 口，GE0 为千兆光口，GE1 为千兆电口，该区域主要上联运营商出口线路，即电信、移动或者联通的宽带线路。LAN 接口区域共有 GE2 口、GE3 口、GE4 口和 GE5 口，该区域主要下联公司的内网线路。由于运营商进线为电口，所以将 WAN 接口进线接在 GE1 口上，同时将 LAN 接口的 GE2 口下接三层汇聚交换机。三层汇聚交换机型号为 H3C 5130S-52P。

2. 设置路由器管理地址

路由器的默认管理 IP 地址一般为 192. 168. 0.1，初始用户名和密码一般均为 admin。将网线一头插入路由器 LAN 接口，另一头插入计算机有线网络适配器（俗称网卡）接口，即完成计算机与路由器的有线连接。值得注意的是，需要将计算机有线网络的 IP 地址设置为 192.168.0.2~192.168.0.254 中的一个，使计算机和路由器处于同一网络，才能访问路由器管理界面。设置步骤如下：

● 打开"开始"—"设置"，单击"网络和 Internet"，打开的"Windows 设置"界面如图 4-5 所示。

● 单击"网络和 Internet"—"更改适配器选项"，进入"网络连接"页面，打开的界面依次如图 4-6、图 4-7 所示。

● 右键单击"以太网"，在弹出的快捷菜单中选择"属性"，打开"以太网 属性"对话框，如图 4-8 所示。

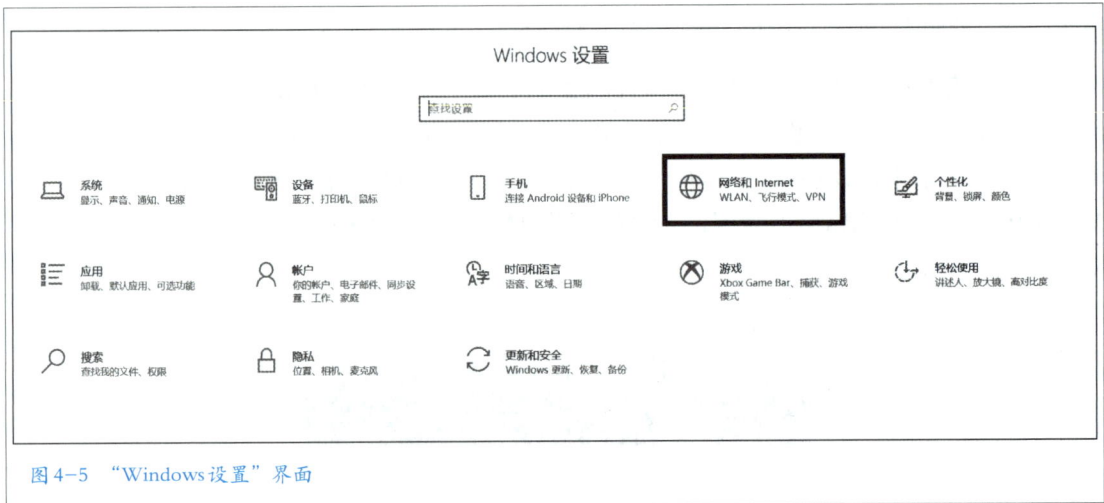

Windows 设置
查找设置
系统
显示、声音、通知、电源
设备
蓝牙、打印机、鼠标
手机
连接 Android 设备和 iPhone
网络和 Internet
WLAN、飞行模式、VPN
个性化
背景、锁屏、颜色
应用
卸载、默认应用、可选功能
帐户
你的帐户、电子邮件、同步设置、工作、家庭
时间和语言
语音、区域、日期
游戏
Xbox Game Bar、捕获、游戏模式
轻松使用
讲述人、放大镜、高对比度
搜索
查找我的文件、权限
隐私
位置、相机、麦克风
更新和安全
Windows 更新、恢复、备份

图 4-5 “Windows 设置”界面

设置
主页
查找设置
网络和 Internet
状态
WLAN
以太网
拨号
VPN
飞行模式
移动热点
代理
状态
网络状态
test
专用网络
你已连接到 Internet
如果你的流量套餐有限制，则你可以将此网络设置为按流量计费的连接，或者更改其他属性。
WLAN (test)
最近 30 天内
16 MB
属性
数据使用量
以太网
最近 30 天内
36.89 GB
属性
数据使用量
显示可用网络
查看周围的连接选项。
高级网络设置
更改适配器选项
查看网络适配器并更改连接设置。
网络和共享中心
根据所连接到的网络，决定要共享的内容。
网络疑难解答
诊断并解决网络问题。
查看硬件和连接属性

图 4-6 单击“更改适配器选项”

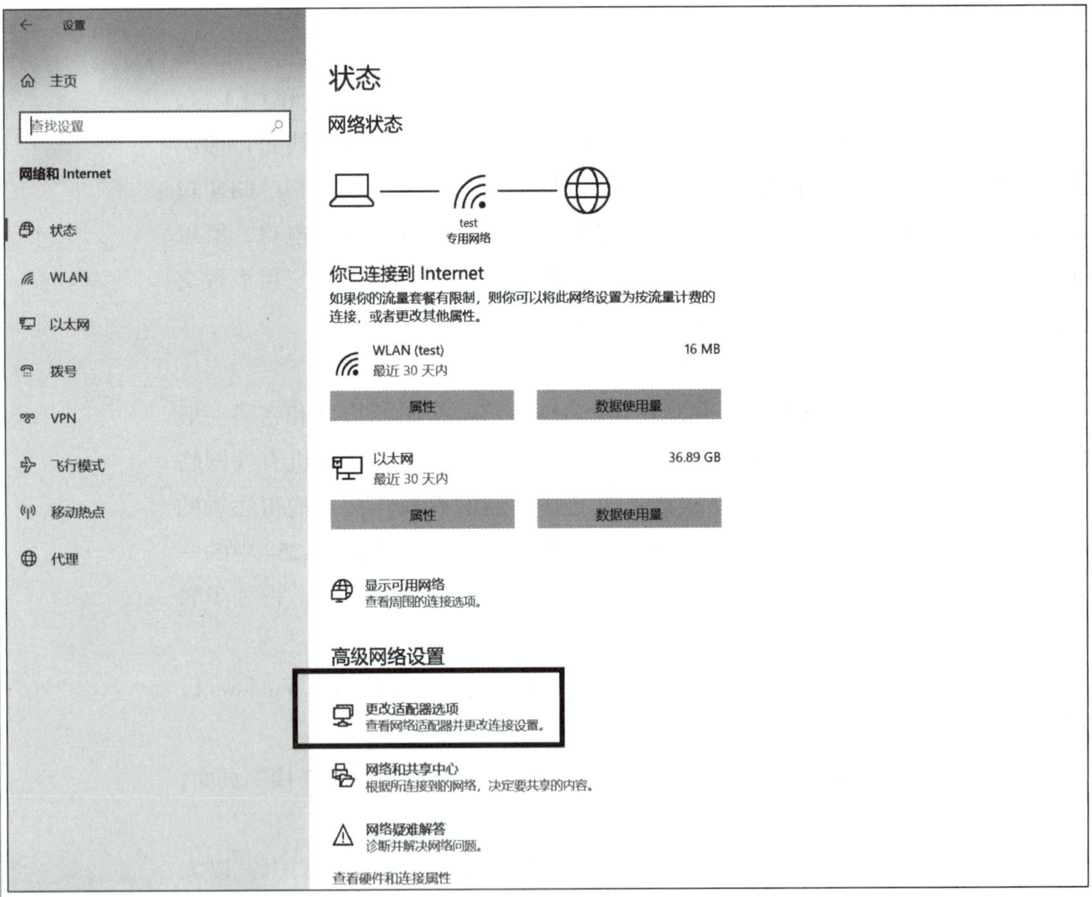

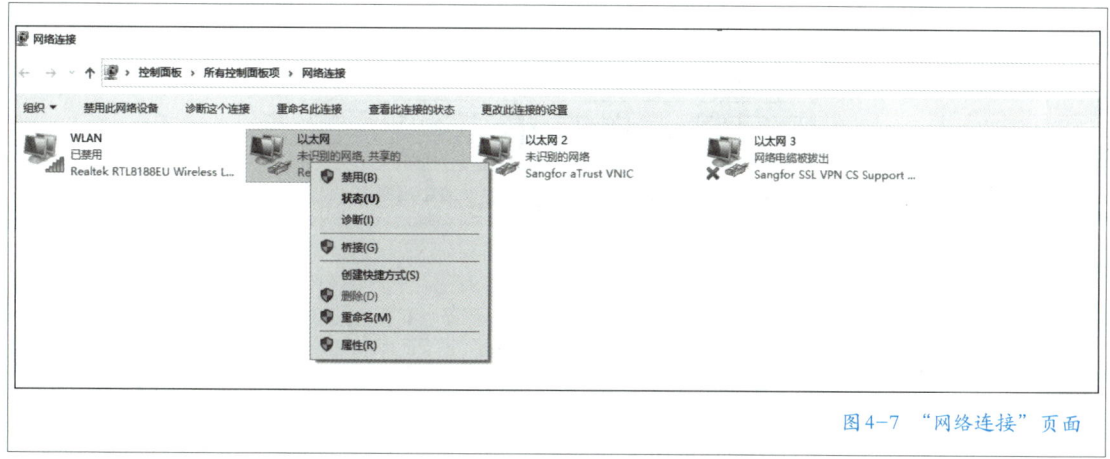

图4-7　"网络连接"页面

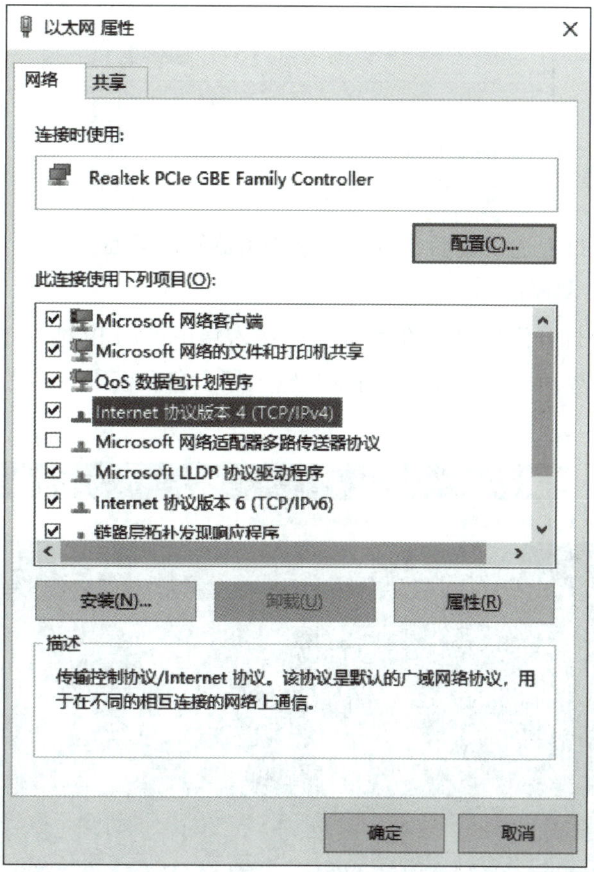

图4-8　"以太网 属性"对话框

● 选择"Internet 协议版本 4 (TCP/IPv4)"选项，单击"属性"按钮，打开"Internet 协议版本 4 (TCP/IPv4) 属性"对话框，设置计算机的 IP 地址、子网掩码、默认网关，如图 4-9 所示。

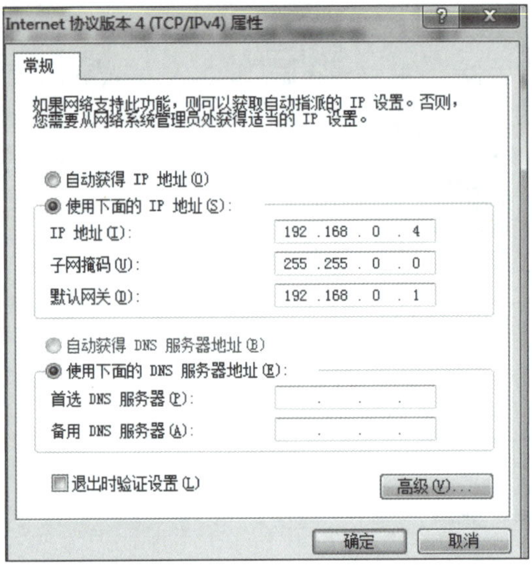

图 4-9 "Internet 协议版本 4 (TCP/IPv4) 属性"对话框

经过上述设置后，可以登录路由器管理界面。

3. 设置路由器基本网络参数

• 打开浏览器，在地址栏中输入路由器的 IP 地址 192.168.0.1，打开路由器登录界面，如图 4-10 所示。输入用户名和密码后，进入路由器管理界面。

图 4-10 路由器登录界面

● 进入路由器管理界面后，打开"网络设置"菜单下的"外网配置"选项，进入外网配置界面，如图4-11所示。

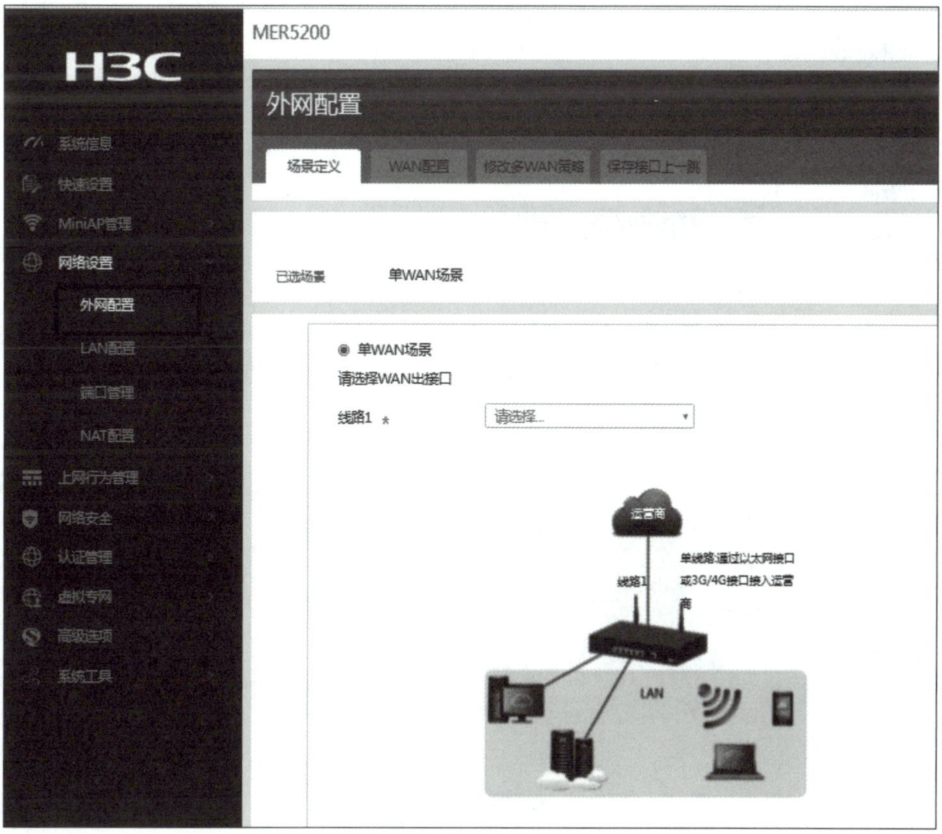

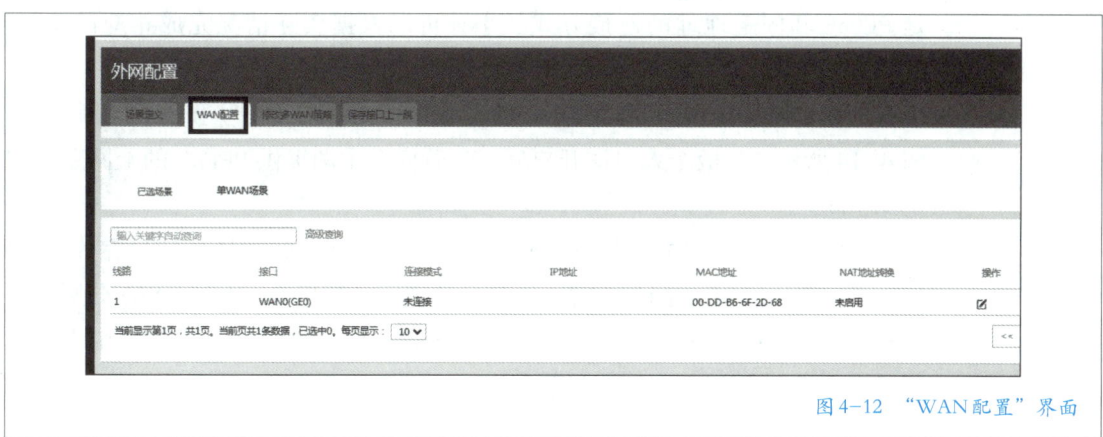

图4-11　"外网配置"界面

● 选择"WAN配置"，进入"WAN配置"界面，如图4-12所示。

图4-12　"WAN配置"界面

● 单击"操作"下的图标✏，进入"修改 WAN 配置"对话框，如图 4-13 所示。

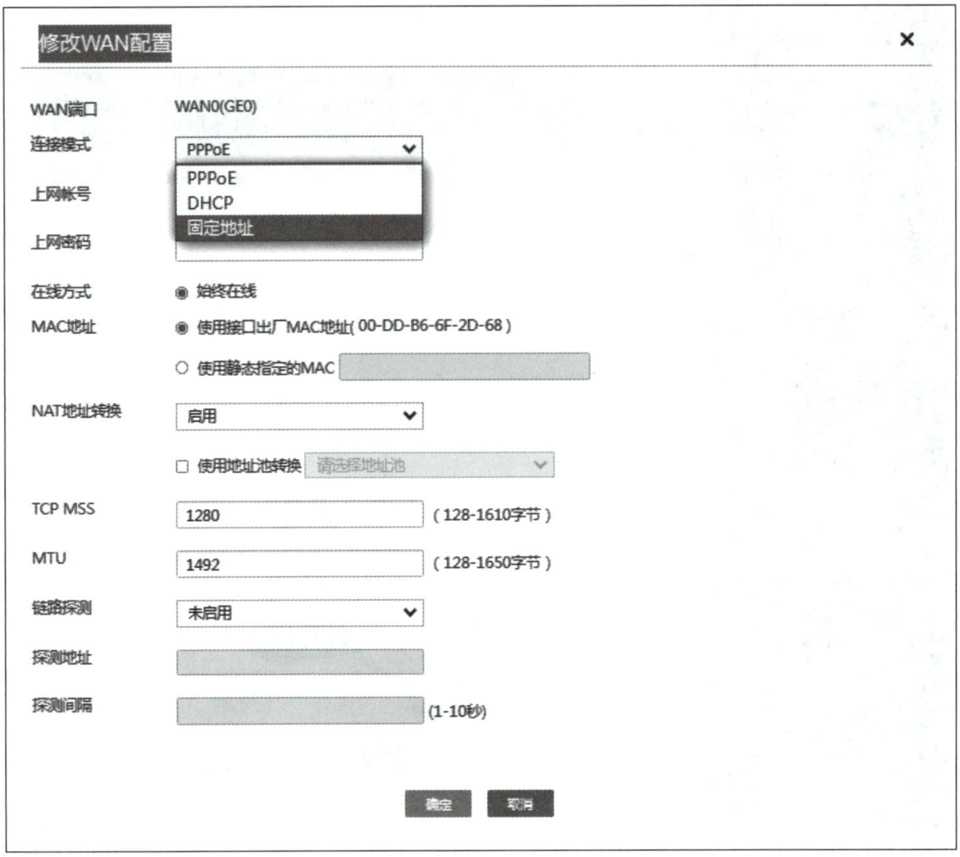

图 4-13 "修改 WAN 配置"对话框

连接模式有 PPPoE、DHCP 和固定地址 3 种，目前运营商主要采用的是 PPPoE 和固定地址的连接方式。小孙可以根据实际情况完成相应的 WAN 配置。

PPPoE 连接方式下需要输入运营商提供的上网账号和上网密码，如图 4-14 所示。一般个人申请开户后，运营商会主动提供 PPPoE 的上网账号和上网密码。

固定地址连接方式如图 4-15 所示。小孙根据分配的地址信息完成 IP 地址、子网掩码、网关地址和 DNS 等信息的填写，这里 DNS1 和 DNS2 分别对应首选 DNS 和备用 DNS。图 4-15 中的 IP 地址为测试地址，在实际运用中需根据运营商或者单位网络管理员提供的 IP 地址信息进行填写。

修改WAN配置

WAN端口	WAN0(GE0)
连接模式	PPPoE
上网帐号	
上网密码	
在线方式	● 始终在线
MAC地址	● 使用接口出厂MAC地址（00-DD-B6-6F-2D-68）
	○ 使用静态指定的MAC
NAT地址转换	启用
	□ 使用地址池转换 请选择地址池
TCP MSS	1280 （128-1610字节）
MTU	1492 （128-1650字节）
链路探测	未启用
探测地址	
探测间隔	(1-10秒)

确定　取消

图4-14　PPPoE配置界面

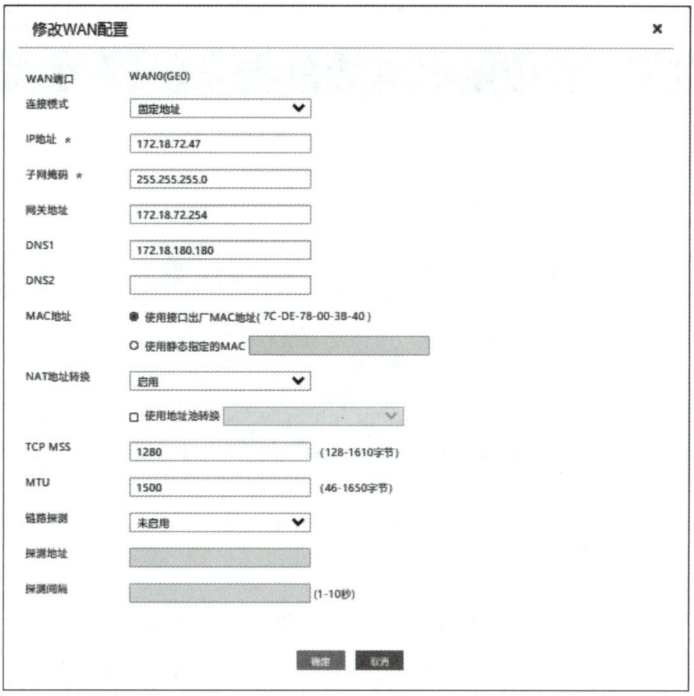

修改WAN配置 ✕

WAN端口	WAN0(GE0)
连接模式	固定地址
IP地址 ＊	172.18.72.47
子网掩码 ＊	255.255.255.0
网关地址	172.18.72.254
DNS1	172.18.180.180
DNS2	
MAC地址	● 使用接口出厂MAC地址（7C-DE-78-00-3B-40）
	○ 使用静态指定的MAC
NAT地址转换	启用
	□ 使用地址池转换
TCP MSS	1280 （128-1610字节）
MTU	1500 （46-1650字节）
链路探测	未启用
探测地址	
探测间隔	(1-10秒)

确定　取消

图4-15　固定地址配置界面

093

完成以上配置后，可用浏览器打开一个网址做连接测试，如果能打开网页就表示路由器可以访问互联网。

四、配置办公计算机网络

根据公司 IP 地址规划表分别对不同部门进行具体的 IP 地址分配，分配完成后，把 IP 地址配置在办公室每一台计算机上。办公室计算机 IP 地址配置可以参照有线路由器配置步骤来完成，在此不再赘述。

五、设置路由器网络安全选项

为了预防网络攻击或非授权访问等问题，需要对路由器网络安全选项进行设置。

例如，要实现财务服务器（IP 地址 192.168.10.10）只对财务部开放，其他部门不能访问的功能，应开启路由器的防火墙、设置其访问权限等。下面以 H3C MER5200 路由器为例介绍设置方法。

1. 开启网络防火墙

● 进入路由器管理界面，单击"网络安全"菜单，选择"防火墙"选项，打开"防火墙"设置页面，如图 4-16 所示。

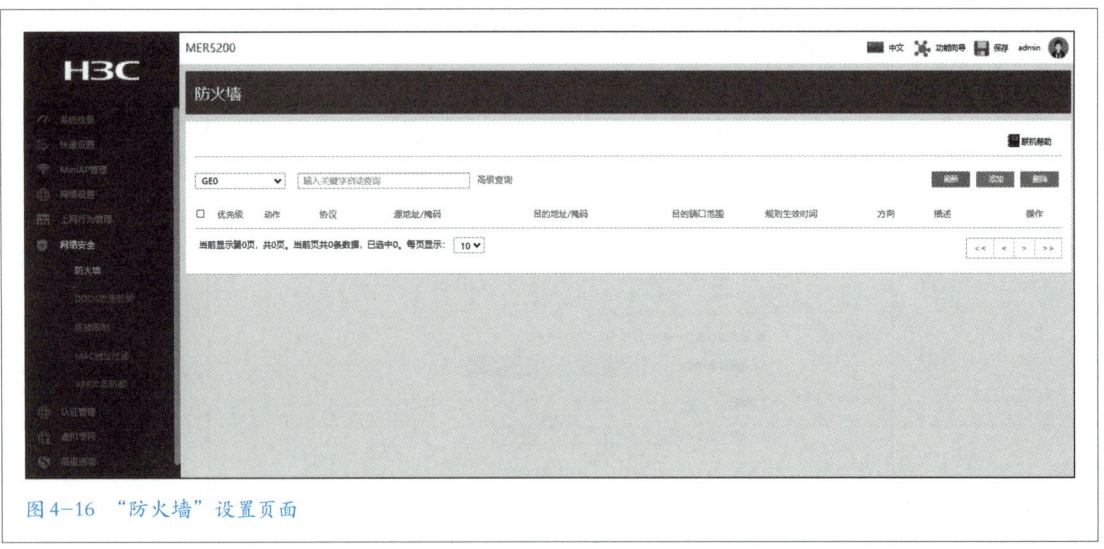

图 4-16 "防火墙"设置页面

2. 设置财务服务器的访问权限

● 单击"添加"按钮打开"创建安全规则"页面。"源 IP 地址 / 掩码"为 192.168.20.0/255.255.255.0，"目的 IP 地址 / 掩码"为财务服务器地址 192.168.10.10/255.255.255.255，"动作"选项选择"允许"，单击"确定"按钮，如图 4-17 所示。

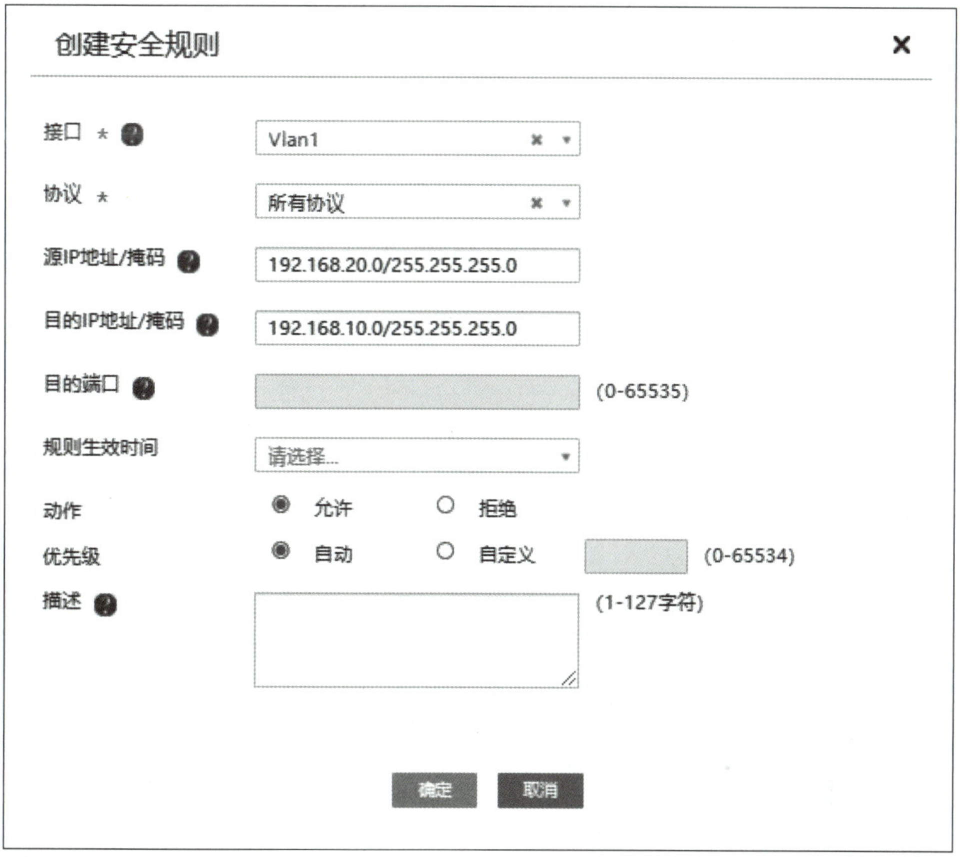

创建安全规则 ✕

接口 * ❓ Vlan1 ✕ ▾

协议 * 所有协议 ✕ ▾

源IP地址/掩码 ❓ 192.168.20.0/255.255.255.0

目的IP地址/掩码 ❓ 192.168.10.0/255.255.255.0

目的端口 ❓ (0-65535)

规则生效时间 请选择... ▾

动作 ⦿ 允许 ○ 拒绝

优先级 ⦿ 自动 ○ 自定义 (0-65534)

描述 ❓ (1-127字符)

确定 取消

图 4-17 "创建安全规则"页面1

3. 限制其他部门对财务服务器的访问

• 在"防火墙"设置页面再次单击"添加"按钮，继续添加防火墙设置，"源 IP 地址 / 掩码"为"any"，"目的 IP 地址 / 掩码"仍为财务服务器地址 192.168.10.10/255.255.255.255，"动作"选项选择"拒绝"，单击"确定"按钮。如图 4-18 所示。

• 设置完成后，可根据需要对防火墙设置进行添加和删除等。设置列表如图 4-19 所示。

路由器的"网络安全"选项还有 DDOS 攻击配置、链接数限制、MAC 地址过滤和 ARP 攻击防御等，可以根据需要开启相关功能。

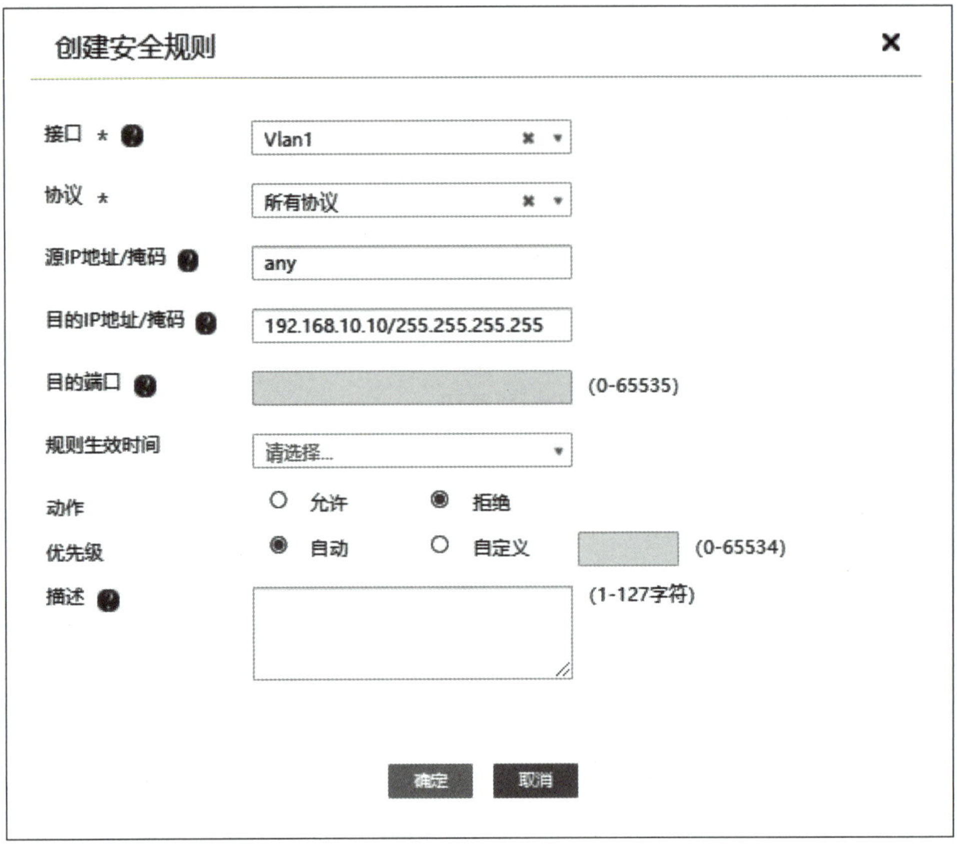

图 4-18 "创建安全规则"页面 2

图 4-19 防火墙设置列表

任务拓展

将 2 台台式计算机、1 台服务器、1 部智能手机和 1 台笔记本计算机组建一个小型局域网，要求所有设备都能访问互联网，设备之间可以相互访问。

一、设计网络方案

笔记本计算机和智能手机通过无线网络通信，台式计算机和服务器通过有线网络接入互联网，所以只需配备一台无线路由器即可实现有线和无线上网功能。考虑到局域网中网络设备不多，终端设备采用动态 IP 地址接入方式自动获取 IP 地址，服务器需要对外提供服务，适合采用固定 IP 地址接入方式。网络拓扑结构如图 4-20 所示。

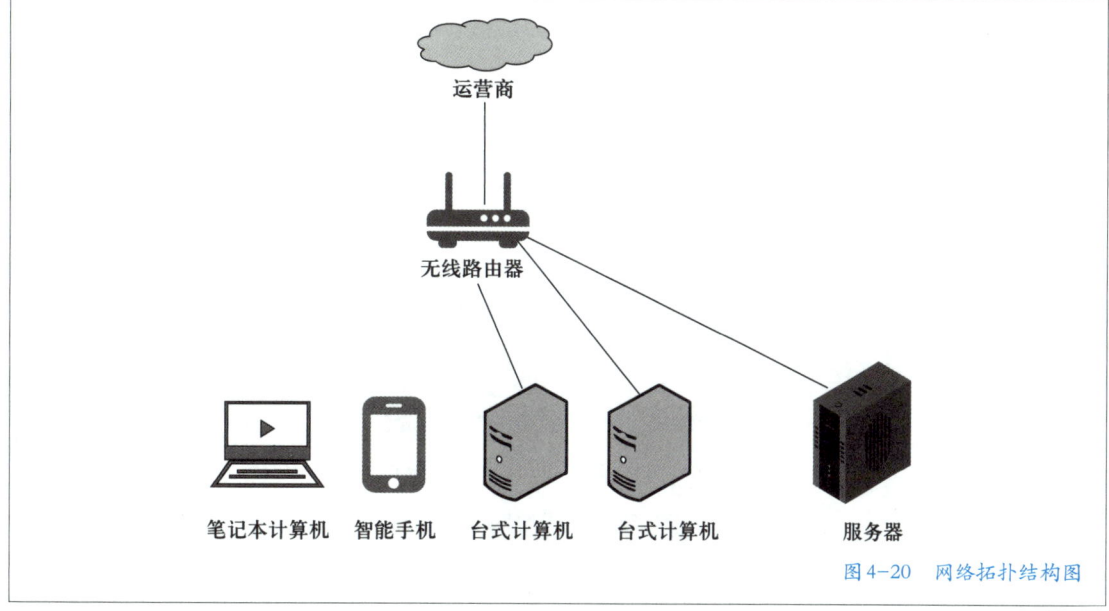

图4-20　网络拓扑结构图

二、连接线路

此次选择的无线路由器的型号仍为 TP-LINK AC1200，该设备已在任务 3 介绍，见图 3-5。该无线路由器网络接口分两个区域，一个 WAN 接口区域，一个 LAN 接口区域。WAN 接口区域主要上联运营商出口线路。LAN 接口区域共有 LAN1、LAN2、LAN3 和 LAN4 这 4 个接口，该区域下联内网线路。将台式计算机和服务器分别接在路由器的 LAN1 接口和 LAN3 接口。

三、设置无线路由器

在路由器电源接通情况下进行路由器设置。由于无线路由器默认开启 DHCP 服务，当计算机连接到路由器时，路由器会自动分配一个 IP 地址给计算机。所以，通过该方式进行路由器的设置时，无须对计算机手动分配 IP 地址。此次设置可以参考任务 3 中无线路由器的设置。

四、测试局域网连通性

1. 测试笔记本计算机网络

笔记本计算机采用无线方式连接网络，IP 地址通过路由器自动分配。查看笔记本计算机获取的 IP 地址步骤如下：

● 打开"开始"—"设置"，单击"网络和 Internet"，打开"网络状态"页面，如图 4-21 所示

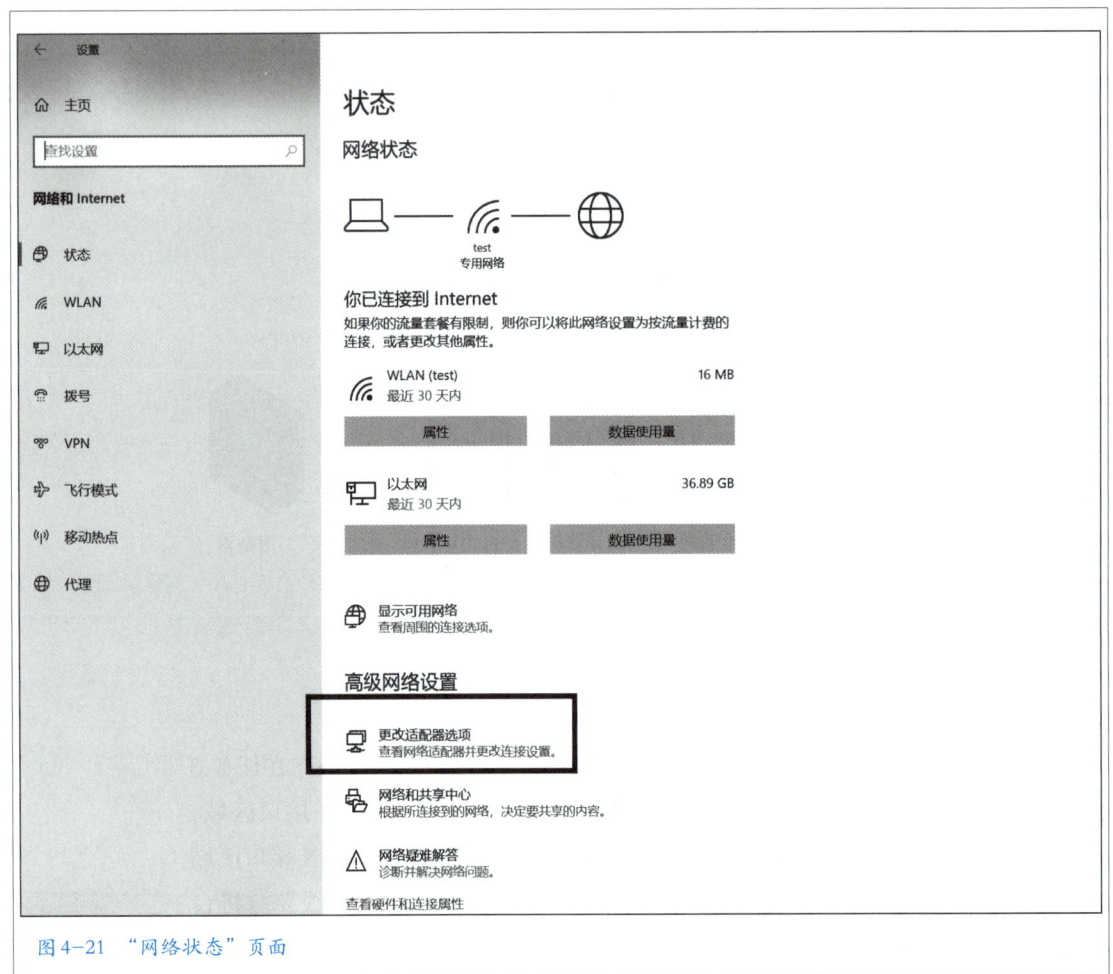

图 4-21 "网络状态"页面

● 单击"更改适配器选项"，进入"网络连接"页面，如图 4-22 所示。

● 在"网络连接"页面单击右键，在打开的快捷菜单中选择"状态"，打开"WLAN 状态"对话框。笔记本计算机无线网络连接状态如图 4-23 所示。单击"详细信息"按钮，可以看到为笔记本计算机自动分配的 IP 地址为 192.168.0.100，如图 4-24 所示。

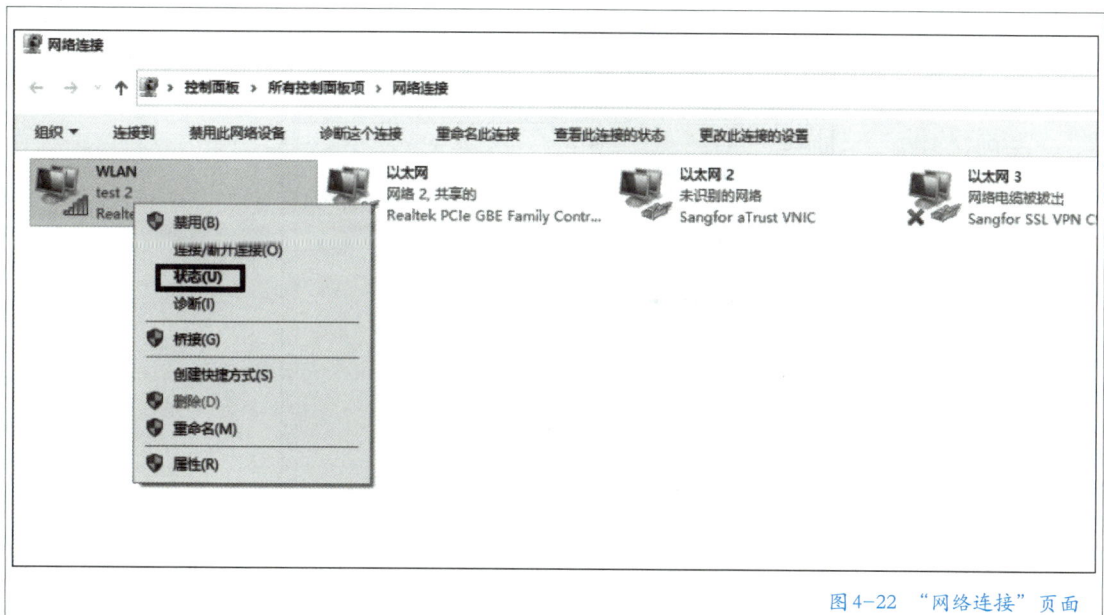

图4-22 "网络连接"页面

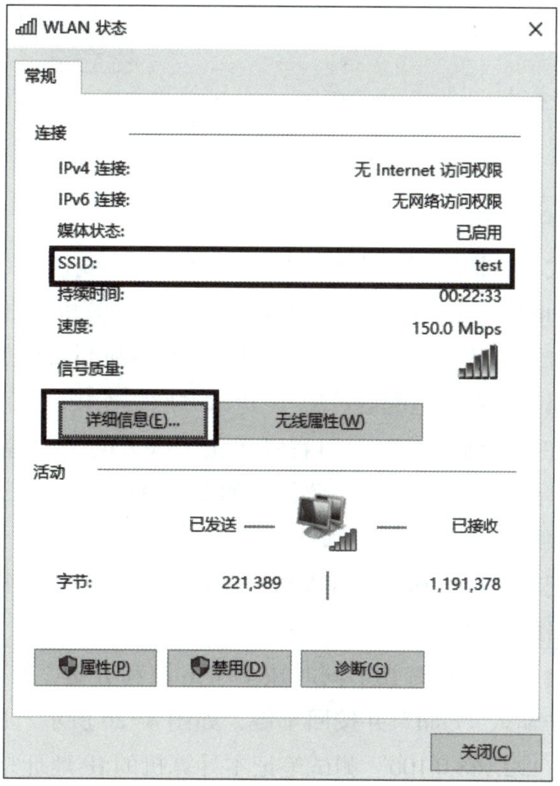

图4-23 "WLAN状态"对话框

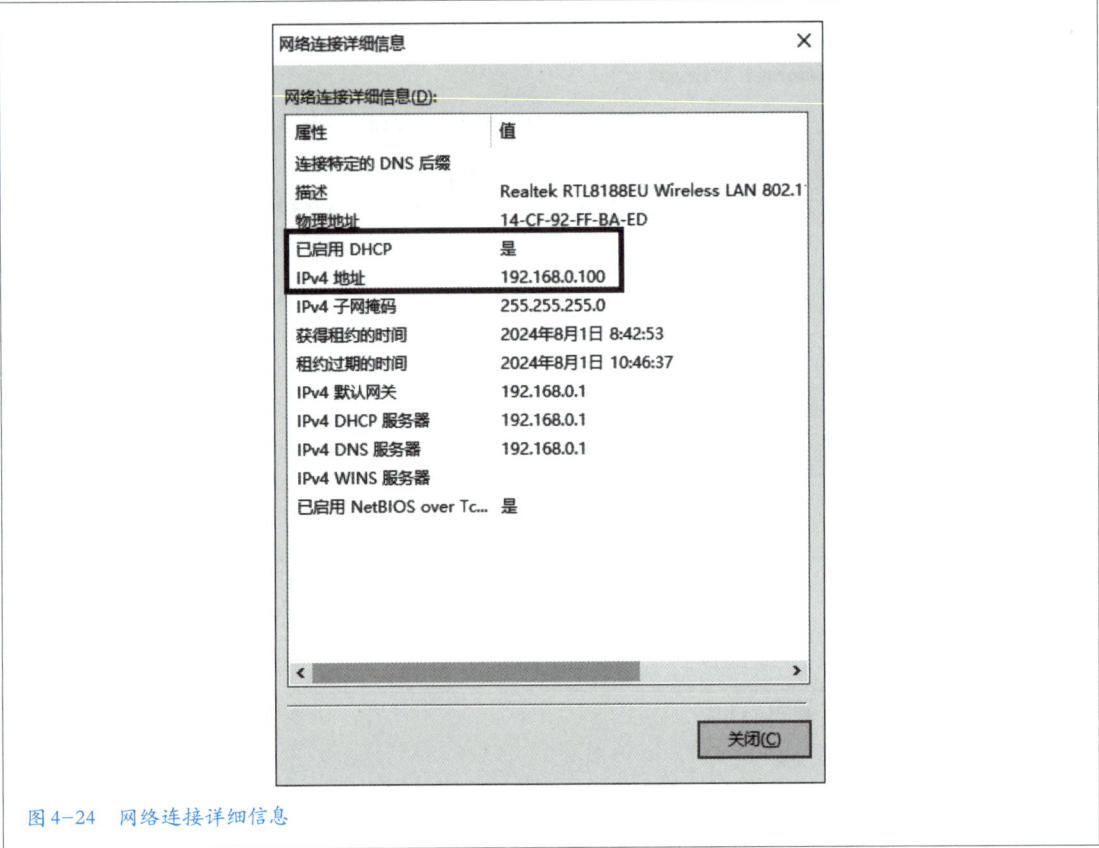

图 4-24　网络连接详细信息

2. 测试台式计算机网络

台式计算机采用有线方式接入网络，将网线插入路由器 LAN 接口，IP 地址为手动配置，IP 地址为 192.168.0.2。台式计算机网络设置步骤如下：

- 打开"开始"—"设置"，单击"网络和 Internet"。
- 单击"更改适配器选项"，进入"网络连接"页面。
- 在"网络连接"页面右键单击"以太网"，在弹出的快捷菜单中选择"属性"。台式计算机网络设置情况如图 4-25 所示。

3. 测试笔记本计算机和台式计算机之间的连通性

笔记本计算机和台式计算机之间进行相互 PING 测试，检验局域网计算机之间网络的连通性。

在台式计算机键盘上同时按下 Win 键和 R 键，打开"运行"对话框，在对话框中输入"cmd"并按回车键，如图 4-26 所示。进入 DOS 环境，输入代码"ping 192.168.0.100"测试笔记本计算机的 IP 地址是否连通，如图 4-27 所示，测试结果为连通。

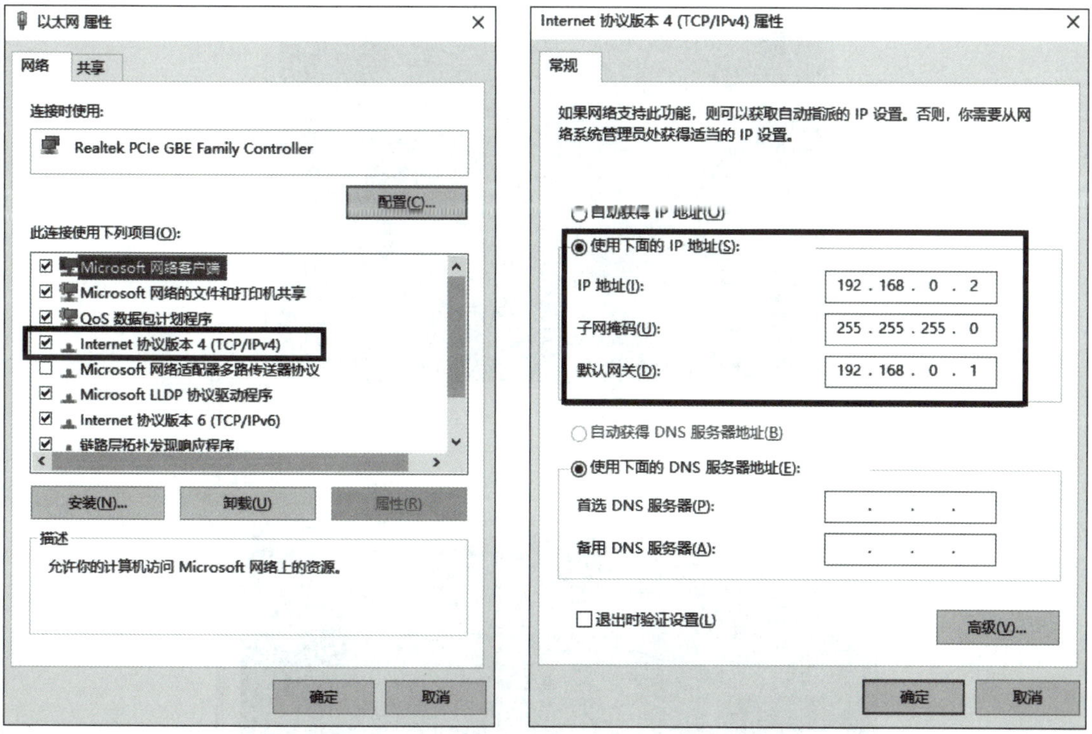

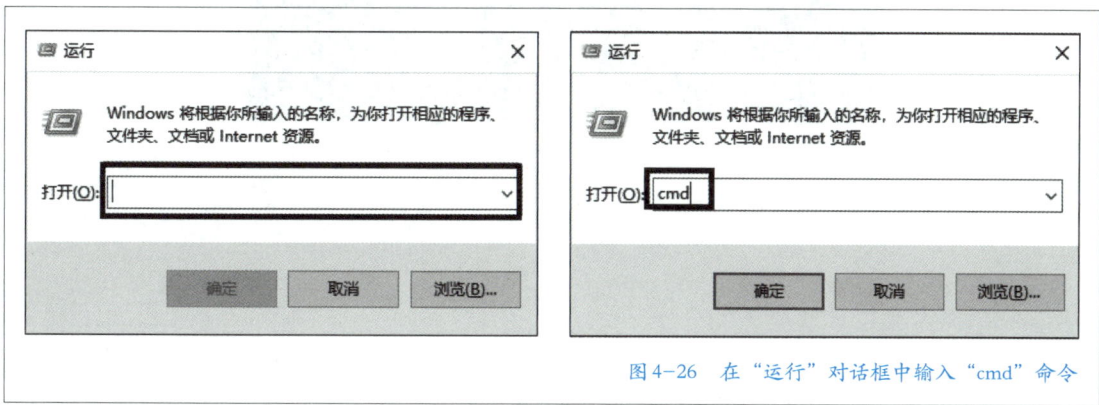

图4-25　台式计算机网络设置情况

图4-26　在"运行"对话框中输入"cmd"命令

　　在笔记本计算机键盘上重复上述操作步骤，进入 DOS 环境，输入代码
"ping 192.168.0.2"测试台式计算机的 IP 地址是否连通，如图 4-28 所示，测
试结果同样为连通。

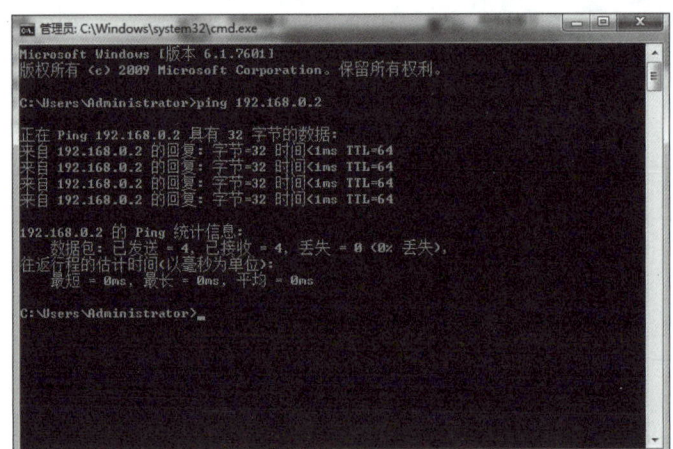

图4-27　台式计算机PING测试结果

图4-28　笔记本计算机PING测试结果

任务5　组建办公"胖终端"系统

任务描述

在任务1中，根据使用需求，小孙最终选择了"胖终端"系统作为公司计算机办公服务模式。现在，他需要为公司组建办公"胖终端"系统。

思维导图

任务5思维导图如图5-1所示。

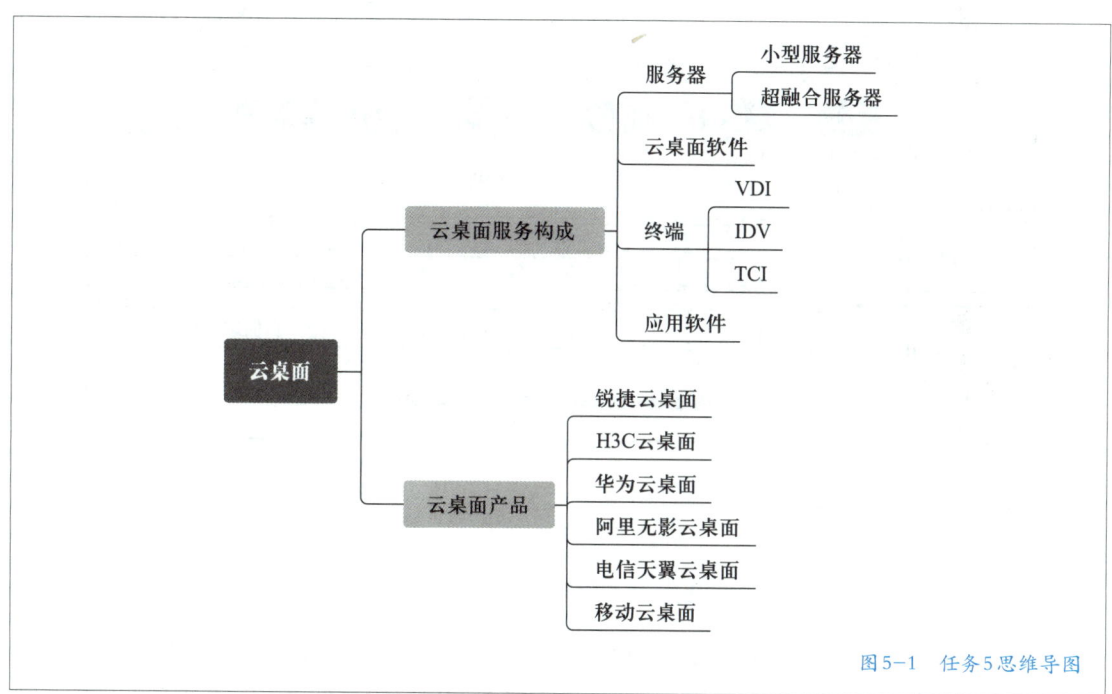

图5-1　任务5思维导图

知识准备

一、云桌面服务方案

云桌面服务主要由服务器、云桌面软件、终端和应用软件构成。简单来说，用户可以用VDI终端、IDV终端或TCI终端，通过登录个人云桌面软件访问服务器上的个人云桌面，并为其安装各类应用软件，使用服务器的算力和存储空间。云桌面服务架构图如图 5-2 所示。

　　服务器需要根据终端数量、算力要求、存储空间等综合考虑，可以使用超融合服务器，也可以使用小型服务器。云桌面软件分服务器端和客户端。服务器端软件安装在服务器上，用于管理各终端、分配算力资源和存储空间资源。客户端软件安装在各类终端上，用于访问和控制云端虚拟桌面。而根据用户需要，面向教学、科研等各类场景的应用软件则安装在云桌面上，客户登录自己的云桌面方可使用该类应用软件。

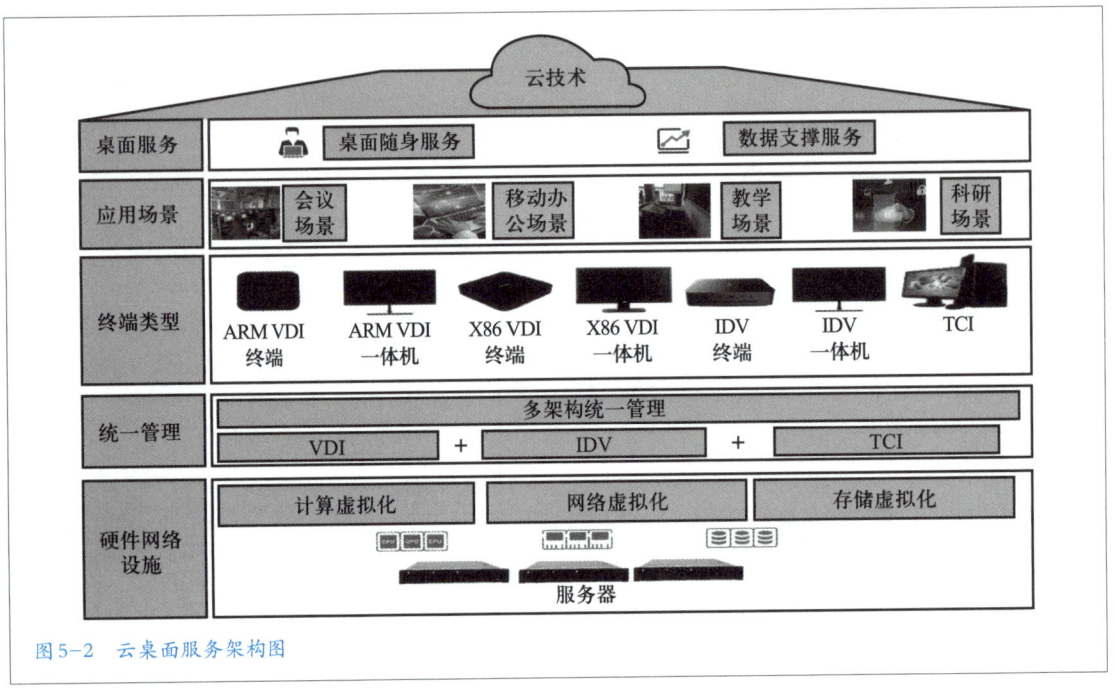

图 5-2　云桌面服务架构图

二、超融合服务器概述

　　超融合服务器是一种集计算、存储和网络等功能于一体的服务器解决方案。它将传统的服务器硬件、存储设备和网络设备整合在一个物理节点中，通过软件定义的方式进行统一管理和运维。超融合服务器管理软件就像服务器硬件和服务器操作系统之间的桥梁，在服务器上先安装超融合服务器管理软件，对服务器进行整合，再安装服务器操作系统和应用软件。逻辑上，超融合服务器管理软件可以管理相同型号、不同品牌的服务器集群，从而实现不同硬件通过软件相互融合，统一管理。目前主流的超融合服务器有 Nutanix、ZStack、VMware vSAN、华为 FusionCube、深信服 aServer、H3C UIS、浪潮 InCloud Rail、联想 HX 系列等。

超融合服务器通过池化物理服务器资源以创建虚拟机（VM），每个 VM 都运行自己的操作系统和应用程序；采用分布式存储，在所有节点上分布存储，形成共享存储池；采用软件定义网络（SDN），实现集中化控制，通过单一平台管理所有组件。

超融合服务器具有以下特点：

- 高度集成：将计算、存储、网络等功能整合到一个物理节点中，减少了硬件设备的数量和复杂度，提高了资源利用率和数据中心的空间利用率。

- 软件定义：通过软件定义的方式实现整个系统的集中管理，简化了管理工作。

- 弹性扩展：存储和计算资源可以根据需要进行灵活扩展，满足不同应用场景的要求。

- 高可靠性：通过数据冗余和故障容忍技术，提供高可用性和数据保护功能。

- 性能优化：优化硬件和软件，提供高性能的计算和存储功能。

三、小型服务器概述

小型服务器是一种专为小型企业、办公室或特定功能设计的计算机系统。小型服务器具备较高的性能和可靠性，但相比大型服务器，它们的规模和复杂性更低，适合资源有限的环境。

1. 小型服务器主要用途

- 文件共享：允许多个用户访问和共享文件，提供集中化的文件管理。
- 邮件服务：管理企业内部和外部的电子邮件。
- 网页托管：托管企业网站或内部网，提供网站访问服务。
- 数据库管理：管理和存储企业的重要数据，支持数据查询和操作。
- 应用服务：运行企业内部使用的专用应用程序，如企业资源计划（ERP）系统、客户关系管理（CRM）系统等。

2. 小型服务器硬件组成

- CPU：负责执行计算任务，通常使用多核处理器以提高并行处理能力。
- 内存：用于临时存储数据，内存越大，服务器的性能越高。
- 存储设备：包括硬盘驱动器和固态硬盘，用于长期存储数据。
- 网络接口：用于连接网络，支持有线连接和无线连接。
- 电源供应器：提供稳定的电力供应，保障服务器的正常运行。
- 机箱和散热系统：保护内部组件并提供有效的散热。

3. 小型服务器软件组成

- 操作系统：常见的有 Linux、Windows Server 等，提供基础的软件环境。

● 服务器软件：包括 Web 服务器（如 Apache、Nginx）、数据库服务器（如 MySQL、PostgreSQL）和邮件服务器（如 Postfix、Exchange）。

● 虚拟化软件：如 VMware、Hyper-V，用于运行多个虚拟机，提高资源利用率。

4. 小型服务器优势与劣势

（1）优势

● 成本效益：相比大型服务器，小型服务器成本较低，适合中小企业应用。

● 易于管理：安装和管理相对简单。

● 灵活性：可根据需求进行扩展和升级，适应不同的应用场景。

（2）劣势

● 性能有限：处理能力和存储空间有限，不适合大型企业和高负载应用。

● 扩展性有限：硬件升级和扩展受限，难以应对快速增长的需求。

5. 小型服务器主要应用场景

● 中小企业文件服务器：提供文件存储和共享，支持团队协作。

● 教育机构网络服务器：托管学校网站，提供在线学习平台和数据库管理。

● 家庭网络服务器：用于家庭成员间的文件共享、媒体流播放和数据备份。

四、终端类型

任务 1 已对虚拟桌面架构（VDI）和智能桌面虚拟化（IDV）做了简要介绍，下面具体介绍具体的终端类型。

1. VDI

VDI 即"瘦终端"，虚机云桌面在云主机上运行，终端不具有算力，终端通过网络连接服务器。如果网络出现故障，终端就会停止工作。

ARM VDI 终端：中央处理器使用 ARM 技术的虚拟桌面架构终端，即支持 ARM 的"瘦终端"，终端不包含显示器部分。

ARM VDI 一体机：中央处理器使用 ARM 技术的虚拟桌面架构一体机，即将显示器和"瘦终端"功能结合的终端设备。

X86 VDI 终端：中央处理器使用 X86 技术的虚拟桌面架构终端，即支持 X86 的"瘦终端"，终端不包含显示器部分。

X86 VDI 一体机：中央处理器使用 X86 技术的虚拟桌面架构一体机，即将显示器和"瘦终端"功能结合的终端设备。

2. IDV

IDV 即"胖终端"，采用集中存储、分布运算的构架，云桌面放在本地终端运行，系统镜像放在服务器统一管理。如果网络出现故障，那么终端依旧可以进行部分工作。

IDV 终端：智能桌面虚拟化终端，终端不包含显示器部分。

IDV 一体机：智能桌面虚拟化一体机，即将显示器和"胖终端"功能结合的终端设备。

3. TCI

TCI（Transparent Client Infrastructure，透明终端基础架构）终端通过虚拟磁盘运行操作系统，直接利用终端本地 CPU、内存、外设接口等硬件性能，操作系统几乎完全运行在硬件上。TCI 是能让终端设备可以重复使用的方案，用户可以使用已有的笔记本计算机、平板计算机、台式计算机或智能手机访问云桌面，不需要购置专属的终端设备。

任务实施

一、设计办公"胖终端"系统方案

市场主流云桌面产品有锐捷云桌面、H3C 云桌面、华为云桌面、阿里无影云桌面、电信天翼云桌面、移动云桌面。

本次任务因为办公终端不多，所以采用小型服务器锐捷云服务器作为服务器端。考虑到办公环境网络不稳定等因素，采用"胖终端"服务和 TCI 服务相结合的方案。

任务目标是为每位员工分配一个云桌面账号，该账号绑定员工工位上的"胖终端"，实现开机登录本人云桌面的功能。同时，员工可在个人笔记本计算机、平板计算机或智能手机上通过云桌面客户端软件远程登录云桌面进行办公。

二、安装服务器系统

锐捷云服务器出厂后，默认携带一个可用的服务器系统。如果想要清除服务器数据，或第三方云服务器想使用锐捷云平台解决方案，则需要重新安装服务器系统。

- 安装前准备一个 U 盘，将服务器 ISO 镜像拷贝至 U 盘，制成启动盘。

- 将服务器接入电源并启动，系统开始引导，显示器出现"Ruijie"字样，如图 5-3 所示。按下"DEL"键进入启动设备选择界面，初始密码为 admin，如图 5-4 所示。

- 在启动设备选择界面，选择 UEFI 方式的 U 盘启动项，即可从 U 盘启动。

图5-3 启动引导界面

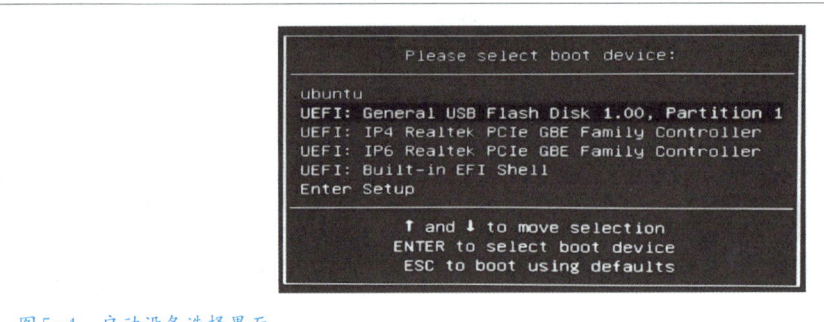

图5-4 启动设备选择界面

• 当进入系统盘选择界面后，默认选择第一块被服务器识别的 SSD 作为系统盘，可在 60 s 内重新选择，如图 5-5 所示。在系统盘选好且通过校验后，经过短暂的等待（约 10 s），则进入安装系统阶段，此阶段是自动执行的。

• 系统安装完成后，单击"Reboot"按钮，如图 5-6 所示。等待系统电源指示灯灭后，拔掉 U 盘，系统重启进入云计算操作系统。

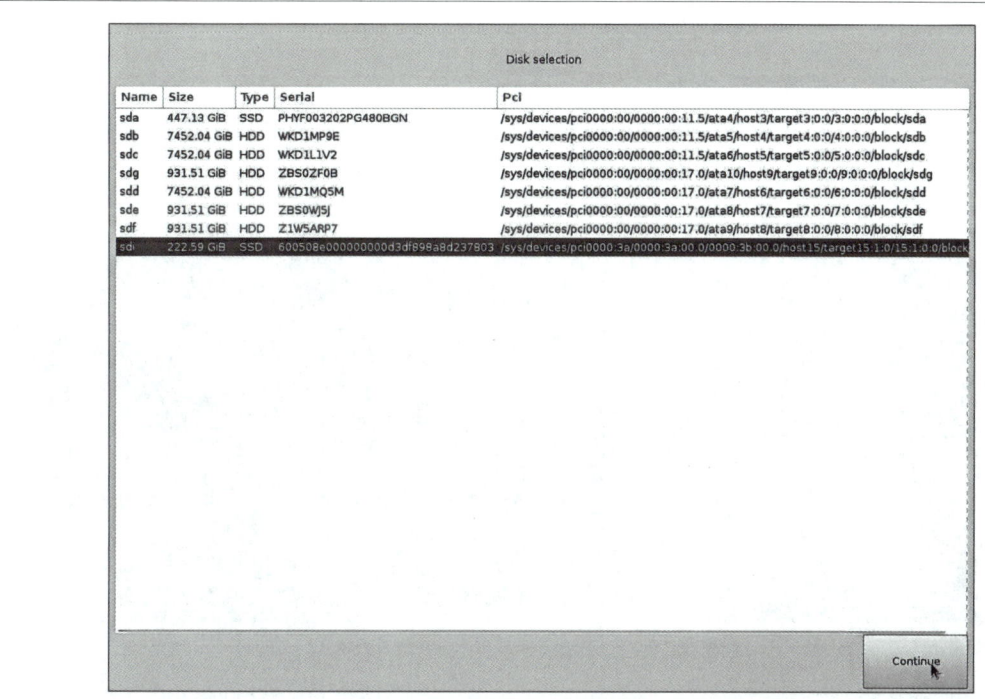

图5-5 系统盘选择界面

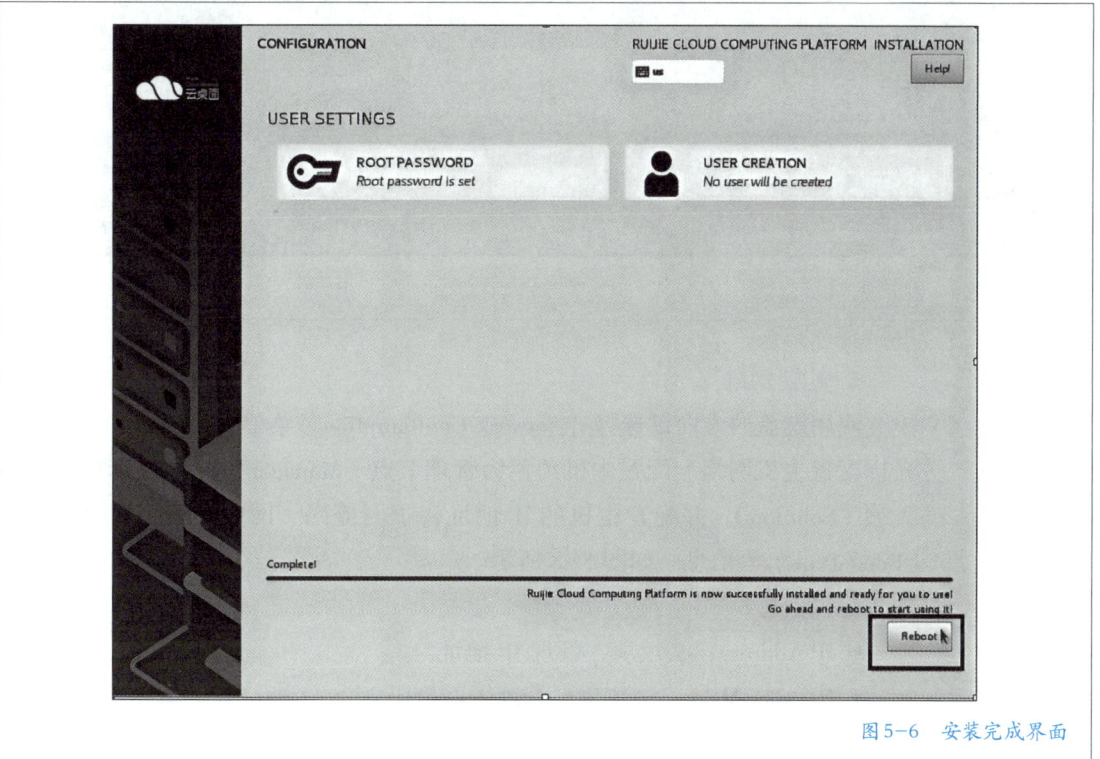

图5-6 安装完成界面

三、配置服务器网络

1. 登录 TUI 界面

将服务器连接键盘和鼠标，按 F2 键登录 TUI 并进入网络配置界面。TUI 登录密码默认为服务器序列号后 6 位，注意大小写，如图 5-7 所示。

图 5-7 登录 TUI 界面

2. 配置网络

使用键盘的方向键选择"Network Configuration"菜单，使用右方向键移动光标配置主机网络。配置主机角色为管理节点（Manager Server），选择服务器类型（Solution），并配置主机的 IP 地址、子网掩码、网关、DNS 和网络聚合（Bond Type）等信息。如图 5-8 所示。

配置信息：

- IP Address：必填项，管理 IP 地址。
- Network Mask：必填项，管理子网掩码。
- Gateway：必填项，管理网关。

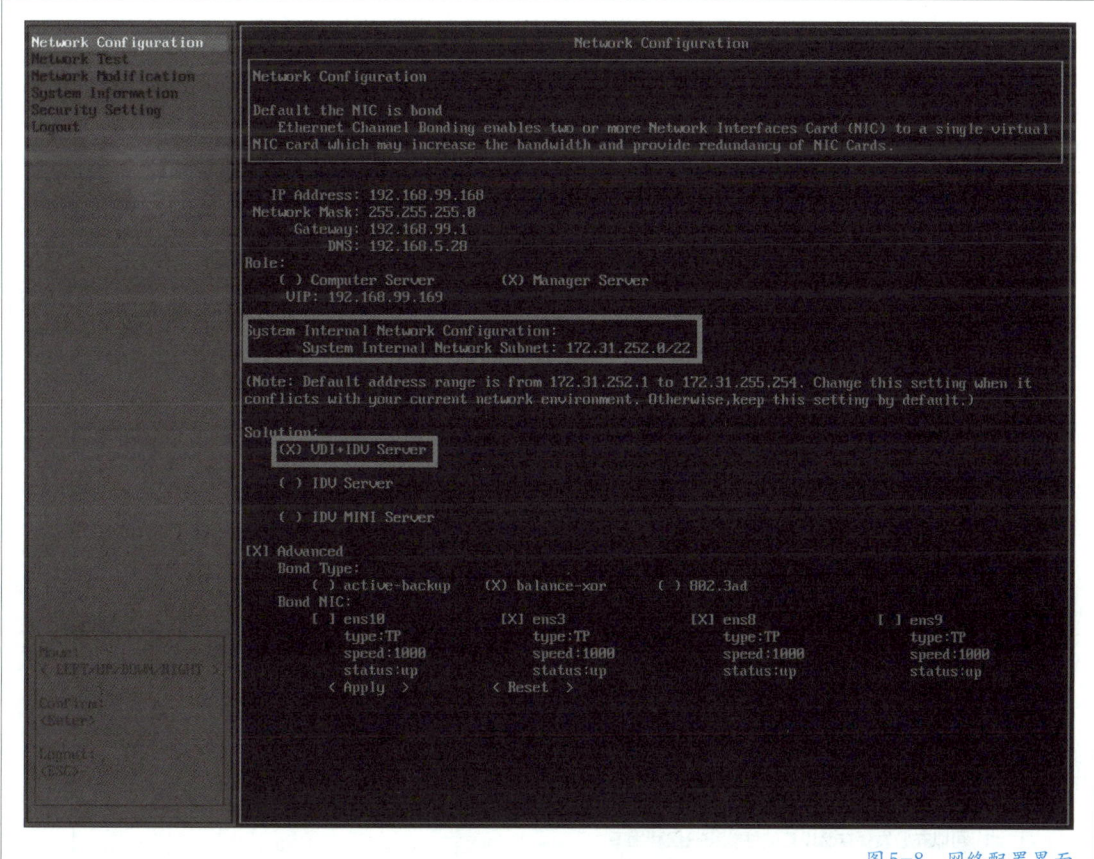

图5-8 网络配置界面

• DNS：必填项，服务器使用的 DNS 网络信息配置项。配置 DNS 的作用是能够访问一些以域名记录的服务，包括内网或者外网服务等。

• Role：角色配置，分为主机节点和管理节点，TUI 部署时整个集群只能设置一个管理节点，其他节点为主机节点。

• System Internal Network Subnet：一般保持默认值。若无 IP 地址冲突问题则无须修改。

• Solution：一般保持服务器推荐配置，无须手动修改。

• VDI+IDV Server：服务器可管理 VDI 终端、IDV 终端和 TCI 终端。

• IDV Server：服务器可管理 IDV 终端和 TCI 终端。

• IDV MINI Server：小型服务器，可管理 IDV 终端和 TCI 终端。

• 802.3ad：动态链路聚合模式，需要交换机支持链路聚合控制协议（LACP）。

- Bond NIC：网卡聚合成员，会展示对应的网卡信息。若进入网络配置界面后，网卡的信息发生变化，可使用 F5 键查看网卡信息。选择聚合模式后，可以根据环境选择相应的聚合成员，网卡成员包括网卡名称、网卡类型和网卡速度等信息。

四、部署云计算平台

- 在浏览器地址栏输入"https://<virtual IP>:9250"，登录锐捷云计算平台（https://192.168.10.1:9250），默认账号 / 密码是 admin/admin。
- 阅读并接受《用户协议》和《隐私协议》后，勾选"加入用户体验计划"，单击"立即部署"按钮。如图 5-9 所示。

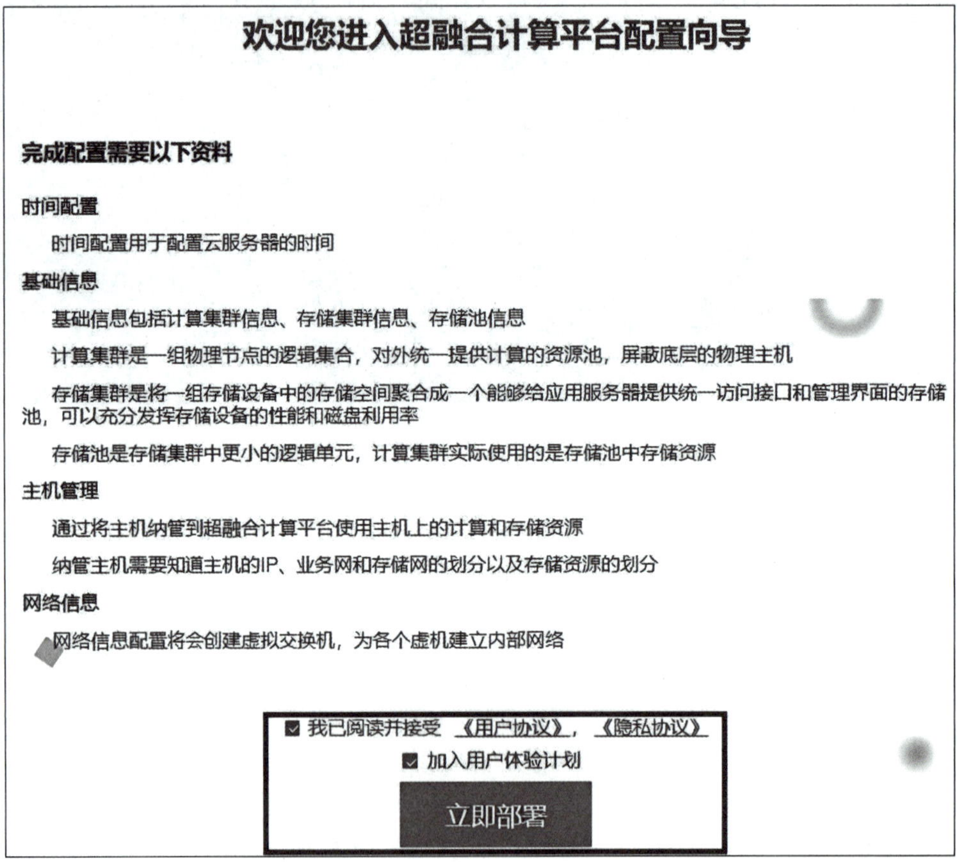

欢迎您进入超融合计算平台配置向导

完成配置需要以下资料

时间配置

　　时间配置用于配置云服务器的时间

基础信息

　　基础信息包括计算集群信息、存储集群信息、存储池信息

　　计算集群是一组物理节点的逻辑集合，对外统一提供计算的资源池，屏蔽底层的物理主机

　　存储集群是将一组存储设备中的存储空间聚合成一个能够给应用服务器提供统一访问接口和管理界面的存储池，可以充分发挥存储设备的性能和磁盘利用率

　　存储池是存储集群中更小的逻辑单元，计算集群实际使用的是存储池中存储资源

主机管理

　　通过将主机纳管到超融合计算平台使用主机上的计算和存储资源

　　纳管主机需要知道主机的IP、业务网和存储网的划分以及存储资源的划分

网络信息

　　网络信息配置将会创建虚拟交换机，为各个虚机建立内部网络

☑ 我已阅读并接受 《用户协议》，《隐私协议》
☑ 加入用户体验计划

立即部署

图 5-9　配置向导首页

- 在"选择桌面云部署方案"页面单击"办公桌面云"按钮，如图 5-10 所示。

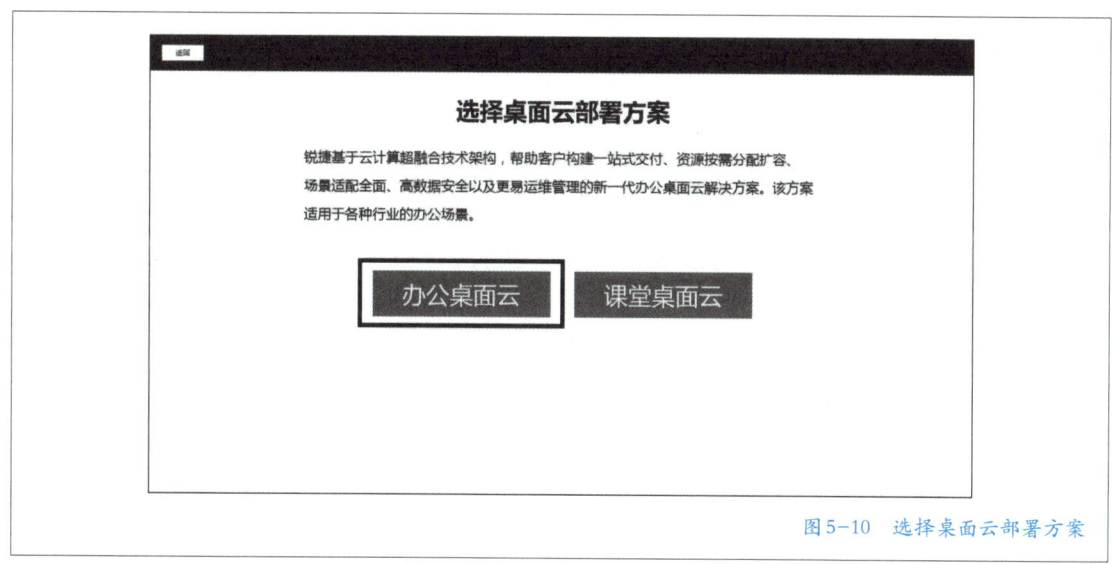

图5-10　选择桌面云部署方案

五、配置云办公管理平台

1. 创建云桌面策略

在云办公管理平台中的左侧列表中单击"策略管理"，进入"云桌面策略"菜单。单击"创建"按钮，跳转到"创建云桌面策略"页面，如图5-11所示。填写对应的信息，单击"确认"按钮完成创建。若VDI桌面需要使用虚拟GPU（vGPU）加速功能，则需要开启"vGPU加速"开关，并选择显卡。

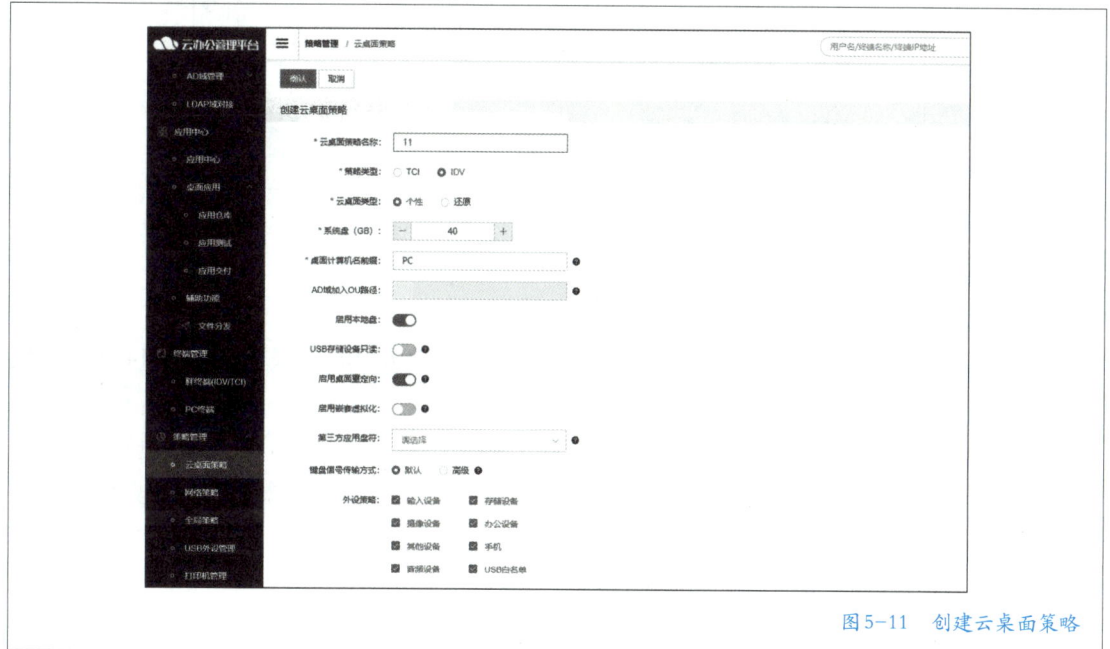

图5-11　创建云桌面策略

2. 创建镜像

镜像是用户使用的操作系统模板，镜像须处于"已发布"状态才可以正常使用。

在"镜像管理"的"共享文件空间"页面，单击"上传"按钮，进入上传页面后，上传软件安装包。支持上传文件或文件夹，也支持一次性上传多个软件包。填写描述信息，单击"确认"按钮后，即可开始上传软件安装包文件。上传安装包进度会显示在页面的右下角。

当页面提示"上传成功"时，则说明镜像文件上传成功。

3. 创建镜像模板

创建基础镜像模板界面如图 5-12 所示；创建带 vGPU 功能的高级镜像模板界面如图 5-13 所示。

图 5-12　创建基础镜像模板界面

4. 创建用户

下面以创建 VDI 桌面用户为例介绍创建用户的步骤，如图 5-14 所示，创建 IDV/TCI 桌面用户步骤类似。

在用户管理页面单击"创建"按钮。在"创建用户"页面填写用户名、所属用户组、姓名等信息，开启 VDI 云桌面。选择镜像模板、云桌面策略和网络策略。单击"确认"按钮，完成用户创建。此用户账号将在 VDI 终端上线时用户登录云桌面认证使用。

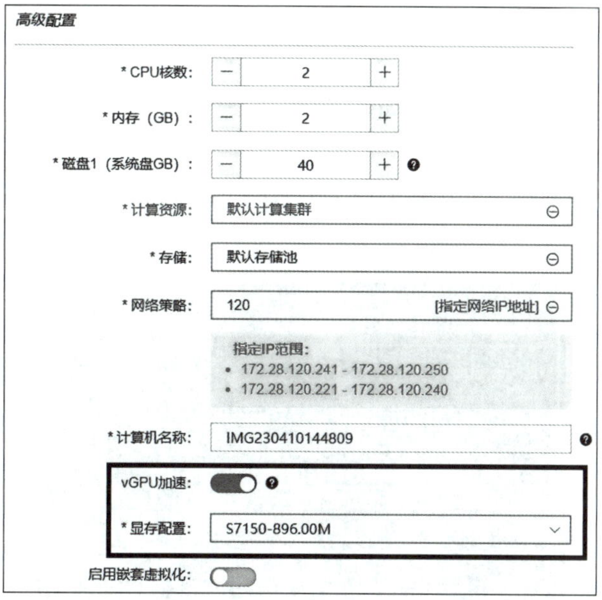

图5-13 创建高级镜像模板界面

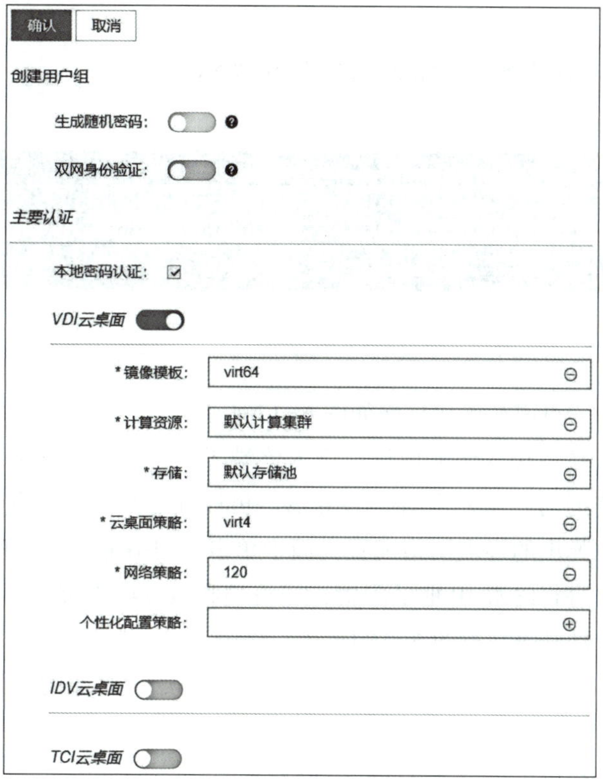

图5-14 创建VDI桌面用户

六、部署终端

通用终端包括 RG-CT5000/CT6000 系列终端、RG-CT5000/CT6000 系列 G3 终端、RG-Rain300/400 系列终端、RG-CT5300C 和 RG-CT5502C-G3 终端等。

- 刻录终端 ISO 镜像启动 U 盘，启动设备选择界面如图 5-15 所示。

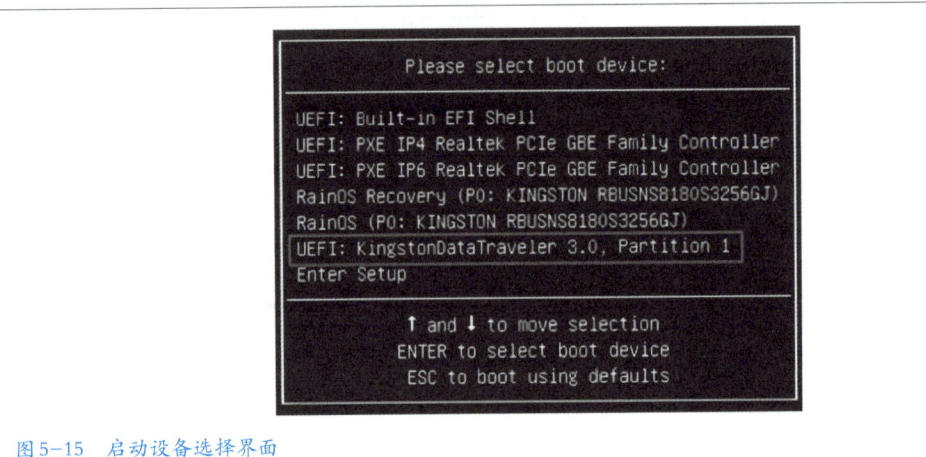

图 5-15　启动设备选择界面

- 选择目标硬盘界面如图 5-16 所示。

```
y
[/mnt/Control/rj_updateiso.bash:main] ==updateiso begin==
[/mnt/Control/rj_updateiso.bash:main] ==more than one disk in the device==
 [/mnt/Control/rj_updateiso.bash:main] diskinfo:mmcblk0 29.1GiB,
 [/mnt/Control/rj_updateiso.bash:main] diskinfo:sda TOSHIBA 465.8GiB,
 [/mnt/Control/rj_updateiso.bash:main] which disk do you want to install os? please input (mmcblk0 s
da):
```

图 5-16　目标硬盘选择

- 云桌面初始化界面如图 5-17 所示。
- 在系统安装完成后，进入终端界面，在网络还未连接，即终端未和服务器连通时，需要配置云服务器。可以在云桌面初始化界面单击"设置"按钮，在弹出的终端网络配置界面中单击"网络配置"，填写云服务器地址或域名，并进行终端 IP 地址配置，当终端和服务器连接上，可以正常通信时，终端会自动升级。如图 5-18 所示。
- 在终端连接服务器并升级之后，开始云终端的初始化配置，如图 5-19 所示。选择终端运行模式，默认为"TCI 终端"，若终端需要部署为 IDV 模式，则单击"IDV 终端"，如图 5-20 所示。

图5-17　云桌面初始化界面

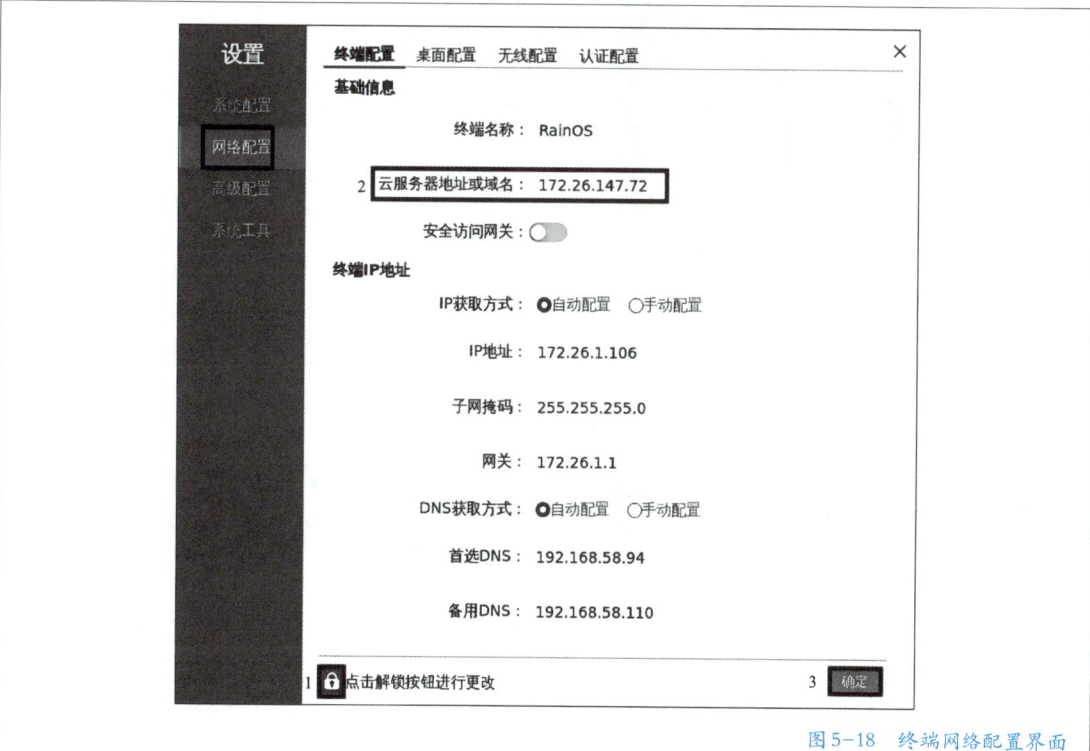

图5-18　终端网络配置界面

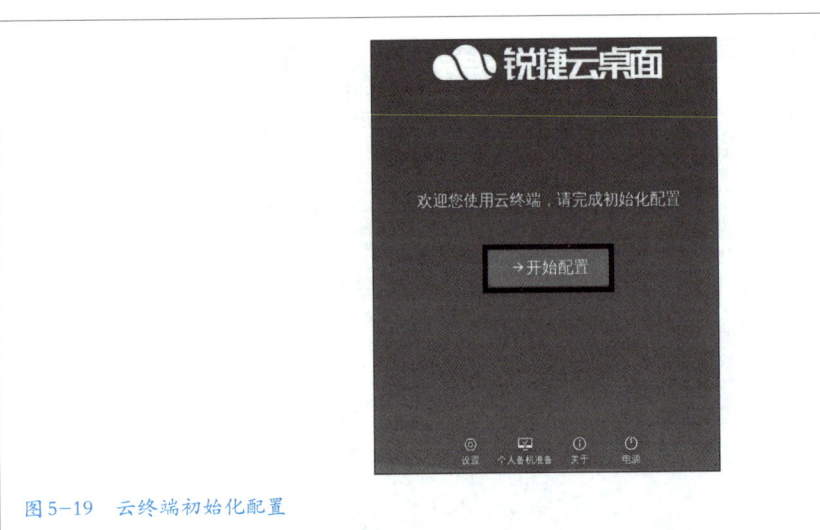

图 5-19　云终端初始化配置

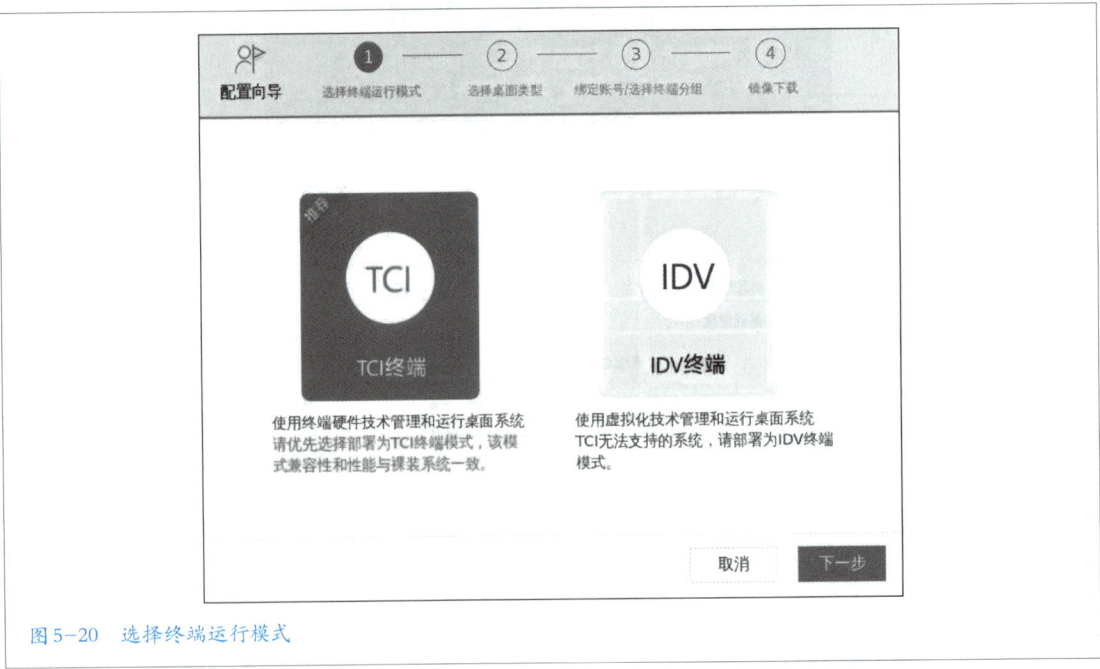

图 5-20　选择终端运行模式

- 单击"下一步"按钮，选择云桌面类型，"个人桌面"需要绑定用户账号；"公共桌面"适用于多人不记名的公用场合，"公共桌面"无须绑定账号，可以直接登录使用，如图 5-21 所示。

注意：若选择"个人桌面"，则需要绑定用户账号，在输入框中输入要绑定的用户名。若选择"公共桌面"，则需要绑定终端组，绑定终端组之后，终端下载该终端组策略中的镜像。镜像下载完成进入登录页面，输入账号和密码，进入云桌面系统。首次登录需要先修改密码。

图5-21 选择云桌面类型

七、安装"胖终端"Windows 10操作系统

云桌面服务器端可以安装2个操作系统镜像，根据终端需求将所需的操作系统发送给终端。"胖终端"因为自身具有算力和存储能力，类似于一个小型计算机，自身可以单独安装操作系统。

1. 安装准备工作

（1）检查系统要求

确认计算机满足以下安装Windows 10的最低硬件要求：

- CPU：1 GHz及以上
- 内存：1 GB（32 b）或2 GB（64 b）
- 硬盘空间：16 GB（32 b）或20 GB（64 b）
- 显卡：DirectX 9或更高版本，带有WDDM 1.0驱动程序
- 显示器分辨率：800*600

（2）备份重要数据

在开始安装之前，确保备份了计算机中的所有重要数据，以防在安装过程中丢失。特别是存放在系统盘（C盘）中的文件，如桌面文件、文档等。

（3）获取Windows 10安装介质

需要准备一个有效的Windows 10安装盘或启动U盘。推荐使用容量在8 GB或以上的U盘，并确保其为空或已备份原有数据。

通过微软官方网站（Microsoft.com）下载Windows 10安装文件，如图

5-22 所示。

图 5-22　下载 Windows 10 安装文件

下载媒体创建工具，如图 5-23 所示。按照提示使用媒体创建工具将 Windows 10 安装文件下载至 U 盘或刻录到 DVD 光盘上。

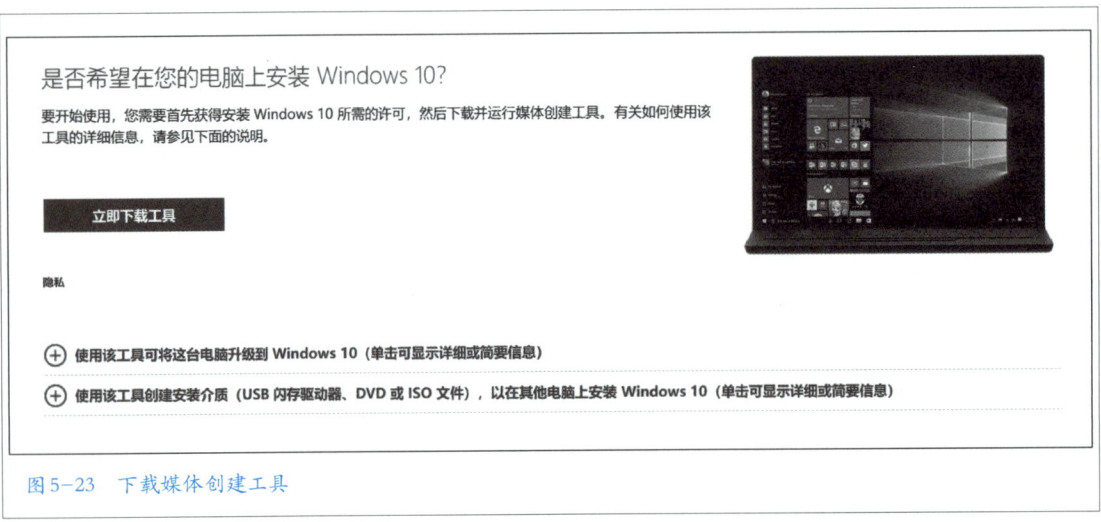

图 5-23　下载媒体创建工具

2. 安装 Windows 10

（1）插入安装介质

将准备好的 U 盘插入计算机的 USB 端口，或将 DVD 光盘放入光驱中。

（2）启动计算机并进入 BIOS/UEFI

启动计算机并按键盘上相应的键，不同品牌的计算机键盘按键可能不同，常见如 F2、F12、DEL 或 ESC 键，进入 BIOS/UEFI 设置界面。与前面介绍的安装服务器操作系统类似，可参考图 5-4。在启动选项中，将 U 盘或 DVD 光盘设置为首选启动设备。

（3）进入安装程序

保存 BIOS/UEFI 设置并重新启动计算机。计算机会从 U 盘或 DVD 光盘启动，进入 Windows 10 安装程序，如图 5-24 所示。

图 5-24 安装程序启动

（4）选择语言、时间等

在安装程序的第一个界面选择语言、时间和货币格式，以及键盘和输入方法，单击"下一步"，如图 5-25 所示。

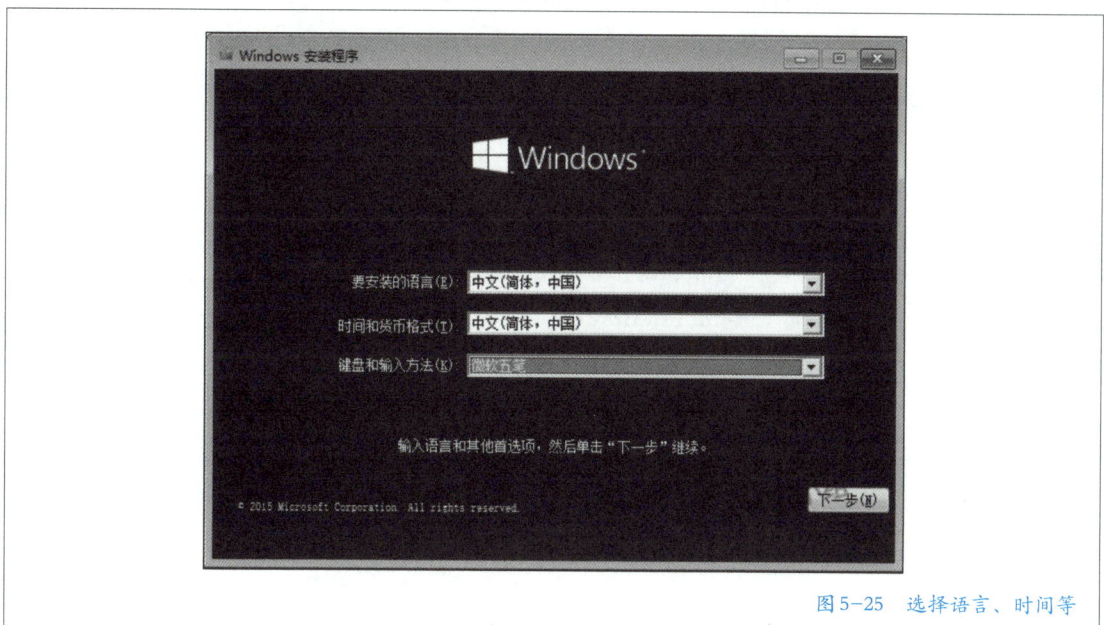

图 5-25 选择语言、时间等

（5）单击"现在安装"

在欢迎界面，单击"现在安装"按钮，如图5-26所示。

图5-26 开始安装

（6）输入产品密钥

如果有 Windows 10 产品密钥，请输入并单击"下一步"。如果没有，可以选择"我没有产品密钥"，稍后再激活，如图5-27所示。

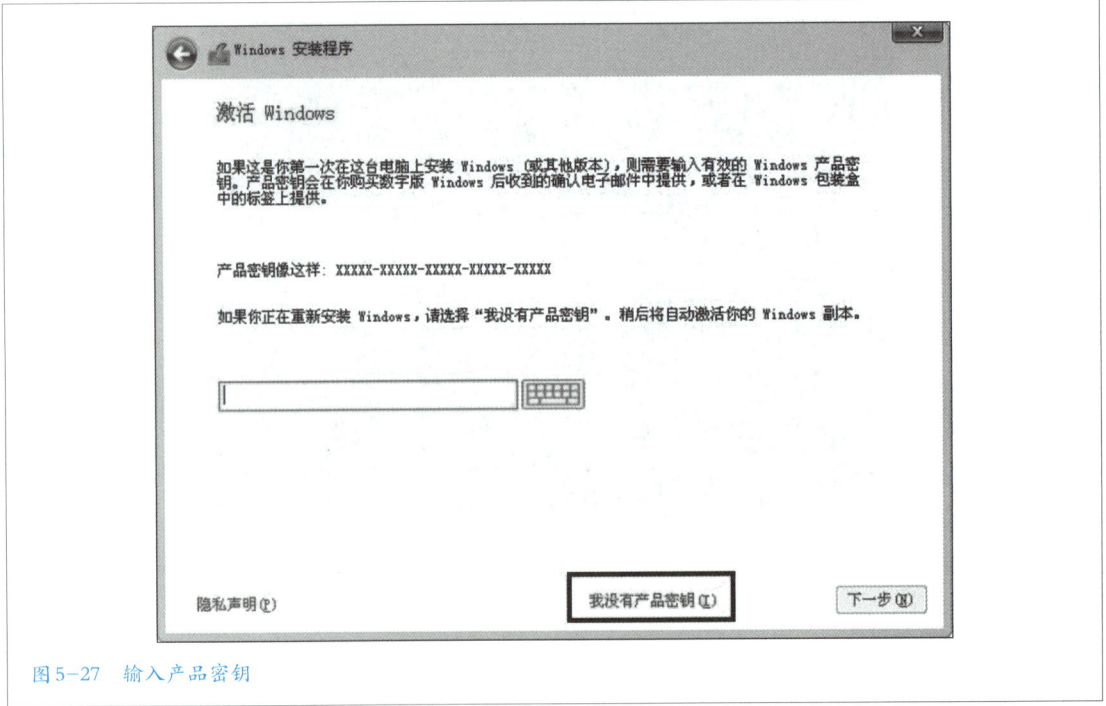

图5-27 输入产品密钥

（7）选择操作系统版本

如果安装介质中包含多个 Windows 10 版本，则选择要安装的版本，如家庭版、专业版等，如图 5-28 所示。

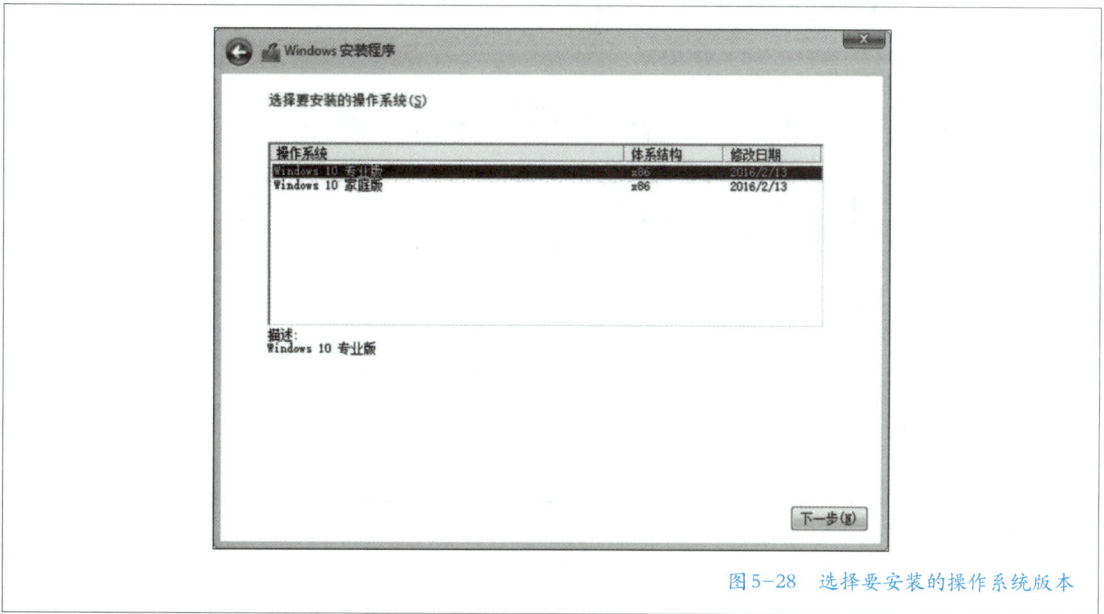

图 5-28　选择要安装的操作系统版本

（8）接受许可条款

阅读并接受许可条款，单击"接受"按钮，如图 5-29 所示。

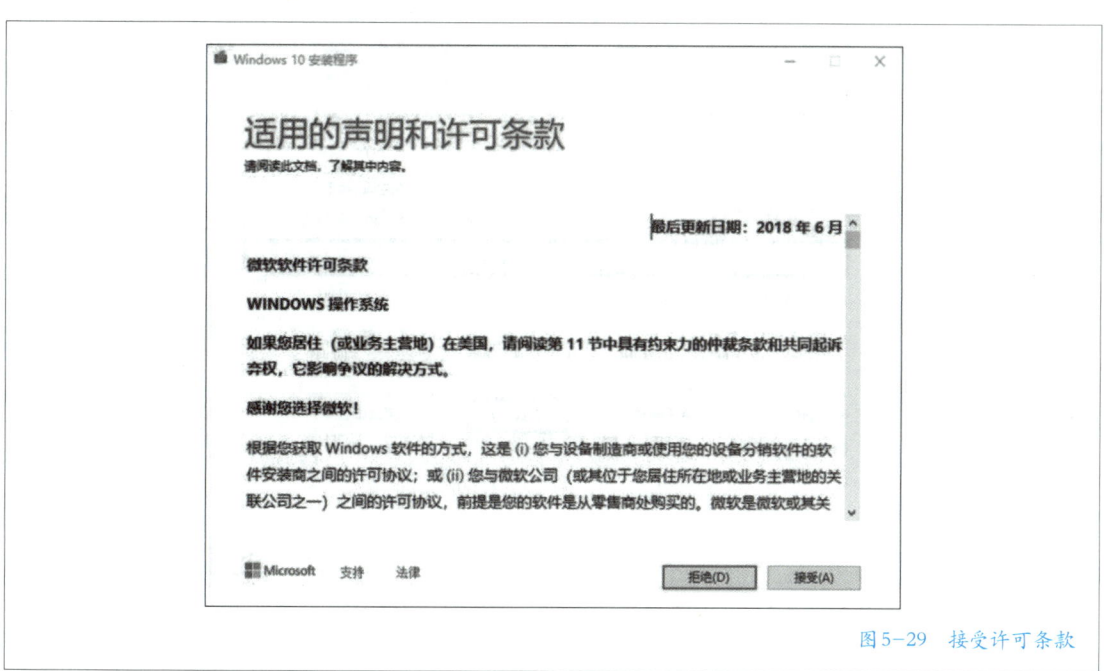

图 5-29　接受许可条款

（9）选择安装类型

选择"自定义：仅安装 Windows（高级）"，如图 5-30 所示。

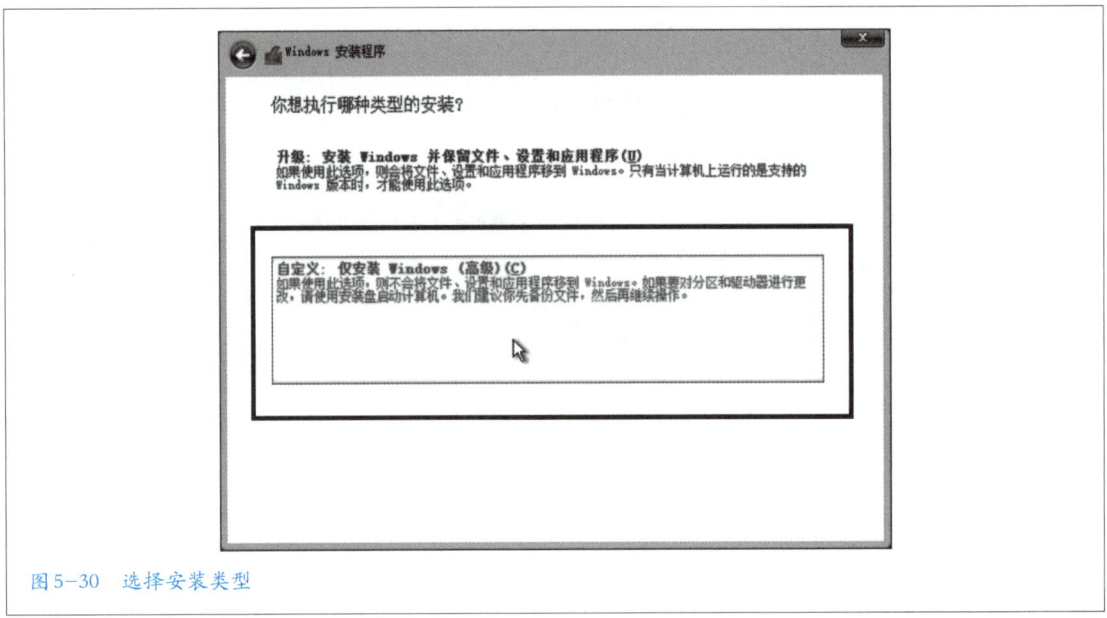

图 5-30　选择安装类型

（10）选择安装位置

选择要安装 Windows 10 的硬盘分区。如果需要，可以单击"删除""格式化""新建"等进行分区管理。选择好分区后，单击"下一步"，如图 5-31 所示。

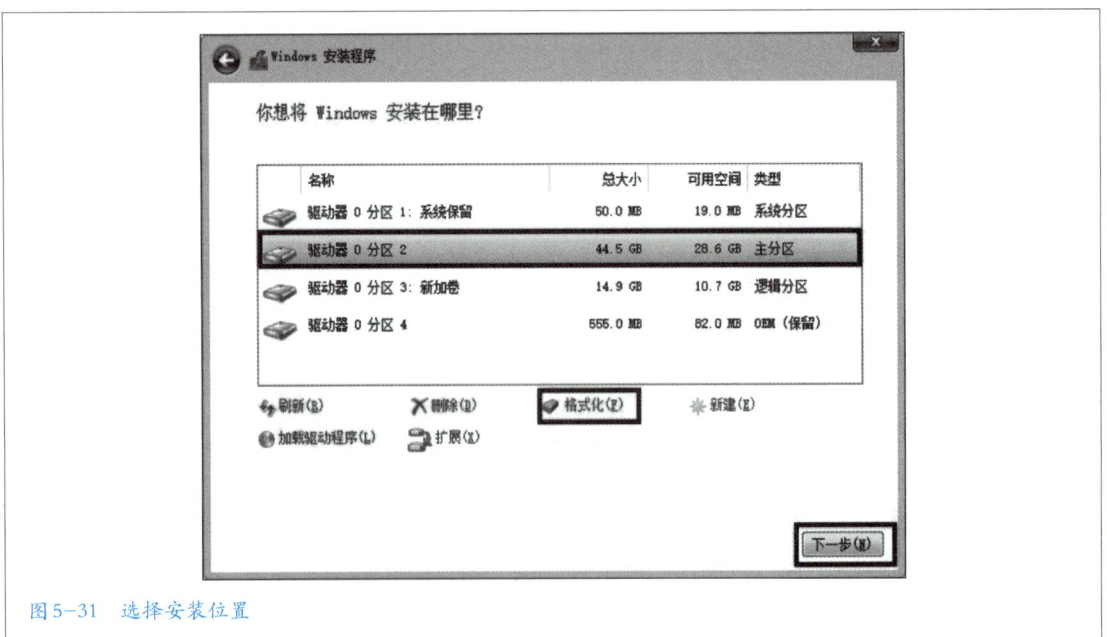

图 5-31　选择安装位置

（11）安装 Windows 10

安装程序开始复制文件并进行安装。这个过程可能需要一些时间，具体时间取决于计算机的性能，如图 5-32 所示。

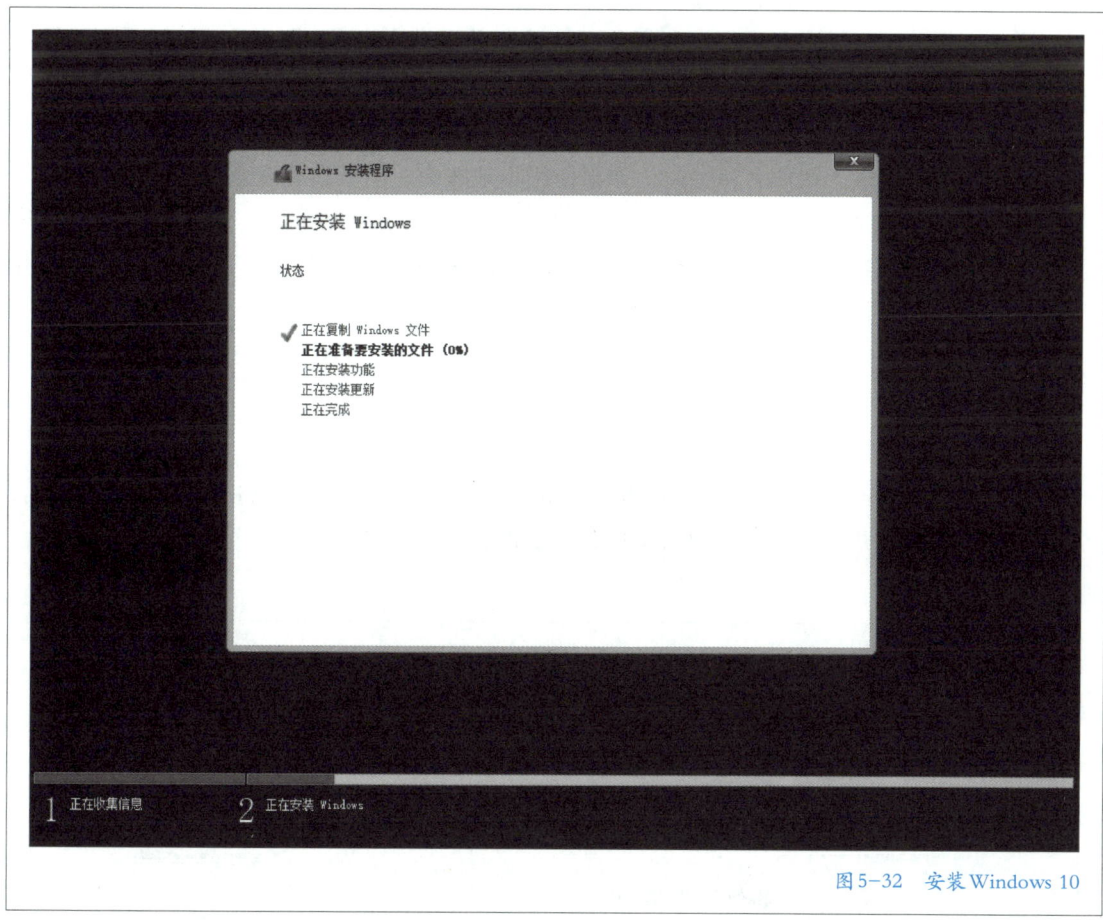

图 5-32　安装 Windows 10

安装完成后，需要重启计算机，此时应拔出启动 U 盘或取出 DVD 光盘，计算机将会从安装有 Windows 10 的硬盘启动。

3. 初始设置

系统重新启动后，进入初始设置界面，此时只需按照提示一步步进行设置即可。

（1）设置区域和语言

选择合适的区域和语言。

（2）连接到网络

选择并连接到可用的网络，或者跳过此步骤稍后再连接。

（3）登录到微软账户

输入微软账户的电子邮件地址并输入密码。如果没有账户，可以创建一个新的账户或使用本地账户登录。

（4）设置隐私选项

配置隐私设置，包括位置、诊断数据、广告 ID 等。可以根据需要启用或禁用各项设置。

（5）创建用户账户

输入用户名和密码，如果使用本地账户，需要设置安全问题。

（6）完成设置

系统将进行最后的设置，并为首次使用进行准备。这一步可能需要几分钟。

完成以上初始设置后，Windows 10 即可正常使用。

4. 安装后配置

（1）更新 Windows

连接到网络后，打开"开始"—"设置"，进入"Windows 更新"界面，检查并安装所有可用的 Windows 更新，如图 5-33 所示。

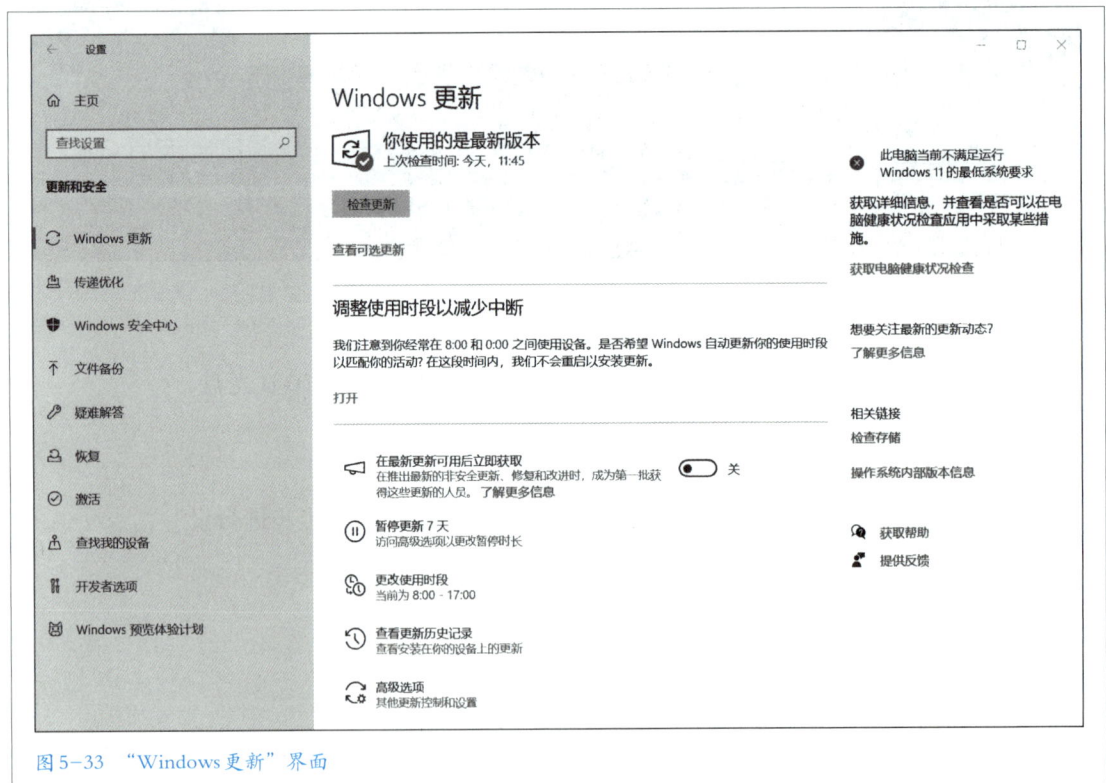

图 5-33 "Windows 更新"界面

（2）安装驱动程序

安装计算机硬件的最新驱动程序，可以从制造商的官方网站下载。

（3）恢复数据

从备份中恢复备份之前的重要数据。

（4）安装所需的软件

安装常用的应用程序和工具，如浏览器、办公软件、媒体播放器等。

八、安装云桌面服务器端操作系统镜像

如果想要快速地对所有终端统一安装操作系统，可以使用镜像方式。在服务器上安装 Window 10 操作系统镜像并发布镜像，即可完成对"胖终端"操作系统的安装。

1. 获取镜像文件

登录云桌面管理平台，进入"镜像管理"的"镜像模板"页面。单击列表上方的"下载黄金镜像"按钮，进入镜像帮助中心。根据需要下载对应的黄金镜像版本，如图 5-34 所示。

图 5-34　镜像帮助中心

2. 上传镜像

下载并解压后得到后缀为 .qcow2 的文件。进入云桌面管理平台的"镜像管理"—"镜像文件"页面，单击"上传"按钮上传镜像文件。

3. 创建镜像模板

在"镜像管理"的"镜像模板"页面单击"创建"按钮，跳转到"创建镜像模板"页面。填写镜像模板信息，单击"确认"按钮完成创建。

4. 镜像管理

镜像创建完成后，处于"待编辑"状态，单击"服务器上编辑"按钮，如图 5-35 所示。跳转到"编辑镜像模板"页面后单击"确认并启动"按钮，弹出"编辑镜像"子页面，在镜像里会自动升级 GuestTool 软件，升级完成需要重启镜像。完成安装后，用户可根据实际需求安装软件。

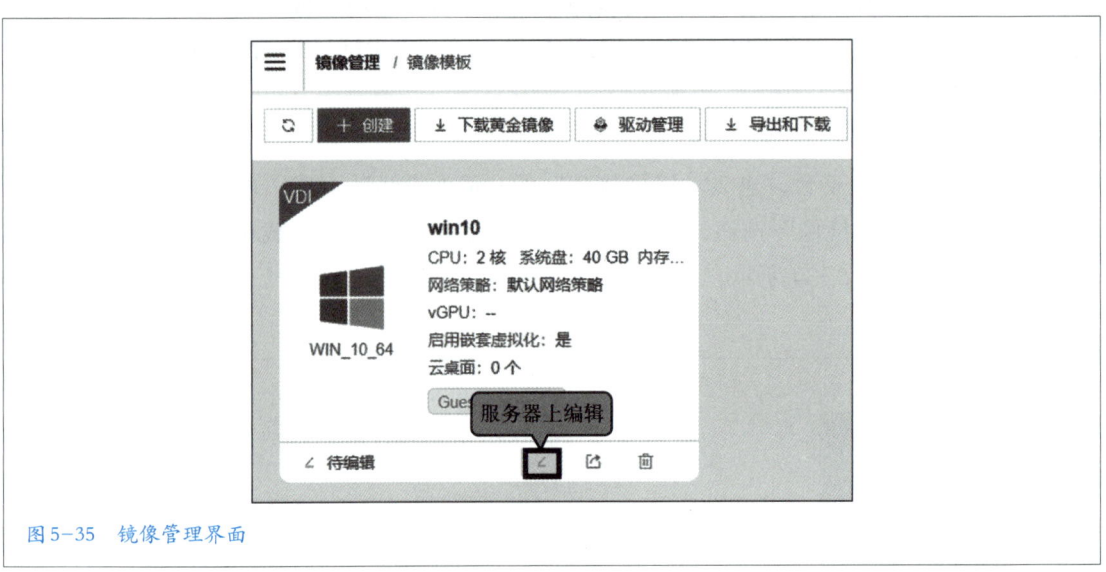

图 5-35 镜像管理界面

任务拓展

一、操作系统的文件系统

1. 文件系统的定义

文件系统是操作系统用于管理和组织数据存储的一种结构化方法。它定义了文件的存储、命名、访问、操作和保护方式。

2. 常见的文件系统类型

• FAT (File Allocation Table)：早期的文件系统，常用于小型存储设备（如软盘和 U 盘）。主要版本有 FAT12、FAT16 和 FAT32。

• NTFS (New Technology File System)：由微软在 Windows NT 操作系统引入的文件系统，支持大文件，具有高效的磁盘空间管理和高级安全功能。

- EXT (Extended File System)：Linux 操作系统的文件系统，主要版本有 EXT2、EXT3 和 EXT4，支持大文件和大容量磁盘。
- HFS+ (Hierarchical File System Plus)：苹果公司为 macOS 系统设计的文件系统，支持高效的文件存储和检索。

3. 文件系统的功能

- 文件存储与检索：管理文件的存储位置和路径，提供高效的文件存取。
- 文件命名与组织：支持文件和目录的命名、创建、删除、重命名等操作，提供层次化的目录结构。
- 文件保护与安全：提供文件的读写权限控制和加密保护，确保数据安全。

二、Windows 10 的文件系统

1. NTFS 历史背景

NTFS 文件系统于 1993 年首次随 Windows NT 3.1 一起发布。NTFS 是对 FAT 文件系统的显著改进，提供了更高的安全性、稳定性和其他性能。

2. NTFS 特点与主要组件

（1）主要特点

- 大文件支持：支持最大单个文件 16 TB，支持最大分区 256 TB。
- 文件权限：提供文件和文件夹级别的安全性保障。
- 数据压缩：支持文件和文件夹压缩，节省磁盘空间。
- 数据加密：支持文件和文件夹加密，保护敏感数据。
- 磁盘配额：支持为每个用户设置磁盘使用配额，防止磁盘空间被滥用。
- 事务处理：使用日志文件系统（Journal）确保数据完整性和系统崩溃后的快速恢复。

（2）主要组件

- 主文件表：包含所有文件和目录的元数据，包括文件名称、大小、创建和修改日期、权限等信息。
- 日志文件：记录文件系统操作，确保数据的一致性和完整性，以及系统崩溃后的数据恢复。
- 分区启动扇区：包含启动 NTFS 分区的必要信息。
- 文件属性：NTFS 将所有文件和目录的元数据存储为属性，包括标准信息（文件名、大小、时间戳等）和扩展属性（如安全描述符、数据流等）。

3. NTFS 文件和目录管理

（1）文件权限管理

- 访问控制列表 (ACL)：通过 ACL 为文件和目录设置详细的访问权限，控

制用户和组对文件的读、写和执行权限。

- 权限继承：子目录和文件可以继承父目录的权限，简化权限管理。

（2）文件压缩

- NTFS 支持透明的文件和目录压缩。通过右键单击文件或在目录中选择"属性"，在"高级属性"中启用压缩功能。

- 压缩后的文件在使用时会自动解压，不需要用户干预。

（3）文件加密

- 使用加密文件系统（EFS）加密文件和目录。通过右键单击文件或在目录中选择"属性"，在"高级属性"中启用加密功能。

- 只有拥有正确密钥的用户才能解密和访问加密文件。

4. NTFS 高级功能

（1）支持磁盘碎片整理

- NTFS 自动管理文件碎片，定期进行磁盘碎片整理，优化文件存取速度。

- 用户可以通过 Windows 自带的磁盘碎片整理工具进行手动碎片整理。

（2）支持硬链接和符号链接

- 硬链接：NTFS 支持为同一个文件创建多个硬链接，使文件可以出现在多个目录中，而不会占用额外的磁盘空间。

- 符号链接：指向另一个文件或目录的引用，提供更大的文件系统灵活性。

5. NTFS 优势与局限性

（1）优势

- 安全性高：通过 ACL 和 EFS 提供详细的文件和目录访问控制和加密功能。

- 稳定性强：使用日志文件系统，确保数据一致性，并能快速恢复数据。

- 灵活性好：支持大文件、大分区、磁盘配额、文件压缩和加密等高级功能。

- 兼容性强：NTFS 是 Windows 操作系统的默认文件系统，与 Windows 生态系统兼容性高。

（2）局限性

- 复杂性：NTFS 的高级功能和结构使其比 FAT 文件系统更复杂，管理和维护需要更高的技术水平。

- 兼容性问题：虽然 NTFS 是 Windows 系统的默认文件系统，但在其他操作系统（如 macOS 和 Linux）中兼容性较差，可能需要额外的驱动程序或软件。

6. NTFS 实际使用场景

● 企业文件服务器：由于 NTFS 提供的高安全性和稳定性，其常用于企业文件服务器，管理大量用户和文件。

● 个人计算机：Windows 10 默认使用 NTFS 文件系统，为个人用户提供高效、安全的文件管理。

● 外部存储设备：外部硬盘、U 盘等存储设备也可以格式化为 NTFS，以支持大文件传输和高级功能。

任务6　安装办公设备

任务描述

小孙的公司开拓了新的销售渠道，通过短视频和直播进行产品宣传和销售，公司专门设置了短视频营销岗，该岗位的员工需要使用手写板等多媒体办公设备。小孙作为公司IT部工作人员，需要为该岗位员工的计算机安装和维护这些设备，因此他开始学习办公设备的安装和维护。

思维导图

任务6思维导图如图6-1所示。

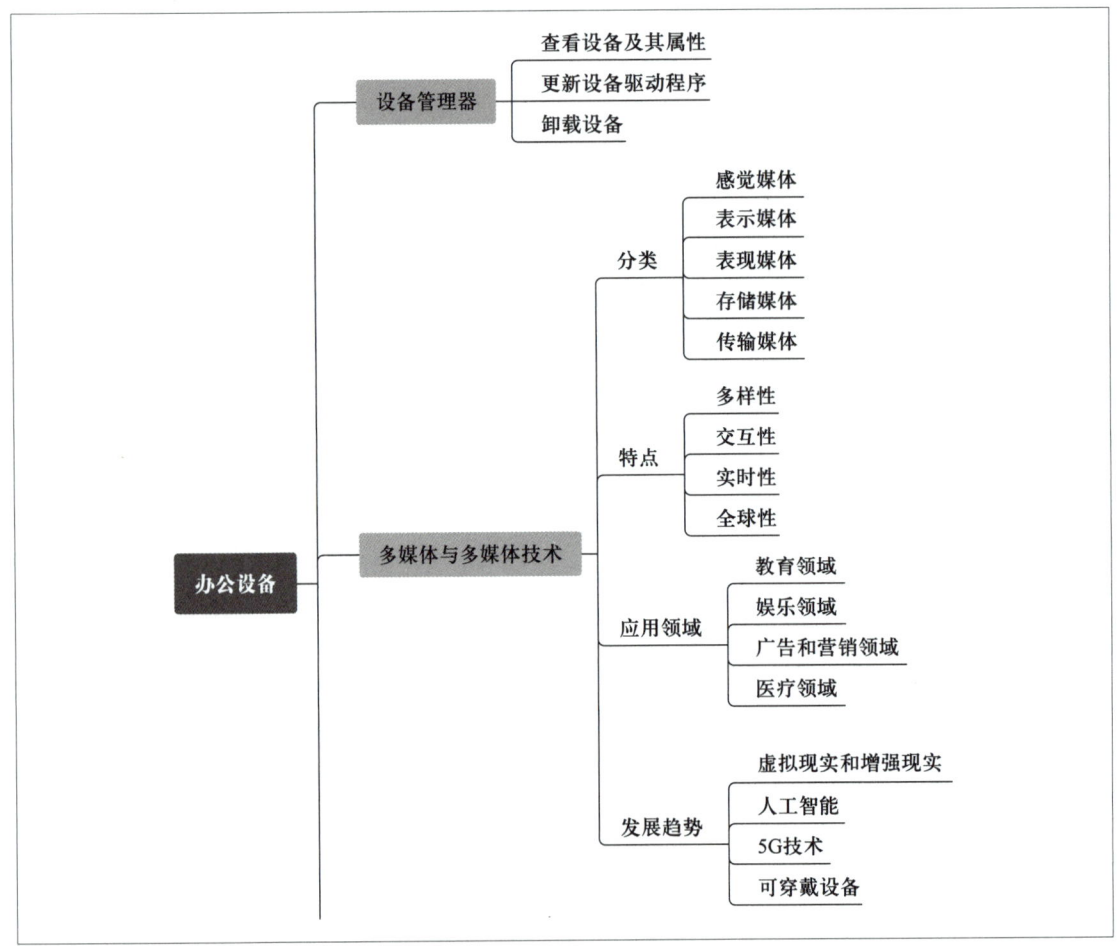

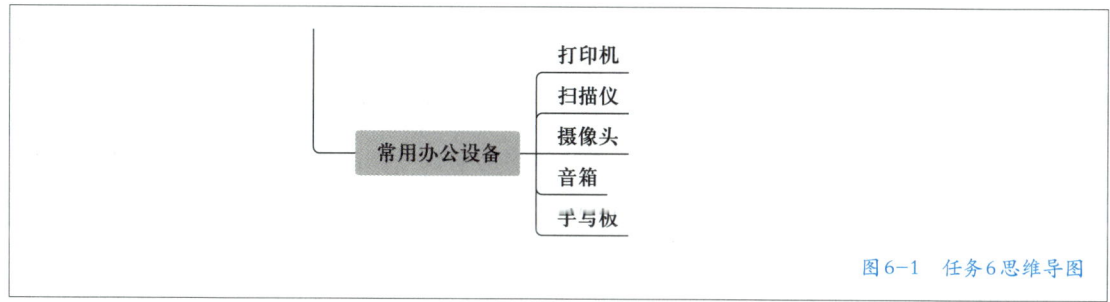

图6-1 任务6思维导图

知识准备

一、设备管理器

计算机设备管理器是用于管理计算机硬件设备的工具，它提供了一个图形化的用户管理界面，使得用户可以方便地查看和操作系统中安装的各种设备。在Windows操作系统中，设备管理器是系统自带的一个实用程序，可以通过"控制面板"或右键单击"我的电脑"并选择"属性"来访问，如图6-2所示。

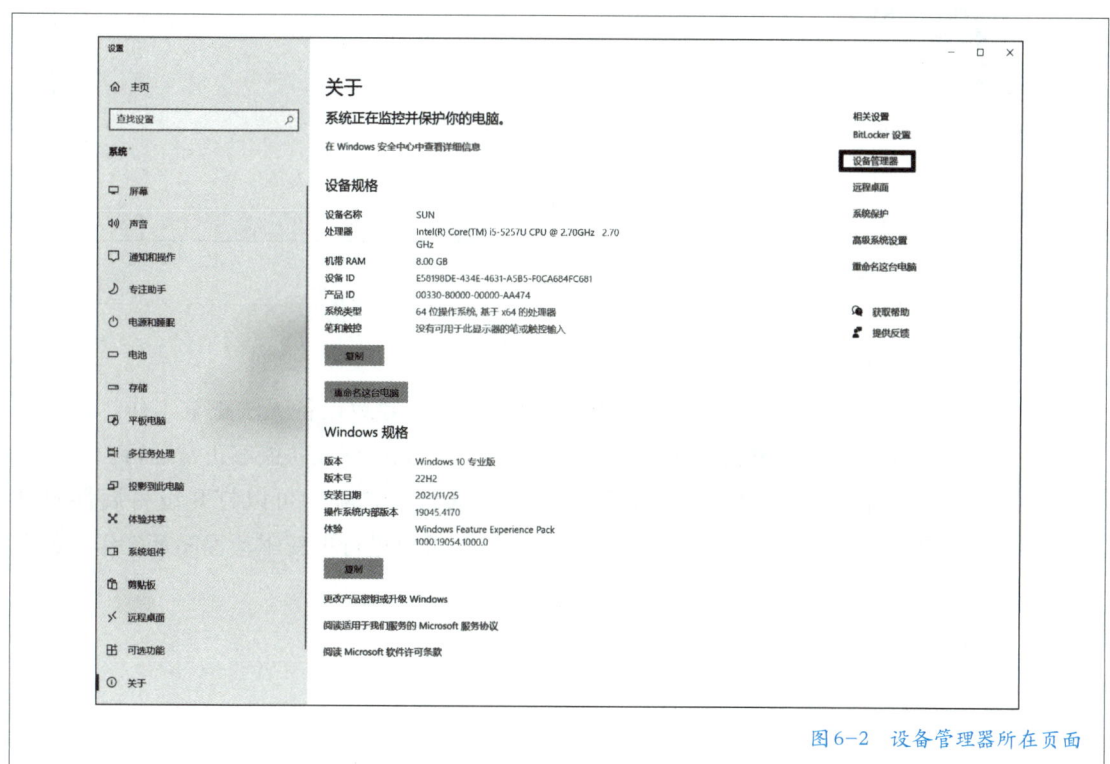

图6-2 设备管理器所在页面

1. 查看设备及其属性

设备管理器列出了计算机中安装的所有硬件设备，包括处理器、存储控制器、磁盘驱动器、图像设备、网络适配器、鼠标、键盘等，如图 6-3 所示。选择相应的设备时可进一步显示设备的名称、制造商、型号、驱动程序版本等详细信息。

图 6-3　设备管理器界面

2. 更新设备驱动程序

设备驱动程序未更新或损坏时，可能会导致设备无法正常工作。设备管理器可以检测并提示更新设备的驱动程序，以确保设备能够正常运行。

右键单击"显示适配器"，选择"属性"选项，可以打开设备属性对话框，选择"驱动程序"选项卡，在该页面可以进行更新驱动程序等操作，如图 6-4 所示。

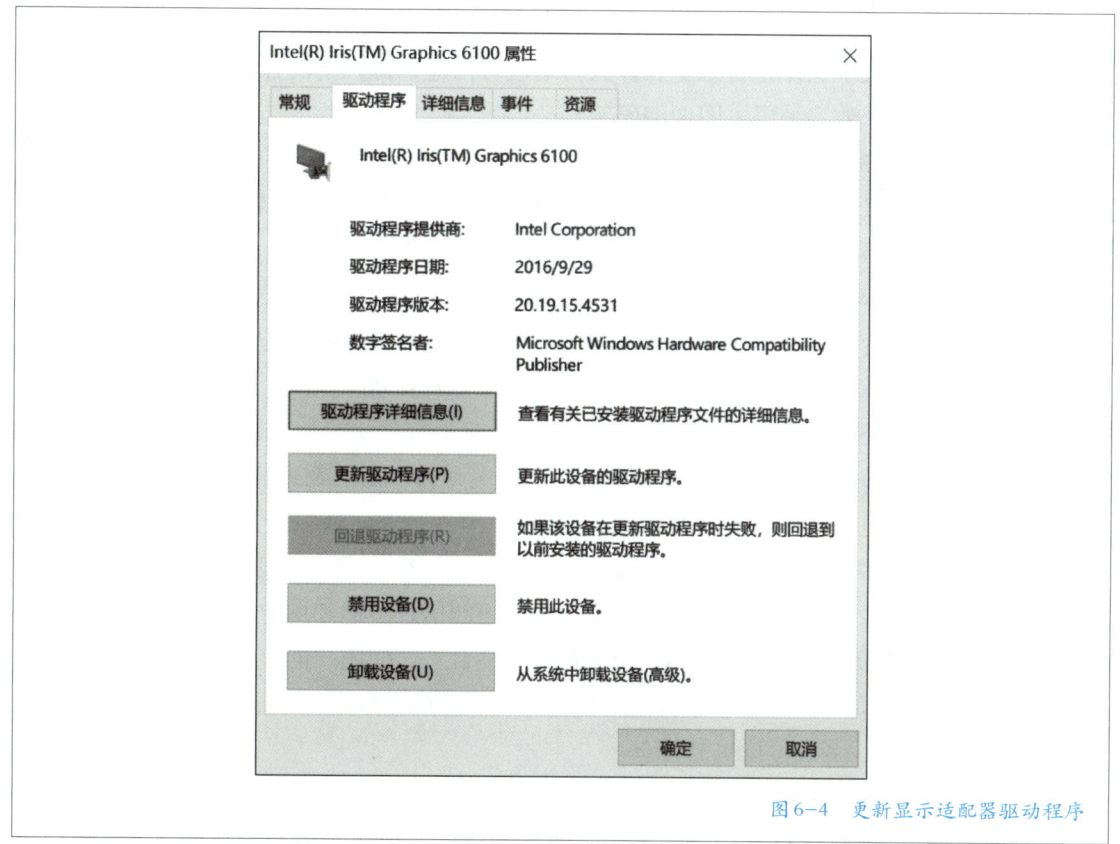

图6-4　更新显示适配器驱动程序

3. 卸载设备

如果不再需要某个设备，或者设备出现故障需要重新安装驱动程序，可以使用设备管理器来卸载该设备。卸载后，设备将从系统中删除，并释放其占用的资源。

需要注意的是，对于某些特殊类型的设备，如 U 盘等即插即用设备，系统一般会自动进行安装和配置。但是，在驱动程序不兼容或设备冲突等情况下，需要使用设备管理器来手动解决问题。

二、多媒体与多媒体技术

1. 多媒体基本概念

媒体（Media）是指信息表示和传播的载体，如数值、文字、声音、图形、图像等。媒体可以分 5 大类。

（1）感觉媒体

感觉媒体是指人的感官能直接接收和感觉到的信息载体。例如：自然界的各种声音、图形、图像、气味、温度，计算机系统中的文件、数据和文字等。

（2）表示媒体

表示媒体是将感觉媒体人为地进行构造编排产生的各种编码。例如：文字编码、数字编码、图像编码等。

（3）表现媒体

表现媒体是用于体现感觉媒体和表示媒体的输入/输出设备。例如：键盘、摄像机、光笔、话筒、显示器、打印机等。

（4）存储媒体

存储媒体用来存放表示媒体，即存放各种信息编码的物理设备。例如：半导体存储器、软磁盘、硬磁盘、磁带和CD-ROM等。

（5）传输媒体

传输媒体是用来将媒体从一处传送到另一处的物理载体。例如：双绞线、同轴电缆、光纤等。

多媒体技术是一种综合运用文字、图形、音频、视频等多种媒体元素的技术，旨在提供更加丰富、生动、全面的信息传递和用户体验。多媒体技术将多种形式的信息集成到一个交互式的平台上，使用户能够以更直观的方式获取信息。

2. 多媒体技术的特点

（1）多样性

多媒体技术融合了文字、图形、音频、视频等多种形式的媒体，使得信息更具表现力和吸引力。

（2）交互性

用户可以通过多媒体技术与系统进行互动，如单击按钮、触摸屏幕，使用户体验更为灵活和个性化。

（3）实时性

多媒体技术支持实时处理和传输音、视频数据，使用户能够在实时场景中获取信息，如在线直播、视频会议等。

（4）全球性

通过互联网，多媒体技术能够实现全球范围内的信息传递和共享，打破了地域限制。

3. 多媒体技术的应用领域

（1）教育领域

多媒体技术为教学提供了更生动直观的手段，包括电子教材、多媒体演示等。

（2）娱乐领域

电影、电视、游戏等娱乐领域广泛应用多媒体技术，为用户提供沉浸式的娱乐体验。

（3）广告和营销领域

多媒体广告通过图像和音频吸引客户的注意力，提高广告效果。

（4）医疗领域

多媒体技术应用于医学影像、远程医疗等，提高医疗服务的效率和质量。

4. 多媒体技术的发展趋势

（1）虚拟现实（VR）和增强现实（AR）

多媒体技术将更加深入地与虚拟现实和增强现实结合，提供更为沉浸式的用户体验，如虚拟实验室、虚拟景点游览、商场购物 AR 应用、AR 导航、AR 试装等。

（2）人工智能（AI）

多媒体技术与人工智能结合，将带来更个性化、智能化的多媒体内容推荐和生成。例如：AI 绘画创作大模型"通义万相"可以根据用户提供的文字内容生成多种风格的图像，如水彩画、扁平插画、油画、中国画、3D 卡通画和素描等。

（3）5G 技术

5G 的广泛应用将提升多媒体内容的传输速度和质量，推动更多实时、高清的多媒体应用。例如：在教育行业，北京邮电大学采用 5G 网络与全息直播技术，实现两个校区同上一堂课；在钢铁行业，通过 5G 和 AR 技术实现跨国远程协作装配解决方案；在旅游行业，湖北省博物馆打造的"5G 智慧博物馆"，通过 5G 网络覆盖和 AR/VR 技术，为观众提供感受古老文明的沉浸式体验。

（4）可穿戴设备

多媒体技术将更多地融入可穿戴设备，提供更便捷的用户体验。例如：韩国 VTouch 公司公布了一款内置距离传感器和麦克风的智能戒指，当戒指接近嘴边时，即可被激活，适用于 AI 助手、家居互动等应用场景。

三、常用办公设备

1. 打印机

打印机是计算机的输出设备之一，用于将计算机处理结果打印在相关介质上。衡量打印机好坏的指标有 3 项：打印分辨率、打印速度和噪声。

（1）打印机的分类

• 按打印元件对纸是否有击打动作，分为击打式打印机与非击打式打印机。针式打印机属于击打式打印机，而激光打印机和喷墨打印机则属于非击打式打印机。

● 按技术类型划分，主要有激光打印机、针式打印机、喷墨打印机和 3D 打印机等。

（2）各类打印机的特点

● 激光打印机：利用激光扫描技术和电子照相技术将打印内容转印到纸上。其打印质量高、速度快、噪声小，适用于大量打印需求。

● 针式打印机：通过打印针撞击色带，将色带上的油墨黏附在纸上而打印出点信息。其结构简单、耐用，但打印速度较慢，适用于少量打印和特殊纸张的打印。

● 喷墨打印机：将彩色液体油墨经喷嘴变成细小微粒喷到印纸上，实现打印。其色彩鲜艳、打印效果好，适用于高质量的图片和文档打印。

● 3D 打印机：一种以数字模型文件为基础，运用粉末状金属或塑料等可黏合材料，通过逐层打印的方式来构造物体的技术。适用于产品设计、原型制造等领域。

（3）打印机连接方式

● USB 连接：这是最常见的一种方式，只需要用 USB 数据线将打印机与计算机连接即可。连接后，需要在计算机上安装相应的打印机驱动程序，才能正常使用打印机。

● 网络连接：如果打印机支持网络连接，可以将其通过有线或者无线的方式连接到网络交换机或路由器上，然后在计算机上通过网络访问打印机。这种方式需要为打印机设置一个固定的 IP 地址，以便计算机能够找到它。

● 共享连接：这种方式适用于多台计算机共享一台打印机的情况。首先，需要将打印机连接到一台计算机上，并在这台计算机上进行打印机共享设置。然后，其他计算机可以通过访问这台计算机的共享打印机来使用它。这种方式需要各台计算机和打印机在同一局域网内，且需要开启网络共享和 Guest 账户或知晓对方登录账号和密码。

2. 扫描仪

扫描仪是一种光、机、电一体化的计算机外部设备，它可以将影像转换为计算机可以显示、编辑、存储和输出的数字格式，是一种功能强大的输入设备。

扫描仪是通过光学技术和电子技术的结合来开展工作的。它的光学系统由光源、镜头和传感器组成。当扫描仪开始工作时，光源会发出均匀而稳定的光线，照亮待扫描的纸质文件。光线经过镜头聚焦后，会照射到传感器上。传感器将光学系统聚焦后的图像转换为电子信号，然后传输给计算机进行后续的图像处理。

扫描仪的类型多样，按照扫描对象的不同，可分为反射式扫描仪和透射式扫描仪两种。反射式扫描仪主要用于扫描图片、照片、文字等反射式文件；透射式扫描仪则用于扫描幻灯片、底片等透射式文件。此外，还有一些特殊类型的扫描仪，如手持式扫描仪、平板式扫描仪、胶片专用扫描仪和滚筒式扫描仪等。

扫描仪的应用场景广泛，其中最常见的是文档管理，特别是数字化存档。通过将纸质文件扫描并保存为数字格式，可以节省存储空间，方便检索和共享文件。此外，扫描仪还可以用于图像处理，如在平面设计、摄影等领域，用户可以使用扫描仪将图片扫描为数字格式，并使用图片编辑软件进行处理。

3. 摄像头

摄像头是一种重要的计算机外部设备，广泛应用于视频会议、网络直播、视频聊天，以及拍摄照片和录制视频等多种场景。它能够通过光学传感器将光学图像转换成电信号，再传输到计算机上进行处理和显示，从而让用户实现实时交流，提高工作效率，丰富娱乐活动。

根据设计和安装方式的不同，计算机摄像头主要分为内置摄像头和外置摄像头两种。内置摄像头通常安装在计算机顶部，可以方便拍摄用户的脸部，适用于视频通话和网络直播。不同计算机品牌的内置摄像头像素和画质有所不同，在选购时可以参考品牌的口碑和用户评价。外置摄像头则是一种可以自由放置在固定位置的摄像头。与内置摄像头相比，外置摄像头更加灵活，可以满足不同场景的使用需求。外置摄像头的像素和画质普遍较高，适合对画质要求较高的用户或专业人士。但是，使用外置摄像头需要连接计算机的 USB 接口，因此需要确保计算机具备足够的接口数量。

在选购计算机摄像头时，除了考虑像素和画质外，还需要关注镜头的质量和设计，因为镜头的质量和设计会直接影响成像的清晰度和角度。一般来说，高品质的摄像头会采用玻璃镜头，成像效果相对塑胶镜头会更好。此外，还需要注意摄像头的调节范围和便捷性，以及是否具备护眼夜视灯、带麦自拍等附加功能。

4. 音箱

音箱是专门为计算机多媒体设备配备的音响产品。它作为整个音响系统的终端，负责将计算机中的数字音频信号转换成可以听到的声音信号。音箱内部通常包含了扬声器单元、功放电路等组件，以实现声音信号的放大和传播。

音箱的种类多样，可以根据箱体个数的不同来划分。比如，常见的有 2.0 音箱、2.1 音箱、5.1 音箱，以及 7.1 音箱等。这些音箱的主要区别在于箱体的数量和配置，这些指标直接影响声音效果和音质表现。例如，2.1 音箱比 2.0 音箱多一个低音炮，能够提供更为强劲的低音效果。

计算机音箱根据连接方式分为有线音箱和无线音箱。无线音箱通常支持蓝牙或 Wi-Fi 连接，可以提供更加便捷的使用体验。

5. 手写板

手写板，也被称为数码绘图板，是一种使用电磁技术的计算机输入设备。它的核心技术在于电磁笔和数码板之间的交互。电磁笔在数码板表面的工作区上书写时，会发出特定频率的电磁信号。数码板内部具有微控制器及二维的天线阵列，这些微控制器会依序扫描天线板的 X 轴及 Y 轴。通过计算信号的大小，可以确定笔的绝对坐标，并将这些坐标信息以 100~200 组 /s 的速度传送给计算机。

在技术上，手写板主要分为电阻压力板、电容板和电磁压感板 3 种类型。目前，电磁压感板是最为成熟且广泛应用的类型。市面上大多数手写板都采用了电磁压感板技术。

（1）手写板功能

• 记录手写文字：手写板可以记录用户的每一个笔画和笔迹，为用户提供纸笔一样的自然书写感觉。

• 绘制图像：用户可以在手写板上绘制草图、简笔画、流程图等，将脑海中的想法直接呈现出来。

• 文本录入：手写板上的文字可以直接转化成计算机上的文字，支持手写输入的中英文识别。

• 存储：手写板中的信息可以保存在硬盘、云盘等设备中，方便用户随时浏览、编辑、共享和打印。

（2）手写板应用领域

• 办公场景：使用手写板可以进行日常文件处理、编辑文档、签署协议等工作，提高工作效率。

• 教育领域：教师在上课时可以使用手写板来书写板书。

• 艺术和设计领域：艺术家和设计师可以利用手写板进行绘画和设计工作，提高创作效率。

• 游戏领域：手写板可以替代鼠标，为游戏玩家提供更好的游戏操作体验。

• 其他领域：手写板还可以应用于数字创意、数字投影、电影特效等多个领域。

任务实施

一、安装打印机

办公室有一台佳能（Canon）公司的 G4010 型号打印机，小孙准备用无线方式连接使用它。安装步骤如下：

1. 安装驱动程序及辅助软件

打印机通常需要特定的驱动程序才能在 Windows 10 上正常工作。可以按照以下步骤安装驱动程序及辅助软件。

• 将安装光盘插入计算机光驱中，或访问打印机制造商官方网站，下载适用于 Windows 10 的最新驱动程序。小孙在佳能打印机官方网站的"服务与支持"页面，选择打印机型号"G4010"，下载匹配的驱动程序安装包，与 G4010 型号匹配的安装包为"G4010"系列安装包，将"G4010"系列驱动程序安装包下载并保存到桌面上。

• 打开打印机电源，在计算机桌面找到并双击安装包，安装包自动解压缩，并进入安装主界面。如图 6-5 所示。

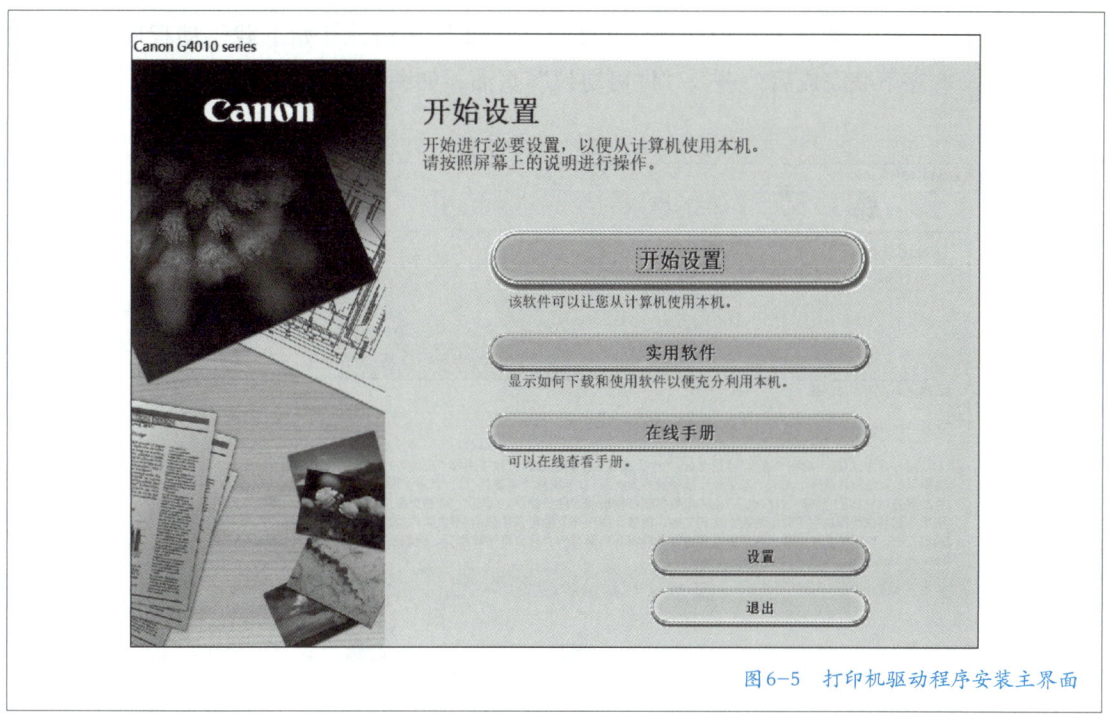

图6-5　打印机驱动程序安装主界面

• 单击主界面中的"开始设置"按钮，开始安装打印机驱动程序的第一步，如图 6-6 所示。

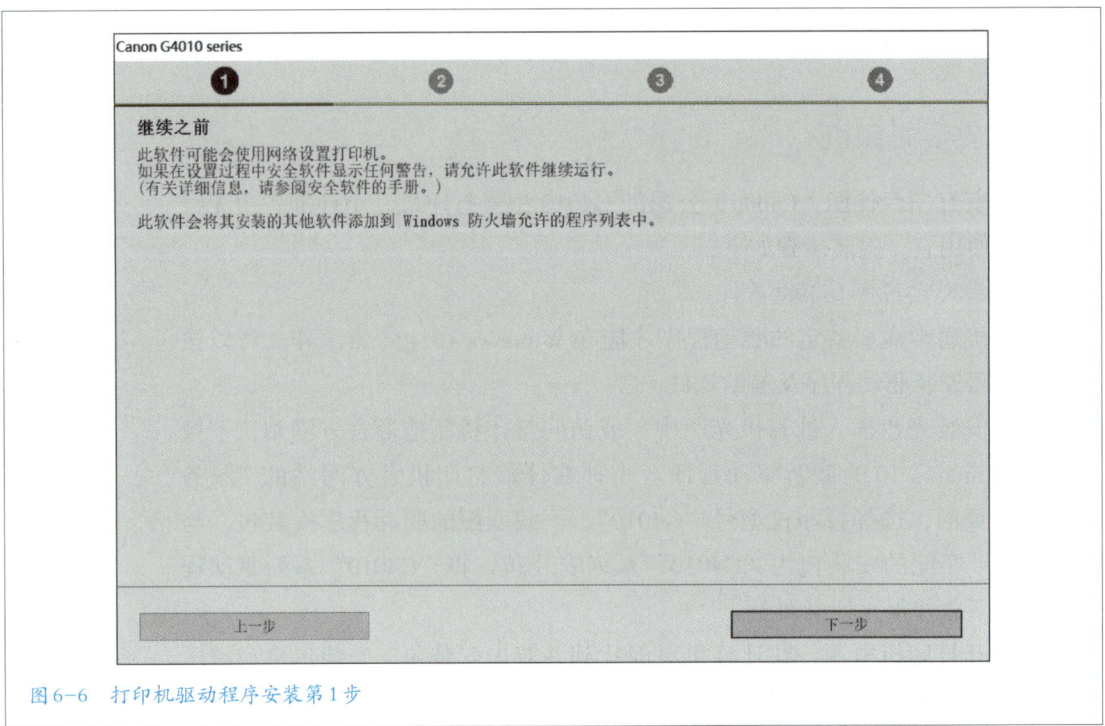

图6-6 打印机驱动程序安装第1步

• 阅读安装说明后，单击"下一步"按钮，开始下载驱动程序，驱动程序下载完成后，进入"许可协议"页面，如图6-7所示。

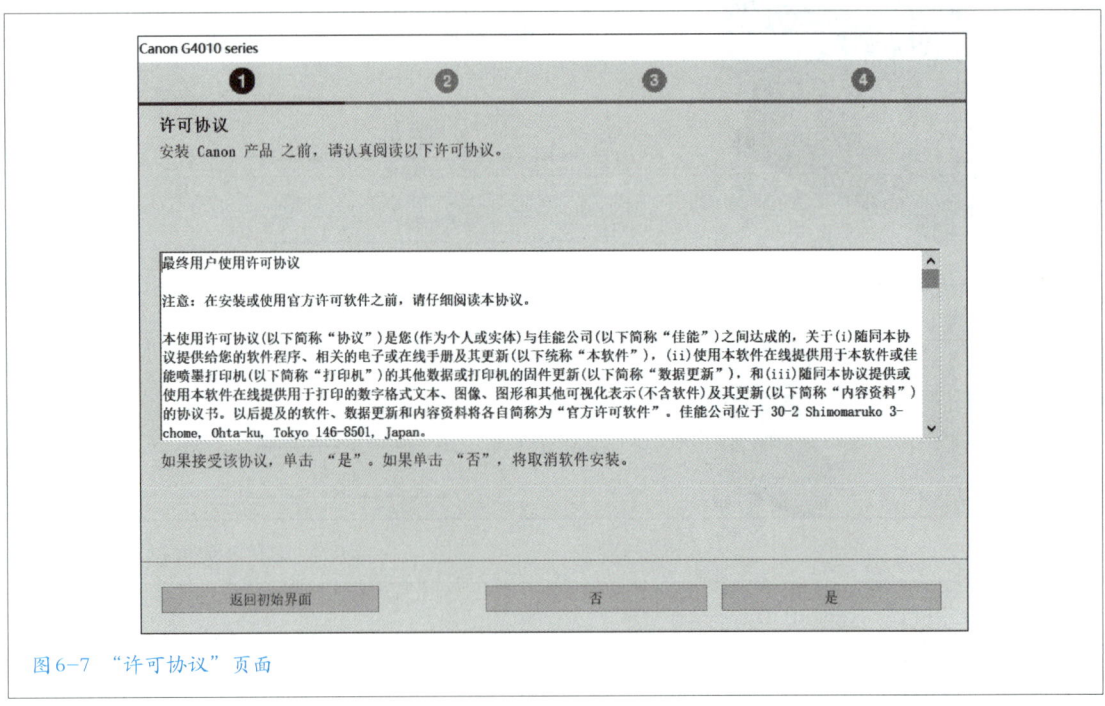

图6-7 "许可协议"页面

- 单击"是"按钮，接受协议并进入打印机相关信息页面，单击"同意"按钮，进入"检查连接方法"页面，如图 6-8 所示。

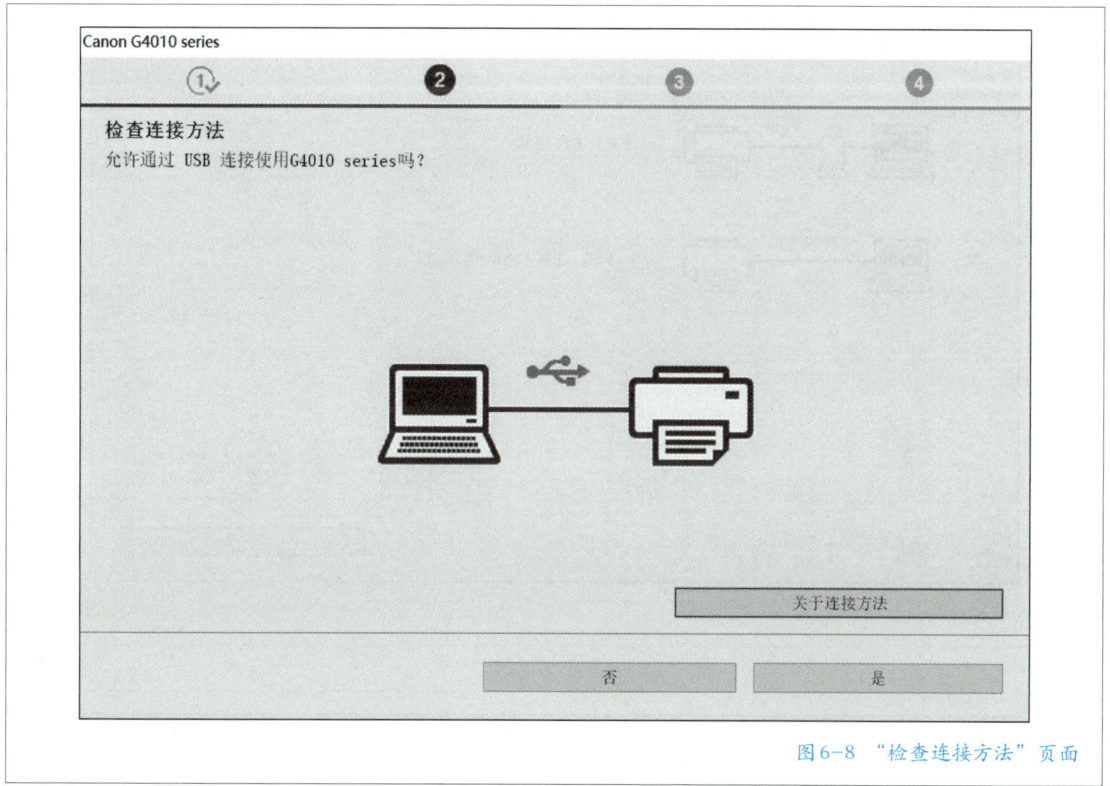

图 6-8 "检查连接方法"页面

- 在"检查连接方法"页面，如果单击"是"按钮，则为有线连接打印机，按照提示完成剩余安装步骤，即可使用有线方式连接打印机。

为了能让办公室所有同事都能使用打印机，此处单击"否"按钮，进入"选择连接方法"页面，如图 6-9 所示。

- 在"选择连接方法"页面，仍然可以选择有线方式（USB 连接），此处选择"Wi-Fi 连接"，单击"下一步"，进入"检查电源"页面，如图 6-10所示。

- 确保打印机电源已经接通并正常开启后，单击"下一步"，进入"打印机检测"页面，如图 6-11 所示。

- 打印机通过检测后，进入"将打印机连接至网络"页面，如图 6-12所示。

- 单击"下一步"，进入"简易无线连接"页面，单击"用法说明"按钮，查看无线连接说明，如图 6-13 所示。

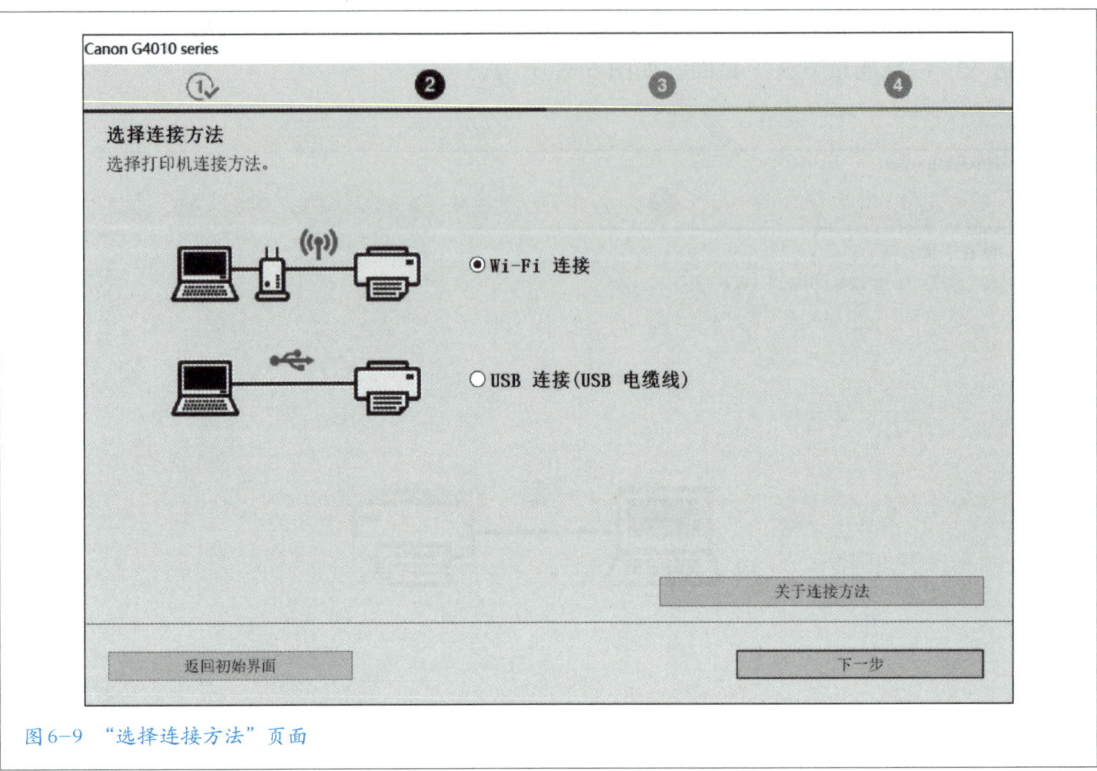

图6-9 "选择连接方法"页面

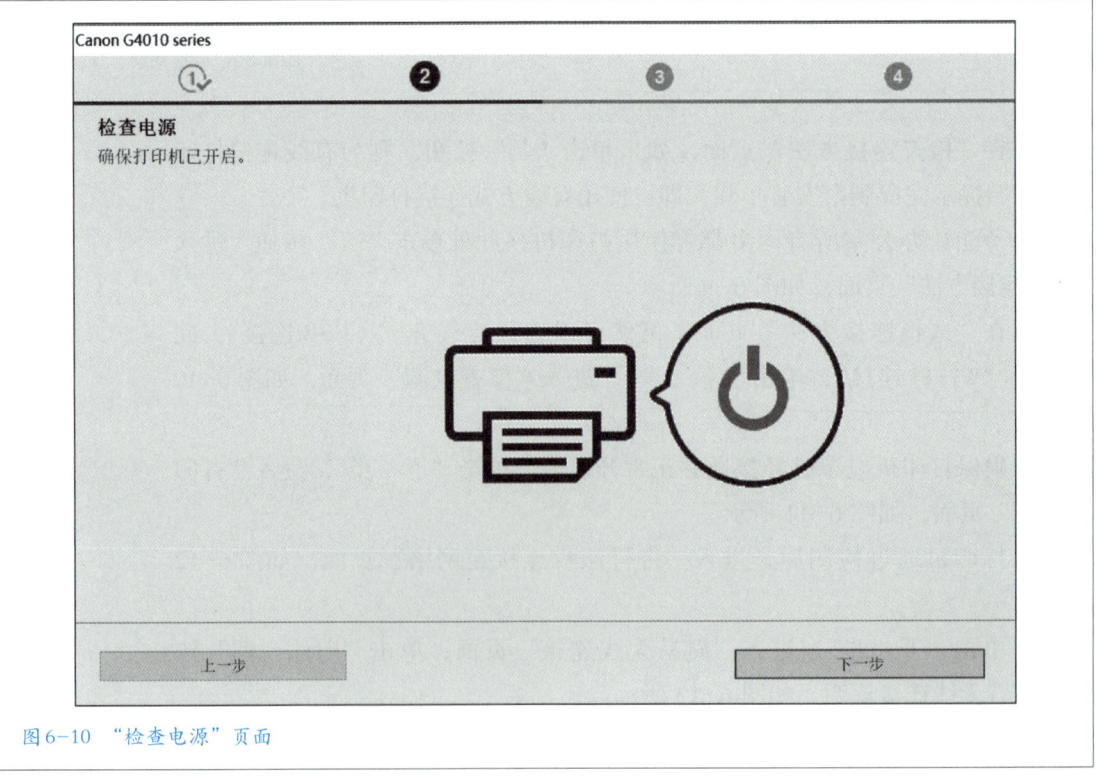

图6-10 "检查电源"页面

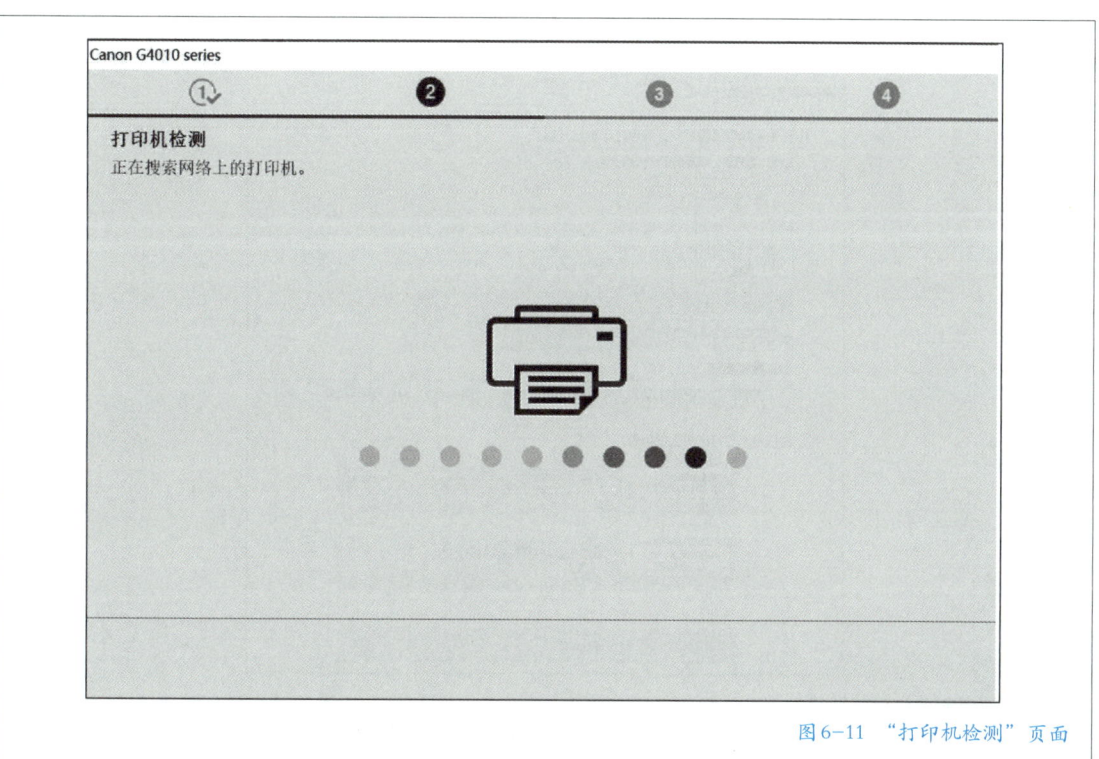

图 6-11 "打印机检测"页面

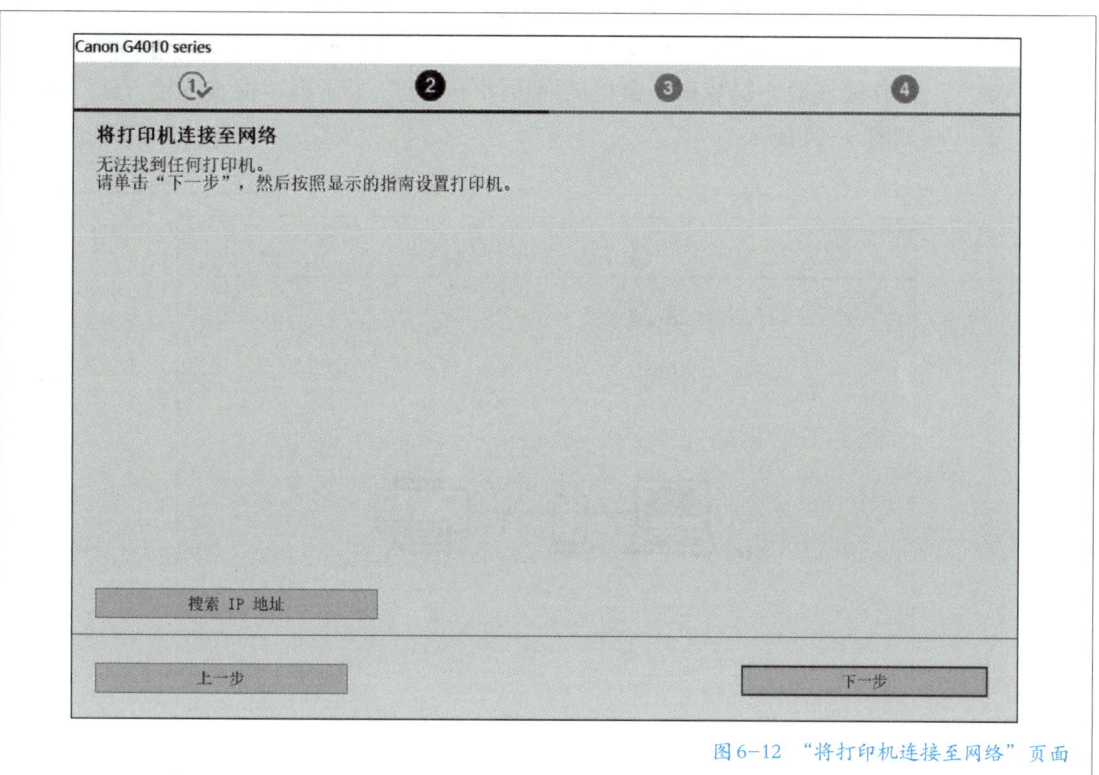

图 6-12 "将打印机连接至网络"页面

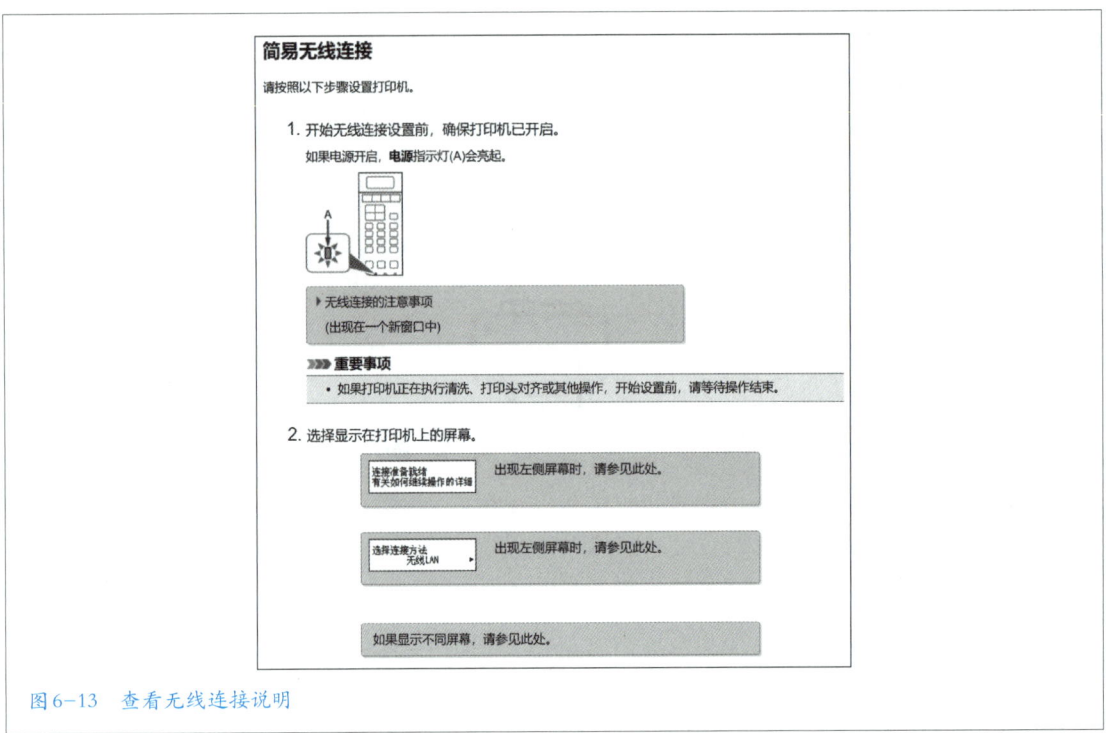

图6-13 查看无线连接说明

此时，安装界面等待用户在打印机上进行操作。此时打印机显示屏上显示"选择连接方法－无线 LAN"，单击打印机的"OK"按钮。用户在打印机上操作完成后，安装程序会检测周边网络环境，显示在"检查连接方法"页面，如图6-14 所示。

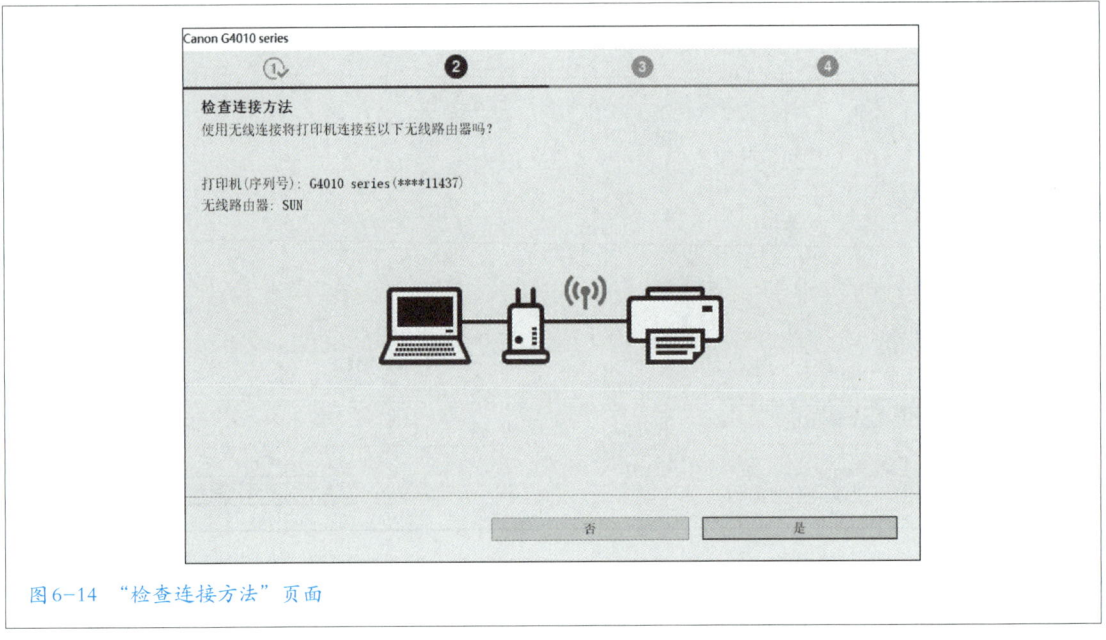

图6-14 "检查连接方法"页面

• 确认无线路由器信息后，单击"是"按钮，打印机开始连接无线路由
器，经过几分钟的设置，打印机完成无线连接，如图 6-15 所示。

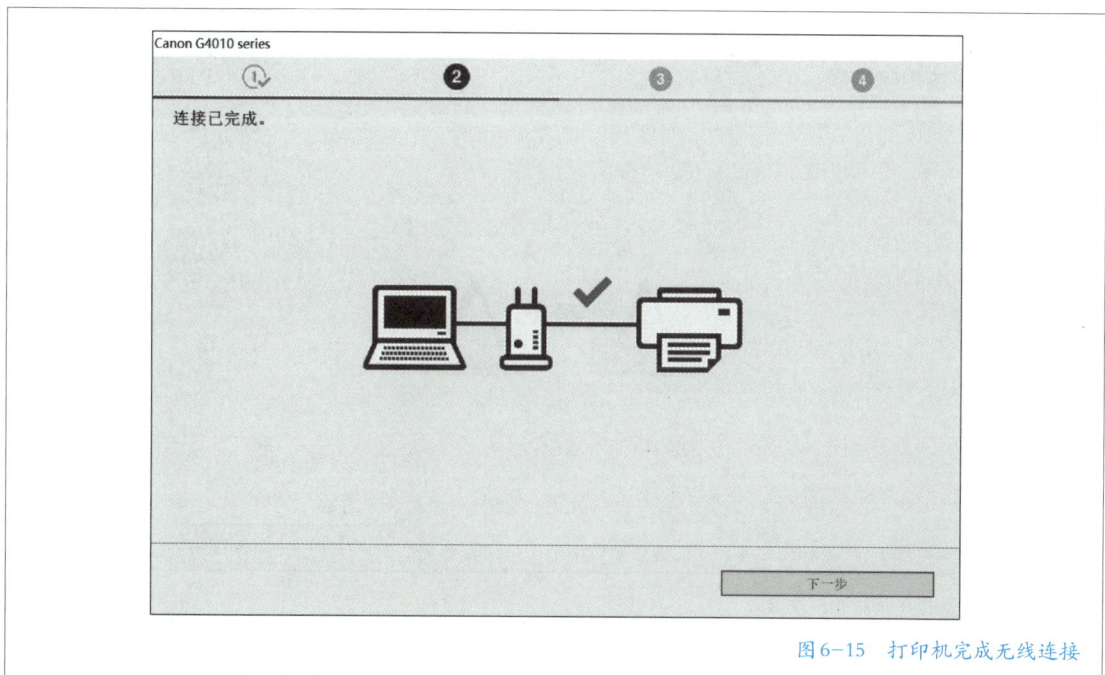

图 6-15 打印机完成无线连接

• 单击"下一步"，开始安装驱动程序，如图 6-16 所示。

图 6-16 打印机驱动程序安装过程

● 驱动程序安装完成，进入"推荐打印头对齐"页面，如图 6-17 所示。

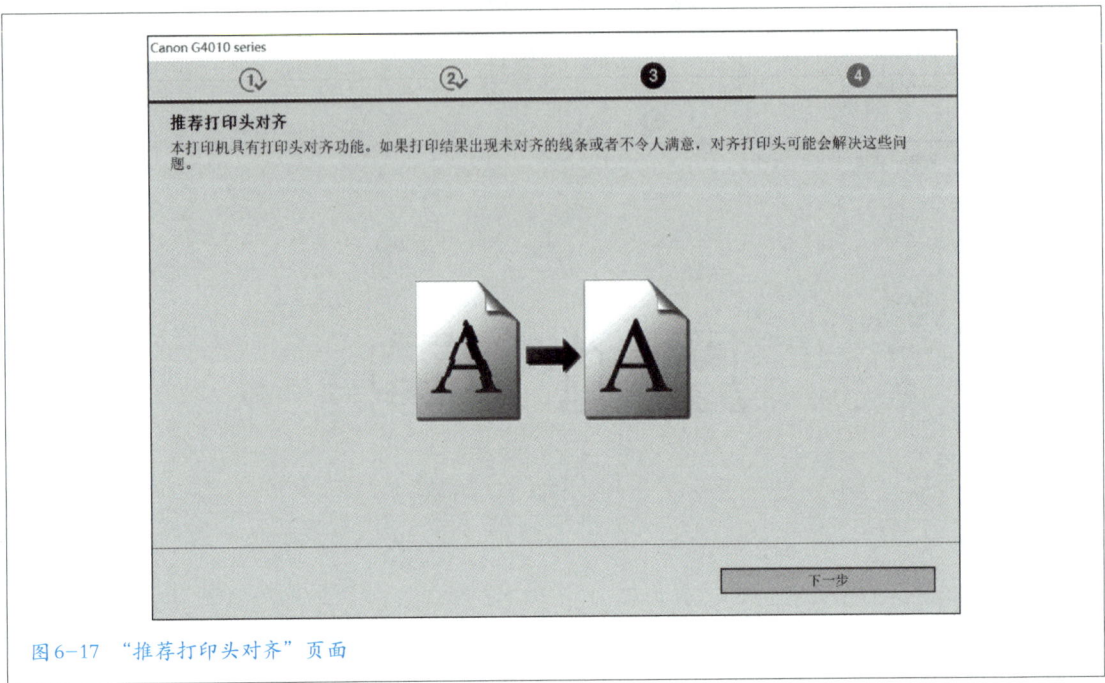

图 6-17 "推荐打印头对齐"页面

● 单击"下一步"后，进入"测试打印"页面，如图 6-18 所示。

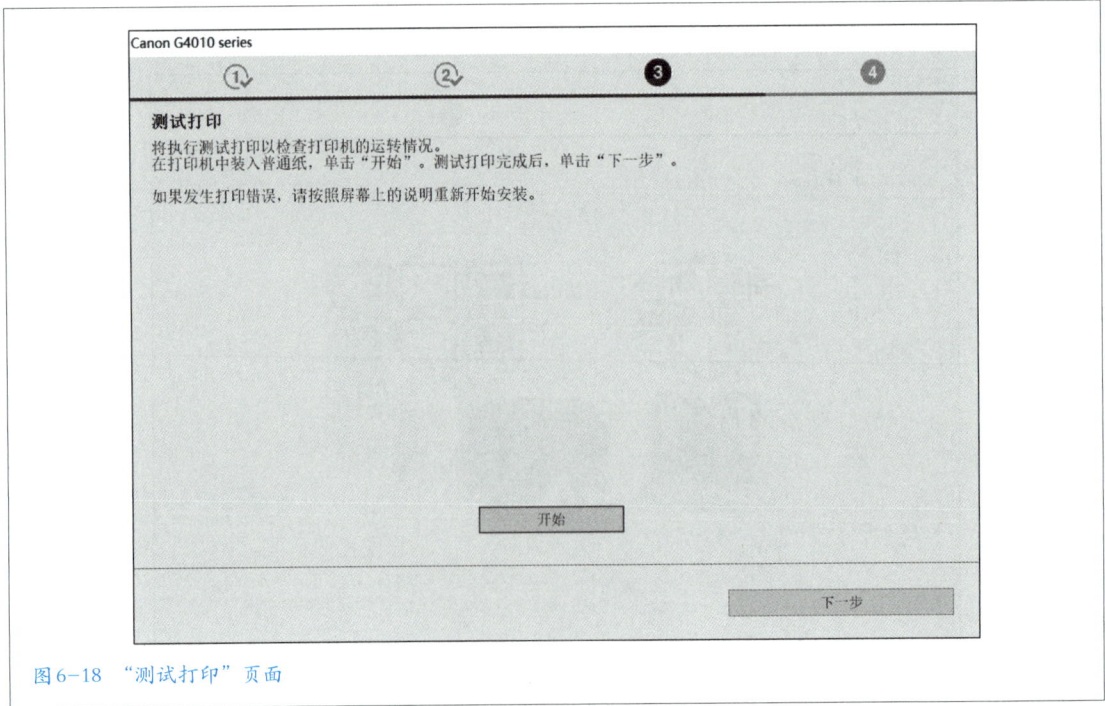

图 6-18 "测试打印"页面

• 在打印机送纸器中装上打印纸，单击"开始"按钮，开始打印测试页，如果打印机正常，将打印出测试页，如图6-19所示。

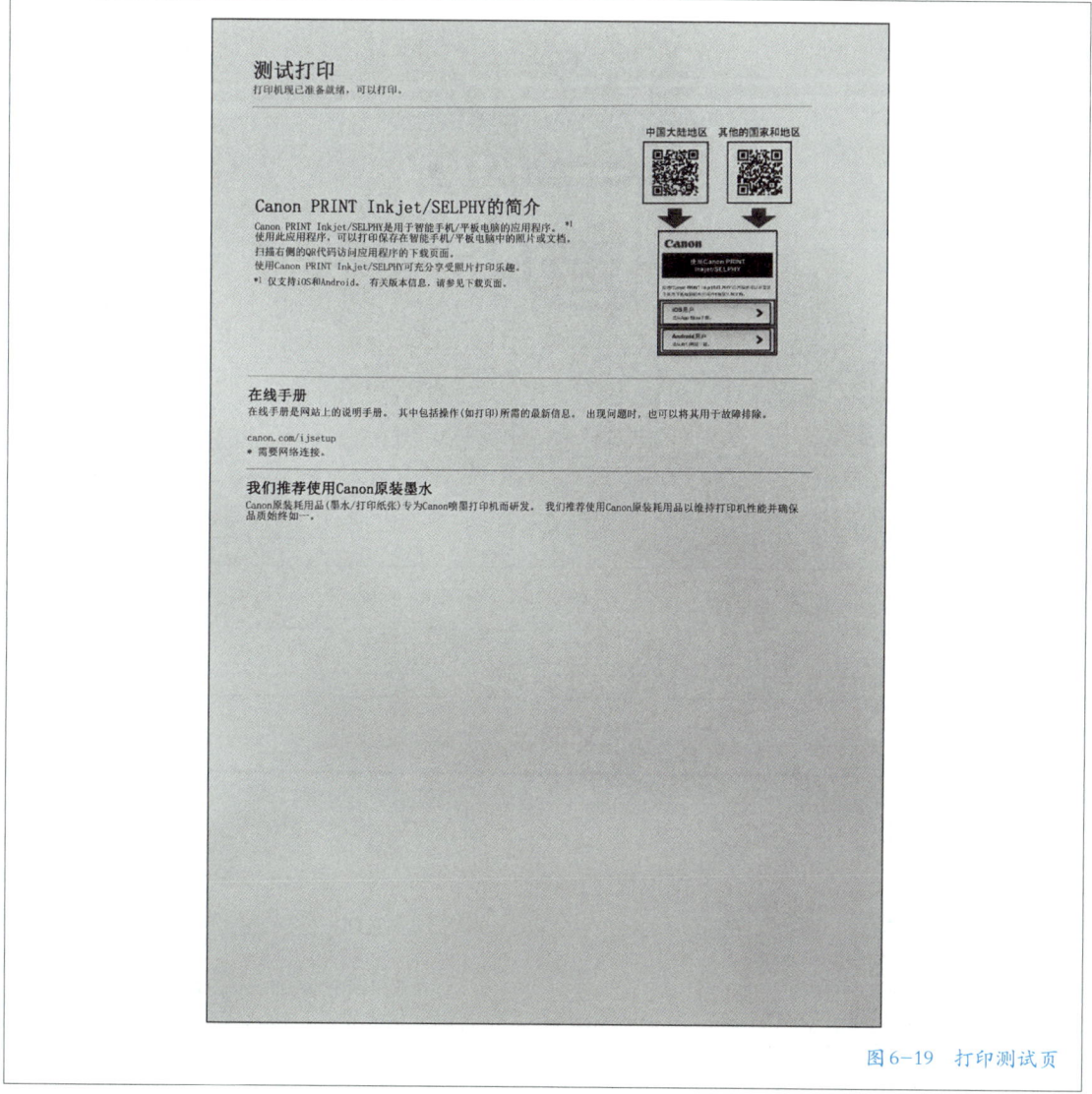

图6-19 打印测试页

• 单击"下一步"，显示"安装完成"页面，如图6-20所示。

• 至此，打印机驱动程序安装完成。单击"下一步"，进入"软件安装列表"页面，准备开始安装打印机辅助软件，如图6-21所示。

• 勾选需要安装的软件，单击"下一步"，开始下载并安装所选软件。安装完成后，显示其他打印方式页面，如图6-22所示。

• 单击"下一步"，完成安装。至此，完成了打印机所需的所有驱动程序和辅助软件的安装，可以通过USB线连接或无线网络连接两种方式使用打印机。

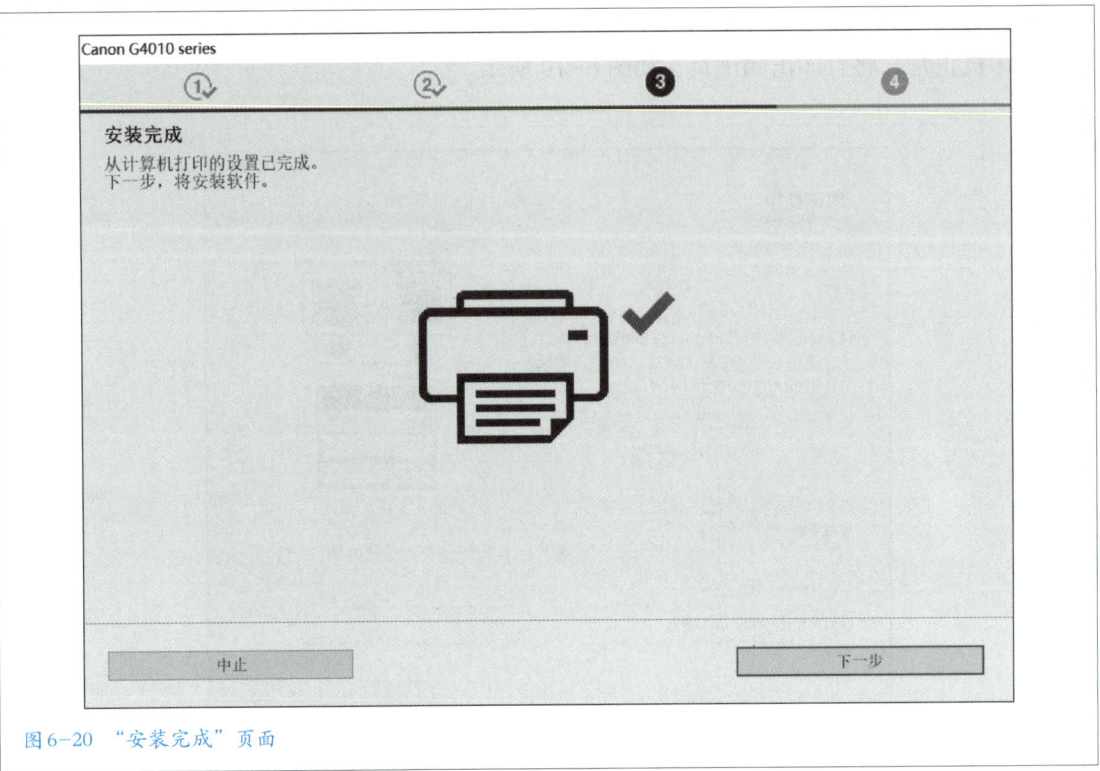

图 6-20 "安装完成" 页面

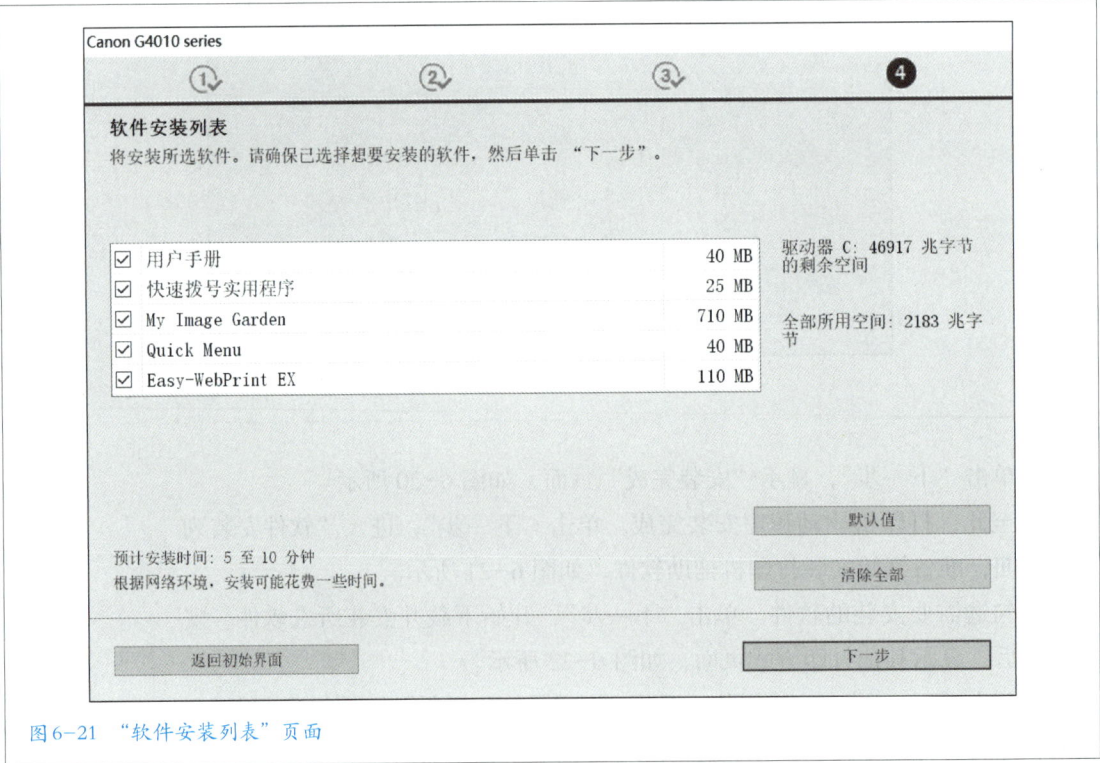

图 6-21 "软件安装列表" 页面

图6-22 其他打印方式页面

2. 打印机设置

打开"开始"菜单，单击"设置"，打开 Windows 设置主页面，选择"设备"，在"设备"页面左侧菜单选择"打印机和扫描仪"，右侧显示相关设置信息，在打印机和扫描仪列表中选中安装的打印机，如图6-23所示。

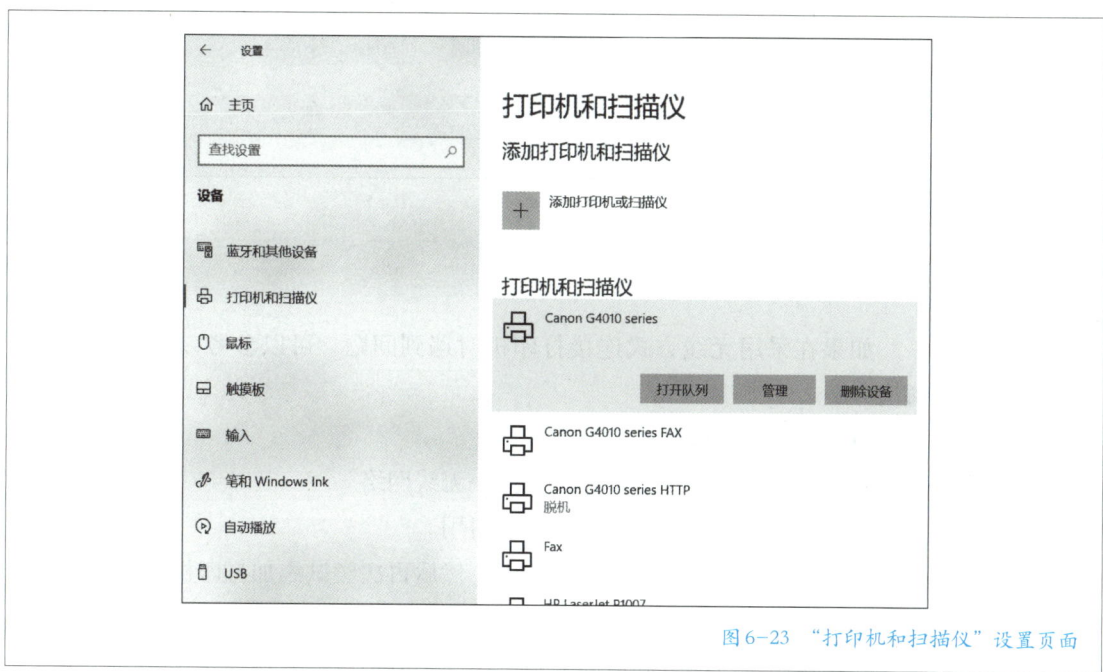

图6-23 "打印机和扫描仪"设置页面

单击"管理"按钮，打开该设备管理页面，单击左侧的"打印机属性"，弹出打印机"属性"对话框，可以在此对话框中进行详细设置，如图6-24所示。

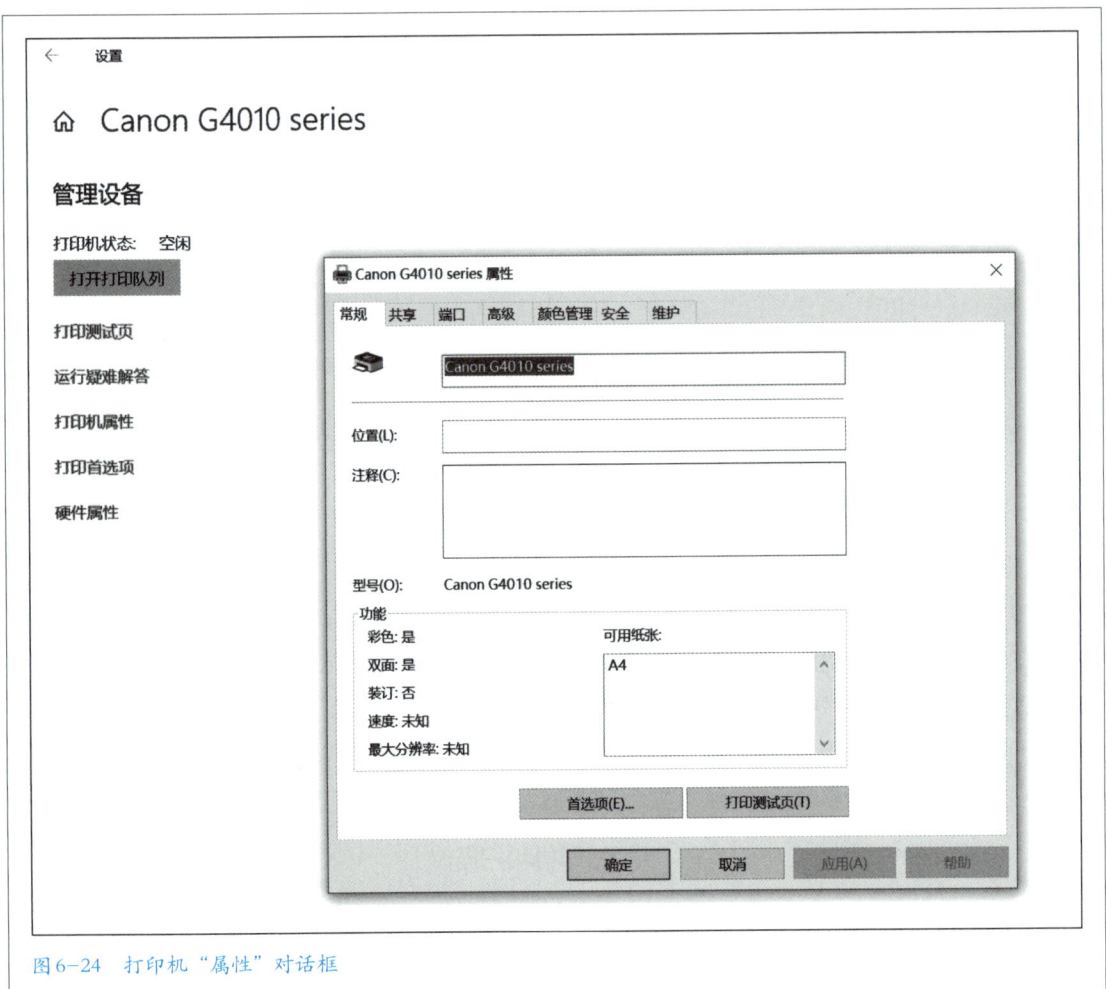

图6-24 打印机"属性"对话框

3. 常见问题及解决方案

如果在采用无线方式连接打印机时遇到问题，可以参考以下常见问题的解决方案。

（1）打印机未被计算机发现

- 确保打印机已开启并连接到同一无线网络。
- 检查打印机的无线功能是否已启用。
- 尝试重新启动计算机和打印机，然后再次尝试添加打印机。

（2）无法安装打印机驱动程序

- 确保已从打印机制造商的官方网站下载最新的驱动程序。

- 尝试使用不同的 USB 端口连接打印机。

- 关闭防病毒软件或防火墙，然后再次尝试安装驱动程序。注意：在安装完成后，应重新启用防病毒软件和防火墙。

（3）打印机无法正常工作

- 检查打印机的墨盒或碳粉盒是否已安装正确并已充满。

- 确保打印机没有纸张堵塞或其他机械故障。

- 尝试重新启动计算机和打印机，然后再次尝试打印。

二、安装扫描仪

下面以汉王公司的汉王文本王"文豪 7600"型号扫描仪为例介绍其安装过程。

1. 安装驱动程序

扫描仪通常需要特定的驱动程序才能在 Windows 10 上正常工作。用户可以按照以下步骤安装驱动程序。

- 将安装光盘插入计算机光驱中，或访问扫描仪制造商的官方网站，下载适用于 Windows 10 的最新驱动程序。小孙在汉王科技官方网站（www.hanwang.com.cn）的"服务与支持"页面，查找并选择正确的扫描仪型号，单击下载链接，将驱动程序安装包下载并保存到桌面上。双击安装包，将其解压缩到桌面上，双击进入解压缩后的文件夹，双击"autorun.exe"应用程序图标，打开安装主界面。如图 6-25 所示。

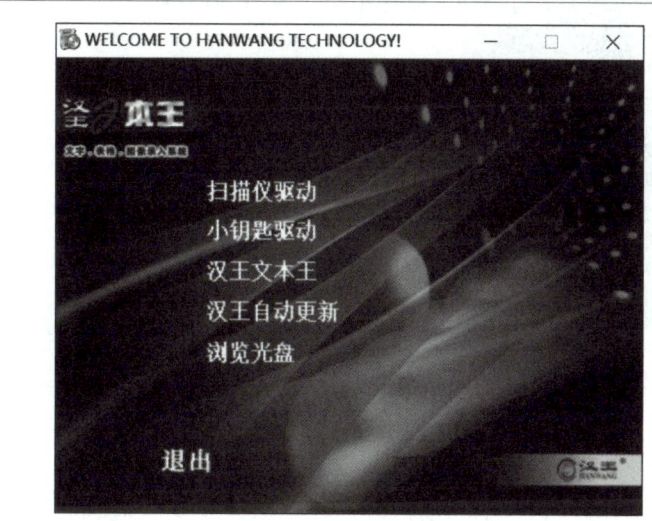

图 6-25 驱动程序安装主界面

● 选择主界面中的"扫描仪驱动",开始安装扫描仪驱动程序,首先选择安装语言,如图 6-26 所示。

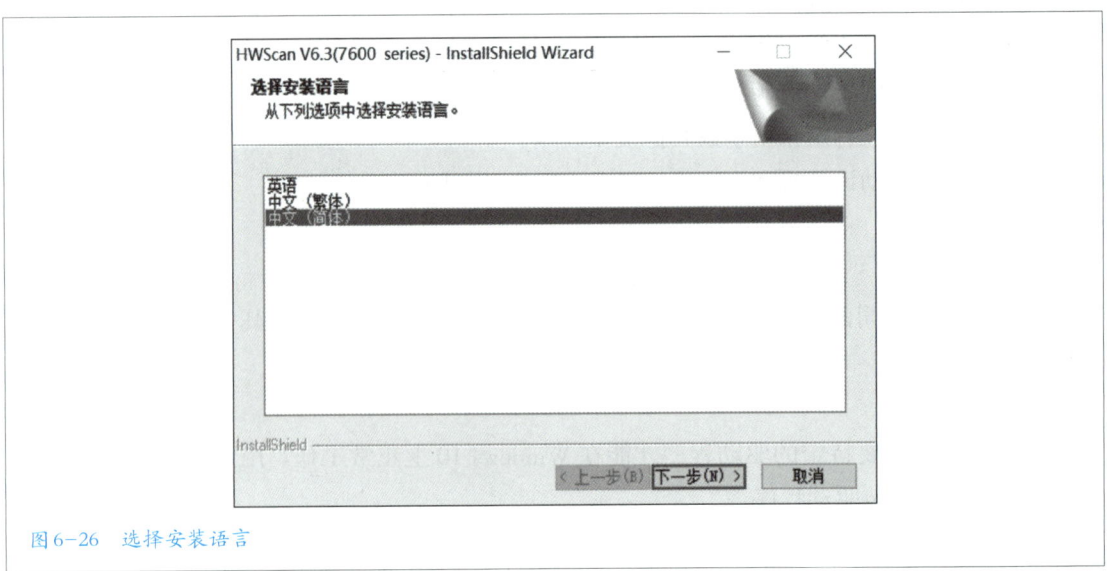

图 6-26　选择安装语言

● 安装语言选择完成后,单击"下一步"按钮,进入驱动程序安装向导,如图 6-27 所示。

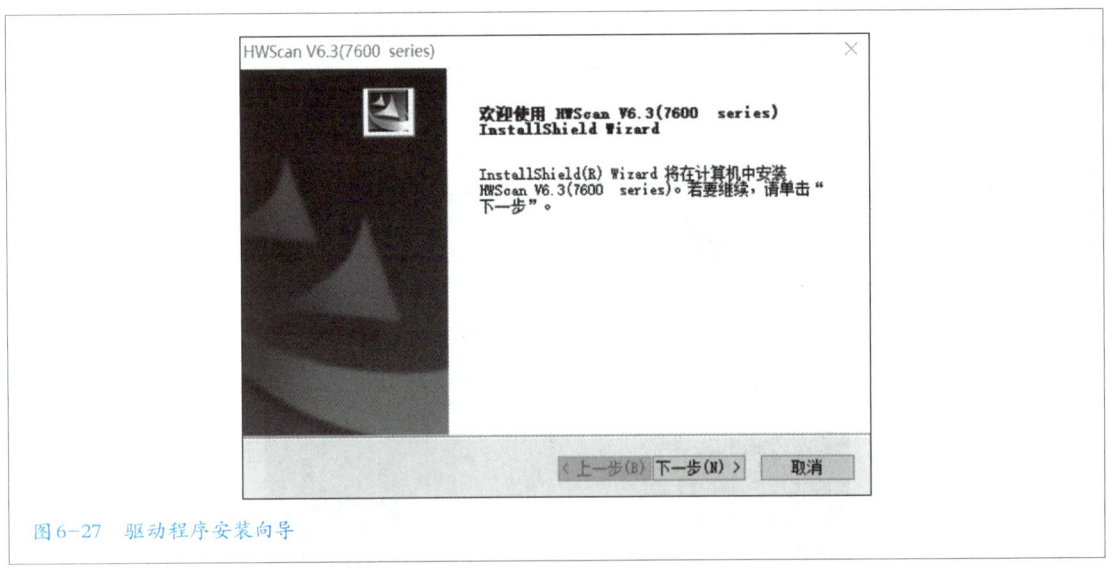

图 6-27　驱动程序安装向导

● 单击"下一步"按钮,进入驱动程序安装过程。当安装程序将必要的文件复制到计算机后,单击"完成"按钮,完成驱动程序安装,如图 6-28 所示。

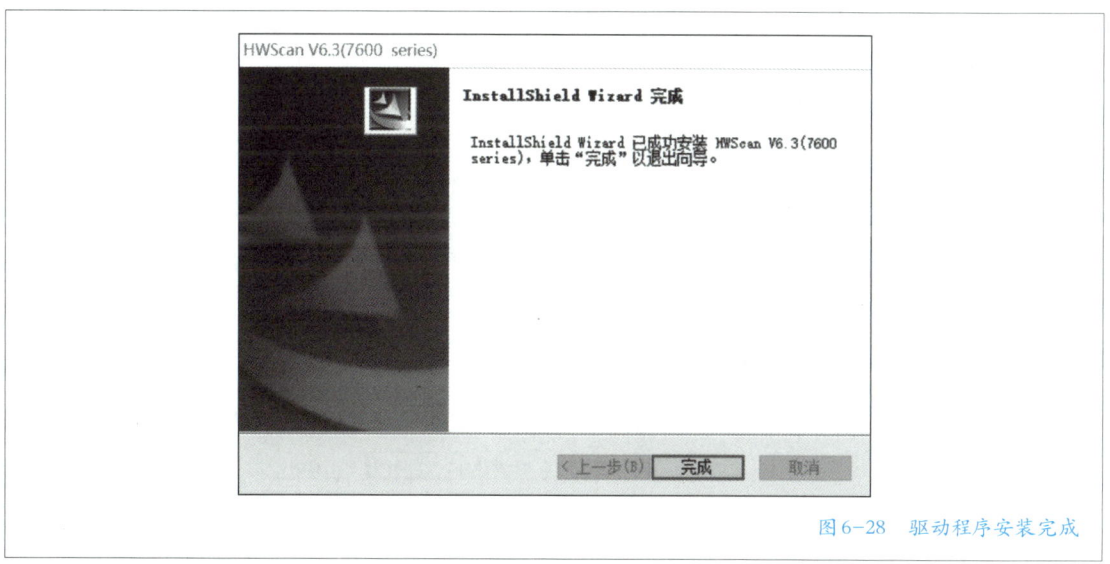

图6-28 驱动程序安装完成

2. 安装扫描软件

• 在如图 6-25 所示的驱动程序安装主界面选择"汉王文本王",开始安装扫描仪配套的扫描软件,如图 6-29 所示。

图6-29 开始安装扫描软件

• 单击"下一步"按钮,选择扫描软件安装的目的地位置,如图 6-30 所示。

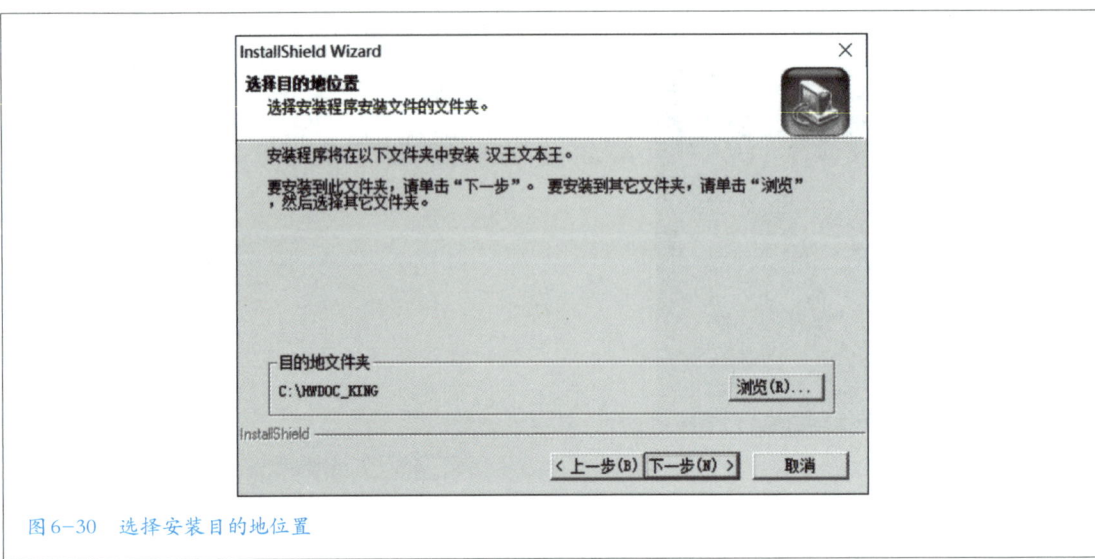

图6-30　选择安装目的地位置

• 选择好目的地文件夹后，单击"下一步"按钮，进入扫描软件安装过程。安装完成后，安装程序直接退出。此时在开始菜单和桌面可以找到扫描仪配套的扫描软件，如图6-31所示。

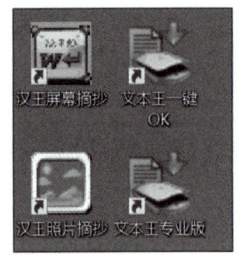

图6-31　扫描仪配套软件

3. 连接扫描仪

首先，将扫描仪连接电源，然后通过配套的USB线连接到计算机。确保扫描仪的电源已打开，并且与计算机的连接稳定。

第一次连接计算机时，任务栏通知区域会提示"正在设置设备"，如图6-32所示。

设置完成后，通知区域弹出"设备已准备就绪"的通知，如图6-33所示。此时，扫描仪可以正常使用。

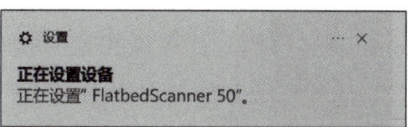

图6-32 首次连接计算机时任务栏提示

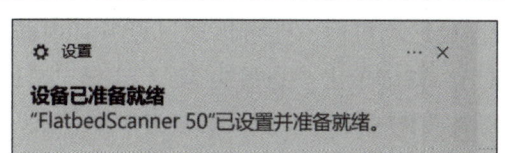

图6-33 扫描仪设置完成通知

4. 常见问题及解决方案

如果在安装扫描仪时遇到问题，可参考以下常见问题解决方案。

（1）扫描仪无法被识别

● 确保扫描仪已正确连接到计算机，并且电源已打开。

● 检查 USB 线是否损坏或连接不良，尝试更换 USB 端口或使用其他 USB 线进行连接。

● 重新启动计算机，并检查设备管理器中是否出现扫描仪设备。如果设备显示为未知设备或带有黄色感叹号，需更新驱动程序。

（2）驱动程序安装失败

● 确保下载的是适用于 Windows 10 的正确的驱动程序版本。

● 关闭防病毒软件或防火墙，然后再次尝试安装驱动程序。注意：在安装完成后，应重新启用防病毒软件和防火墙。

● 尝试以管理员身份运行安装程序。右键单击驱动程序安装文件，选择"以管理员身份运行"。

（3）扫描质量不佳

● 清洁扫描仪的玻璃板和扫描头，以去除灰尘和污渍。

● 调整扫描设置，如分辨率和颜色模式，以获得更好的扫描质量。

● 检查纸质文档是否放置平整且无折叠、破损等情况。

三、安装计算机摄像头

小孙的笔记本计算机已经内置了摄像头，但是摄像头是固定在屏幕顶部的，视角受到限制，因此，他购买了一个海康威视的外置桌面立式 2K 高清摄像头，准备用在视频会议和直播等场景。

1. 摄像头连接计算机

将摄像头的 USB 接口插入计算机的 USB 接口中，并确保连接正常。第一次连接计算机时，任务栏通知区域会提示"正在设置设备"，通告界面可参考图 6-32。设置完成后，通知区域弹出"设备已准备就绪"的通知，通知界面可参考图 6-33。此时，摄像头可以正常使用。

2. 检查设备管理器

摄像头连接计算机后，还可以通过设备管理器来检查摄像头是否已被正确连接和识别。右键单击"我的电脑"，选择"属性"，选择"设备管理器"。在"设备管理器"对话框中，找到并展开"照相机"类别。如果看到摄像头的相关信息，表明摄像头已被正确连接。如图 6-34 所示。

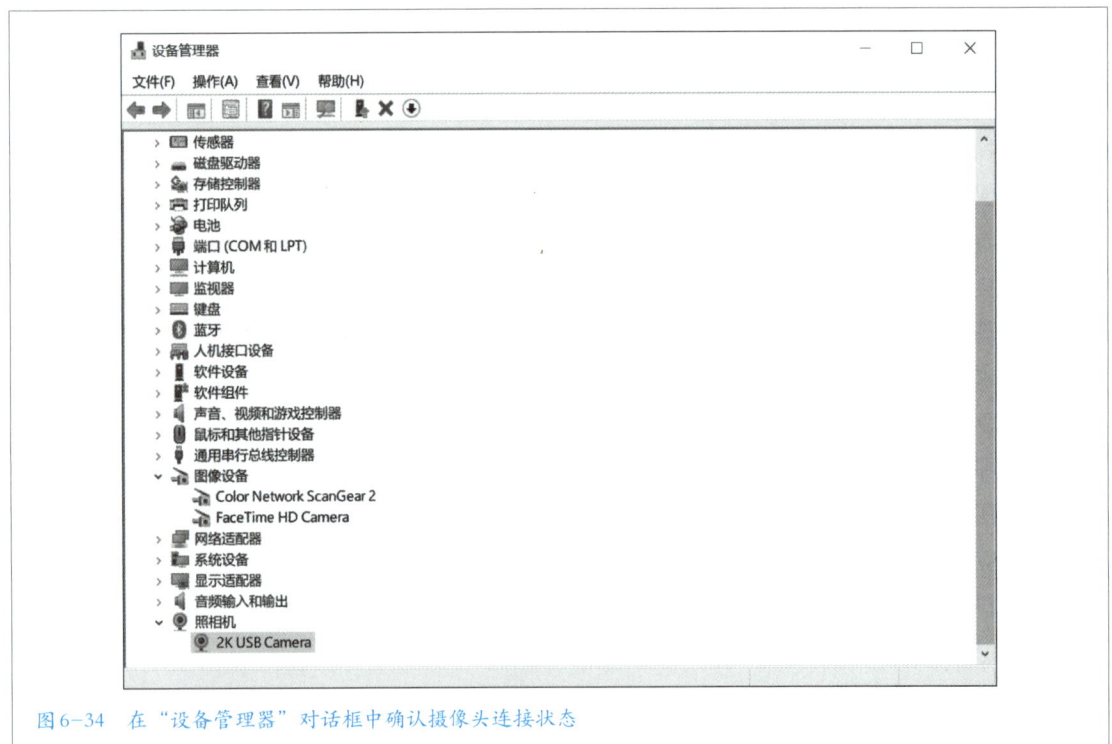

图6-34 在"设备管理器"对话框中确认摄像头连接状态

3. 摄像头功能测试

为了确保摄像头可以正常工作，可以打开一个支持视频通话的应用程序，如 QQ、微信等，在应用程序中，找到视频通话或摄像头测试功能。这些功能会启动摄像头，如果摄像头正常工作，则能在应用程序窗口中看到自己的实时视频画面。调整摄像头的角度和位置，确保画面清晰且符合需求。

4. 常见问题及解决方案

如果在连接摄像头时遇到问题，可以参考以下常见问题解决方案。

（1）摄像头无法被识别

• 确保摄像头已正确连接到计算机的 USB 口中，并且连接稳定。

• 尝试更换 USB 端口或使用其他 USB 线进行连接。

• 检查设备管理器中是否出现未知设备或黄色感叹号。如果是，须更新驱动程序。

（2）驱动程序安装失败

• 确保下载的是适用于 Windows 10 的正确驱动程序版本。

• 关闭防病毒软件或防火墙，然后再次尝试安装驱动程序。注意：在安装完成后，应重新启用防病毒软件和防火墙。

（3）摄像头无法正常工作

• 检查摄像头的镜头是否干净且无遮挡物。

• 调整摄像头的角度和位置，确保能够捕捉到清晰的画面。

• 尝试在其他应用程序中测试摄像头，以确定问题是否与应用程序相关。

四、安装音箱

办公室有一台小米公司生产的小爱音箱，小孙尝试连接这台音箱。小爱音箱支持与计算机有线连接和无线蓝牙连接。

1. 连接音箱

将音箱的电源线插入电源插座，并打开音箱的电源开关。

（1）有线连接

将音频线一端插入计算机主机的音频输出接口，通常为绿色接口或带有耳机标识的接口，另一端插入小爱音箱背后的"AUX IN"接口，如图 6-35 所示。此时，计算机与音箱连接成功。

图 6-35　音频线连接

（2）蓝牙连接

• 第一次蓝牙连接音箱时，应保证音箱的蓝牙功能已经开启。打开"开始"菜单，选择"设置"，打开 Windows 设置主界面，单击"设备"按钮进入设备设置主页，在左侧菜单中选择"蓝牙和其他设备"，在右侧窗格中打开计算机的蓝牙功能，如图 6-36 所示。

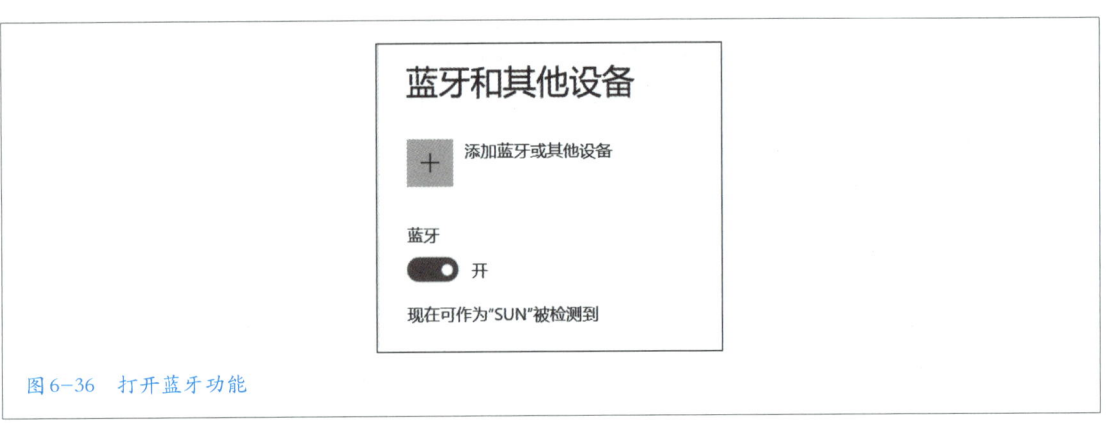

图 6-36　打开蓝牙功能

• 单击"添加蓝牙或其他设备"选项，打开"添加设备"页面，如图 6-37 所示。

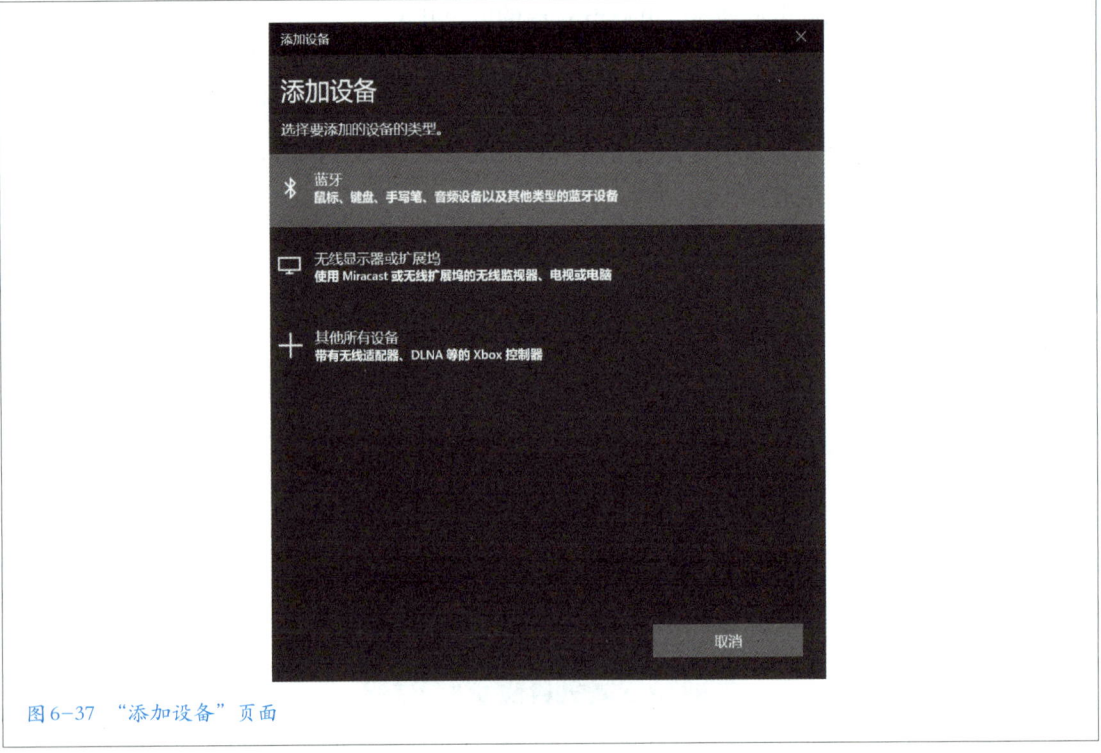

图 6-37　"添加设备"页面

• 单击"蓝牙"类型设备，此时计算机将搜索一定范围内可检测到的蓝牙设备，并显示在"添加设备"页面的列表中，如图6-38所示。

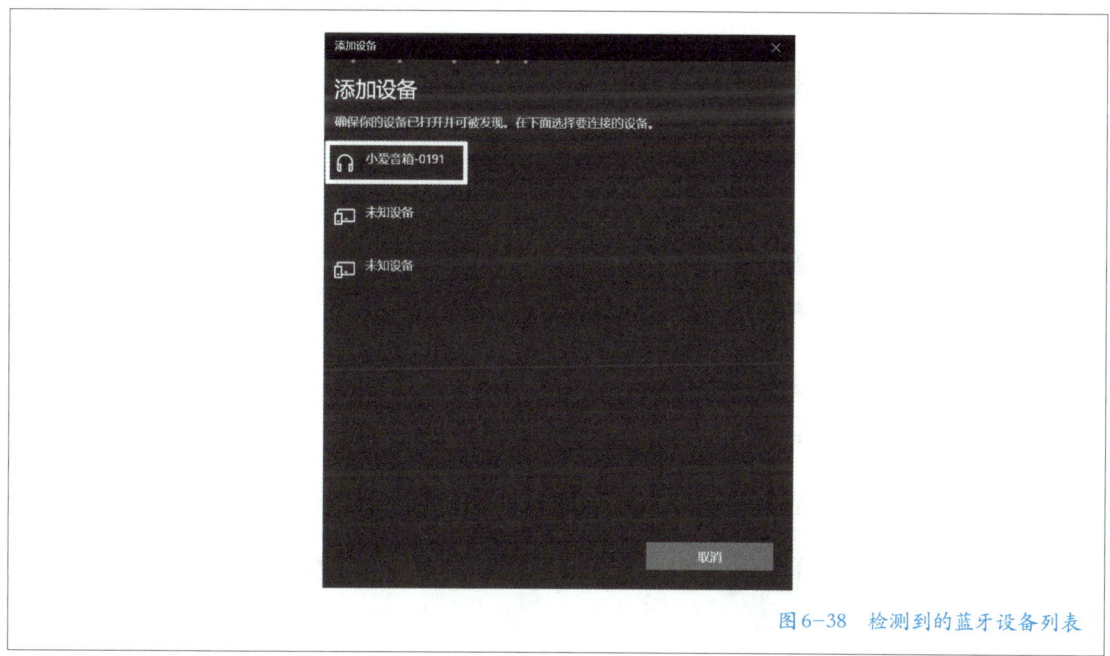

图6-38　检测到的蓝牙设备列表

• 在检测到的蓝牙设备列表中选择"小爱音箱-0191"进行配对连接，连接成功后，显示设备已处于就绪状态，如图6-39所示。

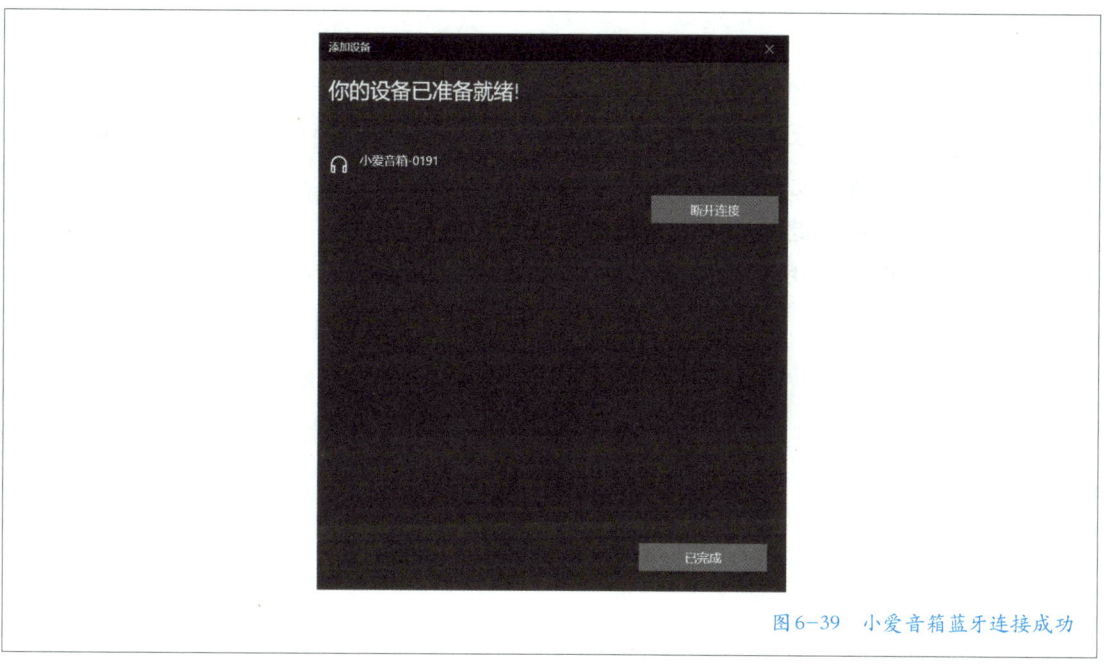

图6-39　小爱音箱蓝牙连接成功

• 返回"蓝牙和其他设备"页面，在下方列表中可以看到小爱音箱，如图 6-40 所示。说明计算机与小爱音箱连接成功。

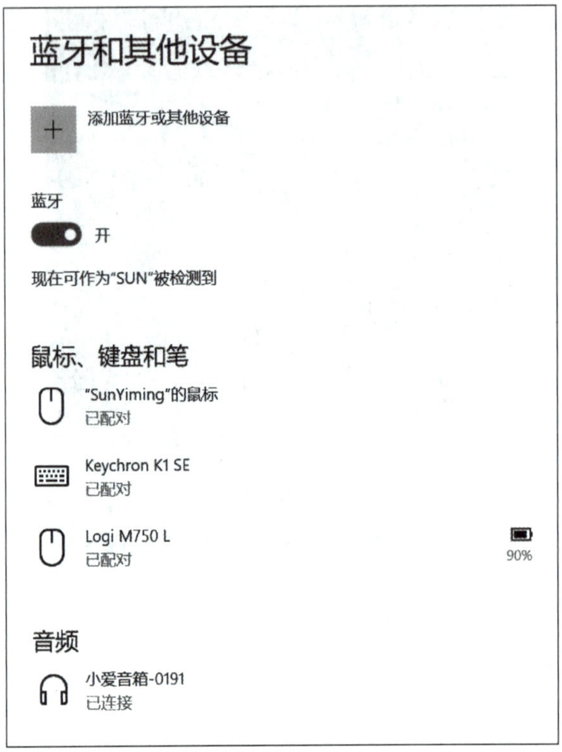

蓝牙和其他设备

+ 添加蓝牙或其他设备

蓝牙

开

现在可作为"SUN"被检测到

鼠标、键盘和笔

"SunYiming"的鼠标
已配对

Keychron K1 SE
已配对

Logi M750 L
已配对   90%

音频

小爱音箱-0191
已连接

图 6-40　已连接蓝牙设备列表

2. 设置输出音频

笔记本计算机已经内置了扬声器，此时需要进行一些设置才能将音频输出到音箱设备上。

• 右键单击任务栏通知区域的"喇叭"图标，弹出"声音"快捷菜单，如图 6-41 所示。

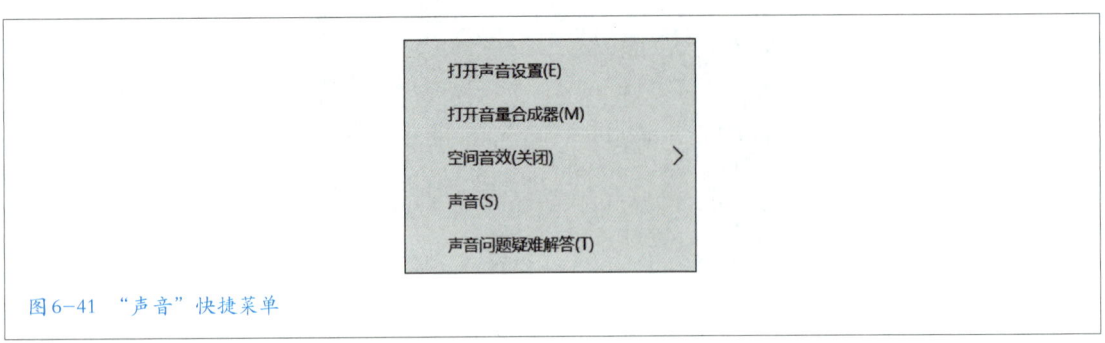

打开声音设置(E)

打开音量合成器(M)

空间音效(关闭)　　　　　　　>

声音(S)

声音问题疑难解答(T)

图 6-41　"声音"快捷菜单

● 单击快捷菜单中的"打开声音设置",打开"声音"设置页面,如图6-42 所示。

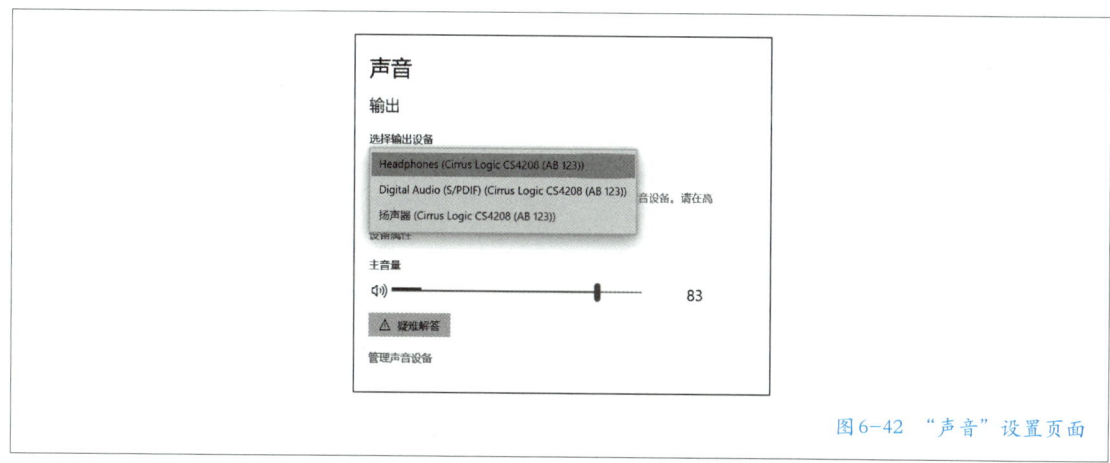

图6-42 "声音"设置页面

● 在"选择输出设备"下拉列表中选择小爱音箱所对应的选项,单击"设备属性",可以打开"设备属性"页面。在该页面中可以为设备重命名,也可以设置空间音效和左右均衡效果。

● 打开"开始"菜单,选择"设置",打开"声音"对话框,单击"声音控制面板",如图 6-43 所示。

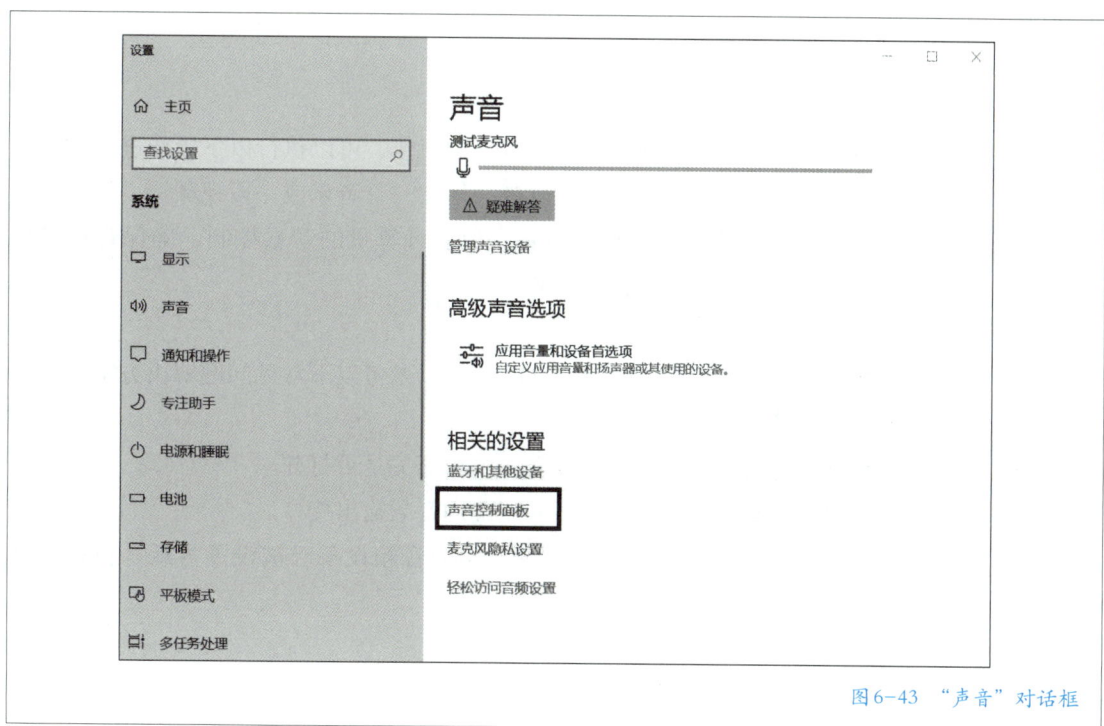

图6-43 "声音"对话框

● 在打开的"声音"控制面板中，切换到"播放"选项卡，选中小爱音箱所在的"耳机"选项，单击"设为默认值"按钮，再单击"确定"按钮完成设置，如图6-44所示。此时，计算机的音频将默认通过小爱音箱输出。

图6-44 "声音"控制面板

3. 测试音箱效果

为了确保音箱已正确连接并可以正常工作，可以执行以下操作进行测试。

● 打开一个音乐或视频播放软件，播放一首音乐或一段视频。

● 调节音箱的音量旋钮或按钮，以及计算机的音量控制，确保音箱发出的声音清晰、无杂音，并且音量适中。

4. 常见问题及解决方案

如果在安装音箱设备时遇到问题，可以参考以下常见问题解决方案。

（1）音箱无声

● 检查音箱的电源线是否插好，电源开关是否打开。

● 检查音箱的音频线是否插入正确的音频输出接口。

● 检查计算机的输出音频设置，确保音箱设备已被设置为默认设备，并且音量未被静音或调低。

（2）音箱声音异常

● 检查音箱的音量旋钮或按钮是否调节合适。

- 尝试更换音频线或音频输出接口，以排除线路故障。
- 如果音箱是有源音箱，则应检查 USB 线是否插好，以确保音箱内置的放大器正常工作。

（3）计算机无法识别音箱设备

- 尝试重新启动计算机，然后再次连接音箱设备。
- 检查音箱设备是否兼容 Windows 10 系统。

五、安装手写板

下面以汉王公司的"唐人笔"型号手写板为例介绍手写板安装过程，安装步骤大致如下。

1. 连接手写板

- 由于"唐人笔"为较新的手写板型号，是免驱动版本，因此，无须安装专门的驱动程序。第一次将"唐人笔"的连接线插入计算机的 USB 口时，系统在任务栏通知区域会弹出"正在设置设备"的提示信息，设置完成后，任务栏会弹出完成设置的消息。
- 打开"开始"菜单，选择"设置"，在"Windows 设置"页面选择"设备"，进入设备设置主页，单击左侧的"蓝牙和其他设备"，在右侧窗格中可以看到"唐人笔"已经正确连接到计算机，如图 6-45 所示。

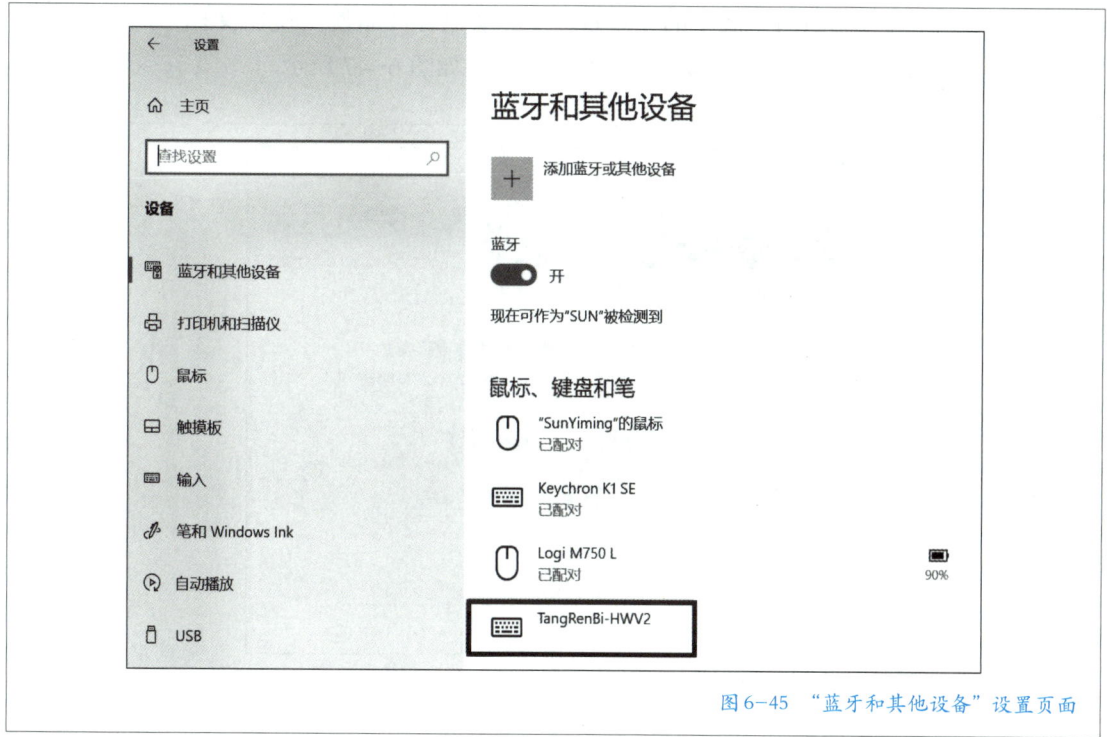

图 6-45　"蓝牙和其他设备"设置页面

此时，使用与手写板配套的笔在手写板上拖动，可以移动计算机中的鼠标指针，配合手写板上方的"左键"和"右键"实体按键，可以实现鼠标的操作。但此时，手写笔还无法输入文字，需要安装配套的手写软件。

2. 安装手写软件

● "唐人笔"免驱动版的包装中没有提供配套软件的光盘，而是将配套软件内置在"唐人笔"设备中。当"唐人笔"正确连接到计算机后，打开文件资源管理器，在"此电脑"中会发现名为"Tangren"的盘符，单击该盘符，在右侧窗格显示该盘中的内容，如图6-46所示。

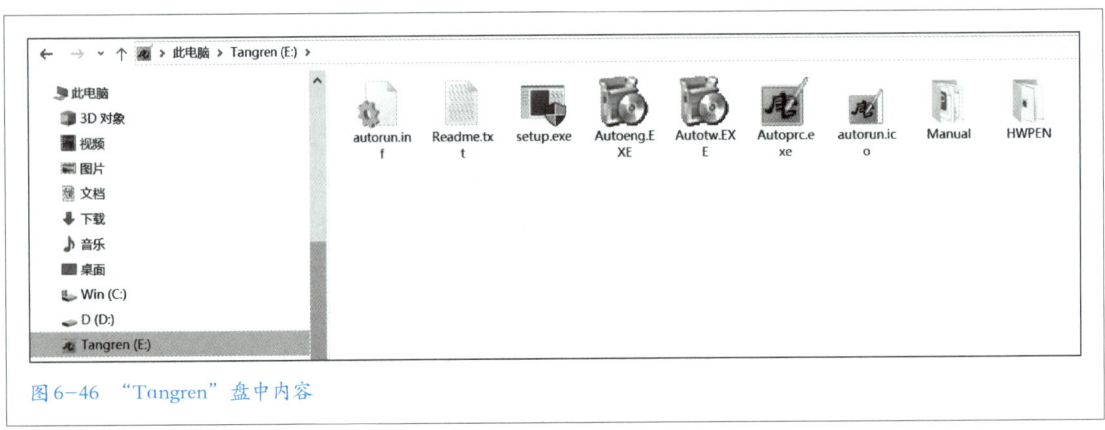

图6-46 "Tangren"盘中内容

"Tangren"盘中的"Manual"目录中有产品使用说明文档，双击"setup.exe"图标，弹出手写软件安装主界面，如图6-47所示。

图6-47 手写软件安装主界面

● 单击"安装软件"按钮，开始安装手写软件。在"许可证协议"界面勾选"我接受许可证协议中的条款"后，单击"下一步"按钮，进入"选择目的地位置"界面，如图6-48所示。

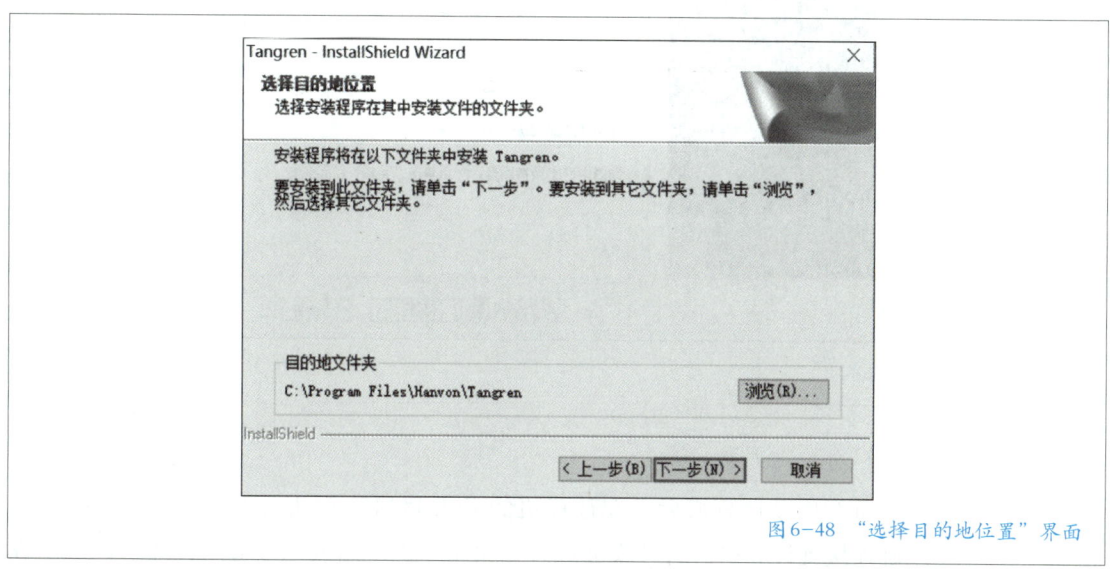

图6-48 "选择目的地位置"界面

● 选择目的地文件夹后，单击"下一步"按钮，进入开始安装界面，单击"安装"按钮，进入软件安装状态，如图6-49所示。

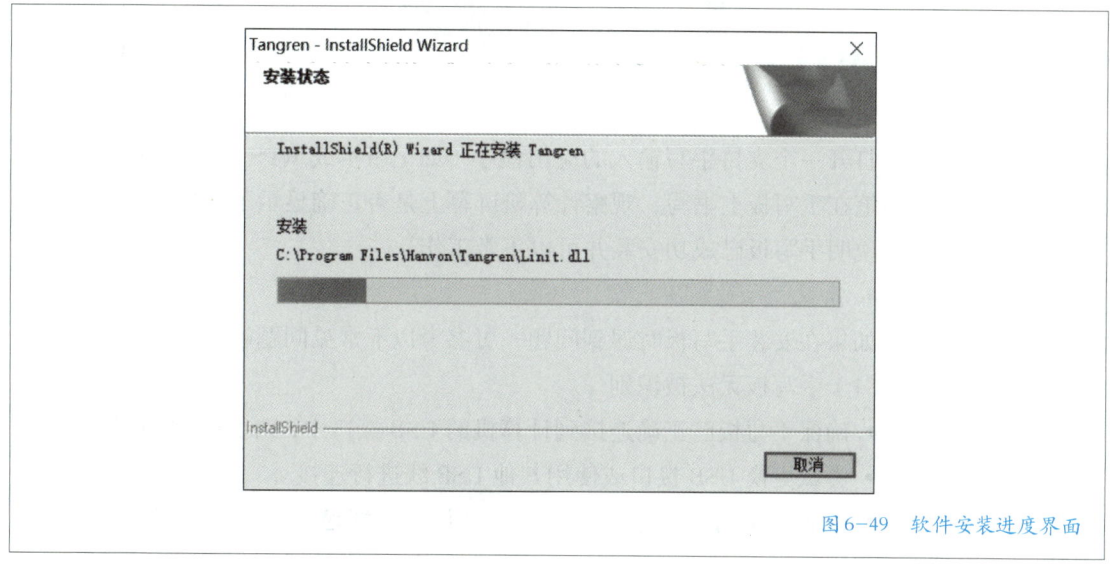

图6-49 软件安装进度界面

● 安装完成后，进入软件安装完成界面，如图6-50所示。在此界面中可以选择"是，立即重新启动计算机"或"否，稍后再重新启动计算机"，建议立即重新启动计算机。

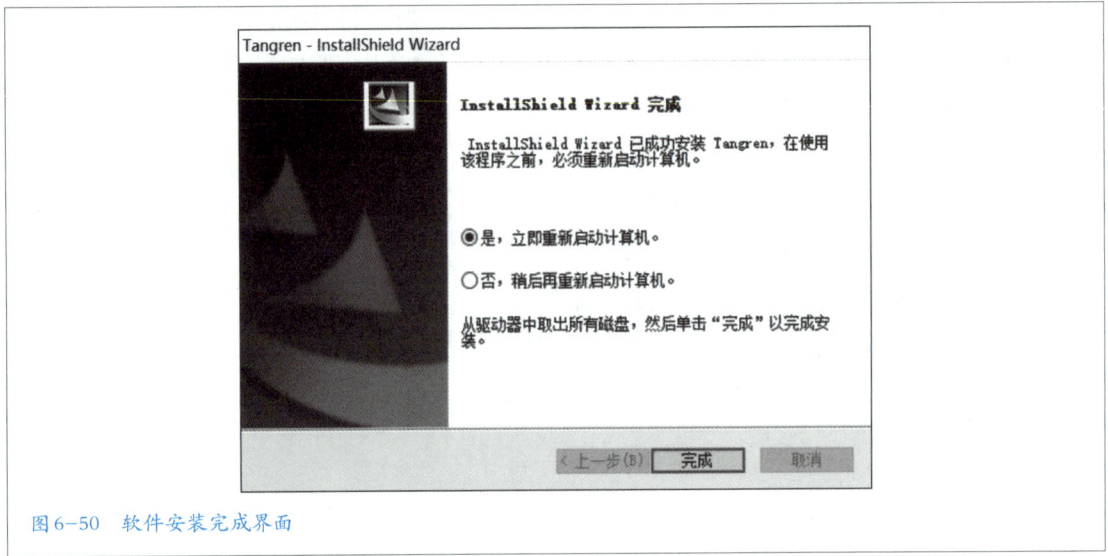

图6-50 软件安装完成界面

3. 测试手写板功能

重新启动计算机后，在计算机的 USB 接口重新插入手写板，确保手写板正确连接到计算机。打开桌面或开始菜单中的"唐人笔"应用程序，该应用程序的界面如图 6-51 所示。

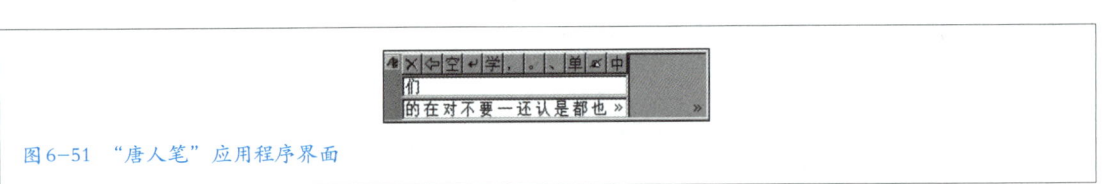

图6-51 "唐人笔"应用程序界面

打开一个支持手写输入的应用程序（如记事本或 WPS 文字工具等），使用手写笔在手写板上书写，观察计算机屏幕上是否正确显示了笔迹。如果一切正常，说明手写板已成功安装并可以正常工作。

4. 常见问题及解决方案

如果在安装手写板时遇到问题，可参考以下常见问题解决方案。

（1）手写板无法被识别

- 确保手写板已正确连接到计算机的 USB 接口中，并且连接稳定。

- 尝试更换 USB 接口或使用其他 USB 线进行连接。

- 检查设备管理器中是否出现未知设备或黄色感叹号。如果是，应更新驱动程序。

（2）驱动程序安装失败

- 确保下载的是适用于 Windows 10 的正确驱动程序版本。

- 关闭防病毒软件或防火墙，然后再次尝试安装驱动程序。注意：在安装完成后，应重新启用防病毒软件和防火墙。

- 尝试以管理员身份运行安装程序。右键单击驱动程序安装文件，选择"以管理员身份运行"。

（3）手写板无法正常工作

- 检查手写板的电池或电源。

- 在应用程序中检查手写板的输入设置，确保已启用手写输入功能。

- 尝试在其他应用程序中测试手写板，以确定问题是否与特定应用程序相关。

任务拓展

一、多媒体关键技术

1. 多媒体数据压缩

在多媒体计算机系统中，信息从单一媒体转到多种媒体，数据量非常大。若不进行处理，计算机系统几乎无法对数据进行存取和交换。因此，为了达到令人满意的音、视频画面质量和听觉效果，必须解决图像、音频、视频信号的大容量数据存储和实时传输问题。除了提高计算机本身的性能及通信信道的带宽外，更重要的方法是对多媒体数据进行有效的压缩。

数据压缩实际上是一个编码过程，即把原始数据进行编码。数据的解压缩是数据压缩的逆过程，即把压缩的编码还原为原始数据。因此，数据压缩方法也被称为编码方法。数据压缩技术迅速发展，适应各种应用场合的编码方法也得到不断发展。根据解压缩后的数据与原始数据是否完全一致进行分类，压缩方法可分为有损压缩和无损压缩两大类。

（1）有损压缩

有损压缩是一种通过舍弃一些数据细节以使文件变小的方法。虽然这会导致一定程度上的信息损失，但在许多情况下，这种损失对人类来说是不可察觉的。常见的有损压缩方法有：

- JPEG 是一种广泛使用的有损图像压缩格式，通过减少图像中的颜色和细节来得到较小的文件。

- MP3 是一种有损音频压缩格式，通过去除人耳难以察觉的音频信号，从而显著压缩文件。

- H.264 是一种有损视频压缩格式，常用于在线视频流和广播，通过去除视频中的冗余信息来降低文件大小。

（2）无损压缩

无损压缩是在减小文件的同时保留所有原始数据的方法。这种方法适用于那些不能容忍任何信息损失的应用场景。常见的无损压缩方法有：

● PNG 是一种无损图像压缩格式，使用不同的压缩算法，保留了图像的所有细节。

● FLAC 是一种无损音频压缩格式，以无损方式压缩音频文件，同时保持音质。

● HuffYUV 是一种无损视频压缩格式，用于对视频质量要求很高的场合。

多媒体数据压缩技术在多种应用中发挥着关键作用，平衡了存储、传输和质量之间的需求。选择哪种压缩方法应取决于具体应用的要求和使用场景。

2. 数字化音频

数字化音频是一种利用数字化手段对声音进行录制、存储、编辑、压缩和播放的技术，它是随着数字信号处理技术、计算机技术、多媒体技术的发展而形成的一种全新的声音处理手段。

（1）音频数字化过程

● 采样：在时间轴上对信号数字化。按照固定的时间间隔抽取模拟信号的值，采样后使一个在时间上连续的信息波变为取值数目有限的离散信号。

● 量化：在幅度轴上对信号数字化。用有限个幅度值近似还原为原连续变化的幅度值，把模拟信号的连续值变为有限数量的、有一定间隔的离散值。

● 编码：用二进制数表示每个采样的量化值。

值得注意的是，音频数字化涉及两个概念：采样频率和量化精度。采样频率是每秒需要采集的声音样本个数。量化精度是每个声音样本的位数。

（2）数字化音频的优势

● 易于存储：数字化音频可以在计算机或其他数字设备上以文件形式存储，方便管理和传输。

● 便于处理：数字化音频可以通过计算机进行各种处理，如编辑、剪切、混音等，使音频制作更加灵活。

● 持久保存：数字化音频不受时间和环境的影响，可以长时间保存而不损失质量。

（3）常见的音频编码格式

常见的音频编码格式除了前文提到的 MP3 和 FLAC，还有以下几种。

● WAV：无损音频文件格式，保留了原始音频数据，文件较大但音质高。

● AAC：高效的有损音频压缩格式，通常用于在线音乐流媒体和移动设备。

● OGG：开放的有损音频压缩格式，用于网络音频流。

- M4A：基于 AAC 编码的音频格式，常见于苹果设备中。
- WMA：微软开发的音频格式，用于 Windows 平台。
- AIFF：无损音频文件格式，常见于苹果设备和专业音频应用。

3. 图形与图像

在现实生活中，人们经常将图形和图像混为一谈。尽管这两者很难区分，但实际上它们不是同一概念。图形（Graph）和图像（Image）都是多媒体系统中的可视元素。

图像是通过数字化设备从现实世界中获取的，可以是取样图像、点阵图像或位图图像。图像所包含的信息是以像素为单位度量的，像素是构成图像的最小单元。图像的描述与分辨率和颜色位数相关，分辨率和颜色位数越高，占用的存储空间就越大，图像也就越清晰。

图形是根据几何特性绘制的，包括直线、圆、矩形、曲线、图表等元素，是由计算机指令呈现的，又被称为矢量图。与图像不同，图形在任何放大或缩小的情况下仍然保持清晰。

值得注意的是，图形是人们根据客观事物制作而成的，并非客观存在；而图像可以直接通过照相、扫描、摄像获得，也可以通过手工绘制而成。因此，尽管图形和图像有相似之处，但它们在产生、表现和存储方式上存在着显著的区别。

（1）动态图形

动态图形是一种引人注目的多媒体元素，它在图形的基础上引入了时间的概念，能够呈现出运动和变化。用户能够观察到图形元素的运动、变形或其他效果。

- 时间变化：动态图形通过时间上的变化来展现信息。这种变化可以是元素的运动、颜色的渐变、形状的变化等，增加了视觉上的动感和吸引力。
- 交互性：动态图形常常与用户的交互性更强，用户可以通过触摸、鼠标单击等方式改变图形，这种交互性提升了用户体验。
- 实时性：动态图形具有实时性，能够根据用户的操作或系统的反馈实时更新，使得信息更具动态性和即时性。

动态图形在游戏开发、电影制作、网页设计、广告制作等领域应用广泛。例如，在网页设计中，动态图形可以增加页面的生动性，吸引用户留存和互动。

（2）动态图形的技术实现

- 动画制作软件：设计师使用专业的动画制作软件（如 Adobe After Effects、Blender 等）可以创建各种动态效果。
- 编程语言：开发者可以利用 JavaScript、CSS、HTML5 等代码实现网页上的动态图形。

- 游戏引擎：在游戏开发领域，使用游戏开发平台（如 Unity、Unreal Engine 等）可以轻松实现丰富的动态图形效果。

- 交互设计工具：交互设计工具（如 Sketch、Figma 等）允许设计师创建可交互的动态原型，展示用户界面的动态变化。

动态图形作为一种强大的传播和展示工具，通过引入时间元素，使得信息更富有表现力和吸引力。在多媒体系统中，动态图形的运用丰富了视觉呈现的形式，提升了用户体验和参与度。

4. 图像与视频数字化

与音频数字化一样，图像、视频的编码也是多媒体压缩技术的一种，是指在满足一定质量的前提下，以较少的位数表示图像或视频中所包含信息的技术。视频就是连续的图像，因此视频编码与图像编码的方式相似。

图像数字化是进行数字图像处理的前提，是将连续色调的模拟图像经采样、量化后转换成数字影像的过程。

（1）图像数字化过程

- 采样：将二维空间上连续的图像在水平和垂直方向上等间距地分割成矩形网状结构，所形成的微小方格称为像素点。经过采样，一幅图像就成为有限个像素点构成的集合。采样频率是指 1 秒钟内采样的次数，反映了采样点之间的时间间隔。采样频率越高，得到的图像样本越逼真，图像的质量越高，但要求的存储量也越大。一幅未经压缩的图像数据量（单位为 B）= 图像水平分辨率 * 图像垂直分辨率 * 像素深度 /8（像素深度是指表示每个取样点的颜色值所采用的数据位数）。例如，一幅分辨率为 640*480，像素深度为 24 b，且未经压缩的图像，其数据量为 640*480*24/8 ≈ 900 KB。

- 量化：使用一个固定范围的数值来表示图像采样之后的每一个点。量化的结果是图像能够容纳的颜色总数，它反映了采样的质量。例如，采用 16 b 存储一个点，则有 2^{16} 即 65 536 种颜色。所以量化位数越大，表示图像可以拥有更多的颜色，可以产生更细致的图像效果，但也会占用更大的存储空间。

- 数据压缩：采样和量化后得到的图像数据量巨大，必须采用编码技术对其进行压缩。编码压缩技术是实现图像传输与储存的关键。

（2）常见图像和视频编码格式

- JPEG：一个静止图像数据压缩编码国际标准，前文在介绍有损压缩方法时已提到。JPEG 压缩技术可以用有损压缩方式去除冗余的图像数据，但它的压缩比是用户可以控制的。

- MPEG：专门针对运动图像和语音压缩制定的国际标准。MPEG 的视频压缩编码技术主要利用了具有运动补偿的帧间压缩编码技术，以减小时间冗余度，大大增强了视频压缩性能。

二、多媒体创作

多媒体创作是指通过整合图像、音频、视频等多种媒体元素，利用相应的创作工具进行创作和编辑，以产生富有创意和表现力的数字化作品。这些作品可以包括演示文稿、动画、电影、音乐等多种形式，广泛应用于广告、艺术、教育等领域。

1. 常见的创作工具和软件

● Adobe Creative Cloud：提供了一系列专业的创作工具，包括图像处理（Photoshop）、视频编辑（Premiere Pro）、动态图形与特效制作（After Effects）等。

● Blender：开源的三维内容创作套件，支持建模、动画、渲染等功能，适用于影视制作和游戏开发。

● Unity：主要用于游戏开发，支持多媒体元素的整合，包括图形、音频、动画等。

● Final Cut Pro：适用于苹果公司Mac平台的专业视频编辑软件，用于电影和视频制作。

● Logic Pro：适用于苹果公司Mac平台的专业音频制作软件，用于音乐创作和音频处理。

2. 多媒体创作的成果形式

● 演示文稿：利用图像、文本、音频等元素制作富有互动性的演示文稿，用于教育、业务演示等场景。

● 动画：利用图像、音频和特效创建生动的动画作品，可以是短片、广告、教育动画等。

● 视频：结合图像、音频和视频剪辑，制作各种类型的视频内容，应用于电影、纪录片、视频日志（VLOG）等。

● 音乐：使用音频编辑软件进行音乐创作，包括作曲、编曲、录音等，生成专业水准的音频作品。

● 游戏：利用游戏引擎进行游戏开发，包括3D建模、动画设计、音效制作等，创作出交互性强的游戏作品。

● 虚拟现实（VR）和增强现实（AR）作品：创建逼真的虚拟场景或通过AR技术将虚拟元素叠加到现实世界中，为用户提供沉浸式体验。

● 电子书和电子杂志：结合文本、图像、音频等元素，制作交互性强的电子出版物，适用于平板计算机和电子阅读器。

● 广告和宣传资料：通过多媒体手段制作产品宣传册、广告等，增强宣传效果。

多媒体创作成果形式还有很多，多媒体创作的灵活性和创意性使其成为数字时代表达想法和传递信息的重要手段。通过掌握相关工具使用方法和技能，个体和组织能够更好地传达他们的创意和信息。

任务导学

　　随着互联网的发展，网络安全问题日益突出。2006—2007年"熊猫烧香"病毒爆发，被感染的程序图标变成"熊猫烧香"图案，并使这些程序无法正常工作；近年来多次爆发勒索病毒，2023年2月，勒索软件组织"ESXiArgs"攻击了运行VMware ESXi虚拟机管理程序的用户，全球超过3 800台服务器受到影响；同年5月，勒索软件组织"Clop"利用Progress公司文件传输工具MOVEit中的漏洞，发起了大规模的勒索软件攻击，影响了包括IBM、高知特、德勤在内的多家知名企业。

　　除了病毒攻击，数据泄露的危害越来越受到大众的重视，其危害程度也远超病毒攻击。2023年5月，由于受到MOVEit漏洞影响，软件系统开发商"PBI Research Services"的众多客户企业遭受数据泄露，大量个人隐私数据泄露。此外，社交网站"Facebook"5.33亿用户数据遭到泄露，包括用户的电话号码、账户名和Facebook ID等敏感信息，这些信息的泄露可能对用户的隐私和安全造成长期影响。

　　因此，管理好个人计算机、做好计算机防护、提高数据安全意识是减少此类事件的重要措施之一。

导　学

　　1. 知识目标
- 熟知软件安装、卸载和升级的过程。
- 能列举有效管理文件资源后的便利之处。
- 能列举各类计算机防护软件及其优缺点。

　　2. 技能目标
- 能管理文件资源，能进行桌面、显示器、用户、任务栏、开始菜单和主题的设置。

- 能安装、删除与使用压缩软件、中文输入法等软件。
- 能使用互联网搜索工具，通过提炼关键词进行信息检索。
- 能使用邮件系统收发邮件。

3. 核心素养
- 具有计算机病毒防护意识，能甄别钓鱼网站。
- 具有个人数据保护意识，不随意在网站上发布个人敏感信息。

4. 重/难点知识
- 根据需求提炼信息检索的关键词。
- 防病毒软件的报警信息识别，以及对计算机漏洞威胁的处理。

任务 7　管理文件资源

任务描述

　　小孙需要为新来的员工进行 Windows 10 文件资源管理培训，这项培训将涵盖如何高效地组织、查找、保护文件等知识和技能。通过这次培训，新员工应能熟练使用 Windows 10 的资源管理器，并能够进行日常文件管理工作，同时，能理解文件和文件夹权限的重要性并掌握保护个人数据的方法。

思维导图

　　任务 7 思维导图如图 7-1 所示。

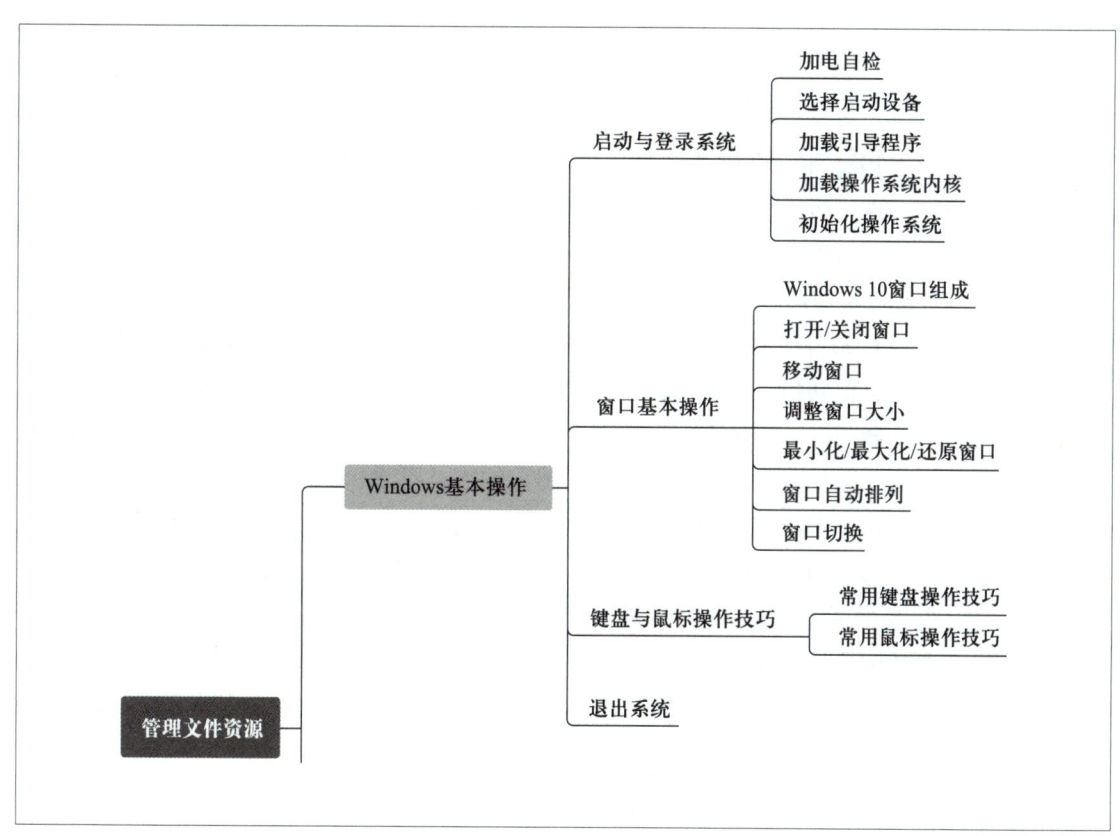

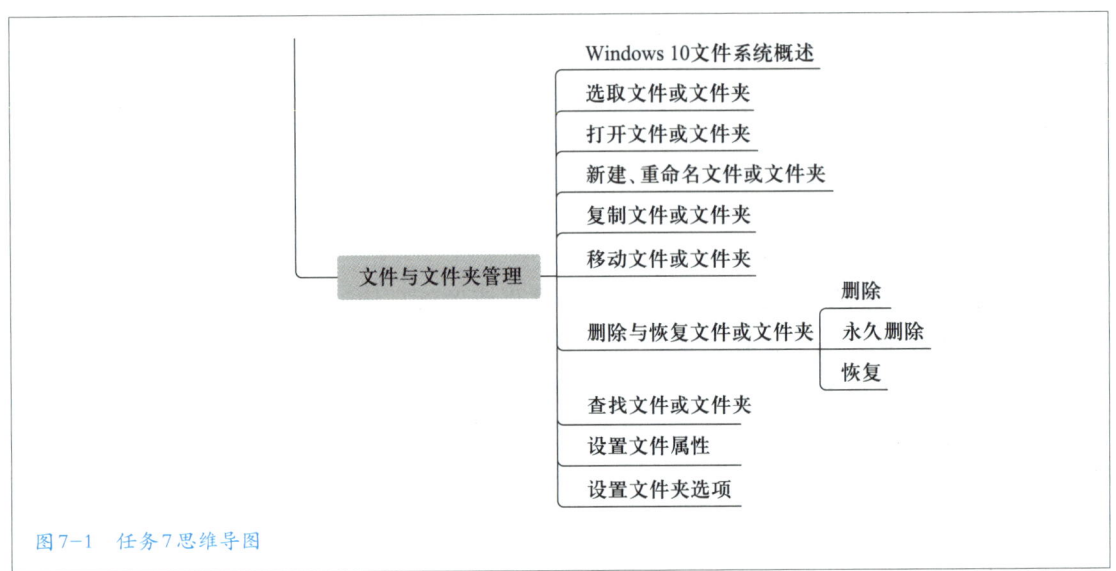

图7-1　任务7思维导图

知识准备

一、Windows操作系统发展简介

1985 年，微软公司发布了第一代 Windows 操作系统——Windows 1.0。然而，这一版本相比于其他操作系统并没有明显的优势。

1987 年，微软发布了 Windows 2.0。该版本加入了新的功能，这使得 Windows 2.0 获得一定的市场份额。

1990 年，微软发布了 Windows 3.0。该版本被认为是 Windows 开始变得流行的重要转折点。它提高了系统的性能和易用性，提升了用户体验。

随后，微软陆续发布了 Windows 3.1、Windows NT 等版本。其中，Windows NT 是一个重要的里程碑，它引入了许多新的特性和技术，这使得 Windows NT 成为一个真正的企业级操作系统。

1995 年，Windows 95 发布。该版本集成了 MS-DOS 和 Windows 操作系统，并进行了重大改进。Windows 95 的发布标志着 Windows 操作系统进入现代计算机的主流市场。

之后，微软又发布了 Windows 98、Windows 2000 等版本。其中，Windows 2000 具有更高的稳定性和安全性。

2001 年，微软发布了经典的 Windows XP 系统。该版本采用了全新的图形用户界面和"开始"菜单。Windows XP 的发布使得 Windows 操作系统进一步巩固了其在个人计算机市场的地位。

此后几年，微软陆续发布了 Windows Vista、Windows 7、Windows 8、Windows 10 和 Windows 11 等版本。其中，Windows 7 相较于之前的版本具有许多新特性和改进，如任务栏和窗口管理的重新设计、启动和关闭速度的优化、支持更多的硬件设备等。而 Windows 8 则是一个具有创新性的版本，它引入了全新的"开始"屏幕和触控界面，支持 Intel、AMD 和 ARM 芯片架构，不仅适用于个人计算机，还支持手机、平板计算机等移动设备。Windows 10 继续完善了 Windows 操作系统的功能和性能，并引入了新的特性和技术，如虚拟桌面等。2021 年，Windows 11 发布，Windows 11 又带来了许多新的特性和改进，进一步提升了 Windows 操作系统的功能和性能。

二、Windows 10 简介

Windows 10 是一款应用于个人计算机等设备的操作系统，于 2015 年发布。

1. 实用功能

• 分屏功能：Windows 10 自带分屏功能，可以通过简单的操作将屏幕分成多个区域，同时显示不同的应用程序或窗口。

• 便笺功能：Windows 10 提供了便笺功能，可以使用便笺记录待办事项等信息。

• 截图和录屏功能：Windows 10 内置了截图和录屏工具，可以使用这些工具捕捉屏幕上的内容或录制操作过程。

• 视频剪辑功能：Windows 10 提供了简单的视频剪辑功能，可以使用该功能对视频进行基本的编辑和处理。

2. 特点

• 用户界面与交互性：Windows 10 将传统"开始"菜单与动态磁贴相结合，提供了更加便捷的应用启动和信息查看方式。同时，Windows 10 支持多任务处理，提高了工作效率。

• 性能与安全性：Windows 10 在性能方面进行了优化，支持更快速的文件处理、网络连接等。在安全方面，Windows 10 加入了 Windows Defender 防病毒软件，提供实时保护，确保系统安全稳定运行。

• 整合与智能化：Windows 10 将多种服务整合在一起，如个人智能助手（Cortana）、云存储（OneDrive）等，提供了更加智能的服务体验。此外，Windows 10 支持与各种设备的连接，如手机、平板计算机等，实现跨平台的数据共享与操作。

• 应用商店与游戏：Windows 10 内置了应用商店。同时，Windows 10 支持 DirectX 12 等技术，为游戏玩家带来更加流畅、逼真的游戏体验。

• 企业级特性：Windows 10 为企业用户提供了管理工具和安全特性，如 Azure Active Directory 集成、企业数据保护等，满足企业对安全性和可管理性的要求。

3. Windows 10 的系统要求与兼容性

• 为了确保正常运行和良好性能，通常，Windows 10 要求计算机至少配备 1 GHz 的处理器、1 GB（32 b）或 2 GB（64 b）的内存空间，以及至少 16 GB（32 b）或 20 GB（64 b）的可用硬盘空间。此外，需要支持 DirectX 9 或更高版本的显卡，并安装微软图形驱动程序模型 (WDDM)。

• 在兼容性方面，Windows 10 采用了硬件和软件兼容策略，以确保可以平滑升级并继续使用原有的硬件设备、应用程序和外部设备。Windows 10 为开发者提供了应用程序编程接口 (API) 和工具支持，以确保新旧应用能够在 Windows 10 上顺畅运行。同时，Windows 10 内置了兼容性模式，帮助用户解决可能遇到的兼容性问题。

三、Windows 10 基本操作

1. 启动与登录系统

按下计算机电源键启动计算机后，计算机需要经历一系列步骤才能进入操作系统。

• 加电自检：计算机首先会进行加电自检，这是基本输入/输出系统（BIOS）的一个功能。在这个过程中，计算机会检查其内部的各个硬件设备，如 CPU、内存、硬盘等，确保它们都在正常工作。

• 选择启动设备：如果自检通过，BIOS 会根据预设的启动顺序，选择一个启动设备，如硬盘、光驱或 USB 设备等。

• 加载引导程序：计算机从选定的启动设备上加载引导程序。对硬盘来说，通常是主引导记录（MBR）中的引导加载程序。

• 加载操作系统内核：引导程序会加载操作系统的内核到内存中。对 Windows 系统来说，这个过程可能涉及加载 Windows 启动管理器（Bootmgr）和 Windows 加载程序（Winload.exe）等组件。

• 初始化操作系统：操作系统内核被加载到内存后，会开始初始化，包括设置内存管理、设备驱动、系统服务等。

经过以上步骤，Windows 10 的启动画面将出现在屏幕上。在启动过程中会显示 Windows 徽标等；初始化完成后，会显示登录界面。如果系统只有一个用户，且没有设置密码，计算机直接进入操作系统；如果系统存在多个用户，则需要选择用户；如果用户设置了登录密码，系统会等待用户输入用户名

和密码进行登录。对于带有指纹识别或面部识别的设备，可以选择使用这些生物识别技术登录。登录成功后系统会加载所登录用户的个人设置和环境，包括桌面背景、图标、已安装的应用程序等。此时屏幕将显示操作系统的桌面，如图 7-2 所示。

图7-2　Windows 10 桌面

2. 桌面与"开始"菜单

桌面是登录系统后所看到的屏幕区域，是 Windows 10 的主要工作区域，可以在这里放置文件、文件夹、应用程序的快捷方式等。桌面背景可以根据用户的个人喜好进行更改。

（1）任务栏

任务栏是 Windows 操作系统中的一个重要元素，通常位于屏幕底部。

（2）"开始"菜单

"开始"菜单是 Windows 操作系统中的一个核心元素，提供了一个直观、便捷的方式来访问计算机中的程序、文件，或对计算机进行设置。

单击任务栏左侧的 Windows 图标或按 Win 键，可以向上弹出"开始"菜单，如图 7-3 所示。

"开始"菜单左侧通常包含常用应用程序的列表，右侧则显示动态磁贴，这些磁贴可以显示实时信息、应用程序的快捷方式，以及交互式通知等。可以通过右键单击磁贴或应用程序列表项来执行更多操作,如固定到任务栏、卸载等。

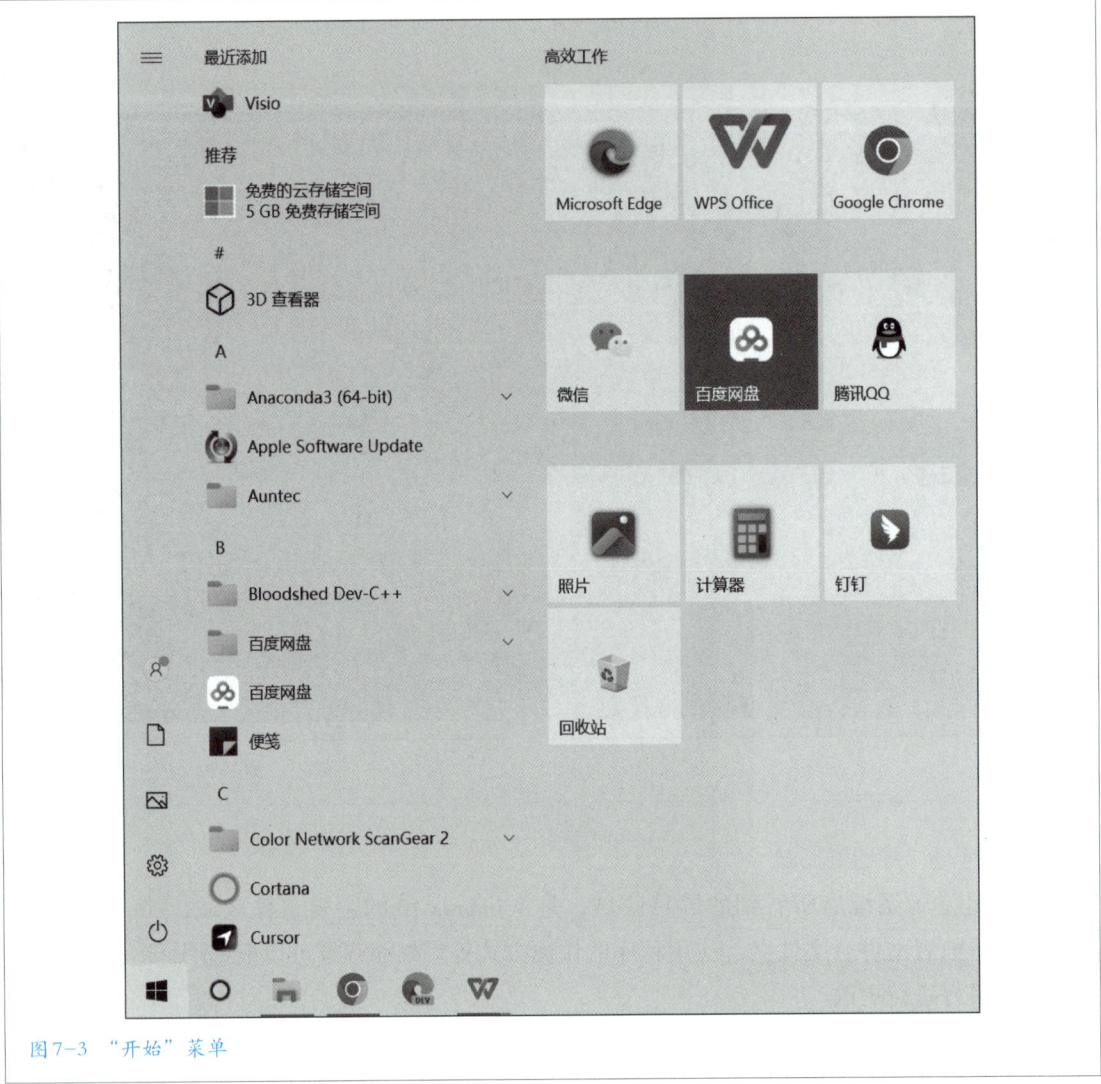

图7-3 "开始"菜单

　　(3)快速启动栏

　　在"开始"按钮右侧通常会显示快速启动栏,其通常包含各种快捷方式,以便用户可以轻松地通过单击图标来启动应用程序或打开文件。

　　(4)通知栏

　　任务栏右侧显示的是通知栏,也称系统托盘,其中可能包含了时钟、音量控制、网络状态图标,以及一些正在后台运行或等待调用的程序图标。

　　(5)桌面图标

在刚安装完 Windows 10 的桌面主要区域，通常只有一个回收站的图标，用于存放已删除的文件和文件夹。如果需要将其他常用图标显示出来，则在桌面空白处单击右键，在弹出的快捷菜单中选择"个性化"，弹出"主页"设置对话框，在该对话框中选择左侧的"主题"选项，单击右侧窗格中的"桌面图标设置"按钮，弹出"桌面图标设置"对话框，在该对话框的"桌面图标"栏中勾选所需要的常用桌面图标。勾选"允许主题改变桌面图标"选项，则允许用户通过更改系统主题来同时更改桌面上图标的外观，如图 7-4 所示。

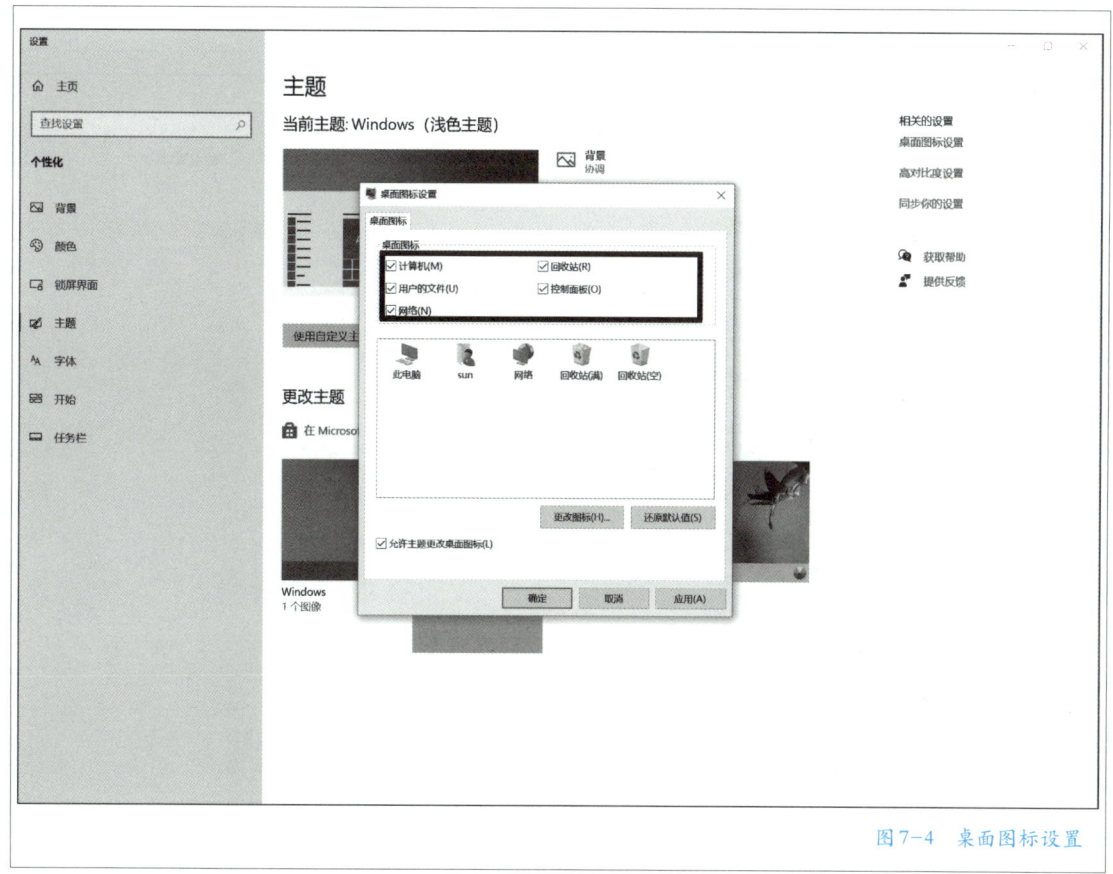

图7-4　桌面图标设置

3. 任务栏的使用与管理

任务栏提供了在多任务环境中导航和管理的功能。任务栏的主要作用包括：

• 启动应用程序：任务栏中通常会有"开始"按钮，单击它可以打开"开始"菜单，从中选择并启动应用程序。

• 显示运行中的应用程序：任务栏会显示当前正在运行的应用程序窗口的按钮。可以通过单击这些按钮来切换或激活相应的应用程序窗口。

● 固定应用程序：可以将常用的应用程序固定到任务栏上，以便快速访问。

● 搜索：在 Windows 10 及更高版本中，任务栏集成了搜索功能，可以在任务栏上直接输入关键词来搜索文件、应用程序等。

● 支持自定义：可以添加快捷方式和小工具，以便更方便地使用常用功能和访问文件。

管理任务栏时，可以右键单击任务栏空白处，选择"任务栏设置"，弹出"任务栏"设置页面，如图 7-5 所示。

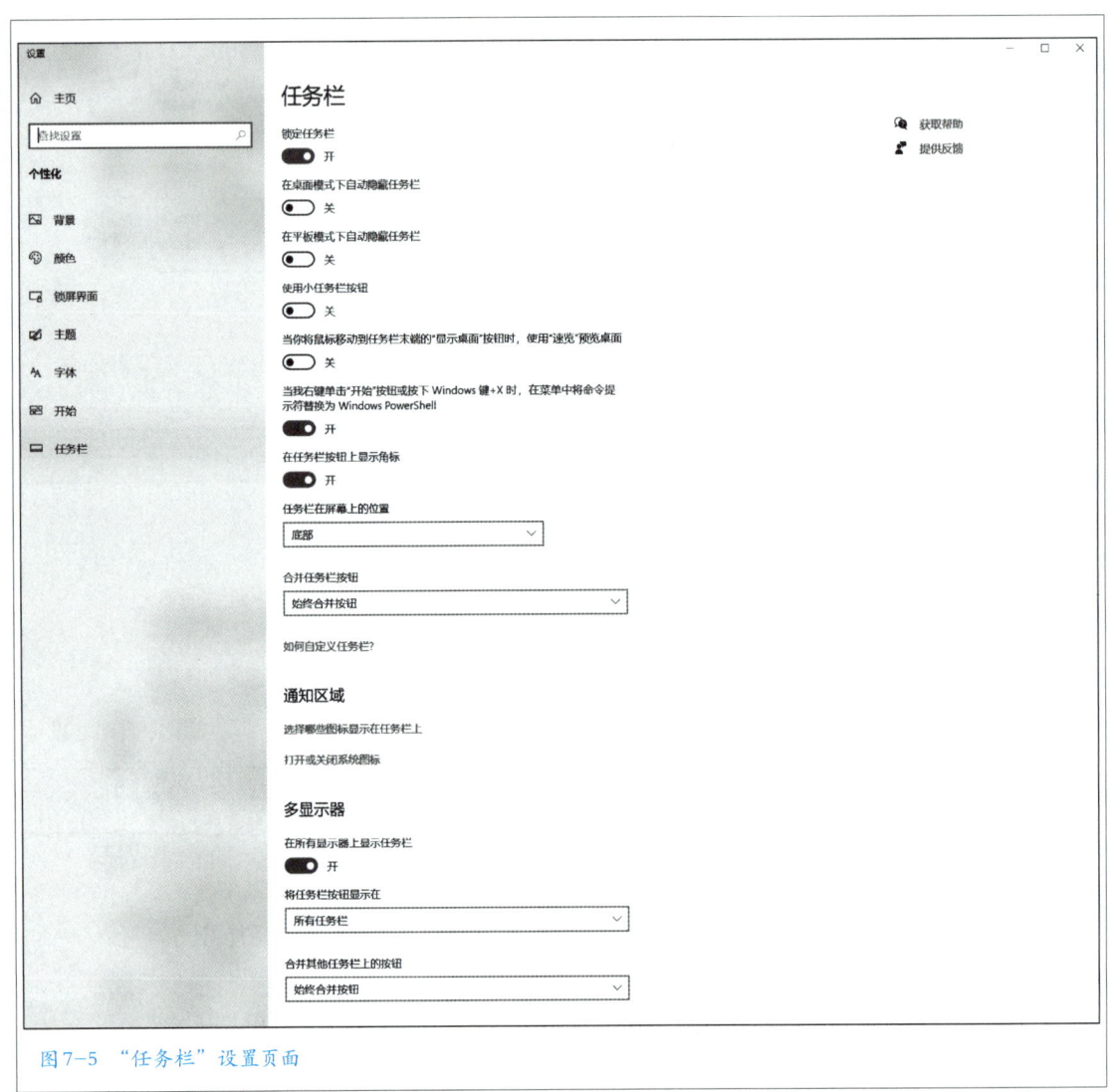

图 7-5 "任务栏"设置页面

在该页面中可以自定义任务栏的外观和行为，可以选择在任务栏上显示哪些图标，调整任务栏的位置和大小，设置多显示器时的任务栏行为等。

4. 窗口基本操作

在 Windows 10 中，应用程序通常以窗口的形式打开。窗口是桌面上开辟的一块矩形区域，用户的操作基本都是基于窗口的，因此窗口操作是 Windows 10 的基本操作。

（1）Windows 10 窗口组成

Windows 10 窗口主要由标题栏、菜单栏、功能区、快速访问工具栏、工作区、状态栏、导航窗格、地址栏、搜索栏等组成，如图 7-6 所示。

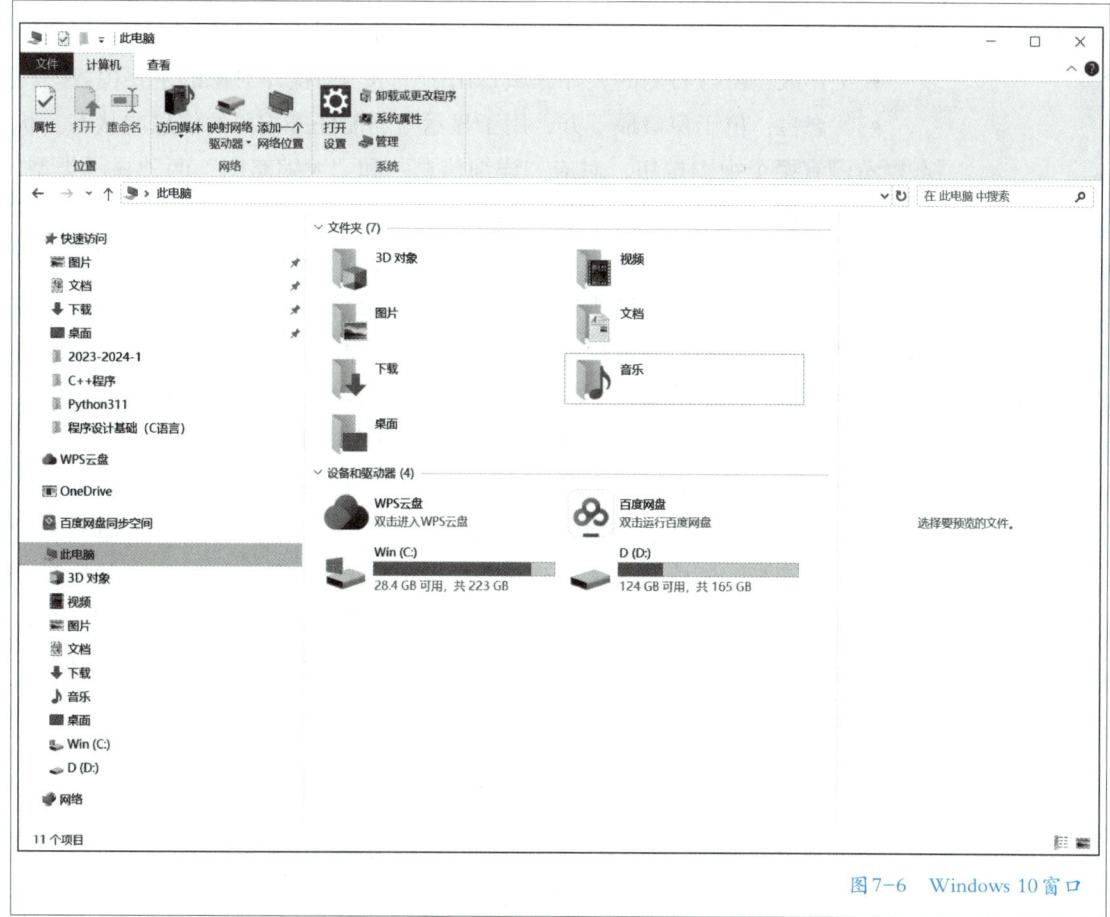

图7-6　Windows 10窗口

● 标题栏：位于窗口最上方，主要显示当前工作区内容的名称。标题栏右侧为"最小化""最大化／向下还原"和"关闭"按钮，单击相应的按钮完成窗口调整的对应操作。标题栏最左侧为控制菜单按钮，单击该按钮弹出控制菜单，也可以进行窗口的最大化和还原等操作。右键单击标题栏空白区域，也可以弹出的控制菜单。

- 菜单栏：位于标题栏下方，主要包含针对当前窗口或窗口内容的常用操作命令，选择相应菜单项，或者在弹出的二级菜单中选择菜单命令，可实现各种操作。在菜单栏的右侧为"最大化 / 最小化功能区"的折叠按钮，其右侧为"帮助"按钮。

- 功能区：位于菜单栏右侧，通常有若干个选项卡，根据当前工作区显示的项目内容，会显示不同的工具选项卡，其中包含了可以对当前项目进行操作的按钮。

- 快速访问工具栏：通常显示在标题栏左侧，提供了最常用命令的快捷按钮。默认的按钮包括"属性"和"新建文件夹"，可以单击快速访问工栏右侧的下拉按钮，从弹出的下拉列表中选择需要在此出现的功能按钮。

- 工作区：窗口右侧的大片区域，用于显示当前操作对象的主要内容。

- 状态栏：位于窗口最下方，用于显示与当前任务相关的信息或状态。状态栏右侧有两个视图按钮，对应"详细信息"和"大缩略图"两种显示类型，其作用是让用户选择视图的显示方式。

- 导航窗格：在工作区的左侧以树形排列方式显示的计算机中不同位置的项目。可通过单击导航窗格所列项目，快速定位到需要的位置，以便在工作区浏览所选项目的内容，并进行后续操作。

- 地址栏：位于功能区下方，显示了当前访问位置的完整路径，路径中的每个文件夹名都为一个按钮。单击这些按钮即可快速跳转到对应的文件夹。单击每个文件夹按钮右侧的箭头按钮，可以列出与该按钮相同位置下的所有文件夹。在地址栏中输入计算机中某个项目的完整路径，或输入桌面、计算机、回收站、控制面板、网络、收藏夹等系统预设项目名，可以直接访问这些位置。

- 搜索栏：位于地址栏右侧，在搜索栏中输入关键字后，即可在当前位置使用所设关键字进行搜索，凡是文件内部或文件名称中包含该关键字的项目，都会在工作区显示出来。

（2）打开 / 关闭窗口

通过单击或双击 Windows 10 的"开始"菜单、资源管理器或桌面等位置中相应的命令或文件，可以打开相应的程序或文件窗口。

关闭 Windows 10 窗口可以采用以下方法。

- 单击窗口的标题栏右侧的"关闭"按钮。

- 单击标题栏左侧控制菜单按钮或者右键单击标题栏空白处，在弹出的控制菜单中选择"关闭"命令。

- 按下 Alt + F4 组合键。

- 在任务栏对应窗口图标上单击右键，在弹出的快捷菜单中选择"关闭"。如果多个窗口以分组形式显示在任务栏上，可以在该项目上单击右键，在弹出的快捷菜单中选择"关闭所有窗口"命令，如图7-7所示。

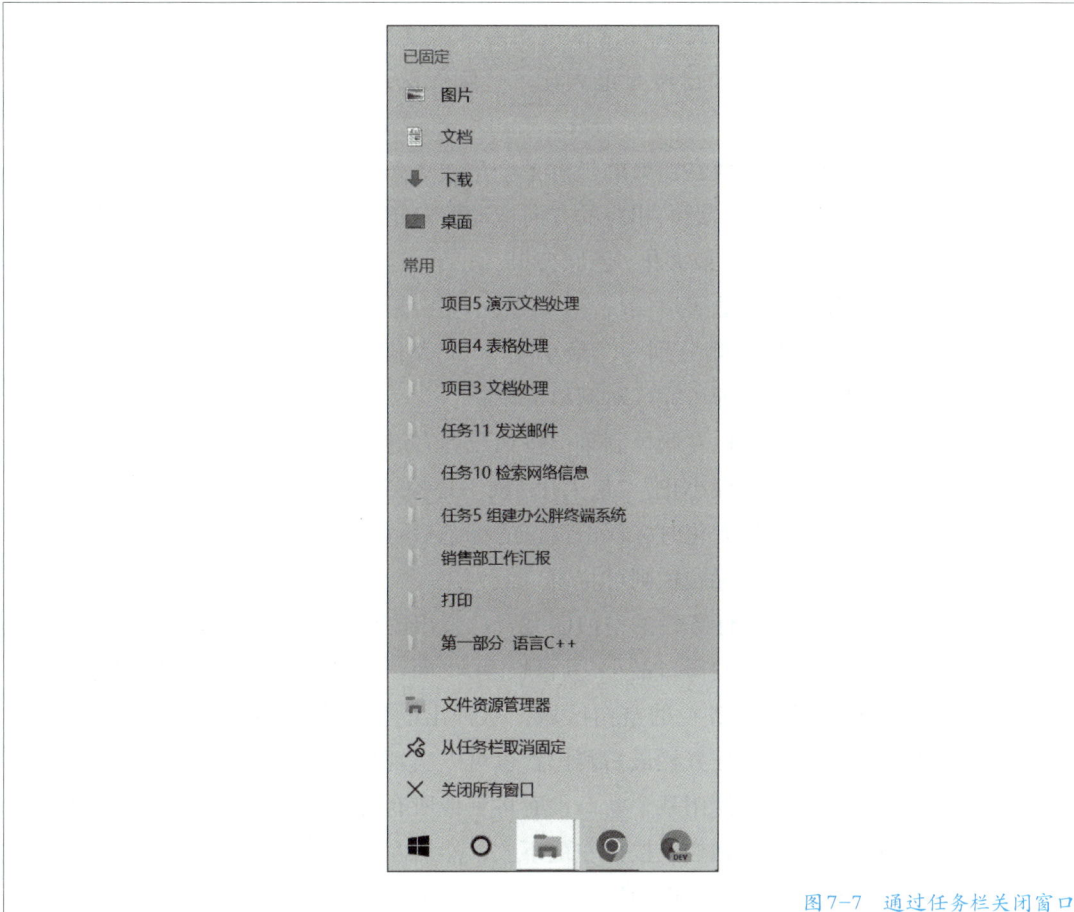

图7-7　通过任务栏关闭窗口

（3）移动窗口

采用以下方法可以实现窗口的移动。

• 将鼠标指针放置在窗口的标题栏上，然后按住鼠标左键并拖动窗口到目标位置。

• 单击标题栏左侧控制菜单按钮或者右键单击标题栏空白处，在弹出的控制菜单中选择"移动"命令，当鼠标指针变为4个方向的箭头时拖动窗口标题栏，或者使用键盘方向键，均可以移动窗口到目标位置。

• 使用 Win 键和方向键的组合键可快速移动窗口。按下 Win 键 + ←键，可以将窗口移动到屏幕的左侧；按下 Win 键 + →键，可以将窗口移动到屏幕的右侧。如果窗口已经处于屏幕的一侧，再次按下相同的组合键可以将窗口最小化，按下方向相反的组合键可以恢复窗口原来的位置。同样地，按下 Win

键 + ↑ 键，可以最大化窗口，此时按下 Win 键 + ↓ 键，可以恢复窗口原来的大小；按下 Win 键 + ↓ 键，可以最小化窗口。

（4）调整窗口大小

如果当前窗口已经是最大化了，则无法调整大小，必须先将其还原为之前的大小。

将鼠标指针放在窗口的任意 1 个角或 1 条边上，此时指针将变成空心双向箭头，按住鼠标左键向相应的方向拖动窗口角或边框即可改变窗口的大小。

（5）最小化 / 最大化 / 还原窗口

采用以下方法可以实现窗口的最小化、最大化和还原。

• 标题栏右侧分别为"最小化""最大化 / 向下还原"和"关闭"按钮，单击相应的按钮即可完成对窗口的调整。

• 单击标题栏左侧控制菜单按钮或者右键单击标题栏空白处，在弹出的控制菜单中选择"最小化""最大化 / 向下还原"命令。

• 当窗口最大化时，双击窗口的标题栏可以还原窗口；如果窗口非最大化时，双击窗口的标题栏则可将窗口最大化。

• 右键单击任务栏的空白区域，从弹出的快捷菜单中选择"显示桌面"命令，将所有打开的窗口最小化后只显示桌面。如果要将最小化的窗口还原，则可以右键单击任务栏的空白区域，从弹出的快捷菜单中选择"显示打开的窗口"命令。单击任务栏最右侧位置也可以实现相同效果。

• 当只需要使用某个窗口，而将其他所有打开的窗口都最小化时，可以首先在该窗口的标题栏上按住左键不放，然后左右晃动鼠标若干次，其他窗口就会被隐藏起来。再次做同样的操作，可以将窗口布局恢复为原来的状态。

（6）窗口自动排列

如果同时打开了多个窗口，可以右键单击任务栏空白处，在弹出的快捷菜单中选择"层叠窗口""堆叠显示窗口"或"并排显示窗口"选项来排列窗口。

• "层叠窗口"会把窗口按照一个叠一个的方式一层一层地叠起来。

• "堆叠显示窗口"会把窗口按照横向两个、纵向平均分布的方式堆叠排列起来。

• "并排显示窗口"会把窗口按照纵向两个、横向平均分布的方式并排排列起来。

（7）窗口切换

如果在桌面上打开了多个应用程序或窗口，窗口之间会互相遮挡，如果需要从当前窗口切换到要使用的窗口，可以采用以下方法实现。

• 单击应用程序或窗口在任务栏上的图标，该窗口就会出现在其他打开窗口的前面，成为活动窗口。

• 使用 Alt+Tab 组合键可以切换到上一次查看的窗口。如果按住 Alt 键不放并依次按下 Tab 键，可以在所有打开的窗口缩略图之间循环切换。当切换到某个窗口时，释放 Alt 键即可。

• 键盘 Win 键可以和其他键组合使用进行一些快速操作，具体功能如表 7-1 所示。

表7-1　常用Win键组合键功能

组合键	功能	组合键	功能
Win+D	显示桌面	Win+E	打开"文件资源管理器"窗口
Win+M	最小化所有打开的窗口	Win+R	打开"运行"对话框
Win+T	切换显示任务栏上项目的缩略图	Win+ 数字键	启动任务栏上从左到右第（N）（由数字键指定）个程序或窗口
Win+L	快速锁定计算机	—	—

5. 键盘与鼠标操作技巧

掌握一些键盘与鼠标的操作技巧可以提高工作效率，以下是常用的键盘和鼠标操作技巧。

（1）常用键盘操作技巧

• 使用 Tab 键可以在某个对话框中的控件之间切换焦点。

• 使用方向键可以在菜单、列表框等控件中移动选择项。

• 使用 Ctrl+C 组合键和 Ctrl+V 组合键可以复制和粘贴文本或文件。

• 使用 Ctrl+Z 组合键可以撤销上一步操作，而 Ctrl+Y 组合键则用于重做被撤销的操作，前提是需要当前窗口或应用程序支持。

• 使用 Alt+F4 组合键可以关闭当前窗口或应用程序。

（2）常用鼠标操作技巧

• 单击左键可以选择对象、打开文件或链接等。

• 单击右键可以打开快捷菜单，其中包含与所选对象相关的命令和选项。

• 双击可以打开文件、文件夹或应用程序等。

• 拖动可以将对象从一个位置移动到另一个位置，或按住 Ctrl 键拖动创建对象的副本。

• 滚轮可以滚动窗口内容或缩放视图，具体效果取决于应用程序的设置。

6. 退出系统

退出 Windows 10 系统通常指的是关闭或重新启动计算机，可以采用以下常见方法。

（1）使用"开始"菜单

单击"开始"按钮，在弹出的"开始"菜单中单击"电源"选项，在弹出的选项中选择"关机"选项来关闭计算机，或选择"重启"选项来重新启动计算机。如图 7-8 所示。

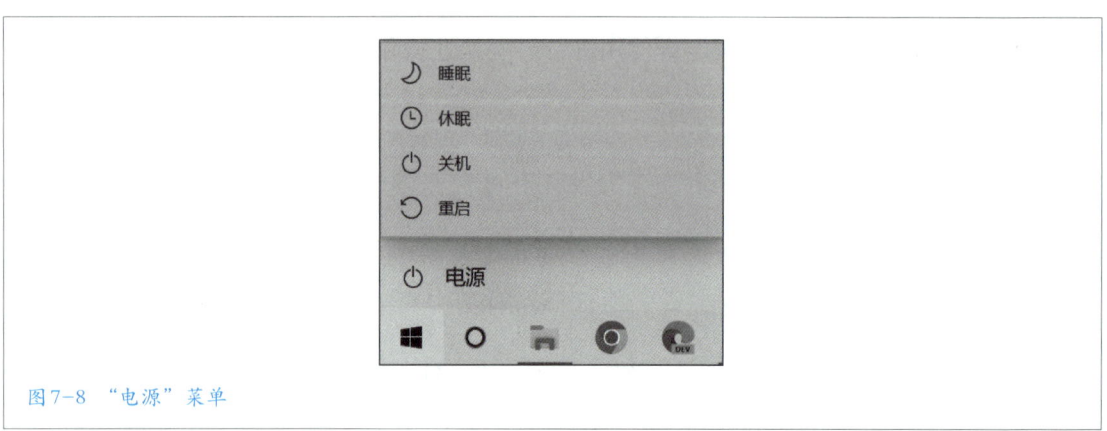

图 7-8 "电源"菜单

（2）使用快捷键

当桌面没有被激活的窗口或应用程序时，按下 Alt + F4 组合键，弹出"关闭 Windows"对话框，在下拉菜单中选择"关机"或"重启"选项，单击"确定"按钮。

在"关闭 Windows"对话框中，除了"关机"和"重启"选项，其他几个选项的含义如下。

• 注销：指结束当前用户的登录会话并返回登录界面。当选择注销时，首先，系统会关闭所有当前用户打开的应用程序和服务，并清除与该用户相关的临时文件和设置。然后，系统会返回到登录界面，等待其他用户登录或当前用户重新登录。注销适用于需要切换用户或同一用户需要重新登录以应用某些更改的情况。注销并不关闭计算机，只是结束了当前用户的会话。

• 睡眠：指计算机的一种低功耗状态，类似于待机。当计算机进入睡眠模式时，大部分硬件设备会进入低功耗状态，但内存仍然保持供电并保存当前系统的运行状态和数据。这意味着当计算机从睡眠状态被唤醒时，可以快速恢复到之前的工作状态，而无须重新启动系统或重新打开应用程序。睡眠模式可以节省电能，又可以快速恢复工作，因此它适用于短时间离开计算机的情况。

• 休眠：计算机的一种深度低功耗状态。当计算机进入休眠模式时，它会先将当前系统的运行状态和数据保存到硬盘上的一个休眠文件中，然后关闭所有硬件设备的电源。与睡眠模式不同，休眠模式不会消耗任何电能。当计算机从休眠状态被唤醒时，它会从硬盘上读取休眠文件并恢复到之前的工作状态。由于休眠模式需要保存和读取大量数据，因此，从休眠状态被唤醒的速度可能会比从睡眠状态被唤醒的速度慢一些。但是，休眠模式的优点是可以完全断电，既节省电能，又可以保留之前的工作状态。

四、文件与文件夹管理

1. Windows 10 文件系统概述

文件系统是操作系统中用于组织、存储和检索文件的一套机制。在 Windows 10 中，文件系统以层次结构（也称为目录结构或树形结构）来组织文件和文件夹。每个文件或文件夹都有一个唯一的路径，以便用户可以轻松地访问它。

文件系统中的基本概念包括：

（1）文件

文件是存储在计算机中的信息集合，可以是文本、图像、音频、视频、应用程序等各种类型的数据。每个文件都有一个唯一的名称，称为文件名，用于标识和访问该文件。

完整的文件名包括主文件名和文件扩展名。主文件名是文件的主体部分，用于标识文件的主要内容或用途。主文件名可以根据需要自由命名，但需要遵循文件系统的命名规则，如不能包含特殊字符、系统保留字符等。

文件扩展名通常跟在主文件名后面，由一个点（.）分隔。文件扩展名用于指示文件的类型或格式，以帮助操作系统和应用程序确定如何处理该文件，常见文件扩展名如表7-2所示。

表7-2 常见文件扩展名

文件扩展名	对应文件类型	文件扩展名	对应文件类型
exe	可执行文件	txt	文本文件
bmp	位图文件	jpg	JPEG图像文件
png	PNG图像文件	gif	GIF动画图像文件
zip	zip格式压缩文件	rar	rar格式压缩文件
html	网页文件	htm	网页文件
mp3	MPEG-3音频文件	mp4	MPEG-4视频文件
wav	波形音频文件	avi	AVI视频文件
mid	MIDI音频文件	wmv	WMV视频文件
pdf	便携式文档格式文件	mov	QuickTime视频文件
doc	Word 97—2003 文档	docx	Word 2007及以上版本文档
xls	Excel 97—2003 工作簿	xlsx	Excel 2007及以上版本工作簿
ppt	PowerPoint 97—2003演示文稿	pptx	PowerPoint 2007及以上版本演示文稿

（2）文件夹

文件夹是用于管理文件的容器，它可以将多个文件组合在一起，形成一个层次化的结构，方便查找和管理文件。文件夹本身也可以包含其他文件夹。

在 Windows 10 中，文件和文件夹的命名需要遵循一定的规则。这些规则主要包括：

● 长度限制：文件名或文件夹名的最大长度通常为 255 个字符，且英文不区分大小写；使用中文命名时最多可以使用 127 个汉字。需要注意的是，由于编码方式的不同，实际可用的字符数可能会更少。

● 可用字符：文件名和文件夹名可以包含字母、汉字、数字、空格，以及部分特殊字符（如 $、#、&、@、(、)、[、]、^、~ 等）。但某些特殊字符（如 /、\、:、*、?、<、>、|、"、"等），是不允许在文件名或文件夹名中使用的。

● 保留字和名称：Windows 10 保留了一些特定的名称，如 CON、PRN、AUX、NUL、COM1~COM9、LPT1~LPT9 等，这些名称不能用作文件名或文件夹名。

● 唯一性：在同一个文件夹中，不能有两个同名的文件或文件夹。如果尝试创建同名的文件或文件夹，系统会提示输入一个不同的名称。

● 命名约定：虽然 Windows 10 对文件名和文件夹名的命名没有严格的约定，但建议使用有意义的名称来描述文件或文件夹的内容。此外，避免在文件名或文件夹名中使用大写字母或特殊字符，因为这可能会导致某些应用程序无法正确识别或处理文件。

（3）路径

路径是指向文件或文件夹的位置指示符。它由一系列目录名称和文件名组成，用于描述从根目录到目标文件或文件夹的完整路径。路径可以是绝对路径，也可以是相对路径。单击文件夹窗口地址栏的空白处，即可在地址栏显示当前文件夹的绝对路径。

绝对路径是从根目录到该文件或文件夹的完整路径，而相对路径是相对于当前目录的路径。相对路径以"."".."或者文件夹名称开头。其中，"."表示当前文件夹，".."表示上级文件夹，文件夹名称表示当前文件夹中的子文件夹名。

例如，C:\Windows\regedit.exe 就是一个绝对路径。

（4）文件资源管理器

文件资源管理器在 Windows 10 中是一个重要的系统管理工具，用于浏览和管理计算机的文件和文件夹，如图 7-9 所示。

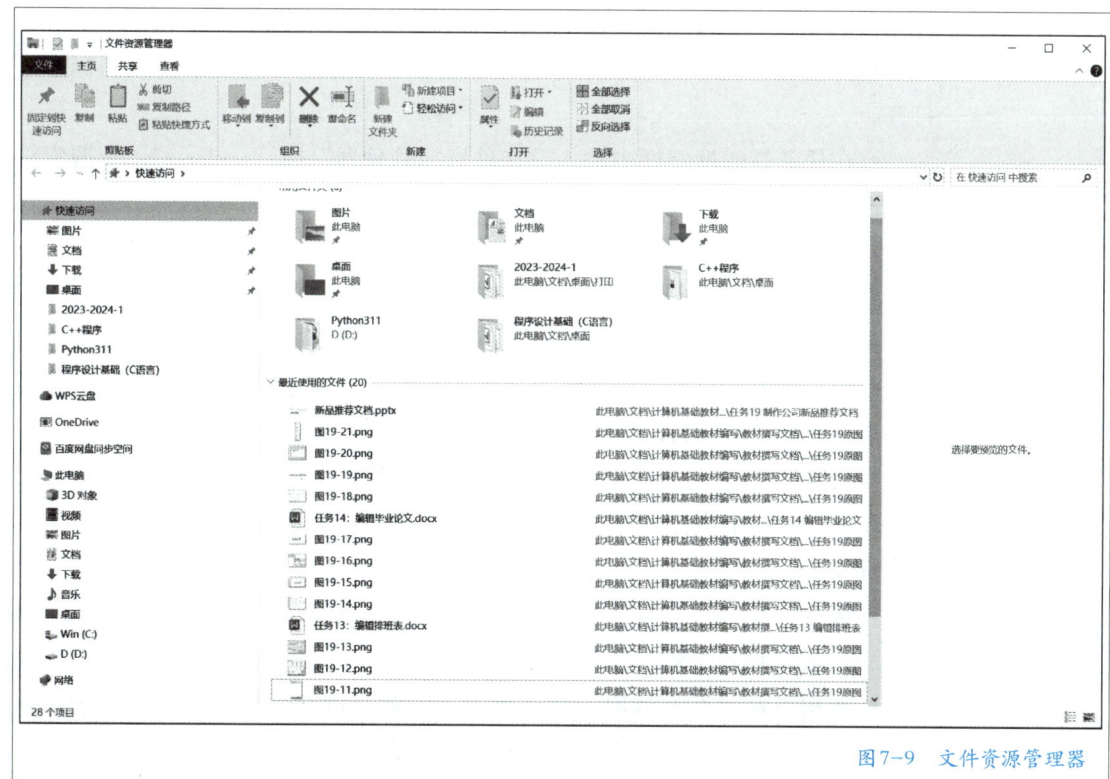

图7-9　文件资源管理器

　　文件资源管理器窗口通常分为左、右两个窗格，这两个窗格各自承担着不同的功能。

　　● 左窗格，也称导航窗格，以树形目录的形式列出计算机中所有驱动器和文件夹，提供了一种层次化、结构化的文件浏览方式。可以通过单击文件夹来展开或折叠其内容，从而快速定位到所需的文件或文件夹。此外，左窗格支持拖拽操作，可以直接将文件或文件夹拖拽到左窗格中的目标位置来实现移动或复制操作。

　　● 右窗格，也称内容窗格或详细窗格，用于显示当前选中的文件夹中的内容，包括该文件夹下的所有文件和子文件夹，以及这些文件和子文件夹的详细信息，如名称、类型、大小、修改日期等。用户可以在右窗格中对这些文件和子文件夹进行各种操作，如打开、复制、粘贴、删除、重命名等。此外，右窗格支持多种视图模式，如大图标、小图标、列表、详细信息等，可以根据需要选择合适的视图模式来查看文件信息。

　　在 Windows 10 中，打开文件资源管理器有多种方法，以下几种是常用方法。

　　● 按下 Win + E 组合键，这是打开文件资源管理器的最快方法。

　　● 打开"开始"菜单，通常会在左侧面板的"Windows 系统"选项中找到"文件资源管理器"图标（也可能在磁贴区域或通过搜索找到），单击后打开文件资源管理器。

- 如果文件资源管理器图标已经固定在任务栏上，直接单击该图标即可打开。

- 在任务栏的搜索框中输入"文件资源管理器"或"explorer"，从搜索结果中选择"文件资源管理器"并通过单击来打开它。

2. 选取文件或文件夹

在 Windows 10 的文件资源管理器中选取文件或文件夹是一个基本操作。以下是一些常用方法。

- 单击选取：单击一个文件或文件夹，可以选取它。如果要在选取一个文件后取消选取，可以再次单击该文件或文件夹。

- 连续选取多个文件或文件夹：单击第一个文件或文件夹，然后按住 Shift 键并单击最后一个文件或文件夹，将选取从第一个到最后一个之间的所有文件和文件夹。

- 选取不连续的多个文件或文件夹：按住 Ctrl 键，同时逐个单击想要选取的每一个文件或文件夹。

- 使用键盘导航并选取：使用键盘上的箭头键来导航并选取文件和文件夹。按下回车键可以选取当前焦点的文件或文件夹。

- 通过搜索栏选取：在文件资源管理器的搜索栏中输入文件或文件夹的名称或部分名称，从搜索结果中选取所需的文件或文件夹。

- 按下 Ctrl+A 组合键，或者单击功能区"主页"选项卡"选择"选项组中的"全部选择"按钮，可以选中当前窗口中的所有文件和文件夹。

3. 打开文件或文件夹

在文件资源管理器或其他位置双击文件或文件夹图标，即可将其打开；右键单击文件或文件夹图标，从弹出的快捷菜单中选择"打开"命令，也可以将其打开。

如果是文件，则默认在关联该文件的应用程序中打开。如果希望采用其他应用程序来打开当前文件，则右键单击要打开的文件，从弹出的快捷菜单中选择"打开方式"，在其二级菜单中选择"选择其他应用"命令，弹出"打开方式"对话框，如图 7-10 所示。在对话框中选择合适的应用程序，单击"确定"按钮，将以选择的程序打开该文件。

如果希望以后每次都由指定的程序打开某类文件，可以右键单击所选文件，在快捷菜单中选择"属性"选项，弹出该文件的"属性"对话框，如图 7-11 所示。在对话框中"打开方式"栏显示的是目前该类文件所关联的应用程序，单击右侧的"更改"按钮，弹出"打开方式"对话框，如图 7-10 所示，用同样的方法选择欲重新关联的应用程序。

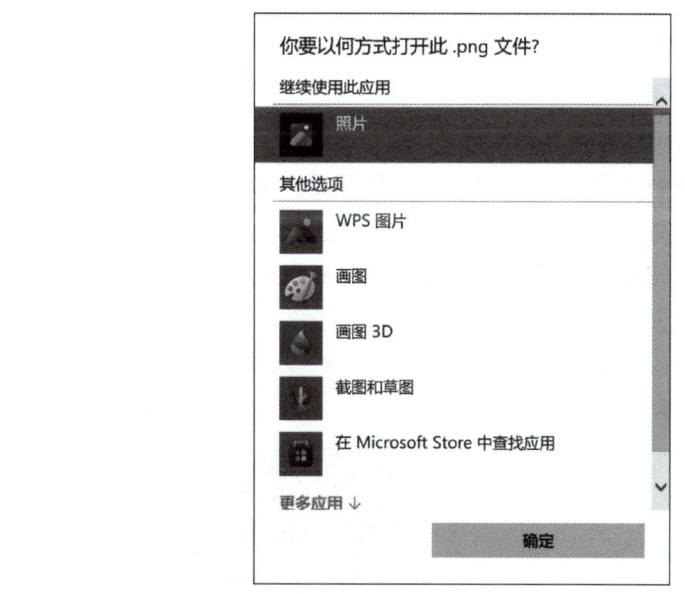

图7-10　"打开方式"对话框

图7-11　文件属性对话框

另外，如果右键单击文件时快捷菜单中没有"打开方式"选项，可以在单击文件的同时按住 Shift 键，此时快捷菜单中将会出现该选项。

4. 新建、重命名文件或文件夹

（1）快速新建常见类型文件

创建一个新文件，常见的办法是打开相关的应用程序，选择新建文件命令。例如，在 WPS Office 程序中新建一个文档。

此外，使用快捷菜单可以快速新建一些常见类型的文件，如 bmp 图片文件、txt 文本文件等。右键单击桌面或某个文件夹窗口工作区的空白区域，从弹出的快捷菜单中选择"新建"命令，打开二级菜单，如图 7-12 所示。

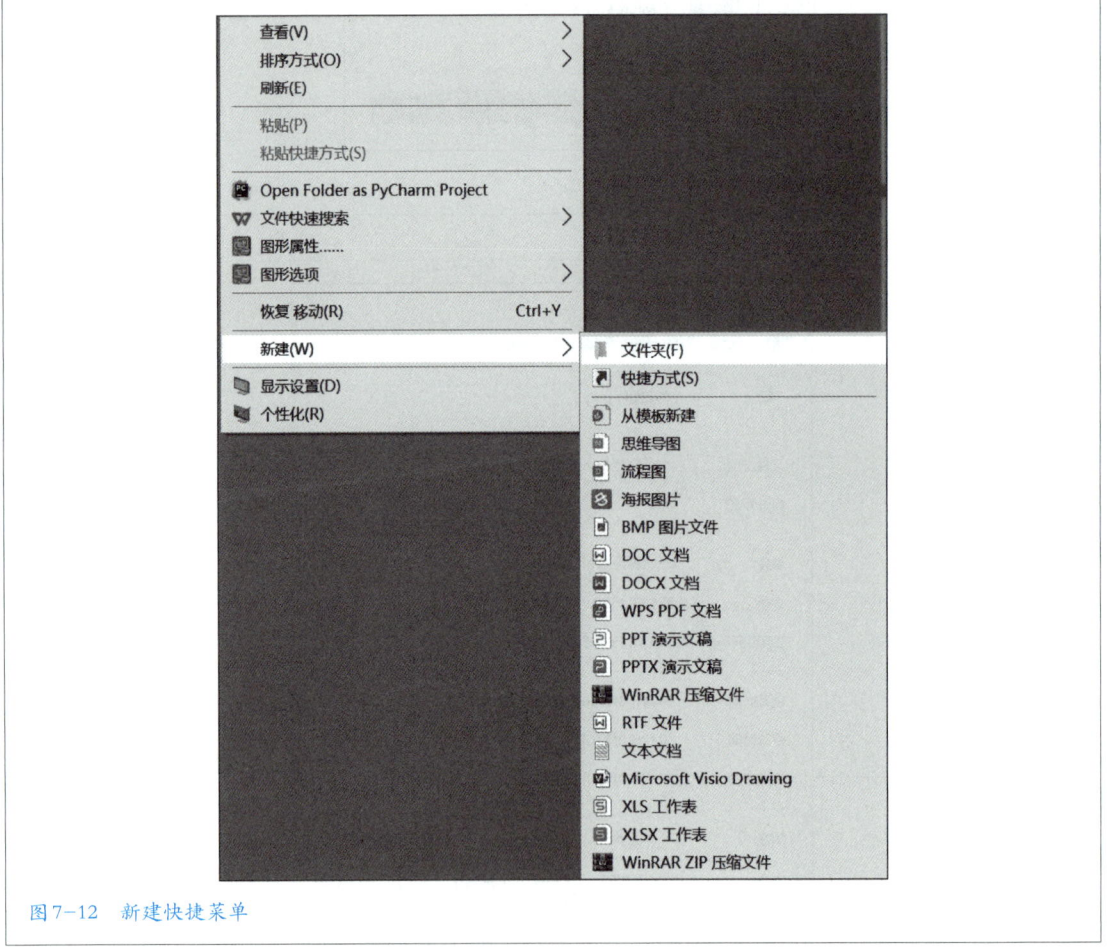

图 7-12　新建快捷菜单

选择二级菜单中的某个常见文件类型选项，新建一个文件名处于选中状态的文件，直接输入文件名，单击空白区域或按下回车键，完成新文件的创建。

（2）新建文件夹

在 Windows 10 中，新建文件夹可以通过以下几种方法实现。

• 打开文件资源管理器，导航到想要创建新文件夹的位置，或在桌面上或任何已打开的文件夹窗口中，右键单击内容窗格的空白区域，在快捷菜单中选择"新建"，在其二级菜单中选择"文件夹"。

• 单击快速访问工具栏中的"新建文件夹"按钮。

• 单击窗口功能区"主页"选项卡"新建"选项组中的"新建文件夹"按钮，如图 7–13 所示。

• 按下 Ctrl ＋ Shift ＋ N 组合键。新建成功后，输入文件夹名称，然后按下回车键。

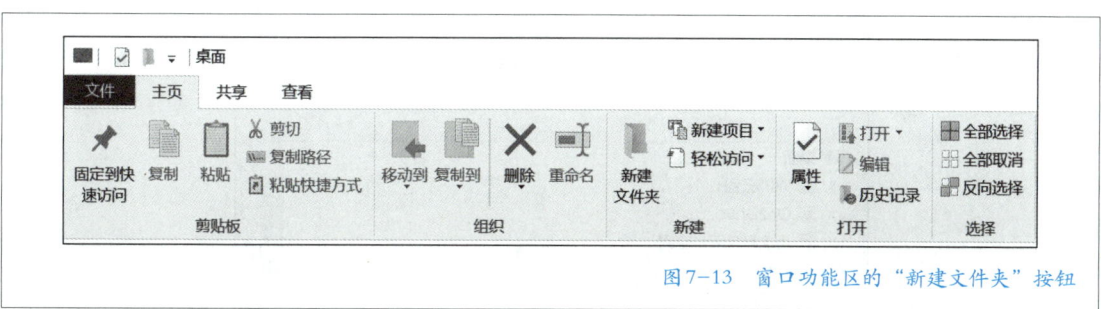

图7–13 窗口功能区的"新建文件夹"按钮

（3）重命名文件或文件夹

选中文件或文件夹后，重命名文件或文件夹主要有以下几种方法。

• 右键单击文件或文件夹名称，在弹出的快捷菜单中选择"重命名"选项。

• 单击功能区"主页"选项卡"组织"选项组中的"重命名"按钮。

• 按下功能键 F2，此时文件或文件夹处于选中状态，输入新名称，单击空白区域或按下回车键确认输入。

5. 复制文件或文件夹

复制文件或文件夹主要有以下几种方法。

• 先选中需要复制的一个或多个文件或文件夹，单击右键，在弹出的快捷菜单中选择"复制"，然后在目标位置单击右键，在弹出的快捷菜单中选择"粘贴"。

• 先选中需要复制的一个或多个文件或文件夹，按下 Ctrl+C 组合键，然后选择目标位置，按下 Ctrl+V 组合键。

• 选中需要复制的文件或文件夹，单击功能区"主页"选项卡"剪贴板"选项组中的"复制"按钮，在目标位置单击"剪贴板"选项组中的"粘贴"

按钮。

• 选中需要复制的文件或文件夹，按下右键并拖动到目标位置，松开右键，在弹出的快捷菜单中选择"复制到当前位置"。

• 选中需要复制的文件或文件夹，在按住 Ctrl 键的同时按下左键并拖动到目标位置后松开左键。

• 选中需要复制的文件或文件夹，单击功能区"主页"选项卡"组织"选项组中的"复制到"按钮，在弹出的下拉菜单中选择目标文件夹。如果列表中没有目标文件夹，则选择"选择位置"选项，弹出"复制项目"对话框，如图7-14 所示。在该对话框中选择目标位置，单击"复制"按钮完成复制。

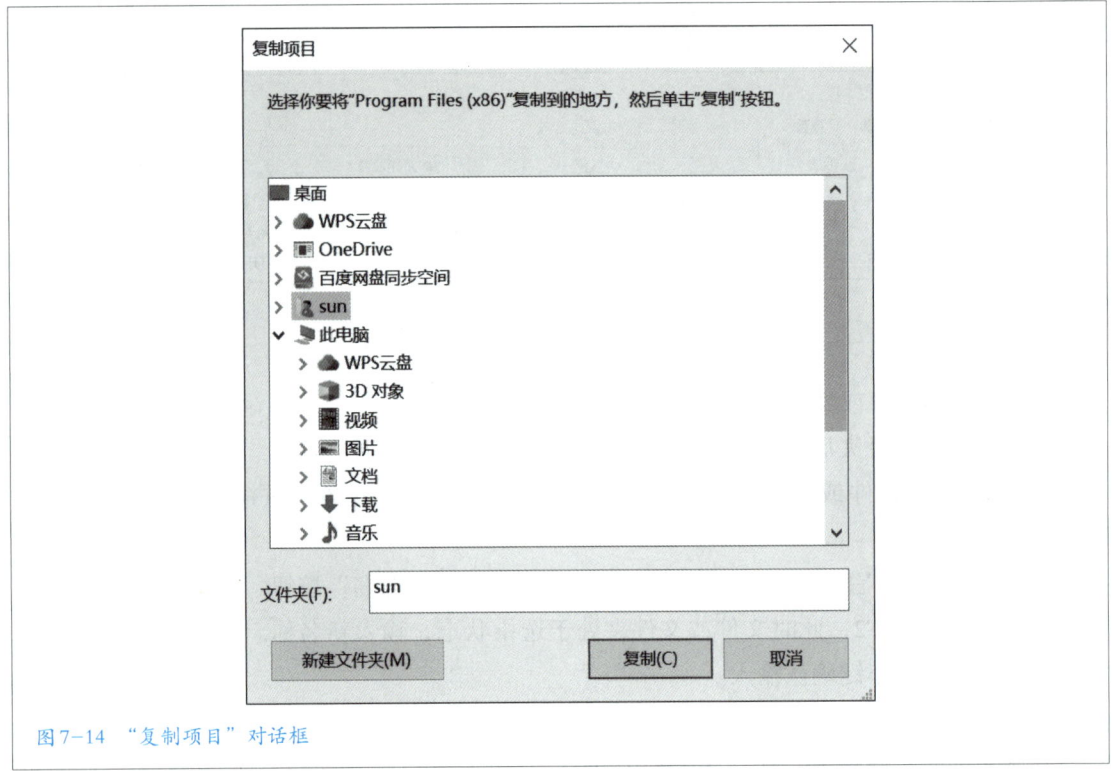

图7-14 "复制项目"对话框

如果目标位置存在与复制的文件同名的文件，则会弹出"替换或跳过文件"对话框，如图 7-15 所示，可以从中选择合适的选项。

6. 移动文件或文件夹

移动文件或文件夹的方法与复制的方法类似，主要有以下几种。

• 先选中需要移动的一个或多个文件或文件夹，单击右键，在弹出的快捷菜单中选择"剪切"，然后在目标位置单击右键，在弹出的快捷菜单中选择"粘贴"。

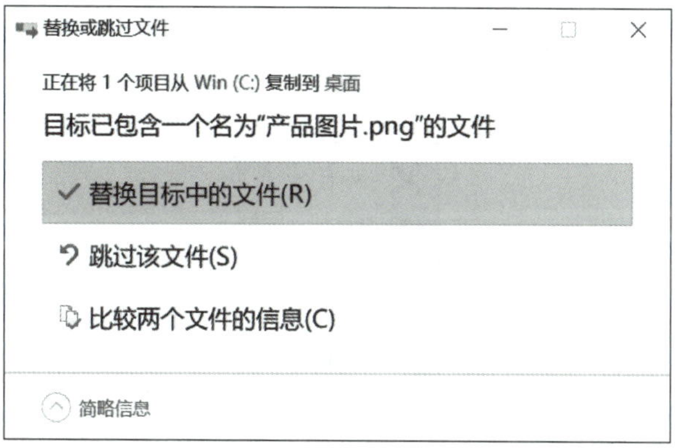

图7-15　"替换或跳过文件"对话框

• 先选中需要移动的一个或多个文件或文件夹，按下 Ctrl+X 组合键，然后选择目标位置，按下 Ctrl+V 组合键。

• 选中需要移动的文件或文件夹，单击功能区"主页"选项卡"剪贴板"选项组中的"剪切"按钮，在目标位置单击"剪贴板"选项组中的"粘贴"按钮。

• 选中需要移动的文件或文件夹，按下右键并拖动到目标位置，松开右键，在弹出的快捷菜单中选择"移动到当前位置"。

• 选中需要移动的文件或文件夹，在按住 Shift 键的同时按下左键并拖动到目标位置，松开左键。

• 选中需要移动的文件或文件夹，单击功能区"主页"选项卡"组织"选项组中的"移动到"按钮，在弹出的下拉菜单中选择目标文件夹。如果列表中没有目标文件夹，则选择"选择位置"选项，在弹出的"移动项目"对话框中选择目标位置，单击"移动"按钮。

如果目标位置存在与移动的文件同名的文件，同样会弹出"替换或跳过文件"对话框，可以从中选择合适的选项。

7. 删除与恢复文件或文件夹

（1）删除文件或文件夹

删除文件或文件夹可以释放磁盘空间。当某些文件或文件夹不再需要时，可以将其删除，删除的项目会被临时存储到"回收站"中，在需要的时候可以被恢复。而被永久删除的项目则不会存储在"回收站"中，无法恢复。在选中要删除的文件或文件夹后，将其删除主要有以下几种方法。

• 按下 Delete 键。

• 单击右键，从弹出的快捷菜单中选择"删除"命令。

• 单击功能区"主页"选项卡"组织"选项组中的"删除"按钮,打开下拉菜单,如图 7-16 所示。

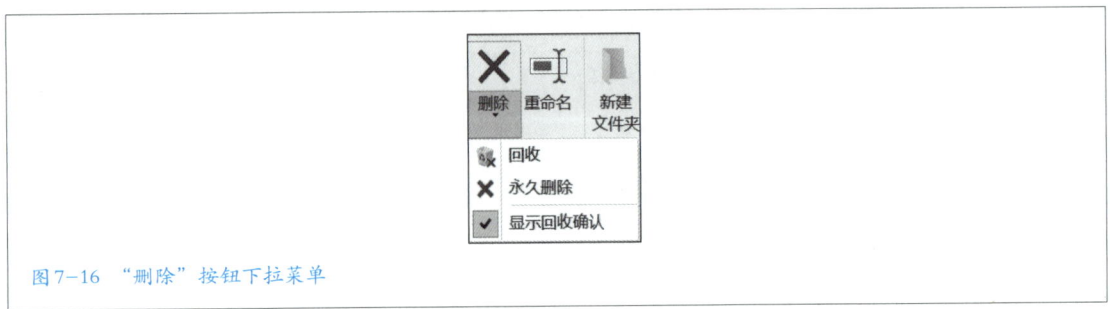

图 7-16 "删除"按钮下拉菜单

单击"回收"选项,此时若"显示回收确认"选项未被勾选,则该文件或文件夹被直接移至回收站;如果该选项被勾选,则会弹出"删除文件"对话框,如图 7-17 所示,单击"是"按钮则完成删除。

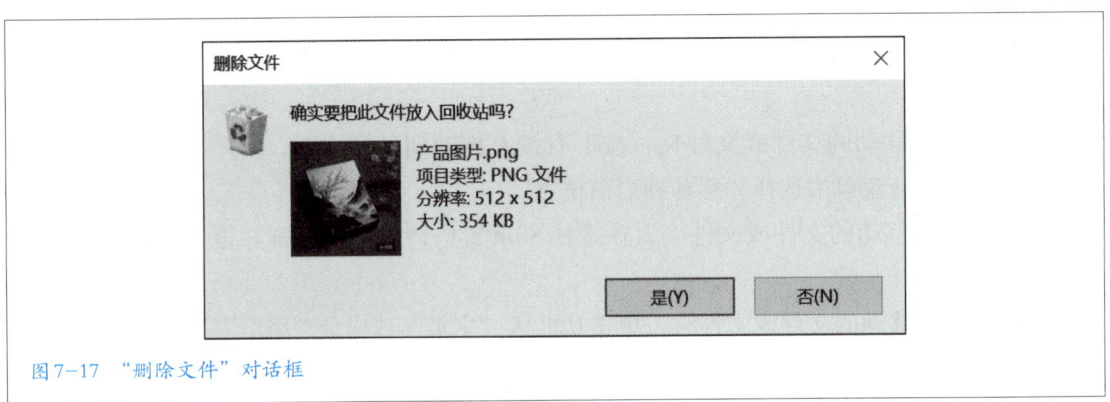

图 7-17 "删除文件"对话框

• 将要删除的文件或文件夹直接拖到"回收站"里。

上述方法只是把文件或文件夹移至回收站,并非永久删除。如果需要永久删除文件或文件夹,则在选中要删除的文件或文件夹后,可以采用以下方法。

• 按下 Shift+Delete 组合键。

• 按住 Shift 键后,在右键快捷菜单中选择"删除"命令。

• 单击功能区"主页"选项卡"组织"选项组中的"删除"按钮,在打开的下拉菜单中选择"永久删除"选项。此时,弹出的"删除文件"对话框会提示"确实要永久性地删除此文件吗?",单击"是"按钮,将永久删除选中的文件或文件夹。

（2）恢复文件或文件夹

当误删除了某些文件或文件夹时，可以通过"回收站"将其还原。若要从"回收站"中恢复文件或文件夹，可以首先双击桌面上的"回收站"图标，打开"回收站"窗口，然后采用以下方法恢复文件或文件夹。

• 选中需要恢复的文件或文件夹，单击功能区"回收站工具"选项卡"还原"选项组中的"还原选定的项目"按钮。

• 右键单击需要还原的文件或文件夹，在弹出的快捷菜单中选择"还原"命令，或者选择"属性"命令，在打开的文件属性对话框中单击"还原"按钮。

如果单击功能区"回收站工具"选项卡"还原"选项组中的"还原所有项目"按钮，则会还原回收站中所有的文件和文件夹，此时将弹出"回收站"对话框，提示"是否确实要从回收站中还原所有项目?"，如图7-18所示。若单击"是"按钮，则还原"回收站"中的所有项目。

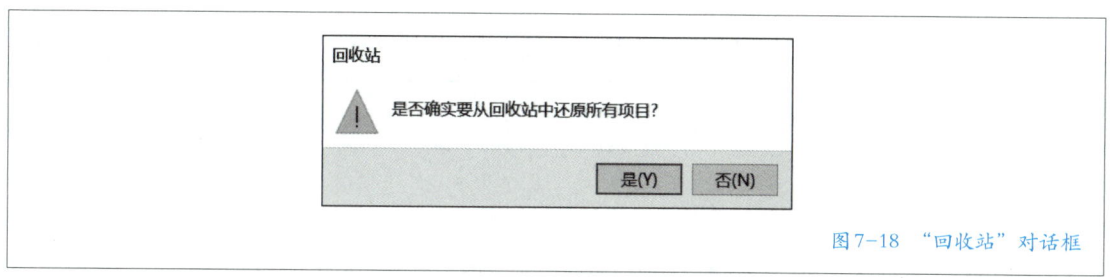

图7-18　"回收站"对话框

8. 查找文件或文件夹

在 Windows 10 中，可以使用文件资源管理器的搜索功能来查找文件或文件夹。

在文件资源管理器中打开要查找的目标文件夹窗口，在文件夹窗口的搜索框中输入要查找的文件或文件夹名称或关键字，以筛选文件夹窗口中的内容。例如，在 D 盘根目录文件夹窗口的搜索框中输入文字"程序设计"后，结果如图7-19所示，搜索到的文件会用黄色加亮底纹来显示关键字。

如果搜索结果过多，可以使用高级筛选功能对搜索结果进行过滤。可以使用功能区"搜索工具"选项卡"优化"选项组中的"修改日期""类型""大小"和"其他属性"按钮，从不同的维度来设置过滤条件，优化搜索结果，如图7-20所示。

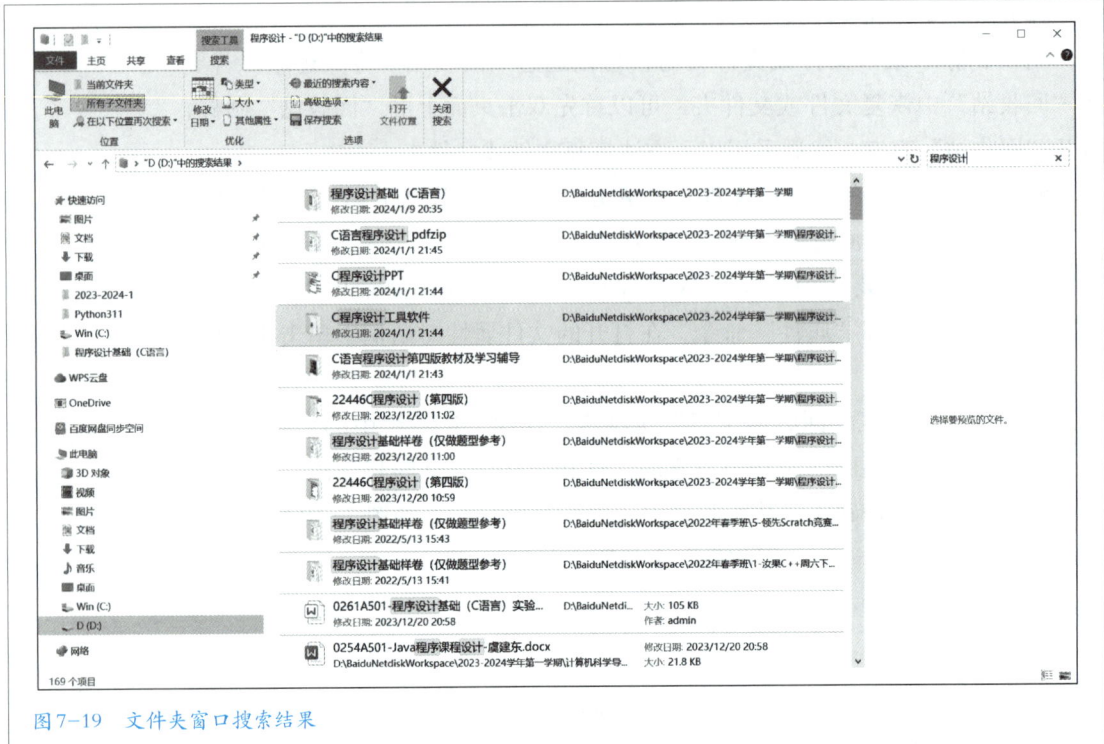

图7-19　文件夹窗口搜索结果

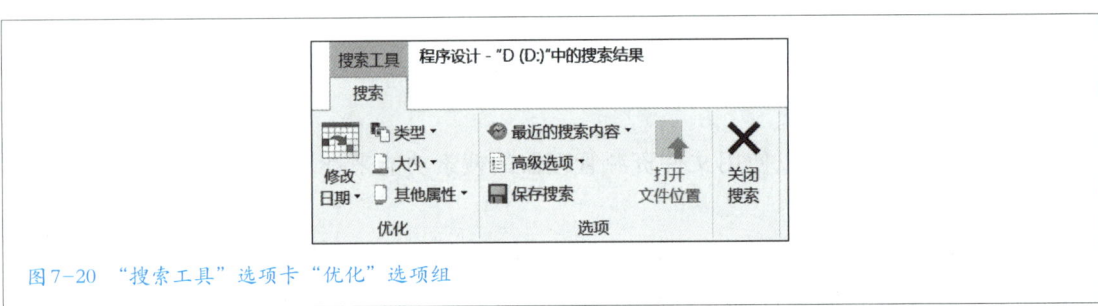

图7-20　"搜索工具"选项卡"优化"选项组

9. 设置文件属性

文件属性是描述文件重要特征的参数，这些参数可以帮助用户更好地识别和管理文件。文件属性通常包括以下几种。

• 只读：只读文件不能被修改，但可以被读取。设置为只读属性的文件可以保护文件内容不被修改，但仍然可以被其他用户或程序查看。

• 隐藏：隐藏文件在常规的文件列表中是不可见的。需要设置特定的查看选项才能显示隐藏文件。隐藏属性常用于保护系统文件或私人文件，以防止它们被意外删除或修改。

• 存档：存档属性通常用于备份操作。当文件被修改后，存档属性会被设置，以指示该文件需要备份。备份程序可以根据存档属性来确定哪些文件需要备份。

• 系统：系统属性通常用于标识操作系统所需的文件。这些文件是系统正常运行所必需的，通常不应该被修改或删除。

• 大小：文件大小指的是文件在磁盘上所占空间大小，通常以字节为单位表示。

• 创建时间、修改时间和访问时间：这些时间戳记录了文件被创建、最后修改和最后访问的日期和时间。

• 文件类型：文件类型由文件的扩展名决定，它指示了文件的内容和用途。

• 所有者：每个文件都有一个所有者，即拥有该文件的用户账户。所有者具有对该文件的特定权限。

• 组：除所有者之外，文件可以属于一个用户组。组的成员可以共享对文件的特定权限。

• 权限：文件权限定义了哪些用户或用户组可以对文件进行读取、写入或执行操作。

可以通过下列方法打开文件属性对话框，以查看或更改文件属性。如图7-21所示。

• 右键单击文件，在弹出的快捷菜单中选择"属性"命令。

• 按住 Alt 键，双击文件。

• 选中文件，单击功能区"主页"选项卡"打开"选项组中"属性"按钮的箭头，在弹出的下拉列表中选择"属性"命令。

图7-21　文件属性对话框

在文件属性对话框的"常规"选项卡中可以查看或修改文件的基本属性，在"安全"选项卡中可以进行关于"组""用户"和"权限"的设置，在"详细信息"选项卡中可以查看完整的文件属性。

10. 设置文件或文件夹选项

• 通过功能区"查看"选项卡"布局"选项组中系列命令按钮，可以选择查看文件或文件夹的方式，如图 7-22 所示；或者在窗口空白处单击右键，在弹出的快捷菜单中选择"查看"命令，再在其子菜单中选择所需的查看方式。

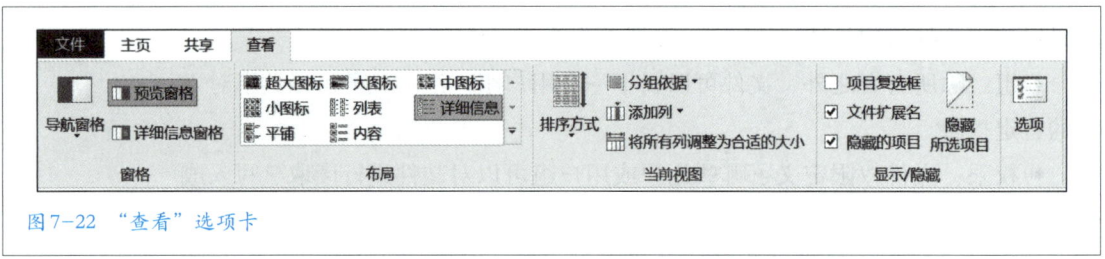

图 7-22 "查看"选项卡

• 在"当前视图"选项卡中可以修改当前工作区的显示方式。

• 在"显示/隐藏"选项卡中可以设置是否显示文件扩展名，是否显示隐藏项目等。

• 单击"选项"按钮，弹出"文件夹选项"对话框，如图 7-23 所示，可以在该对话框中更改文件或文件夹执行的方式，以及在计算机上的显示方式。

图 7-23 "文件夹选项"对话框

在"文件夹选项"对话框中，通过"常规"选项卡可以设置浏览文件夹和打开文件夹项目的方式；通过"查看"选项卡可以将当前文件夹正在使用的视图应用到所有同种类型的文件夹中，并且可以设置文件或文件夹的高级选项；通过"搜索"选项卡可以设置搜索内容、搜索方式等。

五、使用库

1. 库的概念与作用

在 Windows 10 中，"库"是一个特殊的文件夹，用于管理和组织文件。它实际上并不存储文件，而是对分布在硬盘上不同位置的同类型文件进行索引，并将文件信息保存起来。这样，用户可以通过"库"来更方便地访问和管理文件，而无须关心文件实际存储的位置。

引入"库"的目的是抛弃原先使用的文件路径、文件名来访问资源，而是通过搜索和索引方式来访问所有资源。这种管理方式改变了 Windows 传统的资源管理器烦琐的管理模式，使得文件管理更加高效和便捷。

2. 创建与自定义库

在 Windows 10 中创建和自定义库的步骤如下：

● 单击"开始"按钮，在"开始"菜单中选择"文件资源管理器"，或者双击桌面上的"此电脑"图标来打开文件资源管理器。

● 在文件资源管理器的左侧导航窗格中找到并单击"库"文件夹。如果左侧没有显示"库"，单击功能区"查看"选项卡"窗格"选项组中"导航窗格"按钮的箭头，在下拉菜单中勾选"显示库"来使其显示。

● 在"库"文件夹上单击右键，在快捷菜单中选择"新建"，在其二级菜单中选择"库"来创建一个新的库，如图 7-24 所示。创建库时，可以给这个新库命名。

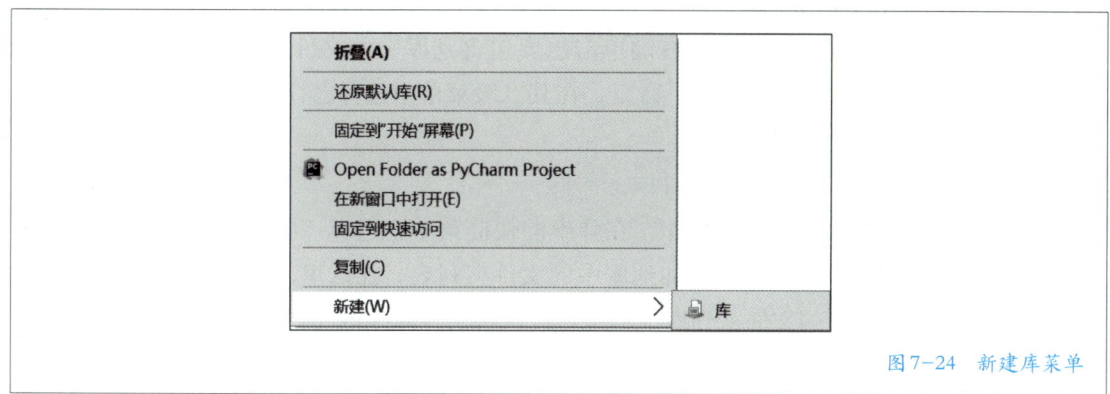

图 7-24　新建库菜单

3. 将文件夹添加到库中

单击左侧窗格中新建的库，此时右侧窗格中显示该库中没有内容，如图7-25所示。

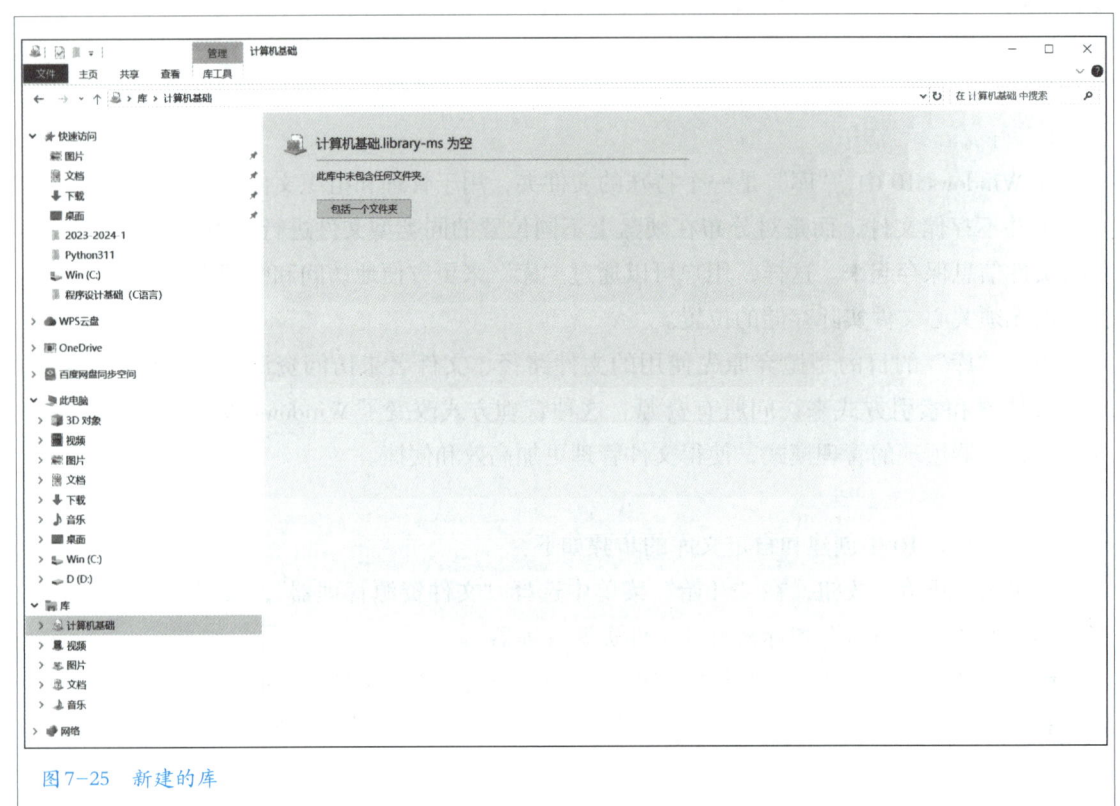

图7-25 新建的库

单击"包含一个文件夹"按钮来为这个库添加文件夹。在弹出的对话框中，先选中想要添加到库中的文件夹，然后单击"加入文件夹"。所选文件夹即被添加到了库中。

此外，可以通过右键单击想要包含到库中的文件夹，在弹出的快捷菜单中选择"包含到库中"命令，在其二级菜单中选择已存在的库名加入其中，也可以选择"创建新库"。

4. 管理库中的文件或文件夹

右键单击选中的库，在弹出的快捷菜单中选择"属性"，在弹出的属性窗口中可以看到已经添加到库中的文件夹列表。在这里，可以通过单击"添加"来添加新的文件夹到库中；也可以选中已经添加的文件夹，单击"删除"将其从库中移除。同时，可以调整文件夹在库中的显示顺序。

在选中库后，单击功能区"库工具"选项卡"管理"选项组中"管理库"按钮，在弹出的对话框中也可以做同样的设置。

六、创建快捷方式

1. 快捷方式的概念与优点

快捷方式是一种特殊类型的文件，它提供了一个快速访问应用程序、文件夹、文件或网络资源的途径。快捷方式并不包含实际的数据或内容，而是指向这些数据或内容的路径。通过创建快捷方式，可以在不改变原始文件位置的情况下，方便地从桌面、"开始"菜单或其他位置访问这些文件或资源。

快捷方式的优点：

* 快速访问：通过快捷方式，可以迅速打开或访问目标文件或应用程序。

* 灵活组织：快捷方式可以放置在桌面、"开始"菜单、任务栏等位置，用户可根据个人习惯进行组织和管理。

* 节省空间：快捷方式本身占用的空间很小，不会复制原始文件的数据，从而节省存储空间。

2. 创建桌面快捷方式

创建桌面快捷方式的方法有多种，常见方法为：选中要创建快捷方式的应用程序、文件夹或文件，右键单击目标项目，在弹出的快捷菜单中选择"发送到"，在其二级菜单中选择"桌面快捷方式"，这时将在桌面上创建一个指向目标项目的快捷方式。

3. 创建其他快捷方式

* 右键单击欲创建快捷方式的空白区域，在弹出的快捷菜单中选择"新建"，在其二级菜单中选择"创建快捷方式"命令，打开"创建快捷方式"对话框，如图 7-26 所示。

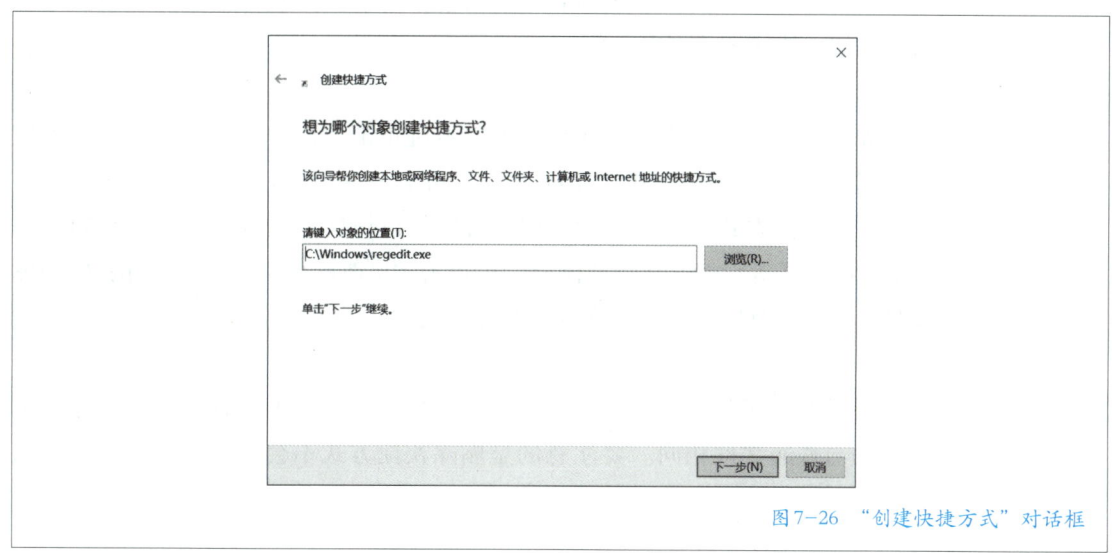

图7-26　"创建快捷方式"对话框

● 在"请键入对象的位置"文本框中输入带有完整路径的文件或文件夹名，或者单击"浏览"按钮，打开"浏览文件或文件夹"对话框，选择要创建快捷方式的文件或文件夹，单击"下一步"按钮进入"创建快捷方式"对话框，如图 7-27 所示。

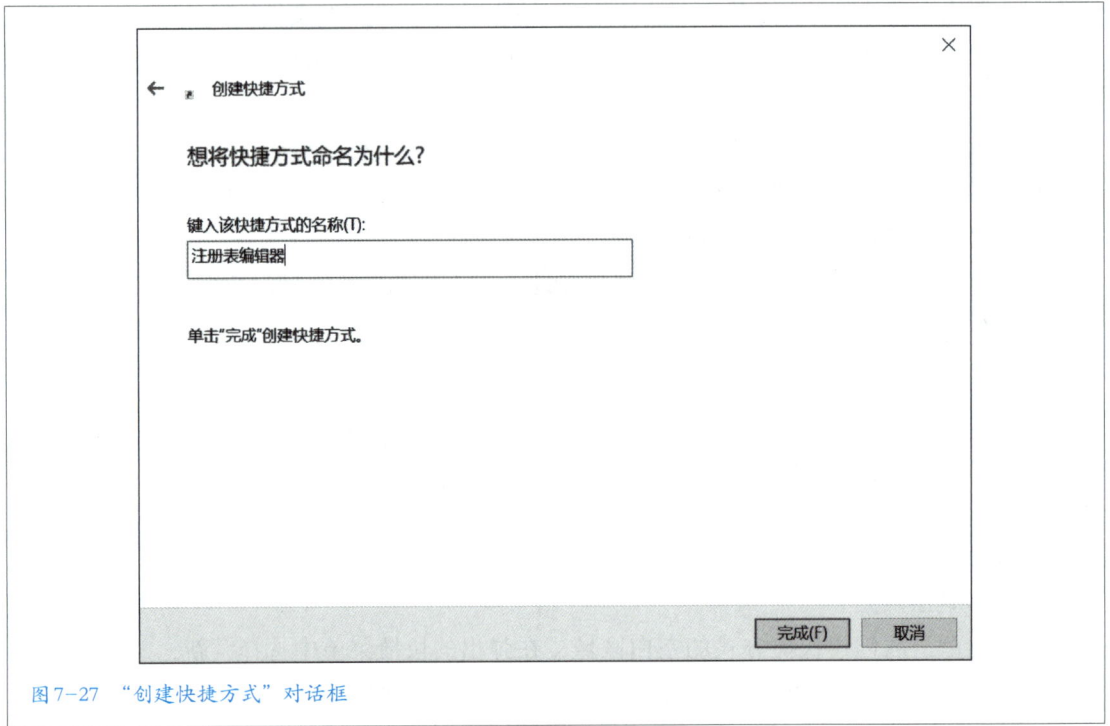

图 7-27 "创建快捷方式"对话框

● 在"键入该快捷方式的名称"文本框中输入有意义的名称，单击"完成"按钮，快捷方式创建成功。

4. 快捷方式的属性设置与修改

如果要修改快捷方式的属性，可以右键单击快捷方式，在快捷菜单中选择"属性"，打开快捷方式属性对话框，如图 7-28 所示。

在"快捷方式属性"对话框中，可以修改快捷方式的目标路径、起始位置、运行方式等设置。要更改图标，可单击"更改图标"按钮并选择新的图标文件。完成修改后，单击"确定"保存更改。

5. 删除与恢复快捷方式

快捷方式实际上是一个扩展名为 lnk 的文件，因此快捷方式的删除和恢复方法与普通文件相同。要注意的是删除快捷方式不会删除原始文件或应用程序。

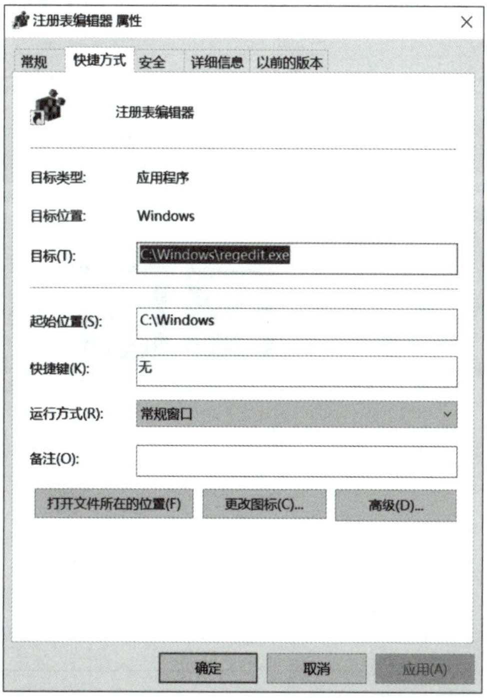

图7-28 "快捷方式属性"对话框

任务实施

一、新建学习文档

小孙对新员工进行的培训中包含了对 Windows 10 的基本操作，也包含了对后续 WPS Office 软件的学习，新员工学习很认真。为此，他希望每位新员工都给每个部分的学习创建一个相应的文档，来保存学习内容和心得。

通常，计算机的磁盘会有若干个分区，好的习惯是将每个分区指定一个用途。新员工小明的计算机上有 C 盘和 D 盘两个分区，他想要将学习笔记文档保存在 D 盘根目录下。

• 按下 Win+E 组合键，打开文件资源管理器。在左侧导航窗格中单击"D:"盘符，右侧工作区显示 D 盘根目录下的所有内容。

• 在工作区空白处单击右键，在弹出的快捷菜单中选择"新建"命令，在其二级菜单中选择"DOCX 文档"命令，工作区内出现一个新的 DOCX 文档图标，图标下方的文件名为被选中状态，默认名称为"新建 DOCX 文档"，如图

7-29所示，直接输入文件名"文字工具学习"，按下回车键确定文件名。

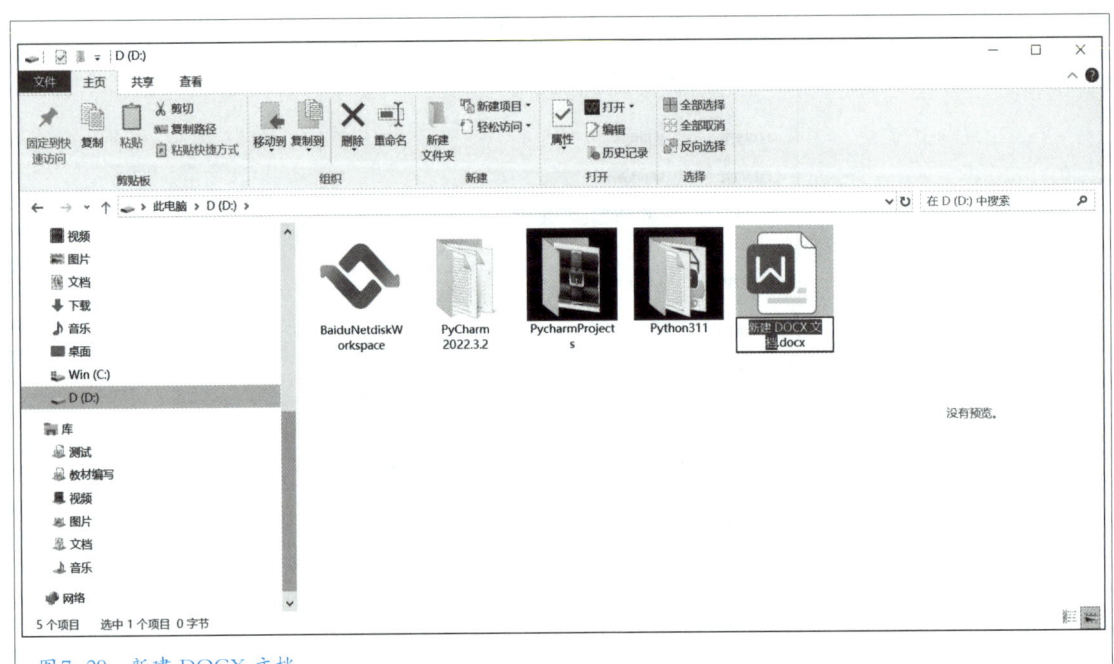

图7-29　新建 DOCX 文档

- 采用相同的方法在 D 盘根目录下新建一个 XLSX 工作表文件，并将其命名为"表格工具学习"。
- 用同样的方法在 D 盘根目录下新建一个文本文档，将其命名为"文本工具学习"。
- 同样，在 D 盘根目录下新建一个 BMP 图片文件，并将其命名为"图片工具学习"。

这样，小明就在 D 盘根目录下创建了学习笔记所需的所有文档，如图7-30 所示。

二、新建文件目录结构

小孙看到新员工小明的上述操作，指出不应直接将文档创建在磁盘根目录下。因为后期随着计算机的长期使用，磁盘根目录下的内容会越来越多，因此将文档分门别类保存在不同的文件夹下才是比较好的习惯，有利于快速查找到所需要的文档。小明接受了这个建议，开始为每一部分的学习文档创建相应的文件夹。

- 双击桌面上"此电脑"图标，打开计算机文件窗口。在左侧导航窗格中单击"D："盘符，右侧工作区显示 D 盘根目录下的所有内容。

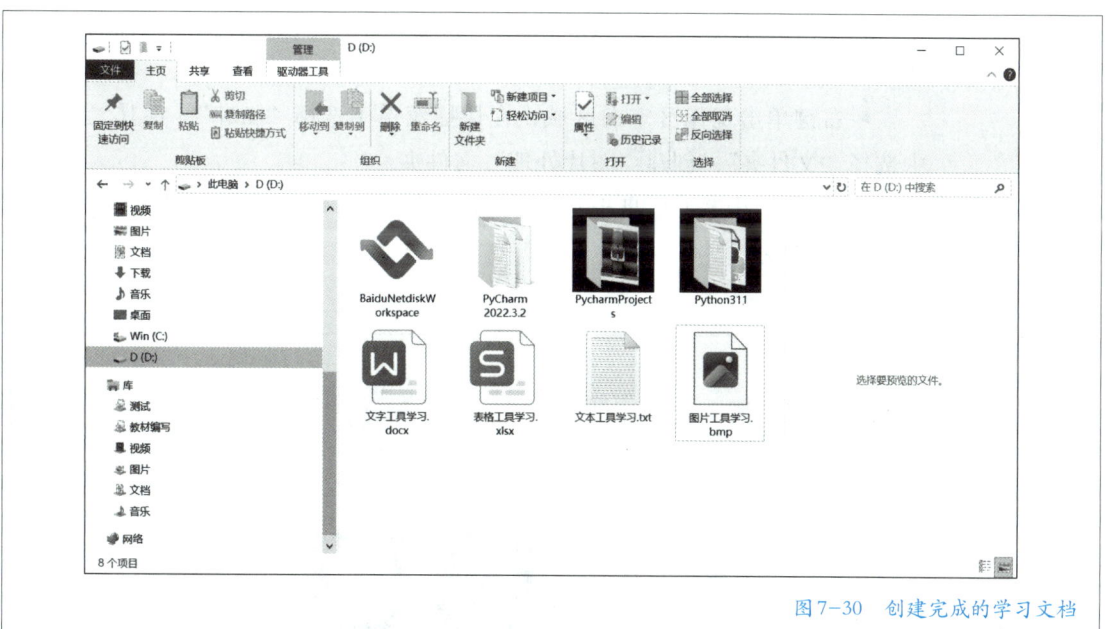

图7-30 创建完成的学习文档

• 单击功能区"主页"选项卡"新建"选项组中的"新建文件夹"按钮，此时右侧工作区新建了一个文件夹，文件夹名为被选中状态，默认文件夹名为"新建文件夹"，如图7-31所示。直接输入文件夹名为"文字处理"，按下回车键确定文件夹名。

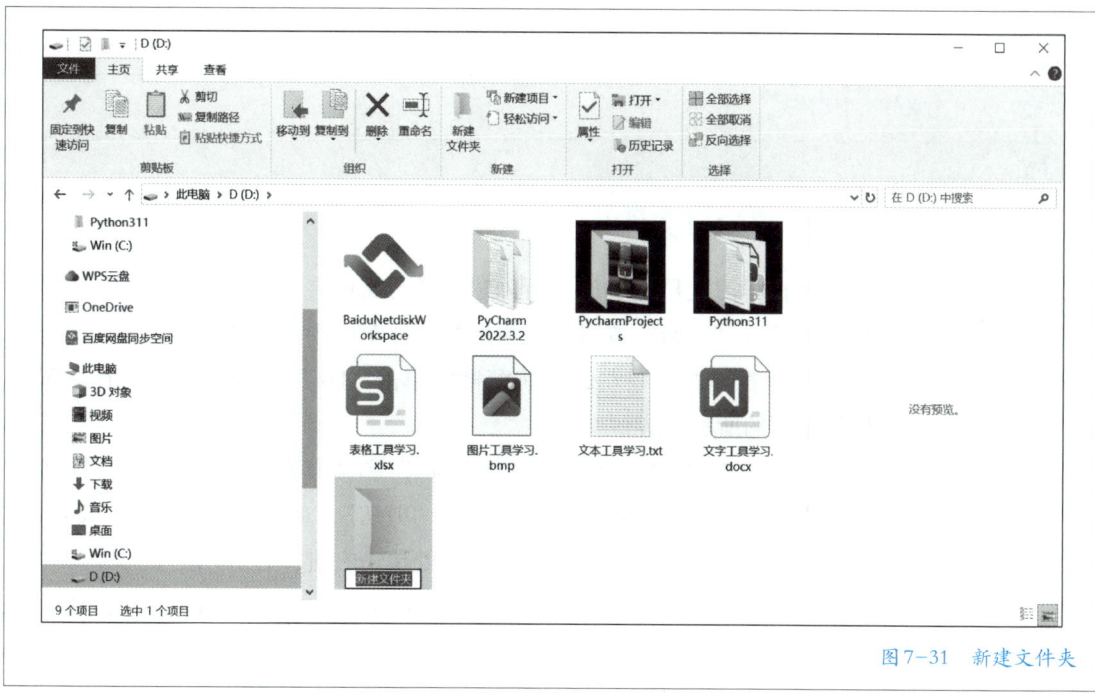

图7-31 新建文件夹

● 单击窗口顶部快速工具栏中的"新建文件夹"按钮，采用同样的方法创建"表格处理"文件夹。

● 右键单击工作区空白区域，在快捷菜单中选择"新建"，在其二级菜单中选择"文件夹"，创建"图片处理"文件夹。

这样，小明就在 D 盘根目录下创建了 3 个与学习内容相对应的文件夹，如图 7-32 所示。

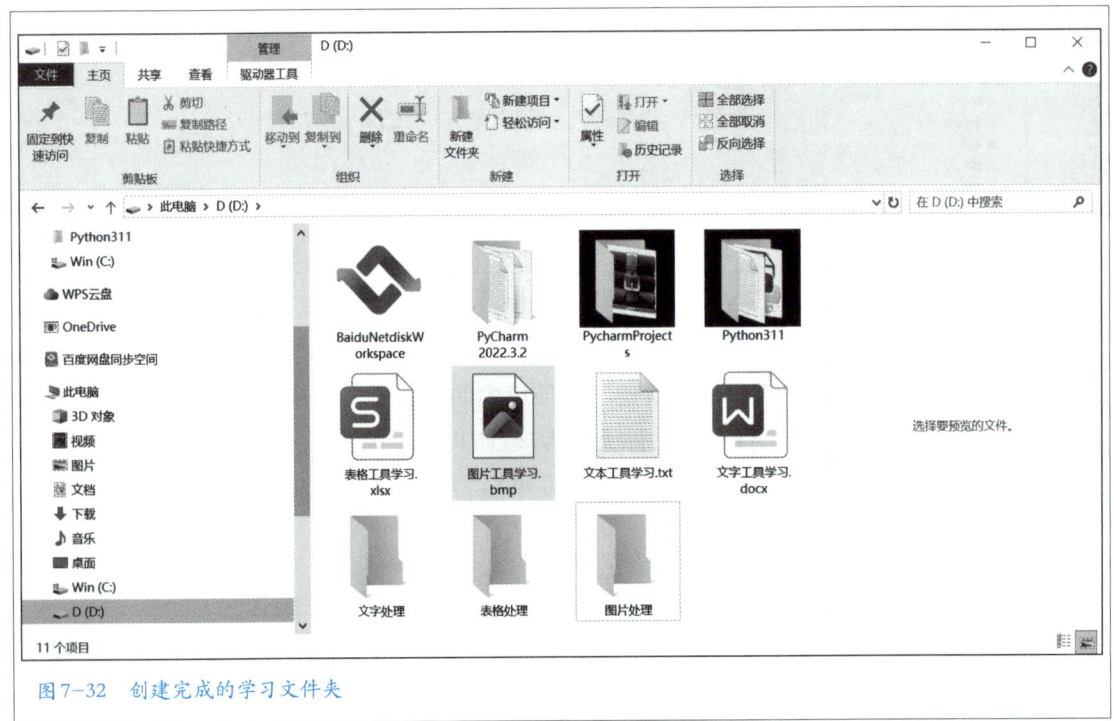

图 7-32　创建完成的学习文件夹

三、管理学习文件

接下来把学习文档分类放入所创建的学习文件夹中。

● 右键单击"开始"按钮，在弹出的快捷菜单中选择"文件资源管理器"，打开文件资源管理器。在左侧导航窗格中单击"D:"盘符，右侧工作区显示 D 盘根目录下的所有内容。

● 在工作区选中"文字工具学习.docx"和"文本工具学习.txt"两个文件，单击右键，在弹出的快捷菜单中选择"剪切"。双击"文字处理"文件夹，工作区此时显示该文件夹的内容，在空白处单击右键，在弹出的快捷菜单中选择"粘贴"。此操作将两个与文字处理学习相关的文档移动到"文字处理"文件夹中。

• 单击控制按钮区的"返回"按钮，或者按下 Alt+ ←键，工作区返回到 D 盘根目录。

• 按住"表格工具学习 .xlsx"文件图标，将它拖动到"表格处理"文件夹图标上方，释放鼠标，此时该文件被移动到"表格处理"文件夹中。

• 选中"图片工具学习 .bmp"文件，单击"主页"选项卡"组织"选项组中的"移动到"按钮，在弹出的下拉菜单中选择"图片处理"。此时发现该列表中并没有"图片处理"文件夹，选择"选择位置"选项，弹出"移动项目"对话框，在该对话框中选择"图片处理"文件夹，如图 7-33 所示。单击"移动"按钮完成该文件的移动操作。

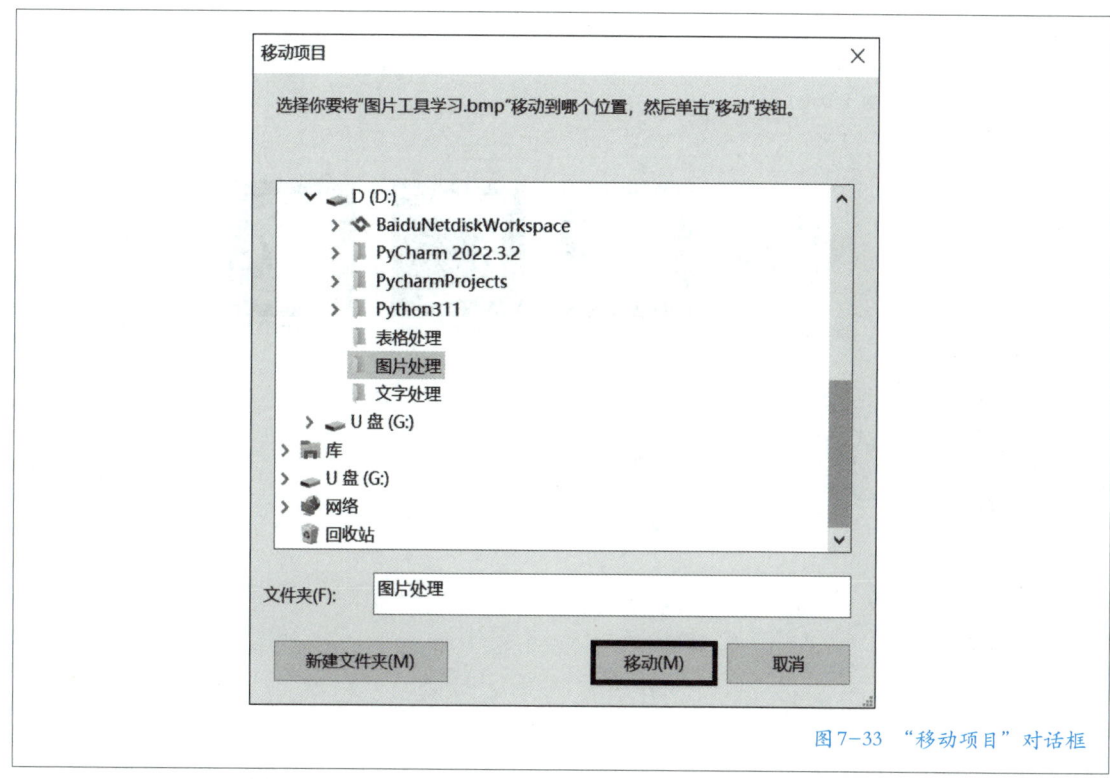

图 7-33 "移动项目"对话框

至此，所有的学习文档被分类放置到对应的文件夹中。

四、创建学习库

小孙告诉小明，在后续的培训过程中，会产生很多不同的文档，可能来源于计算机磁盘中不同的位置，建议小明为培训创建一个学习库，以便将所有与培训相关的资料文档进行统一管理。

• 按下 Win+E 键打开文件资源管理器。

● 在文件资源管理器的左侧导航窗格中找到并单击"库"文件夹。如果左侧没有显示"库",则单击功能区"查看"选项卡"窗格"选项组中"导航窗格"按钮的箭头,在下拉菜单中勾选"显示库"来使其显示。

● 在"库"文件夹上单击右键,在快捷菜单中选择"新建",在其二级菜单中选择"库"来创建一个新的库,将其命名为"学习培训"。

● 单击左侧窗格中新建的库,单击"包含一个文件夹"按钮来为库添加文件夹。在弹出的对话框中,首先选中 D 盘中"文字处理"文件夹,然后单击"加入文件夹"按钮,如图 7-34 所示。至此,所选文件夹被添加到了"学习培训"库中。

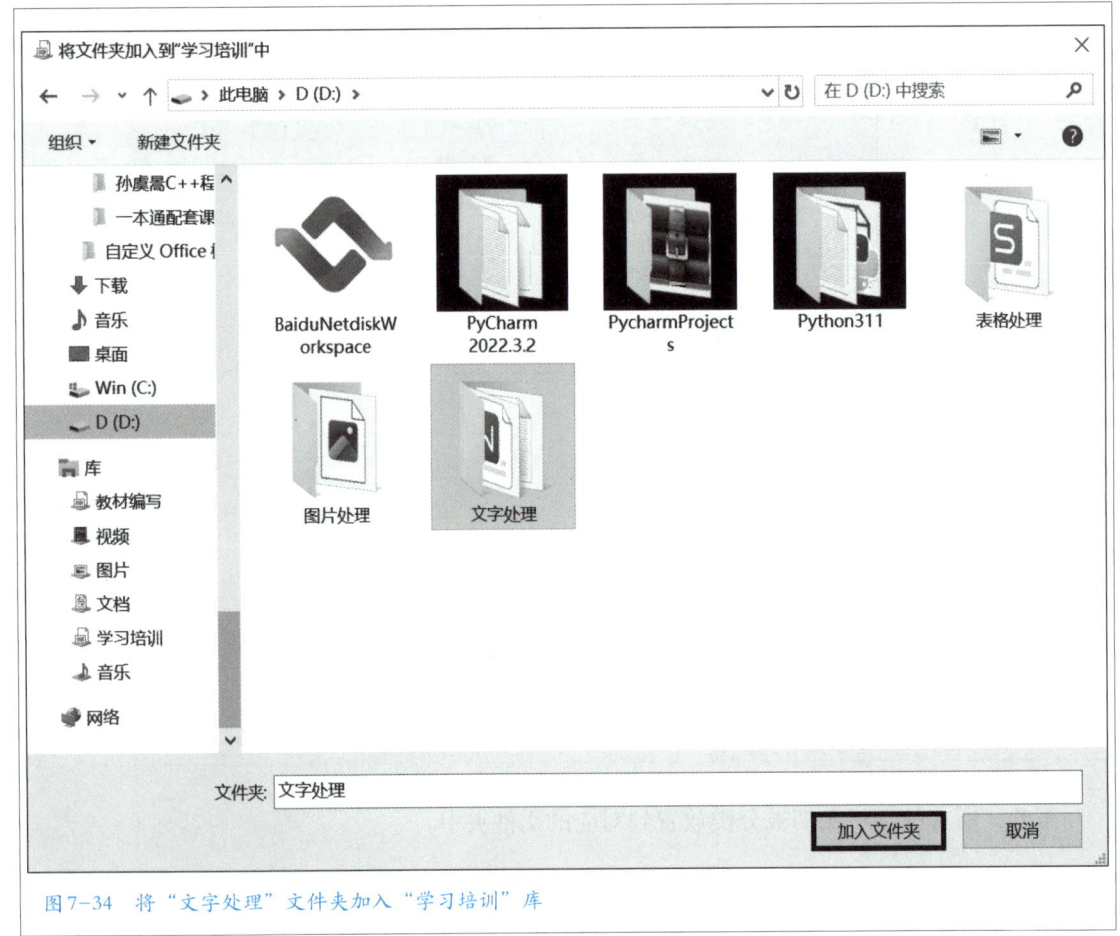

图 7-34　将"文字处理"文件夹加入"学习培训"库

● 单击功能区"库工具"选项卡"管理"选项组中的"管理库"按钮,在弹出的对话框中,采用同样的方法将 D 盘中"表格处理"文件夹添加到"学习培训"库中。

• 在文件资源管理器中右键单击"图片处理"文件夹，在弹出的快捷菜单中选择"包含到库中"命令，在其二级菜单中选择"学习培训"库，将"图片处理"文件夹加入"学习培训"库中。

至此，目前所有学习资料都被添加到了"学习培训"库中进行统一管理，库中内容按照所属文件夹分栏显示，如图 7-35 所示。

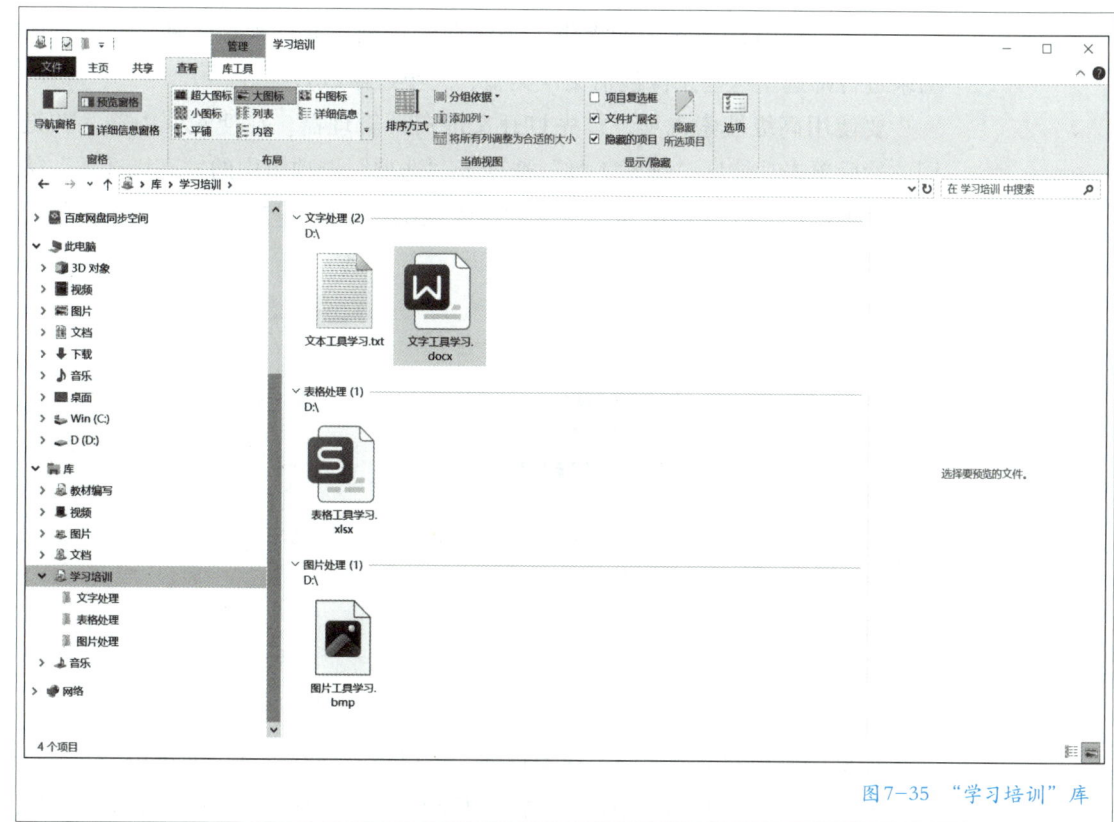

图7-35 "学习培训"库

任务拓展

一、掌握文件或文件夹的高级搜索技巧

在 Windows 10 中，文件或文件夹的搜索功能得到了显著增强，提供了更为高效、便捷的方式来查找存储在计算机中的信息。掌握一些高级搜索技巧，有助于用户更精确地定位所需文件，从而提高工作效率。

1. 使用通配符进行模糊搜索
当不确定文件的完整名称或部分内容时，可以使用通配符进行模糊搜索。

通配符是一种特殊字符，用来代替一个或多个未知字符。在 Windows 10 中，常用的通配符有"*"（星号）和"?"（问号）两种。其中，"*"代表任意字符串，"?"代表任何单个字符。例如，要搜索所有扩展名为 txt 的文件，只需在搜索栏中输入"*.txt"即可。如果要搜索所有文件名为 5 个字符，且前 4 个字符是"good"的 txt 文件，只需在搜索栏中输入"good?.txt"即可。

2. 利用高级搜索选项筛选结果

Windows 10 的搜索功能提供了高级搜索选项，允许根据多种条件对搜索结果进行筛选。这些条件包括文件类型、大小、修改日期等。

要使用高级搜索选项，首先打开文件资源管理器，在搜索框中输入关键词，然后单击功能区"搜索工具"选项卡"选项"选项组中的"高级选项"按钮，在弹出的下拉菜单中勾选所需的搜索范围，如图 7-36 所示，工作区的搜索结果将会更新。

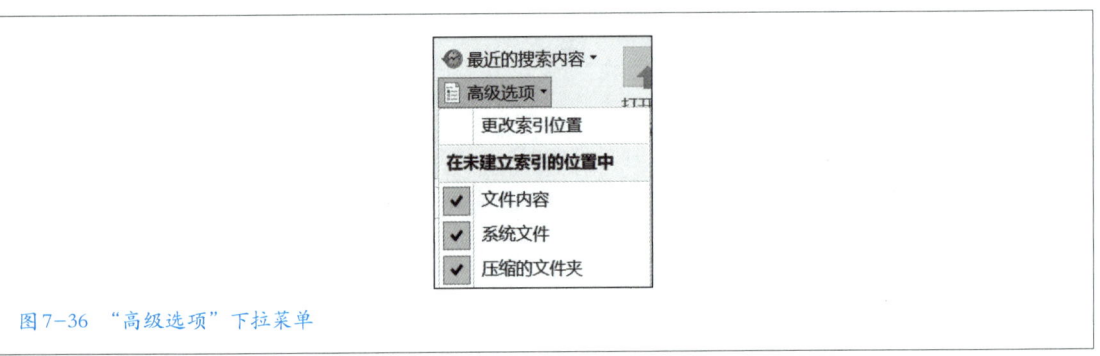

图 7-36 "高级选项"下拉菜单

3. 保存和重用搜索查询

如果需要经常进行相同的搜索查询，可以将其保存下来以便重用。

要保存搜索查询，首先打开文件资源管理器，在搜索框中输入查询条件并执行搜索。然后单击功能区"搜索工具"选项卡"选项"选项组中的"保存搜索"按钮。在弹出的窗口中，为搜索查询命名并选择保存位置，如图 7-37 所示。

以后需要执行该查询时，只需打开保存的搜索文件即可。另外，单击"搜索工具"选项卡"选项"选项组中的"最近的搜索内容"按钮，在下拉菜单中选择"最近的搜索"条目也可再次进行搜索。

二、文件或文件夹的权限管理

在 Windows 10 操作系统中，文件或文件夹的权限管理是一项重要的系统功能，它可以帮助控制不同用户或用户组对文件或文件夹的访问权限，从而保护系统数据的安全。

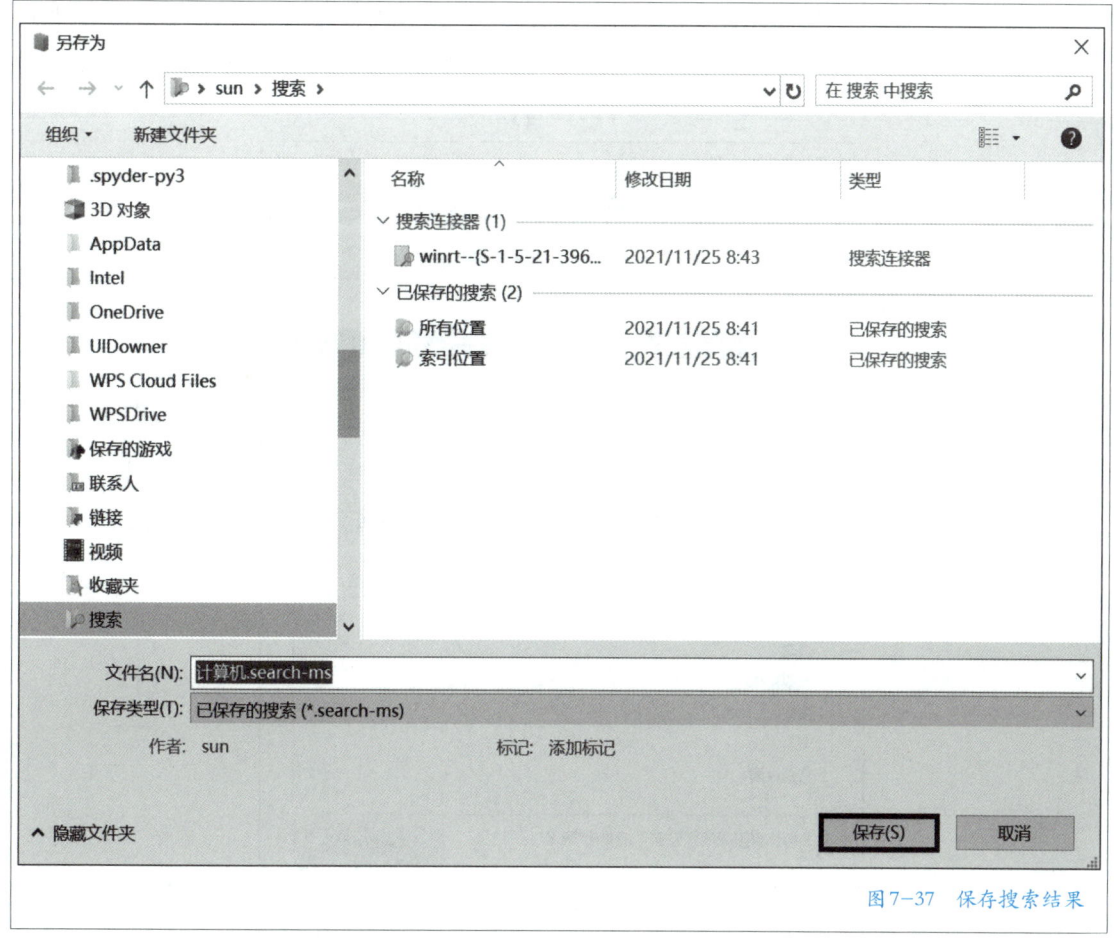

图7-37　保存搜索结果

1. 文件或文件夹权限的概念

文件或文件夹权限是指不同用户或用户组对文件或文件夹的控制能力。这些权限可以分为读取、写入和执行 3 种类型。读取权限允许查看文件或文件夹的内容；写入权限允许对其进行编辑、新建和删除等操作；执行权限则决定了是否可以运行可执行文件或脚本等。

在 Windows 10 中，文件或文件夹的权限管理基于用户账户和用户组来实现。每个账户都被分配了一定的权限级别，这些权限级别决定了该用户可以执行哪些操作。同时，用户也可以被组织成用户组，以便更方便地管理权限。

2. 查看和修改文件或文件夹的权限

在 Windows 10 中，可以通过以下步骤查看和修改对文件或文件夹的权限。

（1）查看文件或文件夹权限

首先，右键单击需要查看权限的文件或文件夹，在弹出的快捷菜单中选择"属性"选项。在弹出的属性窗口中，选择"安全"选项卡，即可查看该文件或文件夹的权限设置情况。在这里，可以看到哪些用户或用户组具有哪些权限，如图 7-38 所示。

图7-38　查看文件或文件夹权限

（2）修改文件或文件夹权限

如果需要修改文件或文件夹的权限，可以在属性窗口中的"安全"选项卡下单击"编辑"按钮。在弹出的权限编辑对话框中，可以选择要修改的用户或用户组，勾选或取消勾选相应的权限选项，以实现对权限的修改，如图7-39所示。修改完成后，单击"确定"按钮保存设置。

需要注意的是，在修改文件或文件夹的权限时，一定要谨慎操作，避免误操作导致系统数据丢失或损坏。同时，对于一些重要的系统文件或文件夹，建议保留其默认权限设置，以确保系统的稳定性和安全性。

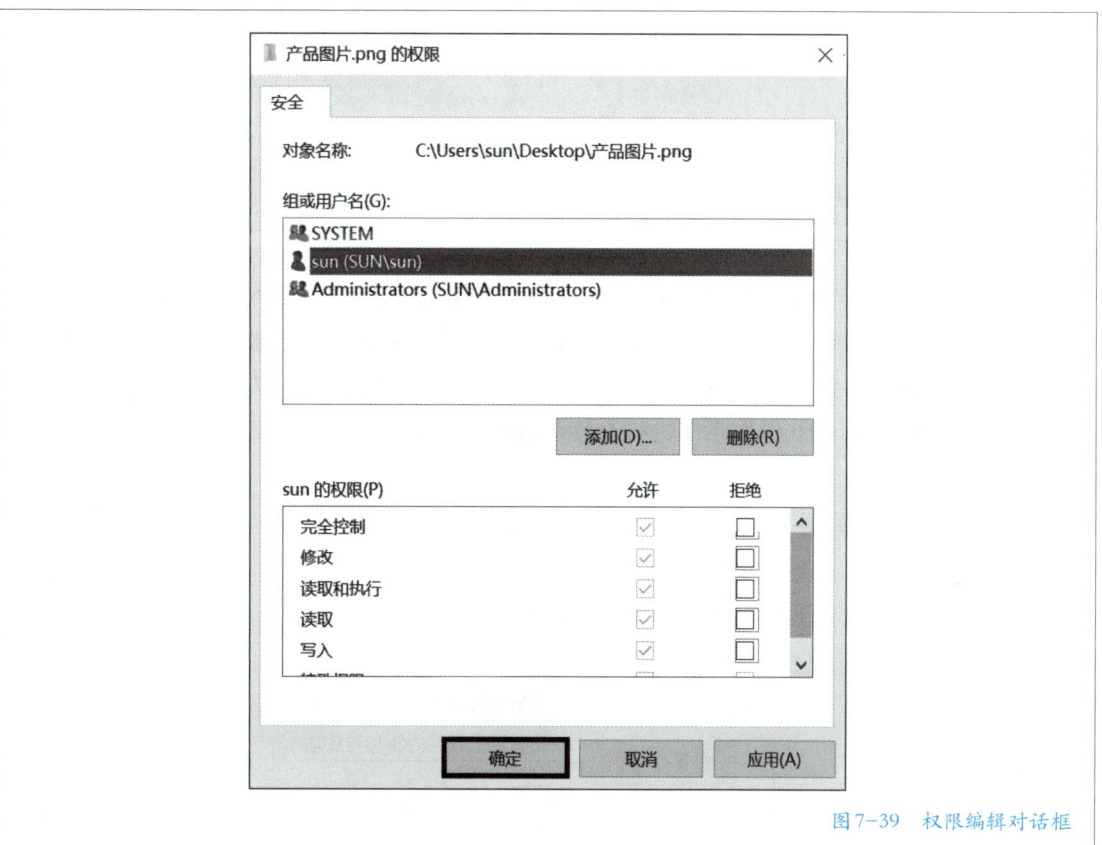

图7-39　权限编辑对话框

任务8　定制计算机环境

任务描述

　　作为计算机技术的专业人员，小孙负责为新员工小明提供必要的计算机技能培训。在这次培训中，小孙将指导小明如何定制个性化的计算机环境，以提升工作效率。通过本次培训任务，小明将学会根据个人喜好和工作需求，对 Windows 10 操作系统进行个性化设置和优化。

思维导图

　　任务 8 思维导图如图 8-1 所示。

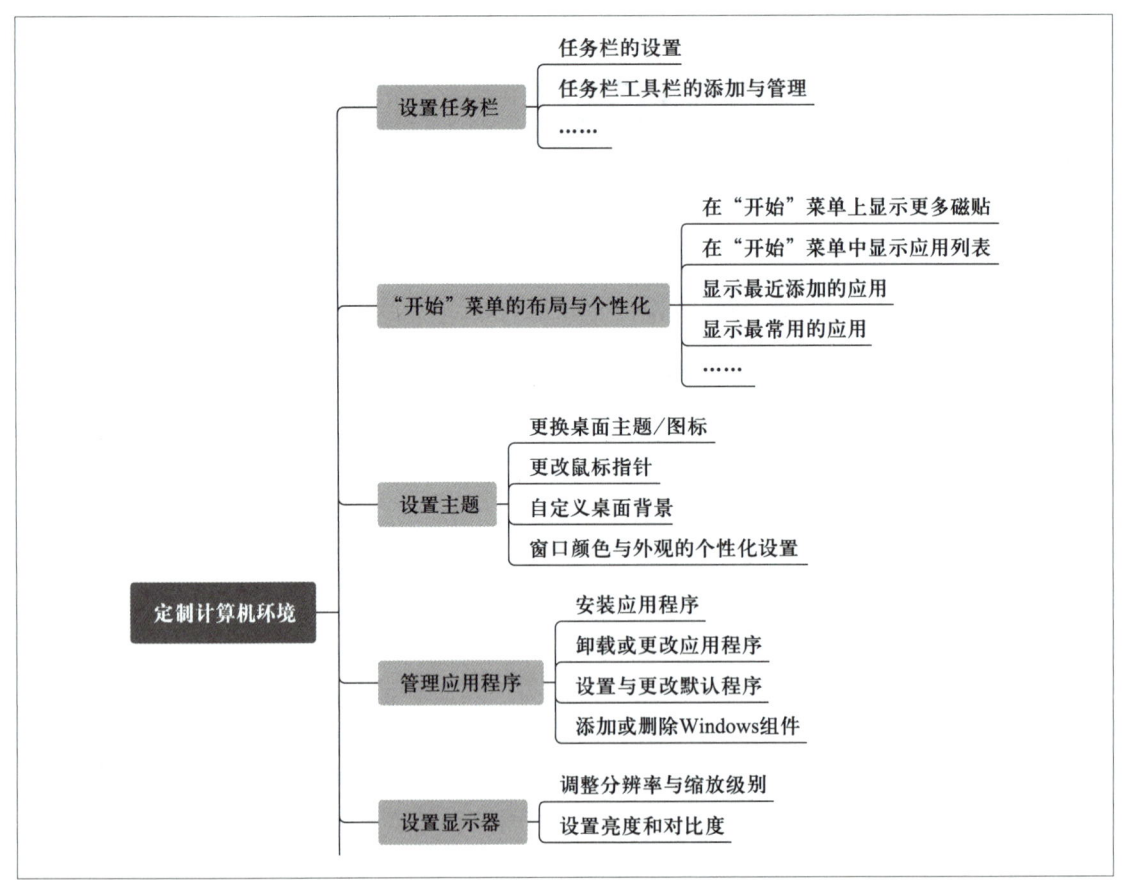

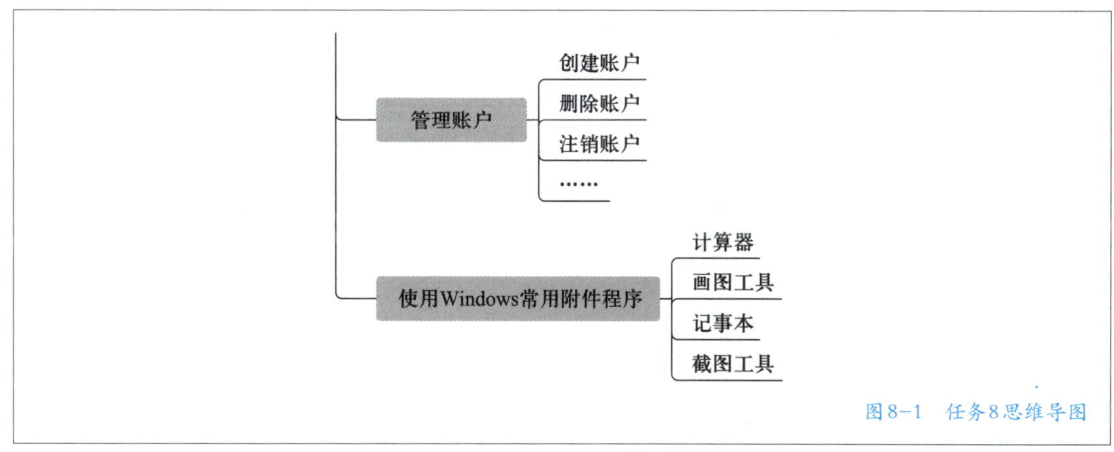

图8-1 任务8思维导图

知识准备

一、设置任务栏

1. 任务栏的作用和设置方法

任务栏是 Windows 操作系统中的一个重要组件，在默认情况下它位于桌面的底部，位置可以调整。任务栏提供了一个快速访问和管理正在运行的应用程序、打开的文件、系统通知，以及常用设置选项的界面。

（1）任务栏的主要作用

在任务 7 中已经对任务栏做过简要介绍，任务栏的主要作用有：显示正在运行的应用程序；管理应用程序窗口，即对应用程序窗口进行最小化、最大化、还原或关闭等操作；提供系统通知；快速访问应用程序和搜索文件；固定常用应用程序；显示桌面；多任务处理；支持自定义和个性化设置；提供对辅助功能（如屏幕键盘、放大镜等）的快速访问。

（2）任务栏基本设置

在任务栏空白处单击右键，在弹出的快捷菜单中选择"任务栏设置"选项，打开"任务栏设置"界面，如图 8-2 所示。

在"任务栏设置"界面中有若干开关选项和列表框，其中主要有以下设置。

• 锁定任务栏：当此选项被选中时，任务栏的位置和大小将被锁定，防止不小心移动或改变它的大小。

• 在桌面模式或平板模式下自动隐藏任务栏：启用此选项后，任务栏会在不使用时自动隐藏，从而为屏幕上的其他内容腾出空间。当鼠标指针移动到屏幕边缘时，任务栏会重新出现。

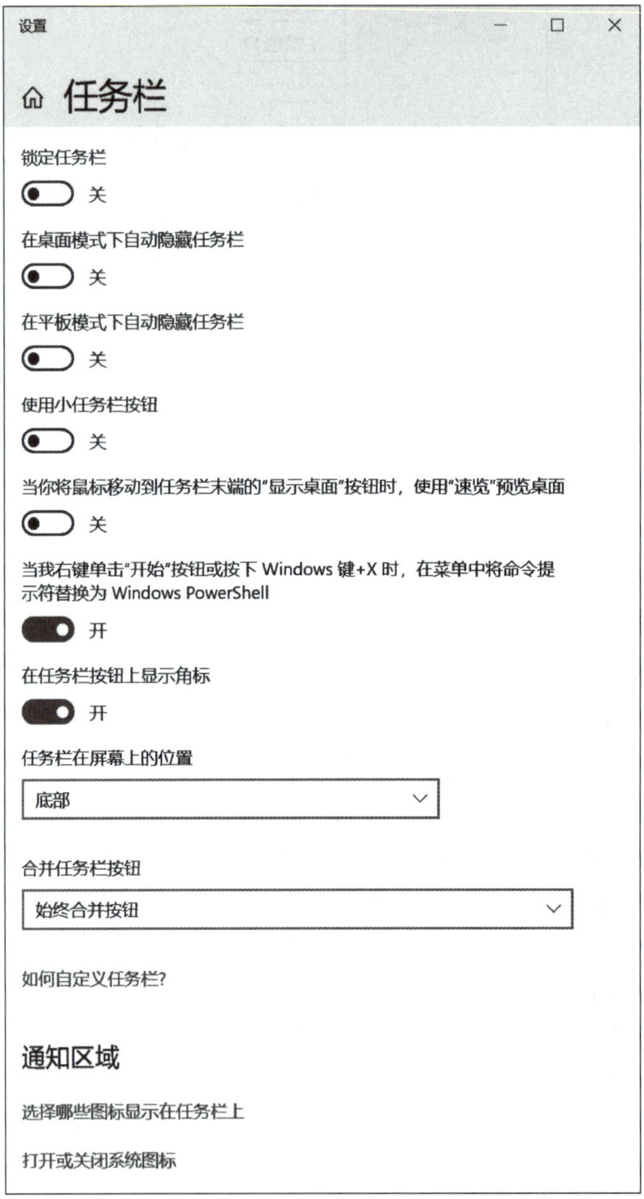

图8-2　"任务栏设置"界面

　　• 使用小任务栏按钮：选择此选项后，任务栏上的图标和按钮将变小，这有助于在任务栏上显示更多的内容。

　　• 使用"速览"预览桌面：当启用此选项时，可以将鼠标指针悬停在任务栏的最右侧来快速预览桌面，而不必最小化所有打开的窗口。

● 在任务栏按钮上显示角标：如果启用此选项，当应用程序或窗口需要引起用户注意时，如有新消息或更新可用时，任务栏上的相应按钮上会显示一个小角标。

● 任务栏在屏幕上的位置：可以选择任务栏在屏幕上的位置，通常的选项包括底部、左侧、顶部和右侧。大多数用户习惯将任务栏放在屏幕底部。

● 合并任务栏按钮：这个设置决定了当多个窗口打开时，任务栏上如何显示这些窗口的按钮。选项包括：始终合并按钮、隐藏标签、当任务栏被占满时合并，以及从不。

（3）任务栏更多设置

在任务栏右侧的通知区域中可以进行以下设置。

● 选择哪些图标出现在任务栏上：单击此链接，将会弹出"选择哪些图标显示在任务栏上"设置界面，如图8-3所示。在此界面中可以自定义出现在任务栏通知区域的图标。

● 打开或关闭系统图标：单击此链接，在打开的对话框中设置系统图标的显示和隐藏。

2. 任务栏工具栏的添加与管理

（1）在任务栏中添加工具栏

右键单击任务栏的空白区域，在弹出的快捷菜单中选择"工具栏"选项，在其二级菜单中选择"新建工具栏"选项，弹出"新工具栏－选择文件夹"对话框，如图8-4所示。在此对话框中，先选择希望添加到任务栏的文件夹，然后单击"选择文件夹"按钮。

此时，在任务栏中会显示所选文件夹，单击文件夹图标右上方的箭头按钮，可以弹出该文件夹的下级目录列表，如图8-5所示。

（2）管理任务栏的工具栏

添加了工具栏后，可以右键单击任务栏上的相关工具栏，在弹出的快捷菜单中进行管理，如图8-6所示。

在此快捷菜单中，可以选择"打开文件夹"来快速访问该工具栏对应的文件夹。如果希望删除某个工具栏，可以在快捷菜单"工具栏"的二级菜单中取消该工具栏的勾选。

3. 将常用程序锁定到任务栏

为了快捷地打开应用程序，可将常用程序锁定到任务栏中。

打开应用程序后，右键单击任务栏中该程序图标，从弹出的快捷菜单中选择"固定到任务栏"命令；或者将程序的快捷方式拖动到任务栏中，如图8-7所示。

图8-3 "选择哪些图标显示在任务栏上"设置界面

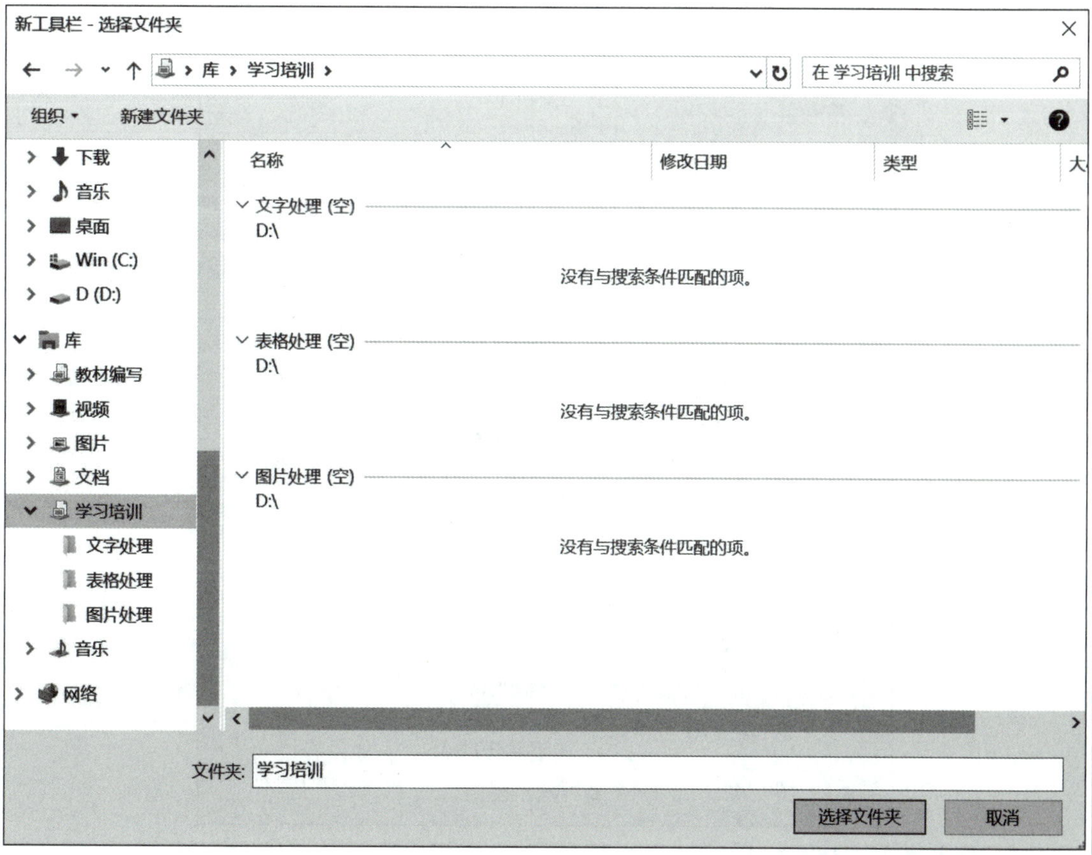

新工具栏 - 选择文件夹　　　　　　　　　　　　　　　　　　　　　　　　　×

←　→　∨　↑　📁 › 库 › 学习培训 ›　　　　　　　　　　　∨　↻　｜在 学习培训 中搜索　🔍

组织 ▾　　新建文件夹　　　　　　　　　　　　　　　　　　　　　　　▤▾　❓

> ⬇ 下载　　　　　　名称　　　　　　　　^　　修改日期　　　　类型　　　　大

> ♪ 音乐　　　　　∨ 文字处理 (空)

> ▇ 桌面　　　　　　　D:\

> 📀 Win (C:)　　　　　　　　　没有与搜索条件匹配的项。

> 💿 D (D:)

∨ 📚 库　　　　　　　∨ 表格处理 (空)

> 📚 教材编写　　　　　D:\

> 📹 视频　　　　　　　　　　没有与搜索条件匹配的项。

> 🖼 图片

> 📖 文档　　　　　　∨ 图片处理 (空)

∨ 📖 学习培训　　　　　D:\

　　▌文字处理　　　　　　　　　没有与搜索条件匹配的项。

　　▌表格处理

　　▌图片处理

> 🎵 音乐

> 🖥 网络

∨　<　　　　　　　　　　　　　　　　　　　　　　　　　　>

文件夹: 学习培训

　　　　　　　　　　　　　　　　　　　　　　选择文件夹　　取消

图8-4 "新工具栏-选择文件夹" 对话框

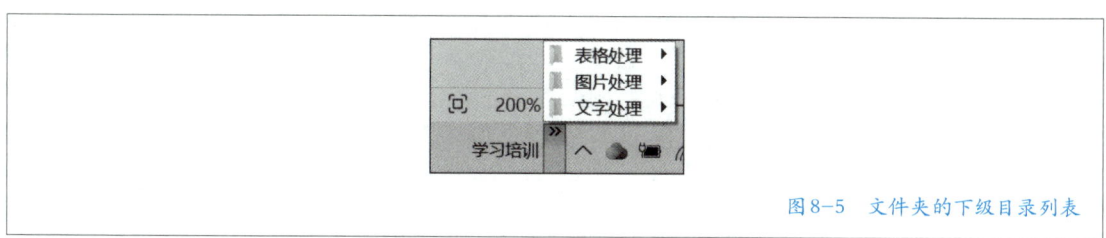

图8-5　文件夹的下级目录列表

　　若要取消应用程序在任务栏中的固定，可以右键单击程序图标，从弹出的快捷菜单中选择"从任务栏取消固定"命令。

4. 任务栏的位置、大小与合并设置

（1）任务栏位置设置

　　首先，确保任务栏没有被锁定。右键单击任务栏的空白区域，如果"锁定任务栏"选项被勾选，则单击取消勾选。

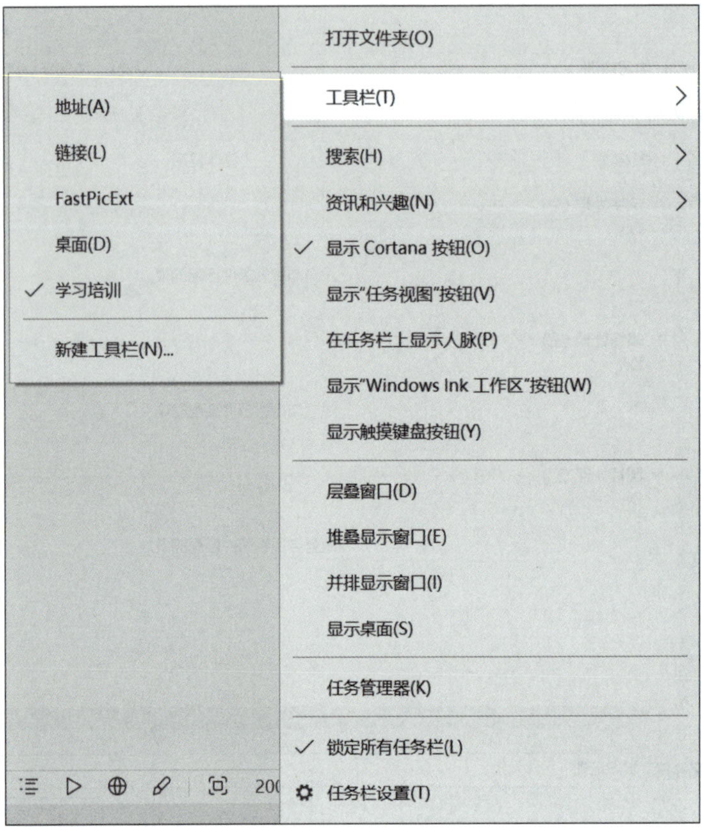

	打开文件夹(O)
	工具栏(T) >
地址(A)	搜索(H) >
链接(L)	资讯和兴趣(N) >
FastPicExt	✓ 显示 Cortana 按钮(O)
桌面(D)	显示"任务视图"按钮(V)
✓ 学习培训	在任务栏上显示人脉(P)
新建工具栏(N)...	显示"Windows Ink 工作区"按钮(W)
	显示触摸键盘按钮(Y)
	层叠窗口(D)
	堆叠显示窗口(E)
	并排显示窗口(I)
	显示桌面(S)
	任务管理器(K)
≣ ▷ ⊕ ✎ ⊡ 200	✓ 锁定所有任务栏(L)
	⚙ 任务栏设置(T)

图8-6　任务栏工具栏快捷菜单

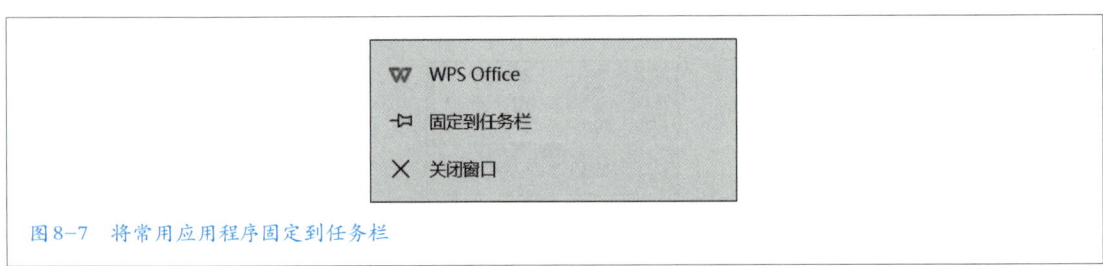

图8-7　将常用应用程序固定到任务栏

　　其次，将鼠标指针移动到任务栏的上边缘，当鼠标指针变成双箭头时，按住左键并拖动，即可将任务栏移动到屏幕的其他位置，如顶部、左侧或右侧。

（2）任务栏大小设置

　　确保任务栏没有被锁定；将鼠标指针移动到任务栏的上边缘，当鼠标指针变成双箭头时，按住左键并向上拖动，可以使任务栏变高；类似的，向下拖动则可以使任务栏变低。

　　另外，右键单击任务栏的空白区域，选择"任务栏设置"。在弹出的任务栏设置界面中找到"使用小任务栏按钮"开关选项，并将其打开，可以使任务栏上的图标变小，从而间接地调整任务栏的大小。

　　（3）任务栏合并设置

　　右键单击任务栏的空白区域，选择"任务栏设置"。在弹出的任务栏设置界面中找到"合并任务栏按钮"选项，单击其下拉框，在下拉列表中选择合适的合并选项。

5. 设置任务栏的通知区域

　　在默认情况下，通知区域位于任务栏右侧，主要包括程序时钟、音量、网络等系统图标。安装某些应用程序后，应用程序的图标也会显示在通知区域。

　　如果要隐藏通知区域中的图标，可以单击该图标，将其拖动到任务栏外。单击通知区域中的"显示隐藏的图标"按钮来展开通知区域，即可查看通知区域中的隐藏图标。单击"显示隐藏的图标"按钮，展开通知区域隐藏的图标后，将图标拖动到通知区域，即可将隐藏图标添加到通知区域。

　　在任务栏设置界面的"通知区域"栏中，可以在"选择哪些图标显示在任务栏上"和"打开或关闭系统图标"中进行详细设置。

二、"开始"菜单的布局与个性化

1. "开始"菜单的作用

　　在 Windows 10 中，"开始"菜单是一个重要的系统组件，提供了一个集中的界面来访问操作系统中的各种应用程序和文件，以及搜索各种功能等。它的主要作用包括：

　　● 启动应用程序："开始"菜单是启动应用程序的主要入口之一。可以在"开始"菜单中找到并启动已安装的应用程序，包括系统自带的程序和第三方软件。

　　● 搜索功能："开始"菜单内置了搜索功能，可以直接在搜索框中输入关键词来搜索应用程序、文件和网络内容等。

　　● 个性化定制："开始"菜单支持高度个性化定制。用户可以根据自己的喜好和需求调整"开始"菜单的布局、颜色和大小等，还可以将常用应用程序固定到"开始"菜单上，以便快速访问。

　　● 管理系统设置：通过"开始"菜单，可以快速查看和管理系统设置，如网络、电源、音量、账户和隐私等。其提供了一个集中的界面来调整和管理系统的各项设置。

　　● 查看最近使用的文件和程序："开始"菜单会显示用户最近使用的文件

和程序列表，方便其快速访问最近使用过的内容。

● 关机和重启："开始"菜单提供了关机和重启计算机的选项，可以通过开始菜单快速关闭或重新启动计算机。

● 访问帮助和支持：通过"开始"菜单，可以访问 Windows 帮助和支持中心，获取有关操作系统的帮助信息、故障排除指南和在线支持等。

2. "开始"菜单的基本设置

单击"开始"按钮，在弹出的"开始"菜单中选择"设置"选项，弹出 Windows 设置界面，如图 8-8 所示。

Windows 设置界面是一个集中的界面，用于配置和管理操作系统各种功能。这个界面提供了一个直观且易于使用的方式来进行系统设置、个性化设置、网络配置、设备管理、隐私设置、更新和安全设置等。

单击 Windows 设置界面中的"个性化"命令，打开个性化设置对话框，如图 8-9 所示。

个性化设置对话框是 Windows 设置的一个重要部分，它允许用户根据自己的喜好和风格来自定义和配置操作系统的外观和行为。

单击个性化设置对话框中的"开始"命令，打开"开始"设置对话框，如图 8-10 所示。

在"开始"设置对话框中有若干开关选项，主要可进行以下设置。

● 在"开始"菜单上显示更多磁贴：在默认情况下，开始菜单可能只显示一列或几列磁贴，打开此开关后，可以扩展开始菜单以显示更多磁贴。

● 在"开始"菜单中显示应用列表：打开此开关后，当打开"开始"菜单时，系统会列出所有已安装的应用程序。

● 显示最近添加的应用：打开此开关后，在应用列表顶部添加"最近添加"栏，将显示最近添加的应用。

● 显示最常用的应用：打开此开关后，在应用列表顶部添加"最常用"栏，将显示最常使用的应用。

● 使用全屏"开始"屏幕：打开此开关后，单击"开始"按钮，将全屏显示"开始"菜单。

● 选择哪些文件夹显示在"开始"菜单上：单击此链接，将会弹出"选择哪些文件夹显示在'开始'菜单上"对话框，如图 8-11 所示。可以选择希望出现在"开始"菜单上的文件夹。

3. 将常用程序固定到"开始"菜单

"开始"菜单整体可以分成左右两个部分，左侧为常用项目和最近添加使用过的项目列表显示区域，以及所有应用列表等；右侧磁吸区域则是用来固定图标的区域。

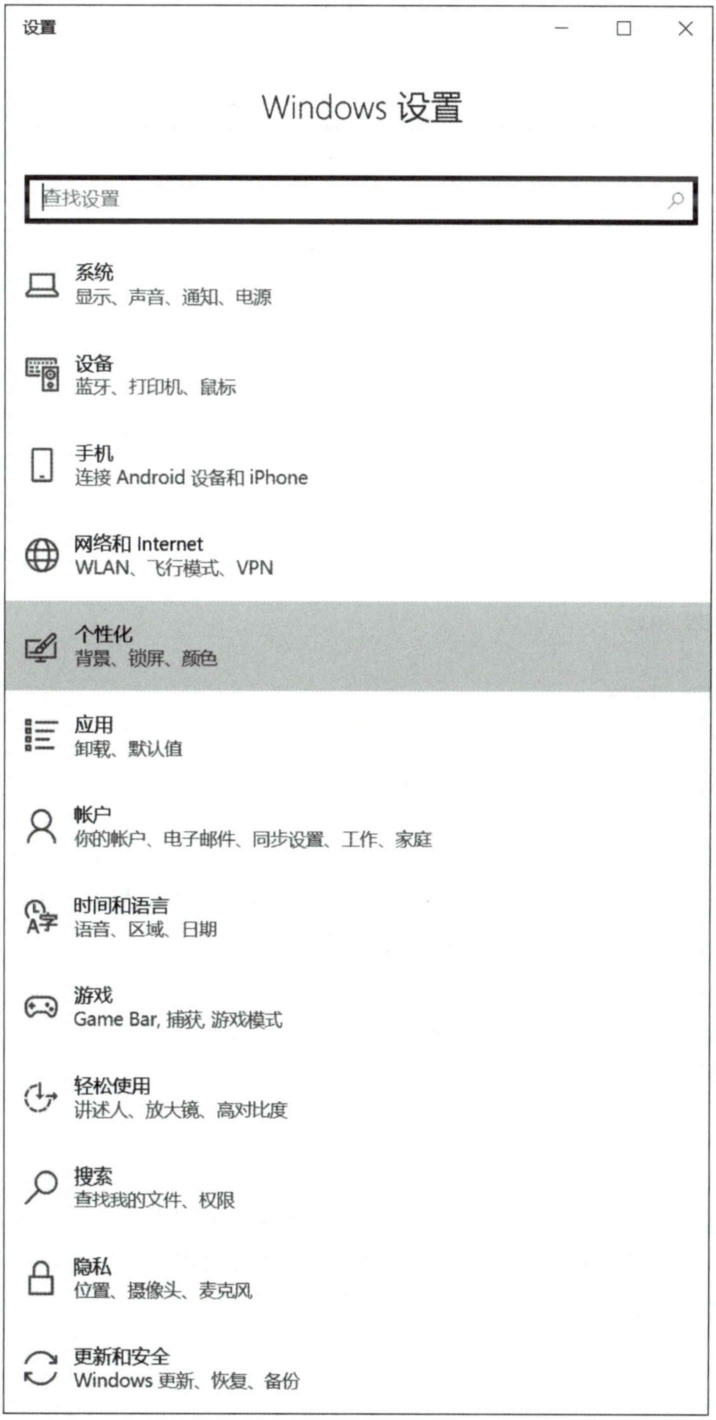

Windows 设置

查找设置

系统
显示、声音、通知、电源

设备
蓝牙、打印机、鼠标

手机
连接 Android 设备和 iPhone

网络和 Internet
WLAN、飞行模式、VPN

个性化
背景、锁屏、颜色

应用
卸载、默认值

帐户
你的帐户、电子邮件、同步设置、工作、家庭

时间和语言
语音、区域、日期

游戏
Game Bar, 捕获, 游戏模式

轻松使用
讲述人、放大镜、高对比度

搜索
查找我的文件、权限

隐私
位置、摄像头、麦克风

更新和安全
Windows 更新、恢复、备份

图 8-8　Windows 设置界面

图8-9　个性化设置对话框

在左侧列表区域右键单击某一个应用项目或者程序文件，从弹出的快捷菜单中选择"固定到开始屏幕"命令，应用图标就会出现在右侧的磁吸区域中；也可以直接拖动左侧的应用到右侧。

右键单击"开始"菜单右侧的对象，在弹出的快捷菜单中选择"从'开始'屏幕取消固定"命令，如图8-12所示，就可以取消该图标在"开始"菜单磁吸区域的显示。

三、设置主题

Windows 10的桌面主题是一个包含一系列视觉元素的集合，这些元素可以改变Windows桌面的外观和风格。通过应用不同的主题，桌面可以变得更加个性化，以符合用户的喜好和风格。

Windows 10的桌面主题通常包括桌面背景图像、窗口颜色、系统声音和屏幕保护程序等元素。可以选择使用系统提供的默认主题，也可以从微软商店或其他来源下载和安装第三方主题。此外，Windows 10还允许创建和自定义主题，包括选择自己喜欢的图片作为桌面背景，调整窗口颜色和透明度，以及设置个性化的系统声音等。

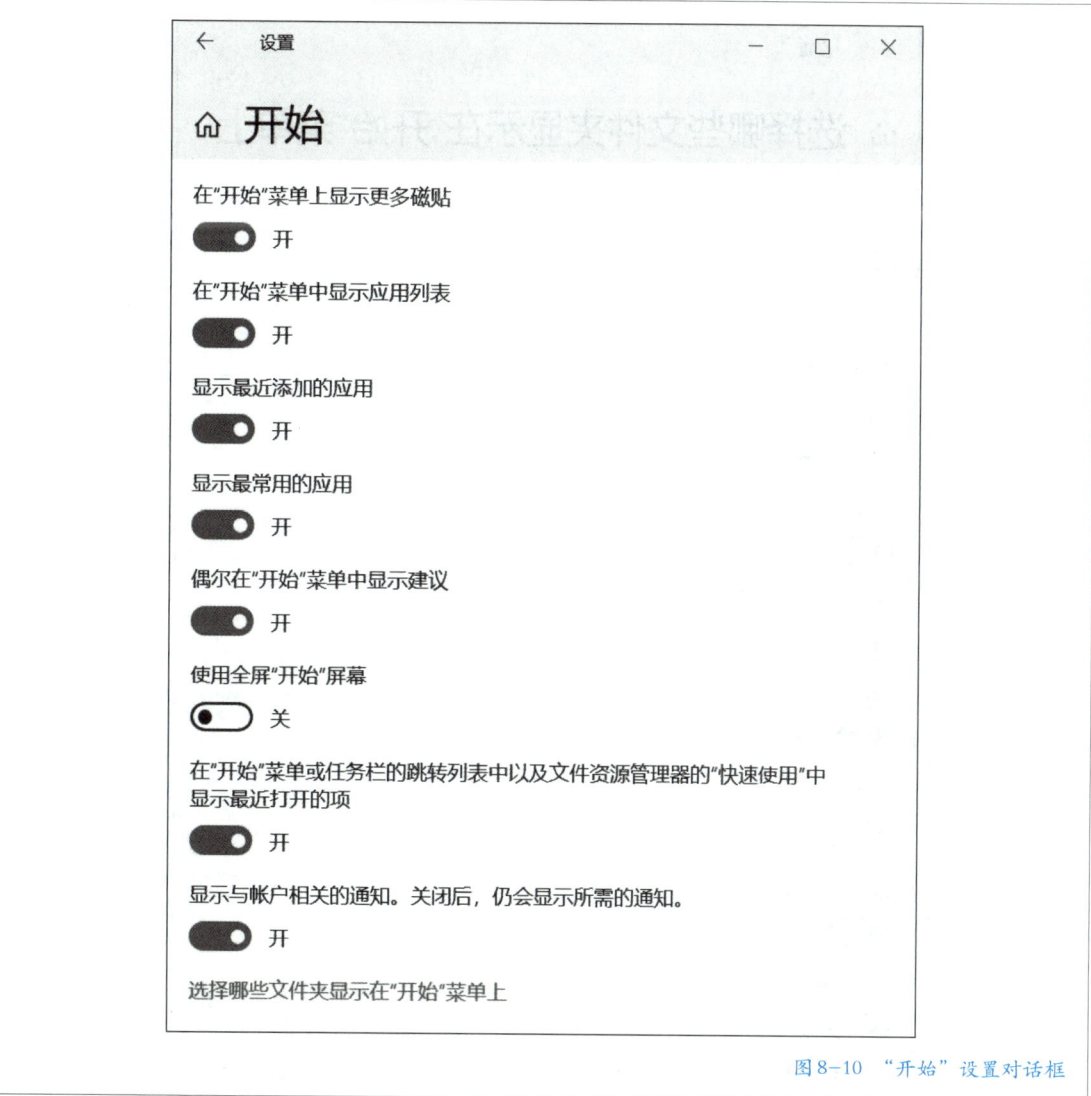

图8-10 "开始"设置对话框

1. 更换桌面主题

单击"开始"按钮，在弹出的"开始"菜单中选择"设置"，弹出 Windows 设置界面。在该界面中选择"个性化"，切换到个性化设置对话框，选择"主题"，切换到主题对话框，如图8-13所示。

在主题对话框中的"更改主题"栏中选择想要的主题，或者先在该对话框中对当前主题中的"背景""颜色""声音"和"鼠标光标"进行设置，然后单击"使用自定义主题"按钮，将设置的效果应用到桌面。此时该按钮标题变为"保存主题"，如图8-14所示。单击此按钮，弹出保存对话框，输入自定义的主题名，单击"保存"按钮，此时保存的主题就显示在可选主题中了。

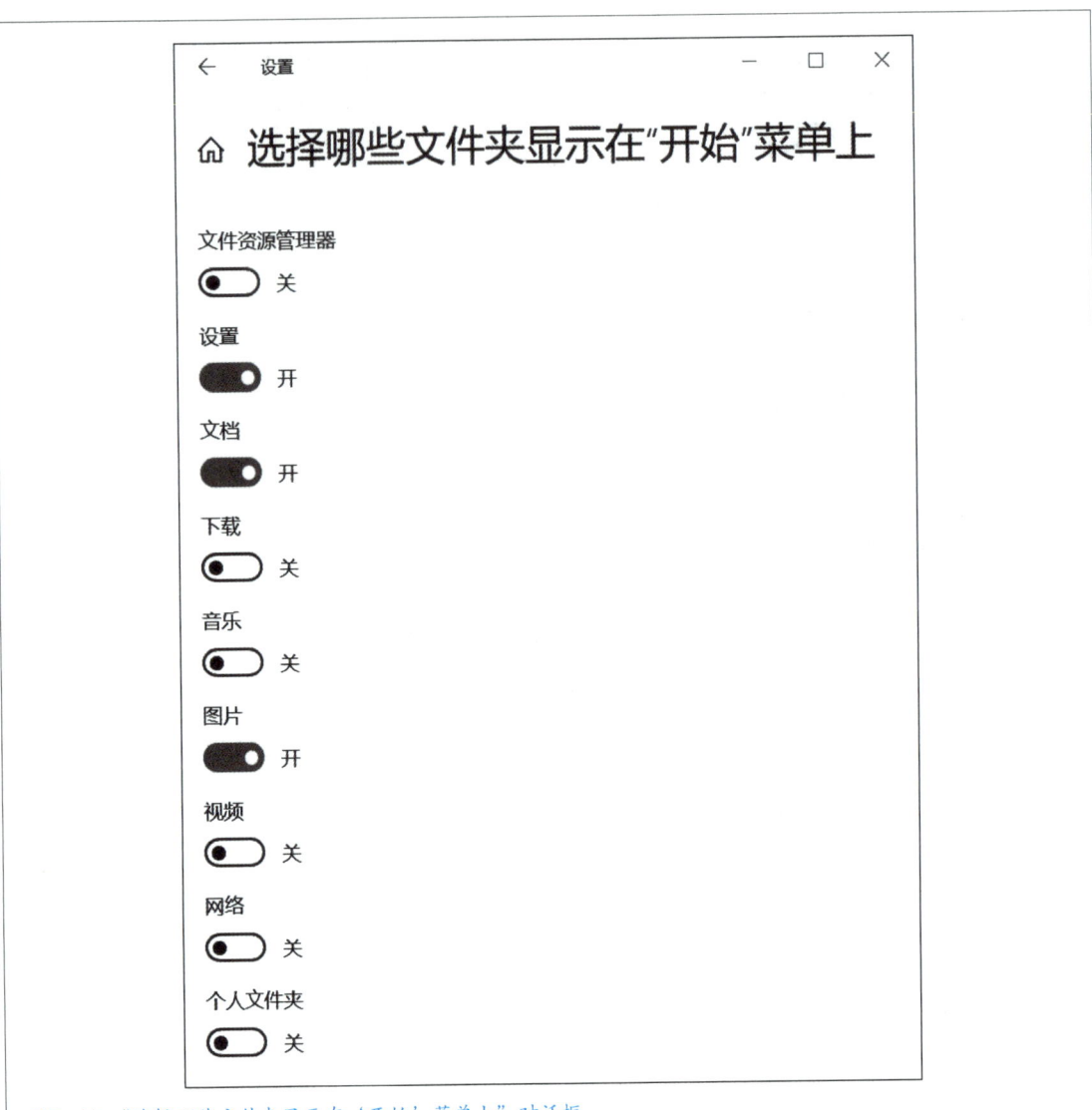

图8-11 "选择哪些文件夹显示在'开始'菜单上"对话框

图8-12 将图标从"开始"屏幕取消固定

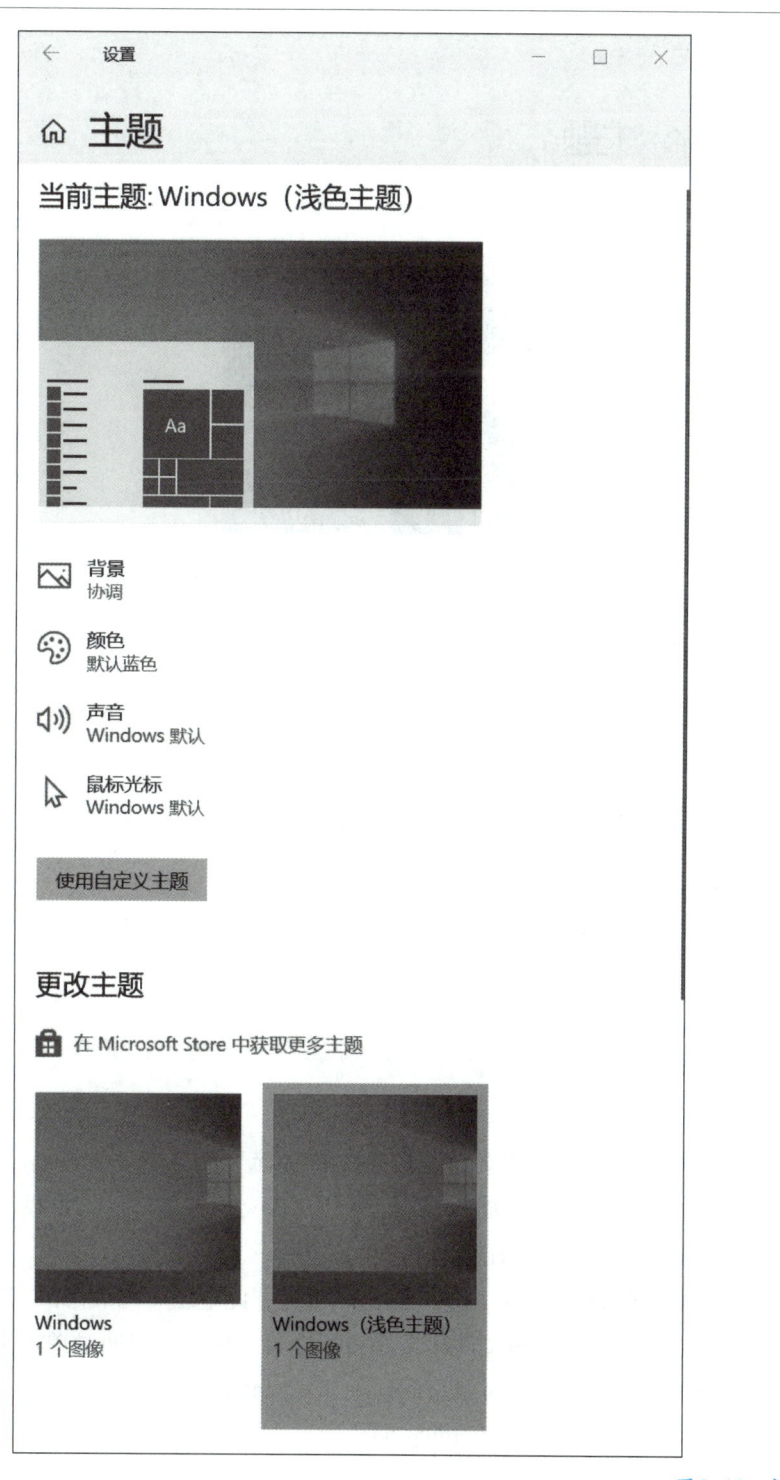

图8-13 主题对话框

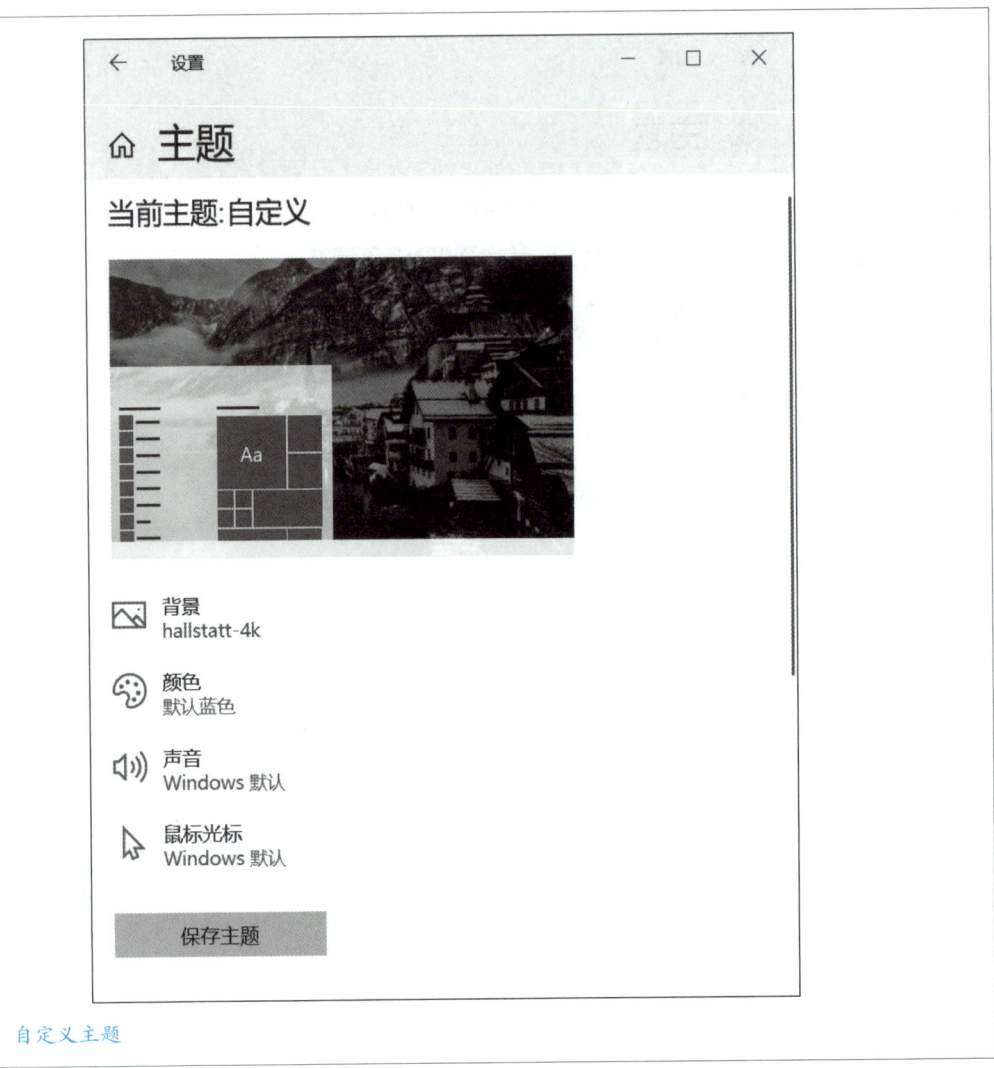

图8-14 自定义主题

2. 更换桌面图标

Windows 10 的桌面图标是指在桌面上显示的图形化标识，它们代表计算机中的不同对象，如程序、文件、文件夹和设备等。这些图标提供了一个直观的方式来访问和使用计算机中的资源。

常见的 Windows 10 桌面图标包括"此电脑""回收站""网络"，以及创建或放置在桌面上的文件和文件夹图标等。用户可以通过单击桌面图标来打开或访问图标所代表的对象。同样地，可以将常用的文件、文件夹或程序图标放置在桌面上，以便快速访问它们。

此外，Windows 10 还允许自定义桌面图标的外观和布局。可以通过右键单击桌面空白处，在快捷菜单中选择"查看"选项，在其二级菜单中调整图标的大小和排列方式，如图 8-15 所示。

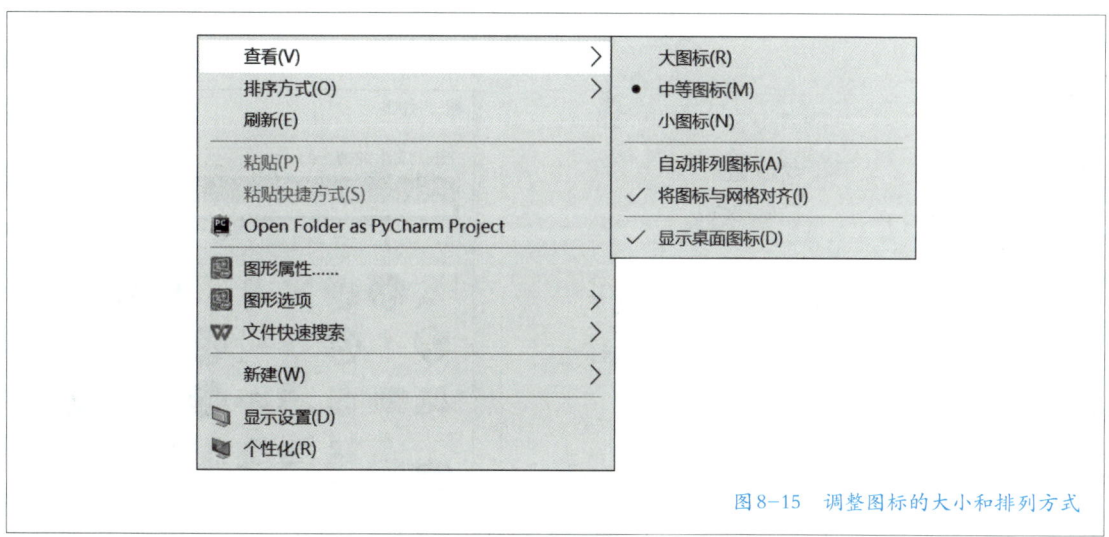

图8-15 调整图标的大小和排列方式

选择"排序方式"选项，在其二级菜单中设置图标的排序方式，如图8-16所示。

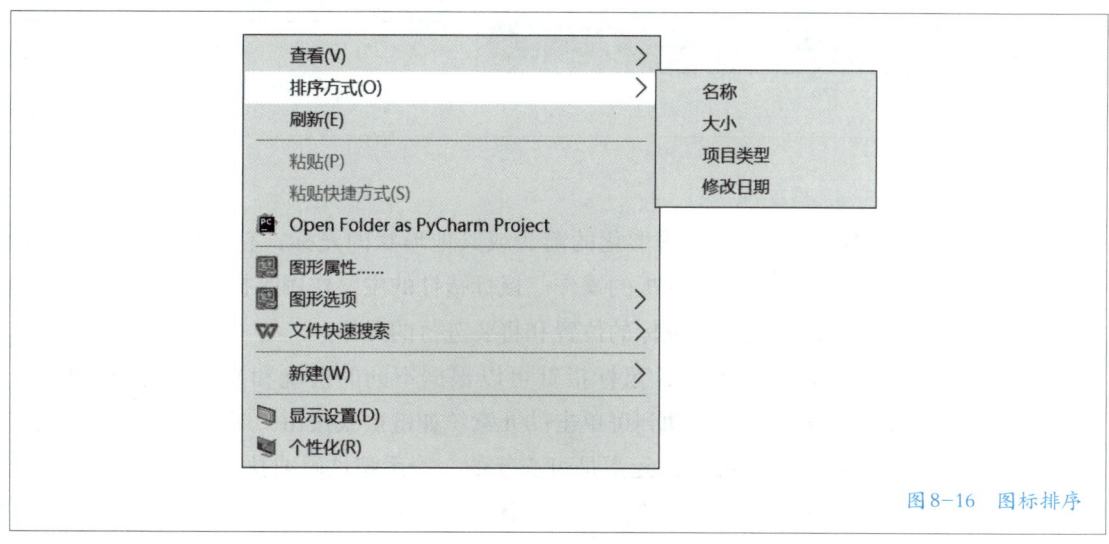

图8-16 图标排序

如果没有选择图标自动排列方式，还可以将图标拖动到桌面上的任意位置来重新排列它们。

单击主题对话框中"相关的设置"栏中的"桌面图标设置"按钮，打开"桌面图标设置"对话框。在"桌面图标"选项卡中勾选需要显示在桌面上的图标，单击"确定"按钮。如果要更改桌面图标的默认值，可以在"桌面图标设置"对话框中单击"更改图标"按钮，打开"更改图标"对话框。在图标列表中选择一个图标，单击"确定"按钮，如图8-17所示。

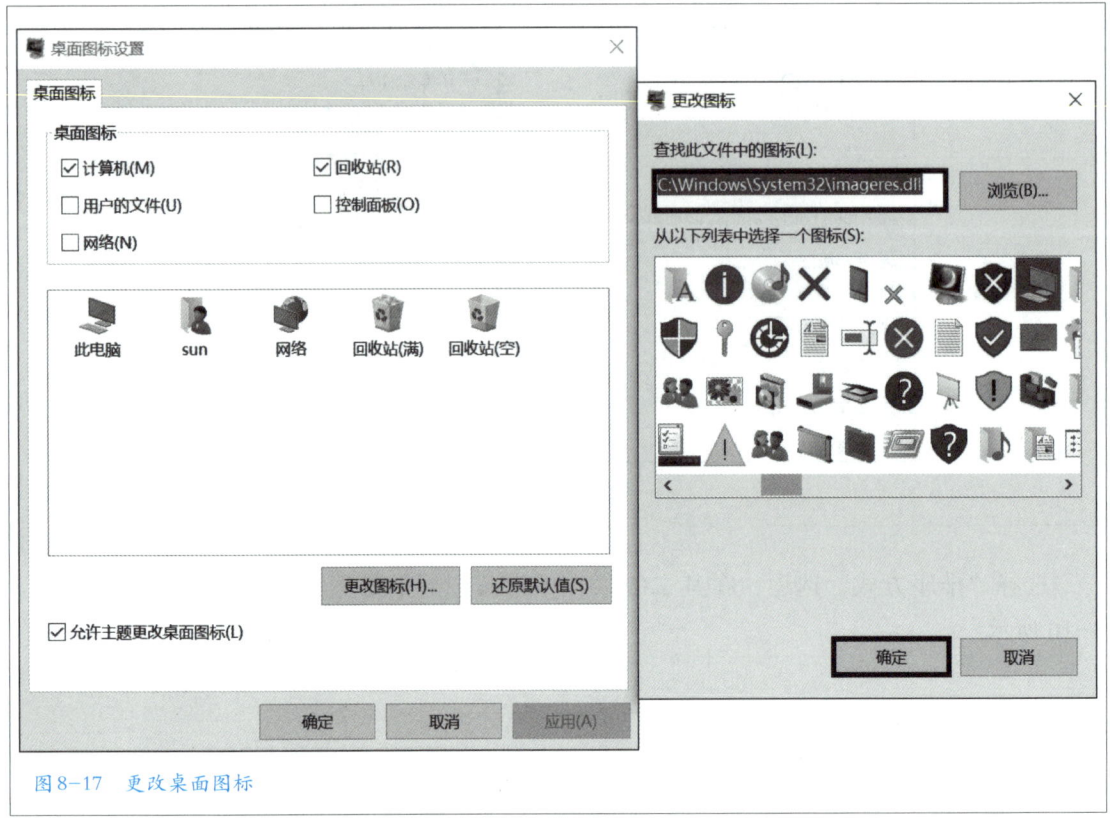

图 8-17　更改桌面图标

3. 更改鼠标指针

鼠标指针是一个图形化的箭头或其他形状的光标，它在计算机屏幕上移动，以响应鼠标或触摸板的操作。鼠标指针的主要作用是提供一个可视化的参考点，帮助确定当前鼠标的位置和将要进行的操作。

在 Windows 10 中，鼠标指针可以根据不同的情境和操作状态改变形状。例如，当鼠标指针移动到可单击的元素（如链接或按钮）时，它可能会变成一个手指形状，以提示该元素是可交互的。当系统忙碌或执行某些后台任务时，鼠标指针可能会变成一个旋转的圆圈，通常称为"等待光标"，以表示计算机正在处理任务，请用户等待。

此外，Windows 10 还允许自定义鼠标指针的外观和大小。单击主题对话框中的"鼠标光标"按钮，打开"鼠标 属性"对话框，切换到"指针"选项卡，如图 8-18 所示。在"方案"下拉列表框中选择相应的选项，就可以更改鼠标指针所使用的方案。

4. 自定义桌面背景与幻灯片放映

Windows 10 的桌面背景也称为壁纸，是显示在桌面上的图片，它为计算机提供了个性化的外观。桌面背景可以是静态图片、动态图片、幻灯片形式的图片集合，甚至可以是特定的应用程序或网站提供的实时内容。可以通过不同的方式来设置 Windows 10 的桌面背景。

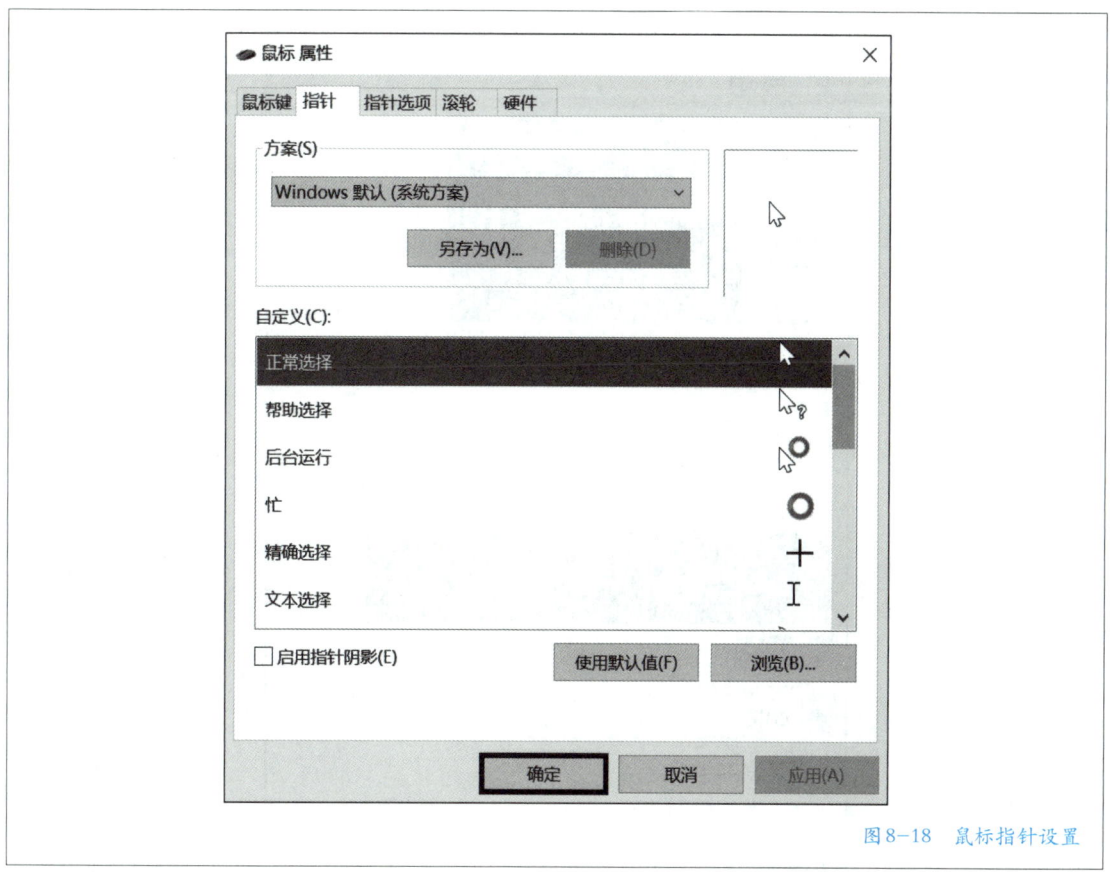

图 8-18 鼠标指针设置

- 系统预设背景：Windows 10 提供了多种内置的背景，可以在个性化设置中选择它们。
- 自定义图片：可以选择自己计算机中的图片作为桌面背景。
- 幻灯片放映：可以设置一个图片文件夹，让 Windows 10 按一定时间间隔在这些图片之间切换，创建动态的桌面背景效果。
- Windows 聚焦：这是 Windows 10 提供的一项功能，它会自动下载并显示来自"Bing"搜索引擎的图片作为桌面背景，且每天都会更新。
- 主题包：可以下载第三方提供的主题包，这些主题包通常包括匹配的桌面背景、窗口颜色和声音等。
- 单一颜色和渐变色：除了使用图片外，还可以选择单一颜色或渐变色作为桌面背景。

如果要更改桌面背景，可以右键单击桌面的空白处，在快捷菜单中选择

"个性化"，弹出背景对话框，如图 8-19 所示。

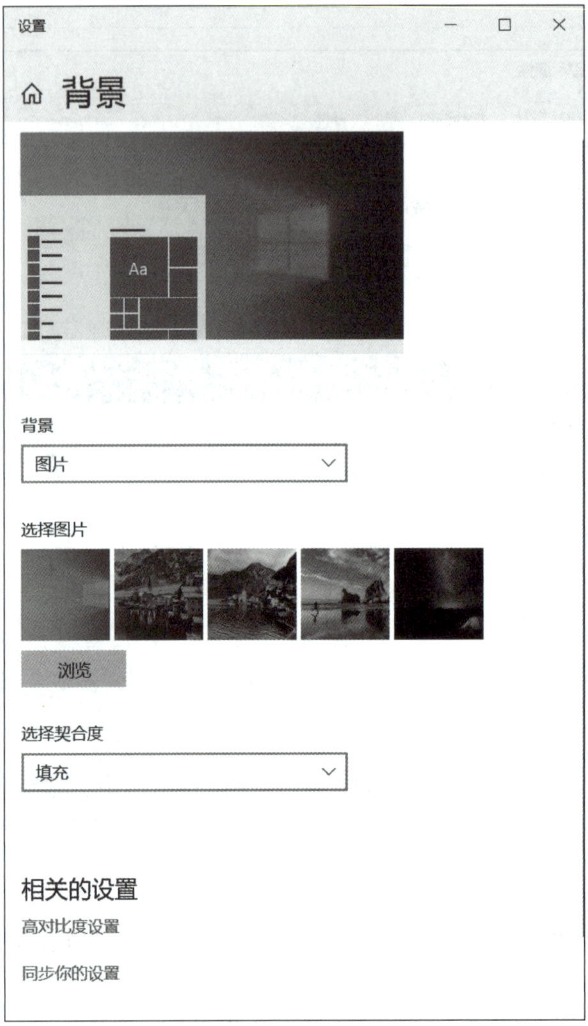

图 8-19　背景对话框

在该对话框中，"背景"列表框中有 3 个选项，分别可以进行以下桌面背景的设置。

- 图片：选择此项后，在"选择图片"栏中单击"浏览"按钮，在弹出的对话框中可选择本地图片作为背景，在"选择契合度"列表框中可选择合适的图片显示方式。
- 纯色：选择此项后，在"选择你的背景色"栏中选择预设颜色，或者选择"自定义颜色"，在"选择颜色"对话框中自定义颜色。如图 8-20 所示。

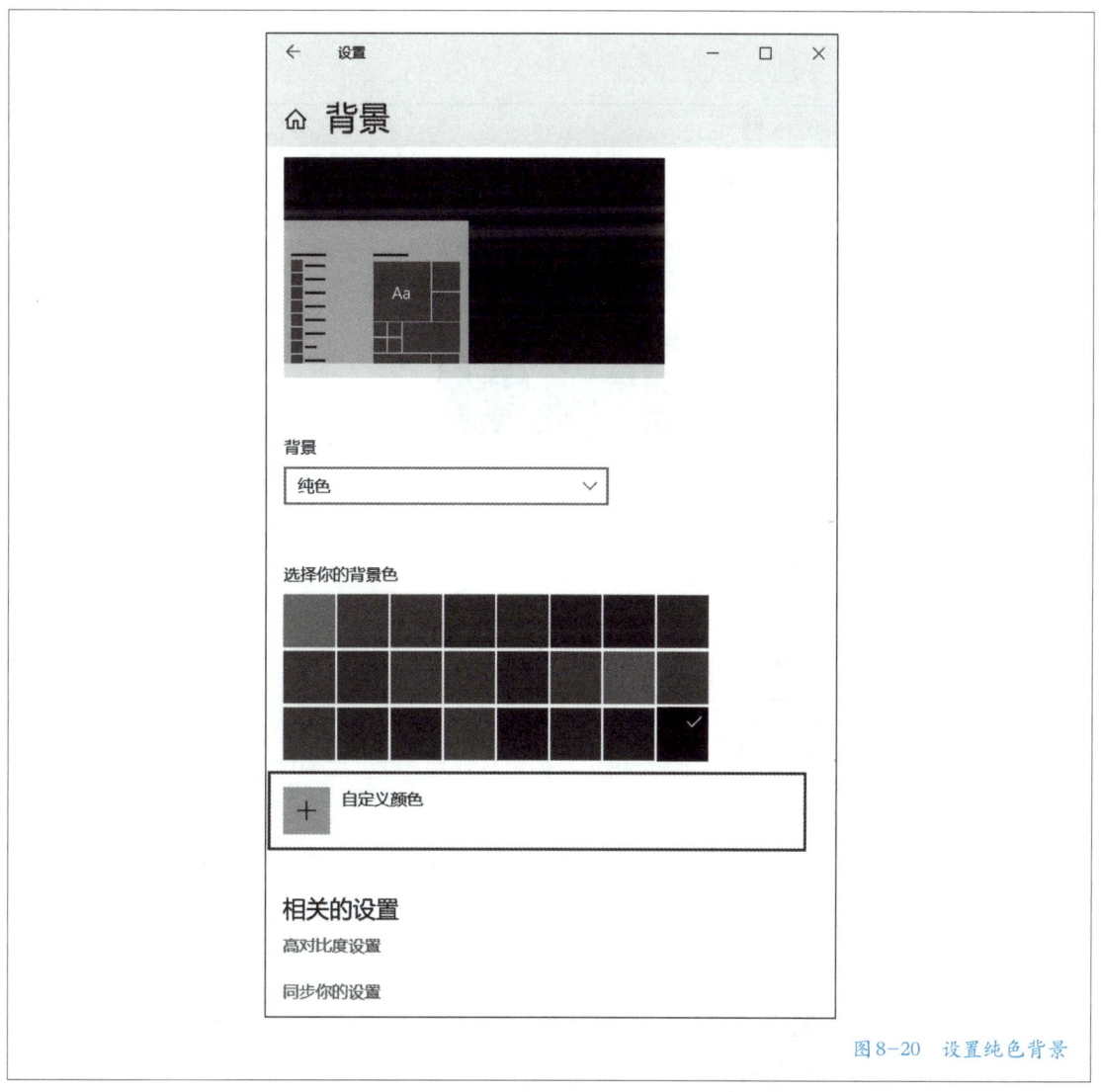

图8-20　设置纯色背景

- 幻灯片放映：选择此项后，在"为幻灯片选择相册"栏中单击"浏览"按钮，选择一个包含图片的文件夹来作为放映的幻灯片。还可以设置图片切换频率、播放顺序等，并在"选择契合度"列表框中选择合适的显示方式。如图8-21所示。

5. 窗口颜色与外观的个性化设置

窗口颜色是指Windows 10中窗口的外观颜色，包括窗口边框、标题栏、菜单栏和滚动条等元素的颜色。窗口颜色是个性化设置的一部分，可以根据自己的喜好和需求进行自定义。

在个性化设置对话框的左侧菜单中选择"颜色"选项，在"颜色"对话框中可以选择一个默认的颜色方案，或者单击"自定义颜色"按钮，在"选择自定义主题颜色"对话框中选择自定义颜色。

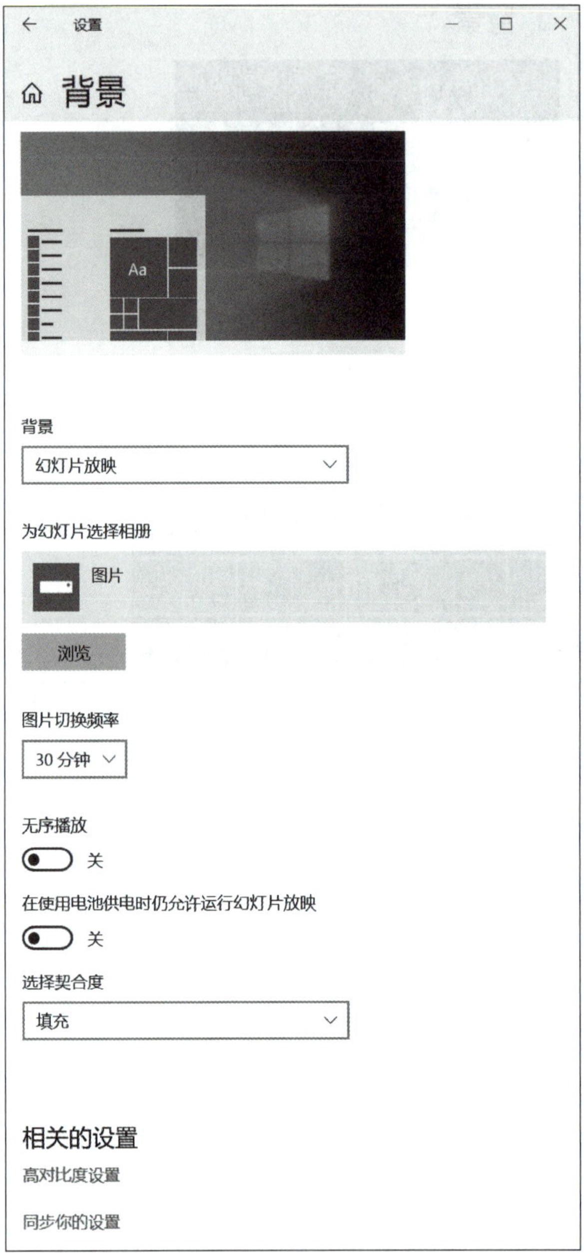

图8-21　设置背景幻灯片放映

　　此外，窗口颜色还可以与桌面背景、屏幕保护程序和其他视觉元素相协调，以创建一个统一的视觉风格。通过合理地选择和调整窗口颜色，可以让操作系统的外观更加符合自己的个性和品位。

需要注意的是，窗口颜色的更改可能不会影响所有窗口和应用程序。某些应用程序可能会使用自己的颜色方案，以保持其独特的外观和风格。因此，在更改窗口颜色后，可能需要重新启动计算机或重新打开某些应用程序，以确保更改生效。

四、管理应用程序

1. 安装应用程序

在 Windows 系统中，应用程序的来源主要有两种：一种是从官方网站下载，另一种是从应用商店下载。从官方网站下载通常需要先自行查找并访问应用程序的官方网站，然后下载并安装应用程序。从应用商店下载则是通过 Windows 内置的应用商店进行下载，这种方式相对安全和便捷。

应用程序下载和安装的具体操作步骤：

● 从官方网站下载：打开浏览器，访问应用程序的官方网站，找到下载页面，选择适合 Windows 系统的版本进行下载。下载完成后，双击安装程序，按照程序安装向导的提示完成安装。

● 从应用商店下载：找到开始菜单中的"Microsoft Store"，单击打开 Windows 应用商店，如图 8-22 所示。搜索需要的应用程序，单击"获取"或"安装"按钮，系统会自动下载并安装该应用程序。

2. 卸载或更改应用程序

打开"开始"菜单，单击"设置"选项，在弹出的 Windows 设置界面中选择"应用"，打开"应用"对话框，单击左侧菜单中的"应用和功能"，在右侧显示"应用和功能"窗格，如图 8-23 所示。

在"选择获取应用的位置"栏中筛选不同来源的应用程序，并使其显示在下方列表中。

在"应用和功能"栏中可以搜索需要管理的应用程序，也可以在下方应用程序列表中查找。

单击需要管理的应用程序，通常会显示两个按钮：

单击"修改"按钮，会弹出应用程序相关对话框，可以对该应用程序进行相关的修复、修改、重新配置等操作。

单击"卸载"按钮，系统会弹出一个确认对话框，询问是否确定要卸载该应用程序。单击"卸载"按钮后，等待系统完成卸载过程。这可能需要一些时间，具体取决于计算机性能和应用程序的大小。卸载完成后，该应用程序将从计算机中删除。

选择"应用和功能"对话框右侧"相关设置"栏中的"程序和功能"选项，打开"程序和功能"窗口，如图 8-24 所示。

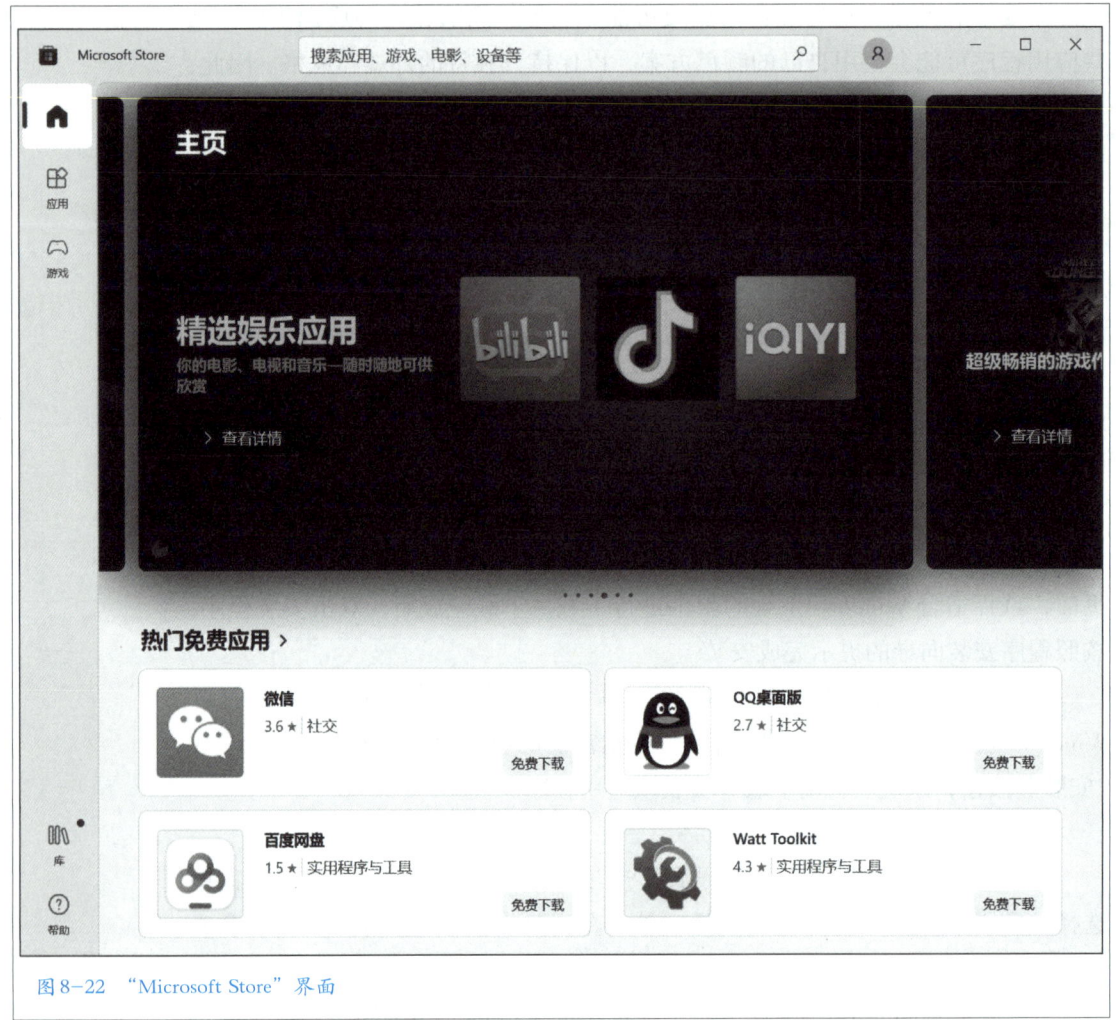

图 8-22 "Microsoft Store"界面

在"程序和功能"窗口中也能进行与"应用和功能"窗格中相同的设置。两者的主要区别是,"应用和功能"主要关注通过"Microsoft Store"安装的应用,也包括一些传统的桌面应用程序;而"程序和功能"主要关注传统的Win32 应用程序,这些程序通常不是通过"Microsoft Store"安装的。

3. 设置与更改默认程序

Windows 系统允许设置默认程序来打开不同类型的文件或链接。用户可以根据自己的喜好和需求更改默认程序。

打开"开始"菜单,单击"设置"选项,在弹出的 Windows 设置对界面选择"应用",打开"应用"对话框,单击左侧菜单中的"默认应用",在右侧显示"默认应用"窗格,如图 8-25 所示。

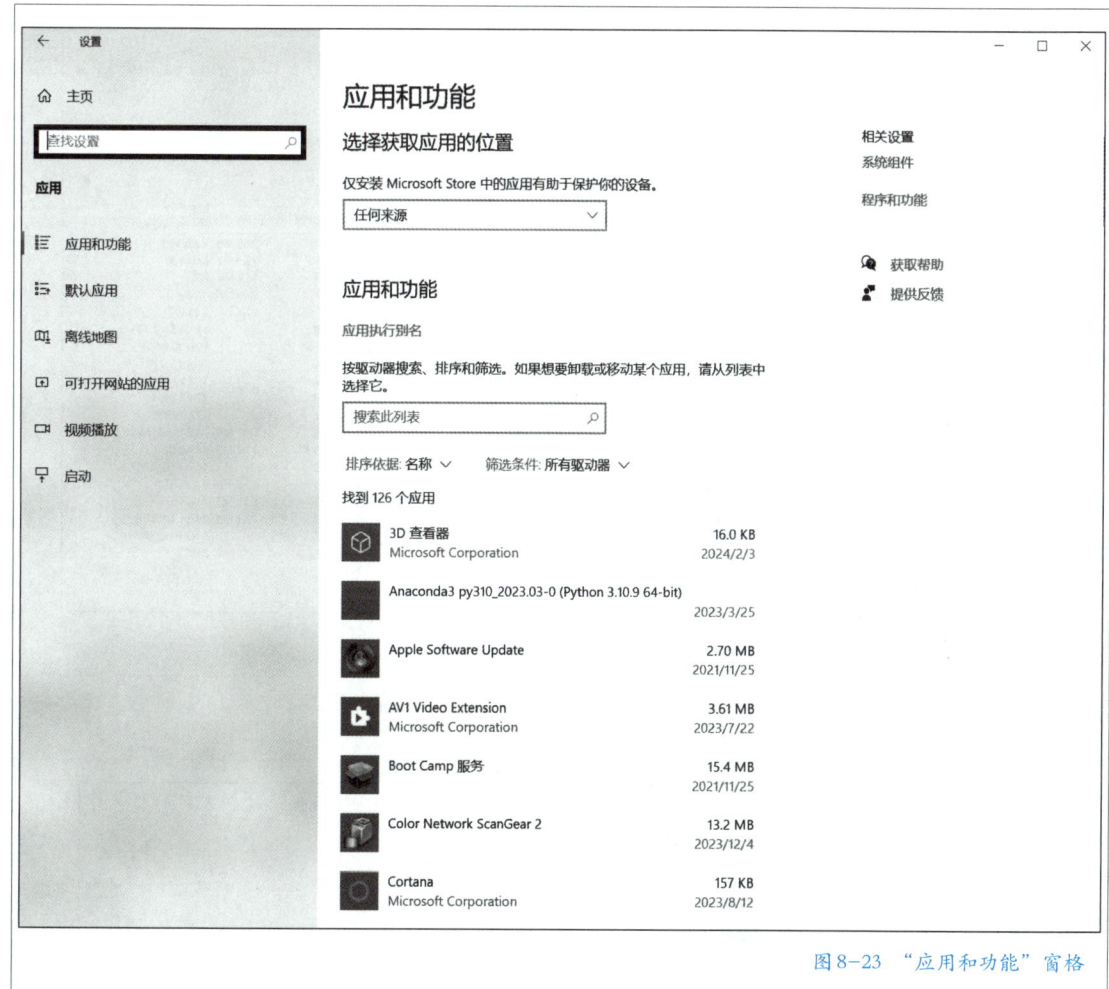

图8-23　"应用和功能"窗格

单击某个文件类型，在弹出的菜单中选择一个新的默认程序，即可将所选程序与该文件类型相关联。

4. 添加或删除Windows组件

Windows组件是指Windows系统自带的各种功能和应用程序，它们是系统组成的一部分，每个组件都能完成一种特定的任务。它们实际上就是小型软件，与操作系统紧密地结合在一起。常见的Windows组件有Internet Explorer、Outlook、Media player、Windows Media Center、Visual Basic等。这些组件是系统必须或者可能用到的程序。

在"程序和功能"窗口中单击"启动或关闭Windows功能"，打开"Windows功能"对话框，如图8-26所示，可以在组件列表中添加或删除Windows组件。

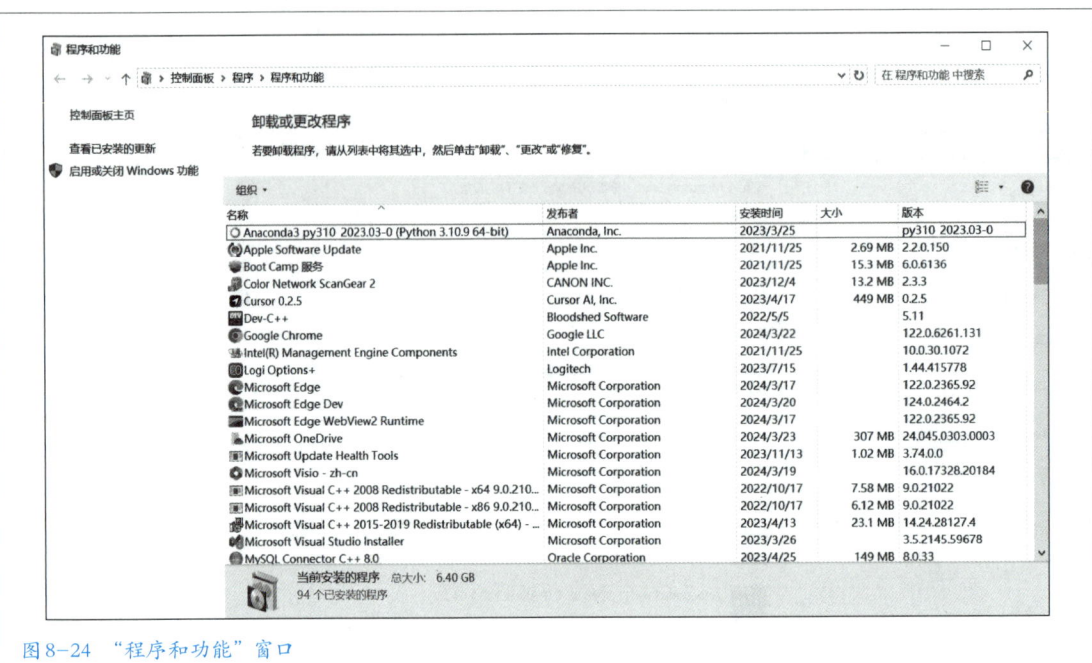

图8-24 "程序和功能"窗口

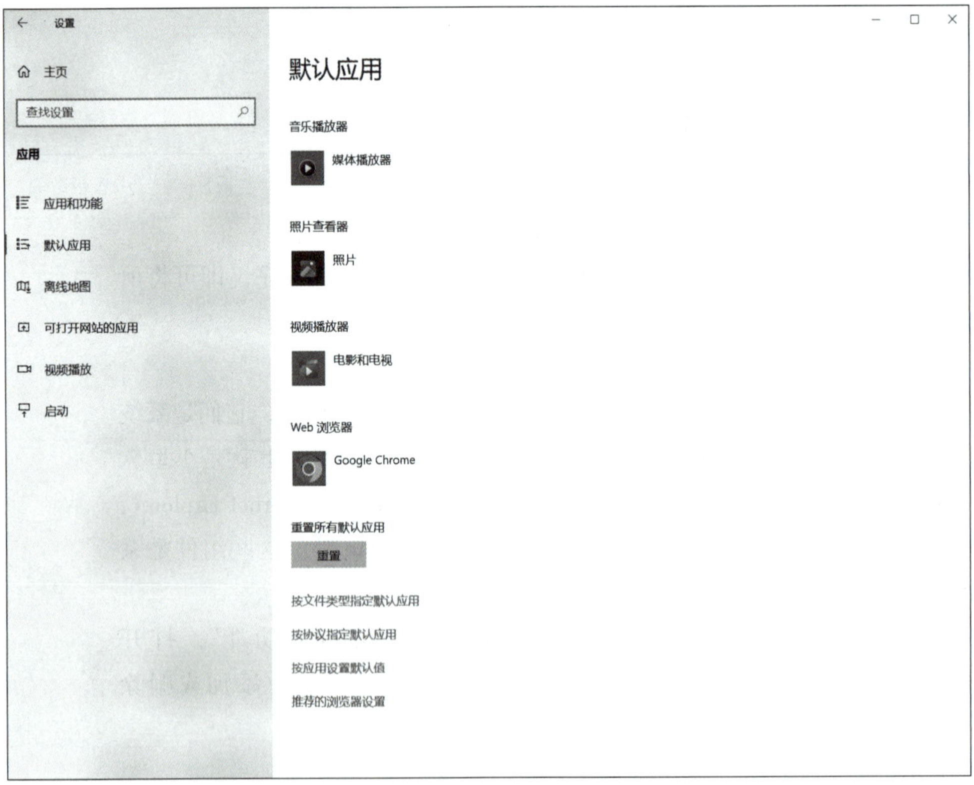

图8-25 "默认应用"窗格

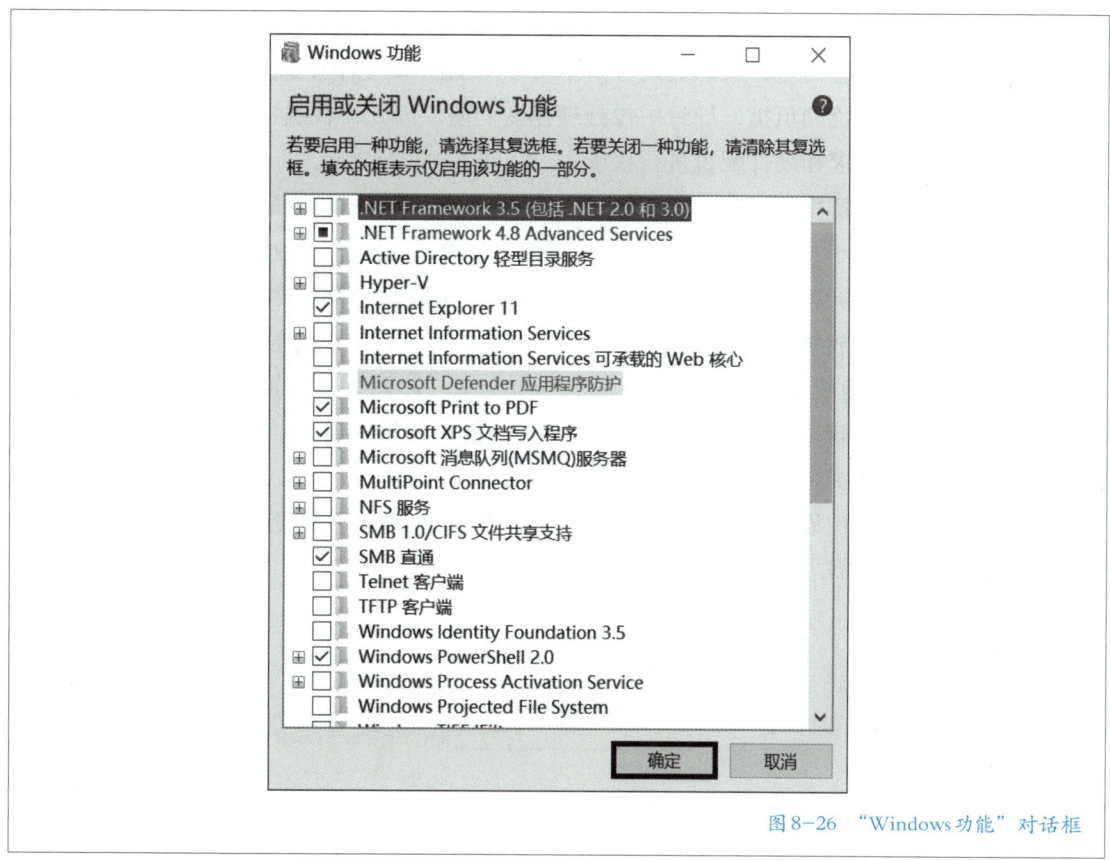

图8-26 "Windows功能"对话框

如果要添加尚未安装的 Windows 组件，则可以在组件列表中勾选该组件前面的复选框，接着单击"确定"按钮。随后，Windows 就会自动进行安装，由于 Windows 10 在安装时会自动把安装文件全部复制到磁盘上，所以在安装过程中不需要提供 Windows 10 安装光盘。

如果要删除已经安装的 Windows 组件，则应在组件列表中取消勾选该组件，并单击"确定"按钮。注意，不要轻易删除 Windows 组件，否则可能会影响系统正常运行。

五、设置显示器

1. 调整分辨率与缩放级别

显示器分辨率是指显示器在显示图像时的分辨率，其数值是指整个显示器所有可视面积上水平像素和垂直像素的数量。显示器分辨率通常用"水平像素数 * 垂直像素数"的形式表示，也可以用规格代号表示，如 VGA、XGA 和 SXGA 等。例如，分辨率为 800*600 意味着在整个屏幕上水平显示 800 个像素，垂直显示 600 个像素。分辨率越高，显示器所能呈现的图像就越清晰，细节表现也更为丰富。因此，在购买显示器时，分辨率是一个重要的考虑因素。需要注意的是，虽然提高分辨率可以增加图像的清晰度，但过高的分辨率也会增加系统的负担，导致图像处理速度变慢。因此，在选择分辨率时，需要根据实际需求和硬件配置进行权衡。

分辨率影响图像的清晰度，而缩放级别则影响桌面图标、文字和其他元素的大小。要调整缩放级别，可以右键单击桌面空白处，选择"显示设置"，打开"屏幕"对话框，在该对话框的"缩放与布局"栏使用下拉菜单选择合适的缩放级别，如 100%、125%、150% 等。如果没有合适的值，则可以单击"高级缩放设置"打开对话框进行自定义。要调整显示器分辨率，可以在"显示器分辨率"下拉菜单中选择合适的值。如果不确定，可以选择推荐的分辨率。如图 8-27 所示。

应用设置后，系统会提示"是否保留这些显示器设置"，如果更改后的设置满足需求，则选择保留更改。

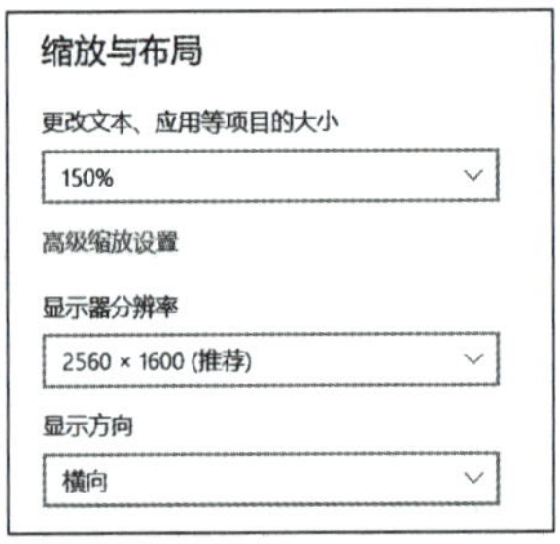

图 8-27 "屏幕"对话框"缩放与布局"栏

2. 设置亮度和对比度

显示器对比度是屏幕上同一点最亮时（白色）与最暗时（黑色）的亮度比值，高对比度意味着相对较高的亮度和呈现的颜色更为艳丽。对比度是显示器性能指标之一，用来衡量显示器显示图像的清晰度和细节。对比度越高，则显示器所能呈现的图像就越清晰，色彩也更为鲜明、艳丽。反之，对比度越低，则图像的细节表现能力就越差，整个图像看起来也会比较灰暗。

因此，在购买显示器时，对比度是需要关注的重要参数之一。需要注意的是，虽然提高对比度可以增强图像的清晰度，但过高的对比度也可能导致图像失真或色彩过饱和等。因此，在选择显示器时，需要根据实际需求和观看环境进行权衡。

对显示器亮度的调整可以右键单击桌面空白处，选择"显示设置"，打开"屏幕"对话框，在该对话框的"亮度和颜色"栏中调整，也可以勾选"当

光线变化时自动调节亮度"。此外，可以设置是否打开夜间模式，也可以选择
"夜间模式设置"选项进行夜间模式的详细设置。如图 8-28 所示。

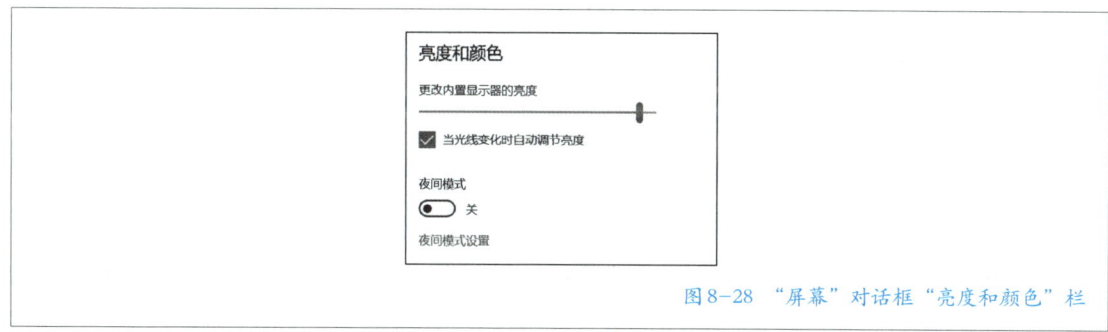

图 8-28　"屏幕"对话框"亮度和颜色"栏

显示器对比度的调整可以在桌面空白处右键单击，选择"个性化"选项，
在弹出的对话框左侧菜单中选择"主题"，切换到主题对话框，选择主题对话
框"相关的设置"栏中的"高对比度设置"，切换到"高对比度"设置窗格，
如图 8-29 所示。在该窗格中可以打开高对比度选项，并进行相关设置。

六、管理账户

1. 账户介绍

Windows 10 的用户账户是用于登录和访问操作系统的个人或团体账户。
每个用户账户都拥有唯一的用户名和密码，并且与特定的用户配置文件相关
联，该文件存储了用户的个人设置、文件、文件夹和其他数据。

Windows 10 支持多种类型的账户，包括：

● 管理员账户：拥有对计算机系统和其他用户账户的完全控制权，可以执
行所有任务，包括安装软件、更改系统设置、访问其他用户的文件等。

● 标准用户账户：只能执行基本的计算机任务，如运行应用程序、访问自
己的文件和文件夹等，不能更改大多数系统设置或安装新软件。这种类型的账
户有助于保护计算机免受恶意软件的侵害或未经授权的更改。

● 来宾账户：一种受限的用户账户，通常用于临时访问计算机。使用来
宾账户登录的用户只能访问有限的资源，不能更改系统设置或访问其他用户的
文件。

此外，Windows 10 还支持 Microsoft 账户。使用 Microsoft 账户登录 Windows
10 可以使用云存储进行同步设置、使用应用商店等操作。

2. 用户账户的创建与删除

（1）创建用户账户

● 单击任务栏的"开始"按钮，选择"设置"选项。

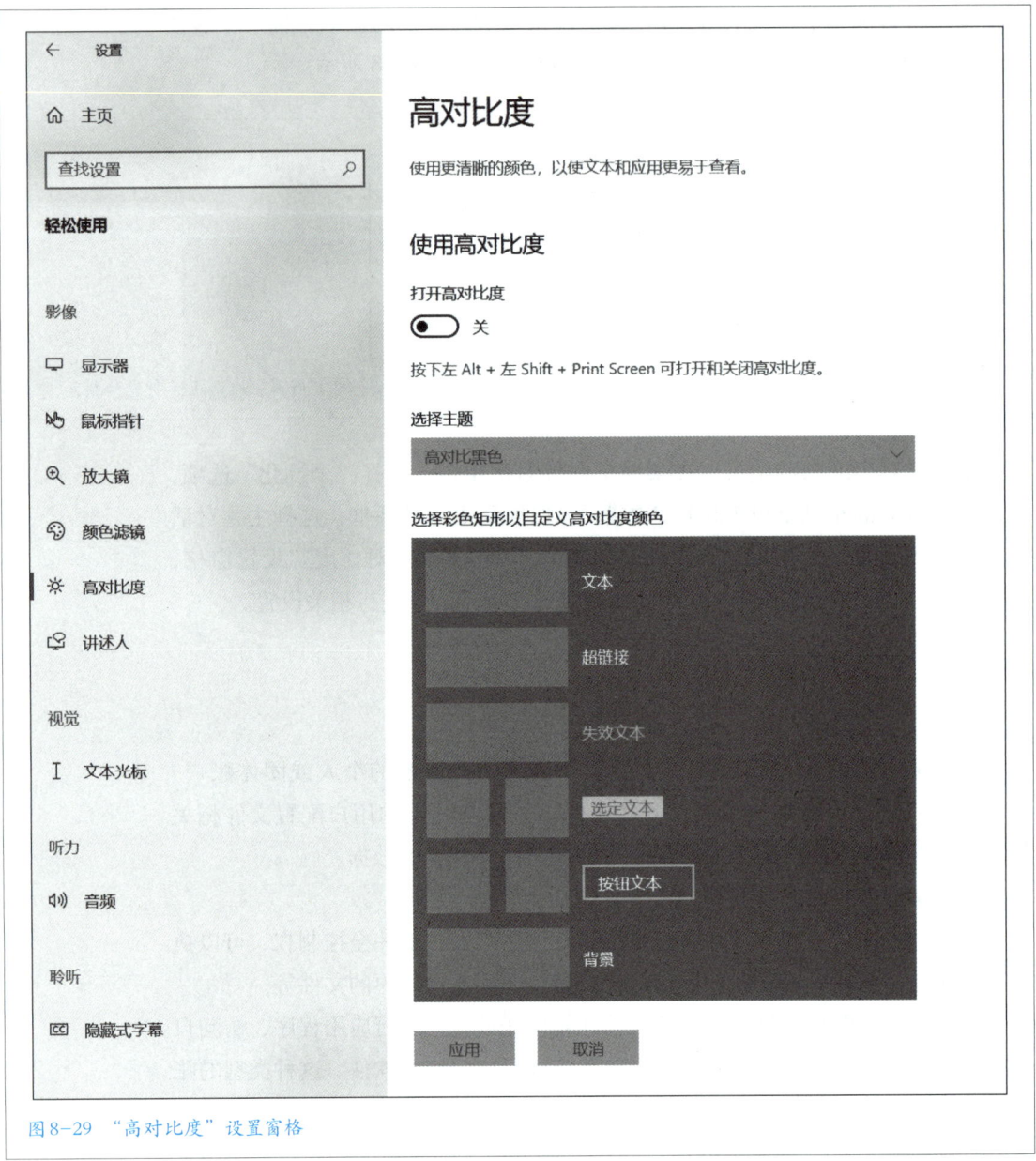

图 8-29 "高对比度"设置窗格

- 在 Windows 设置界面找到并单击"账户"。在账户设置页面中，选择"家庭和其他用户"。
- 在"其他用户"部分单击"将其他人添加到这台电脑"按钮。
- 在弹出的窗口中，选择"我没有这个人的登录信息"。
- 在弹出的窗口中选择"添加一个没有 Microsoft 账户的用户"。
- 在创建用户窗口输入新用户的用户名、密码，以及密码提示问题（可选），单击"下一步"，如图 8-30 所示。

· 完成这些步骤后，新的本地用户账户创建成功，并出现在"其他用户"列表中。

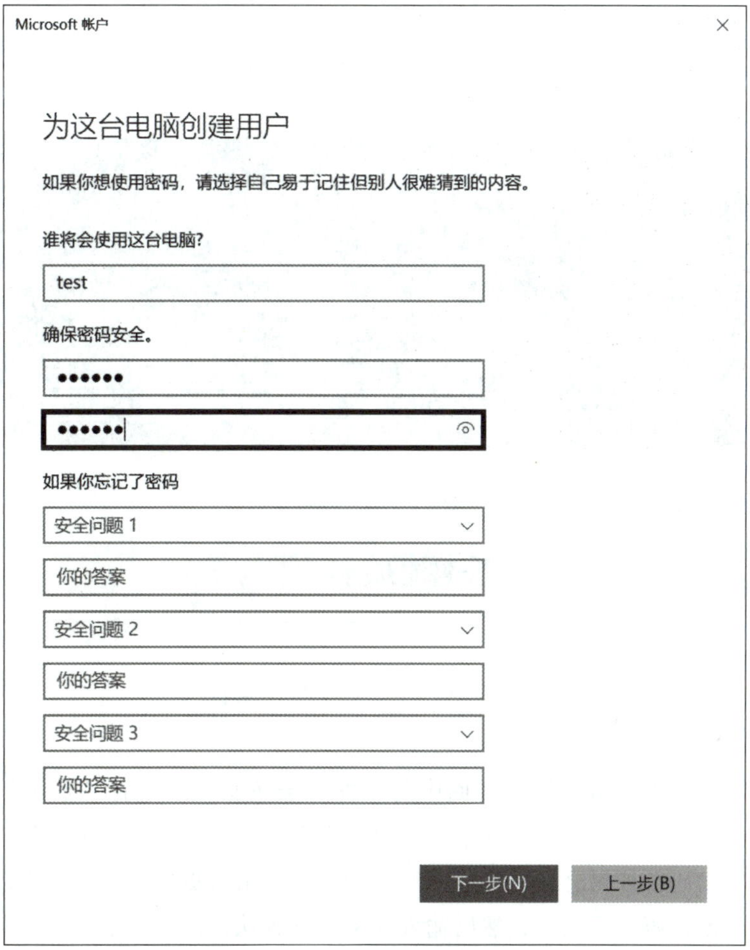

图8-30　创建用户对话框

（2）删除用户账户

· 单击任务栏的"开始"按钮，选择"设置"选项。

· 在 Windows 设置界面中找到并单击"账户"。

· 在账户设置页面中选择"家庭和其他用户"。

· 在"其他用户"部分单击要删除的用户账户，单击"删除"按钮。

· 系统会弹出一个确认对话框，询问是否确定要删除该用户账户及其相关文件。如果确定要删除，单击"删除账户和数据"按钮，如图8-31所示。完成这些步骤后，所选的用户账户将从计算机中删除。

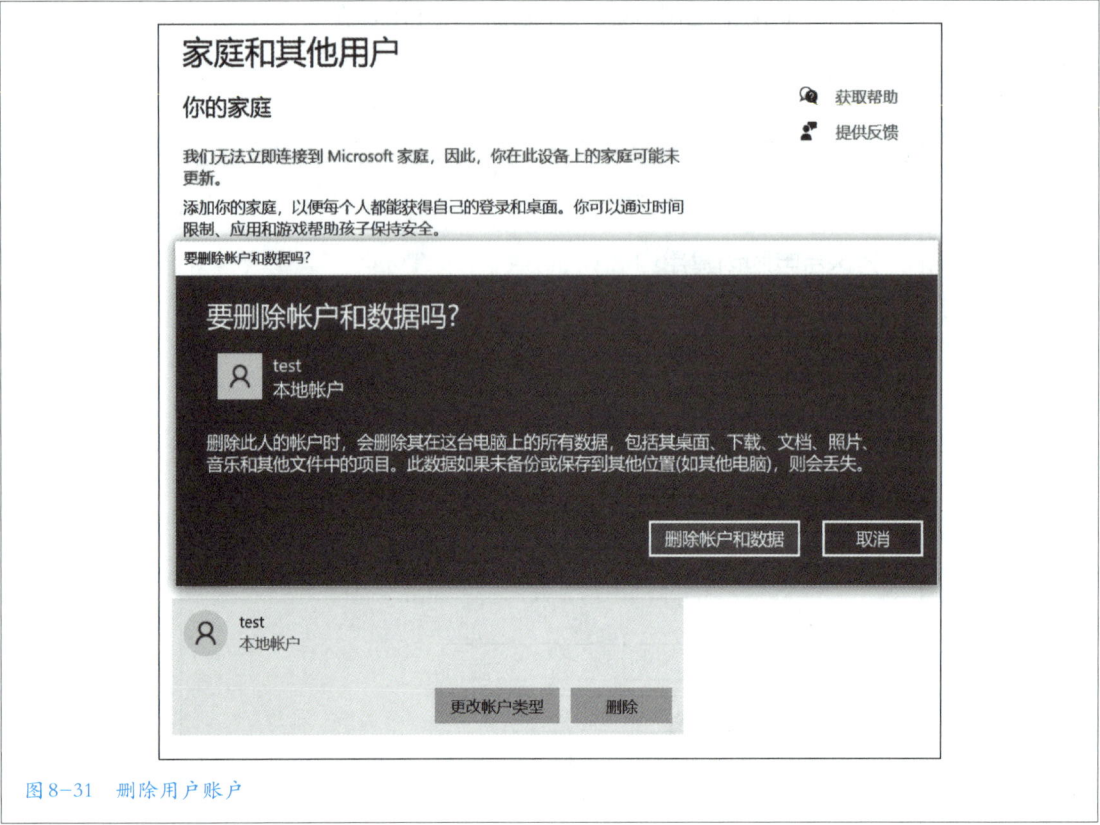

图8-31 删除用户账户

3. 设置或更改账户密码

在 Windows 设置界面中打开账户设置页面，选择"登录"选项，找到并单击"密码"选项。如果之前没有设置过密码，可以单击"添加"按钮来设置新密码；如果已经设置过密码，则需要单击"更改"按钮来更改密码，先输入当前密码进行验证，然后输入新密码并确认，最后单击"下一页"按钮进行保存。如图8-32所示。

4. 更改账户类型

用户可以将本地账户更改为管理员账户。打开 Windows 设置界面选择"账户"选项。在账户设置页面选择"家庭和其他用户"。选择想要更改类型的账户，单击"更改账户类型"按钮，在弹出的窗口中选择"管理员"选项，单击"确定"按钮保存更改。如图8-33所示。

5. 注销、切换账户和锁定计算机

（1）注销

注销是指退出当前登录系统的用户账户，注销后可以使用任何一个用户身份重新登录系统。注销主要有以下方法。

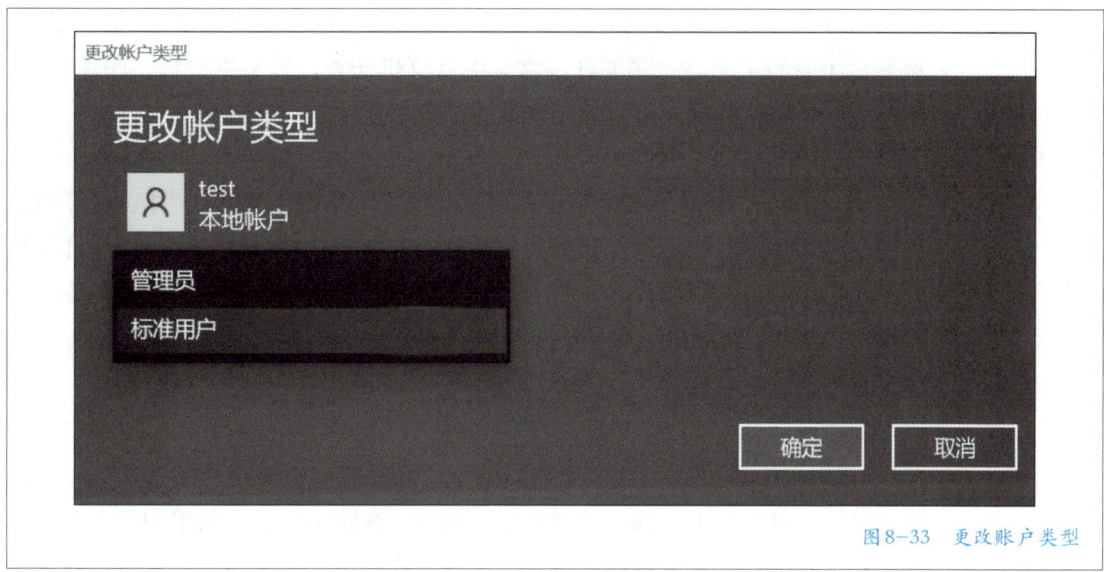

图8-32 更改密码

图8-33 更改账户类型

- 单击"开始"菜单中用户账户按钮，从弹出的菜单中选择"注销"命令。
- 按下 Ctrl+Alt+Del 组合键，在打开的界面中选择"注销"选项。

（2）切换账户

如果计算机中有多个用户账户，那么要使用另一个账户登录计算机的快捷方法是进行切换操作，该方法无须注销或关闭程序和文件。可以选择下列操作之一来打开 Windows 10 的切换账户界面。

- 单击"开始"菜单中用户账户按钮，从弹出的菜单中选择其他账户进行切换。
- 按下 Ctrl+Alt+Del 组合键，首先在打开的界面中选择"切换用户"选项，然后单击要切换的用户。

（3）锁定计算机

当用户账户设置登录密码后，若在使用计算机的过程中需要暂时离开计算机，并希望在离开期间能继续保持计算机当前状态，且不希望其他用户进入系统，可以使用如下方法锁定计算机。

- 单击"开始"菜单中用户账户按钮，从弹出的菜单中选择"锁定"命令。
- 按下 Win + L 组合键。
- 按下 Ctrl+Alt+Del 组合键，在打开的界面中选择"锁定"选项。

七、使用Windows 10常用附件程序

附件程序是在安装完操作系统后，系统自带的一些常用且重要的程序。这些程序能够帮助用户完成许多常见的计算机任务，如文本编辑、图像处理、媒体播放等。这些程序可以通过"开始"菜单或搜索功能找到并打开。

1. 计算器

Windows 10 附带了多种类型的计算器，包括标准计算器、科学计算器和程序员计算器等。标准计算器适用于基本的数学运算和单位转换；科学计算器提供了更多的数学函数和运算符，适用于更复杂的数学计算；程序员计算器则提供了二进制、八进制、十进制和十六进制之间的转换功能，以及位运算等程序员常用的计算功能。

单击任务栏"开始"按钮，在弹出的"开始"菜单左侧应用列表中找到"计算器"命令，可以打开"计算器"窗口，该窗口将显示其默认格式——标准计算器。单击左上角的"打开导航"按钮，在弹出的下拉菜单中可以选择多种不同形式的计算器来使用。例如，选择"程序员"菜单命令，可以转换成程序员计算器窗口。如图 8-34 所示。

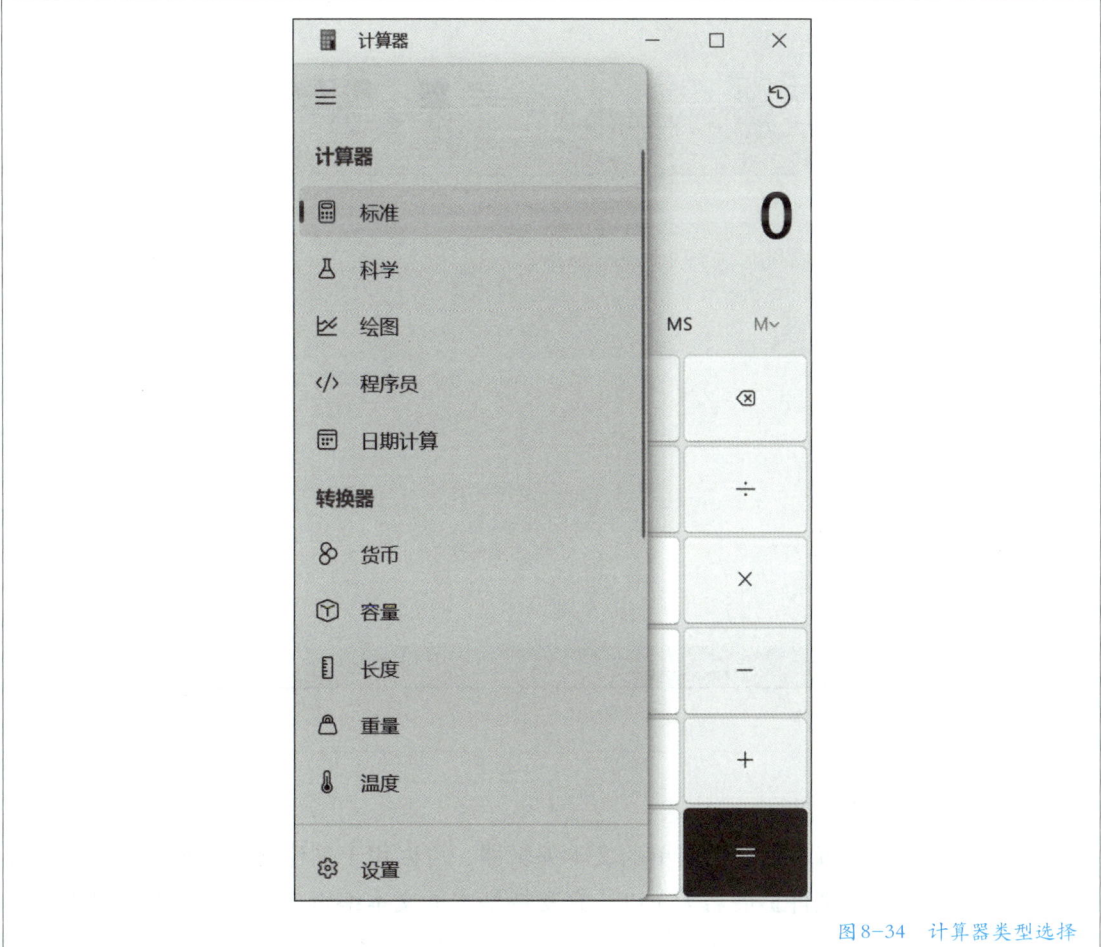

图8-34　计算器类型选择

2. 画图工具

画图工具是一个基本的图形编辑器，可以用于创建和编辑简单的图像和图形。它提供基本的绘图工具（如铅笔、刷子、喷枪等）、形状选项（如矩形、椭圆、多边形等）、图像编辑功能（如裁剪、旋转、翻转等）。此外，画图工具还支持打开和保存多种图像格式，如 BMP、JPG、PNG 等。

单击任务栏"开始"按钮，在弹出的"开始"菜单左侧应用列表中单击"Windows 附件"文件夹，在展开的菜单中选择"画图"，打开画图工具，如图8-35 所示。

画图工具的顶部是功能区，包括"剪贴板""图像""工具""形状"和"颜色"等选项组。使用画图工具的一般步骤包括自定义画布尺寸、选择颜色、设置线条粗细、选择绘图工具、绘制图形、在画布上输入文本等。

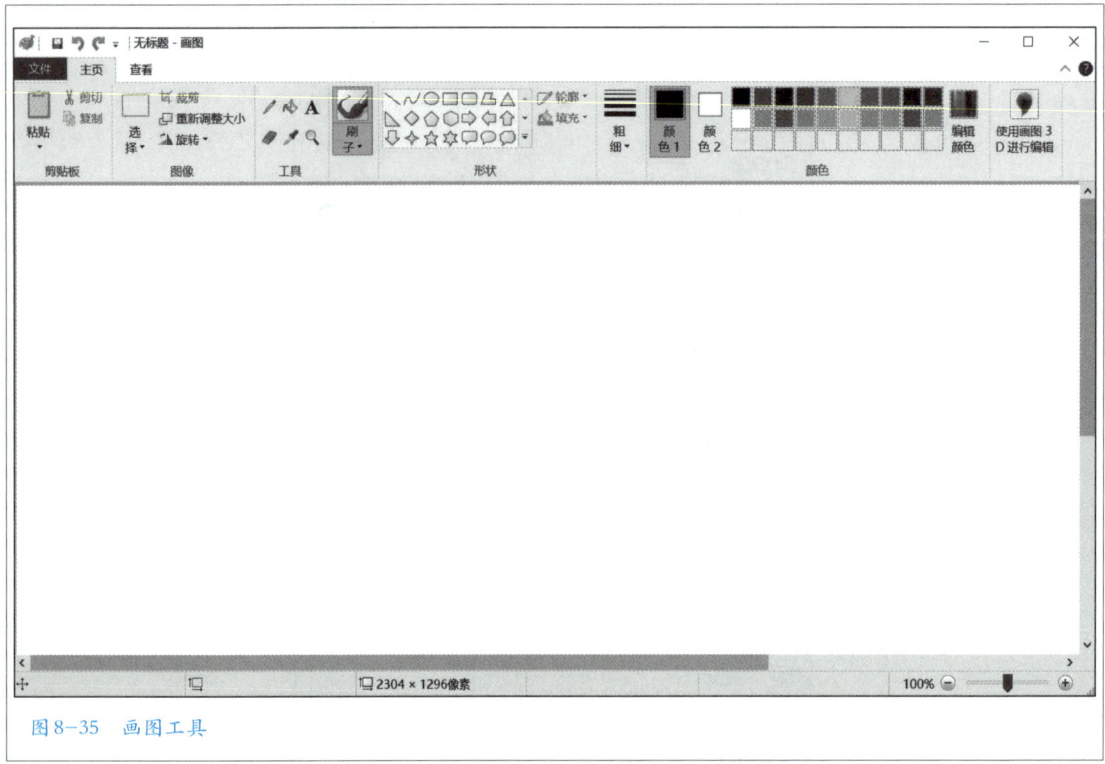

图 8-35　画图工具

3. 记事本

记事本是一个简单的文本编辑器，可以用于创建和编辑纯文本文件，保存后的文件扩展名为 TXT。它支持基本的文本编辑功能，如复制、粘贴、查找和替换等。此外，记事本还可以用于查看和编辑代码文件，如 HTML、CSS 等，因为它支持语法高亮显示和代码折叠等高级功能。

单击任务栏"开始"按钮，在弹出的"开始"菜单左侧应用列表中单击"Windows 附件"文件夹，在展开的菜单中选择"记事本"，打开记事本窗口，如图 8-36 所示。

4. 截图工具

截图工具可以用于捕获屏幕上的任意区域或整个屏幕，并将其保存为图像文件。使用截图工具时，可以先选择要捕获的区域、设置截图选项（如延迟时间、是否包含鼠标指针等），然后使用快捷键（如 Ctrl+Shift+S）或单击"新建"按钮进行截图。截图完成后，可以对图像进行编辑和注释，最后保存为所需格式。

单击任务栏"开始"按钮，在弹出的"开始"菜单左侧应用列表中单击"Windows 附件"文件夹，在展开的菜单中选择"截图工具"，打开截图工具窗口，如图 8-37 所示。

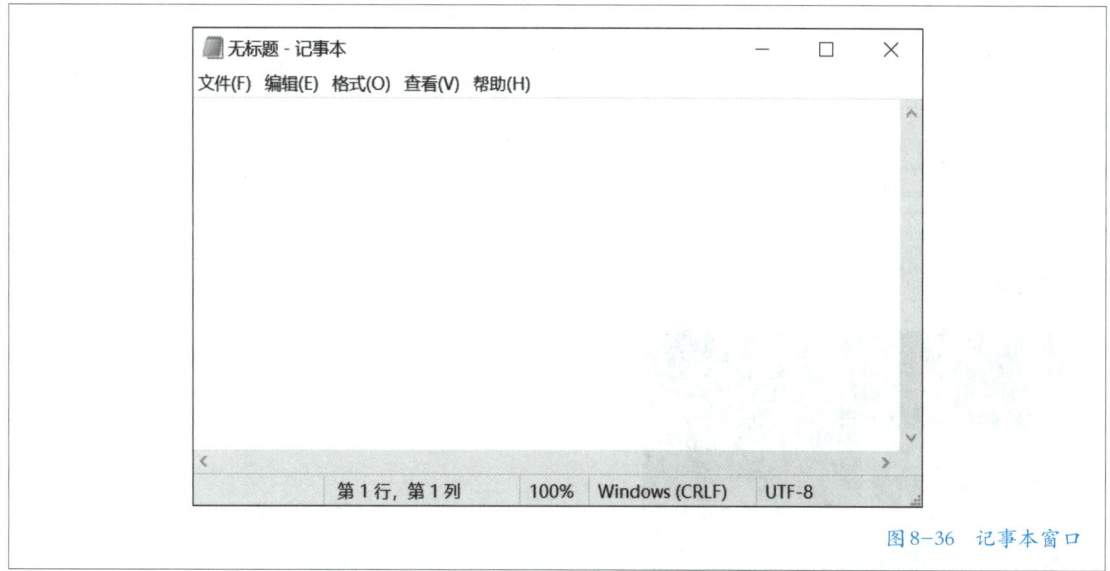

图8-36 记事本窗口

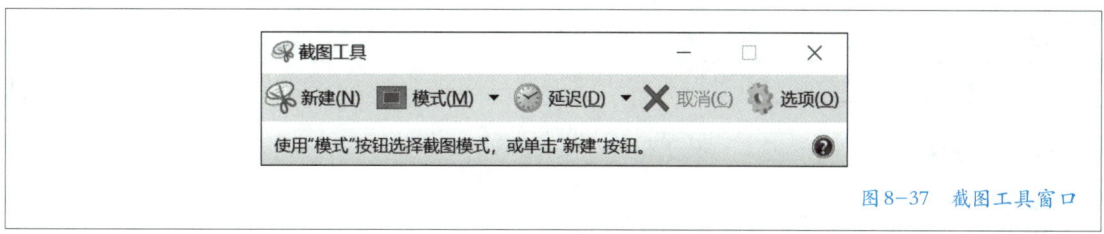

图8-37 截图工具窗口

任务实施

小明想用在培训中所学的知识，对他的计算机做一些个性化的配置，他希望在提高工作效率的同时，能体现自己的个性。

一、设置 Windows 10 桌面

1. 更改桌面背景

小明闲暇时喜欢旅游，他希望用自己拍摄的风景照片作为计算机的桌面背景。他在"图片"库中创建了名为"祖国风光"的文件夹，并将喜欢的照片统一复制到该文件夹中。其后，他右键单击桌面上的空白处，在快捷菜单中选择"个性化"，弹出背景对话框。在该对话框的"背景"列表框中选择"幻灯片放映"，在"为幻灯片选择相册"栏中单击"浏览"按钮，选择放置图片的"祖国风光"文件夹。在"图片切换频率"下拉框中选择"10分钟"；打开"无

序播放"开关；保持"在使用电池供电时仍允许运行幻灯片放映"为关闭状态，以节省用电；在"选择契合度"下拉框中选择"填充"方式。如图 8-38 所示。

图8-38　更改桌面背景

设置成功后，系统桌面将每 10 分钟从"祖国风光"文件夹中随机选取一张照片作为当前系统桌面背景，在笔记本计算机使用电池供电时，则会关闭幻灯片放映功能。

2. 配置屏幕保护程序

屏幕保护程序也被称为屏保，最初是为了防止阴极射线管（CRT）显示器的屏幕老化而设计的。随着技术的进步，现代显示器（如 LCD、LED 等）已经不再需要屏保来防止屏幕老化。尽管如此，屏保在今天的计算机应用中仍然具有个性化展示、隐私保护、节能、娱乐和放松，以及宣传和教育的作用。

右键单击桌面空白处，在快捷菜单中选择"个性化"，弹出背景对话框。在该对话框中单击"锁屏界面"，在"锁屏界面"单击"屏幕保护程序设置"，打开"屏幕保护程序设置"对话框。在该对话框的"屏幕保护程序"下拉框中选择"3D 文字"，等待时间设为 5 分钟，勾选"在恢复时显示登录屏幕"，以便在小明离开计算机并启动屏幕保护程序后，其他用户也可以进入系统，如图8-39 所示。

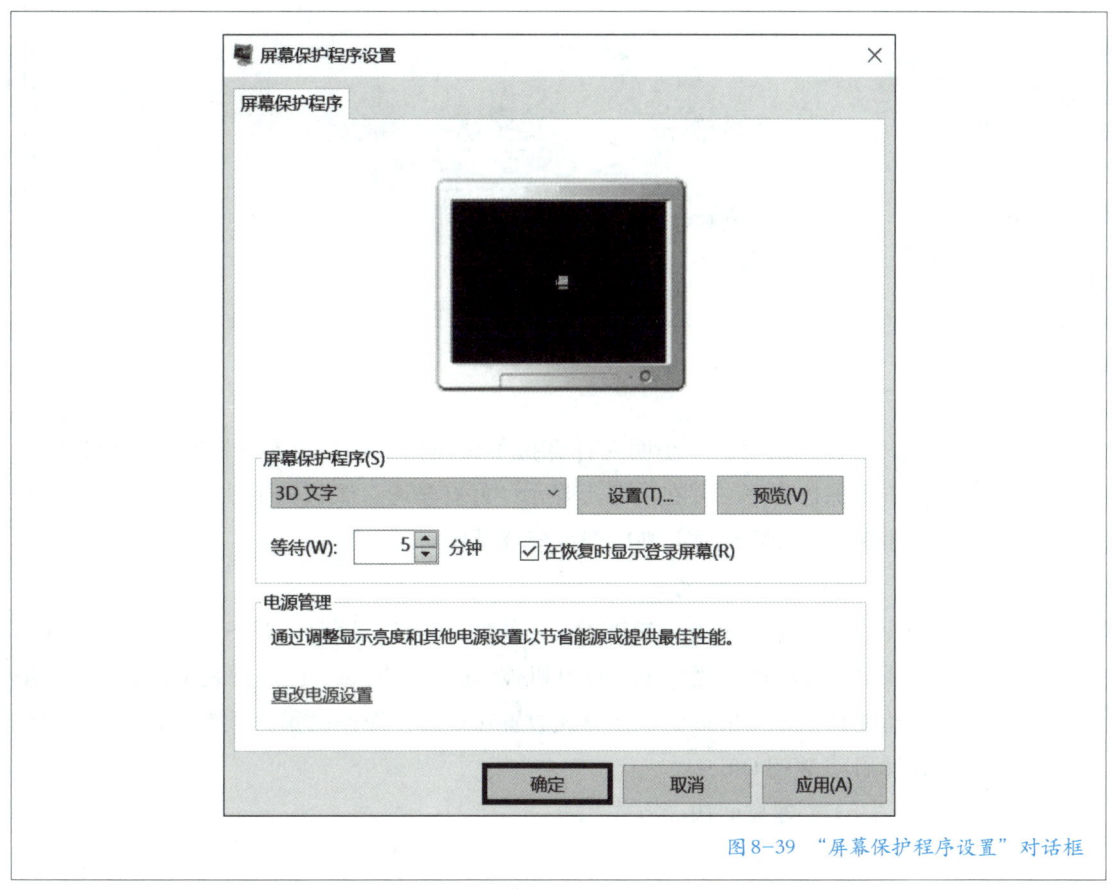

图 8-39　"屏幕保护程序设置"对话框

单击"设置"按钮，弹出"3D 文字设置"对话框，在"文本栏"中选择

"自定义文字"，并输入文本"好好学习，天天向上"，单击"选择字体"按钮进行字体设置，其余设置保持默认值，单击"确定"按钮，如图 8-40 所示。

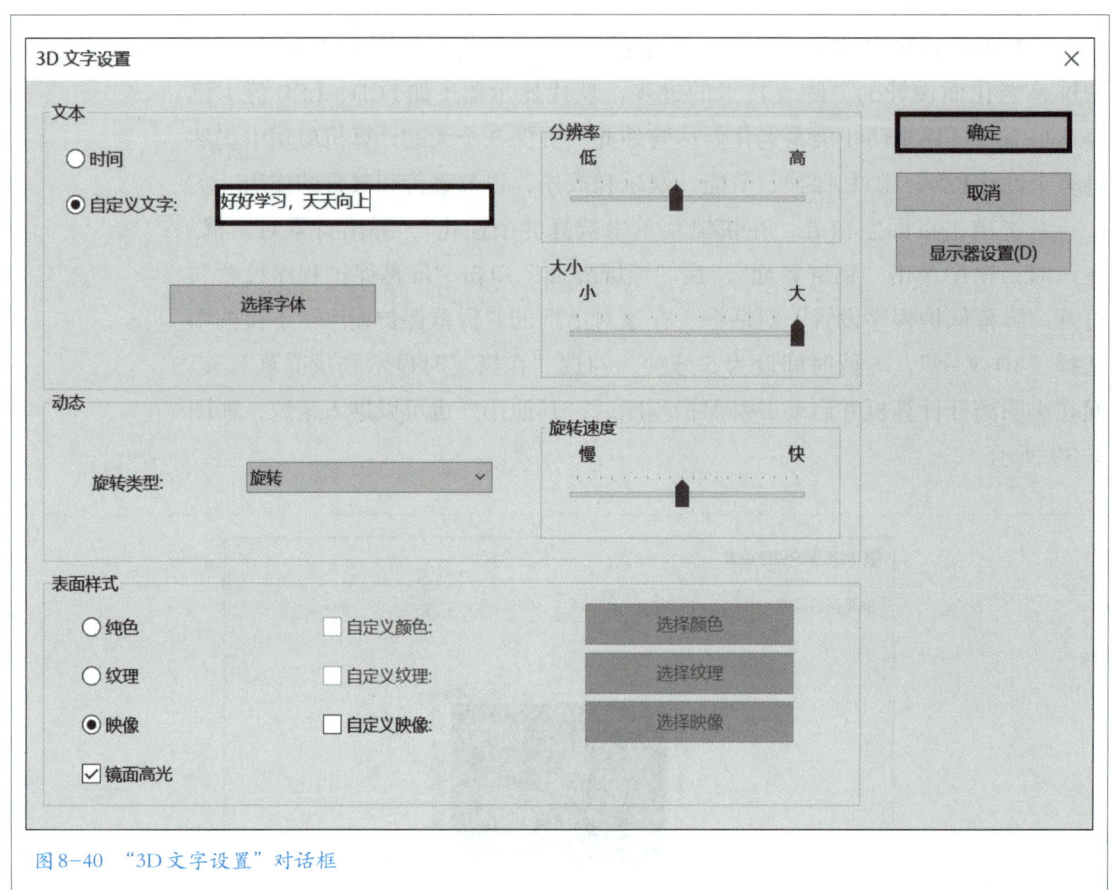

图 8-40 "3D 文字设置"对话框

设置完成后，当小明对计算机不做任何操作超过 5 分钟时，计算机将启动屏幕保护程序，并在屏幕上显示"好好学习，天天向上"的 3D 文字，当小明重新操作计算机时，则出现系统登录界面。

3. 自定义快捷方式

后续小明将要接受 WPS Office 软件的培训，因此，WPS Office 是需要频繁使用的工具软件。当笔记本计算机被分配给小明时，已经预装了该软件，小明希望能将 WPS Office 的快捷方式放置在桌面、任务栏和"开始"菜单中，以便快速启动 WPS Office。

（1）创建桌面快捷方式

单击任务栏"开始"按钮，在弹出的"开始"菜单的应用程序列表中找到 WPS Office 文件夹，单击展开该文件夹，找到 WPS Office 应用程序图标，按住左键拖动该图标至桌面，即在桌面上生成了该应用程序的快捷方式。

（2）创建"开始"菜单快捷方式

　　单击任务栏"开始"按钮，在弹出的"开始"菜单的应用程序列表中找到 WPS Office 文件夹，单击展开该文件夹，找到 WPS Office 应用程序图标，右键单击该图标，在弹出的快捷菜单中选择"固定到'开始'屏幕"。此时 WPS Office 图标显示在"开始"菜单右侧的磁吸区，可以在磁吸区中拖动来调整该图标的位置，如图 8-41 所示。此时，单击该图标即可打开 WPS Office。

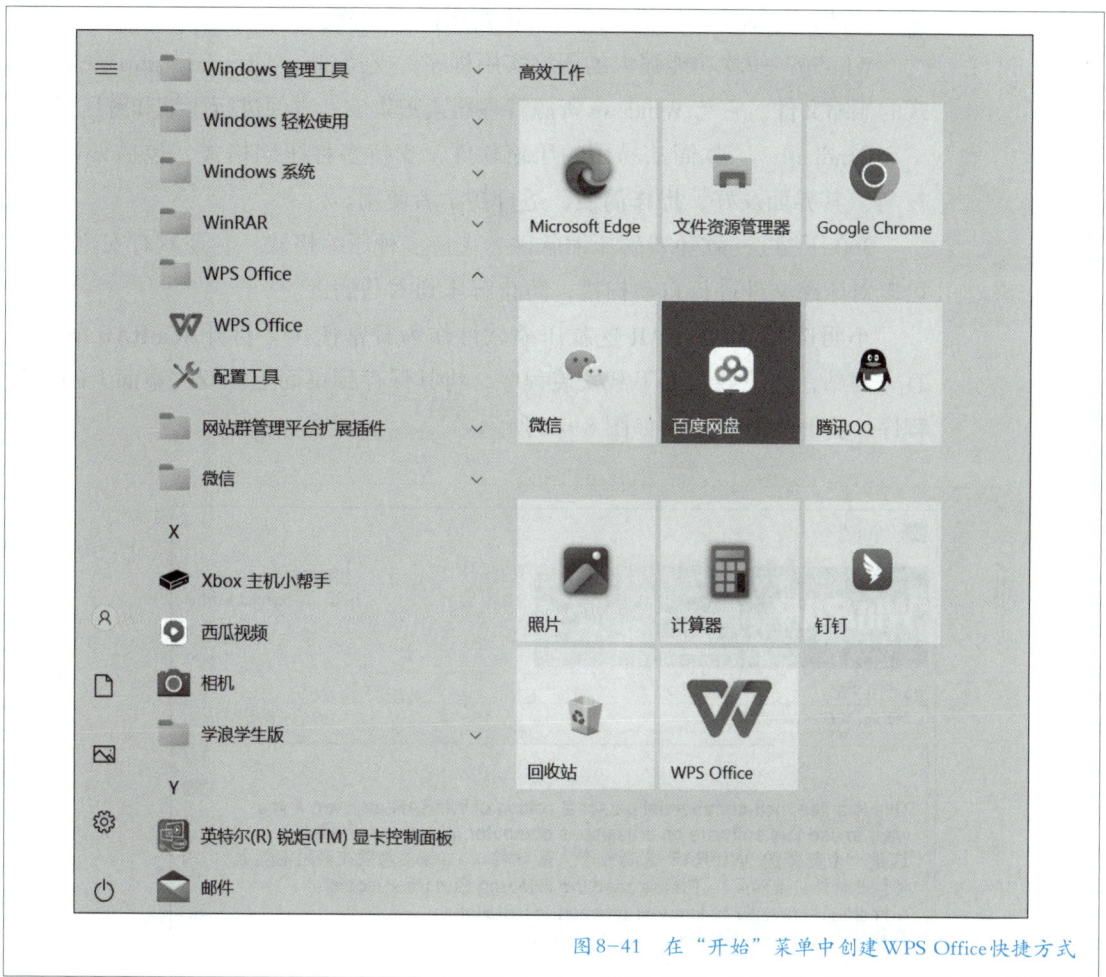

图8-41　在"开始"菜单中创建WPS Office快捷方式

（3）创建任务栏快捷方式

　　单击任务栏"开始"按钮，在弹出的"开始"菜单的应用程序列表中找到 WPS Office 文件夹，单击展开该文件夹，找到 WPS Office 应用程序图标，右键单击该图标，在弹出的快捷菜单中选择"更多"，在其二级菜单中选择"固定到任务栏"。此时 WPS Office 图标将固定显示在任务栏中，单击该图标即可打开 WPS Office。

二、使用压缩软件

压缩软件是一种用于管理压缩文件的工具。常见的压缩软件包括以下几种。

WinRAR：一款经典的压缩软件，支持多种压缩格式，如 rar、zip、7z 等。它具有高压缩率和多个压缩选项，可以满足多种压缩需求。

7-Zip：一款免费开源的压缩软件，同样支持多种压缩格式。其特点是压缩率较高，解压速度较快，同时提供密码保护功能。

WinZip：一款功能强大的压缩实用程序，支持 zip、cab、tar、gzip 等多种格式的压缩文件。它与 Windows 资源管理器紧密集成，方便进行压缩和解压操作。

Bandizip：一款简洁易用的压缩软件，支持多种压缩格式，包括 zip、rar、7z 等。其界面友好，操作简便，适合初学者使用。

360 压缩：一款免费解压缩软件，支持多种压缩格式。它还具有安全引擎，可以对压缩文件进行自动扫描，防止解压到木马病毒。

小明选择了 WinRAR 这款压缩软件作为日常使用。打开 WinRAR 的中文官方网站，在下载页面下载安装程序，将其保存到桌面上。双击桌面上的安装程序，打开安装界面，如图 8-42 所示。

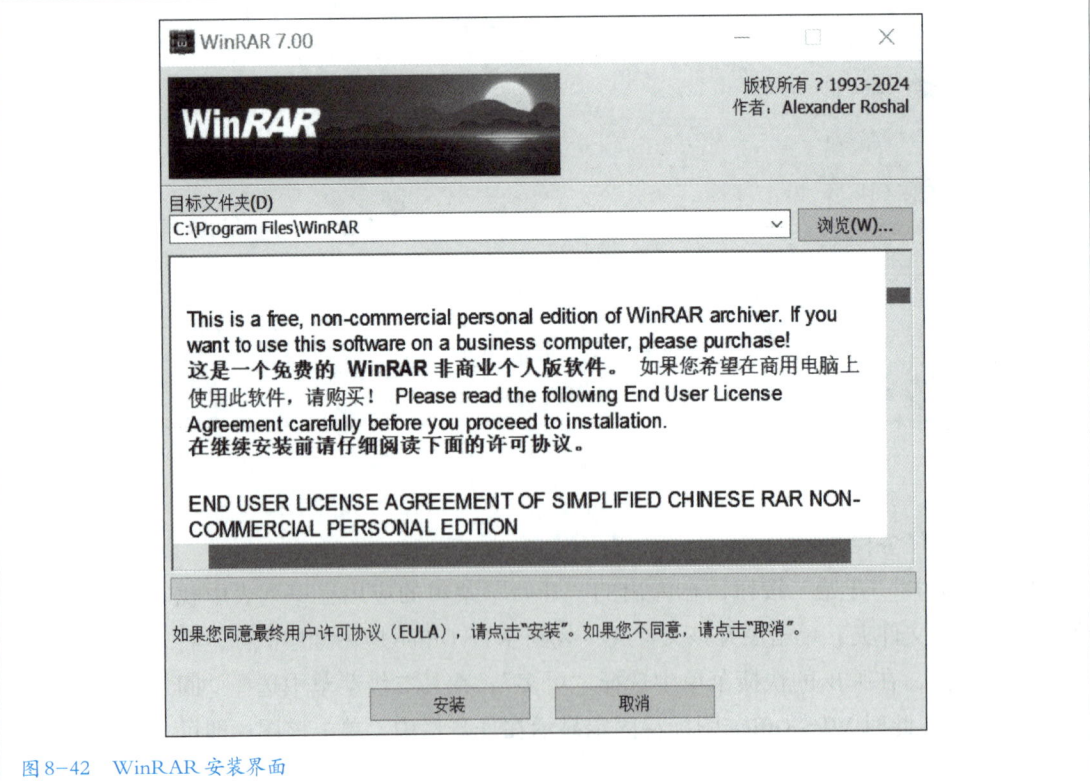

图 8-42　WinRAR 安装界面

　　单击"浏览"按钮，在弹出的对话框中选择安装位置，此处采用默认位置，单击"安装"按钮开始安装。安装成功后弹出配置界面，用于选择WinRAR 关联的压缩文件格式，设置 WinRAR 快捷方式添加的位置、关联菜单项目等，单击"确定"按钮完成安装，如图 8-43 所示。

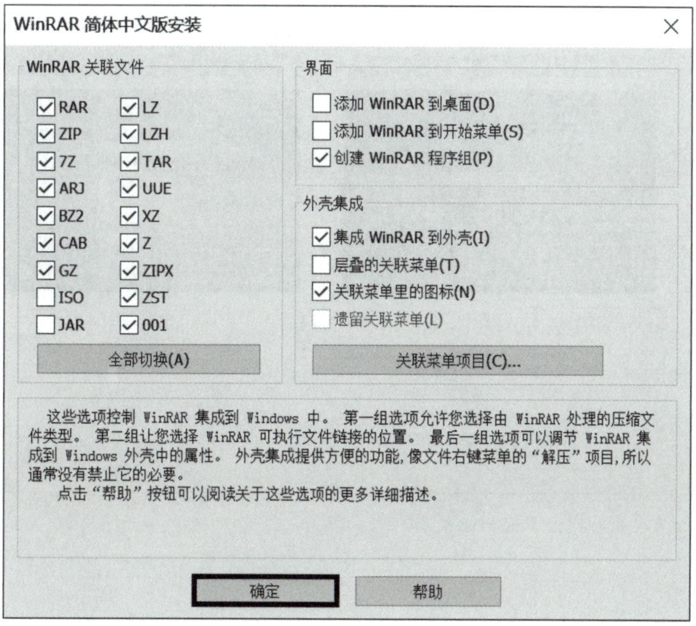

图 8-43　WinRAR 配置界面

三、使用中文输入法软件

　　常见的中文输入法软件有多种，除了 Windows 自带的输入法以外，常见的有搜狗输入法、百度输入法、讯飞输入法、QQ 输入法等。

　　小明选择了搜狗输入法。打开"开始"菜单，在应用程序列表中选择"Microsoft Store"，打开 Windows 应用商店。在应用商店顶部搜索栏输入"搜狗输入法"后按下回车键，下方列表中显示搜索结果，如图 8-44 所示。

　　单击搜索结果中的"搜狗输入法"，进入搜狗输入法详情页面，如图 8-45所示。

　　单击右侧"安装"按钮，系统开始从 Windows 应用商店下载软件，并进行安装。安装完成后，安装按钮显示为"已安装"。

　　此时，单击任务栏通知区域的输入法图标，弹出的输入法列表中会出现"搜狗拼音输入法"这一项，如图 8-46 所示。

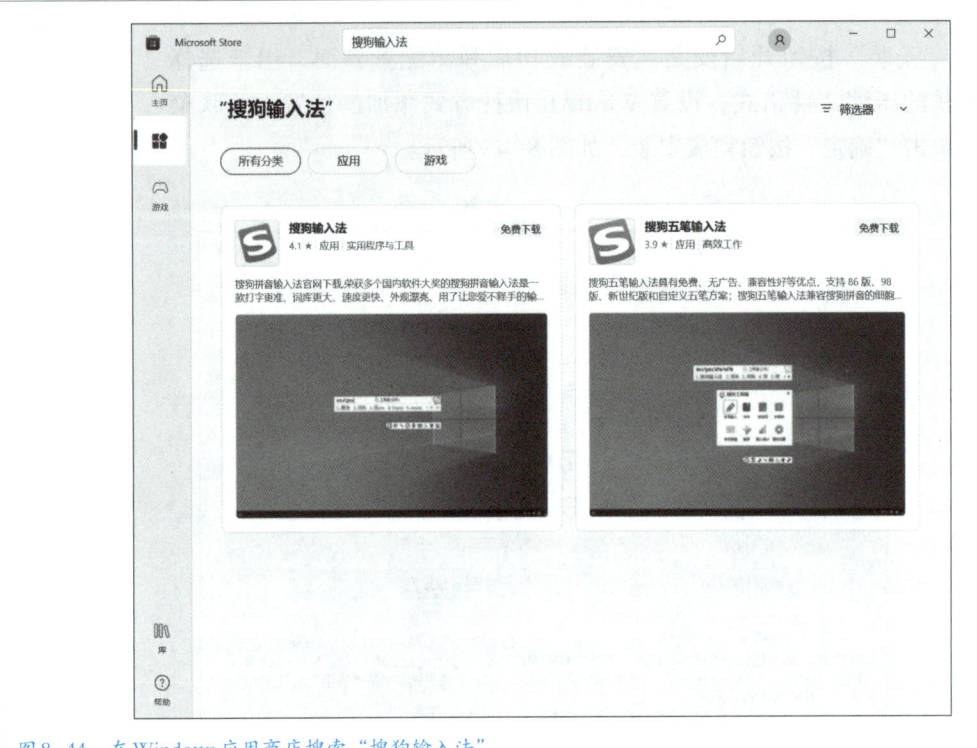

图8-44　在Windows应用商店搜索"搜狗输入法"

图8-45　搜狗输入法详情页面

可通过单击列表中的输入法进行切换，也可通过以下键盘快捷键进行输入法切换。

- Ctrl+Shift 组合键：可以在列表中的输入法之间依次选择。
- Win+ 空格：按下后弹出任务栏输入法列表，可进行输入法选择。
- Ctrl+ 空格：用于在使用微软拼音输入法时的中英文输入法切换。

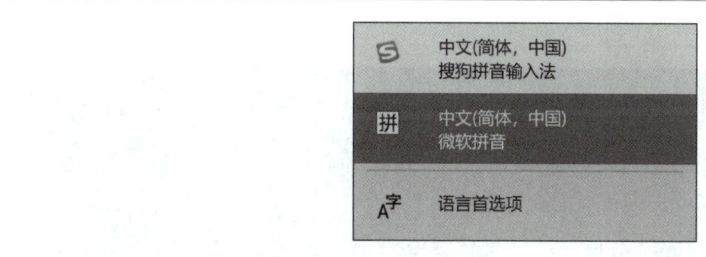

图 8-46　任务栏通知区域输入法列表

任务拓展

一、使用 Windows 10 虚拟桌面提高工作效率

Windows 10 虚拟桌面是系统提供的一项功能，允许创建多个独立的虚拟桌面环境，并在这些虚拟桌面之间切换。每个虚拟桌面都可以看作一个独立的工作空间，可以在其中打开不同的应用程序和窗口，而且不会与其他桌面上的内容相互干扰。

通过虚拟桌面，用户可以更好地组织和管理工作流程，提高工作效率。例如，可以在一个虚拟桌面上打开办公应用程序处理文档，同时在另一个虚拟桌面上打开浏览器进行网页浏览或参考资料查找。这样，就可以轻松地在不同的工作场景之间切换，而无须频繁地最小化、最大化或关闭窗口。

1. 创建新的虚拟桌面

可以按下 Win + Ctrl + D 组合键创建一个新的虚拟桌面；也可以通过任务栏来创建虚拟桌面。找到任务栏上的"任务视图"按钮，如果没有该按钮，可以右键单击任务栏空白处，在弹出的快捷菜单中勾选"显示'任务视图'按钮"。单击"任务视图"按钮，在弹出的任务视图中选择"新建桌面"来创建一个新的虚拟桌面。在该虚拟桌面中可以进行各种操作，与其他桌面不会产生互相影响。

2. 在虚拟桌面之间切换

使用 Win + Ctrl + → （←） 组合键，即可在不同的虚拟桌面之间切换；或者单击任务栏"任务视图"按钮，在显示的虚拟桌面列表中选择要切换到的虚拟桌面进行切换。

3. 移动窗口至其他虚拟桌面

打开"任务视图"，将鼠标指针悬停在窗口后单击右键，在弹出的快捷菜单中选择"移动到"，在其二级菜单中选择目标桌面的编号，如图8-47所示。

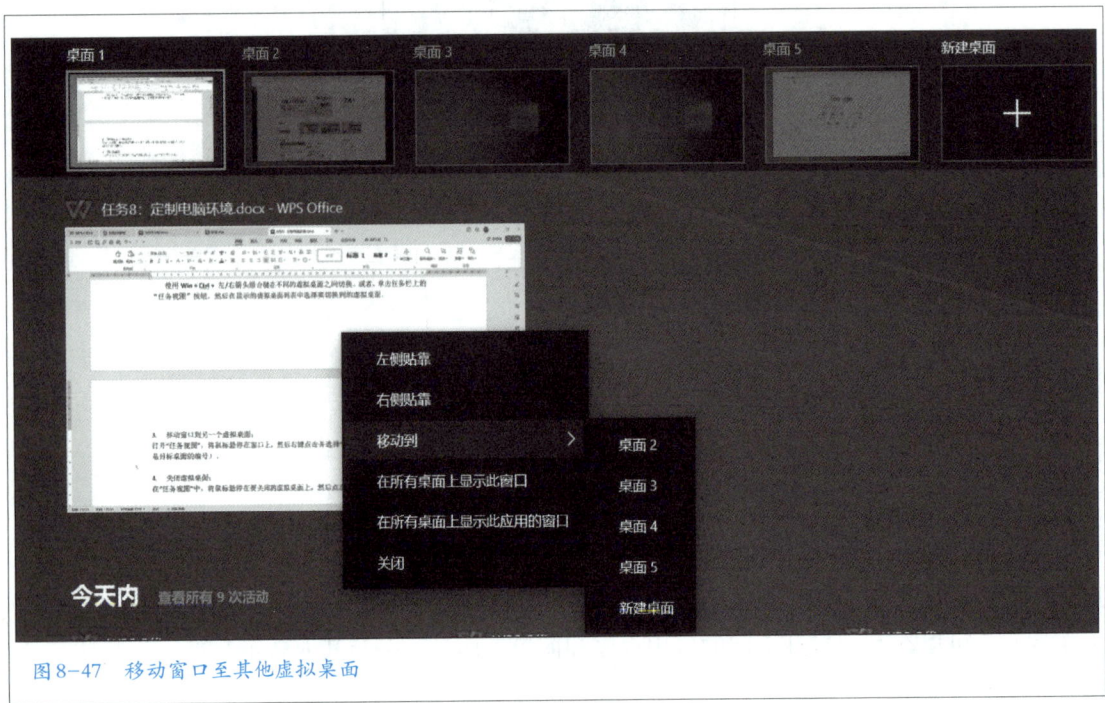

图8-47　移动窗口至其他虚拟桌面

4. 关闭虚拟桌面

在"任务视图"中，首先将鼠标指针悬停在要关闭的虚拟桌面上，然后单击其右上角的关闭按钮即可关闭该虚拟桌面。

二、多显示器的设置与优化

如果拥有多个显示器，Windows 10可以轻松地将它们连接起来，并配置为一个扩展的工作区。这样，可以在一个显示器上查看文档，在另一个显示器上查看参考资料或进行其他工作。

1. 连接显示器

将第二个显示器连接到计算机上，通常通过 HDMI、DP 或 VGA 等接口完成。

2. 检测显示器

方法一是按下 Win + P 组合键，在弹出的"投影"对话框中选择"扩展"模式，也可以选择"复制"模式（会在两个显示器上显示相同的内容），如图8-48 所示。

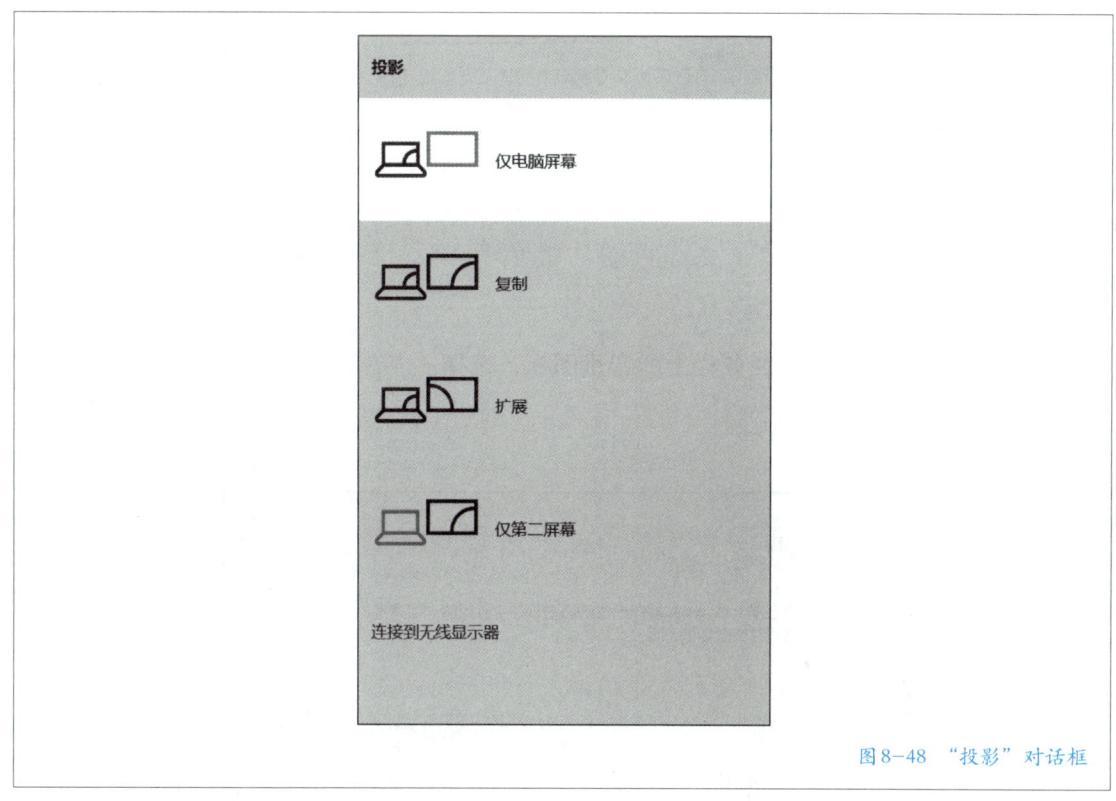

图8-48 "投影"对话框

方法二是右键单击桌面空白处，选择"显示设置"，在弹出的对话框中可以看到所有已连接的显示器，并进行配置。

3. 配置显示器

在"显示设置"中，可以拖动显示器图标来调整不同显示器的物理布局，确保它们与实际布局相匹配；也可以设置主显示器，并调整分辨率和方向等参数。

4. 优化多显示器体验

右键单击任务栏空白处，打开"任务栏"设置，在"多显示器"栏中可以设置"在所有显示器上显示任务栏"，也可以设置只在主显示器上显示任务栏，如图 8-49 所示。

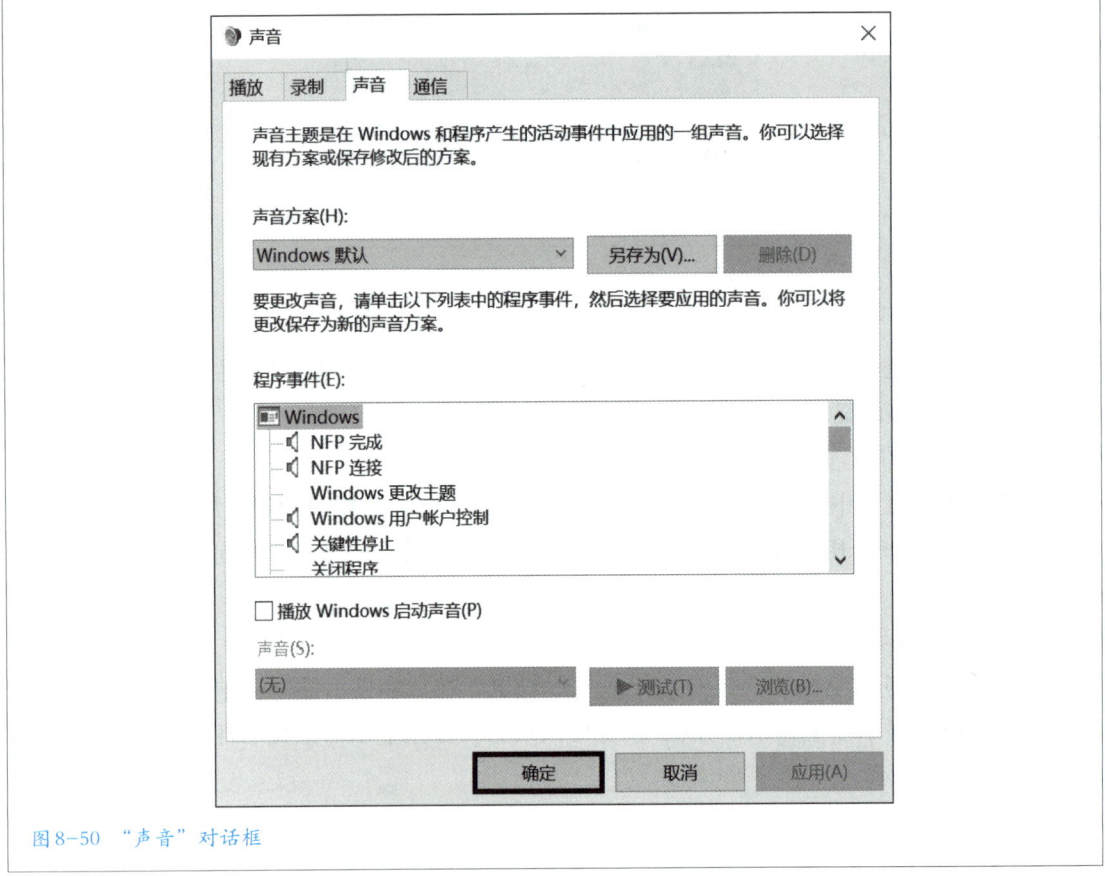

图8-49 "多显示器"设置栏

三、自定义系统声音、指针等

1. 更改系统声音

右键单击任务栏上的音量图标，选择"声音"，弹出"声音"对话框，如图 8-50 所示。

图8-50 "声音"对话框

在此对话框中可以更改系统声音方案，或者为特定事件选择自定义声音。

2. 自定义鼠标指针

选择"开始"菜单中的"设置"选项，在 Windows 设置界面单击"设备"，进入"设备"页后选择"鼠标"，在"鼠标"页中选择"其他鼠标选项"，弹出"鼠标 属性"对话框，如图 8-51 所示。

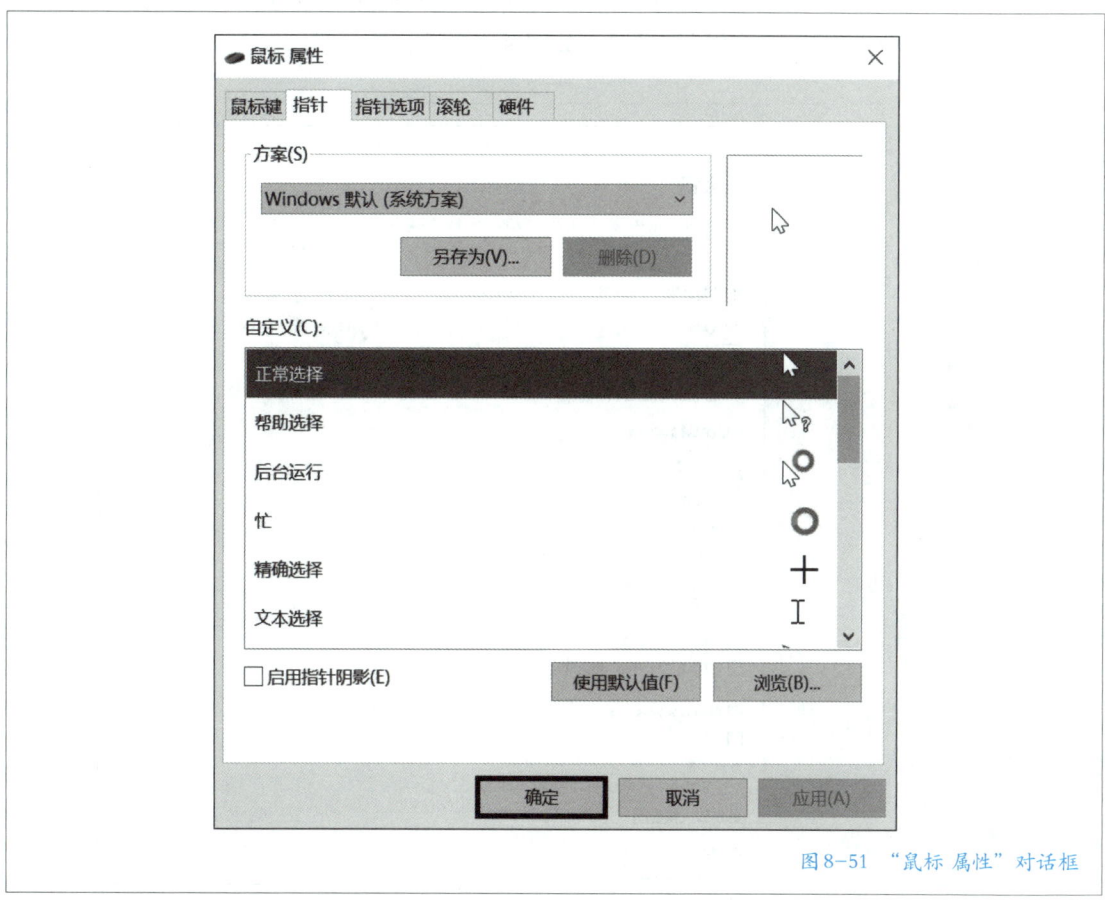

图 8-51　"鼠标 属性"对话框

在此对话框中可以选择不同的鼠标指针方案，也可以为不同的鼠标操作（如正常选择、文本选择等）设置自定义指针形状。

四、设置和使用辅助功能

Windows 10 提供了一系列辅助功能，旨在帮助有特殊需求的用户更轻松地使用计算机。这些功能包括高对比度模式、放大镜、屏幕键盘等。

1. 启用高对比度模式

单击"开始"菜单中的"设置"选项，在 Windows 设置界面单击"轻松使用"，进入"轻松使用"页后选择左侧"高对比度"，打开"高对比度"窗格，在该窗格中打开"使用高对比度"开关后可以更详细地配置高对比度。

2. 使用放大镜

方法一是按下 Win + 加号组合键快速启动放大镜；使用 Win + 减号组合键可以缩小放大比例。

方法二是在 Windows 设置界面的"轻松使用"页选择"放大镜"，在其窗格中进行放大镜的详细设置，如图 8-52 所示。

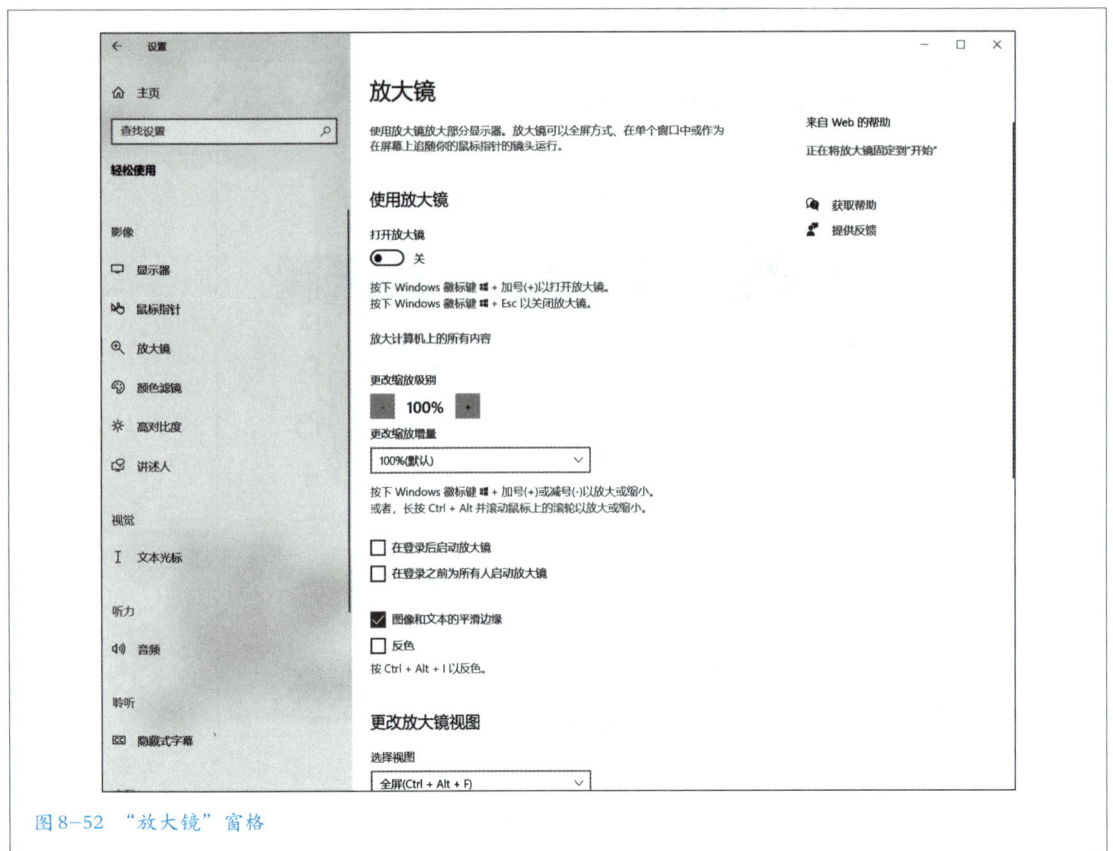

图 8-52 "放大镜"窗格

3. 启用屏幕键盘

在没有物理键盘的情况下，可以按下 Win+Ctrl+O 组合键打开或关闭屏幕键盘；也可以在 Windows 设置界面的"轻松使用"页选择"键盘"，在其窗格中进行屏幕键盘的详细设置。启用后，屏幕键盘将显示在屏幕上，允许使用鼠标单击或触摸屏幕的方式进行输入。屏幕键盘如图 8-53 所示。

图 8-53　屏幕键盘

任务 9　维护办公计算机

任务描述

在现代办公环境中，计算机作为核心工具，其稳定性和安全性对于日常工作的顺利进行至关重要。因此，每位员工应掌握基本的计算机维护技能。小孙将针对办公计算机的日常维护，为新员工小明提供全面的培训。通过培训，小明将学习保护计算机免受病毒侵害、管理系统更新与补丁等关键技能。此外，小明还将学习通过使用任务管理器监控计算机性能、安装和配置计算机防护软件等实用操作。通过本次培训，小明将能够独立完成办公计算机的基本维护工作，确保计算机的稳定运行，为高效工作提供有力保障。

思维导图

任务 9 思维导图如图 9-1 所示。

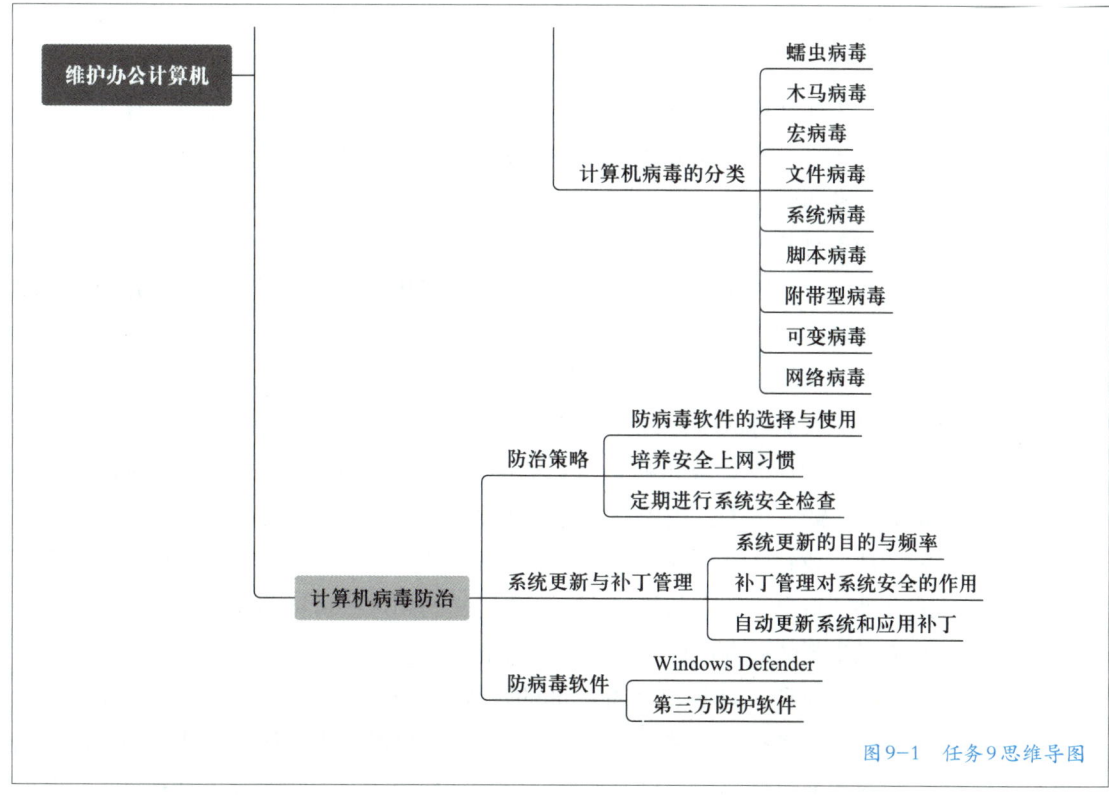

图9-1 任务9思维导图

知识准备

一、计算机病毒基础知识

1. 计算机病毒的特点

计算机病毒是一种恶意软件程序，它能够在计算机系统中自我复制，并且通过修改其他程序来"感染"它们，进而传播和破坏数据、干扰计算机操作，甚至危害网络安全。计算机病毒通常隐藏在看似无害的程序或文件中，当执行这些程序或打开这些文件时，病毒就会被激活并开始其破坏活动。

计算机病毒的特点主要包括：

● 感染性：计算机病毒能够感染其他程序或文件，将其自身的代码复制到这些程序或文件中，从而使这些程序或文件成为新的病毒载体。

● 隐蔽性：计算机病毒通常很难被发现，它们可能会隐藏在看似正常的程序或文件中，或者通过修改系统设置来隐藏自己。

● 潜伏性：一些计算机病毒在感染计算机后并不会立即"发作"，而是会在一段时间内潜伏下来，等待合适的时机进行破坏活动。

● 破坏性：计算机病毒可以对计算机系统和数据进行破坏，如删除文件、修改数据等。

● 传播性：计算机病毒可以通过各种途径进行传播，如网络、移动存储设备等。一旦一台计算机被感染，计算机病毒就可以迅速传播给其他计算机，形成大规模的感染。

随着计算机技术和网络环境的发展，计算机病毒的形式和特征也在不断变化和演进。因此，对于计算机病毒的防范和应对，需要不断更新知识并采取有效的安全措施。

2. 计算机病毒的工作过程

计算机病毒的工作过程主要包括感染、传播和发作 3 个阶段。

感染阶段是计算机病毒生命周期的开始。计算机病毒通常隐藏在看似无害的程序或文件中，当用户执行这些程序或打开这些文件时，计算机病毒代码就会被加载到计算机内存中并开始运行。计算机病毒会寻找其他可感染的程序或文件，将自身的全部代码或部分代码复制到这些目标程序或文件中，从而使它们成为新的病毒载体，其在运行时能够执行计算机病毒的代码。

传播阶段是计算机病毒扩散的过程。一旦一台计算机被感染，计算机病毒就会通过各种途径进行传播。计算机病毒可以利用操作系统或应用程序的漏洞，或者通过欺骗用户执行恶意代码来进行传播。一些病毒还具有自我复制的能力，可以在短时间内迅速感染大量的计算机。

发作阶段是计算机病毒展现其破坏性的阶段。当满足一定的触发条件时，计算机病毒就会开始其预定的破坏活动。这些触发条件可以是特定的日期、时间点、系统事件等。计算机病毒的破坏活动包括删除、修改或加密数据和文件，干扰计算机操作，窃取个人信息等。有些计算机病毒还会在发作时显示恶意信息或进行其他形式的骚扰。

此外，计算机病毒通常会采取一些手段来隐藏自己，以避免被用户或安全软件发现。这些手段包括隐藏进程、多进程保护、隐藏文件等。同时，病毒还可能通过修改系统设置、禁用安全功能等方式来提升其破坏能力和传播效率。

3. 计算机病毒的传播方式

计算机病毒的传播方式多种多样，主要依赖于计算机系统的各种通信和存储媒介。以下是一些常见的计算机病毒传播方式。

● 通过移动存储设备传播：如 U 盘、移动硬盘、光盘等。当这些设备感染了病毒后，如果将其连接到其他计算机上，就可能导致病毒的传播。特别是 U 盘，由于其便携性和通用性，成为病毒传播的重要途径。

● 通过网络传播：这是计算机病毒传播速度最快、影响面最广的途径。计算机病毒可以通过电子邮件、网页、聊天工具、下载软件等方式进行传播。例如，用户打开一封带有病毒的电子邮件附件，或者下载一个带有病毒的文件，都可能导致计算机被感染。

● 通过系统漏洞传播：一些病毒会利用操作系统或应用程序的漏洞进行传播。这些漏洞可能是软件设计缺陷或未及时更新补丁等造成的。计算机病毒利用这些漏洞可以绕过系统的安全机制，从而感染计算机。

● 通过共享文件夹或文件传播：在局域网环境中，如果一台计算机感染了病毒，那么它可能会通过共享文件夹或文件将病毒传播给其他计算机。

● 通过恶意软件传播：有些计算机病毒会隐藏在恶意软件中，当下载并运行这些恶意软件时，病毒就会被激活并感染计算机。

4. 计算机病毒对计算机系统的影响

计算机病毒对计算机系统的影响是广泛且严重的，它们可以导致数据丢失、系统崩溃、网络安全问题，以及硬件损坏等一系列后果。以下是计算机病毒对系统可能产生的具体影响。

（1）数据破坏与丢失

● 计算机病毒可能删除、修改或加密文件，使数据变得不可用或无法访问。

● 某些病毒通过覆盖文件内容或更改文件扩展名来破坏数据。

（2）系统性能下降

● 计算机病毒程序在运行时会占用系统资源，如 CPU 时间、内存等，导致计算机运行缓慢。

● 计算机病毒可能引发频繁的磁盘读写操作，影响硬盘寿命和系统响应速度。

（3）系统不稳定和崩溃

● 计算机病毒可能干扰操作系统的正常功能，导致系统崩溃或频繁重启。

● 某些计算机病毒会修改系统文件或系统注册表，使系统变得不稳定。

（4）网络安全威胁

● 计算机病毒可以利用受感染的计算机作为跳板，对其他计算机或网络发起攻击。

● 计算机病毒可能窃取敏感信息，如账号、密码、信用卡信息，并将其发送给黑客。

● 计算机病毒可以在网络上迅速传播，造成大规模的网络拥堵或瘫痪。

（5）隐私泄露

● 通过监控键盘输入、截取屏幕内容或访问剪贴板等方式，计算机病毒可以获取用户私密信息。

- 计算机病毒可能将用户的浏览习惯、搜索记录等个人信息发送给远程服务器进行分析和利用。

（6）硬件损坏

- 虽然较少见，但某些病毒能够直接破坏计算机的 BIOS 芯片或其他硬件组件。
- 计算机病毒引起的操作系统频繁重启或硬件过热也可能间接导致硬件故障。

（7）经济损失

- 对计算机病毒导致的系统停机和数据丢失等网络安全事件进行处理，会产生额外的成本。
- 企业可能因计算机病毒攻击而遭受声誉损失和客户流失。

5. 计算机病毒分类

（1）蠕虫病毒

蠕虫病毒主要通过网络进行传播，并且能够在计算机之间自我复制。蠕虫病毒通常不依赖文件寄生，而是独立存在于内存中。它们利用系统漏洞或网络配置中的弱点进行传播，从一台计算机传播到另一台计算机，而不需要干预。

① 蠕虫病毒的主要特点

- 自我复制：蠕虫病毒能够在受感染的计算机上自我复制，并通过网络传播到其他计算机。
- 利用系统漏洞：蠕虫病毒常常利用操作系统或应用程序的漏洞进行传播。
- 网络传播：蠕虫病毒主要通过网络进行传播。
- 消耗资源：蠕虫病毒在运行时会占用大量的系统资源，导致计算机性能下降。

② 蠕虫病毒实例

- "红色代码"：一种针对企业用户和局域网的蠕虫病毒，它利用系统漏洞进行传播，可以造成网络瘫痪的后果。
- "尼姆达"：一种针对企业的蠕虫病毒，利用系统漏洞进行传播，并能够在网络上迅速扩散。
- "求职信"：一种针对个人用户的蠕虫病毒，主要通过电子邮件进行传播，诱导用户打开恶意附件从而感染病毒。

（2）木马病毒

木马病毒是一种基于远程控制的黑客工具，它通常会伪装成合法的程序或文件，以欺骗用户下载和运行。用户一旦打开了伪装成合法程序的木马病毒，黑客就可以通过该病毒远程控制受感染的计算机，进而窃取敏感信息，破坏系统或进行其他恶意活动。

① 木马病毒的主要特点

● 伪装性：木马病毒通常会伪装成合法的程序或文件，以欺骗用户下载和运行。

● 远程控制：木马病毒可以为黑客提供远程控制受感染计算机的能力。

● 信息窃取：木马病毒可以窃取敏感信息，如账号、密码、信用卡信息等。

● 系统破坏：木马病毒还可以对受感染的计算机系统进行破坏，如删除文件、修改系统设置等。

② 木马病毒实例

● 伪装成游戏外挂程序的木马病毒：黑客将木马病毒伪装成游戏外挂程序，诱导游戏玩家下载和运行。一旦玩家打开伪装成外挂程序的木马程序，黑客就可以远程控制玩家的计算机，并窃取玩家的游戏账号和密码等信息。

● 伪装成图片的木马病毒：黑客将木马病毒伪装成图片文件，并通过网络进行传播。当打开该图片文件时，木马病毒就会被激活并运行，从而允许黑客远程控制受感染的计算机。

（3）其他类型病毒

除了蠕虫病毒和木马病毒之外，还有常见的其他类型计算机病毒，如宏病毒、文件病毒、系统病毒、脚本病毒、附带型病毒、可变病毒、网络病毒等。

● 宏病毒：是一种寄存在文档或模板的宏中的计算机病毒。一旦打开这样的文档或模板，其中的宏就会被执行，从而激活宏病毒。宏病毒通常会感染"Normal"模板，使得所有自动保存的文档都会感染上该病毒。当其他用户打开已感染的文档时，宏病毒又会转移到他们的计算机上。

● 文件病毒：是一种主要感染计算机中可执行文件和命令文件的病毒。文件病毒感染源文件后，会将其自身附加到文件的开头或结尾，或者插入文件中间的某个位置。当受感染的文件被执行时，病毒就会被激活并驻留在内存中，从而可以感染其他文件或进行其他破坏活动。

● 系统病毒：前缀通常为 Win32、PE、Win95、W32、W95 等。这些病毒具有感染 Windows 操作系统中扩展名为 EXE 和 DLL 文件的能力，并通过这些文件进行传播。著名的 CIH 病毒就属于系统病毒。

● 脚本病毒：前缀通常是 Script，同时可能还会有 VBS、JS 等字样，表明是用何种脚本编写的。这类病毒通过脚本语言编写，利用网页或邮件等方式进行传播。

● 附带型病毒：通常附带在一个合法的可执行文件上，其名称与可执行文件名相同，但扩展名不同。它不会破坏或更改文件本身，但在被读取时首先被激活。这类病毒在早期的 DOS 系统中较为常见。

● 可变病毒（又称多态性病毒）：可以自行应用复杂的算法，每次传播时都会改变自身的代码或形态，这使得病毒样本在每个被感染的文件中都有所不同。检测和清除这类病毒变得非常困难。

● 网络病毒：是通过计算机网络感染可执行文件的计算机病毒。它们利用网络通信和共享资源来传播，对网络安全构成严重威胁。网络病毒可以通过电子邮件附件、恶意网站、下载文件等方式进行传播。

二、计算机病毒防治

1. 防治策略

（1）防病毒软件的选择与使用

选择一款可靠且高效的防病毒软件是保护计算机系统的首要步骤。选择和使用防病毒软件时需要考虑以下几个关键点。

● 实时防护能力：优秀的防病毒软件应该具备实时防护功能，能够在计算机病毒试图感染系统时立即进行检测和拦截。

● 病毒库更新频率：病毒库是防病毒软件识别计算机病毒的基础，因此，选择那些能够频繁更新病毒库的防病毒软件至关重要，以确保能够识别最新的计算机病毒威胁。

● 扫描速度与准确性：防病毒软件应该具备快速而准确的扫描能力，以便在不影响系统性能的情况下，迅速发现并清除计算机病毒。

● 兼容性与资源占用：防病毒软件应与操作系统和常用应用程序兼容，并且不应过多占用系统资源，以免影响计算机的正常使用。

使用防病毒软件时，需要确保软件始终保持最新版本，并定期进行全系统扫描，以检测和清除潜在的病毒威胁。此外，不要随意关闭或禁用防病毒软件的实时防护功能，以免给病毒留下可乘之机。

（2）培养安全上网习惯

良好的上网习惯是预防计算机病毒感染的重要措施之一。以下是一些建议的安全上网习惯。

● 访问可信网站：尽量避免访问不明来源或声誉不佳的网站，这些网站可能包含恶意代码或病毒。

● 不轻易下载未知文件：在下载文件之前，要确认文件的来源和安全性。不要轻易下载或执行未知来源的附件或程序。

● 谨慎处理电子邮件：对于来自未知发件人或包含可疑内容的电子邮件，

要保持警惕。不要随意打开未知来源的邮件附件或单击可疑链接。

● 使用强密码：为计算机系统和敏感应用程序设置复杂且独特的密码，以增加黑客破解的难度。

● 定期更新软件和操作系统：及时更新软件和操作系统的补丁和安全更新，以修复已知的安全漏洞。

养成这些安全上网习惯，可以大大减少计算机病毒感染的风险。

（3）定期进行系统安全检查

定期进行系统安全检查是确保计算机系统安全的重要措施之一。以下是一些建议的系统安全检查步骤。

● 扫描病毒和恶意软件：使用可靠的防病毒软件进行全系统扫描，以检测和清除潜在的病毒和恶意软件。确保防病毒软件保持最新版本，并及时更新病毒库。

● 检查系统更新和补丁：检查操作系统和应用程序是否有可用的更新和补丁，及时更新这些组件以修复已知的安全漏洞。

● 审查安装的程序：定期检查计算机上安装的程序列表，确保没有未知或可疑程序。如果发现任何不熟悉的程序，应立即进行检查或卸载。

● 检查防火墙设置：确保计算机的防火墙已启用并正确配置。防火墙可以阻止未经授权的访问和潜在的网络攻击。

● 备份重要数据：定期备份重要数据和文件。这样，即使发生病毒感染或其他安全事件，也可以从备份中恢复数据。

通过定期进行系统安全检查，可以及时发现并解决潜在的安全问题，从而保持计算机系统的安全和稳定运行。

2. 系统更新与补丁管理

（1）系统更新的目的与频率

系统更新是指对操作系统、应用程序及其相关组件进行升级或修补，以修复安全漏洞，提高系统性能和稳定性，引入新功能或改进现有功能。系统更新的主要目的包括：

● 修复安全漏洞：随着病毒的不断演变，操作系统和应用程序中可能会出现新的安全漏洞。系统更新通常包含对这些漏洞的修复，以增强系统的安全性。

● 提高系统性能和稳定性：系统更新可能包含对系统性能和稳定性的改进，使计算机运行更加流畅和可靠。

● 引入新功能或改进现有功能：操作系统和应用程序的开发者会不断引入新功能或改进现有功能。通过系统更新，可以体验新功能或改进的功能。

系统更新的频率取决于多个因素，如操作系统的类型、开发者的发布策略，以及安全威胁的紧迫性。一般来说，对于重要的安全更新和关键补丁，开发者会尽快发布更新。而对于一些非紧急的功能改进或性能提升，更新频率可能会相对较低。

（2）补丁管理对系统安全的作用

补丁管理是指对系统和应用程序中的安全漏洞进行识别、评估和修复的过程，它对系统安全的作用至关重要。

• 及时修复安全漏洞：补丁管理可以及时发现并修复系统中的安全漏洞，防止黑客利用这些漏洞进行攻击或植入恶意软件。

• 减少计算机病毒感染和恶意软件攻击的风险：许多病毒和恶意软件利用已知的安全漏洞进行传播和攻击。及时应用补丁可以大大降低感染风险。

• 保持系统的最新状态：补丁管理确保系统始终处于最新状态，具备最新的安全功能，并获得性能改进。这有助于提升系统的整体安全性和用户体验。

（3）自动更新系统和应用补丁

为了确保系统和应用程序的安全性，需启用自动更新功能。以下是一些常见的自动更新系统和应用补丁的方法。

• 使用操作系统的自动更新功能：大多数操作系统都提供了自动更新功能，可以定期检查和下载最新的系统和安全补丁。可以在系统设置中找到相关选项并启用。

• 配置应用程序的自动更新功能：许多应用程序也提供了自动更新功能。可以在应用程序的设置或选项中找到相关选项并启用。这样，应用程序将自动检查并下载最新的版本和补丁。

• 使用第三方补丁管理工具：除了操作系统和应用程序自带的自动更新功能外，还有第三方补丁管理工具可以帮助自动更新系统和应用程序。这些工具通常提供更灵活的更新选项和更全面的漏洞修复能力。用户可以根据自己的需求选择适合的第三方补丁管理工具。

启用自动更新功能和使用适当的补丁管理工具，可以确保系统和应用程序始终保持最新状态，并及时修复已知的安全漏洞。这有助于提高系统的整体安全性并减少潜在的安全风险。

在 Windows 10 中，可以通过以下步骤设置自动更新。

• 打开"开始"菜单，选择"设置"选项进入 Windows 设置界面，单击"更新与安全"选项。

• 在"更新与安全"界面中，单击左侧的"Windows 更新"打开"Windows 更新"窗格，如图 9-2 所示。

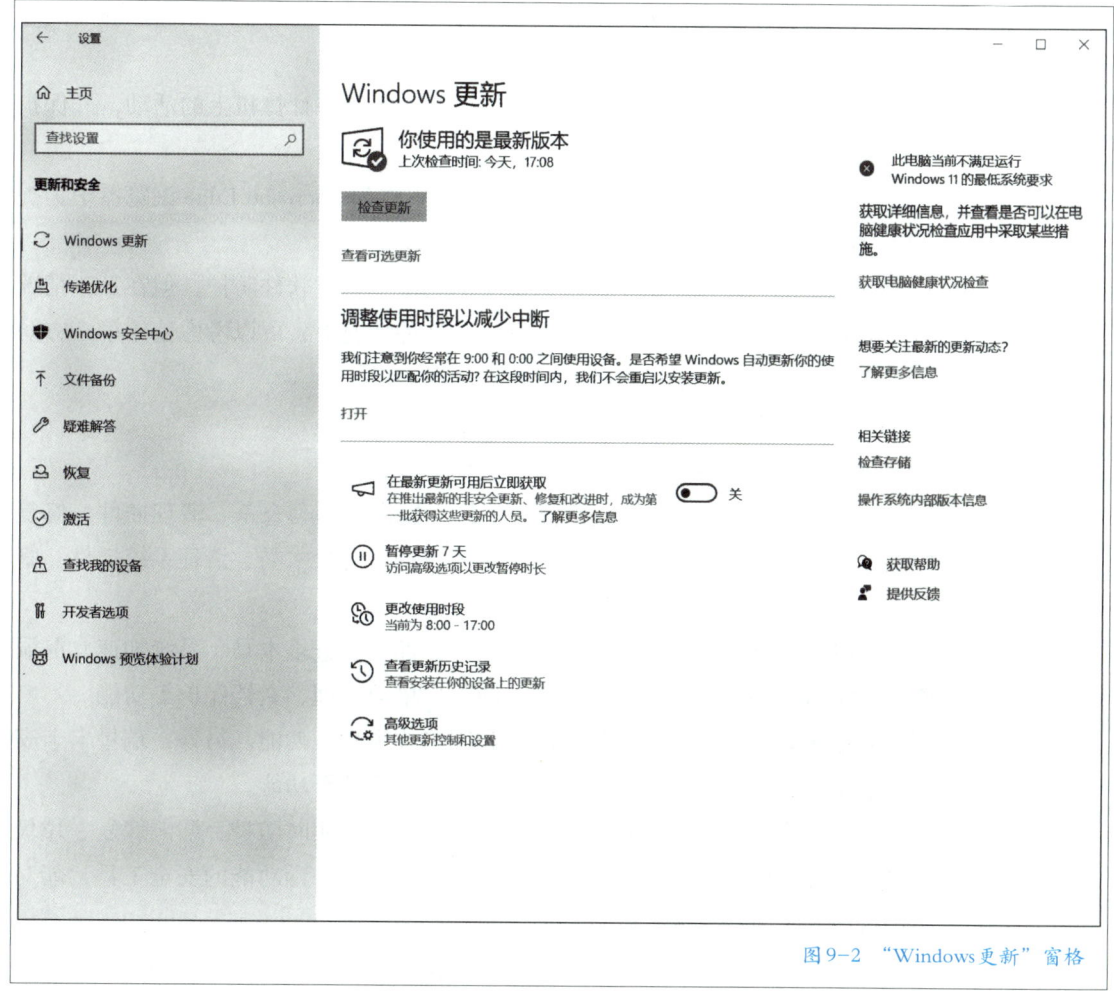

图9-2 "Windows更新"窗格

• 在"Windows 更新"窗格中单击"检查更新"按钮，Windows 10 会自动检查并下载可用的更新。

• 为了确保自动更新已经开启，可以在"Windows 更新"窗格中查看"更新状态"下的相关设置。打开"在最新更新可用后立即获取"开关，可以确保能第一时间获取最新的系统更新。

3. 防病毒软件

（1）Windows Defender

Windows 10 自带的病毒防护工具是 Windows Defender，它是一款防恶意软件工具，能够提供实时的病毒和恶意软件防护。Windows Defender 会定期扫描计算机以查找和清除病毒、间谍软件和其他恶意软件，并自动更新以防范最新的威胁。

除了实时保护外，Windows Defender 还提供了一些其他功能，如：

- 防火墙：Windows Defender 防火墙可以帮助系统阻止未经授权的访问和恶意流量。
- 家长控制：允许家长设置限制，以控制孩子在计算机上的活动，并保护他们免受不适当内容的侵害。
- 浏览器保护：Windows Defender 可以集成到 Microsoft Edge 浏览器中，提供针对网络钓鱼和恶意网站的额外保护。

虽然 Windows Defender 提供了基本的病毒和恶意软件防护，但在某些情况下，可能需要更全面的安全解决方案。在这种情况下，可以考虑使用第三方防病毒软件或安全套件来增强计算机的安全保护。

（2）第三方防护软件

目前常用的杀毒软件或安全软件主要有以下几种。

- 360 安全卫士：一款免费安全工具，提供了木马查杀、清理插件、修复漏洞、保护隐私、手机助手等功能。它拥有查杀流行木马、清理系统插件、管理应用软件和保护账户隐私等功能。
- 腾讯电脑管家：一款免费安全软件，拥有云查杀木马、系统加速、漏洞修复、实时防护、网速保护、健康小助手、桌面整理、文档保护等功能。
- 瑞星杀毒软件：提供病毒防护和网络攻击拦截功能。另外，瑞星卡卡安全助手是一款安全工具，具有文件粉碎、磁盘清理等功能。
- 金山毒霸：一款杀毒软件，提供病毒查杀、实时防护、漏洞修复、垃圾清理等功能。同时，金山清理专家是一款内嵌在线杀毒功能的安全工具，能对系统健康状况进行判断。
- 火绒安全软件：一款自主研发并保持每周更新的新一代反病毒引擎。它提供了病毒查杀、防护中心、家长控制、扩展工具等功能。

除此之外，还有一些其他的杀毒软件或安全软件，如小红伞、迈克菲、诺顿等，都有一定的用户基础。这些软件的功能和性能各不相同，可以根据自己的需求和喜好选择合适的产品。

任务实施

一、学习使用任务管理器

任务管理器是 Windows 10 操作系统中的一个重要工具，它可以帮助用户查看和管理正在运行的进程和服务、监控应用程序的性能和资源占用情况，以及执行一些高级任务。小明开始学习使用任务管理器，以下是他的一些具体操作。

1. 打开任务管理器

在 Windows 10 中，有多种方法可以打开任务管理器。

• 右键单击任务栏空白处，选择"任务管理器"选项。

• 按下 Ctrl+Alt+Delete 组合键，在弹出的全屏菜单中选择"任务管理器"。

• 按下 Ctrl+Shift+Esc 组合键，直接打开任务管理器。

• 按下 Win+X 键，再按 T 键，即可打开任务管理器。

2. 查看正在运行的进程和服务

打开任务管理器后，默认显示的是"进程"选项卡，如图 9-3 所示。

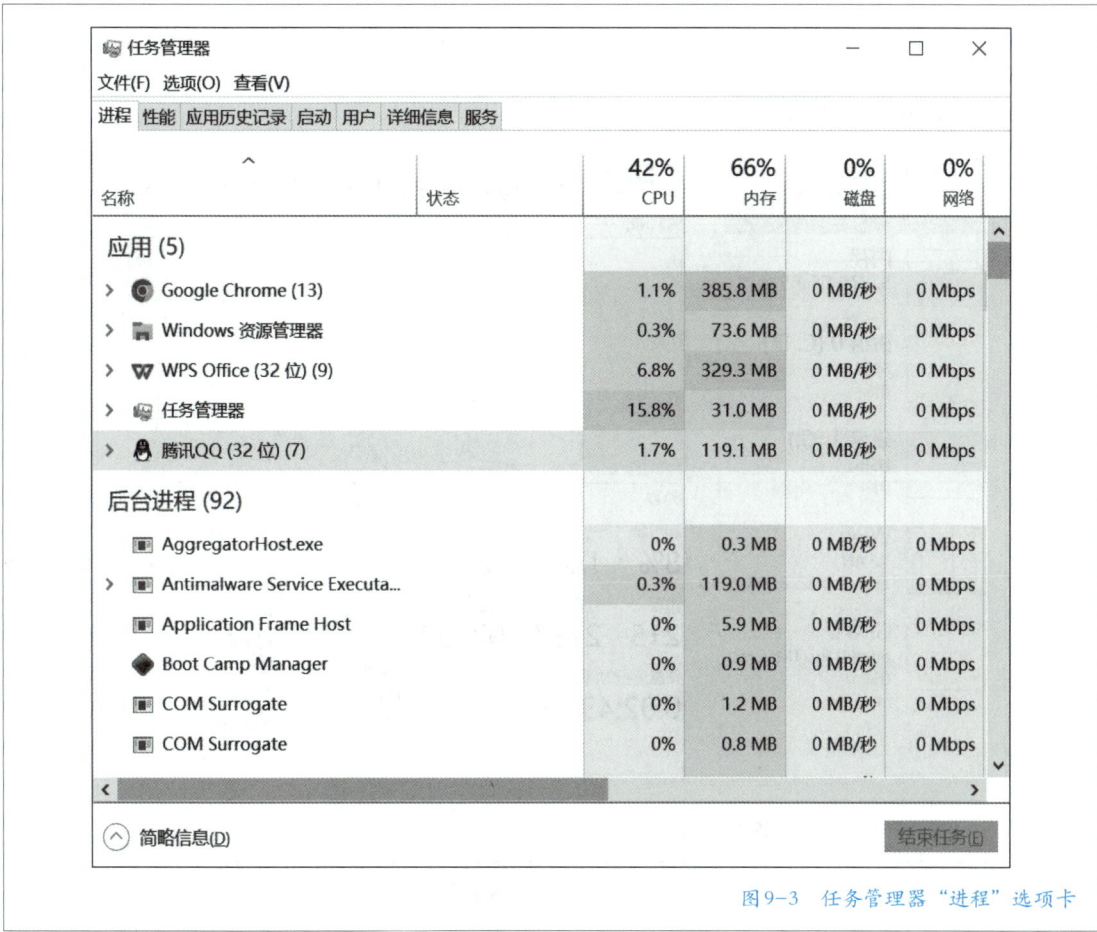

图9-3 任务管理器"进程"选项卡

在"进程"选项卡中可以看到所有正在运行的进程和服务，包括它们的名称、CPU 使用率、内存占用率等信息。可以根据需要对进程进行排序、筛选和搜索。

3. 结束不必要的进程和服务以释放资源

如果发现某个进程或服务占用了过多的资源，或者出现了异常行为，可以选择结束它。在任务管理器的"进程"选项卡中，找到想要结束的进程或服务，右键单击该项，在弹出的快捷菜单中选择"结束任务"。

在结束进程前，最好保存相关数据，以免造成数据丢失。另外，不建议结束一些系统进程或者重要的服务，否则可能导致系统不稳定或者崩溃。

4. 监控应用程序的性能和资源占用情况

任务管理器还提供了丰富的性能监控功能。在"性能"选项卡中，小明可以查看 CPU、内存、磁盘和网络的使用情况，如图 9-4 所示。

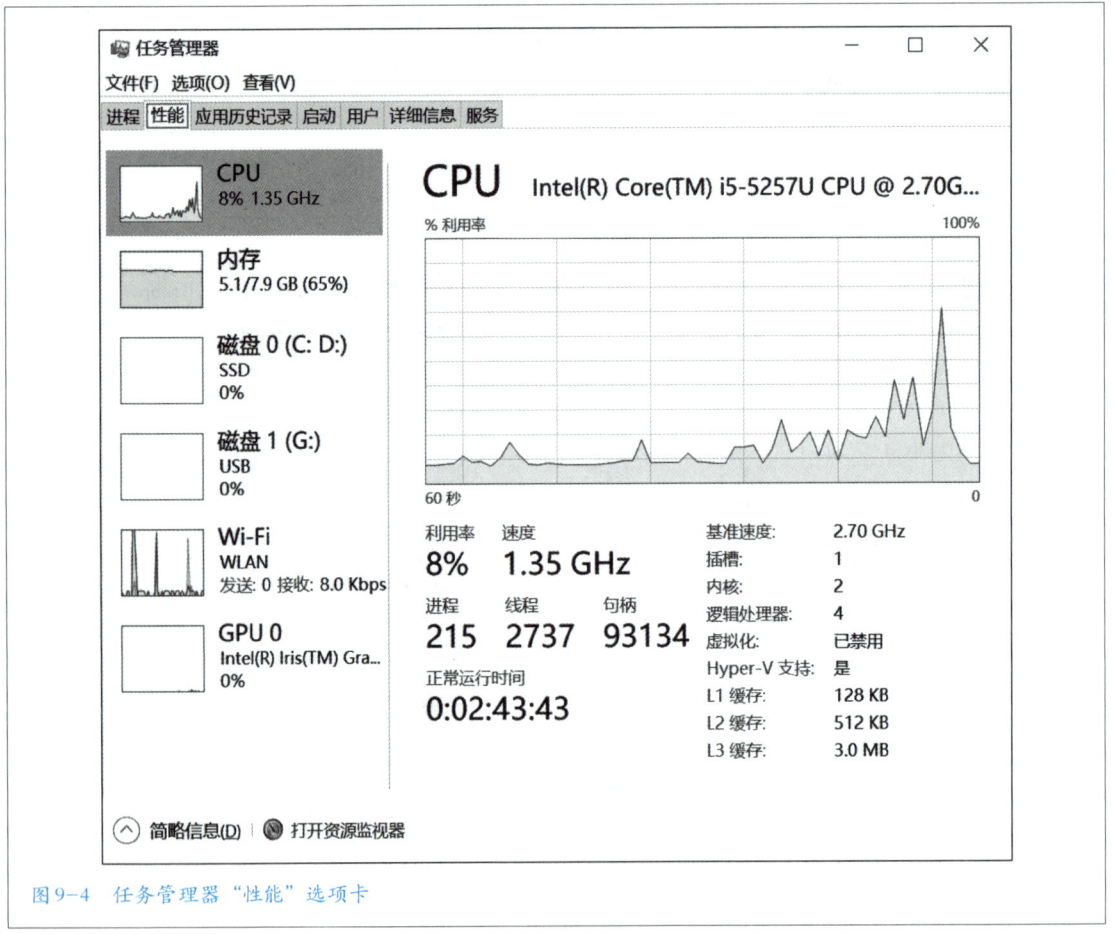

图 9-4　任务管理器"性能"选项卡

此外，在"详细信息"选项卡中，还可以查看每个进程的详细情况，包括进程控制符（PID）、状态、CPU 时间、内存占用情况等，如图 9-5 所示。这些信息可以帮助小明了解应用程序的性能表现和资源消耗情况。

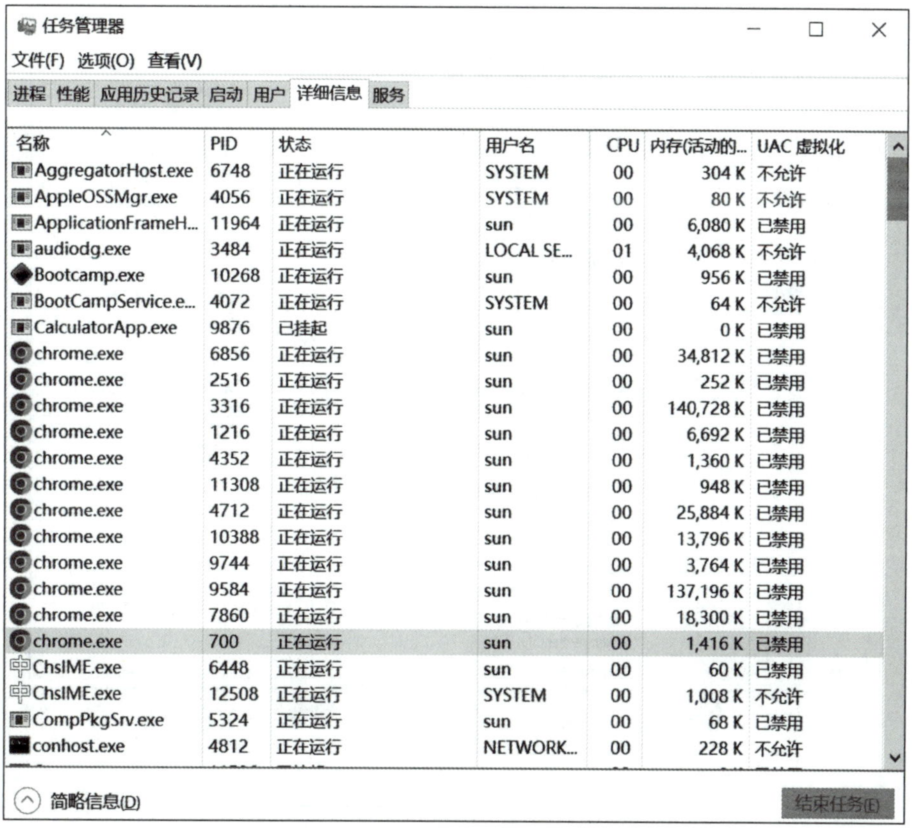

图9-5　任务管理器"详细信息"选项卡

二、使用Windows Defender

1. 打开 Windows Defender

在"开始"菜单中单击"Windows 安全中心"，在"Windows 安全中心"窗口中单击"病毒和威胁防护"选项，打开"病毒和威胁防护"窗格，如图9-6所示。

2. 运行扫描

在"病毒和威胁防护"窗格中选择"扫描选项"，在切换到的界面上选择扫描类型，如图9-7所示。

在"扫描选项"界面可以选择快速扫描、完全扫描或自定义扫描。快速扫描会检查常见的恶意软件位置，完全扫描会检查整个系统，而自定义扫描允许选择特定的文件夹或驱动器进行扫描。扫描类型选择完成后，单击"立即扫描"按钮开始扫描，扫描过程如图9-8所示。Windows Defender 将检查计算机以查找潜在的威胁。

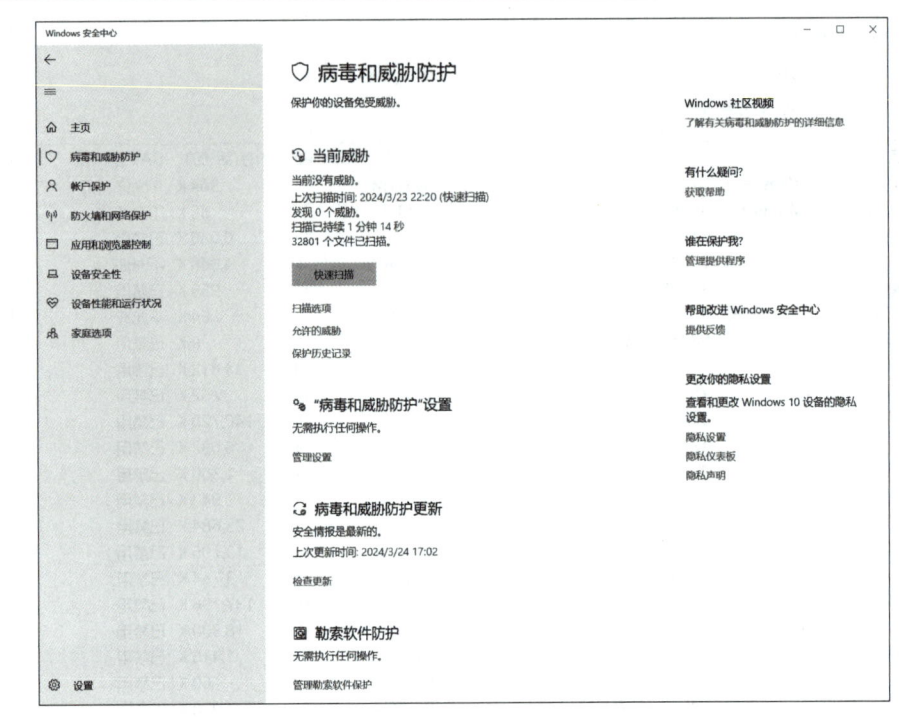

图 9-6 "病毒和威胁防护" 窗格

扫描选项

运行快速、完整、自定义的扫描或 Microsoft Defender 脱机版扫描。

当前没有威胁。
上次扫描时间: 2024/3/23 22:20 (快速扫描)
发现 0 个威胁。
扫描已持续 1 分钟 14 秒
32801 个文件已扫描。

允许的威胁

保护历史记录

◉ 快速扫描

检查系统中经常发现威胁的文件夹。

○ 完全扫描

检查硬盘上的所有文件和正在运行的程序。此扫描所需时间可能超过一小时。

○ 自定义扫描

选择要检查的文件和位置。

○ Microsoft Defender 脱机版扫描

某些恶意软件可能特别难以从你的设备中删除。Microsoft Defender 脱机版可帮助你使用最新的威胁定义查找并删除它们。这将重启设备,所需时间约为 15 分钟。

立即扫描

图 9-7 "扫描选项" 界面

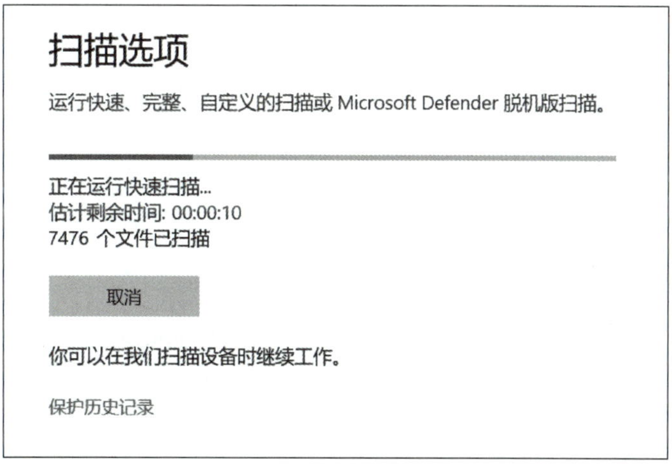

图9-8 扫描过程

3. 查看扫描结果

扫描完成后，Windows Defender 将显示扫描结果，如图 9-9 所示。

图9-9 扫描结果

如果有任何威胁被检测到，这些威胁将被列出，并提供处理选项，如隔离或删除。小明可以选择自动处理所有检测到的威胁，或手动选择每个威胁的处理方式。

4. 实时保护和防火墙设置

在"病毒和威胁防护"窗格选择"管理设置"，切换到"病毒和威胁防护"设置页面，如图 9-10 所示。

确保"实时保护"开关已开启，这将使 Windows Defender 能够实时监控和防御潜在的威胁。用户还可以检查和配置 Windows Defender 防火墙，以确保网络安全。

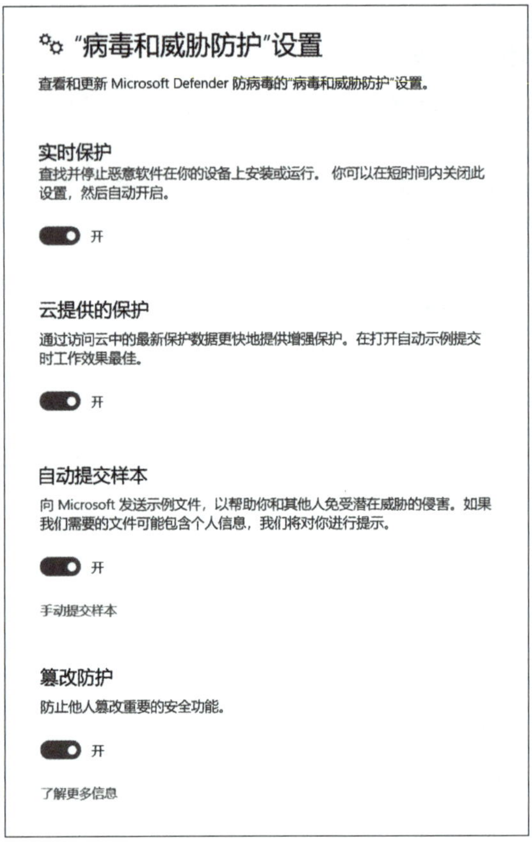

图 9-10 "病毒和威胁防护"设置页面

5. 更新 Windows Defender

为了保持 Windows Defender 的有效性，应该定期更新它。通常，Windows Defender 会自动更新病毒和威胁定义，也可以手动检查更新。

在"病毒和威胁防护"窗格中的"病毒和威胁防护更新"栏中显示了最新的更新时间。选择"检查更新"，则可以检查 Windows Defender 是否存在更新版本，并进行更新。

三、使用第三方计算机防护软件

小明选择了 360 安全卫士作为自己笔记本计算机的防护软件。

1. 安装 360 安全卫士

访问 360 官方网站或可信赖的软件下载平台，下载 360 安全卫士安装包，并采用任务 8 中安装应用程序的方法，按照提示完成安装过程，安装主界面如图 9-11 所示。

图9-11　360安全卫士安装主界面

安装完成后，双击桌面上的360安全卫士图标，或在"开始"菜单中找到360安全卫士程序，打开主界面，如图9-12所示。

图9-12　360安全卫士主界面

2. 进行计算机体检

在360安全卫士主界面"我的电脑"选项卡中，单击"立即体检"按钮，等待扫描完成，并显示体检结果，如图9-13所示。根据体检结果，可以单击"一键修复"按钮处理或修复潜在的安全问题。

图9-13 计算机体检结果

3. 进行木马查杀

选择"木马查杀"选项卡，如图9-14所示。

图9-14 "木马查杀"选项卡

可以单击"快速查杀"按钮进行快速的木马病毒扫描，也可以选择下方其他不同的查杀方式。查杀完成后可以查看扫描结果，如图9-15所示，单击"一键处理"按钮可以完成对危险项的处理。

图9-15　木马查杀结果

4. 修复漏洞

切换到"系统修复"选项卡，如图9-16所示。

图9-16　"系统修复"选项卡

单击"一键修复"按钮，软件将扫描系统并显示扫描结果，如图 9-17 所示。单击"一键修复"按钮，软件将自动修复已知的安全漏洞，确保操作系统的安全性。

图 9-17   系统漏洞扫描结果

5. 系统垃圾清理和优化加速

采用上述类似的方法，在"电脑清理"和"优化加速"选项卡中，小明可以清理计算机中的无用文件和缓存垃圾，或对计算机性能进行优化。

任务拓展

一、计算机信息安全

1. 计算机信息系统

计算机信息系统是指以计算机及其相关的配套设备、设施为基础，按照一定的应用目标和规则对信息进行处理的人机系统。

计算机信息系统的基本组成：计算机实体、信息和人。

2. 计算机信息系统面临的威胁

计算机信息系统面临的威胁包括由自然灾害构成的威胁、由人为和偶然事故构成的威胁、计算机犯罪威胁、计算机病毒威胁。其中，对计算机信息系统的人为故意威胁称为攻击，攻击的对象可分为对实体的攻击和对信息的攻击两类。

- 对实体的攻击主要是攻击计算机及其外部设备和网络。

- 对信息的攻击主要有两种：信息泄露和信息破坏。对信息攻击的目的是对信息保密性、完整性、可用性、可控性的破坏。信息受到的攻击方式分为主动攻击与被动攻击。主动攻击是指窜改信息。被动攻击是指一切窃密的攻击。

3. 计算机信息系统安全技术

计算机信息系统安全技术是指为了保证计算机信息系统安全可靠运行，确保计算机信息系统在对信息进行采集、处理、传输、存储过程中免受人为或自然因素的危害，避免信息丢失、泄露或被破坏，而对计算机设备、设施、环境、人员等采取的适当的安全措施。

其中，信息运行安全技术主要包括风险分析技术、审计跟踪技术、应急技术、容错存储技术；计算机信息安全技术主要包括操作系统安全保护技术、数据库安全保护技术、访问控制技术和密码技术。

二、计算机网络安全技术

1. 网络加密技术

网络加密技术是保障网络安全的重要手段之一。其通过对传输的数据进行加密，防止未经授权的用户获取和利用这些数据，从而确保数据的机密性和完整性。网络加密技术可以分为以下几种类型。

- 链路加密：一种在通信链路上对数据加密的技术，可以保护数据在传输过程中的安全，通常用于广域网和局域网之间的通信，以及不同局域网之间的通信。

- 节点加密：一种在数据传输节点上对数据进行加密的技术，可以保护数据在节点之间的安全。由于节点加密需要先解密数据，然后进行加密，因此其安全性比链路加密略高。

- 端到端加密：一种在数据传输的起点和终点对数据进行加密的技术，可以保护数据在整个传输过程中的安全。由于端到端加密不需要在中间节点解密数据，因此其安全性较高。

- 对称加密：一种采用单钥密码系统的加密方法，即同一个密钥可以同时用于信息的加密和解密。由于其速度快，对称加密通常在消息发送方需要加密大量数据时使用。

- 非对称加密：一种需要公钥和私钥的加密方法。公钥用于加密信息，私钥用于解密信息。这种方式的安全性更高，但加密和解密的速度相对较慢。

2. 身份认证技术

身份认证技术是在计算机网络中确认操作者身份的过程中产生的网络安全技术。计算机网络世界中一切信息都是用一组特定的数据来表示的，计算机只能识别用户的数字身份，所有对用户的授权也是针对用户数字身份的授权。如何保证以数字身份进行操作的操作者就是这个数字身份的合法拥有者，即如何保证操作者的物理身份与数字身份相对应，是身份认证技术要解决的问题。作为保护网络资产的第一道关口，身份认证技术有着举足轻重的作用。

常用的身份认证技术包括静态密码、动态口令、数字签名、生物识别等。其中，静态密码是用户自行设定的数字或字母组合，是最常见的身份认证方式；动态口令则是一种更为安全的身份认证方式，通常采用随机生成的数字或字母组合作为密码，有效期短暂，使用后即失效；数字签名则是利用公钥加密技术，对用户的身份进行确认的一种方式；生物识别则是通过生物特征（如指纹、虹膜、人脸等）进行身份验证的一种方式。

除此之外，统一身份证认证也是一种常见的身份认证方式，其通过读取身份证信息，并与预设的信息进行核对，来判断身份是否合法。在网络安全领域，身份认证技术是确保信息安全的重要手段之一，可以有效防止未授权用户访问和恶意攻击。

3. 防火墙技术

防火墙技术通过在网络边界处设置安全屏障，对进出网络的数据流进行监控，以防止未经授权的访问和恶意攻击。防火墙可以是硬件设备、软件程序或两者的结合，用于保护内部网络免受外部网络的威胁。

防火墙的主要功能包括：

● 访问控制：防火墙可以根据预先设定的安全策略，允许或拒绝特定的网络流量通过。这可以确保只有经过授权的用户和设备才能访问内部网络资源。

● 数据包过滤：防火墙可以检查进出网络的数据包，并根据其源地址、目的地址、端口号、协议类型等信息进行过滤。这有助于阻止恶意软件、病毒和其他网络威胁的传播。

● 网络地址转换（NAT）：防火墙可以将内部网络的私有 IP 地址转换为公共 IP 地址，以实现与外部网络的通信。同时，它还可以隐藏内部网络的结构和配置，增加网络的安全性。

● 日志记录和报告：防火墙可以记录所有通过它的网络流量，并提供详细的报告和分析。这有助于管理员及时发现潜在的安全威胁，并采取相应的措施进行防范。

● 虚拟专用网络（VPN）支持：一些防火墙还支持 VPN 功能，允许远程用户通过安全的加密通道访问内部网络资源。

4. Web 安全技术

Web 安全技术主要包括服务器端安全技术和客户端安全技术。

（1）服务器端安全技术

● 网页防篡改：主要用于保护静态页面，防止网页内容被恶意篡改。网页防篡改系统可以用于 Web 服务器，也可以用于中间件服务器，其目的都是保障网页文件的完整性。

● Web 防火墙：对 Web 特有的入侵方式，如分布式阻断服务（DDoS）攻击、SQL 注入、XML 注入、跨站脚本（XSS）攻击等的加强防护。这是一种主动型的防护措施，能够阻断入侵行为。

● Web 木马检查：由于 Web 安全不仅是维护网站自身的安全，还需要防止通过网站入侵计算机，因此需要使用"爬虫"等技术进行 Web 木马检查。

（2）客户端安全技术

● 浏览器端安全：同源策略是浏览器最核心也是最基础的安全功能，它限制了不同源之间的脚本交互，防止了恶意脚本的攻击。

● 跨站脚本攻击的防御：跨站脚本攻击（XSS）的本质是一种"HTML 注入"，数据被当作 HTML 代码的一部分来执行。为了防止这种攻击，需要对用户输入进行严格的验证和过滤，防止恶意代码的注入。

此外，还有一些其他的安全技术，如使用 SSL/TLS 协议对数据进行加密传输，以防止第三方窃取数据；使用加密算法对敏感数据进行加密存储，防止数据库被攻击者获取；使用 Web 应用程序防火墙过滤来自网络的请求，只允许符合特定规则的请求通过等。

5. 网络入侵检测技术

网络入侵检测技术是一种重要的网络安全技术，其通过监控和分析网络流量、系统日志、文件信息等各种数据源，发现潜在的入侵行为和安全威胁。这种技术的目的是保护网络系统资源的机密性、完整性和可用性，确保网络系统的正常运行和数据安全。

网络入侵检测可以概括为以下几个步骤。

● 数据收集：入侵检测系统首先会收集计算机中的网络流量、系统日志、文件信息等各种数据源，以获取系统和网络的状态信息。

● 特征提取：收集到数据后，入侵检测系统会对这些数据信息进行处理和分析，提取出与入侵行为相关的特征（如 IP 地址、端口号、协议类型等），或系统日志中的异常事件、异常进程行为等。

● 建立模型：入侵检测系统会根据已知的入侵行为或正常行为，建立相应的模型。

● 入侵检测：在模型建立完成后，入侵检测系统会将采集到的数据输入模型中进行检测，判断是否存在入侵行为或异常行为。

● 反馈与更新：入侵检测系统会根据实际的检测结果进行反馈和更新，不断完善和优化检测模型和算法，提高检测的准确性和效率。

6. 虚拟网技术

虚拟网技术（Virtual Network Technology）是指在公有网络的基础上建立私有网络的计算机技术。其主要包括隧道技术、加密技术，以及身份验证等。通过虚拟网技术，可以在互联网上建立安全的私有链接，使数据在传输过程中具有较高的安全性和保密性。

在网络中，虚拟网技术有两种主要的应用形式。

● 虚拟局域网（VLAN）：是指将物理局域网分割成多个逻辑上的局域网。VLAN 技术可以实现不同物理网段之间的互联，增强网络的安全性和可管理性。这种技术主要应用在园区网络和企业内部网络中，可以有效地控制广播风暴，提高网络的安全性和性能。

● VPN：利用虚拟化技术，在公共网络上建立一条专用通道，使得远程用户可以通过互联网安全地访问内部网络资源。VPN 技术主要应用在远程办公、远程培训、企业分支机构互联等场景中，可以实现数据的加密传输和身份验证，确保数据的完整性和机密性。

三、计算机犯罪

计算机犯罪是指利用计算机技术或网络进行的非法活动。这些活动可能涉及对计算机系统的攻击、数据窃取、网络诈骗、身份盗窃、恶意软件传播等。计算机犯罪已经成为全球范围内的一个严重问题，对个人、企业和国家的安全都构成了重大威胁。

1. 计算机犯罪类型

计算机犯罪类型多种多样，包括但不限于以下几种。

● 黑客攻击：黑客利用计算机技术入侵他人的计算机系统，窃取数据、破坏系统或进行其他非法活动。这些攻击可能针对个人、企业、政府机构等。

● 网络诈骗：犯罪分子通过网络进行诈骗活动，如发送钓鱼邮件、建立虚假购物网站、网络投资诈骗等。他们利用人们的趋利、恐惧或好奇心理，诱骗受害者提供个人信息或资金。

● 数据窃取：犯罪分子通过非法手段获取个人或企业的敏感数据，如信用卡信息、身份信息、商业秘密等。这些数据可能被用于进行金融欺诈、身份盗窃或其他犯罪活动。

● 恶意软件传播：犯罪分子制作并传播恶意软件，如病毒、木马、勒索软件等，感染计算机系统，窃取数据、破坏系统或进行勒索。

2. 计算机犯罪特点

- 隐蔽性：计算机犯罪往往难以被发现和追踪，因为犯罪分子可以利用技术手段隐藏自己的身份和行踪。

- 跨国性：计算机犯罪往往跨越国界，涉及多个国家和地区。这使得打击计算机犯罪变得更加困难和复杂。

- 高技术性：计算机犯罪需要一定的技术和能力。犯罪分子通常具备较高的计算机技能。

- 严重性：计算机犯罪对个人、企业和国家安全造成的威胁日益严重。一些重大的网络攻击事件甚至可能导致国家基础设施瘫痪、经济损失惨重或社会动荡不安。

为了应对计算机犯罪的威胁，各国政府和企业采取了多种措施，包括加强网络安全法规建设、提高网络安全意识、加强技术研发和人才培养等。同时，国际社会也加强了合作，共同打击跨国计算机犯罪活动。

任务 10 检索网络信息

任务描述

公司的咖啡机坏了，公司让小孙重新采购一台性价比高的咖啡机，于是小孙想在网上搜索口碑好的咖啡机品牌，进行性能、价格的比较。另外，在平时工作中，小孙常常觉得已有的知识不够用，他想找专业的线上课程继续学习相关知识。因此，检索网络信息成为他必须具备的一项技能。

思维导图

任务 10 思维导图如图 10-1 所示。

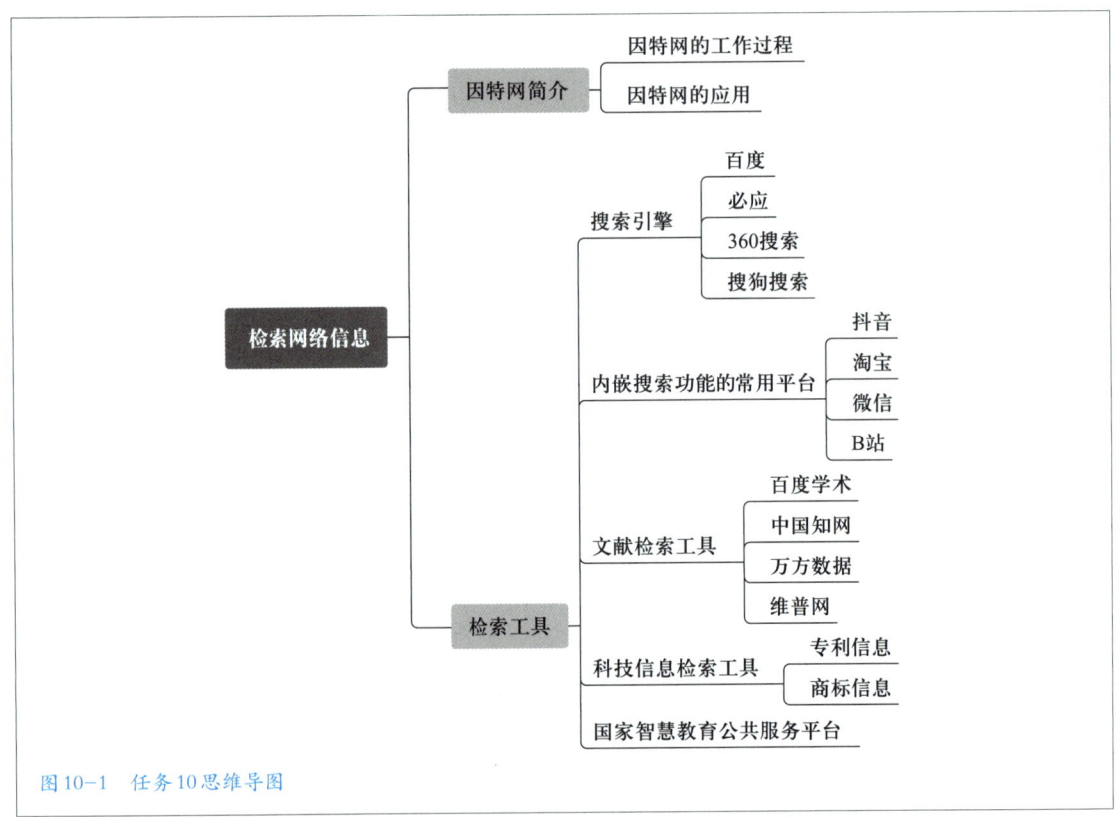

图 10-1　任务 10 思维导图

知识准备

一、因特网简介

（一）因特网工作过程

当我们访问网页、发送电子邮件或观看在线视频时，都依赖于因特网。具体来说，因特网的工作过程可以概括为以下几个步骤。

• 当用户在浏览器中输入网址或发出其他网络请求时，计算机会通过网络接口卡与 ISP 的设备相连，将请求发送到互联网。这个过程就像寄信，人们写好信，把信放进信封，写上地址后，把信送到邮局。

• 请求信息首先会被拆分成多个小的数据包，并添加上发送者和接收者的 IP 地址，然后通过路由器和交换机等网络设备在互联网上进行传输。这些数据包会沿着不同的路径传输到目标服务器。这个过程就像邮局会选择一条最有效率的路线，确保信件按照最快的方式到达目的地。

• 目标服务器接收到请求后，会根据请求内容进行处理，并将响应数据打包成数据包返回给用户的计算机。这个过程就像收信人收到信后，根据信上的要求写了一封回信，并寄回给寄信人。

• 用户的计算机在收到数据包后，会将其重新组装成完整的数据，并呈现给用户。这个过程就像寄信人收到回信并读取。

在整个过程中，TCP/IP 协议栈发挥了至关重要的作用。IP 负责数据的传输和路由选择，将数据包从源地址传输到目的地址。TCP 则负责数据的可靠传输，确保数据在传输过程中不丢失、不重复，并按照发送顺序进行组装。

（二）因特网的应用

因特网是一个广泛应用于各个领域的全球性信息网络。以下是一些因特网的主要应用领域。

• 电子邮件和即时通信：因特网使得电子邮件成为全球通信的主要手段。同时，即时通信工具也在因特网上迅速发展，提供实时的文字、语音和视频通信服务，如微信、QQ 等。

• 网页浏览和搜索引擎：因特网上的网页提供了海量的信息。用户通过浏览器可以访问网页、查找信息；搜索引擎则帮助用户快速找到他们所需的内容，如百度、必应等。

• 社交媒体：社交媒体平台成为人们分享生活、交流观点的重要工具，如微信、抖音、哔哩哔哩（简称 B 站）等。用户可以通过因特网轻松联系世界各地的朋友和家人。

● 在线购物和电子商务：因特网提供了各种在线购物平台，如淘宝、京东等。用户可以通过因特网购买商品、了解产品信息，并进行在线支付。

● 在线教育：因特网使得教育资源更加开放和普及。例如，国家智慧教育公共服务平台提供了大量的在线课程，使学生能获取高质量的教育资源。

● 远程办公：因特网是实现远程办公的关键基础设施。视频会议、云存储和协作工具使得团队能够在不同地点协同工作。

● 云计算：云计算是通过因特网提供计算和存储服务的模式。企业和个人可以通过因特网访问云服务，而无须拥有和维护硬件设备，如阿里云、腾讯云等。

● 娱乐和流媒体：因特网提供了丰富的娱乐内容，包括在线音乐、视频和游戏；流媒体服务通过因特网传递高质量的娱乐内容，常用的流媒体视频网站如爱奇艺、腾讯视频、优酷等。

这些只是因特网应用的一小部分，显示了因特网在社会生活、商业和教育等各个领域的重要性。

二、检索工具

（一）搜索引擎

搜索引擎是一种用于在互联网上查找信息的工具，它通过抓取和索引网页，根据输入的关键词返回相关的搜索结果。以下是一些较为常见的搜索引擎。

1. 百度（Baidu）

百度是国内最大的搜索引擎，由百度公司推出，提供中文搜索服务。百度在中国的互联网中非常流行，覆盖了广泛的搜索需求。

2. 必应（Bing）

必应是由微软公司推出的搜索引擎，Bing 提供多功能搜索服务，并以其在图像搜索方面的优势而闻名。

3. 360 搜索

360 搜索是国内主要搜索引擎之一，是奇虎 360 公司推出的。360 搜索提供了安全搜索功能。

4. 搜狗搜索

搜狗搜索是国内主要搜索引擎之一，是搜狗公司推出的。

以上搜索引擎有各自的特点和优势，可以根据个人偏好、地区要求或隐私关注选择合适的搜索引擎。在使用搜索引擎时，注意使用引号、减号等符号进行高级搜索，以提高检索效果。

（二）内嵌搜索功能的常用平台

1. 抖音

抖音是一款音乐创意短视频社交软件。网友可以通过抖音短视频分享生活和工作。机构和个人可以在抖音开设官方账号，发布新闻资讯、医疗知识、教育知识、餐饮信息等。越来越多的用户不仅用抖音来分享和娱乐，而且把抖音当作信息检索工具，通过抖音的搜索功能查找所需信息。

2. 淘宝

淘宝网是较大的网络零售平台，拥有大量注册用户数和固定访客。淘宝网已经不仅仅是一个零售平台，因其拥有海量的商品，用户已经习惯在淘宝网进行商品搜索和性能比较。

3. 微信

微信是一个为智能终端提供即时通信服务的免费应用程序，是目前全球使用最广泛的社交媒体平台之一。微信搜索是微信自带的搜索工具，可在微信中搜索联系人、公众号、聊天记录、文章、朋友圈、小程序、音乐、表情等。微信搜索不仅支持简单的关键词搜索，还支持多种搜索方式和排序方式，这使得搜索结果更加精准和符合需求。同时，微信搜索也支持搜索结果的分享和收藏，方便随时查看和分享所需信息。

4. B 站

B 站是在线视频分享网站。最初以动画、漫画、游戏为主要内容，后来逐渐发展成涵盖各种类型的综合性视频平台。B 站提供搜索功能，搜索结果会按照一定的排序规则进行展示，如按照相关度、播放量、发布时间等进行排序，用户可以根据自己的需求选择合适的排序方式。同时，搜索结果页面也会提供一些筛选选项，如视频时长、画质、类型等，帮助用户进一步缩小搜索范围，找到更符合需求的内容。

（三）文献检索工具

文献检索工具是用于查找、获取和整理学术文献或科学研究成果的软件或平台。这些工具通常提供多种搜索选项和过滤条件，帮助用户快速定位到相关的文献资源。以下是一些常见的文献检索工具。

1. 百度学术

百度学术是一个提供学术文献检索服务的平台，涵盖了大量学术资源，包括期刊、学位论文、会议论文等。

2. 中国知网

中国知网是一个综合性的学术信息服务平台，提供学术期刊、学位论文、会议论文等。

3. 万方数据

万方数据是一个包括学术期刊、学位论文、会议论文等资源的学术搜索平台。

4. 维普网

维普网是一个提供学术期刊、硕士 / 博士学位论文、会议论文等资源的学术检索平台，涵盖多个学科领域。

通过使用这些文献检索工具，用户可以更深入地了解学术研究成果，获取最新的理论知识和实践经验，为工作提供更有深度的支持。

（四）科技信息检索工具

科技信息包括专利信息、商标信息等。国家有专业性网站可以提供这类信息检索。

1. 专利信息

专利信息可通过国家知识产权局、中国专利信息网查询。

2. 商标信息

中国商标网可提供 3 种类型的商标注册信息查询：商标相同或近似信息查询、商标综合信息查询和商标审查状态信息查询。

（五）国家智慧教育公共服务平台

国家智慧教育公共服务平台是国家教育公共服务的一个综合集成平台，具有丰富的优质数字化教育资源。该平台集成了国家中小学智慧教育平台、国家职业教育智慧教育平台、国家高等教育智慧教育平台、国家 24365 大学生就业服务平台等子平台。

1. 国家中小学智慧教育平台

该平台包括课程教学、课后服务、教师研修、家庭教育、教改经验等版块。

2. 国家职业教育智慧教育平台

该平台包括专业与课程服务中心、教材资源中心、虚拟仿真实训中心、教师服务中心等版块。

3. 国家高等教育智慧教育平台

该平台包括课程、教材、虚仿实验、教师教研等版块，链接"爱课程""学堂在线"等课程平台。

4. 国家 24365 大学生就业服务平台

该平台包括就业服务、就业指导和就业管理，为毕业生提供一站式、不断线的就业服务。

任务实施

一、浏览器设置

打开 Microsoft Edge（以下简称 Edge）浏览器，如图 10-2 所示。Egde 浏览器有分屏功能，可同时展示两个浏览器窗口。单击浏览器菜单栏右上角的 3 个点，在打开的快捷菜单中选择"设置"选项，如图 10-3 所示，可以设置浏览器外观、语言、下载地址等。

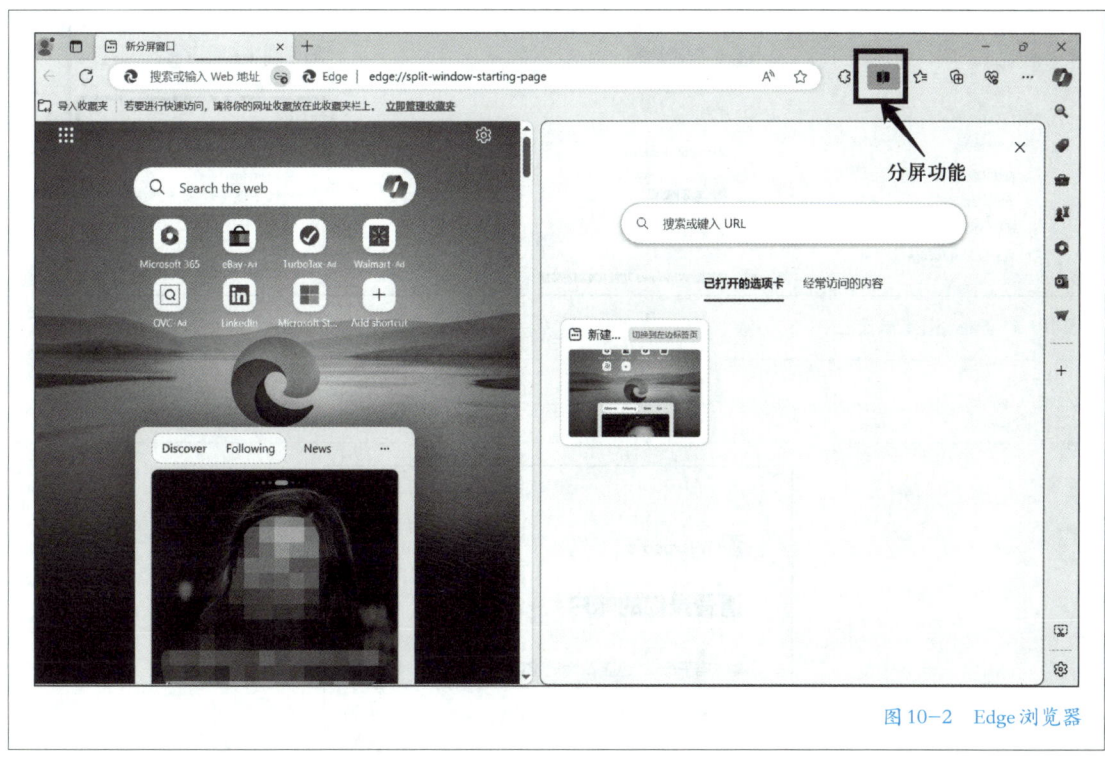

图 10-2　Edge 浏览器

1. 基本设置

在 Edge 浏览器的"个人资料"选项中可以配置用户信息，便于同一用户在不同的计算机上登录浏览器时，可共享浏览记录、密码等信息。如图 10-4 所示，用邮箱名或者手机号码即可注册账户。

另外，在 Edge 浏览器的"外观"选项中可以选择浏览器的整体外观、显示模式，页面缩放比例；在"语言"选项中可以选择浏览器显示的首选语言和是否开启翻译功能；在"开始、主页和新建标签页"选项中可以选择启动浏览器时是打开指定的网页还是打开一个新的空白标签页。

图 10-3 Edge 浏览器设置

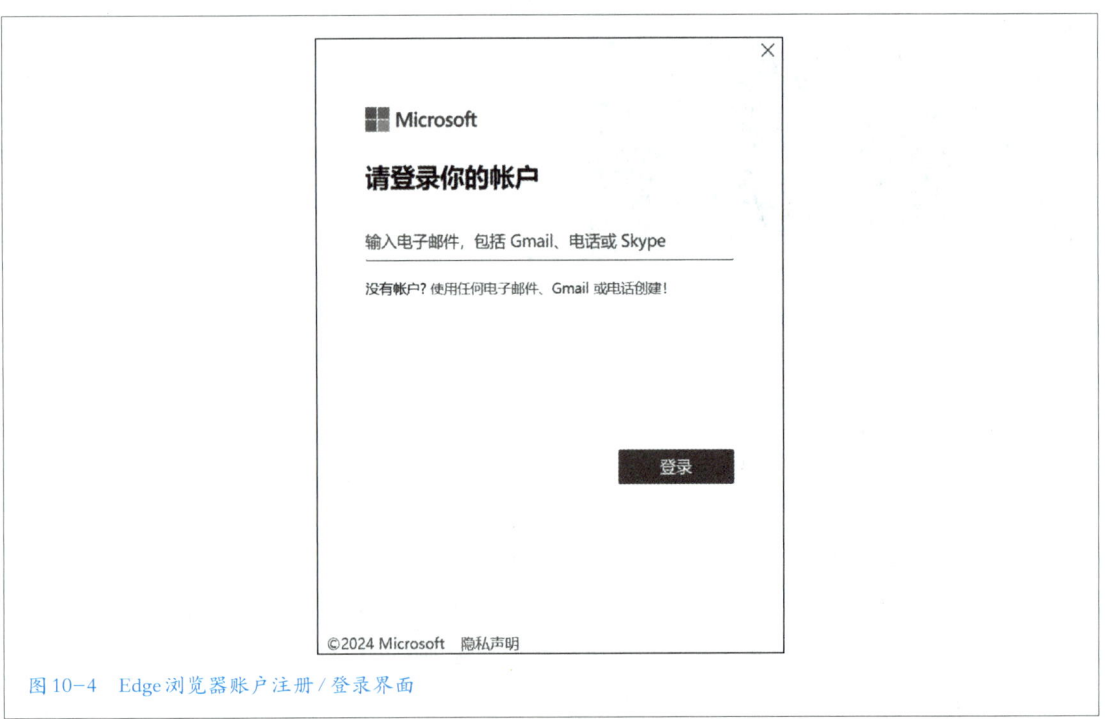

图 10-4 Edge浏览器账户注册/登录界面

2. 隐私与安全设置

在"隐私、搜索和服务"选项中有防止跟踪等设置，如图10-5所示。选择"选择性清除浏览数据"，单击"选择要清除的内容"按钮，可以清除浏览器的缓存、Cookie等数据，节省内存空间。选择"跟踪防护"，可以看到有基本、平衡和严格3个等级，可以启用或禁用防止网站跟踪的功能。选择"安全性"，如图10-6所示，开启"Microsoft Defender Smartscreen"开关，可抵御恶意网站和强制下载；开启"阻止可能不需要的应用"开关，可阻止下载可能导致意外行为的低信誉度应用。但是，当下载一个应用时显示被拦截、无法下载时，需要将这个开关关闭，才能完成下载。

图10-5　Edge隐私、搜索和服务

3. 下载设置

在"下载"选项中可以更改下载文件的默认保存位置，如图10-7所示。开启"每次下载都询问我该做些什么"开关后，每次下载都会出现询问框让用户选择是打开还是保存文件。开启"在浏览器中打开Office文件"开关后，Office文件会在浏览器中自动打开，而不是下载。开启"下载开始时显示下载菜单"开关，能方便用户掌握下载文件的状态。

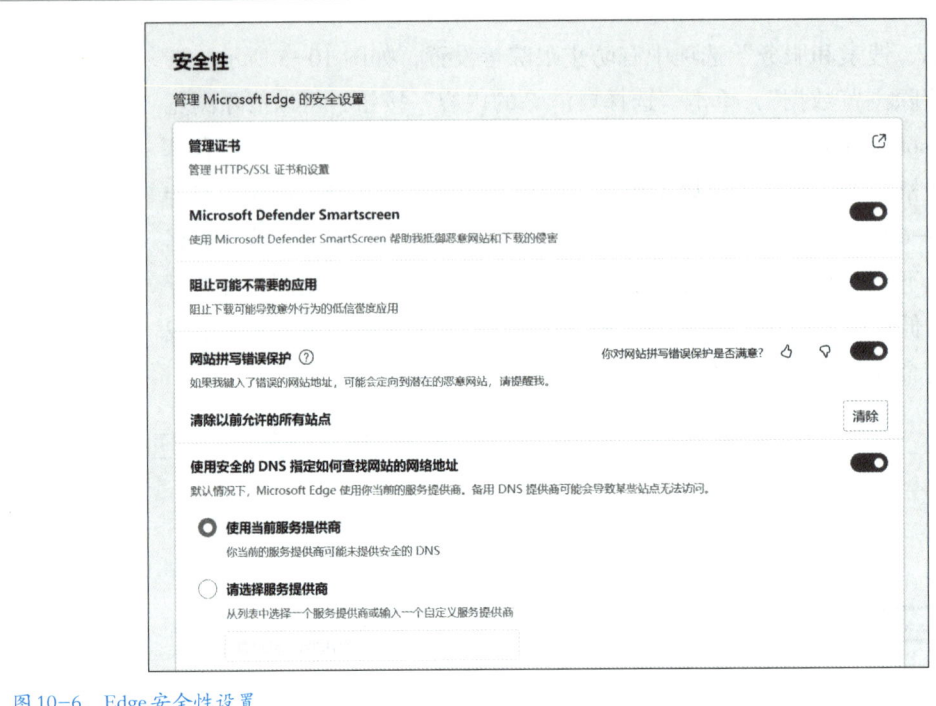

图10-6　Edge安全性设置

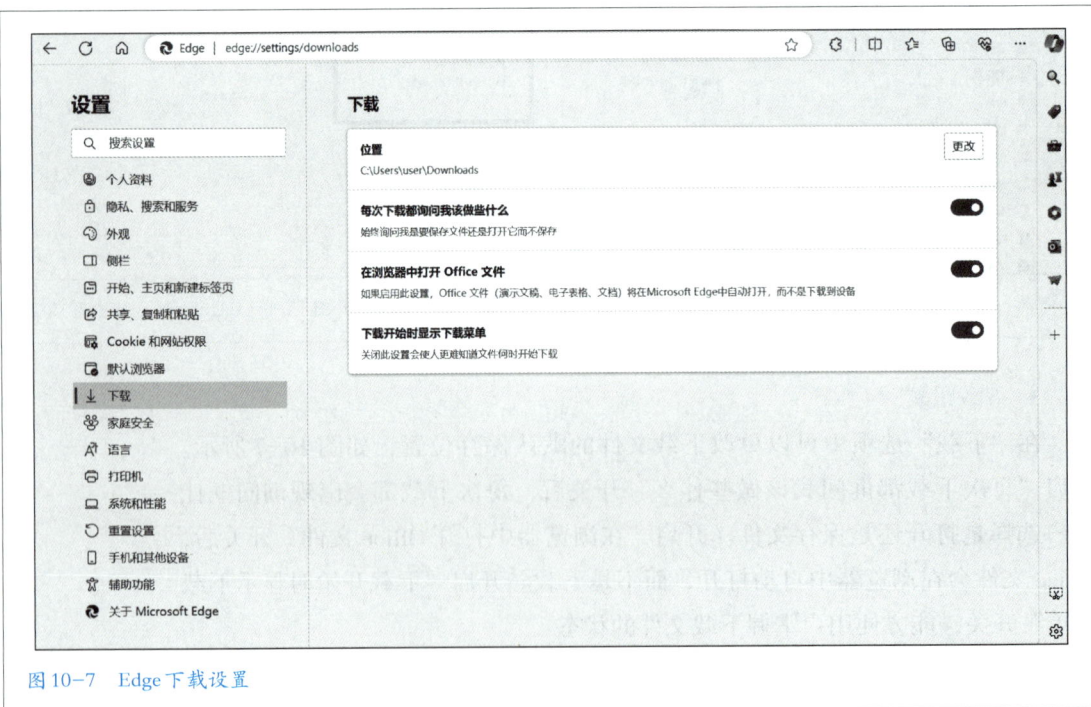

图10-7　Edge下载设置

二、使用搜索引擎

1. 在 B 站搜索商品信息

打开浏览器输入 B 站网址，或用手机打开 B 站 APP，进入首页。在搜索栏输入"办公室咖啡机推荐"，单击"搜索"按钮后得到搜索结果。通过对一系列咖啡机的推荐视频进行观看和比较，小孙觉得全自动咖啡机省时省力，更适合公司茶水间使用，于是他打算选择一款全自动咖啡机西门子 eq500。

2. 在淘宝搜索和选择商品

通过 B 站的推荐视频，小孙获取了咖啡机的相关知识并确定了购买的类型和品牌，接下来去淘宝挑选商品并寻找供应商。

打开淘宝网首页或手机 App，把"西门子咖啡机 eq500"输入搜索框，得到的搜索结果如图 10-8 所示。为了产品售后服务更有保障，小孙选择在西门子小家电旗舰店购买。

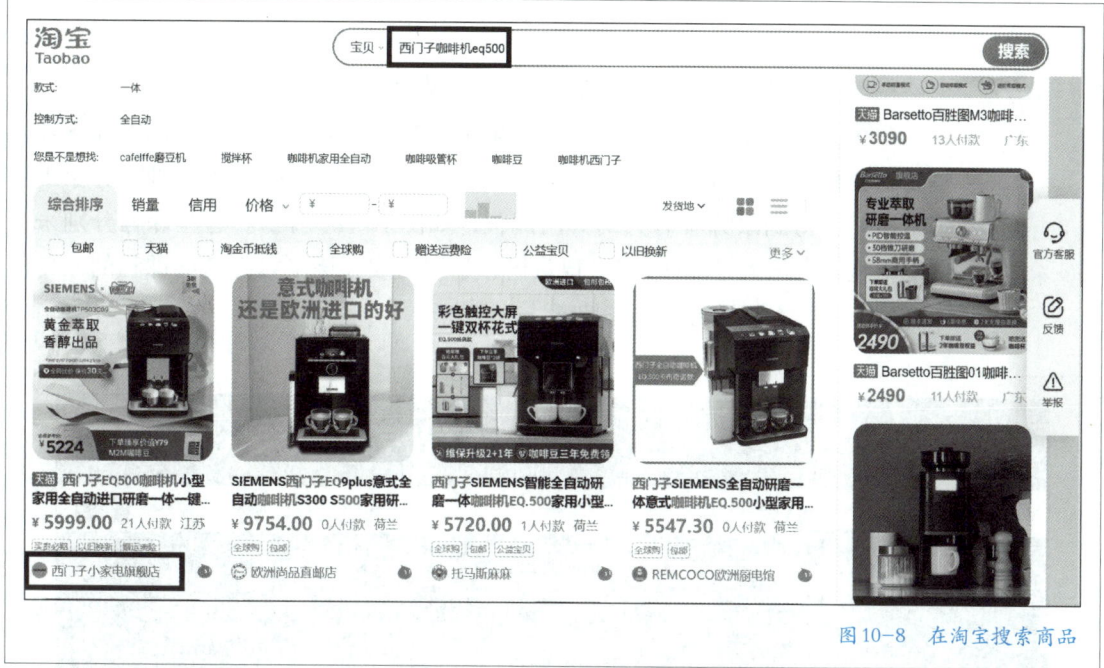

图 10-8　在淘宝搜索商品

三、搜索课程

购买了咖啡机之后，小孙想学习咖啡的制作方法，于是他在国家智慧教育公共服务平台搜索相关课程。

1. 使用国家智慧教育公共服务平台

打开浏览器，输入网址，打开国家智慧教育公共服务平台，如图 10-9

所示。

图10-9　国家智慧教育公共服务平台

（1）在国家高等教育智慧教育平台搜索课程

在国家智慧教育公共服务平台首页选择"智慧高教"，进入国家高等教育智慧教育平台，如图10-10所示。在搜索栏输入课程关键词"咖啡"，单击搜索按钮，得到跟咖啡有关的8门课程，如图10-11所示。这些课程分别来自爱课程（中国大学MOOC）、智慧树、学银在线。该平台把这些课程的入口整合到一起，方便学习者进行搜索。

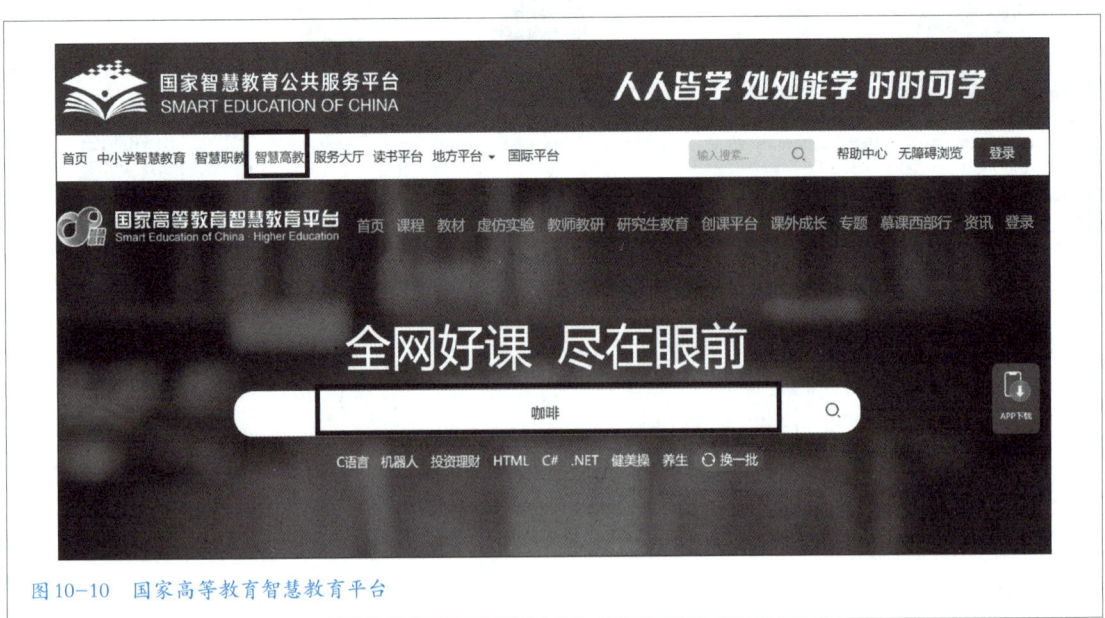

图10-10　国家高等教育智慧教育平台

图10-11 国家高等教育智慧教育平台课程搜索

选择课程"咖啡制作",进入课程介绍页面,如图 10-12 所示。单击"现在去学习"按钮,进入中国大学 MOOC 平台上的课程首页,如图 10-13 所示。课程的学习是有周期的,需要等该课程开课后,方可免费报名学习。

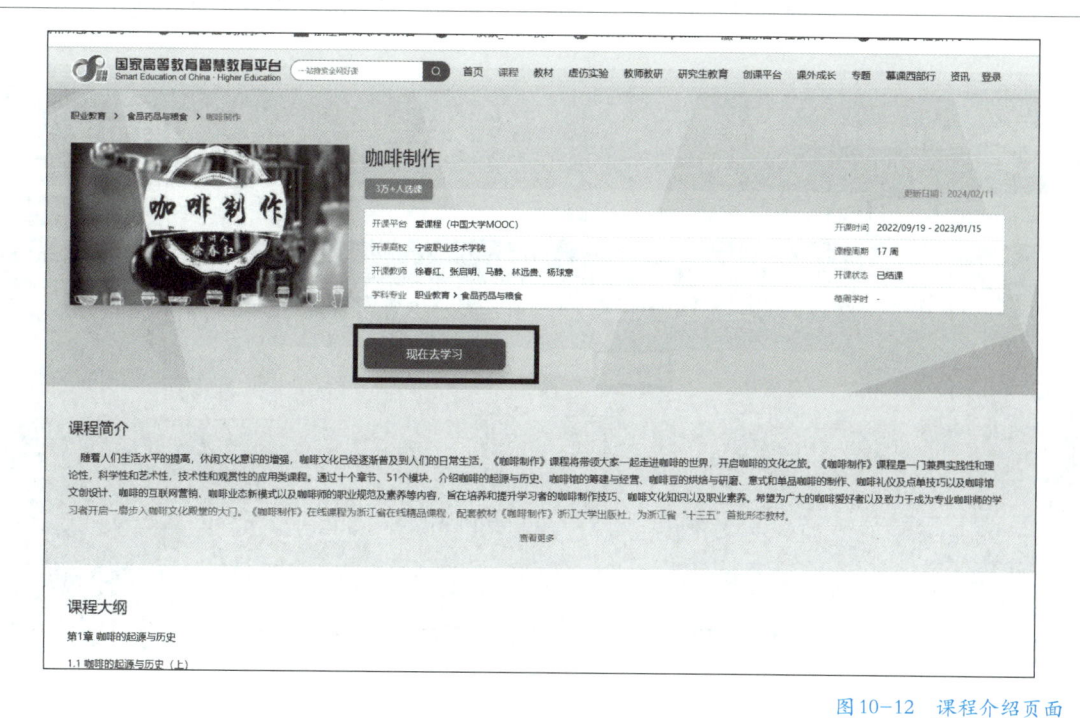

图10-12 课程介绍页面

图10-13　进入课程首页

（2）在国家职业教育智慧教育平台搜索课程

在国家智慧教育公共服务平台首页选择"智慧职教"，进入国家职业教育智慧教育平台，如图10-14所示。在搜索栏输入课程关键词"咖啡"，单击搜索按钮，得到与咖啡有关的所有资源，如图10-15所示。其中，1 053个来自专业资源库，40个来自在线精品课。

课程的学习有周期性，在选择课程后，需要等开课后才可以进入学习。

图10-14　国家职业教育智慧教育平台

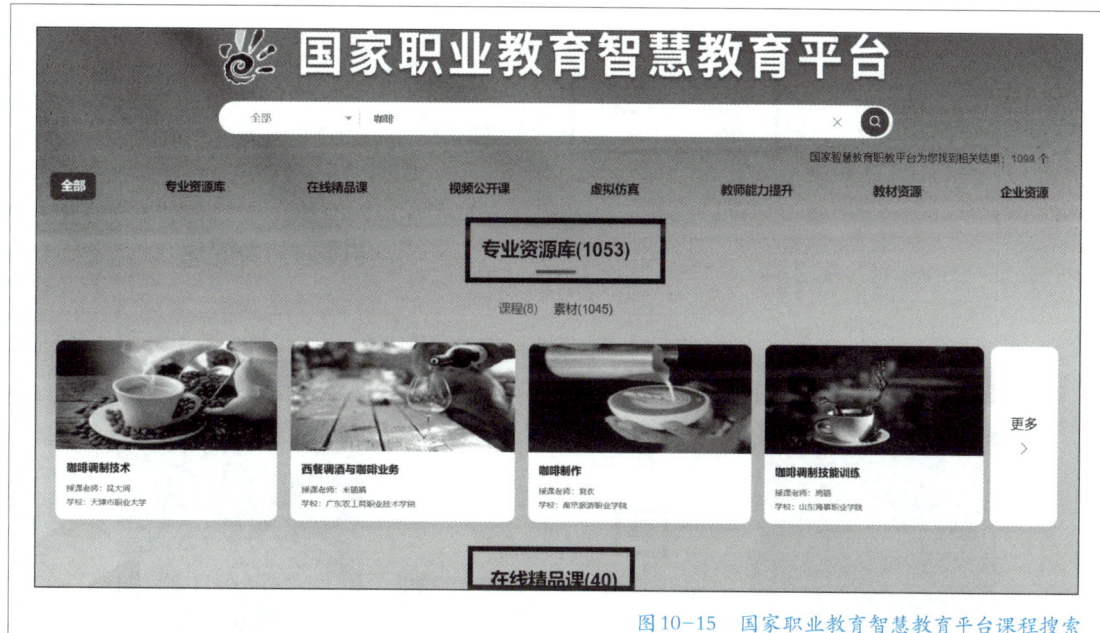

图 10-15　国家职业教育智慧教育平台课程搜索

2. 使用网易公开课平台

如果想随时开始课程的学习，可以到网易公开课等平台进行搜索。打开网易公开课首页，可以选择微信号、手机号或者 QQ 号登录，也可以选择注册账号再登录。网易公开课平台提供了免费和收费的不同课程。

任务拓展

一、搜索网络店铺商家信息

在图 10-8 所示的淘宝搜索页面中单击"西门子小家电旗舰店"链接，打开该店铺首页，单击上方的店铺名称，出现下拉信息，单击"企业资质"旁边的图标，如图 10-16 所示，进入验证环节，经过验证后方可进入天猫网店经营者相关资质信息页面，如图 10-17 所示。在该页面可以看到店铺经营者的企业注册号、企业名称等信息。

二、搜索企业征信信息

1. 企业征信简介

企业征信是指征信机构对企业、事业单位等组织的信用信息和个人的信用信息进行采集、整理、保存、加工，并对外提供信用报告等服务，帮助信息使用者判断信用风险。企业征信的目的是了解企业的信用状况，包括企业的基

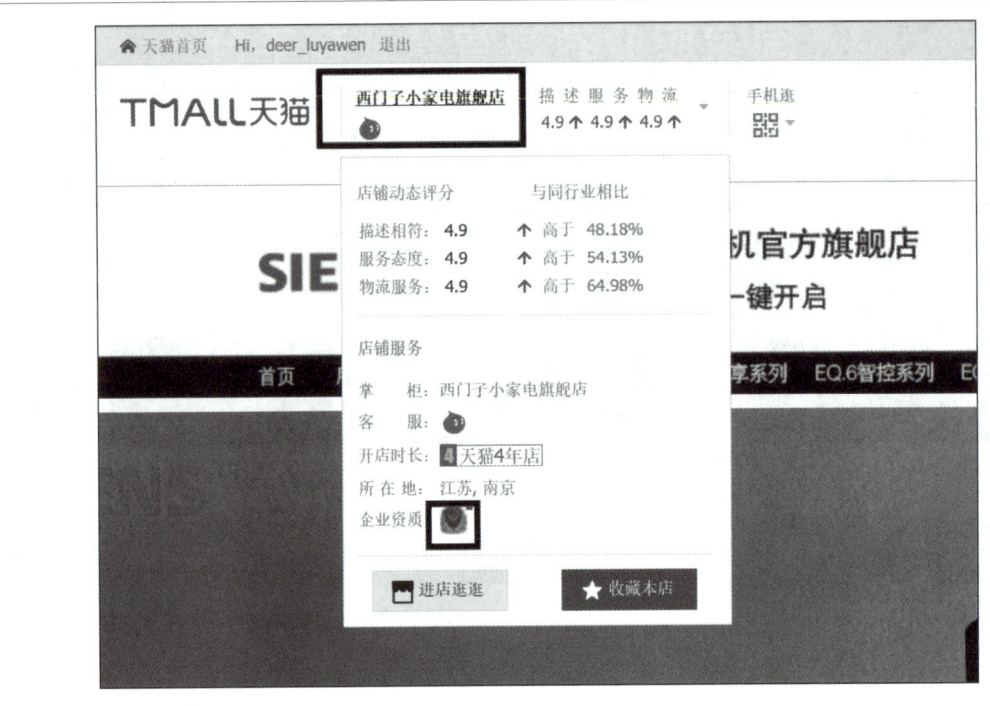

图 10-16　店铺信息

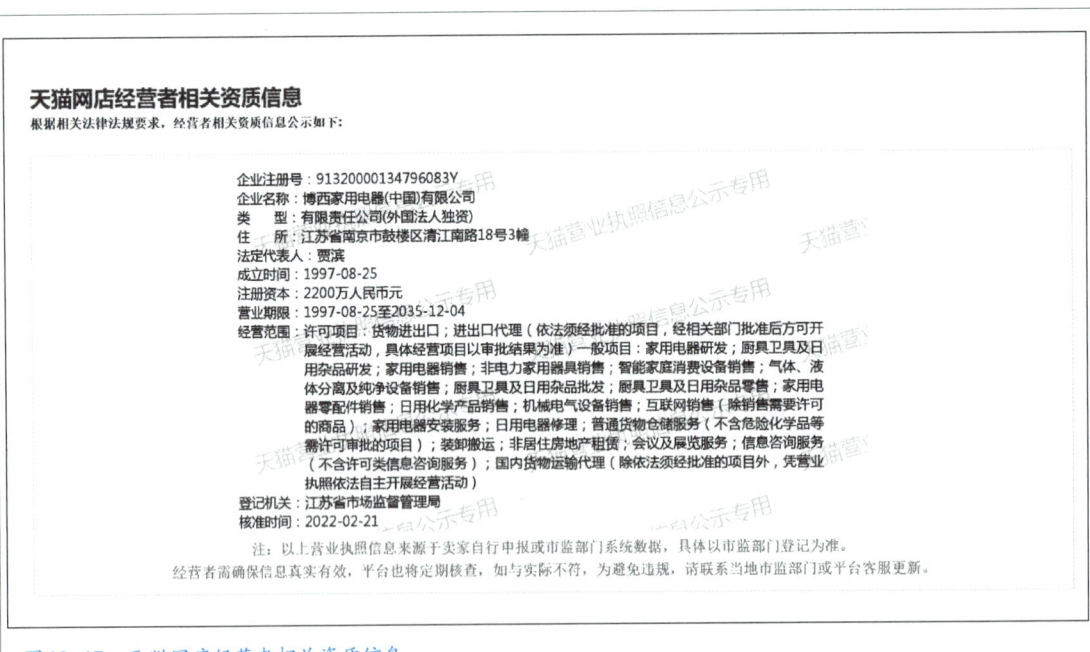

图 10-17　天猫网店经营者相关资质信息

本信息、经营情况、财务状况、履约能力、历史信用记录等方面，以帮助客户做出决策，如是否与企业进行合作、是否给予企业贷款等。

2. 搜索网络店铺商家的企业征信信息

前文通过对淘宝"西门子小家电旗舰店"经营者信息的查询，得到销售该款咖啡机的店铺企业名称是"博西家用电器（中国）有限公司"。接着，检索这家公司的征信情况。

打开企查查网站首页，如图 10-18 所示，输入企业名称后单击"查一下"按钮进行搜索，可查询企业基本信息、经营风险等。查询企业的征信信息可对用户的购买行为提供帮助。

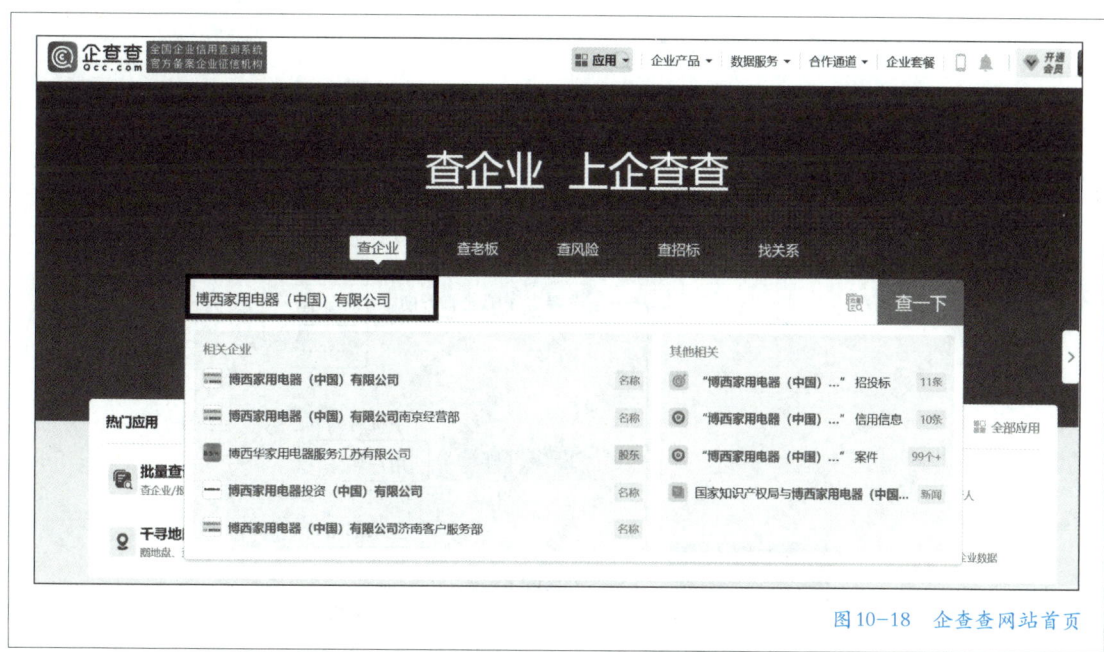

图 10-18　企查查网站首页

任务 11　收发电子邮件

任务描述

马上要到植树节了，公司想组织员工参加植树节活动。小孙想通过发送电子邮件的方式将活动方案发送给员工，征集员工的意见。因此，小孙开始注册电子邮箱，并进行电子邮件的发送、接收和回复等。

思维导图

任务 11 思维导图如图 11-1 所示。

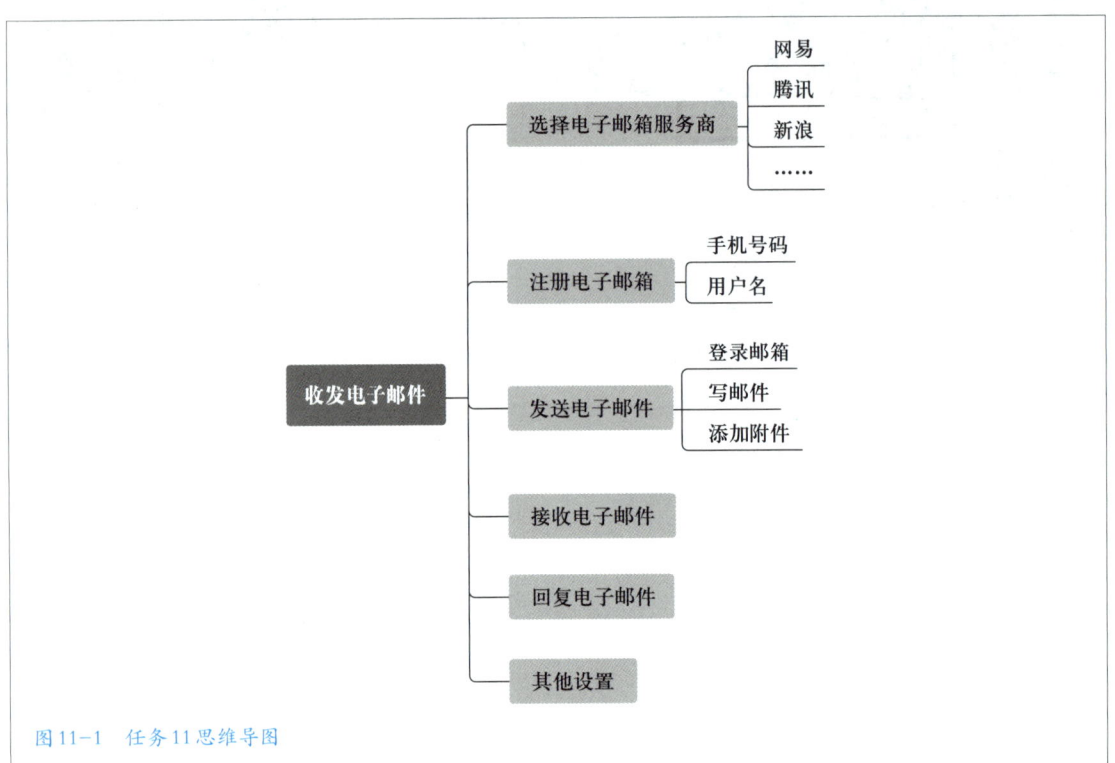

图 11-1　任务 11 思维导图

知识准备

电子邮件（Email）是在互联网上进行通信的一种基本方式。用户通过电子邮箱发送和接收消息，包括文本、图片、文件等。电子邮件的发展可以追溯到互联网的早期，在 20 世纪 60 年代就有了电子邮件的原型。随着互联网的普及和发展，电子邮件成为人们在网络上进行交流和沟通的重要工具之一。

电子邮件的优点包括即时性、全球性、可追溯性和方便性。其打破了传统邮件的时空限制，使人们能够快速、低成本地发送消息，并可在任何时间、任何地点接收和回复消息。电子邮件已经成为众多领域中不可或缺的沟通工具，为人们提供了高效的通信方式，促进了信息交流和协作。

电子邮箱地址是用于标识和定位电子邮件接收者的唯一标识符，每个电子邮箱地址都是全世界唯一的。它由两个部分组成，由 @ 符号分隔。

• 用户名（Username）：电子邮箱地址的前半部分，通常由字母、数字、点号（.）、下画线（_）和连字符（-）组成，是电子邮箱的个性化标识，用于唯一标识用户的电子邮箱账户。例如，在电子邮箱地址"laowangbobo@163.com"中，"laowangbobo"就是用户名。

• 域名（Domain Name）：电子邮箱地址的后半部分，指定电子邮件将被传递到哪个邮件服务器。域名是由电子邮箱服务商提供的，通常由两个或更多的部分组成，用点号分隔。例如，在"laowangbobo@163.com"中，"163.com"就是域名。

国内常见的电子邮箱服务商有网易邮箱、QQ 邮箱、搜狐邮箱、新浪邮箱等。

任务实施

一、选择电子邮箱服务商

目前有很多互联网服务提供商提供电子邮件服务，这些服务商提供的电子邮箱有免费和收费之分，两者的主要区别在于邮箱存储空间、是否有邮件过滤功能、是否能定制域名等。大多数免费邮箱能够满足日常工作和生活使用。目前国内用户量较大的电子邮箱服务商有网易、腾讯、新浪等。小孙选择在网易来注册一个免费的电子邮箱。

二、注册电子邮箱

方法一：使用手机号码注册电子邮箱。

• 打开一个网页浏览器，访问网易电子邮箱网站，主页面如图 11-2 所示。网易电子邮箱有 3 个邮箱域名可以选择，分别是"163.com""126.com"和"yeah.net"，小孙选择了"163.com"邮箱域名。

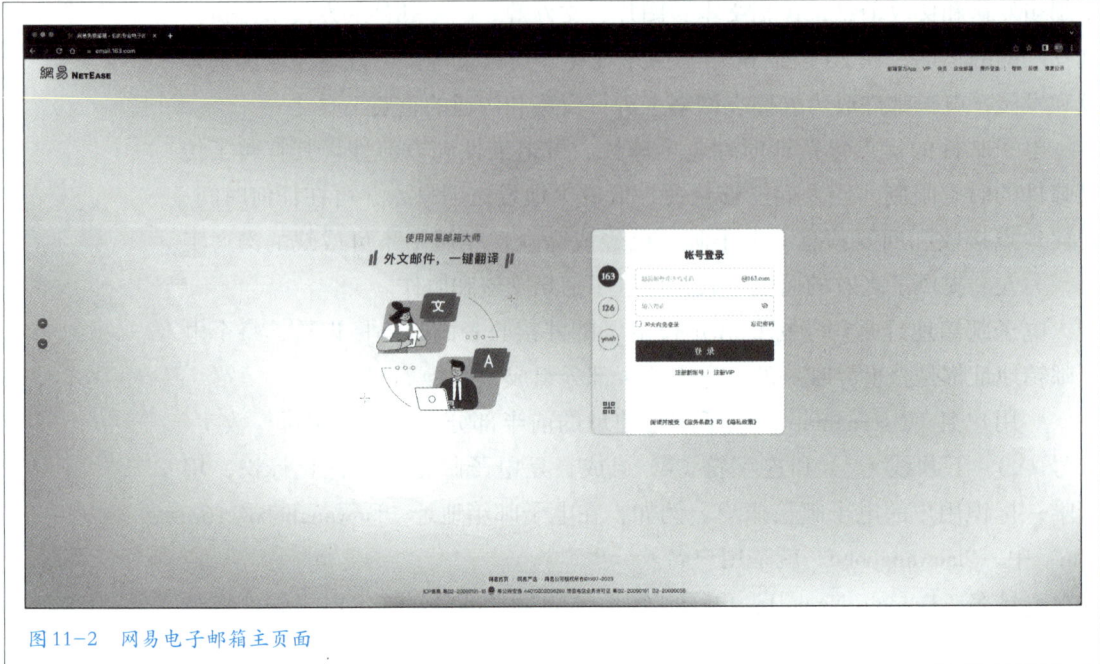

图 11-2　网易电子邮箱主页面

- 选择"注册新账号"选项，打开注册界面，如图 11-3 所示。在此界面上，免费邮箱有两种注册方式，分别是"手机号码"快速注册和普通注册。

图 11-3　邮箱注册界面

　　电子邮箱服务商推荐使用手机号码注册，因为手机号码具有唯一性，注册时不会出现邮箱名已存在的情况，方便快速注册。输入手机号码后，系统需要验证手机号码是否本人持有。扫描弹出窗口中的二维码后，会自动生成一条短消息，发送短消息给服务商后，单击该窗口中的"我已发送"按钮，如图11-4所示。

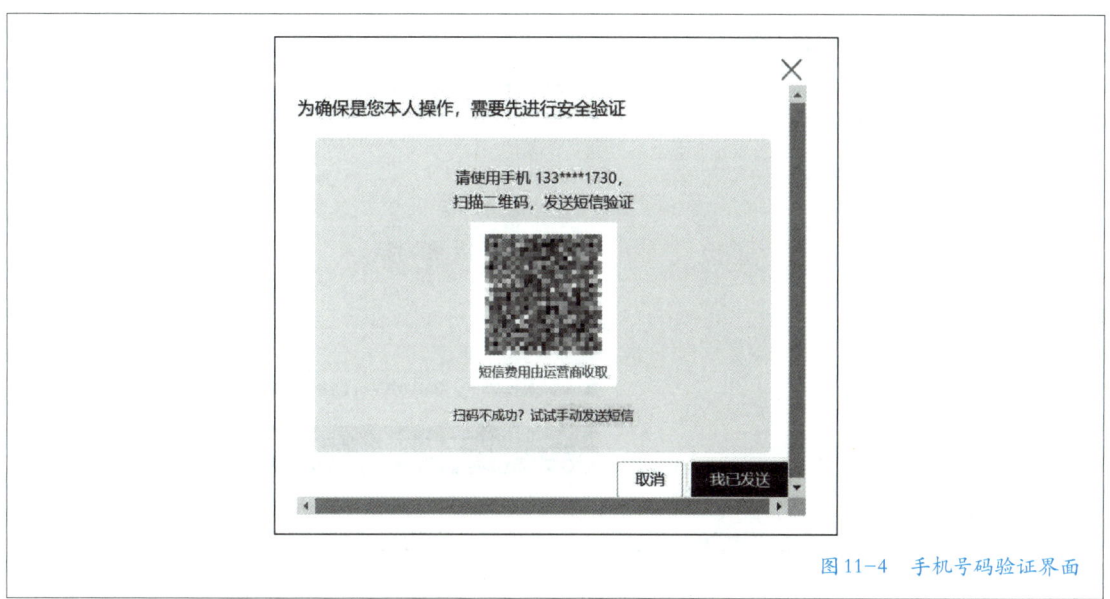

图11-4 手机号码验证界面

- 回到注册界面，手机号码下方会显示"验证成功"的信息，如图11-5所示。

图11-5 "验证成功"界面

● 输入自行设定的密码，同时勾选"同意《服务条款》、《隐私政策》和《儿童隐私政策》"，如图 11-6 所示。

图 11-6　手机注册界面

● 单击"立即注册"按钮，即可完成注册，系统转向注册成功界面，如图 11-7 所示。

图 11-7　注册成功界面

● 单击"进入邮箱"按钮，系统跳转至所注册邮箱的主界面，如图 11-8 所示。

方法二：使用用户名注册电子邮箱。

使用手机号码注册电子邮箱虽然很方便，但是用手机号码作为邮箱名不够个性化。小孙想注册一个具有个性化名称的邮箱。因此，他采用了用户名注册的方式。

图11-8　所注册邮箱主界面

• 在用户名处填写"laowangbobo"，此时系统提示该用户名已经被占用，并给出了一个推荐用户名列表，如图11-9所示。

图11-9　普通注册界面

小孙没有采用系统推荐的用户名,而是改成了"laowangbobo888",系统提示"恭喜,该邮件地址可以注册",如图 11-10 所示。

图 11-10　用户名通过界面

　　• 输入自行设定的密码及绑定的手机号码(手机号码可用于找回账号等保护性操作),单击手机号码后的"获取验证码"按钮,并输入手机上收到的验证码,如图 11-11 所示。

图 11-11　注册信息输入界面

• 勾选"同意《服务条款》《隐私政策》和《儿童隐私政策》",单击"立即注册"按钮,即可完成注册,系统跳转至注册成功界面,如图11-12所示。

图11-12 注册成功界面

• 单击"进入邮箱"按钮,系统跳转至所注册邮箱的主界面,如图11-13所示。

图11-13 用户名邮箱主界面

三、收发电子邮件

1. 发送电子邮件

• 在浏览器中直接访问163邮箱的网站;或访问网易电子邮箱入口网站,

在其页面选择 163 邮箱。

- 输入用户名和密码，单击"登录"按钮。如果勾选"30天内免登录"选项，则可以在本次登录时将登录信息保存在此计算机中，30天内打开此登录界面时，无须再次输入密码即可登录。
- 登录到邮箱后，单击邮箱左侧顶部的"写信"按钮，页面跳转至电子邮件编辑界面，如图 11-14 所示。

图 11-14　电子邮件编辑界面

- 在"收件人"字段中输入收件人的电子邮箱地址；在"主题"字段中输入电子邮件主题；在正文文本框中输入邮件内容。如图 11-15 所示。

图 11-15　电子邮件编辑界面

- 单击"添加附件"按钮，在弹出的文件选择框中选中自己计算机上保存的活动方案文件，如图 11-16 所示。活动方案将以附件的形式添加到电子邮件中，收件人收到电子邮件后可以下载该附件。附件可以是各种文档格式，

也可以是图片、音频或视频等。附件的最大容量根据电子邮箱服务商的不同而
有所不同。

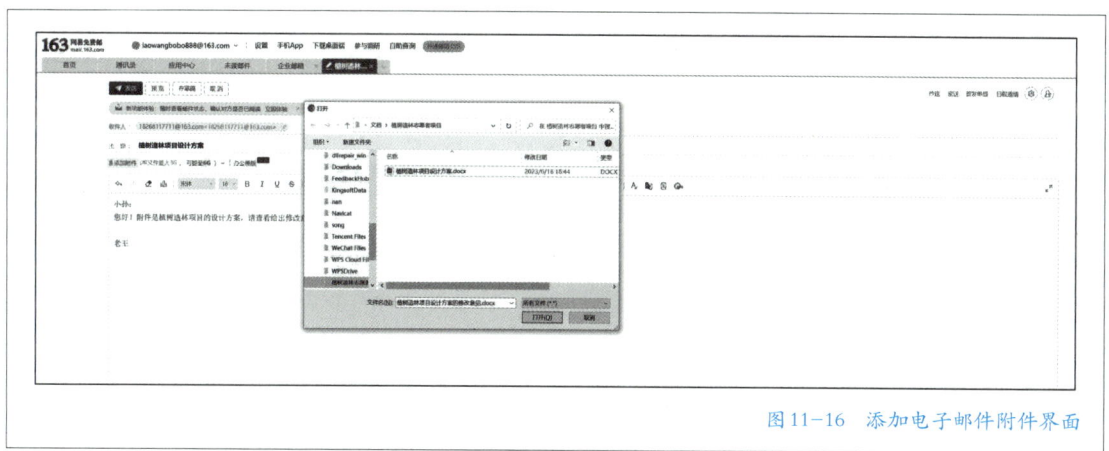

• 检查电子邮件内容，确保没有错误后，单击电子邮件编辑界面的"发
送"按钮，电子邮件即被发送。

2. 接收与回复电子邮件

• 登录电子邮箱账号，进入邮箱主界面。邮箱主界面上会显示未读电子
邮件的数量，如图11-17所示。

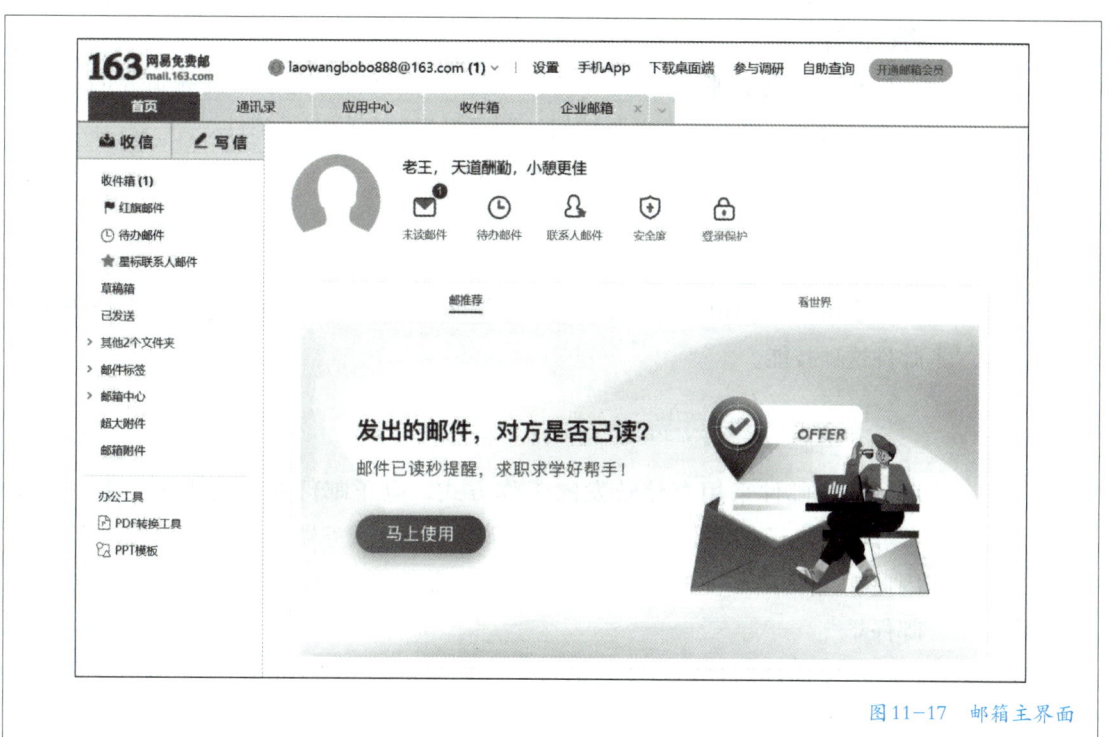

图11-17　邮箱主界面

●单击"收信"按钮或单击"收件箱"选项卡，页面右侧将显示收件箱中的电子邮件列表。如图 11-18 所示。

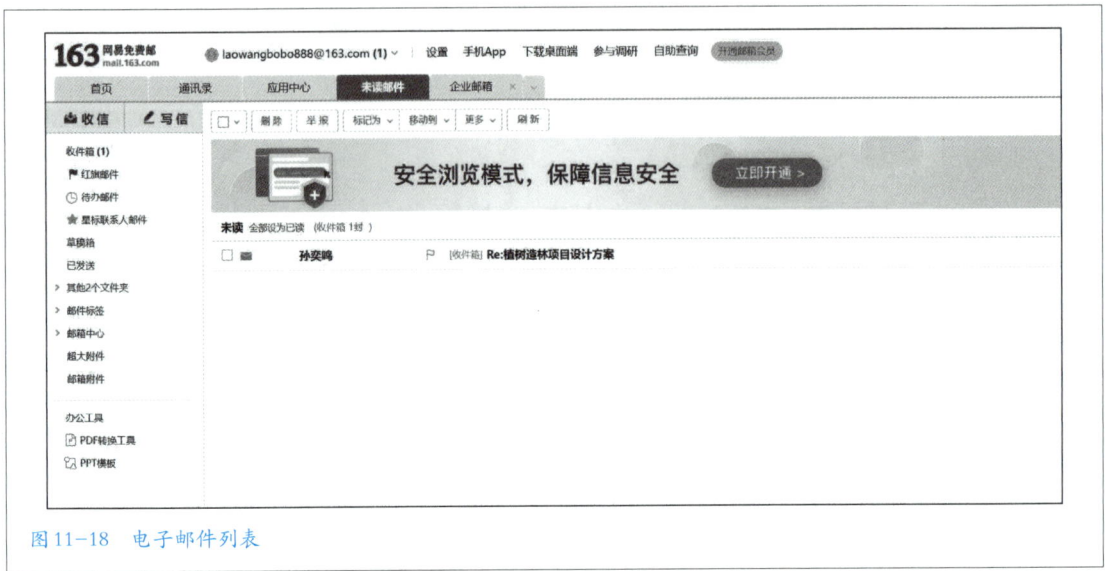

图 11-18　电子邮件列表

●单击邮件列表中的电子邮件标题，在页面右侧可以查看电子邮件的详细内容。

●单击"查看附件"或单击电子邮件下方的附件图标，可以下载附件到自己的计算机。

●单击电子邮件上的"回复"按钮，再次转入电子邮件编辑界面，填写好回复内容，单击"发送"按钮，即可发送回复的电子邮件。

任务拓展

了解一些与电子邮件相关的计算机基础知识，可以更好地掌握收发电子邮件这项技能。

一、电子邮件协议

电子邮件采用存储转发的工作方式，电子邮件在发送者电子邮件服务器、中转电子邮件服务器，以及目标电子邮件服务器中都进行了存储或转发。因此，接收者无须实时接收电子邮件，发件人也可以给自己的邮箱发送电子邮件。

电子邮件的存储转发是通过一些网络协议来实现的。常见的电子邮件协议包括 POP3、IMAP 和 SMTP。

1. POP3（邮局协议版本 3）

POP3 是一种用于从电子邮件服务器接收电子邮件的协议。当用户的电子邮件客户端连接到电子邮件服务器时，通过该协议，服务器上的电子邮件会被下载到本地设备。

2. IMAP（因特网消息访问协议）

IMAP 是一种用于在多个设备之间同步电子邮件的协议。IMAP 将电子邮件保留在电子邮件服务器上，并在每个设备上同步电子邮件的状态和文件夹结构。当用户在一个设备上标记电子邮件为已读或删除电子邮件时，这些更改将反映在所有连接到同一账户的设备上。IMAP 支持在多个设备之间共享电子邮件，并提供更灵活的访问选项。

3. SMTP（简单邮件传输协议）

SMTP 是用于发送电子邮件的协议。当发送电子邮件时，电子邮件客户端使用 SMTP 将电子邮件发送到电子邮件服务器。SMTP 服务器负责将电子邮件传输到接收方的电子邮件服务器，接收方可以使用 POP3 或 IMAP 从电子邮件服务器接收电子邮件。

二、电子邮件客户端

电子邮件客户端是专门用于管理和处理电子邮件的应用程序，它提供了一个友好的用户界面，使用户能够方便地编写、发送、接收和组织电子邮件。

电子邮件客户端通常提供以下功能。

1. 电子邮件管理

电子邮件客户端允许用户查看收件箱、发送电子邮件、存储草稿、管理已发送的电子邮件，以及删除不需要的电子邮件。用户可以创建文件夹和标签来组织和分类电子邮件。

2. 电子邮件组织

客户端提供了搜索、过滤、排序和归档等功能，帮助用户快速找到特定的电子邮件。用户还可以标记电子邮件为重要、已读或未读，并提供星标、分类和过滤等，整理电子邮件。

3. 附件管理

电子邮件客户端允许用户添加附件到电子邮件中，用户可以预览、保存或下载附件，并在需要时将附件添加到回复或转发的电子邮件中。

4. 地址簿管理

客户端通常提供一个地址簿或联系人管理功能，让用户可以保存和管理联系人的电子邮箱地址和其他相关信息。用户可以轻松地选择收件人，而不必手动输入完整的电子邮箱地址。

5. 垃圾电子邮件过滤

为了减少垃圾电子邮件的干扰，电子邮件客户端通常提供垃圾电子邮件过滤功能。它会自动将疑似垃圾电子邮件的邮件标记为垃圾电子邮件，并将其移动到垃圾电子邮件文件夹或者直接删除。

常见的电子邮件客户端软件有网易邮箱大师、QQ 邮箱和 Foxmail 等。

三、电子邮件礼仪

电子邮件是互联网世界的重要交流沟通工具，是一种社交服务。电子邮件礼仪是在撰写和发送电子邮件时应遵循的一组行为准则和规范。遵守电子邮件礼仪有助于确保有效沟通，维护良好的职业形象，并避免误解和冲突。以下是电子邮件礼仪指南。

1. 主题行

在撰写电子邮件时，应在主题行用清晰、简明的文字描述电子邮件内容，以便收件人可以快速了解电子邮件的主题；避免使用"重要"或"紧急"等模糊用语，而是提供具体而明确的信息，如"会议安排：6 月 20 日上午 10 点"。

2. 收件人

确保将电子邮件发送给正确的收件人。在输入收件人邮箱地址之前，应仔细检查拼写和格式。如果有多个收件人，可使用"抄送"和"密送"功能来明确指示电子邮件的接收人。抄送用于通知其他相关人员，也就是所有收件人都知晓该封电子邮件发送给了哪些人；而密送则用于隐藏收件人列表，即每个收件人并不知晓有哪些其他的收件人。

3. 礼貌用语

使用礼貌和尊重的用语来表达自己的意见和请求，如"您好""谢谢""请"等。

4. 正文结构

电子邮件正文表述应清晰、简洁，避免冗长的段落和复杂的句子，以便收件人阅读和理解。具体方法是，可将信息分段，使用标题和编号来组织内容。

5. 回复和转发

应及时回复电子邮件，尤其是重要和时间敏感的电子邮件。如果无法立即就邮件中的问题给出答复，应给出预期的回复时间，并确保在该时间之前回复。当回复电子邮件时，应引用原始电子邮件的部分内容以提供上、下文，并逐个回答每个问题或问题段落。应使用简洁、清晰的用语和格式，使回复邮件易于理解。

6. 机密性和隐私

尊重他人隐私，避免在电子邮件中泄露敏感信息。在发送电子邮件时，可使用适当的安全措施（如加密等）。在输入收件人邮箱地址之前，应仔细检查和确认。

7. 电子邮件格式和附件

选择适当的电子邮件格式，如纯文本、HTML 或富文本格式；确保所选格式与电子邮件内容和接收者的需求相匹配。

当需要发送附件时，应确保附件的大小合理；在电子邮件正文中提供对附件的明确说明和相关提示。

8. 电子邮件数量和使用

避免发送无关或冗余的电子邮件。在发送之前，请仔细考虑电子邮件的目的和价值。尽量控制自己发送和回复电子邮件的数量，以减少对他人的干扰和对电子邮件服务器的负荷。

遵守电子邮件礼仪，能够建立专业的沟通形象，促进良好的工作关系，并确保有效的电子邮件交流。

项目3
文档处理

任务导学

文字处理系统（Word Processing System，缩写为WPS）是一款由金山软件公司开发的办公软件。1989年，WPS 1.0发布。WPS凭借出色的中文处理能力和友好的界面，迅速占领了中国市场，一度拿下了90%的市场份额。

然而，在20世纪90年代初期，随着微软Windows操作系统和Microsoft Office的进入，WPS面临了前所未有的挑战。1993年WPS曾推出"盘古组件"，但该产品并未赢得市场，反而丢掉了在DOS操作系统中的领先优势。1994年，金山软件公司与微软公司达成协议，相互兼容文件格式。然而，随着Windows操作系统的普及，Word通过各种渠道传播，成功吸引了大量原本使用WPS的用户。

然而金山公司并未放弃，1997年，WPS 97发布，这是第一个在Windows平台上运行的中国本土文字处理软件。随后，WPS不断更新迭代，2001年，WPS正式更名为WPS Office（以下仍简称WPS），并开始集成文字办公、电子表格、多媒体演示制作和图像处理等多种功能。2005年，WPS个人版宣布免费，这一策略极大地推动了其普及。WPS不断进行功能优化和创新升级，逐渐得到了广大用户的认可和信赖。近年来，WPS还积极拓展移动端市场，并在海外市场取得了一定的成功。

WPS的发展史是一部不断与国际巨头竞争、自我革新的历史。从最初的单一文字处理软件，到如今包含多种办公组件的集成套件，WPS在坚持自主创新的同时，也紧跟市场和需求的变化。金山软件公司通过WPS这一产品，不仅打破了微软在办公软件领域的垄断地位，还为中国软件行业的发展树立了标杆。

1. 知识目标

- 能列举 WPS 的特点和作用。

- 能调用 WPS 帮助中心。

2. 技能目标

- 能使用 WPS 进行文档制作。

- 能使用 WPS 进行文档排版。

3. 核心素养

- 能根据需求选择合适的文档模板。

- 关注 WPS 的功能更新，并测试使用。

4. 重/难点知识

- 能从 WPS 帮助中心中找到待解决问题的答案。

任务 12　编辑产品说明书

任务描述

小孙的公司主要销售的是文具，最近公司推出了一款新产品——多功能文具盒。为了在市场上更好地推广该产品，公司决定制作一份精美的产品说明书。小孙的任务是使用 WPS 中的文字处理工具编辑这份产品说明书。产品说明书需要包含该产品的详细信息、特点、优势、图片等内容，以吸引潜在客户的关注。

思维导图

任务 12 思维导图如图 12-1 所示。

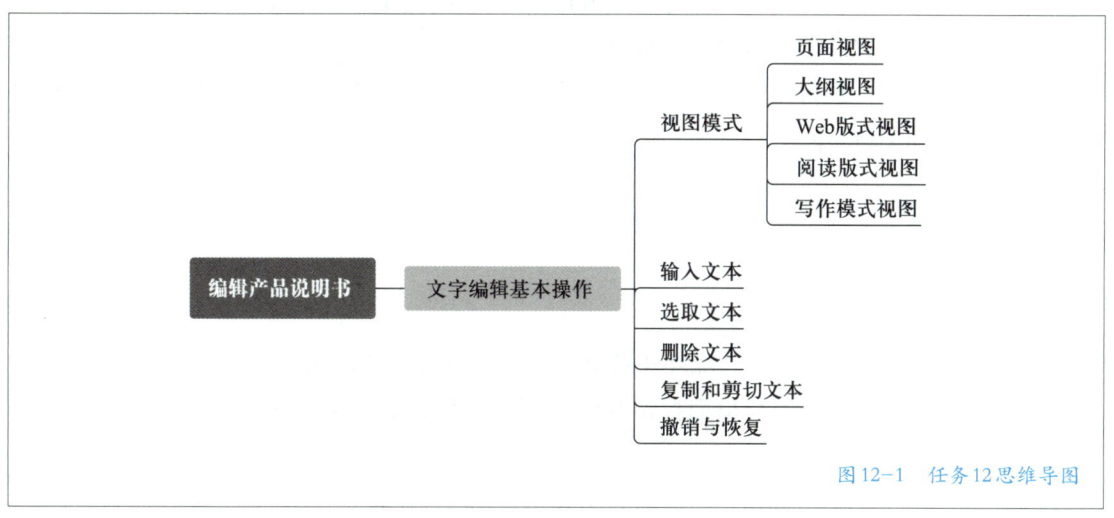

图12-1　任务12思维导图

知识准备

一、WPS 的特点与优势

WPS 是一款功能强大的办公软件套件，它包括了文字处理、表格编辑、演示文稿制作等多个组件。其中，WPS 文字作为文字处理工具，具备丰富的文本编辑和排版功能，适用于各种文档处理场景。其特点如下。

- 内存占用低、运行速度快。
- 云功能丰富：WPS 提供了丰富的云服务功能，包括在线存储空间、文档模板等。
- 全面兼容 Microsoft Office 格式：WPS 可以全面兼容 Microsoft Office 的格式，如 doc、docx、xls、xlsx、ppt、pptx 等，方便在两种软件间进行文件的转换和编辑。
- 支持 PDF 文件：WPS 支持 PDF 文件的展示和输出，方便在处理文档时进行格式转换。
- 跨平台应用：WPS 可以在 Windows、Linux 等多个平台上应用，方便在不同操作系统间进行文件处理。
- 插件平台强大：WPS 拥有强大的插件平台支持，用户可以根据自己的需求安装各种插件，以扩展软件的功能。
- 在线存储空间及文档模板部分免费：WPS 为用户提供了部分免费的在线存储空间和文档模板，方便用户进行文档存储和编辑。
- 链接电子政务系统：WPS 可以无缝链接办公系统等电子政务系统，方便将文件分享到政府网站中。
- 插件机制可扩展：WPS 拥有可扩展的插件机制，为程序员提供了想象和创造空间。

二、WPS 基本操作

1. 启动与关闭 WPS

（1）启动 WPS

- 在"开始"菜单中找到 WPS 文件夹，单击其中的 WPS 图标。
- 在计算机桌面找到 WPS 快捷方式图标，双击该图标。

（2）关闭 WPS

- 单击标题栏右侧的关闭按钮。
- 单击菜单栏"文件"菜单中的"退出"命令。
- 按下键盘 Alt+F4 组合键。
- 右键单击 Windows 任务栏上 WPS 图标，在弹出的快捷菜单中选择"关闭窗口"。
- 按下 Ctrl+W 组合键，将关闭当前打开的 WPS 文档。

在关闭前，如果文档有未保存的更改，WPS 会提示是否保存更改。

2. WPS 工作界面

以 WPS 文字工具为例，WPS 的工作界面如图 12-2 所示。

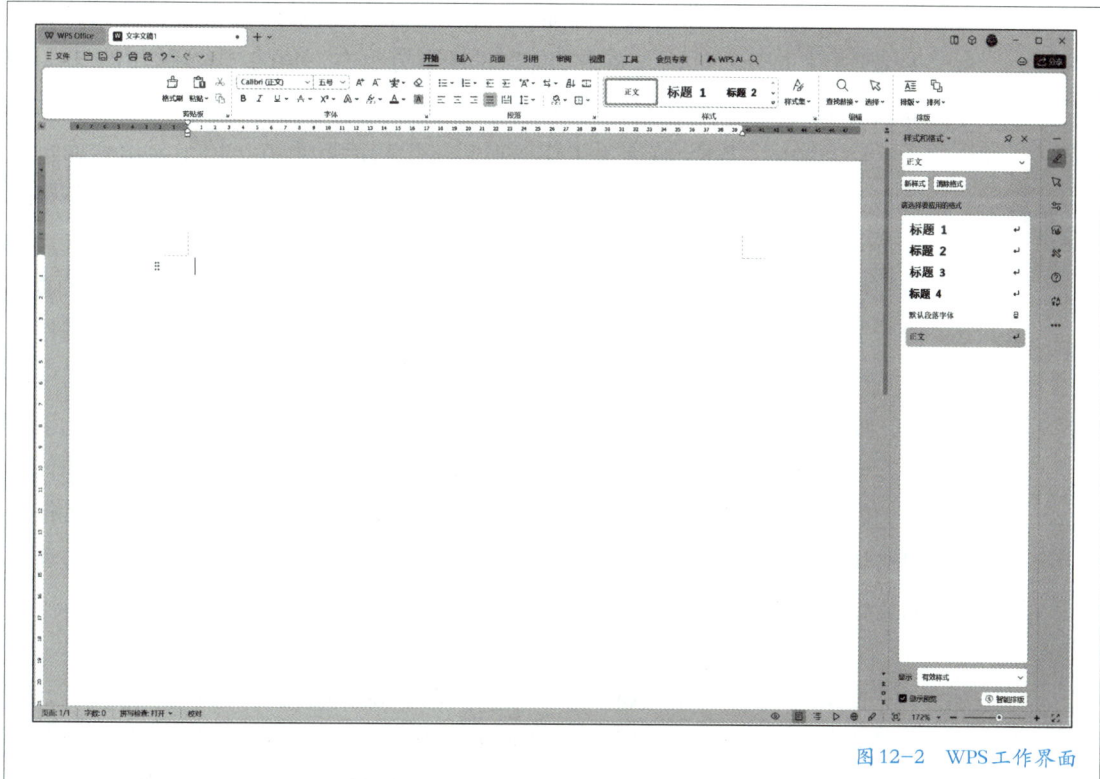

图12-2　WPS工作界面

• 标题栏：位于窗口顶部，主要显示当前打开文档的名称。在标题栏右侧，通常会有最小化、最大化/还原和关闭窗口的控制按钮。此外，如果有多个文档同时被打开，可以通过单击标题栏上的文档名称来快速切换不同的文档。

• 菜单栏：WPS中重要命令的集中放置区域。菜单栏位于标题栏下方，包含一系列菜单项，每个菜单项下都包含了一系列相关的命令和操作，可以通过单击菜单项来展开并选择需要的命令。

• 快速访问工具栏：一个可自定义的工具栏，可设置在标题栏右侧、功能区之下或作为浮动工具栏。它包含了一些常用的命令按钮，如保存、撤销、恢复、打印等，方便用户快速执行常用操作。可以根据使用习惯将常用的命令添加到快速访问工具栏中，以提高工作效率。

• 功能区：WPS的一个重要特点，位于标题栏的下方，是一个由多个选项卡组成的带状区域。每个选项卡下都包含了一组相关的命令和功能，如"开始""插入""页面""视图"等。可以通过单击选项卡来切换不同的功能区域，并在其中选择所需命令进行操作。功能区的设计使得用户可以更加直观地找到和使用各种功能，提高操作效率。

● 对话框启动器：虽然功能区展示了大部分的功能按钮，但是仍然有一些设置需要打开对话框。单击功能区选项卡分组右下角的"对话框启动器"按钮，可以打开该功能组对应的对话框或任务窗格进行更多设置。

● 编辑区：WPS 的主要工作区域，位于功能区下方，用于显示和编辑文档内容，可以在编辑区中输入和编辑文本、插入图片和表格等对象、调整格式和布局等，编辑区的大小和位置可以根据用户的需要进行调整。

● 状态栏：位于窗口底部，用于显示当前文档的状态信息。状态栏通常包括页数、字数、缩放比例、拼写检查状态等指示器。用户可以通过状态栏了解文档的基本情况和当前的操作状态。此外，状态栏还包含一些快捷按钮或链接，如视图切换、页面显示缩放等。

● 任务窗格：一个可折叠的面板，通常位于编辑区右侧，包含与当前任务相关的各种信息和选项，如属性设置、样式和格式设置等。用户可以通过任务窗格快速访问和管理与当前文档相关的各种资源和功能。任务窗格的内容和布局会根据当前的任务和操作进行动态变化。

3. 调整窗口显示比例

在 WPS 中可以调整窗口显示比例，调整显示比例只会影响当前文档，不会影响其他打开的文档或程序。可以通过以下几种方法进行显示比例的调整。

● 选择功能区的"视图"选项卡，找到"比例"功能组，如图 12-3 所示。单击"显示比例"弹出"显示比例"对话框，如图 12-4 所示。根据需要选择或设置显示比例，单击"确定"按钮。此外，也可以单击该功能组中的"100%""单页""多页""页宽"等选项快速切换经常用到的显示比例。

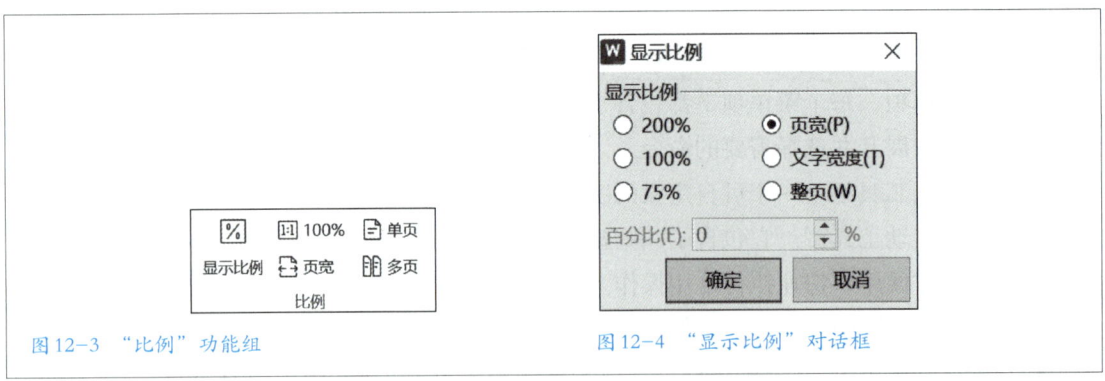

图 12-3 "比例"功能组　　　　　图 12-4 "显示比例"对话框

● 在 WPS 底部状态栏右侧找到显示比例滑块。通过拖动滑块，或者单击"放大""缩小"按钮来调整显示比例。单击缩放级别按钮，可以选择或设置显示比例。此外，也可以单击旁边的"缩放级别"按钮切换到需要的显示比例。

● 如果使用的是带有滚轮的鼠标，可以按住键盘 Ctrl 键，同时通过鼠标滚轮的上下滚动来调整显示比例。

三、创建、保存、关闭与打开 WPS 文档

1. 创建文档

创建新的文档是开始任何文档编辑工作的第一步。在 WPS 中，可以通过以下几种方法来创建文档。

● 单击标题栏上的"新建"按钮（通常显示为一个加号图标），在弹出的菜单中选择所要创建的文档类型，即可创建一个该类型的空白文档。

● 单击主界面上"新建"按钮，在弹出的菜单中选择所要创建的文档类型，进入新建文档选择界面，单击"空白文档"创建一个该类型的空白文档。

2. 保存文档

保存文档是确保已经完成的工作不会丢失的重要步骤。在 WPS 中保存文档主要有以下方法。

● 单击快速访问工具栏上的"保存"按钮（通常显示为一个磁盘图标），或者按下 Ctrl+S 组合键。

● 如果是第一次保存文档，系统会弹出一个对话框让用户选择保存位置，输入文件名，并选择文件类型。设置完成后，单击"保存"按钮。

● 如果已经在之前保存过该文档，并且想要保存对文档所做的更改，只需再次进行保存操作，WPS 会自动覆盖原文件并保存更改。

● 通过菜单栏的"文件"选项，选择"保存"或"另存为"命令来保存文档。选择"另存为"命令，可以保存文档的另一个副本，同时保留原始文件不变。

3. 关闭文档

在 WPS 中关闭单个文档有如下方法。

● 单击标题栏文档名右侧的关闭按钮，即可关闭当前文档。

● 按下 Ctrl + W 组合键，可以快速关闭当前文档。

● 在 Windows 任务栏中，将鼠标指针悬停在 WPS 的图标上，在展开的文档列表中单击要关闭的文档右上方的关闭按钮。

在 WPS 中关闭多个文档有如下方法。

● 选取要保留的文档，在标题栏单击右键，选择"关闭其他"选项，可以关闭除当前文档外的其他文档。

● 在标题栏单击右键，选择"关闭"选项中的"全部"，即可关闭当前所有打开的文档。

● 单击"文件"菜单，在下拉菜单中选择"退出"，即可关闭当前所有打开的文档，同时退出 WPS 程序。

- 在 Windows 任务栏中右键单击 WPS 图标，在弹出的菜单中选择"关闭窗口"，即可关闭当前所有打开的文档，同时退出 WPS 程序。

在关闭文档之前，如果对文档进行了更改但尚未保存，WPS 文字通常会弹出一个提示框询问是否要保存更改，根据需要选择"保存"或"不保存"。

4. 打开文档

打开文档后，可以对已保存文档进行再次编辑。在 WPS 中打开文档的方法如下。

- 若 WPS 安装时选择了关联当前文档格式，则在 Windows 资源管理器中文档保存位置找到需要打开的文件，双击即可打开该文件。
- 单击"文件"菜单，在弹出的菜单中单击"打开"命令，将打开一个文件浏览器窗口，可选择并打开文档。单击快速访问工具栏上的"打开"按钮（通常显示为文件夹图标），或按下 Ctrl+O 组合键，同样可以打开文件浏览器窗口进行文档选择与打开。如图 12-5 所示。
- 单击"文件"菜单，在弹出的菜单中，将鼠标指针悬停于"打开"选项上，右侧会弹出"最近使用"文件列表，可从中快速选择并打开文档。
- WPS 主界面会列出最近在编辑的文档，双击文件名即可打开文件。

图 12-5　"打开文件"对话框

四、WPS文字基础操作

WPS文字作为一款常用的文字处理软件，提供了丰富的功能来满足日常编辑文档的需求。

1. 视图模式

WPS的视图模式是指用于显示文档内容的不同方式，它允许从各种角度查看和编辑文档，以便根据不同的编辑需求选择合适的视图。

WPS文字提供了多种视图模式，通过功能区"视图"选项卡"视图"选项组中的按钮可实现视图之间的切换，如图12-6所示。常见的视图模式包括：

• 页面视图：WPS的默认视图，显示文档的实际打印效果，包括页眉、页脚、分栏等。

• 大纲视图：用于查看和编辑文档的结构，方便快速调整文档层级。

• Web版式视图：用于优化文档在Web浏览器中的显示效果。

• 阅读版式视图：提供类似图书的阅读体验，方便阅读长文档。

• 写作模式视图：提供一个专注于文本编辑的简洁界面，去除不必要的工具栏和菜单，使编辑过程更加集中和高效。

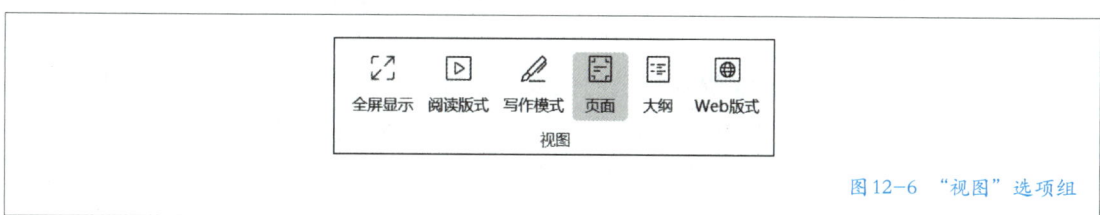

图12-6 "视图"选项组

2. 输入文本

文档编辑的流程主要包含新建文档、输入内容、格式化内容、美化文档、调整页面布局、打印输出等。因此，输入文本是文档编辑的基础。

（1）插入点定位

光标的位置也称为插入点，用鼠标在编辑区单击即可实现光标的定位。确定光标位置后，切换到合适的输入法，接下来就可以在文档中输入文本。

鼠标与键盘的频繁切换会影响输入的速度，因此也可以使用键盘快捷键来控制光标的定位，以提高输入效率，具体方法如表12-1所示。

表 12-1   键盘控制光标的快捷键

快捷键	功能	快捷键	功能
↑	上移一行	↓	下移一行
Ctrl+↑	光标移动到上一段落开头	Ctrl+↓	光标移动到下一段落末尾
Ctrl+←	光标向左移动一个词	Ctrl+→	光标向右移动一个词
Home	光标移动到当前行的开头	End	光标移动到当前行的末尾
Ctrl+Home	光标移动到文档的开头	Ctrl+End	光标移动到文档的末尾
PageUp	向上移动一屏	PageDown	向下移动一屏
Ctrl+PageUp	光标移动到上一页的开头	Ctrl+PageDown	光标移动到下一页的开头
Ctrl+Shift+↑	选中从当前位置到上一行的所有内容	Ctrl+Shift+↓	选中从当前位置到下一行的所有内容
Ctrl+Shift+←	选中当前位置左边的第一个字或词	Ctrl+Shift+→	选中当前位置右边的第一个字或词

　　编辑区右侧的垂直滚动条也可以实现光标的定位，上下拖动垂直滚动条滑块、单击滑块两边的浅色区域、单击垂直滚动条上下的按钮，均可以实现屏幕的滚动。

　　如果需要定位到特定的位置，如特定页、特定行等，可以单击功能区"开始"选项卡中的"查找替换"按钮，在弹出的下拉菜单中选择"定位"，打开"查找和替换"对话框（或者按下 Ctrl+G 组合键打开该对话框），如图 12-7 所示。在"定位"选项卡中选择要定位的目标，输入具体参数值，单击"前一处"或"下一处"按钮，即可在符合条件的定位目标位置之间切换。

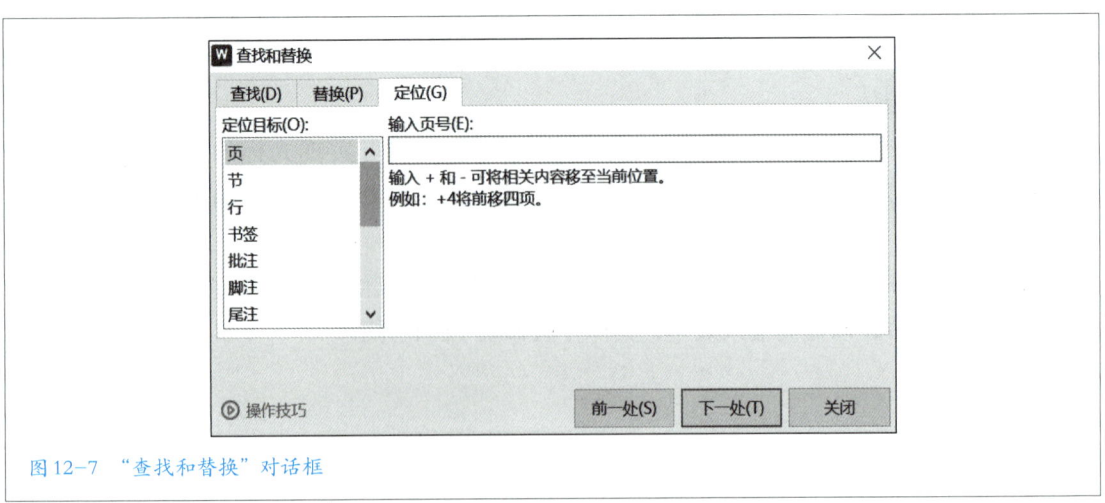

图 12-7   "查找和替换"对话框

（2）输入符号

键盘上包含常用的字符与符号，有时也需要输入无法通过键盘直接输入的符号，此时可以使用 WPS 提供的符号库来输入。

将光标定位到合适的位置，单击功能区"插入"选项卡"常用对象"选项组中的"符号"按钮，在弹出的下拉菜单中选择需要的符号，如图 12-8 所示。选择"其他符号"，在弹出的"符号"对话框中可以选择更多的符号，如图 12-9 所示。

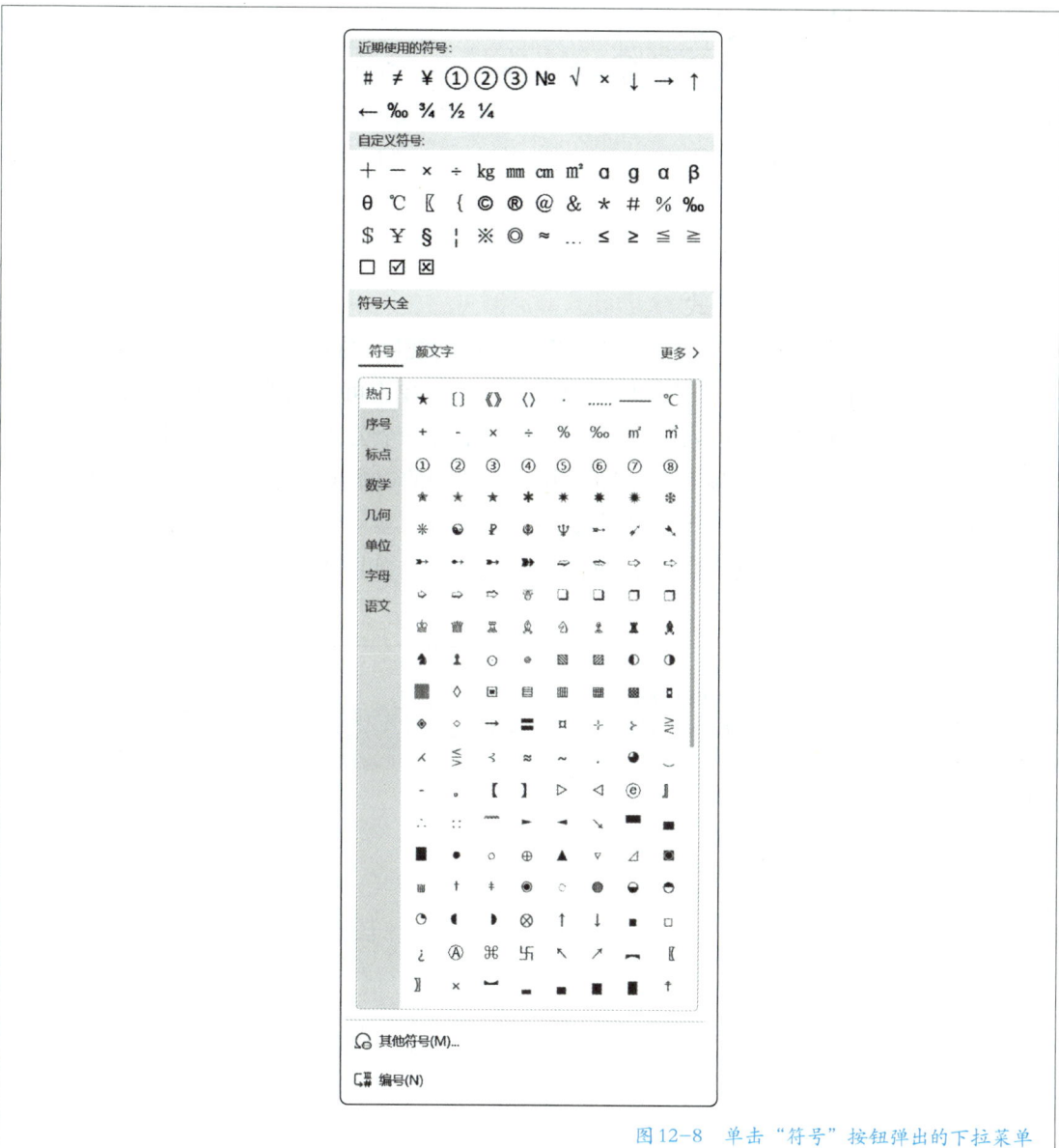

图 12-8 单击"符号"按钮弹出的下拉菜单

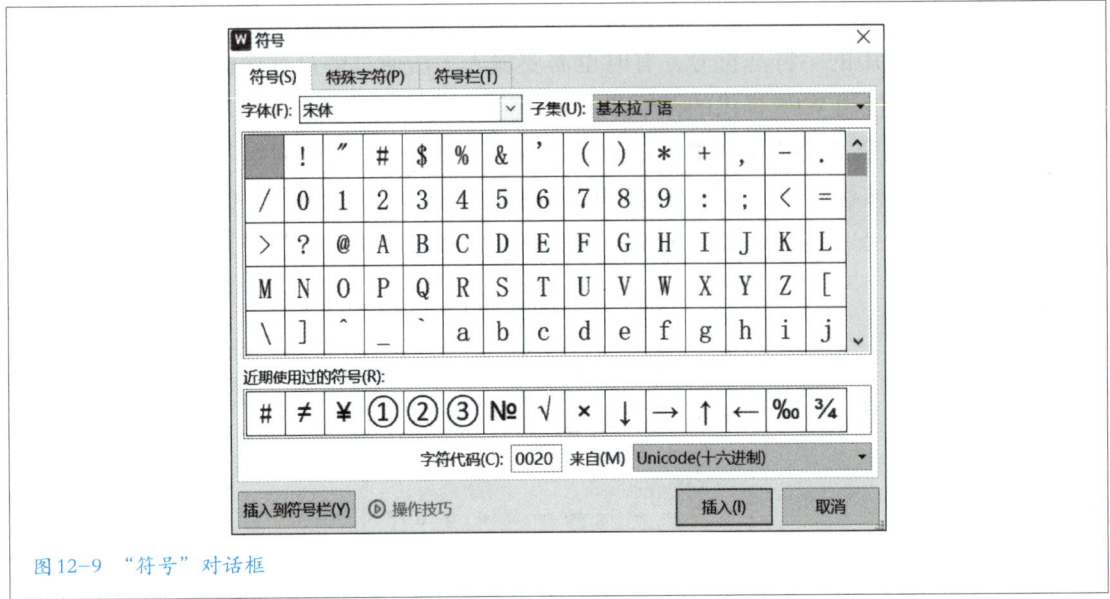

图 12-9 "符号"对话框

（3）输入公式

将光标定位到合适的位置，选择功能区"插入"选项卡"常用对象"选项组中的"公式"按钮，在弹出的下拉菜单中可直接选择需要的预设公式。

• 选择"插入新公式"，光标处出现一个公式输入框，同时功能区中显示"公式工具"选项卡，可以使用该选项卡中的功能在公式输入框中自行编辑公式。

• 选择"公式编辑器"，在"公式编辑器"对话框中可以编辑比较复杂的公式，编辑成功后，公式将被插入光标处，如图 12-10 所示。

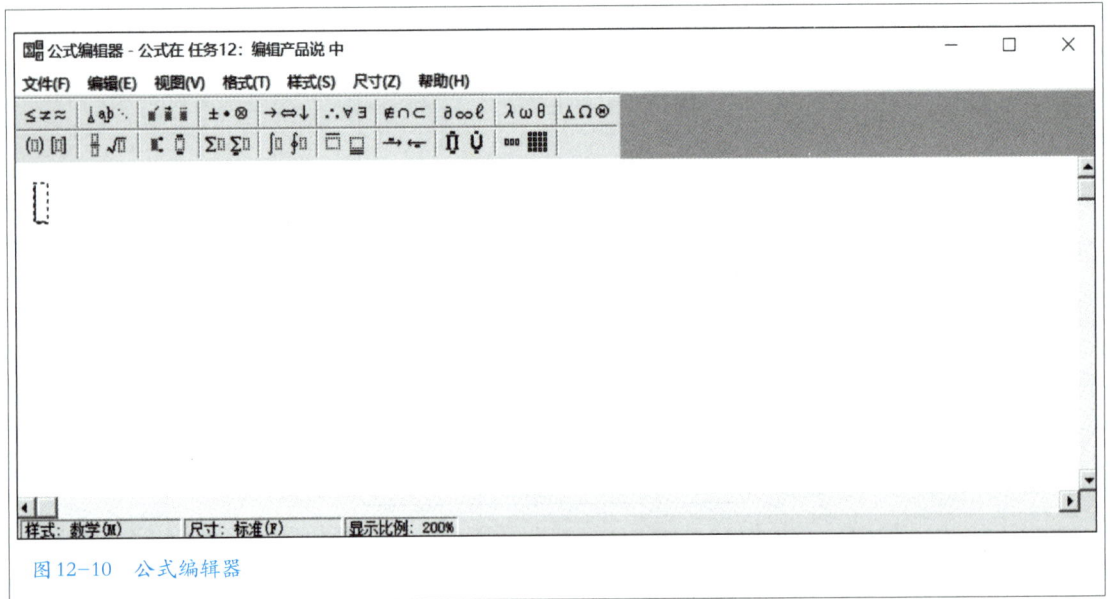

图 12-10 公式编辑器

3. 选取文本

选取文本是进行编辑与格式化操作的前提。可以通过以下方法来选取文本。

（1）用鼠标选取文本

将光标定位到要选取文本的开始位置，按住左键拖动到选取文本的结束位置，即可选取一段连续的文本。在文档任意位置单击左键，可以取消文本的选取。

文档左侧的空白区域通常被称为"选取区"。当鼠标指针移至该区域时，通常会呈现一个向右倾斜的空心箭头。通过在这个区域进行单击、双击或三击左键，可以快速选取一行、一段或整篇文档的内容。除此之外，还有一些使用鼠标快捷选取文本的方法，如表 12-2 所示。

表12-2 用鼠标快捷选取文本

操作	功能	操作	功能
拖动需要选取的文本	选取任意个字符	双击字或词	选取该字或词
单击选取区	选取所在行文本	在选取区上下拖动	选取多行文本
双击选取区，在段落内三击，或按住 Ctrl 键，并在段落内单击	选取所在段落	在文本起始位置单击左键，同时按住 Shift 键，在文本结束位置再次单击	选取这两个位置之间的所有文本
三击选取区	选取整篇文档	按住 Alt 键，同时在文档内拖动鼠标	选取文档中矩形区域的文本

（2）用键盘选取文本

使用键盘快捷键组合，可以方便快捷地选取文本，从而避免在输入过程中鼠标与键盘的切换，常用方法如表 12-3 所示。

表12-3 用键盘快捷选取文本

快捷键	功能	快捷键	功能
Shift+ ↑	从插入点位置开始向上选取一行文本	Shift+ ↓	从插入点位置开始向下选取一行文本
Shift+ ←	从插入点位置开始向左选取一个字符	Shift+→	从插入点位置开始向右选取一个字符
Ctrl + Shift + ↑	选取从插入点到段落开始位置之间的文本	Ctrl + Shift + ↓	选取从插入点到段落结束位置之间的文本

续表

快捷键	功能	快捷键	功能
Shift +Home	选取从插入点到所在行开始位置之间的文本	Shift +End	选取从插入点到所在行结束位置之间的文本
Ctrl + Shift +Home	选取从插入点到文档开始位置之间的所有文本	Ctrl + Shift +End	选取从插入点到文档结束位置之间的所有文本
Ctrl+A	选取整篇文档		

4. 删除文本

删除文本也是 WPS 文字编辑过程中的常见操作。将选中的文本从文档中清除有以下方法。

● 按 Delete 键删除插入点右侧的一个字符；按 Ctrl+Delete 组合键删除插入点右侧的一个单词。

● 按 Backspace 键删除插入点左侧的一个字符；按 Ctrl+Backspace 键删除插入点左侧的一个单词。

● 用上述选中文本的方法选中要删除的文本，按 Delete 键或 Backspace 键进行删除。

5. 复制和剪切文本

复制和剪切（或移动）文本是编辑文档时经常使用的功能。WPS 文字提供了多种方法来实现这些操作。

（1）一般方法

复制和剪切文本可以使用功能区选项卡中的按钮、键盘快捷键、鼠标等多种方式实现，具体方法如表 12-4 所示。

表 12-4　复制和剪切文本

操作方式	复制文本	剪切文本
功能区选项卡	单击"开始"选项卡"剪贴板"选项组中的"复制"按钮；在插入点单击"粘贴"按钮	单击"开始"选项卡"剪贴板"选项组中的"剪切"按钮；在插入点单击"粘贴"按钮
快捷菜单	在选取文本处单击右键，在弹出的快捷菜单中单击"复制"按钮；在插入点单击右键，在弹出的快捷菜单中单击"粘贴"按钮	在选取文本处单击右键，在弹出的快捷菜单中单击"剪切"按钮；在插入点单击右键，在弹出的快捷菜单中单击"粘贴"按钮

续表

操作方式	复制文本	剪切文本
左键拖动	按住Ctrl键，同时按住左键拖动文本至目标位置后释放鼠标和键盘	按住左键拖动文本至目标位置后释放
右键拖动	选中文本后按住右键，拖动文本至目标位置后释放右键，在弹出的快捷菜单中选择"复制到此处"命令	选中文本后按住右键，拖动文本至目标位置后释放右键，在弹出的快捷菜单中选择"移动到此处"命令
键盘	选中文本后按下Ctrl+C组合键，将插入点移动到目标位置后按下Ctrl+V组合键	选中文本后按下Ctrl+X组合键，将插入点移动到目标位置后按下Ctrl+V组合键

采用以上方法可以实现文本的复制和剪切，若已复制的文本需要粘贴多次，则只需将插入点移动到下一个目标位置再次粘贴即可实现。

（2）选择性粘贴

选择性粘贴是一项非常实用的功能，它允许在复制内容后选择特定的粘贴方式，以满足不同的需求。

在复制或剪切文本后，单击功能区"开始"选项卡中的"粘贴"按钮，弹出的下拉菜单如图12-11所示。

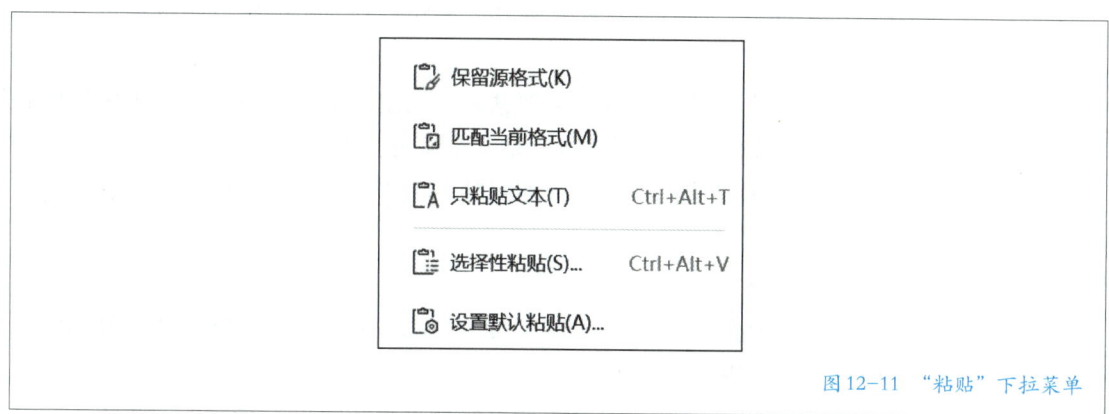

图12-11　"粘贴"下拉菜单

• 单击"保留源格式"，粘贴的内容将保留其原始格式，包括字体、字号、颜色、对齐方式等。这意味着如果复制的内容带有特定的格式，粘贴到新的位置后，这些格式将被完全保留。

● 单击"匹配当前格式"，粘贴的内容将采用目标位置的格式。也就是说，它会忽略原始内容的格式，并自动应用当前光标所在位置的格式到粘贴的内容上。这在需要使粘贴文本格式与目标文本保持一致时非常有用。

● 单击"只粘贴文本"，粘贴的内容将仅包含纯文本，不包含任何格式信息。这意味着无论原始内容具有何种格式，粘贴后的结果都将是无格式的纯文本。这种方式在需要去除复制内容中的格式，只保留文字内容时非常有用。

● 单击"选择性粘贴"，在弹出的"选择性粘贴"对话框中，根据需要选择相应的粘贴方式，单击"确定"按钮即可完成选择性粘贴操作。例如，可以选择"只粘贴文本"以去除原内容的格式；或者选择"粘贴为链接"以保留原内容的动态更新等。

（3）使用剪贴板

剪贴板是内存中的一块区域，也是 Windows 内置的一个非常有用的工具。它提供了一个暂存数据并能实现共享的模块，也被称为数据中转站。通过剪贴板，文本、图片等信息可以在各种应用程序之间传递和共享。

WPS 文字支持使用剪贴板来管理复制和剪切的内容。单击功能区"开始"选项卡"剪贴板"选项组右下角的"对话框启动器"，打开剪贴板对话框，在此可以查看最近复制或剪切的项目，如图 12-12 所示。当需要使用剪贴板列表中的某项内容时，只需先将插入点定位到需要粘贴的位置，然后单击该项内容，即可实现粘贴操作。剪贴板列表中的所有内容均可以重复使用。

单击剪贴板对话框中的"全部粘贴"按钮，可以将剪贴板列表中的所有项按照复制的先后顺序前后连接后粘贴在插入点处。

单击剪贴板对话框中的"全部删除"按钮，可以清空剪贴板列表中的所有内容。

6. 撤销与恢复

在编辑文档时，难免会出现误操作。WPS 文字提供了撤销和恢复功能来帮助用户纠正错误。

● 撤销功能可以取消上一步或多步的操作。如果只撤销上一步操作，可以单击"快速访问工具栏"上的"撤销"按钮，或者按下 Ctrl+Z 组合键。如果想要撤销多步操作，只需连续做撤销操作即可。这个功能在误操作或需要回到之前某个状态时非常有用。

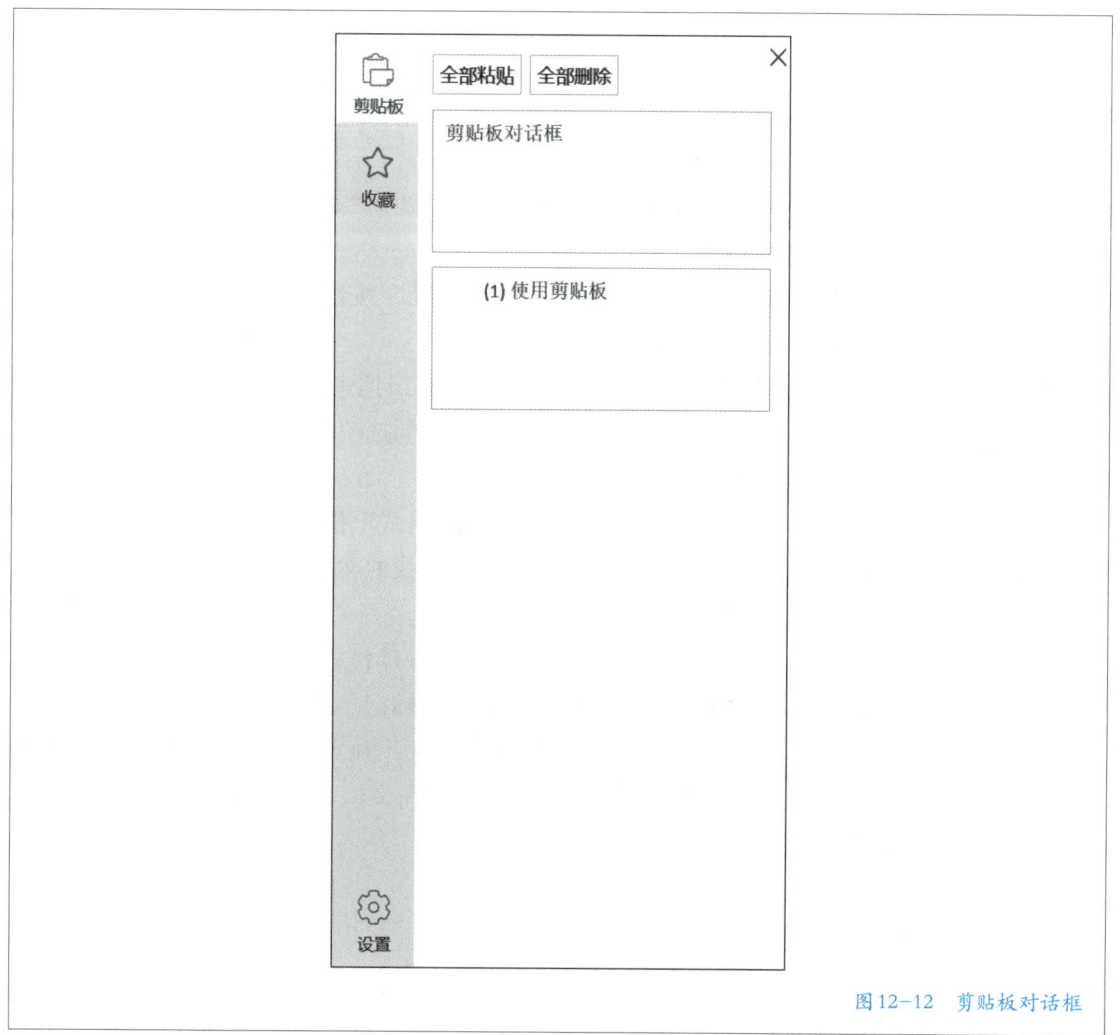

图 12-12 剪贴板对话框

• 单击"撤销"按钮右侧的箭头，弹出的列表中将显示之前每一次操作，最近的操作在最顶部，可以选定从最近操作开始的连续操作，单击可以一次性撤销所选的系列操作。

• 恢复功能则是用来恢复已撤销的操作。当撤销一些操作后，如果想要恢复，可以单击"快速访问工具栏"上的"恢复"按钮，或者按下 Ctrl+Y 组合键。这样，之前撤销的操作就会被重新应用，文档也会回到撤销前的状态。连续做撤销操作可以按顺序恢复之前的撤销操作。

五、查找和替换

在 WPS 文字中，查找和替换功能是提高文本编辑效率的重要工具，可以帮助用户快速定位到文档中的特定内容，并进行批量修改。

1. 使用"查找和替换"对话框搜索内容

"查找和替换"对话框是 WPS 文字中用于查找和替换的标准工具。

• 单击功能区中的"开始"选项卡，选择"查找替换"按钮（显示为放大镜图标），或按下 Ctrl+F 组合键。

• 在弹出的"查找和替换"对话框中选择"查找"选项卡，在查找界面输入需要查找的内容，如图 12-13 所示。

• 单击"查找上一处"和"查找下一处"按钮，可以将光标依次定位到文档中查找到的若干位置。

• 单击"查找和替换"对话框中的"高级搜索"按钮，可以展开对话框，在展开部分可以选择搜索时的条件。其中，勾选"使用通配符"选项可以在查找内容中使用通配符进行模糊查找。

• 单击"查找和替换"对话框中的"格式"按钮，在弹出的下拉菜单中选择所需的命令，在弹出的对话框中设置查找的文本所包含的格式，结果将定位到包含设定格式的文本。

• 单击"查找和替换"对话框中的"特殊格式"按钮，在弹出的下拉菜单中选择需要查找的特殊格式内容，如段落标记、制表符、空白区域等。

• 单击"查找和替换"对话框中的"突出显示查找内容"按钮，在弹出的下拉菜单中选择"全部突出显示"，可以在文档中高亮显示所有被查找到的内容。

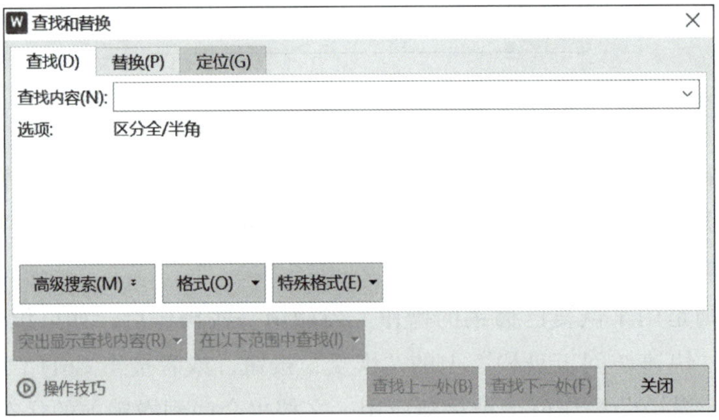

图 12-13 "查找和替换"对话框

2. 替换内容

在 WPS 文字中，替换是指将文档中的特定内容替换为其他内容。

• 单击功能区中的"开始"选项卡，单击"查找替换"按钮。

- 在弹出的"查找和替换"对话框中选择"替换"选项卡，在替换界面"查找内容"栏输入需要查找的内容，在"替换为"栏中输入替换后的内容。

- 单击"查找上一处"和"查找下一处"按钮，可以将光标依次定位到文档中查找到的若干位置，单击"替换"按钮，可执行光标处文字的替换操作。

- 若单击"全部替换"按钮，则将所有查找到的内容进行替换。

3. 使用导航窗格搜索内容

导航窗格是 WPS 文字中的一个便捷工具，它可以帮助用户快速浏览文档结构，在其中也可以搜索文档内容。

- 在功能区选择"视图"选项卡，单击"导航窗格"按钮弹出下拉菜单，选择导航窗格显示位置，导航窗格通常位于文档的左侧。

- 在导航窗格的搜索栏中输入关键词，单击"查找"按钮进行搜索。搜索结果将在导航窗格中显示，单击搜索结果可以跳转到搜索结果所在位置。

六、设置文本格式

在 WPS 文字中，对文本进行格式化是文档编辑的重要环节。在进行文本输入时，通过设置字体、字号、字形，以及字符的缩放、间距和位置，可以使文档更加美观、易读，并满足特定的排版要求。

1. 设置字体、字号与字形

字体、字号和字形是文本格式化的基本要素。字体决定了文本的外观和风格，字号决定了文本的大小，而字形包括加粗、斜体、下画线等显示效果。在 WPS 文字中，中文默认为宋体、五号，英文默认为 Calibri 字体、五号。

（1）使用"字体"对话框设置

选中需要设置的文本后，打开"字体"对话框有以下几种方法。

- 单击功能区"开始"选项卡中"字体"选项组右下角的"对话框启动器"。

- 直接使用 Ctrl+D 组合键。

- 右键单击选中的文本，在弹出的快捷菜单中选择"字体"命令。

在"字体"对话框中的"字体"选项卡上可以设置字体、字号、字形等参数，如图 12-14 所示。在"字符间距"选项卡上可以设置文本字符间距相关参数。单击对话框底部的"文本效果"按钮，在弹出的对话框中可以设置文本效果相关格式。选择或输入所需的选项参数后，单击"确定"按钮即可应用设置。

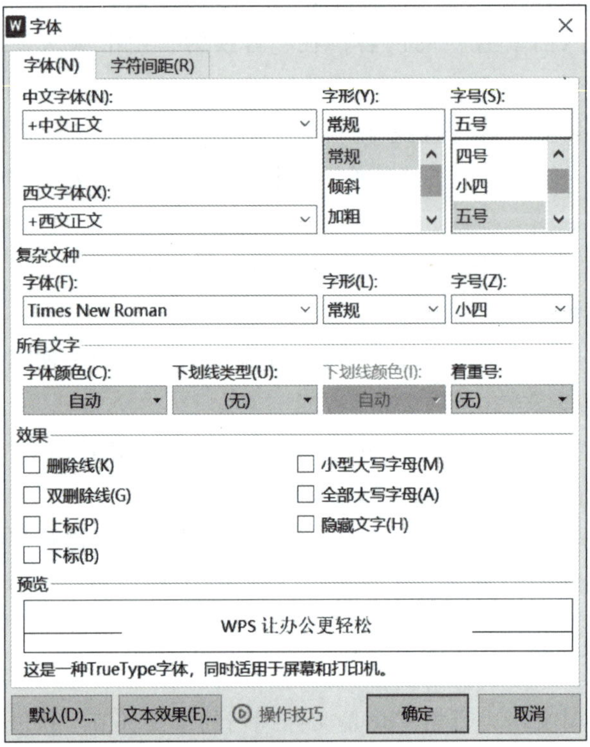

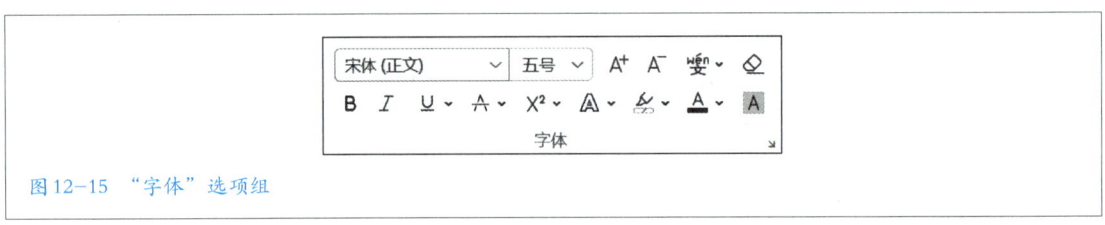

图12-14 "字体"对话框

（2）使用功能区设置

单击功能区的"开始"选项卡，在"字体"选项组中包含了常用的文本格式设置按钮，如图12-15所示。

图12-15 "字体"选项组

在字体下拉列表中选择或输入所需格式，可以设定文本的字体。同样地，在字号下拉列表中可直接选择已有的字号，或者通过单击右侧"增大字号""减小字号"按钮进行调整。在该组工具中还可以找到加粗、倾斜等按钮，用于设置字形。为了提高文档编辑效率，用户也可以通过快捷键对文本格式进行设置，具体方法如表12-5所示。

表12-5 文本格式设置快捷键

快捷键	功能	快捷键	功能
Ctrl+B	设置/取消加粗	Ctrl+I	设置/取消倾斜
Ctrl+U	设置/取消下画线	Ctrl+K	设置/取消超链接
Ctrl+=	设置/取消下标	Ctrl+Shift+=	设置/取消上标
Ctrl+[	字号增大	Ctrl+]	字号减小
Ctrl+Shift+>	字号增大	Ctrl+Shift+<	字号减小

（3）使用浮动工具栏设置

选中需要设置格式的文本后，在光标位置上方会出现浮动工具栏，提供了功能区"字体"选项组所提供的常用格式工具和一些文本编辑快捷选项。

2. 文本美化

除了基本的字体、字号和字形设置外，WPS 文字还提供了多种美化文本的方法。

（1）设置文本颜色

单击功能区"字体"选项组中"字体颜色"按钮右侧的箭头，在弹出的下拉菜单中选择合适的颜色进行设置，如图 12-16 所示。若菜单中预设的颜色不符合要求，可以选择下拉菜单中的"其他字体颜色"命令，弹出"颜色"对话框进行自定义文本颜色设置。

图12-16 "字体颜色"下拉菜单

（2）设置文本突出显示与字符底纹

单击功能区"字体"选项组中"突出显示"按钮右侧的箭头，在弹出的下拉菜单中选择需要的颜色，可以给文本加上颜色底纹以凸显内容，选择"无"可以将所选文本背景色恢复为默认值。

功能区"字体"选项组中"字体底纹"按钮是一个切换键，可以将文本背景色在灰色与默认值之间切换。

单击功能区"段落"选项组中"底纹颜色"按钮右侧的箭头，在弹出的下拉菜单中选择需要的底纹颜色，如图 12-17 所示。若菜单中预设的颜色不符合要求，可以选择下拉菜单中的"其他填充颜色"命令，在弹出的"颜色"对话框中自定义颜色。

（3）设置文本边框

单击功能区"段落"选项组中"边框"按钮右侧的箭头，在弹出的下拉菜单中选择预设的文本边框线型。若菜单中预设值不符合要求，可以选择下拉菜单中的"边框和底纹"命令，弹出"边框和底纹"对话框，如图 12-18 所示。在该对话框中的"边框"选项卡中设置文本的边框样式，在"底纹"选项卡中设置文本的底纹效果。

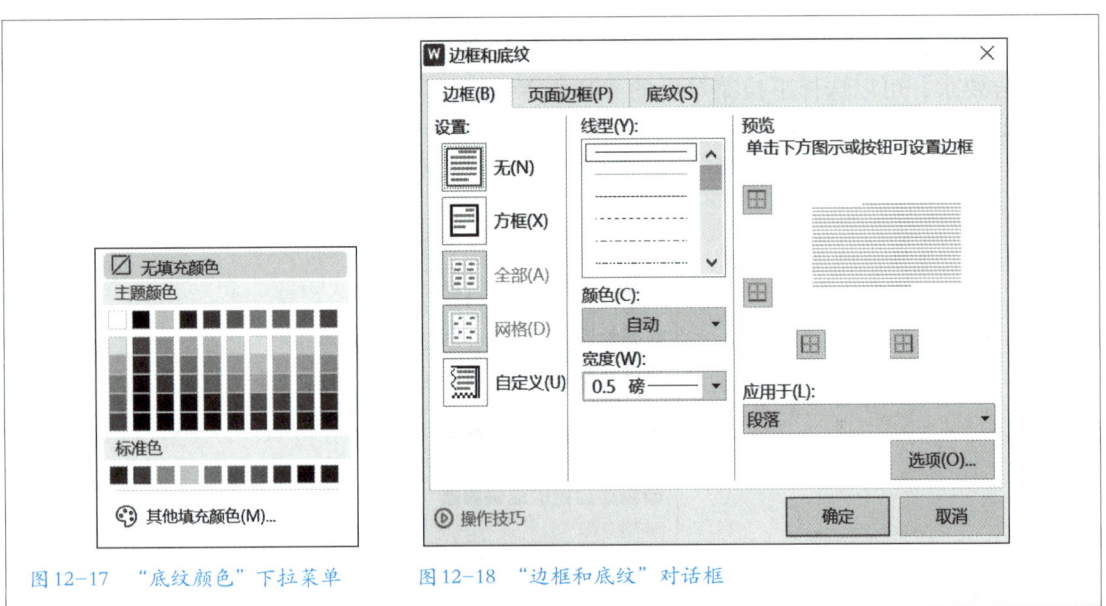

图 12-17　"底纹颜色"下拉菜单　　　图 12-18　"边框和底纹"对话框

（4）设置文字效果

单击功能区"字体"选项组中"文字效果"按钮右侧的箭头，在弹出的下拉菜单中选择预设的文字效果，如图 12-19 所示。若菜单中的预设值不符合要求，可以选择下拉菜单中的"更多设置"命令，在弹出的文字效果属性任务窗格中进行自定义设置，如图 12-20 所示。

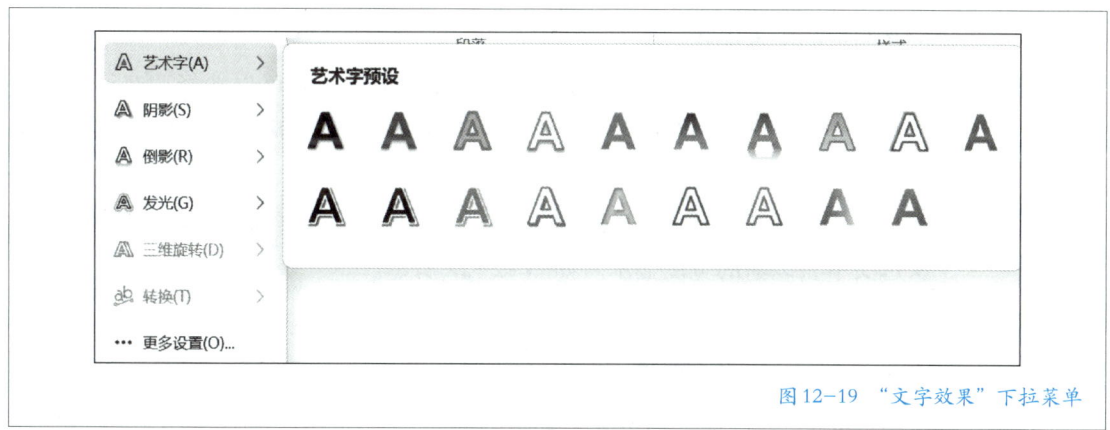

图 12-19 "文字效果"下拉菜单

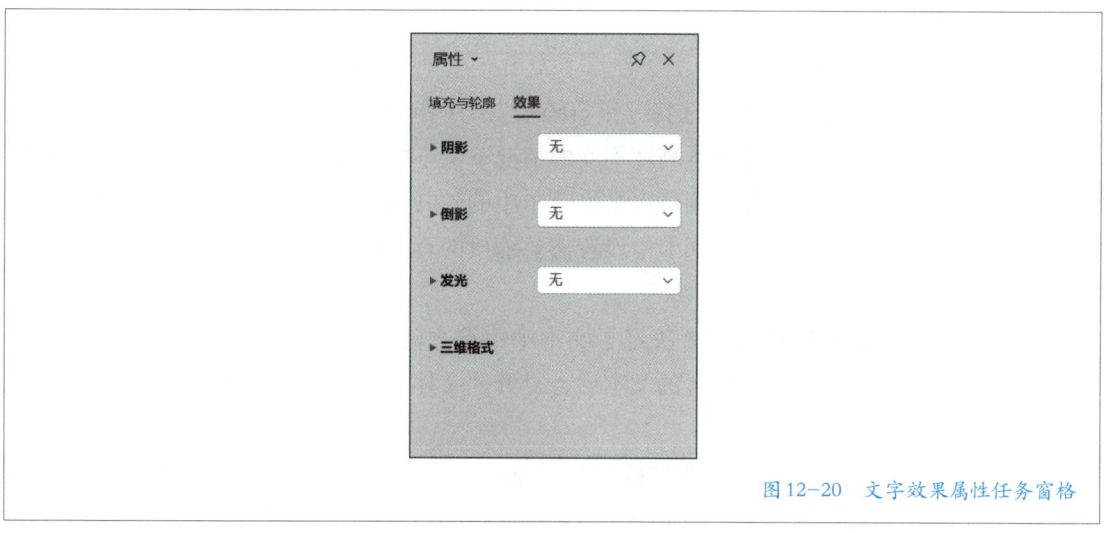

图 12-20 文字效果属性任务窗格

3. 设置文本版式

单击功能区"段落"选项组中"中文版式"按钮，弹出的下拉菜单如图 12-21 所示。

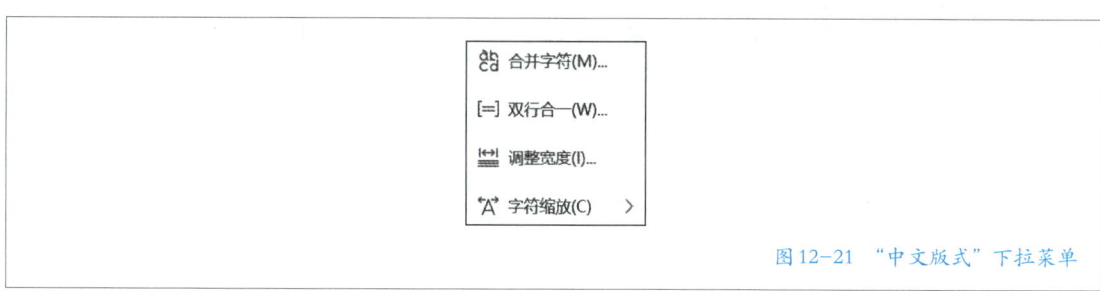

图 12-21 "中文版式"下拉菜单

● 合并字符。选择"合并字符",在弹出的对话框中设置文字、字体与字号,单击"确定"按钮,可以将同一行中所选文本(最多 6 个字符)排版为上下各两行的文本样式。

● 双行合一。如果所选的文本超过 6 个字符,则可以选择"双行合一",在弹出的对话框中将所选文本按照字符的平均数排版为上下各两行的文本样式。

● 调整宽度。选择"调整宽度",在弹出的对话框中设置新文字的宽度,所选文本将以新的宽度显示。如图 12-22 所示。

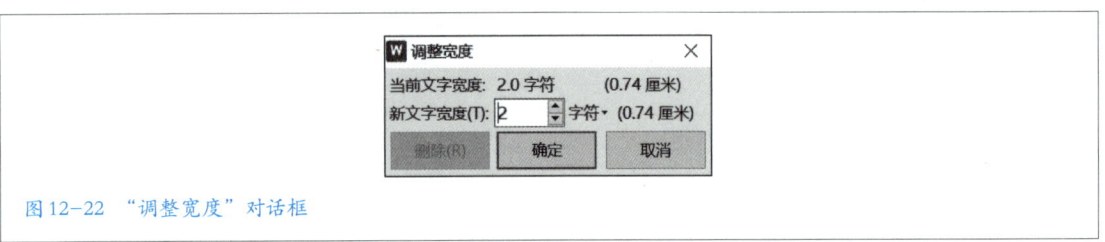

图 12-22 "调整宽度"对话框

● 字符缩放。选择"字符缩放",在弹出的下拉菜单中选择预设的比例,可以设置在保持文本高度不变的情况下文本横向伸缩的百分比。如果预设比例中没有所需参数,则可以选择菜单中的"其他"选项,在弹出的"字体"对话框"字符间距"选项卡中设置需要缩放的百分比参数。

4. 设置字符间距与位置

字符间距和位置决定了文本中字符之间的相对距离和排列方式。在 WPS 文字中,选中要设置的文本后,打开"字体"对话框,切换到"字符间距"选项卡进行设置。

字符间距默认为"标准"类型,选择"加宽"或"紧缩"类型时,可在右侧数值框中输入加宽或压缩字符间距的参数值。

字符位置默认为"标准"类型,选择"上升"或"下降"类型时,可在右侧数值框中输入文本相对于基线位置上升或下降的参数值。

七、设置段落格式

段落是文档结构的基本单位,是文本、图像及其他元素的集合。每个段落后都会有一个回车符作为段落标记。合理设置段落格式可以使文档层次清晰、美观易读。

当插入点在某个段落内时,只能对该段落设置格式。如果需要对多个段落设置格式,则需要先选定这些段落。

1. 设置段落对齐方式

段落对齐方式决定了文本在水平方向上的排列方式。WPS 文字提供了左对齐、居中对齐、右对齐、两端对齐和分散对齐 5 种对齐方式。

- 选中要格式化的段落，在功能区"开始"选项卡中找到"段落"选项组，单击"左对齐""居中对齐""右对齐""两端对齐"或"分散对齐"按钮。
- 单击"段落"选项组的"对话框启动器"按钮，在弹出的"段落"对话框"对齐方式"列表中进行选择。
- 在需要设置格式的段落内单击右键，在弹出的快捷菜单中选择"段落"命令。
- 使用键盘快捷键也可以设置段落对齐方式，具体方法如表 12-6 所示。

表 12-6　段落对齐方式快捷键

段落对齐方式	含义	快捷键
左对齐	文本以左边界为基准进行对齐，这是默认的对齐方式，适用于文本的常规对齐	Ctrl+L
居中对齐	文本以中间位置为基准进行对齐，适用于文本的居中显示，如标题等	Ctrl+E
右对齐	文本以右边界为基准进行对齐，适用于文本的右对齐显示，如数字等	Ctrl+R
两端对齐	文本以左、右边界为基准进行对齐，自动调整行内文本的间距，段落最后一行左对齐，适用于文本的两端对齐显示，如诗歌等	Ctrl+J
分散对齐	文本以字符为单位进行对齐，自动调整行内文本间距，段落最后一行文本之间添加大量空格以使该行与其他行等宽，适用于文本的均匀分布显示，如较短的段落或标题等	Ctrl+Shift+J

2. 设置段落缩进

段落缩进是指段落左、右边界与页边距之间的距离。通过设置缩进，可以控制段落在页面上的位置。WPS 文字提供了左缩进、首行缩进、悬挂缩进、右缩进 4 种缩进方式。

- 左缩进：整个段落的左侧边界向右缩进一定的距离。这意味着整个段落的所有行都会相对于原来的左边界向右移动。左缩进常用于调整段落的整体位置或与其他元素对齐。
- 首行缩进：每一段第一行左起始位置向右缩进一定的距离，常用于段落的首行，以突出显示或与其他行进行区分。在中文文档中，段落的首行一般会缩进两个字符。

● 悬挂缩进：与首行缩进相反，悬挂缩进是段落中除第一行外的其他行都向右缩进一定的距离，而第一行则保持不变。这种格式常用于一些列表或需要突出第一行的场合。

● 右缩进：与左缩进相反，右缩进是整个段落的右侧边界向左缩进一定的距离。这会导致整个段落的所有行都相对于原来的右边界向左移动。右缩进常用于控制段落的宽度或与其他元素对齐。

选中要格式化的段落后，设置段落缩进有以下几种方法。

● 使用"段落"对话框

单击功能区"开始"选项卡"段落"选项组中的"对话框启动器"按钮，打开"段落"对话框，如图 12-23 所示；或者单击右键，在弹出的快捷菜单中选择"段落"命令打开"段落"对话框。

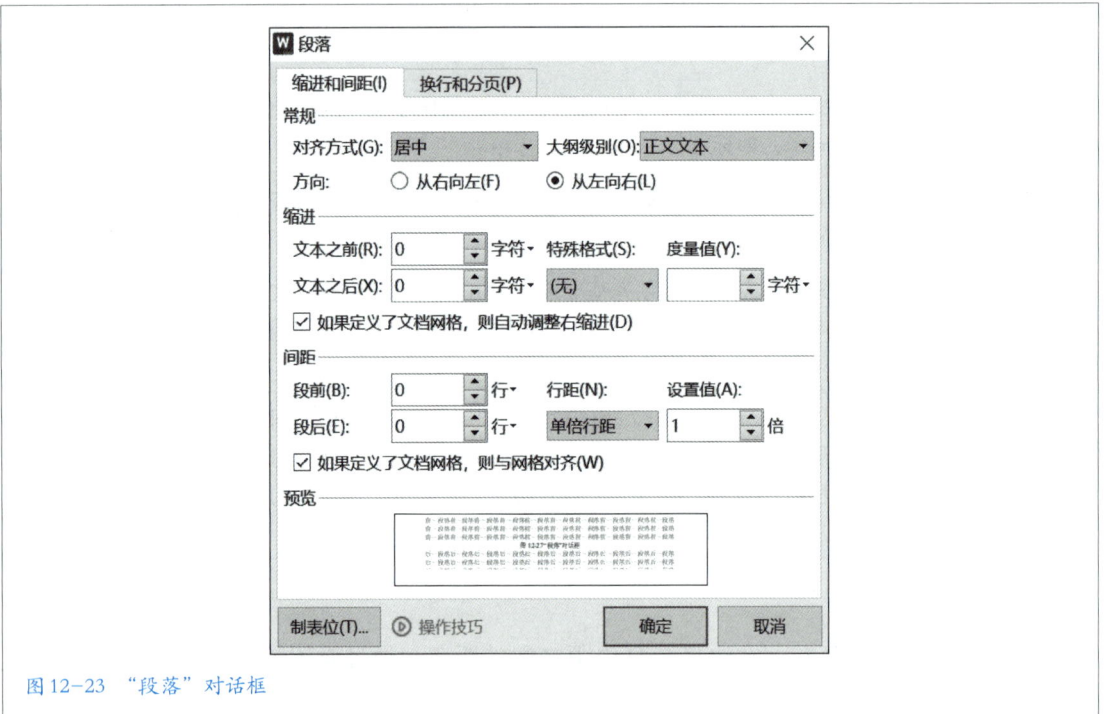

图 12-23 "段落"对话框

在缩进栏中，"文本之前"和"文本之后"分别表示的是左、右缩进，可设置参数值。在"特殊格式"列表框中可以选择"首行缩进"和"悬挂缩进"，并设置参数值。

● 使用标尺

选中功能区"视图"选项卡"显示"功能组中的"标尺"，或者单击编辑区垂直滚动条顶端的"标尺"按钮，可以在文档编辑区上方与左侧分别显示水平和垂直标尺。水平标尺上有"首行缩进""悬挂缩进""左缩进"和"右缩进"4个缩进标记按钮，分别对应4种缩进方式，可通过拖动这4个按钮来调整段落缩进。

要注意的是，在拖动"悬挂缩进"按钮时，"左缩进"按钮是同步移动的；在拖动"左缩进"按钮时，"首行缩进"和"悬挂缩进"也是同步移动的。

• 使用功能区按钮

单击功能区"开始"选项卡"段落"选项组中的"减少缩进量"或"增加缩进量"按钮，可以设置段落的左缩进。

3. 设置段落间距与行距

段落间距是指当前段落与上、下相邻的两个段落之间的距离，而行距是指段落内行与行之间的距离。选中要格式化的段落后，要设置段落间距和行距，有以下几种方法。

• 使用"段落"对话框。在"段落"对话框的间距栏中，输入"段前"和"段后"参数值可以设置所选段落的段前、段后间距。在"行距"列表框中可以选择段落行距类型，并可以设置参数值。

• 使用功能区按钮。单击功能区"开始"选项卡"段落"选项组中的"行距"按钮，在弹出的下拉菜单中可以选择常用的行距，如果没有所需的行距，可以选择"其他"命令弹出"段落"对话框进行自定义设置。

4. 设置项目符号与编号

项目符号和编号是用于列举和排序的文本标记。

项目符号可以是圆点、方块、箭头或其他符号，放在文本前面以强调或区分各个条目，其主要作用是使文档结构更加清晰，方便读者快速识别和区分不同的条目。

项目编号则是一种有序的标识符，用于标识文本中的各个条目，并显示它们之间的先后顺序或层级关系。通常，项目编号以数字、字母或组合形式出现，并按照一定的规则进行排序。与项目符号不同，项目编号可以清晰地展示各个条目之间的逻辑关系和顺序，使读者能够更好地理解文档的结构和内容。

WPS文字提供了多种项目符号和编号样式供选择，同时也提供了自定义的方法。

（1）设置项目符号

选中需要添加项目符号的段落，单击功能区"开始"选项卡"段落"选项组中的"项目符号"按钮，将会在所选段落上应用默认的项目符号，WPS的默认项目符号为一个实心圆点。若希望采用其他的项目符号，单击"项目符号"按钮右侧的箭头，弹出下拉菜单，如图12-24所示。

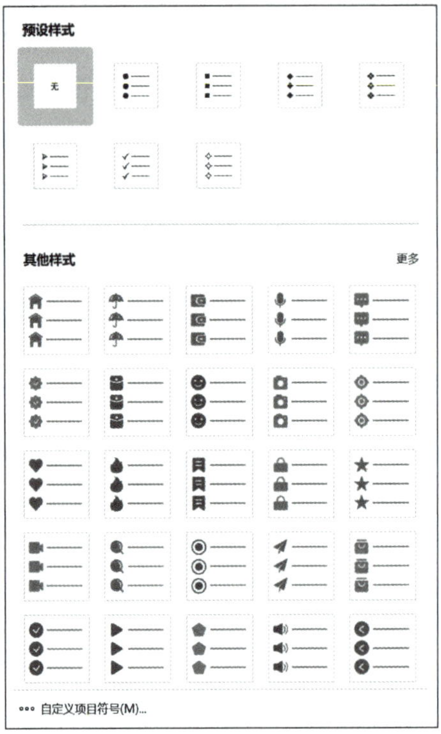

图 12-24　"项目符号"下拉菜单

下拉菜单中展示了预设的项目符号样式，可以选择合适的项目符号样式。如果默认样式不满足需求，可以单击菜单中的"自定义项目符号"命令，弹出"项目符号和编号"对话框，如图 12-25 所示。

图 12-25　项目符号和编号

在对话框的"项目符号"选项卡中单击"自定义"按钮，在弹出的"自定义项目符号列表"对话框中设置项目符号字符、字体、位置等参数。

（2）设置项目编号

选中需要添加项目编号的段落，单击功能区"开始"选项卡"段落"选项组中的"项目编号"按钮，将会在所选段落上应用默认的项目编号，WPS的默认的项目编号是数字，默认编号从 1 开始，依次递增。若希望采用其他的项目编号，单击"项目编号"按钮右侧的箭头，弹出下拉菜单，如图 12-26所示。

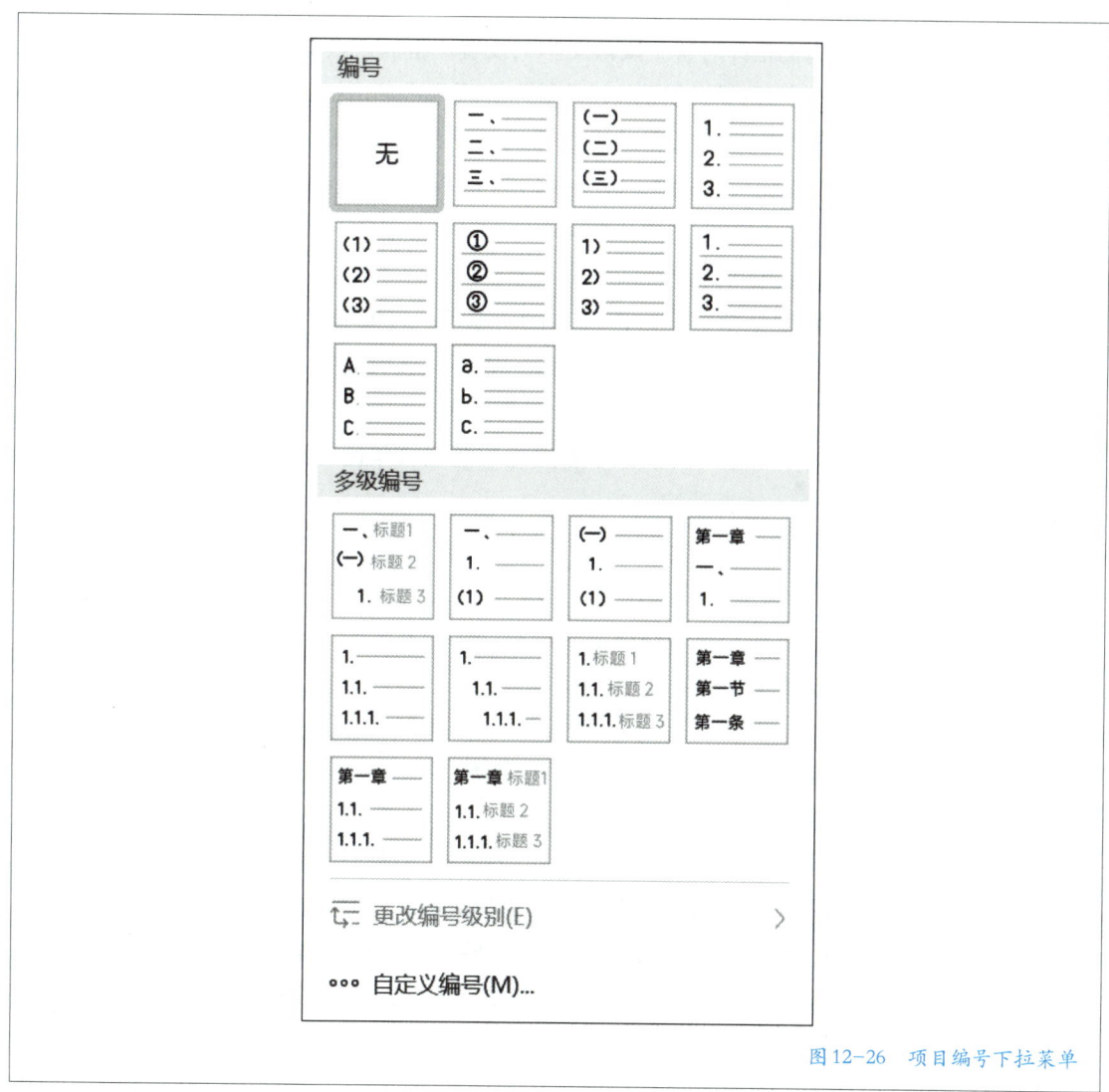

图 12-26　项目编号下拉菜单

下拉菜单中展示了不同的编号样式，可以选择数字、字母、罗马数字等不同类型的编号。如果预设样式不满足需求，可以单击"自定义编号"命令弹出

"项目符号和编号"对话框。在对话框的"编号"选项卡中单击"自定义"按钮，在弹出的"自定义编号列表"对话框中可以设置编号的起始值、间隔等参数。

创建多级列表与添加项目符号和编号的方式类似，但是多级列表中的项目符号或编号会根据各条目文本缩进范围而变化，最多可以有9个级别的列表。可以在输入列表文本条目时，通过单击功能区"开始"选项卡"段落"选项组中的"减少缩进量"和"增加缩进量"按钮来进行级别的调整。

5. 设置段落边框和底纹

为段落添加边框和底纹可以使文档更加美观和突出重点。

（1）设置段落边框

段落边框是针对整个段落文本的设置。将插入点定位在需要设置的段落中，单击功能区"开始"选项卡"段落"选项组中"边框"按钮右侧的箭头，在弹出的下拉菜单中选择需要的边框样式；或者选择菜单"边框和底纹"命令，打开"边框和底纹"对话框，在该对话框中对段落边框和底纹进行自定义设置。在"边框和底纹"对话框中的"页面边框"选项卡中可以对页面的边框进行设置。

（2）设置段落底纹

段落底纹是指整个段落文本的背景颜色。将插入点定位在需要设置的段落中，单击功能区"开始"选项卡"段落"选项组中"底纹颜色"按钮右侧的箭头，在弹出的下拉菜单中选择需要的底纹颜色；或者选择"其他填充颜色"命令，打开"颜色"对话框来自定义段落底纹颜色。

八、复制与清除格式

在WPS文字处理过程中，经常需要复制已设置好的文本或段落格式，并将其应用到其他文本或段落上，以提高工作效率。有时也需要清除已设置的格式，恢复文本的默认状态。

1. 复制文本格式

当需要将某段文本的格式（如字体、字号、颜色等）应用到其他文本时，可以使用格式刷工具来复制文本格式。

选中已设置好格式的文本，在功能区"开始"选项卡"剪贴板"选项组中单击"格式刷"按钮。此时该按钮变为灰色，同时鼠标指针会变成一个小刷子形状，表示格式刷已激活。将光标移动到需要应用格式的文本开始位置，先按住左键拖动选中要应用格式的文本范围，然后松开左键即可完成格式的复制。

如果需要多次应用复制下来的格式，则将"格式刷"按钮的单击动作改为双击动作，格式刷将保持激活状态，复制完成后再次单击"格式刷"按钮或按Esc键即可退出格式刷状态。

2. 复制段落格式

除了复制文本格式外，有时还需要复制整个段落的格式，包括缩进、行距、对齐方式等。复制段落格式的方法与复制文本格式类似。将光标置于已设置好格式的段落中，单击"格式刷"按钮，移动光标到需要应用段落格式的段落中，单击左键即可将格式应用到该段落。

3. 消除格式

当需要清除已设置的文本或段落格式时，可以使用 WPS 文字提供的"清除格式"功能。选中需要清除格式的文本或段落，在功能区"开始"选项卡"字体"选项组中单击"清除格式"按钮。此时选中的文本或段落的格式将被清除，恢复为默认状态。

九、使用样式

在 WPS 文字中，样式是一种预定义的格式集合，它可以包含字体、字号、颜色、段落对齐方式、缩进、行距等多种格式设置。用户可以根据需要创建自定义样式，也可以修改现有的样式。通过使用样式，可以将一组格式快速应用到文档中的多个部分，从而提高文档编辑效率。

1. 使用预设样式

WPS 文字自带一系列预定义样式，这些样式包括常用的正文、标题、页眉页脚等格式设置，可以根据需要直接选择使用，或者在此基础上进行修改以创建自定义样式。使用预设样式可以大大提高文档编辑的效率，同时确保文档格式的一致性。

选中需要使用样式的文本，在功能区"开始"选项卡"样式"选项组中找到样式列表。单击样式列表框右下角箭头弹出下拉菜单，如图 12-27 所示，选择系统预设的样式，即可将该样式应用到所选文本上。

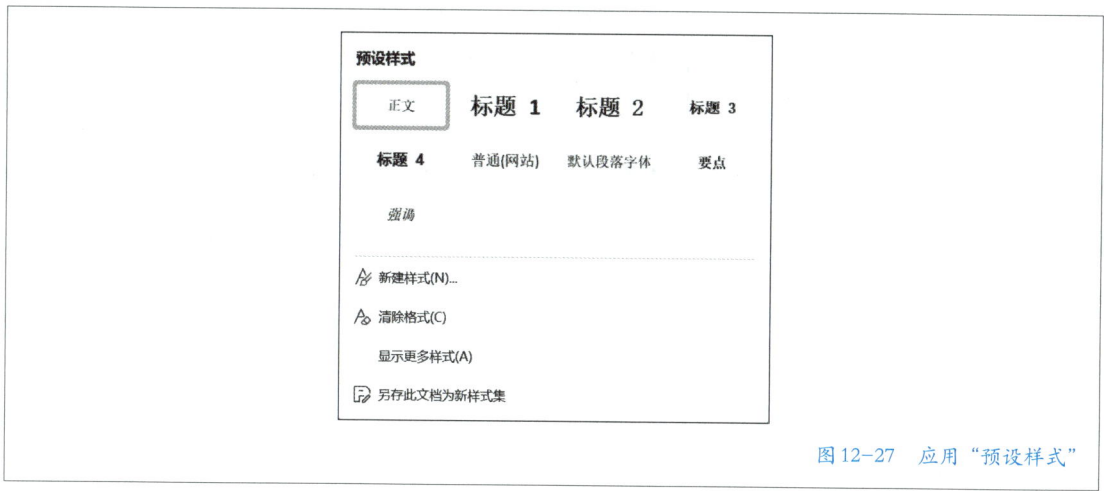

图 12-27　应用"预设样式"

2. 创建新样式

当 WPS 文字提供的预设样式无法满足需求时，可以创建自定义的新样式。

• 单击功能区"开始"选项卡"样式"选项组中样式列表框右下角的箭头，在弹出的下拉菜单中选择"新建样式"命令，打开"新建样式"对话框，如图 12-28 所示。或者，单击"样式"选项组右下角的"对话框启动器"按钮，弹出"样式和格式"任务窗格，如图 12-29 所示，单击任务窗格中的"新样式"按钮，同样可以打开"新建样式"对话框。

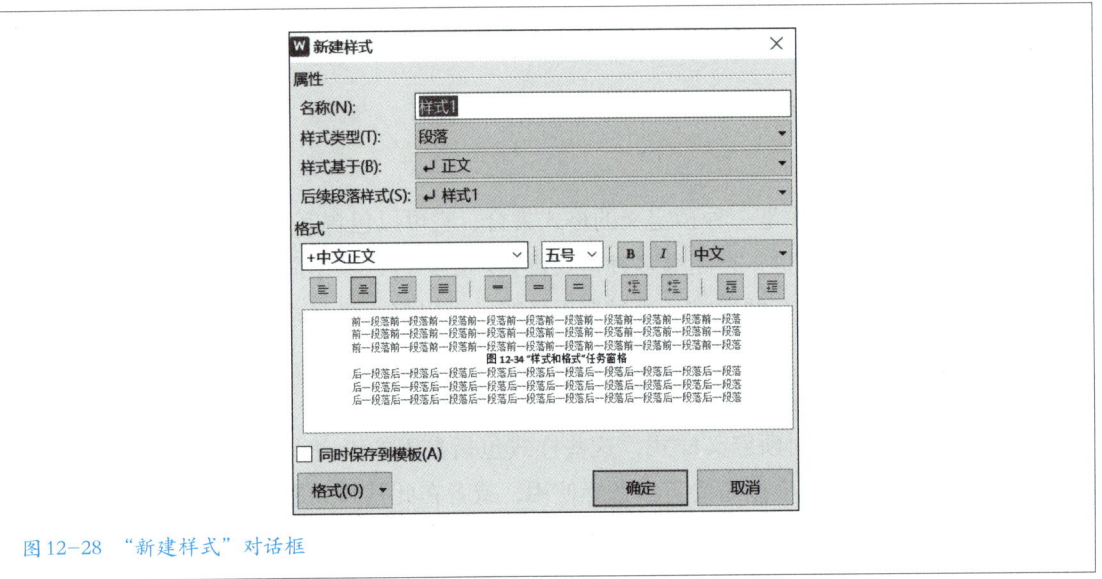

图 12-28 "新建样式"对话框

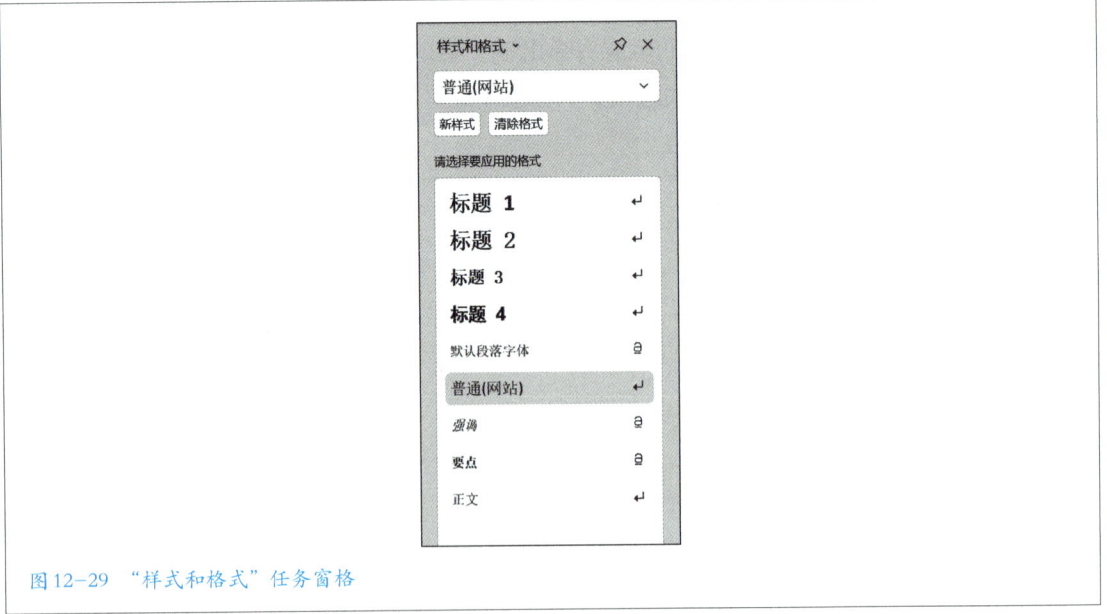

图 12-29 "样式和格式"任务窗格

358

- 在"新建样式"对话框的"名称"文本框中输入新样式名称（不能与预设样式同名）。

- 在"样式类型"列表框中选择适当的样式类型，如段落样式或字符样式。

- 在"样式基于"列表框中列出了当前文档中的所有样式。新建样式会继承所选择样式的格式，便于快速创建新样式。

- 在"后续段落样式"列表框中同样显示当前文档中的所有样式。完成本段落文本编辑，并按下回车键后，下一段落将自动套用所选的样式。

- 在"格式"栏中可以设置字体、字号、对齐方式等常见格式。

- 若要设置更多的格式，单击对话框左下角的"格式"按钮，在弹出的下拉菜单中可选择格式类别，并可在弹出的对话框中进行详细设置。

- 设置完成后，单击"确定"按钮保存新样式。此时，新样式将出现在"样式"窗格中，可以应用到文档中的文本或段落上。

3. 修改样式

当需要修改已创建的样式或系统预设样式时，可以按照以下步骤进行操作。

- 在功能区"开始"选项卡"样式"选项卡中单击样式列表框右下角箭头，在弹出的下拉菜单中右键单击需要修改的样式，在弹出的快捷菜单中选择"修改样式"命令，弹出"修改样式"对话框。或者，单击"样式"选项组右下角的"对话框启动器"按钮，弹出"样式和格式"任务窗格，将鼠标指针悬停在需要修改的样式上，此时会出现一个下拉箭头按钮，单击该箭头按钮，在弹出的下拉菜单中选择"修改"命令，同样可以打开"修改样式"对话框。

- 在"修改样式"对话框中可以重新设置该样式中的各种格式，操作方法与"新建样式"相同。

此时，文档中应用了该样式的所有文本或段落都将自动更新为新的格式。

4. 删除样式

当不再需要某个自定义的样式时，可以将其删除。删除样式的方法如下。

- 在功能区"开始"选项卡"样式"选项组中单击样式列表框右下角箭头，在弹出的下拉菜单中右键单击需要删除的自定义样式，在弹出的快捷菜单中选择"删除样式"命令。

- 在"样式"窗格中找到需要删除的样式，将鼠标指针悬停在该样式上，单击出现的下拉箭头按钮，在弹出的下拉菜单中选择"删除"命令。

以上操作将移除所选样式，并删除其在文档中的所有应用。因此，在删除样式之前，应确保不再需要该样式及其应用实例。

十、分栏排版

分栏排版是 WPS 文字处理中的一项重要功能，它可以将文本内容分为多栏进行显示，使文档版面更加美观、易读。通过合理设置分栏，可以实现多种排版效果，如杂志风格、报纸排版等。

1. 设置分栏

在 WPS 文字中设置分栏非常简单。可以根据需要选择预设的分栏样式，也可以自定义分栏的数量、宽度和间距。具体步骤如下。

选中需要分栏的文本或段落，单击功能区"页面"选项卡"页面设置"选项组中的"分栏"按钮，弹出下拉菜单，如图 12-30 所示。

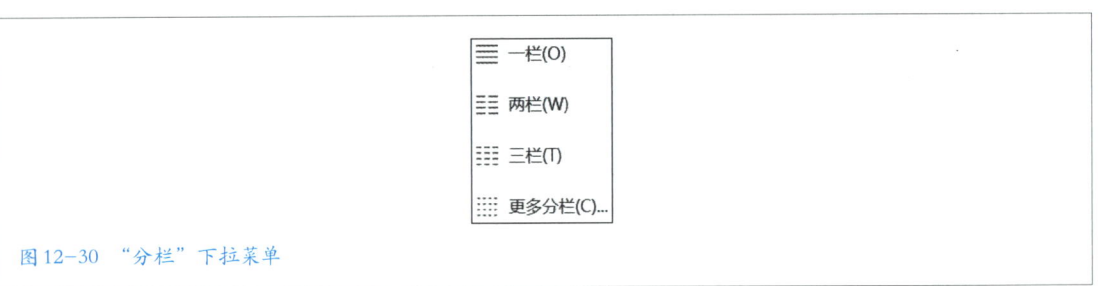

图 12-30 "分栏"下拉菜单

在下拉列表中选择预设的分栏样式，或者选择"更多分栏"选项打开"分栏"对话框，进行自定义设置。在"分栏"对话框中，可以选择预设分栏样式，设置分栏数、栏宽度、栏间距、是否添加分隔线，以及应用范围等选项，并可根据需要进行调整和预览效果。设置完成后，单击"确定"按钮应用分栏设置。

2. 修改与取消分栏

若要修改已设置的分栏样式或取消分栏，将插入点定位到已经分栏的文本中，打开"分栏"对话框，重新设置新的分栏样式，单击"确定"按钮应用新的分栏样式。

如果选择新的分栏样式为"一栏"，则取消对该部分文本的分栏效果。

3. 插入分栏符

在某些情况下，当需要将某段文本置于某一栏的开始位置时，可以在文本中插入分栏符，使得插入点之后的文本移至下一栏。

将插入点定位到需要另起一栏的位置，单击功能区"插入"选项卡"页"选项组中"分页"按钮右侧的箭头，在弹出的下拉菜单中单击"分栏符"按钮，此时将在插入点位置插入一个分栏符，并将内容分隔到不同的栏中。插入分栏符后，后续的内容将从新的一栏开始排列。如果需要调整分栏符的位置或删除它，可以通过选中并删除，或使用"撤销"功能来恢复原始状态。

十一、应用图片

在 WPS 文字处理中，插入和编辑图片是增强文档视觉效果的重要手段。可以将图片插入文档的指定位置，并根据需要对图片进行大小调整、裁剪、删除背景、美化等操作。WPS 允许插入的图片来源主要有 3 种：本地图片；来自扫描仪；手机图片 / 拍照。

1. 插入图片

要在 WPS 文字中插入图片，可以按照以下步骤进行操作。

● 将插入点定位到需要插入图片的位置，单击功能区"插入"选项卡"常用对象"选项组中"图片"按钮右侧的箭头，弹出的下拉菜单如图 12-31 所示。

图 12-31　"图片"按钮下拉菜单

● 在下拉菜单中选择"本地图片"，弹出"插入图片"对话框，在"插入图片"对话框中浏览并选择要插入的图片文件。选中图片文件后，单击"打开"按钮即可将本计算机中的图片插入文档中。

● 在下拉菜单中选择"来自扫描仪"，则会连接扫描仪，可以通过扫描仪将纸质图片转化为数字图片，并插入 WPS 文档中。

● 在下拉菜单中选择"手机图片/拍照"，则会连接手机，使用 WPS 的相机功能拍摄照片或使用手机上的图片，并插入文档中。

WPS 文字工具还提供了截屏功能，编辑文档时可以直接截取屏幕中指定区域的图像插入文档中。单击功能区"插入"选项卡"常用对象"选项组中"截屏"按钮右侧的箭头，弹出的下拉菜单如图 12-32 所示。

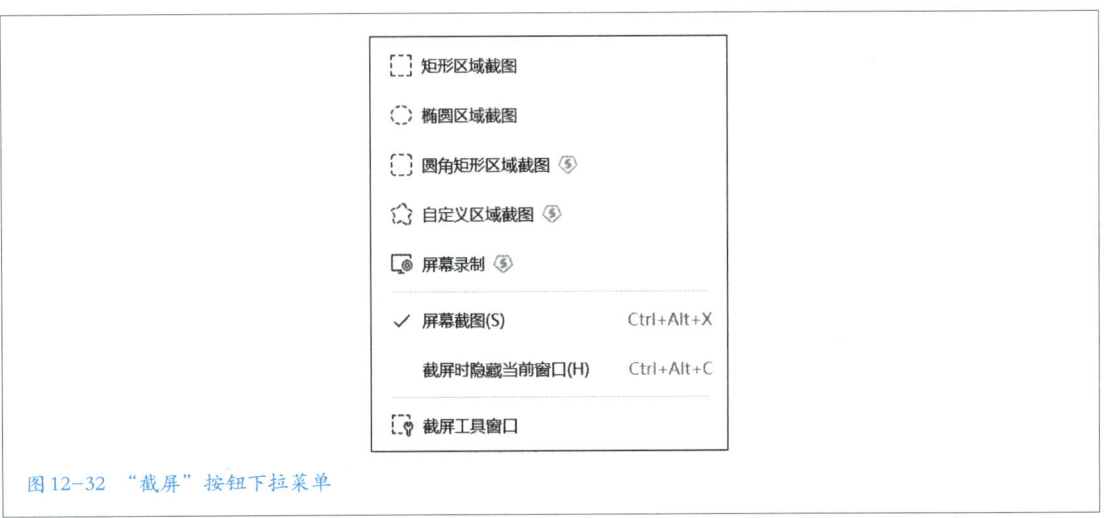

图 12-32 "截屏"按钮下拉菜单

在下拉菜单中选择合适的截图命令，并在当前屏幕中虚化的白色效果页面中按住左键拖动，选取需要截图的区域后释放左键即可。在截屏浮动工具栏中可以对截取的图像做调整，处理完的截屏图像将直接插入当前位置。

2. 编辑图片

（1）调整图片的大小和旋转角度

● 选择图片，单击功能区"图片工具"选项卡"大小"选项组右下角的"对话框启动器"；或者单击图片右侧浮动快捷菜单中的"布局选项"工具，在弹出的菜单中选择"查看更多"命令，可以打开"布局"对话框，如图 12-33 所示。在"布局"对话框的"大小"选项卡中可以精确调整图片大小和旋转角度。

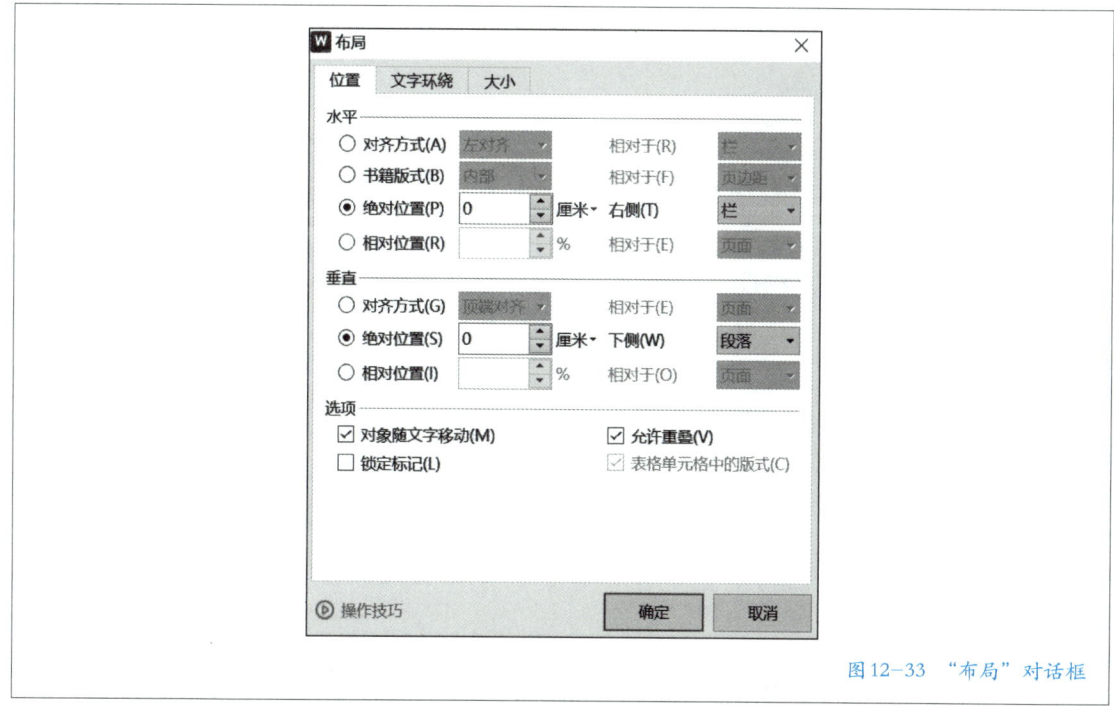

图12-33 "布局"对话框

• 单击图片后，图片周围会出现8个句柄。若要横向、纵向或沿对角线缩放图片，则先将鼠标指针放置在图片的某个句柄上，然后按住左键并沿着图片缩放方向拖动。同时，通过鼠标操纵图片上方的旋转句柄，可以旋转图片。

• 单击图片后，通过功能区"图片工具"选项卡"大小"选项组中的"形状高度"和"形状宽度"设置参数，可以调整图片大小，如图12-34所示。

图12-34 "图片工具"选项卡"大小"选项组

• 单击图片后，单击功能区"图片工具"选项卡"排列"选项组中的"旋转"按钮，弹出下拉菜单，在下拉菜单中选择合适的命令，可以调整图片旋转角度。或者，单击图片右侧浮动快捷菜单中的"旋转"工具按钮，可以弹出同样的菜单。

（2）裁剪图片

• 使用"图片工具"选项卡。首先选中图片，然后单击功能区"图片工具"选项卡"裁剪"按钮右侧箭头，弹出快捷菜单，如图12-35所示。

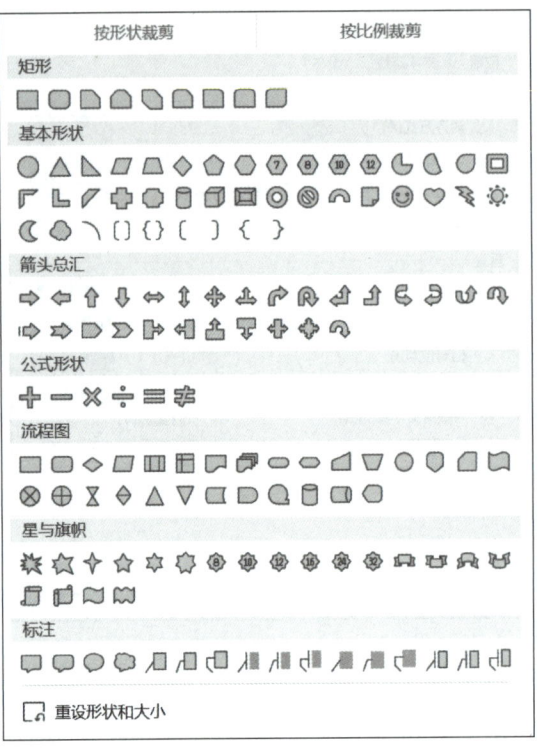

图 12-35 "裁剪"按钮快捷菜单

菜单提供了"按形状裁剪"和"按比例裁剪"两种裁剪方式。选择合适的裁剪方式后，图片边缘将出现黑色控制点。使用左键拖动这些控制点，使控制点包围住图片中需要保留的部分。最后，单击文档中任意位置或按下回车键，即可完成裁剪。

• 使用"裁剪"工具。选中图片，单击图片右侧出现的浮动工具栏中"裁剪"工具按钮，同样可以弹出"裁剪"快捷菜单，可采用同样的方法进行图片裁剪。

• 使用"图片属性"任务窗格。右键单击图片，在弹出的快捷菜单中选择"设置对象格式"，在弹出的"图片属性"任务窗格中找到"图片"选项卡，该选项卡的"裁剪"栏中显示了图片位置和裁剪位置，设置格式参数即可实时显示裁剪效果。

3. 图片美化

在文档编辑过程中，图片不仅是用来展示信息的，还可以通过对图片的美化来提升文档的视觉效果。

（1）设置图片的文字环绕效果

• 嵌入型：默认的图片插入方式，将图片视为一个字符插入文本中，与文字同处一行。但嵌入型图片不能随意拖动，只能通过剪切操作来移动。

● 四周型环绕：文字紧密地排列在图片四周，图片可以随意拖动。随着图片的拖动，周边的文字将自动排列以适应图片。这种方式可以让文字围绕在图片周围，形成一种环绕效果。

● 紧密型环绕：与"四周型环绕"方式类似，可以将文字环绕到图片周围，但这种方式使文字和图片十分紧密，可以更好地控制文字与图片之间的距离和位置关系。

● 衬于文字下方：将图片置于文本底层。这种方式可以让图片作为背景或水印出现在文字下方，不影响文字的排版和阅读。

● 浮于文字上方：取消文字环绕，并将图片置于文本上方。这种方式可以让图片覆盖在文字上方，形成一种遮挡或突出的效果。

● 上下型环绕：将图片位于两行文字的中间，且两旁没有文字环绕。这种方式可以让图片独立于文字之间，形成一种分隔或突出的效果。

● 穿越型环绕：当使用这种方式时，文字可以穿越不规则图片的空白区域环绕图片，形成一种特殊的效果。

要设置图片的文字环绕效果，可以选中图片，单击"图片工具"选项卡"排列"选项组中的"环绕"按钮，在弹出的下拉菜单中选择合适的文字环绕选项，如图 12-36 所示。单击图片右侧浮动工具栏中的"布局选项"按钮也可以弹出同样的菜单。另外，"布局"对话框中"环绕"选项卡中也可以对图片环绕方式进行设置。

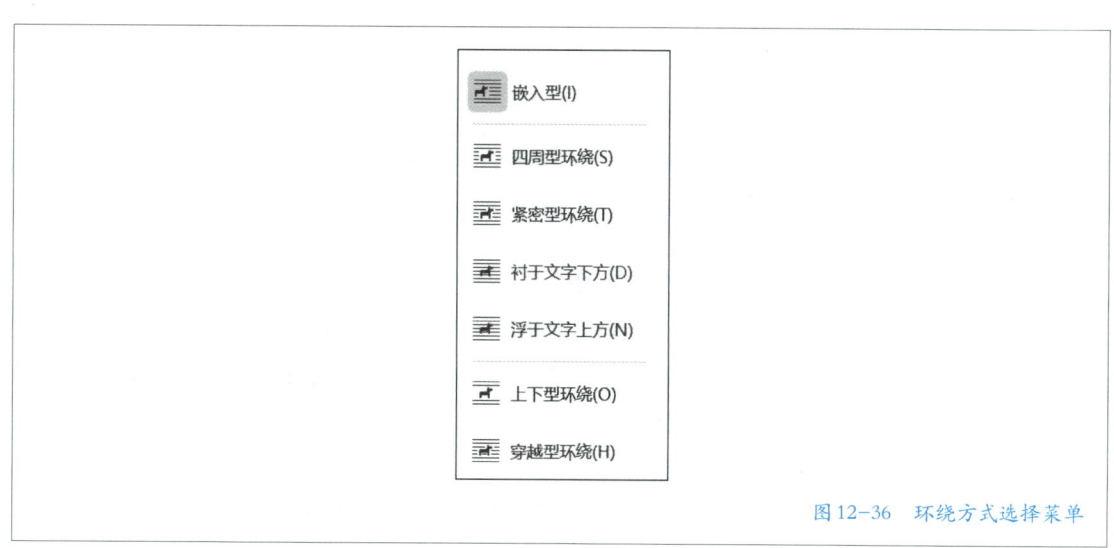

图 12-36　环绕方式选择菜单

（2）设置图片色彩

选中图片后，单击功能区"图片工具"选项卡"图片样式"选项组中的

"色彩"按钮，在弹出的下拉菜单中可以选择预设的色彩效果，如"灰度""黑白""冲蚀"等。

（3）设置图片效果

选中图片后，单击功能区"图片工具"选项卡"图片样式"选项组中的"效果"按钮，弹出下拉菜单，菜单中按照图片效果分类可以弹出二级菜单，可在此选择预设的图片视觉效果。如果其中没有所需的效果，则可以选择下拉菜单中的"更多设置"命令，此时会弹出图片属性任务窗格，在该窗格中的"效果"选项卡中可以进行自定义设置，如图 12-37 所示。

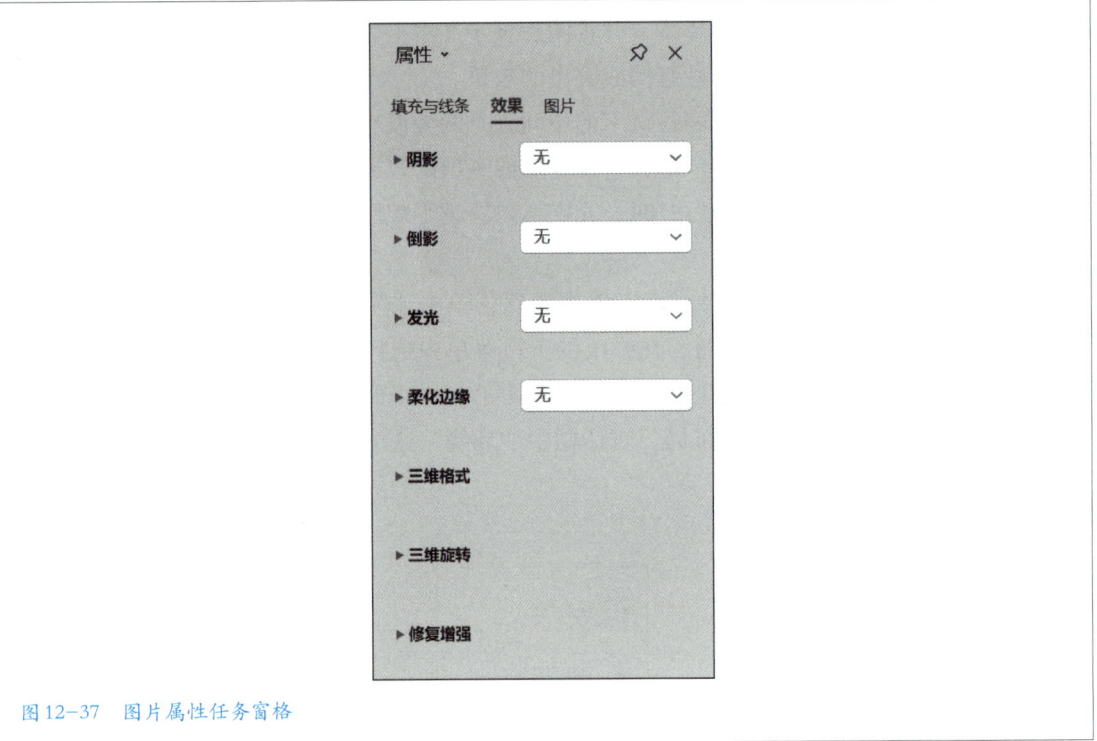

图 12-37　图片属性任务窗格

（4）调整图片亮度和对比度

选中图片后，通过单击功能区"图片工具"选项卡"图片样式"选项组中的"增加亮度""降低亮度""增加对比度""降低对比度"4 个按钮，可以调整图片的亮度和对比度。

（5）调整图片边框

选中图片后，单击功能区"图片工具"选项卡"图片样式"选项组中"边框"按钮右侧的箭头，弹出下拉菜单，在下拉菜单中选择边框颜色、边框线型等参数对图片边框进行设置。

（6）设置图片背景透明色

选中图片后，单击功能区"图片工具"选项卡"图片样式"选项组中的"设置透明色"按钮，此时鼠标指针变成一个类似取色器的形状，单击图片背景，会发现图片的背景已变为透明效果。

任务实施

小孙决定使用 WPS 撰写多功能文具盒产品说明书文档。

一、安装 WPS

（1）访问金山办公官方网站

金山办公官方网站展示了金山软件公司的所有办公软件，其中，在页面显著位置展示了 WPS Office（简便起见，本书中 WPS 即指 WPS Office）软件。如图 12-38 所示。

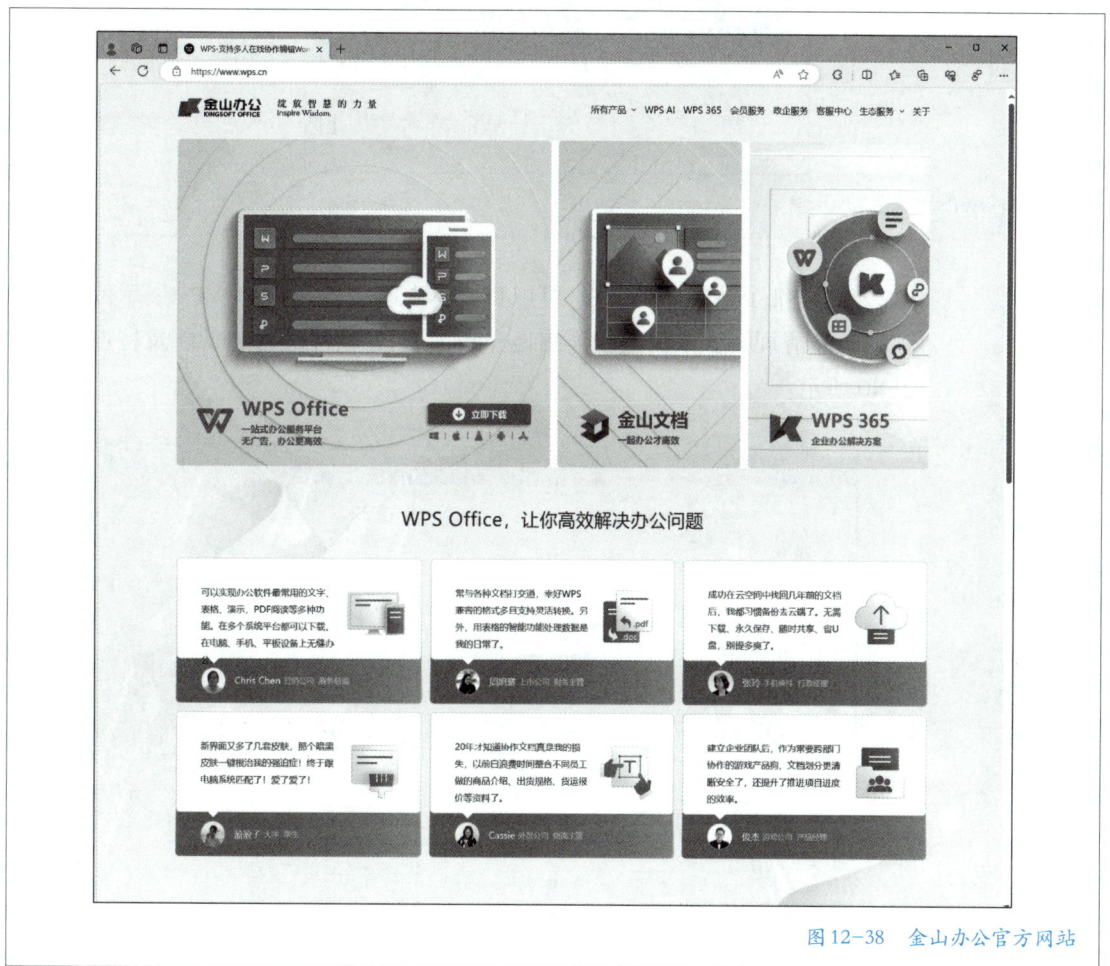

图 12-38　金山办公官方网站

（2）下载 WPS 安装程序

在 WPS 展示位置，将鼠标指针放置在"立即下载"按钮上方，弹出的下拉菜单中展示了所有的 WPS 版本，单击 Windows 版开始下载，如图 12-39 所示。

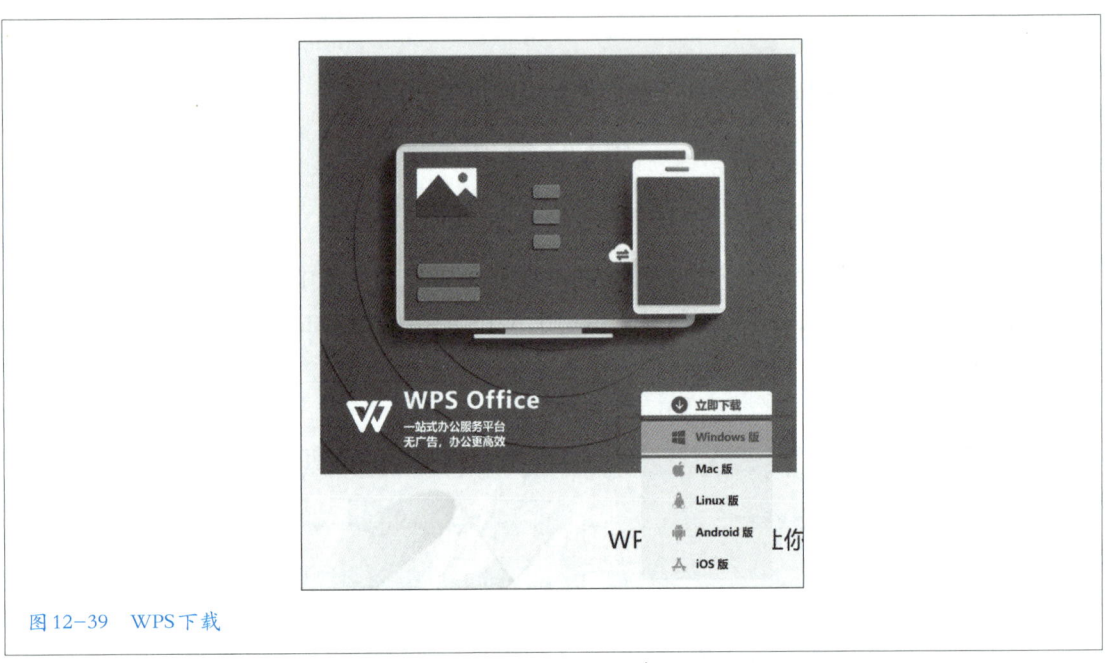

图 12-39　WPS下载

若要详细了解 WPS 软件，可以直接单击网站首页中的 WPS 展示位置，进入 WPS 详情页面，该页面较详细地介绍了 WPS 软件的各项功能及特点，如图 12-40 所示。

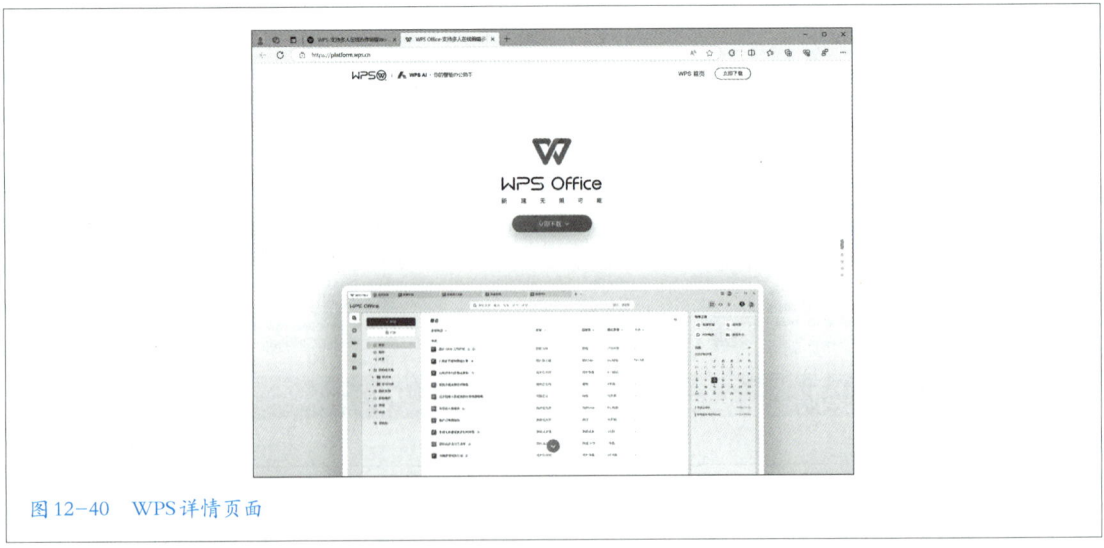

图 12-40　WPS详情页面

（3）安装 WPS

下载完成后，双击下载的安装程序，进入软件安装界面，如图 12-41 所示。勾选软件"许可协议"和"隐私政策"，单击"立即安装"按钮，将按照默认路径开始安装 WPS。

图 12-41　WPS 安装界面

若需要自定义 WPS 安装的部分设置，可单击"自定义设置"进行设置。根据自身需要勾选相应选项，并勾选软件"许可协议"和"隐私政策"，同时可以选择安装位置，选择完成后单击"立即安装"按钮，将按照自定义设置开始安装 WPS，如图 12-42 所示。

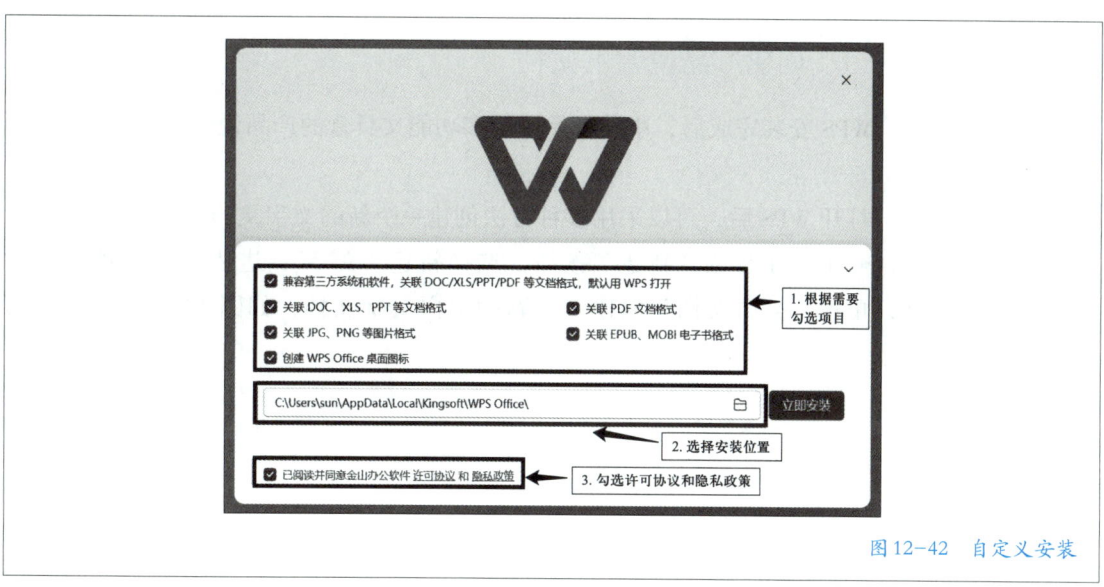

图 12-42　自定义安装

开始安装后，界面即以百分比的形式显示安装进程，安装完成后，显示欢迎界面。

（4）首次运行WPS

安装完成后，WPS将自动打开并首次运行。此时，程序显示登录界面，可以使用微信、手机号、手机端WPS APP等方式登录。若暂时不需要登录，可以关闭登录界面，进入WPS的主界面，如图12-43所示。

图12-43　WPS主界面

二、创建产品说明书文档

WPS安装完成后，小孙开始撰写多功能文具盒的产品说明书。

1. 创建文字文档

打开WPS后，可以采用多种方法创建一个新的文字文档。

● 单击主界面"新建"按钮，选择新建"文字"，进入新建文档选择界面，单击"空白文档"创建一个新的空白文字文档，如图12-44、图12-45所示。

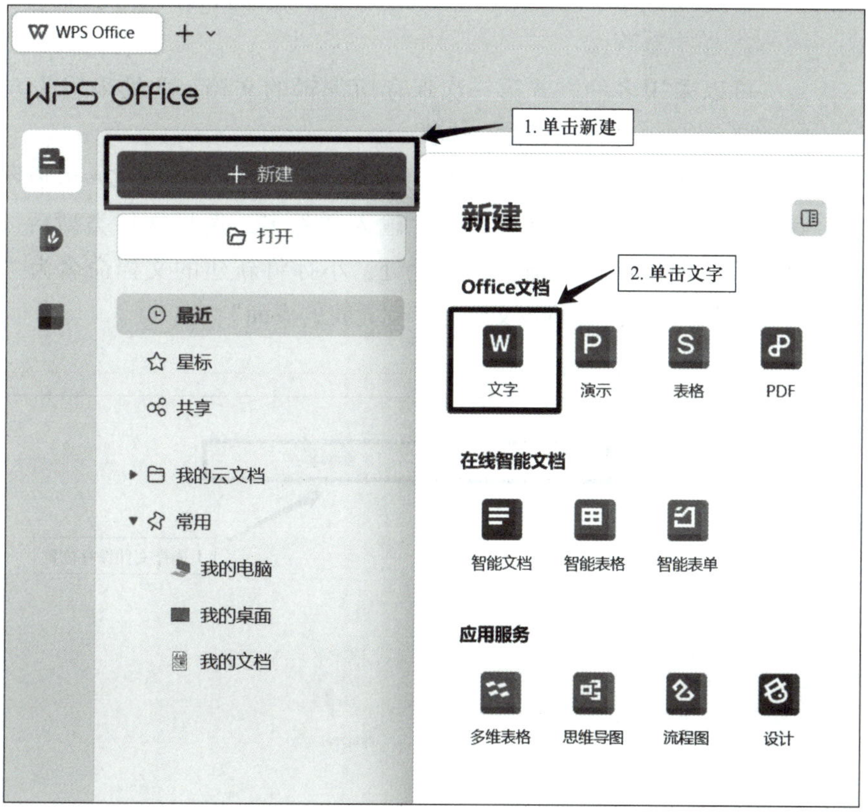

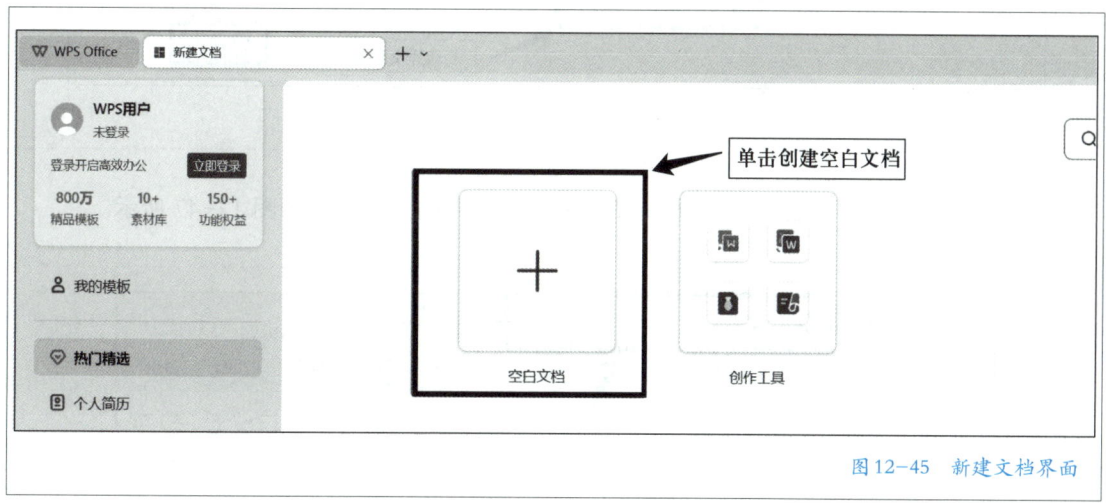

图12-44 "新建"界面

图12-45 新建文档界面

• 单击主界面顶部"+"按钮，在弹出的列表中选择"文字"，创建一个
新的空白文字文档。

新建的文档由于未保存，因此系统默认文件名为"文字文稿"。

2. 保存文档

可以采用多种方式第一次保存所编辑的文档。此处采用的方式是单击"文件"菜单，选择"保存"选项。

进行保存操作后，将会弹出"另存为"窗口，如图 12-46 所示。在"另存为"窗口选择文档保存位置，输入文件名，选择文件类型后，单击"保存"按钮即可保存当前文档。此处，小孙将新建的文档命名为"产品说明书 .docx"，同时选择将该文档保存到"我的桌面"。

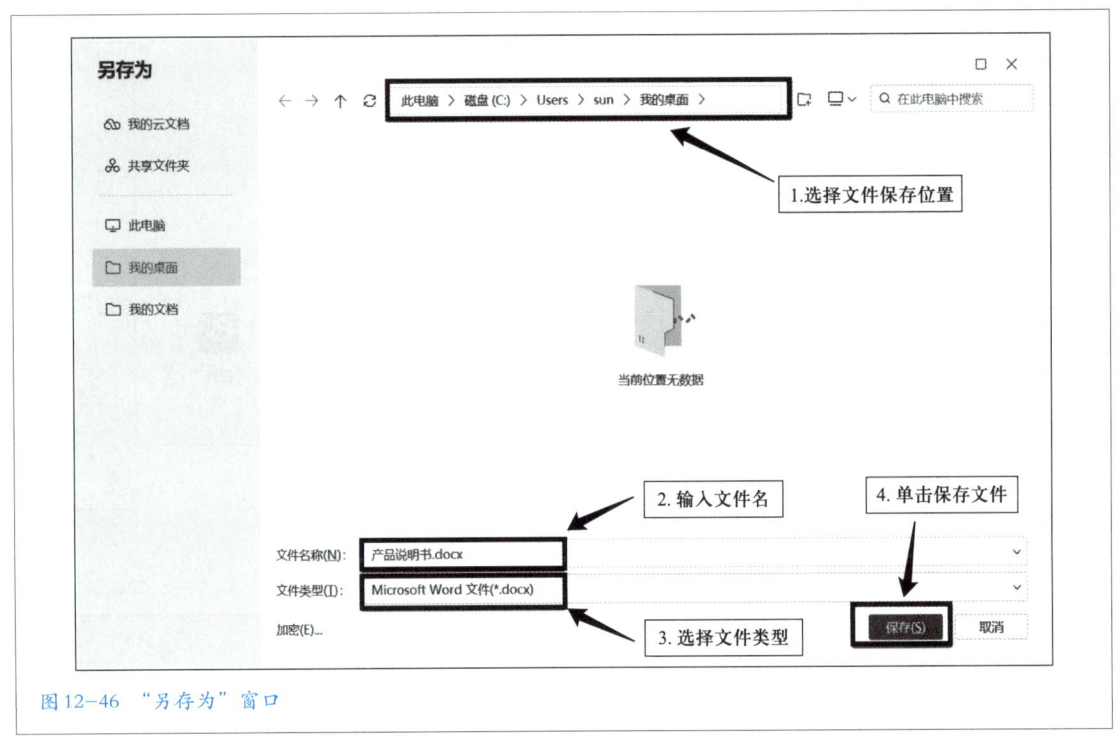

图 12-46　"另存为"窗口

文档保存后，文档标签将显示保存后的文件名，如图 12-47 所示。

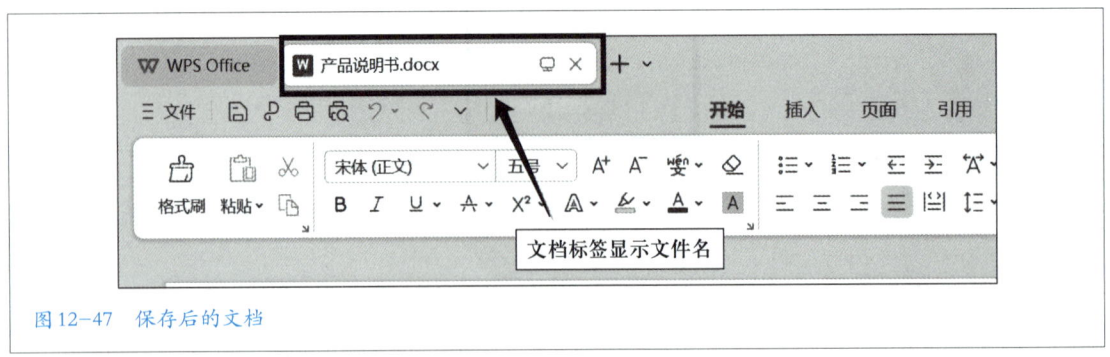

图 12-47　保存后的文档

由于第一次保存文档时确定了文档的保存位置、文件名和文件类型，因此，在后续编辑过程中，可以采用上述方法再次保存当前文档，但不会再次弹出"另存为"窗口。

在文档编辑过程中经常性地保存文档，是一个良好的习惯，可以避免由于计算机出现异常而导致文档内容丢失的情况发生。

3. 关闭文档

在文档编辑完成时，需要关闭文档。若文档标签右侧显示圆点按钮，则说明当前文档编辑后未被保存，如图 12-48 所示。若文档标签右侧显示"×"按钮，则说明当前文档编辑后已被保存。

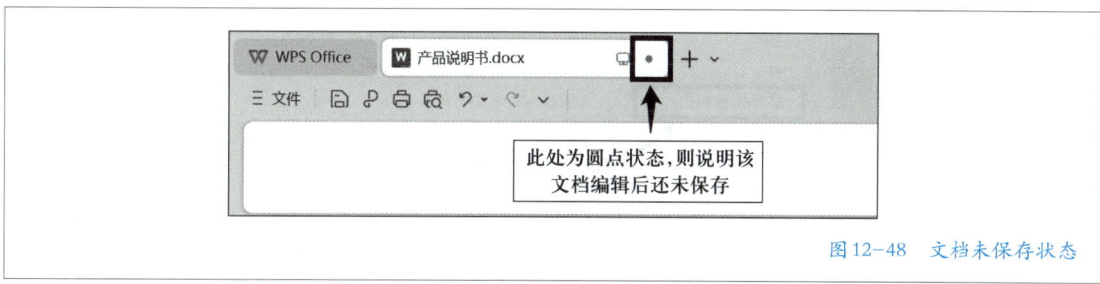

图 12-48 文档未保存状态

单击文档标签旁的"×"按钮，即可关闭当前文档，如图 12-49 所示。

图 12-49 关闭文档

若当前文档为未保存状态，则在关闭文档时，会弹出"是否保存文档"对话框，如图 12-50 所示。单击"保存"按钮，则会弹出"另存为"窗口，可以进行保存；单击"不保存"按钮，则从上一次保存至当前所编辑的内容将不会被保存；单击"取消"按钮则返回编辑界面。

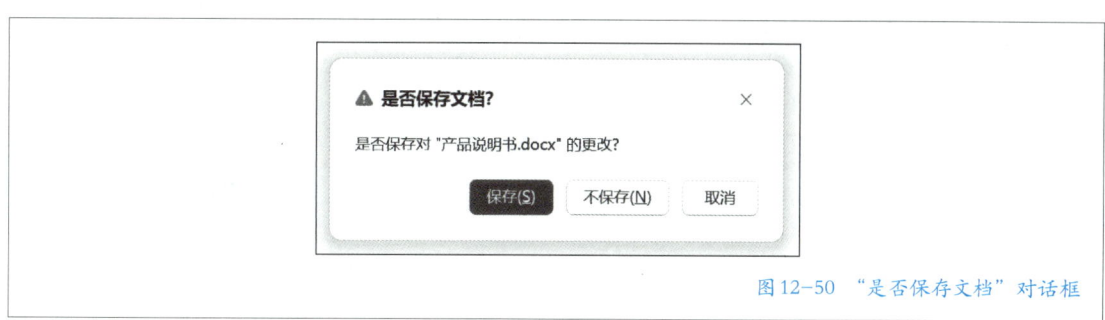

图 12-50 "是否保存文档"对话框

4. 打开文档

打开文档则可对已保存文档进行再次编辑。可以采用多种方式打开文档。

• 若安装时选择了关联 doc、docx 文档格式，可在 Windows 资源管理器中文档保存位置找到需要打开的文档，双击即可打开该文档。

• 主界面会列出最近在 WPS 上编辑的文档，双击文件名即可打开该文档，如图 12-51 所示。

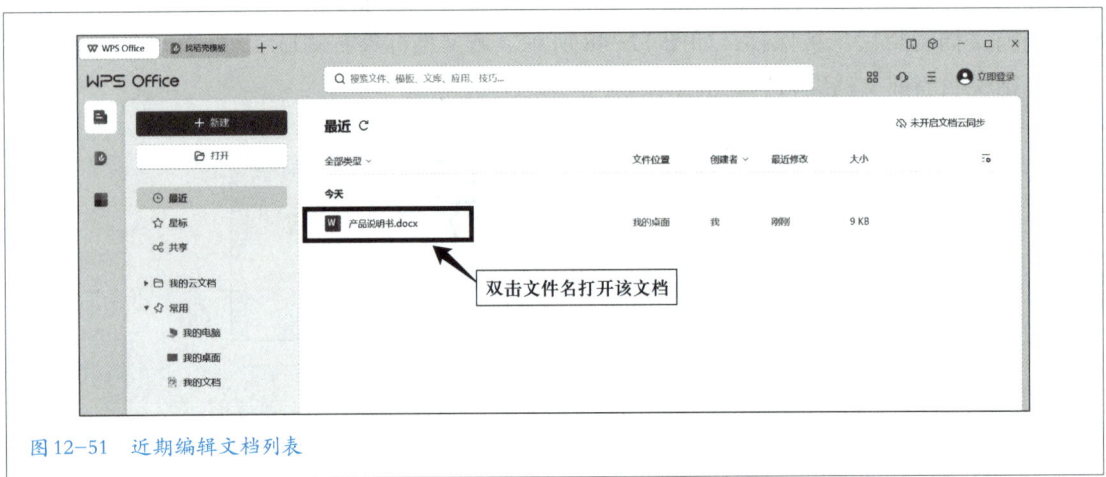

图 12-51　近期编辑文档列表

• 单击主界面左侧的"打开"按钮，弹出"打开文件"界面，选择文档保存位置和需要打开的文档，单击"打开"按钮即可打开文档，如图 12-52 所示。

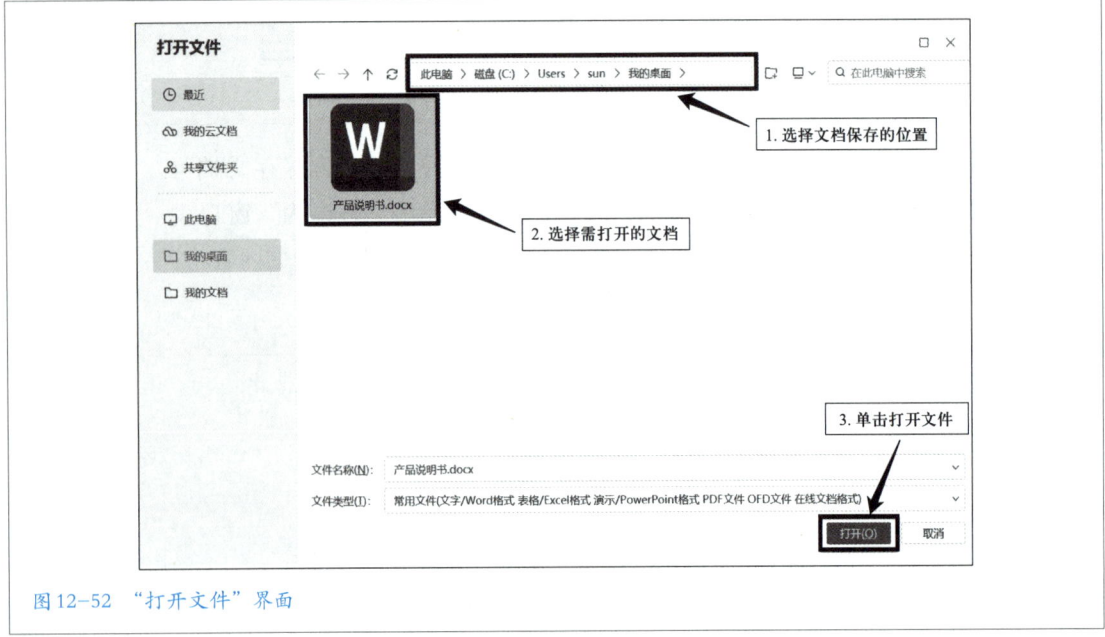

图 12-52　"打开文件"界面

三、编辑产品说明书内容

小孙打开已经保存的文档，开始编辑产品说明书。

1. 输入产品说明书标题

在文档的首行输入"多功能文具盒产品说明书"作为文档的标题，以明确告知读者这份文档是关于多功能文具盒的详细说明。

2. 输入产品说明书章节标题

在文档页面后续位置输入产品说明书的各章节名：产品名称、产品概述、产品图片、产品特点、产品优势、使用方法、注意事项、售后服务等。这样可以让读者更清晰地了解文档的结构和内容。每个章节标题后按回车键，为接下来的详细内容留出空间。

3. 输入产品说明书详细内容

在每个章节标题下方，根据内容的需要，输入详细的文字描述。详细介绍多功能文具盒的各项特点、优势，以及使用方法等，以便读者能够全面了解这款产品。

4. 插入产品图片

为了让文档更加美观且具有说服力，小孙在产品图片章节插入相关的图片。他选择本地图片作为插入来源，从计算机中选择了多功能文具盒的高清图片，并将其插入文档中。这样可以让读者更加直观地了解产品的外观和设计。插入及调整图片的步骤如下。

- 在"产品图片"章节处，将光标放置在希望插入图片的位置。
- 单击功能区中的"插入"选项卡，单击"图片"按钮，选择"本地图片"，如图 12-53 所示。

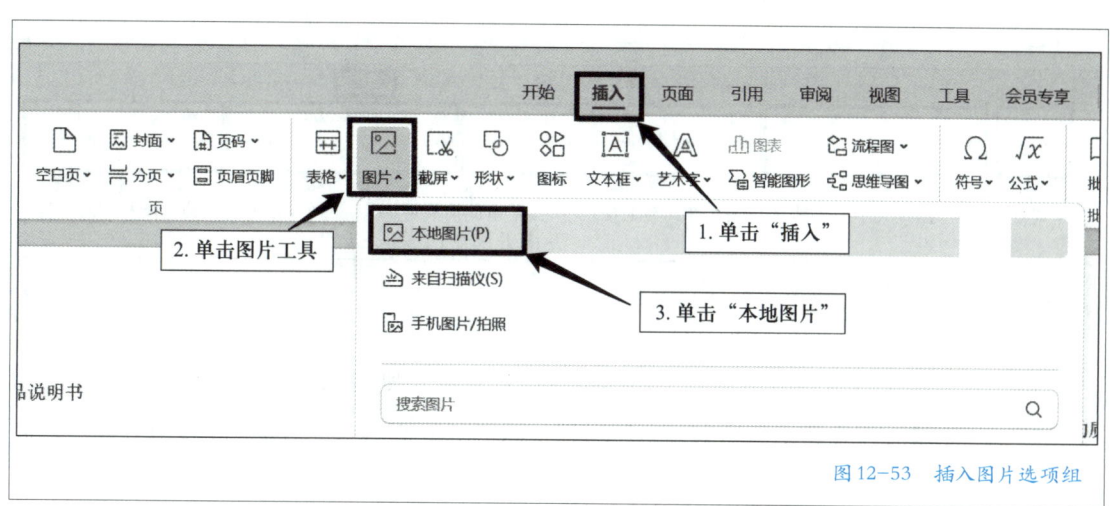

图 12-53　插入图片选项组

• 在弹出的文件选择对话框中，找到并选择多功能文具盒的图片文件，单击"打开"按钮。如图 12-54 所示。

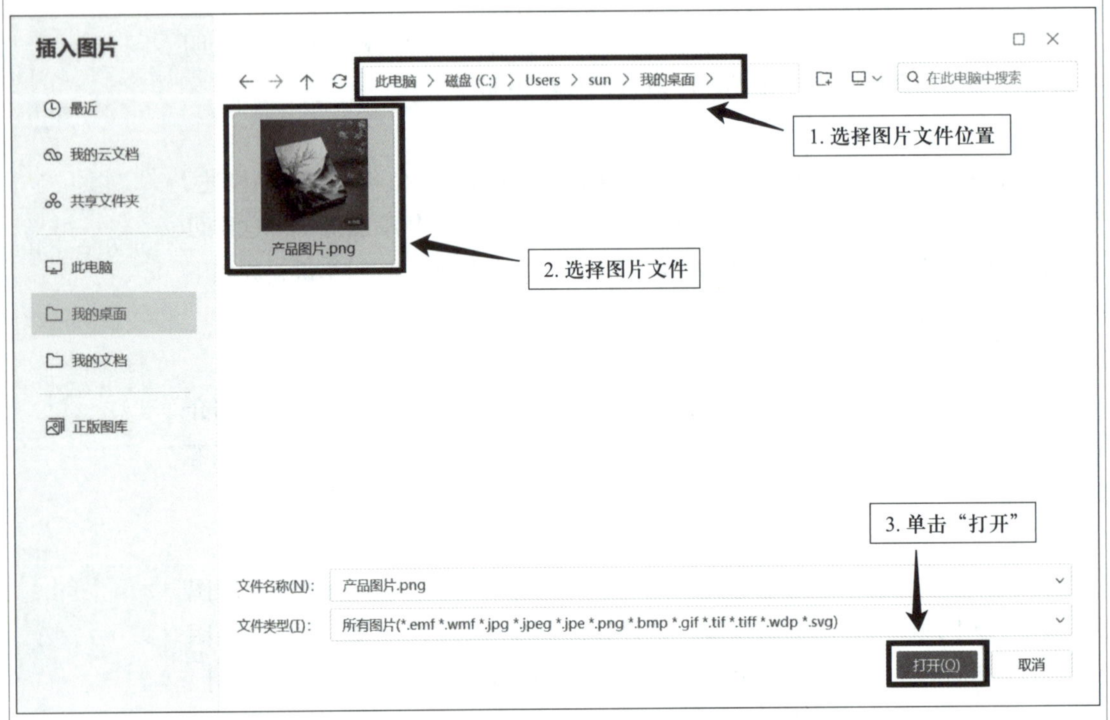

图 12-54　插入图片文件

• 单击文档中的图片，功能区中自动出现"图片工具"选项卡，如图 12-55 所示，通过其中的工具可以调整图片参数，以达到预期的效果。

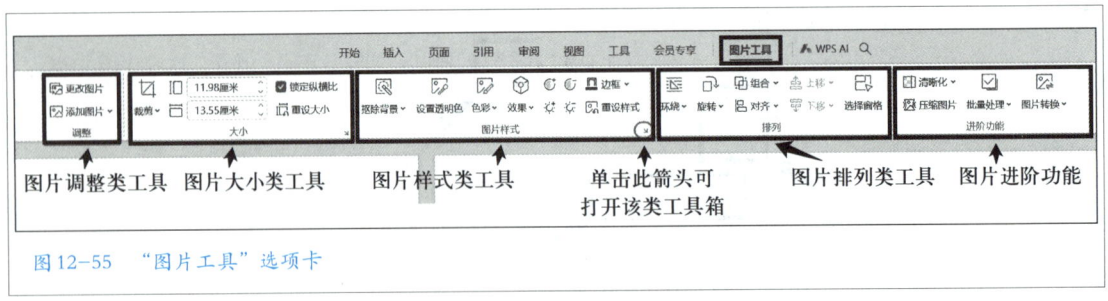

图 12-55　"图片工具"选项卡

若某一类工具右下角出现一个小箭头，则说明该工具栏无法显示所有功能，单击箭头后将会在右侧出现"属性"对话框，用以展示该类所有工具，如图 12-56 所示。

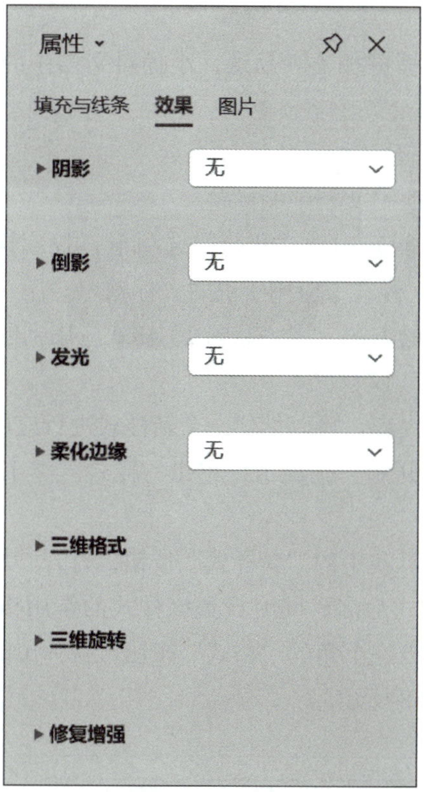

图 12-56　图片样式"属性"对话框

- 调整图片的位置和大小，使其适应文档页面，并与文本内容相协调。

单击图片后，通过单击"图片工具"选项卡中"大小"类工具右下角箭头，如图 12-57 所示；或者单击图片右侧快捷菜单中的"布局选项"工具，可以打开"布局"对话框。

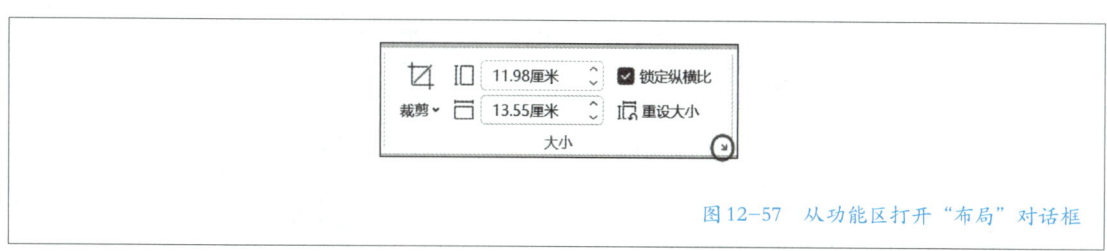

图 12-57　从功能区打开"布局"对话框

在"布局"对话框的"文字环绕"选项卡中，将文字环绕方式设置为"上下型"，则文字不会出现在图片的左右两侧；在"位置"选项卡中，将水平对齐方式设置为"居中"，则图片显示在文档居中位置。在"布局"对话框的"大小"选项卡中可以精确调整图片大小和旋转角度。

四、设置产品说明书样式

为了让文档更加美观易读，小孙对文档中的标题、正文等内容进行了样式设置。

1. 使用预设样式

● 选中说明书文档中的标题。

● 单击功能区中的"开始"选项卡，找到样式类工具。在样式列表中，选择"标题1"样式，应用于说明书标题。

采用同样的方法，将"标题2"样式应用到所有章节标题中。

2. 使用自定义样式

对于正文内容，可以创建一个新样式进行应用。创建新样式步骤如下。

● 单击"开始"选项卡，单击"样式"类工具右下角箭头，在右侧打开样式工具箱。

● 单击工具箱中的"新样式"按钮，打开"新建样式"对话框。

● 为新样式命名，同时设置该样式的常用格式属性。若要设置更多的格式，单击对话框左下角的"格式"按钮，在弹出的菜单中选择格式类别进行设置。如图 12-58 所示。

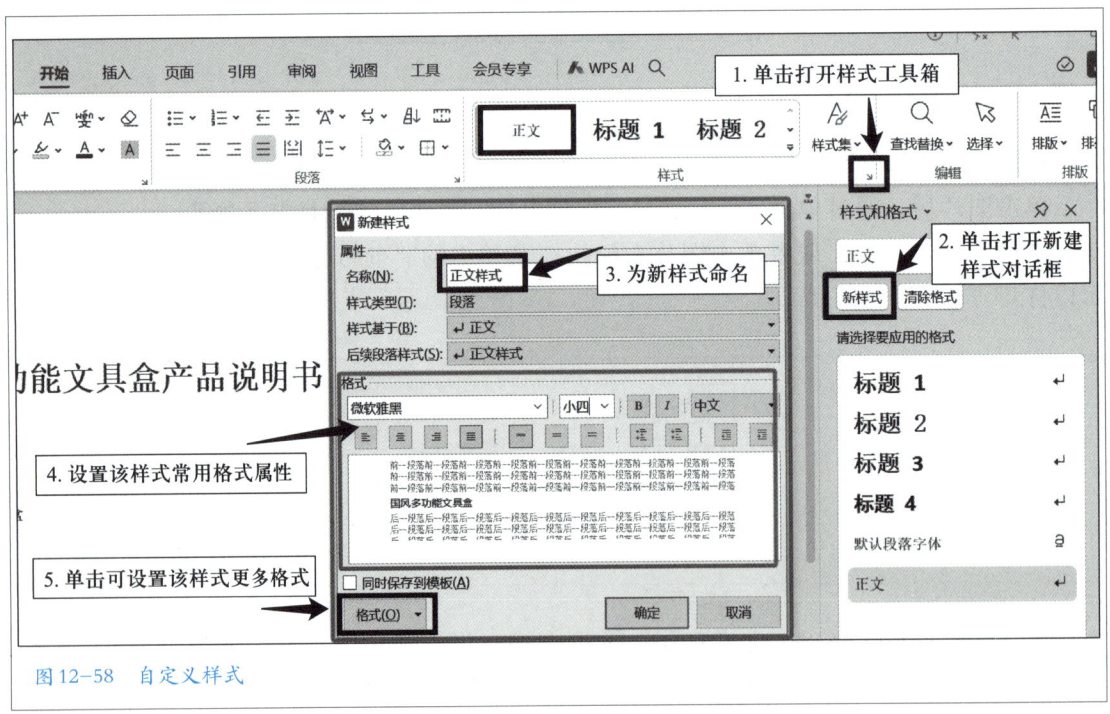

图12-58　自定义样式

自定义的"正文样式"创建成功后，在样式列表中可以找到它。

采用与标题同样的方式，将"正文样式"应用于产品说明书的所有正文文字中。

五、设置产品说明书段落格式

正文已经应用了自定义样式，为了让文档内容更加清晰易读，小孙对"产品名称""产品概述""售后服务"章节的段落格式进行单独的设置，调整了这些段落的对齐方式、行距和段间距等。

- 选中需要设置格式的段落文本。

- 单击功能区中的"段落"选项卡，或在右键菜单中选择"段落"。

- 在"段落"对话框中，设置段落首行缩进为 2 字符，1.5 倍行距。其他设置，如对齐方式、行距、段前段后间距等，可以根据需要进行设置。如图 12-59 所示。

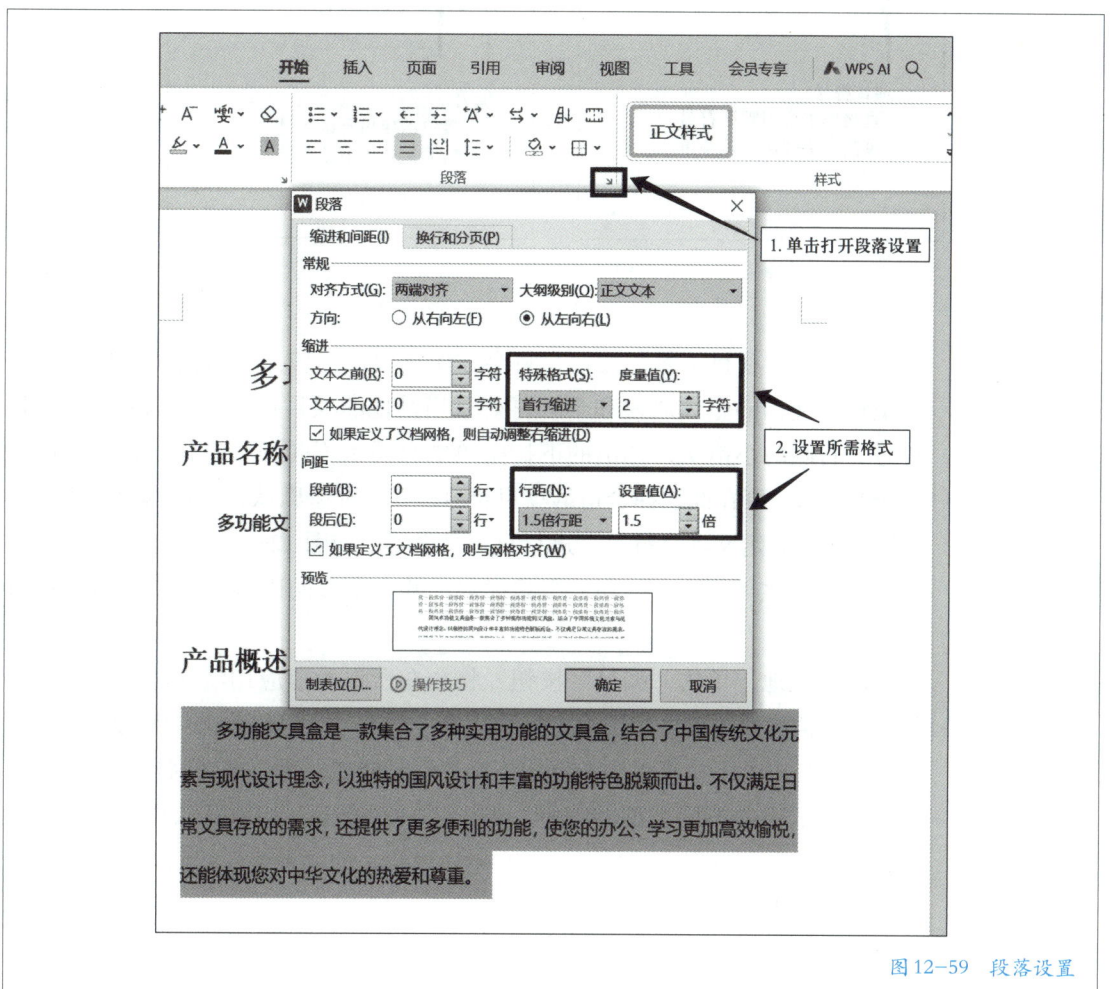

图12-59 段落设置

• 确认设置后，单击"确定"按钮。

六、设置产品说明书项目符号与编号

小孙在编辑"产品特点""产品优势""使用方法""注意事项"等章节时，希望按照条目依次展示信息，使内容更加清晰、有条理。为此，他将使用项目符号和编号功能。

• 选中需要添加项目符号或编号的段落。在"产品特点""产品优势"等章节中，小孙需要分别选中每个条目的段落。

• 单击功能区中的"开始"选项卡，在"段落"选项组中找到"项目符号"和"编号"按钮，如图 12-60 所示。

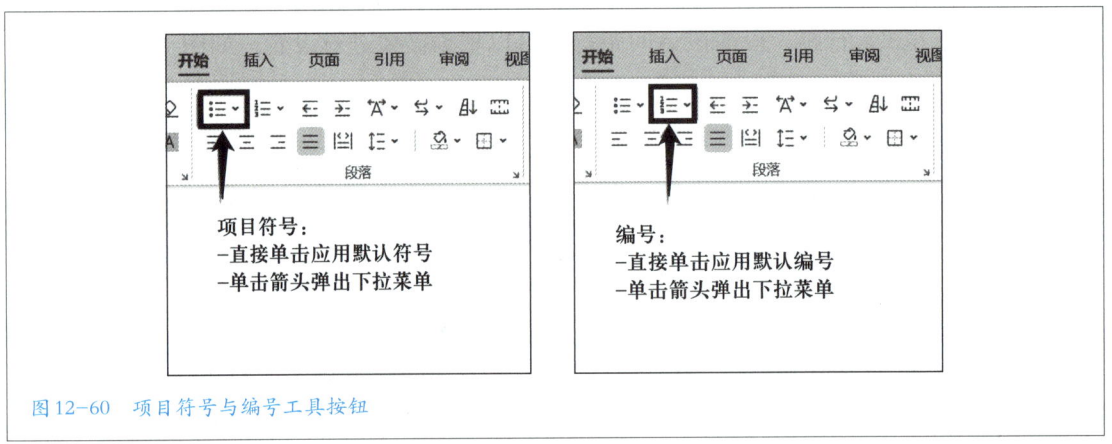

图 12-60　项目符号与编号工具按钮

• 单击"项目符号"按钮，将会在所选段落上应用默认的项目符号。若希望根据文档的整体风格和个人喜好采用其他的项目符号，可以单击"项目符号"右侧的小箭头，弹出的下拉菜单中会展示不同的项目符号样式，如图 12-61 所示，可在此选择合适的项目符号样式。如果默认样式不满足需求，还可以单击"自定义项目符号"进行自定义设置，如图 12-62 所示。

小孙将"产品特点"和"产品优势"两个章节的内容设置了默认的项目符号。

• 类似地，单击"编号"按钮，将会在所选段落应用默认的编号。若希望根据文档的整体风格和个人喜好采用其他的编号，可以单击"编号"右侧的小箭头，弹出的下拉菜单中会展示不同的编号样式，可以选择阿拉伯数字、字母、罗马数字等不同类型的编号，如图 12-63 所示。如果默认样式不满足需求，可以单击"自定义编号"进行自定义设置，如设置编号的起始值、间隔等参数，如图 12-64 所示。

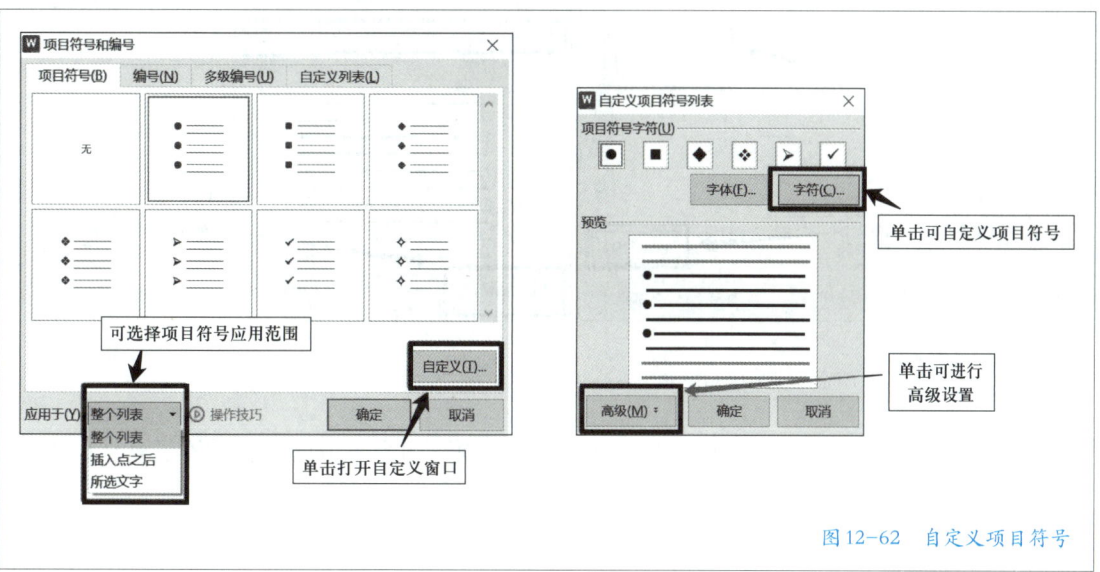

图 12-61　项目符号下拉菜单

图 12-62　自定义项目符号

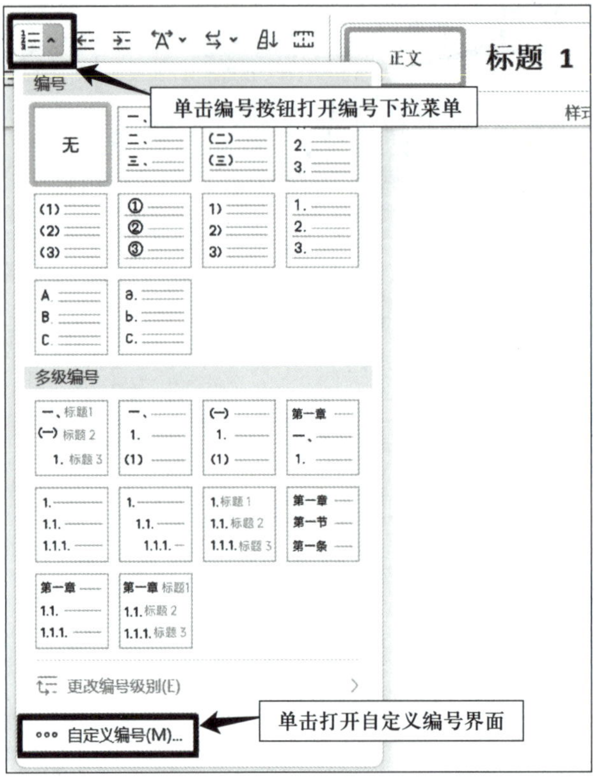

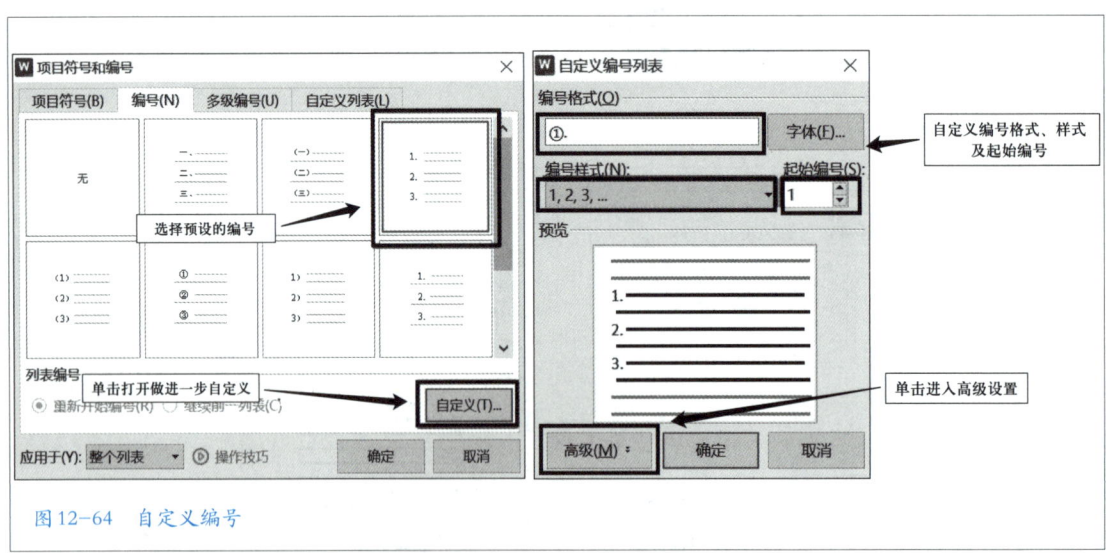

图 12-63　编号下拉菜单

图 12-64　自定义编号

　　小孙将"使用方法"和"注意事项"两个章节的内容设置了默认的编号，如图 12-65 所示。

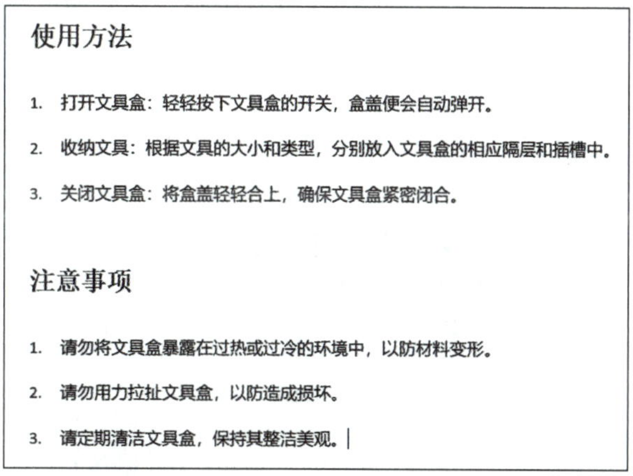

使用方法

1. 打开文具盒：轻轻按下文具盒的开关，盒盖便会自动弹开。

2. 收纳文具：根据文具的大小和类型，分别放入文具盒的相应隔层和插槽中。

3. 关闭文具盒：将盒盖轻轻合上，确保文具盒紧密闭合。

注意事项

1. 请勿将文具盒暴露在过热或过冷的环境中，以防材料变形。

2. 请勿用力拉扯文具盒，以防造成损坏。

3. 请定期清洁文具盒，保持其整洁美观。

图12-65　段落文本应用默认编号的效果

在添加项目符号和编号时，应确保选中的段落格式正确、统一。如果段落格式不一致，可能会导致添加的项目符号和编号出现错位、不连续等问题。此外，在使用自定义的项目符号和编号样式时，应确保其与文档的整体风格相协调，避免出现突兀、不和谐的视觉效果。

七、产品说明书文档分栏

为了使文档排版更美观，小孙准备对"产品优势"章节的内容进行分栏处理。

• 选中希望分栏的段落文本。

• 单击功能区中的"页面"选项卡，选择"分栏"工具，如图12-66所示。在弹出的下拉菜单中可以选择默认的分栏方式，也可以单击"更多分栏"进入"分栏"对话框进行详细的分栏设置。

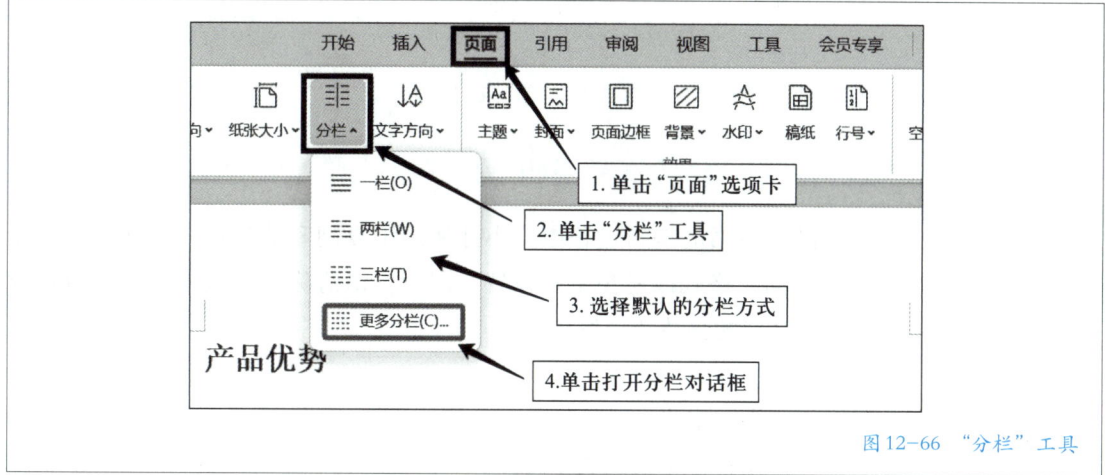

图12-66　"分栏"工具

• 在"分栏"对话框中，可对所需的栏数、宽度和间距等参数进行设置，如图 12-67 所示。

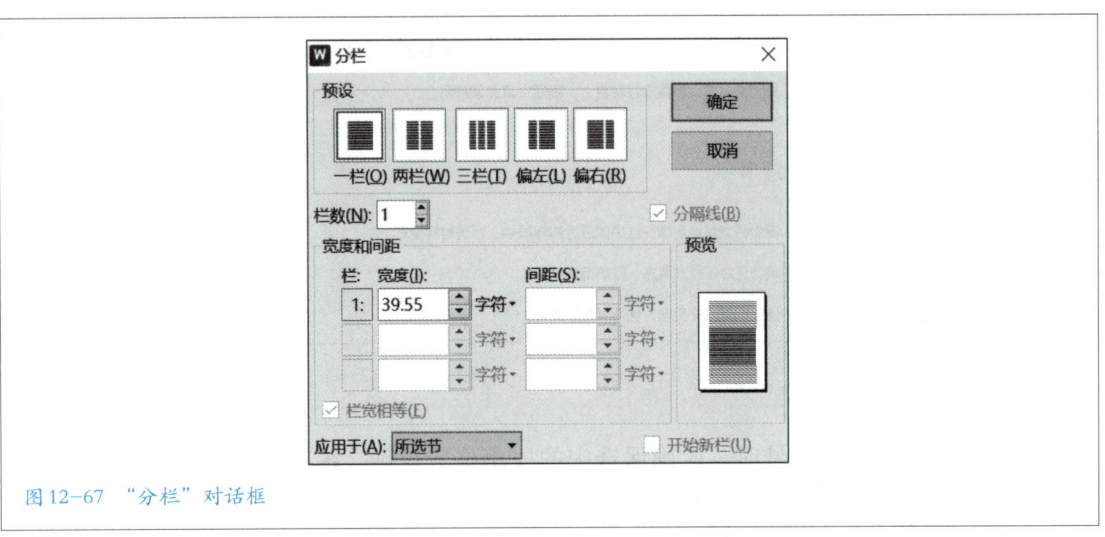

图 12-67 "分栏"对话框

小孙将"产品优势"章节的内容设置了默认的两栏，设置效果如图 12-68 所示。

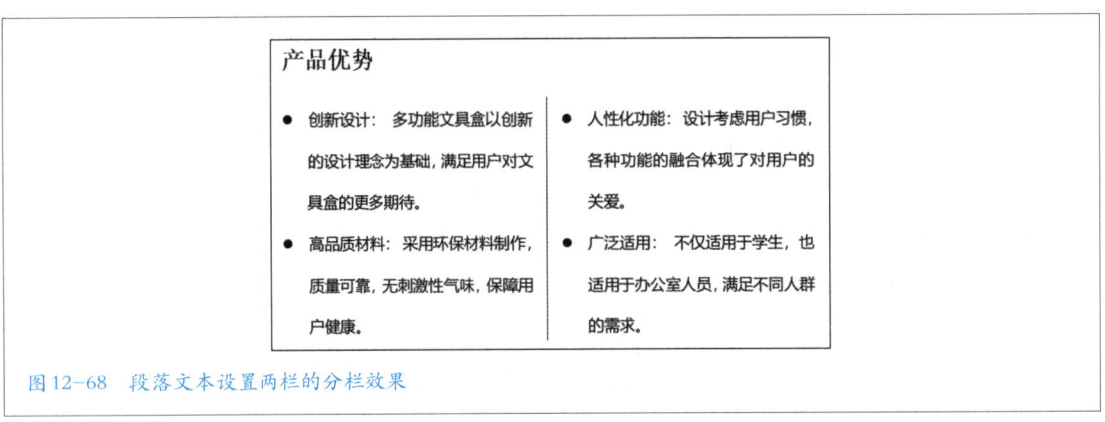

图 12-68 段落文本设置两栏的分栏效果

八、复制与清除产品说明书格式

在产品说明书的编辑过程中，小孙使用了复制和清除格式等功能，他复制了一些相同的格式以避免重复设置；同时，也清除了一些不需要的格式设置，以保持文档的整洁和一致性。

1. 文字格式的复制与清除

（1）复制文字格式

• 选中已设置好格式的文字。

● 在功能区单击"开始"选项卡，单击"格式刷"按钮。此时，鼠标指针会变成一个小刷子的形状，表示格式刷已被激活。

● 将鼠标指针移动到需要应用格式的文字上，按住左键并拖动，选中需要应用格式的文字范围。

● 松开左键，此时复制的格式将应用于选中的文字。

（2）清除文字格式

● 选中需要清除格式的文字。

● 在功能区单击"开始"选项卡，在"字体"组中单击"清除格式"按钮（显示为小橡皮擦的图标）。执行此操作后，选中的文字将恢复为默认格式。

2. 段落格式的复制与清除

段落格式主要包括对齐方式、缩进、行距、段间距等。与文字格式类似，小孙使用格式复制和清除功能来处理段落格式。

（1）复制段落格式

● 选中已设置好格式的段落。

● 按照与复制文字格式相同的步骤激活格式刷。

● 将鼠标指针移动到需要应用格式的段落上，单击左键即可将设置好的格式应用到该段落。

（2）清除段落格式

● 选中需要清除格式的段落。

● 在功能区单击"开始"选项卡，单击"字体"组中的"清除格式"按钮。执行此操作后，选中的段落将恢复为默认格式。

需要注意的是，在使用格式刷复制格式时，如果要连续应用格式到多个位置，可以双击格式刷按钮；而单击格式刷按钮则只能应用一次格式，再次单击才能重新激活格式刷。同样地，在清除格式时，应确保只选中需要清除格式的部分，以免误操作导致不必要的格式更改。

九、查找与替换产品说明书文字

小孙需要将产品名称统一为"多功能文具盒"，为了确保文档中的产品名称一致且准确，小孙使用了查找替换功能。他通过查找功能找到文档中所有的产品名称，并使用替换功能将其统一替换为正确的名称。

1. 查找文字

● 单击功能区中的"开始"选项卡，选择"查找替换"按钮。

● 在弹出的对话框中选择"查找"选项卡，在查找界面输入需要查找的产品名称。

● 通过单击"查找上一处"和"查找下一处"按钮可以将光标依次定位

到文档中查找到的若干位置。

2. 替换文字

● 单击功能区中的"开始"选项卡，选择"查找替换"按钮。

● 在弹出的对话框中选择"替换"选项卡，在替换界面"查找内容"栏输入查找的产品名称，在"替换为"栏中输入正确的产品名称。

● 通过单击"查找上一处"和"查找下一处"按钮可以将光标依次定位到文档中查找到的若干位置，单击"替换"按钮，可执行此处文字替换。

● 若单击"全部替换"按钮，则可将所有查找到的文字同时替换。

任务拓展

一、多文档、多窗口编辑

在 WPS 文字中，可以同时打开并编辑多个文档，提高工作效率。多文档编辑允许在不同的文档之间快速切换，而多窗口编辑则可以将一个文档拆分成多个窗口进行查看和编辑。

1. 多文档编辑

● 打开 WPS 文字工具后可以一次打开多个需要编辑的文档，此时在标题栏可以看到多个文档标签，单击标签可以在文档之间切换，也可以按下Ctrl+Tab 组合键进行切换。

● 拖动文档标签，可以移动文档的位置。

● 双击文档标签，可以关闭文档，若文档未保存则会先弹出询问是否保存对话框。

● 若需要单独打开一个窗口对某个文档进行编辑，则可以右键单击该文档标签，在弹出的快捷菜单中选择"作为独立窗口显示"命令，此时该文档将脱离当前多文档窗口，以单独的窗口显示。

文档标签右键快捷菜单中还有其他选项，可以根据需要选择使用，如图12-69 所示。

2. 多窗口编辑

为了方便查看和编辑文档，有时需要将文档拆分显示。

单击"视图"选项卡"窗口"选项组中的"拆分窗口"按钮，此时文档窗口会拆分成上下两个部分，可以通过拖动分隔条来调整窗口大小。在拆分后的窗口中，可以独立滚动和编辑文档的不同部分。此时，"拆分窗口"按钮将会变成"取消拆分"按钮，单击该按钮则文档恢复成单窗口显示。

图 12-69　文档标签右键快捷菜单

如果需要垂直拆分窗口，可以单击"拆分窗口"按钮右侧的箭头，在弹出的下拉菜单中选择"垂直拆分"，此时文档窗口会拆分成左右两个部分。

二、设置高级文本与段落格式

除了基本的段落对齐和缩进设置外，WPS 文字还支持更高级的段落格式化选项。

1. 设置首字下沉与悬挂

将插入点定位到需要应用首字下沉的段落中，单击功能区"插入"选项卡"部件"选项组中的"首字下沉"按钮，弹出"首字下沉"对话框。在该对话框的"位置"栏中选择"下沉"即可设置段落首字下沉，选择"悬挂"即可设置首字悬挂。同时，下方的"选项"栏中还可以设置字体、下沉行数等参数。

2. 设置拼音

在文档编辑过程中可以为生僻字添加拼音，以便于读者阅读。

选中需要设置的文本后，单击功能区"开始"选项卡"字体"选项组中的"拼音指南"按钮右侧的箭头，在弹出的下拉菜单中可以设置以下功能。

● 拼音指南。选择"拼音指南"选项，弹出"拼音指南"对话框，设置注音样式、属性设置中的参数。单击"开始注音"按钮后，将自动为所选文本按照设定的样式添加拼音。

● 更改大小写。选择"更改大小写"选项，将弹出"更改大小写"对话框，可在此设置所需要的大小写。

● 带圈字符。选择"带圈字符"选项，弹出"带圈字符"对话框，可选择样式、圈号。圈内文字默认为所选文本，也可以选择列表中的字符或输入圈内文字，确定后将插入所设带圈字符。

● 字符边框。选择"字符边框"选项，将为所选文本加上细实线样式的外框。

任务 13　编辑排班表

任务描述

小孙所在的技术部门最近扩大了团队，人员增加后，为保障全公司网络环境和设备的正常运行，主管希望小孙使用 WPS 中的文字工具编辑一份部门周排班表，以便更好地组织和管理团队。

思维导图

任务 13 思维导图如图 13-1 所示。

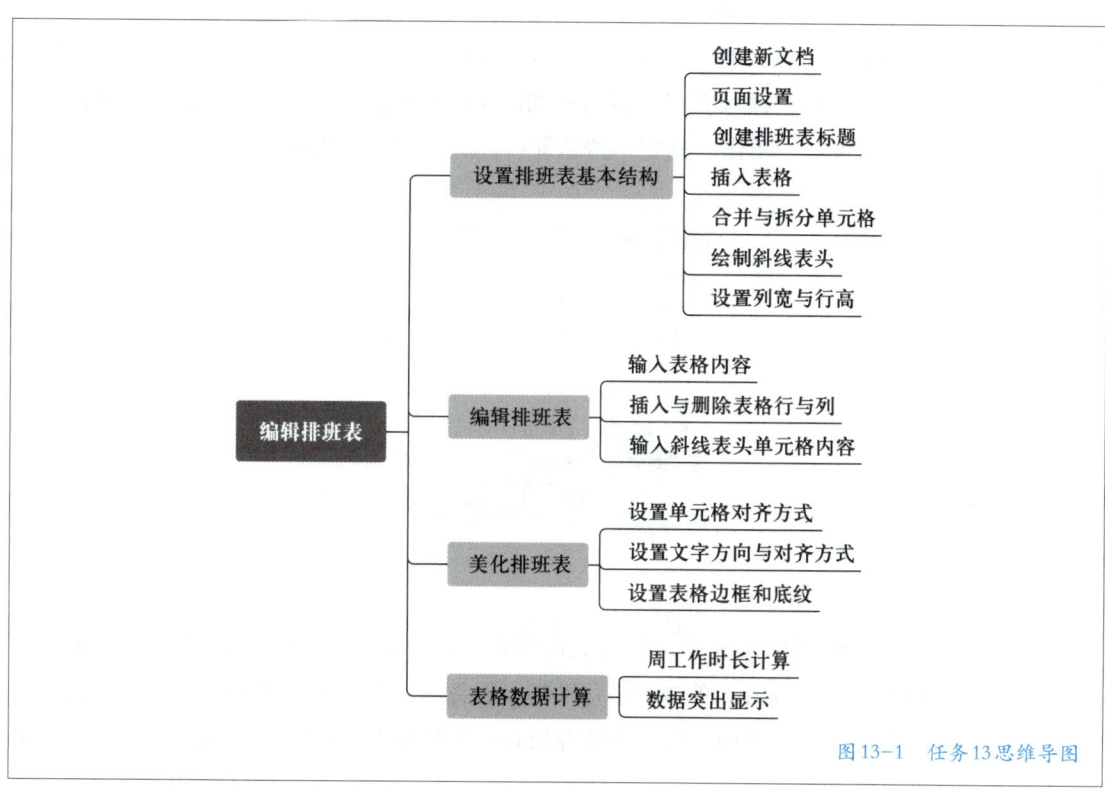

图 13-1　任务 13 思维导图

知识准备

一、创建表格

在 WPS 文字中，表格是组织和展示数据的重要工具。

1. 建立表格

建立表格主要有两种方法：自动创建和手动创建。

（1）自动创建表格

自动创建表格是一种快速建立具有固定行、列数的表格的方法。

将插入点定位到需要插入表格的位置，单击功能区"插入"选项卡"常用对象"选项组中的"表格"按钮。在弹出的下拉菜单中选择所需的行数和列数，单击后即可在文档中插入一个指定行、列数的表格。

（2）手动创建表格

将插入点定位到需要插入表格的位置，单击功能区"插入"选项卡"常用对象"选项组中的"表格"按钮。在弹出的下拉菜单中选择"插入表格"命令，弹出的"插入表格"对话框如图 13-2 所示。在该对话框中可以对表格参数进行设置，单击"确定"按钮即可在文档中插入表格。

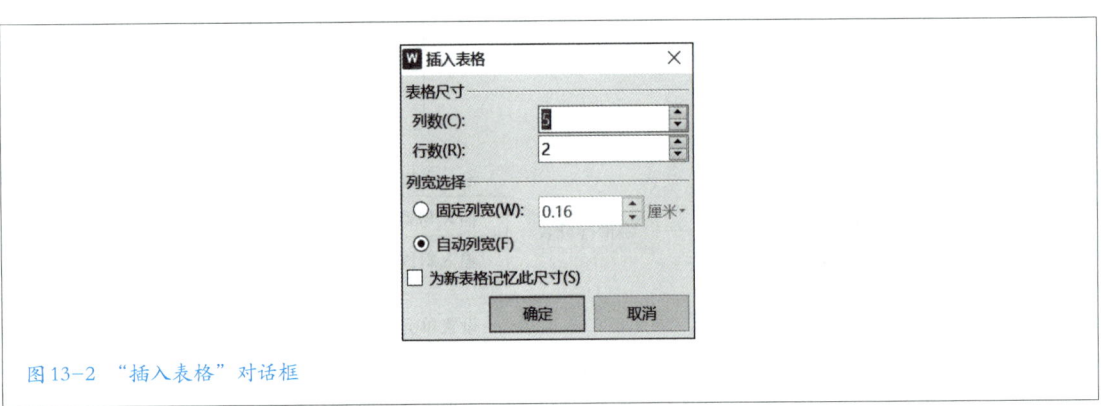

图 13-2 "插入表格"对话框

表格创建完成后，在左上角和右下角分别会出现表格移动控制按钮和表格大小控制按钮。单击表格移动控制按钮可以选中整个表格，按住左键拖动该按钮可以移动表格位置。按住左键拖动表格大小控制按钮可以按比例改变表格的宽度和高度。

2. 表格样式设置

将插入点置于表格中，此时功能区中出现"表格样式"选项卡，如图 13-3 所示。

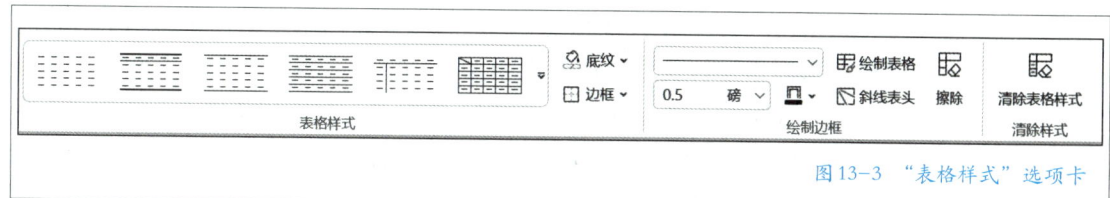

图13-3 "表格样式"选项卡

"表格样式"选项卡中提供了与表格样式设置相关的功能按钮。可以在"表格样式"列表框中选择一种样式直接应用于当前表格。这些按钮还可以设置表格的边框、底纹、线型、线宽。

3. 在表格中定位插入点

单击表格中的单元格，即可将插入点定位在表格中。通过键盘可以快速定位插入点，以避免鼠标和键盘的频繁切换，常用键盘快捷键如表13-1所示。

表13-1　定位插入点的常用键盘快捷键

快捷键	功能	快捷键	功能
Tab	移动到右侧单元格，若当前位于所在行最右侧单元格，则移动到下一行最左侧单元格	Shift+Tab	移动到左侧单元格，若当前位于所在行最左侧单元格，则移动到上一行最右侧单元格
↑	上移一行	↓	下移一行

4. 删除表格

有以下几种方法可以实现删除整个表格。

• 单击表格左上角表格移动控制按钮选中表格，按下键盘的 Backspace 键。

• 单击表格左上角表格移动控制按钮选中表格，在表格上方出现浮动工具栏，单击工具栏中的"删除"按钮，在弹出的下拉菜单中选择"删除表格"命令。

• 右键单击表格左上角表格移动控制按钮，在弹出的快捷菜单中选择"删除表格"命令。

• 将插入点定位于表格内的任意位置，单击功能区"表格工具"选项卡中"行和列"选项组中的"删除"按钮，在弹出的下拉菜单中单击"表格"命令。

二、编辑表格

1. 选取表格内容

表格中包含了行、列与单元格等对象，对这些对象进行操作之前，先要选中它们。

单元格内靠近左边框位置为单元格选定区，当鼠标指针移动到单元格选定区时，鼠标指针将变成指向右上角的实心箭头。表格中行首左侧位置为行选定区，当鼠标指针移动到行选定区时，鼠标指针将变成指向右上角的空心箭头。表格中列上方位置为列选定区，当鼠标指针移动到列选定区时，鼠标指针将变成向下的实心箭头。

选取表格对象的主要方法如表 13-2 所示。

表13-2　选取表格对象的主要方法

选取的表格对象	方法
一个单元格	单击单元格选定区； 将插入点定位于单元格内，单击功能区"表格工具"选项卡"选择"选项组中的"选择"按钮，在下拉菜单中选择"单元格"
连续的单元格	按住左键拖动选取一个矩形区域
不连续的单元格	选取一个单元格后，按住 Ctrl 键，继续选取其他单元格
一行	单击某一行行首的行选定区； 将插入点定位于单元格内，单击功能区"表格工具"选项卡"选择"选项组中的"选择"按钮，在下拉菜单中选择"行"
连续的多行	在行选定区某一行行首按住左键不放，向上或向下拖动鼠标直到需要选定的最后一行后释放左键
不连续的多行	选取一行后，按住 Ctrl 键，继续选取其他行
一列	单击某一列上方的列选定区； 将插入点定位于单元格内，单击功能区"表格工具"选项卡"选择"选项组中的"选择"按钮，在下拉菜单中选择"列"
连续的多列	在列选定区某一列上按住左键不放，向左或向右拖动鼠标直到需要选定的最后一列后释放左键
不连续的多列	选取一列后，按住 Ctrl 键，继续选取其他列

单击表格或文档中的其他位置，可以取消选取操作。

2. 复制或移动行或列

首先选定要复制或移动的行或列，然后单击右键，在弹出的快捷菜单中选择"复制"或"剪切"命令，或者使用 Ctrl+C 组合键或 Ctrl+X 组合键。此时，选定的行或列将被复制或移动到剪贴板中。

将插入点移动到需要插入行的第一个单元格，单击右键，在弹出的快捷菜单中选择"粘贴"命令，或者使用 Ctrl+V 组合键。此时，复制或移动的行将被插入插入点所在行的上方。

将插入点移动到需要插入列的第一个单元格，单击右键，在弹出的快捷菜单中选择"粘贴"命令，或者使用 Ctrl+V 组合键。此时，复制或移动的列将被插入插入点所在列的左侧。

3. 插入与删除单元格、行和列

（1）插入与删除单元格

将插入点定位于需要插入单元格的左侧或上方单元格，需要插入多个单元格时需要选定相同数量的单元格，单击功能区"表格工具"选项卡"行和列"选项组中的"插入"按钮，在弹出的下拉菜单中单击"插入单元格"命令，弹出"插入单元格"对话框，如图 13-4 所示。单击右键，在弹出的快捷菜单中选择"插入"命令。在弹出的二级菜单中选择"单元格"，也可以弹出"插入单元格"对话框。

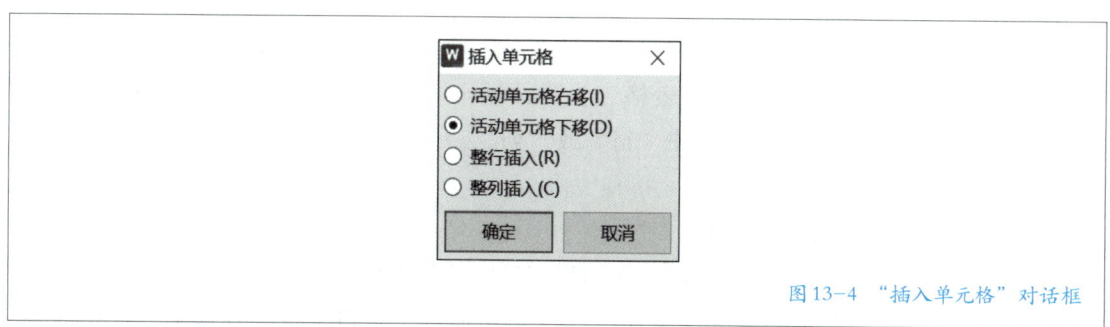

图13-4 "插入单元格"对话框

在"插入单元格"对话框中的"活动单元格右移""活动单元格下移"是指插入新单元格后对所选单元格的处理方式。如果选择"整行插入"或"整列插入"，则为插入新的行或列。

（2）插入行和列

除了采用上述"插入单元格"对话框插入行和列，在表格中插入行和列的方法还有以下几种。

• 将插入点定位于需要插入行或列的位置，右键单击，在弹出的快捷菜单中选择"插入"命令，在弹出的二级菜单中选择合适的命令，如图 13-5 所示。

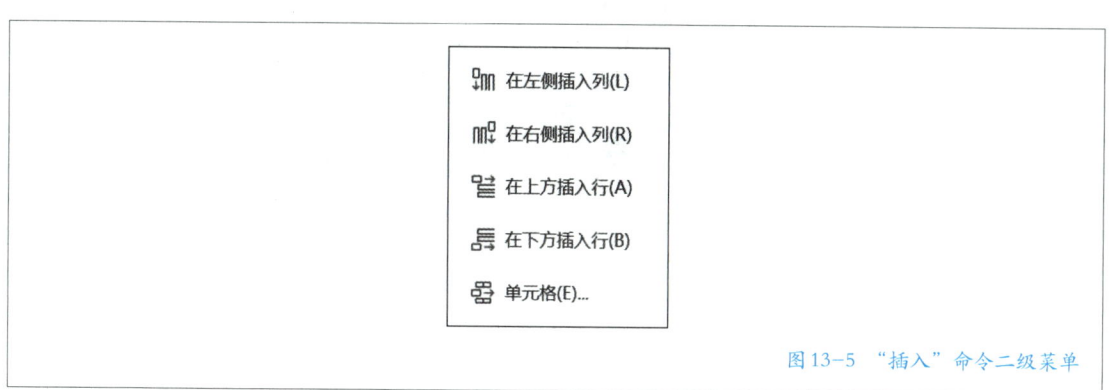

图13-5 "插入"命令二级菜单

● 单击功能区"表格工具"选项卡"行和列"选项组中的"插入"按钮，同样可以弹出如图 13-5 所示的菜单。

● 单击表格最下端和最右侧居中显示的加号按钮，分别可以在最下方和最右侧插入新行和新列。

● 将插入点定位到最后一行最右侧的单元格，按下 Tab 键，将在表格最下方插入新行。

● 将插入点定位到某一行最右侧单元格后的行结束位置，按下回车键，将在该行下插入新行。

（3）删除行和列

若想删除不需要的行或列，先选中需要删除的行或列，然后可以采用以下几种方法。

● 右键单击，在弹出的快捷菜单中选择"删除行"或"删除列"命令。

● 单击功能区"表格工具"选项卡"行和列"选项组中"删除"按钮，在弹出下拉菜单中单击"行"或"列"。

4. 合并与拆分单元格和表格

（1）合并单元格

合并单元格是指将一个矩形区域内的若干个单元格合并成一个单元格。

先选定要合并的单元格，单击功能区"表格工具"选项卡"合并拆分"选项组中的"合并单元格"按钮，或者单击右键，在弹出的快捷菜单中选择"合并单元格"命令。

（2）拆分单元格

拆分单元格功能可以让用户制作复杂的表格。单击功能区"表格工具"选项卡"合并拆分"选项组中"拆分单元格"按钮，或者单击右键，在弹出的快捷菜单中选择"拆分单元格"命令，此时将弹出"拆分单元格"对话框，如图 13-6 所示。在对话框中输入需要拆分的行数和列数，单击"确定"按钮。

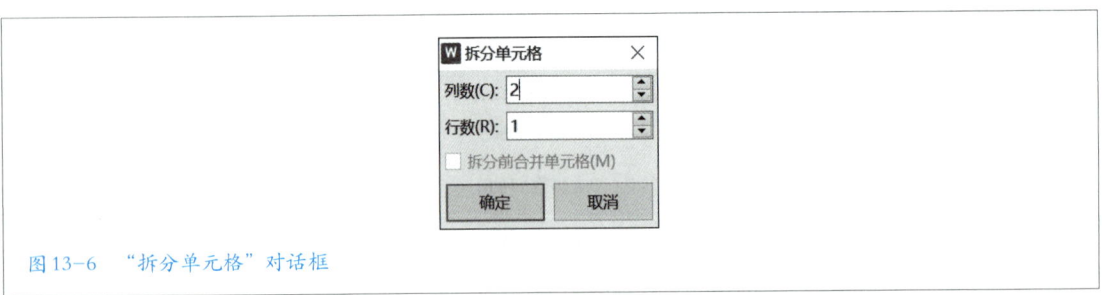

图 13-6 "拆分单元格"对话框

（3）合并与拆分表格

编辑文档时有时候需要将表格进行合并或者拆分。将插入点定位到表格需要合并或拆分的单元格中，单击功能区"表格工具"选项卡"合并拆分"选项组中的"拆分表格"按钮，或者单击右键，在弹出的快捷菜单中选择"拆分表格"命令。此时弹出的菜单中有"按行拆分"和"按列拆分"选项。选择"按行拆分"，将以插入点单元格所在行开始的下方所有行作为新的表格，两个表格之间添加了一个空行。选择"按列拆分"，将以插入点单元格所在列开始的右侧所有列作为新的表格，两个表格之间添加了一个空行。

删除表格之间的空行，可将两个表格上下合并为一个表格。

三、设置表格格式

1. 设置单元格内文本的对齐方式

选定要设置对齐方式的单元格或单元格区域后，可以使用以下方法设置单元格内文本的对齐方式。

● 单击功能区"表格工具"选项卡"对齐方式"选项组中的对齐按钮，包括"顶端对齐""垂直居中""底部对齐""左对齐""水平居中""右对齐"。

● 单击右键，在弹出的快捷菜单中选择"单元格对齐方式"，在弹出的二级菜单中显示了文本在单元格中的 9 种对齐方式，可根据需要选择合适的对齐方式。

2. 设置单元格内的文字方向

在选定单元格区域后，可以使用以下方法设置单元格内文字的方向。

● 单击功能区"表格工具"选项卡"对齐方式"选项组中的"文字方向"按钮，在弹出的下拉菜单中选择合适的文字方向。单击"文字方向选项"可以弹出"文字方向"对话框进行设置，如图 13-7 所示。

● 单击右键，在弹出的快捷菜单中选择"文字方向"，也可以弹出"文字方向"对话框。

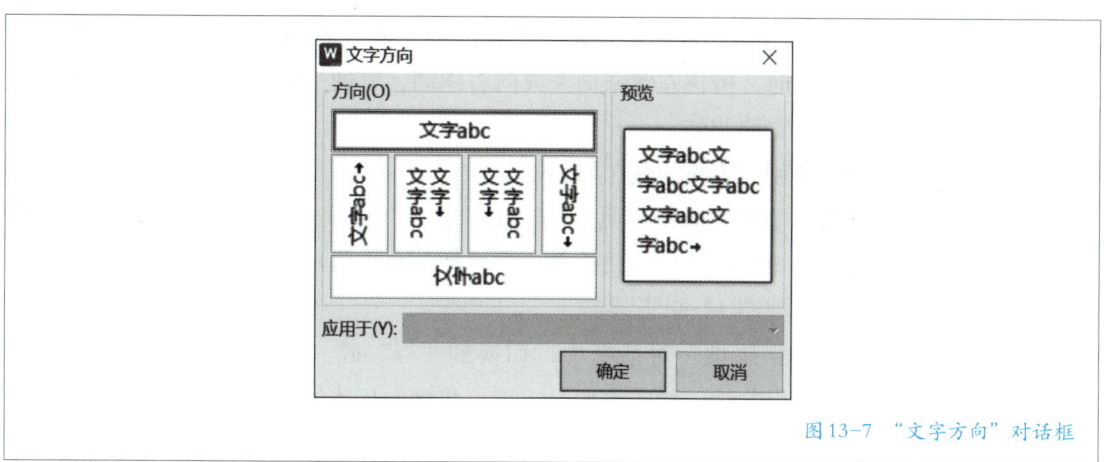

图 13-7　"文字方向"对话框

3. 设置单元格边距

单元格边距是指单元格边框与内容之间的距离。

选定单元格区域后，单击功能区"表格工具"选项卡"属性"选项组中的"表格属性"按钮，或者单击右键，在弹出的快捷菜单中选择"表格属性"命令。此时将弹出"表格属性"对话框，单击"单元格"选项卡中的"选项"按钮，弹出"单元格选项"对话框，如图 13-8 所示。在对话框中，可根据需要选择 4 个方向上的单元格边距。

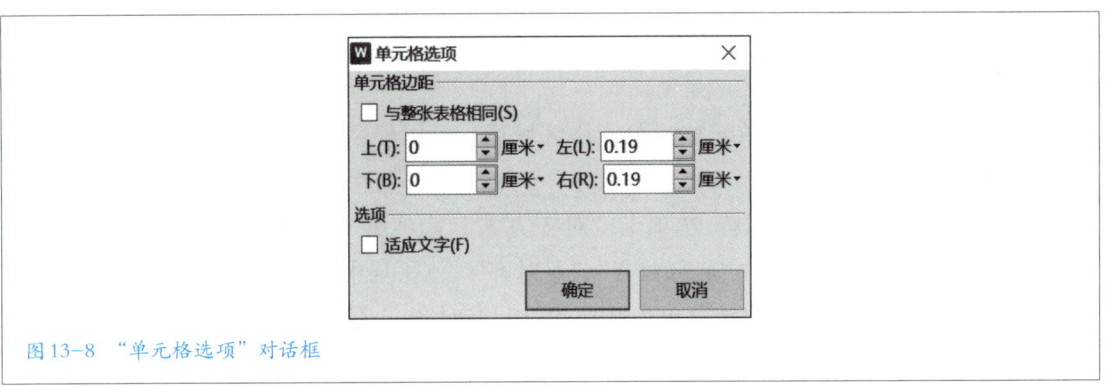

图 13-8 "单元格选项"对话框

4. 设置行高和列宽

在默认情况下，WPS 会根据在表格中输入的内容来自动调整行高和列宽。在选定要调整的行或列后，用户可以采用以下方法来设置表格中的行高和列宽。

（1）手动拖拽调整

将鼠标指针放置在需要调整行高的行上方或下方，当鼠标指针变为双向箭头时，按住左键并向上或向下拖动，直到达到所需的行高，松开左键即可完成行高的调整。

将鼠标指针放置在需要调整列宽的列左侧或右侧，同样，当鼠标指针变为双向箭头时，按住左键并向左或向右拖动，直到达到所需的列宽，松开左键即可完成列宽的调整。

（2）使用"表格属性"对话框

单击功能区"表格工具"选项卡"属性"选项组中的"表格属性"按钮，或者单击右键，在弹出的快捷菜单中选择"表格属性"命令，弹出的"表格属性"对话框如图 13-9 所示。

在"表格属性"对话框中，切换到"行"或"列"选项卡。在"行"选项卡中，可以勾选"指定高度"选项，并输入具体的行高数值。在"列"选项卡中，可以勾选"指定宽度"选项，并输入具体的列宽数值。单击"确定"按钮应用设置。

图13-9　"表格属性"对话框

（3）使用功能区命令

在功能区的"表格工具"选项卡"单元格大小"选项组中，在"表格行高"和"表格列宽"文本框中通过微调器或输入数值来设定行高和列宽。

如果选中多行或多列，可以单击功能区"表格工具"选项卡"单元格大小"选项组中的"自动调整"按钮，弹出下拉菜单；或者单击右键，在弹出的快捷菜单中将鼠标指针悬停于"自动调整"命令上，弹出下拉菜单，如图13-10所示。在下拉菜单中根据需要对多行或多列进行设置。

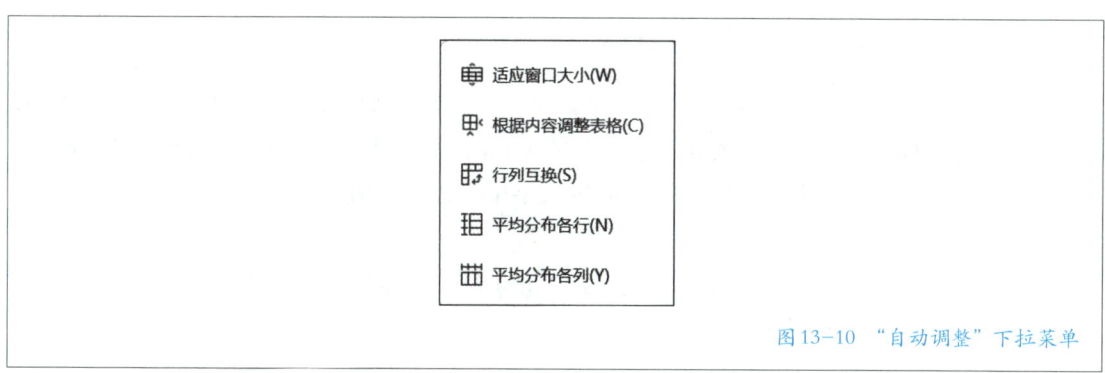

图13-10　"自动调整"下拉菜单

在"表格属性"对话框的"表格"选项卡中可以对表格的相关属性进行设置。

5. 设置表格的边框和底纹

设置表格的边框样式和底纹颜色有以下几种方法。

● 单击功能区"表格样式"选项卡"表格样式"选项组中的"底纹"按钮，在弹出的下拉菜单中选择合适的底纹颜色。

● 单击功能区"表格样式"选项卡"表格样式"选项组中的"边框"按钮，在弹出的下拉菜单中选择合适的边框样式。如果需要进行详细设置，可以单击"边框和底纹"命令，弹出"边框和底纹"对话框，如图 13-11 所示。

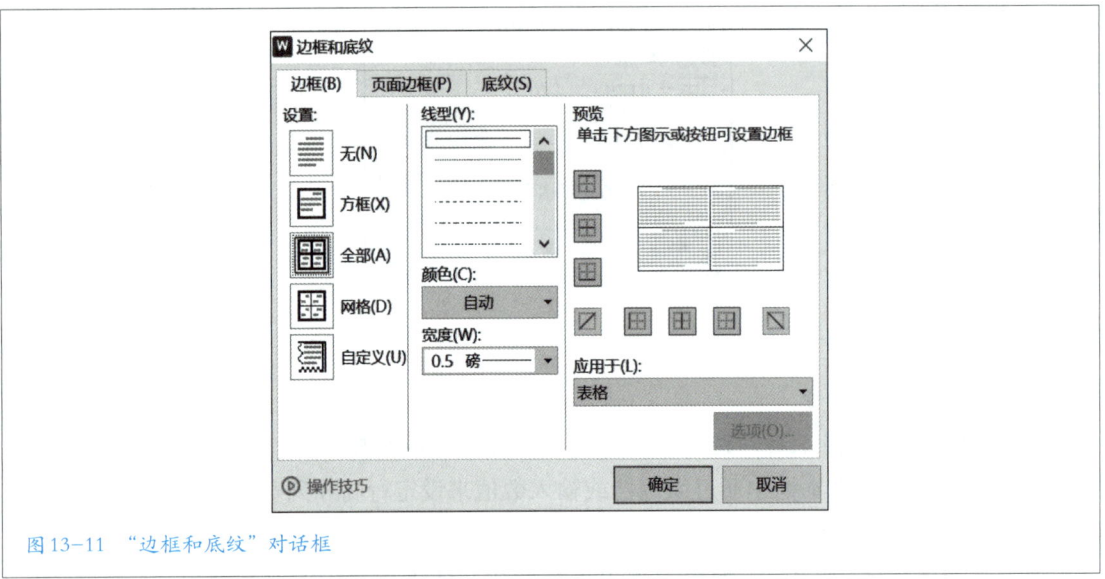

图 13-11　"边框和底纹"对话框

● 单击右键，在弹出的快捷菜单中选择"边框和底纹"命令，同样可以打开"边框和底纹"对话框进行设置。

四、表格中的数据处理

在 WPS 文字中可以对表格进行简单的公式应用，如果需要处理复杂的数据，建议使用后续任务中介绍的 WPS 表格工具。接下来，以图 13-12 所示学生成绩统计表为例，介绍 WPS 文字中公式的应用。

序号	学号	姓名	课程 A	课程 B	课程 C	总分	平均分
1	20230001	张三	85	90	88		
2	20230002	李四	78	82	91		
3	20230003	王五	92	85	80		
4	20230004	赵六	70	75	85		
5	20230005	孙七	88	87	93		

图 13-12　学生成绩统计表

1. 数据求和

如果要求张三同学的 3 门课总分，则先将插入点定位到张三同学的总分单元格中，然后在功能区"表格工具"选项卡"数据"选项组中单击"公式"按钮，弹出的"公式"对话框如图 13-13 所示。

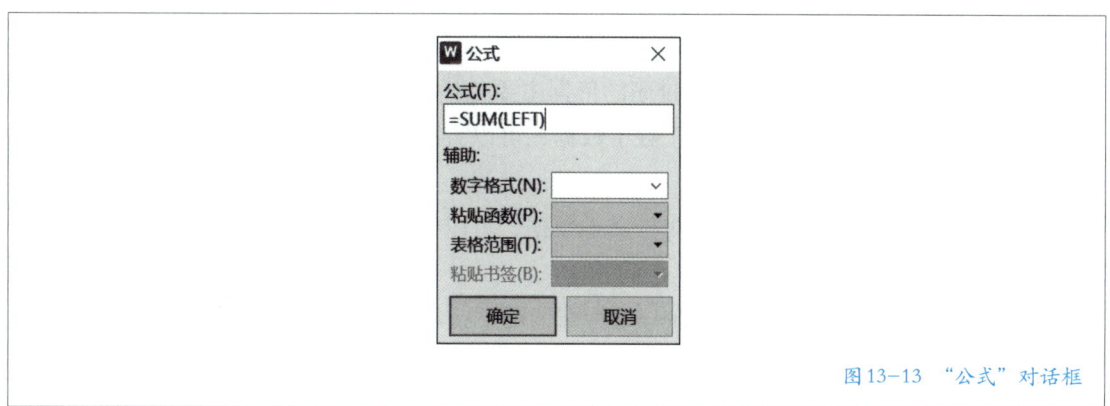

图 13-13 "公式"对话框

在"公式"对话框中的"公式"文本框中系统自动输入公式"=SUM(LEFT)"。此公式中 SUM() 为求和函数，LEFT 代表的是求和的数据范围，表示左侧单元格。在此例中，学号采用整数表示，如果直接单击"确定"按钮后，总分单元格中显示的是学号与 3 门课成绩的总和。因此需要修改数据范围。

在 WPS 表格中，行号以阿拉伯数字表示，编号从 1 开始，列号以英文字母表示，编号从 A 开始（如 A1 表示表格的第 1 行第 1 列）。而单元格区域是由多个相邻的单元格组成的矩形范围，这个区域通过指定左上角和右下角单元格的坐标来定义，如"A1:B2"表示一个由 A1、A2、B1 和 B2 这 4 个单元格组成的区域。

因此，张三同学的 3 门课成绩数据分别在 D2、E2 和 F2 单元格中，此数据范围可以写成 D2:F2。重新插入公式"=SUM(D2:F2)"即可正确计算出张三同学的 3 门课总分。

WPS 文字中公式计算结果是以域的形式插入单元格中的。因此，若课程成绩数据发生变化，总分不会发生改变。此时，需要在总分单元格中单击右键，在弹出的快捷菜单中选择"更新域"命令，或者按下快捷键 F9，计算结果将被更新。

2. 数据求平均值

与数据求和类似，若要求出张三同学 3 门课的平均分，先将插入点定位到张三同学的平均分单元格中，在"公式"对话框中的公式文本框中删除默认公式，保留等号。在"粘贴函数"列表中选择 AVERAGE 函数，此时"公式"文本框中插入"AVERAGE()"，在此函数的括号中输入数据范围 D2:F2，最后的公式为"=AVERAGE(D2:F2)"。

由于平均值为小数，因此可以在"数字格式"列表框中选择合适的数据显示格式。

3. 数据排序

WPS 文字中数据排序的依据主要包括以下几种。

● 数值大小：对于数字数据，可以直接按照数值的大小进行排序，从小到大或从大到小。

● 字母或拼音：对于文本数据，可以按照字母的顺序或者拼音的顺序进行排序。

● 笔画/笔顺：在一些特殊情况下，还可以按照汉字的笔画数或笔顺进行排序。

● 自定义序列：除了上述的默认排序依据外，WPS 还允许用户创建自定义序列，按照用户定义的特定顺序进行排序。

在实际应用中，用户可以根据具体的需求选择合适的排序。同时，WPS 还支持多关键字排序，即同时按照多个字段进行排序，以满足更复杂的排序需求。

以学生成绩统计表为例，如果希望按照总分降序排列，在总分相同的情况下按照课程 A 的分数排序，操作步骤如下：

● 将插入点定位于表格内，单击"表格工具"选项卡"数据"选项卡中的"排序"按钮，弹出"排序"对话框。

● 在"排序"对话框中的"列表"栏中选择"有标题行"，用于指示此表格第一行为标题行，不参与排序。

● 在"主要关键字"栏列表中选择"总分"，排序方式选择为"降序"。

● 在"次要关键字"栏列表中选择"课程 A"，排序方式选择为"降序"。

● 单击"确定"按钮完成设置后，表格数据即按照设置的方法进行排序。

4. 对表格中一列数据进行排序

如果只需要对表格中某一列数据进行排序，则首先选中该列，然后打开"排序"对话框后，单击对话框中的"选项"按钮，在弹出的"排序选项"对话框中勾选"仅对列排序"，如图 13-14 所示。单击"确定"按钮，即可完成对所选列数据的排序。

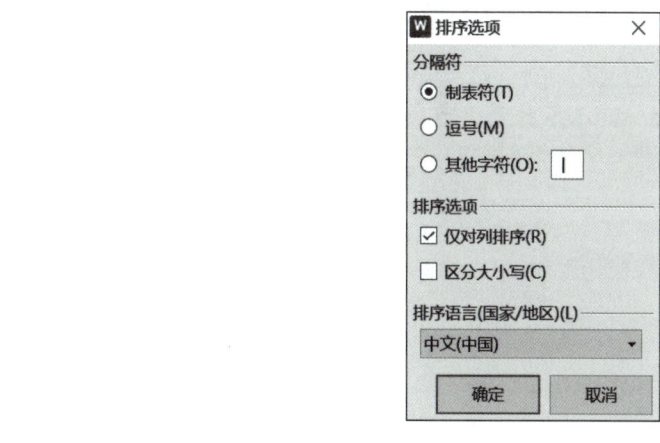

图 13-14 "排序选项"对话框

任务实施

一、设置排班表基本结构

创建表格前，用户最好先有表格的草图，规划好表格的大致结构，以免在后期编辑过程中有较大的结构性调整。

1. 创建新文档

小孙打开 WPS 文字，创建了一个新的空白文档，并将新文档命名为"技术部周排班表.docx"并保存在计算机上。

2. 页面设置

由于排班表的宽度大于高度，而文字文档默认的纸张方向为纵向，因此需要将纸张方向设置为横向，以适应表格的效果。

- 选择工具栏中的"页面"选项卡。
- 在"页面设置"选项组中单击"纸张方向"按钮。在弹出的下拉菜单中单击"横向"，如图 13-15 所示。

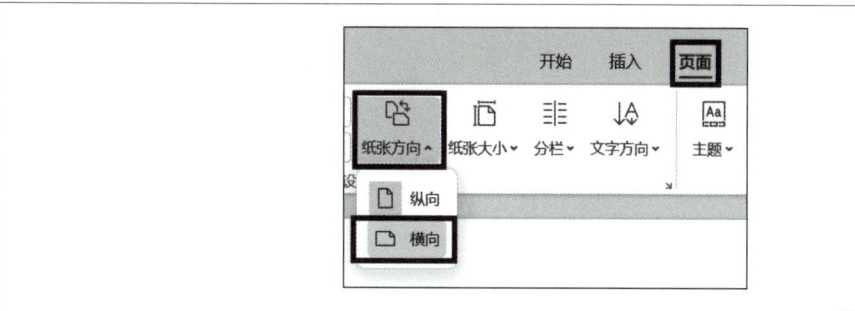

图 13-15 纸张方向设置

此时，文档将以横向的页面显示，如图 13-16 所示。

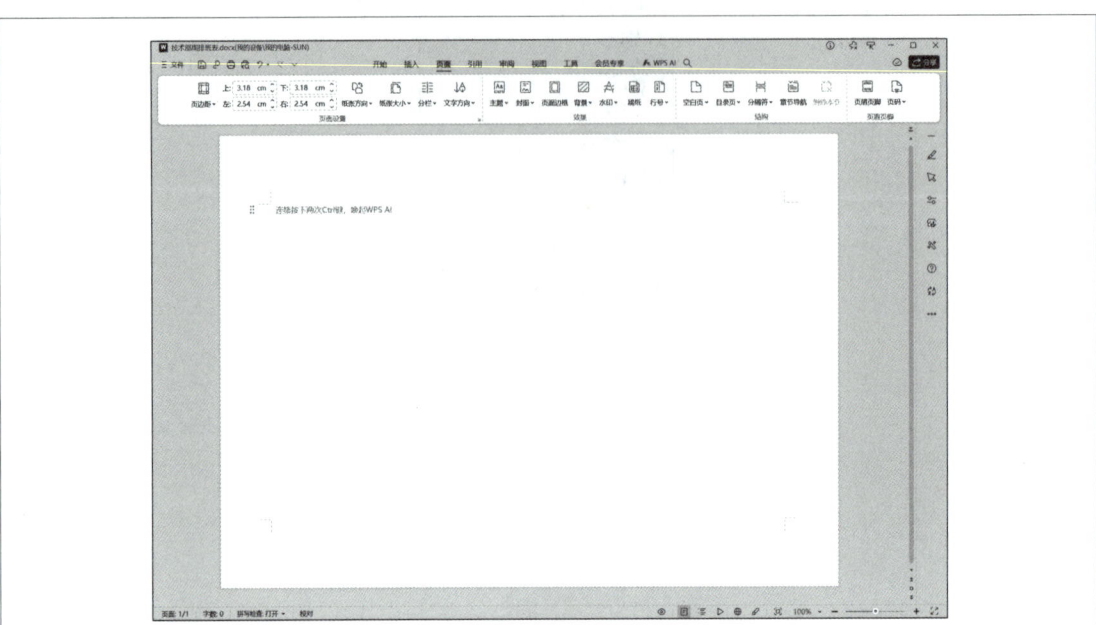

图 13-16 文档横向页面显示

3. 创建排班表标题

小孙在新文档的顶部输入排班表的标题"技术部周排班表"，并使用工具栏中的字体、大小和居中选项等按钮对标题进行格式化，如图 13-17 所示。

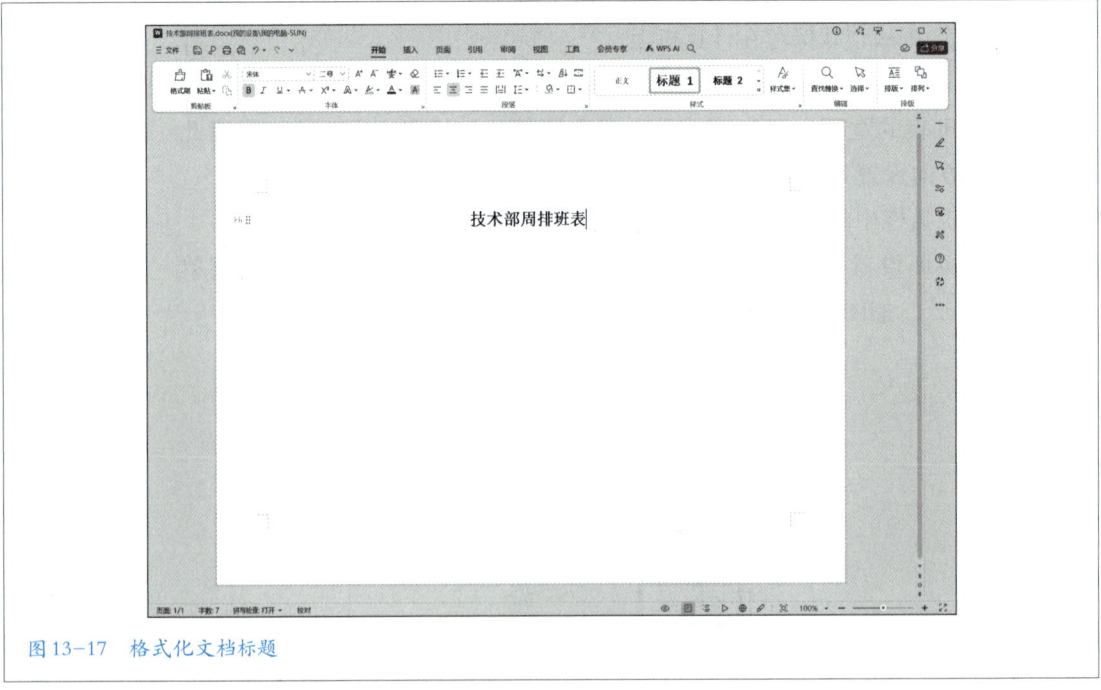

图 13-17 格式化文档标题

4. 插入表格

根据事先的规划，排班表大约有 13 行 10 列。在文档标题后按下回车键，准备插入表格。

● 选择工具栏中的"插入"选项卡，在"常用对象"选项组中找到"表格"按钮并单击，弹出下拉菜单，如图 13-18 所示。

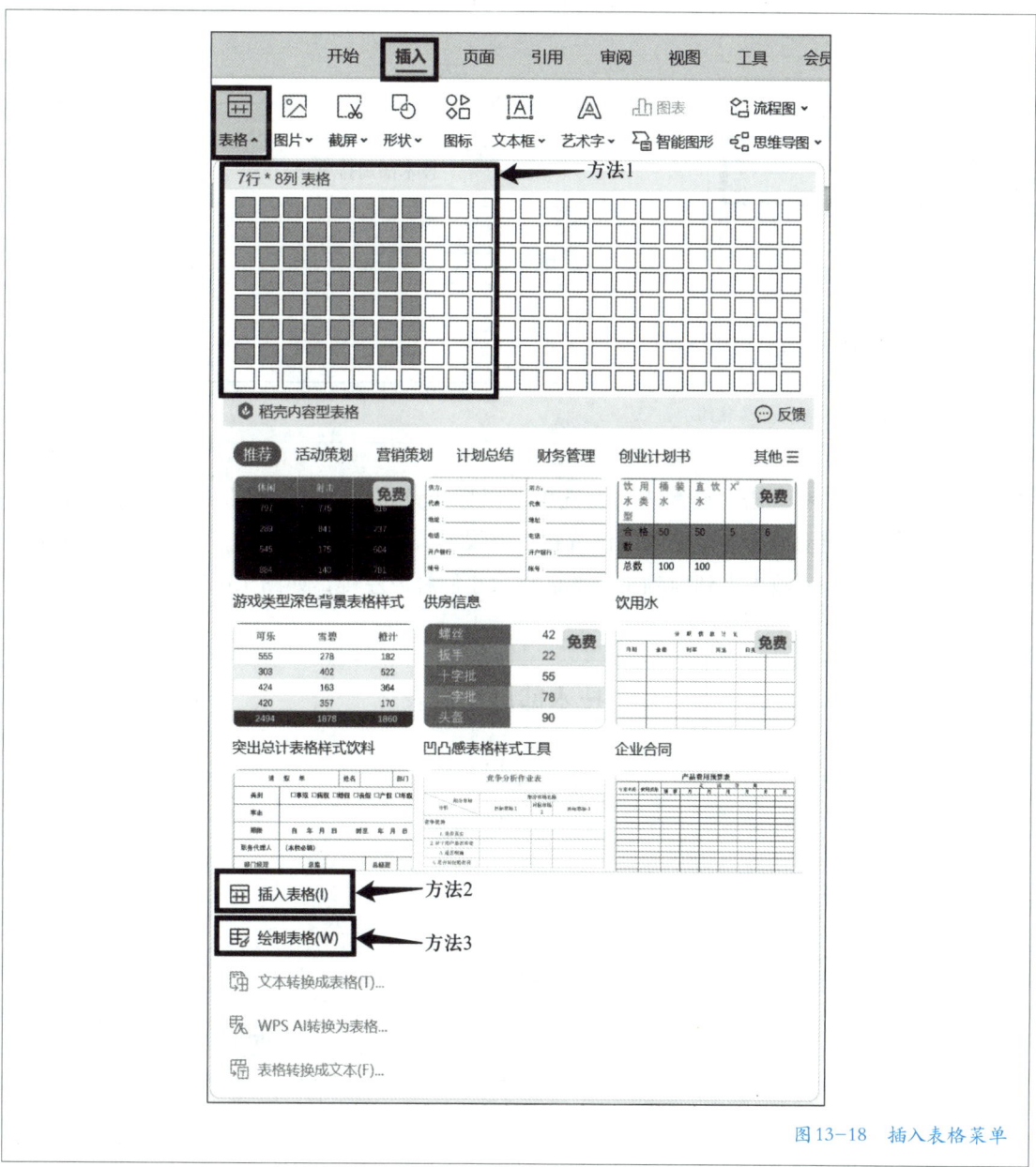

图 13-18　插入表格菜单

插入表格有 3 种方式。

• 在下拉菜单顶部网格中拖动左键，被拖到的网格将以显著颜色显示，直到拖到希望的表格大小后释放左键。

• 单击"插入表格"选项，打开插入表格对话框，设置相应参数来插入表格，小孙采用此种方法插入表格，列数和行数参数分别为 13 和 10，单击"确定"按钮后插入表格，如图 13-19 所示。

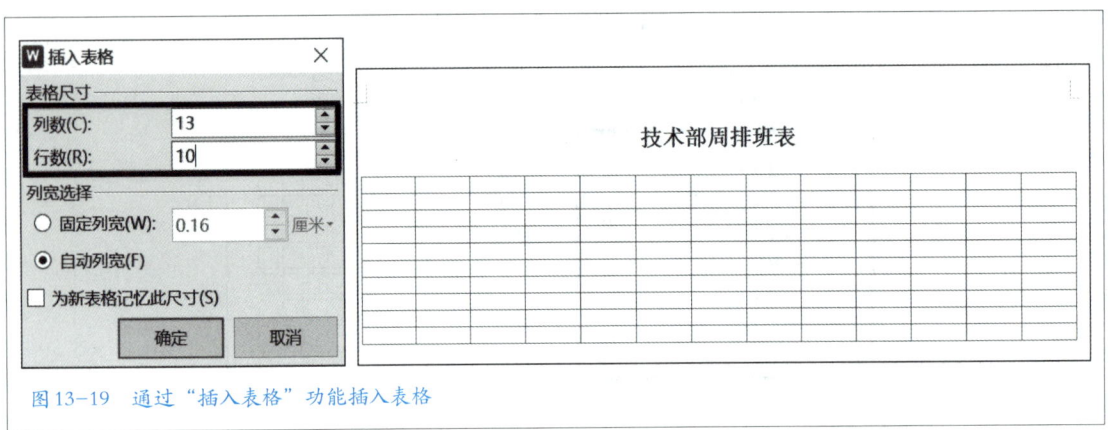

图 13-19　通过"插入表格"功能插入表格

• 单击"绘制表格"选项，鼠标指针将变成铅笔形状，按住左键在页面上拖动鼠标，被拖到的位置将以虚线形式显示表格单元格，并在右下角显示行数和列数，直到拖到希望的表格大小后释放左键，如图 13-20 所示。

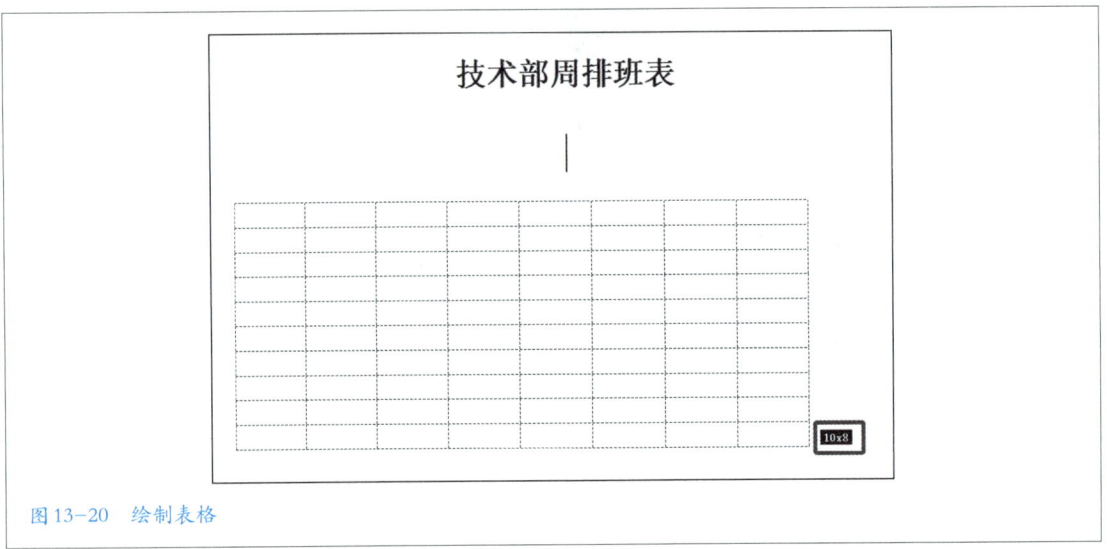

图 13-20　绘制表格

5. 合并与拆分单元格

（1）合并单元格

插入表格后，表格以网格的形式显示在文档中。根据规划，表格的第 1 列将显示员工姓名，第 2 列将显示班次，第 3—9 列将显示一周的排班情况，最后 1 列显示周工作时长。由于班次分上午班和下午班，每位员工将用两行来显示排班情况，同时每位员工的周工作时长仅有一个数据，所以每位员工需要两行来显示，而姓名和周工作时长的单元格将要占满两行。因此，需要将每位员工所占据两行的第 1 列和第 10 列做单元格合并，以适应排班表的要求。

以第一位员工为例，选中第 1 列员工所需用占用的单元格后，可以采用以下方式合并单元格。

• 右键单击选中的单元格，在弹出的菜单中选择"合并单元格"选项，如图 13-21 所示。

图 13-21　使用快捷菜单合并单元格

● 单击工具栏中"表格工具"选项卡"合并拆分"选项组中的"合并单元格"按钮，如图 13-22 所示。

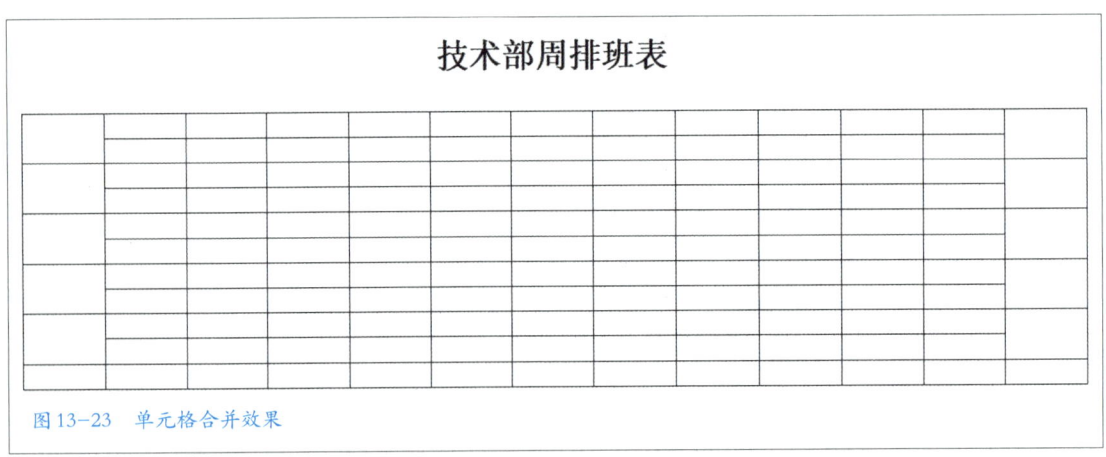

图 13-22　使用工具栏按钮合并单元格

按照上述方法，将所有员工姓名和周工作时长的单元格合并，效果如图 13-23 所示。

图 13-23　单元格合并效果

（2）拆分单元格

若要将一个单元格拆分成若干行或列，首先将光标置于需要拆分的单元格中，然后在"表格工具"选项卡中单击"拆分单元格"按钮，在弹出的"拆分单元格"窗口中输入要拆分的行数和列数；或者单击右键，在弹出的菜单中选择"拆分单元格"选项。单击"确定"按钮，即可完成单元格拆分，如图13-24、图 13-25 所示。

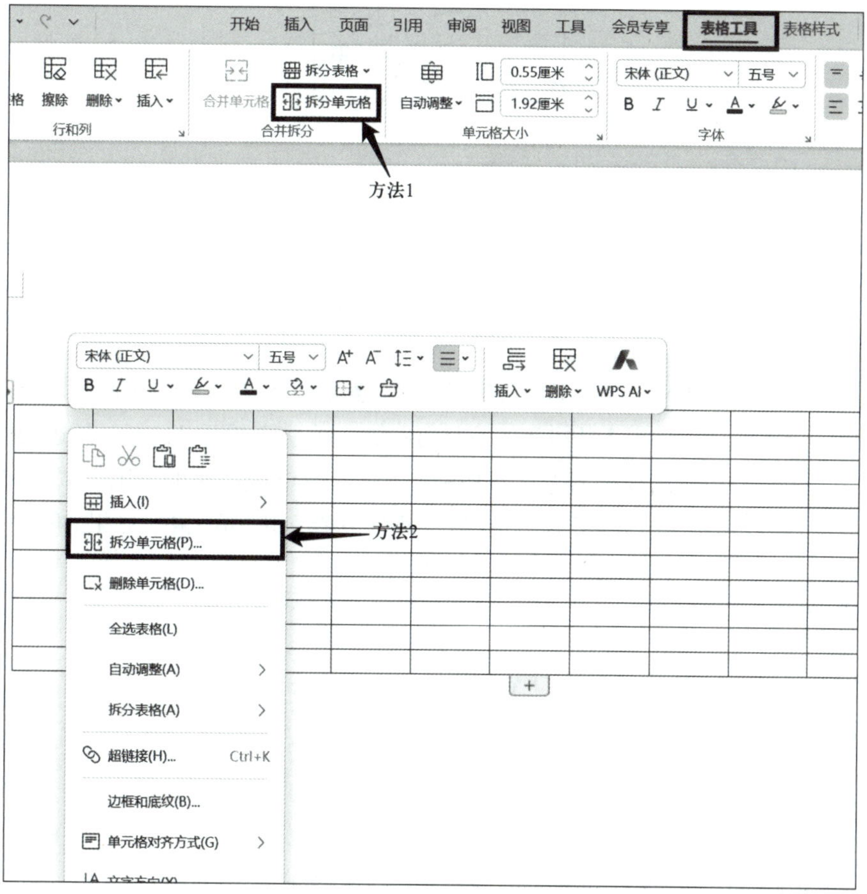

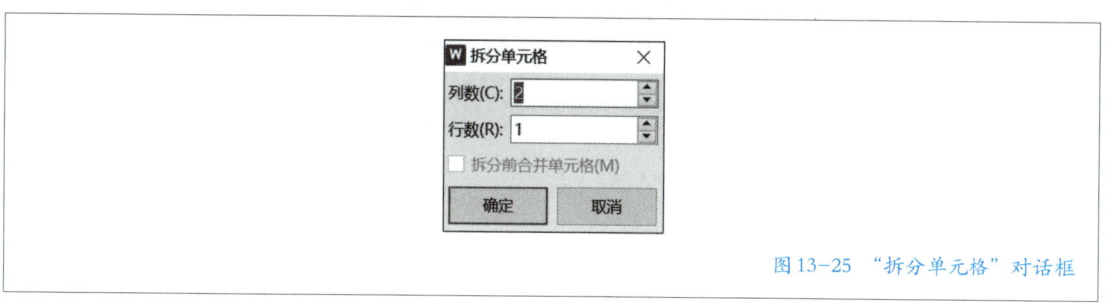

图 13-24 "表格工具"选项卡中的"拆分单元格"按钮

图 13-25 "拆分单元格"对话框

需要注意的是，在拆分单元格时，应确保所选单元格区域没有合并单元格，否则拆分操作可能无法进行。此外，拆分后的单元格将按照输入的行数和列数进行均匀分割。

6. 绘制斜线表头

排班表内容包含员工姓名、班次、星期以及日期，因此需要在表格左上角单元格制作一个斜线表头①，效果如图 13-26 所示。

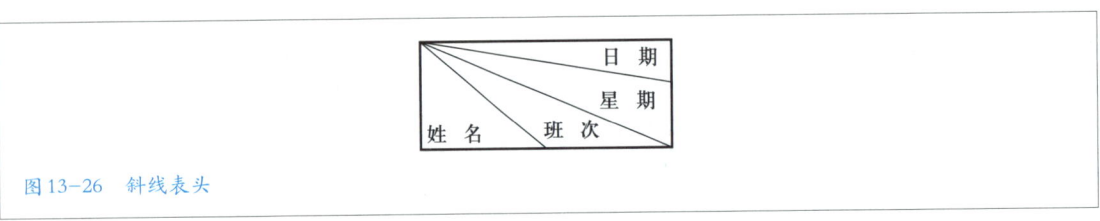

图 13-26　斜线表头

（1）单斜线表头

单斜线表头，即单元格左上角至右下角的一条斜线将单元格分为两部分。选中表头单元格，右键单击选中的单元格，在弹出的菜单中选择"边框和底纹"，在弹出的对话框中选择"边框"选项卡。

在"边框"选项卡中可选择线型、颜色、宽度等参数，在"预览"部分，有 6 个按钮分别代表 4 条边和 2 条对角斜线，通过单击可以选择 6 条边的样式。因为表头斜线只出现在所选单元格中，所以选择参数应用的范围为"单元格"，如图 13-27 所示。单击"确定"按钮，将所有设置应用于单元格，效果如图 13-28 所示。

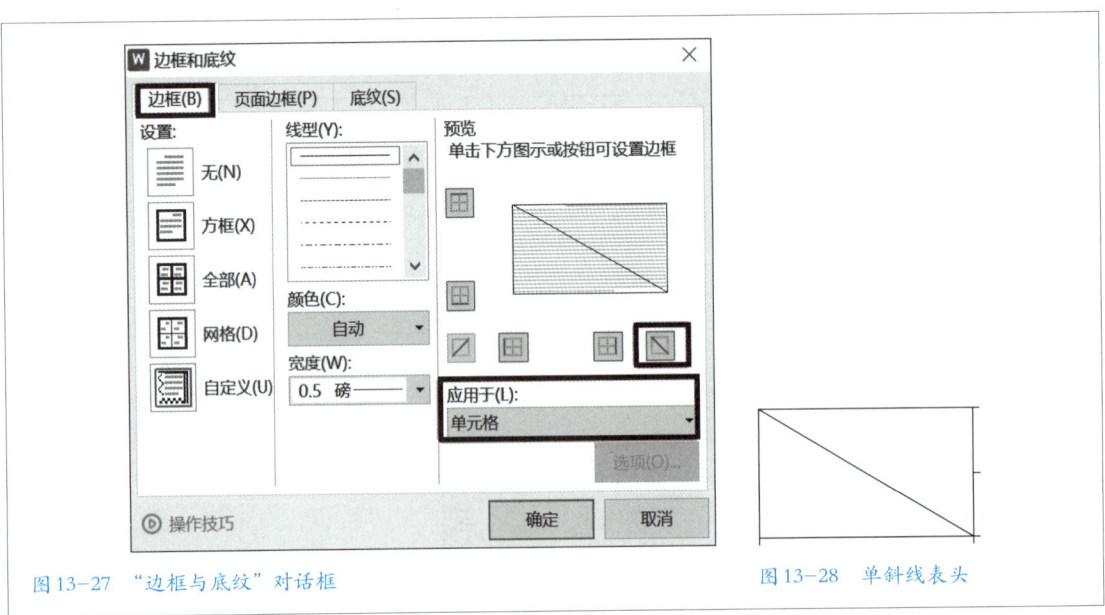

图 13-27　"边框与底纹"对话框　　　　　图 13-28　单斜线表头

---

① 行业标准《学术出版规范 表格》（CY/T 170—2019）规定表头中不应使用斜线。但在日常工作中，斜线表头使用仍较多，故本书予以介绍。

（2）多斜线表头

小孙的排班表需通过 3 条斜线将表头单元格分为 4 部分，无法采用设置边框的方法来实现，此时可以用以下两种方法。

• 将光标定位到表头单元格，选择工具栏"表格工具"选项卡，单击"行和列"选项组中的"绘制表格"按钮，如图 13-29 所示。

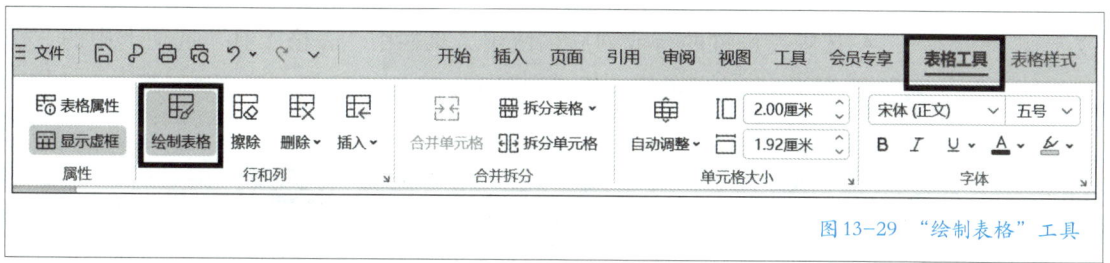

图 13-29 "绘制表格"工具

此时鼠标将变成一支铅笔的形状，按住左键，在表头单元格中自左上顶点至右侧合适位置绘制 3 条斜线。

• 将光标定位到表头单元格，选择"表格样式"选项卡，单击"斜线表头"按钮，在弹出的对话框中选择所需要的斜线单元格类型，如图 13-30 所示。

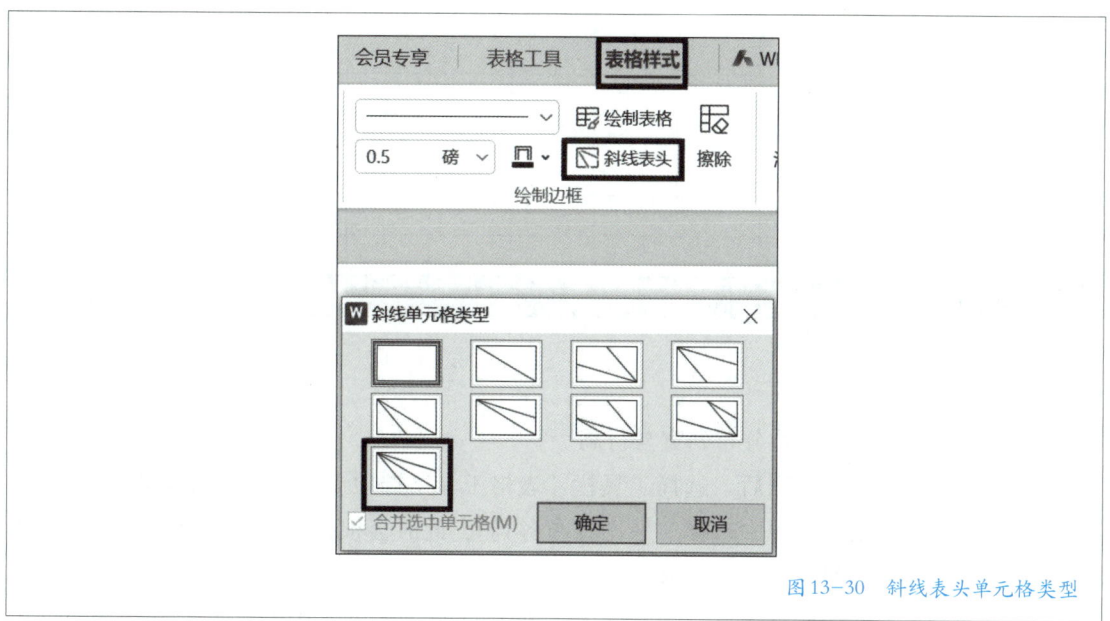

图 13-30 斜线表头单元格类型

7. 设置列宽与行高

（1）拖动鼠标设置列宽与行高

将鼠标指针悬停在表格的列边界或行边界上，直到鼠标指针变为双向箭头。按住左键并拖动以调整列宽或行高。

（2）参数设置列宽与行高

● 将鼠标指针悬停在某行行首的左侧，鼠标指针变成指向右上方的箭头，单击可以选中该行，此时按住左键上下拖动鼠标可以选中多行。

● 将鼠标指针悬停在某列顶部的上方，鼠标指针变成指向下方的箭头，单击可以选中该列，此时按住左键左右拖动鼠标可以选中多列。

● 选中要设置的行或列后，使用工具栏中"表格工具"选项卡中的"行高"和"列宽"选项进行设置，如图 13-31 所示。

图 13-31　参数设置列宽与行高

（3）平均分布列宽与行高

选中多列后，选择工具栏"表格工具"选项卡，单击"自动调整"按钮，在弹出的菜单中选择"平均分布各列"，此时会根据当前选择列的总宽度平均分配各列的宽度，如图 13-32 所示。

使用同样方法，选中多行后使用"自动调整"中的"平均分布各行"可以平均分配各行的高度。

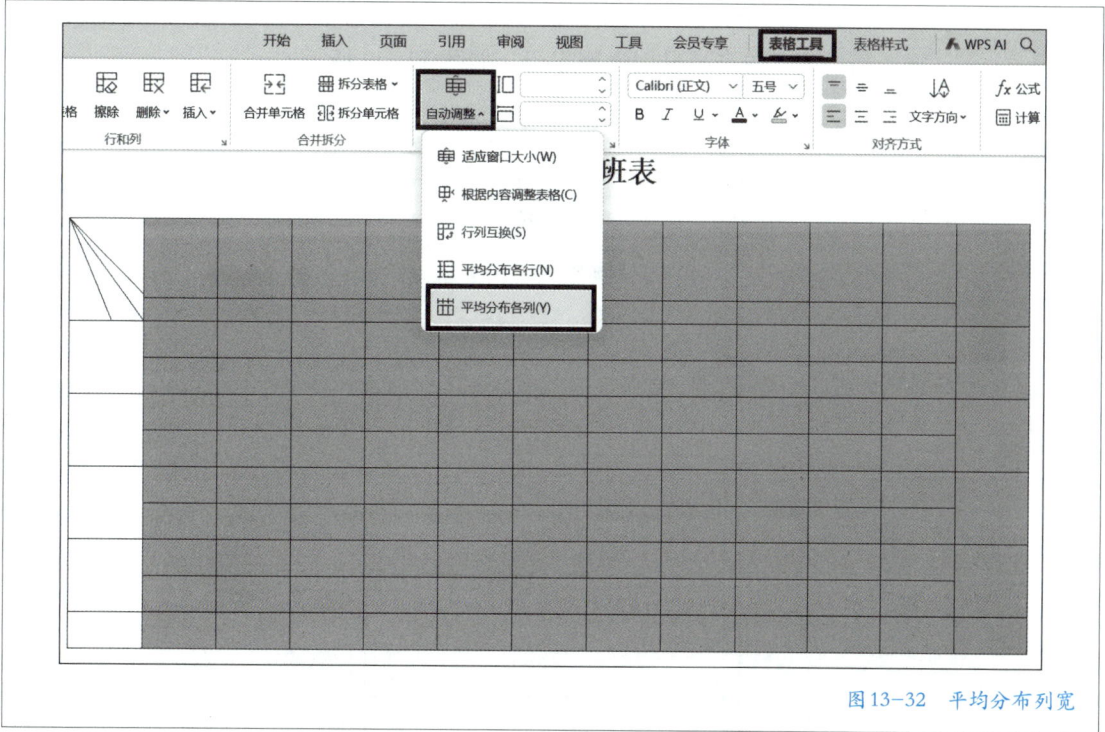

图 13-32 平均分布列宽

二、编辑排班表

1. 输入表格内容

在表格中相应的单元格内输入员工姓名、日期、星期、班次，以及排班情况等信息，并使用工具栏中的字体、大小和颜色等选项对文本进行格式化。

2. 插入与删除表格行与列

在输入表格内容时，小孙发现漏了一名员工，因此需要在现有表格中增加相应行和列。

（1）插入行或列

● 将鼠标指针悬停在表格的上边缘，直到出现加减符号。单击加号用于插入新的行，单击减号用于删除行，如图 13-33 所示。

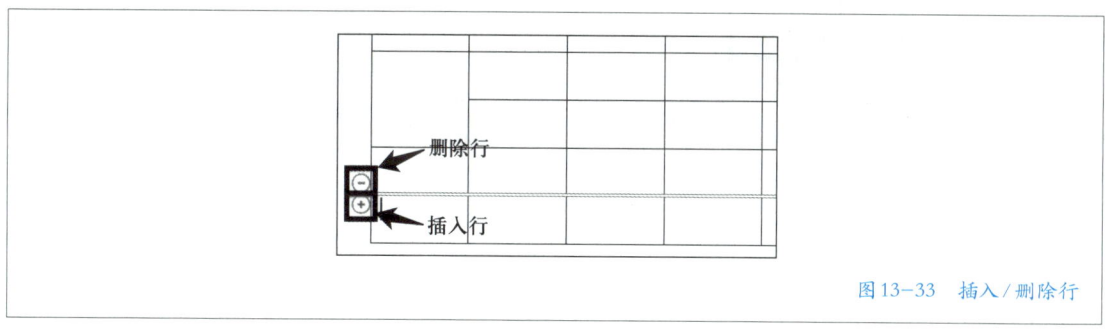

图 13-33 插入/删除行

● 将鼠标指针悬停在表格的左边缘，直到出现加减符号。单击加号用于插入新的列，单击减号用于删除行，如图 13-34 所示。

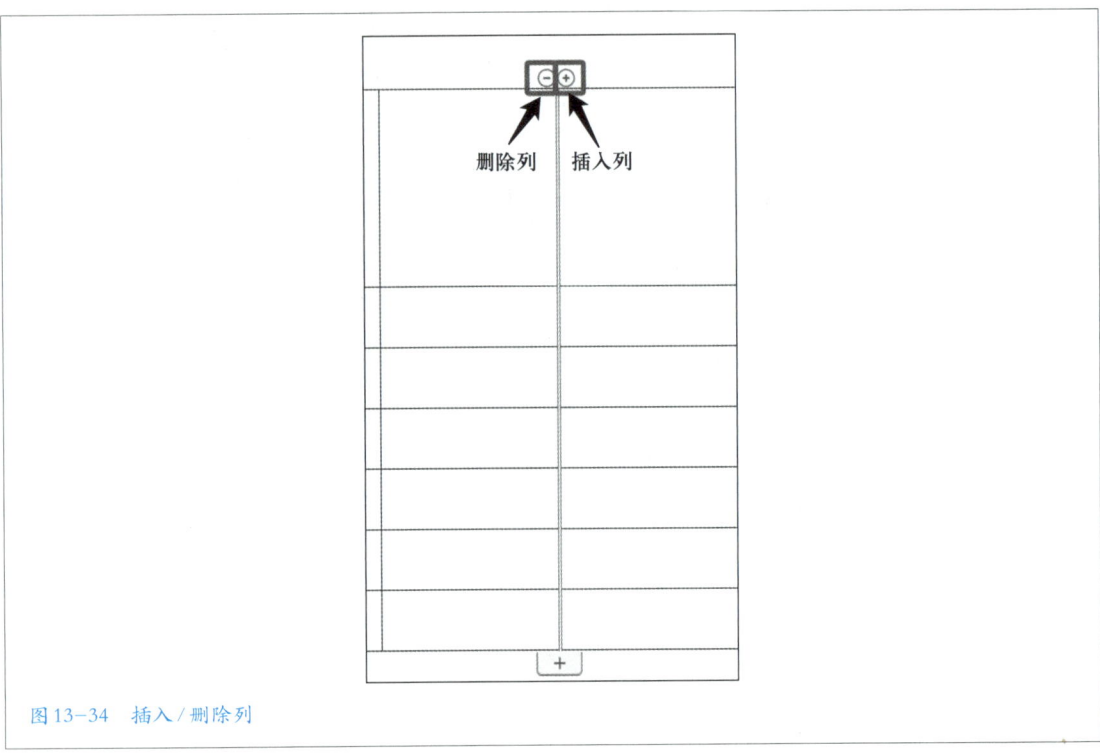

删除列　　插入列

图 13-34　插入 / 删除列

● 选择某行或某列，选择工具栏中的"表格工具"选项卡，单击"插入"按钮，在弹出的下拉菜单中选择相应选项插入新行或新列，如图 13-35 所示。

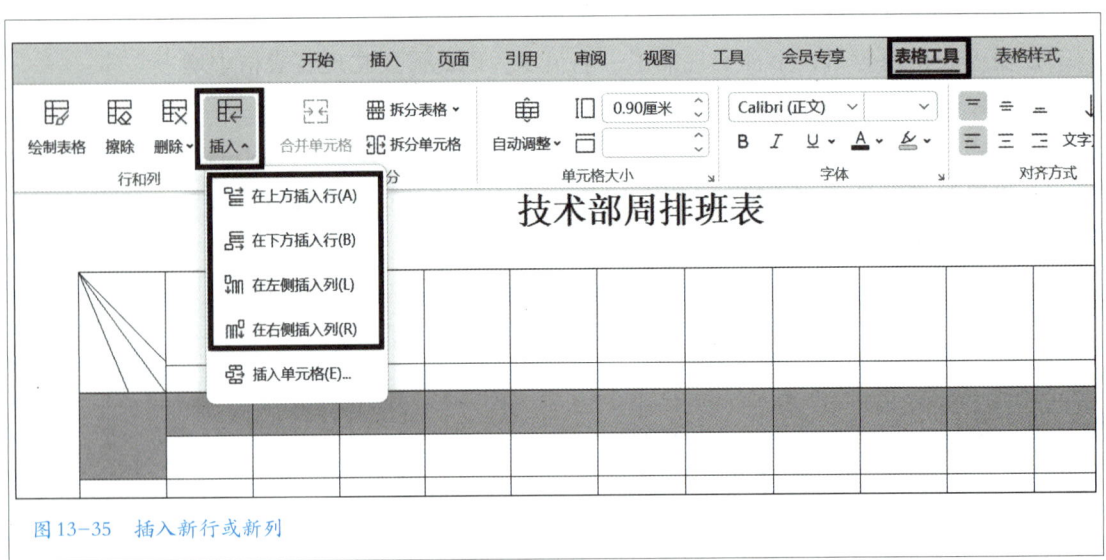

图 13-35　插入新行或新列

（2）删除行或列

• 右键单击要删除的行或列，在弹出的菜单中选择"删除行"或"删除列"。

• 选中要删除的行或列，选择"表格工具"选项卡，单击"删除"按钮，在弹出的菜单中选择"行"或"列"，如图13-36所示。

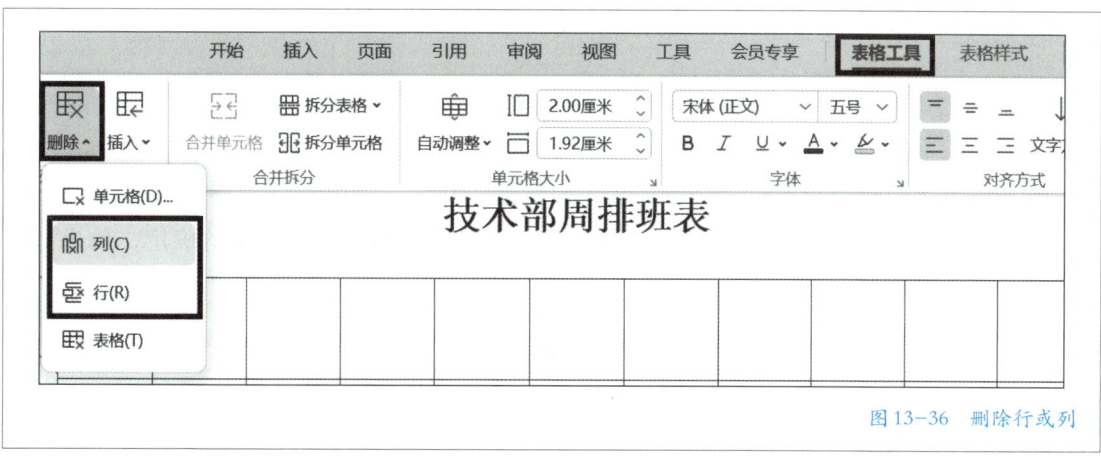

图13-36　删除行或列

3. 输入斜线表头单元格内容

由于表头的3条斜线将表头单元格分隔成4个部分，因此表头单元格的内容很难像普通单元格一样轻松输入与编辑。小孙采用插入文本框，用文字浮动显示的方式来实现。

• 选择"插入"选项卡，单击"文本框"按钮，在弹出的下拉菜单中选择"横向"，如图13-37所示。

图13-37　插入横向文本框

• 此时，光标变为十字形，在表头单元格内合适位置按住左键，拖出一个矩形框，释放左键后在矩形文本框内输入内容，并调整好格式以适应整体效果，如图13-38所示。

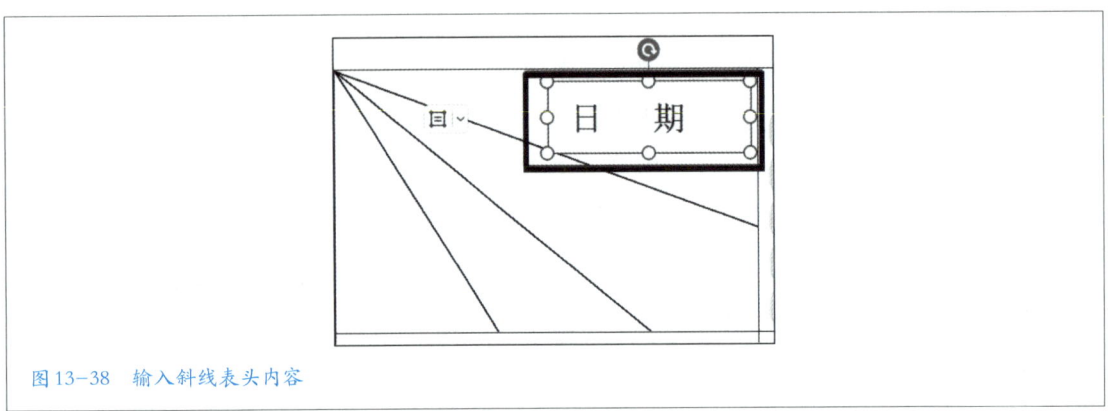

图 13-38　输入斜线表头内容

　　就此，小孙完成了表格所有内容的输入以及表格结构的确定，效果如图 13-39 所示。

技术部周排班表

姓名 日期 星期 班次	6月1日 一	6月2日 二	6月3日 三	6月4日 四	6月5日 五	6月6日 六	6月7日 日	周工作时长（小时）
孙天皓 上午班	4	4	4	4	4	休息	4	
孙天皓 下午班	4	4	4	休息	4	4	休息	
刘梦琪 上午班	4	4	休息	4	4	休息	4	
刘梦琪 下午班	4	休息	4	4	4	4	休息	
张立刚 上午班	4	4	4	4	4	休息	休息	
张立刚 下午班	4	4	4	4	4	4	4	
王俊杰 上午班	4	4	休息	4	4	休息	4	
王俊杰 下午班	4	休息	4	休息	4	4	4	
郭志宇 上午班	4	4	休息	4	4	休息	4	
郭志宇 下午班	4	休息	4	休息	4	4	4	
陈思涵 上午班	4	4	4	4	4	休息	休息	
陈思涵 下午班	4	4	4	4	4	休息	休息	
排班说明	● 本排班表旨在为技术部提供清晰、有序的工作安排，确保公司技术运营顺畅，满足业务需求，同时保障员工的合法权益和休息时间。 ● 本排班表每周一发布，按照上周每位员工工作安排以及工作时长确定本周工作安排。如有特殊情况，请向部门经理反馈及调整。 ● 本排班表每日分上午、下午两个班次，每个班次计 4 小时工作时长，原则上一周总工作时长不超 40 小时。 ● 本排班表自发布之日起执行，如有未尽事宜，由公司研究决定并另行通知。请全体员工严格遵守本排班表，共同维护公司正常运营秩序。							

图 13-39　排班表结构与内容效果图

三、美化排班表

　　排班表的内容与结构已经确定，但还不够美观，因此需要对排班表进行格式化，以达到美观的要求。

1. 设置单元格对齐方式

● 选中需要设置对齐方式的单元格或整个表格。

• 在工具栏"表格工具"选项卡中的"对齐方式"选项组找到 3 个水平方向对齐的选项，分别是左对齐、居中对齐、右对齐；还有 3 个垂直方向对齐的选项，分别是顶端对齐、垂直居中、底端对齐。如图 13-40 所示，选择相应的对齐选项以应用所选对齐方式。通过水平方向和垂直方向的对齐设置，可以使单元格内容在单元格内进行对齐。

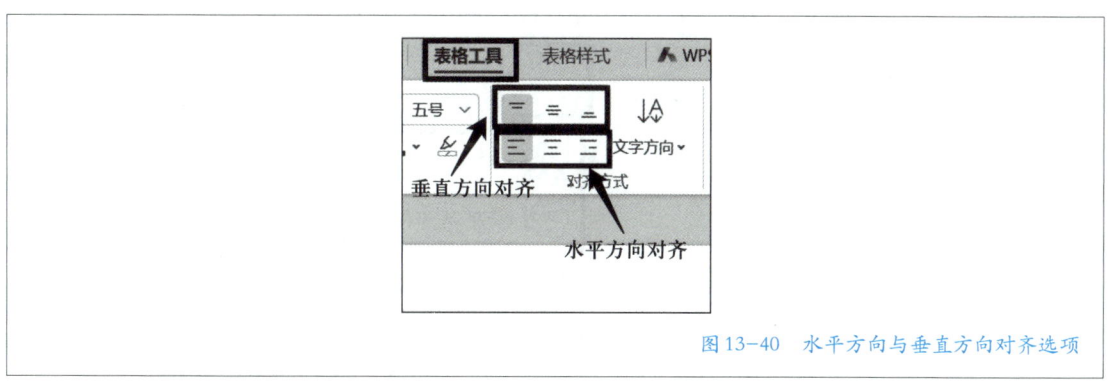

图 13-40　水平方向与垂直方向对齐选项

另一种方式是单击右键，在弹出的菜单中选择"单元格对齐方式"，弹出二级菜单，选择应用单元格 9 个方向对齐的选项，如图 13-41 所示。

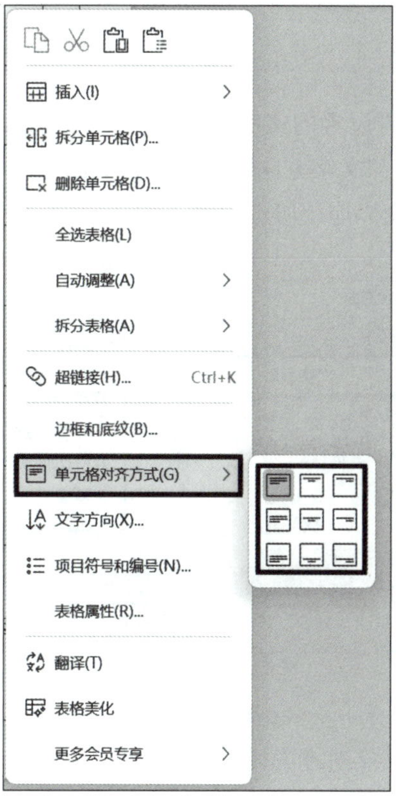

图 13-41　单元格对齐方式

2. 设置文字方向与对齐方式

（1）设置文字方向

• 选择需要设置的文字，选择工具栏"表格工具"选项卡，单击"文字方向"按钮，在弹出的下拉菜单中选择相应的选项，如图 13-42 所示。

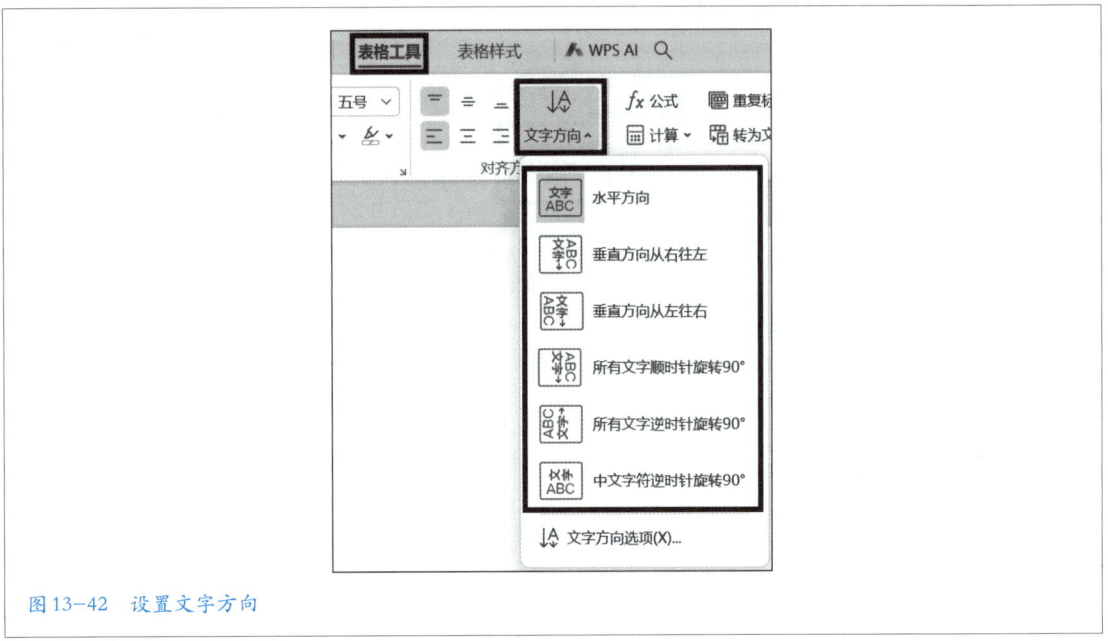

图 13-42　设置文字方向

• 选择需要设置的文字，单击右键，在弹出的下拉菜单中单击"文字方向选项"，打开"文字方向"对话框，如图 13-43 所示，选择相应方向后，单击"确定"按钮以应用所选设置。

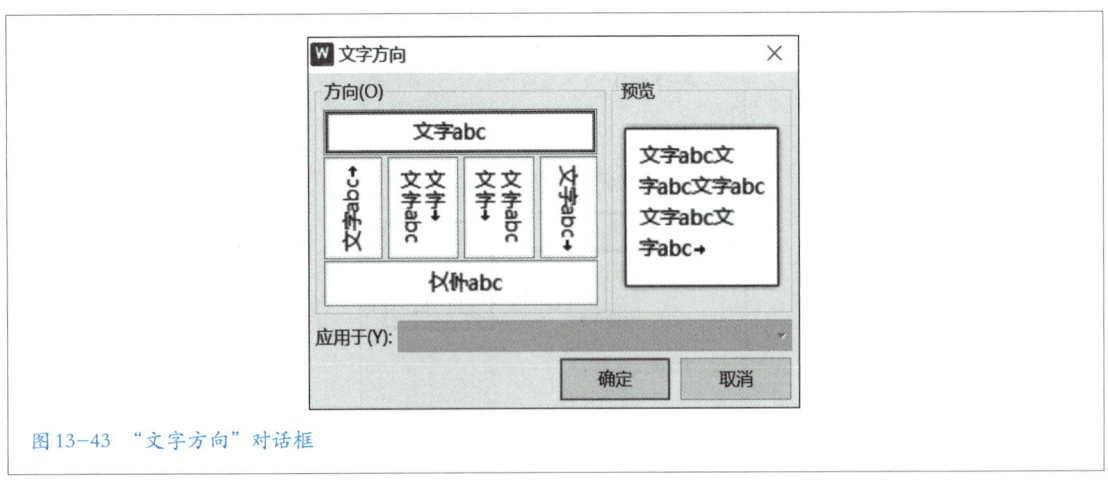

图 13-43　"文字方向"对话框

（2）设置文字对齐方式

文字对齐方式与单元格对齐方式类似，但更侧重于单元格内的文本对齐。

选择需要设置的文字，使用工具栏"开始"选项卡"段落"选项组中的5个对齐选项进行设置，分别是左对齐、居中对齐、右对齐、两端对齐和分散对齐，如图 13-44 所示。

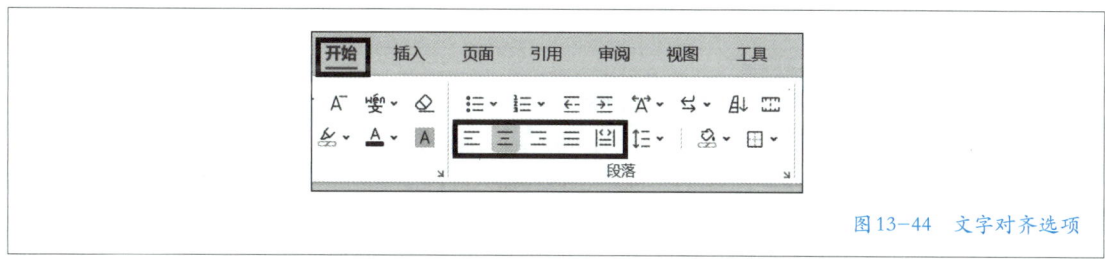

图13-44　文字对齐选项

此外，还可以通过调整缩进、行距等来进一步美化文本的显示效果。需要注意的是，在设置文字对齐方式时，应确保文字在单元格内保持清晰可读，避免过度拥挤或空隙过大的情况出现。

小孙将表格中排班说明具体内容的文本设置为水平左对齐和垂直居中，其余文本设置为水平居中和垂直居中。

3. 设置表格边框和底纹

（1）通过"边框和底纹"对话框设置边框

● 选中需要设置边框的单元格、段落或整个表格。

● 单击右键，在弹出的菜单中选择"边框和底纹"选项，如图 13-45 所示，打开"边框和底纹"对话框。

图13-45　边框和底纹菜单项

417

• 在"边框"选项卡中，可以选择线型、颜色、宽度等边框样式，在"应用于"下拉列表中，可选择设置边框的对象，如单元格、段落或表格，如图 13-46 所示。单击"确定"按钮，即可将设置应用到选中的对象。

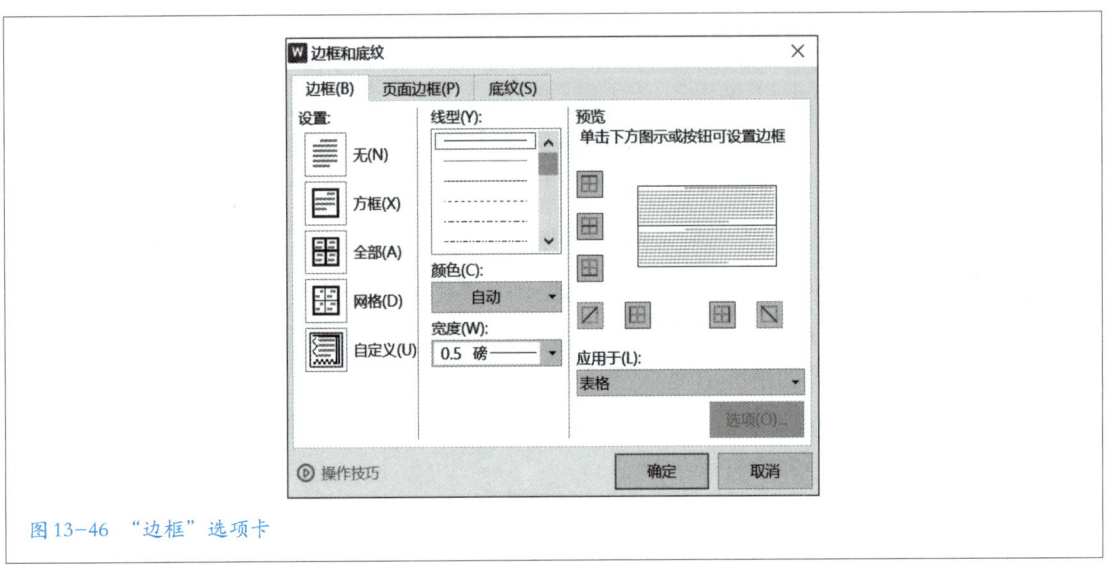

图 13-46　"边框"选项卡

• 在"页面边框"选项卡中，具有与"边框"选项卡类似的设置选项，如图 13-47 所示。页面边框与边框的区别在于，页面边框是对整个页面进行设置，通常作用于纸张页面的边缘，围绕整个页面形成一个框线；而边框设置则是针对页面内的元素（如文字、段落或表格等）进行设置，为这些元素添加边框，以突出显示或区分不同的内容。

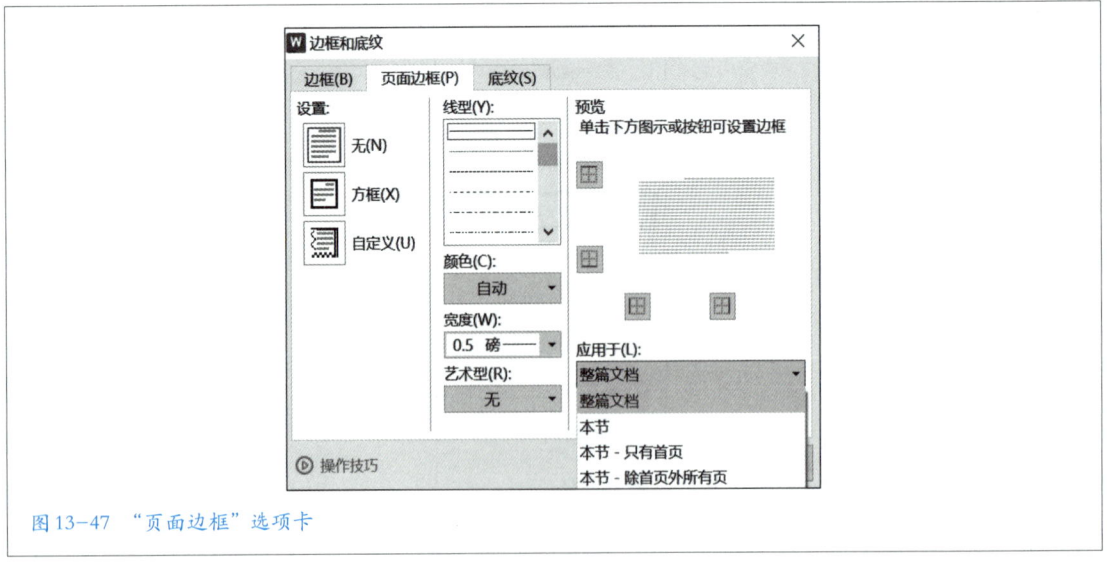

图 13-47　"页面边框"选项卡

（2）在"页面"选项卡中设置边框

选择工具栏"页面"选项卡，单击"页面边框"按钮，也可以打开"边框和底纹"对话框进行相关设置。

（3）通过"表格属性"对话框设置边框

选中需要设置边框的表格或单元格，在右键快捷菜单中单击"表格属性"选项，或者在工具栏"表格工具"选项卡中单击"表格属性"按钮。上述方法均可以打开"表格属性"对话框，在"表格"选项卡中单击"边框和底纹"按钮，如图13-48所示，进入"边框和底纹"对话框。接下来的设置步骤与上述方法相同。

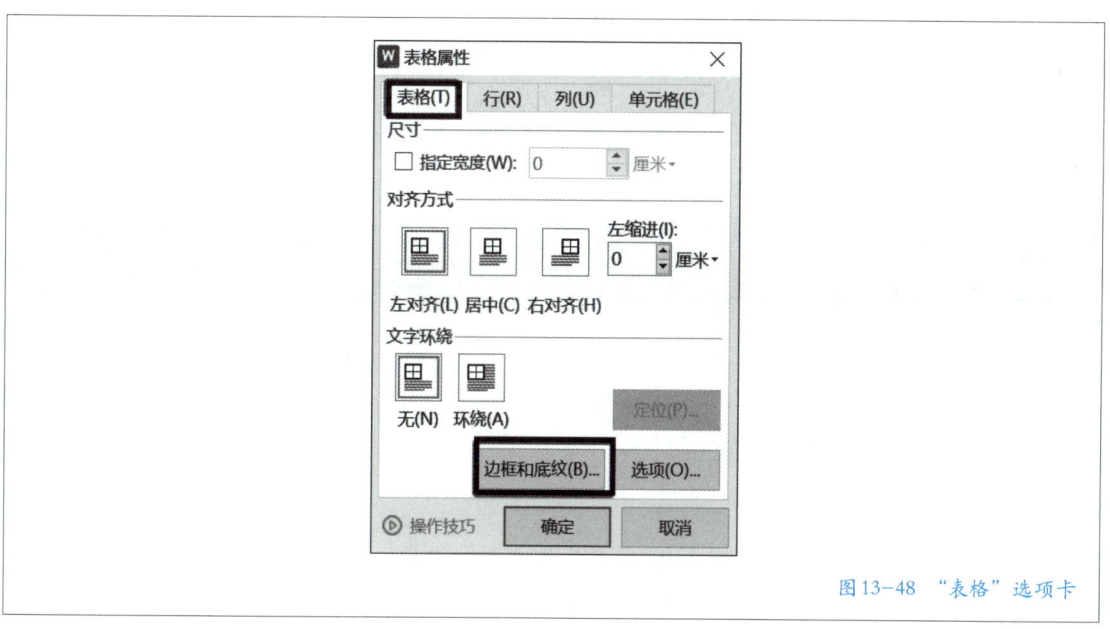

图13-48 "表格"选项卡

小孙将排班表内部框线设置为细实线，将表格外框设置为粗实线。

（4）设置表格底纹

选中需要设置底纹的表格或单元格后，采用与设置表格边框相同的方法打开"边框和底纹"对话框，切换到"底纹"选项卡。选择需要的填充色、图案样式和图案颜色，在"应用于"下拉列表中选择设置底纹的对象，如表格或单元格，单击"确定"按钮，将设置应用到选中的对象。

小孙将单序号员工信息所在行的底纹设置为一种纯色，以显著区分上、下行员工信息；将排班说明所在行的图案样式设为"深色下斜线"，将图案颜色设为浅蓝色。

通过对排班表的美化，实现了预期的显示效果，如图13-49所示。

技术部周排班表

姓名	班次	6月1日 一	6月2日 二	6月3日 三	6月4日 四	6月5日 五	6月6日 六	6月7日 日	周工作时长（小时）
孙天皓	上午班	4	4	4	4	4	休息	4	
	下午班	4	4	4	休息	4	4	休息	
刘梦琪	上午班	4	4	休息	4	4	休息	4	
	下午班	4	休息	4	4	4	4	休息	
张立刚	上午班	4	4	4	4	4	休息	休息	
	下午班	4	休息	4	4	4	4	休息	
王俊杰	上午班	4	4	休息	4	4	休息	4	
	下午班	4	休息	4	休息	4	4	4	
郭志宇	上午班	4	4	休息	4	4	休息	4	
	下午班	4	休息	4	4	4	4	4	
陈思涵	上午班	4	4	4	4	4	休息	休息	
	下午班	4	4	4	4	4	休息	休息	
排班说明	● 本排班表旨在为技术部提供清晰、有序的工作安排，确保公司技术运营顺畅，满足业务需求，同时保障员工的合法权益和休息时间。 ● 本排班表每周一发布，按照上周每位员工工作安排以及工作时长确定本周工作安排。如有特殊情况，请向部门经理反馈和调整。 ● 本排班表每日分上午、下午两个班次，每个班次计4小时工作时长，原则上一周总工作时长不超40小时。 ● 本排班表自发布之日起执行，如有未尽事宜，由公司研究决定并另行通知。请全体员工严格遵守本排班表，共同维护公司正常运营秩序。								

图 13-49　排班表美化效果图

四、表格数据计算

1. 周工作时长计算

每个上午班或下午班计 4 小时工作时长。在输入内容时，若该员工在某时间段当班，则输入数字 4，代表工作时长；若在某时间段不当班，则输入文本"休息"。排班表最后一列用于记录每位员工的周工作时长。

● 将光标定位于第一名员工信息所在的第 3、4 行的最后一列（第 10 列）。

● 选择工具栏"表格工具"选项卡，在"数据"选项组中找到"公式"按钮，如图 13-50 所示。

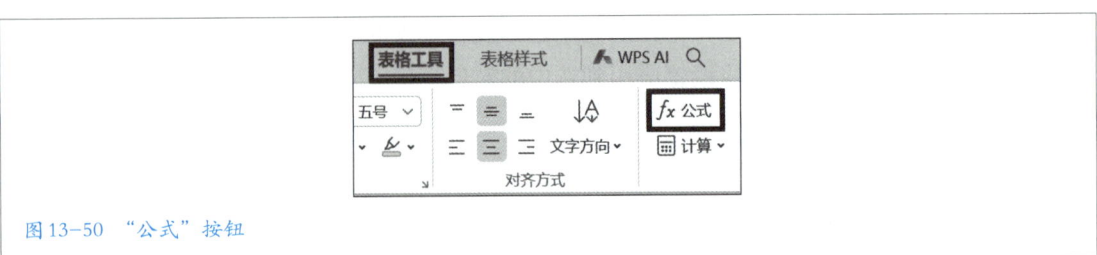

图 13-50　"公式"按钮

• 打开"公式"对话框后，在"公式"栏中直接输入"=SUM(C3:I4)"，选择数字格式为"0"，表示计算结果为整数，如图13-51所示。

此公式中的 SUM 函数用于计算所选单元格范围内的数据之和，求和计算时由于"休息"是文本，因此只计算数值之和。而 C3:I4 表示所计算数据的范围，即所选的单元格区域。

• 单击"确定"按钮，即可计算出第一位员工的周工作时长，如图13-52所示。

技术部周排班表

姓 名	日 期 星 期 班 次	6月1日 一	6月2日 二	6月3日 三	6月4日 四	6月5日 五	6月6日 六	6月7日 日	周工作时长 （小时）
孙天皓	上午班	4	4	4	4	4	休息	4	44
	下午班	4	4	4	休息	4	4	休息	

图13-52 数据计算结果

使用上述方法，可为所有员工计算周工作时长。若某员工的工作安排发生变化，周工作时长数据并不会自动更新。此时可选中该计算结果单元格，单击右键，在弹出的菜单中选择"更新域"，则重新按照公式计算出新的结果并显示。如果需要修改计算公式，则选择"编辑域"，在打开的对话框中修改公式。如图13-53所示。

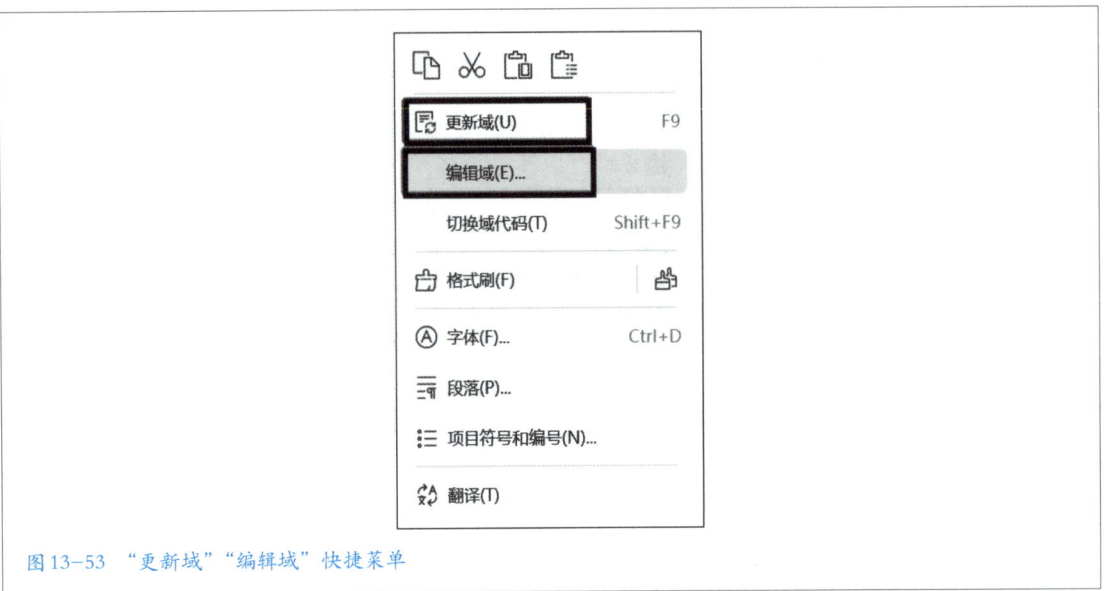

图 13-53　"更新域""编辑域"快捷菜单

2. 数据突出显示

按照公司要求，每位员工的周工作时长原则上不超过 40 小时。为了更直观地查看和分析排班情况，为下一周的排班做准备，小孙希望突出显示超过正常工作时长的单元格。

- 首先按住 Ctrl 键，然后用鼠标选中最后一列中所有周工作时长大于 40 小时的单元格。

- 单击"开始"选项卡"字体"选项组中"突出显示"右侧箭头，在弹出的下拉菜单中单击预设的显著颜色，将其应用于所选单元格。若要清除该突出显示效果，则选择"无"，如图 13-54 所示。

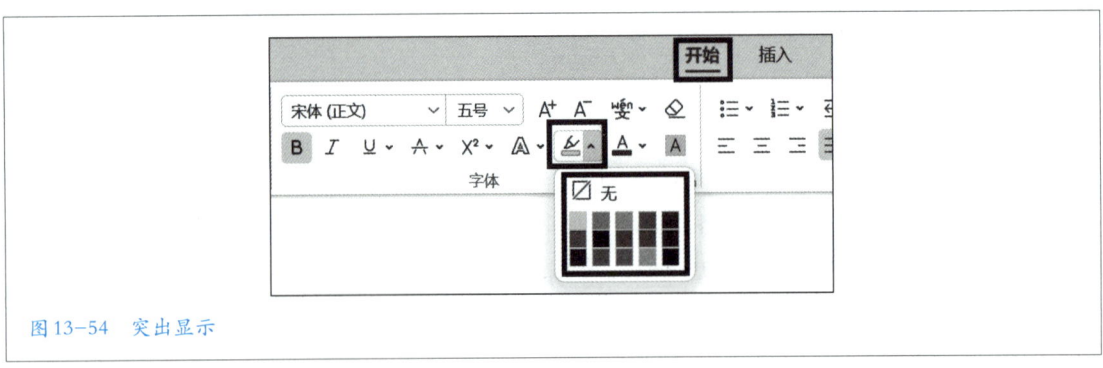

图 13-54　突出显示

任务拓展

一、设置高级表格格式

1. 在跨页表格中自动重复标题行

当表格跨越多页时，为了确保每一页都能清晰地显示表格的标题行，可以设置标题行的自动重复。

首先确保表格的标题行已经设置好，然后选中表格的标题行（通常是第一行），单击"表格工具"选项卡"属性"选项组中的"表格属性"按钮。在弹出的"表格属性"对话框中，切换到"行"选项卡，勾选"在各页顶端以标题行形式重复出现"选项，单击"确定"按钮应用该设置。

2. 防止表格跨页断行

为了避免表格在分页时同一行内容被拆分到两个页面上，可以设置表格的跨页断行属性，WPS 文字默认允许跨页断行。

选中要防止跨页断行的表格，单击右键，在弹出的快捷菜单中选择"表格属性"命令，在弹出的"表格属性"对话框中切换到"行"选项卡，取消勾选"允许跨页断行"选项，单击"确定"按钮。

二、表格与文本互换

WPS 文字提供了文本与表格之间的转换（前提是文本内容具有一定的规律）。

1. 将文本转换成表格

一段按一定规律排列的文本可以直接转换成表格形式，以便于编辑和查看。

选中要转换为表格的文字。确保文字之间使用适当的分隔符，如逗号、制表符或空格分隔。单击"插入"选项卡"常用对象"选项组中的"表格"按钮，在弹出的下拉菜单中选择"将文字转换成表格"命令，弹出的对话框如图 13-55 所示。设置表格的行数和列数并选择文字分隔位置后，单击"确定"按钮，选中的文字将被转换成表格。

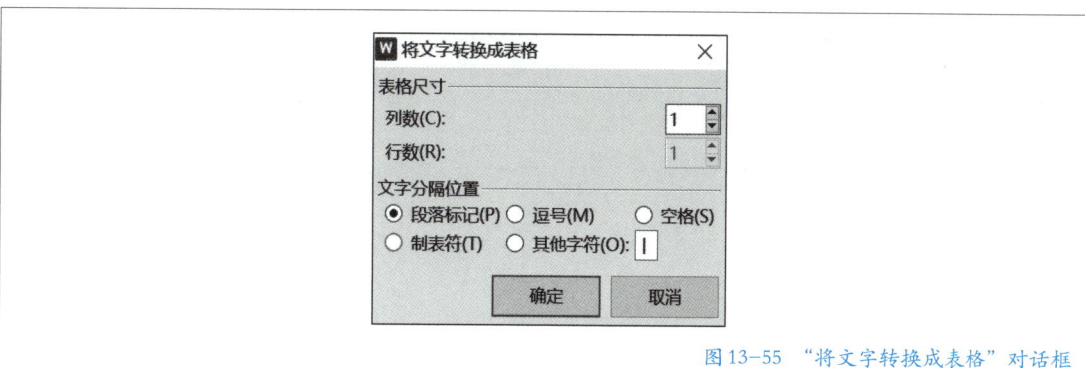

图 13-55　"将文字转换成表格"对话框

423

2. 将表格转换成文本

同样地，一个已经编辑好的表格也可以转换成文本形式。

单击"插入"选项卡"常用对象"选项组中的"表格"按钮，在弹出的下拉菜单中选择"表格转换成文本"命令，弹出的对话框如图13-56所示。选择文字分隔符类型后，单击"确定"按钮，选中的表格将被转换成一个纯文本段落。

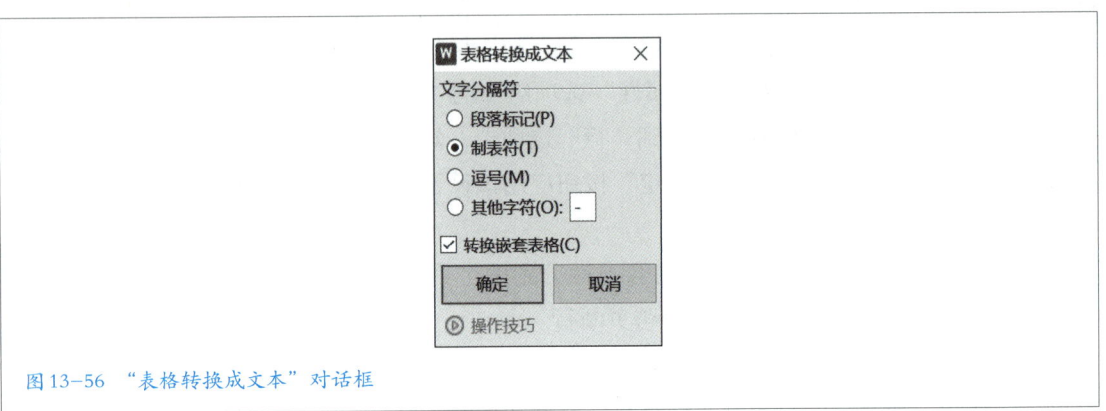

图13-56 "表格转换成文本"对话框

任务 14　编辑毕业论文

任务描述

小孙的表弟皓皓即将大学毕业，皓皓已经完成了他的毕业论文，希望小孙能够帮助他编辑毕业论文，以确保毕业论文文档的格式美观、内容清晰，并符合学校的要求。小孙答应帮助表弟一起在 WPS 中使用文字工具编辑与排版一份高质量的毕业论文。编辑与排版的依据是学校发布的《毕业设计论文撰写规范》，其中规定了毕业论文应包含封面、摘要、关键词、目录、文本主体（包括引言、正文与结束语）、致谢、参考文献和附录（必要时），并对论文正文格式和页面设置有明确规定。

思维导图

任务 14 思维导图如图 14-1 所示。

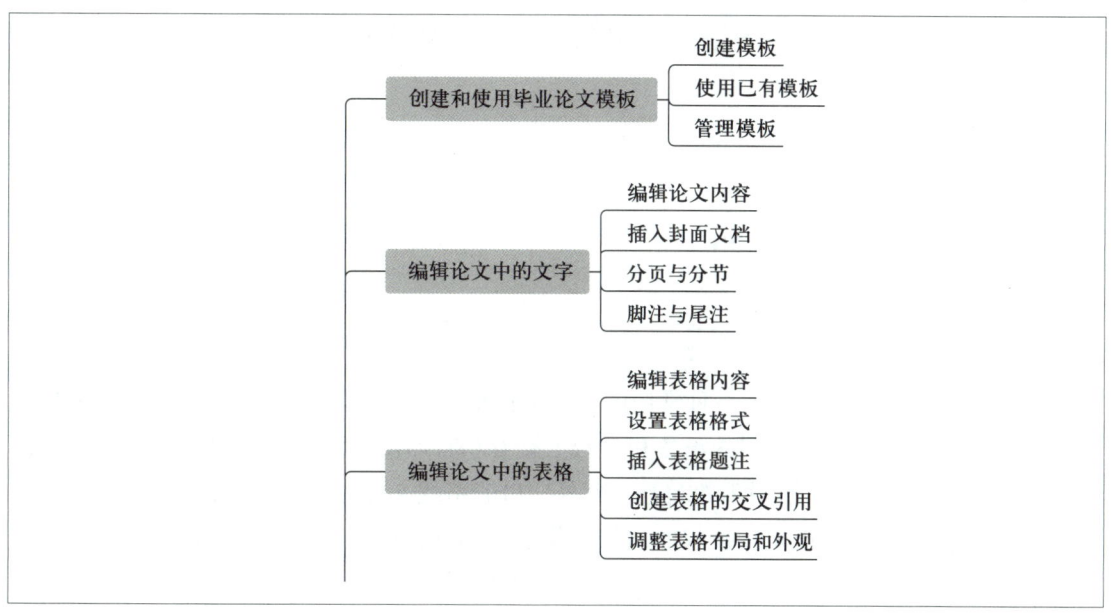

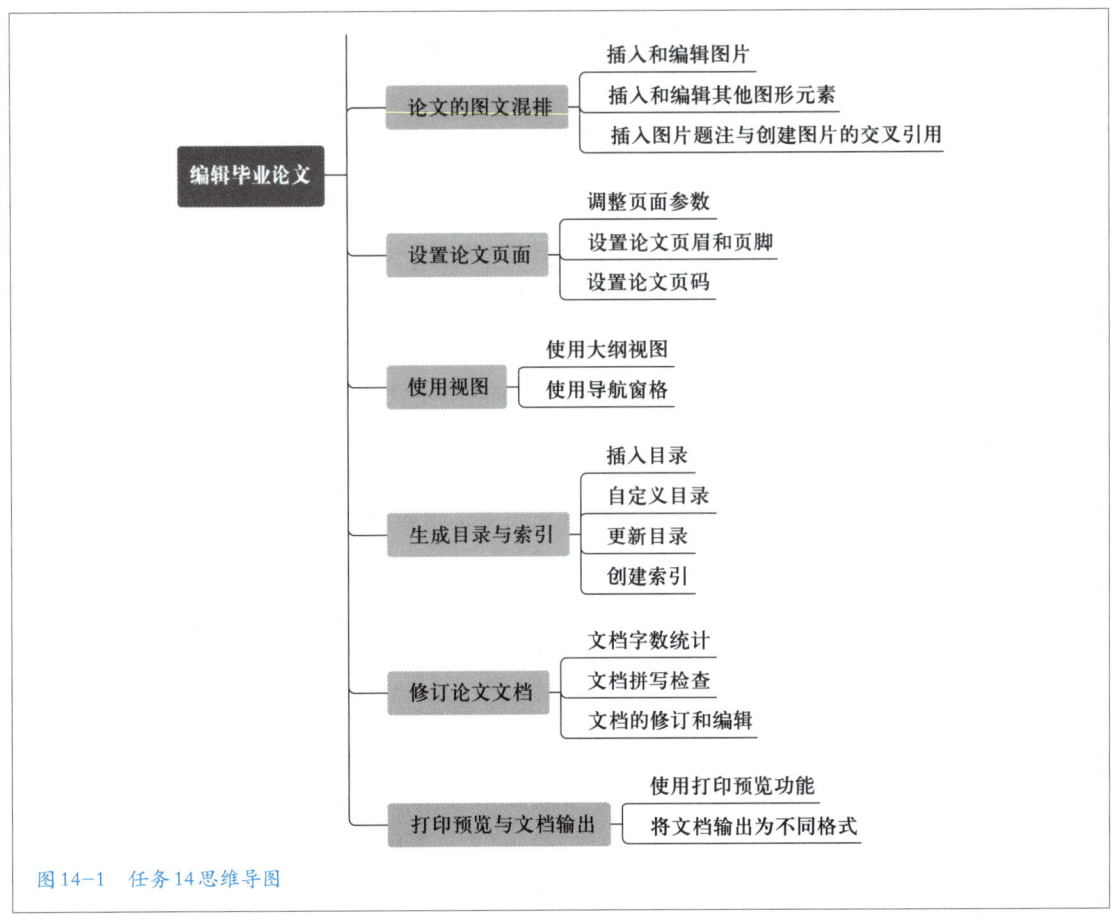

图14-1　任务14思维导图

知识准备

一、PDF格式

PDF格式是一种常用的电子文档格式，可以保留文档的原始布局和格式，并且可以在不同的设备和平台上查看和打印。将文档输出为PDF格式可以确保文档的一致性和准确性。此外，PDF格式文件还具有一定的安全性和保护机制，以防止未经授权的访问和修改。因此，PDF格式文件通常应用于文档存档、电子书和在线表格的制作中，在电子商务等领域有广泛应用，成为互联网上进行电子文档发布和数字化信息传播的理想文档格式。

二、文档保护

保护文档的安全性和完整性至关重要，WPS提供了多种文档保护功能，包括文档加密、限制编辑等。

1. 文档加密

文档加密是一种通过密码保护文档内容不被未经授权的人员访问的方法。WPS 文字允许用户对文档进行加密，以确保文档内容的安全。

● 单击"文件"菜单，在下拉菜单中选择"文档加密"选项，弹出二级菜单，如图 14-2 所示。

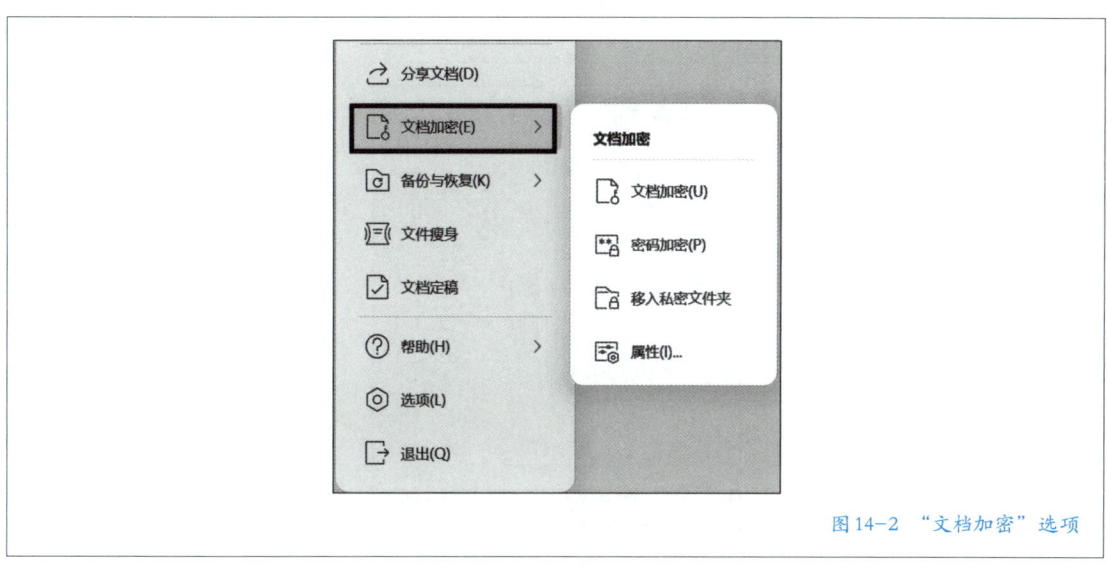

图 14-2 "文档加密"选项

● 选择"文档加密"后，设置指定账号查看和编辑文档。

● 选择"密码加密"，将弹出密码加密对话框，如图 14-3 所示，可以设置打开权限的密码和编辑权限的密码，在"高级"选项中还可以选择加密类型。

图 14-3 "密码加密"对话框

• 单击"应用"按钮，保存文档并关闭 WPS 。下次打开或编辑该文档时，将需要输入相应的密码。

2. 限制编辑

为了确保文档在未经授权的情况下只能被查阅，不能被修改，可以使用限制编辑功能。

• 单击工具栏中"审阅"选项卡中的"限制编辑"按钮，弹出"限制编辑"对话框，如图 14-4 所示。

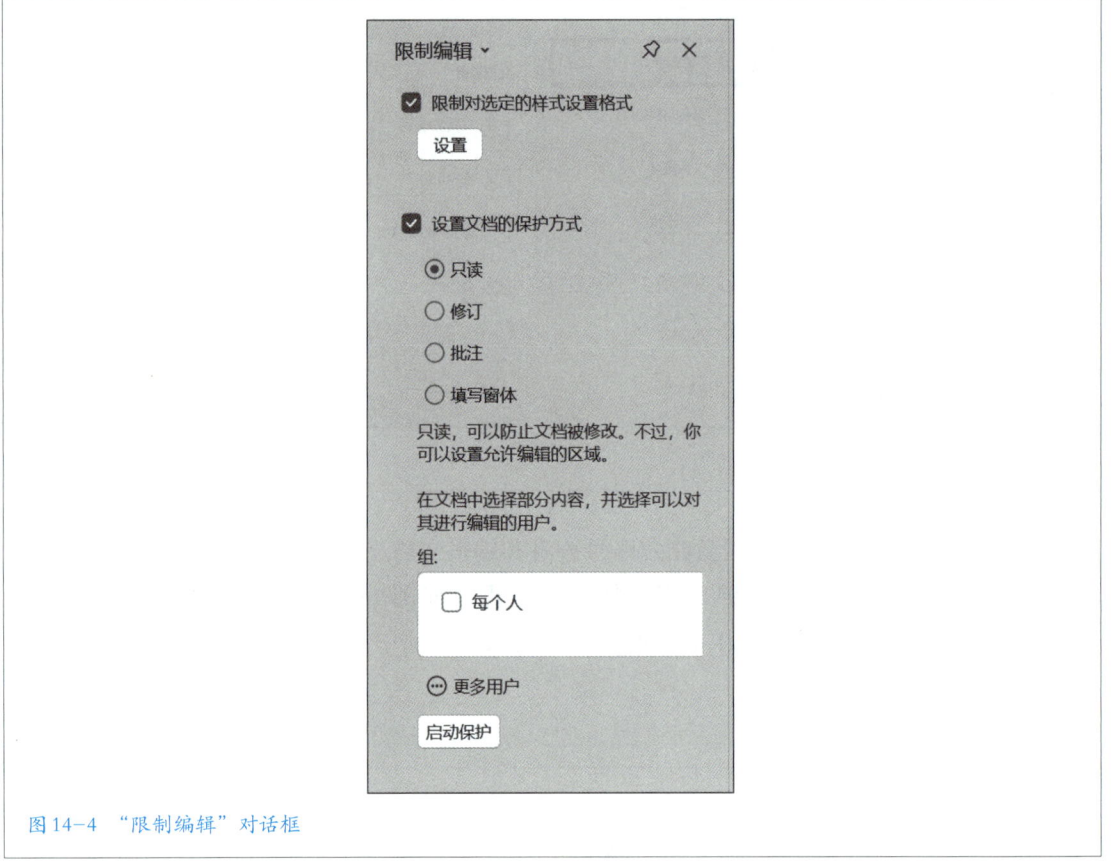

图 14-4 "限制编辑"对话框

• 为防止样式被修改，可以勾选"限制对选定的样式设置格式"，单击"设置"按钮。在"限制格式设置"界面，可以选择设置需要限制的样式和允许使用的样式。

• 如果要设置文档的保护方式，可以勾选"设置文档的保护方式"。

• 单击"启动保护"按钮并设置密码后，当用户将文件发送给他人时，他人只能阅览文档内容，无法编辑文档。若后续想取消文档保护，可以单击右侧的"停止保护"，并输入之前设置的密码，单击"确定"按钮即可取消文档保护。

任务实施

一、使用毕业论文模板

在使用 WPS 文字处理软件进行毕业论文编辑时，模板的使用可以大大提高工作效率和统一文档格式。模板通常包含所需的页面设置、样式、页眉页脚、目录结构等预定义设置。

1. 创建模板

当没有现成的模板可用，或者需要根据特定要求自定义模板时，可以自行创建模块。学校没有发布毕业论文的模板，因此皓皓在小孙的帮助下，自己创建毕业论文模板文件。

（1）新建模板文件

单击"文件"菜单，选择"新建"命令，在"新建"菜单中，选择"本机上的模板"，如图 14-5 所示。

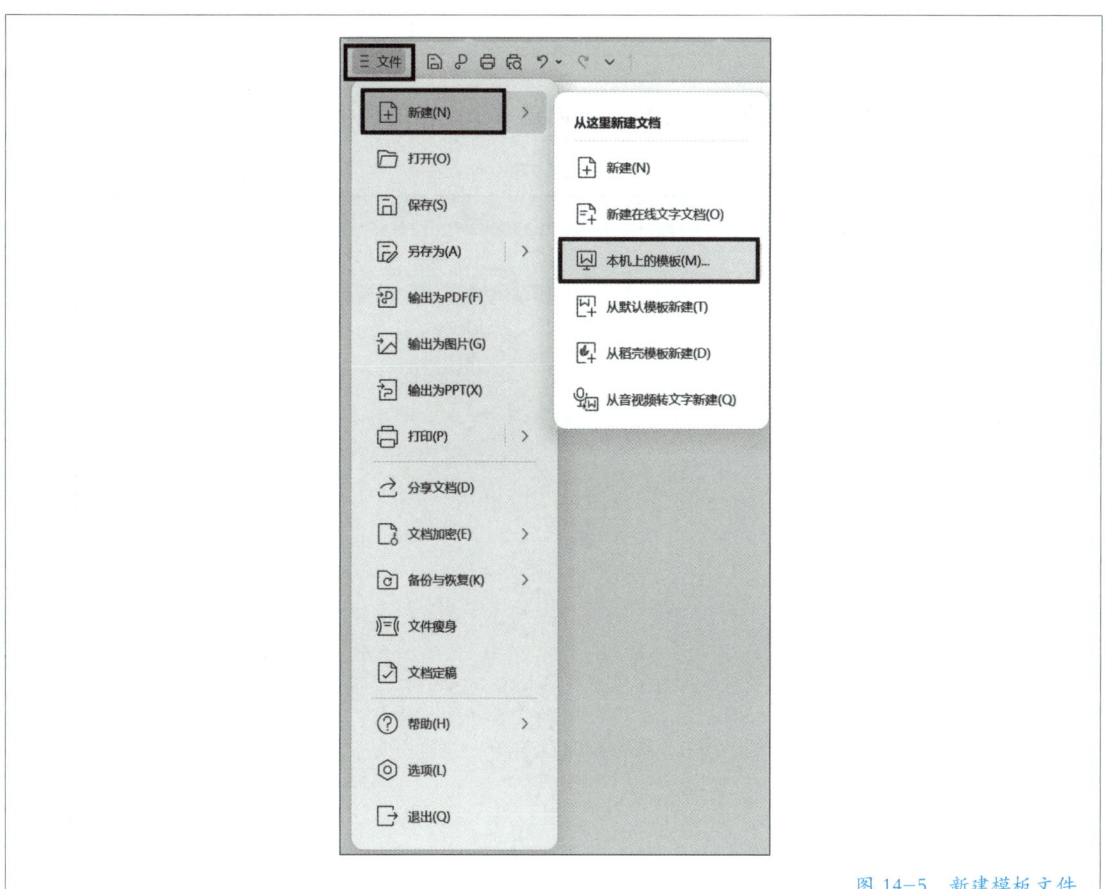

图 14-5　新建模板文件

由此弹出"模板"对话框，在"常规"选项卡中选择"空文档"，新建类型选择"模板"，如图14-6所示。

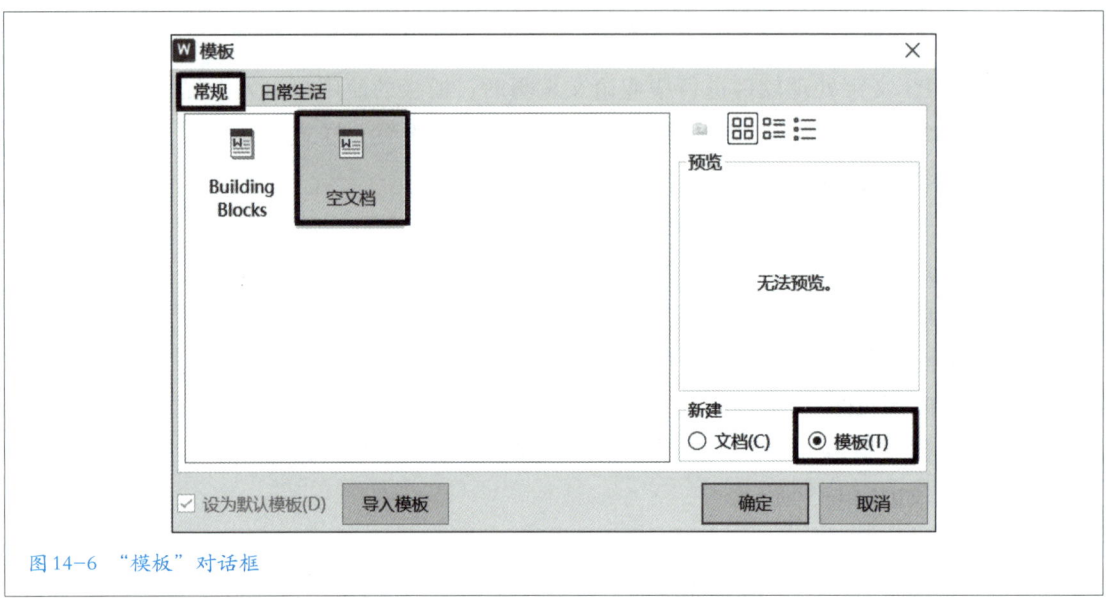

图14-6 "模板"对话框

单击"确定"按钮后，将创建一个空白的模板文件，如图14-7所示。

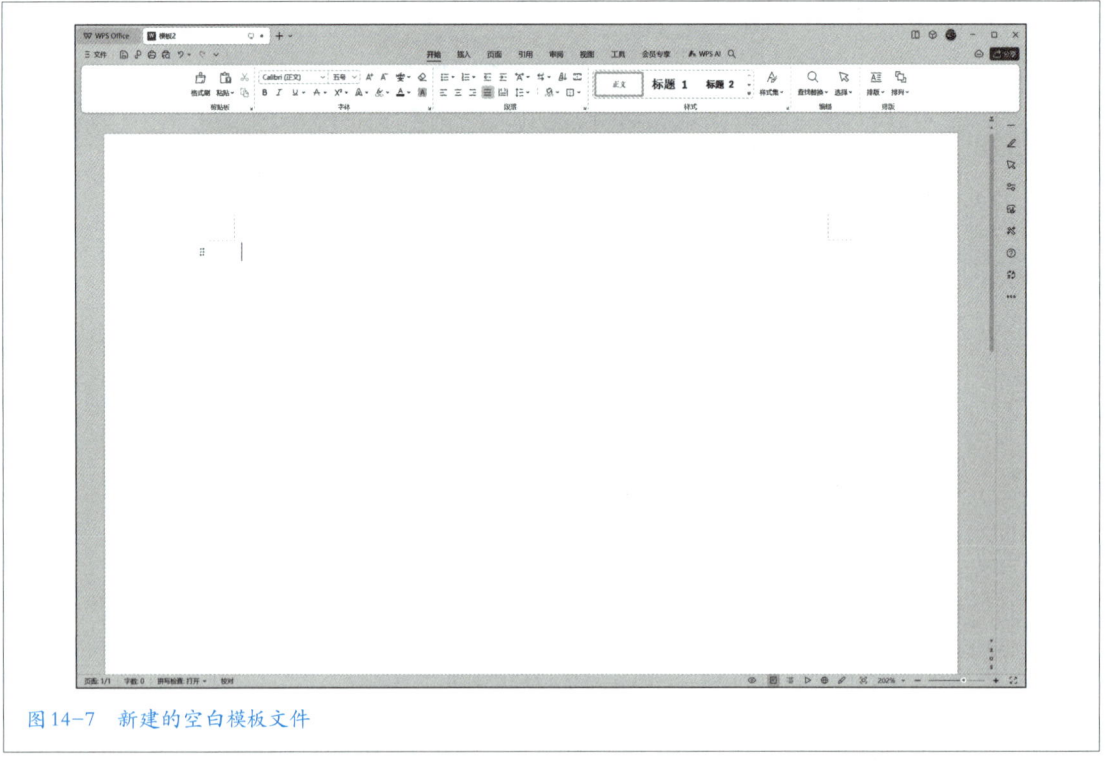

图14-7 新建的空白模板文件

（2）创建样式

小孙帮助皓皓使用任务 12 所述的方法，按照《毕业设计论文撰写规范》，在新建的空白模板文件中创建一系列新样式，分别命名为"论文正文""论文标题 1""论文标题 2""论文标题 3"，并创建与图片和表格相关的样式。创建成功后，在"开始"选项卡中展开样式的下拉菜单，在"预设样式"中可以看到这些新建的样式，如图 14-8 所示。

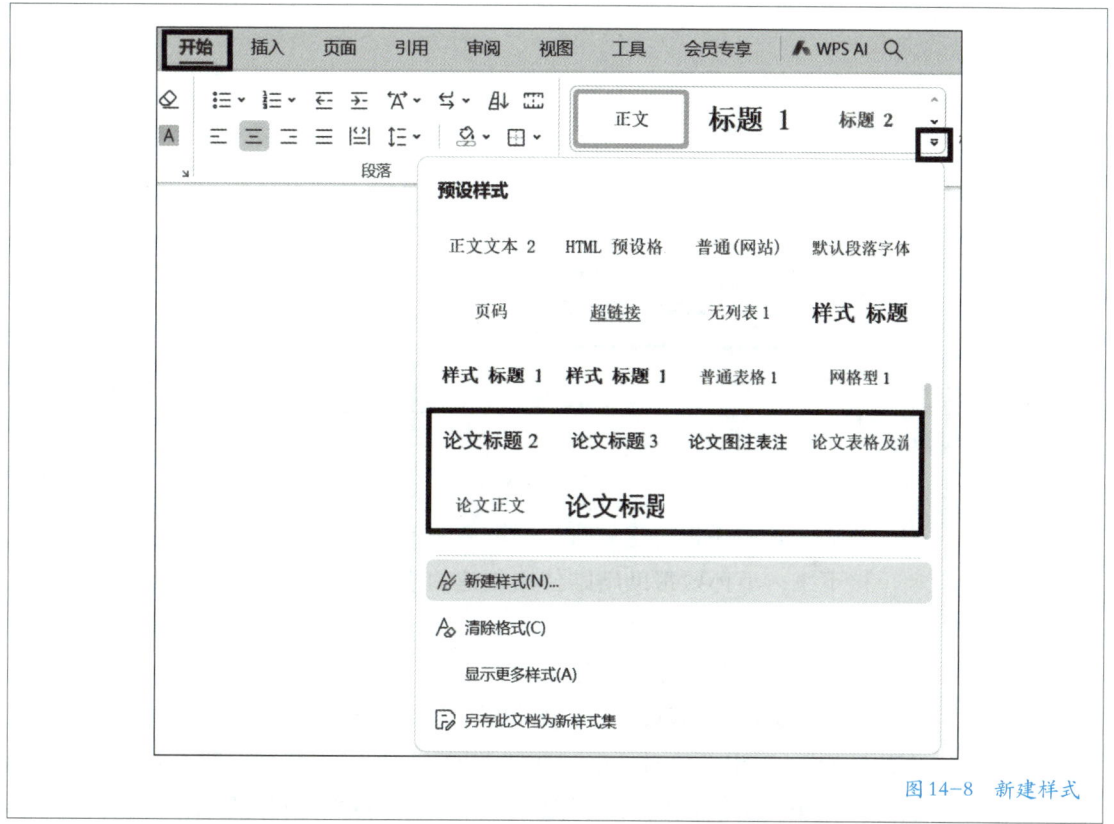

图 14-8　新建样式

（3）保存模板文件

在新建模板文件中创建必要的样式后，可以将模板文件保存，以便重复使用。单击"文件"菜单，选择"保存"，在打开的对话框中选择文件类型为"dotx"。此时文件保存位置自动跳转到默认的用户模板保存位置，也可以修改成想要保存的位置，此处暂不做改动。输入模板文件名"毕业论文模板 .dotx"，单击"保存"按钮，包含论文所需样式的模板文件即被保存，如图 14-9 所示。

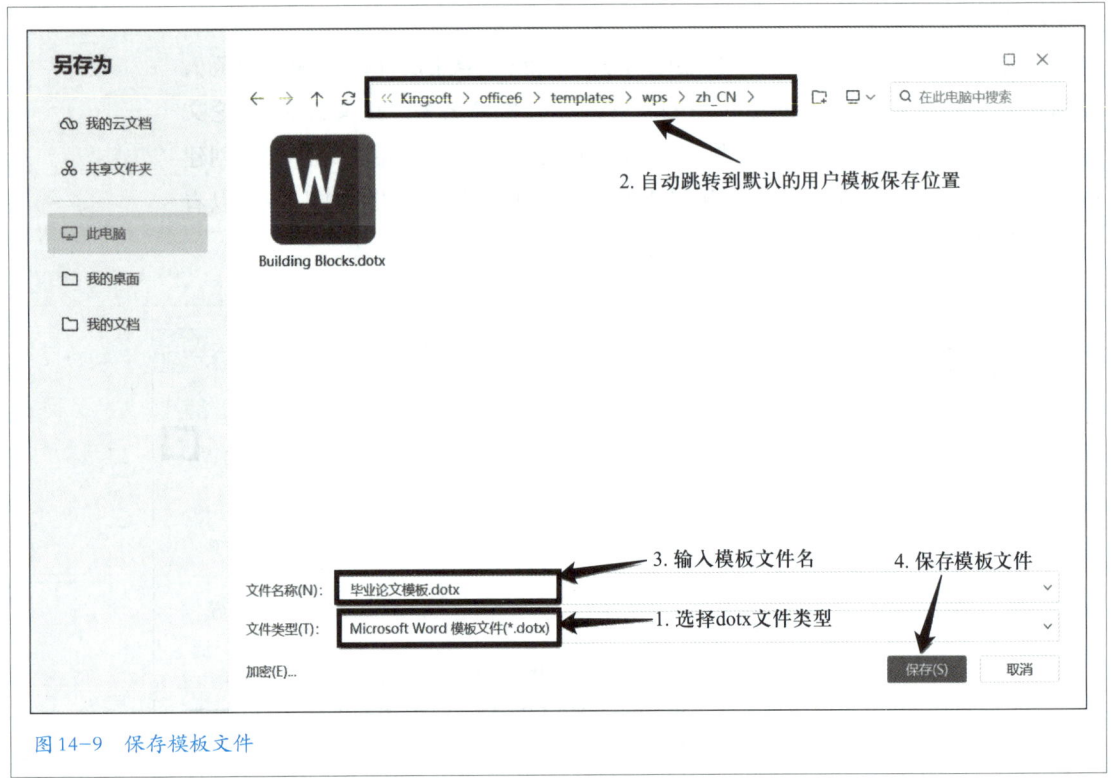

图14-9　保存模板文件

2. 使用已有模板新建文档

接下来，小孙要帮助皓皓使用创建的毕业论文模板文件来新建毕业论文的文档。

（1）使用已创建的模板创建文件

单击"文件"菜单，选择"新建"，在"新建"菜单中，单击选择"本机上的模板"，弹出新建对话框。在"常规"选项卡中将会出现上面所创建的毕业论文模板，选择该模板，并选择新建类型为"文档"，单击"确定"按钮，如图14-10所示。此时创建了一个空白文档，此文档将包含模板文件中所包含的所有样式和格式。为了保证该文档不丢失，先将该文档在计算机上以"毕业论文.docx"文件名保存。

（2）使用第三方模板新建文档

若之前没有创建本地模板，可在新建文档时单击"导入模板"，在弹出的文件选择框中选择学校提供的毕业论文模板。此时，导入的模板将会出现在"常规"选项卡中，接下来可采用上述相同的方法新建空白文档。

另一种新建空白文档的方法是在文件管理器中找到模板文件，直接双击文件图标；或者右键单击文件图标，在弹出的快捷菜单中选择"新建"，如图14-11所示。

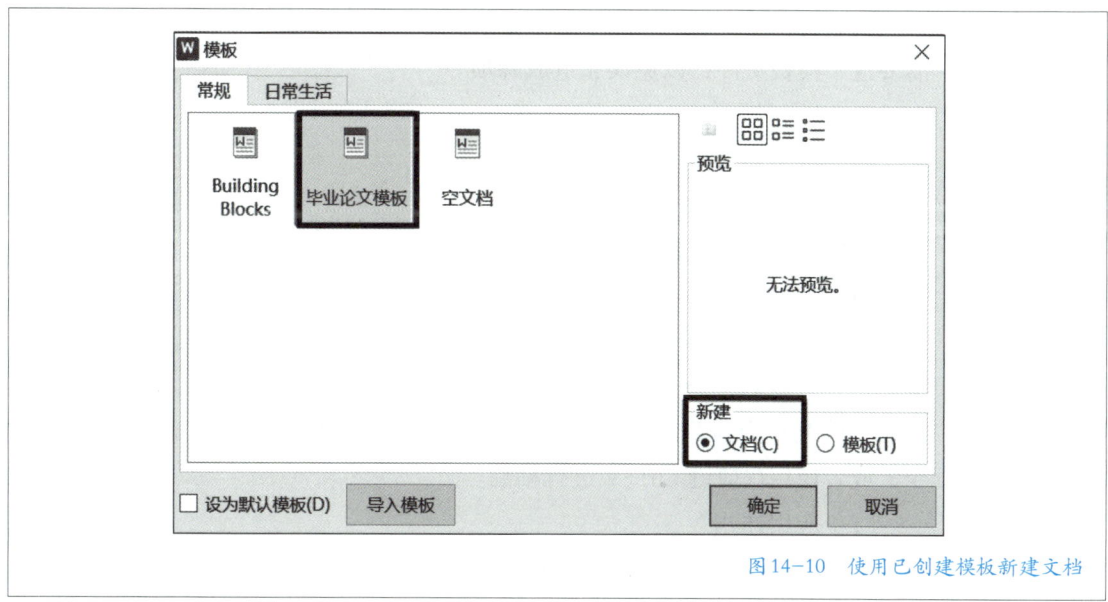

图14-10　使用已创建模板新建文档

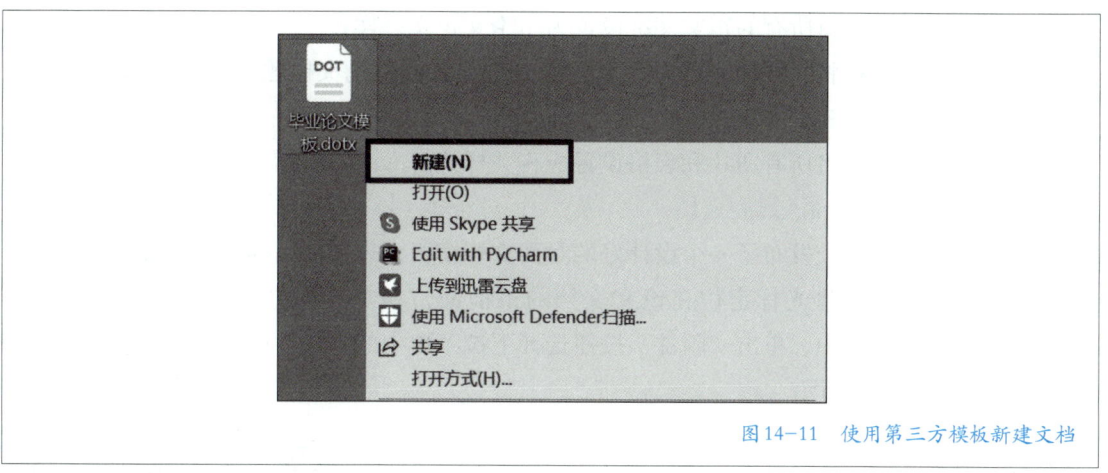

图14-11　使用第三方模板新建文档

3. 管理模板

在对文档进行编辑的过程中，可能需要对模板进行管理和维护，包括更新模板和删除不再需要的模板。

（1）更新模板

当论文格式要求发生变化时，可能需要更新模板以适应新的要求。打开需要更新的模板文件，并进行相应的修改和更新。保存更新后的模板文件，可以选择覆盖原模板文件或者保存为一个新的版本。

（2）删除模板

对于不再需要的模板文件，可以将其删除以释放存储空间。在文件管理器中导航到模板文件所在的位置。选中需要删除的模板文件，按 Delete 键或者使用右键菜单中的"删除"选项进行删除。在删除之前应确认是否真的不再需要这个模板文件，以免误删造成麻烦。

二、编辑论文中的文字

1. 编辑论文内容

编辑论文内容包括编辑文字、应用样式等。

（1）编辑文字

在已经写好的原始论文文档中选中需要复制的内容，右键单击选中的文字，选择"复制"命令，或者使用快捷键 Ctrl+C 进行复制。切换到毕业论文文档，将光标定位到需要粘贴的位置，右键单击粘贴位置，选择"粘贴"命令，或者使用快捷键 Ctrl+V 进行粘贴。

（2）应用样式

首先分别选中毕业论文文档中需要应用样式的文本内容，然后选择保存在论文模板上的新建样式，应用这些样式到选中的文本上。

• 将所有的正文文字设置为"论文正文"样式。

• 将不同级别的章、节标题分别设置为"论文标题 1""论文标题 2""论文标题 3"样式。

• 将所有图片和表格设置成相关样式。

2. 插入封面文档

学校发布了一个设计好的封面文档模板，现在将其插入论文文档中。

• 将光标定位在论文文档的最前面，在工具栏"插入"选项卡"部件"选项组中，单击"附件"按钮选择下拉菜单中的"文件中的文字"选项，如图 14-12 所示。

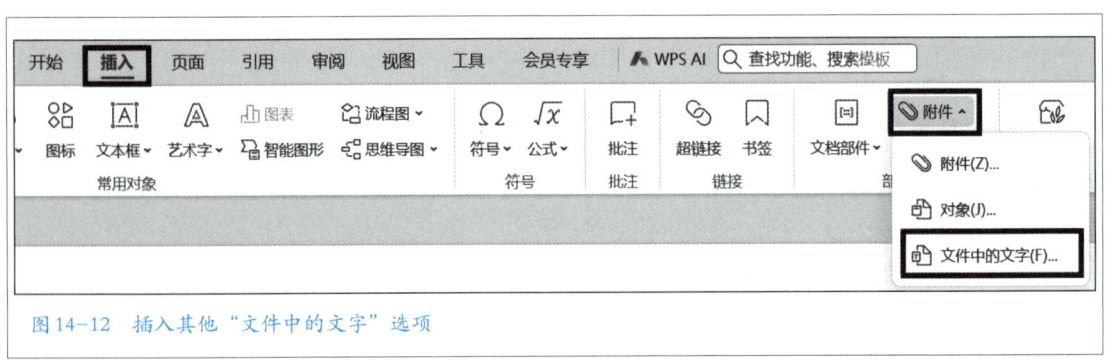

图 14-12　插入其他"文件中的文字"选项

• 在弹出的"插入文件"对话框中，选择封面文件保存位置，选中封面文件，单击"打开"按钮。此时，封面文件中的内容会被插入论文文档中。如

图 14-13 所示。

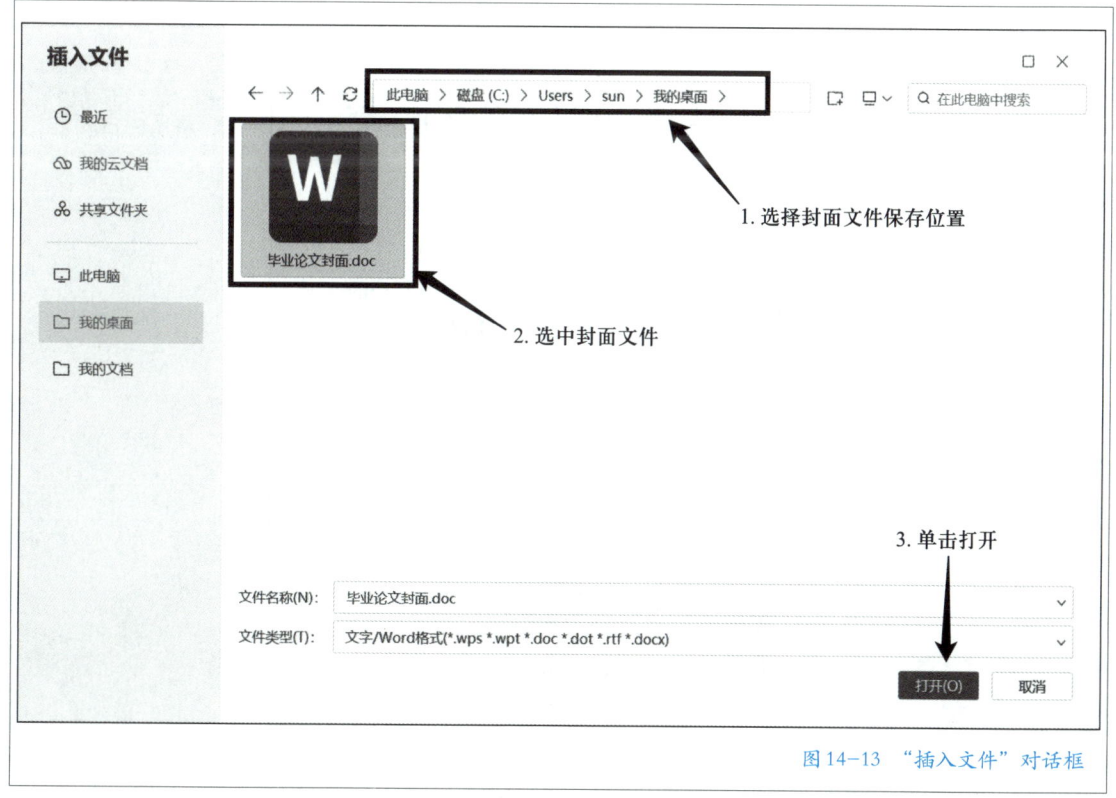

图 14-13 "插入文件"对话框

• 首先在封面上填写必要的信息，然后根据需要调整封面在论文文档中的位置、大小等，确保其与整个文档的排版风格一致，如图 14-14 所示。

3. 分页与分节

在编辑论文时，皓皓需要根据论文内容进行分页与分节。

（1）自动分页

分页是指将文档内容分割到不同的页面上。在文档中，当文字或图形填满一页时，系统会自动插入一个分页符开始新的一页。

（2）手动分页

可以在特定位置手动插入分页符来实现分页。具体方法是选择工具栏中的"插入"选项卡，在"分页"按钮的下拉列表中选择"分页符"，如图 14-15 所示。

图14-14 插入并编辑后的论文封面

图14-15 在"插入"选项卡中的插入分页符

在"页面"选项卡中单击"分隔符"按钮，在弹出的下拉列表中选择"分页符"，也可手动插入一个分页符。如图 14-16 所示。

图 14-16 在"页面"选项卡中插入分页符

（3）分节

分节是指将文档分成若干个节，每节可以进行不同的页面设置，并设置相应的格式。

可以通过插入分节符来创建新的节，方法与分页的方法类似。

• 下一页分节符：当插入下一页分节符后，新的节会从下一页开始。这意味着在当前页的末尾插入此分节符后，接下来的内容将被移到新的一页，并从那里开始一个新的节。这种分节符常用于需要在新的一页开始新的章节或段落的情况。

• 连续分节符：用于在同一页上开始新的节。当插入这种分节符后，新的节会从插入点之后开始，但不会另起一页。这允许在同一页中使用不同的格式或页面设置。例如，可以在页面的某一部分使用一栏排版，并在插入连续分节符后开始使用两栏排版。

• 偶数页分节符：用于确保新的节从下一个偶数页开始。如果插入点所在的页是奇数页，那么会自动插入一个空白页，使得新的节从下一个偶数页开始。这种分节符常用于需要确保特定内容（如章节的开头）始终出现在偶数页的情况。

• 奇数页分节符：与偶数页分节符相类似，奇数页分节符用于确保新的节从下一个奇数页开始。如果插入点所在的页是偶数页，同样会自动插入一个空白页，以确保新的节从奇数页开始。这种分节符常用于需要特定内容始终出现

（4）分页与分节的区别

分页只是简单地将内容划分到不同的页面上，而分节则可以实现更加精细的控制，让文档的不同部分有不同的格式和页面设置。例如，用户可以在不同的节中设置不同的页边距、纸张大小、纸张方向等，以满足复杂的排版需求。

在使用分页与分节时，用户可以根据需要进行选择和组合，可以更灵活地控制文档的布局和格式。例如，可以先使用分页符将文档划分成若干个页面，再使用分节符将某些页面组合成一个节，以便进行统一的格式和页面设置。

由于学校要求全文的页面设置相同，因此皓皓在每章的开头位置插入"分页符"或"下一页分节符"，使得不论内容增加或者减少，均满足每章都另起一页的要求。

（5）删除分页符

如果需要删除插入的分页符，可以在工具栏"开始"选项卡中的"段落"组中单击"显示／隐藏编辑标记"按钮，在下拉菜单中将"显示／隐藏段落标记"选项勾选，用以显示分页符，如图 14-17 所示。

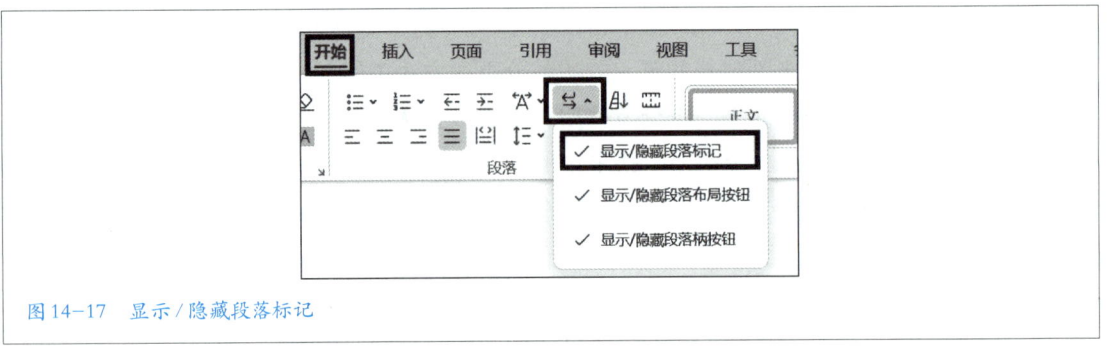

图 14-17　显示／隐藏段落标记

此时可以在每章最后看到有一个分页符，如图 14-18 所示。选中分页符并按下 Delete 键，即可将其删除。

4. 脚注与尾注

脚注和尾注都是对文本的补充说明，是用于在文档中插入注释或参考文献的一种方式，但二者在位置和功能上有所不同。脚注通常位于页面底部，可以用于展示对正文中特定内容的额外信息、解释或澄清，以便读者更好地理解正文内容。而尾注则位于文档末尾，通常用于学术论文、报告等需要引用参考文献的文档，以便读者能够查阅和验证正文中引用的信息来源。

皓皓需要在论文中对参考文献添加尾注。

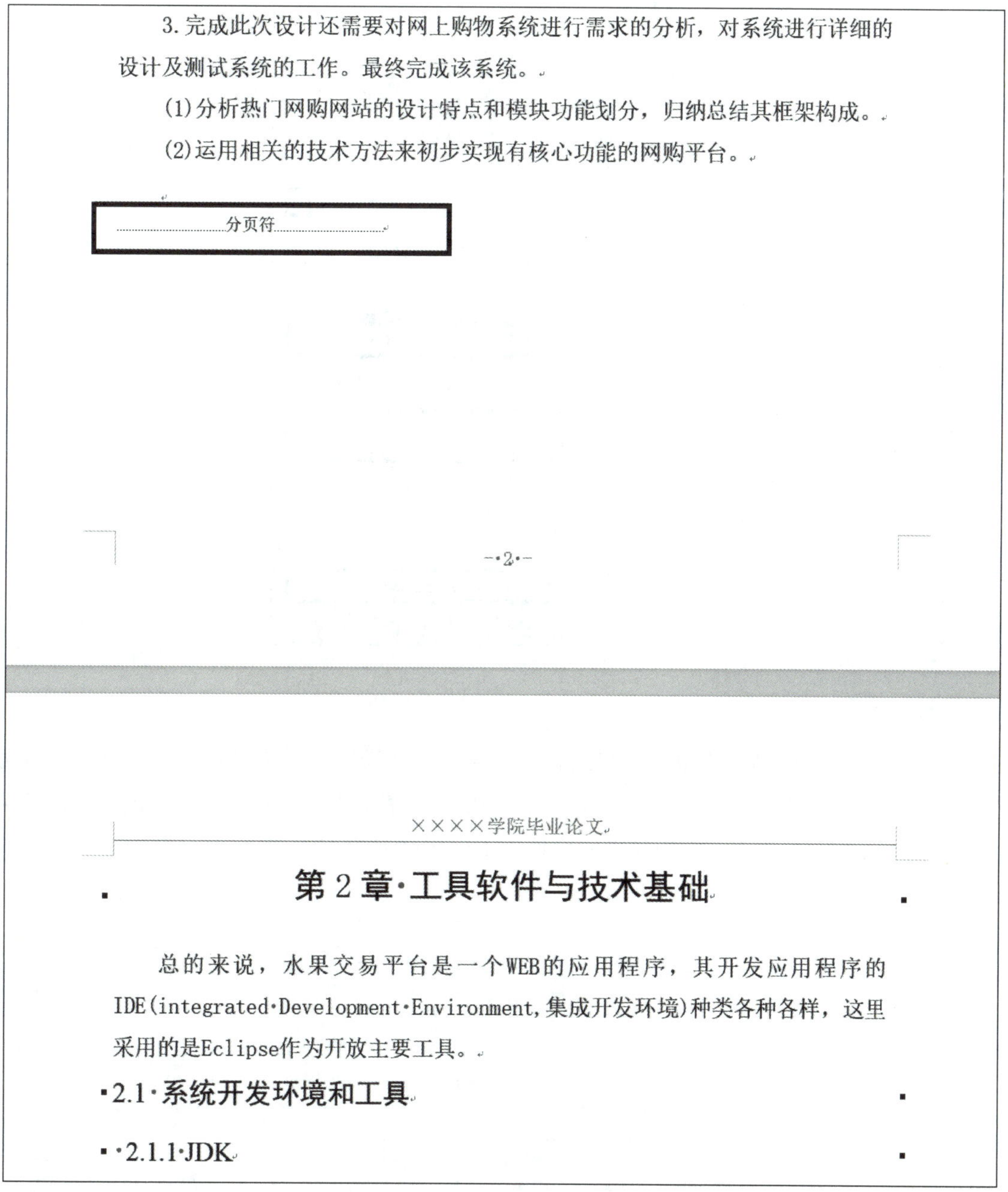

3.完成此次设计还需要对网上购物系统进行需求的分析,对系统进行详细的设计及测试系统的工作。最终完成该系统。

(1)分析热门网购网站的设计特点和模块功能划分,归纳总结其框架构成。

(2)运用相关的技术方法来初步实现有核心功能的网购平台。

```
..................分页符...............
```

-·2·-

××××学院毕业论文

第2章·工具软件与技术基础

总的来说,水果交易平台是一个WEB的应用程序,其开发应用程序的IDE(integrated·Development·Environment,集成开发环境)种类各种各样,这里采用的是Eclipse作为开放主要工具。

·2.1·系统开发环境和工具

·2.1.1·JDK

图14-18 显示分页符

(1)添加尾注

• 将光标定位在需要插入尾注的位置,选择工具栏"引用"选项卡,单击"脚注与尾注"选项组右下角箭头,弹出"脚注与尾注"对话框。在对话框的"尾注"下拉列表中选择"文档结尾",勾选"方括号样式",并将其应用于整篇文档，如图 14-19 所示。

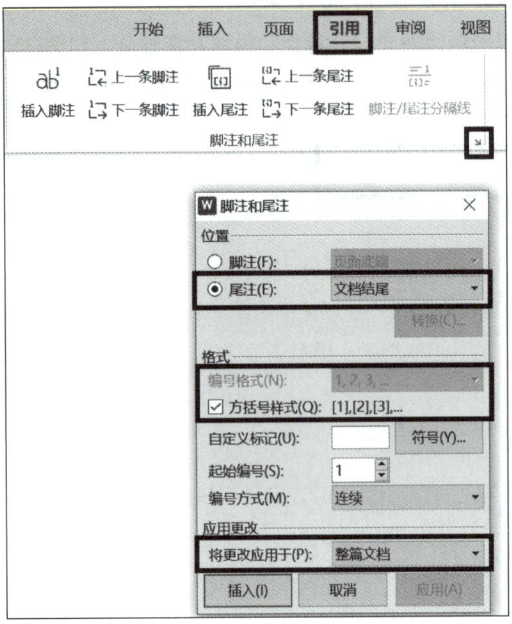

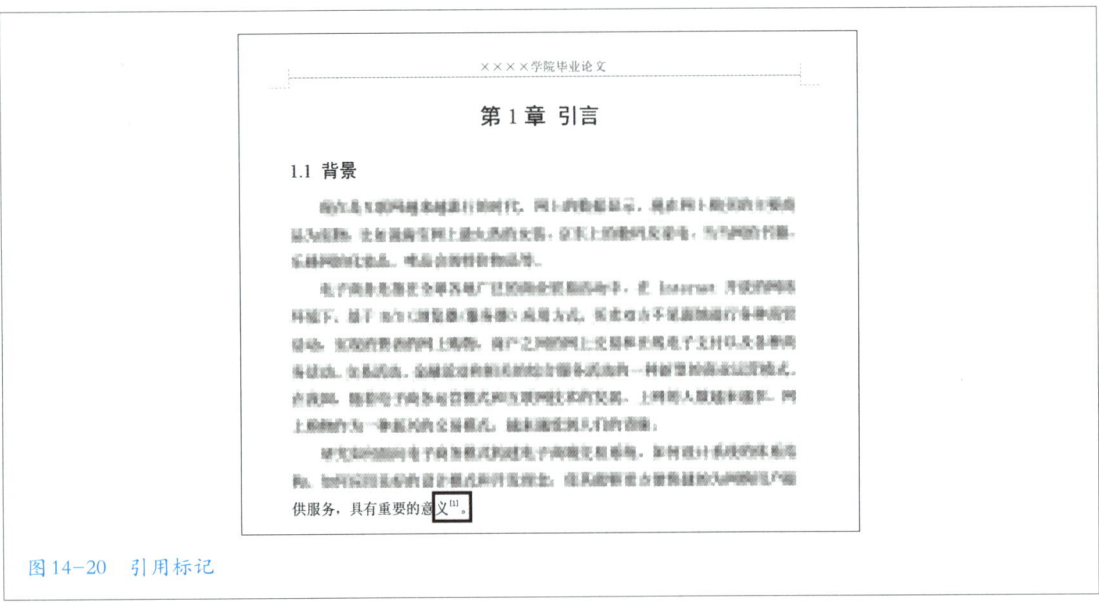

图 14-19　"脚注和尾注"对话框

• 单击"插入"按钮后，便会在文档最后参考文献章节空白处插入编号为"[1]"的尾注，用于表示被引用的内容，可在该标记后添加被引用的文献信息。此时，在引用处同样插入了引用标记"[1]"，如图 14-20 所示。

图 14-20　引用标记

（2）添加脚注

添加脚注与添加尾注的方法类似，在"脚注与尾注"对话框中选择脚注，即可插入脚注。

（3）删除脚注与尾注

选中脚注或尾注的引用标记，按下 Delete 键，即可删除该引用标记和被引用处的标记，以及被引用内容。

三、编辑论文中的表格

表格是一种重要的信息展示方式，能够清晰地呈现数据、对比和分类信息。皓皓已经采用任务 13 中创建表格的方式，在论文中插入了所有需要的表格。

1. 编辑表格内容

创建表格后，皓皓根据需要编辑了表格的内容，在表格的单元格中输入文字、数字等；并根据学校需要，调整了单元格的对齐方式、字体和字号等格式。

2. 设置表格格式

为了使表格更加美观和易读，皓皓对论文中的所有表格进行格式设置。

选中需要格式化的表格，在工具栏"表格样式"选项卡中单击右侧箭头，弹出下拉菜单。在下拉菜单中单击预设的表格样式，或单击"更多"按钮查看并选择更多样式选项。单击"边框"和"底纹"按钮，可以自定义边框与底纹。如图 14-21 所示。

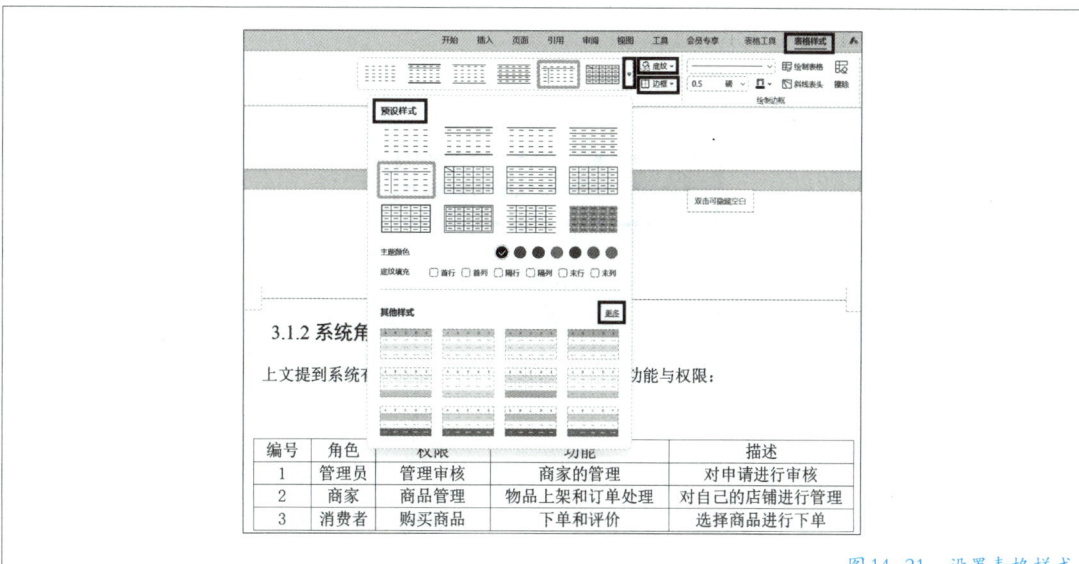

图14-21　设置表格样式

3. 插入表格题注

为了方便读者理解表格的内容，可以在表格上方或下方插入表格题注。题注通常包括表格的标题和编号，用于说明表格的具体内容或用途。

• 将光标定位在论文第三章的第一个表格内，根据学校要求，此表格的表序应为"表3-1"。在工具栏"引用"选项卡中单击"题注"按钮，弹出"题注"对话框，如图14-22所示。

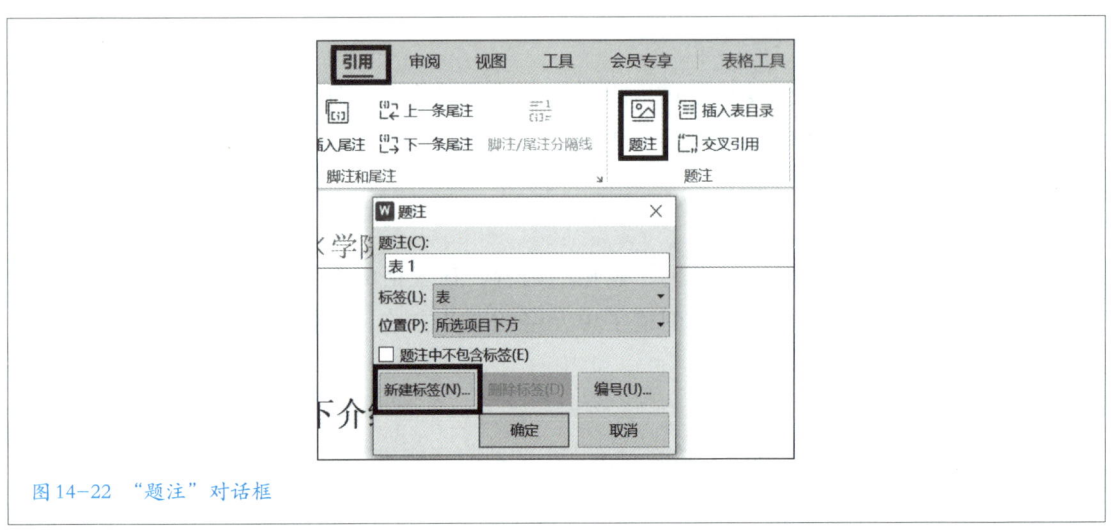

图14-22 "题注"对话框

• 在"题注"对话框中单击"新建标签"按钮，创建名为"表3-"的标签，在标签选项中选择"新建标签"，位置按照学校要求改为"所选项目上方"，如图14-23所示。

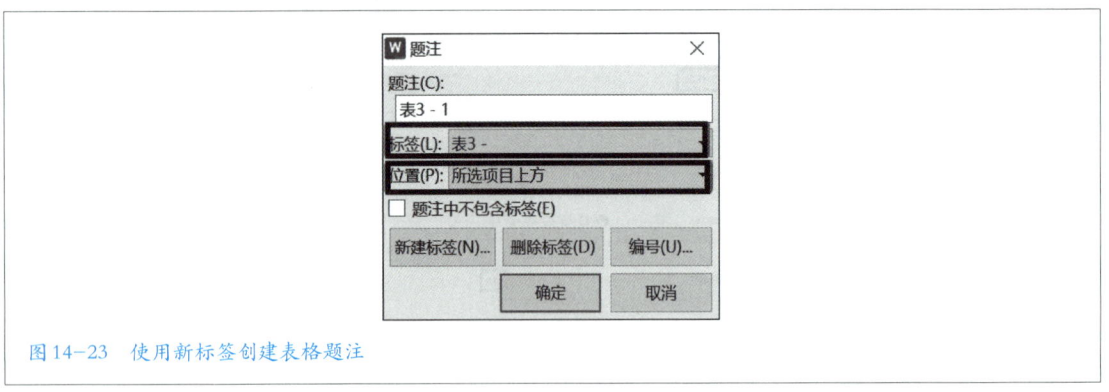

图14-23 使用新标签创建表格题注

• 单击"确定"按钮，即可在表格上方插入该表格题注，将题注水平居中对齐，添加题注后的表格示例如图14-24所示。

表 3 - 1				
编号	角色	权限	功能	描述
1	管理员	管理审核	商家的管理	对申请进行审核
2	商家	商品管理	物品上架和订单处理	对自己的店铺进行管理
3	消费者	购买商品	下单和评价	选择商品进行下单

图 14-24 添加题注后的表格示例

如果需要设置其他的表格题注编号格式，可以单击"题注"对话框中的"编号"按钮进行设置。

在其他章节中添加表格题注时需要分别添加名为"表 X –"的标签，其中"X"为章节编号。

4. 创建表格的交叉引用

交叉引用允许在论文的文本中引用表格，提供直接跳转到该表格的链接。

• 首先，确保表格已经插入了题注，并且题注中包含了唯一的编号。将光标放置在文本中想要插入交叉引用的位置。

• 在工具栏"引用"选项卡"题注"选项组中单击"交叉引用"按钮，弹出"交叉引用"对话框，如图 14-25 所示。

• 选择"引用类型"为"表"。

• 选择"引用"列表中想要插入的信息类型，通常是表格的编号或标题。

• 在下方的列表框中，选择想要引用的具体表格。

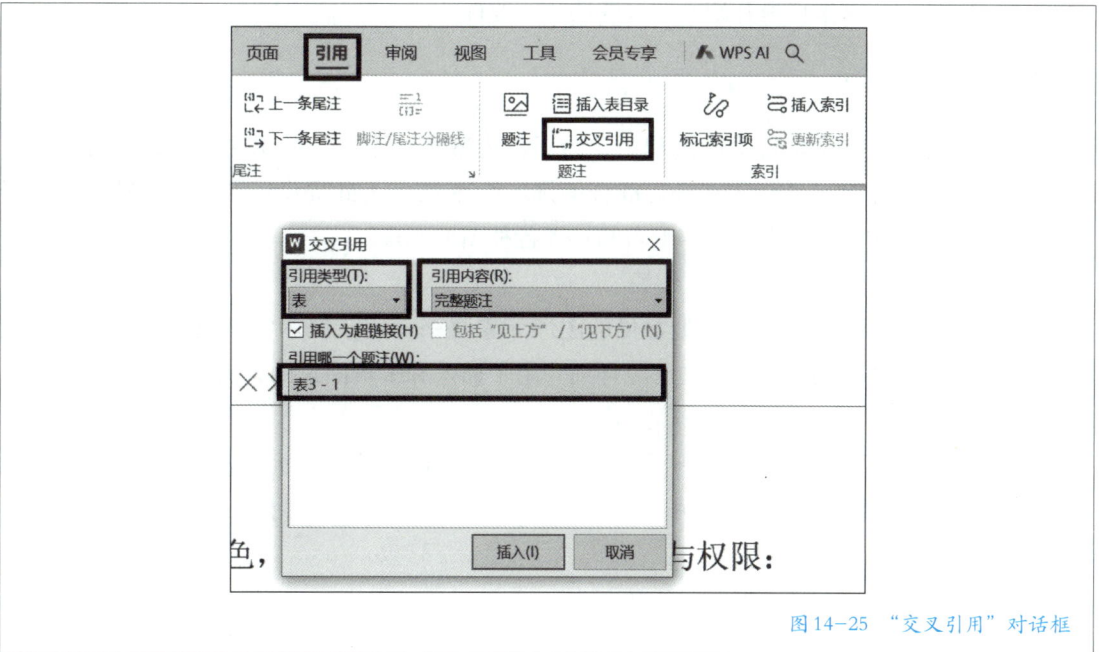

图 14-25 "交叉引用"对话框

• 确认设置后，单击"插入"按钮，交叉引用将被插入文档中，可适当调整格式，如图 14-26 所示。

3.1.2 系统角色

上文提到系统有三个不同的角色，如表3-1介绍其主要功能与权限：

表 3-1

编号	角色	权限	功能	描述
1	管理员	管理审核	商家的管理	对申请进行审核
2	商家	商品管理	物品上架和订单处理	对自己的店铺进行管理
3	消费者	购买商品	下单和评价	选择商品进行下单

图 14-26　插入文档的"交叉引用"

• 如果需要，可以在"交叉引用"对话框中设置其他选项，如"插入为超链接"，这样读者可以单击链接跳转到表格位置。

5. 调整表格布局和外观

根据论文的排版要求，可能还需要调整表格的布局和外观。WPS 文字提供了多种选项，包括调整行高和列宽、合并和拆分单元格、添加和删除行 / 列等，具体的操作在前文已经详细介绍。

通过上述方法，皓皓将论文中的所有表格都添加了题注，并在论文中适当位置插入了对表格的交叉引用，同时为这些表格设置了合适的格式和布局。这些操作将提升论文的可读性和专业性。

四、论文的图文混排

在编辑论文的过程中，为了使内容更加丰富、效果更直观，经常需要将图片等元素与文字进行混合编排。WPS 文字为此提供了全面的支持，可以轻松地在文档中插入、编辑和管理各种图形元素。

1. 插入和编辑图片

图片是论文中最常见的图形元素之一，用于展示实验数据、说明原理或增强视觉效果。前文已经详细介绍了插入和编辑图片的方法。

2. 插入和编辑其他图形元素

除了图片，WPS 文字还支持插入多种其他图形元素，如形状、文本框、艺术字和 SmartArt 图形等。这些元素可以用于强调重点、组织信息或创建自定义的图形布局。

（1）插入形状与线条

将光标定位于需要插入形状的位置。单击工具栏"插入"选项卡"常用对象"选项组中的"形状"按钮，在弹出的下拉菜单中选择预设的形状与线条，如图 14-27 所示。此时光标变为十字形状，可在页面合适位置绘制出合适大小的形状或线条。

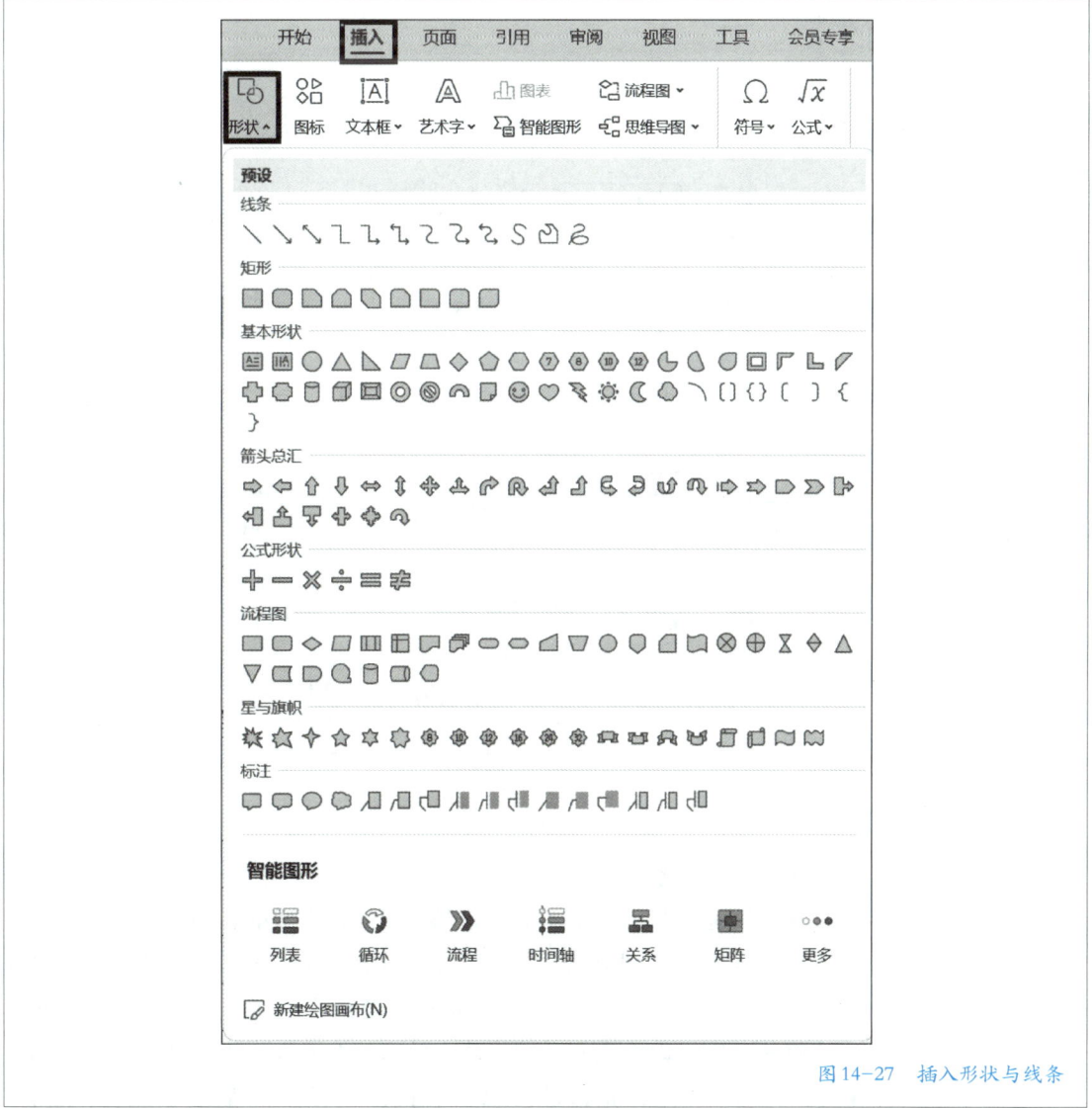

图 14-27　插入形状与线条

（2）插入文本框

　　将光标定位到需要插入文本框的位置，单击工具栏"插入"选项卡"常用对象"选项组中的"文本框"按钮，在弹出的下拉菜单中选择横向或者竖向的文本框，如图 14-28 所示。此时光标变为十字形状，可在页面合适位置绘制出合适大小的文本框，在文本框内光标处输入需要的文本。

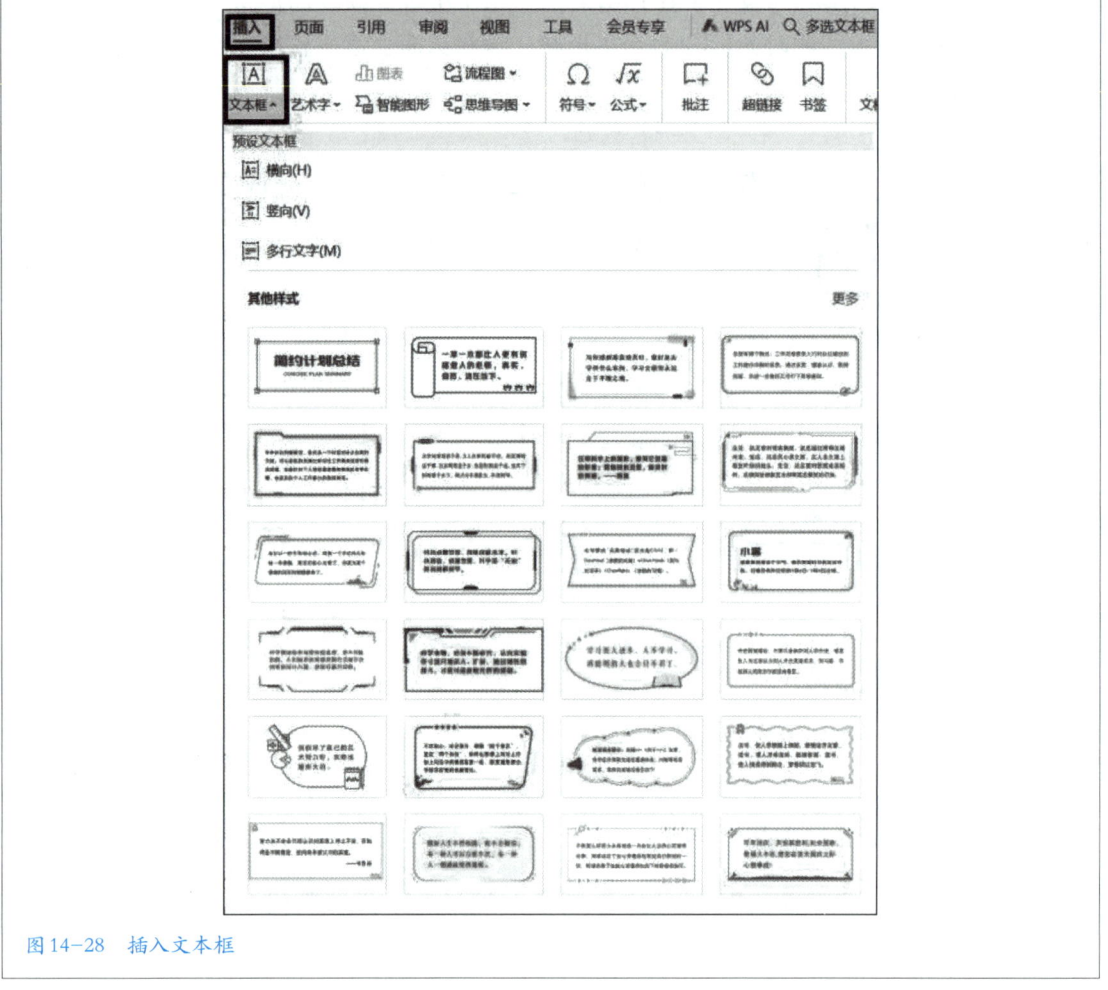

图14-28　插入文本框

（3）组合多个元素

论文中的图通常是由若干图形元素和线段组合而成的，如流程图等。

• 单击"工具栏"选项卡"编辑"选项组中的"选择"按钮，在弹出的下拉菜单中选择"选择对象"，用鼠标框选需要组合的所有元素。若图形元素无法一次框选，则可以按住 Ctrl 键，依次单击每个元素的边框来选中它们。

• 选中所需组合的元素后，单击右键，在弹出的菜单中选择"组合"功能。

皓皓插入了 6 个横向文本框、两个菱形框，输入了适当的文本，用带箭头的线段将文本框连接在一起，将这些元素组合成一个用户登录流程图，如图14-29 所示。

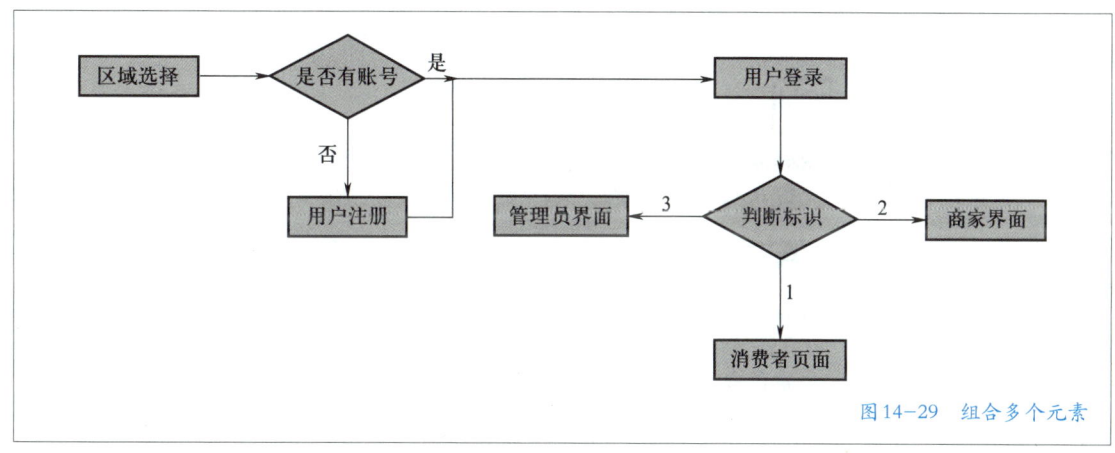

图14-29 组合多个元素

（4）插入艺术字

在文档中除了插入常用的图片、形状和文本框，还可以插入艺术字。艺术字是特殊样式的文本，通常用于标题或装饰性文本，可以提供各种视觉效果，如阴影、轮廓、立体效果等。

将光标定位到需要插入艺术字的位置，单击工具栏"插入"选项卡"常用对象"选项组中的"艺术字"按钮，在弹出的下拉菜单中选择合适的艺术字样式，如图14-30所示。此时在文档中插入了一个预设了艺术字样式的文本框，输入需要的文本即可。

（5）插入SmartArt图形

SmartArt图形是一种智能图形工具，用于快速创建各种逻辑关系图形，如组织结构图、流程图、循环图等。这些图形有助于用户将复杂的信息清晰地呈现出来，便于理解和记忆。SmartArt图形具有高度的个性化和自定义能力，用户可以根据自己的需求随时调整图形样式和各个元素之间的分布，使图表更加直观、美观。

将光标定位到需要插入图形的位置，单击工具栏"插入"选项卡"常用对象"选项组中的"智能图形"按钮，在弹出的对话框中选择合适的样式，如图14-31所示。此时在文档中插入了一个预设了样式的对象，在提示的位置处输入需要的文本即可，如图14-32所示。

（6）插入符号

将光标定位到需要插入符号的位置，单击工具栏"插入"选项卡"常用对象"选项组中的"符号"按钮，在弹出的下拉菜单中选择需要的符号，如图14-33所示。选择"其他符号"，可以在弹出的"符号"对话框中选择更多的符号，如图14-34所示。

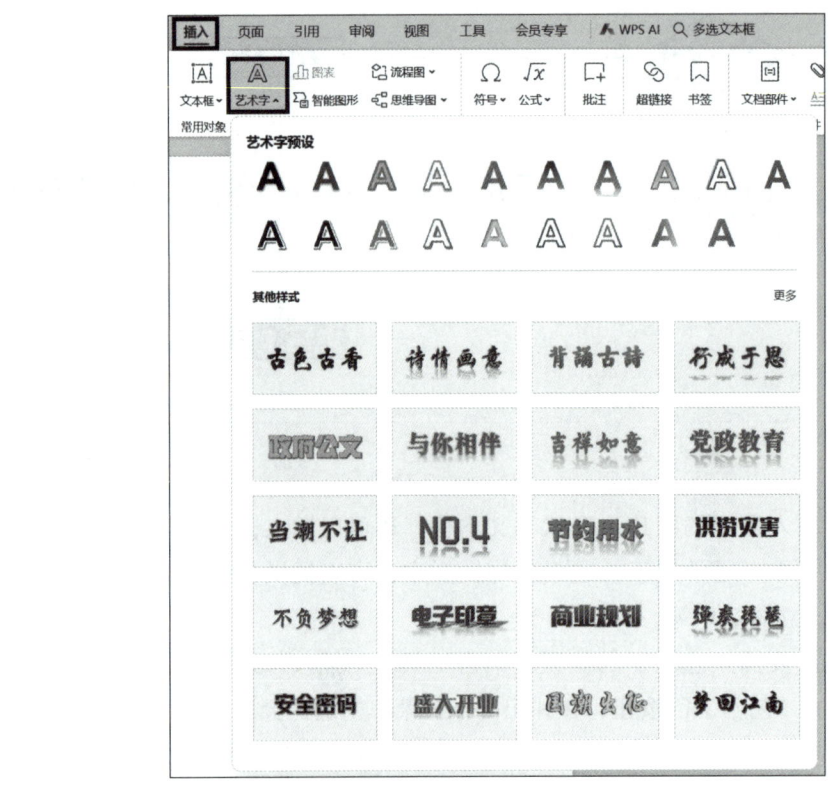

图 14-30 插入艺术字

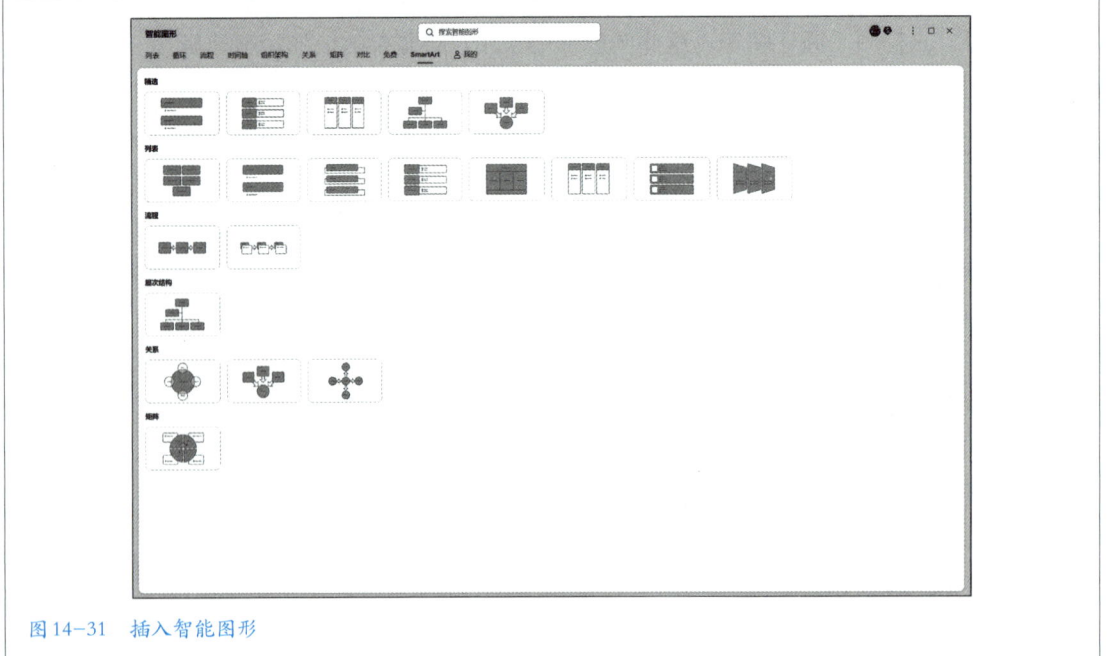

图 14-31 插入智能图形

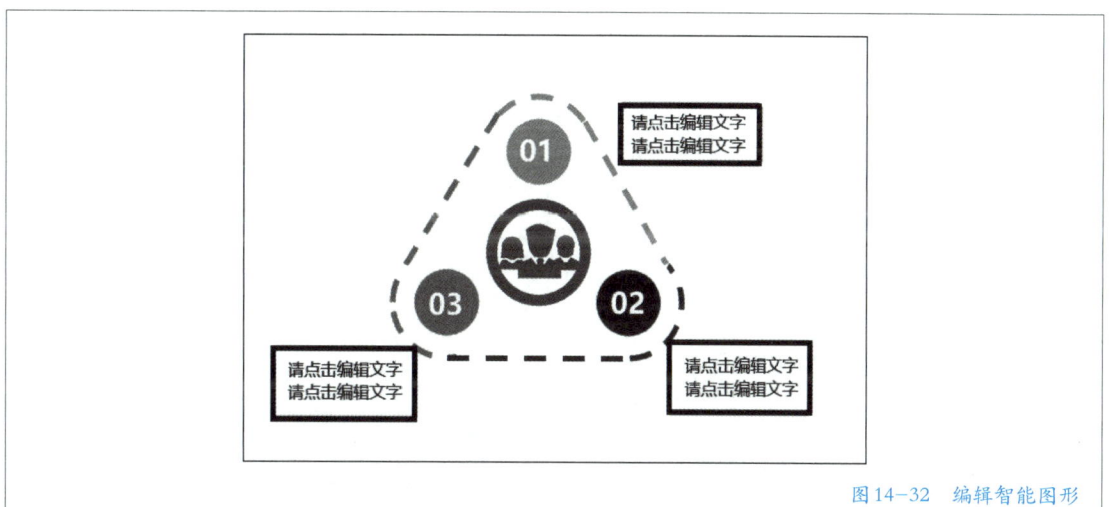

图 14-32 编辑智能图形

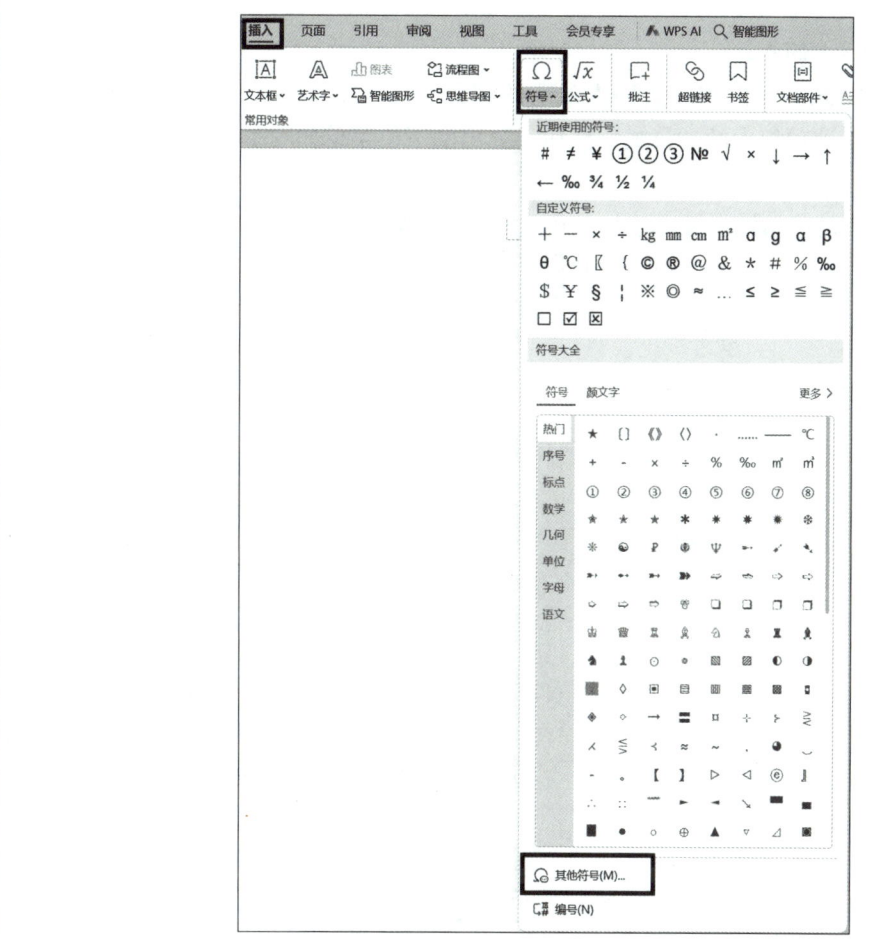

图 14-33 插入符号

图14-34 "符号"对话框

（7）插入公式

将光标定位到需要插入公式的位置，选择工具栏"插入"选项卡"常用对象"选项组中的"公式"按钮，弹出的下拉菜单如图14-35所示。

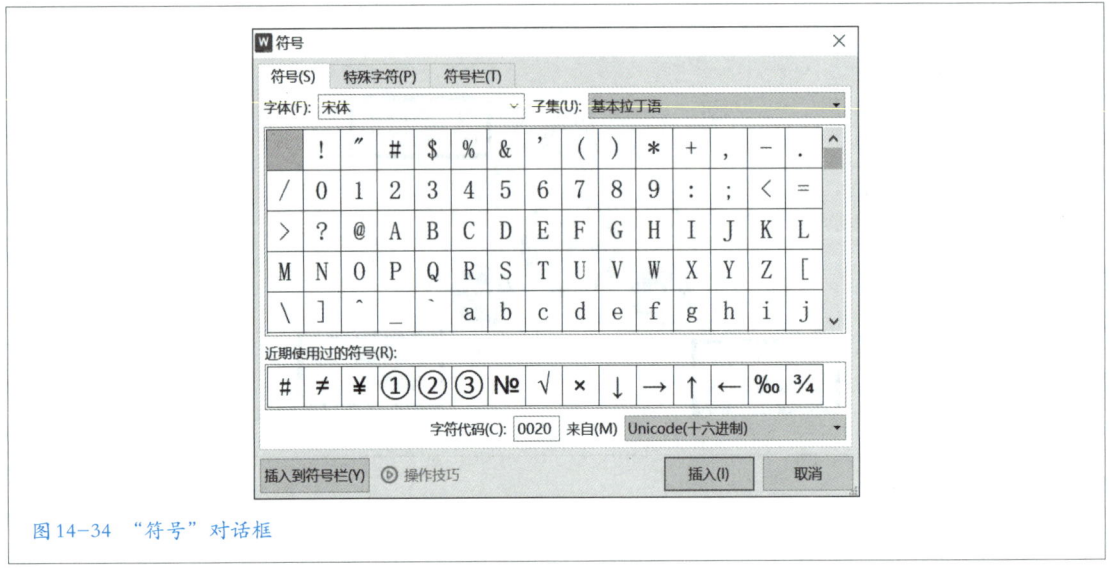

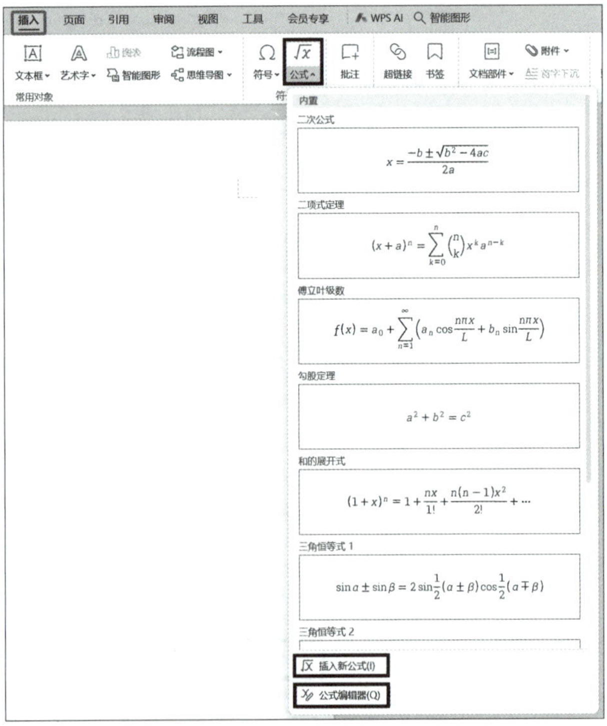

图14-35 插入公式

- 直接选择需要的预设公式。

- 选择"插入新公式",光标处将出现一个公式输入框,同时工具栏中显示"公式工具"选项卡,可以使用该选项卡中的功能,在公式输入框中自行编辑公式,如图14-36所示。

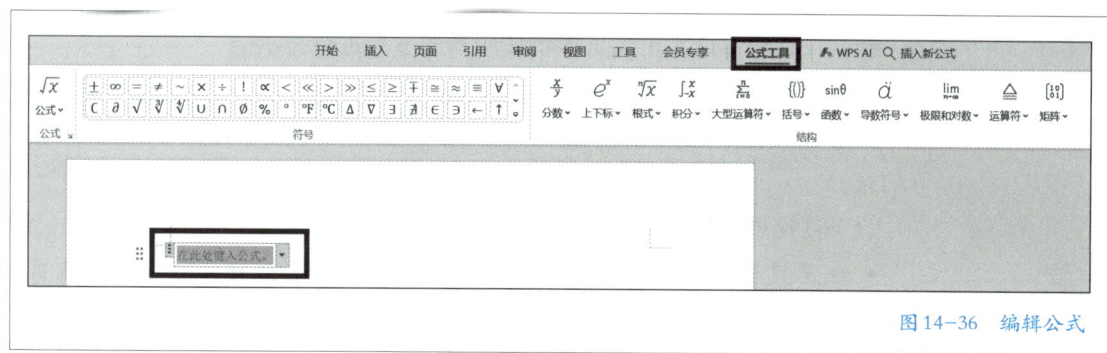

图14-36 编辑公式

- 选择"公式编辑器",在弹出的"公式编辑器"对话框中可以设计比较复杂的公式,编辑成功后,公式将被插入光标处。

3. 插入图片题注和创建图片的交叉引用

插入图片题注和创建图片交叉引用的方法与插入表格题注和创建表格的交叉引用的方法相同,在此不赘述。

皓皓按照学校要求将论文中的所有图片下方都添加了题注,并在论文中适当位置插入了对图片的交叉引用,同时为这些图片设置了合适的格式和布局。这些操作将提升论文的可读性和专业性。

五、设置论文页面

在编辑论文时,合理的页面设置对于提升文档的整体美观性和阅读体验至关重要。

1. 调整页面设置参数

正文的页面设置主要涉及对纸张大小、页边距、纸张方向等参数的调整。选择"页面"选项卡,进入"页面设置"选项组,如图14-37所示。

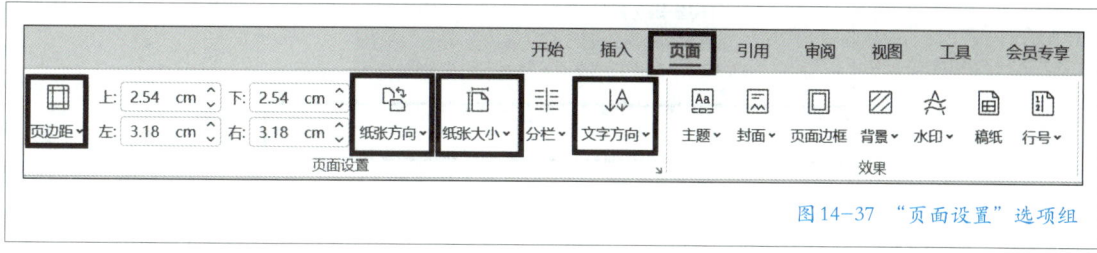

图14-37 "页面设置"选项组

451

在"页面设置"选项组中，单击"纸张方向"按钮，在下拉菜单中选择适合的纸张方向。单击"纸张大小"按钮，在下拉菜单中选择适合的纸张大小，如A4、B5等。单击"页边距"按钮，选择预设的页边距样式，或单击"自定义边距"进行自定义设置。在弹出的对话框中，可以分别设置上、下、左、右的页边距。

确认设置后，论文正文页面将按照新的参数进行显示。

2. 设置论文页眉和页脚

页眉和页脚是论文中常见的页面元素，通常用于显示标题、页码、日期等信息。

（1）创建页眉和页脚

• 在工具栏"插入"选项卡中单击"页眉页脚"按钮，或者在"页面"选项卡中单击"页眉页脚"按钮，进入页眉和页脚编辑模式。此时，文档的顶部和底部将分别显示页眉和页脚的编辑区域，如图14-38所示。

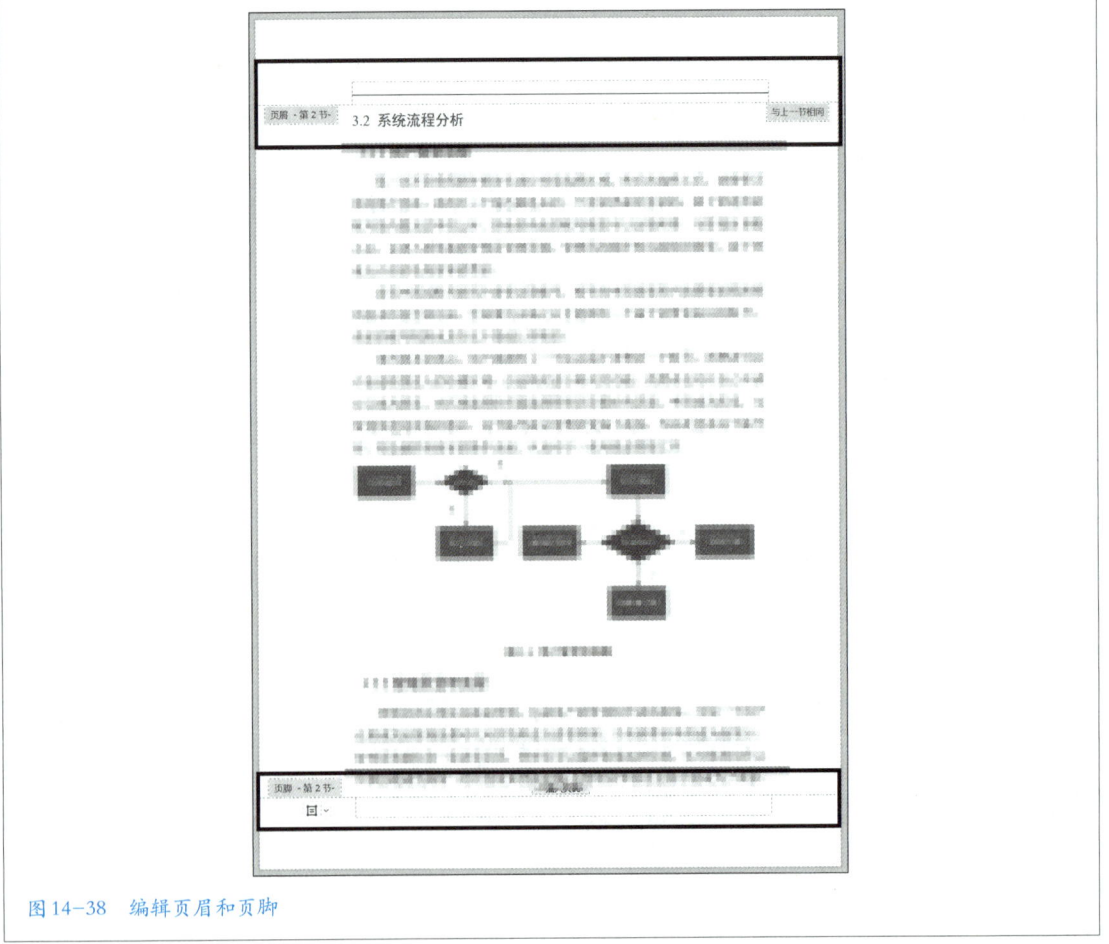

图14-38　编辑页眉和页脚

• 在页眉和页脚的编辑区域内输入需要显示的内容，可以使用"页眉页脚"选项卡中的工具对输入的内容进行格式化，如设置字体、字号、对齐方式等，如图 14-39 所示。

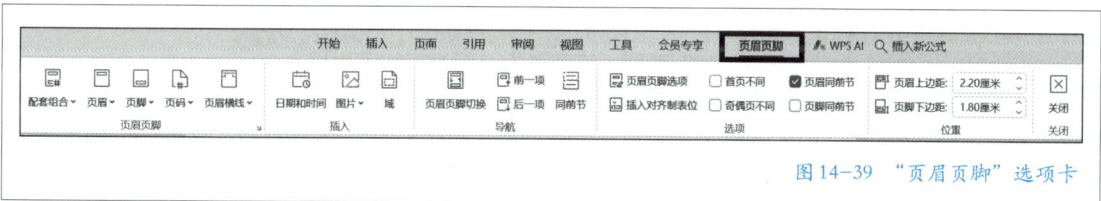

图 14-39 "页眉页脚"选项卡

（2）修改页眉和页脚

如果需要修改已创建的页眉和页脚内容，只需在编辑模式下直接单击相应的区域进行修改即可。可以添加、删除或修改文本内容，调整格式等。修改完成后，单击"关闭页眉和页脚"按钮退出编辑模式，即可看到更新后的效果。

（3）删除页眉和页脚

若要删除已创建的页眉和页脚，同样需要进入页眉和页脚编辑模式。在编辑模式下，选中要删除的内容并按下 Delete 键进行删除。删除完成后，单击"关闭页眉和页脚"按钮退出编辑模式。

值得注意的是，在某些情况下，WPS 文字可能会自动为某些页面（如首页、奇偶页等）应用不同的页眉和页脚设置，可以在"页眉页脚"选项卡中的"选项"选项组中进行配置和调整。

3. 设置论文页码

页码也是论文必不可少的元素之一，用于标识文档的页面顺序。

• 将光标定位在合适的位置。在工具栏"插入"选项卡中单击"页码"按钮，弹出下拉菜单；或者在"页面"选项卡中单击"页码"按钮，弹出下拉菜单，如图 14-40 所示。

• 在下拉菜单中选择预设的页码样式，或者选择"页码"选项弹出"页码"对话框，如图 14-41 所示。

• 在"页码"对话框中选择样式、位置、页码编号等格式参数。WPS 文字将自动在指定位置插入页码，并根据文档的实际情况进行编号。

• 在复杂文档中可能需要设置分节符来单独进行不同部分的页码设置。学校对论文页码的要求是摘要、目录等文前部分页码用罗马数字单独编排，正文及以后部分的页码用阿拉伯数字编排。因此，需要在摘要和目录的最后插入一个分节符，对摘要和目录，以及正文其他部分分别采用不同的页码格式。

• 确认设置后单击"确定"按钮。

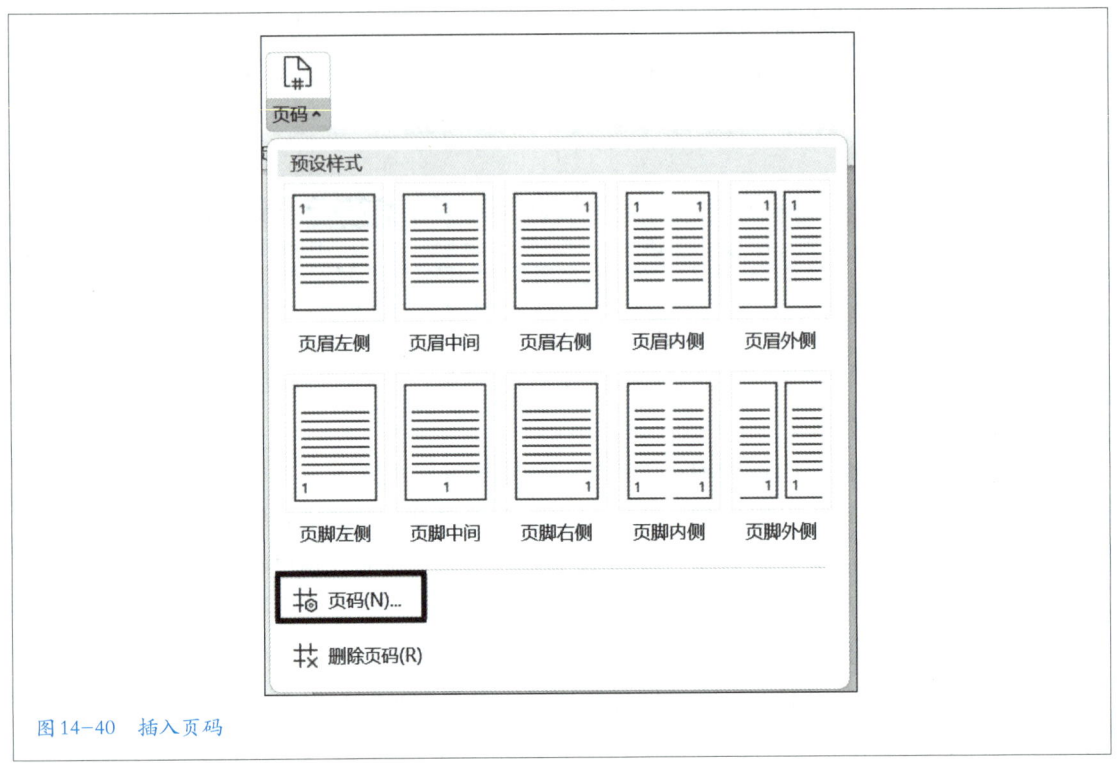

图 14-40 插入页码

图 14-41 "页码"对话框

　　完成页码设置后，如果需要更改页码样式或位置，只需重复上述步骤并选择新的选项即可。如果需要删除页码，只需在页码位置选中并删除。注意，在某些情况下可能需要进入页眉和页脚编辑模式才能删除页码。

六、使用视图

视图是指文档的不同显示方式，可以帮助用户从不同的角度查看和编辑文档。通过切换不同的视图，用户可以更方便地进行文档的排版、审阅、导航等操作。WPS 文字的编辑状态默认是在页面视图下进行的。

1. 使用大纲视图

大纲视图是一种层次化的文档视图，可以帮助用户更好地组织和理解文档的结构。在大纲视图中，用户可以轻松地展开和折叠文档的各个部分，以便快速浏览和定位内容。

在使用大纲视图时，应确保文档已经正确设置了标题样式，如每章的标题采用标题 1 样式，每节的标题采用标题 2 样式，每条的标题采用标题 3 样式，以便 WPS 文字能够正确识别并显示层次结构。

* 打开文档后，选择工具栏"视图"选项卡，单击"大纲"按钮，打开大纲视图，如图 14-42 所示。

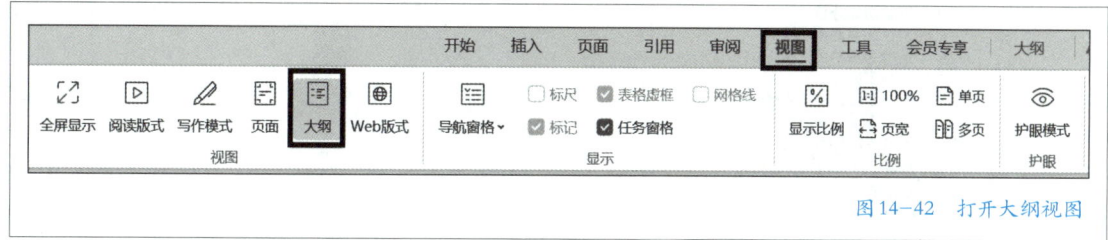

图 14-42　打开大纲视图

* 在大纲视图中可以看到文档按照标题级别进行分层显示。此时，工具栏中显示"大纲"选项卡。
* 通过"大纲"选项卡上"大纲工具"选项组的按钮，可以调整各章节内容的层级、位置，以及内容的折叠与展开。
* 通过"大纲"选项卡上"显示"选项组的按钮，可以筛选大纲显示的级别和格式，显示级别为三级的大纲视图如图 14-43 所示。
* 编辑完成后，单击"关闭"按钮可关闭大纲视图。

2. 使用导航窗格

导航窗格是 WPS 中的一个实用工具，它提供了文档的快速导航和搜索功能。通过导航窗格，用户可以轻松地浏览文档的标题、页面和搜索结果等内容。

* 在工具栏选择"视图"选项卡，单击"导航窗格"按钮，弹出下拉菜单，选择导航窗格显示位置，通常将导航窗格位于文档的左侧，如图 14-44 所示。

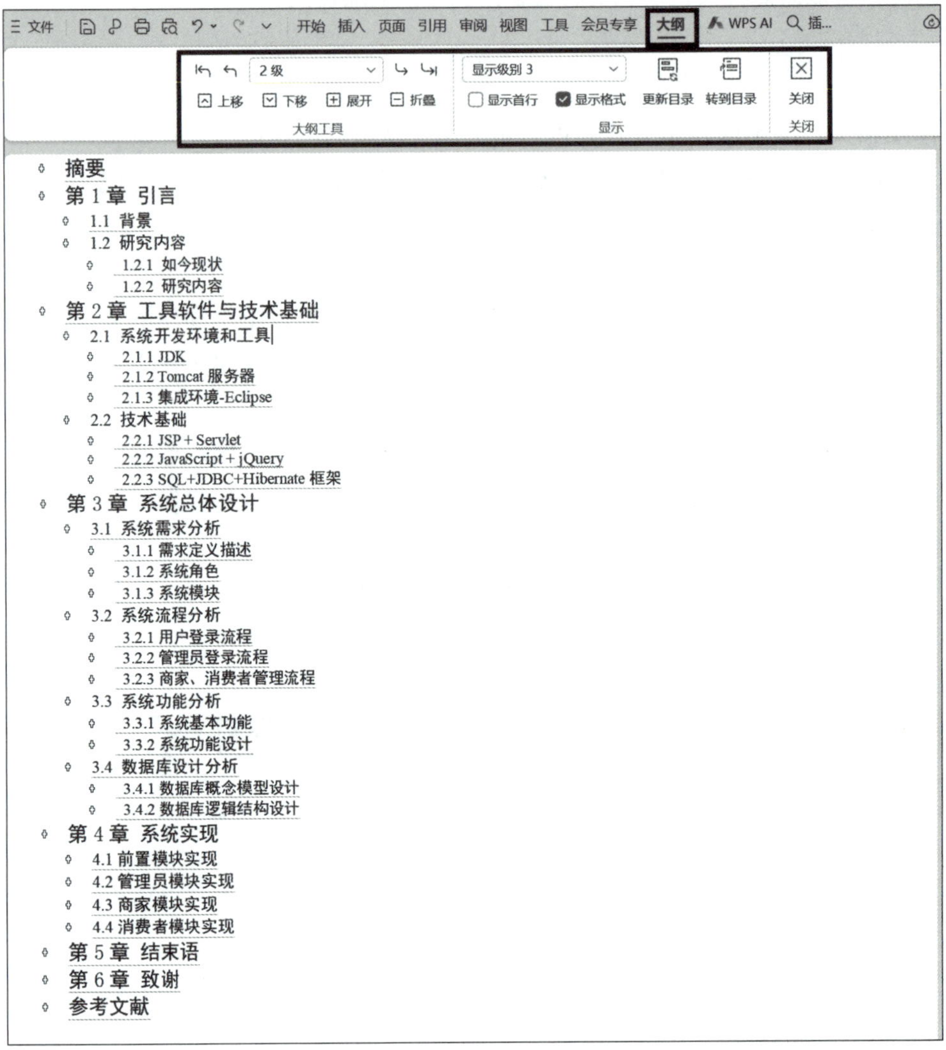

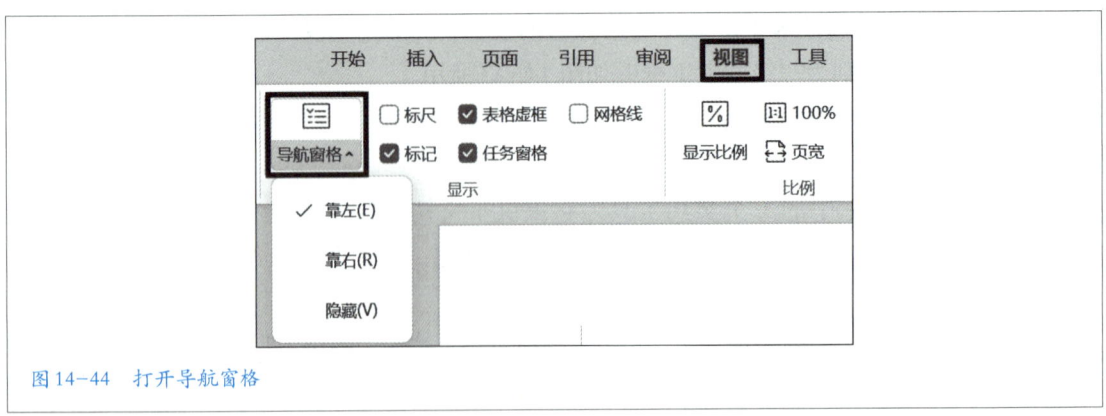

文件
开始 插入 页面 引用 审阅 视图 工具 会员专享 大纲 WPS AI 插...
2级
显示级别 3
上移 下移 展开 折叠
显示首行 显示格式 更新目录 转到目录 关闭
大纲工具
显示
关闭
摘要
第 1 章 引言
1.1 背景
1.2 研究内容
1.2.1 如今现状
1.2.2 研究内容
第 2 章 工具软件与技术基础
2.1 系统开发环境和工具
2.1.1 JDK
2.1.2 Tomcat 服务器
2.1.3 集成环境-Eclipse
2.2 技术基础
2.2.1 JSP + Servlet
2.2.2 JavaScript + jQuery
2.2.3 SQL+JDBC+Hibernate 框架
第 3 章 系统总体设计
3.1 系统需求分析
3.1.1 需求定义描述
3.1.2 系统角色
3.1.3 系统模块
3.2 系统流程分析
3.2.1 用户登录流程
3.2.2 管理员登录流程
3.2.3 商家、消费者管理流程
3.3 系统功能分析
3.3.1 系统基本功能
3.3.2 系统功能设计
3.4 数据库设计分析
3.4.1 数据库概念模型设计
3.4.2 数据库逻辑结构设计
第 4 章 系统实现
4.1 前置模块实现
4.2 管理员模块实现
4.3 商家模块实现
4.4 消费者模块实现
第 5 章 结束语
第 6 章 致谢
参考文献

图 14-43　显示级别为 3 级的大纲视图

开始 插入 页面 引用 审阅 视图 工具
导航窗格
标尺 表格虚框 网格线
标记 任务窗格
显示
显示比例 100% 页宽
比例
靠左(E)
靠右(R)
隐藏(V)

图 14-44　打开导航窗格

• 在导航窗格中，可以看到文档的目录列表、章节列表和书签列表，可以单击列表中的标题或页面缩略图来快速定位到文档的不同部分。如果需要搜索文档中的内容，可以在搜索栏中输入关键词，并按下回车键进行搜索。搜索结果将在导航窗格中显示，可以单击搜索结果定位到相关内容。

通过熟练掌握这些视图模式的应用技巧，用户可以更加高效地进行文档编辑、排版和审阅等工作，从而提升工作效率和文档质量。

七、生成目录与索引

在编辑长篇文档时，目录和索引是不可或缺的工具，它们能够帮助读者快速定位到感兴趣的内容。皓皓为论文创建了目录，并按照学校的要求设置了目录的格式。

1. 插入目录

• 将光标定位在摘要的最后，插入分页符，产生一个空白页。

• 选择工具栏"引用"选项卡，单击"目录"按钮，弹出下拉菜单。

• WPS 文字会根据文档标题样式的等级自动生成可选目录，因为皓皓的论文有一级标题、二级标题和三级标题，所以他选择下拉菜单中智能目录的第三个目录，快速生成符合规范的目录，如图 14-45 所示。

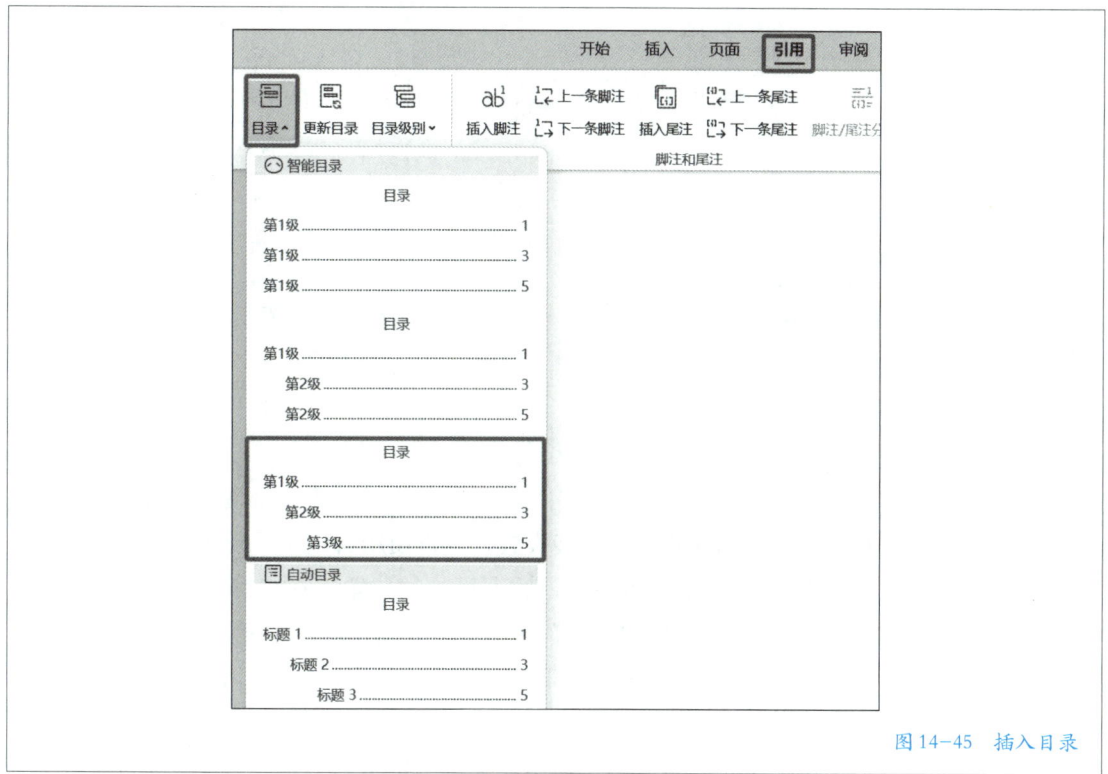

图 14-45　插入目录

• 按照学校要求对生成的目录设定格式后，目录最终效果如图 14-46 所示。

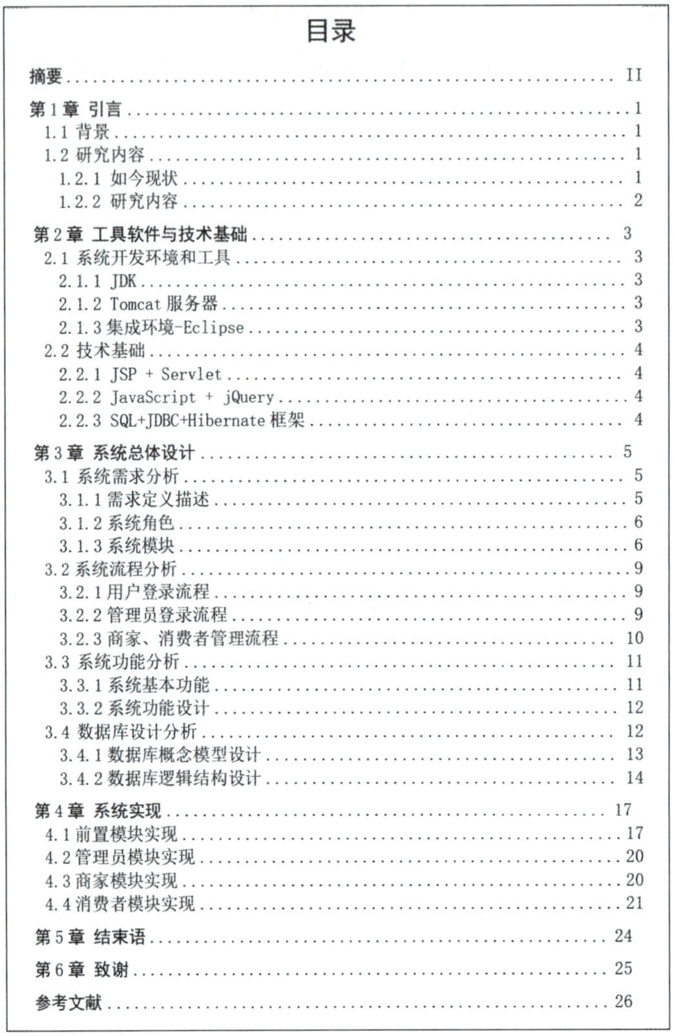

目录

摘要 II

第 1 章 引言 1
1.1 背景 1
1.2 研究内容 1
1.2.1 如今现状 1
1.2.2 研究内容 2

第 2 章 工具软件与技术基础 3
2.1 系统开发环境和工具 3
2.1.1 JDK 3
2.1.2 Tomcat 服务器 3
2.1.3 集成环境-Eclipse 3
2.2 技术基础 4
2.2.1 JSP + Servlet 4
2.2.2 JavaScript + jQuery 4
2.2.3 SQL+JDBC+Hibernate 框架 4

第 3 章 系统总体设计 5
3.1 系统需求分析 5
3.1.1 需求定义描述 5
3.1.2 系统角色 6
3.1.3 系统模块 6
3.2 系统流程分析 9
3.2.1 用户登录流程 9
3.2.2 管理员登录流程 9
3.2.3 商家、消费者管理流程 10
3.3 系统功能分析 11
3.3.1 系统基本功能 11
3.3.2 系统功能设计 12
3.4 数据库设计分析 12
3.4.1 数据库概念模型设计 13
3.4.2 数据库逻辑结构设计 14

第 4 章 系统实现 17
4.1 前置模块实现 17
4.2 管理员模块实现 20
4.3 商家模块实现 20
4.4 消费者模块实现 21

第 5 章 结束语 24

第 6 章 致谢 25

参考文献 26

图 14-46　目录最终效果

2. 自定义目录

如果需要对目录进行进一步设置，可以使用自定义目录功能。

• 将光标放置在文档中希望插入目录的位置，在“目录”下拉菜单中单击“自定义目录”，弹出“目录”对话框，如图 14-47 所示。

• 在“目录”对话框中，可以设置目录的显示级别、制表符前导符、显示页码等参数。

• 根据需要进行设置后，单击“确定”按钮即可生成自定义的目录。

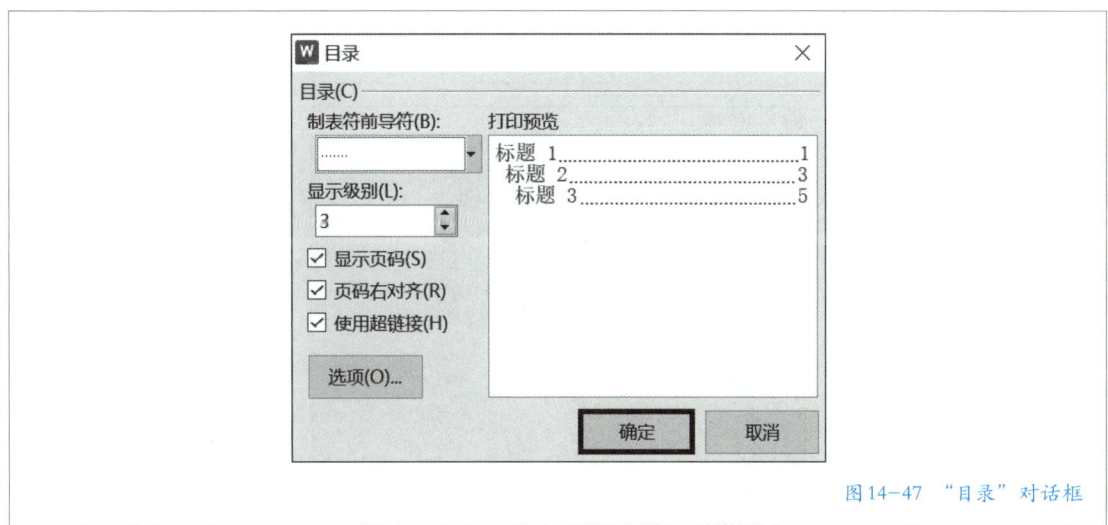

图 14-47 "目录"对话框

3. 更新目录

在文档编辑过程中，如果标题内容或页码发生变化，需要更新目录。

- 单击文档中的目录部分，使其处于选中状态。
- 选择工具栏"引用"选项卡，单击"更新目录"按钮，弹出"更新目录"对话框，如图 14-48 所示。
- 在对话框中，选择需要更新的内容，例如"只更新页码"或"更新整个目录"。如果只修改了文档中的页码，可以选择"只更新页码"以加快更新速度；如果标题内容也发生了变化，则需要选择"更新整个目录"。

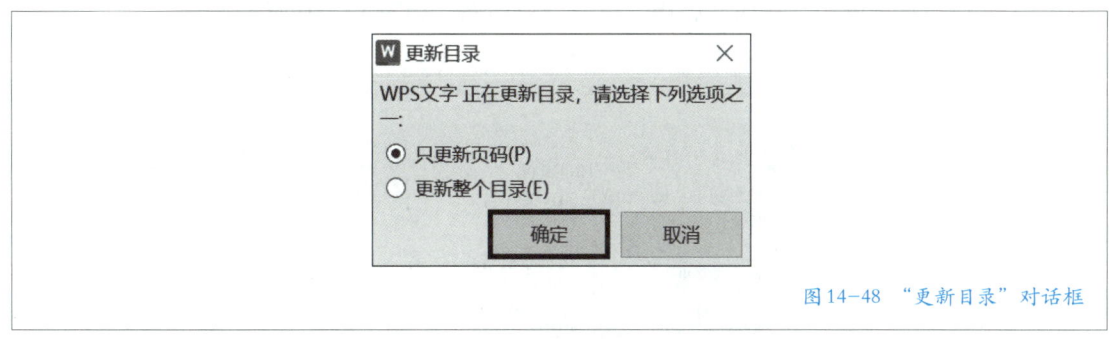

图 14-48 "更新目录"对话框

- 单击"确定"按钮完成目录的更新。

4. 创建索引

索引是文档中关键词和主题的列表，通常位于文档末尾，用于帮助读者快速找到相关信息。

- 在文档中选中需要添加索引项的关键词或短语。
- 选择工具栏"引用"选项卡，单击"标记索引项"按钮，弹出"标记索引项"对话框，如图 14-49 所示。

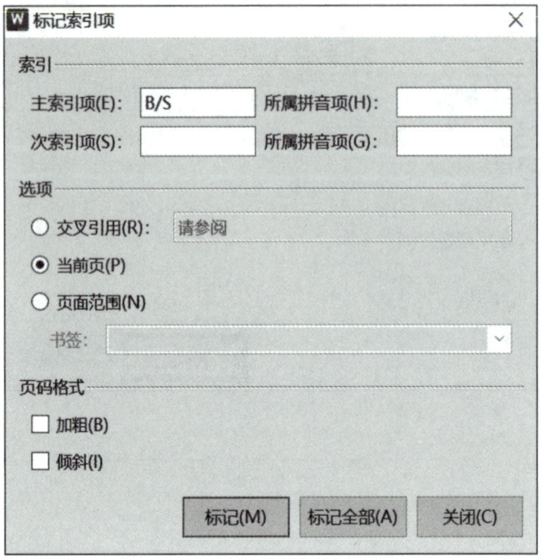

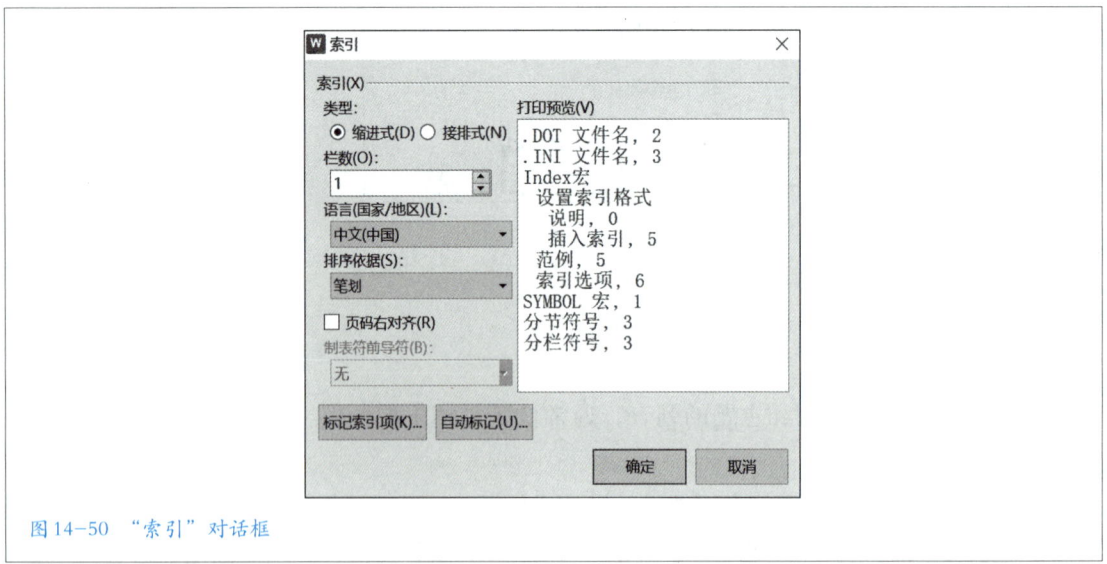

图 14-49 "标记索引项"对话框

• 在对话框中，确认选中的关键词或短语，并为其指定一个索引项名称；还可以选择添加次索引项和交叉引用等。单击"标记"按钮完成索引项的标记。

• 重复以上步骤为文档中的其他关键词或短语添加索引项。

• 将光标置于需要插入索引的位置，选择工具栏"引用"选项卡，单击"插入索引"按钮，弹出"索引"对话框，如图 14-50 所示。

图 14-50 "索引"对话框

• 在"索引"对话框中，可以选择索引的样式和格式，单击"确定"按钮即可生成文档的索引部分。

• 如果后续对文档进行了修改，需要更新索引，则只需选中索引部分，并单击工具栏"引用"选项卡中的"更新索引"按钮，即可完成索引的更新操作。

八、修订论文文档

1. 文档字数统计

根据学校规定，论文的不同部分有不同的字数要求。因此，在编辑论文时，需要统计文档字数以满足特定的要求。

• 单击工具栏"审阅"选项卡中"字数统计"按钮，弹出"字数统计"对话框。

• "字数统计"对话框显示了文档的页数、字数、字符数（不计空格）、字符数（计空格）、段落数等统计信息，如图 14-51 所示。

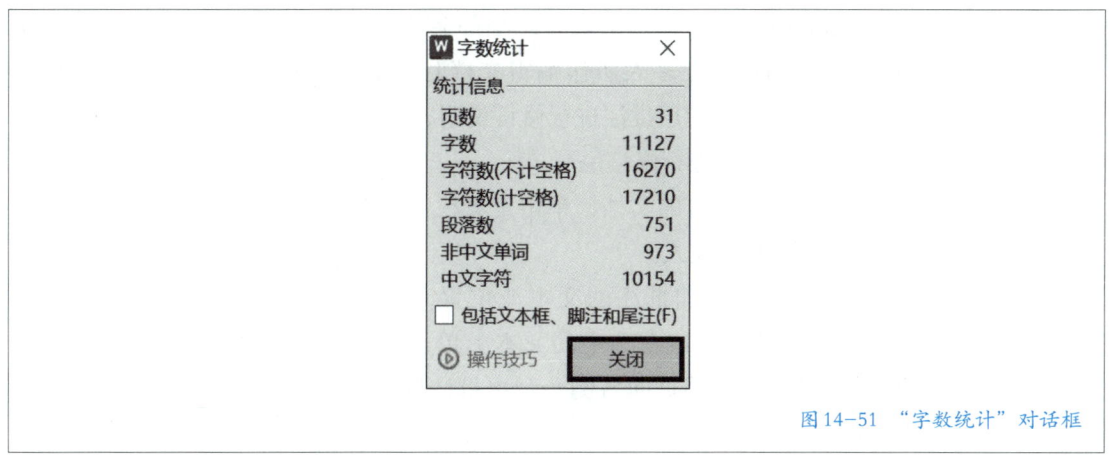

图 14-51 "字数统计"对话框

• 用户可以根据这些信息对论文进行相应的调整或编辑。

2. 文档拼写检查

在完成论文内容的编辑后，为了避免文档中出现拼写错误，皓皓使用拼写检查功能，帮助他快速发现并纠正拼写错误。

• 单击工具栏"审阅"选项卡中的"拼写检查"按钮，将弹出"拼写检查"对话框。

• 在"拼写检查"对话框中会依次列出所有可能的错误，并提供更改建议，用户可以根据提示选择更改、忽略或添加到词典，如图 14-52 所示。

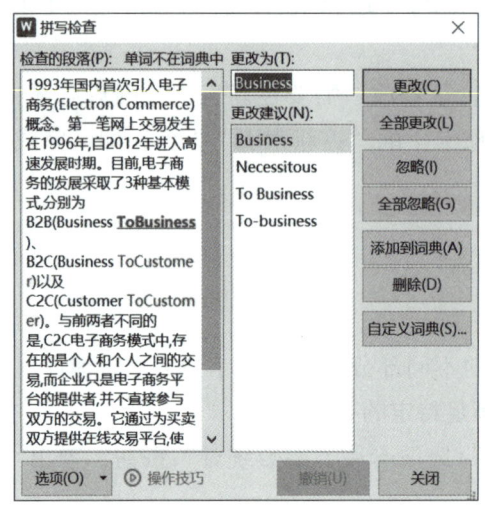

图 14-52 "拼写检查"对话框

3. 文档的修订和编辑

皓皓有时会将文档发给表哥，小孙会帮助他检查设置是否正确，并做适当的修改。因此，在多人协作编辑文档时，批注和修订功能是不可或缺的。WPS 文字允许用户使用批注进行修订说明，并可接受或拒绝其他用户的修订。

（1）使用批注进行修订说明

• 打开需要修订的文档，单击工具栏"审阅"选项卡中的"修订"按钮，确保文档处于修订模式。

• 选择需要添加批注的文本或位置，单击工具栏"审阅"选项卡中的"插入批注"按钮，或在选中的文本上单击右键，在弹出的快捷菜单中选择"插入批注"，在文档页面右侧会弹出批注框，在批注框中输入修订说明或建议，如图 14-53 所示。

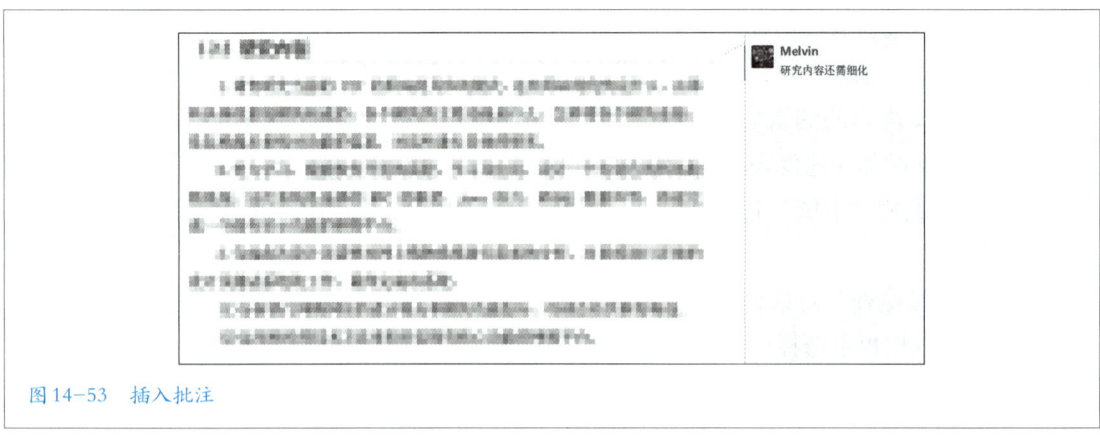

图 14-53 插入批注

- 若在修订模式下直接修改文档中元素的格式，则会在文档右侧自动生成一个批注，如图 14-54 所示。

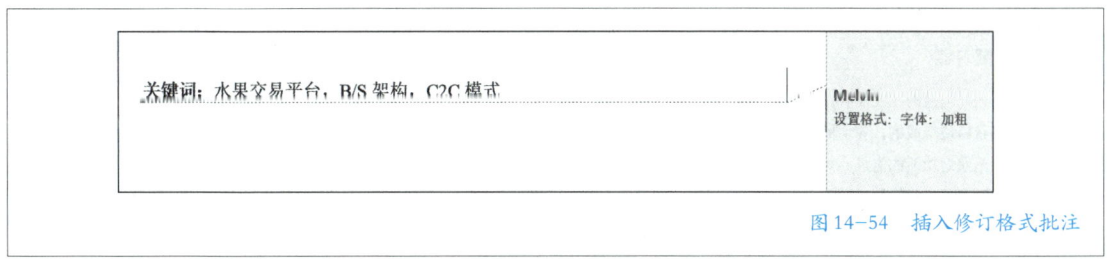

图 14-54　插入修订格式批注

- 完成批注后，再次单击工具栏"修订"按钮即可退出修订模式。

（2）接受或拒绝修订

WPS 文字允许用户选择接受或拒绝修订。

- 打开需要修订的文档，单击工具栏"审阅"选项卡中的"显示标记"按钮，在下拉菜单中勾选需要显示的批注类型。如图 14-55 所示。

图 14-55　显示标记

- 对于每个格式类的批注，可以单击批注右侧的√和 × 按钮，选择接受或拒绝修订，如图 14-56 所示；也可以使用工具栏"审阅"选项卡中的"接受"或"拒绝"选项来操作。

图 14-56　格式类批注处理

- 对于每个内容类的批注，可以单击批注右侧按钮，弹出菜单，如图14-57所示。

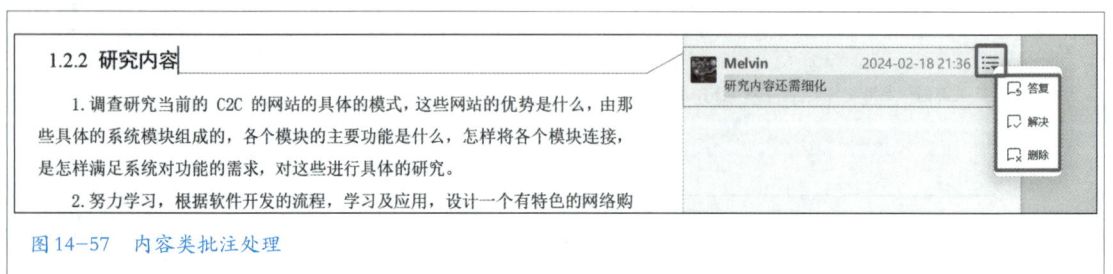

图14-57　内容类批注处理

对于内容类批注有 3 种处理方式。

若选择"答复"，则会在该批注下生成新的批注框，用于输入对审阅人意见的答复。

若选择"解决"，则会在该批注后显示"已解决"。

若选择"删除"，则直接删除该批注。

- 重复上述步骤直到处理完所有批注，最后保存文档以保留所做的更改。

九、打印预览与文档输出

皓皓在编辑论文后，需要按照学校的要求打印论文，同时论文的电子稿需要以 PDF 格式提交给图书馆存档。

打印预览功能允许用户在打印之前查看文档的打印效果，以确保打印设置和内容布局符合要求。此外，WPS 文字还提供了将文档输出为不同格式的功能，以满足用户在不同场景下的需求。

1. 使用打印预览功能

- 选择"文件"菜单中的"打印"选项，在二级菜单中选择"打印预览"，进入打印预览模式。
- 在打印预览窗口中可以看到文档的打印效果。用户可以通过缩放、翻页等功能查看不同页面的打印效果。
- 如果需要修改打印设置，可以在界面右侧"打印设置"栏中进行详细的打印参数设置，如打印机选择、纸张大小、打印方向、页边距等。
- 确认打印设置无误后，可以单击"打印"按钮开始打印文档。

2. 将文档输出为不同格式

在"文件"菜单中有不同格式的输出选项，如图14-58所示。选择需要输出的格式，即可生成所需格式的文档。

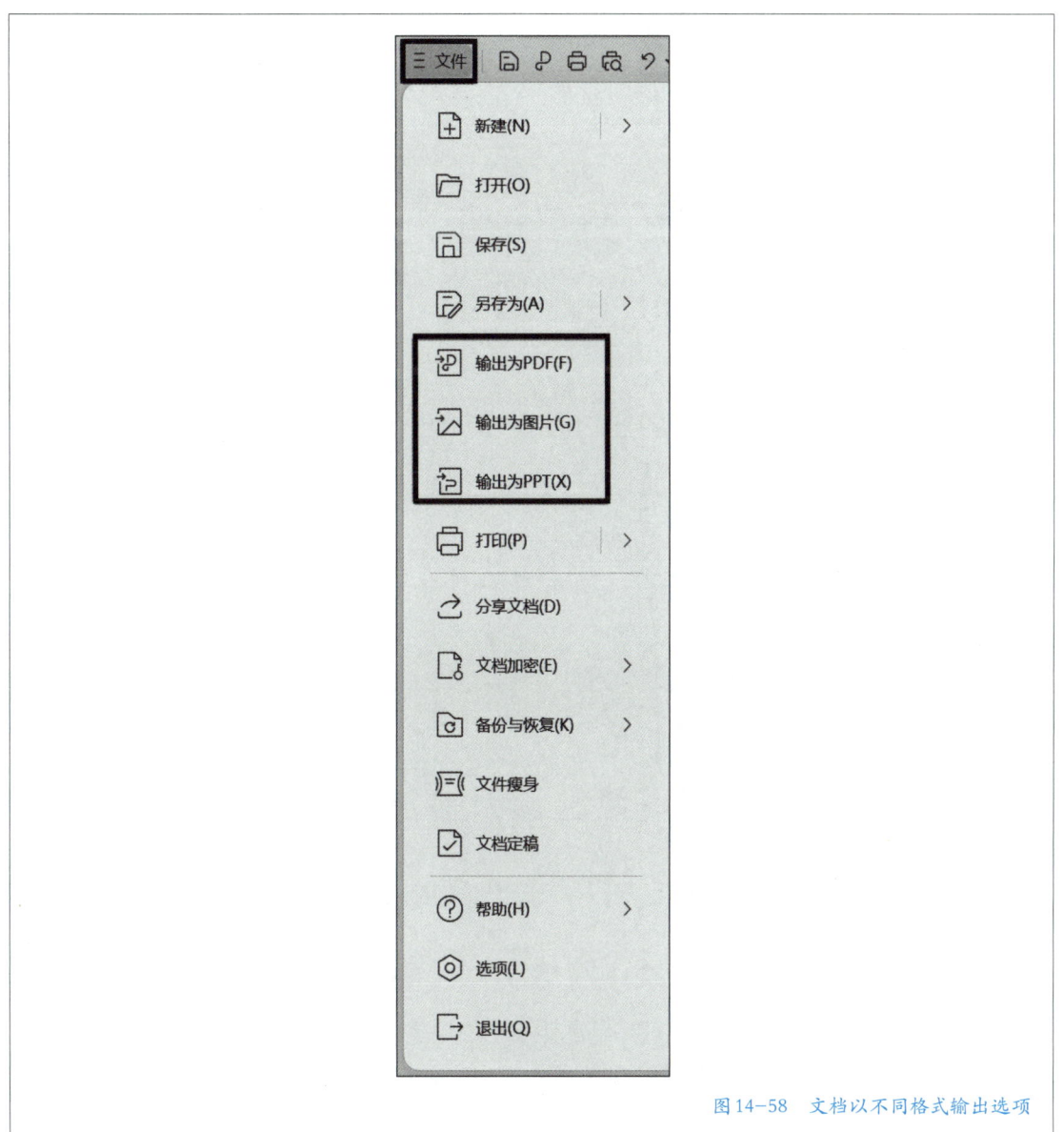

图14-58 文档以不同格式输出选项

任务拓展

参考文献格式,请查阅《信息与文献 参考文献著录规则》(GB/T 7714—2015)。

项目4
表格处理

任务导学

在现代职场中，表格处理是一项非常实用的技能。

表格处理软件是数据分析师进行数据清洗、转换和分析的基本工具。财务分析师通常使用表格处理软件来评估投资机会，做预算和财务报表。项目经理使用表格处理软件来创建项目计划，跟踪进度和预算。市场研究分析师使用表格处理软件来分析消费者行为、市场趋势和竞争对手数据。供应链分析师使用表格处理软件来优化库存管理，提高物流和供应链效率。人力资源专员使用表格处理软件来分析员工数据，如招聘、绩效和薪酬。

掌握表格处理技能不仅可以提高工作效率，还可以作为进入高薪酬领域的敲门砖。随着数据驱动决策在各个行业中变得越来越重要，对表格处理技能的需求也在不断增长。

导　学

1. 知识目标

- 列举WPS表格制作工具类型。
- 会使用WPS表格函数。

2. 技能目标

- 能够使用WPS进行表格制作和编辑修改。
- 能够使用WPS进行统计图表制作和编辑修改。
- 能够使用WPS进行数据分析，并制作透视图。

3. 核心素养

- 根据需求，能选择合适的表格格式、图表格式来呈现数据分析效果。
- 关注WPS表格功能更新，并测试使用。

4. 重/难点知识

- 能根据需求，用数据透视图和表展现数据。
- 能根据需求对两张表进行关联。

任务 15   制作采购清单

任务描述

春节将至，公司办公室决定为员工采购年货，以增进节日气氛。马大姐作为采购任务负责人，需要制作一份详细的采购清单。马大姐找到小孙，希望小孙能帮助她制作一份采购清单。于是，小孙和马大姐一起使用 WPS 表格工具制作了一份包含所有采购年货信息的清单。

思维导图

任务 15 思维导图如图 15-1 所示。

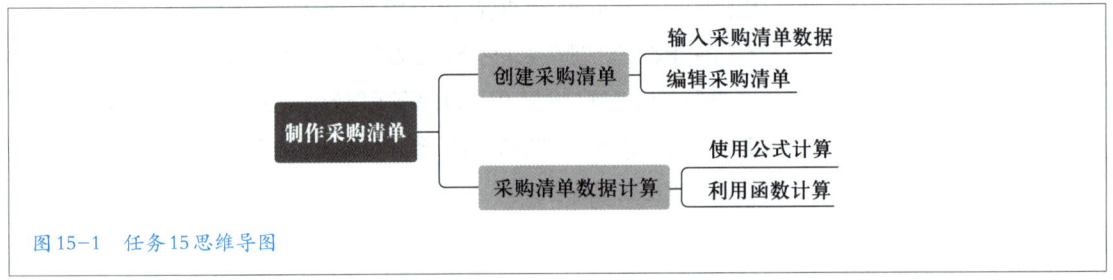

图 15-1   任务 15 思维导图

知识准备

一、WPS 表格简介

WPS 表格是 WPS 套件中的一个重要组成部分，提供了丰富的数据处理和分析功能，适用于各种数据管理和报表制作场景。在 WPS 表格中，用户可以轻松创建、编辑和管理电子表格数据。

工作簿是 WPS 表格文件的基本单位，通常包含一个或多个工作表。工作簿类似于活页夹，而工作表则是其中的各个页面。

如图 15-2 所示，WPS 表格的工作界面与 WPS 文字相似，同样具有功能区、菜单、状态栏等。WPS 表格主要用于处理电子表格，因此具有一些特定的工作区域。

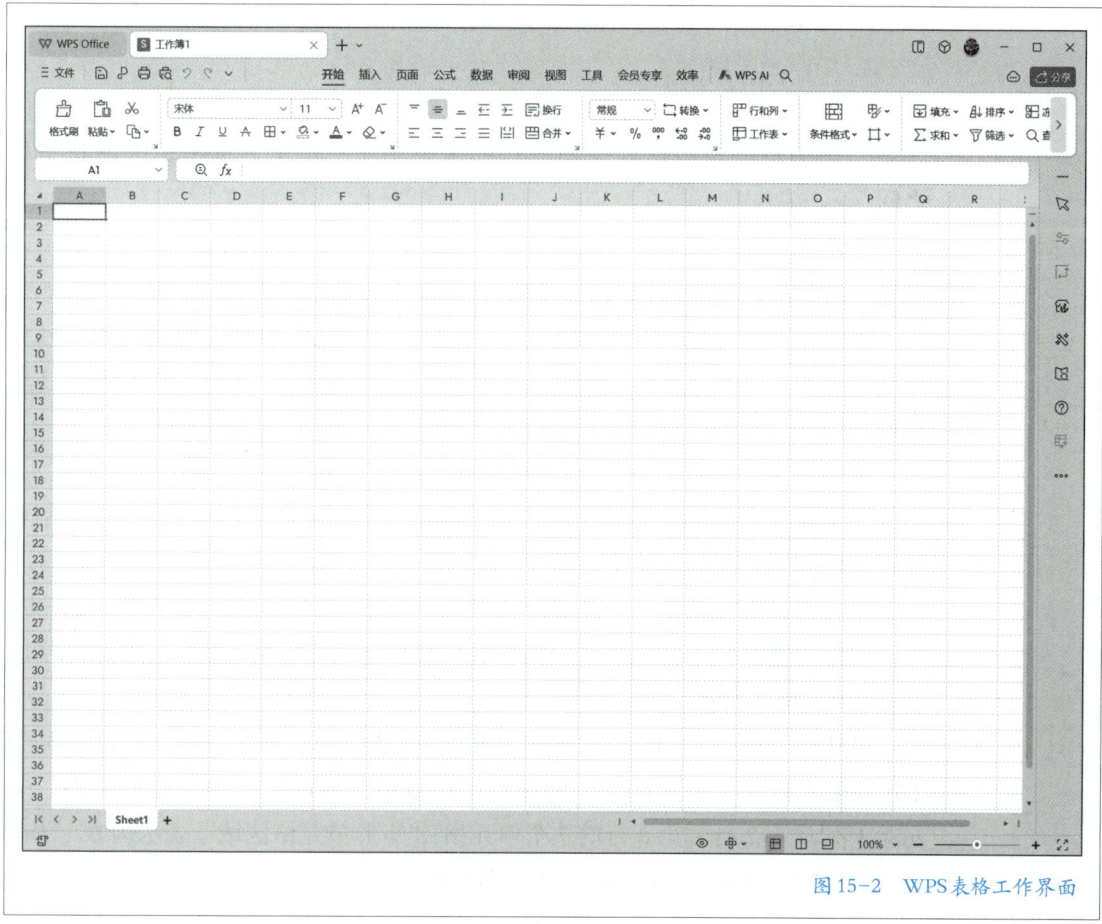

图 15-2　WPS 表格工作界面

1. 数据编辑区

数据编辑区是 WPS 表格中用于输入和编辑数据的区域，位于功能区下方，包括名称框和编辑栏两个部分。

（1）名称框

名称框主要用于显示当前选定单元格、图表项或绘图对象的名称。例如，当选中 A 列第 1 行的单元格时，名称框中就会显示"A1"。名称框可以帮助用户快速识别当前正在编辑的单元格位置。因此也被称为活动单元格地址框。

（2）编辑栏

编辑栏位于名称框右侧，是一个用于编辑当前单元格内容的区域。用户可以在编辑栏中输入和修改数据，包括文本、数字、公式等。当在单元格中输入数据时，编辑栏会同步显示输入的内容，方便用户进行确认和修改。编辑栏包含 3 个按钮。

- "取消"按钮，用于撤销当前单元格中输入的内容。
- "输入"按钮，用于确认当前单元格中输入的内容。

- "插入函数"按钮,用于快速打开"插入函数"对话框。

2. 工作表区域

工作表是工作簿中的单个页面,是 WPS 表格中用于存储和处理数据的区域,是用户进行数据处理和分析的主要场所,位于数据编辑区与状态栏之间。

工作表区域主要由单元格、行号、列号和工作表标签组成。工作表由多个单元格组成,可以包含文本、数字、公式等元素。

单元格是工作表中的最小单位,用于存放和显示数据。单元格的行号和列号组合即为单元格名称或地址,列号在前,行号在后,如 A2 单元格、C3 单元格等。

单击某一单元格,使其成为活动单元格,此时该单元格边框突出显示,边框右下角的黑色小方块被称为"填充柄",通常用于快速填充数据或复制单元格的格式到相邻的单元格。

单元格区域是指由单个或多个连续的单元格组成的区域。在 WPS 表格中,可以通过指定区域中左上角单元格和右下角单元格的地址来表示一个单元格区域,如图 15-3 所示。

其中,"同一行内连续单元格区域"表示为 B11:D11,表示第 11 行从第 2 列到第 4 列的 3 个单元格;"同一列内连续单元格区域"表示为 F2:F8,表示第 F 列从第 2 行到第 8 行的 7 个单元格;"矩形单元格区域"表示为 B2:D6,表示以 B2 和 D6 单元格为顶点的矩形区域,5 行 3 列共 15 个单元格。

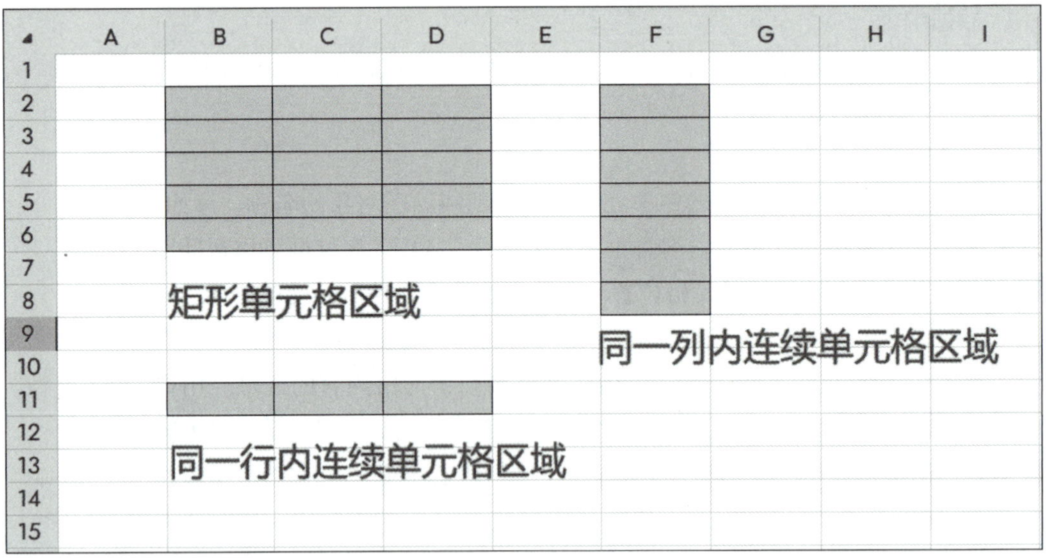

图 15-3 单元格区域示意图

二、工作簿和工作表常见操作

1. 新建与保存工作簿

（1）新建工作簿

新建工作簿有以下几种方法，新建工作簿的默认名称为"工作簿 1"。

• 单击标题栏"新建"按钮（通常显示为一个加号图标），在弹出的菜单中选择"表格"。

• 单击 WPS 主界面"新建"按钮，在弹出的菜单中选择"表格"。

• 选择"文件"菜单中的"新建"选项，在弹出的二级菜单中选择"新建"，WPS 进入新建文档选择界面，单击"空白文档"。

• 使用 Ctrl+N 组合键。

（2）保存工作簿

在完成数据编辑后，保存工作簿的方式与保存文字文档相似。

• 单击"文件"菜单中的"保存"选项。

• 单击快速访问工具栏中的"保存"按钮。

• 使用 Ctrl+S 组合键。

如果是第一次保存文档，系统会弹出一个对话框，在对话框中选择保存位置，输入文件名，并选择文件类型后，单击"保存"按钮。

如果之前已经保存过文档，本次想要保存对文档所做的更改，只需再次做保存操作，将自动保存更改并覆盖原文件。

2. 打开与关闭工作簿

（1）打开工作簿

• 若安装 WPS 时选择了关联当前文件格式，则在 Windows 资源管理器中文档保存位置找到需要打开的文件，双击即可打开该文件。

• 单击"文件"菜单，在弹出的下拉菜单中选择"打开"命令，打开"打开文件"对话框，在对话框中选择工作簿打开。

• 单击快速访问工具栏上的"打开"按钮（通常显示为文件夹图标），或按下 Ctrl+O 组合键，打开文件浏览器窗口进行工作簿选择与打开。

• 单击"文件"菜单，在弹出的下拉菜单中，将鼠标指针悬停于"打开"选项上，右侧会弹出"最近使用"工作簿列表，从中选择并打开工作簿。

• WPS 主界面会列出最近在编辑的工作簿，双击文件名即可打开该工作簿。

（2）关闭工作簿

• 单击标题栏文档名右侧的关闭按钮。

• 按下 Ctrl+W 组合键或 Ctrl+F4 组合键。

● 在 Windows 任务栏中，将鼠标指针悬停在 WPS 图标上，在展开的工作簿列表中单击要关闭的工作簿右上方的关闭按钮。

● 单击"文件"菜单，在下拉菜单中选择"退出"，即可关闭当前所有打开的工作簿，同时退出 WPS 表格程序。

在关闭工作簿之前，如果对工作簿进行了更改但尚未保存，WPS 表格通常会弹出一个提示框，询问是否保存更改，可根据需要选择"保存"或"不保存"。

3. 插入工作表

新建工作簿后默认只有一个名为"Sheet1"的工作表，若要在工作簿中插入新的工作表，有以下方法。

● 单击 Sheet1 右侧的"新建工作表"按钮。

● 右键单击 Sheet1，弹出的快捷菜单如图 15-4 所示；或单击功能区"开始"选项卡"单元格"选项组中的"工作表"按钮，也可以弹出此快捷菜单。

图 15-4 "工作表"快捷菜单

在"工作表"快捷菜单中选择"插入工作表"选项，弹出"插入工作表"对话框，如图 15-5 所示。

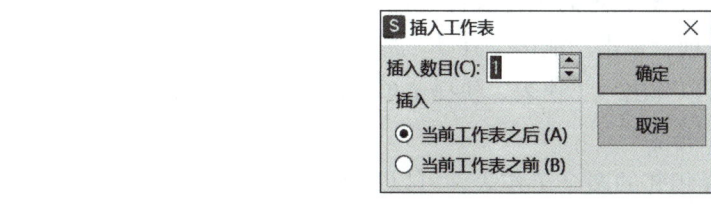

图 15-5 "插入工作表"对话框

在此对话框中输入需要插入的工作表数目，选择插入位置，单击"确定"按钮即可插入新的工作表。

4. 切换工作表

切换工作表是指在同一个工作簿中，从一个工作表切换到另一个工作表的操作。切换工作表可以方便地在不同的工作表之间进行数据比较、汇总和分析。切换工作表有以下几种方法。

- 单击工作表标签，即可切换到相应的工作表。
- 使用 Ctrl+PageDown 组合键可以切换到下一个工作表，使用 Ctrl+PageUp 组合键可以切换到上一个工作表。
- 如果工作簿中包含很多工作表，工作表区域底部的工作表标签栏不足以显示所有的标签，有些会被隐藏起来，此时可以使用活动文档窗口来切换。右键单击工作表标签最左侧的空白区域，或者单击工作表标签栏最右侧的"切换工作表"按钮，会弹出活动文档窗口，在该窗口选择需要跳转的工作表名称进行切换。

5. 删除工作表

删除工作表主要有两种方式。

- 在想删除的工作表标签上单击右键，在弹出的"工作表"快捷菜单中选择"删除"选项，并确认删除即可。
- 单击功能区"开始"选项卡"单元格"选项组中的"工作表"按钮，弹出"工作表"快捷菜单进行删除操作。

需要注意的是，一旦删除了工作表，就无法再恢复。如果要删除的工作表中包含数据，则在进行删除操作之前，会弹出对话框询问是否永久删除数据。应确保已经备份了所有重要数据再删除工作表。

6. 重命名工作表

为工作表命名可以让用户更好地理解工作表中数据的意义，重命名工作表有以下几种方法。

- 双击工作表标签，此时工作表名称处于激活状态，输入新的名称并单击回车键确认。

• 右键单击想要重命名的工作表标签，在弹出的"工作表"快捷菜单中选择"重命名"选项；单击功能区"开始"选项卡"单元格"选项组中的"工作表"按钮，也可以弹出"工作表"快捷菜单，输入新的工作表名称即可。

7. 选定多个工作表

• 如果要选择相邻的多个工作表，可以先单击第一个工作表标签，然后按住 Shift 键，再单击最后一个工作表标签。

• 如果要选择不相邻的多个工作表，先按住 Ctrl 键，然后逐一单击想要选择的工作表标签。

• 如果要选择所有的工作表，在工作表标签上单击右键，在弹出的"工作表"快捷菜单中选择"选定全部工作表"。

选定了多个工作表后，在向其中一个工作表输入数据或设置格式时，其他工作表中会出现相同的数据和格式。

8. 移动和复制工作表

移动和复制工作表可以在同一工作簿内或者在不同工作簿之间进行。

在同一工作簿内，按住鼠标左键拖动工作表标签，当三角箭头到达目标位置后释放左键即可实现工作表的移动；如果在拖动的同时按住 Ctrl 键，则在目标位置复制所拖动的工作表。

此外，还可以使用对话框来实现工作表的移动和复制。

• 右键单击选中的工作表标签，在弹出的"工作表"快捷菜单中选择"移动"选项，弹出"移动或复制工作表"对话框，如图 15-6 所示。

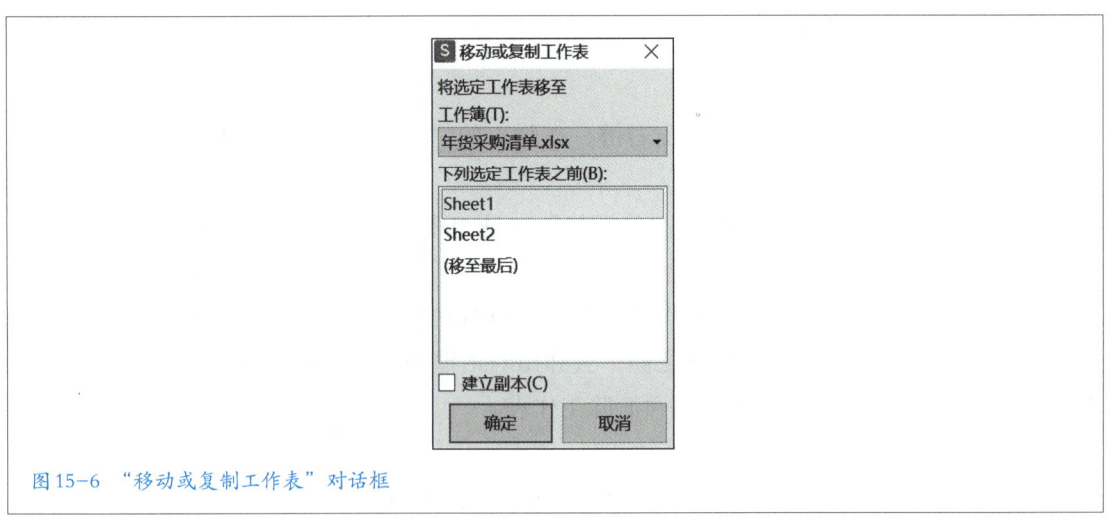

图 15-6 "移动或复制工作表"对话框

• 在"移动或复制工作表"对话框中选择需要移动或复制的目标工作簿。如果需要创建新的工作簿，可以在"工作簿"列表框中选择"新工作簿"选项。

● 在"下列选定工作表之前"的列表框中，选择将当前选定的工作表放在目标工作簿中的位置。

● 如果需要复制工作表而不是移动工作表，需要勾选"建立副本"选项。

● 单击"确定"按钮，即可完成工作表的移动或复制。

9. 隐藏与显示工作表

选定需要隐藏的工作表后，在前面所描述的"工作表"快捷菜单中选择"隐藏"选项，可以隐藏工作表。隐藏工作表后，该工作表的内容将被隐藏，但不会被删除，可以在需要时取消隐藏。

取消隐藏的方法是在"工作表"快捷菜单中选择"取消隐藏"，弹出"取消隐藏"对话框，如图 15-7 所示。在该对话框中，选择需要显示的被隐藏工作表名，单击"确定"按钮，或者直接双击工作表名。

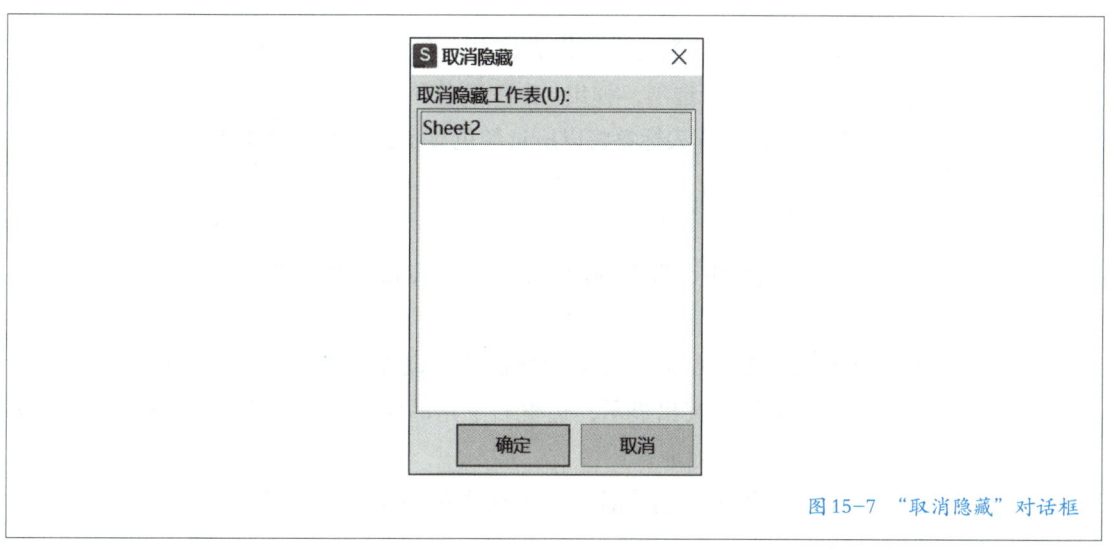

图 15-7　"取消隐藏"对话框

10. 冻结窗格

为了在滚动查看数据时保持某些行或列不动，即持续可见，可以使用冻结窗格功能。

选择要冻结的行或列下方的单元格作为活动单元格，要冻结的行或列将位于活动单元格的上方或左侧，单击功能区"视图"选项卡"窗口"选项组中的"冻结窗格"按钮，弹出下拉菜单，如图 15-8 所示。

依据活动单元格所处地址，下拉菜单中提供了"冻结首行""冻结首列"等选项，用户可根据需要进行选择。

若要取消窗口冻结，在"冻结窗口"下拉菜单中选择"取消冻结窗格"选项即可。

图15-8 "冻结窗口"下拉菜单

11. 设置工作表标签颜色

为了更好地区分和识别不同的工作表，用户可以为工作表标签设置不同的颜色。

右键单击要设置颜色的工作表标签，在弹出的"工作表"快捷菜单中选择"工作表标签颜色"选项，弹出"标签颜色"选项，从中选择合适的颜色即可。设置颜色后，该工作表标签将以所选颜色显示，方便用户快速识别和定位。

三、在工作表中输入数据

在 WPS 表格中，数据的输入和编辑是基础且核心的操作。

1. 选定单元格及单元格区域

单击某一单元格后，此单元格成为活动单元格，此时单元格边框和其所在的行号、列号均突出显示，边框右下角的实心小方块为"填充柄"，在名称框中显示此单元格地址。

如果在工作表中输入数据，需要先选中单元格或单元格区域，常用方法如表 15-1 所示。

表15-1 单元格或单元格区域选取方法

选取对象	选取方法
单个单元格	单击相应的单元格，或用方向键移动到相应的单元格
连续单元格区域	单击要选中的单元格区域的第一个单元格，拖动鼠标直到要选中的最后一个单元格； 单击要选中的单元格区域的第一个单元格，按住 Shift 键，单击单元格区域的最后一个单元格； 在名称框中输入要选单元格区域的起止地址，按下回车键
不相邻的单元格或单元格区域	单击要选中单元格区域的第一个单元格，按住 Ctrl 键的同时选定其他单元格或单元格区域； 在名称框中输入使用逗号间隔的若干个单元格区域地址，按下回车键

续表

选取对象	选取方法
单行或单列	单击行号或列号
相邻的行或列	沿行号或列号拖动鼠标； 先选定1行或1列，按住Shift键的同时选定其他的行或列
不相邻的行或列	选定1行或1列后，按住Ctrl键的同时选定其他行或列
工作表中全部单元格	单击行号和列标交叉处的"全部选定"按钮； 单击空白的单元格，然后按下Ctrl＋A组合键
取消选定的区域	单击工作表中的其他任意单元格； 按下方向键

若选定的是一个单元格区域，则该区域将以灰度显示，其中单击的第一个单元格正常显示，该单元格为活动单元格。

2. 输入数据

在工作表单元格中可以输入常量和公式两类数据。常量是指没有以"＝"开头的数据，包括数值、文本、日期等。选定单元格后直接输入数据，按下回车键或Tab键确认输入；或在编辑栏中输入数据，单击输入栏中的"输入"按钮确认输入。

输入数据后未确认前，如果要取消本次输入的数据，可以单击Esc键，或单击编辑栏中的"取消"按钮。

常见的常量输入包括以下几种。

（1）输入数值数据

数值数据可以直接输入单元格中，默认为右对齐。

用户可以先输入基本数值数据，然后通过"开始"选项卡"数字格式"选项组中的下拉列表框或按钮设置货币符号、百分数、千分位分隔符、科学记数法等显示效果，如图15-9所示。

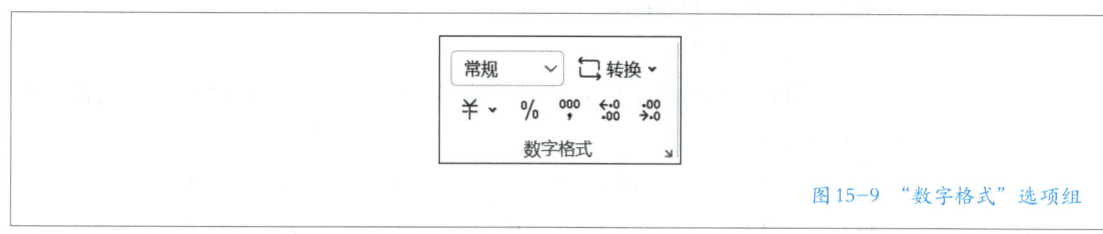

图15-9 "数字格式"选项组

当输入的数值数据显示长度超过单元格的宽度时，将会自动转换成科学记数法显示。

477

当用户需要同时对多个单元格输入相同的数据时，首先选定单元格区域，输入数据，然后按 Ctrl+ 回车组合键确认输入，则这些单元格中将被输入相同的数据。

（2）输入文本数据

在单元格中输入的文本数据，默认为左对齐。

若文本不全是数字，则直接由键盘输入。

若文本全由数字组成，输入时在该数字字符串前加一个半角单引号。例如，要输入学号"2023015003"，则应输入"'2023015003"。也可以选定要输入数据的单元格区域，单击"开始"选项卡"数字格式"选项组中"数字格式"下拉列表框，选择"文本"选项，输入数字字符串，此时输入的数据为左对齐。

（3）输入日期和时间

输入日期时可使用"／"或"－"来间隔年、月、日。如输入"3/5"或"3-5"则单元格显示为"3 月 5 日"，默认年份为当前年份。输入当前日期，可直接按下 Ctrl+; 组合键。

输入时间时，用"："间隔时、分、秒，也可以在后面加上空格和"A"（或"AM"）、"P"（或"PM"）表示上午、下午。输入如"8：18"形式的时间时，表示的是 8 点 18 分，默认秒为 00；输入当前的时间，可直接按下 Ctrl+Shift 组合键。

还可以输入如"2023/3/5 8:18 A"形式的日期和时间数据。其中，日期和时间二者之间要有空格。

对日期或时间数据进行格式化，单击功能区"开始"选项卡"数字格式"选项组中的"对话框启动器"按钮，打开"单元格格式"对话框，如图 15-10 所示。在该对话框的"数字"选项卡中选择"分类"列表框中的"日期"或"时间"选项，并在右侧的"类型"列表框中选择需要的日期或时间格式。

3. 工作表数据填充

WPS 表格提供了自动数据填充功能，用户可以快速输入大量有规律的数据，如序号、连续的数值等，从而提高数据处理的效率。

数据填充主要有以下几种方法。

（1）普通数据填充

在数据填充区域起始单元格中输入数据后，在单元格填充柄处按住左键向目标单元格拖动。

如果起始单元格中的数据不含数字，则鼠标指针经过区域会填充与起始单元格相同的数据。如果起始单元格中的数据全是数字，则将会以递增的形式填充；如果起始单元格中的数据是含有数字的文本，则会在填充时将最后一个数字子串进行递增式填充，其他数据不变。

图15-10 "单元格格式"对话框

在按住 Ctrl 键的同时拖动填充柄进行数据填充时，如果起始单元格数据是数字，则不会以递增的方式进行填充，而是填充与起始单元格相同的数据；如果起始单元格数据是文本，将在拖动的目标单元格中复制原来的数据。

在填充完成释放鼠标后，单击填充柄右下角的"自动填充选项"按钮，从弹出的下拉菜单中选择所需的填充类型，可改变本次填充的方式，如图 15-11 所示。

（2）等差数列填充

首先在数据填充区域起始的两个单元格中输入等差数列的前两项数值，然后选中这两个单元格，并沿填充方向拖动填充柄，即可在目标单元格区域填充等差数列。等差数列的公差为两个起始单元格的数据差值。

（3）日期和时间填充

在起始单元格中输入第一个日期或时间，用鼠标向目标方向拖动填充柄，填充完成后单击"自动填充选项"按钮，从弹出的下拉菜单中选择所需的填充类型选项，如图 15-12 所示。

（4）使用功能区按钮填充数据

在数据填充区域起始单元格中输入数据后，选中填充单元格区域，单击功能区"开始"选项卡"编辑"选项组中的"填充"，在弹出的下拉菜单中选择"序列",打开"序列"对话框,如图 15-13 所示。

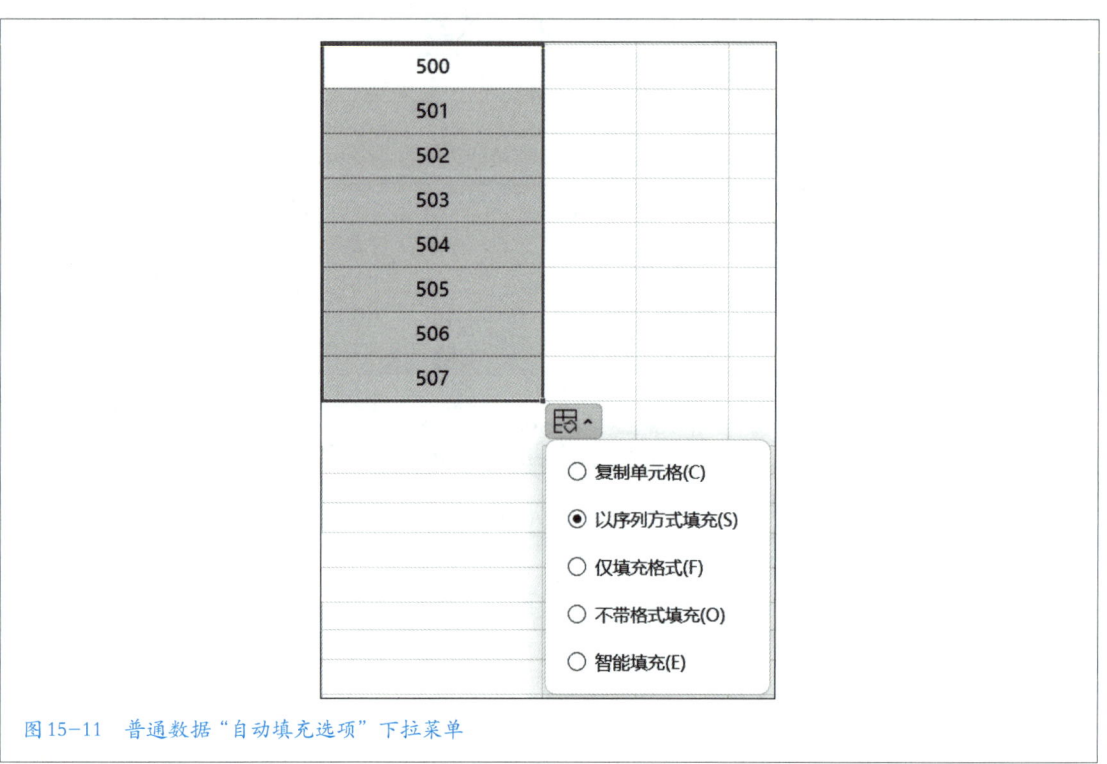

图 15-11　普通数据"自动填充选项"下拉菜单

图 15-12　日期数据"自动填充选项"下拉菜单

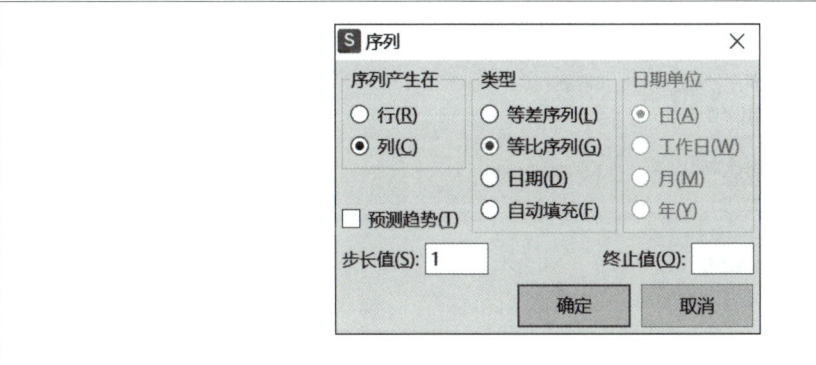

图 15-13 "序列"对话框

通过判断填充方向（默认选择序列产生在该方向），选择需要的填充类型，输入相应的步长值等参数，即可产生相应的数据填充。

（5）使用"自动填充"功能输入数据

"自动填充"功能指在单元格中输入文本数据的前几个字符，WPS表格根据已经在同一列输入的其他文本数据自动完成这次输入。例如，在输入采购产品信息时，其中的一种采购品名称为"年货礼盒"。第一次在某个单元格中输入"年货礼盒"后，系统会记住这个名称。之后在同一列输入"光电传感器"的前几个字符时系统会辨别该名称并自动完成输入，用户直接按回车键就可以确认输入了。如果不想使用这个建议，只要继续输入其他字符即可。自动填充只对同一列的单元格起作用。

右键单击一个单元格，从弹出的快捷菜单中选择"从下拉列表中选择"命令，将在该单元格下方显示一个包含当前列中所有已输入项的下拉列表框，用户可以单击选择想要填充的内容。

4. 设置数据有效性

设置数据有效性是指对单元格中输入数据的类型和范围等预先进行设置，保证输入的数据被限定在有效范围内，还可以设置输入时的提示信息。

单击功能区"数据"选项卡"数据工具"选项组中的"数据有效性"按钮，在弹出的下拉菜单中选择有效性，弹出"数据有效性"对话框，如图15-14所示。

在"设置"选项卡中设置有效性条件；在"输入信息"选项卡中设置选定单元格时显示的输入信息；在"出错警告"选项卡中设置输入无效数据时显示的警告信息。单击"确定"按钮，完成设置。

当在设置了数据有效性的单元格中输入数据时会提示输入信息，当输入的数据不在指定范围时，会出现出错提示信息。

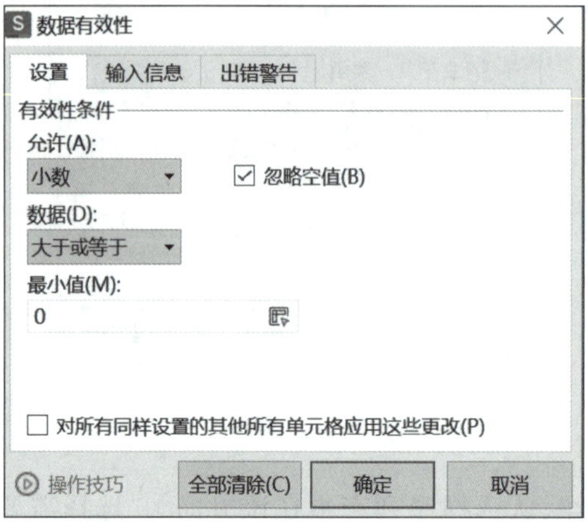

图 15-14 "数据有效性"对话框

5. 查找与替换

WPS 表格中的查找、替换操作与 WPS 文字基本相同。

选定查找范围，不选定则默认为当前工作表。打开"查找"对话框，并显示"查找"选项卡。如图 15-15 所示。单击"选项"按钮，可以将对话框展开。在"查找内容"下拉列表框中输入或选择要查找的内容，并在其他列表框、复选框中选择合适的选项。单击"查找全部"按钮，会将查找到的所有结果显示在对话框下方的列表框中。

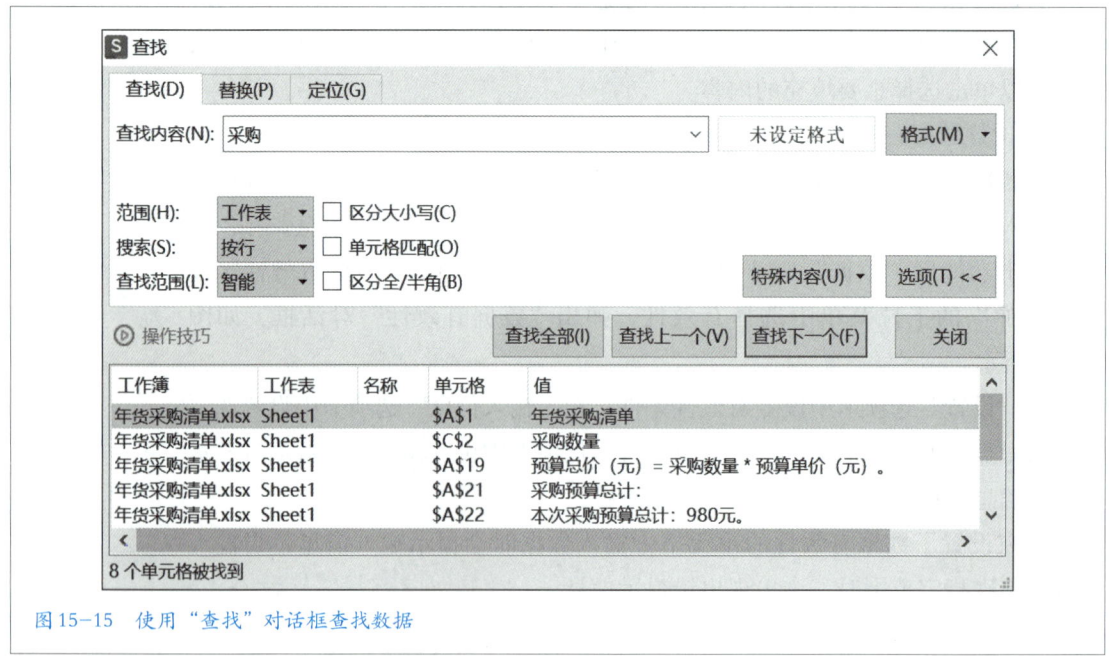

图 15-15 使用"查找"对话框查找数据

在进行替换操作时，选定替换范围后，打开"查找"对话框，选择"替换"选项卡。单击"查找下一个"按钮，从活动单元格开始查找，每当找到一个满足条件的单元格后会停下来，如果单击"替换"按钮，单元格的内容将被替换；若再次单击"查找下一个"按钮，则表示不替换该单元格的内容，并查找下一个满足条件的单元格，依此类推；单击"全部替换"按钮后，所有满足条件的单元格都将被替换。

四、单元格、行和列的相关操作

在 WPS 表格中，对单元格、行和列的操作非常灵活，可以满足各种数据处理的需求。

1. 插入与删除单元格

若要在已有数据的工作表中输入新数据，可以通过插入单元格来实现。

单击需要插入数据的单元格区域以确定插入位置，在选定单元格区域右键单击，在弹出的快捷菜单中选择"插入"命令，在弹出的二级菜单中根据需要选择"插入单元格，活动单元格右移"或"插入单元格，活动单元格下移"；也可以单击功能区"开始"选项卡"单元格"选项组中的"行和列"按钮，在弹出的下拉菜单中选择"插入单元格"，在弹出的二级菜单中选择"插入单元格"命令，打开"插入"对话框，如图 15-16 所示。在该对话框中选择合适的插入方式。

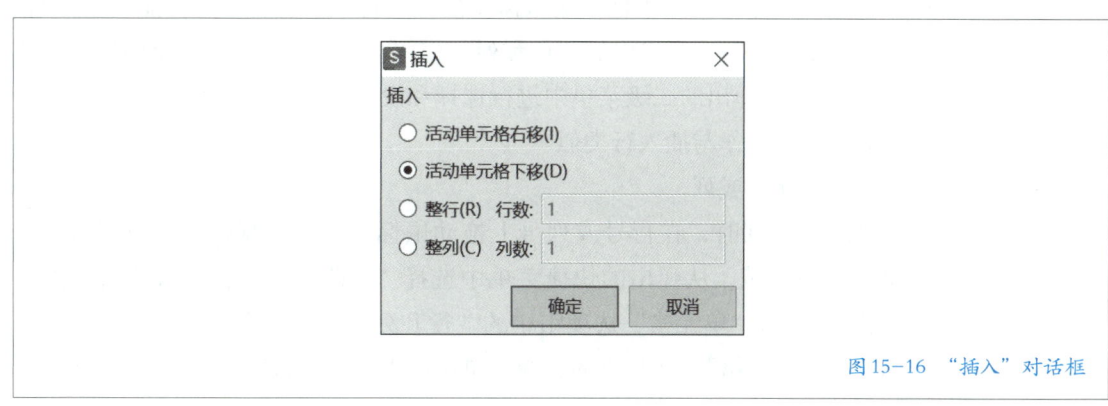

图 15-16 "插入"对话框

- 活动单元格右移：当前单元格及同一行中右侧的所有单元格右移一个单元格。
- 活动单元格下移：当前单元格及同一列中下方的所有单元格下移一个单元格。
- 整行：当前单元格所在行上方会出现所填行数的空行。
- 整列：当前单元格所在列左边会出现所填列数的空列。

483

删除单元格与插入单元格方法类似，首先单击某个单元格或单元格区域，然后在选定区域中单击右键，在弹出的快捷菜单中选择"删除"命令，在弹出的二级菜单中选择"右侧单元格左移"或者"下方单元格上移"。也可以单击功能区"开始"选项卡"单元格"选项组中的"行和列"按钮，在弹出的下拉菜单中选择"删除单元格"，从弹出的二级菜单中选择"删除单元格"命令，打开"删除"对话框，在该对话框中选择合适的删除方式。

2. 合并与拆分单元格

选定要合并的单元格区域，单击功能区"开始"选项卡"对齐方式"选项组中的"合并"按钮，在弹出的下拉菜单中选择合适的合并方式；或者右键单击选定的单元格区域，单击选定单元格区域旁浮动工具栏中的"合并"按钮，在弹出的下拉菜单中选择合适的合并方式。

选中已经合并的单元格，单击功能区"开始"选项卡"对齐方式"选项组中的"合并"按钮，在弹出的下拉菜单中选择"取消合并单元格"；或者右键单击选定的单元格区域，单击选定单元格区域旁浮动工具栏中的"合并"按钮，在弹出的下拉菜单中选择"取消合并单元格"。

3. 插入与删除行或列

（1）插入行或列

以插入行为例，单击与要插入的新行相邻行中的单元格区域后，右键单击选中区域，从弹出的快捷菜单中选择"在上方插入行"或"在下方插入行"命令，在该命令后的文本框中输入需要插入的行数；或者单击功能区"开始"选项卡"单元格"选项组中的"行和列"按钮，在弹出的下拉菜单中选择"插入单元格"，在弹出的二级菜单中进行选择和设置。

插入列的操作与插入行类似。

（2）删除行或列

删除行或列时，在行号或列号上拖动鼠标，选定要删除的行或列后，右键单击选中区域，从弹出的快捷菜单中选择"删除"命令；或者单击功能区"开始"选项卡"单元格"选项组中的"行和列"按钮，在弹出的下拉菜单中选择"删除单元格"，在弹出的二级菜单中单击"删除行"或"删除列"命令。删除操作完成后，后续的行或列会自动移动上来。

4. 隐藏与显示行或列

在编辑工作表时，用户有时候希望将一部分数据隐藏起来。

（1）隐藏行或列

以隐藏列为例，在需要隐藏列的列号上拖动鼠标，右键单击选中单元格区域，在弹出的快捷菜单中选择"隐藏"命令；或者单击功能区"开始"选项卡"单元格"选项组中单击"行和列"按钮，从弹出的下拉菜单中选择"隐藏与取消隐藏"，在弹出的二级菜单中选择"隐藏列"命令。

隐藏行的方法与隐藏列类似。

（2）取消隐藏行或列

以取消隐藏列为例，在隐藏列的左、右两边的列号上拖动鼠标，右键单击选中单元格区域，在弹出的快捷菜单中选择"取消隐藏"命令；或者单击功能区"开始"选项卡"单元格"选项组中的"行和列"按钮，在弹出的下拉菜单中选择"隐藏与取消隐藏"，在弹出的二级菜单中选择"取消隐藏列"命令。

取消隐藏行的方法与取消隐藏列类似。

5. 调整行高与列宽

单元格行高会随着单元格内文本字体的大小变化自动调整，用户也可以根据需要来调整行高。

将鼠标指针移至行号区中要调整行高的行和其下一行的分隔线上，当指针变成指向上下方向的箭头形状时，上下拖动分隔线到合适的位置，可以设置当前行的行高，但是这种调整并不是很精确。若要精确地设置行高，则将插入点定位于要调整行高的单元格，单击功能区"开始"选项卡"单元格"选项组中的"行和列"按钮，在弹出的下拉菜单中选择"行高"，打开"行高"对话框，在对话框的文本框中选择行高单位，并输入行高值，如图15-17所示，单击"确定"按钮。

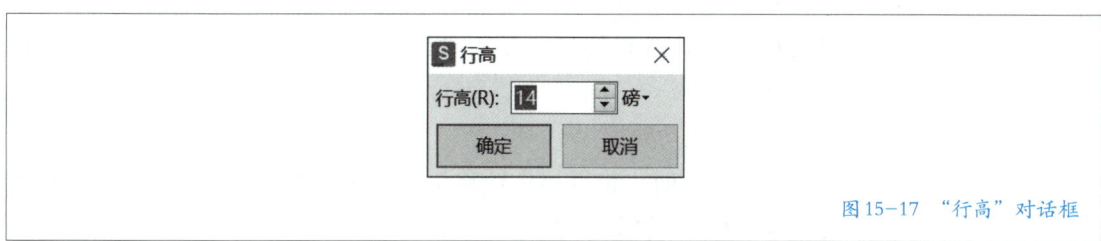

图15-17 "行高"对话框

将插入点定位于要调整行中的单元格，单击功能区"开始"选项卡"单元格"选项组中的"行和列"按钮，在弹出的下拉菜单中选择"最适合的行高"，将会自动以所在行单元格中内容的最高值作为行高。双击行号的下边界，也可以实现行高的自动调整。

调整列宽的方法与调整行高类似，在功能区"开始"选项卡"单元格"选项组中选择"行和列"下拉菜单中的命令，或在列标的右边界上操作即可。

五、编辑与设置工作表数据

用户可以对工作表中的数据进行编辑处理，包括修改数据、移动或复制数据、删除数据等，此外还可以对工作表进行格式化。

1. 修改与删除单元格内容

当需要对单元格的内容进行修改时，可以通过下列方式进入编辑状态。

- 双击待修改的单元格。
- 将插入点定位于待修改的单元格中，按下 F2 键。
- 选中需要修改的单元格，在编辑框中修改其内容。

进入单元格编辑状态后，光标变成了垂直竖条的形状，用户可以用方向键来控制插入点的移动。按下 Home 键，插入点将移至单元格内容的开始处；按下 End 键，插入点将移至单元格内容的尾部。

修改完毕后，按回车键或单击编辑栏中的"输入"按钮对修改予以确认；若要取消修改，按下 Esc 键或单击编辑栏中的"取消"按钮。

选定单元格或单元格区域，按下 Delete 键，即可以删除单元格区域的数据，同时保留单元格原有的格式。

2. 移动与复制工作表数据

（1）使用剪贴板移动和复制数据

以移动数据为例，首先选定待移动数据的单元格或单元格区域，然后按下 Ctrl + X 组合键或单击"开始"选项卡"剪贴板"选项组中的"剪切"按钮，接着单击目标单元格或目标单元格区域左上角的单元格，并按 Ctrl+V 组合键或单击"剪贴板"选项组中的"粘贴"按钮。此时目标单元格中原有的数据将会被覆盖。

复制过程与移动过程类似，复制时按下 Ctrl + C 组合键或单击功能区"复制"按钮即可。

（2）使用鼠标拖动数据

移动单元格数据时，将鼠标指针移至所选区域的边框上，按住左键将数据拖动到目标位置，再释放左键。

复制单元格数据时，将鼠标指针移至所选区域的边框上，按住 Ctrl 键并拖动鼠标到目标位置。在拖动过程中鼠标指针的右上角有一个小的"+"符号。

采用鼠标拖动移动和复制数据时，若目标单元格中原来有数据存在，则会弹出"此处已有数据"的提示对话框，单击"确定"按钮覆盖目标单元格数据，单击"取消"按钮则取消此前的操作。

（3）使用数据填充

若要将单元格数据复制到下方的单元格区域，则选中待复制单元格，以该单元格为起始位置向下选择，产生一个单元格区域。单击功能区"开始"选项卡"编辑"选项组中的"填充"按钮，在弹出的下拉菜单中选择"向下填充"命令，如图 15-18 所示。要注意的是，产生单元格区域过程的方向与"填充"按钮下拉菜单中所选命令的方向要一致。

图15-18 "填充"按钮下拉菜单

3. 设置字体格式与文本对齐方式

WPS 表格中文本格式化方式与 WPS 文字类似。

选中要设置的单元格数据后，单击功能区"开始"选项卡"字体"选项组中的"字体"和"字号"下拉列表框，即可设置字体格式。

输入数据时，文本默认左对齐，数字、日期和时间默认右对齐。如果需要改变单元格中数据的对齐方式，则单击"开始"选项卡"对齐方式"选项组中的某个水平或垂直对齐按钮，可以改变文本在水平或垂直方向上的对齐方式。

单击"开始"选项卡"对齐方式"选项组中的"换行"按钮，使超过单元格宽度的文本数据以多行显示。

单击"开始"选项卡"对齐方式"选项组的"对话框启动器"，弹出"单元格格式"对话框，如图 15-19 所示。

在此对话框中的"对齐"和"字体"选项卡中，可以对字体格式或文本对齐方式进行详细设置。例如，在方向栏中设置角度值，能够实现对文本角度的调整。

4. 设置数字格式

不同的数字格式使单元格中的数字呈现不同的外观，数字格式不影响单元格实际值，因此不影响数据计算，而实际的值显示在编辑栏中。

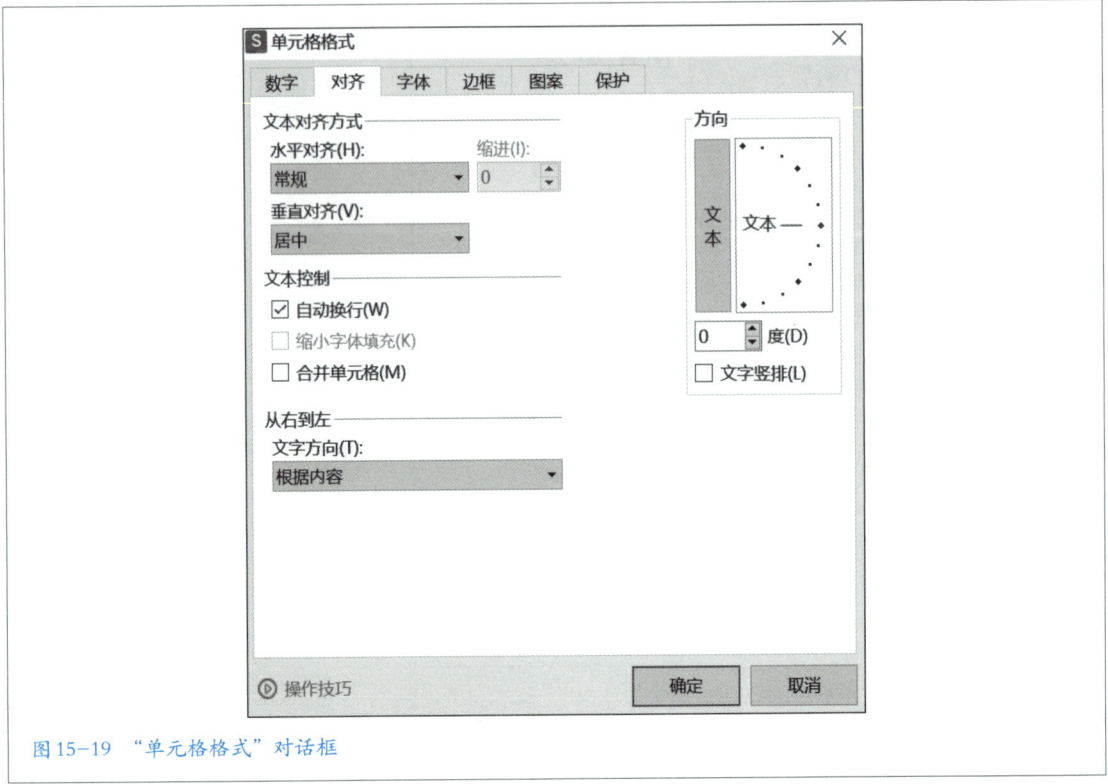

图15-19 "单元格格式"对话框

功能区"开始"选项卡"数字格式"选项组中提供了几个快速设置数字格式的按钮或下拉列表框。

• "数字格式"下拉列表框提供了设置数字、日期和时间的常用选项，单击该列表框中的"会计专用"按钮，可以在原数值前面加货币符号，并增加两位小数。

• 单击"百分比样式"按钮，能够将原数字以百分比的形式显示。

• 单击"千分分隔样式"按钮，将在数字中加入千位分离符。

• 单击"增加小数位数"或"减少小数位数"按钮，可以设置数字的小数位。

若要进一步设置选定单元格区域中的数字格式，则单击"数字格式"选项组中的"对话框启动器"按钮，打开"单元格格式"对话框，切换到"数字"选项卡，在"分类"列表框中选择"货币"选项，并在右侧设置小数位数，如图15-20所示。

在设置好数字格式后，如果数据长度超过单元格宽度，单元格中会显示一串#号。此时，需要调整单元格列宽，直到列宽大于数据长度才可正常显示数据。

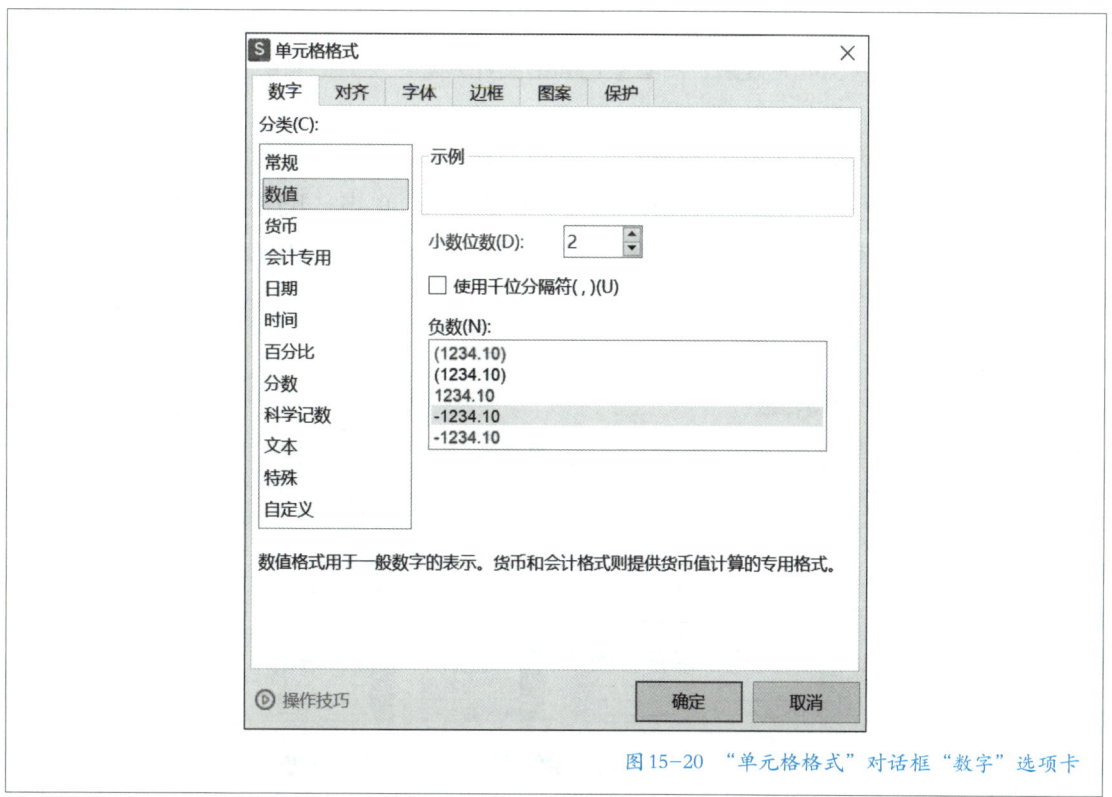

图15-20　"单元格格式"对话框"数字"选项卡

图15-20　"单元格格式"对话框"数字"选项卡

5. 设置表格边框和填充效果

（1）设置表格边框

在默认情况下，工作表中的表格线都是浅色的网格线，在打印时并不显示。为了打印带边框线的表格，可以为工作表添加格式化的边框。

● 选中要设置的单元格区域，单击"开始"选项卡"字体"选项组中的"边框"按钮，从弹出的下拉菜单中选择适当的边框样式。

● 如果对下拉菜单中的预设边框样式不满意，可以在下拉菜单中选择"其他边框"命令，打开"单元格格式"对话框的"边框"选项卡，在"样式"列表框中选择边框线条样式，在"颜色"下拉列表框中选择边框的颜色，在"预置"栏中为工作表添加内、外边框或清除表格线，在"边框"栏中自定义表格边框的位置。

（2）设置表格填充效果

单元格默认的背景颜色是白色，且没有图案。为了使表格的重要信息更加醒目，可以为单元格设置适当的填充效果。

● 选择要设置的单元格区域，单击"开始"选项卡"字体"选项组中的"填充颜色"按钮，在弹出的下拉列表中选择所需的颜色。

• 在"单元格格式"对话框"图案"选项卡中,可以设置单元格区域的背景色、填充效果、图案颜色和图案样式等。

6. 套用表格样式

为了快速美化表格外观,可以直接套用已经定义好格式的表格样式。

• 选定要套用表格样式的单元格区域,单击"开始"选项卡"样式"选项组中的"套用表格样式"按钮,在弹出的下拉菜单中选择合适的预设样式,图 15-21 所示。

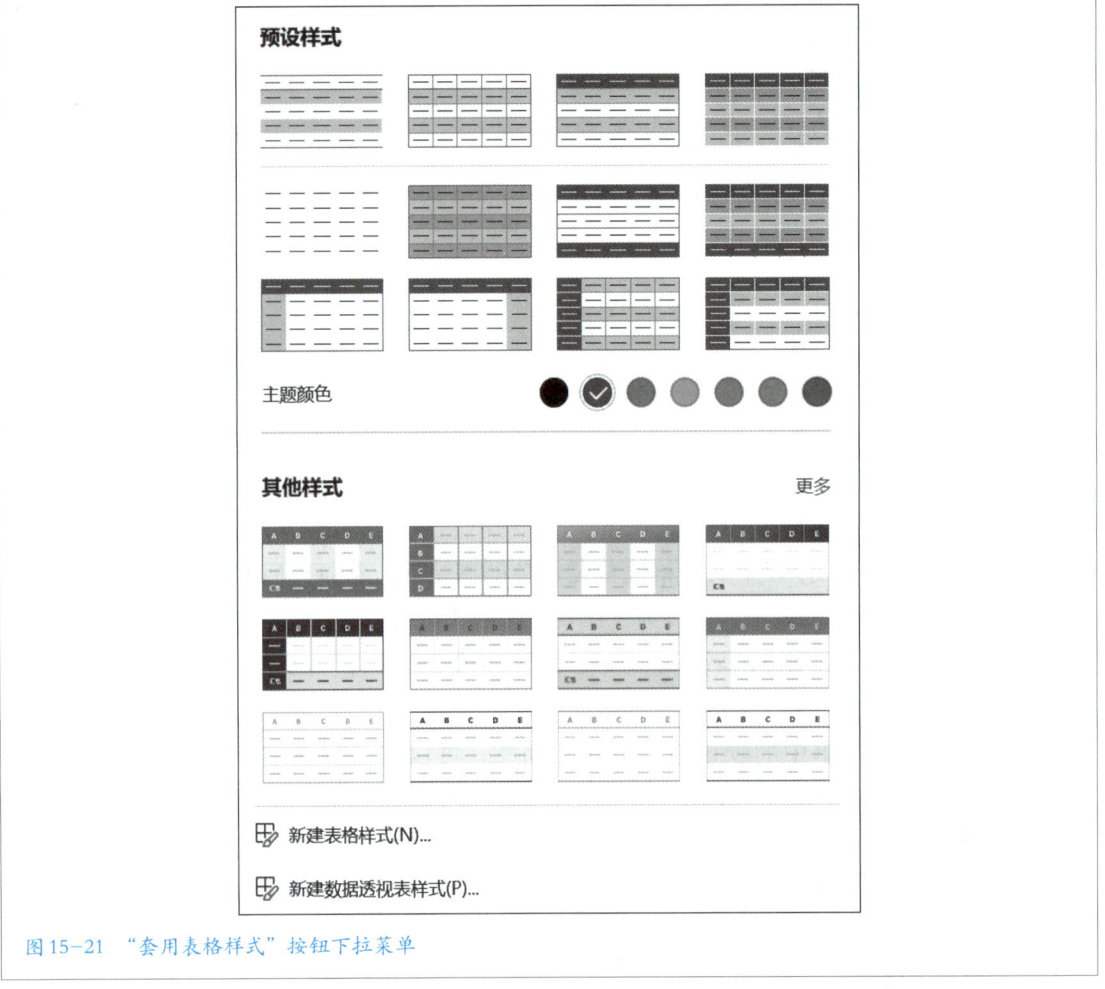

图 15-21 "套用表格样式"按钮下拉菜单

• 在弹出的"套用表格样式"对话框中,须确认"表数据的来源"区域是否正确。如果希望标题出现在套用样式的表中,勾选"表包含标题"复选框,如图 15-22 所示。

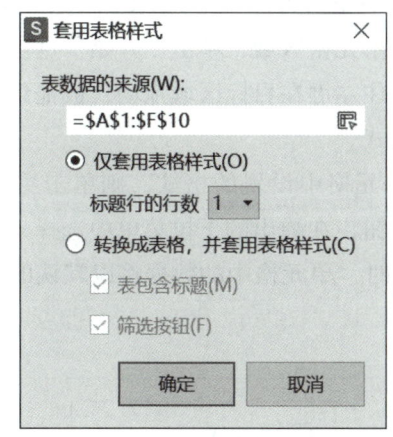

图15-22 "套用表格样式"对话框

- 单击"确定"按钮，表格样式将套用在选择的数据区域中。

7. 设置条件格式

条件格式可以根据单元格的值自动改变特定单元格的格式。

选择要设置的数据区域，单击"开始"选项卡"样式"选项组中的"条件格式"按钮，在弹出的下拉菜单中选择设置条件的方式，如图15-23所示。选择下拉菜单中的某个规则，在弹出的二级菜单中选择相应条件的命令，在弹出的对话框中设置条件的值和显示的格式。

图15-23 "条件格式"按钮下拉菜单

8. 格式的复制与清除

（1）格式复制

复制格式最简单的方法和 WPS 文字一样，是使用格式刷。选定已设置好格式的单元格或单元格区域，单击"开始"选项卡"剪贴板"选项组中的"格式刷"按钮，按住左键在目标区域拖动，被拖到的单元格即被复制了此格式。

（2）清除格式

若要清除单元格中设置的格式，则单击"开始"选项卡"字体"选项组中的"清除"按钮，在弹出的下拉菜单中选择"格式"命令将格式清除，如图15-24 所示。此时，单元格中的数据将以默认的格式显示，即文本左对齐、数字右对齐。

图15-24　"清除"按钮下拉菜单

六、选择性粘贴

选择性粘贴允许用户只粘贴单元格中的特定内容或格式。

• 选定包含数据的单元格区域，单击"剪贴板"选项组中的"复制"按钮。

• 首先选定粘贴单元格区域或区域左上角的单元格，然后单击"开始"选项卡"剪贴板"选项组中"粘贴"按钮下方的箭头，弹出的下拉菜单如图15-25 所示。

• 在"粘贴"按钮下拉菜单中可以选择需要的粘贴方式。

• 如果需要的粘贴方式，可选择该菜单中的"选择性粘贴"命令，打开"选择性粘贴"对话框，如图15-26 所示，可在不同栏目中选择需要的粘贴方式。具体包括："粘贴"栏：用于设置粘贴方式；"运算"栏：如果选中了除"无"之外的单选按钮，则复制单元格中的公式或数值将与粘贴单元格中的数值进行相应的运算；"跳过空单元"复选框：选中后，可以使目标区域单元格的数值不被复制区域的空白单元格覆盖；"转置"复选框：用于实现行、列数据的位置转换。

图 15-25　"粘贴"按钮下拉菜单

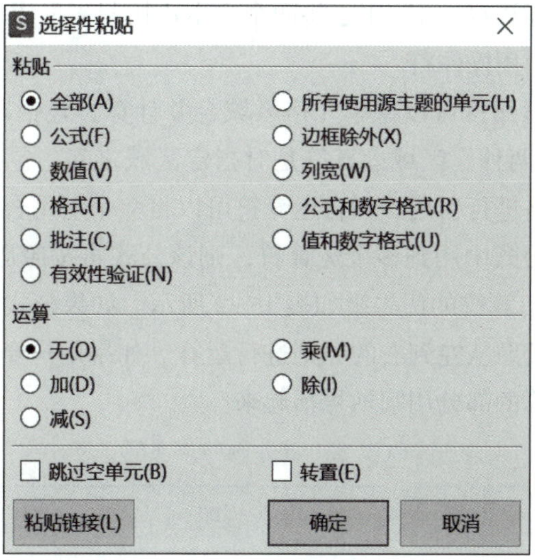

图 15-26　"选择性粘贴"对话框

"选择性粘贴"命令只能将用"复制"命令定义的数值、格式、公式等粘贴到当前选定区域的单元格中，对使用"剪切"命令定义的选定区域无效。

七、输入与使用公式

在 WPS 表格中，公式是处理数据和进行计算的核心工具。公式是对单元格中的数据进行处理的等式，用于完成算术或逻辑运算等。公式遵循特定的语法，最前面是"="号，后面是运算数和运算符。运算数可以是数值、单元格区域的引用、标志、名称或函数。

1. 使用运算符

运算符用于连接参与运算的数字和单元格引用，是代表各种运算方式的符号。

（1）算术运算符

算术运算符包括"+"（加号）、"−"（减号）、"*"（乘号）、"/"（除号）、"＾"（乘方）和"%"（百分号），用于对数值数据进行四则运算。例如，5%表示 0.05，6 ＾ 2 表示 36。

（2）比较运算符

比较运算符包括等于"="（等于）、">"（大于）、"<"（小于）、">="（大于或等于）、"<="（小于或等于），以及"<>"（不等于），用于对两个数值或文本进行比较，并产生一个逻辑值，如果比较的结果成立，逻辑值为"TRUE"，否则为"FALSE"。

（3）文本运算符

连接运算符"&"用于将两个文本连接起来形成一个连续的文本。

（4）引用操作符

引用操作符可以将单元格区域合并计算，包括区域运算符":"和联合运算符","两种。区域运算符是对指定区域之间，包括两个引用单元格在内的所有单元格进行引用。联合运算符可以将多个引用合并为一个引用。

若在公式中用到多个运算符，则该公式将按照运算符的优先级进行运算。WPS 表格运算符的优先级如表 15-2 所示。如果公式中包含了相同优先级的运算符，则按照从左到右的原则进行运算。如果用户要更改运算顺序，可以将公式中先运算的部分用圆括号括起来。

表15-2　运算符的优先级

运算符	说明	优先级
（）	圆括号，可以改变运算的优先级	1
: 和 ,	引用操作符，用于单元格引用	2
−	负号	3

续表

运算符	说明	优先级
%	百分号	4
^	幂运算符	5
* 和 /	乘号和除号	6
+ 和 −	加号和减号	7
&	文本运算符	8
=、<、>、>=、<=、<>	比较运算符	9

2. 输入与编辑公式

公式以等号 "=" 开始，等号后是用于计算的表达式。表达式是用运算符将常数、单元格引用和函数连接起来的式子。

在输入公式时，先选定要输入公式的单元格，在编辑栏中输入 "="，然后输入公式内容，最后按回车键确认。公式输入完毕后，即可在输入公式的单元格中显示出运算结果，而公式内容显示在编辑栏中。如果需要使用单元格引用，可以用鼠标直接选取要参与运算的单元格。公式中的英文字母不区分大小写，运算符必须是半角符号。

在编辑公式时，双击已输入公式的单元格，或直接在编辑栏中修改公式内容，修改完成后按回车键确认。

3. 使用单元格引用

单元格引用是指公式中引用单元格地址。通过单元格引用，可以在公式中使用其他单元格的数据进行计算，甚至可以引用其他工作表中的数据。单元格引用分为相对引用和绝对引用。相对引用在复制公式时会自动调整引用地址，而绝对引用则保持引用地址不变。在使用单元格引用时，可以分别单独使用相对引用或绝对引用，也可以将二者混合使用。

（1）相对引用

相对引用是指在复制或移动公式时，公式中引用单元格的行号、列号会根据目标单元格所在的行号、列号变化自动进行调整。

例如，A1 单元格中的公式为 "=B1+C1"，若将 A1 单元格填充到 B2 单元格，此时 B2 单元格编辑栏中显示的是 "=C2+D2"，而 B2 单元格中显示计算结果。

（2）绝对引用

绝对引用是指在复制或移动公式时，不论目标单元格与原单元格有多少位置偏移量，公式中引用单元格的行号和列号均保持不变。其表示方法是在列号和行号前面都加上符号"$"，即表示为"$列标$行号"的形式。

例如，A1 单元格中的公式为"=$B$1+$C$1"，若将 A1 单元格填充到 B2 单元格，此时 B2 单元格编辑栏中显示的仍然是"=$B$1+$C$1"，而 B2 单元格中显示的仍为 B1 单元格数据与 C1 单元格数据之和。

（3）引用其他工作表中的单元格

如果要引用其他工作表中的单元格，则应在引用地址之前说明单元格所在的工作表名称，其形式为"工作表名！单元格地址"。

八、使用函数

WPS 表格中的函数是一种预先定义好的特殊公式。函数能够帮助用户对表格中的数据进行各种复杂运算，如求和、求平均值、计数、做条件筛选等。通过使用函数，用户可以更高效地管理和分析表格数据。

函数的一般形式为"函数名（[参数1],[参数2]，……）"。函数的参数可以是数字、文本、逻辑值、数组、单元格引用、公式或其他函数。当函数有多个参数时，它们之间用逗号隔开；当函数没有参数时，圆括号也不能省略。例如，函数 SUM（A1:C6）中有一个参数 A1:C6，此函数表示计算单元格区域 A1:C6 中的数据之和。

函数允许嵌套使用，即某一个函数或公式可以作为另一个函数的参数使用。

1. 手动输入函数

手动输入函数需要知道函数的名称和语法。以求和函数 SUM（）为例：

● 选定单元格，输入"="，依次输入函数名的字符，WPS 表格会在单元格右侧列出以目前输入字符开头的函数名。

● 双击函数列表中所需的函数名，函数名右侧自动添加了一对圆括号"（）"，此时，插入点置于圆括号中间，并会出现一个带有语法和参数的提示信息。

● 使用鼠标选取需要求和的单元格区域，单元格区域地址自动添加到圆括号中。

● 按下回车键，单元格内显示公式的计算结果。

当然，用户如果掌握了函数用法和单元格引用方法，也可以自行在单元格中输入完整的公式。

2. 使用函数向导输入函数

WPS 表格提供了函数向导功能，帮助用户选择并输入函数。操作步骤如下。

● 选定需要应用函数的单元格，功能区"公式"选项卡的"快速函数"
选项组和"函数库"选项组中有一些函数可供选择，如图 15-27 所示。

图 15-27 "快速函数"与"函数库"选项组

● 在"函数库"选项组中单击所需函数分类按钮，在弹出的下拉菜单中
选择所需的函数，弹出"函数参数"对话框，如图 15-28 所示。

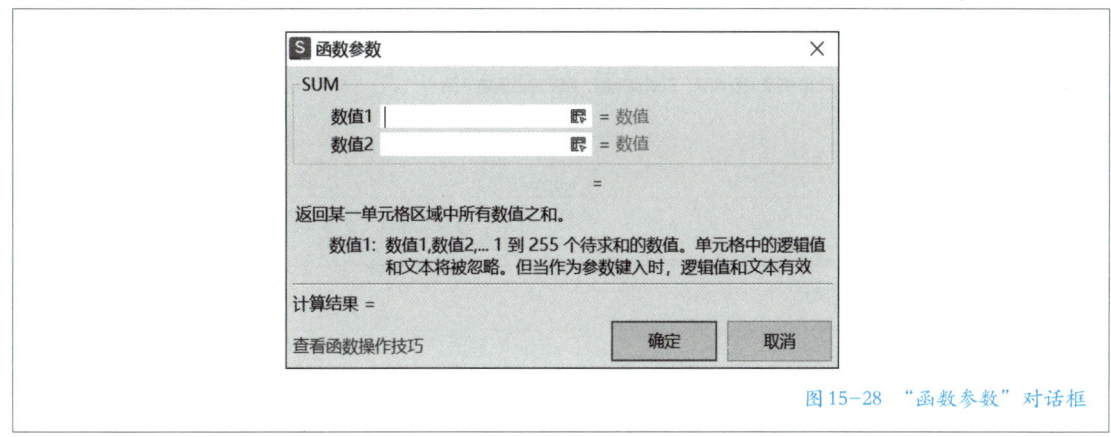

图 15-28 "函数参数"对话框

此外，也可以单击"快速函数"选项组中的"插入"按钮，或者按下
Shift+F3 组合键，弹出"插入函数"对话框，如图 15-29 所示。"插入函数"
对话框的"全部函数"选项卡中会显示函数类别的下拉列表。在"选择类别"
下拉列表框中选择要插入的函数类别，从"选择函数"列表框中选择要使用的
函数，单击"确定"按钮，打开"函数参数"对话框。另外，也可以通过"查
找函数"的方式找到所需的函数。

● 可以在"函数参数"对话框的数值栏中输入函数计算所需的数值、单
元格或单元格区域等。

如果需要输入的是单元格引用，则可以单击数值编辑框右侧的折叠按钮。
此时，对话框自动缩小。鼠标指针变为空心十字形状，用鼠标选取所需的单元
格区域后，再次单击该按钮恢复对话框，所选单元格引用则被写入数值编辑
框中。

● 单击"确定"按钮，在单元格中将显示函数计算的结果。

图15-29 "插入函数"对话框

3. 使用自动求和功能

自动求和是 WPS 表格的一个快捷功能，可以快速计算选定单元格区域的总和。选定要求和的单元格区域后，单击功能区"开始"选项卡"编辑"选项组中的"求和"按钮，会自动在选定区域的下方或右侧插入一个求和公式并显示计算结果。

4. 在函数中使用单元格名称

在 WPS 表格中，可以为单元格或单元格区域命名，并在函数中使用这些名称来代替单元格地址。定义和使用单元格名称可以使公式更易于理解和维护。

（1）命名单元格或单元格区域

为选定的单元格或单元格区域命名有以下几种方法。

● 单击编辑栏左侧的名称框，输入设定的名称，按下回车键。

● 单击"公式"选项卡"定义的名称"选项组中的"名称管理器"按钮，弹出"名称管理器"对话框，如图 15-30 所示。

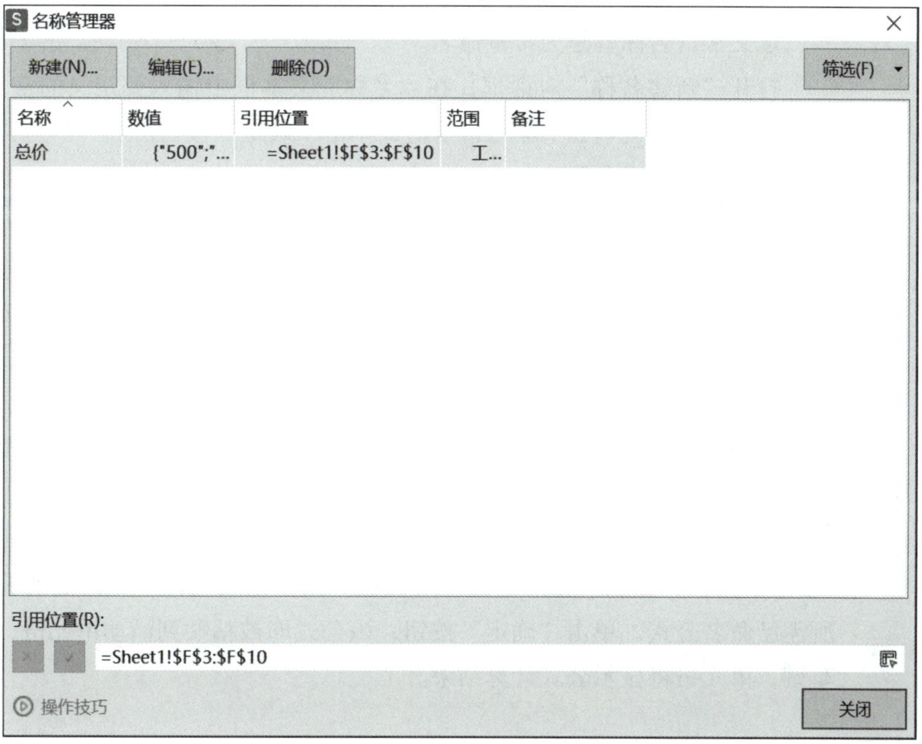

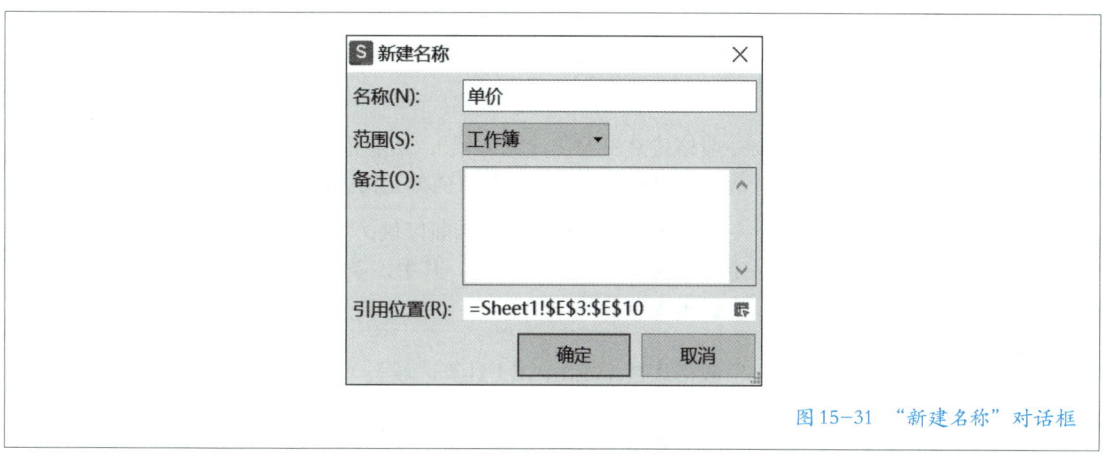

图 15-30　"名称管理器"对话框

在该对话框的列表中显示了已经保存的命名，单击"新建"按钮打开"新建名称"对话框，如图 15-31 所示。

图 15-31　"新建名称"对话框

输入设定的名称，并指定名称的有效范围，使用折叠按钮选定引用的单元格区域，单击"确定"按钮。

（2）定义常量名称

定义常量名称就是为常量命名。

打开"新建名称"对话框，在"名称"文本框中输入要定义的常量名称，在"引用位置"文本框中输入常量值，单击"确定"按钮。

（3）定义公式名称

首先打开"新建名称"对话框，在"名称"文本框中输入要定义的公式名称，如"采购总价"；在"引用位置"文本框中输入"=SUM（"；然后单击"引用位置"文本框右侧的折叠按钮，选择单元格区域，再单击该按钮返回对话框，最后输入"）"。

（4）在公式和函数中使用命名区域和命名公式

在使用公式和函数时，如果选定已经被命名的数据区域，则公式和函数中会自动出现该区域的名称，按下回车键可以完成公式和函数的输入。

若要使用命名的公式，单击"公式"选项卡"定义名称"选项组中的"粘贴"按钮，弹出"粘贴名称"对话框。在"粘贴名称"对话框列表中选择所需已命名公式，单击"确定"按钮，该公式即被粘贴到活动单元格，按下回车键，单元格将显示公式计算结果。

5. 常用函数

WPS 表格中包含了大量内置函数，用于执行各种计算任务。一些常用的函数包括 SUM（求和）、AVERAGE（求平均值）、MAX（求最大值）、MIN（求最小值）、COUNT（计数）等。这些函数可以通过手动输入或使用函数向导进行输入和使用。掌握这些常用函数可以大大提高表格数据处理的效率。常见函数如表 15-3 所示。

表 15-3 常见函数表

分类	名称	说明
数学函数	SUM	一般格式是 SUM（计算区域），功能是计算各参数的和，参数可以是数值，也可以是对含有数值的单元格区域的引用
	SUMIF	一般格式是 SUMIF（条件判断区域，条件，求和区域），用于根据指定条件对若干单元格求和。其中，条件可以用数字、表达式、单元格引用或文本形式定义
	AVERAGE	一般格式是 AVERAGE（计算区域），功能是计算各参数的算术平均值
	AVERAGEIF	一般格式是 AVERAGEIF（条件判断区域，条件，求平均值区域），用于根据指定条件对若干单元格计算算术平均值
	MAX	一般格式是 MAX（计算区域），功能是返回一组数值中的最大值
	MIN	一般格式是 MIN（计算区域），功能是返回一组数值中的最小值

续表

分类	名称	说明
统计函数	RANK	一般格式是RANK（查找值，参照的区域，排序方式），用于返回某数字在一组数字中的大小排名。当参数"排序方式"省略时，将按照降序排列
	COUNT	一般格式是COUNT（计算区域），用于统计计算区域中包含数字的单元格数目
	COUNTIF	一般格式是COUNTIF（计算区域，条件），用于统计计算区域内符合指定条件的单元格数目。其中，计算区域表示要计数的非空区域，空值和文本值被忽略
逻辑函数	IF	一般格式是IF（Exp，T，F），其中，第一个参数Exp是可以产生逻辑值的表达式，如果其值为真，则函数的值为表达式T的值，否则函数的值为表达式F的值。例如，IF（$4>6$，"大于"，"不大于"）的结果为"不大于"，IF（"abc"="ABC"，"相同"，"不相同"）的结果为"相同"
	AND	一般格式是AND（L1，L2，…），用于判断两个以上条件是否同时具备
	OR	一般格式是OR（L1，L2，…）用于判断多个条件中是否有至少一个具备
文本函数	LEN	一般格式是LEN（文本串），用于统计字符串的字符个数
	LEFT	一般格式是LEFT（文本串，截取长度），用于返回从文本的开始处开始指定长度的子串
	MID	一般格式是MID（文本串，起始位置，截取长度），用于返回从文本的指定位置开始指定长度的子串
	RIGHT	一般格式是RIGHT（文本串，截取长度），用于返回从文本的尾部开始指定长度的子串

任务实施

一、创建采购清单

1. 输入采购清单数据

（1）创建新工作簿

单击 WPS 主界面"新建"按钮，在弹出的菜单中选择"表格"，创建一个空白的工作簿。

（2）输入表格标题与列标题

• 选中 A1 单元格，输入表格标题"年货采购清单"，按下回车键，使 A2 单元格成为活动单元格。

• 在 A2 单元格中输入列标题"序号"，按下 Tab 键，使 B2 单元格成为活动单元格，并输入列标题"商品名称"。

• 使用相同的方法在单元格区域 C2:F2 分别输入列标题"采购数量""单位""预算单价"和"预算总价"。

（3）快速填充"序号"列数据

序号列通常用来直观反映数据条目数。

• 单击单元格 A3，在其中输入数字"1"。

• 将鼠标指针移至单元格 A3 的右下角，当出现填充柄"＋"时，拖动鼠标指针至单元格 A10，单元格区域 A4:A10 内会自动生成序号。

（4）设置"预算单价"列单元格数据的有效性

由于每人年货总预算不超过 1 000 元，单件年货商品的价格不超过 500 元。因此，在输入"预算单价"列数据、计算"预算总价"列数据时需要检查数据的有效性。

• 选定"预算单价"列数据单元格区域 E3：E8。

• 在功能区"数据"选项卡"数据工具"选项组中单击"数据有效性"按钮，在弹出的下拉菜单中选择"有效性"，弹出"数据有效性"对话框。

• 在"数据有效性"对话框"设置"选项卡中将"允许"下拉列表框设置为"小数"，将"数据"下拉列表框设置为"介于"，在"最小值"和"最大值"文本框中分别输入数字 0 和 500，如图 15-32 所示。

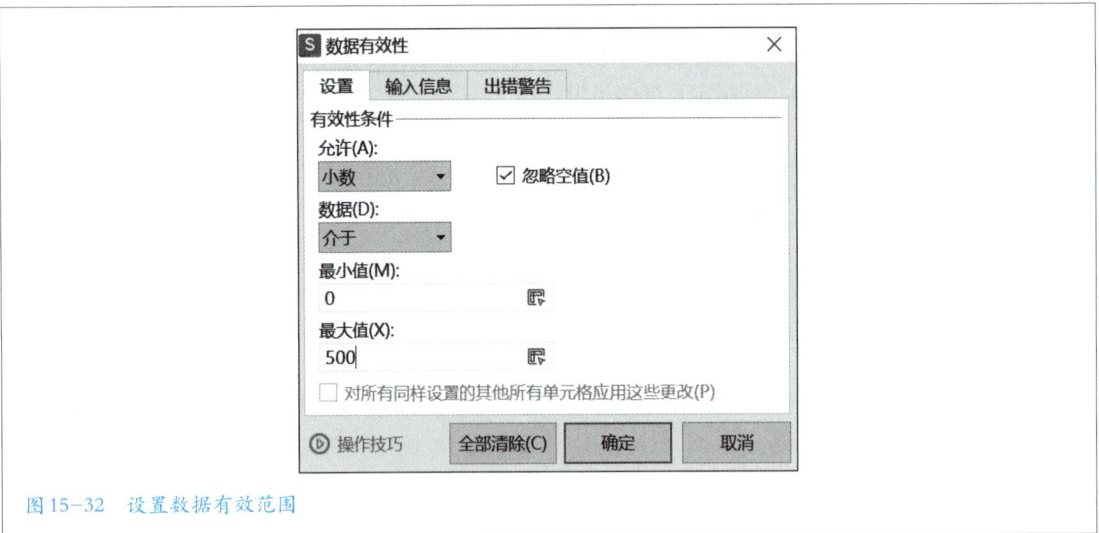

图 15-32　设置数据有效范围

• 在"输入信息"选项卡中设置选定单元格时显示的输入信息，将标题设为"注意"，将输入信息设为"请输入 0~500 之间的数"。

• 在"出错警告"选项卡中设置输入无效数据时显示的警告信息，将标题设为"出错信息"，将错误信息设为"输入的数据不在有效范围"。

• 单击"确定"按钮，完成设置。

采用同样的方法，将"预算总价"列数据的有效性设为小数，介于 0 到 1 000 之间。

（5）输入"预算单价"列数据

在单元格区域 E3:E8 中输入"预算单价"列数据，在选定单元格时，会显示有效性设置的输入提示信息。

小孙无意中误输入了 600，当按下回车键时，弹出了有效性检查的错误提示信息，无法确认输入。此时按下 Esc 键取消输入，单元格被清空，可以重新输入正确的数据。

（6）输入其他列数据

在单元格区域 B3:D10 内分别填写"商品名称""采购数量""单位"列的数据，其中"商品名称"和"单位"输入的是文本，"采购数量"输入的是整数，"预算总价"无须输入。

（7）保存工作簿

单击"文件"菜单，在下拉菜单中选择"保存"选项，或者直接按 Ctrl+S 组合键，在弹出的"另存为"对话框中选择保存位置并输入文件名，选择保存类型（通常为".xlsx"），单击"保存"按钮，完成工作簿的保存。

2. 编辑采购清单

（1）修改与删除单元格内容

小孙输入数据后，检查了一遍数据，发现有错误的数据需要修改。

双击待修改的单元格，直接输入新内容，按回车键确认。

选定单元格或单元格区域，按下 Delete 键，可以删除单元格区域的数据，同时保留了单元格原有的格式。

（2）格式化工作表标题

工作表标题是在 A1 单元格中输入的，现在小孙希望标题充满整个表格的顶部。

选中单元格区域 A1:F1，单击功能区"开始"选项卡"对齐方式"选项组中的"合并"按钮，在弹出的下拉菜单中选择"合并居中"。此时表标题居中显示在表格顶部。

（3）设置单元格格式

确认数据输入无误后，小孙开始格式化工作表，使其达到美观的目的。

① 设置字体格式与文本对齐方式

• 单击行号和列号交叉位置的全选按钮后，选中整个工作表中的单元格。

• 单击功能区"开始"选项卡"字体"选项组中的"字体"和"字号"下拉列表框，选择"宋体"和"五号"。

• 分别单击"开始"选项卡"对齐方式"选项组中的水平居中和垂直居中按钮，使所有数据在单元格内水平方向和垂直方向上都居中。

② 设置数字格式

现在需要将"预算单价"和"预算总价"的小数点位数设为 1 位。

• 选中单元格区域 E3:F8，单击"开始"选项卡"数字格式"选项组中的"对话框启动器"按钮，打开"单元格格式"对话框，切换到"数字"选项卡，在"分类"列表框中选择"数值"选项，在右侧设置小数位数为 1，并单击"确定"按钮。如图 15-33 所示。

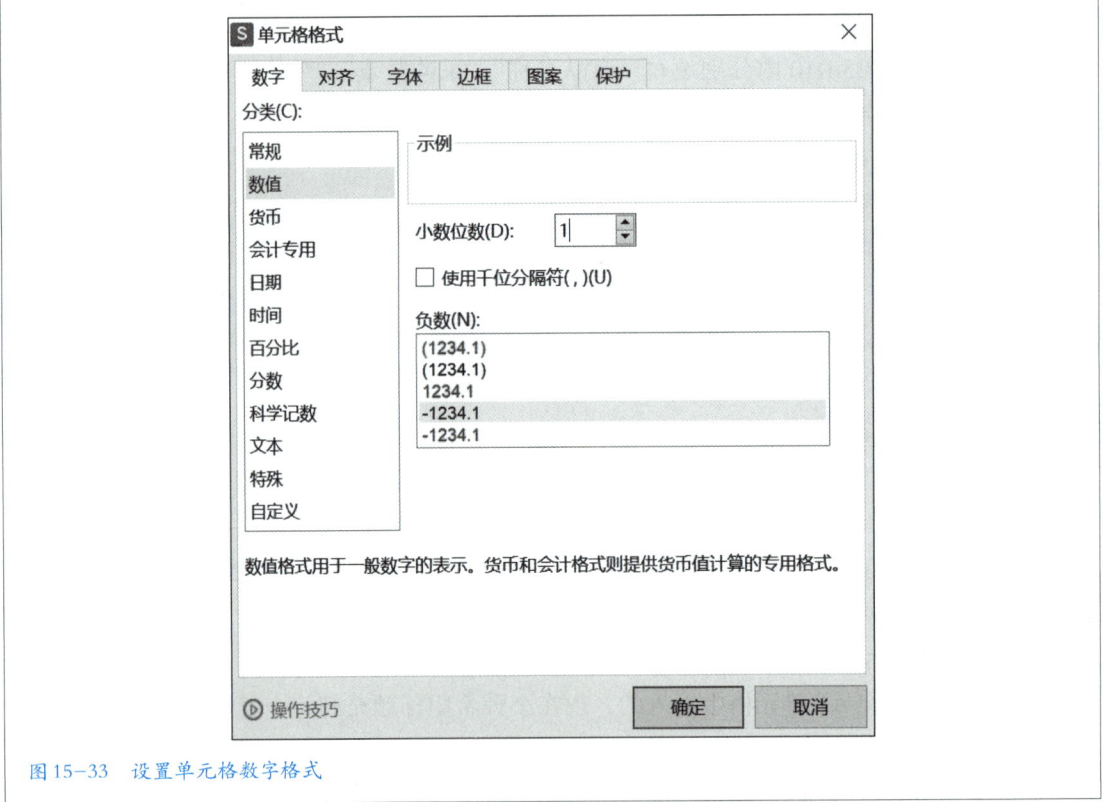

图 15-33　设置单元格数字格式

（4）重命名工作表

双击工作表标签"Sheet1"，在突出显示的标签中输入新的名称"采购清单"，按下回车键，完成工作表的重命名。

（5）套用表格样式

小孙希望表格能更加美观，因此选择套用系统预设的表格样式。

● 选定要套用表格样式的单元格区域 A1:F11，单击"开始"选项卡"样式"选项组中的"套用表格样式"按钮，在弹出的下拉菜单中选择喜欢的预设样式。

● 在弹出的"套用表格样式"对话框中，确认"表数据的来源"区域是否正确。如果希望标题出现在套用样式的表中，勾选"表包含标题"复选框。

● 单击"确定"按钮，表格样式将被套用在选择的数据区域中。

（6）使用条件格式

同事提醒小孙要标注单价大于 200 元的商品，便于在采购时引起注意。因此小孙采用条件格式将预算单价列数值大于 200 的单元格突出显示。

首先选择"预算单价"单元格区域 E3:E10，单击"开始"选项卡"样式"选项组中的"条件格式"按钮，在弹出的下拉菜单中选择"突出显示单元格规则"，在其二级菜单中选择"大于"，如图 15-34 所示。

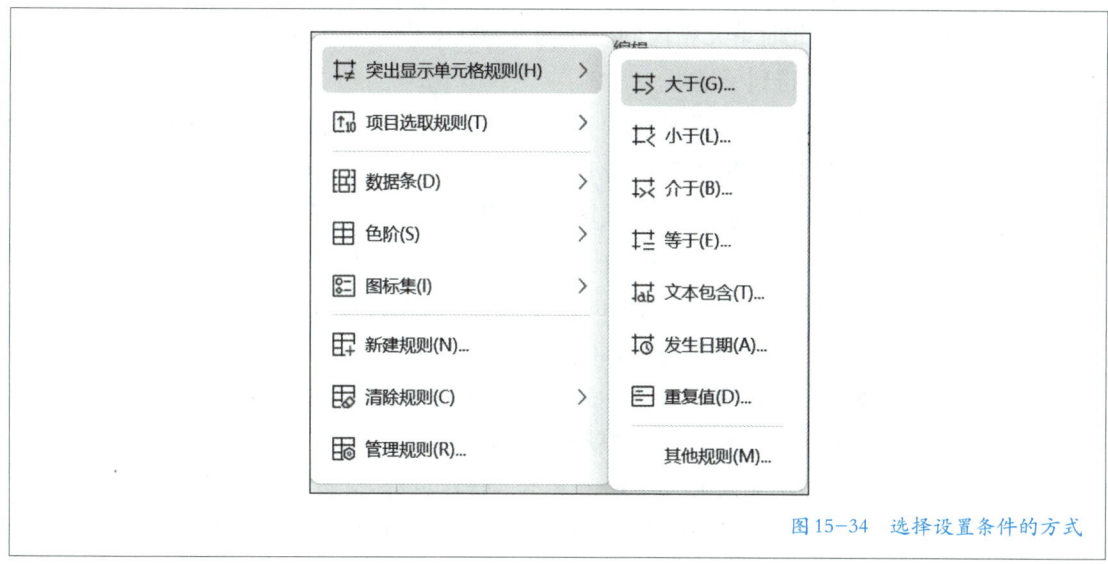

图 15-34　选择设置条件的方式

然后在弹出的"大于"对话框中设置条件数值，选择突出显示效果为"浅红填充色深红色文本"，如图 15-35 所示。

最后单击"确定"按钮，"预算单价"列数据应用了此条件格式，数值大于 200 的单元格将突出显示。

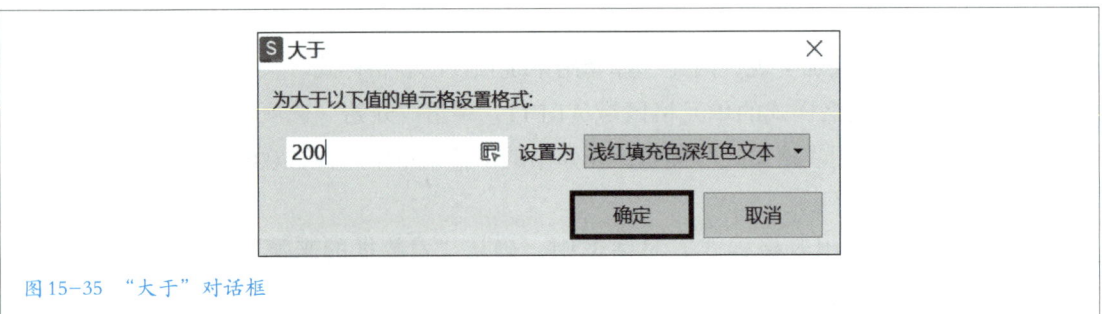

图 15-35 "大于"对话框

二、采购清单数据计算

1. 使用公式计算预算总价

根据计算公式，预算总价 = 预算单价 × 采购数量。因此，直接写入公式就能计算出预算总价。

将单元格 F3（即第一个商品预算总价单元格），激活为活动单元格。在单元格内输入"="，选中单元格 C3（采购数量），此时 C3 单元格引用已经显示在"="之后。在"C3"后继续键入乘法运算符"*"，再选中单元格 E3（预算单价），此时单元格内的公式为"=C3*E3"，按下回车键。此时第一个商品的预算总价得到了结果。

接下来需要完成 F4:F10 区域其他商品的预算总价计算，可以采用数据填充的方式实现。选中单元格 F3，将单元格边框右下角的填充柄向下拖动到单元格 F10，即可将 F3 的公式填充到其他的预算总价列单元格。

由于公式"=C3*E3"中的行号与列号均为相对引用，因此填充完成后，每个被填充单元格中公式内的行号均与其所在行号对应。

2. 利用函数计算合计总价

预算总价计算完成后，需要计算所有年货商品的合计总价，合计总价为所有商品预算总价之和，也就是要计算单元格区域 F3:F10 的数据之和。

首先在单元格 E11 中输入文本"合计总价"，然后将单元格 F11 选定，单击功能区"公式"选项卡"快速函数"选项组中的"常用"按钮，在弹出的下拉菜单中选择"SUM"，弹出"函数参数"对话框。

单击数值编辑框右侧的折叠按钮。此时，对话框自动缩小。用鼠标选取单元格区域 F3:F10 后，再次单击该按钮恢复对话框，所选单元格引用已被写入数值编辑框中，单击"确定"按钮，在 F11 单元格中将显示函数计算的结果。

任务拓展

一、数据验证的深入应用

1. 创建下拉列表以供选择

在 WPS 表格中，可以通过数据验证功能创建下拉列表，以保证用户输入的内容只能是预定义的选项。操作步骤如下。

- 选中要应用下拉列表的单元格或单元格区域。
- 单击功能区"数据"选项卡"数据工具"选项组中的"数据验证"按钮。
- 在弹出的"数据有效性"对话框中，选择"允许"下拉列表中的"序列"选项。
- 在"来源"框中输入下拉列表的选项，选项之间用英文逗号隔开，如图 15-36 所示，或者引用包含选项的单元格区域。

图 15-36　"数据有效性"对话框

- 单击"确定"按钮应用设置，此时单击所设置区域内的单元格后，会在其右侧产生一个下拉箭头，单击后弹出的下拉菜单中显示的即为所设的有效性数据序列，如图 15-37 所示。
- 如果在单元格内输入的数据不在设置的有效性序列中，则会弹出错误信息，如图 15-38 所示。

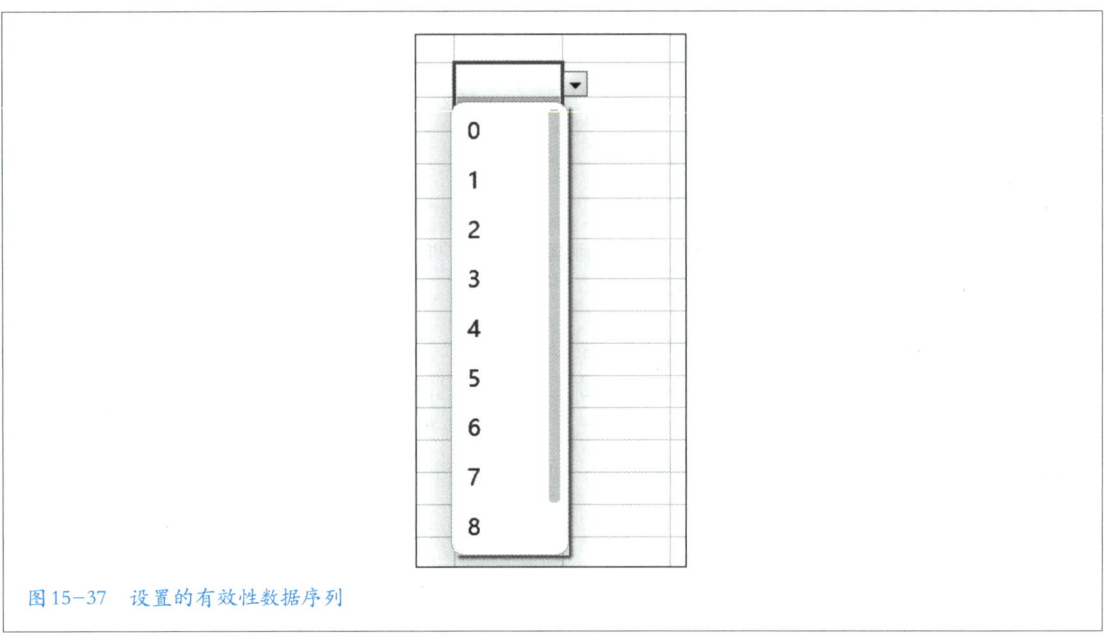

图 15-37　设置的有效性数据序列

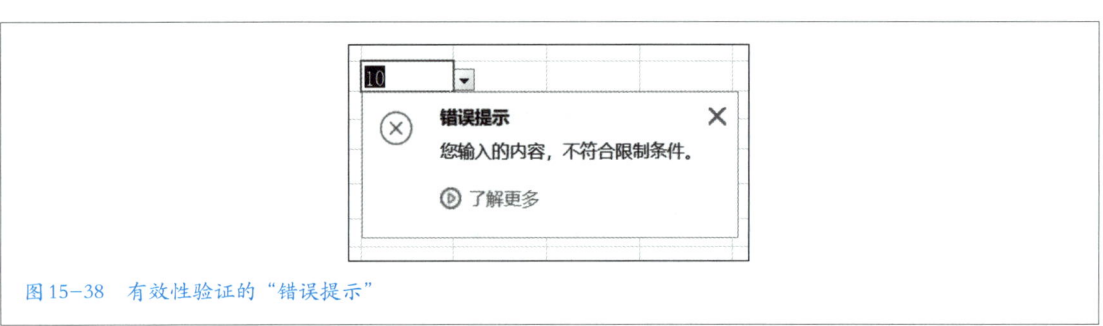

图 15-38　有效性验证的"错误提示"

2. 自定义数据验证公式和错误提示

除了预设的条件，还可以使用自定义公式来定义更复杂的数据验证规则，并设置错误提示信息。操作步骤如下。

- 选中要应用数据验证的单元格或单元格区域。
- 单击功能区"数据"选项卡"数据工具"选项组中的"数据验证"按钮。
- 在弹出的对话框中，选择"允许"下拉列表中的"自定义"选项。
- 在"公式"框中输入自定义的验证公式。如果公式结果为"TRUE"，则输入有效；如果为"FALSE"，则输入无效。例如，输入公式"=AND（A1>=10, A1<=20, INT（A1）=A1）"（设置时选中的是单元格 A1）。在此公式中，AND 是一个逻辑函数，用于确保所有列出的条件都为真（TRUE）；A1>=10 表示输入值大于或等于 10；A1<=20 表示输入值小于或等于 20；INT（A1）=A1 确保输入值是整数，即没有小数部分；在"错误提示"选项卡中输

入错误提示信息。

● 单击"确定"按钮应用设置。此时，若在该单元格中输入的不是小于等于 20 且大于等于 10 的数，则显示错误信息。

二、条件格式的进阶使用

1. 创建基于公式的条件格式规则

除了常规的条件格式外，还可以使用公式来创建更灵活的条件格式规则。操作步骤如下。

● 选中要应用条件格式的单元格或单元格区域。

● 单击功能区"开始"选项卡"样式"选项组中的"条件格式"按钮，在弹出的下拉菜单中选择"新建格式规则"。

● 在弹出的"新建格式规则"对话框中选择"使用公式确定要设置格式的单元格"选项。如图 15-39 所示。

● 在"只为满足以下条件的单元格设置格式"框中输入公式。如果公式结果为"TRUE"，则应用格式；如果结果为"FALSE"，则不应用格式。例如，输入公式"=AND（A1>=100）"（设置时选中的是单元格 A1）。

● 设置所需的格式选项，如字体、颜色、填充等。

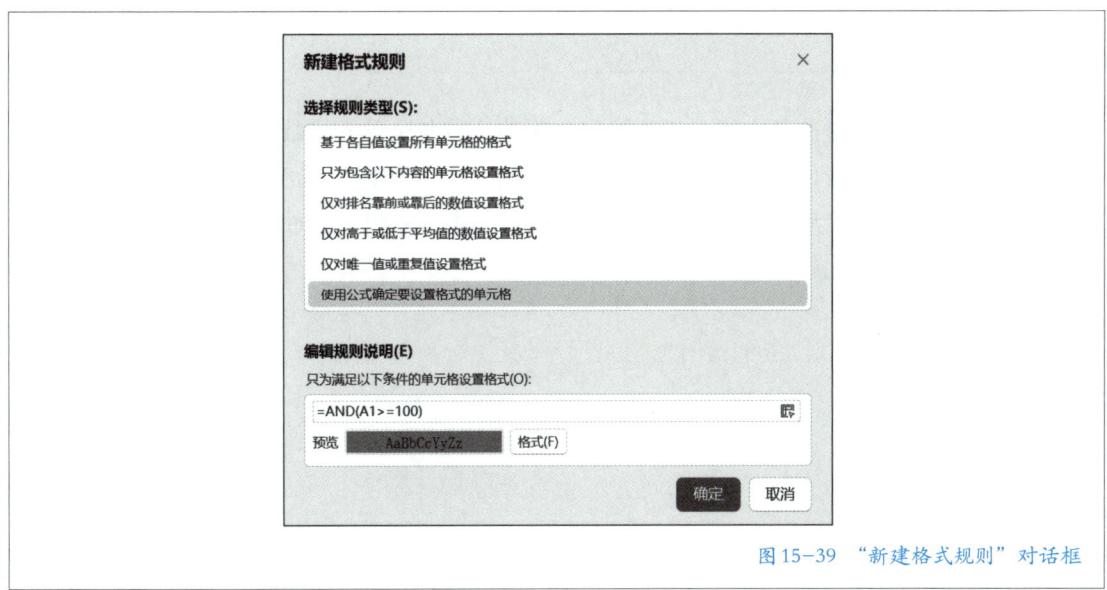

图 15-39　"新建格式规则"对话框

● 单击"确定"按钮应用该规则，此时，若单元格 A1 中不是大于等于 100 的数值，则会以设置的底纹显示。可以将 A1 单元格选择性粘贴格式到其他单元格。

2. 制作动态数据条和色阶

数据条和色阶是条件格式中的两种可视化工具，它们可以根据单元格的值动态地显示不同长度的条形或渐变颜色。操作步骤如下（以数据条为例）。

● 选中要应用条件格式的单元格或单元格区域。（通常这些数据是数值型的，以便于比较大小。）

● 单击功能区"开始"选项卡"样式"选项组中的"条件格式"按钮，在弹出的下拉菜单中选择"数据条"选项，并选择一种样式。

● 此时，选定的单元格区域会根据各自的值显示出不同长度的颜色条。颜色条的长度代表了单元格数值的大小。数值越大，颜色条越长；数值越小，颜色条越短。如图 15-40 所示。

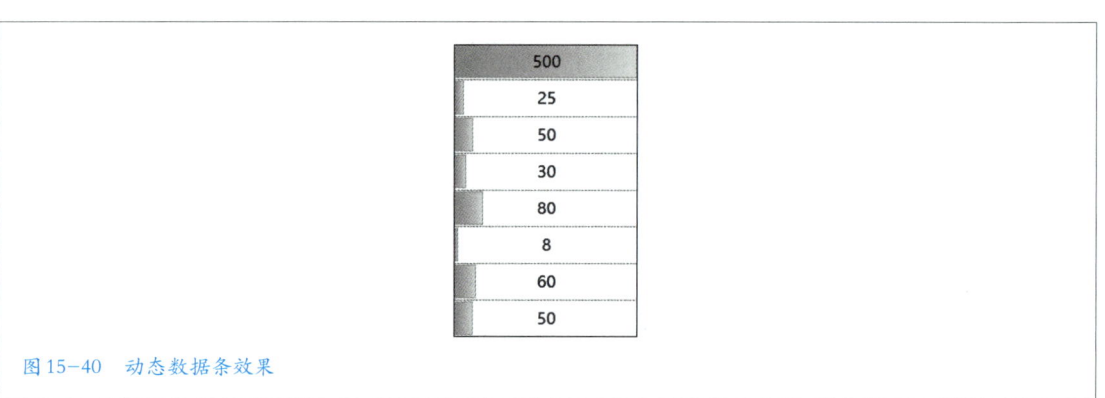

图 15-40　动态数据条效果

通过这种方式，用户可以直观地比较各个单元格数值的大小。

色阶的操作步骤类似，只是选择的是"色阶"选项而不是"数据条"。色阶会根据单元格的值显示出不同的颜色渐变效果，从而直观地展示出数据的分布和变化趋势。

任务 16 制作销售统计图表

任务描述

公司最近推出了国风多功能文具盒，受到学生用户群的欢迎。公司领导希望通过销售统计图表来了解该产品的销售情况，以及该产品是否带动了其他文具盒类产品的销售。小孙接受了任务，并迅速在 WPS 中使用表格工具制作出一份上半年文具盒类产品的销售统计图表。

思维导图

任务 16 思维导图如图 16-1 所示。

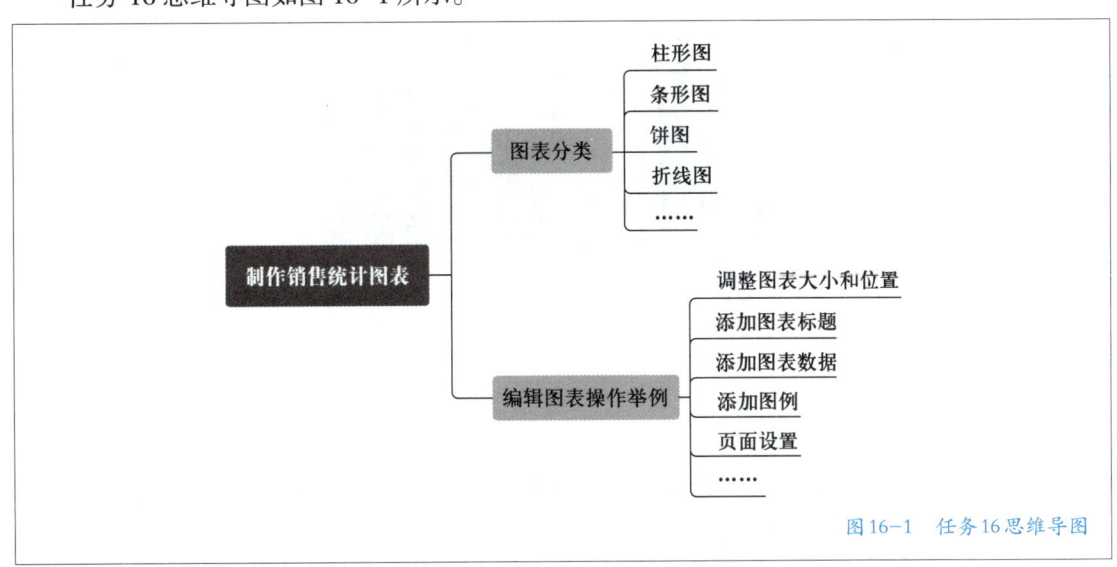

图 16-1 任务 16 思维导图

知识准备

一、WPS 表格图表简介

制作图表是以图形化的方式表示数据的方法，帮助用户更方便、更直观地分析和比较数据。图表是 WPS 表格数据编辑过程中最常用的对象之一，其依据某个选定区域内的数据生成，当数据源发生变化时，图表中对应的数据也会自动更新。通过制作图表，用户可以更快速地理解数据，发现数据的变化趋势和模式，从而做出更明智的决策。

WPS 表格提供了多种图表类型，每种类型都有其特定的用途和优势。常见的图表类型有以下几种。

1. 柱形图

柱形图使用竖直排列的柱子来表示不同类别的数据，从而方便用户比较各个类别之间的差异。每根柱子代表一个数据系列中的一个数据点，柱子的高度或长度与数据值的大小成正比。

柱形图适用于展示离散的数据，即不同类别之间的数据对比。例如，在销售统计中，可以使用柱形图来比较不同产品、不同地区或不同时间段的销售额，如图 16-2 所示。

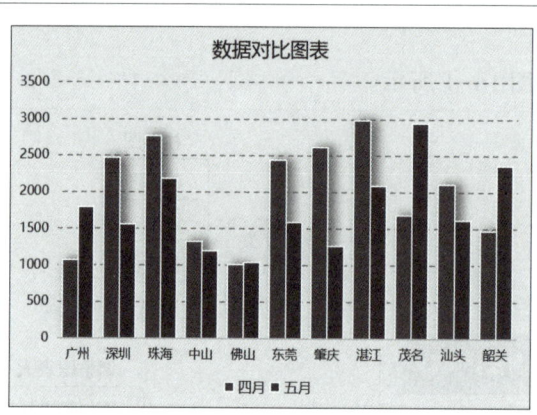

图 16-2　柱形图示例

2. 条形图

条形图与柱形图类似。在条形图中，数据是通过水平方向的条形来表示的。每个条形代表一个数据系列中的一个数据点，条形的长度与数据值的大小成正比。

条形图适用于标签文字较长或类别名称较多的情况，因为水平方向的条形可以提供更多的空间来显示标签，从而避免标签之间的重叠或截断。此外，条形图也适用于展示排名或顺序的数据，因为条形可以很容易地从左到右或从右到左进行排序。

3. 饼图

饼图通过将一个圆形划分为不同的扇区来表示数据系列中各个类别的占比关系。每个扇区的面积与该类别的数据成正比，因此用户可以直观地看出各个类别在总体中所占的比例，如图 16-3 所示。饼图通常用于展示整体与部分之间的关系，强调数据的占比和分布。

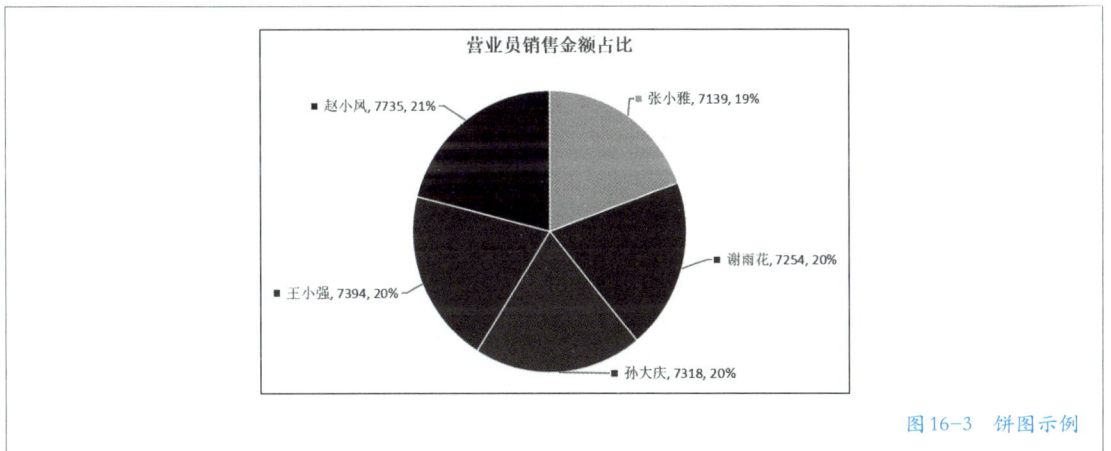

图 16-3 饼图示例

4. 折线图

折线图通过连接一系列数据点，使之形成一条或多条折线来展示数据随时间或其他有序变量的变化趋势。每个数据点代表一个特定时间或顺序位置上的数据值，而折线则连接这些点，揭示它们之间的关系和趋势。

在折线图中，横轴通常表示时间或有序变量的变化，纵轴表示数据的大小。通过观察折线的起伏和走势，用户可以直观地了解数据的变化趋势、周期性、增减速度，以及峰值和谷值等信息。

折线图适用于展示时间序列数据，如股票价格、气温变化、销售额趋势等；也适用于展示其他有序变量的数据变化，如人口增长、年龄分布等。通过比较不同折线之间的差异，用户还可以分析不同数据集之间的相关性。

二、制作图表的基本操作

图表是依据工作表中的数据创建的，因此用户需要先整理好工作表中的数据，然后将数据以图表的形式展现出来，进而对生成的图表进行设置和编辑。

1. 创建图表

WPS 中的图表分为嵌入式图表和图表工作表两种。嵌入式图表是置于工作表中的图表对象；图表工作表则是一个单独的工作表，图表置于其中。嵌入式图表和图表工作表都是由工作表中的数据生成的，并且都与工作表数据保持一致，可以通过移动图表功能实现两种图表的转换。

创建图表时，首先在工作表中选定要创建图表的数据，然后选择功能区"插入"选项卡，在"图表"选项组中有多个用于创建图表的工具按钮，如

图 16-4 所示。

图 16-4 "图表"选项组

"图表"选项组中的 4 个小按钮分别对应常用的柱形图、饼图、折线图和散点图。如果需要插入其他类型的图表，则单击"全部图表"，弹出"图表"对话框，如图 16-5 所示。

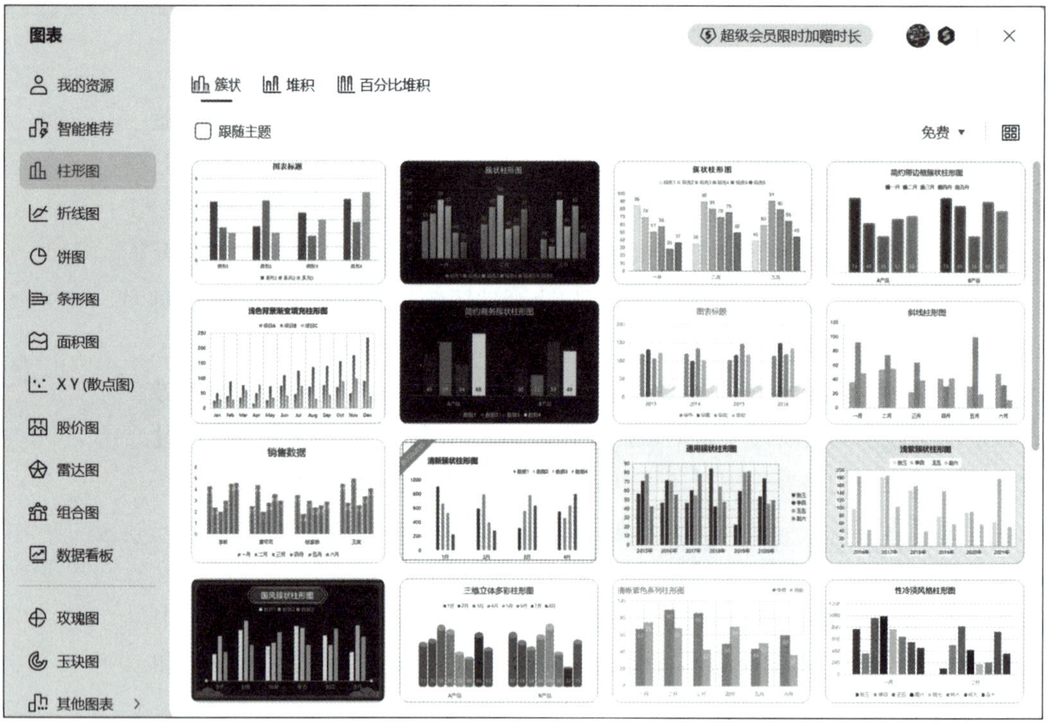

图 16-5 "图表"对话框

例如，选择"折线图"选项，在弹出的下拉菜单中选择需要的折线图样式，即可在工作表中创建一个折线图，如图 16-6 所示。

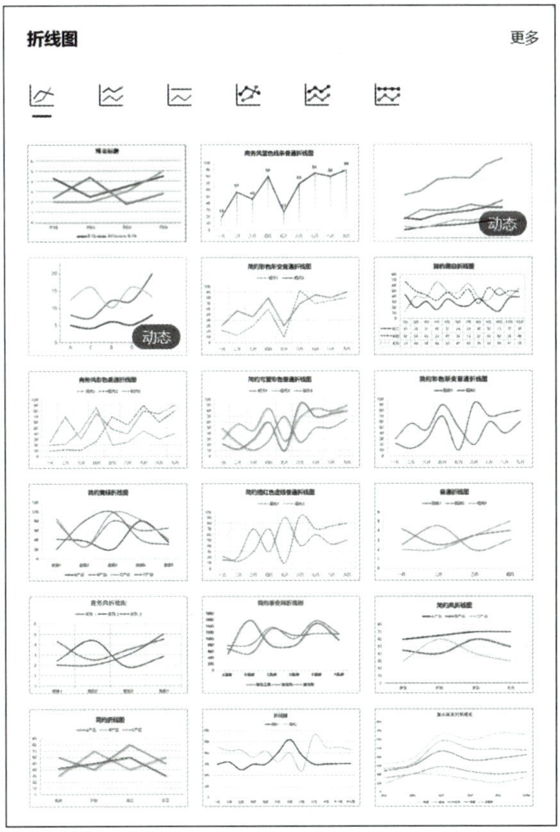

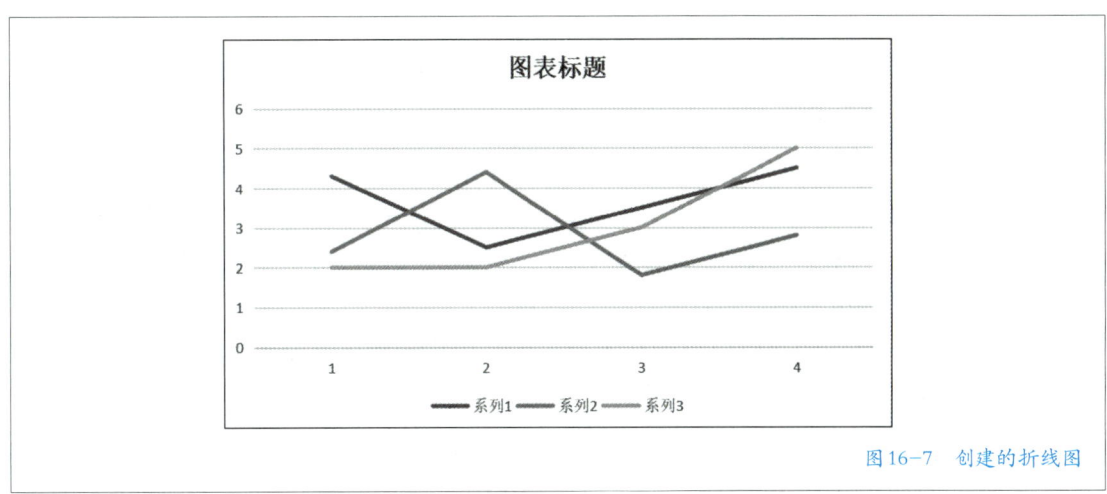

图16-6 "折线图"下拉菜单

创建后的折线图如图 16-7 所示。

图16-7 创建的折线图

选定创建的图表后，功能区中将增加"绘图工具""文本工具"和"图表工具"3个选项卡，通过这些选项卡中的命令按钮，可以对生成的图表进行编辑操作。

2. 选定图表项

在对图表进行编辑之前，应当先选定图表中的图表项，有些成组显示的图表项可以细分为单独的元素，也可以单独选定；或者单击图表的任意位置将其激活，切换到"图表工具"选项卡，在"属性设置"选项组中单击"图表元素"下拉列表框右侧的箭头，在弹出的下拉列表框中选择需要编辑的图表项，如图16-8所示。

图16-8 "图表元素"下拉列表框

3. 调整图表大小和位置

选定图表后，将鼠标指针移动到图表边框的6个控制句柄上，当指针形状变为双向箭头时，拖动图表即可调整图表的大小；也可以在功能区"绘图工具"选项卡"大小"选项组中的"形状高度"和"形状宽度"文本框中精确地设置图表的高度和宽度。

移动图表位置分为在当前工作表中移动和在工作表之间移动两种情况。在当前工作表中移动图表时，只要单击图表区并按住左键进行拖动即可。若在不同工作表之间移动图表，可以右键单击图表的空白位置，在弹出的快捷菜单中选择"移动图表"命令，或者选定图表后单击"图表工具"选项卡"位置"选项组中的"移动图表"按钮，打开"移动图表"对话框，如图16-9所示。

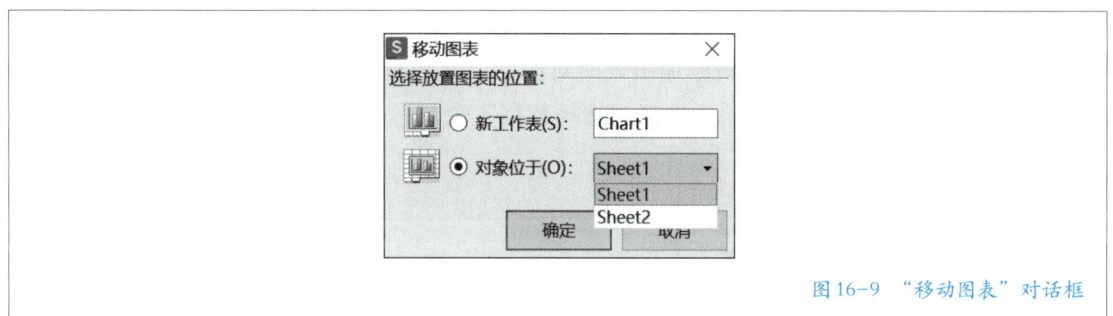

图 16-9　"移动图表"对话框

- 若选中"对象位于"单选按钮，则在右侧的下拉列表框中选择其他工作表；单击"确定"按钮，即可实现图表的移动操作。
- 若选中"新工作表"单选按钮，则在右侧的文本框中给新工作表命名；单击"确定"按钮，即可将当前图表作为一个单独的工作表，即图表工作表，如图 16-10 所示。

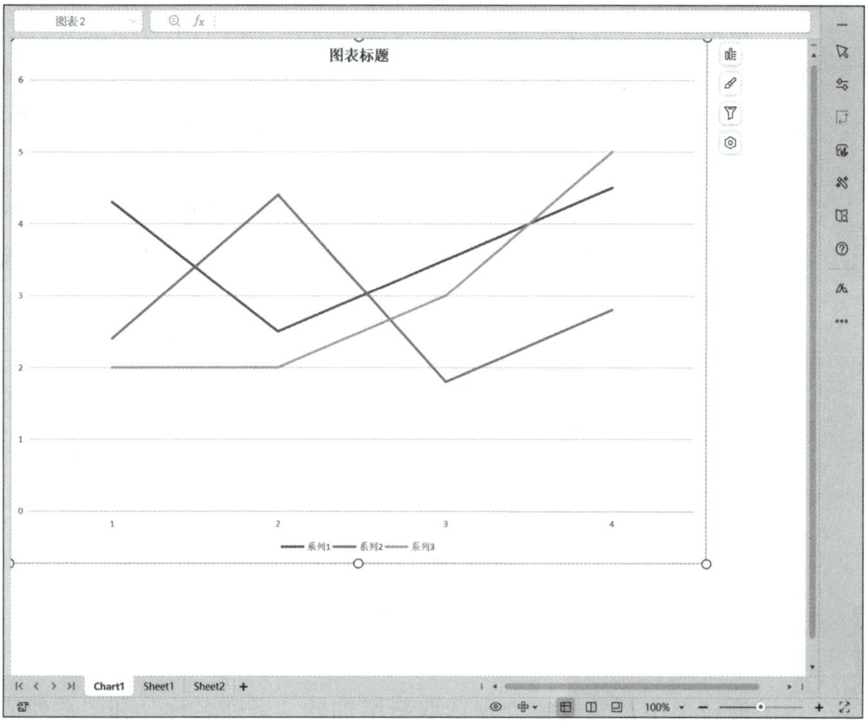

图 16-10　新建图表工作表

4. 更改图表数据源

图表效果是和工作表中的数据相关联的，图表创建完成后，可以根据需要向其中添加新数据，或者删除已有的数据。

如果需要重新添加图表所对应的所有数据，则右键单击图表中的图表区，在弹出的快捷菜单中选择"选择数据"命令，打开"编辑数据源"对话框，如图16-11所示。

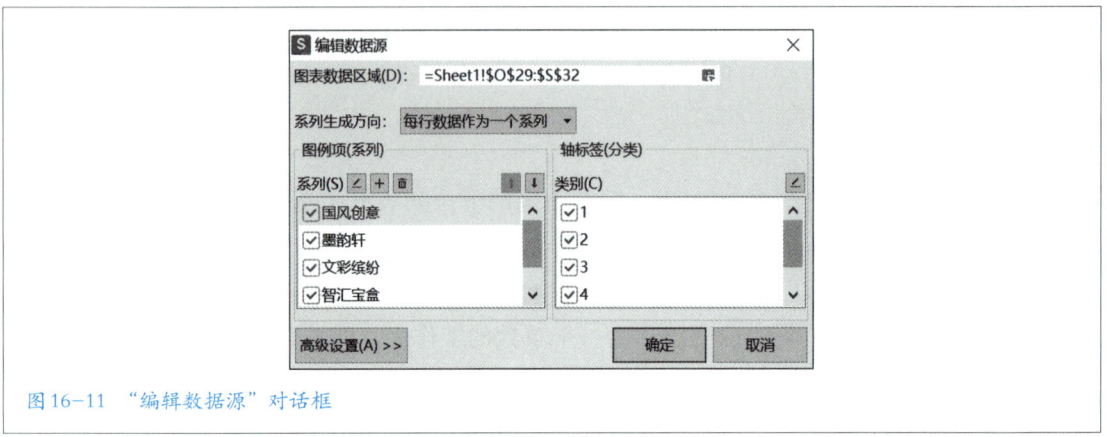

图16-11　"编辑数据源"对话框

单击"图表数据区域"右侧的折叠按钮，在工作表中选取数据源的单元格区域。选取完成后单击展开按钮，返回对话框，所选单元格引用将自动输入图表数据区域文本框中，选择所需的图例和轴标签后，单击"确定"按钮，即可改变图表的数据源，图表显示效果将同步发生变化。

如果要在不改变原数据源的基础上添加部分数据，则打开"编辑数据源"对话框，单击"图例项（系列）"栏中的"+"按钮，打开"编辑数据系列"对话框，如图16-12所示。

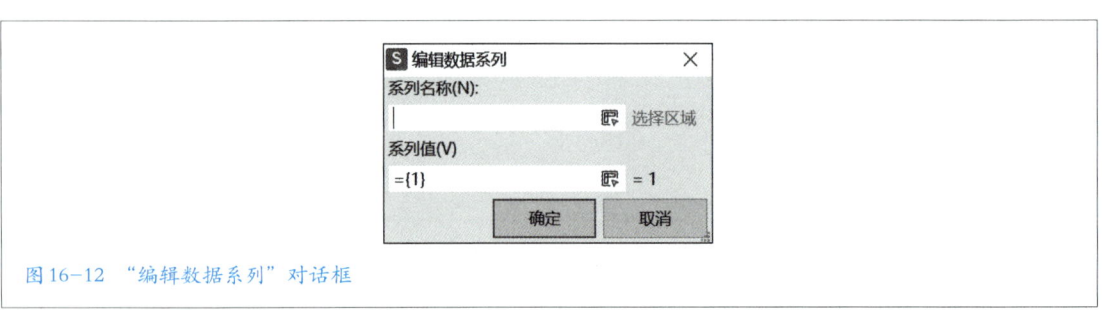

图16-12　"编辑数据系列"对话框

通过单击折叠按钮分别选取新增加的"系列名称"和"系列值"所对应的数据单元格区域，单击"确定"按钮，返回"编辑数据源"对话框，可以看到添加的图例项。单击"确定"按钮，图表中将显示新增数据的效果。

5. 交换图表的行与列

图表生成后，如果发现其中的图例与分类轴的位置设置错误，可以再次打开"编辑数据源"对话框,在"系列生成方向"列表中根据需要选择"每行数据作为一个系列"或者"每列数据作为一个系列"选项,单击"确定"按钮即可转换图表和分类轴的位置。

6. 删除图表中的数据

若要删除图表中的数据,则打开"编辑数据源"对话框,在"图例项(系列)"栏的"系列"列表框中选择要删除的数据系列,单击显示为垃圾桶的"删除"按钮;也可以直接单击图表中的数据系列,按下 Delete 键将其删除。要注意的是,当工作表中的某项数据被删除后,图表内相应的数据系列也会自动消失。

如果只是希望某个数据系列不显示在图表中,而数据源保持不变,则在"编辑数据源"对话框中的"系列"列表中去除该系列的勾选状态即可。

三、修改图表内容

图表中包含多个组成部分,被称为图表项。创建的图表默认只包含其中的几项,还可以向图表中添加一些其他的图表元素。此外,也可以对图表做一些格式化操作,从而使图表变得更加美观。

1. 添加并修改图表标题

如果要为图表添加标题并对其进行格式化,可以参照以下步骤进行操作。

● 选中图表后,单击"图表工具"选项卡"图表布局"选项组中的"添加元素"按钮,在弹出的下拉菜单中选择"图表标题",并选择一种放置标题的方式,如图 16-13 所示。

图 16-13 "添加元素"按钮下拉菜单

• 在图表中生成的标题文本框中输入标题文本。

• 右键单击标题，在弹出的快捷菜单中选择"设置图表标题格式"命令，打开图表标题的"属性"任务窗格，如图 16-14 所示，可以在标题选项中设置填充效果和边框等样式。

图 16-14 图表标题的"属性"任务窗格

2. 设置坐标轴与标题

用户可以设置是否在图表中显示坐标轴，以及坐标轴显示的方式，还可以为坐标轴添加标题。

选中图表后，单击"图表工具"选项卡"图表布局"选项组中的"添加元素"按钮，在弹出的下拉菜单中选择"坐标轴"，在弹出的二级菜单中选择或取消"主要横向坐标轴"或"主要纵向坐标轴"选项，即可设置坐标轴是否显示，如图 16-15 所示。

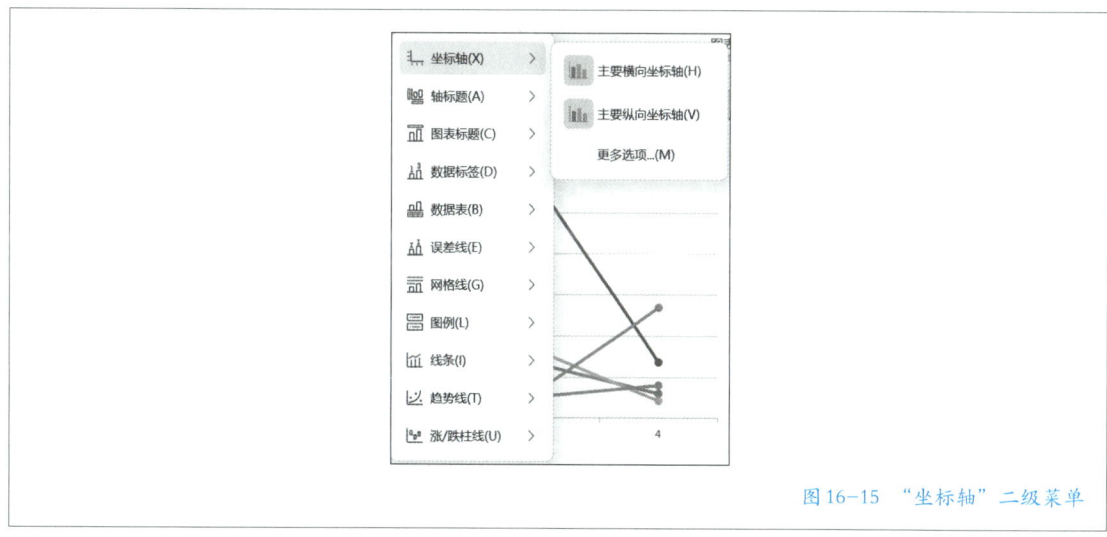

图 16-15 "坐标轴"二级菜单

另外，在"坐标轴"二级菜单中选择"更多选项"命令，或者右键单击选中的图表坐标纵（横）坐标轴数值，在弹出的菜单中选择"设置坐标轴格式"命令，打开坐标轴"属性"任务窗格，如图 16-16 所示。

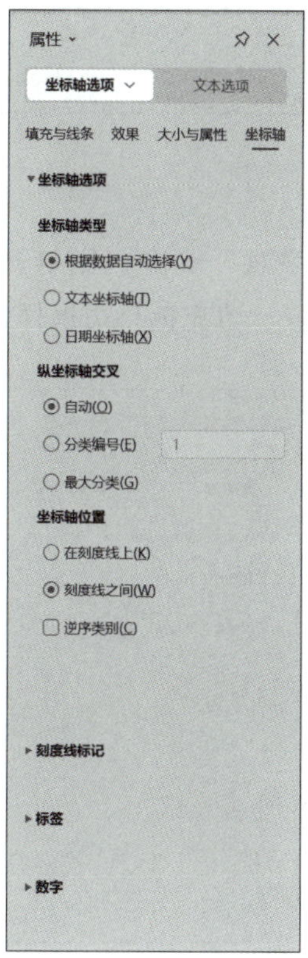

图 16-16 坐标轴"属性"任务窗格

还可以在坐标轴"属性"任务窗格中对坐标轴进行详细设置。

3. 添加图例

选中图表后，单击"图表工具"选项卡"图表布局"选项组中的"添加元素"按钮，在弹出的下拉菜单中选择"图例"，在弹出的二级菜单中选择一种放置图例的方式，WPS表格会根据图例的大小重新调整绘图区的大小，如图16-17所示。

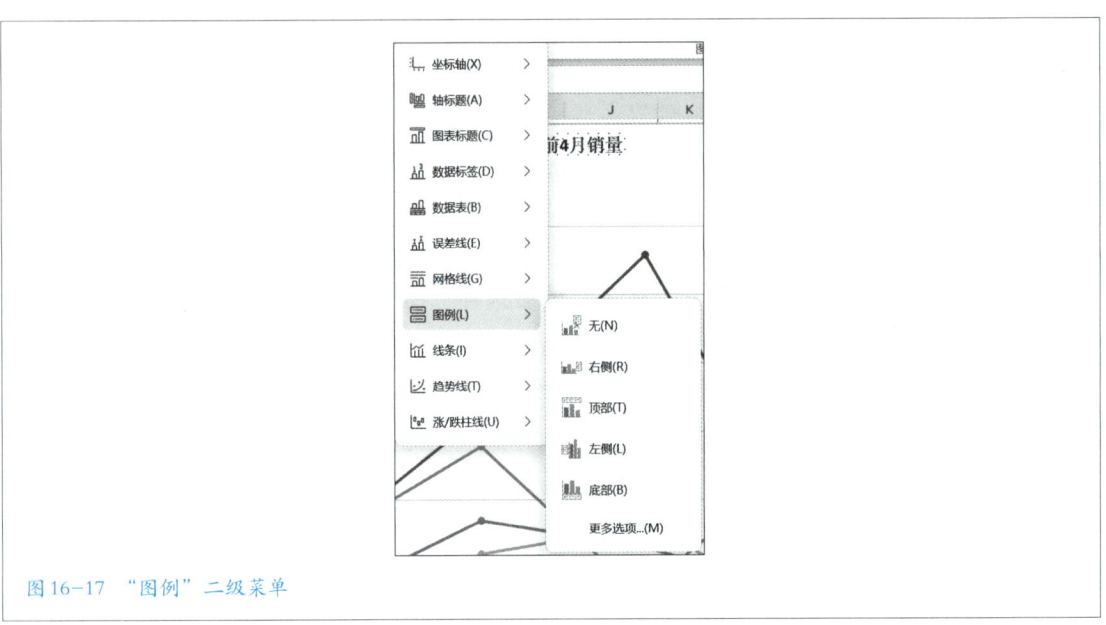

图16-17 "图例"二级菜单

如果选择"更多选项"命令，则打开设置图例格式"属性"窗格，可以在其中设置图例的位置、填充色、边框样式和阴影效果等，如图16-18所示。

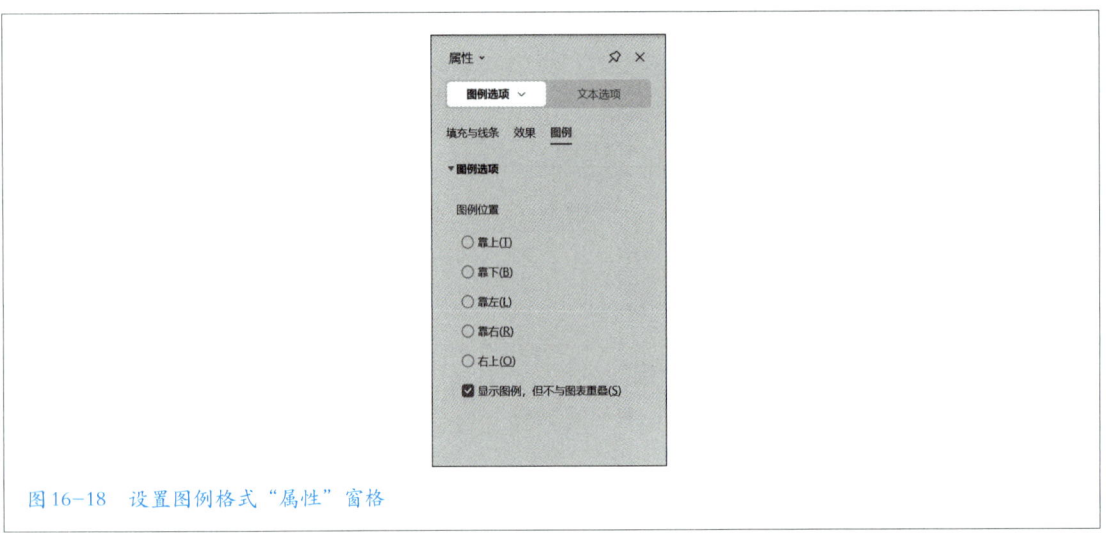

图16-18 设置图例格式"属性"窗格

4. 添加数据标签

数据标签是显示在数据系列上的数据标记。WPS 表格允许为图表中的数据系列、单个数据点或者所有数据点添加数据标签，添加的标签类型由选定数据点组成的图表类型决定。

选中图表后，单击"图表工具"选项卡"图表布局"选项组中的"添加元素"按钮，在弹出的下拉菜单中选择"数据标签"，在其二级菜单中选择添加数据标签的位置，添加数据标签后的图表效果如图 16-19 所示。

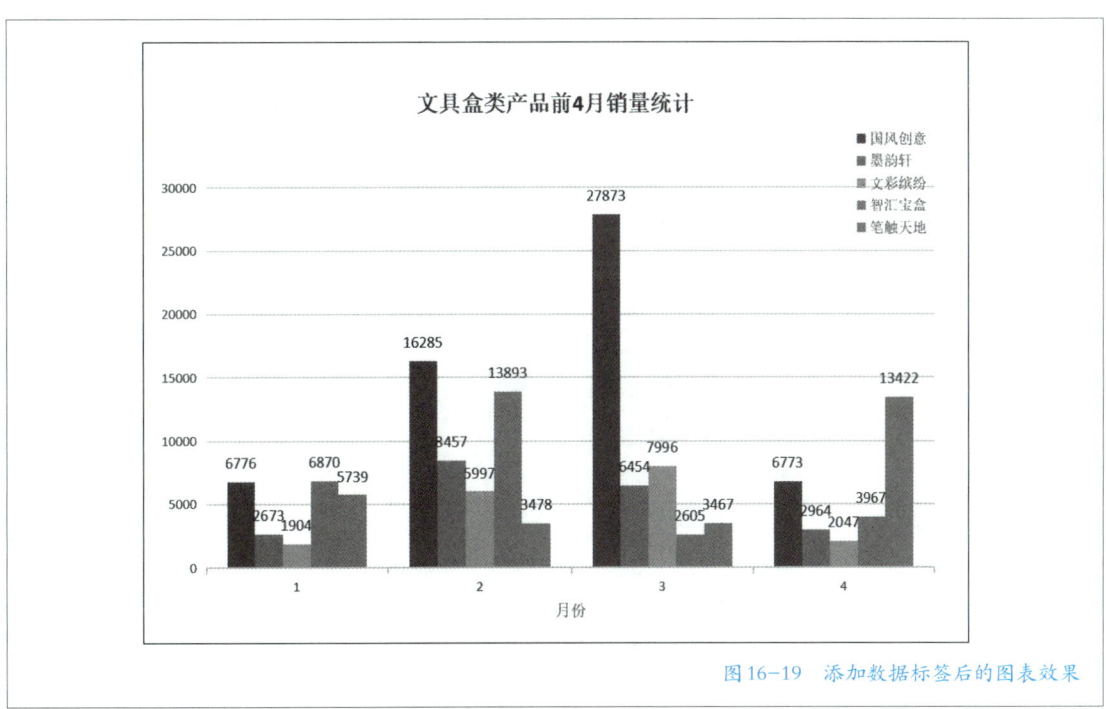

图 16-19　添加数据标签后的图表效果

如果要对数据标签的格式进行设置，则在该二级菜单中选择"更多选项"命令，打开设置数据标签格式"属性"窗格，在"标签选项"中可以设置数据标签的显示内容、标签位置、数字的显示格式，以及文字对齐方式等，如图 16-20 所示。

5. 更改图表类型

创建图表后，用户可以通过更改图表的类型来显示不同的效果。

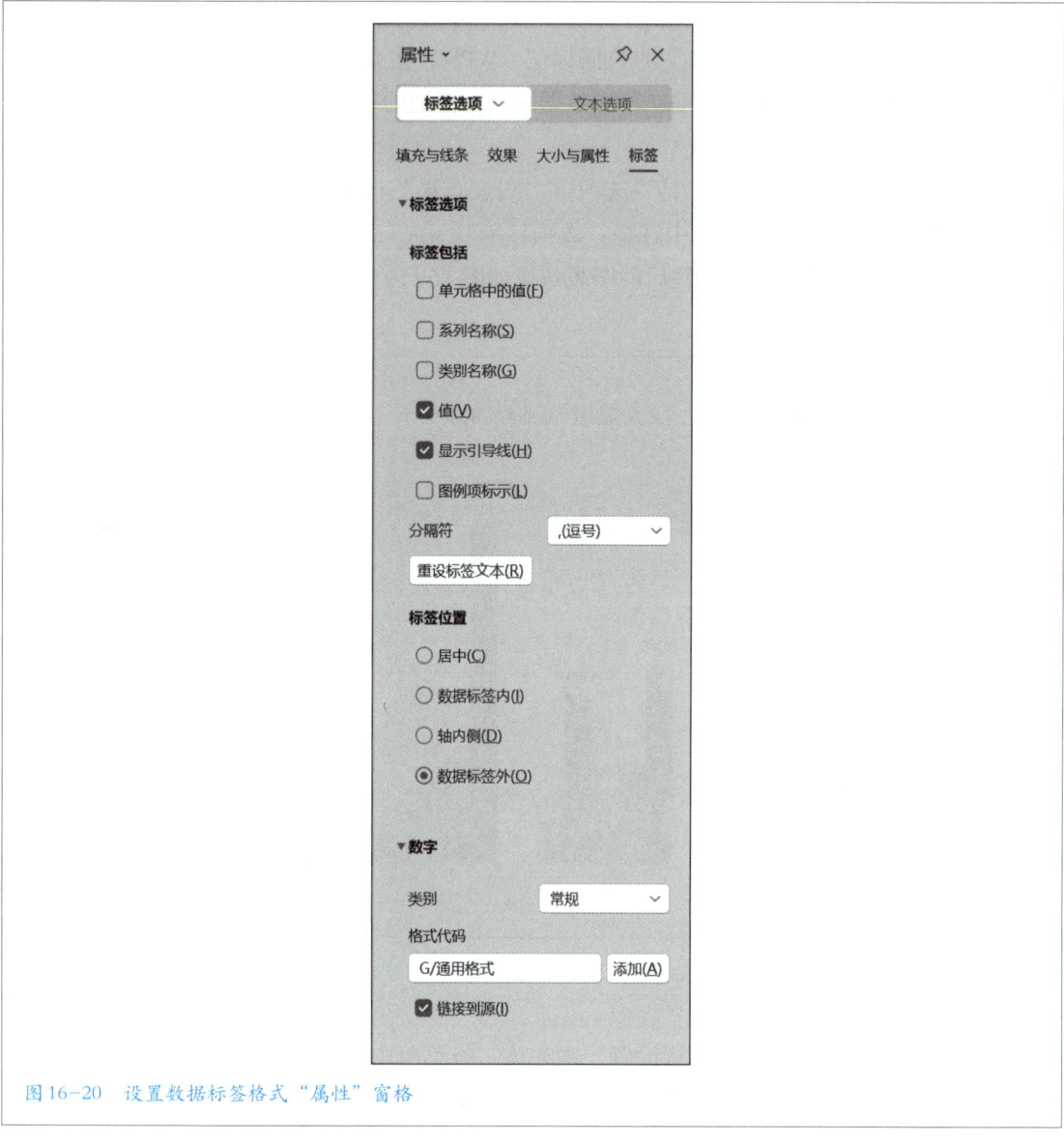

图16-20 设置数据标签格式"属性"窗格

• 若图表为工作表内的嵌入式图表，则单击将其选中；若是图表工作表，则单击其工作表标签将其选中。

• 单击"图表工具"选项卡"图表样式"选项组中的"更改类型"按钮，打开"更改图表类型"对话框，如图16-21所示。

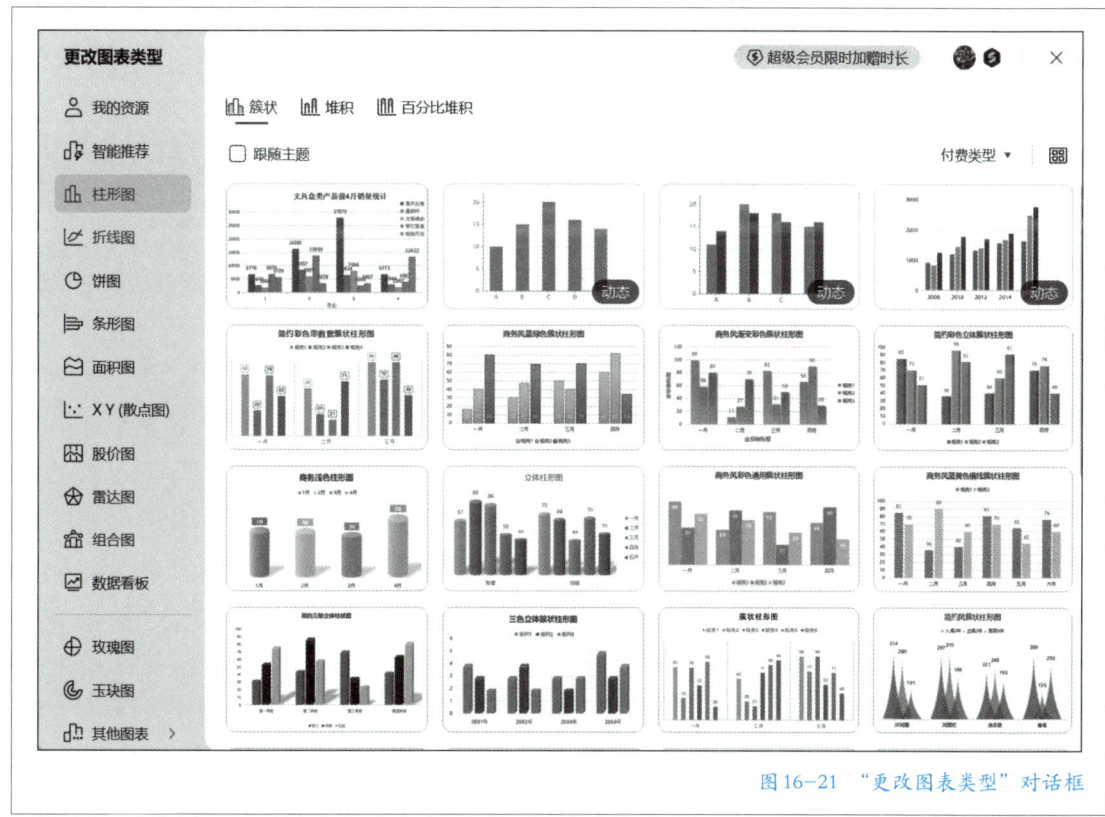

图 16-21　"更改图表类型"对话框

• 采用与新建图表同样的方法，首先选择所需的图表类型，然后单击"确定"按钮，完成对图表类型的更改操作。

6. 设置图表样式

选中图表后，单击"图表工具"选项卡"图表样式"选项组中"图表样式"列表框右侧的箭头，在弹出的下拉菜单中选择所需的图表样式，即可将样式应用到所选图表，如图 16-22 所示。

7. 设置图表区和绘图区格式

图表区是放置图表及其他元素的大背景，单击图表的空白位置，当图表外框出现 8 个句柄时，表示选定了该图表区。绘图区则是放置图表主体的背景，将鼠标指针置于图表中某个位置并稍作停留，会浮动一个小提示框显示当前位置所在的区域名称。

• 右键单击图表，在弹出的快捷菜单中选择"设置图表区格式"命令，打开设置图表区格式"属性"窗格，如图 16-23 所示。

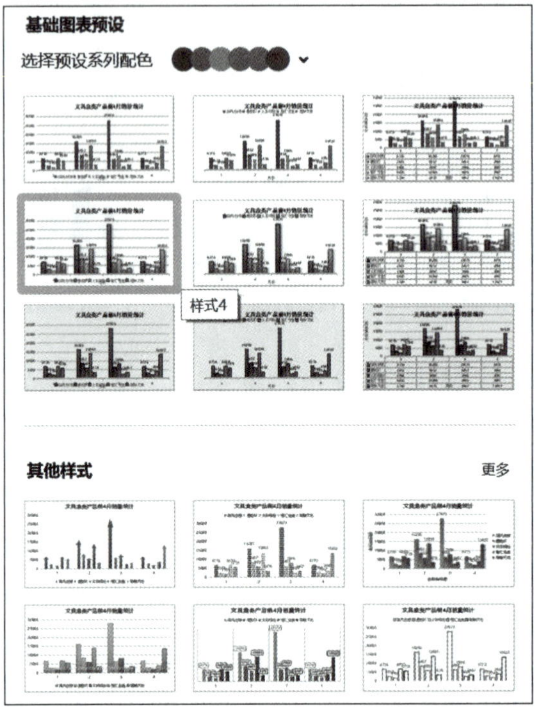

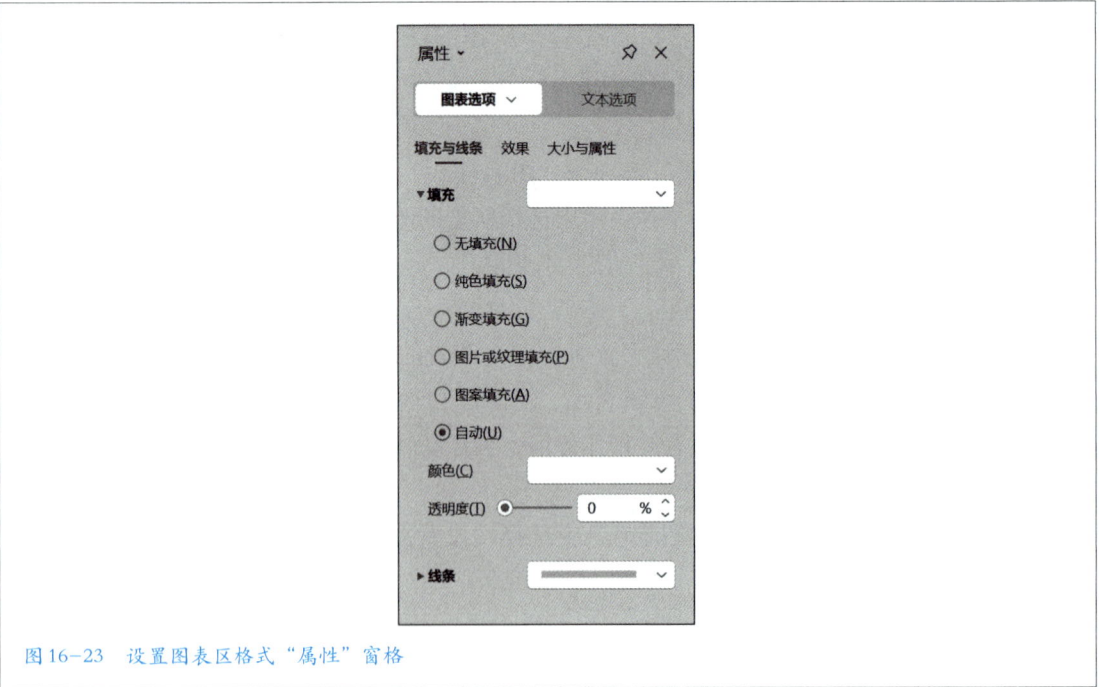

图16-22 "图表样式"下拉菜单

图16-23 设置图表区格式"属性"窗格

● 在该窗格中可以设置图表区的边框颜色、边框样式、阴影、大小和三维格式等。

● 右键单击图表中间的绘图区，从弹出的快捷菜单中选择"设置绘图区格式"命令，打开设置绘图区格式"属性"窗格，如图 16-24 所示。

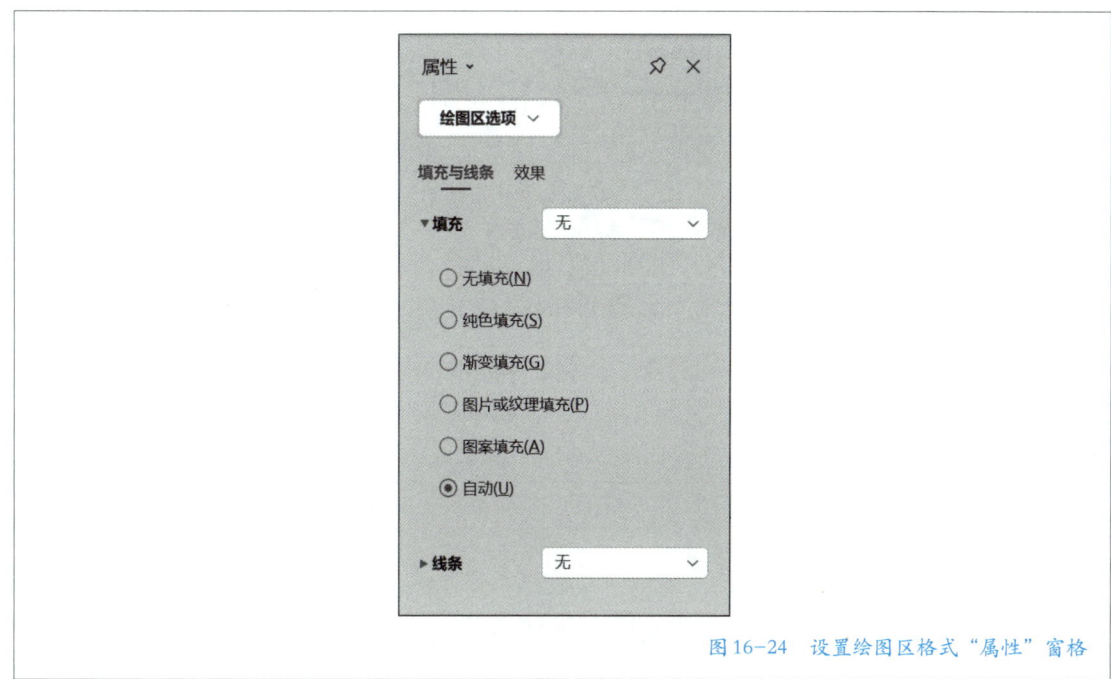

图 16-24 设置绘图区格式"属性"窗格

● 在该窗格中可以设置绘图区的填充颜色、边框颜色、边框样式、阴影和三维格式等。

8. 编辑趋势线

趋势线用于预测分析，可以在条形图、柱形图、折线图等图表中为数据系列添加趋势线。

● 选中图表后，单击"图表工具"选项卡"图表布局"选项组中的"添加元素"按钮，在弹出的下拉菜单中选择"趋势线"，从二级菜单中选择一种趋势线，如图 16-25 所示，打开"添加趋势线"对话框，在对话框中选择需要添加的系列即可。

● 右键单击图表中已添加的趋势线，在弹出的快捷菜单中选择"设置趋势线格式"命令，在打开的设置趋势线格式"属性"窗格中设置趋势线的"线条颜色""线型"和"箭头类型"等格式，如图 16-26 所示。设置后的图表效果如图 16-27 所示。

图16-25 "添加趋势线"二级菜单

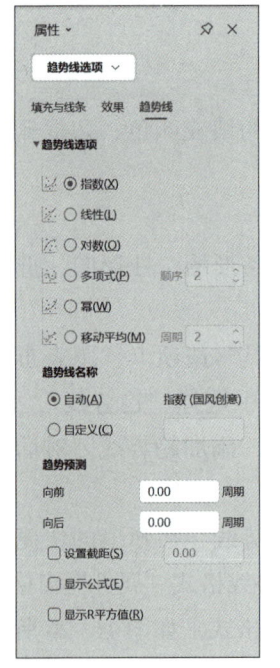

图16-26 设置趋势线格式"属性"窗格

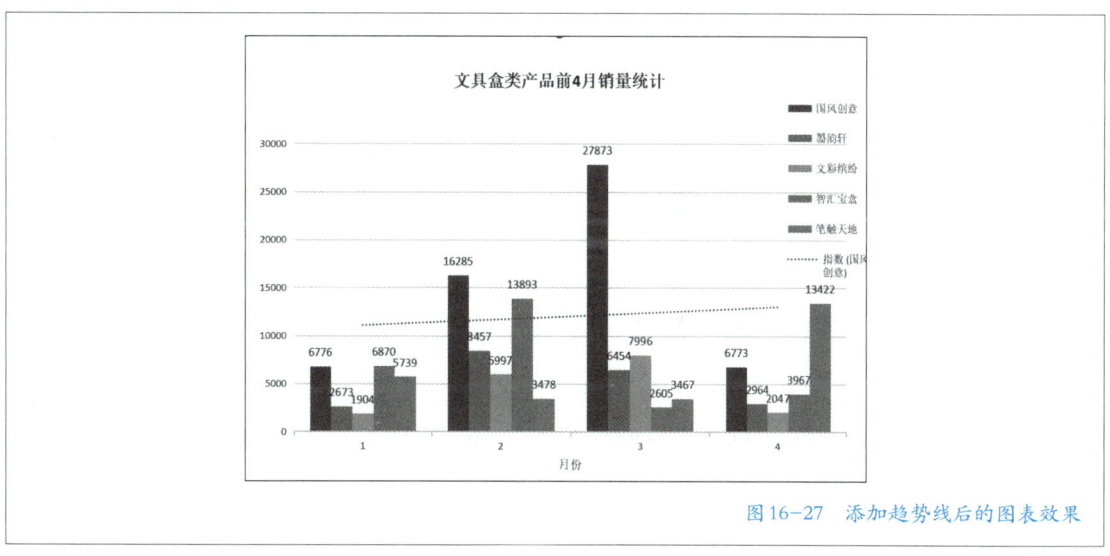

图16-27 添加趋势线后的图表效果

四、图表的页面设置

与 WPS 文字类似，如果要将编辑后的工作表打印输出，需要先对页面进行一些设置，如纸张大小和方向、页边距、页眉和页脚等。

1. 设置纸张大小和方向

● 单击"页面"选项卡"打印设置"选项组中的"纸张大小"按钮，从弹出的下拉菜单中选择所需的纸张大小，如图 16-28 所示。

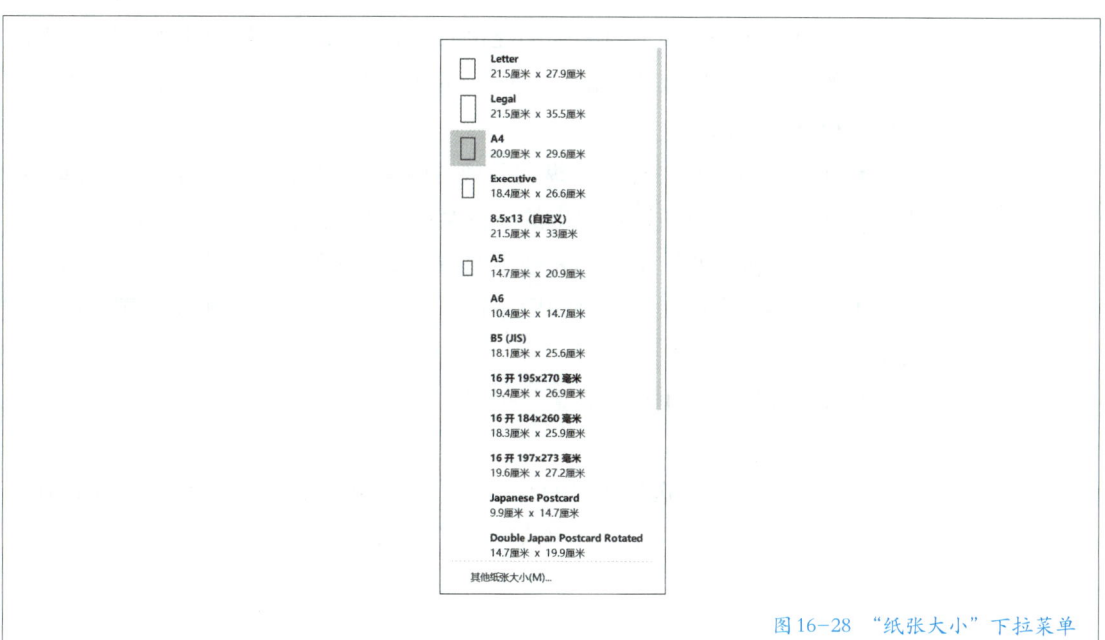

图16-28 "纸张大小"下拉菜单

· 若要自定义纸张大小，选择"其他纸张大小"命令，打开"页面设置"对话框，在"页面"选项卡中进行设置，如图 16-29 所示。

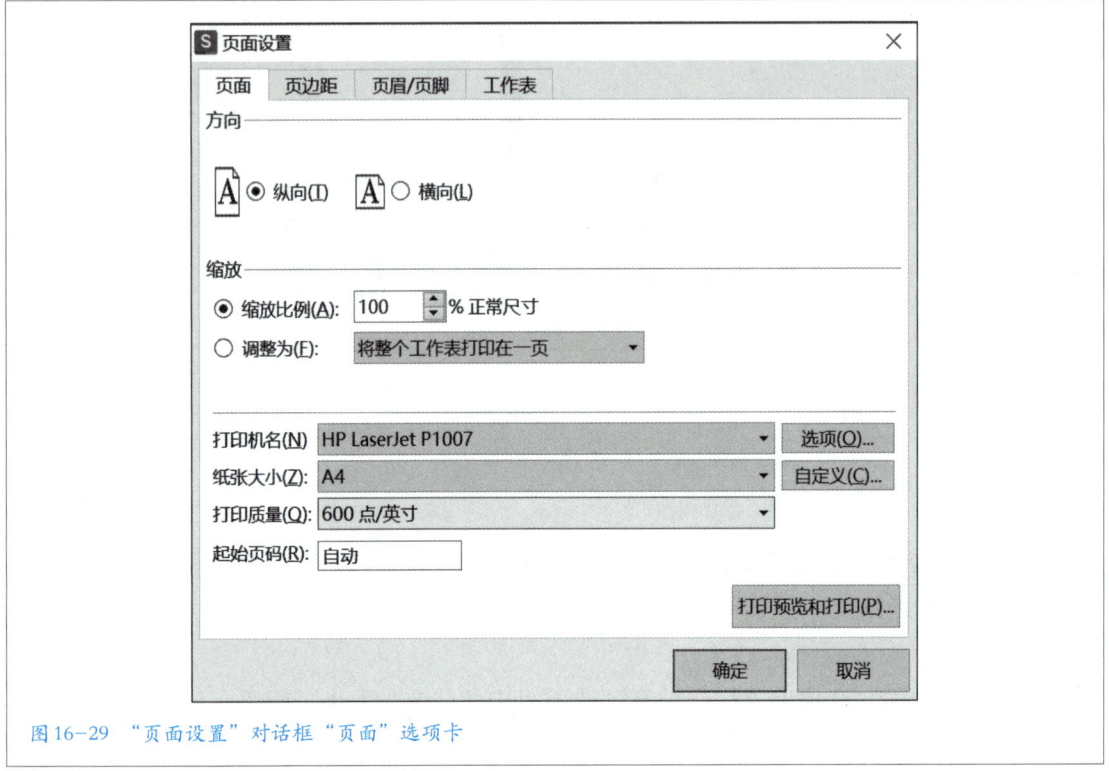

图 16-29 "页面设置"对话框"页面"选项卡

· 通常情况下，采用 100% 的比例打印；也可以选中"缩放比例"按钮，在后面的文本框中输入所需的百分比；还可以选中"调整为"按钮，在下拉列表中选择合适的选项。

· 在"方向"栏中选择"纵向"或"横向"，或单击"打印设置"选项组中的"纸张方向"按钮，在弹出的下拉菜单中进行选择。

· 在"纸张大小"下拉列表框中选择打印纸张的类型；在"打印质量"下拉列表框中指定当前文档的打印质量；在"起始页码"文本框中设置开始打印的页码。

· 设置完毕后，单击"确定"按钮。

2. 设置页边距

· 单击"页面"选项卡"打印设置"选项组中的"页边距"按钮，在弹出的下拉菜单中选择一种页边距预设方案，如图 16-30 所示。

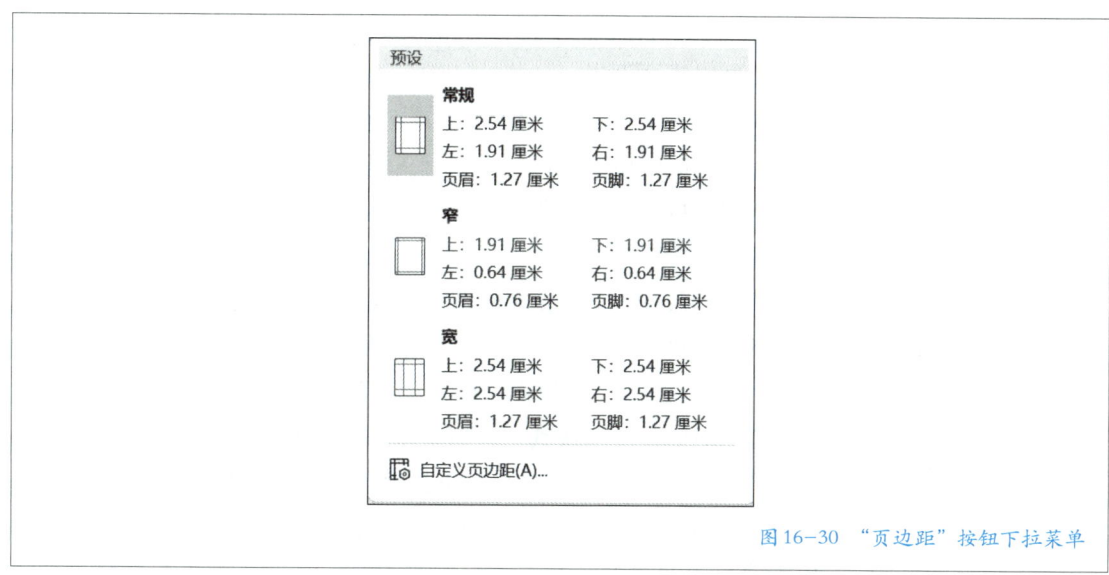

图16-30　"页边距"按钮下拉菜单

● 如果预设的页边距设置命令选项不能满足需要，则可以选择菜单中的"自定义页边距"，打开"页面设置"对话框，切换到"页边距"选项卡，在"上""下""左""右"文本框中调整数据与页边缘之间的距离，如图16-31所示。

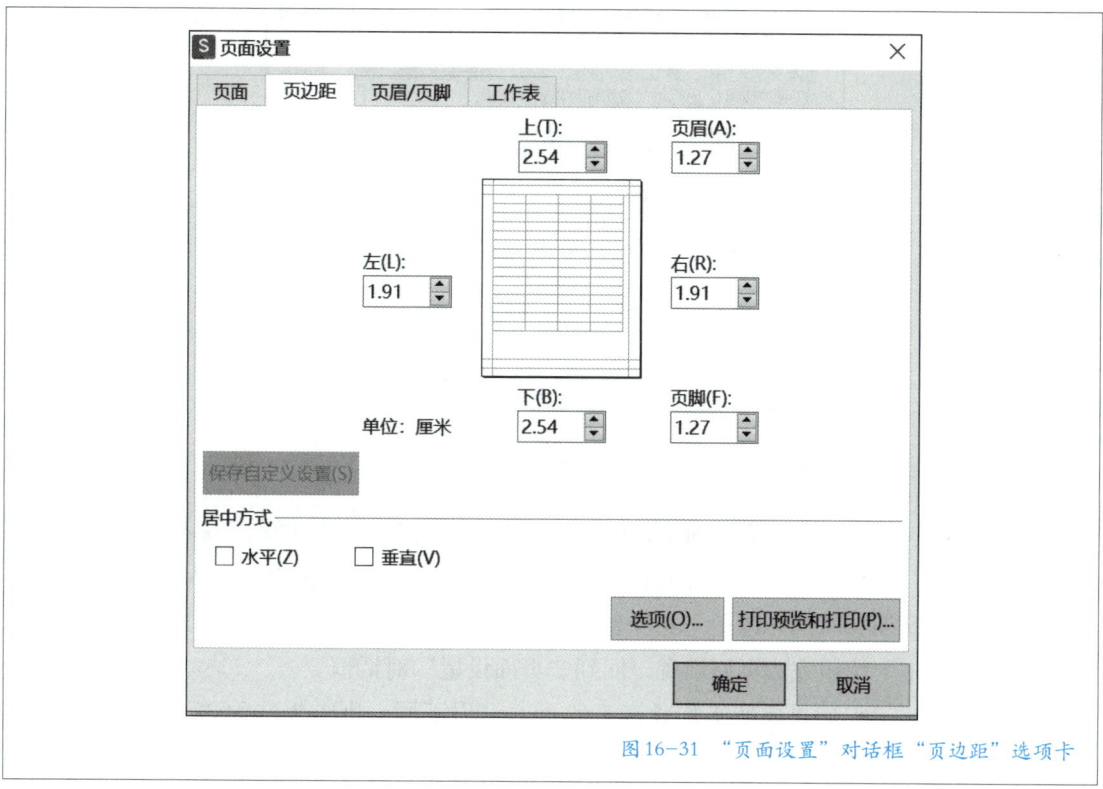

图16-31　"页面设置"对话框"页边距"选项卡

- 在"页眉"和"页脚"文本框中输入数值,设置与纸张上边缘、下边缘的距离来打印页眉或页脚。

- 在"居中方式"栏中勾选"水平"或"垂直"复选框,可以设置在水平或垂直方向上是否居中显示数据。

- 单击"确定"按钮,页边距设置完成。

3. 设置页眉和页脚

与 WPS 文字类似,WPS 表格的页眉位于页面的最顶端,通常用于显示工作表标题;页脚位于页面的最底端,通常用于显示页码。

- 单击"页面"选项卡"打印设置"选项组中的"页眉页脚"按钮,弹出的"页面设置"对话框中切换到"页眉/页脚"选项卡。

- 单击"页眉"或"页脚"右侧的下拉按钮,从弹出的下拉菜单中选择适当的命令,可以插入系统预设的页眉和页脚信息。

- 如果需要自定义页眉,单击"自定义页眉"按钮,弹出"页眉"对话框,如图 16-32 所示。

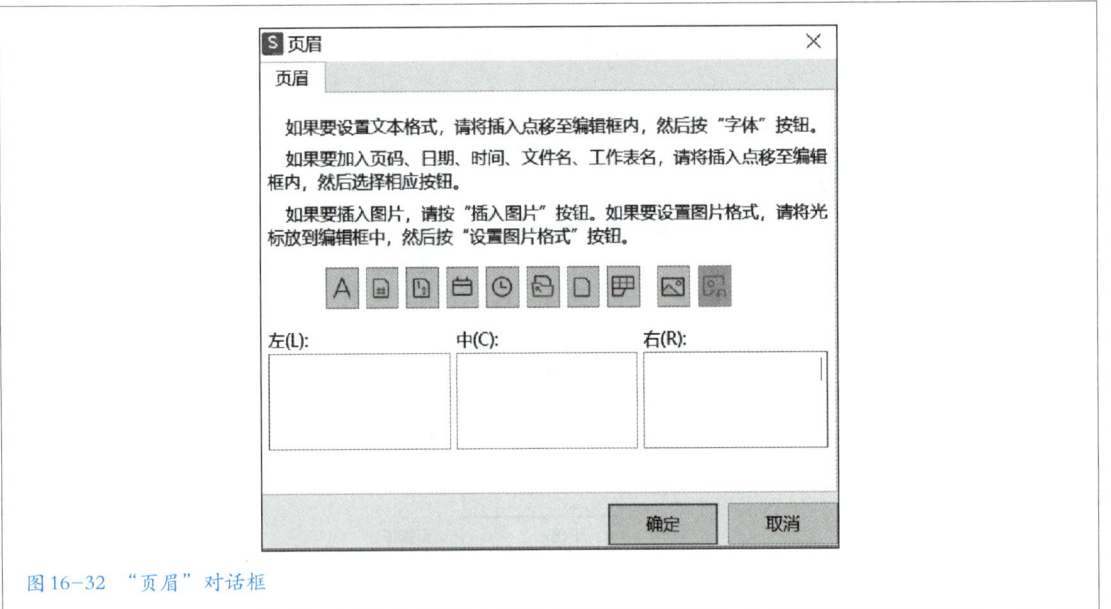

图 16-32 "页眉"对话框

- 在"页眉"对话框的"左""中""右"3 个框中可以输入页眉内容。

- 单击"页眉"对话框中的相关按钮,可以在页眉中插入页码、总页数、日期、时间、路径、文件名、工作表名、图片,并设置图片格式等。单击"确定"按钮完成页眉设置,回到"页面设置"对话框。

- 如果要使工作表奇、偶页的页眉不同,则首先选中"页面设置"对话框中的"奇偶页不同"复选框，然后单击"自定义页眉"按钮，在弹出的"页眉"对话框中将出现"奇数页页眉"和"偶数页页眉"两个选项卡，可分别进行奇、偶页的页眉设置。

● 如果选择"首页不同"选项，则同样会在"页眉"对话框中增加"首页页眉"选项卡，可进行首页页眉的设置。

● 页脚可采用与页眉同样的方法进行设置。

● 设置完毕后，单击"确定"，退出"页面设置"对话框。

五、打印工作表

1. 设置打印区域

默认情况下，如果直接打印工作表，会将整个工作表全部打印输出。如果只需要打印工作表的部分区域，则首先选定要打印的区域，然后单击"页面"选项卡"打印设置"选项组中的"打印区域"按钮，在弹出的下拉菜单中选择"设置打印区域"命令。

2. 设置打印标题

● 单击"页面"选项卡"打印设置"选项组中的"打印标题"按钮，在弹出的"页面设置"对话框中切换到"工作表"选项卡。

● 在"打印区域"文本框中输入要打印的区域，在"顶端标题行"和"左端标题行"文本框中输入标题所在的单元格区域，或者单击文本框右侧的折叠对话框按钮，在工作表中选定标题区域，选定后，单击右侧的展开对话框按钮。

● 单击"确定"按钮，完成设置。

3. 打印预览

在打印工作表之前，通过打印预览功能可以预览打印的效果，并进行一些必要的调整。

● 单击"文件"菜单，选择"打印"命令，在其二级菜单中选择"打印预览"，可以使文档进入打印预览状态。单击"页面"选项卡"打印设置"选项组中的"打印预览"按钮或者单击快速访问工具栏中的"打印预览"按钮，也可以进入打印预览状态。

● 在打印预览状态下，工作表无法进行编辑。窗口右侧显示"打印设置"窗格，如图 16-33 所示。

图 16-33 "打印设置"窗格

- 在"打印设置"窗格中可以对打印参数进行详细设置。
- 单击"退出预览"按钮,可以使工作表返回正常编辑状态。

4. 打印工作表

在打印预览状态确认效果后,单击"打印设置"窗格中的"打印"按钮即可直接打印;或者通过单击快速访问工具栏中的"打印"按钮进行打印。

另外,单击"文件"菜单,选择"打印"命令,在其二级菜单中选择"打印",弹出的"打印"对话框如图 16-34 所示。

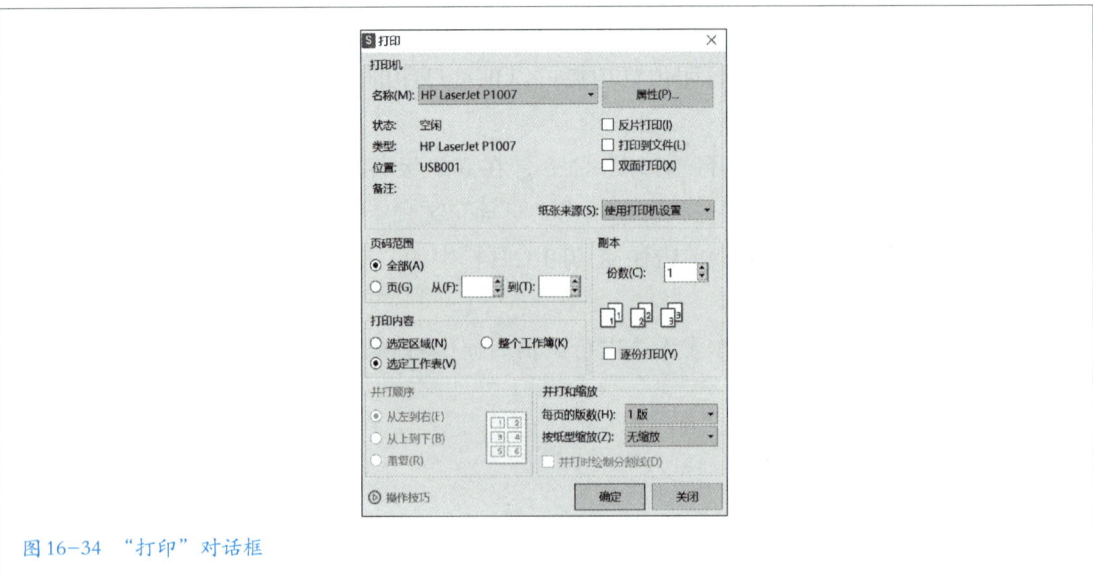

图 16-34 "打印"对话框

在"打印"对话框中，可以选择打印机，设置打印份数、页码范围等参数。要注意的是，在"打印内容"栏中应选择正确的打印内容。设置完成后，单击"确定"按钮开始打印工作表。

任务实施

一、数据源管理

小孙接受的任务是制作上半年文具盒类产品的销量统计图表，由销售部给出各类产品具体的销售明细。由于时间匆忙，销售部提供的上半年的详细销售统计数据中遗漏了一个产品的数据。同时，销售部对这些数据做了汇总，提供了一份上半年文具盒类产品的销量统计汇总表，示意图如图16-35所示。

销售产品名	1月	2月	3月	4月	5月	6月
国风创意	6776	16285	27873	6773	6247	10249
墨韵轩	2673	8457	6454	2964	3780	4537
文彩缤纷	1904	5997	7996	2047	8570	3773
智汇宝盒	6870	13893	2605	3967	10593	13918

图16-35　上半年文具盒类产品的销量统计汇总表示意图

小孙新建了一个工作簿文件，分别将两个数据表的内容复制到了新工作簿的Sheet1和Sheet2工作表中，并将两个工作表分别命名为"销售统计表"和"销量统计汇总表"，并以"上半年文具盒类产品销售统计"为文件名将工作簿保存。

二、创建与编辑图表

有了销售统计数据，小孙着手创建基于"销量统计汇总表"数据的销量统计图表。

1. 创建图表

● 在上半年文具盒类产品销售统计工作簿文件中，通过单击工作表标签，切换到"销量统计汇总表"，将其作为活动工作表。

● 将插入点置于数据区域的任意单元格中，单击功能区"插入"选项卡"图表"选项组中的"插入柱形图"按钮，在弹出的下拉列表中的"簇状柱形图"中选择第一种柱形图样式，图表创建完成，如图16-36所示。

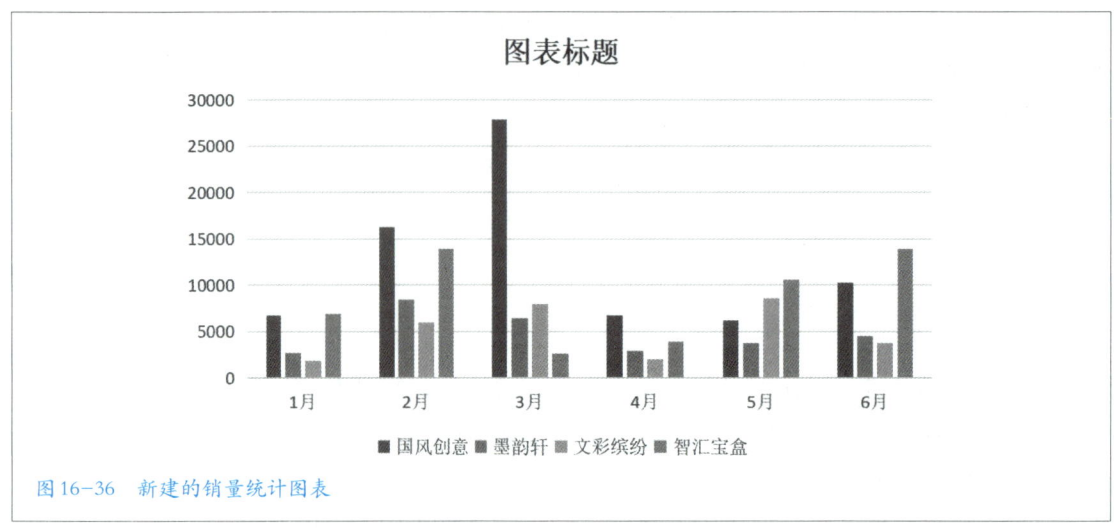

图16-36   新建的销量统计图表

2. 调整图表大小和位置

• 选定图表后，将鼠标指针移动到图表边框的 6 个控制句柄上，当指针形状变为双向箭头时拖动边框，调整图表宽度和高度。

• 单击图表边框或者图表中的图表区，并按住左键将图表拖动到合适的位置。

3. 添加图表标题

单击新建图表的标题文本框，将插入点置于文本框内，将原有文本删除，输入新的图表标题"上半年文具盒类产品的销量统计图"，效果如图 16-37 所示。

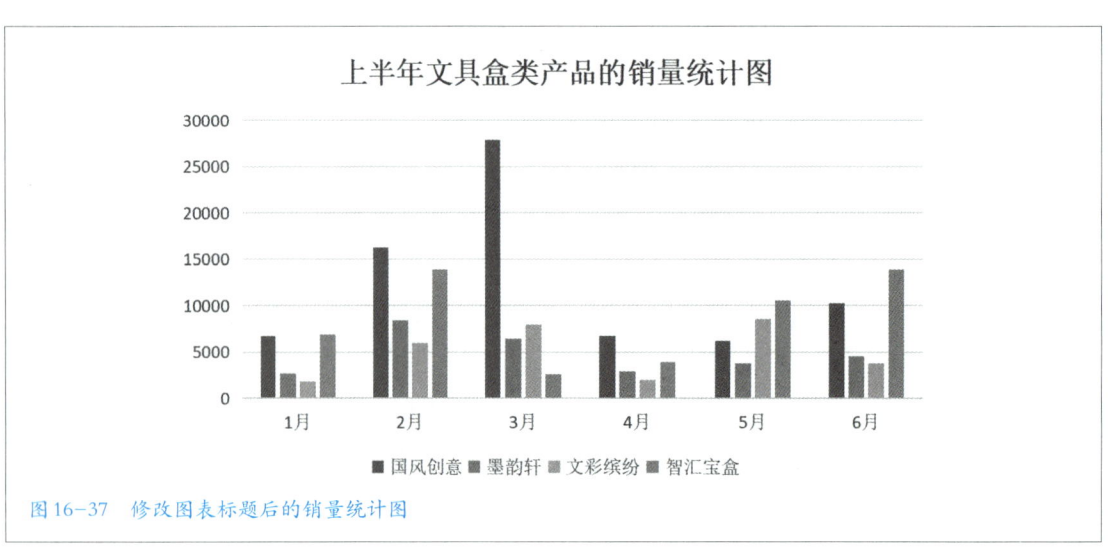

图16-37   修改图表标题后的销量统计图

4. 添加图表数据

小孙准备对图表进行编辑和格式化操作，此时销售部同事传来遗漏的"笔触天地"类产品的销量统计数据。小孙收到数据后，对两个工作表内的数据进行了重新编辑，其中销量统计汇总表修改后的效果如图 16-38 所示。

上半年文具盒类产品的销量统计汇总表						
销售产品名	1月	2月	3月	4月	5月	6月
国风创意	6776	16285	27873	6773	6247	10249
墨韵轩	2673	8457	6454	2964	3780	4537
文彩缤纷	1904	5997	7996	2047	8570	3773
智汇宝盒	6870	13893	2605	3967	10593	13918
笔触天地	5343	5643	1534	3677	4763	7342

图 16-38　添加数据后的销量统计汇总表效果

接下来小孙需要将追加的数据反映到图表中。右键单击图表中的图表区，在弹出的快捷菜单中选择"选择数据"命令，打开"编辑数据源"对话框。

由于要在不改变原数据的基础上添加部分数据。因此，在打开"编辑数据源"对话框后，单击"图例项（系列）"栏中的"+"按钮，打开"编辑数据系列"对话框。通过单击折叠按钮选取新增加的"系列名称"对应的文本"笔触天地"所在的单元格 A7，用同样方法选取"系列值"所对应的 6 个月的销量统计数据单元格区域 B7:G7，如图 16-39 所示。

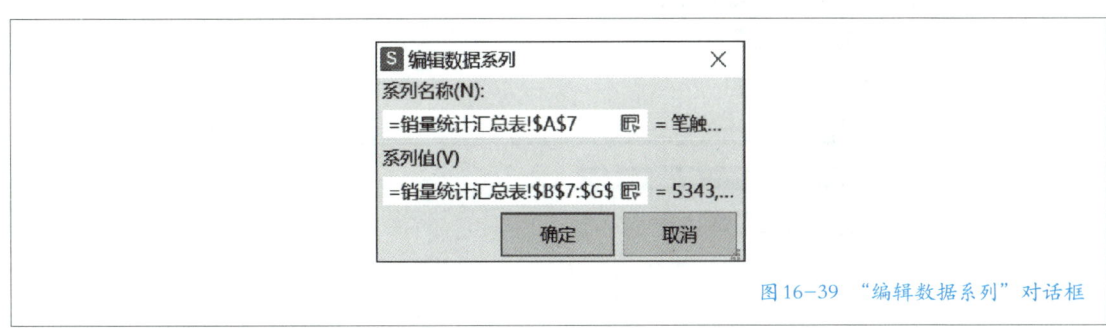

图 16-39　"编辑数据系列"对话框

单击"确定"按钮，返回"编辑数据源"对话框；单击"确定"按钮，此时图表中新增了"笔触天地"类产品数据系列，如图 16-40 所示。

三、定制图表内容

1. 更改图表类型

小孙想尝试改变图表类型，观察是否能更好地展示销量统计数据效果。

- 选中图表后，单击"图表工具"选项卡"图表样式"选项组中的"更改类型"按钮,打开"更改图表类型"对话框。

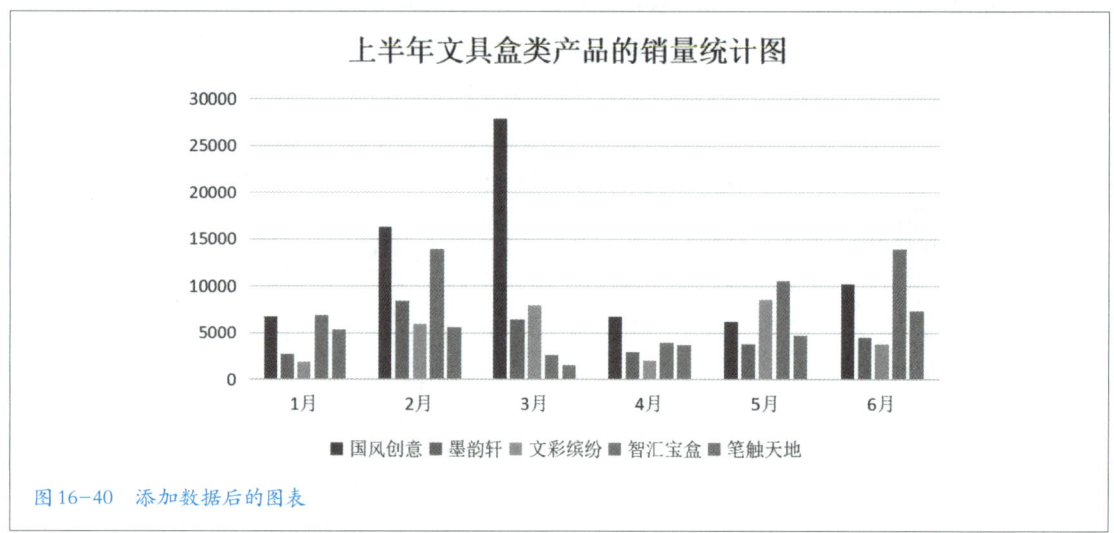

图 16-40　添加数据后的图表

• 采用与新建图表相同的方法,首先选择"条形图",然后单击"确定"按钮,完成对图表类型的更改操作,"条形图"效果如图 16-41 所示。

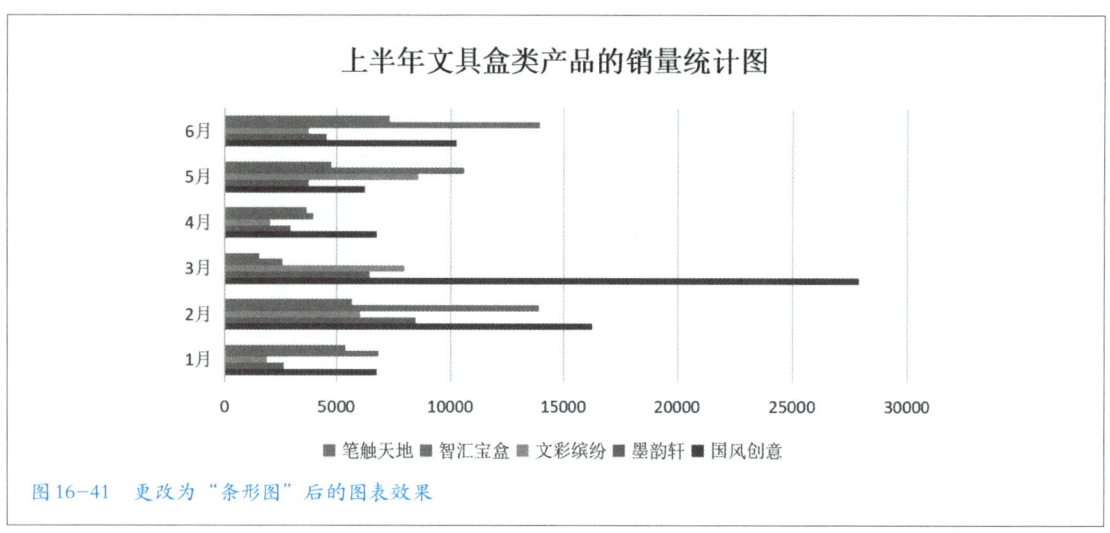

图 16-41　更改为"条形图"后的图表效果

• 小孙采用同样的方式将图表切换成不同的类型,比较各个图表类型的效果,最终还是选择了开始的"柱形图"图表类型。

2. 添加图例

选中图表后,单击"图表工具"选项卡"图表布局"选项组中的"添加元素"按钮,在弹出的下拉菜单中选择"图例",在其二级菜单中选择放置图例的方式为"右侧",此时 WPS 表格会根据图例的大小重新调整绘图区的大小，如图 16-42 所示。

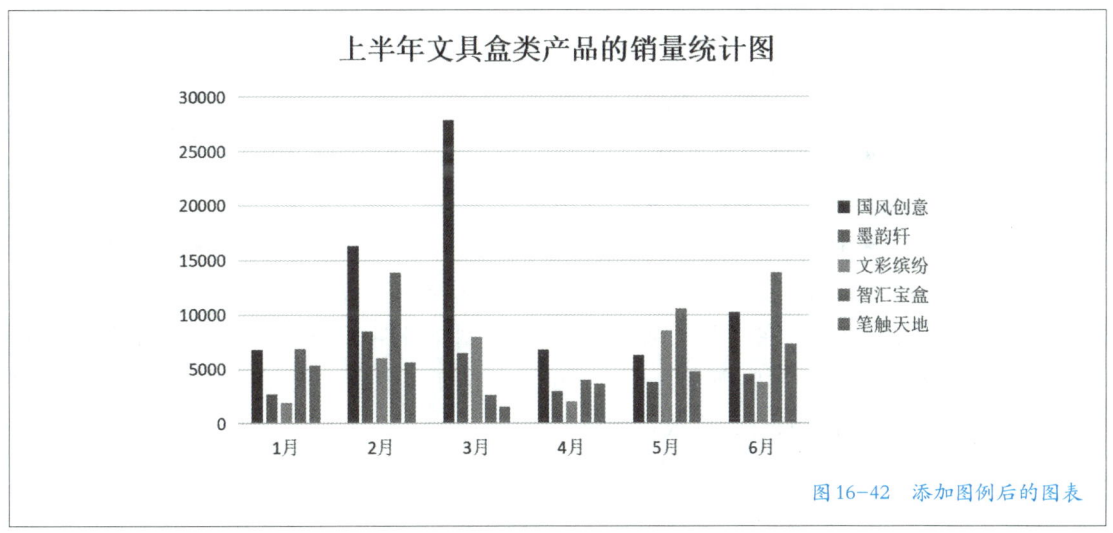

3. 添加数据标签

接下来，小孙为所有的数据系列添加数据标签。选中图表后，单击"图表工具"选项卡"图表布局"选项组中的"添加元素"按钮，在弹出的下拉菜单中选择"数据标签"，在其二级菜单中选择添加数据标签的位置为"数据标签外"，添加数据标签后的效果如图 16-43 所示。

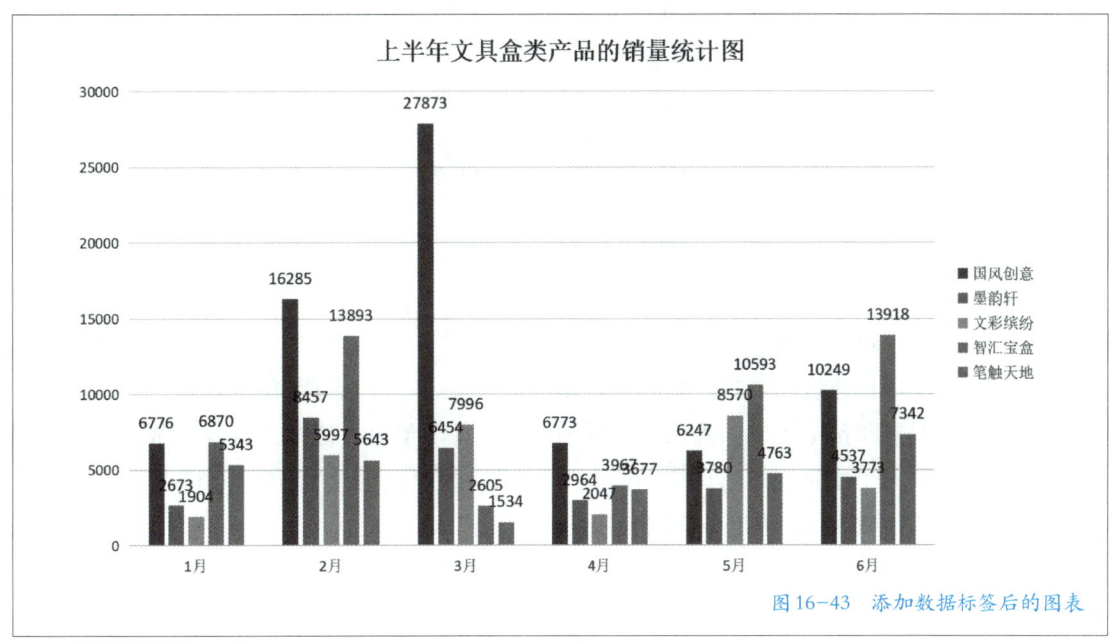

四、页面设置与工作表打印

1. 页面设置

● 单击功能区"页面"选项卡"打印设置"选项组中的"对话框启动器"按钮，打开"页面设置"对话框。

● 切换到"页边距"选项卡，在"居中方式"栏中勾选"水平"复选框，使工作表中的内容水平居中显示。

● 切换到"页眉/页脚"选项卡，单击"自定义页脚"按钮，打开"页脚"对话框，在"左"列表框中输入公司名称，在"中"列表框中输入"制作人：小孙"，在"右"列表框中输入"制作日期："并单击"插入日期"按钮，结果如图16-44所示。单击"确定"按钮，返回"页面设置"对话框；再单击"确定"按钮，完成页面设置。

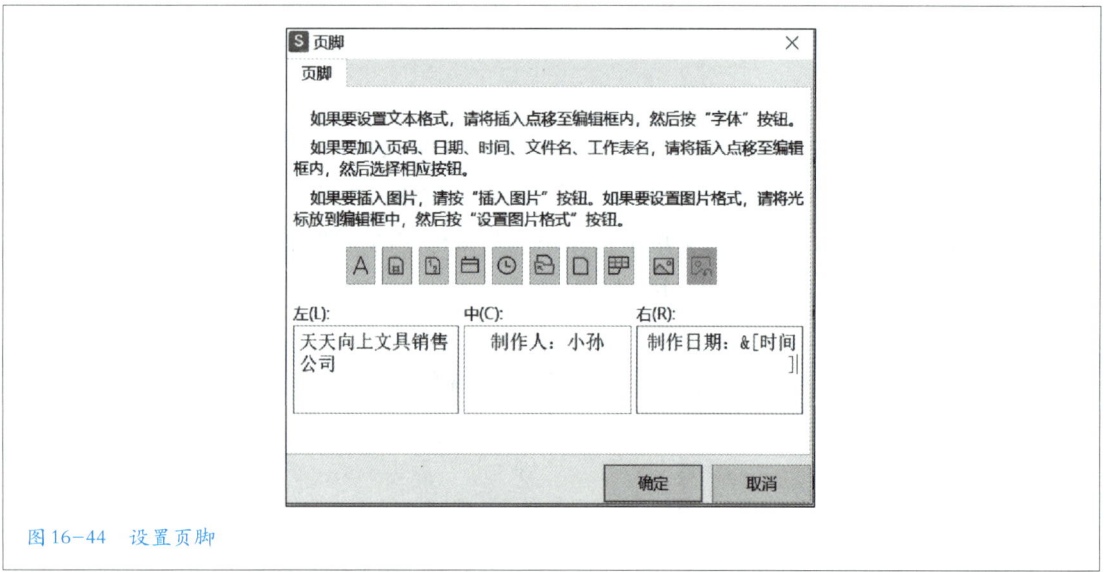

图16-44　设置页脚

2. 打印工作表

单击"页面"选项卡"打印设置"选项组中的"打印预览"按钮，或者单击快速访问工具栏中的"打印预览"按钮，进入打印预览状态。小孙仔细查看打印预览效果，确认无误后单击"文件"菜单，选择"打印"命令，在其二级菜单中选择"打印"，弹出"打印"对话框。在"打印"对话框中，设置打印份数为2，单击"确定"按钮打印工作表。

任务拓展

一、复杂的图表类型

WPS 表格提供了多种图表类型，除了常用的如柱形图、折线图、条形图、饼图外，还包括面积图、XY 散点图、股价图、雷达图、组合图等。这些图表类型能够满足不同的数据分析需求，帮助用户更好地理解和展示数据。

以下是 WPS 表格中一些较少使用但同样重要的图表类型应用场景和特点。

1. 面积图

应用场景：适用于表示随时间变化的数量趋势，通过显示总量和各部分分量的关系，可以清晰地展现总量及其各组成部分的变化趋势。

特点：在折线图的基础上，面积图通过填充折线与坐标轴之间的区域来形成面积，从而展示总量与其各部分分量的关系。

2. XY 散点图

应用场景：适用于展示两个变量之间的关系，如果数据点呈现出某种趋势或模式，可以使用线性或非线性回归线来表示这种关系。此外，XY 散点图还常用于发现异常值。

特点：通过点的位置来表示两个变量之间的关系，点的位置越接近某条直线，说明两个变量之间的相关性越强。

3. 股价图

应用场景：主要用于展示股票市场的交易数据，包括开盘价、收盘价、最高价和最低价等。

特点：通常由上、下两条线组成，上线表示最高价和收盘价，下线表示最低价和开盘价。通过股价图，用户可以直观地了解股票价格的波动情况。

4. 雷达图

应用场景：适用于比较多个变量在同一尺度下的表现，通过展示多维度数据的相对关系和差异，帮助用户识别各个变量之间的优势和劣势。

特点：从中心点引出多条射线，每条射线表示一个变量，射线上的点表示该变量数值的大小。通过比较各条射线上的点，用户可以直观地看到各个变量之间的差异。

5. 组合图

应用场景：将多种图表类型组合在一起，以展示更全面的数据信息。例如，可以在一个组合图中同时展示柱状图和折线图，以对比不同类别的数据和展示数据的趋势变化。

特点：具有灵活性，可以根据数据分析需求选择不同的图表类型进行组合。同时，需要注意保持图表的一致性和易读性，避免过多的图表元素产生的混乱。

总之，WPS 表格提供了丰富的图表类型以满足不同的数据分析需求。用户可以根据具体的数据特点和分析目的选择合适的图表类型来展示数据并提取有价值的信息。

二、创建组合图

• 单击功能区"插入"选项卡"图表"选项组中的"全部图表"按钮，弹出"图表"对话框，在对话框左侧图表类型中选择"组合图"，在右侧窗格中可以分别设置每个数据系列的图表类型，如图 16–45 所示。

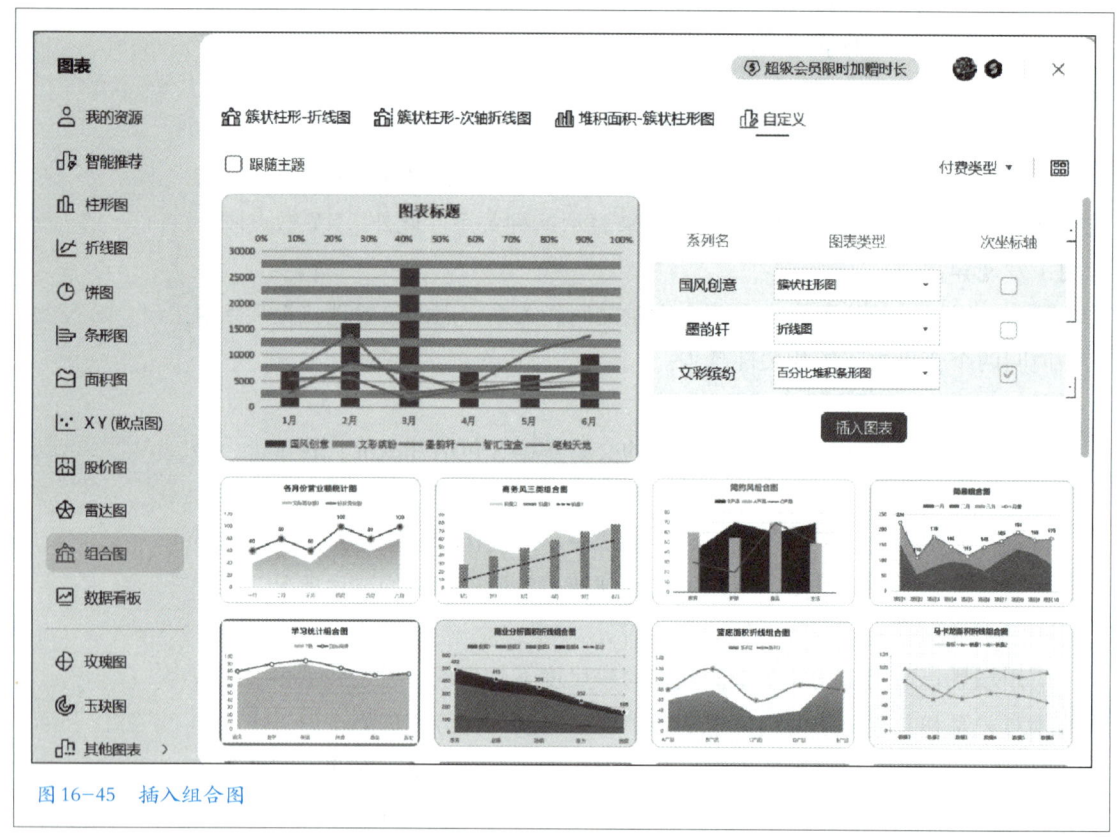

图 16–45　插入组合图

• 单击"插入图表"按钮，所设置的组合图即插入工作表中，效果如图 16–46 所示。

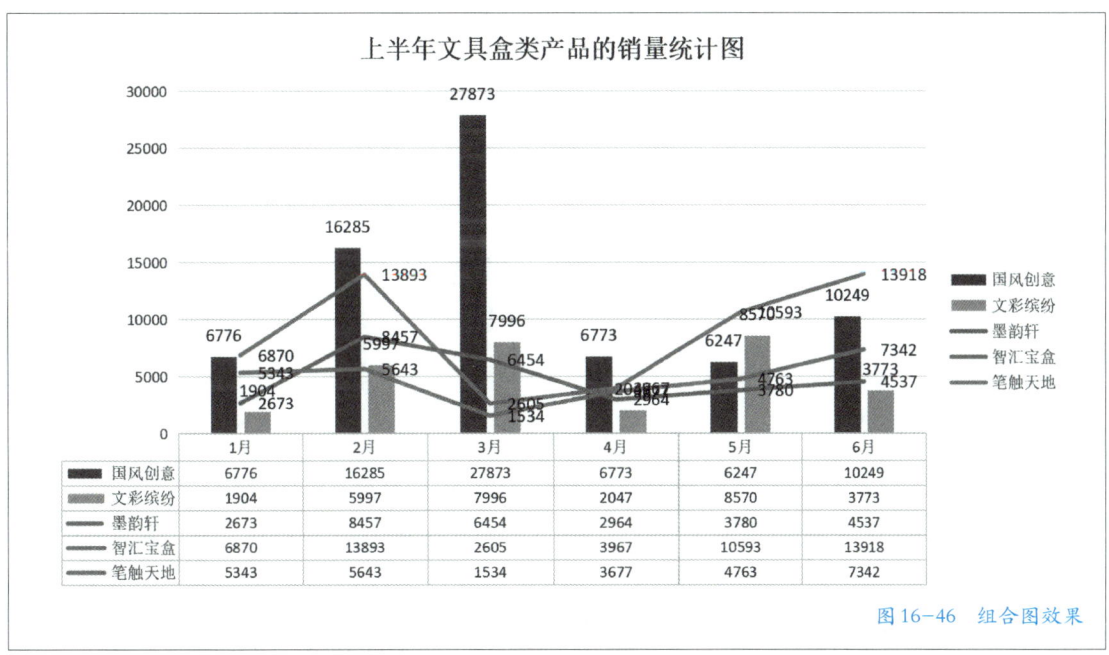

	1月	2月	3月	4月	5月	6月
国风创意	6776	16285	27873	6773	6247	10249
文彩缤纷	1904	5997	7996	2047	8570	3773
墨韵轩	2673	8457	6454	2964	3780	4537
智汇宝盒	6870	13893	2605	3967	10593	13918
笔触天地	5343	5643	1534	3677	4763	7342

图16-46 组合图效果

三、显示模拟运算表

模拟运算表是显示在图表下方的网格表格，其中包含了图表中每个数据系列的数据。

● 选中图表后，单击功能区"图表工具"选项卡"图表布局"选项组中的"添加元素"按钮，在其下拉菜单中选择"数据表"命令，弹出二级菜单，如图16-47所示。

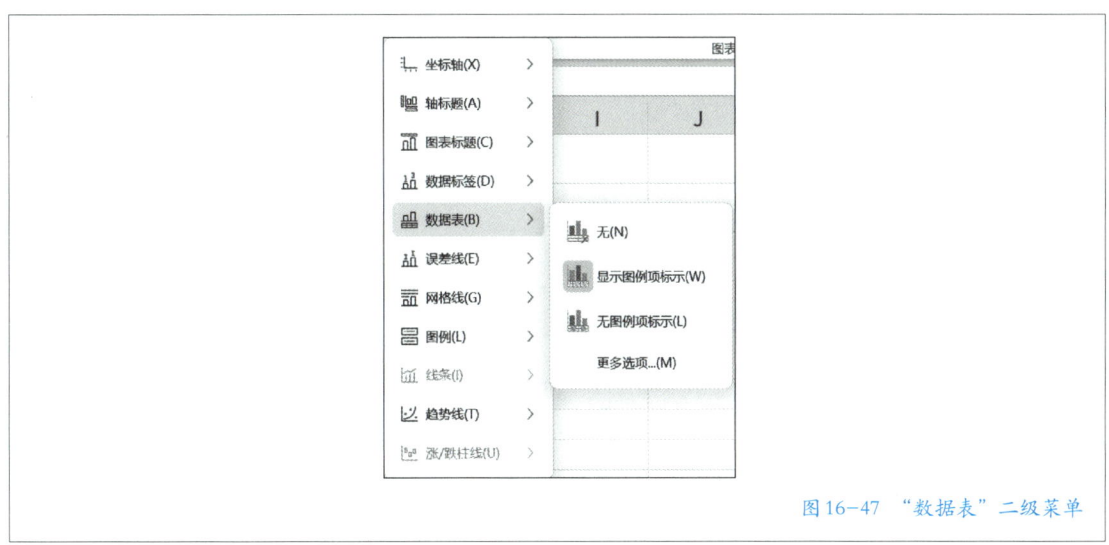

图16-47 "数据表"二级菜单

- 在菜单中选择一种放置模拟运算表的方式。如果需要详细设置，则单击"更多设置"，弹出"模拟运算表选项"窗格，在其中可进行设置。
- 选择"显示图例项标示"选项显示模拟运算表，生成的图表效果如图 16-48 所示。

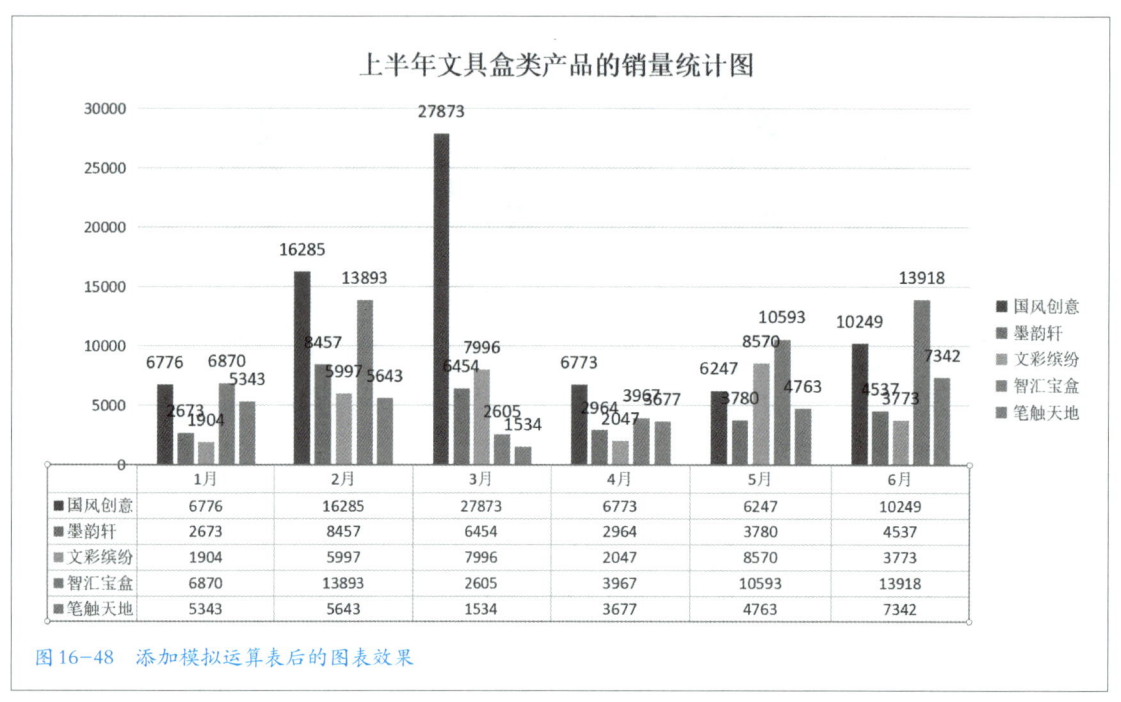

图 16-48　添加模拟运算表后的图表效果

任务 17 分析销售数据

任务描述

文具盒类产品销量统计图表制作完成后，小孙决定根据销售明细进一步深入分析销售数据，以获取更多关于产品销售的情况，挖掘销售潜力。小孙使用 WPS 表格中的数据工具对销售数据进行了深度分析，帮助公司制定下一步销售计划。

思维导图

任务 17 思维导图如图 17-1 所示。

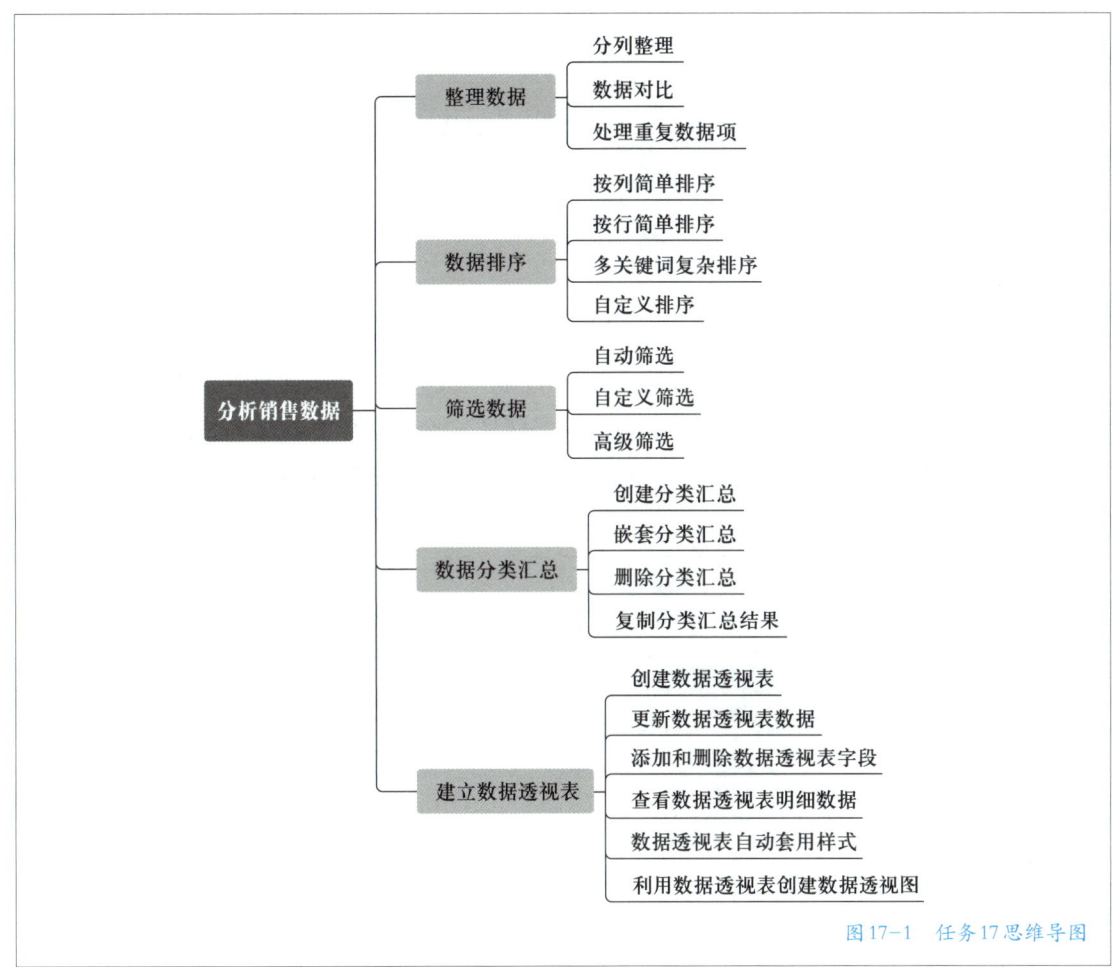

图 17-1 任务17思维导图

知识准备

一、整理数据

在进行销售数据分析之前，首先需要对原始数据进行整理，以确保数据的准确性和一致性。整理数据包括分列整理、数据对比和处理重复数据项。

1. 分列整理

分列整理是根据一定的规则，将包含多个信息的数据列拆分为多个单独列的过程，以便更清晰地展示和分析数据。

• 以如图 17-2 所示的业务员基本信息工作表（部分）为例进行分析，在此工作表中可以看到，在列 A 即"业务员姓名"列中包括业务员的中文名和英文名 2 种信息，可将其拆分为 2 个单独列。由于内容分列后需要占据 2 列，因此右键单击列标 A，从弹出的快捷菜单中选择"在右侧插入列"，将数量设为 1，由此插入一个空白列 B。

A	B
业务员姓名	年龄
宇轩-Mike	24
浩然-Tom	28
泽宇-Jack	27
婉儿-Ada	23
芷若-Alice	25

图 17-2　业务员基本信息工作表（部分）

• 选定待拆分的列 A，单击功能区"数据"选项卡"数据工具"选项组中的"分列"按钮，在下拉菜单中选择"分列"命令，打开"文本分列向导 -3 步骤之 1"对话框，如图 17-3 所示。选中"分隔符号"单选按钮，并单击"下一步"按钮。

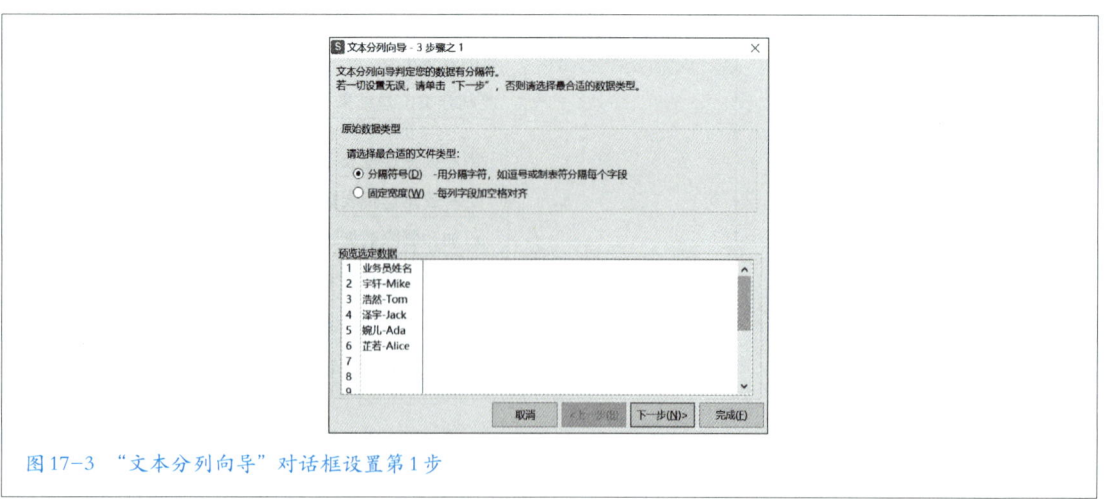

图 17-3　"文本分列向导"对话框设置第 1 步

● 在分列向导的第2步中，选中"分隔符号"栏中的"其他"复选框，并在右侧的文本框中输入"-"，如图17-4所示，单击"下一步"按钮。

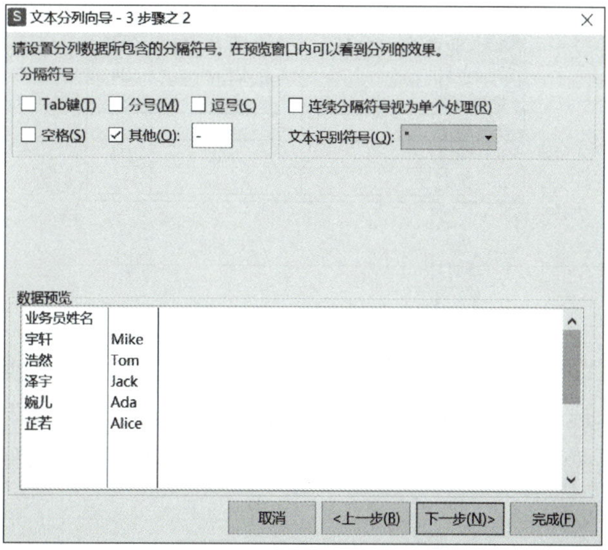

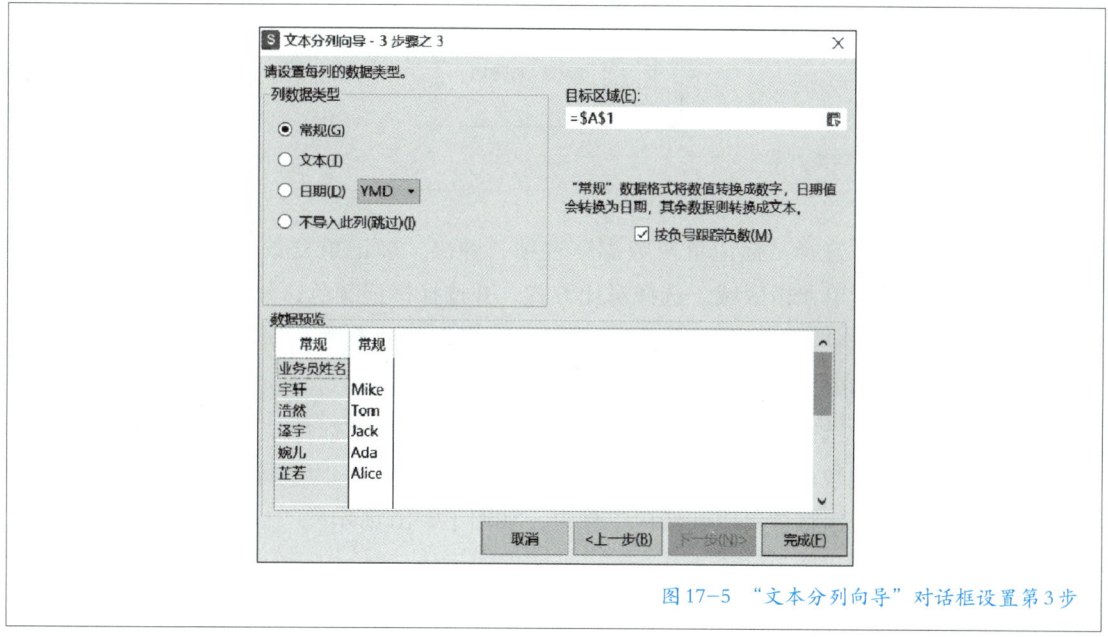

图17-4 "文本分列向导"对话框设置第2步

● 在分列向导的第3步中，选中"列数据类型"栏中的"常规"单选按钮，如图17-5所示。单击"完成"按钮，此时弹出提示信息"目标单元格可能还有数据，继续可能会造成数据丢失，是否继续"，选择"是"，完成设置。

图17-5 "文本分列向导"对话框设置第3步

- 此时工作表中原列 A 被分成了两列，修改相应列的列名后，效果如图 17-6 所示。

▲	A	B	C
1	业务员中文名	业务员英文名	年龄
2	宇轩	Mike	24
3	浩然	Tom	28
4	泽宇	Jack	27
5	婉儿	Ada	23
6	芷若	Alice	25

图 17-6　数据分列效果图

2. 数据对比

可以将选中区域的数据做对比，提取唯一项或重复项数据。

- 选中需要对比的数据区域，单击功能区"数据"选项卡"数据工具"选项组中的"数据对比"按钮，在下拉菜单中有 4 个选项，如图 17-7 所示。

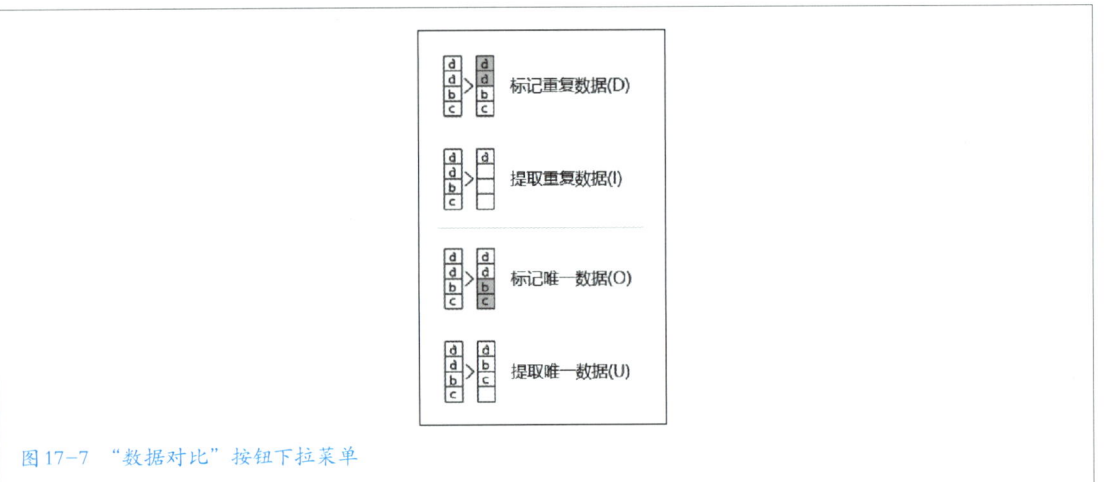

图 17-7　"数据对比"按钮下拉菜单

- 选择"标记重复数据"选项，弹出"标记重复数据"对话框，确认对比数据单元格区域，选择对比方式，并选择标记颜色，如图 17-8 所示。
- 单击"确认标记"按钮后，数据表中的重复数据将以所设颜色突出显示，如图 17-9 所示。
- 选择"提取重复数据"选项，同样弹出"标记重复数据"对话框，确认对比数据单元格区域，选择对比方式，并单击"提取到新工作表"按钮后，重复数据将被提取到新建工作表，如图 17-10 所示。

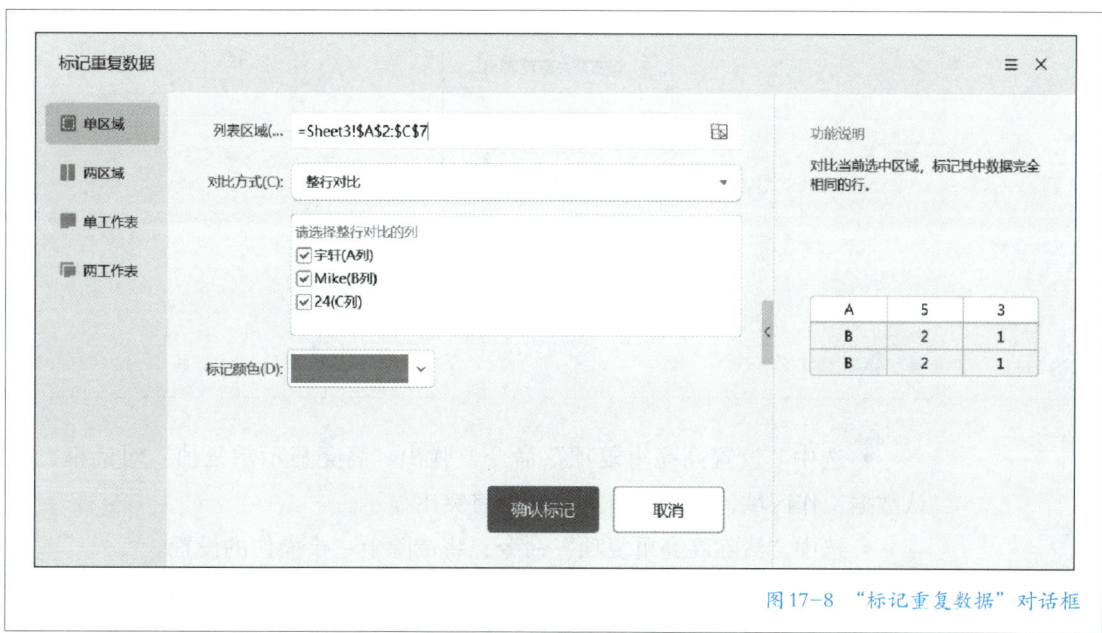

图17-8 "标记重复数据"对话框

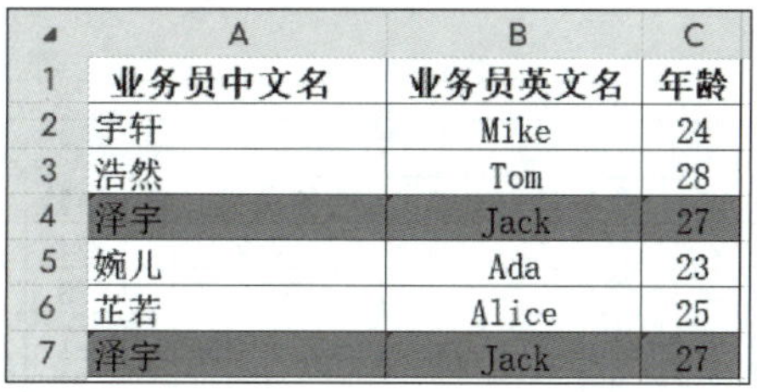

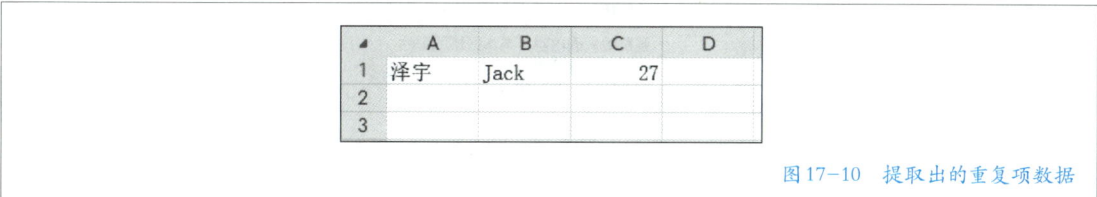

图17-9 设置"标记重复数据"后的效果图

图17-10 提取出的重复项数据

• 同上述操作类似，选择"标记唯一数据"和"提取唯一数据"选项后，所选区域内唯一数据将被突出显示，或唯一数据被提取到新建的工作表。

3. 处理重复数据项

处理重复数据项是为了避免在分析过程中重复计算和产生误导性结果。WPS 表格提供了处理重复数据项的功能，可以轻松去除数据中的重复行。

• 选择待分析处理的单元格区域 A2 ：C7，单击功能区"数据"选项卡"数据工具"选项组中的"重复项"按钮，弹出的下拉菜单如图 17-11 所示。

图 17-11 "重复项"按钮下拉菜单

- 选中"设置高亮重复项"命令，弹出"高亮显示重复值"对话框，确认数据工作区域，确定后，重复数据将突出显示。
- 选中"清除高亮重复项"命令，将清除上一步操作的设置。
- 扩大选择数据区域后，选中"拒绝录入重复项"命令，弹出"拒绝重复输入"对话框，确认数据工作区域后，如果在选中的数据工作区域内空白单元格中输入已经存在的数据值，将被提示拒绝输入，如图 17-12 所示。

图 17-12 "拒绝重复输入"提示

- 选择"清除拒绝录入限制"命令，则清除上一步操作的设置。
- 选择"删除重复项"命令，将弹出"删除重复项"对话框，选择包含重复项的列，根据需要勾选"数据包含标题"选项，对话框中将实时显示重复数据统计信息，如图 17-13 所示。

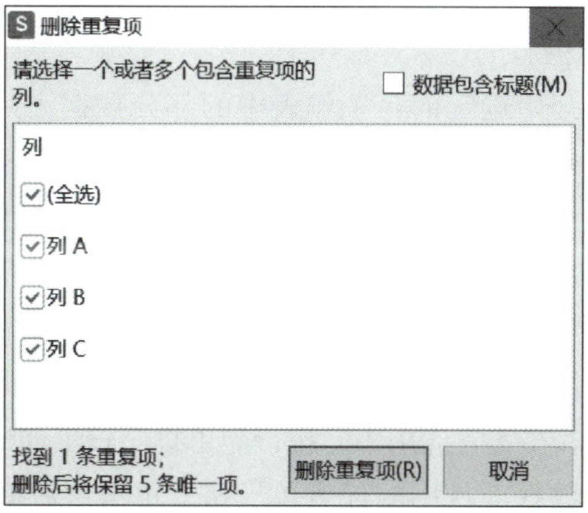

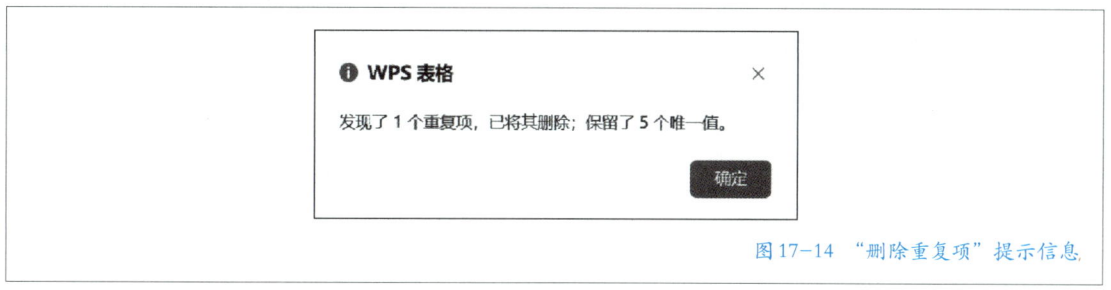

图17-13 "删除重复项"对话框

• 单击"删除重复项"按钮，弹出提示信息，告知删除的重复项数量和保留数据项的数量，如图17-14所示。

图17-14 "删除重复项"提示信息

二、数据排序

排序是将数据按照一定规则进行重新排列的过程，以便用户更直观地查看和分析数据。根据指定字段的值进行排序，此字段被称为排序关键字。通常，数字按照由小到大、文本按照拼音字母顺序、日期按照从前到后的排序称为升序，反之称为降序。

WPS表格提供了多种排序方式，包括按列简单排序、按行简单排序、多关键字复杂排序和自定义排序。

1. 按列简单排序

按列简单排序是指以所选定列数据作为排序关键字，对选定列的数据进行排序的方法。

首先单击排序关键字所在列中的任意单元格，然后单击"数据"选项卡"筛选排序"选项组"排序"按钮下的箭头，在弹出的下拉菜单中选择"升序"

或"降序"，此时将对所有连续数据区域内的单元格数据，按照排序字段值进行升序或降序排序。

如果一开始选定的是工作表中的部分数据，并选择"升序"或"降序"，则将以所选区域第一列作为排序关键字，对所选区域做排序操作。此时要注意的是没有被选中的数据将不会参与排序，同一行内的数据对应关系将会被破坏。

2. 按行简单排序

与按列简单排序类似，按行简单排序是根据某一行的数据值对单元格区域进行排序。在实际应用中，按行简单排序较少使用。

• 单击数据区域中的任意单元格，单击"数据"选项卡"筛选排序"选项组"排序"按钮下的箭头，在弹出的下拉菜单中选择"自定义排序"，弹出"排序"对话框，如图17-15所示。

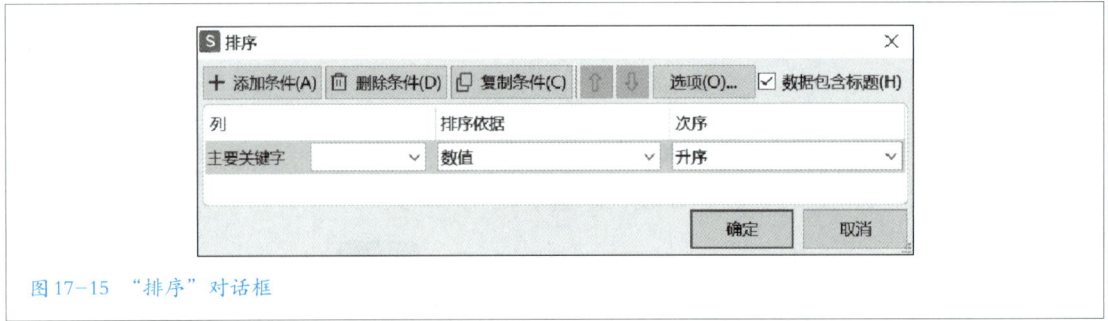

图17-15 "排序"对话框

• 单击"选项"按钮，打开"排序选项"对话框，在"方向"栏中选中"按行排序"单选按钮，单击"确定"按钮，返回"排序"对话框。

• 单击"主要关键字"右侧的下拉列表框箭头按钮，从弹出的下拉列表中选择排序关键字，在"次序"中选择"降序"或"升序"选项，单击"确定"按钮，完成排序。

3. 多关键字复杂排序

多关键字复杂排序是根据多个列的数据值对所有行数据进行排序，先按照第一个关键字排序，然后在每个关键字所在区域再按照第二个关键字排序，以此类推。

以业务员基本信息工作表为例，首先按照"年龄"降序排列，年龄相同的按"工资"降序排列。

• 单击数据区域中的任意单元格，单击"数据"选项卡"筛选排序"选项组"排序"按钮下的箭头，在弹出的下拉菜单中选择"自定义排序"，弹出"排序"对话框。

- 在"主要关键字"右侧的下拉列表框中选择排序的首要条件"年龄"，并在"排序依据"下拉列表框中设置"数值"，在"次序"下拉列表框中设置"降序"。

- 单击"添加条件"按钮，在打开的对话框中添加次要条件，将"次要关键字"下拉列表框设置为"工资"，并在"排序依据"下拉列表框中设置"数值"，在"次序"下拉列表框中设置"降序"。

- 设置完成后，单击"确定"按钮，即可在工作表中看到排序结果。

4. 自定义排序

自定义排序允许根据特定的规则对数据进行排序，如按照单元格的颜色进行排序等。

下面以"学生信息表"为例介绍自定义排序。在"学生信息表"中以"所在学院"为排序关键字，按照"信息学院、经管学院、艺术学院、机械学院、电气学院、外语学院"的指定序列对学生信息进行排序。

- 单击数据区域中的任意单元格，单击"数据"选项卡"筛选排序"选项组"排序"按钮下的箭头，在弹出的下拉菜单中打开"排序"对话框。在"主要关键字"右侧的下拉列表框中选择"所在学院"，在"次序"下拉列表框中选择"自定义序列"选项，打开"自定义序列"对话框。

- 在"自定义序列"对话框的"输入序列"栏中依次输入排序序列，每输入一行按一次回车键，输入完成后，单击"添加"按钮，序列就被添加到"自定义序列"列表框中，如图17-16所示。

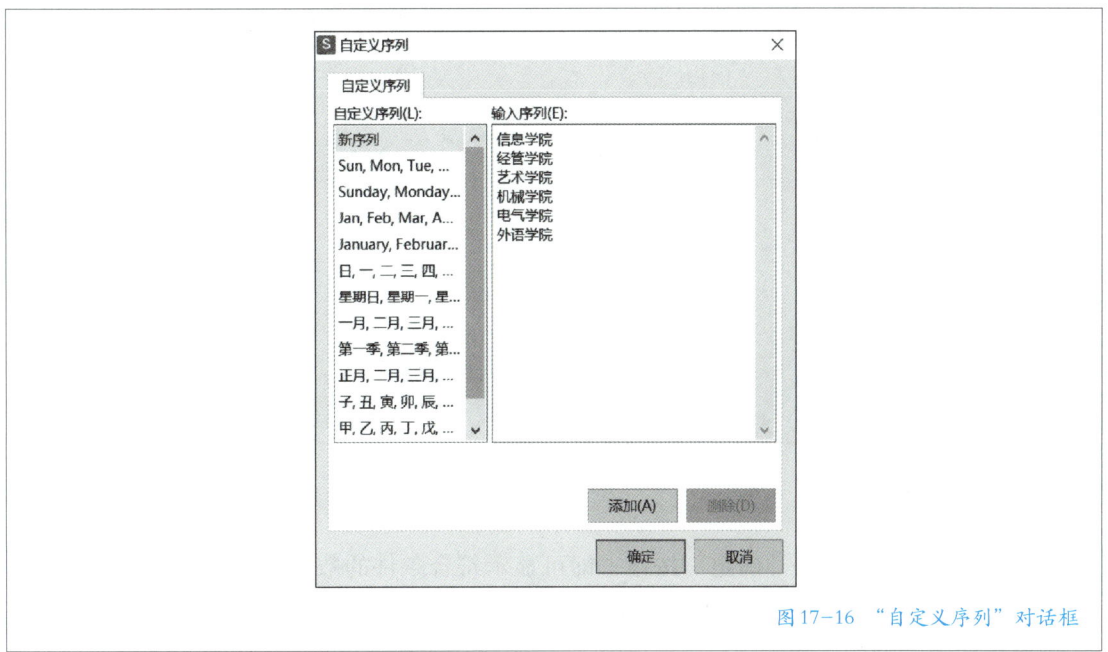

图17-16 "自定义序列"对话框

553

- 单击"确定"按钮，返回"排序"对话框，再单击"确定"按钮，所选数据区域即按上述指定的序列排序完成。

三、筛选数据

筛选数据是从原始数据中挑选出符合特定条件的数据进行展示和分析的过程。WPS表格提供了自动筛选、自定义筛选和高级筛选3种筛选方式。

1. 自动筛选

自动筛选只按单一条件快速筛选出符合要求的数据行。例如，要在"上半年文具盒类产品销量统计汇总表"中筛选出"国风创意"文具盒的销售数据。

- 单击数据区域的任意单元格，单击"数据"选项卡"筛选排序"选项组中的"筛选"按钮，此时数据表中的每个列标题右上方将显示自动筛选箭头按钮。

- 单击"销售产品名"字段名右上方的自动筛选箭头按钮，从弹出的下拉菜单中取消选中"（全选）"复选框，并选中"国风创意"复选框，如图17-17所示。

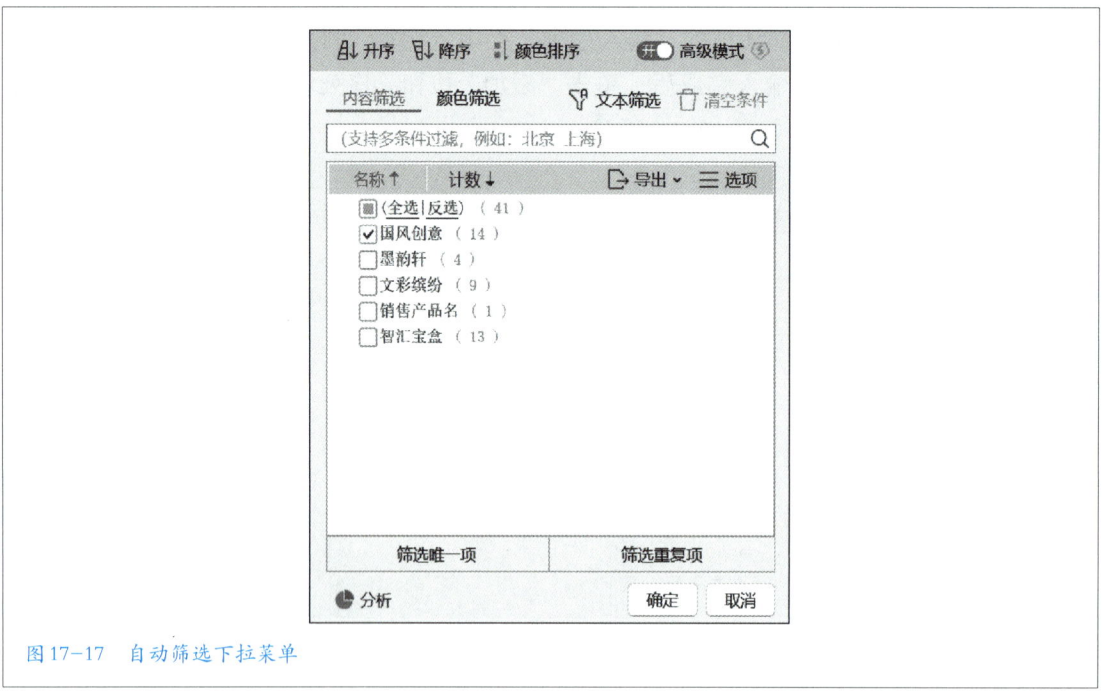

图17-17　自动筛选下拉菜单

- 单击"确定"按钮，即可显示符合条件的数据。如果要在现有筛选结果上继续增加筛选条件，则在另一列中重复以上两个步骤即可。

● 当需要取消对某一列的筛选结果时，单击该列旁边的自动筛选箭头按钮，从弹出的下拉菜单中选中"（全选）"复选框，单击"确定"按钮。

● 再次单击"筛选"按钮，可以退出自动筛选功能。

2. 自定义筛选

自定义筛选基于某一列的多个条件进行数据筛选，以满足更复杂的筛选需求。例如，为了筛选出工作表"上半年文具盒类产品销量统计汇总表"中利润率在 18%~25% 的记录。

● 单击数据区域的任意单元格，执行"自动筛选"操作。

● 单击"销售数量"列的自动筛选箭头按钮，从弹出的下拉菜单中选择"数字筛选""介于"命令，打开"自定义自动筛选方式"对话框。在"大于或等于"右侧的下拉列表框中输入"18%"，并选中"与"单选按钮；在"小于或等于"右侧的下拉列表框中输入"25%"，如图 17-18 所示。

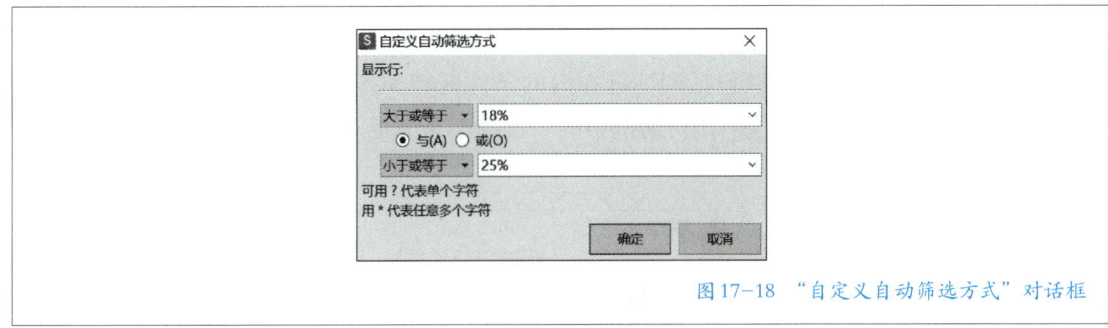

图 17-18　"自定义自动筛选方式"对话框

● 单击"确定"按钮，即可显示符合条件的记录。

3. 高级筛选

高级筛选是对某列数据进行两个条件的筛选，并且在不同列同时进行筛选时，能将条件叠加。例如，为了筛选出工作表"上半年文具盒类产品销量统计汇总表"中销售数量大于 5 000 的记录，除了使用自定义筛选外，还可以使用高级筛选功能。

（1）复制

复制销售数据的列标题到工作表其他区域，建立条件区域，用于设定筛选结果必须满足的条件，如图 17-19 所示。

▲	A	B	C	D	E	F	G	H	I
43									
44									
45			销售产品名	销售数量	销售单价（元）	销售金额	成本	销售利润	销售利润率
46			国风创意	>5000					

图 17-19　条件区域

其中，条件区域的要求为：

- 条件区域和数据区域之间要有空行或者空列进行间隔。
- 条件区域中使用的列标题必须与数据区域中的列标题完全相同。
- 条件区域不必包含数据区域中的所有列标题。
- 如果需要包含相似的记录，可使用通配符"＊"和"？"。
- 对于复合条件，遵循的原则是，在同一行表示条件之间"与"的关系，在不同行表示条件之间"或"的关系。

（2）打开"高级筛选"对话框

单击数据区域中的任意单元格，单击"数据"选项卡"筛选排序"选项组中"筛选"按钮的箭头，在弹出的下拉菜单中选择"高级筛选"，打开"高级筛选"对话框，如图 17-20 所示。

（3）筛选结果

在"方式"栏中选中"在原有区域显示筛选结果"单选按钮，利用"列表区域"框右侧折叠按钮设定数据区域 $A$1:$J$42，利用"条件区域"框右侧折叠按钮选取包括列标题在内的条件区域 $C$45:$I$46。若要从结果中排除相同的行，则选中该对话框中的"选择不重复的记录"复选框。

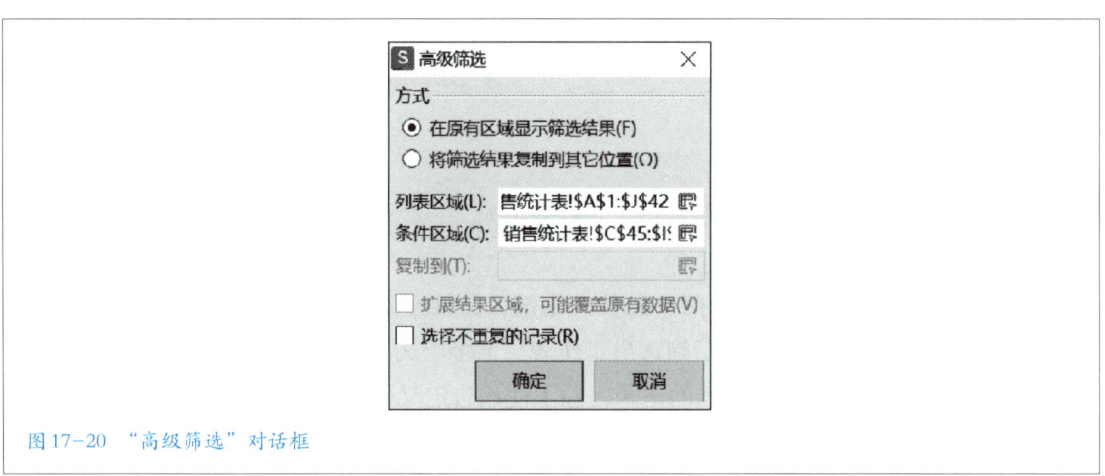

图 17-20 "高级筛选"对话框

（4）高级筛选完成

单击"确定"按钮，完成高级筛选。

四、数据分类汇总

数据分类汇总是指将数据按照某个字段进行分类，并对每个分类的数据进行汇总。WPS 表格提供了强大的数据分类汇总功能，可以方便地对数据进行分类、求和、求平均值、求最大值和最小值等汇总操作。

1. 创建分类汇总

在创建分类汇总之前需要将数据区域按关键字排序，从而使相同关键字的行均在相邻行中。以工作表"上半年文具盒类产品销量统计汇总表"为例介绍销售数量分类汇总方法。

● 单击数据区域中"销售产品名"列的任意单元格，单击功能区"数据"选项卡"筛选排序"选项组中的"排序"按钮，对该字段进行升序排列。

● 单击"分级显示"选项组中的"分类汇总"按钮，打开"分类汇总"对话框。

● 在"分类字段"下拉列表框中选择"销售产品名"字段，在"汇总方式"下拉列表框中选择"求和"，在"选定汇总项"列表框中勾选"销售数量"复选框。

● 单击"确定"按钮，即可得到分类汇总结果。

● 分类汇总后，在数据区域的行号左侧出现了一些层次按钮，这是分级显示按钮，在其上方还有一排数值按钮，用于对分类汇总的数据进行分级显示。

2. 嵌套分类汇总

嵌套分类汇总是指在已经进行了分类汇总的基础上，再按照另一个字段进行进一步分类汇总。

● 对数据区域中要进行分类汇总的若干字段进行排序。

● 单击数据区域中的任意单元格，使用上述方法，按第一关键字对数据区域进行分类汇总。

● 再次打开"分类汇总"对话框，在"分类字段"下拉列表框中选择次要关键字，在"汇总方式"下拉列表框和"选中汇总项"列表框中保持与第一关键字相同的设置，并取消选中"替换当前分类汇总"复选框。

● 单击"确定"按钮，完成操作。

3. 删除分类汇总

对于已经设置了分类汇总的数据区域，用上述方法再次打开"分类汇总"对话框，单击"全部删除"按钮，即可删除当前数据区域的所有分类汇总。

4. 复制分类汇总结果

如果需要将分类汇总结果复制到其他数据区域，则不能使用一般的复制、粘贴操作，否则会将数据与分类汇总结果一起进行复制。

● 通过分级显示按钮显示需要的结果，按下 Alt+；组合键选取当前显示的内容，并按下 Ctrl+C 组合键将其复制到剪贴板中。

● 在目标单元格区域按下 Ctrl+V 组合键完成粘贴操作。

● 如有需要，在"分类汇总"对话框中可以将目标单元格区域的分类汇总全部删除。

五、建立数据透视表

数据透视表是一种可以对大量数据进行快速汇总和建立交叉表的交互式表格，可以转换行以查看数据源的不同汇总结果，并显示不同页面以筛选数据，以及根据需要显示区域中的明细数据。其可以根据指定的字段和汇总方式自动对数据进行整理、计算和展示。

WPS 表格提供了强大的数据透视表功能，可以轻松地进行数据分析。

1. 创建数据透视表

以工作表"上半年文具盒类产品销量统计汇总表"中的数据为基础，介绍使用数据透视表统计各业务员销售数量的方法。

• 单击数据区域中的任意单元格，单击功能区"数据"选项卡"透视表"选项组中的"数据透视表"按钮，打开"创建数据透视表"对话框。

• WPS 表格会在"请选择单元格区域"文本框中自动填入数据区域。在"请选择放置数据透视表的位置"栏中选中"新工作表"选项，如图 17-21 所示。

图 17-21 "创建数据透视表"对话框

• 单击"确定"按钮，在新工作表中进入数据透视表设计环境，在右侧显示"数据透视表"窗格，窗格上半部分为"字段列表"，下半部分为"数据透视表区域"。"数据透视表区域"分为4个列表框，分别是"筛选器""行""列""值"。"筛选器"区域中的字段可以控制整个数据透视表的显示情况；"行"区域中的字段显示为数据透视表侧面的行，位置较低的行嵌套在紧靠它上方的行中；"列"区域中的字段显示为数据透视表顶部的列，位置较低的列嵌套在它上方的列中；"值"区域中的字段显示汇总数值数据。

• 将"字段列表"中的"业务员"字段拖到"行"列表框中，将"销售日期"字段拖到"列"列表框中，将"销售数量"字段拖到"值"列表框中。

• 在工作表中单击文本"求和项：销售数量"所在的单元格，此时功能区增加了"分析"选项卡，在"活动字段"选项组中单击"字段设置"按钮，打开"值字段设置"对话框。

• 在该对话框的"值汇总方式"选项卡中的"值字段汇总方式"列表框中可以选择需要的值字段汇总方式；单击"数字格式"按钮，打开"单元格格式"对话框，可以进行单元格的格式设置。单击"确定"按钮，返回"值字段设置"对话框，如图17-22所示。

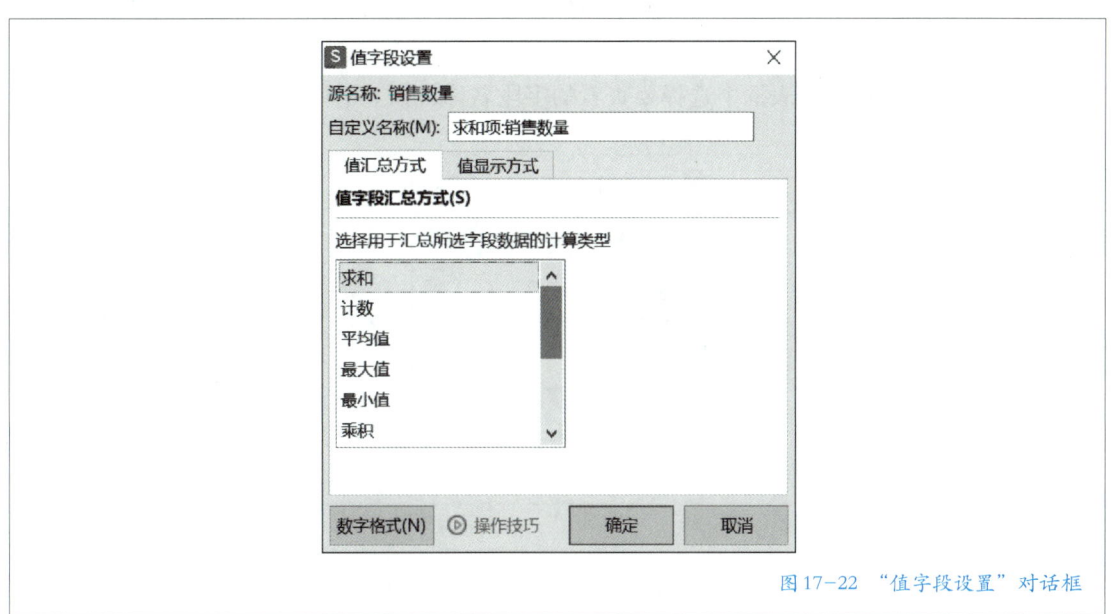

图17-22 "值字段设置"对话框

• 单击"确定"按钮，数据透视表创建完毕。

可以在数据透视表中单击"行标签"右侧的箭头按钮，选择要查看的业务员姓名。

2. 更新数据透视表数据

当数据透视表的数据源发生变化时，需要更新数据透视表以反映最新的数据情况。

右键单击数据透视表的任意单元格，从弹出的快捷菜单中选择"刷新"命令，更新数据透视表中的数据。

3. 添加和删除数据透视表字段

数据透视表创建完成后，如果发现其布局不符合要求，则可以根据需要在数据透视表中添加或删除字段。

单击数据透视表中的任意单元格，在"数据透视表"窗格内，从"字段列表"列表框中将需要的字段拖到"列"列表框中，用以添加字段。

如果要删除某个数据透视表字段，在"数据透视表字段"窗格中取消选中"字段列表"列表框中相应字段的复选框。

4. 查看数据透视表明细数据

可以通过双击数据透视表中的某个汇总值来查看该值的明细数据。双击后，WPS 表格将在一个新的工作表中显示与该汇总值相关的原始数据。

此外，还可以利用"显示明细数据"功能来查看更多层次的明细数据。

• 右键单击要查看明细的字段，在弹出的快捷菜单中选择"展开 / 折叠"，在二级菜单中选择"展开"命令，打开"显示明细数据"对话框，如图 17-23 所示。

• 在列表框中选择要查看的字段名称，如"销售产品名"。

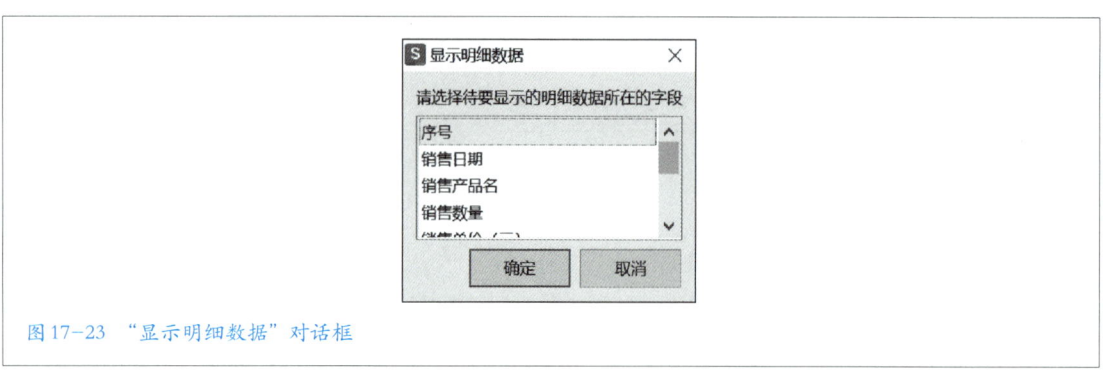

图 17-23 "显示明细数据"对话框

• 单击"确定"按钮，明细数据将显示在数据透视表中。单击行标签前面的"+"或"-"按钮，即可展开或折叠数据透视表中的数据，效果如图 17-24 所示。

求和项:销售数量		销售日期						
业务员	销售产品名	1月	2月	3月	4月	5月	6月	总计
浩然		12734	6956	10430	3989	8962	7950	51021
	国风创意	6776		10022		392	7950	25140
	文彩缤纷		3556	408	2047	8570		14581
	智汇宝盒	5958	3400		1942			11300
婉儿		1904	5688	7994	2071	5871	3773	27301
宇轩		912	7576	17348	8457	4722		39015
泽宇			13088					13088
芷若		2673	7246	4271	6727	12309	16882	50108
总计		18223	40554	40043	21244	31864	28605	180533

图17-24　显示明细数据效果图

若要显示字段中的所有明细数据，则右键单击数据透视表数值区域的单元格，在弹出的快捷菜单中选择"显示详细信息"命令，将在新的工作表中单独显示该单元格所属的一整行明细数据。

5. 数据透视表自动套用样式

WPS 表格提供了多种预设的数据透视表样式，可以根据需要选择合适的样式来美化表格外观。

单击数据透视表的任意单元格，单击"设计"选项卡"数据透视表样式"列表框右侧的箭头，从弹出的下拉菜单中选择一种数据透视表样式。还可以在"设计"选项卡"数据透视表样式选项"选项组中选中相应的复选框来设置数据透视表的外观，如"行标题""列标题""镶边行"和"镶边列"等。

6. 利用数据透视表创建数据透视图

除了以表格形式展示数据外，还可以利用数据透视表创建数据透视图来更直观地展示数据分析结果。

• 单击数据透视表的任意单元格，单击"分析"选项卡"工具"选项组中的"数据透视图"按钮，打开"图表"对话框，从左侧列表框中选择"柱形图"图表类型，从右侧列表框中选择"簇状柱形图"子类型。

• 单击"确定"按钮，即可在工作表中插入数据透视图，如图 17-25 所示。

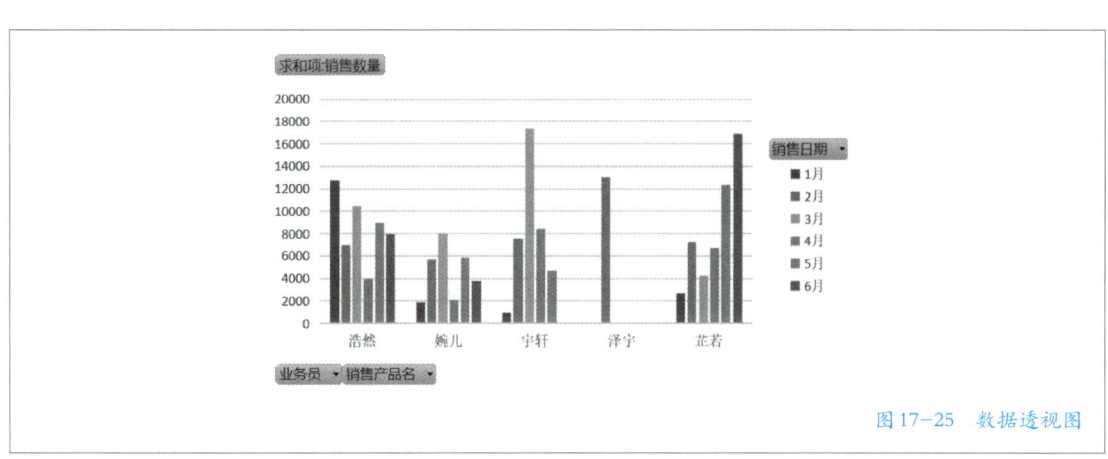

图17-25　数据透视图

- 如果只想显示部分业务员的销售数据，在"数据透视图筛选"窗格中取消选中"业务员"下拉列表框中不需要显示的业务员的复选框即可，如图17-26所示。

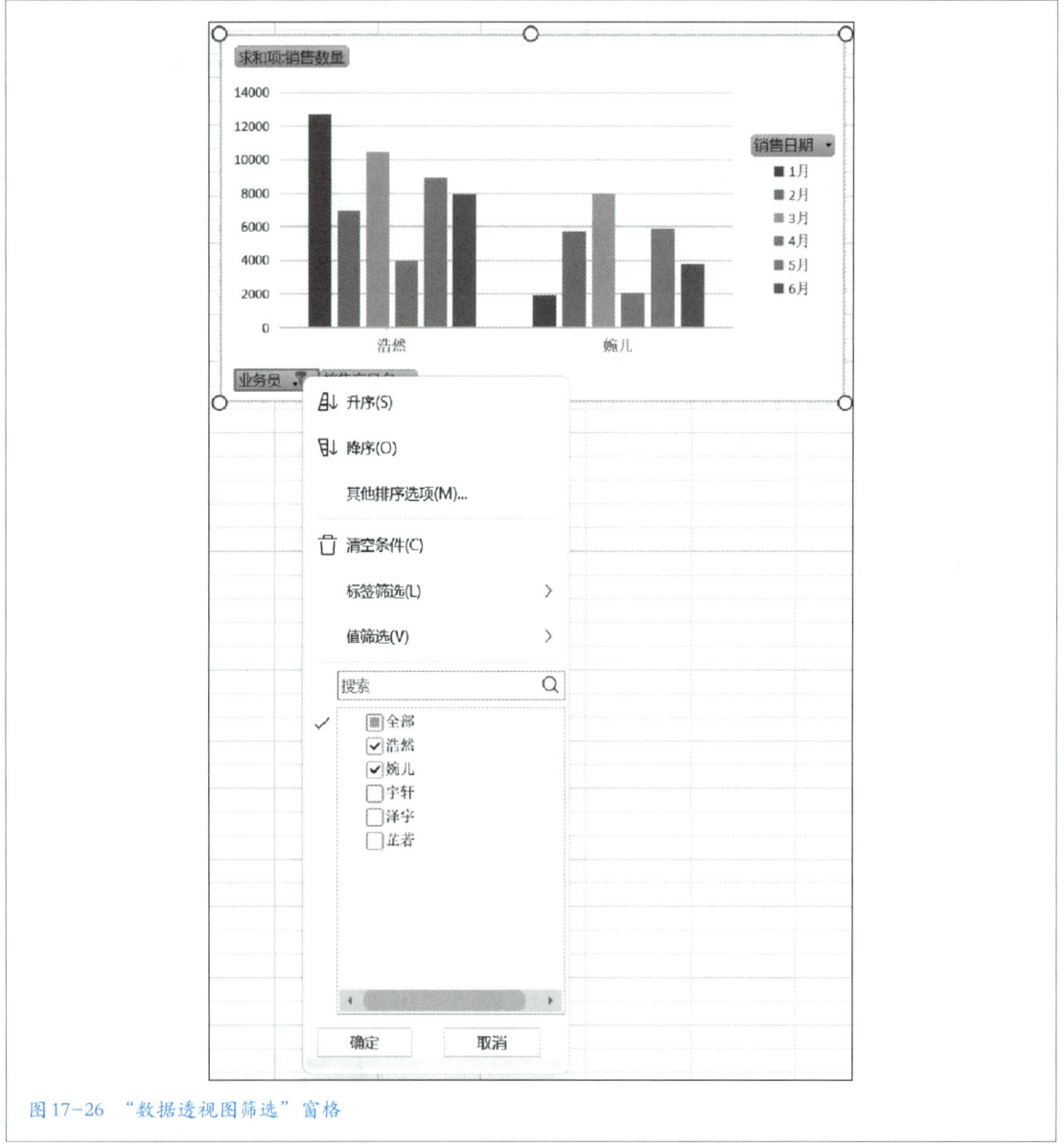

图17-26 "数据透视图筛选"窗格

- 在"图表工具"选项卡中，可以利用相关工具命令更改图表类型、图表布局和图表样式。
- 在"分析"选项卡中，可以进行更改数据源、移动图表等操作。
- 在"绘图工具"和"文本工具"选项卡中，可以对数据透视图进行外观上的设置，设置内容与方法和普通图表类似。

任务实施

小孙的计算机上已经有一份经过整理并格式化的"上半年文具盒类产品销统计"的完整数据表，在创建完销量统计图后，他准备进一步对数据进行分析。

一、筛选销售统计情况

销售部对于业务员的业绩奖励规则：

• 销量奖励：单月销量大于 5 000 件。

• 销售金额奖励：单月销售金额大于 50 000 元，同时销售利润率大于等于 18%。

1. 筛选销量奖励数据

• 单击统计表数据区域的任意单元格，单击"数据"选项卡"筛选排序"选项组中的"筛选"按钮，此时数据表中的每个列标题右上方将显示自动筛选箭头按钮。

• 单击"销售数量"列的自动筛选箭头按钮，从弹出的下拉菜单中选择"数字筛选""介于"命令，打开"自定义自动筛选方式"对话框。在"大于"右侧的下拉列表框中输入 5 000，如图 17-27 所示。

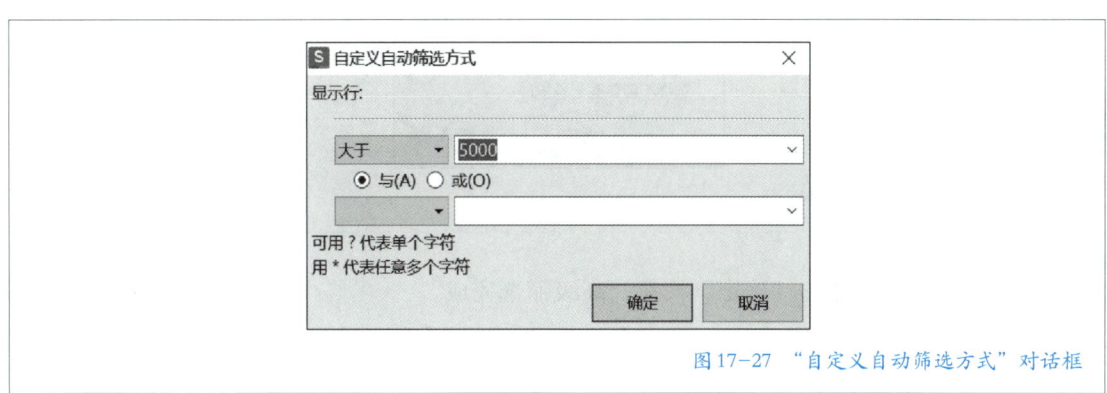

图 17-27　"自定义自动筛选方式"对话框

• 单击"确定"按钮，即可显示符合条件的记录。

2. 筛选销售额奖励数据

• 复制销售数据的列标题到工作表其他区域，建立条件区域，用于设定筛选结果必须满足的条件，按照销售额奖励要求，将销售金额条件设为">50 000"，将销售利润率条件设为">=18%"，且 2 个条件需要同时成立，因此在条件区域中，2 个条件在同一行显示，如图 17-28 所示。

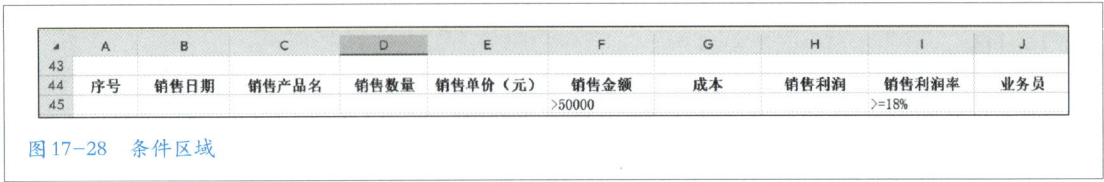

图 17-28　条件区域

- 单击数据区域中的任意单元格，单击"数据"选项卡"筛选排序"选项组中"筛选"按钮的箭头，在弹出的下拉菜单中选择"高级筛选"，打开"高级筛选"对话框。
- 在"方式"栏中选中"在原有区域显示筛选结果"单选按钮，利用"列表区域"框右侧折叠按钮设定数据区域为 $A$2:$J$42，利用"条件区域"框右侧折叠按钮框选择包括列标题在内的条件区域 $A$44:$J$45。若要从结果中排除相同的行，则勾选该对话框中的"选择不重复的记录"复选框。如图 17-29 所示。

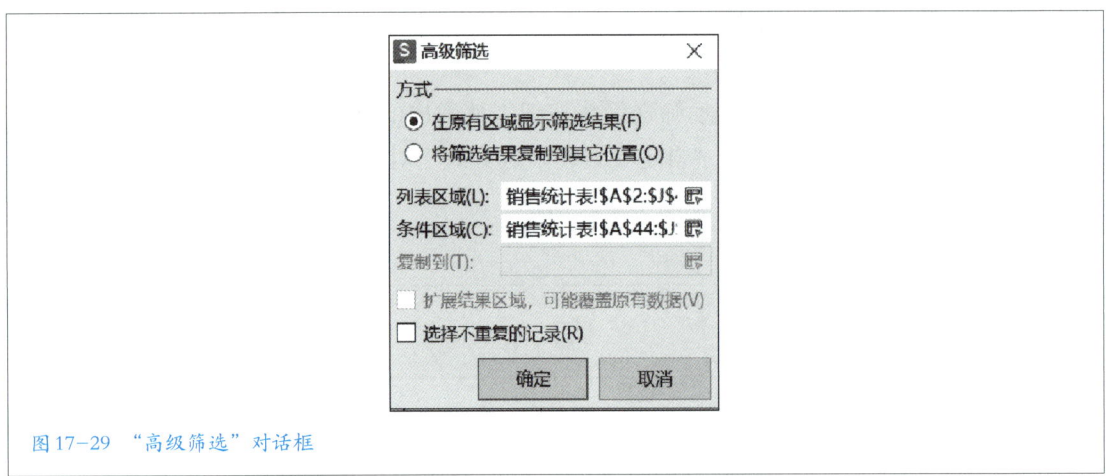

图 17-29　"高级筛选"对话框

- 单击"确定"按钮，高级筛选完成。

二、销售统计数据分类汇总

1. 数据排序

在对销售统计数据进行分类汇总之前，需要先对数据区域进行排序。

- 单击数据区域中的任意单元格，单击"数据"选项卡"筛选排序"选项组"排序"按钮下的箭头，在弹出的下拉菜单中选择"自定义排序"，打开"排序"对话框。

- 在"主要关键字"下拉列表框中选择排序的首要条件"销售产品名"，并将"排序依据"下拉列表框设置为"数值"，将"次序"下拉列表框设置为"降序"。

- 单击"添加条件"按钮，在打开的对话框中添加次要条件，将"次要关键字"下拉列表框设置为"销售数量"，并将"排序依据"下拉列表框设置为"数值"，将"次序"下拉列表框设置为"降序"。

- 设置完成后，单击"确定"按钮。

2. 数据分类汇总

- 选中工作表数据区域的任意单元格，单击"分级显示"选项组中的"分类汇总"按钮，打开"分类汇总"对话框，如图17-30所示。

- 在"分类字段"下拉列表框中选择"销售产品名"，在"汇总方式"下拉列表框中选择"求和"，在"选定汇总项"列表框中勾选"销售数量"。

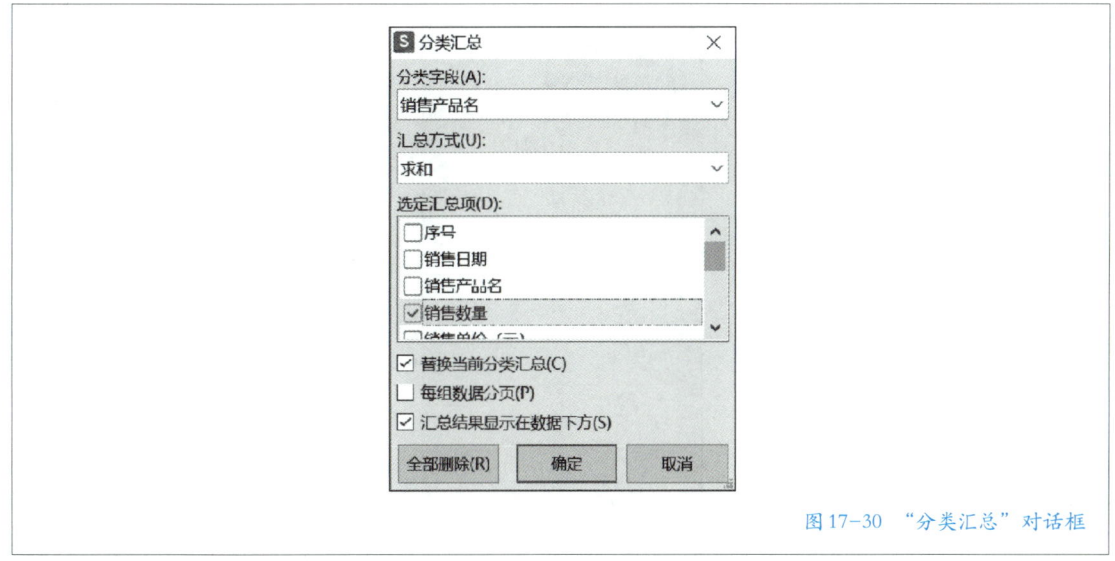

图17-30　"分类汇总"对话框

- 单击"确定"按钮，即可得到分类汇总结果。

三、制作销售统计数据透视表

1. 创建数据透视表

- 单击数据区域中的任意单元格，单击功能区"数据"选项卡"透视表"选项组中的"数据透视表"按钮，打开"创建数据透视表"对话框。

- 保持默认选项，单击"确定"按钮，在新工作表中进入数据透视表设置环境，在右侧显示的"数据透视表"窗格中，将"字段列表"列表框中的"业务员"字段拖到"行"列表框中，将"销售日期"字段拖到"列"列表框中，将"求和项：销售数量"字段拖到"值"列表框中，如图 17-31 所示。

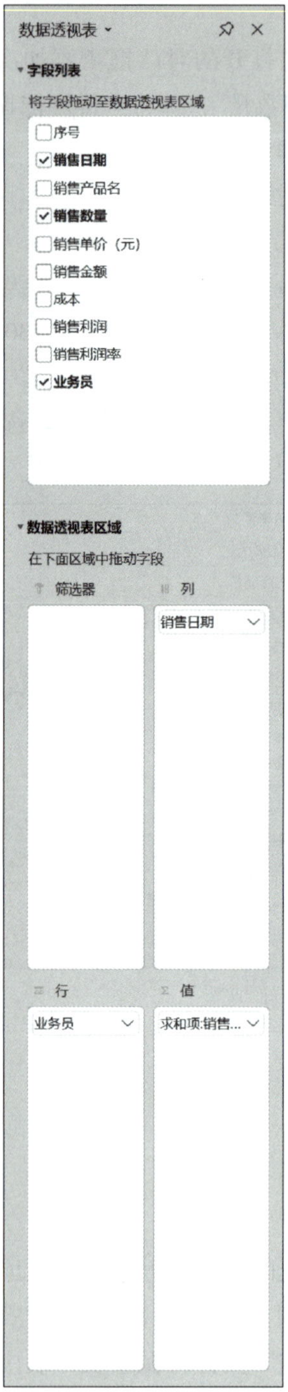

图 17-31 "数据透视表"窗格

• 在工作表中单击文本"求和项：销售数量"所在的单元格，此时功能区增加了"分析"选项卡，在"活动字段"选项组中单击"字段设置"按钮，打开"值字段设置"对话框。

• 在该对话框的"值汇总方式"选项卡中"值字段汇总方式"列表框中，可以选择"求和"。

• 单击"确定"按钮，数据透视表创建完毕。

• 单击"设计"选项卡"数据透视表样式"列表框右侧的箭头，从弹出的下拉菜单中选择一种数据透视表样式，即可对表格进行美化，如图17-32所示。

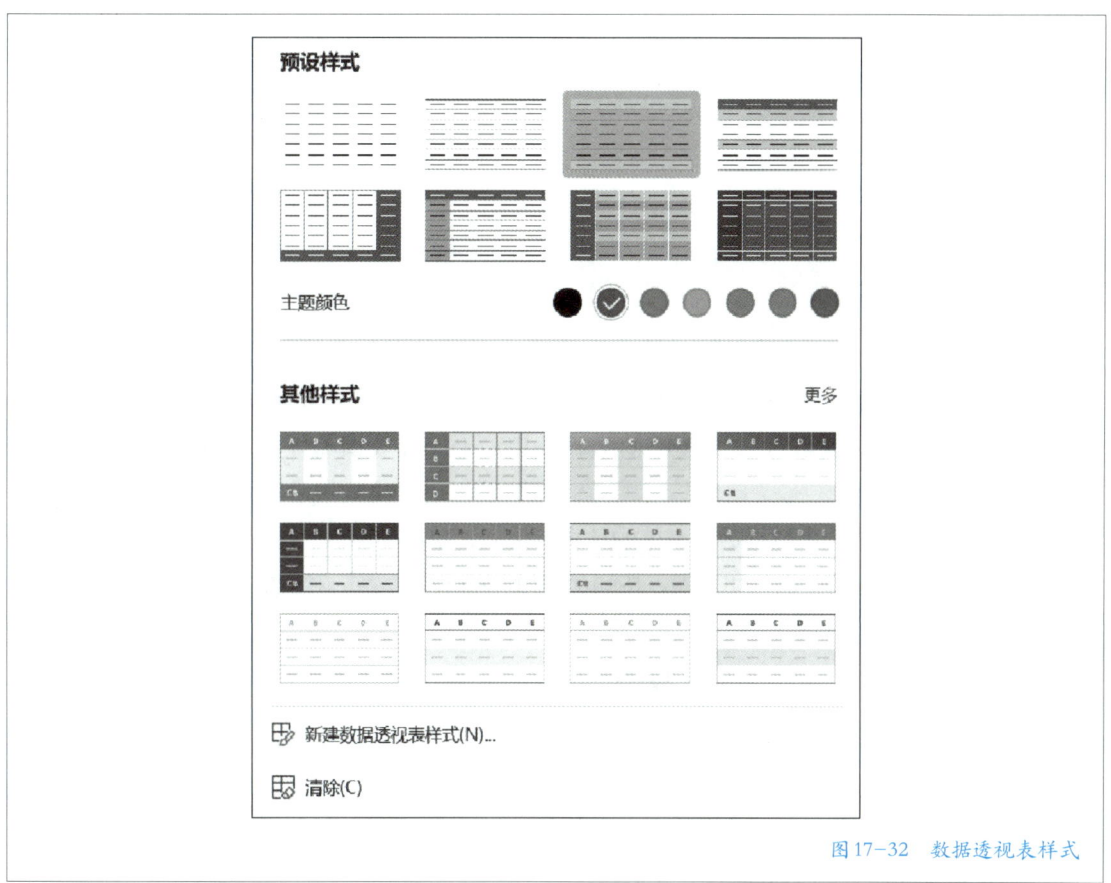

图17-32　数据透视表样式

2. 创建数据透视图

• 单击数据透视表的任意单元格，单击"分析"选项卡"工具"选项组中的"数据透视图"按钮，打开"图表"对话框，从左侧列表框中选择"折线图"图表类型，从右侧列表框中选择一种"折线图"子类型。

• 单击"确定"按钮，即在工作表中插入数据透视图，如图17-33所示。

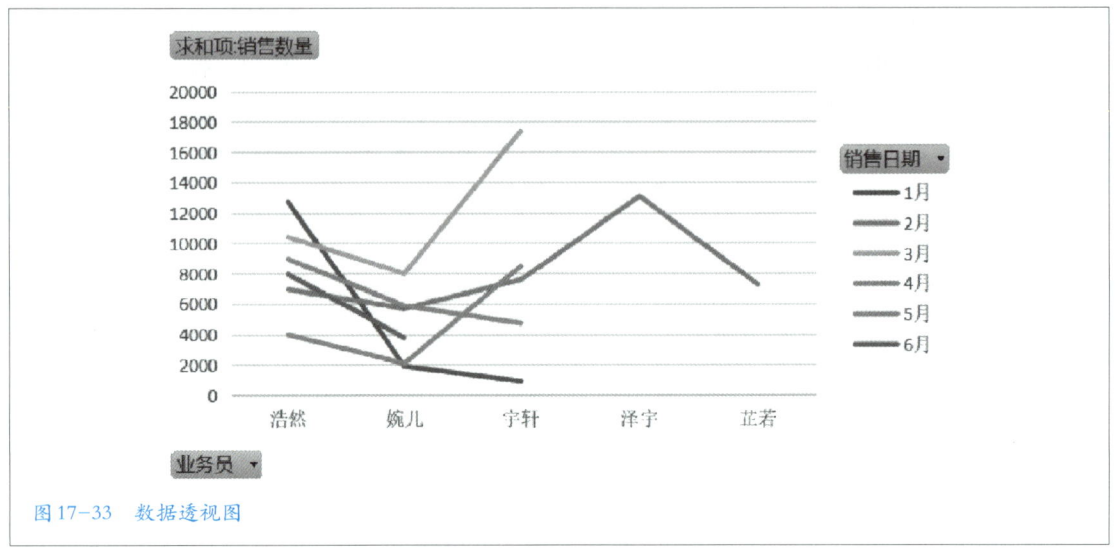

图 17-33   数据透视图

任务拓展

一、使用切片器

切片器是 WPS 表格编辑数据透视表的一个功能强大的工具，其允许动态地筛选数据透视表中的数据。以"上半年文具盒类产品销量统计汇总表"为例。

● 选中数据透视表中的任意单元格，单击功能区"分析"选项卡"筛选"选项组中的"插入切片器"按钮，弹出"插入切片器"对话框，如图 17-34 所示。

图 17-34   "插入切片器"对话框

● 在"插入切片器"对话框中选择想要筛选的字段，如"销售日期""销售产品名""业务员"等，单击"确定"按钮。此时，工作表中出现了3个切片器，如图17-35所示。

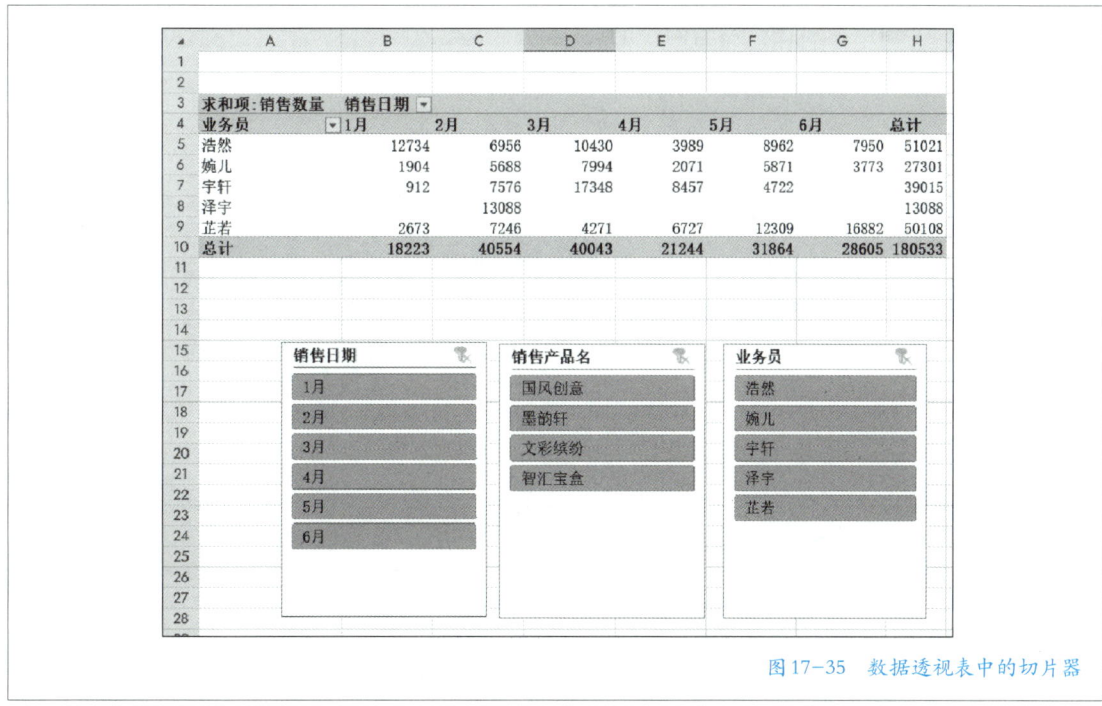

图17-35 数据透视表中的切片器

切片器中列出了所选字段的所有唯一值，单击这些值或者按住 Ctrl 键分别单击多个值，则可在数据透视表中动态地筛选和查看数据，如图17-36所示。切片器上方通常会有清除筛选的按钮，单击可以清除所有筛选条件。

二、数据保护

工作簿中保存了大量的数据，如果有些数据不希望被其他用户看到或者编辑，对数据的保护就变得尤为重要。WPS 表格功能区"审阅"选项卡"保护"选项组中提供了数据保护的功能。

1. 锁定单元格

锁定单元格功能用于防止特定单元格的内容被修改。

选中需要锁定的单元格区域，单击"保护"选项组中的"锁定单元格"按钮。

锁定单元格功能通常需要在"保护工作表"状态下才能生效。因此，在锁定单元格后，需要执行"保护工作表"操作。被锁定的单元格区域将无法被选中进行编辑。

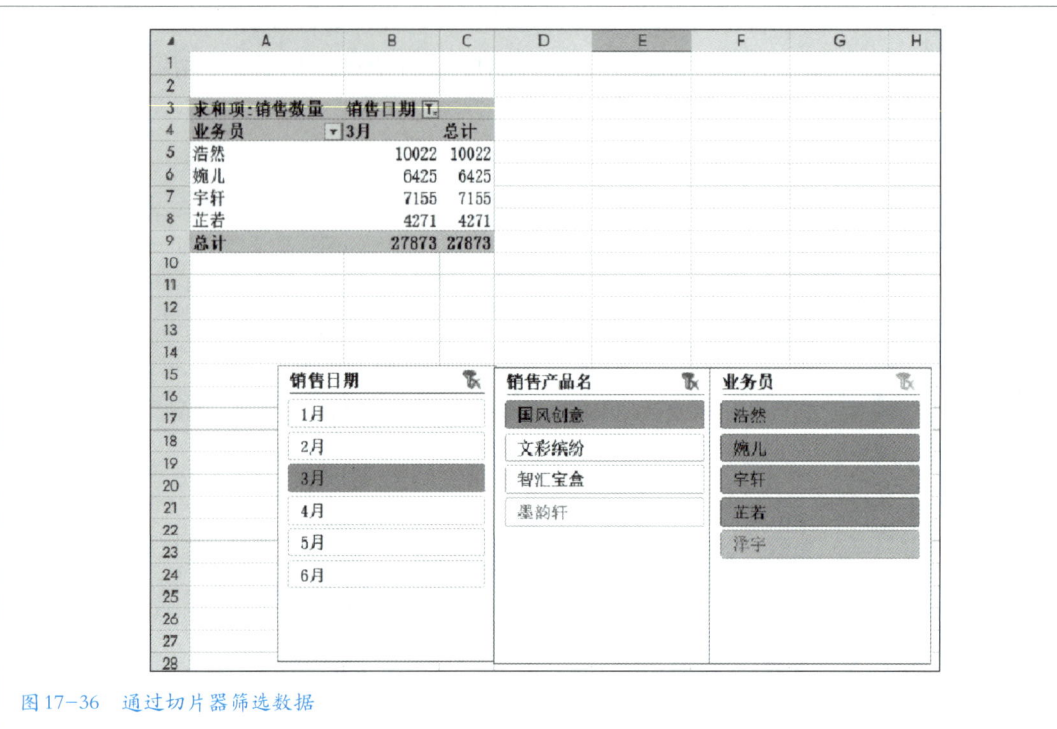

图 17-36　通过切片器筛选数据

2. 允许编辑区域

在保护工作表时，可以允许用户编辑特定的区域。

● 单击"保护"选项组中的"允许用户编辑区域"按钮，弹出"允许用户编辑区域"对话框，如图 17-37 所示。

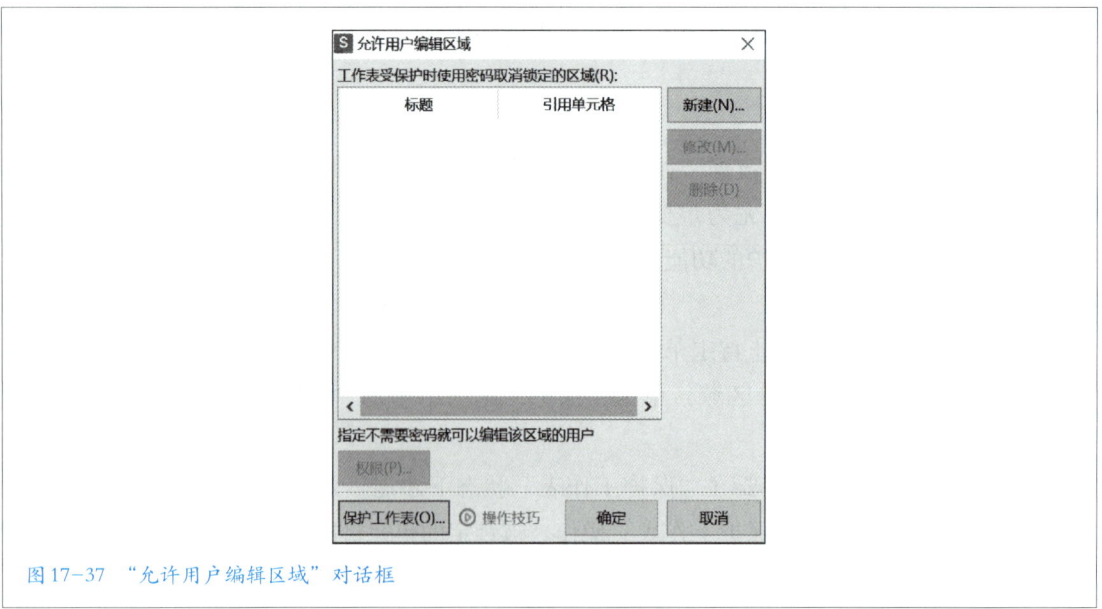

图 17-37　"允许用户编辑区域"对话框

• 单击对话框中的"新建"按钮，弹出"新区域"对话框，输入新区域的标题，利用折叠按钮在工作表中框选引用单元格区域，设置区域密码，如图17-38所示。

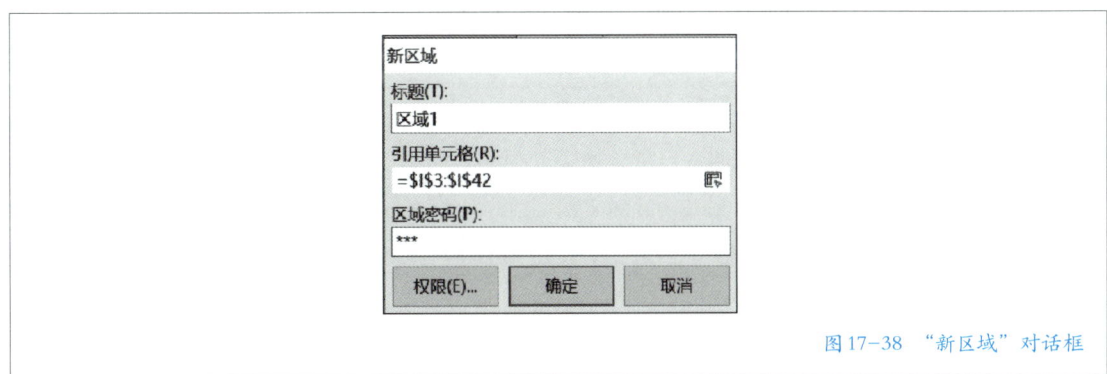

图17-38 "新区域"对话框

• 单击"确定"按钮，弹出"确认密码"提示，再次输入密码即可返回"允许用户编辑区域"对话框，单击"确定"按钮，设置完成。

允许用户编辑区域功能也需要在保护工作表状态下才能生效。保护工作表后，将无法选定未设置用户编辑区域的单元格。而选取允许用户编辑区域的单元格时，将弹出"取消锁定区域"对话框，输入密码后可以对此区域的单元格进行更改，如图17-39所示。

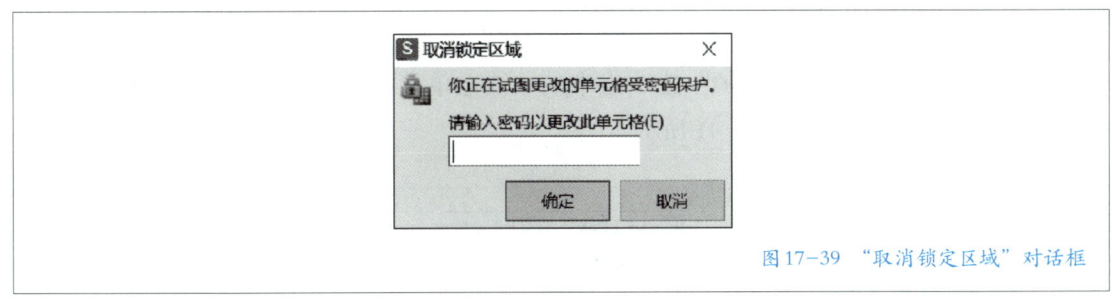

图17-39 "取消锁定区域"对话框

3. 隐藏公式

在某些情况下，工作表创建者并不希望其他人查看单元格内的公式，此时可以采用隐藏公式的功能。

• 选中需要隐藏公式的单元格，如果要隐藏整列或整行的公式，可以单击列标或行标。

• 右键单击选中的任意一个单元格，在弹出的菜单中选择"设置单元格格式"。在弹出的"单元格格式"对话框中，单击"保护"选项卡，如图17-40所示。

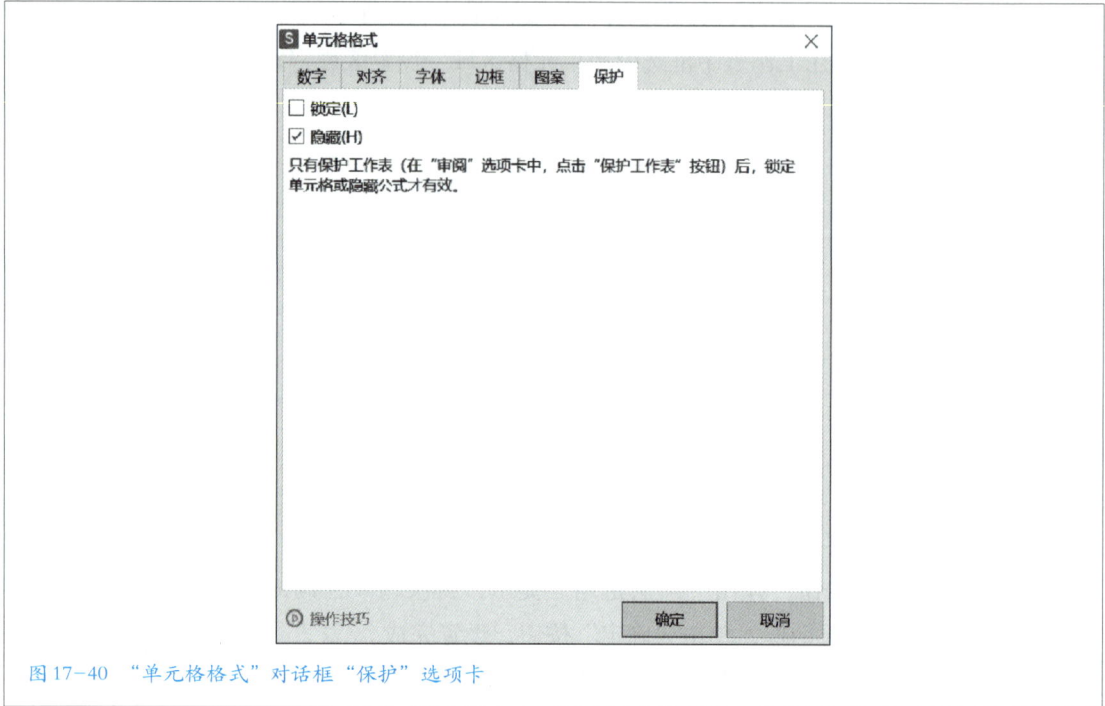

图 17-40 "单元格格式"对话框"保护"选项卡

- 勾选"隐藏"复选框,单击"确定"按钮,完成隐藏公式的设置。

同样,隐藏公式功能也需要在保护工作表状态下才能起作用。隐藏公式生效后,单击此包含公式的单元格,将不会在编辑栏显示该单元格的公式。

4. 保护工作表

- 单击"保护"选项组中的"锁定单元格"按钮,弹出"保护工作表"对话框,如图 17-41 所示。

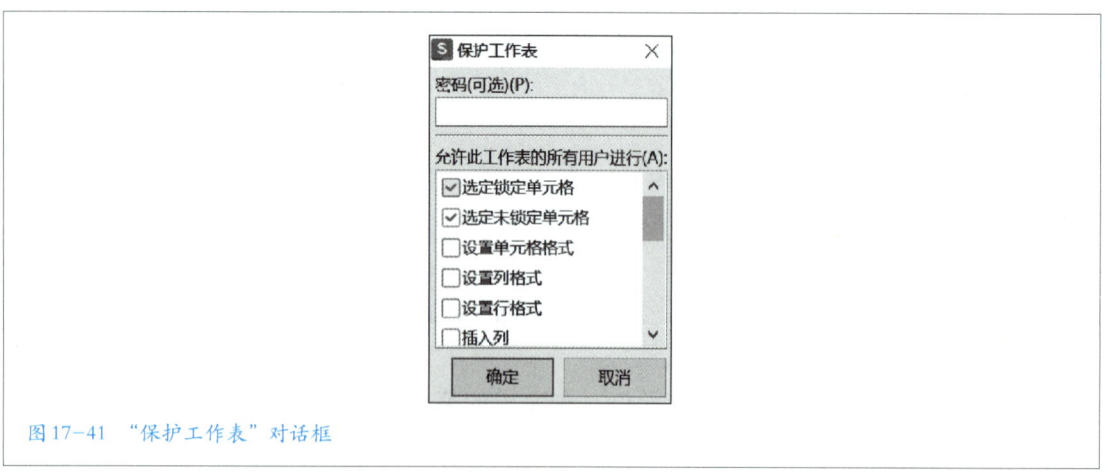

图 17-41 "保护工作表"对话框

- 在"保护工作表"对话框中，可以勾选允许此工作表的所有用户进行的操作，如选定锁定单元格、选定未锁定单元格等。如果希望设置密码以增强保护效果，可以在"密码"栏中输入密码。
- 单击"确定"按钮，会弹出对话框以再次输入密码。此时，文档处于保护工作表状态。

5. 保护工作簿

保护工作簿可以防止对工作簿结构和窗口的更改，如添加、删除、复制、移动或隐藏工作表。

单击"保护"选项组中的"保护工作簿"按钮，在弹出的对话框中输入密码，单击"确定"按钮，会弹出对话框以再次输入密码。此时，文档处于保护工作簿状态。

项目5
数字资源

项目5
演示文稿处理

任务导学

在当今的工作环境中，演示文稿（其格式缩写为PPT）已成为传达信息、展示想法和促进沟通的关键工具。无论是在企业会议、产品发布，还是在学术研讨、教育培训中，演示文稿都扮演着至关重要的角色。它可以增强信息传达效果，通过图表、图片和动画等视觉元素的呈现，帮助观众更好地理解和记忆演讲者所传达的信息；可以提高演示效果，使演示更加生动和有趣；可以节省时间，通过快速展示大量信息，从而避免冗长的口头解释，提高工作效率；可以促进团队协作，其作为信息共享和讨论的媒介，帮助团队成员理解项目进展和目标；可以推动思维创新，演示文稿制作过程中的创意思考有助于激发新的想法和形成解决方案，推动工作创新。另外，随着远程办公的普及，演示文稿在线上会议中的作用变得更加突出，它帮助用户跨越地理障碍，保持沟通的连续性。

总之，演示文稿制作不仅是一项基本的职业技能，更是提升工作效率、加强沟通和促进个人职业发展的重要方式。

导　　学

1. 知识目标
- 能够列举WPS演示的功能。
- 能够利用互联网查找演示文稿模板。

2. 技能目标
- 能够使用WPS进行演示文稿制作。
- 能够使用WPS进行演示文稿美化。

3. 核心素养
- 能根据需求，选择合适的演示文稿模板。
- 能根据需求，利用互联网找到合适的演示文稿素材。

4. 重/难点知识
- 能根据需求，在演示文稿中增加分析图表。
- 能制作演示文稿模板。

任务 18　制作新品推荐演示文稿

任务描述

公司推出的新品——国风多功能文具盒备受欢迎，但由于销售部门现在只有产品说明书，因此这款产品急需一份引人注目的新品推荐演示文稿，以便销售人员在各地进行销售演示。小孙将根据产品说明书，利用 WPS 演示来协助销售团队制作这份演示文稿。

思维导图

任务 18 思维导图如图 18-1 所示。

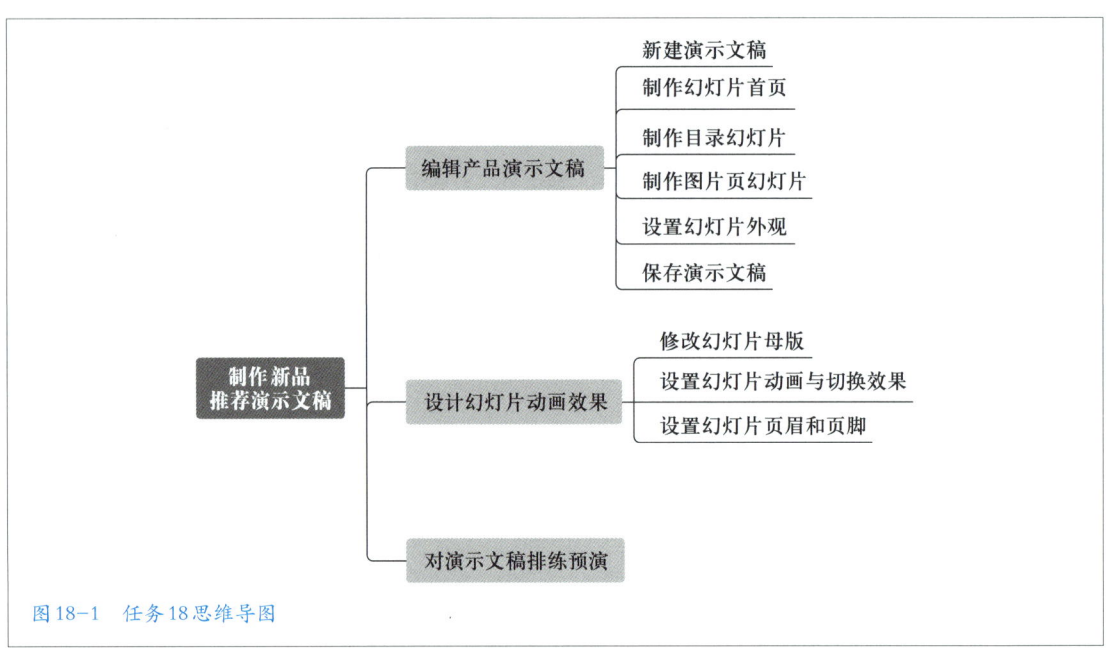

图 18-1　任务 18 思维导图

知识准备

一、WPS 演示简介

WPS 演示是 WPS 套件中的一部分，主要用于创建和编辑演示文稿。其功能类似于 Microsoft PowerPoint。WPS 演示提供了丰富的工具，包括各种预设的模板、主题、图表、动画效果和过渡效果等，能够轻松创建富有吸引力的演示文稿。用户可以使用 WPS 演示来添加文本、图片、音频和视频等多媒体内容，以及进行实时演示和共享。除了基本的演示文稿制作功能，WPS 演示还支持多种输出格式，如 PPT、PDF 等，方便用户在不同场合和不同设备上展示和分享信息。

1. WPS 演示工作界面

WPS 演示工作界面主要包括标题栏、菜单栏、工具栏等，大部分与 WPS 文字和 WPS 表格类似，如图 18-2 所示。

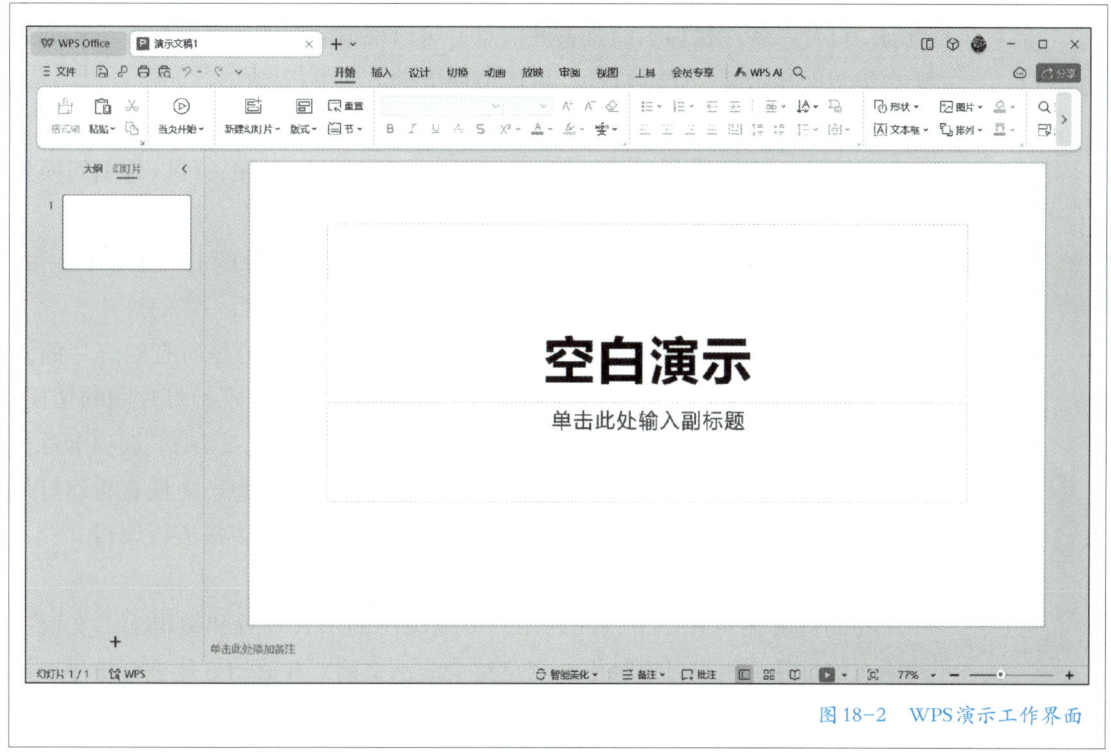

图 18-2　WPS 演示工作界面

2. 工作界面中的主要区域

● 编辑区：位于工作界面的中央，是编辑演示文稿内容的主要区域，可以在这里添加文本、图片、形状、图表等元素。

● 幻灯片 / 大纲窗格：位于工作界面的左侧，用于显示当前演示文稿中的所有幻灯片，可以在这里查看、添加、删除和重新排列幻灯片。

● 备注栏：位于编辑区的下方，用于添加幻灯片的备注信息。这些备注信息在演示时不会显示给观众，但可以在演讲者视图中查看，帮助演讲者更好地记忆和讲解内容。

3. 工作视图的切换

通过工作界面底部的"普通视图"按钮、"幻灯片浏览"按钮、"阅读视图"按钮和"幻灯片放映"按钮，用户可以在不同的视图中查看演示文稿效果。通过单击功能区"视图"选项卡"演示文稿视图"选项组中对应的按钮，也可以实现视图的切换。

（1）普通视图

这是 WPS 演示默认的视图模式，由大纲栏、幻灯片栏和备注栏等组成。用户可以在这个模式下进行幻灯片编辑、文本和图片添加和修改，以及样式调整等操作。

普通视图左侧的幻灯片栏显示了幻灯片的缩略图，右侧编辑区显示的是当前幻灯片，备注栏显示的是备注信息，可以根据需要调整窗口的大小。如果要在编辑区显示某一张幻灯片，可以使用下列方法进行操作。

● 按住左键拖动编辑区右侧滚动条，当到达所要的幻灯片时，释放左键。

● 单击"上一张幻灯片"按钮、"下一张幻灯片"按钮，可以分别切换到当前幻灯片的上一张和下一张。

● 按下 PageUp 键、PageDown 键可以切换到当前幻灯片的上一张和下一张；按下 Home 键切换到第一张幻灯片，按下 End 键切换到最后一张幻灯片。

默认情况下，屏幕的左侧显示为幻灯片窗格，显示的是所有幻灯片的缩略图。单击"幻灯片"选项卡中的幻灯片缩略图，可以实现幻灯片间的切换，还可以在该选项卡中通过拖动幻灯片来改变其顺序。单击"大纲"选项卡可切换到大纲窗格。大纲窗格用于显示幻灯片的标题和文本信息，方便查看幻灯片的结构和主要内容。在此模式下，还可以对幻灯片的内容直接进行编辑。

（2）幻灯片浏览视图

在幻灯片浏览视图下，允许用户以缩略图的形式查看和编辑演示文稿中的所有幻灯片，用户可以轻松地浏览整个演示文稿，并对幻灯片进行排序、添加、删除和复制等操作。此外，用户还可以在幻灯片浏览视图中对幻灯片的切换效果、动画效果等进行预览和调整。这种视图方式便于用户快速编辑和整理演示文稿。

（3）备注页视图

在这种视图模式下，用户可以为每张幻灯片添加注释或提示，这些备注仅供演讲者参考和使用，并不会在幻灯片的实际展示中显示出来。用户可以查看和编辑每一张幻灯片和其备注，每一页都包括一张幻灯片和相应的备注。

（4）幻灯片放映视图

幻灯片放映视图是一种特殊的视图模式，用于将幻灯片以全屏、窗口或无人控制的展台形式放映出来。在这种视图模式下，用户可以看到幻灯片的最终效果，包括图形、时间、影片、动画元素，以及切换效果等。这种视图模式通常用于演示文稿的放映和展示，以便观众能够清晰地看到演示内容。

二、创建演示文稿

演示文稿是 WPS 演示中的文件，由一系列幻灯片组成。幻灯片中包括文字、图片、图表、动画、声音和影片等元素。创建演示文稿是幻灯片制作的第一步。

1. 新建空白演示文稿

- 单击标题栏上的"新建"按钮，在弹出的菜单中选择"演示"文稿类型即可创建一个空白演示文稿。
- 单击 WPS 主界面"新建"按钮，在弹出的菜单中选择"演示"文稿类型，进入新建演示文稿选择界面，单击"空白演示文稿"，如图 18-3 所示。

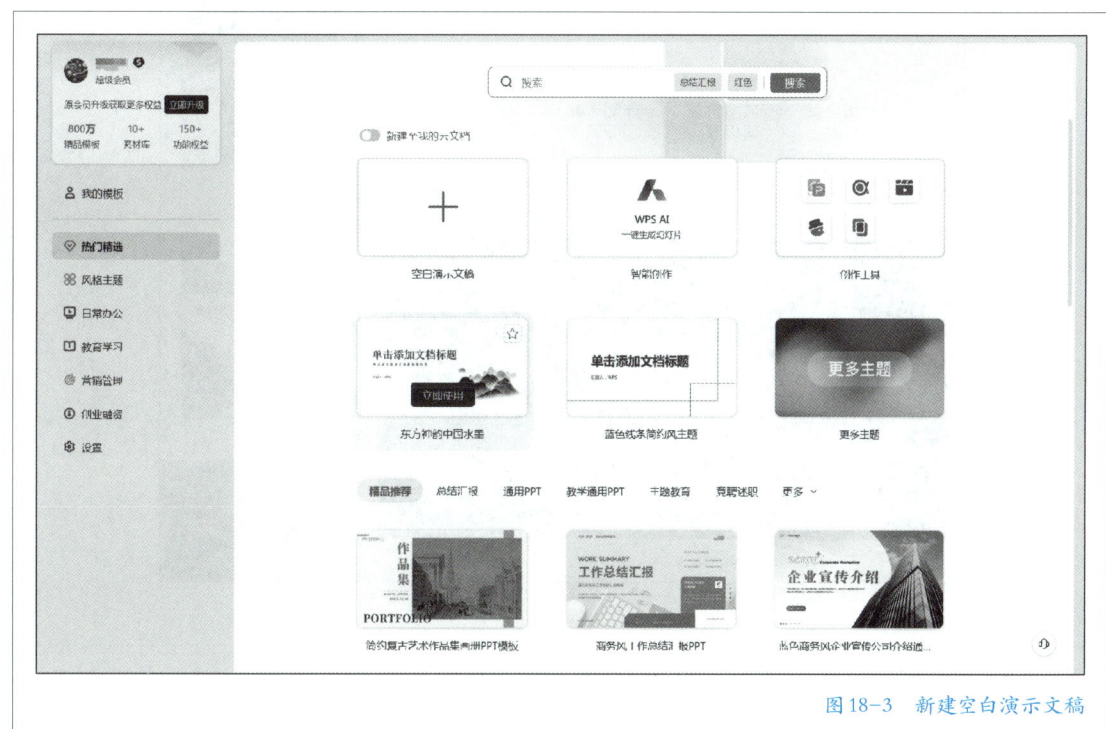

图 18-3　新建空白演示文稿

2. 利用模板新建演示文稿

WPS 演示还提供了丰富的模板资源，可以根据需要选择合适的模板来快速创建不同风格的演示文稿。

单击 WPS 主界面"新建"按钮，在弹出的菜单中选择"演示"文稿类型，进入新建演示文稿选择界面，可选择预设模板，如选择了"蓝色线条简约风主题"，此时弹出模板预览对话框，如图 18-4 所示。

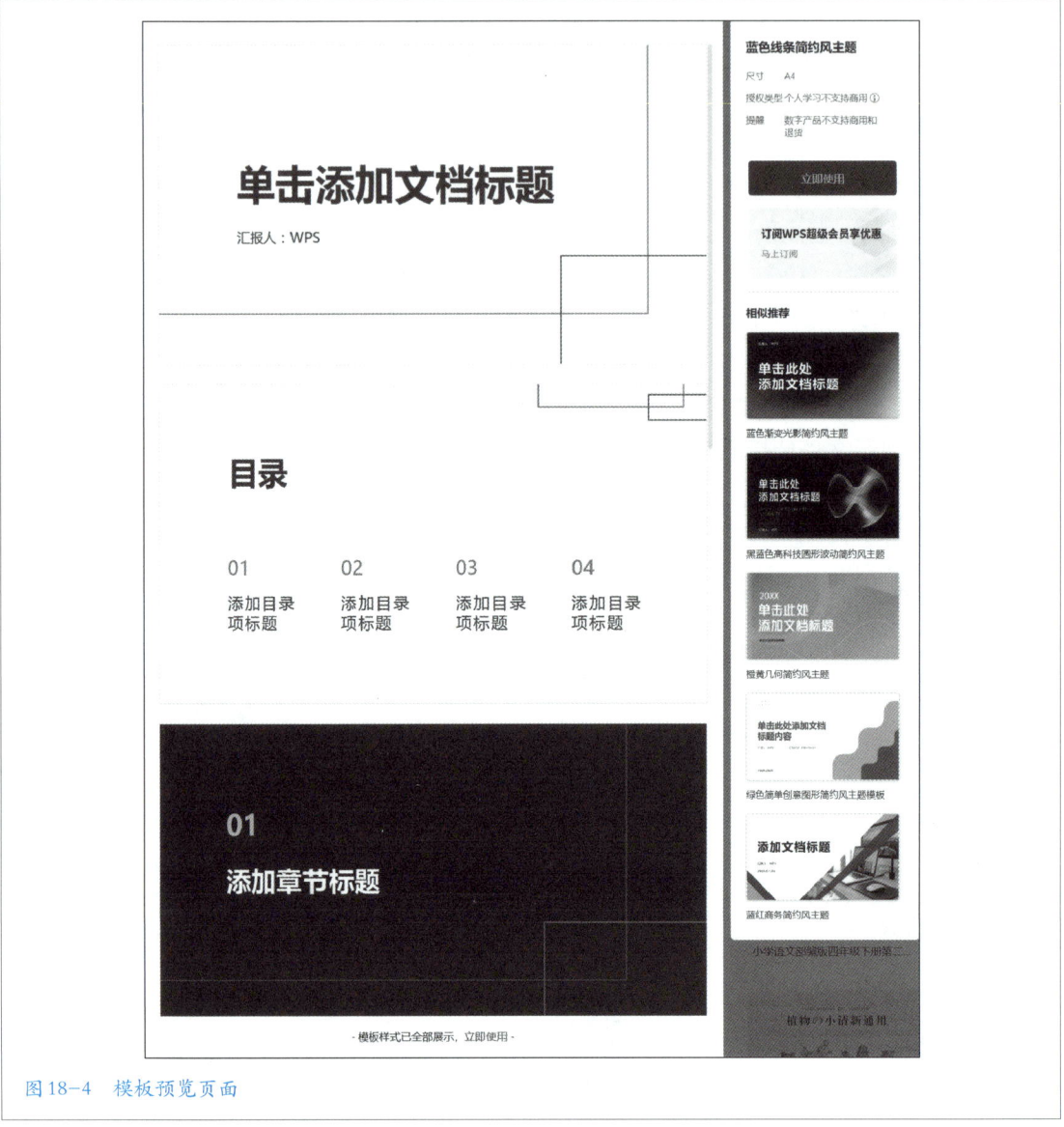

图18-4　模板预览页面

单击"立即使用"按钮，即可创建一个应用该模板的演示文稿。

三、幻灯片基本操作

在创建好演示文稿后，需要对幻灯片进行一系列操作处理，包括选择、插入、复制、移动、删除和更改幻灯片的版式等。这些操作可以通过菜单栏、工具栏和右键菜单等方式实现。

1. 选中幻灯片

在对某一张幻灯片进行编辑之前，要先将其选中。

● 在普通视图的大纲窗格或幻灯片窗格中，单击幻灯片标题或缩略图，即可选中该幻灯片。如果要选中连续的一组幻灯片，则先单击第一张幻灯片标题或缩略图，然后按住 Shift 键，再单击最后一张幻灯片标题或缩略图。

● 在幻灯片浏览视图中，单击幻灯片的缩略图可以将该幻灯片选中，此时该幻灯片的边框高亮显示。

若要选中多张不连续的幻灯片，则先按住 Ctrl 键，然后分别单击要选中的幻灯片缩略图。按下 Ctrl+A 组合键，可以选中当前演示文稿中的所有幻灯片。

2. 插入幻灯片

● 单击功能区"插入"选项卡"幻灯片"选项组中的"新建幻灯片"按钮，将会在当前幻灯片后插入一张同主题的空白幻灯片。

● 单击"新建幻灯片"按钮下的箭头，在弹出的下拉菜单中选择需要的幻灯片版式，将会在当前幻灯片后插入一张该版式的空白幻灯片，如图 18-5 所示。

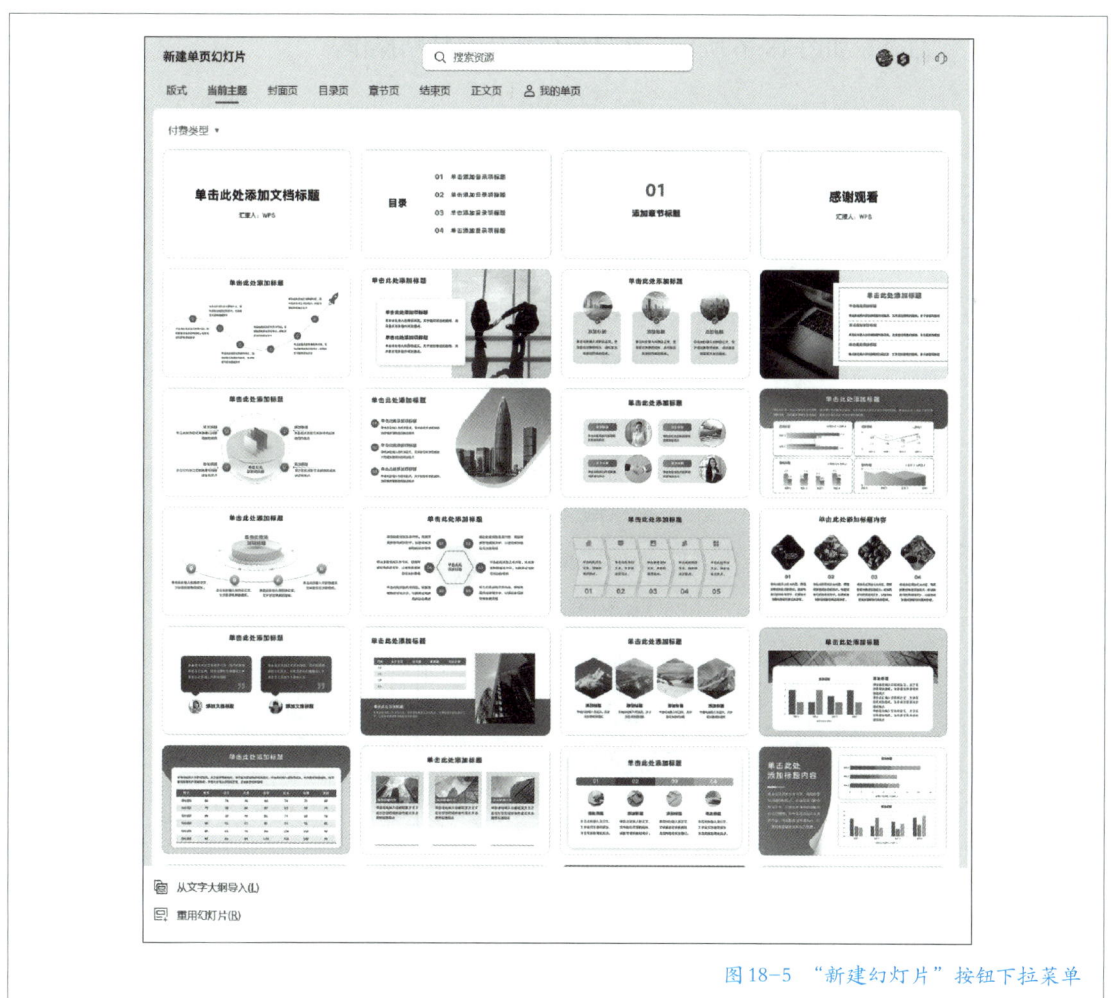

图 18-5　"新建幻灯片"按钮下拉菜单

- 在普通视图的大纲窗格中单击文本的开头，再按下回车键，即可在当前幻灯片的前面插入一张新幻灯片；单击文本的末尾，再按下回车键，即可在当前幻灯片的后面插入一张新的幻灯片。
- 在普通视图的幻灯片窗格中单击某张幻灯片，再按下回车键，即可在当前幻灯片的后面插入一张新的幻灯片。

3. 复制幻灯片

- 在幻灯片浏览视图或普通视图的幻灯片窗格中，选定要复制的幻灯片，按住左键拖动选定的幻灯片。在拖动过程中，会出现一个竖条表示选定幻灯片的新位置。按住 Ctrl 键，释放左键，再松开 Ctrl 键，选定的幻灯片将被复制到目标位置。
- 在幻灯片浏览视图或普通视图中，选中要复制的幻灯片，按下 Ctrl+C 键，将插入点置于目标位置，按下 Ctrl+V 键。
- 在选中幻灯片后，单击右键，在弹出的快捷菜单中选择"复制幻灯片"命令，如图 18-6 所示，在目标位置执行粘贴操作。

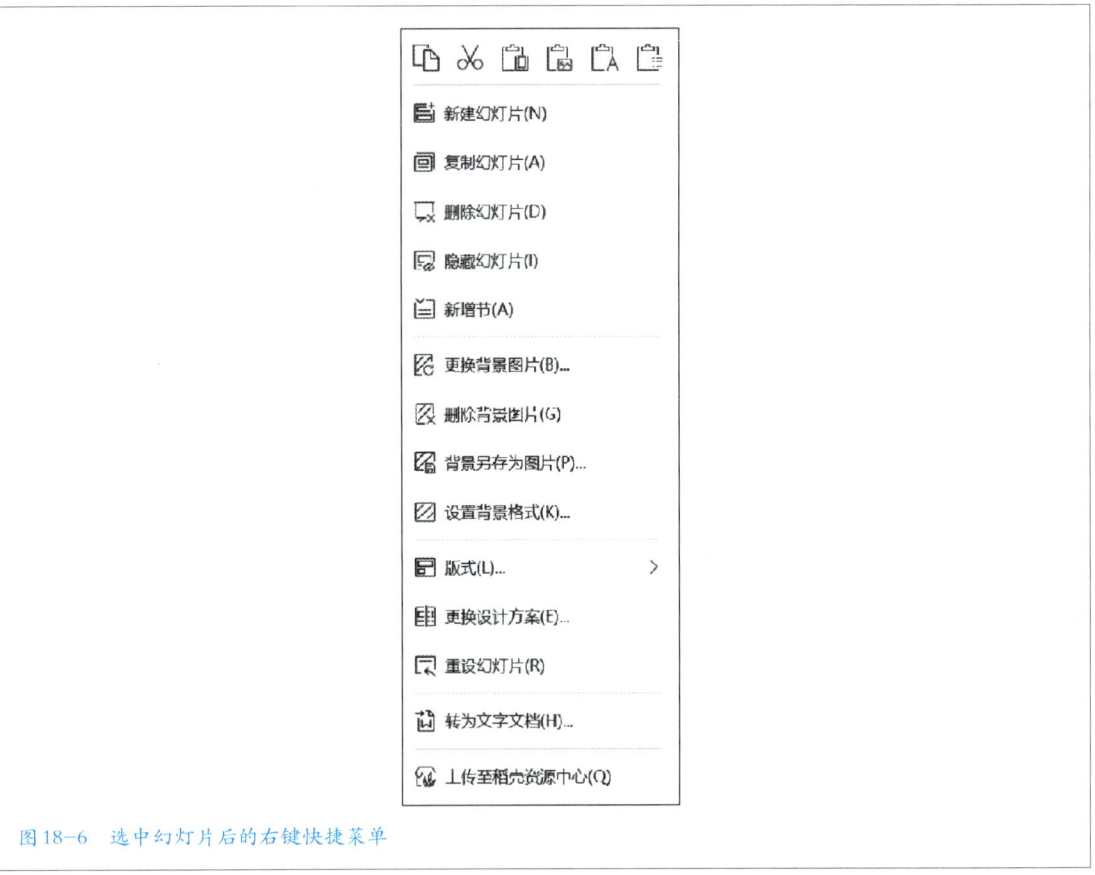

图 18-6 选中幻灯片后的右键快捷菜单

4. 移动幻灯片

在幻灯片浏览视图或在普通视图的幻灯片窗格中，选中要移动的幻灯片，按住左键并拖动，此时长条竖线就是插入点，到达新的位置后松开左键。此外，还可以通过剪切和粘贴操作来实现幻灯片的移动。

5. 删除幻灯片

选中要删除的一张或多张幻灯片后，执行如下操作可以删除幻灯片。

• 按下 Delete 键。

• 在幻灯片浏览视图或普通视图的幻灯片窗格中，右键单击选定幻灯片的缩略图，从弹出的快捷菜单中选择"删除幻灯片"命令。

当前幻灯片被删除后，后面的幻灯片会自动向前排列。

6. 更改幻灯片版式

选中需要更改版式的幻灯片，单击功能区"开始"选项卡"幻灯片"选项组中的"母版版式"按钮，从弹出的下拉菜单中选择一种需要的版式，即可快速更改当前幻灯片的版式，如图 18-7 所示。

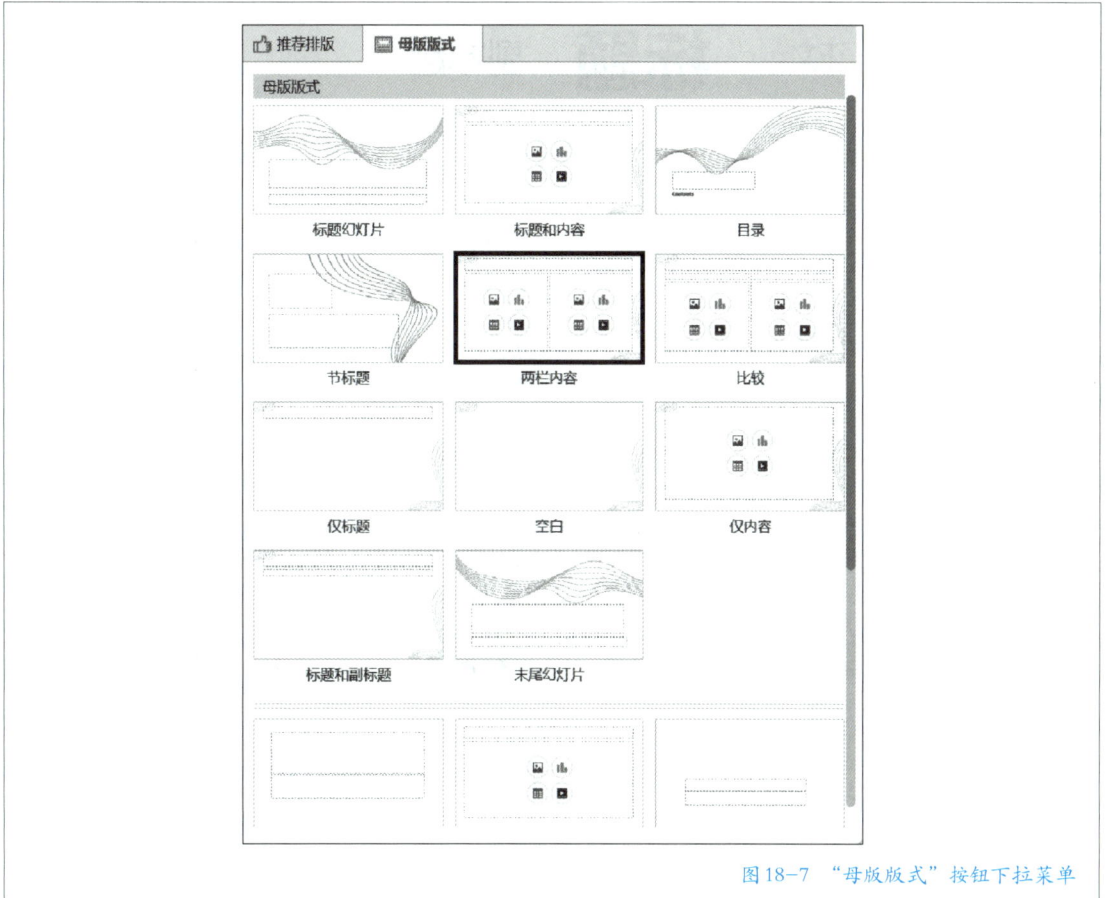

图18-7 "母版版式"按钮下拉菜单

四、编辑与格式化文本

在 WPS 演示中，文本是最基本的元素之一。因此，编辑文本是制作幻灯片的基础，同时要对输入的文本进行必要的格式设置。

1. 输入文本

- 在占位符中输入文本。不同版式的幻灯片会有不同的占位符，单击占位符，插入点会出现在其中，直接输入需要的文本即可。

- 在文本框中输入文本。文本框是一种可移动、可调节大小的容器，用于在占位符之外的其他位置输入文本。

- 在向幻灯片中添加不自动换行的文本时，单击功能区"插入"选项卡"文本"选项组中的"文本框"按钮，从弹出的下拉菜单中选择合适的文本框版式，如图 18-8 所示。

图 18-8 "文本框"按钮下拉菜单

此时幻灯片中添加了一个空白文本框，且插入点置于文本框内，可以开始输入文本。在输入过程中，文本框的宽度固定，文本自动换行。输入完成后，单击文本框以外的任意位置即完成输入。

通过鼠标拖动文本框上的 8 个控制句柄可以调整文本框的大小，通过拖动旋转句柄可以调整文本框的倾斜角度。

2. 格式化文本

格式化文本是指对文本的字体、字号、样式等进行设置，通常这些项目是由当前设计模板定义好的，设计模板作用于幻灯片中的每个文本对象和占位符。格式化文本的方式与 WPS 文字类似。

格式化文本之前，要先选中文本。如果要格式化文本框中的所有内容，先单击文本框的虚线边框，边框变为细实线，文本框及其全部内容被选定。若对文本框中的部分内容进行格式化，先拖动鼠标选择要修改的文本，使其呈高亮显示，然后执行格式化命令。WPS 演示提供了许多格式化文本的工具。

● 设置字体。单击功能区"开始"选项卡"字体"选项组中的"字体"和"字号"下拉列表，从下拉列表中选择所需的选项，即可改变字符的字体或字号。字号还可通过单击"增大字号""减小字号"按钮进行调整。

● 设置字体颜色。单击"字体"选项组中"字体颜色"按钮右侧的箭头，在弹出的下拉菜单中选择合适的颜色进行设置。若菜单中预设的颜色没有符合要求的，可以选择下拉菜单中的"其他颜色"命令，在弹出的"颜色"对话框进行自定义颜色设置。

● 设置文本突出显示。单击"字体"选项组中"突出显示"按钮右侧的箭头，在弹出的下拉菜单中选择需要的颜色，可以给文本加上颜色底纹以凸显内容，选择"无"可以将所选背景色恢复为默认值。

● 设置字符间距与位置。字符间距和位置决定了文本中字符之间的相对距离和排列方式。单击"字体"选项卡右下角的"对话框启动器"，弹出"字体"对话框，切换到"字符间距"选项卡进行设置，如图 18-9 所示。

字符间距默认为"普通"类型，选择"加宽"或"紧缩"类型时，可在右侧度量值中输入加宽或压缩字符间距的参数值。

3. 设置段落格式

WPS 演示提供了多种段落格式设置工具。

（1）设置段落对齐方式

● 选中要格式化的段落，在功能区"开始"选项卡中找到"段落"选项组，单击"左对齐""居中对齐""右对齐""两端对齐"或"分散对齐"按钮。

● 单击"段落"选项组的"对话框启动器"按钮，在弹出的"段落"对话框"对齐方式"列表中进行选择。

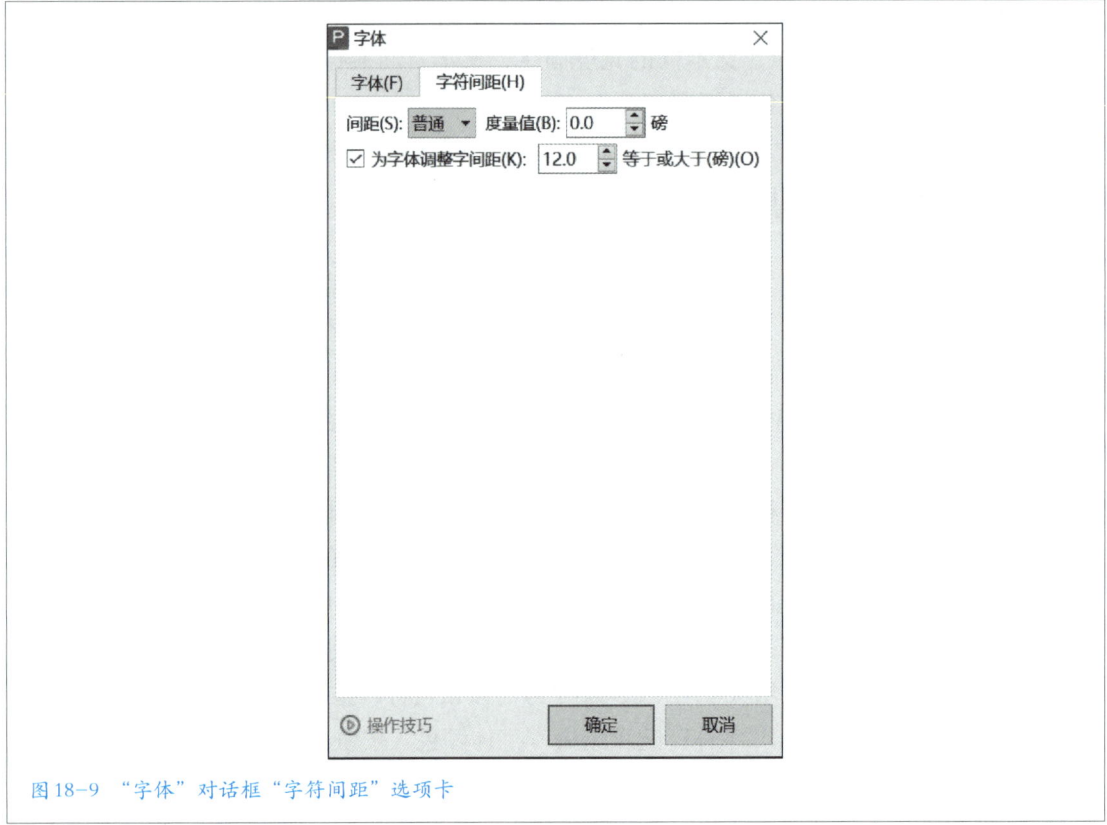

图18-9 "字体"对话框"字符间距"选项卡

· 在需要设置格式的段落内单击右键，在弹出的快捷菜单中选择"段落"命令。

（2）设置段落缩进

段落缩进是指段落左、右边界与页面边界之间的距离。WPS演示提供了首行缩进、悬挂缩进与左缩进3种缩进方式。选中要格式化的段落后，设置段落缩进有以下几种方法。

· 使用"段落"对话框。单击功能区"开始"选项卡"段落"选项组中的"对话框启动器"按钮，打开"段落"对话框。单击右键，在弹出的快捷菜单中选择"段落"命令，也可以打开"段落"对话框，在"段落"对话框的缩进栏中，"文本之前"表示的是左缩进，在右侧设置参数值。在"特殊格式"列表框中可以选择"首行缩进"和"悬挂缩进"，在右侧设置参数值。

· 使用标尺。选中功能区"视图"选项卡"显示"选项组中的"标尺"选项，可以在幻灯片编辑区上方与左侧分别显示水平标尺和垂直标尺。水平标尺上有"首行缩进""悬挂缩进"和"左缩进"3个缩进标记按钮，分别对应3种缩进方式，通过拖动这3个按钮来调整段落缩进。

要注意的是，拖动"悬挂缩进"按钮时，"左缩进"按钮是同步移动的。拖动"左缩进"按钮时，"首行缩进"和"悬挂缩进"按钮也是同步移动的。

• 使用功能区按钮。单击功能区"开始"选项卡"段落"选项组中的"减少缩进量"和"增加缩进量"按钮，可以设置段落的左缩进。

（3）使用项目符号和编号

项目符号和编号是用于列举和排序的文本标记。其使用方法与 WPS 文字类似，在此不赘述。

五、使用幻灯片对象

幻灯片对象是指可放置在幻灯片上的任何项目，这些项目包括但不限于图像、文本框、形状、表格和图表。用户可以将这些对象插入幻灯片中，并对它们进行各种编辑操作（如移动、复制、删除等），也可以修改对象的内容、大小和属性。

制作一张幻灯片的过程实际上是制作其中每一个被指定对象的过程。同时，幻灯片的布局涉及组成对象的种类和其相对位置。因此，幻灯片对象是构成幻灯片内容和布局的基本元素。

1. 使用表格

（1）创建表格

在演示文稿中创建表格主要有两种方法：自动创建和手动创建。

• 自动创建表格。将插入点定位到需要插入表格的位置，单击功能区"插入"选项卡"表格"选项组中的"表格"按钮。在弹出的下拉菜单中，移动鼠标选择所需的行数和列数，单击后即可在文稿中插入一个指定行列数的表格。

• 手动创建表格。将插入点定位到需要插入表格的位置，单击功能区"插入"选项卡"表格"选项组中的"表格"按钮。在弹出的下拉菜单中选择"插入表格"命令，弹出"插入表格"对话框。在该对话框中可以对表格参数进行设置，单击"确定"按钮即可在文稿中插入表格。

（2）选定表格中的对象

在对表格进行操作之前，首先要选定表格中的对象。将插入点置于表格中的任意单元格，单击"表格工具"选项卡"排列"选项组中的"选择"按钮，从弹出的下拉菜单中按照需要选择"选择行""选择列"和"选择表格"命令即可。

当需要选定一个或多个单元格时，拖动鼠标经过这些单元格即可。

2. 使用图表

用图表来表示数据，可以使数据更容易理解。默认情况下，在创建好图表后，需要在关联的数据表中输入图表所需的数据。

插入图表的操作步骤如下所示。

• 单击功能区"插入"选项卡"图形和图像"选项组中的"图表"按钮，打开"图表"对话框，如图 18-10 所示。

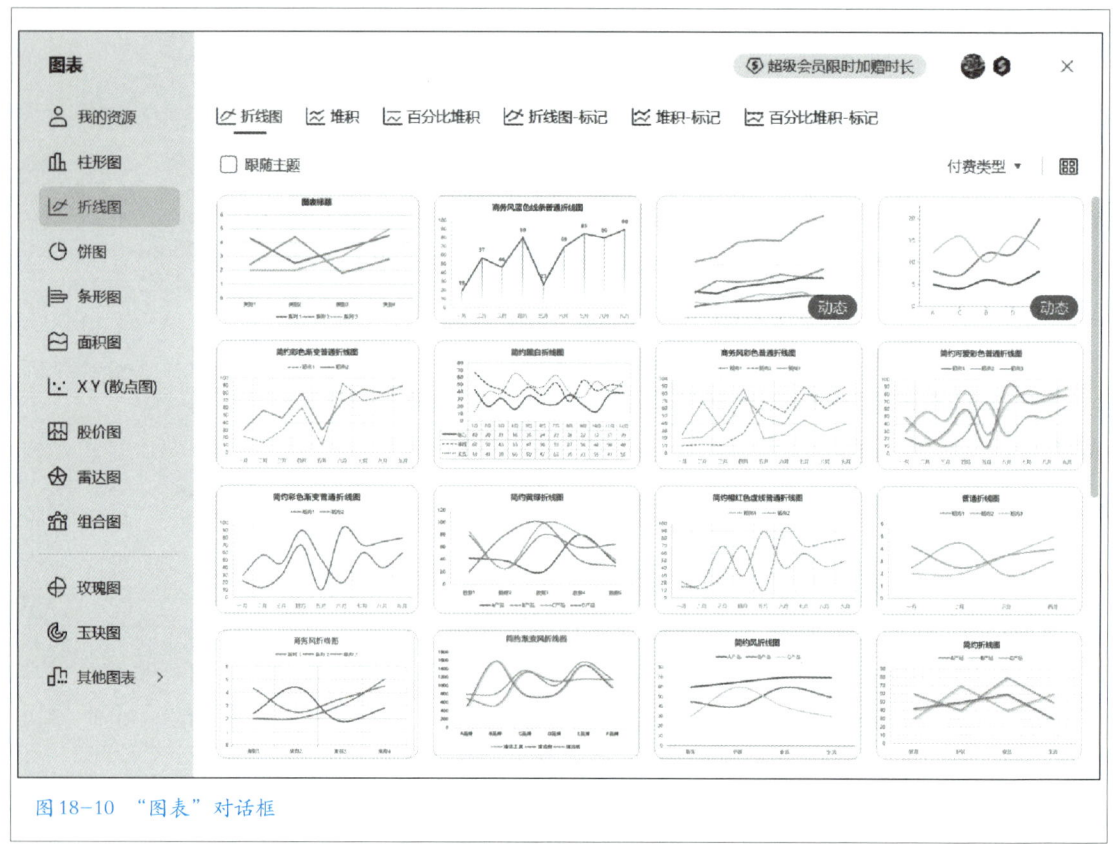

图 18-10 "图表"对话框

• 在对话框的左、右列表框中分别选择图表的类型、子类型，单击"确定"按钮，图表就被插入当前幻灯片中，如图 18-11 所示。

• 当前图表并未与数据源关联，单击"图表工具"选项卡"数据"选项组中的"选择数据"按钮，此时自动弹出 WPS 表格工具，并新建了一个工作表，如图 18-12 所示。

• 在工作表的单元格中直接输入数据，则演示文稿中的图表会自动更新，如图 18-13 所示。

• 数据输入结束后关闭工作表。接下来，可以利用"绘图工具""文本工具"及"图表工具"3 个选项卡工具按钮来设置图表的格式。

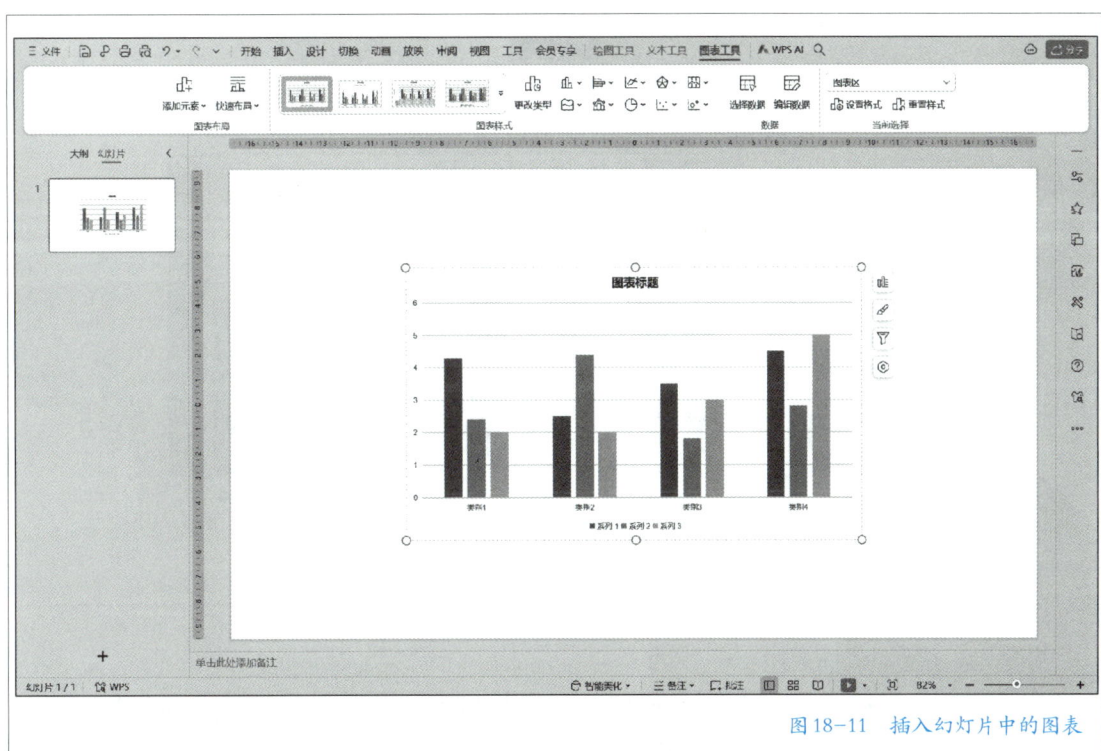

图18-11 插入幻灯片中的图表

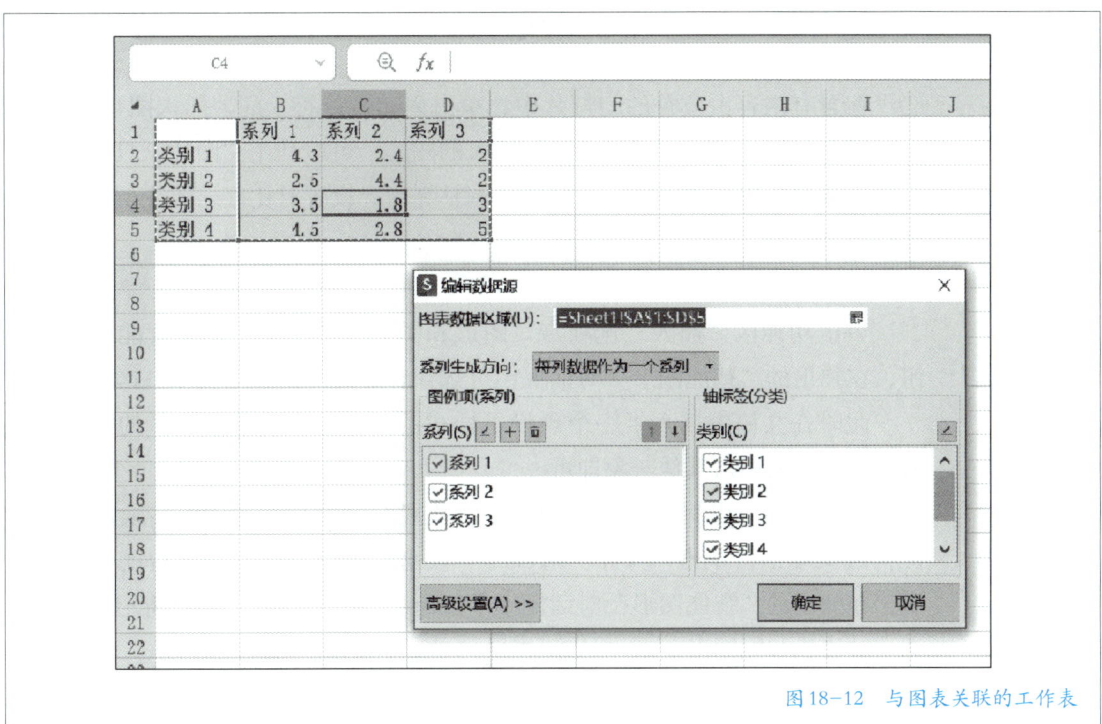

图18-12 与图表关联的工作表

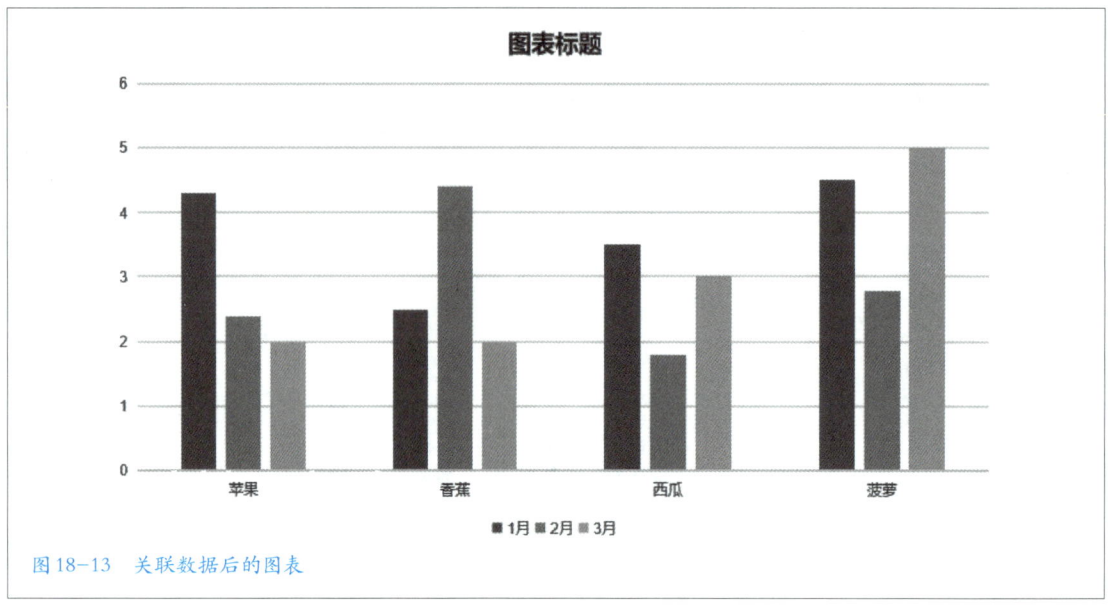

图 18-13　关联数据后的图表

3. 插入图片

● 将插入点定位到需要插入图片的位置，单击功能区"插入"选项卡"图形和图像"选项组中"图片"按钮右侧的箭头，弹出下拉菜单。

● 在下拉菜单中选择"本地图片"，弹出"插入图片"对话框，在对话框中选择要插入的图片文件。选中图片文件后，单击"打开"按钮即可将本地计算机图片插入演示文稿中。

在含有内容占位符的幻灯片中，单击内容占位符上的"插入图片"图标，也可以在幻灯片中插入图片。对于插入的图片，可以利用"图片工具"选项卡上的工具进行适当的修饰，如旋转、调整亮度、设置对比度、改变颜色、应用图片样式等。

4. 插入 SmartArt 图形

单击功能区"插入"选项卡"图形和图像"选项组中的"智能图形"按钮，在弹出的"智能图形"对话框中可选择合适的样式，如图 18-14 所示。

此时在文稿中插入了一个预设了样式的对象，在对象中提示的位置输入需要的文本或插入其他对象即可。

此外，还可以将幻灯片中的文本转化成智能图形。选中要转换的文本占位符或文本框，单击"开始"选项卡"段落"选项组中的"转智能图形"按钮，在弹出的"智能图形"对话框中单击所需的图形样式，即可将幻灯片中的文本转换为智能图形。

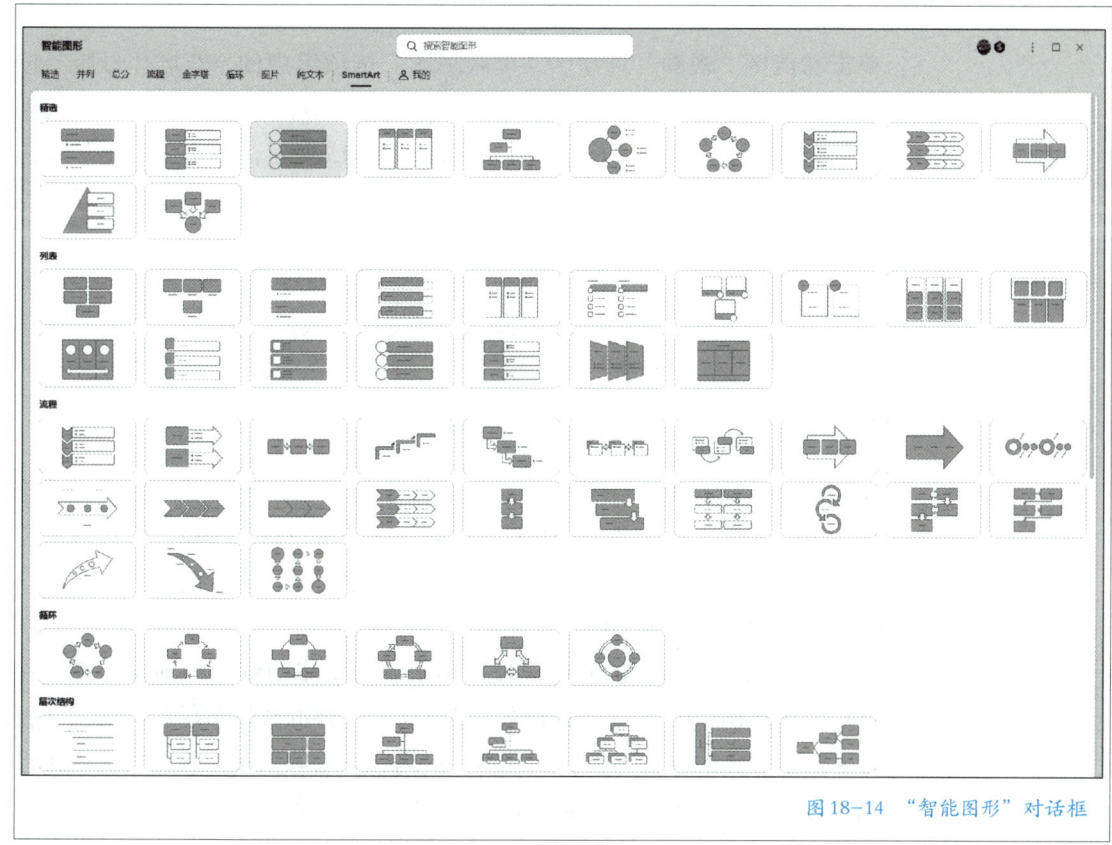

图18-14 "智能图形"对话框

5. 插入图形

单击功能区"插入"选项卡"图形和图像"选项组中的"形状"按钮，在弹出的下拉菜单中选择需要的预设形状，将鼠标指针移动到幻灯片中，按住左键拖动来绘制形状。绘制完成后，可以通过拖动形状的边缘或角点的句柄来调整形状的大小，旋转角度等。

六、设计幻灯片外观

一个演示文稿通常都是关于同一个主题的，因此应该具有一致的外观风格。母版和主题的使用、幻灯片背景的设置，以及模板的使用，可以更好地控制演示文稿外观。

1. 使用幻灯片母版

幻灯片母版是 WPS 演示中的强大工具，它允许创建和修改演示文稿的整体布局、样式和格式。幻灯片母版可以理解为一张特殊的幻灯片，是构建幻灯片的框架，所有幻灯片都基于该幻灯片母版创建。如果更改了幻灯片母版，则会影响所有基于母版创建的演示文稿中的幻灯片。通过使用母版，可以确保整个演示文稿中的幻灯片具有一致的外观。

单击功能区"视图"选项卡"母版视图"选项组中的"幻灯片母版"按钮，进入幻灯片母版视图。此时，功能区增加了"幻灯片母版"选项卡，提供了关于幻灯片母版和版式的工具集合，如图18-15所示。单击"关闭"按钮可以退出幻灯片母版视图。

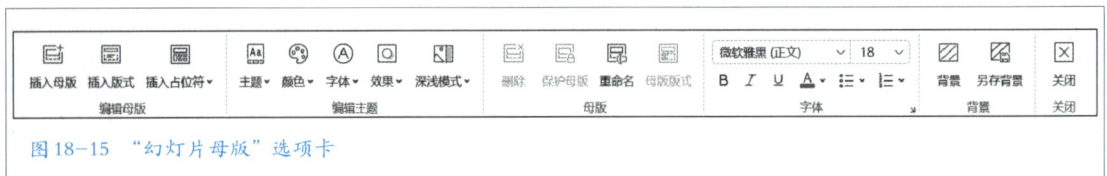

图 18-15 "幻灯片母版"选项卡

在幻灯片母版视图中包括几个虚线框标注的区域，分别是标题区、对象区、日期区、页脚区和数字区，也就是前面介绍的占位符。可以编辑这些占位符，如设置文本的格式，以便在幻灯片中输入文字时采用默认的版式。

（1）插入幻灯片母版和版式

幻灯片母版是幻灯片的底层模板，用于规划每张幻灯片的预设样式。它是幻灯片层次结构中的顶层，用于统一设置演示文稿的整体布局和风格。母版中包含了演示文稿的标题、页眉、页脚、页码、背景等预设样式，这些样式将应用到所有的幻灯片中，确保整个演示文稿的风格和布局统一。

幻灯片版式则是基于幻灯片母版而创建的，针对不同页面和内容而设置的不同模板。版式可以包含不同的布局、文本、图片、图表、表格等元素，并提供一系列的风格、颜色、字体等设置选项。每个演示文稿可以拥有一个或多个幻灯片母版，而每个母版下又可以创建多个不同的版式，以满足不同场景的演示需求。例如，可以设置一个版式用于介绍、一个版式用于数据呈现、一个版式用于总结等。

在创建空白演示文稿时，将显示名为"标题幻灯片"的默认版式，以及其他标准版式。

如果没有合适的标准母版和版式，可以添加新的母版和版式。切换到幻灯片母版视图后，如果需要添加母版，单击"幻灯片母版"选项卡"编辑母版"选项组中的"插入母版"按钮，将在当前母版最后一个版式的下方插入新的母版。如果要插入新的版式，则可以在包含幻灯片母版和版式的左侧窗格中，单击幻灯片母版下方要添加新版式的位置，单击"幻灯片母版"选项卡中的"插入版式"按钮。

如果要删除母版中不需要的默认占位符，则单击该占位符的边框，按下Delete键即可；如果要添加占位符，则单击"幻灯片母版"选项卡"编辑母版"选项组中的"插入占位符"按钮，从弹出的下拉菜单中选择一种占位符类型，并拖动鼠标绘制占位符，如图 18-16 所示。

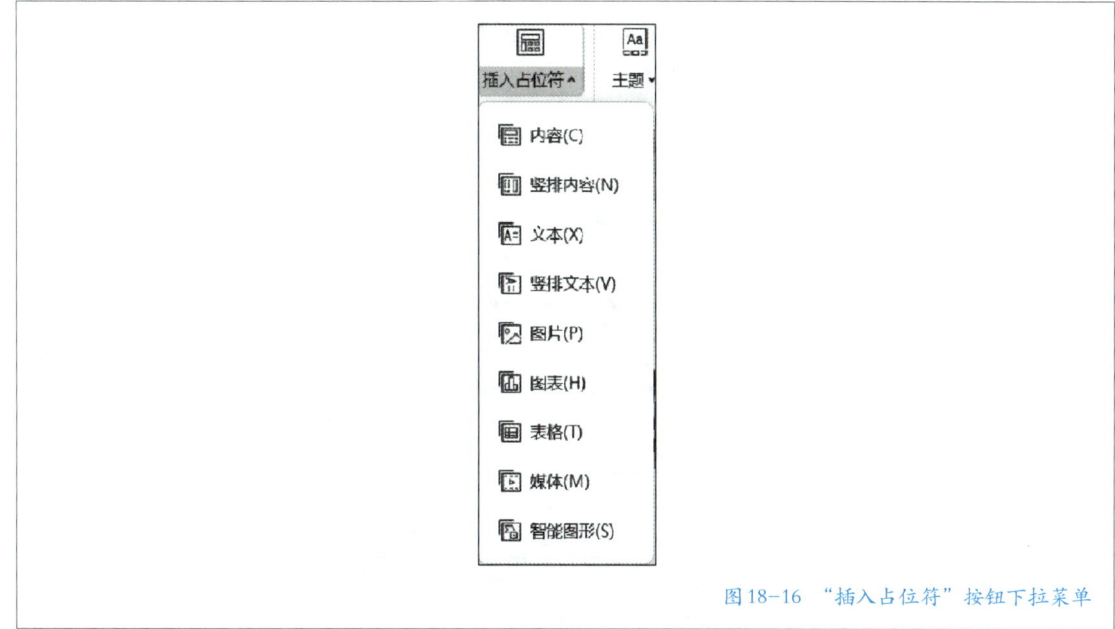

占位符包含内容、文本、图片、图表等类型。如果不能确定插入占位符的类型，则可以插入通用的"内容"占位符，其可以容纳任意内容。

（2）删除幻灯片母版和版式

如果需要删除多余的幻灯片母版和版式，首先进入幻灯片母版视图，在左侧窗格的母版和版式列表中右键单击要删除的母版或版式，从弹出的快捷菜单中选择"删除母版"或"删除版式"命令，将不使用的母版和版式删除。

（3）设计幻灯片母版内容和格式

进入幻灯片母版视图，在标题区单击"单击此处编辑母版标题样式"字样，激活标题区，选定其中的提示文字，并且改变其样式，可以一次性更改所有的标题样式。单击"幻灯片母版"选项卡上的"关闭母版视图"按钮，返回普通视图中，可见每张幻灯片的标题样式均发生了变化。

可以在母版中加入任何对象，使每张幻灯片中都自动出现该对象。例如，在幻灯片母版中添加了公司标志图片，则依照此模板创建的每张幻灯片中均出现此图片。

2. 使用主题

WPS 演示中的主题是一组预定义的格式和设计元素，包括颜色、字体、图形等。这些主题可以应用于整个演示文稿，以使幻灯片在视觉上保持一致性。使用主题可以快速更改整个演示文稿的外观，而无须逐一修改各个元素。

（1）使用预设主题

切换到幻灯片母版视图后，单击"编辑主题"选项组中的"主题"按钮，在弹出的下拉菜单中选择需要应用的预设主题，如图18-17所示。单击"设计"选项卡中的主题列表，同样可以应用预设主题。

图18-17 "主题"按钮下拉菜单

（2）使用自定义主题

如果想要自定义主题，单击"更多设计"按钮，弹出"全文美化"对话框，如图18-18所示。

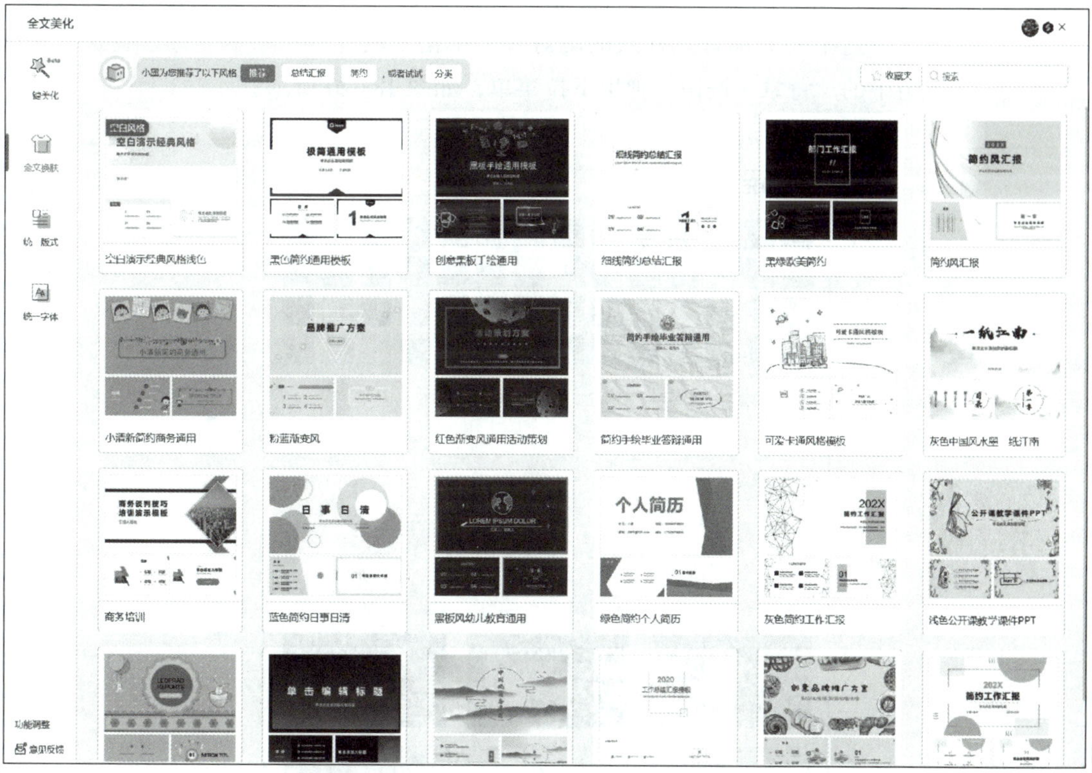

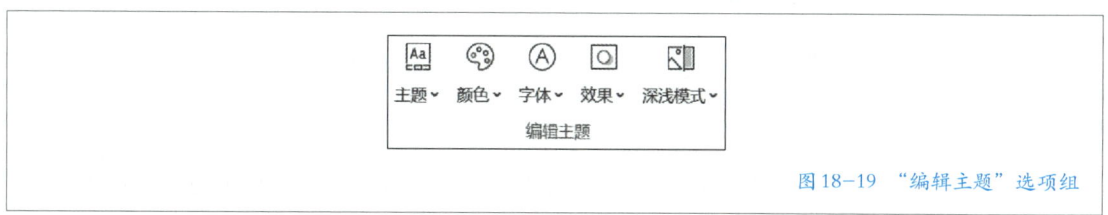

图 18-18 "全文美化"对话框

在"全文美化"对话框中，在"全文换肤""统一版式"和"统一字体"3 个选项卡中选择一个接近预想样式的主题作为基础，单击"应用美化"按钮创建一个主题，对其进行格式微调；或者选择空白主题，从头开始创建。

选择了某个主题后，可以使用"幻灯片版式"选项卡"编辑主题"选项组中的工具按钮，设置幻灯片母版的主题、颜色、字体和效果等，如图 18-19 所示。

图 18-19 "编辑主题"选项组

3. 设置幻灯片背景

设置幻灯片背景是为幻灯片添加一种背景样式。在更改演示文稿主题后，背景样式会随之更新以显示新的主题颜色和背景。如果只希望更改演示文稿的背景，可以单独设置幻灯片背景样式。

选中要添加背景样式的幻灯片，单击"设计"选项卡"背景版式"选项组中的"背景"按钮，弹出下拉菜单，如图18-20所示。

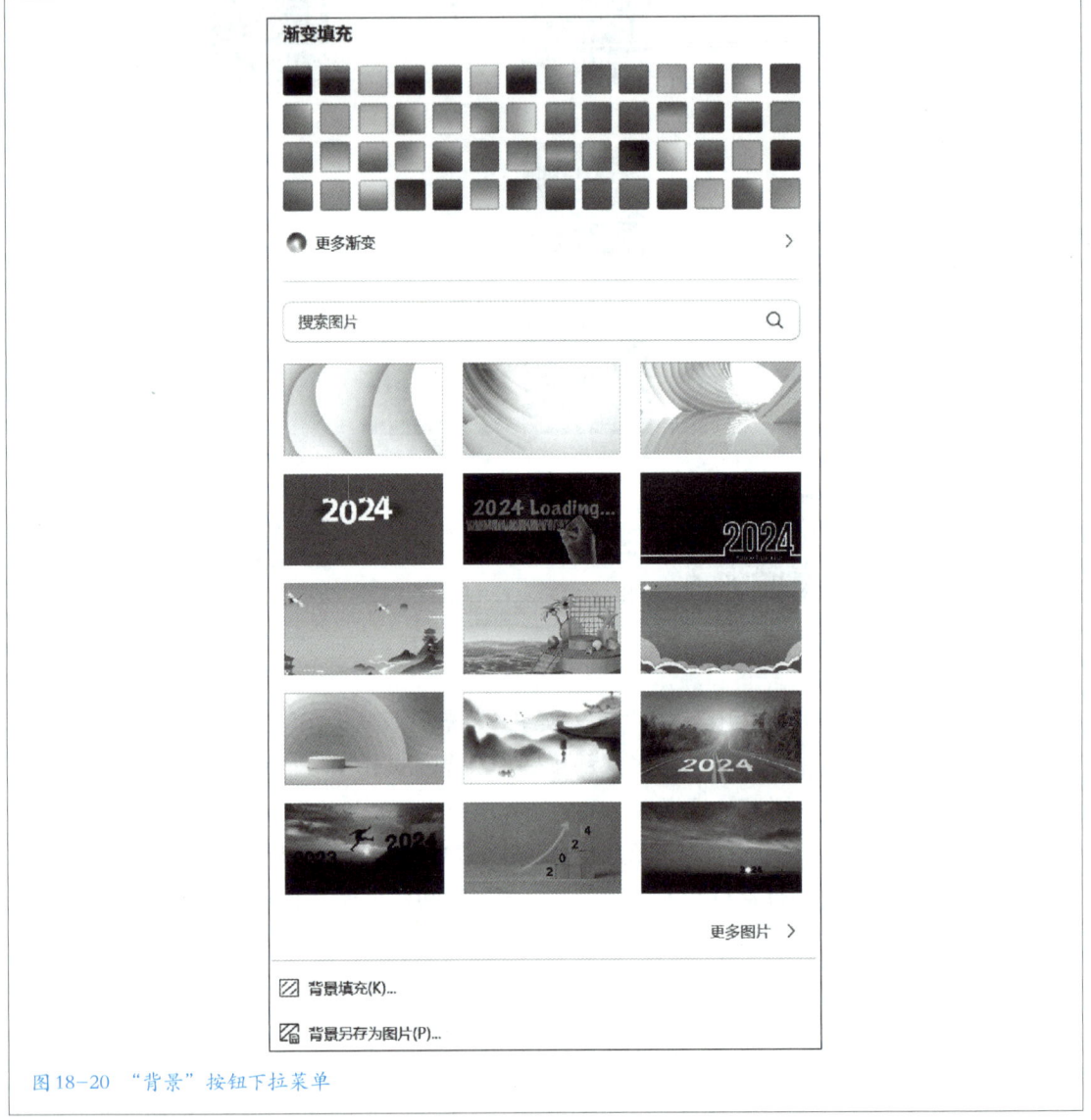

图18-20 "背景"按钮下拉菜单

在下拉菜单中可选择预设的背景样式或背景图片。如果对预设值不满意，可选择"背景填充"命令，打开背景填充窗格进行自定义设置，如图18-21所示。

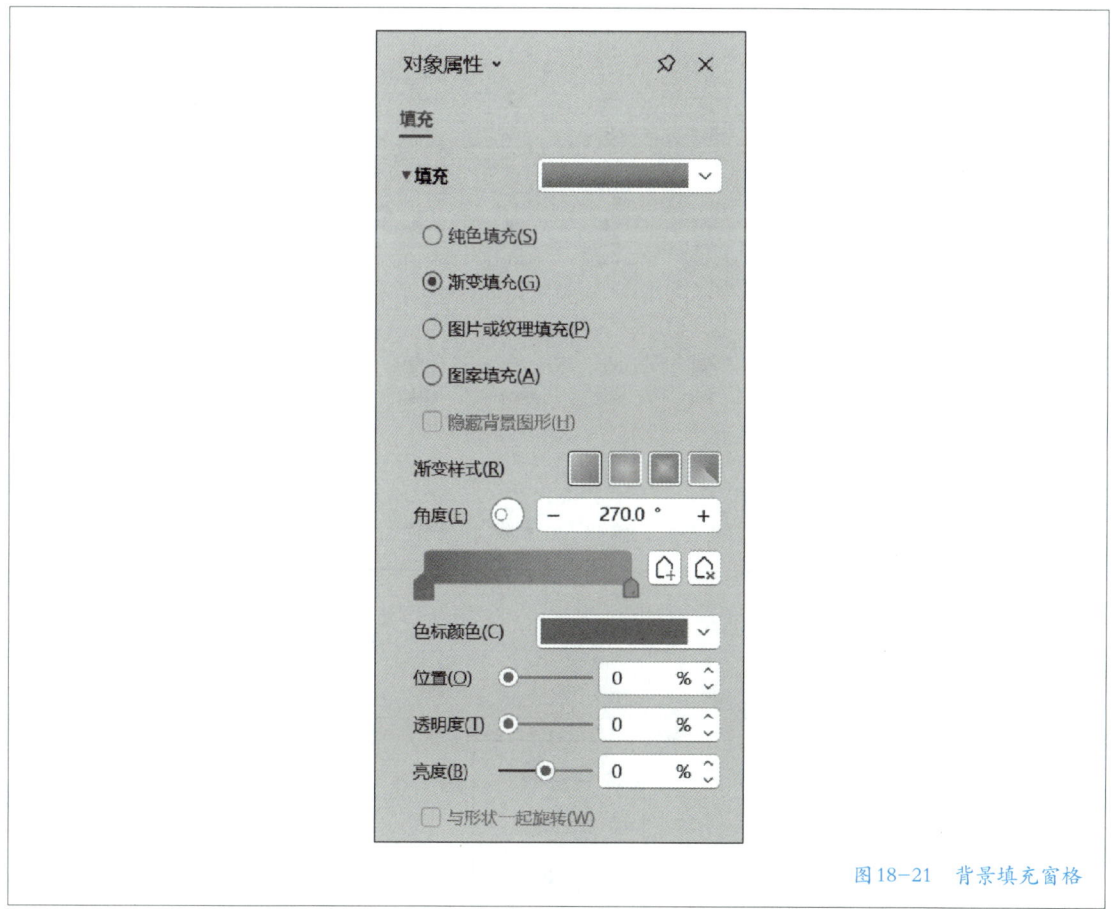

图 18-21　背景填充窗格

七、设置动画效果与切换方式

在 WPS 演示中，动画效果主要指的是为单个对象（如文本框、图片等）设置的动画效果，切换方式则是指两张幻灯片之间过渡的动画效果，也被称为切换动画。动画效果和切换方式可以增强幻灯片的动态感和吸引力。在 WPS 演示中，可以轻松设置和应用这些效果。

1. 使用动画效果

（1）创建动画效果

在普通视图中，选中文本或对象，单击"动画"选项卡"动画"选项组中的"动画"列表框右侧箭头，在弹出的下拉菜单中选择所需的动画效果，即可快速创建基本的动画，如图 18-22 所示。

单击"动画"选项组中"动画属性"按钮，可以从弹出的下拉列表框中选择动画的运动方向，如图 18-23 所示。

图18-22 "动画"下拉菜单

图18-23 "动画属性"按钮下拉菜单

（2）删除动画效果

在选定需要删除动画的对象后，单击"动画"选项卡"动画工具"选项组中的"删除动画"按钮，在弹出的下拉菜单中选择合适的选项，如图18-24所示。

选择"更多删除选项"，或单击"动画"选项卡"动画工具"选项组中的"动画窗格"按钮，打开"动画窗格"对话框，如图18-25所示。在动画列表中选中要删除的动画，单击"删除"按钮，即可删除选定的动画。

图 18-24 "删除动画"按钮下拉菜单

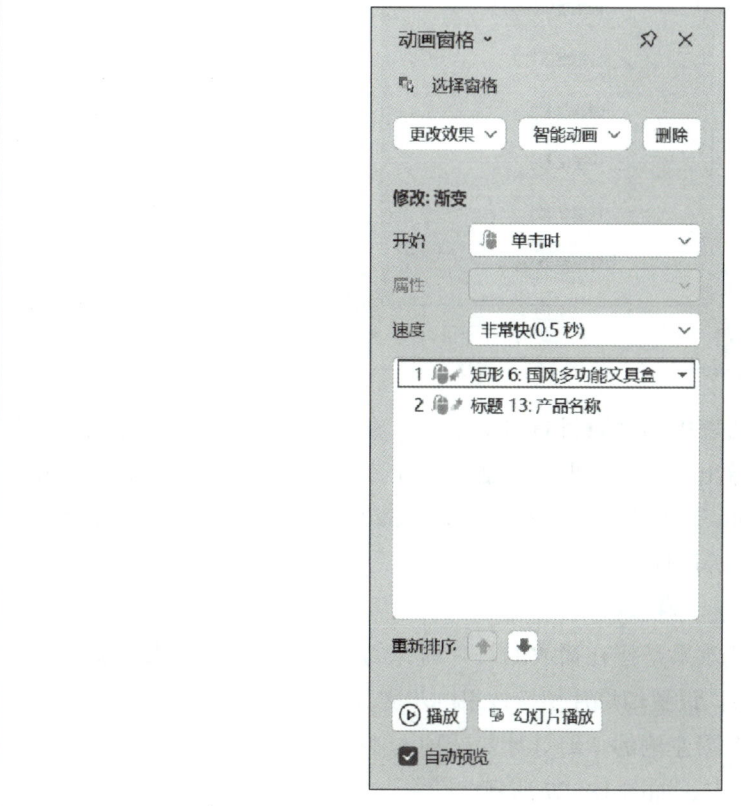

图 18-25 "动画窗格"对话框

（3）设置动画选项

当在一张幻灯片中添加了多个动画效果后，可以重新排列动画效果的播放顺序。

打开"动画窗格"对话框后，在动画列表中选定要调整顺序的动画，将其拖动到列表框中的合适位置，或单击列表框下方的"重新排序"按钮，从而改变动画序列。

动画的开始方式一般有3种："单击时""与上一动画同时""在上一动画之后"。在为动画设置开始方式时，可在"开始"列表中选择，或在动画列表中单击动画条目右侧的箭头，从下拉菜单中选择上述3种方式之一。

单击"播放"按钮，可以预览当前幻灯片中动画的播放效果。如果对动画的播放速度不满意，可在"动画窗格"对话框中选定要调整播放速度的动画效果，在"速度"列表中选择合适的选项调整，如图18-26所示。

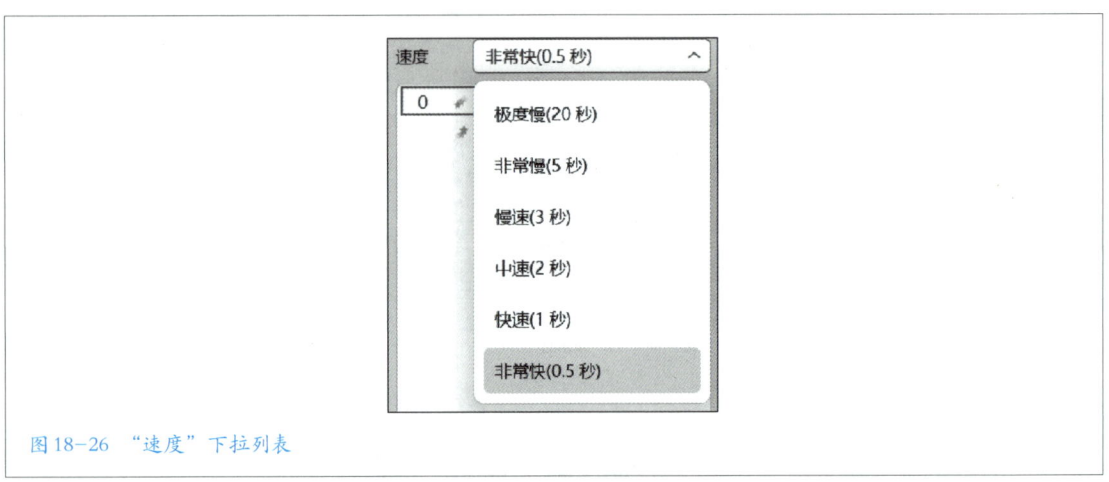

图18-26 "速度"下拉列表

单击动画列表中动画条目右侧的箭头，在弹出的下拉菜单中选择"选项效果"命令，弹出"动画效果"对话框。在该对话框的"效果"选项卡中可以设置动画方向、动画声音等；在"计时"选项卡中可以设置动画的开始、延迟、速度、重复等属性。

2. 设置幻灯片切换效果

幻灯片切换效果是指在播放幻灯片时，幻灯片离开和进入播放画面时所产生的视觉效果。设置幻灯片切换效果的步骤如下。

● 在普通视图左侧的"幻灯片"选项卡中单击某个幻灯片缩略图，切换到"切换"选项卡，如图18-27所示。

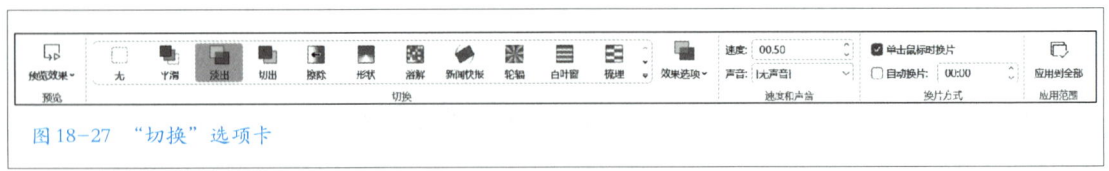

图18-27 "切换"选项卡

"切换"选项卡中提供了与幻灯片切换相关的工具按钮。

● 单击"切换"选项组中"切换效果"列表右侧箭头，在弹出的下拉菜单中选择需要的切换效果。

● 如果要设置幻灯片切换速度，在"速度和声音"选项组的"速度"框中输入幻灯片切换的速度值。

● 如果需要切换声音，则在"速度和声音"选项组的"声音"下拉列表中选择需要的声音效果。

● 单击"应用到全部"按钮，则会将切换效果应用于整个演示文稿。

3. 设置交互动作

WPS演示中的交互动作指的是在制作演示动画时，通过设置特定的交互元素和触发器，实现演示内容的互动效果。具体来说，可以通过在幻灯片中插入形状、图片等元素，并为它们添加自定义动画和动作路径，再设置触发器来控制动画的播放，从而制作出丰富多彩的交互式动画。

（1）在幻灯片中放置动作按钮

在普通视图中创建动作按钮时，单击"插入"选项卡"图形和图像"选项组中的"形状"按钮，从弹出的下拉列表中选择"动作按钮"组中的按钮，如图18-28所示。

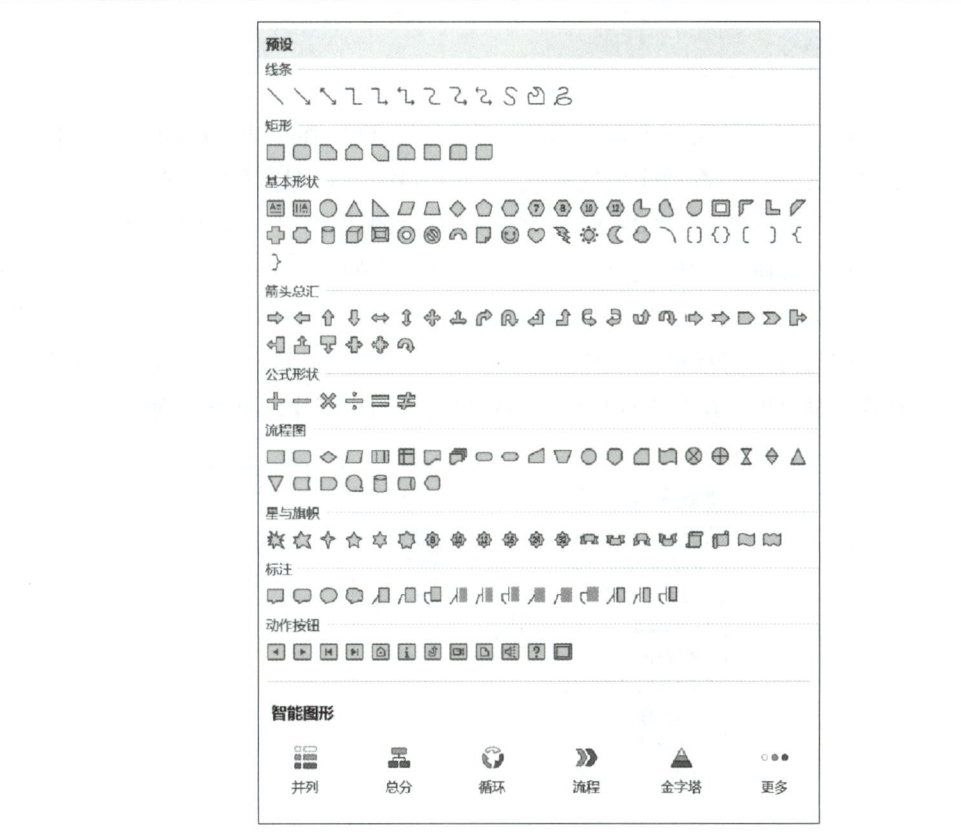

图18-28　插入动作按钮

● 选择其中一个动作按钮后，将动作按钮绘制到幻灯片合适位置，弹出"动作设置"对话框，对话框中已经预设了该动作按钮的动作，还可以设置播放声音、动作目标等属性，如图 18-29 所示。

图 18-29　"动作设置"对话框

● 如果要插入一个自定义的动作按钮，则选择"动作按钮"组中最后一个自定义按钮，将动作按钮绘制到幻灯片中后，同样弹出"动作设置"对话框，在"鼠标单击"选项卡的"单击鼠标时的动作"栏中选中"超链接到幻灯片"单选按钮，单击右侧的下拉箭头，在弹出的下拉列表中找到合适的选项。

● 如果要切换到指定幻灯片，则可以选择"幻灯片"选项，打开"超链接到幻灯片"对话框，如图 18-30 所示。其左侧显示幻灯片标题，右侧是幻灯片预览效果，在其中选择该按钮将要链接的幻灯片，单击"确定"按钮。

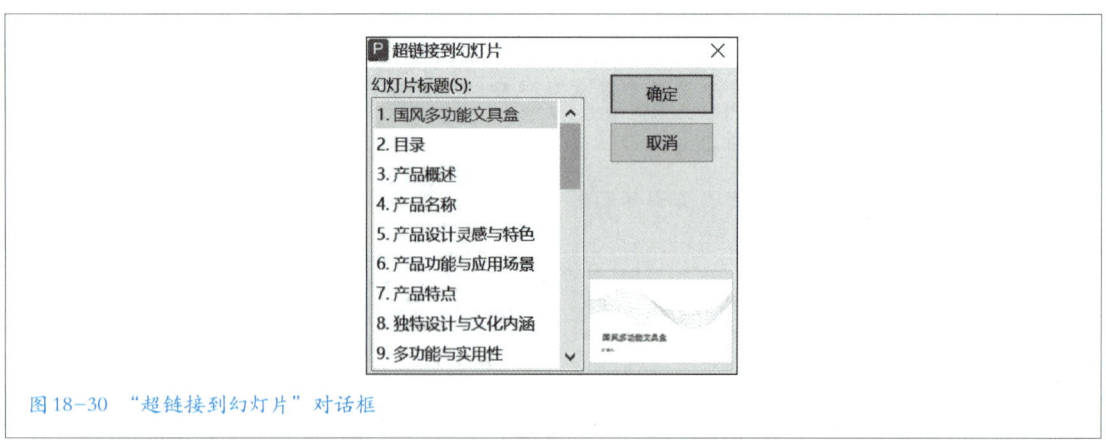

图 18-30　"超链接到幻灯片"对话框

● 如果在下拉菜单中选择"URL"选项，将打开"超链接到 URL"对话框，可在"URL"文本框中输入要链接到的 URL 地址后单击"确定"按钮。

● 如果在"动作设置"对话框中选中"运行程序"单选按钮，再单击"浏览"按钮，在打开的"选择一个要运行的程序"对话框中选择一个程序后，单击"确定"按钮，将建立运行外部程序的动作按钮。

● 如果在"动作设置"对话框中选中"播放声音"复选框，并在下方的下拉列表中选择一种音效，就可以在单击动作按钮时增加音效。

另外，还可以选中幻灯片中已有的文本等对象，单击"插入"选项卡"链接"选项组中的"动作"按钮，在打开的"动作设置"对话框中进行适当的设置。

（2）为空白动作按钮添加文本

插入的动作按钮中默认没有文字，可右键单击动作按钮，从弹出的快捷菜单中选择"编辑文字"命令，在动作按钮内的插入点处输入文本。

（3）格式化动作按钮

选定要格式化的动作按钮，单击"绘图工具"选项卡"形状样式"选项组中的"形状样式"列表框右侧箭头，从弹出的下拉菜单中选择一种样式，即可对动作按钮的形状进行格式化。

还可以进一步单击"更多设置"，在弹出的属性窗格中设置"形状填充""形状轮廓"和"形状效果"等效果。

4. 使用超链接

在 WPS 演示中，超链接是指从一张幻灯片到另一张幻灯片，或从幻灯片到网页或文件的跳转，当单击这个链接时，会跳转到目标位置。

（1）创建超链接

在普通视图中选中幻灯片中的文本或图形对象，单击"插入"选项卡"链接"选项组中的"超链接"按钮，打开"编辑超链接"对话框，如图18-31 所示。对话框左侧显示了超链接类型。

● 选择"原有文件或网页"选项，在右侧选择要链接到的文件或网页的地址。

● 选择"本文档中的位置"选项，在右侧显示了本演示文稿中的幻灯片列表，可选择需要链接到的幻灯片。

● 选择"电子邮件地址"选项，可以在"电子邮件地址"文本框中输入要链接到的邮件地址，并在"主题"文本框中输入邮件的主题，即可创建一个电子邮件地址的超链接。

● 选择"链接附件"选项，在弹出的"选择附件"对话框中选择一个文件作为附件，当放映幻灯片时，单击此超链接，将会以合适的方式打开附件。

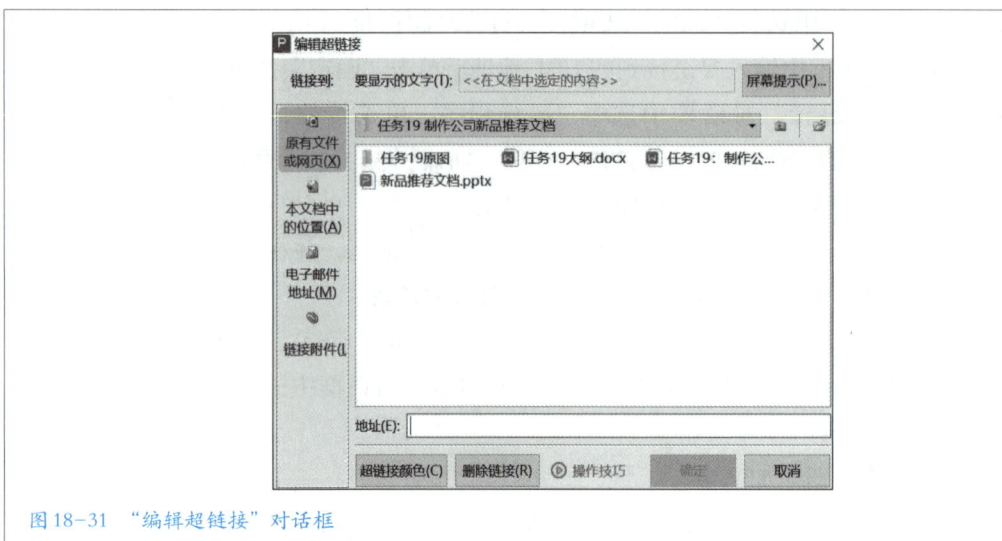

图 18-31　"编辑超链接"对话框

在"编辑超链接"对话框中单击"屏幕提示"按钮，打开"设置超链接屏幕提示"对话框，可设置当鼠标指针位于超链接上时出现的提示内容。

单击"确定"按钮，超链接即创建完成。当放映幻灯片时，将鼠标指针移到超链接上，指针将变成手形，单击即可跳转到相应的链接位置。

（2）编辑超链接

选定包含超链接的文本或图形，单击"插入"选项卡"链接"选项组中的"超链接"按钮，在打开的"编辑超链接"对话框中重新输入目标地址或者重新指定跳转位置。

（3）删除超链接

如果仅删除超链接关系，则右键单击要删除超链接的对象，从弹出的快捷菜单中选择"超链接"，在其二级菜单中选择"取消超链接"命令。

八、放映幻灯片

放映幻灯片是指在 WPS 演示文稿中，通过一系列设置和操作，将演示文稿中的内容以幻灯片的形式进行展示和播放的过程。

1. 幻灯片放映控制

（1）隐藏幻灯片

演示文稿中可能制作了一些在演示时不需要播放的幻灯片，可以将其隐藏。

切换到普通视图，在幻灯片窗格中右键单击需要隐藏的幻灯片，在弹出的快捷菜单中选择"隐藏幻灯片"命令，此时该幻灯片序号将以深色底纹显示，播放幻灯片时将不显示该幻灯片。需要取消隐藏时，则再次选择"隐藏幻灯片"命令，此时该幻灯片序号底纹被清除，幻灯片不再被隐藏。

（2）启动播放幻灯片

• 按下 F5 键或者单击"放映"选项卡"开始放映"选项组中的"从头开始"按钮，即可从头开始放映幻灯片。

• 按下 Shift+F5 组合键或者单击"放映"选项卡"开始放映"选项组中的"当页开始"按钮，即可从当前幻灯片开始放映。

• 在幻灯片放映过程中，按下 Ctrl+H 组合键能够隐藏鼠标指针，按下 Ctrl+A 组合键能够显示鼠标指针。

• 当放演时需要使用黑屏效果时，直接按下"B"键或"."键。按下键盘上的任意键或者单击左键，则可继续放映幻灯片。按下"W"键或","键，则显示白屏效果。

（3）控制幻灯片的放映

放映幻灯片时，一般按顺序依次播放幻灯片，可以通过以下任意一种方法切换到下一张幻灯片。

• 单击左键。

• 按下空格键。

• 按下回车键。

• 按下 N 键。

• 按"PageDown"键。

• 按下↓键。

• 按下→键。

• 单击右键，从弹出的快捷菜单中选择"下一页"命令。

• 将鼠标指针移动到屏幕左下角，单击浮动工具条上的"下一页"按钮。

为了防止在放映幻灯片时，用户不小心单击到指定对象以外的区域而直接跳转到下一张幻灯片，可以取消勾选"切换"选项卡"换片方式"选项组中的"单击鼠标时换片"复选框。

如果需要回到上一张幻灯片，可以使用以下任意一种方法。

• 按下 Backspace 键。

• 按下 P 键。

• 按下 PageUp 键。

• 按下↑键。

• 按下←键。

• 单击右键，从弹出的快捷菜单中选择"上一页"命令。

• 将鼠标指针移动到屏幕左下角，单击浮动工具条上的"上一页"按钮。

在幻灯片放映时，如果要直接切换到指定的幻灯片，首先单击右键，在弹出的快捷菜单中选择"定位"命令，然后在其二级菜单中打开"幻灯片漫游"对话框，选择目标幻灯片，如图 18-32 所示。

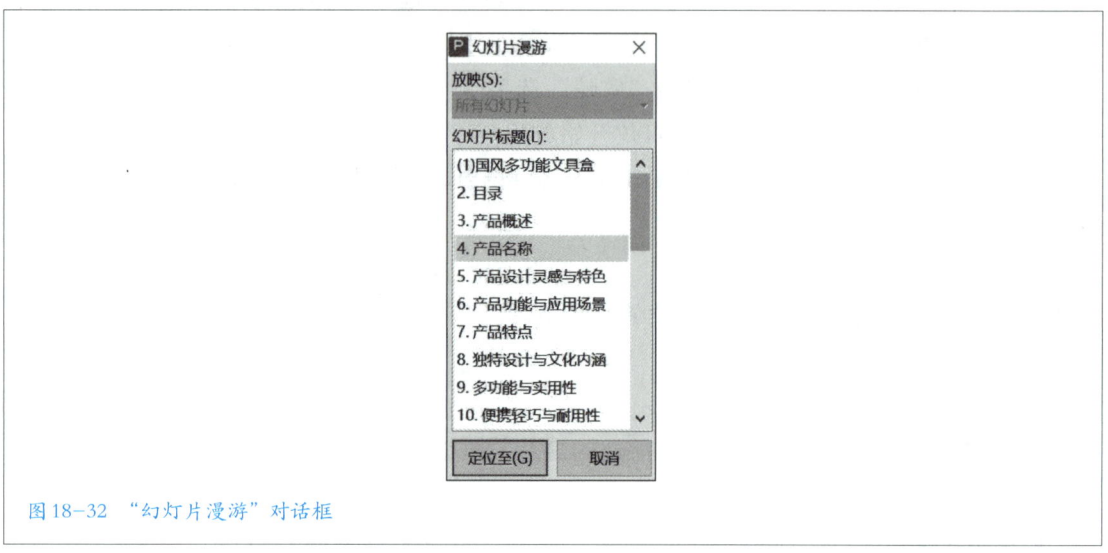

图 18-32 "幻灯片漫游"对话框

如果幻灯片是根据排练时间自动放映的，则在遇到需要暂停放映等情况时，要从右键弹出的快捷菜单中选择"屏幕"选项二级菜单中的"暂停"命令。如果要继续放映，则从快捷菜单中选择"继续执行"命令。

在上述快捷菜单中，在"墨迹画笔"选项的二级菜单中选择笔的类型、颜色和形状，可以实现画笔功能，在屏幕上做重点提示。如果需要清除所写的墨迹，在"墨迹画笔"选项的二级菜单中选择"橡皮擦"命令进行选择性擦除。如果选择"擦除幻灯片上的所有墨迹"，则会将所有墨迹擦除。

（4）结束幻灯片放映

如果想要结束幻灯片的放映，可以使用下列任意一种方法。

- 单击右键，从弹出的快捷菜单中选择"结束放映"命令。
- 按下 Esc 键。
- 按下"-"键。
- 将鼠标指针移动到屏幕左下角，单击浮动工具条上的"结束放映"按钮。

2. 设置放映时间

通过对幻灯片添加放映时间，能够使幻灯片在无人操作的展台前自动放映。可以通过两种方法设置幻灯片在屏幕上放映时间的长短。

（1）人工设置放映时间

切换到幻灯片浏览视图，选定要设置放映时间的幻灯片，勾选"切换"

选项卡"换片方式"中的"自动换片"复选框，在右侧的文本框中输入幻灯片在屏幕上显示的时长。单击"全部应用"按钮，则所有幻灯片的换片时间间隔将相同；否则，设置的是选定幻灯片切换到下一张幻灯片的时间。

此时，在幻灯片浏览视图中，会在幻灯片缩略图的左下角显示该幻灯片的放映时间，如图 18-33 所示。

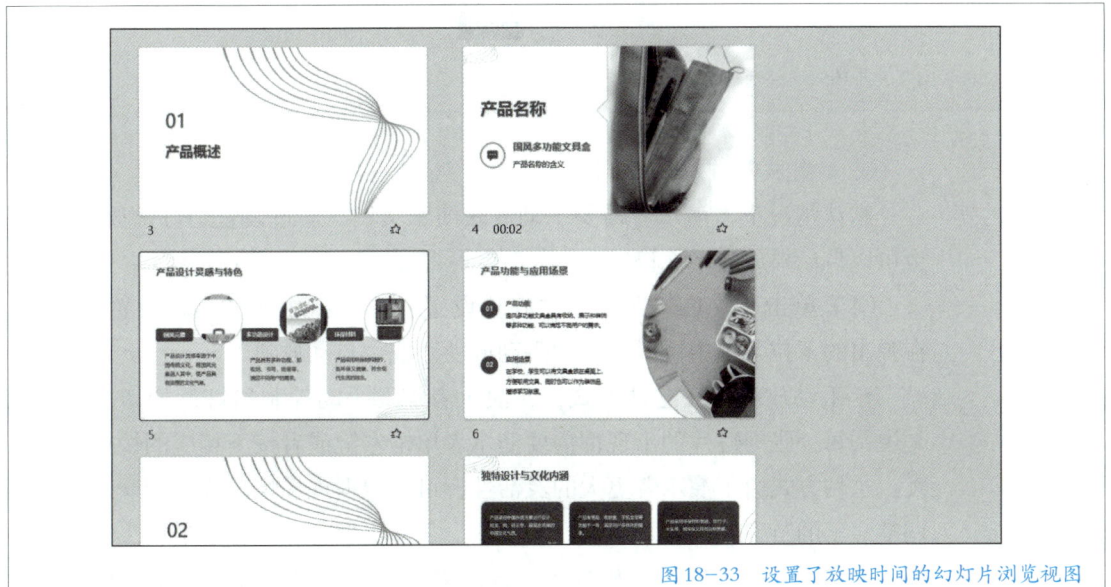

图 18-33 设置了放映时间的幻灯片浏览视图

（2）使用排练计时

使用排练计时可以为每张幻灯片设置放映时间，使幻灯片能够按照设置的排练计时自动放映。

单击"放映"选项卡"放映设置"选项组中的"排练计时"按钮，在下拉菜单中选择"排练全部"或"排练当前页"，用于选择排练的是整个演示文稿还是当前幻灯片，此时将切换到幻灯片放映视图。

在放映过程中，屏幕上会出现"预演"工具栏，如图 18-34 所示。

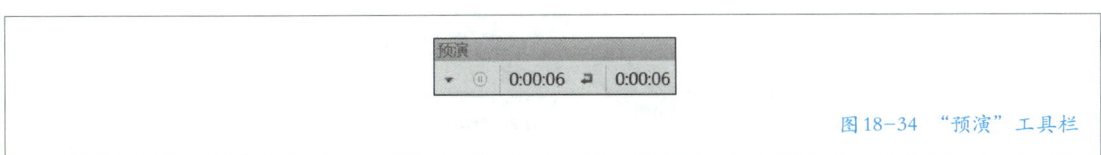

图 18-34 "预演"工具栏

单击该工具栏最左侧的"下一页"按钮，即可播放下一张幻灯片，并开始记录新幻灯片的时间。也可以通过前面所述的放映方式手动设置放映幻灯片。

排练计时结束后，弹出的保存幻灯片排练时间提示对话框如图 18-35 所示，单击"是"按钮，即可接受排练的时间；若要取消本次排练，单击"否"按钮。

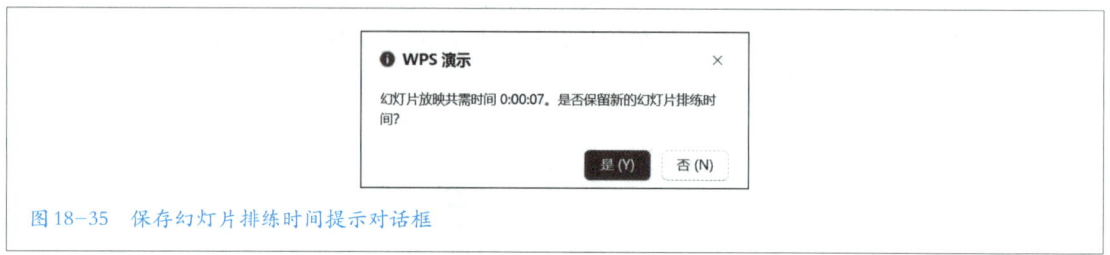

图 18-35　保存幻灯片排练时间提示对话框

3. 设置放映方式

默认情况下，演示者需要手动放映演示文稿。通过设置幻灯片放映方式，也可以自动播放演示文稿。

（1）单击"放映"选项卡"放映设置"选项组中的"放映设置"按钮，在弹出的下拉菜单中可以选择"手动放映"或"自动放映"。

• 手动放映：在这种模式下，演示者需要手动控制幻灯片的切换。也就是说，每一张幻灯片的出现都需要演示者单击左键或者按下相应的快捷键来触发。这种方式给了演示者更大的灵活性，可以根据现场情况或者听众的反馈来调整演示的节奏和内容。

• 自动放映：在这种模式下，演示者可以提前设定好每一张幻灯片出现的时间和顺序，演示文稿就会按照预设的时间轴自动播放。这种方式适用于无人值守的场合（如展厅、会议室等），也适用于需要精确控制时间的演示场景（如产品发布会等）。

（2）选择菜单中的"放映设置"选项，弹出"设置放映方式"对话框，如图 18-36 所示。

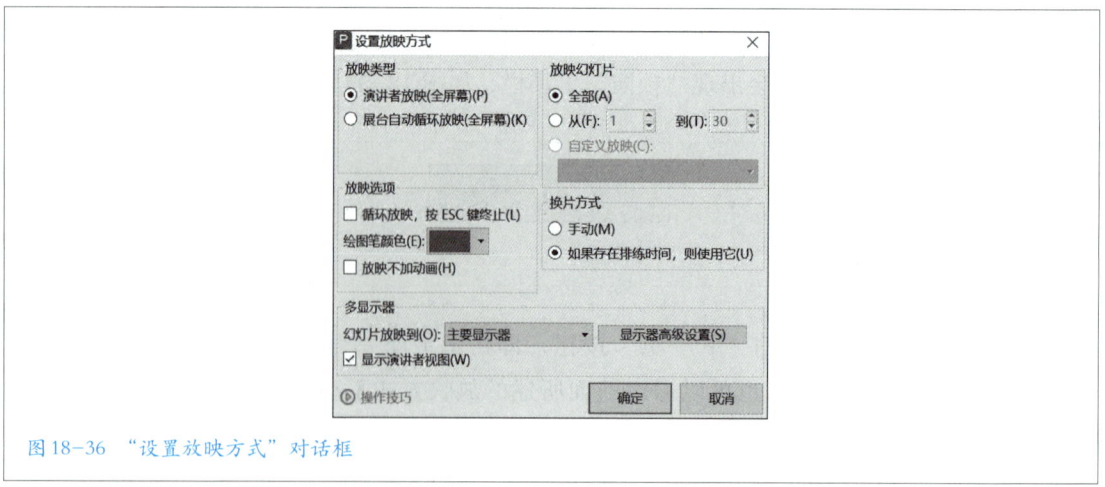

图 18-36　"设置放映方式"对话框

608

- 在"放映类型"栏中选择适当的放映类型。其中,"演讲者放映(全屏幕)"选项可以设置放映时全屏显示;"展台自动循环放映(全屏幕)"选项可使演示文稿全屏循环播放。
- 在"放映幻灯片"栏中可以设置要放映幻灯片的范围。
- 在"放映选项"栏中可以根据需要进行设置。
- 在"换片方式"栏中可以指定幻灯片的切换方式。
- 设置完成后,单击"确定"按钮。

任务实施

小孙将根据产品说明书的内容和其他资料创建一份能引人注目的国风多功能文具盒产品推荐演示文稿,以便销售人员在各地进行演示。

一、编辑产品演示文稿

1. 新建演示文稿

单击标题栏上的"新建"按钮,在弹出的菜单中选择"演示"文档类型即可创建一个空白演示文稿;也可以通过单击 WPS 主界面"新建"按钮,在弹出的菜单中选择"演示"文档类型,进入新建演示文稿选择界面,单击"空白文档"创建一个空白演示文稿。

2. 制作幻灯片首页

新建演示文稿文件后,默认有一个标题幻灯片作为幻灯片首页。

- 单击"空白演示"占位符,在插入点处输入文字"携手耕耘未来",并选中这些文本;通过"文本工具"选项卡的"字体"下拉列表设置字体为"黑体"。
- 通过"文本工具"选项卡的"艺术字样式"列表框,将标题设为喜欢的艺术字样式。
- 单击幻灯片中的"单击此处输入副标题"占位符,输入文字"国风创意系列文具"。
- 将文字选中,通过"文本工具"选项卡的工具按钮,将副标题文本设为"加粗"效果,"字体颜色"选择"黑色"。
- 调整好标题和副标题占位符在幻灯片中的位置。
此时,幻灯片首页制作完毕。

3. 制作目录页幻灯片

- 单击功能区"插入"选项卡"幻灯片"选项组"新建幻灯片"按钮下的箭头,在弹出的下拉菜单中选择带有标题和内容的幻灯片版式,则在当前幻灯片后插入了一张该版式的空白幻灯片。

* 在新插入的幻灯片中，将文字"目录"输入"标题"占位符中，并为其设置艺术字效果。

* 分别单击"单击添加目录项标题"占位符，在其中依次输入目录标题文本"产品概述""产品特点""产品优势""使用方法""注意事项"和"售后服务"，并通过"文本工具"选项卡为其设置格式。

目录页幻灯片制作完毕，效果如图 18-37 所示。

图 18-37　目录页幻灯片

4. 制作图片页幻灯片

* 单击功能区"插入"选项卡"幻灯片"选项组中"新建幻灯片"按钮下的箭头，在弹出的下拉菜单中选择带有图片和标题的幻灯片版式，则在当前幻灯片后插入了一张该版式的空白幻灯片。

* 将插入点定位到图片占位符位置，单击功能区"插入"选项卡"图形和图像"选项组中"图片"按钮右侧的箭头，弹出下拉菜单。

* 在下拉菜单中选择"本地图片"，弹出"插入图片"对话框，在"插入图片"对话框中选择要插入的产品图片文件。选中产品图片文件后，单击"打开"按钮，将本地图片插入文稿中。单击图片占位符中间位置的"插入图片"图标，也可以在幻灯片中插入图片。

* 对于插入的产品图片，可以利用"图片工具"选项卡上的工具进行适当的修饰，如旋转、调整亮度、设置对比度、改变颜色、应用图片样式等。

* 采用上述方法，在标题占位符中添加标题文字，并做相应的格式化。图片页幻灯片制作完毕。

5. 设置幻灯片外观

采用上述方法，将其余的幻灯片页面依次进行内容编辑和格式化。由于每个幻灯片页面都是分别制作的，因此很难统一所有的幻灯片样式和风格。为了弥补这些缺陷，小孙决定采用主题功能来统一整个演示文稿。

单击"设计"选项卡"主题"选项组中的"更多设计"按钮，弹出"全文美化"对话框。

在"全文换肤"选项卡中，小孙选择了一款清新样式的主题，单击"应用美化"按钮，整个演示文稿中的幻灯片被应用了统一的样式，效果如图18-38所示。

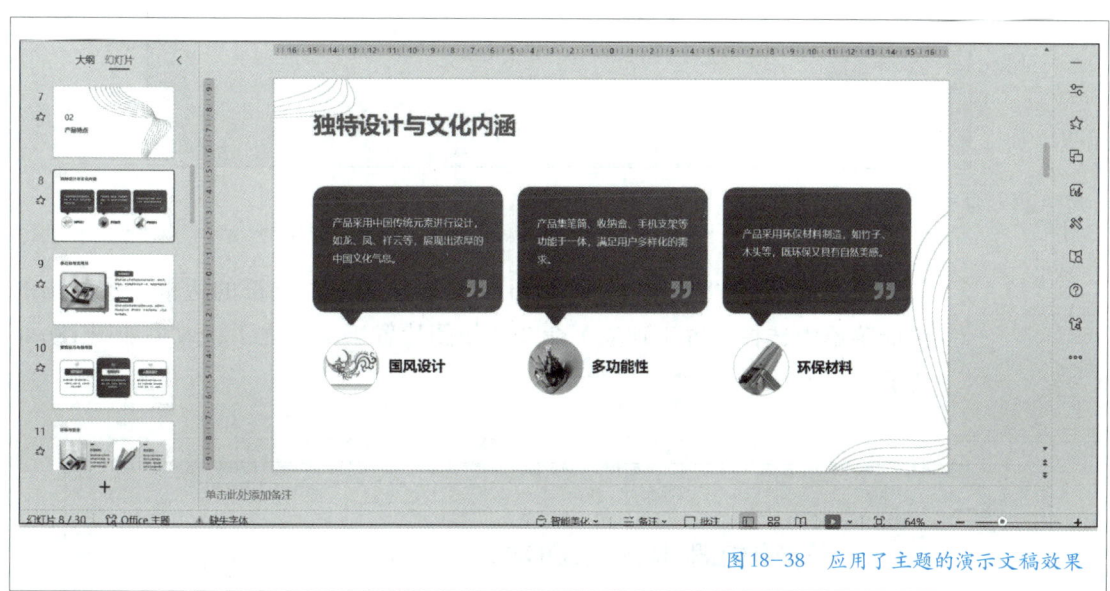

图18-38　应用了主题的演示文稿效果

6. 保存演示文稿

单击快速访问工具栏中的"保存"按钮，将"新品推荐演示文稿"作为文件名，小孙将演示文稿文件进行了保存操作。

二、设计幻灯片动画效果

1. 修改幻灯片母版

小孙准备在设置了主题的演示文稿中进行微调，对部分幻灯片的模板进行修改。

• 单击"视图"选项卡"母版视图"选项组中的"幻灯片母版"按钮，进入幻灯片母版的编辑状态。

• 在左侧的幻灯片母版窗格中，选择需要修改的幻灯片缩略图，如图18-39所示。

• 单击"插入"选项卡"图形和图像"选项组中的"图片"按钮，在打开的"插入图片"对话框中选择准备作为背景的图片，并调整图片的大小和位置。

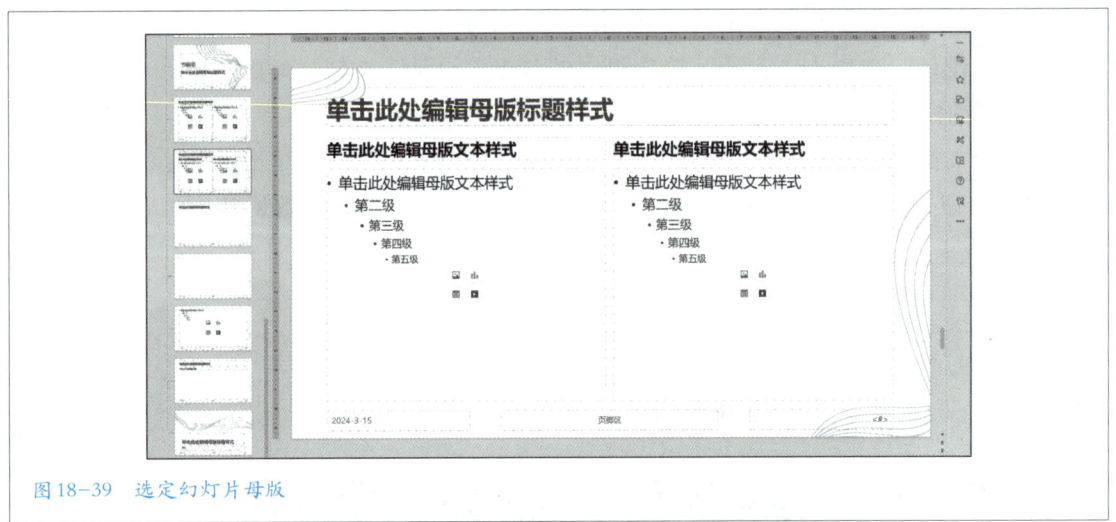

图18-39　选定幻灯片母版

● 右键单击"单击此处编辑母版文本样式"占位符的边框，从弹出的快捷菜单中选择"置于顶层"命令，使图片置于文字之下，效果如图18-40所示。

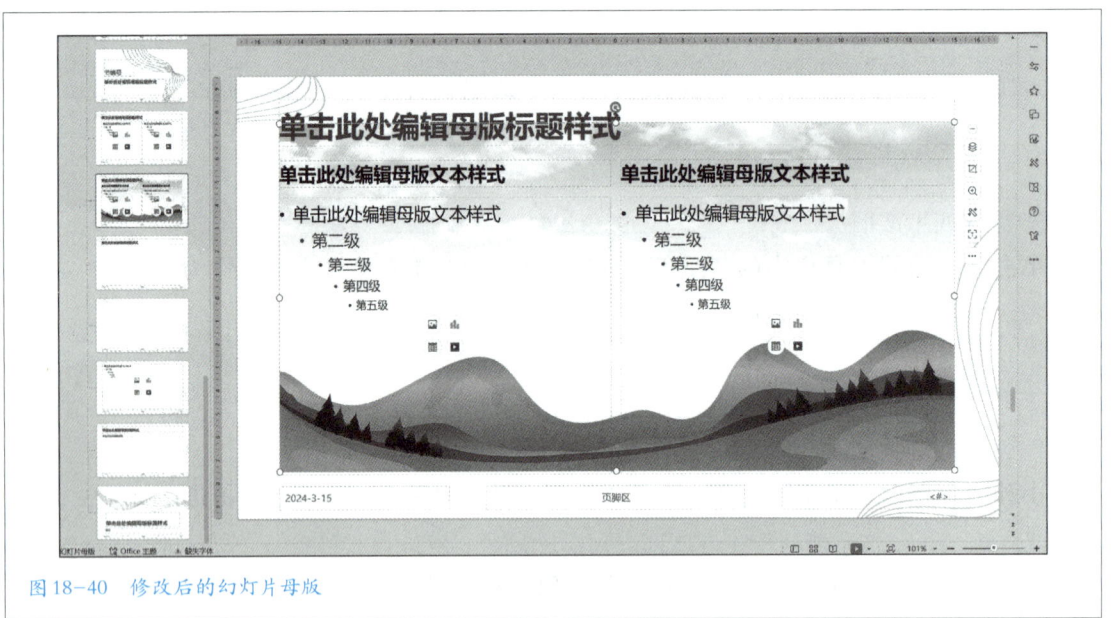

图18-40　修改后的幻灯片母版

● 单击"幻灯片母版"选项卡中的"关闭"按钮，退出幻灯片母版编辑状态，幻灯片母版修改完毕。

2. 设置幻灯片动画与切换效果

● 在工作界面右侧的幻灯片窗格中选择产品目录页幻灯片，单击主标题的占位符，单击"动画"选项卡"动画"选项组中"动画"列表框右侧的箭头，在弹出的下拉菜单中选择"擦除"动画效果；单击列表框右侧的"动画属性"按钮，从弹出的下拉菜单中选择"自底部"命令，如图 18-41 所示。

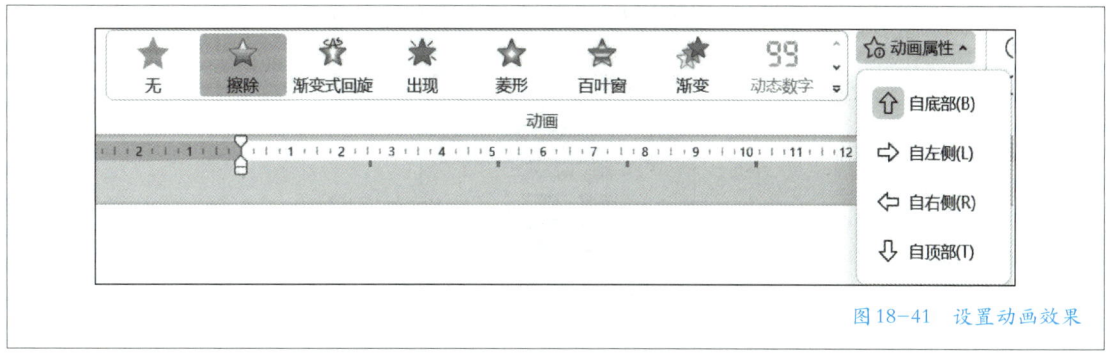

图18-41　设置动画效果

• 按住 Ctrl 键，同时依次单击目录幻灯片中的 6 个目录副标题，如图 18-42 所示；选择"动画样式"列表框中的"伸展"选项；单击列表框右侧的"动画属性"按钮，从弹出的下拉菜单中选择"自右侧"命令。

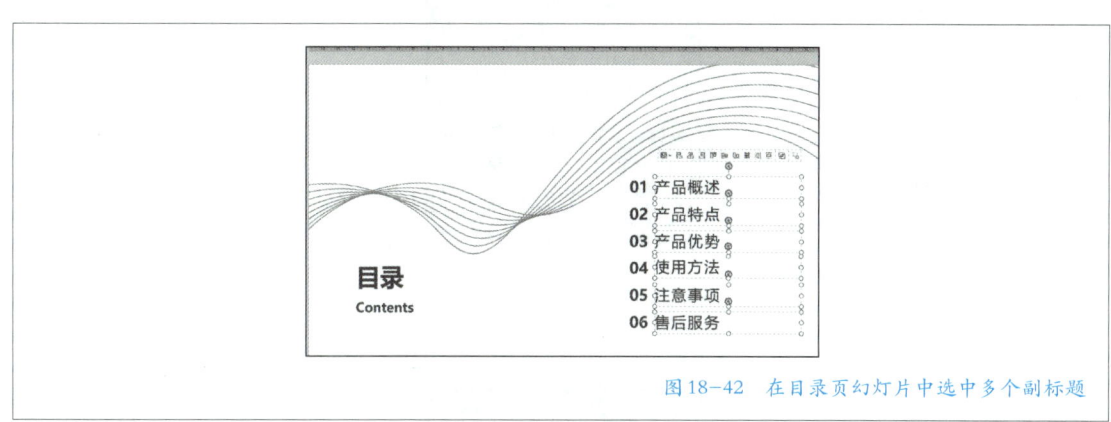

图18-42　在目录页幻灯片中选中多个副标题

• 单击"动画"选项卡"动画工具"选项组中的"动画窗格"按钮，打开"动画窗格"，在"动画窗格"对话框中单击"播放"按钮，查看为当前幻灯片添加的动画效果，如图 18-43 所示。

• 选中产品图片页幻灯片，并选中产品图片，在"动画窗格"中单击"添加效果"按钮，在弹出的下拉菜单中选择"劈裂"效果，在"开始"下拉列表中选择"单击时"，"方向"选为"左右向中央收缩"，"速度"选为"慢速（3 秒）"，查看预览效果后，如果满意就单击"确定"按钮，如图 18-44 所示。

图18-43　目录页幻灯片"动画窗格"

图18-44　图片页幻灯片"动画窗格"

• 使用上述方法，为其他的幻灯片设置切换效果，使用"动画属性"下拉菜单中的命令对切换效果进行调整。

3. 设置幻灯片页眉和页脚

• 单击"插入"选项卡"页眉页脚"选项组中的"页眉页脚"按钮，弹出"页眉和页脚"对话框。

• 在"幻灯片"选项卡中勾选"日期和时间"复选框，选中"自动更新"单选按钮，并在其下拉列表中选择日期格式为"2024年3月15日"。

• 勾选"幻灯片编号"和"页脚"复选框，在下方页脚的文本框中输入文字"国风多功能文具盒"，并勾选"标题幻灯片不显示"复选框，如图18-45所示。

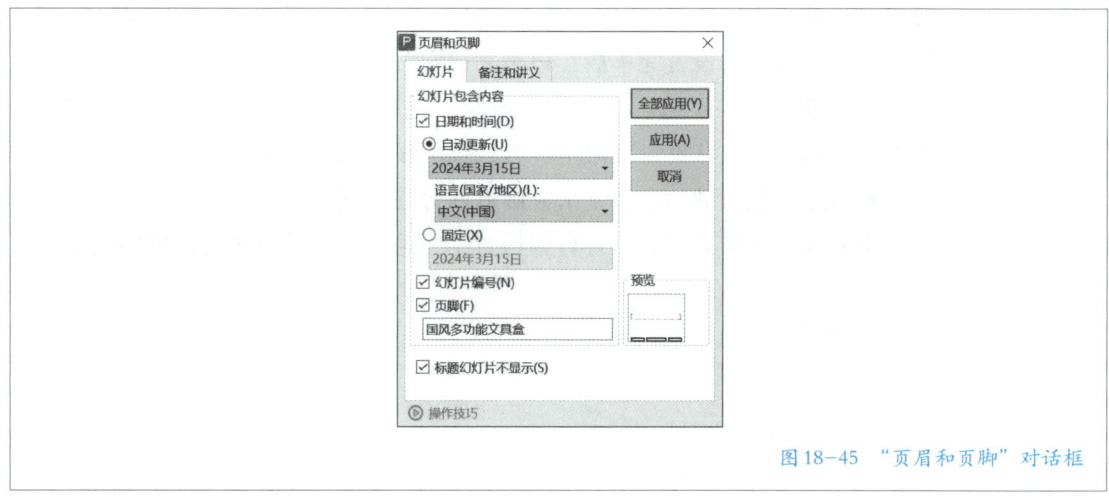

图18-45 "页眉和页脚"对话框

• 单击"全部应用"按钮，所有幻灯片的页眉和页脚设置完毕，效果如图18-46所示。

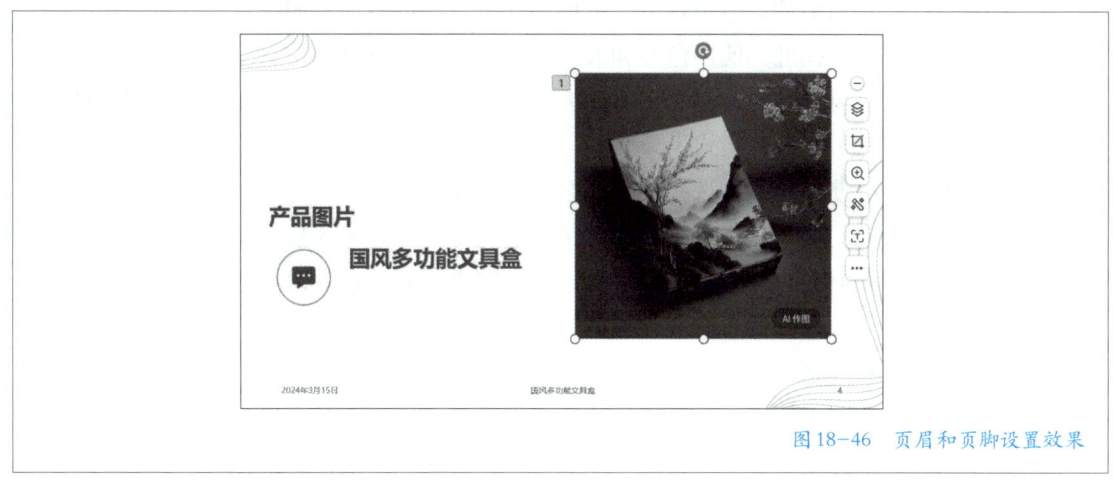

图18-46 页眉和页脚设置效果

三、排练预演演示文稿

为了能够让产品推荐演示文稿在展会现场自动循环播放，小孙使用"排练计时"功能进行排练预演。

● 单击"放映"选项卡"放映设置"选项组中的"排练计时"按钮，在下拉菜单中选择"排练全部"，此时进入幻灯片放映视图，并开始计时。小孙开始演示每一张幻灯片，在需要切换幻灯片时，单击幻灯片显示下一张。

● 在演示结束后，单击"预演"工具栏中的"关闭"按钮，将弹出对话框询问是否保存排练时间，单击"是"按钮，保存计时信息。

● 在"放映"选项卡中单击"放映设置"选项组中的"放映设置"按钮，弹出"设置放映方式"对话框。在该对话框的"放映类型"栏中选中"展台自动循环放映（全屏幕）"按钮，选中"换片方式"栏中的"如果存在排练时间，则使用它"按钮，设置完毕后，单击"确定"按钮。

● 单击"放映"选项卡"开始放映"选项组中的"从头开始"按钮，进入演示文稿的播放状态，并以全屏方式播放设计的演示文稿。

● 经过一轮播放后，按下 Esc 键返回普通视图。

演示文稿制作完成，小孙仔细检查了一遍后，将其发送给销售部经理。

任务拓展

一、制作演示文稿的基本原则与技巧

1. 设计原则与布局技巧

（1）演示文稿设计的视觉原则

● 一致性：确保整个演示文稿的风格、颜色和字体一致。

● 简洁性：避免过多的图形和动画，使内容简洁明了。

● 对比度：使用色彩和大小产生对比，突出重点信息。

● 可读性：确保文字足够大，颜色与背景有足够的对比度，易于阅读。

（2）幻灯片版式设计要点

● 使用模板：选择一个适合主题的模板。

● 留白：保留一些空白区域，避免幻灯片过于拥挤。

● 对齐与分组：确保所有元素都对齐，并将相关内容分组。

（3）内容页布局与排版技巧

● 标题清晰：每张幻灯片都应有清晰的标题。

● 列表简短：使用项目符号或编号列出要点，并保持列表简短。

● 图文结合：结合图片和文本，以直观的方式传达信息。

2. 色彩搭配与字体选择

（1）色彩心理学在演示文稿中的应用

- 蓝色：代表专业、信任和稳定。
- 绿色：与自然、健康和成长相关。
- 红色：引起注意，表示重要或紧急。

（2）字体分类与搭配技巧

- 衬线字体：适合正式文档，如 Times New Roman。
- 无衬线字体：适合屏幕阅读，如 Arial 或 Calibri。
- 手写字体：适用于具有创意或个性化的场合。
- 搭配：尽量避免在同一张幻灯片上使用超过两种字体。

（3）配色方案与字体风格统一

- 选择与主题或公司品牌相匹配的配色方案。
- 确保字体风格与整体演示文稿风格一致。

二、在幻灯片中使用音频和视频

1. 添加背景音乐与音效

在演示文稿中适当地添加声音，能从听觉上吸引观众。WPS 演示支持 MP3 文件（mp3）、Windows 音频文件（wav）、Windows Media Audio（wma）等多种类型的声音文件。

- 选中需要插入声音的幻灯片，单击"插入"选项卡"媒体"选项组中"音频"按钮下方的箭头，弹出下拉菜单，如图 18-47 所示。

图 18-47 "音频"按钮下拉菜单

- 如果要选择预设的音频，则在下拉菜单中直接选择即可。
- 如果选择"嵌入音频"或者"嵌入背景音乐"，则在弹出的对话框中选择本地音频文件插入演示文稿。"嵌入音频"和"嵌入背景音乐"的区别在于，选择"嵌入音频"时，音频文件将只在插入的那页幻灯片播放时才会播放，也就是说，如果没有设置跨页播放，那么当切换到下一页幻灯片时，音频播放就会停止。这种设置适用于那些只想在特定幻灯片中播放的音频内容。选择"嵌入背景音乐"时，音乐将从插入的页面开始，一直播放到演示结束，即使切换到其他幻灯片，背景音乐也会继续播放。这种设置适用于要在整个演示过程中持续播放背景音乐的情况。
- 如果选择"链接到音频"或者"链接背景音乐"，则在弹出的对话框中选择本地音频文件链接到演示文稿。

WPS 演示中嵌入音频和链接音频的主要区别体现在文件处理和播放方式上。嵌入音频需要将演示文稿和音乐文件一起打包才能使用。这是因为嵌入音频实际上是将音频文件作为演示文稿的一部分，所以必须将其与演示文稿一起保存和移动。而链接音频则不需要打包音频文件，其只是在演示文稿中创建了一个指向音频文件的链接。这意味着，只要链接保持有效，就可以在任何设备上播放演示文稿而无须担心音频文件丢失或损坏。嵌入音频可以设置自动播放，这对于需要自动播放背景音乐的演示场景来说非常方便。而链接音频则需要确保链接在播放时保持有效，如果链接失效或音频文件被移动，音频将无法播放。

将音频文件插入演示文稿后，会显示声音图标和播放控制条，如图 18-48 所示。

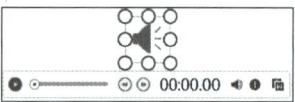

图 18-48　声音图标与播放控制条

2. 插入和编辑视频文件

视频可以使演示文稿更加生动鲜活，吸引观众的注意力，从而提高演示效果。另外，视频可以帮助演讲者更好地传递信息，使观众更容易理解和记住演示的内容。

视频文件包括最常见的 Windows 视频文件（avi）、影片文件（mpg 或 mpeg）、Windows Media Video 文件（wmv），以及其他类型的视频文件。

插入视频文件的方法与插入声音文件的方法类似。

● 选中需要插入视频的幻灯片，单击"插入"选项卡"媒体"选项组中"视频"按钮下方的箭头，弹出下拉菜单，如图 18-49 所示。

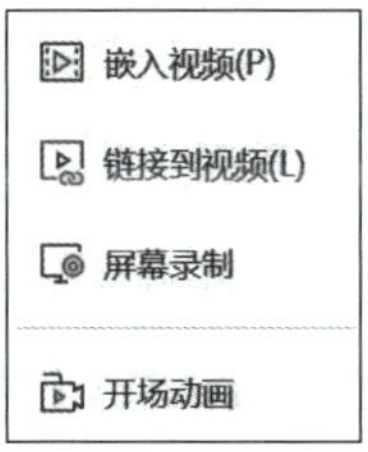

图 18-49 "视频"按钮下拉菜单

可以选择"嵌入视频"或者"链接到视频"，两者的区别与音频相同。在弹出的对话框中选择本地视频文件插入演示文稿。

将视频文件插入演示文稿后，幻灯片中将显示视频画面的第一帧，同时显示播放控制条。

如果要在幻灯片中播放视频文件预览效果，可以选中视频文件，单击"视频工具"选项卡"播放"选项组中的"播放"按钮。此时，选定的视频开始播放，可以在视频播放器上查看其播放速度。

三、在互联网上搜索演示文稿模板

当 WPS 提供的模板无法满足需求时，可以通过互联网搜索合适的模板。在搜索引擎中输入关键词，如"演示文稿模板""PPT 模板"或"PowerPoint 模板"，搜索引擎会给出结果，如千库网、觅知网等专业提供演示文稿模板的网站会提供演示模板和各类图标素材，可以根据需要下载使用。当然，这些网站都需要注册，部分资源免费，部分资源需要付费。

任务 19　制作工作汇报演示文稿

任务描述

经过一段时间的销售，公司管理人员希望销售部门进行一次详细的汇报，以便及时了解产品的市场表现，并做下一步的决策。小孙将根据销售数据清单、图表等，使用 WPS 演示，协助销售团队来制作这份工作汇报演示文稿。

思维导图

任务 19 思维导图如图 19-1 所示。

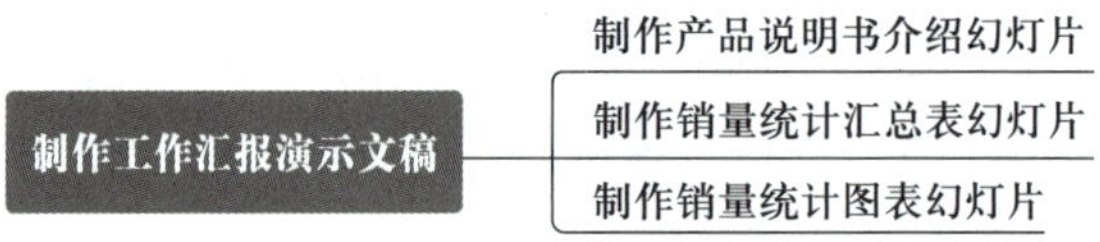

图 19-1　任务19思维导图

知识准备

一、打印演示文稿

在制作演示文稿时，经常需要将文稿打印出来以供会议使用或存档。WPS 演示提供了丰富的打印设置选项，以确保打印的效果符合需求。

1. 页面设置

在对演示文稿进行打印之前，需要对页面进行适当的设置，以确保打印输出的格式和大小符合要求。幻灯片的页面设置包括选择纸张大小、调整页边距、设置打印方向等。

● 单击功能区"设计"选项卡"自定义"选项组中"幻灯片大小"按钮的下拉箭头，弹出下拉菜单，可以选择"标准"或"宽屏"选项来设定幻灯片显示比例，如图 19-2 所示。

图19-2 "幻灯片大小"按钮下拉菜单

在 WPS 演示中,幻灯片大小的"宽屏"和"标准"主要区别在于显示比例。

"宽屏"幻灯片是为了适应 16:9 的显示比例而设计的,这种比例常见于现代的宽屏显示器,如大多数液晶电视和计算机显示器。使用 16:9 的宽屏幻灯片可以使演示文稿在这些设备上看起来更加自然,且充分利用了屏幕的空间。

"标准"幻灯片则采用传统的 4:3 显示比例,这是早期电视和计算机显示器的常见比例。虽然现在的设备大多采用宽屏设计,但在某些特定情况下,如使用旧式投影仪或某些特定的显示设备时,4:3 的比例可能仍然适用。

• 单击"自定义大小"选项,弹出"页面设置"对话框,如图 19-3 所示。

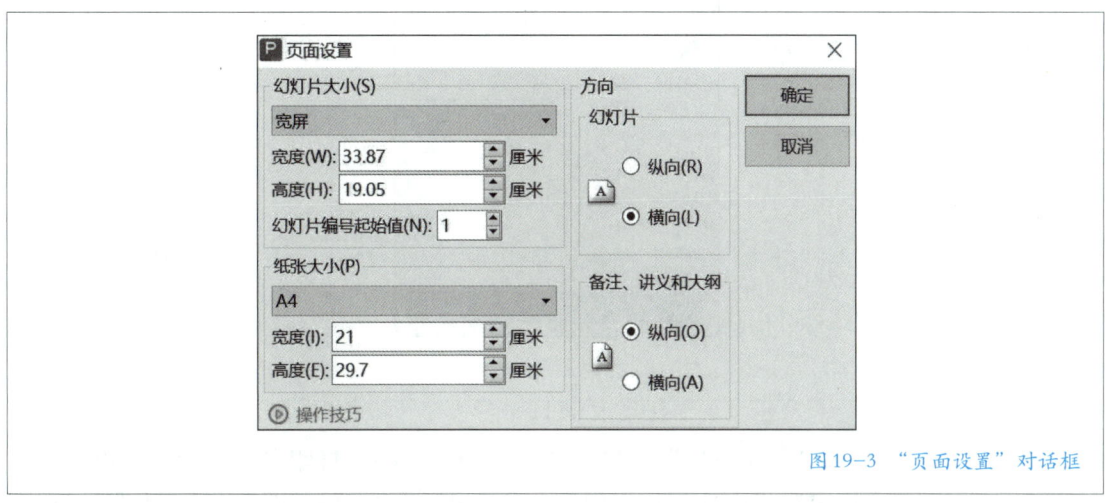

图19-3 "页面设置"对话框

• 在"页面设置"对话框的"幻灯片大小"栏中可选择预定义的幻灯片大小,对于现在一般的计算机,都选择"宽屏"。如果要建立自定义的尺寸,可选择"自定义"选项,在"宽度"和"高度"微调框中输入需要的数值。
• 在"幻灯片编号起始值"文本框中输入幻灯片的起始号码。
• 在"方向"栏中审定幻灯片、备注、讲义和大纲的打印方向。

- 在"纸张大小"栏中设定打印纸张的大小。
- 单击"确定"按钮，完成页面设置。

2. 打印演示文稿

完成页面设置后，可以先进行打印预览。

（1）打印预览

在打印演示文稿之前，通过打印预览功能可以查看打印效果，并进行一些必要的调整。

- 单击"文件"菜单，选择"打印"命令，在其二级菜单中选择"打印预览"，也可单击快速访问工具栏中的"打印预览"按钮，便可进入打印预览状态。
- 在打印预览状态下，演示文稿无法进行编辑。窗口右侧显示"打印设置"窗格，如图 19-4 所示。

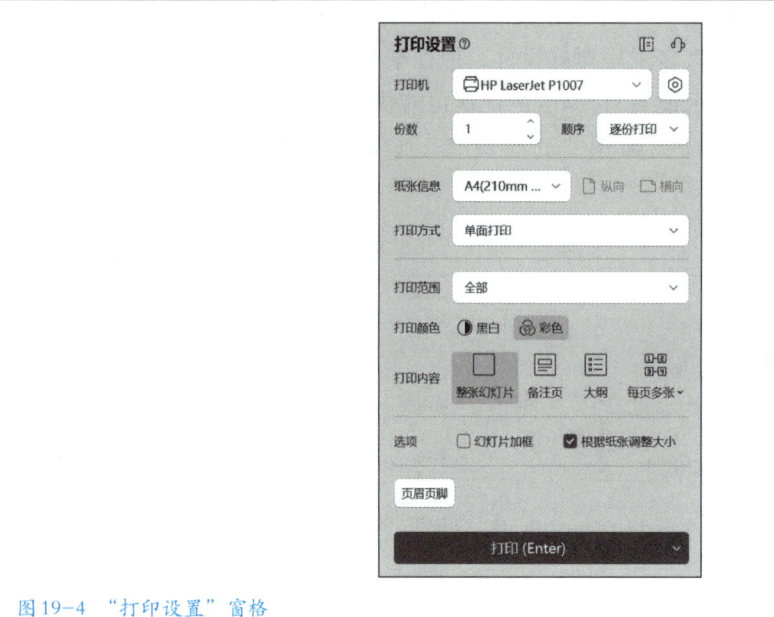

图 19-4 "打印设置"窗格

- 在"打印设置"窗格中可以对演示文稿的打印参数进行详细设置，在"打印内容"栏中选择打印幻灯片的方式，如整张幻灯片或每页多张幻灯片；可以选择打印备注页或大纲；也可以选择打印幻灯片时是否加边框。
- 单击"退出预览"按钮，返回编辑状态。

（2）正式打印

在打印预览状态确认无误后，单击"打印设置"窗格中的"打印"按钮即可直接打印。通过单击快速访问工具栏中的"打印"按钮，或者单击"文件"菜单,选择"打印"命令,在其二级菜单中选择"打印",也可以弹出"打印"对话框进行打印,如图19-5所示。

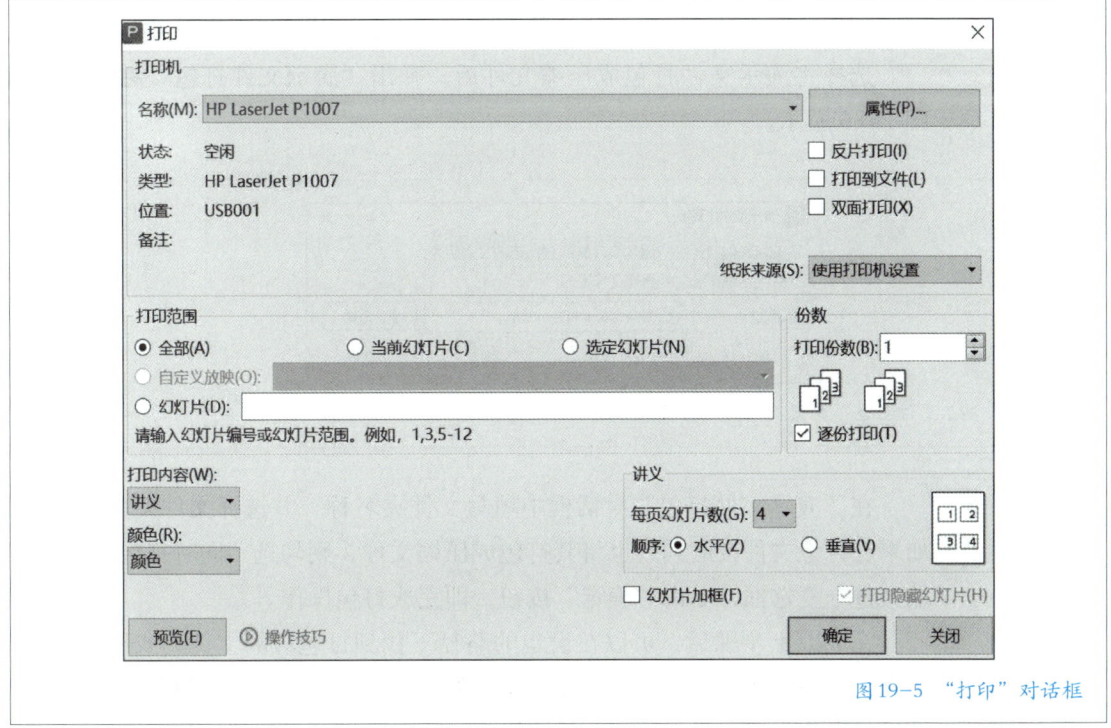

图19-5 "打印"对话框

在"打印"对话框中,可以设置打印机、打印份数、打印幻灯片的范围等参数。特别要注意的是,在"打印内容"栏中,可以选择"幻灯片""讲义""备注""大纲视图"。设置完成后,单击"确定"按钮开始打印演示文稿。

二、打包演示文稿

如果在保存时将 WPS 演示文稿保存为 pps 或 ppsx 格式,则可以在不需要打开 WPS 演示软件的情况下,直接播放演示文稿。pps 和 ppsx 是 WPS 演示文稿的放映文件格式,可以在没有安装 WPS 演示软件的计算机上直接播放,但需要安装相应的播放器或插件。

文件打包则是将当前的演示文稿及其所有相关的资源,如图片、音频、视频等,打包成一个单独的文件夹。这个文件夹中包含了演示文稿的所有内容,以及必要的播放器和插件,以确保在其他计算机上能够正常播放演示文稿。文件打包的优点是可以在没有安装 WPS 演示软件的计算机上播放演示文稿,同时能够确保演示文稿中的所有资源都能够正常显示。

如果要对演示文稿进行打包,可以单击"文件"菜单,选择"文件打包"

选项。在此，有两项选择：

● 将演示文件打包成文件夹：可以将演示文稿和其他相关的资料打包成一个文件夹，方便管理。

● 将演示文件打包成压缩文件：可以减少文件体积，方便网络传输。

选择将演示文件打包成压缩文件后，弹出"演示文件打包"对话框，如图 19-6 所示。

图 19-6 "演示文件打包"对话框

在"演示文件打包"对话框中填写文件夹名称，并选择文件夹保存位置。如果在打包文件夹的同时也将其打包成压缩文件，则勾选"同时打包成一个压缩文件"复选框，单击"确定"按钮，即完成打包操作。

完成以上步骤后，可以在设定的路径下找到打包后的文件夹或压缩文件。注意，当演示文稿包含了多媒体资源，如视频、音频等时，打包会提取相关资源进行操作，以确保在另一台计算机上也能正常打开和播放这些资源。

任务实施

销售部门需要制作一份产品说明书，并且需要通过销量统计汇总表、销量统计图表，以及销量统计数据透视图，对上半年文具盒类产品的销售情况进行分析。于是，小孙协助销售团队制作了一份工作汇报演示文稿，包括产品说明书介绍幻灯片，以及其他有关销售情况的介绍幻灯片。

一、编辑工作汇报演示文稿

新建演示文稿和制作幻灯片首页已在任务 18 中介绍，在此不再赘述。

1. 制作产品说明书介绍幻灯片

（1）编辑幻灯片

● 单击功能区"插入"选项卡"幻灯片"选项组中"新建幻灯片"按钮下的箭头，在弹出的下拉菜单中选择带有图片和标题的幻灯片版式，则在当前幻灯片后插入一张该版式的空白幻灯片。

- 在标题占位符中添加标题文字，并做相应的格式化。

- 将插入点定位到图片占位符位置，单击功能区"插入"选项卡"图形和图像"组中"图片"按钮右侧的箭头，弹出下拉菜单。

- 单击图片占位符中间位置的"插入图片"图标，弹出"插入图片"对话框，在对话框中选择要插入的产品说明书效果图片。

- 对于插入的图片，可以利用"图片工具"选项卡上的工具进行适当的修饰，如旋转、调整亮度、设置对比度、改变颜色、应用图片样式等。

- 在文本占位符中输入产品说明书的文档。

（2）为图片添加超链接

在普通视图中选中幻灯片中的产品说明书效果图，单击"插入"选项卡"链接"选项组中的"超链接"按钮，打开"编辑超链接"对话框，如图 19-7 所示。

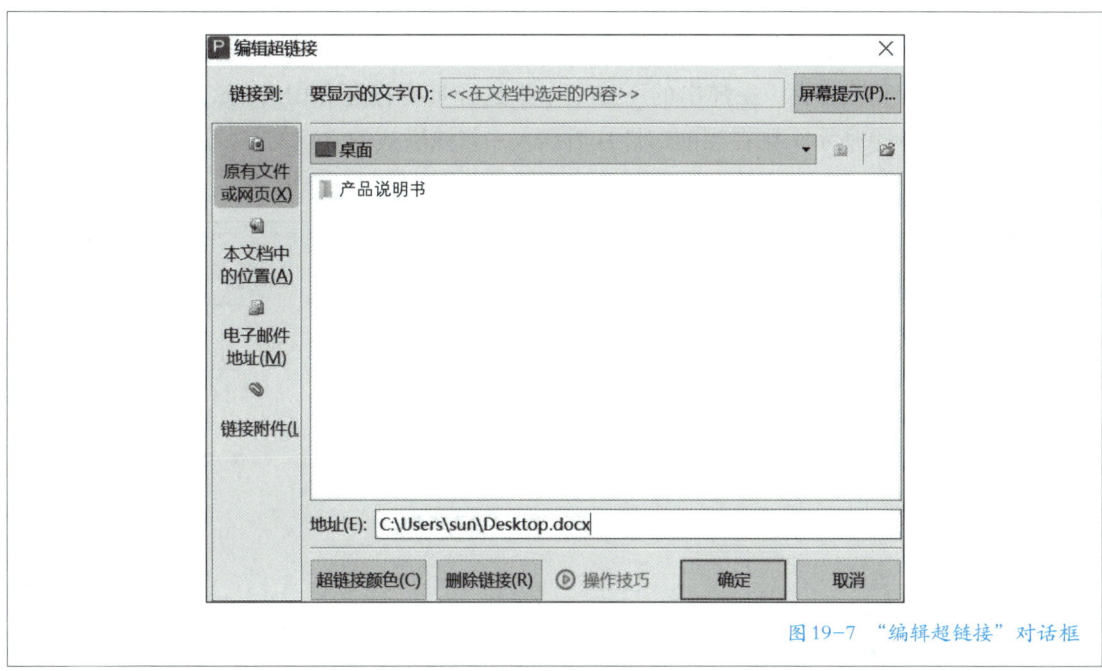

图 19-7 "编辑超链接"对话框

对话框左侧显示了超链接类型，选择"原有文件或网页"选项，在右侧选择产品说明书文档。单击"确定"按钮，超链接创建完成。

在放映幻灯片时，将鼠标指针置于超链接上，指针变成手形，单击即可打开并跳转到产品说明书。

产品说明书介绍幻灯片制作完毕，效果如图 19-8 所示。

国风创意文具盒 产品说明书介绍
产品说明书文档结构
1. 产品概述
2. 产品图片
3. 产品特点
4. 产品优势
5. 使用方法
6. 注意事项
7. 售后服务

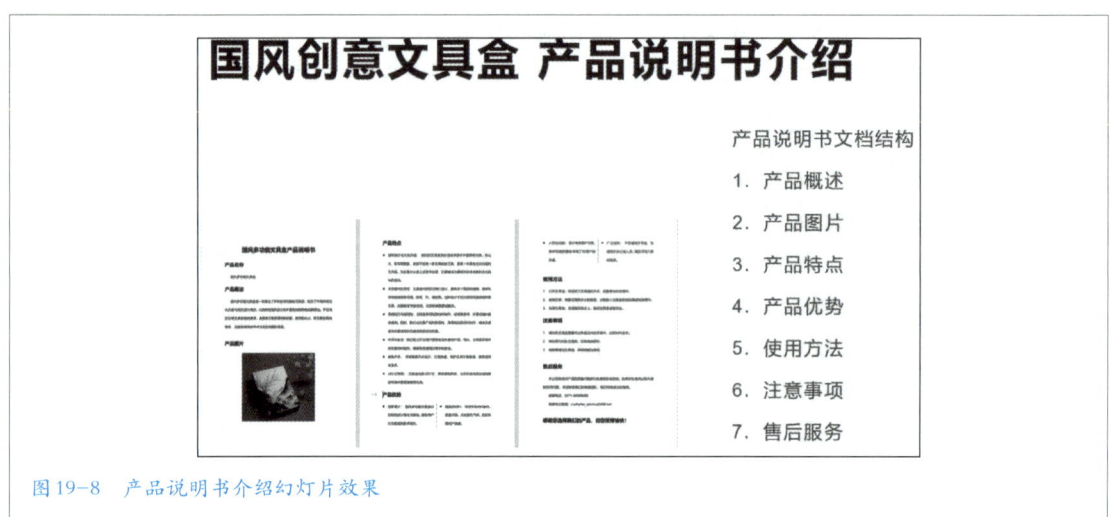

图 19-8　产品说明书介绍幻灯片效果

2. 制作销量统计汇总表幻灯片

• 单击功能区“插入”选项卡“幻灯片”选项组中“新建幻灯片”按钮下的箭头，在弹出的下拉菜单中选择带有标题和内容的幻灯片版式，如图 19-9 所示，则在当前幻灯片后插入一张该版式的空白幻灯片。

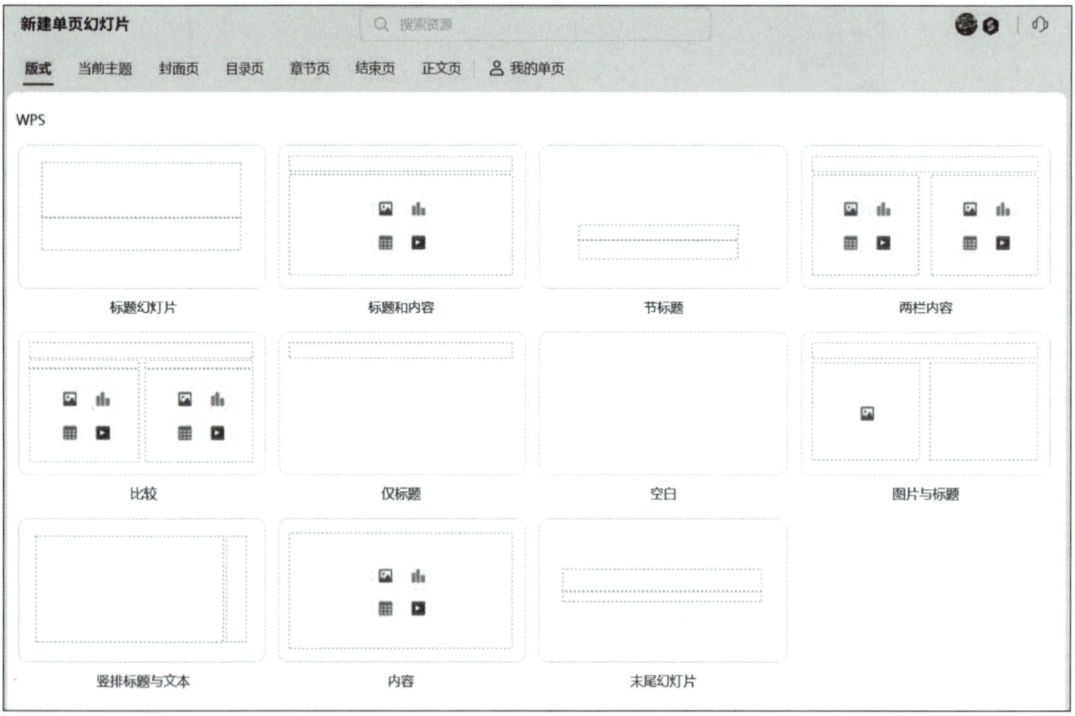

新建单页幻灯片
搜索资源
版式
当前主题
封面页
目录页
章节页
结束页
正文页
我的单页
WPS
标题幻灯片
标题和内容
节标题
两栏内容
比较
仅标题
空白
图片与标题
竖排标题与文本
内容
末尾幻灯片

图 19-9　“新建单页幻灯片”对话框“版式”选项卡

● 在标题占位符中添加标题"上半年文具盒类产品的销量统计汇总表"，并做相应的格式化。

● 单击内容占位符中的"插入表格"按钮，弹出"插入表格"对话框，在行数文本框和列数文本框中均输入 7，如图 19-10 所示。

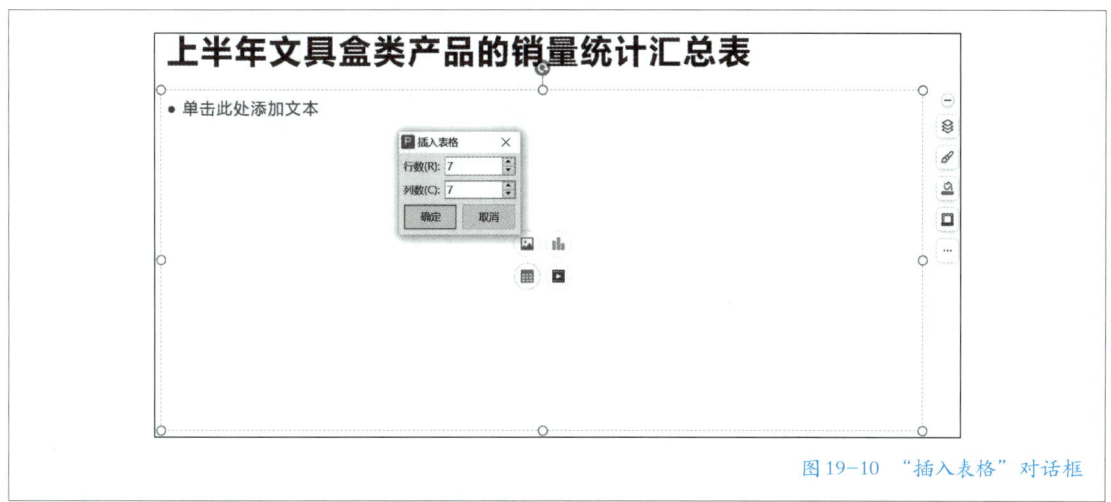

图 19-10 "插入表格"对话框

此时，内容区域创建了一个 7 行 7 列的表格，将任务 16 中的产品销量统计汇总表直接复制到该表格中，并对表格做适当的格式化操作。

销量统计汇总表幻灯片制作完毕。

3. 制作销量统计图幻灯片

● 单击功能区"插入"选项卡"幻灯片"选项组中"新建幻灯片"按钮下的箭头，在弹出的下拉菜单中，选择带有标题和内容的幻灯片版式，则在当前幻灯片后插入一张该版式的空白幻灯片。

● 在标题占位符中添加标题"上半年文具盒类产品的销量统计图"，并做相应的格式化。

● 单击内容占位符中的"插入图表"按钮，弹出"插入表格"对话框，打开"图表"对话框。

● 在对话框的左、右列表框中分别选择图表的类型为"柱形图"、子类型为"簇状柱形图"，单击"确定"按钮，图表即被插入当前幻灯片中，如图 19-11 所示。

● 当前图表并未与数据源关联，单击"图表工具"选项卡"数据"选项组中的"选择数据"按钮，此时自动弹出 WPS 表格工具，并新建了一个工作表。

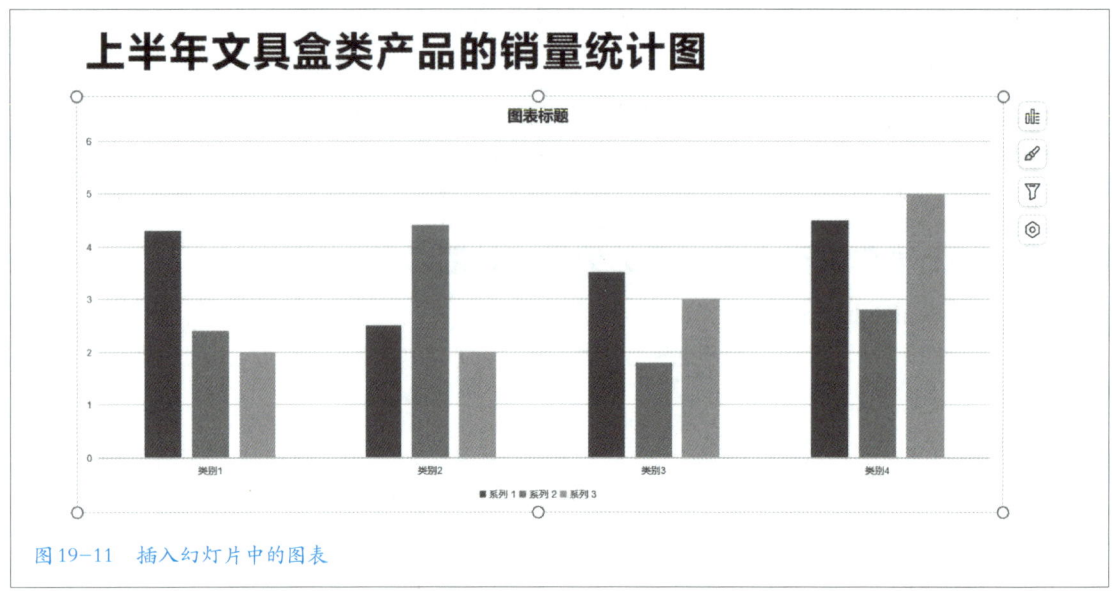

图 19-11　插入幻灯片中的图表

- 将任务 16 中的工作表"上半年文具盒类产品的销量统计汇总表"复制到该工作表中。
- 此时演示文稿中的图表会自动更新,如图 19-12 所示。

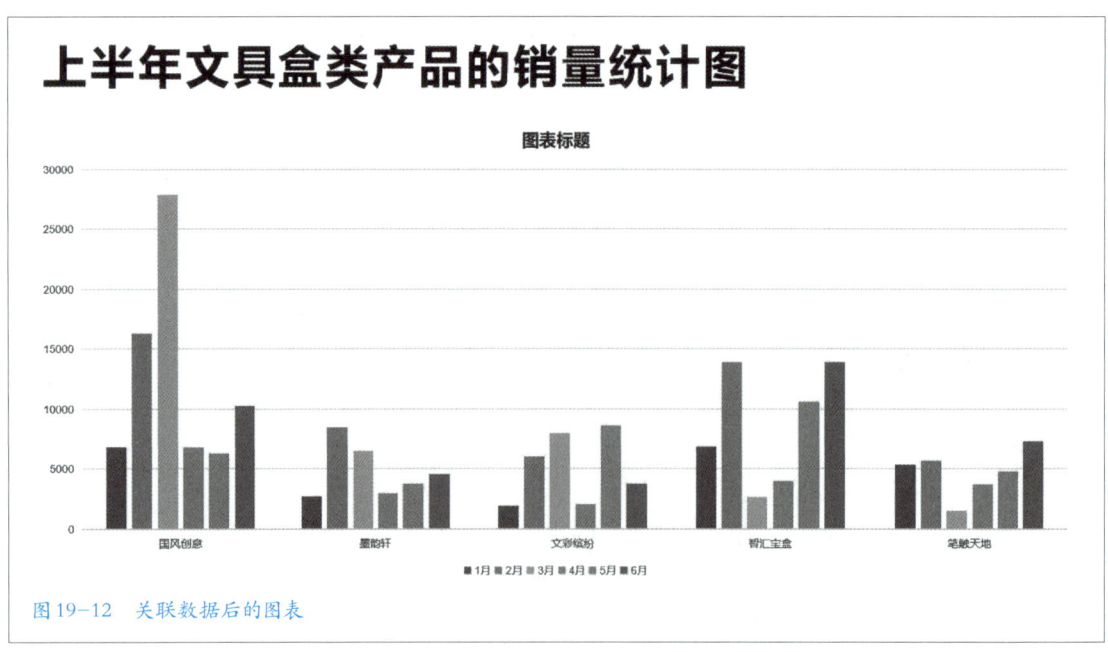

图 19-12　关联数据后的图表

- 数据输入结束后,关闭工作表。修改图表标题,并利用"绘图工具""文本工具""图表工具"3 个选项卡工具按钮来格式化图表。

● 为了在进行汇报演示时能及时说出重要数据及信息，可在幻灯片下方的备注栏输入相关的备注信息。如果备注栏不可见，可以通过单击功能区"视图"选项卡"演示文稿视图"选项组中的"备注页"按钮来使其显示。

销量统计图幻灯片制作完毕，效果如图 19-13 所示。

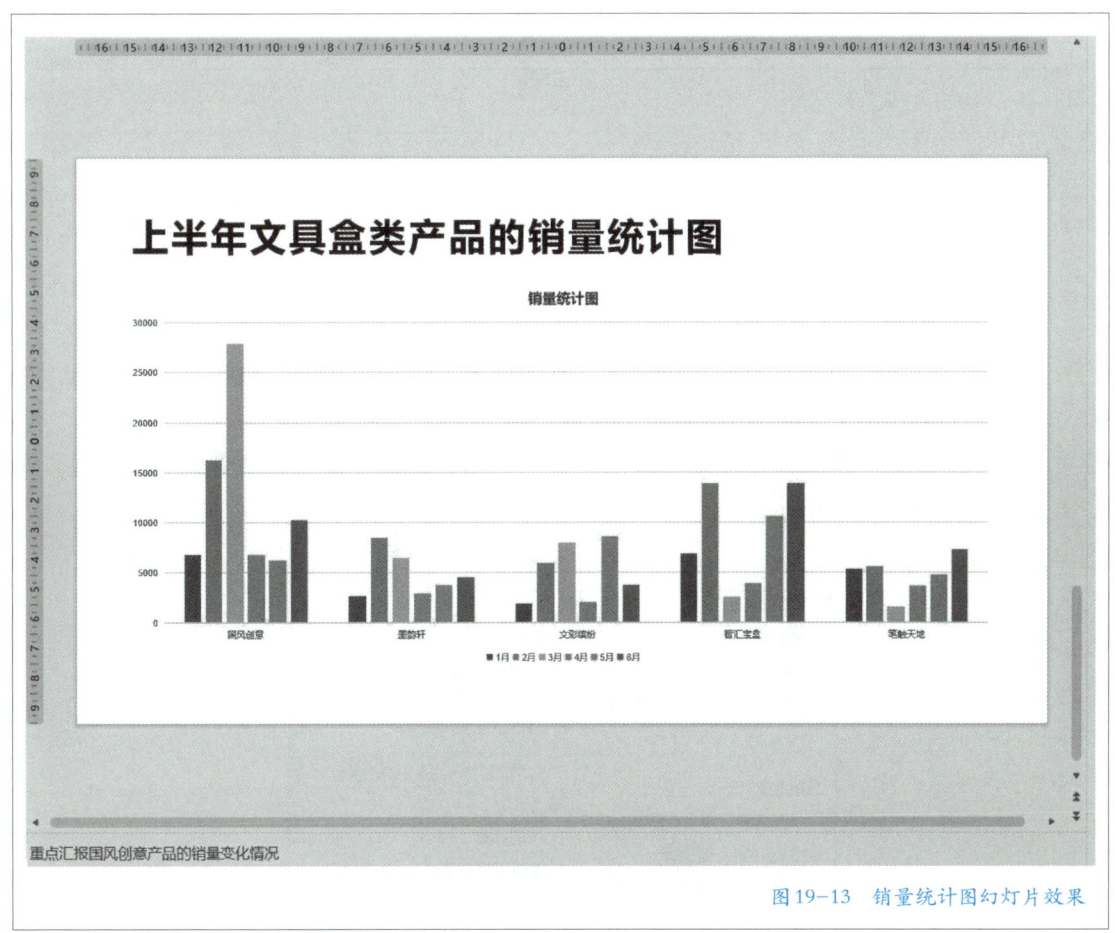

图19-13　销量统计图幻灯片效果

采用任务 18 介绍的方法设置幻灯片外观并将演示文稿进行保存。

二、设计幻灯片切换效果

由于工作汇报是一件相对严肃的事，因此不宜在幻灯片中使用过于花哨的动画效果。因此，在与销售部主管商议后，小孙只设置了幻灯片的切换效果。

● 单击"切换"选项卡"切换"选项组中"切换效果"列表右侧箭头，在弹出的下拉菜单中选择"溶解"切换效果。

● 设置幻灯片切换速度为 2 秒。

- 设置切换声音为"无声音"。
- 单击"应用到全部"按钮，则会将切换效果应用于整个演示文稿，如图 19-14 所示。

图 19-14　幻灯片切换效果设置

三、演示文稿放映设置

工作汇报采用手动控制幻灯片的方式演示，因此需要对幻灯片放映进行设置。

- 单击"放映"选项卡"放映设置"选项组中的"放映设置"按钮，在弹出的下拉菜单中选择"人工放映"。
- 选择菜单中的"放映设置"选项，弹出"设置放映方式"对话框，如图 19-15 所示。

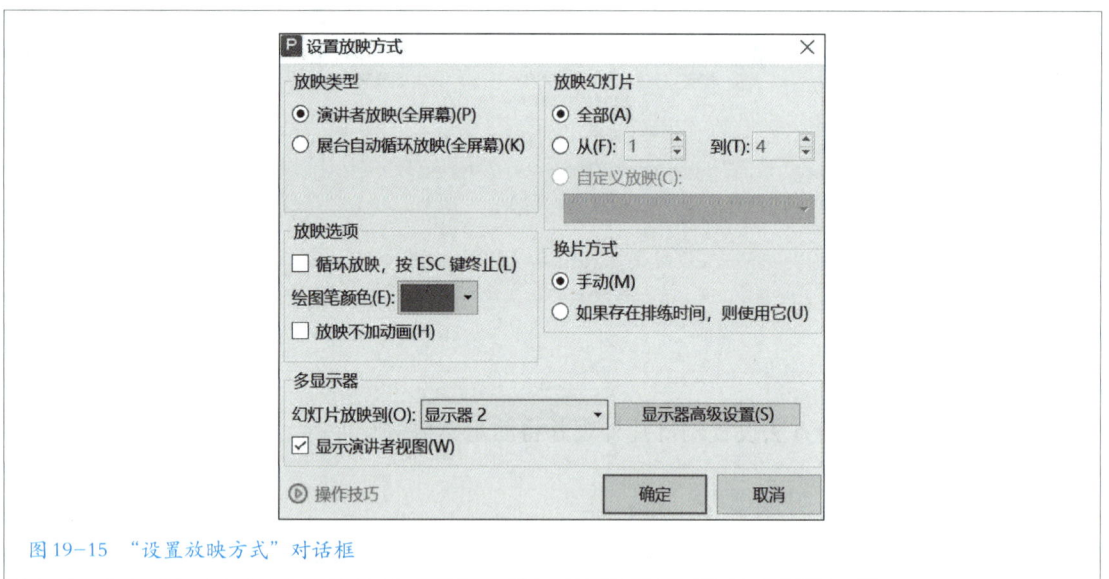

图 19-15　"设置放映方式"对话框

- 在"放映类型"栏中选择"演讲者放映（全屏幕）"选项。
- 在"放映幻灯片"栏中设置要放映的幻灯片范围为"全部"。
- 在"放映选项"栏中均不勾选。
- 在"换片方式"栏中指定"手动"换片。

- 在"多显示器"栏中勾选"显示演讲者视图"复选框。
- 设置完成后，单击"确定"按钮。

任务拓展

一、添加幻灯片备注

在制作工作汇报演示文稿时，为幻灯片添加备注是一种很好的做法。备注可以帮助演讲者记忆关键信息，也可以在不打断演示的情况下为观众提供额外的细节或背景信息。在 WPS 演示中，添加幻灯片备注的具体操作步骤如下。

- 打开 WPS 演示，并定位到想要添加备注的幻灯片。
- 在幻灯片下方的备注栏输入相关的备注信息。这些信息可以是对幻灯片的解释，也可以是要点提示、补充资料等。
- 如果备注栏不可见，可以通过单击功能区"视图"选项卡"演示文稿视图"选项组中的"备注页"按钮来显示备注栏，如图 19-16 所示。

图 19-16 "备注页"视图

- 在"备注页"视图中，可以直接编辑和格式化备注文本，也可以添加图片、表格等元素来丰富备注内容。
- 完成备注内容的编辑后，可以通过功能区"视图"选项卡"演示文稿视图"选项组，选择普通视图或幻灯片浏览视图返回演示文稿编辑或浏览状态。

需要注意的是，备注内容在正常的幻灯片放映模式下是隐藏的，只有在"演讲者视图"或打印时选择打印备注页才会显示。

二、演示文稿的安全与保护

WPS 演示提供了一些功能和设置来帮助用户保护演示文稿的安全，其中主要是授权加密和密码加密功能。

1. 授权加密

授权加密也可以理解为账号加密，是基于用户账号的加密方式，只有被授权的 WPS 账号才能打开文件。

- 单击"文件"菜单，选择"文档加密"选项，在其二级菜单中单击"文档加密"选项，弹出"文档加密"对话框，如图 19-17 所示。

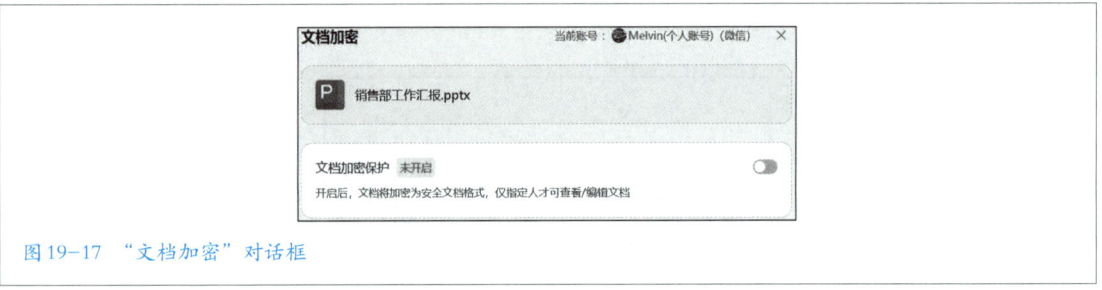

图 19-17 "文档加密"对话框

- 打开"文档加密保护"按钮，弹出"账号确认"对话框，确认当前文档的所属 WPS 账号，如图 19-18 所示。

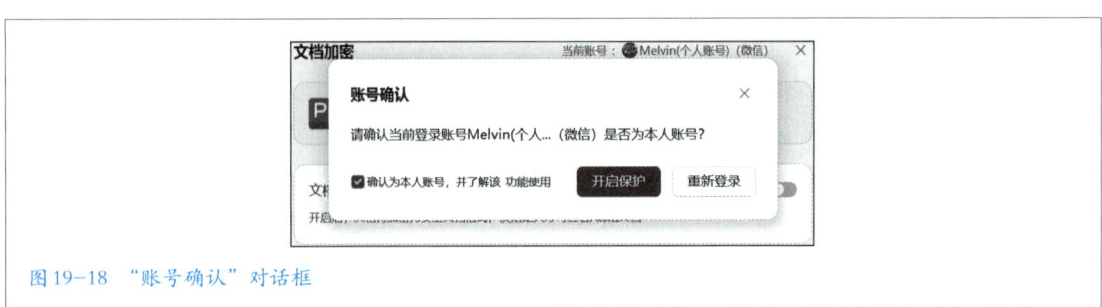

图 19-18 "账号确认"对话框

• 确认后，单击"开启保护"按钮开启文档加密保护功能，如图 19-19
所示。

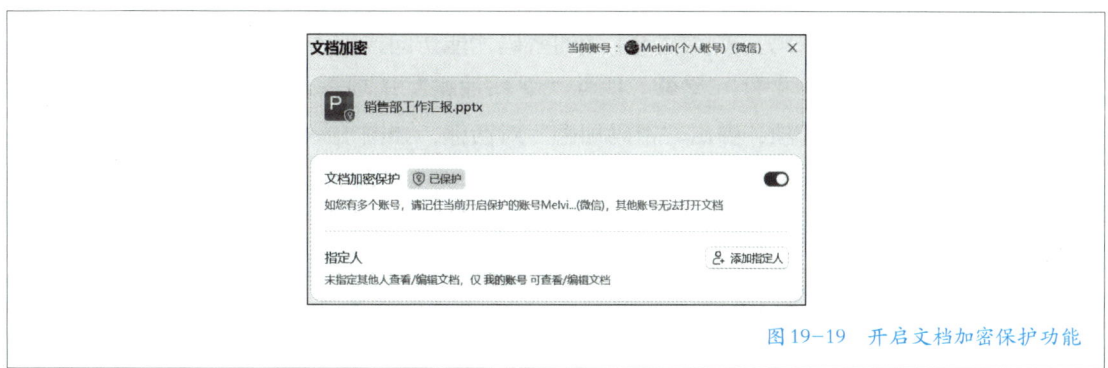

图 19-19　开启文档加密保护功能

• 开启文档加密保护功能后，单击"添加指定人"按钮弹出"添加指定
人"对话框，可以添加指定账户的用户拥有此文档的相关权限，如图 19-20
所示。

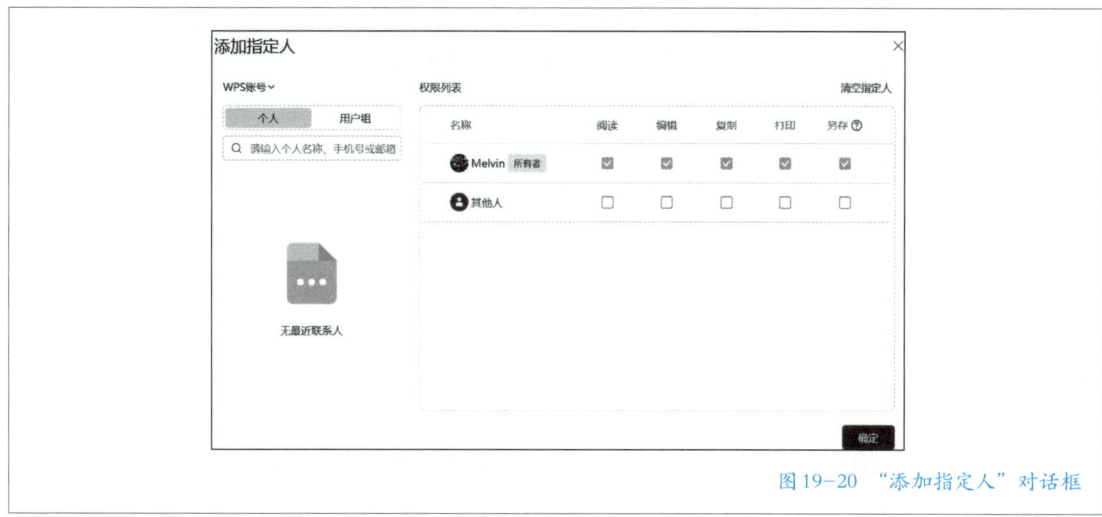

图 19-20　"添加指定人"对话框

• 如果非所有者账户或者非指定用户试图打开该文档，则会弹出"文档
加密保护中"的提示窗口，如图 19-21 所示。

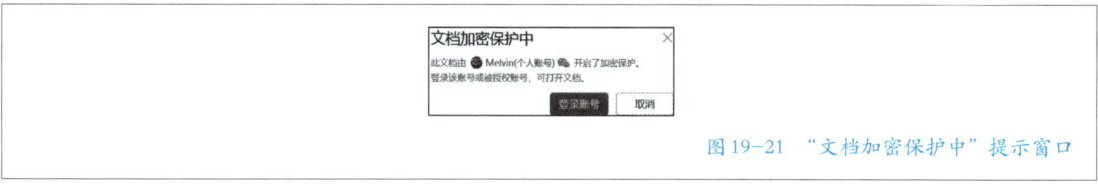

图 19-21　"文档加密保护中"提示窗口

2. 密码加密

密码加密则是通过设置特定的密码来进行加密保护的方法。密码加密提供了"打开权限"和"编辑权限"两种设置，可以根据需要为打开和编辑文档分别设置密码。需要输入正确的密码才能访问或编辑文档。

单击"文件"菜单，选择"文档加密"选项，在其二级菜单中单击"密码加密"选项，弹出"密码加密"对话框，如图 19-22 所示。

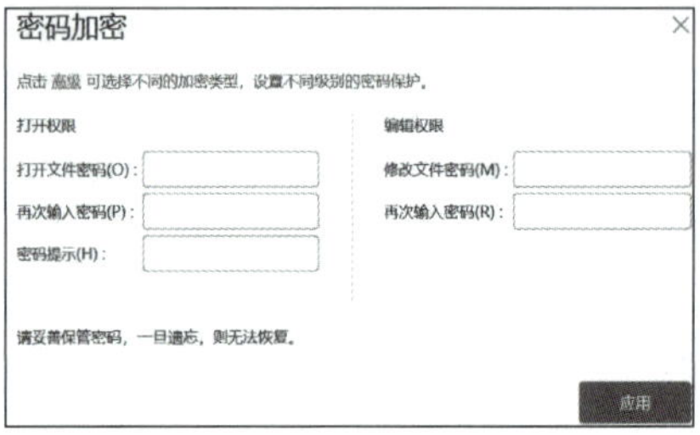

图 19-22 "密码加密"对话框

在"密码加密"对话框中可以分别设置打开权限密码和编辑权限密码，单击"应用"按钮，开启文档密码加密保护功能。

当重新打开文档时，会弹出"文档已加密"对话框，如图 19-23 所示。

图 19-23 "文档已加密"对话框

输入正确的打开权限密码后，如果设置了编辑权限密码，则继续弹出"文档已设置编辑密码"对话框，如图 19-24 所示。此时输入正确的编辑权限密码，单击"解锁编辑"按钮，则可以打开文稿进行编辑；也可以单击"只读打开"按钮，以只读方式打开演示文稿，此时无法编辑文稿。

图 19-24 "文档已设置编辑密码"对话框

注意，无论采取何种措施来保护演示文稿的安全，都应定期备份文件以防意外丢失或损坏。同时，对于特别敏感或重要的信息，最好将其存储在受信任的安全环境中。

三、使用演讲者视图

WPS演示中的演讲者视图是一种功能，允许演讲者在演示过程中看到自己的备注和下一个要展示的内容，而观众只能看到演讲者展示的幻灯片。这种功能对于需要进行详细讲解和注释的演示非常有用。

需要注意的是，在使用演讲者视图时，需要将演示文稿投影到屏幕上，以便观众能够看到幻灯片内容。同时，演讲者需要在自己的计算机上打开演示文稿，并切换到演讲者视图进行演示。

在WPS演示中，可以通过以下步骤使用演讲者视图。

• 单击功能区"放映"选项卡"放映设置"选项卡中的"放映设置"按钮，在弹出的下拉菜单中选择"放映设置"选项，弹出"设置放映方式"对话框，如图19-25所示。

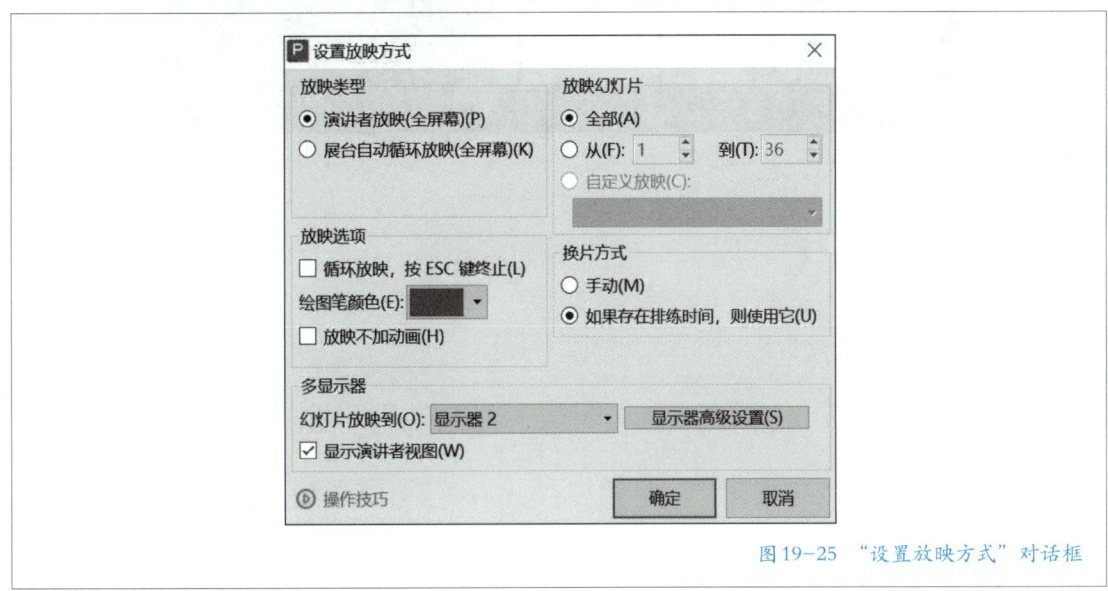

图19-25 "设置放映方式"对话框

• 在"放映类型"栏中，选择"演讲者放映（全屏幕）"选项。

• 在使用演讲者视图时，需要确保演讲者的计算机和投影设备正确连接，并且在"多显示器"栏中设置幻灯片放映到投影仪，并勾选"显示演讲者视图"复选框。还可进行其他设置，如放映范围、是否循环放映等。

• 单击"确定"按钮保存设置。

    • 单击"放映"选项卡"开始放映"选项组中的"从头开始""当页开始"或"演讲者视图"按钮，开始放映演示文稿。此时演讲者可以看到当前的幻灯片、下一张幻灯片的预览，以及备注内容。演讲者可以在备注栏中添加注释和提示信息，以便在演讲过程中参考。同时，演讲者还可以使用演讲者工具条中的其他功能，如指针、画笔、激光笔等，来增强演示效果。演讲者界面如图 19-26 所示。

图 19-26　演讲者界面

项目6
应用人工智能帮助工作

任务导学

　　人工智能、大数据、云计算等概念已经悄悄地融入了我们的日常生活，同时默默地改变着世界。

　　人工智能现在已经不仅限于机器人和自动驾驶汽车了，它已经变得如此"聪明"，能够"理解"我们的需求，甚至还能"预测"我们的喜好。例如，当你在网上购物时，人工智能会根据你的浏览历史和购买记录，推荐你可能感兴趣的产品。

　　在这个数字化的时代，我们每天都在产生海量的数据，例如，你在社交媒体上的点赞、在网上购物的记录、每天行走的步数等。大数据就像一个巨大的数据仓库，能够存储和分析这些信息，从中发现规律和趋势。通过分析大数据，我们可以预测疾病的传播趋势、市场的走向，以及未来的天气变化。

　　将人工智能、大数据和云计算结合起来，可以解决很多以前看似不可能解决的问题。例如，通过分析医疗数据，人工智能可以帮助医生更准确地诊断疾病；通过分析交通数据，人工智能可以优化交通路线，减少拥堵；等等。

　　当然，人工智能等技术的发展也面临着一些挑战，例如，如何保护个人隐私、如何确保算法的公正性等。但无论如何，它们已经成为我们这个时代的重要标志，为我们带来了更多的便利和可能性。

1. 知识目标

- 了解人工智能、大数据和云计算的发展历史。
- 能够解释人工智能、大数据和云计算技术原理。
- 能够举例说明人工智能、大数据和云计算的应用范围。

2. 技能目标

- 能够注册和使用阿里云。
- 能够注册和使用文心一言、WPS AI、通义千问。

3. 核心素养

- 关注人工智能、大数据和云计算等技术的发展。
- 保持积极的心态，关注新产品的开发和应用。

4. 重/难点知识

- 如何做到在使用人工智能工具时，不违反伦理规范。
- 如何做到在使用人工智能工具时，遵守法律法规。

任务 20　大数据与云计算

任务描述

　　小孙所在的公司业务不断扩大，客户数量和数据量都迅速增加。小明的团队负责处理和分析大规模数据，为用户提供更智能、更个性化的服务。然而，随着数据规模的扩大，传统的数据处理方法已经显得力不从心。

　　在一个团队会议上，公司决定使用阿里云，以更好地应对业务增长和数据的复杂性。小明开始深入学习大数据与云计算这两个领域的知识，以及阿里云的应用，以便更好地引领团队迈向数字化未来。

思维导图

　　任务 20 思维导图如图 20-1 所示。

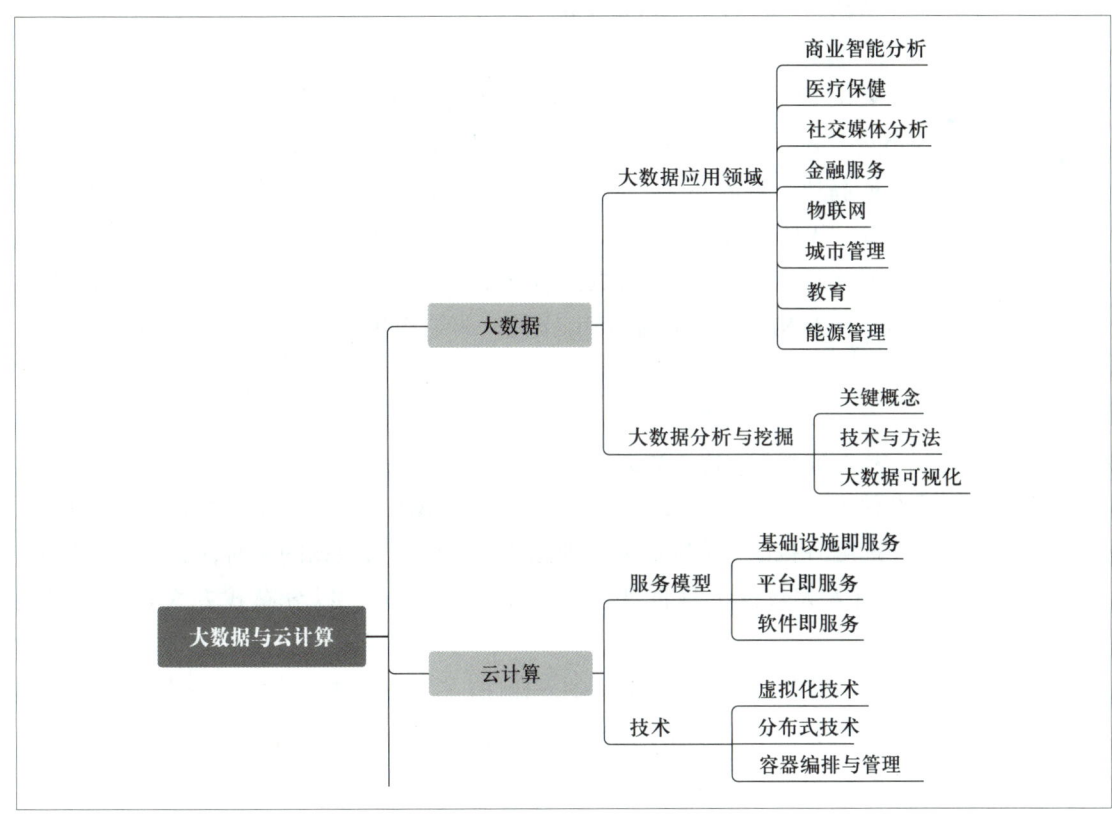

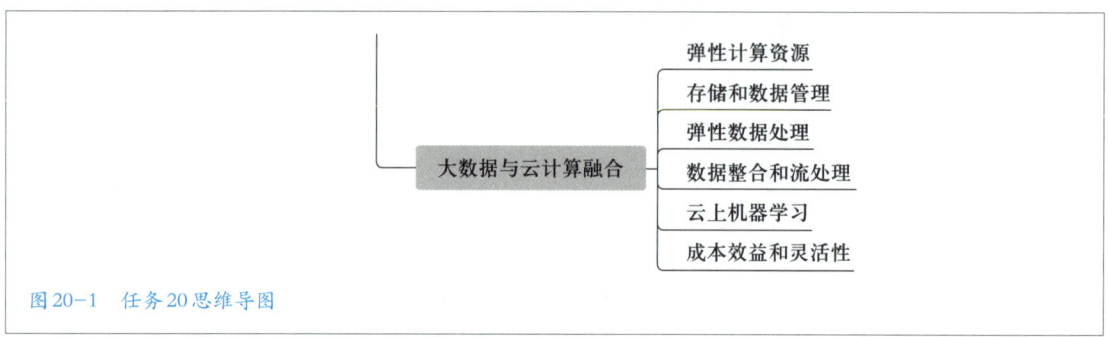

图 20-1　任务 20 思维导图

知识准备

一、大数据简介

1. 什么是大数据

大数据是指规模庞大、传统数据处理工具无法有效处理的数据集。这些数据通常具有高速生成、多样化等特点。大数据主要源自各种业务交易、社交媒体活动、传感器、日志文件等。

2. 大数据的特征

- 大量（Volume）：大数据的量级通常在太字节（TB）、拍字节（PB），甚至艾字节（EB）级别，远超一般数据库系统的处理能力。

- 高速（Velocity）：大数据的产生速度非常快，如实时传感器产生的数据、社交媒体实时更新的数据等，一般系统很难实时处理和分析这些数据。

- 多样（Variety）：大数据包含结构化数据，如关系型数据库中的表格数据；半结构化数据，如 XML 文件；非结构化数据，如文本、图像、音频、视频。

3. 大数据面临的挑战

- 存储挑战：传统数据库系统难以存储和管理大规模数据，需要采用分布式存储系统，如 Hadoop 分布式文件系统（HDFS），来应对大数据存储需求。

- 处理挑战：传统数据处理方法无法满足大数据的实时性和复杂性要求，需要引入大数据处理框架，如 Hadoop 和 Spark，以分布式方式处理大规模数据。

- 分析挑战：由于大数据的多样性，传统的数据分析工具和技术已无法胜任，需要引入新的大数据分析工具和库，如 Pandas 和 NumPy。

- 隐私挑战：大数据中可能包含敏感信息，保护数据隐私成为一个重要问题，可采用加密、身份验证等手段来确保大数据的安全性。

二、大数据应用领域

大数据的应用涵盖了各个领域，从商业到科学，从医疗到社交媒体，大数据的潜力正在不断被挖掘。以下是一些大数据的主要应用领域。

1. 商业智能分析

大数据在商业领域的应用非常广泛，包括市场趋势分析、用户行为分析、销售预测等。通过对大量数据的分析，企业能够做出更明智的商业决策，提高效率并优化业务流程。

2. 医疗保健

大数据在医疗领域的应用包括疾病预测、个性化治疗、药物研发等。通过分析患者的健康记录、基因信息和医学影像，医疗专业人员可以更好地了解患者的疾病模式并为其提供个性化的医疗服务。

3. 社交媒体分析

大数据帮助社交媒体平台了解用户行为、趋势和偏好，以提供更个性化的内容和服务。广告定向投放、用户推荐和社交网络分析都是大数据在社交媒体领域的常见应用。

4. 金融服务

大数据在金融领域的应用包括欺诈检测、信用评分、股市预测等。通过实时分析交易数据、客户行为和市场动态，金融机构可以更好地管理风险并做出更明智的投资决策。

5. 物联网

物联网设备生成大量实时数据，涉及智能家居、工业自动化、智能交通等领域。大数据分析可以帮助优化设备性能、改进运行效率，并提供更智能的服务。

6. 城市管理

大数据在城市规划、交通管理、环境监测等方面有着重要作用。通过分析人口流动、交通流量和环境数据，政府可以更好地制定政策、提升城市管理效能。

7. 教育

大数据在教育领域的应用，包括学生学情分析、个性化教育、课程优化等。通过了解学生的学习行为和表现，教育机构可以提供更精准的资源和教学支持。

8. 能源管理

大数据在能源行业的应用涵盖能源生产、分配和消费。通过监测能源设备、分析能源使用趋势，能源公司可以更有效地管理资源、提高效率。

这些只是大数据应用领域中的一部分示例，随着技术的不断发展和创新，大数据将继续在各个领域发挥关键作用，推动社会的进步和发展。

三、大数据分析与挖掘

大数据分析与挖掘是指从大规模数据集中提取有价值的信息、发现隐藏模式和趋势的过程。这一领域涉及多种技术和方法，旨在更好地理解数据、做出数据驱动的决策，并在数据中产生新的见解。

1. 大数据分析与挖掘的关键概念

（1）数据预处理

数据预处理是大数据分析的首要步骤，包括数据清洗、缺失值处理、异常值检测等。良好的数据预处理能够提高模型的准确性和可靠性。

（2）数据挖掘

数据挖掘是通过应用统计学、机器学习和模式识别等方法，从大规模数据中发现隐藏的模式、关系和规律，具体包括分类、聚类、关联规则挖掘等任务。

（3）机器学习

机器学习是大数据分析的重要组成部分，通过构建模型并使用算法来对数据进行学习和预测，从而不断改善模型性能。常见的机器学习算法包括决策树、支持向量机、神经网络等。

（4）模型评估与优化

对构建的模型进行评估和优化是确保其性能的关键步骤。这涉及使用交叉验证、调整模型参数等技术来提高模型的泛化能力。

2. 大数据分析与挖掘的技术与方法

（1）数据可视化

数据可视化通过图表、图形和仪表板等方式呈现数据，使用户更容易理解复杂的数据关系。常见的数据可视化工具包括 Tableau、Power BI 等。

（2）关联规则挖掘

关联规则挖掘用于发现数据中的关联关系，如分析购物篮中的商品组合。Apriori 算法是一种常见的关联规则挖掘算法。

（3）聚类分析

聚类分析通过将数据分组成具有相似特征的簇，来揭示数据内在的结构。K 均值聚类、层次聚类是常见的聚类算法。

（4）分类分析

分类分析通过构建模型来将数据分为预定义的类别。常见的分类算法包括决策树、支持向量机、朴素贝叶斯等。

（5）回归分析

回归分析用于预测数值型变量的值。线性回归、多项式回归等是回归分析的常见方法。

（6）时间序列分析

时间序列分析用于研究与时间相关的数据，如股票价格、气象数据等。ARIMA 模型、指数平滑法是常见的时间序列分析技术。

（7）深度学习

深度学习是一种基于神经网络的机器学习方法，特别适用于处理大规模、复杂的数据。深度学习在图像识别、语音识别等领域取得了显著的成果。

3. 大数据可视化

（1）大数据可视化的目的

• 理解数据：可视化能够将抽象的数据转化为直观的图形，有助于用户理解数据的含义和关系。

• 发现模式与趋势：通过可视化工具，用户更容易发现数据中的模式、趋势和异常值，从而做出更明智的决策。

• 沟通信息：可视化提供了一种清晰、直观的方式来向他人传达复杂的数据信息，促进团队合作和决策制定。

（2）常见的大数据可视化工具

• 折线图和曲线图：用于展示数据随时间变化的趋势，如股票价格走势、销售额变化等。

• 柱状图和条形图：用于比较不同类别数据之间的数量差异，如销售额比较、产品销售排名等。

• 散点图：用于展示两个变量之间的关系，如相关性分析、数据分布情况等。

• 饼图：用于展示数据的相对比例，如市场份额分布、用户构成比例等。

• 热力图：用于展示数据集中的密度和趋势，如地图上的热力图可以显示区域的数据分布。

• 雷达图：用于展示多个变量之间的关系，如产品特征对比、综合评价等。

• 桑基图：用于展示流程和交互关系，如资源流动、任务完成路径等。

• 地图可视化：通过地图展示地理空间数据，如销售地区分布等。

（3）大数据可视化原则

• 简洁性：可视化应尽量简洁，避免过度装饰和冗余信息，突出关键数据。

• 一致性：保持图表和图形的一致性，使用户更容易比较和理解数据。

- 交互性：提供用户交互功能，允许用户自定义视图、过滤数据，提升用户体验。

- 标签清晰：使用清晰的标签和图例，确保用户能够理解图表的含义。

- 合适的图表类型：不同类型的数据适用于不同的图表类型，选择合适的图表类型有助于更好地呈现数据。

- 合适的颜色搭配：使用合适的颜色搭配，避免过度使用饱和度高的颜色，确保可读性。

大数据可视化是数据科学和分析中不可或缺的一部分，通过有效的可视化工具和技术，用户能够更深入地理解大规模数据集，发现数据中的价值。

四、云计算概念与技术

1. 云计算概念

（1）云计算定义

云计算是一种基于互联网的计算模式，通过提供计算资源、存储服务和应用程序，使用户能够按需访问和使用这些资源，而无须了解底层的技术细节。

云计算通常分为 3 个主要服务模型：基础设施即服务（Infrastructure as a Service，IaaS）、平台即服务（Platform as a Service，PaaS）和软件即服务（Software as a Service，SaaS）。

- IaaS：提供虚拟化的计算、存储和网络资源，用户可以通过虚拟机实例获得基础设施的灵活性和可扩展性。

- PaaS：提供开发和部署应用程序的平台，用户可以在云平台上构建、测试和部署应用，而不需要关心底层的基础设施。

- SaaS：提供通过云访问的应用程序，用户无须安装、维护和管理应用程序，只需通过浏览器或 API 访问。

（2）云计算特点

- 按需自助服务：用户可以根据需要自助获取和管理计算资源，无须人工干预。

- 广泛网络访问：云服务通过互联网提供，用户可以通过标准的网络方式访问云服务。

- 资源池化：云计算提供资源的池化，多个用户共享同一组物理资源，实现资源的高效利用。

- 快速弹性：用户可以根据需求快速增加或减少计算资源，实现弹性伸缩。

- 可测量服务：云计算系统能够监测、控制和报告资源使用情况，为用户提供透明的计量和计费服务。

2. 云计算技术

（1）虚拟化技术

虚拟化是云计算的基础技术之一，通过将物理资源抽象成虚拟资源，从而多个虚拟实例可以共享同一物理资源。常见的虚拟化技术包括：

● 虚拟机技术：使用虚拟机监控器在物理主机上创建多个虚拟机实例，每个虚拟机可运行独立的操作系统和应用程序。

● 容器技术：利用容器引擎在操作系统级别实现虚拟化，容器之间共享操作系统内核，更轻量且启动更快。

（2）分布式计算

云计算系统通常是分布式的，通过在多个服务器上分布计算任务来提高性能和可用性。分布式计算技术包括：

● 负载均衡：通过在多个服务器之间均衡负载，确保每个服务器处于相对均衡的工作状态。

● 分布式存储：采用分布式文件系统和数据库，使数据能够在多个节点上分布存储，提高数据的可靠性和可用性。

（3）容器编排与管理

容器编排工具用于简化和自动化容器应用程序的部署、扩展和管理。常见的容器编排工具包括以下两种。

● Kubernetes：用于自动化应用程序的部署、扩展和操作，提供容器集群的编排、自动修复和伸缩等功能。

● Docker Swarm：用于管理和编排 Docker 容器。

云计算技术的不断发展和创新，使得云服务能够更好地满足用户的需求，并为用户提供高效、弹性和安全的计算资源。

五、云计算的管理与安全

1. 云计算管理

（1）云服务管理

云服务的管理涉及对云上资源的监控、配置和优化，确保其高效运行。

● 资源监控：通过监测云上资源的使用情况，了解计算、存储和网络等方面的性能，以及应用程序的运行状态。

● 配置管理：确保云上资源进行高效配置，包括虚拟机、数据库、存储等，以提高性能和安全性。

● 优化：根据资源监控的数据进行优化，调整计算资源的规模，以满足业务需求并降低成本。

（2）用户身份和访问管理

用户身份和访问管理是确保云上资源安全的重要组成部分。

• 身份验证：确保用户是合法的，通常通过用户名和密码、多因素认证等方式进行身份验证。

• 访问控制：确保用户只能访问被授权访问的资源，通过权限策略进行细粒度的访问控制。

• 角色管理：将用户分配到不同的角色，根据角色授予不同的权限，以便更好地组织和管理用户。

2. 云计算安全

（1）数据加密

保护云上数据的安全是至关重要的，数据加密是一个有效的安全手段。

• 数据传输加密：使用安全的传输协议（如 HTTPS）确保数据在互联网传输过程中是加密的，防止被窃听。

• 数据存储加密：将存储在云上的数据进行加密，确保即使数据被访问，也无法被直接阅读。

（2）网络安全

云计算网络安全涉及保护云架构中的网络和通信，以防范各种网络攻击。

• 防火墙设置：在云环境中配置防火墙，限制不必要的网络流量，提高网络安全性。

• 虚拟专用云：使用虚拟专用云将云上资源隔离，确保不同用户的数据在网络上互不干扰。

（3）安全审计与监控

实施安全审计和监控是发现和应对潜在安全威胁的关键步骤。

• 审计日志：记录云服务的活动日志，包括用户访问、资源变更等，以便发现异常行为。

• 实时监控：使用实时监控工具对云上资源进行实时监控，及时发现并应对潜在的安全威胁。

（4）灾备与容灾

为确保业务连续性，云计算需要进行灾备和容灾的规划。

• 备份与恢复：定期对云上数据进行备份，确保数据丢失时可以迅速进行恢复。

• 多区域部署：将应用程序和数据部署在多个地理区域，以防止某一区域发生故障时影响业务。

综合管理与安全策略有助于更好地利用云计算资源，确保业务的可用性和安全性。同时，持续的监控和更新也是保持云计算环境安全的关键。

六、大数据与云计算融合

1. 大数据与云计算融合的特点

大数据和云计算是当今信息技术领域两个备受关注的重要技术。它们的融合可以带来更强大的计算能力、更灵活的存储资源，以及更高效的数据处理和分析工具。

（1）弹性计算资源

云计算提供了弹性的计算资源，可以根据需要快速扩展或缩减计算能力。这种弹性使得大数据处理任务可以根据工作负载的变化灵活调整，确保在处理大规模数据时能够高效运行。

（2）存储和数据管理

云计算平台提供了丰富的存储服务，适用于大数据的海量存储需求。大数据可以存储在云上的分布式文件系统中，实现数据存储的持久性和可靠性。

（3）弹性数据处理

大数据处理通常需要分布式计算框架。云计算平台可以提供这些框架的托管服务，使得用户无须搭建和维护自己的大数据处理集群，轻松进行数据分析和挖掘。

（4）数据整合和流处理

在云计算环境中，大数据可以与其他数据源无缝整合。流式数据处理技术可以在云上实现，使得对实时数据的处理和分析更加高效，适用于实时决策和监控场景。

（5）云上机器学习

大数据中蕴藏着丰富的信息，在云上使用机器学习算法，可以更好地挖掘这些信息。云计算提供了机器学习模型的训练和部署环境，这使得利用大数据进行模型建设和优化更加便捷。

（6）成本效益和灵活性

云计算采用按需付费模式，用户只需支付实际使用的计算和存储资源，无须投入大额资金。这种成本效益的模式为大数据处理提供了更灵活的经济支持，尤其适用于不确定和波动的大数据工作负载。

2. 大数据与云计算融合的优势与挑战

（1）优势

● 弹性伸缩：可根据工作负载的变化灵活调整计算资源，提高大数据处理效率。

● 成本效益：按需付费模式降低了基础设施投资，使大数据处理更具经济性。

- 易用性：云计算平台提供了丰富的托管服务和工具，简化了大数据处理和分析的部署和管理。

（2）挑战

- 数据安全性：大数据涉及海量敏感信息，需要谨慎处理，确保数据在存储和处理过程中的安全性。

- 技术复杂性：大数据和云计算技术都较为复杂，需要专业知识和经验来对其有效地整合和应用。

- 性能问题：在处理大规模数据时，需要考虑计算和存储资源的性能，以保证处理任务的及时完成。

大数据与云计算的融合为企业提供了更强大的数据处理和分析能力，促进了数据驱动的决策和创新。通过合理利用云上的弹性计算和存储资源，企业可以更加灵活、高效地应对日益增长的大数据挑战。

任务实施

一、注册阿里云账号

注册阿里云账号有多种途径，包括手机号注册、阿里云 APP 注册、支付宝和钉钉扫码注册等。以下是通过手机号注册阿里云账号的步骤。

1. 打开阿里云网站

打开阿里云官方网站，在首页单击右上角"登录/注册"按钮。进入注册页面，选择"手机号注册"，如图 20-2 所示。

图 20-2　阿里云官方网站首页

2. 注册账号

输入手机号，单击"获取验证码"，输入收到的 6 位数字验证码，勾选同意服务条款，单击"注册"按钮即可。

3. 实名认证

账号注册成功后，需要进行实名认证，如图 20-3 所示，才可以购买云服务器 ECS、域名、CDN、对象存储 OSS 等产品。实名认证类型可选个人认证和企业认证，认证流程如图 20-4 所示。

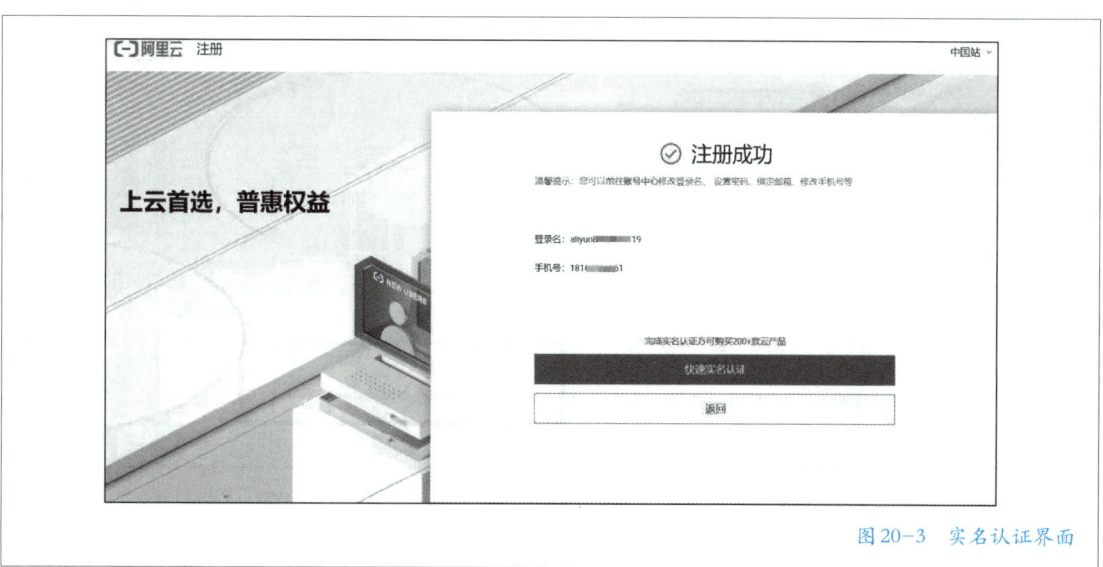

图 20-3 实名认证界面

企业认证 查看认证指导		个人认证 查看认证指导
账号归属	适用企业、个体工商户、政府、事业单位、学校、组织等，账号归属企业	适用于个人用户，账号归属于个人
认证方式	支持企业支付宝授权、法人支付宝授权、法人扫脸、银行打款等多种认证方式	支持个人支付宝授权认证和个人扫脸认证
发票情况	可以 开企业抬头的增值税专用发票、增值税普通发票	只能开个人抬头的增值税普通发票
活动权益	可享 企业类专属权益活动	个人认证用户仅能参与个人类型活动（无法参与企业相关活动）
账号数量	1 个企业主体最多可以认证 10 个阿里云账号（为方便管理，建议按需申请）	1 个身份信息最多可以认证 3 个阿里云账号（为方便管理，建议按需申请）

图 20-4 认证流程

选择个人认证后，选择支付宝授权认证会弹出支付宝扫码页面，用支付宝扫一扫功能扫描二维码后，进入支付宝授权页面，确认授权即可。

4. 试用云服务

确认授权后，即可进入阿里云个人账号管理页面，首先申请云服务免费试用，如图 20-5 所示。阿里云提供了个人可以免费试用的 3 个产品，分别是云服务器 ECS 3 个月和 1 个月试用，以及云服务器 ECS-ARM 架构 3 个月试用，如图 20-6 所示。

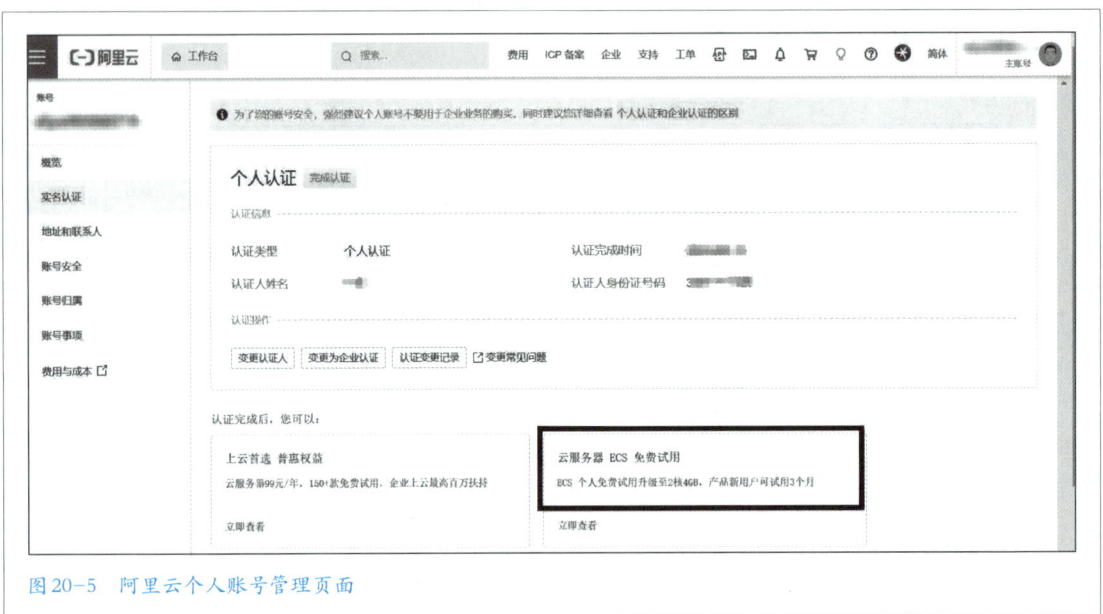

图 20-5　阿里云个人账号管理页面

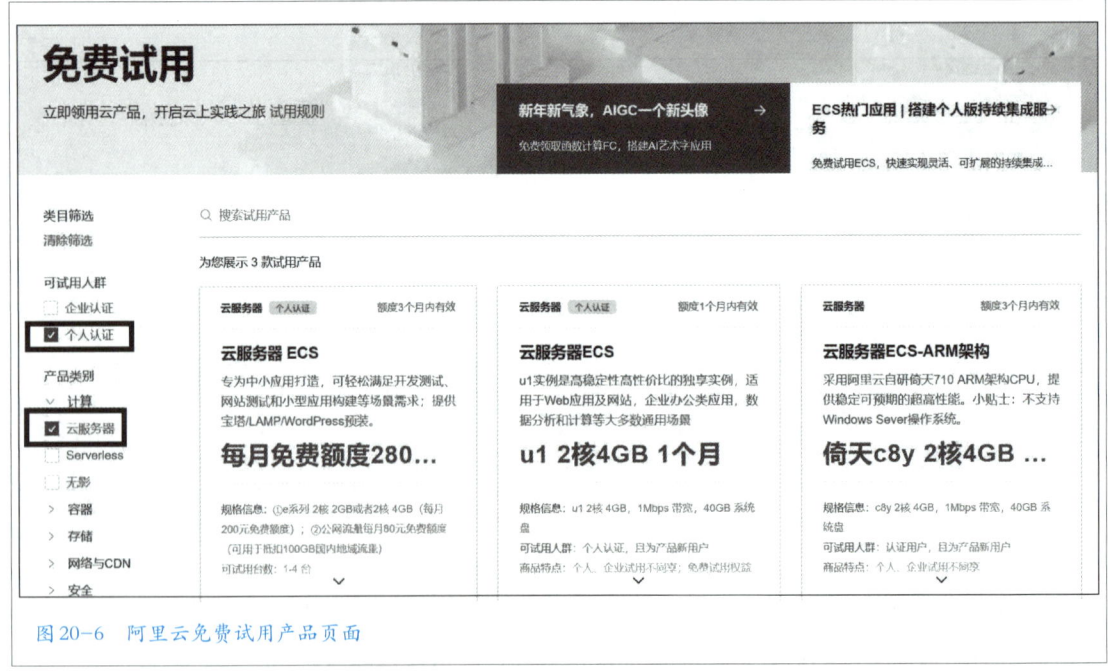

图 20-6　阿里云免费试用产品页面

另外，如果使用邮箱注册，需要设置登录名和密码。登录名需要是 5~25 个字符，不能包含标点符号等特殊字符，并推荐使用中文。密码需要是 6~20 个字符，只能包含字母、数字，以及标点符号（除空格），且字母、数字和标点符号中至少包含 2 种。

值得注意的是，无论使用哪种方式注册，都需要提供真实有效的信息，并确保信息的准确性。同时需要保管好自己的账号和密码，避免泄露给他人造成不必要的损失。

二、企业阿里云费用

1. 定价

在个人账号管理页面的导航条上有"定价"导航，单击"定价"，如图 20-7 所示，可以看到产品定价策略、云上成本管理、价格计算器和价格优势。

图 20-7 阿里云定价页面

2. 产品和价格

单击"产品定价策略"，可以看到不同产品的价格，选择"人工智能与机器学习"中的"机器翻译"这款产品，如图 20-8 所示。

机器翻译产品一般包含后付费和预付费两种模式，预付费即资源包，各产品一般均含有一定的免费额度。用户在使用产品服务时，会优先消耗免费额度。当免费额度消耗完毕，将消耗资源包；若用户未购买资源包，免费额度消耗完毕后，会走后付费模式，生成每小时账单。以机器翻译通用版为例，用户有每个月 100 万字符的免费额度，免费额度使用完毕后即按每百万个字符 50 元计价，资源包价格如图 20-9 所示。

图 20-8　阿里云产品与定价

商品规格	收费说明	价格（单位：元）
一千万字符资源包		480
三千万字符资源包		1350
五千万字符资源包		2130
八千万字符资源包		3200
一亿字符资源包	主账号每月一百万字符免费额度（子账号共享主账号的每月免费额度）	3800
五亿字符资源包		17500
十亿字符资源包		32500
十五亿字符资源包		45000
二十亿字符资源包		55000

图 20-9　通用版资源包价格

3. 产品学习

"机器翻译"这款产品可以提供多种语言翻译。阿里云提供了产品的操作指南和实践教程，如图 20-10 所示。

图20-10 阿里云产品学习

任务拓展

大数据应用非常广泛，几乎涵盖了所有行业。以下列举一些大数据应用案例。

一、菜鸟裹裹

菜鸟裹裹应用大数据的方式主要体现在数据分析和预测、智能路由和调度，以及基于大数据的电子商务物流服务创新等方面。

首先，菜鸟物流通过收集和分析大量的物流数据，包括订单数据、运输数据、仓储数据等，来预测物流需求和趋势。这些预测有助于优化其物流网络和资源配置，可以提高物流效率和客户满意度。

其次，菜鸟物流利用大数据技术来优化物流路由和调度，以降低物流成本并提高物流效率。通过分析运输数据和路况信息，菜鸟物流可以选择最佳的运输路线和运输方式，从而提高运输效率，降低运输成本。

最后，在电子商务物流服务方面，菜鸟网络数据平台根据以往销售情况，利用大数据预测销量，并通知相关天猫店铺备货。待买家下单后，天猫平台将订单信息提交给菜鸟数据平台，由菜鸟数据平台向菜鸟仓库发出分拣与出库指令。此外，在"最后一公里"配送环节，菜鸟裹裹也通过大数据技术进行了优化，如通过菜鸟驿站等自提点由买家自提，或者通过众包的方式完成配送。

总的来说，大数据在菜鸟裹裹的应用贯穿了整个物流过程，从预测、调度到配送，都通过大数据技术进行了优化和提升。

二、核桃编程

首先，核桃编程通过大数据分析学习过程中的行为数据和结果数据，动态匹配学习者挑战关卡的难度和课程内容。这种个性化的学习方式可以确保每个学习者都能在适合自己的难度水平上学习，从而提高学习效果和兴趣。

其次，核桃编程利用大数据来跟踪和分析学习者的学习情况。教师可以实时查看学习者的学习进度和反馈，及时发现问题并进行有针对性的指导。这种实时反馈机制有助于教师更好地了解学习者的需求，并且提供更有针对性的帮助。

最后，核桃编程还利用大数据来优化其课程内容和教学方法。通过对大量学习者的学习数据进行分析，核桃编程可以发现哪些教学内容和方法更有效，哪些需要改进。这种基于数据的优化有助于提高课程质量和教学效果。

总的来说，核桃编程通过利用大数据来实现个性化学习、实时反馈和课程优化等目标，从而提升学习者的学习体验和效果。这也是大数据在教育领域的一个重要应用方向。

三、客如云

首先，客如云通过整合多渠道、多方式的顾客消费数据，实现了数据之间的打通。这种包括预定、排队、外卖、支付等多个环节的数据整合，使得商家能够更全面地了解顾客的消费行为和喜好。

其次，利用阿里云的数据传输服务，客如云实现了业务数据库之间的解耦合，以及业务库与大数据基础架构之间的打通。这使得数据的处理更加高效，同时保证了数据的安全性和稳定性。

最后，客如云利用大数据分析能力，为商家提供营销解决方案。他们可以根据顾客的消费行为和喜好，制定差异化的奖励策略，减少客户流失率。同时，他们还可以提供比第三方平台更优惠的会员价、优惠券等，帮助商家吸引新顾客、留住老顾客。通过系统内留存的完整经营数据，客如云可以帮助商家对接人、财、物各领域的供应商，有效提升门店管理效率。这些数据还可以用于人员招聘、培训、考勤等方面的管理，使商家能够更加高效地进行运营。

总的来说，客如云通过利用大数据技术，为餐饮、零售等服务业商家提供了智能化的解决方案，帮助他们实现数据整合、营销优化、经营管理提升等目标。这使得商家能够更好地了解顾客需求、提高运营效率、降低成本，从而获得更多的营收和竞争优势。

任务 21　了解人工智能

任务描述

　　小孙在社交网站上看到了人工智能（AI）应用的课程，例如，怎么利用 AI 写年终总结，怎么利用 AI 画一个自己的漫画形象，怎么利用 AI 做演示文稿等。小孙很想用 AI 来帮助自己提高工作效率。

思维导图

　　任务 21 思维导图如图 21-1 所示。

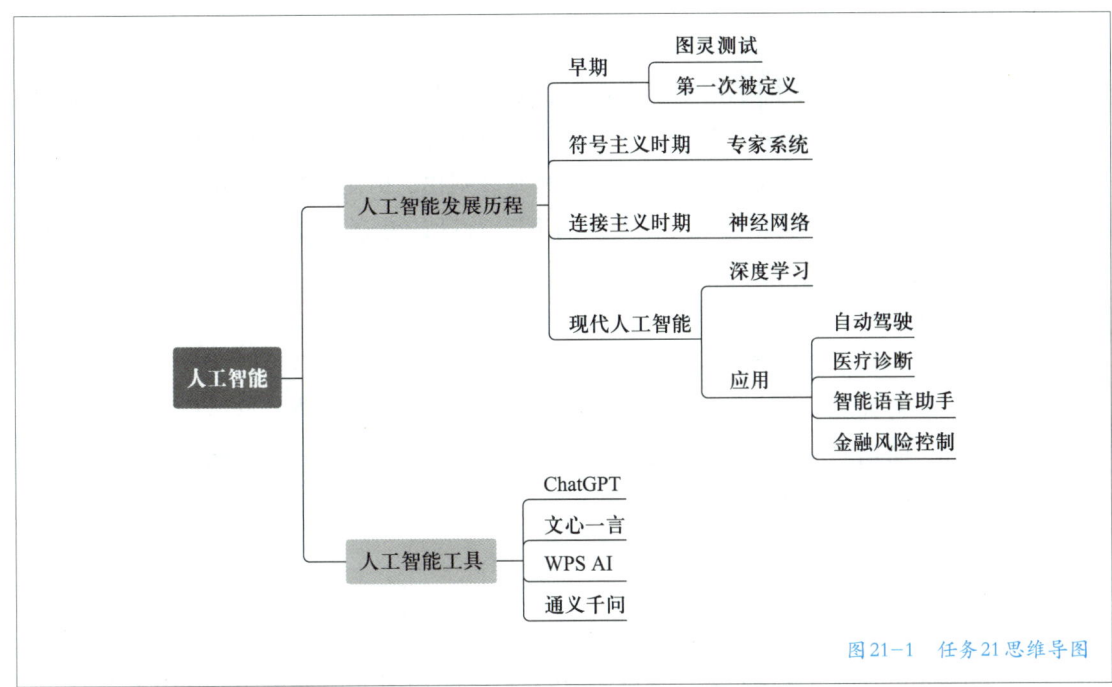

图 21-1　任务 21 思维导图

知识准备

一、人工智能发展历程

1. 早期

（1）图灵测试

人工智能发展的早期可以追溯到图灵测试的提出。图灵测试是由数学家艾伦·图灵在1950年提出的一种测定机器是否具有智能的方法。测试的基本思想是一个人通过与一台机器和一个人进行交互，如果测试者无法区分哪个是机器，哪个是人类，那么该机器可以被认为具有智能。

（2）人工智能的最初定义

在1956年，计算机科学家约翰·麦卡锡在达特茅斯会议上正式提出了"人工智能"这个术语，并把它定义为用于使机器能够完成人类需要的所有智能任务的科学和工程。

2. 符号主义时期

20世纪中期，人工智能研究进入了符号主义时期，主要关注基于规则的推理和知识表示。这一时期的代表性成果之一是专家系统的发展。专家系统利用专业人士的知识和经验，通过将其规则化，构建起可以模拟专业判断的计算机程序。MYCIN系统、早期用于医学诊断的专家系统是符号主义时期的典型代表。

3. 连接主义时期

到了20世纪后期，人工智能研究进入了连接主义时期。这一时期的特点是对大规模并行处理的兴趣和对仿生学原理的应用。神经网络技术成为连接主义时期的代表，其灵感来源于人脑的神经网络结构。这一时期也见证了机器学习的初步发展。

4. 现代人工智能

（1）深度学习的繁荣

进入21世纪，随着计算能力的提升和大数据的涌现，深度学习成为现代人工智能的关键技术。深度学习模型，特别是深度神经网络，在图像识别、自然语言处理和语音识别等领域取得了巨大成功。著名的AlphaGo在围棋比赛中战胜人类冠军，引起了全球对人工智能潜力的广泛关注。

（2）应用领域的广泛拓展

现代人工智能技术在各行各业得到了广泛的应用，包括但不限于：

● 自动驾驶：利用计算机视觉和深度学习技术实现车辆的自主导航和决策。

- 医疗诊断：基于机器学习的医学影像分析，提高疾病诊断的准确性。
- 智能语音助手：利用自然语言处理技术进行语音交互。
- 金融风险控制：利用机器学习模型识别和防范金融欺诈。

人工智能的发展历经早期概念的提出、符号主义时期的专家系统研究、连接主义时期的神经网络兴起，到现代深度学习的繁荣。这一漫长的历史见证了人工智能从理论探讨到实际应用的蜕变，也出现了新的挑战和机遇。在未来，人工智能有望继续推动科技的进步，深刻影响我们的生活和工作。

二、认识人工智能工具

人工智能工具是一类用于实现人工智能任务和应用的软件、库、框架或服务。这些工具旨在简化和加速人工智能开发过程，使开发者能够更轻松地构建、训练和部署人工智能模型，同时提供各种功能来解决特定的问题或执行特定的任务。

人工智能工具可以涵盖多个领域和任务，包括但不限于：

- 机器学习框架：提供了构建和训练机器学习模型所需的基础结构和算法。
- 自然语言处理工具：用于处理和分析自然语言文本，包括分词、词性标注、实体识别等。
- 计算机视觉库：用于处理图像和视频数据，进行图像识别、目标检测等任务。
- 语音处理工具：用于处理音频数据，进行语音识别、语音合成等任务。
- 聊天机器人框架：用于构建对话系统和开发聊天机器人。
- 大数据与云计算服务：提供了处理大规模数据和部署模型的云端基础设施。

这些工具的使用有助于降低人工智能应用的开发门槛，使更多的开发者能够参与人工智能领域的创新。

经过近几年的发展，人工智能逐渐走入人们的生活和工作，并在其中起到了积极的辅助作用。

1. ChatGPT

ChatGPT 是由 OpenAI 公司开发的自然语言处理模型，是 GPT（Generative Pre-trained Transformer）系列模型的一部分。它在大规模文本数据的基础上进行预训练，通过强化学习和迁移学习的方法，使得模型能够生成上、下文感知的自然语言响应。ChatGPT 的目标是实现更加智能、自然且富有交互性的对话系统。

ChatGPT 主要包括预训练技术、对话生成技术，具有灵活性等特点。

ChatGPT 并非具有持久性记忆和实际理解能力的人工智能。它主要通过统计模式和上、下文生成响应，而不是真正理解语义。在特定情境下，可能会生成不准确或不符合实际情况的信息。

2. 文心一言

文心一言是百度公司研发的知识增强大语言模型，基于百度文心大模型技术构建。文心大模型家族具备跨模态、跨语言的深度语义理解与生成能力。

文心一言在跨模态方面有很强的能力，能够根据用户的需求，高效便捷地帮助人们获取信息、知识和灵感。同时，文心一言在对话方面也具有优势，能够与用户进行多轮对话，回答用户的问题，并为其提供有关信息和服务。

文心一言具有以下技术特点：知识增强、检索增强、对话增强、情感理解、逻辑推理、多模态生成。

3. WPS AI

WPS AI 是金山办公推出的一款人工智能应用，旨在为用户提供智能化的办公解决方案。它基于人工智能技术，具备强大的自然语言处理和机器学习能力，能够协助用户进行创作，帮助人们获取信息、知识和灵感。

WPS AI 在自然语言处理、机器学习、多模态交互、云计算支持、数据安全保障等方面均有较出色的表现。

总体来说，WPS AI 作为一款智能化的办公软件助手，具有强大的功能和显著的优势。

4. 通义千问

通义千问是阿里巴巴推出的一款 AI 预训练模型，其主要功能是生成与给定词语相关的高质量文本，以帮助用户提高创造力和创新能力。此外，通义千问还可以用于自然语言处理任务，如语音识别、机器翻译、问答系统等。

在功能方面，通义千问具备多轮对话、文案创作、逻辑推理、多模态理解，以及多语言支持等多种功能。这个模型能够与人类进行多轮交互，并且能够理解多种形式的知识，包括文字、图像等。通义千问还具备文案创作的能力，可以续写小说、编写邮件。

在应用场景方面，通义千问可以广泛应用于智能客服、智能助手、在线教育、内容生成等领域。例如，在智能客服领域，通义千问能够理解用户的问题并给出回答，为用户提供更高效和贴心的服务。在在线教育领域，通义千问可以根据学生的学习需求生成个性化的学习材料，并提供相应的答疑解惑。

5. 腾讯混元

腾讯混元是腾讯公司自主研发的通用大语言模型，这款模型具有强大的中文理解与创作能力、逻辑推理能力，以及可靠的任务执行能力。

该模型已嵌入微信小程序中，用户可以通过小程序直接体验其功能。

腾讯混元的技术特点包括全链路自主研发技术、预训练语料、多模态理解、文本生成和摘要能力、多语言支持、安全性与隐私保护。

任务实施

一、试用文心一言

1. 打开文心一言

用浏览器打开文心一言网站，其首页如图21-2所示。

图21-2　文心一言网站首页

2. 注册文心一言

单击首页右上角的"立即登录"按钮，进入登录页面。如果已经下载了百度 APP，可以直接用百度 APP 扫码登录，不用重新注册。如果没有百度 APP，需单击右下角"立即注册"，开始进行账号注册，如图21-3所示。注册并登录后，进入文心一言使用页面，目前文心大模型3.5是免费的，如图21-4所示。

3. 对话大模型

单击"新建对话"按钮，可以与文心大模型进行人机对话，如图21-5所示。可以向它提问，例如：问"你能告诉我你是谁吗?"，大模型会给出回答。

图 21-3　文心一言注册页面

图 21-4　文心大模型3.5

图 21-5　文心大模型人机对话页面

4. 画饼图

除了进行人机对话以外，文心大模型还可以做简单的数据分析。首先选择插件，如图 21-6 所示，选中插件边上的加号，从插件列表中选择"E 言易图"插件，如图 21-7 所示，该插件支持饼图、折线图、雷达图、散点图、漏斗图、思维导图等图形模式。

在对话框内输入"目前学校有女生 300 名，男生 400 名，请用饼图展示"，在经过几秒钟的处理后，一个可以下载的饼图即被展示出来，如图 21-8 所示。可以在对话框里继续输入数据和要求，它会根据数据量和图形要求自动生成各类数据分析图。

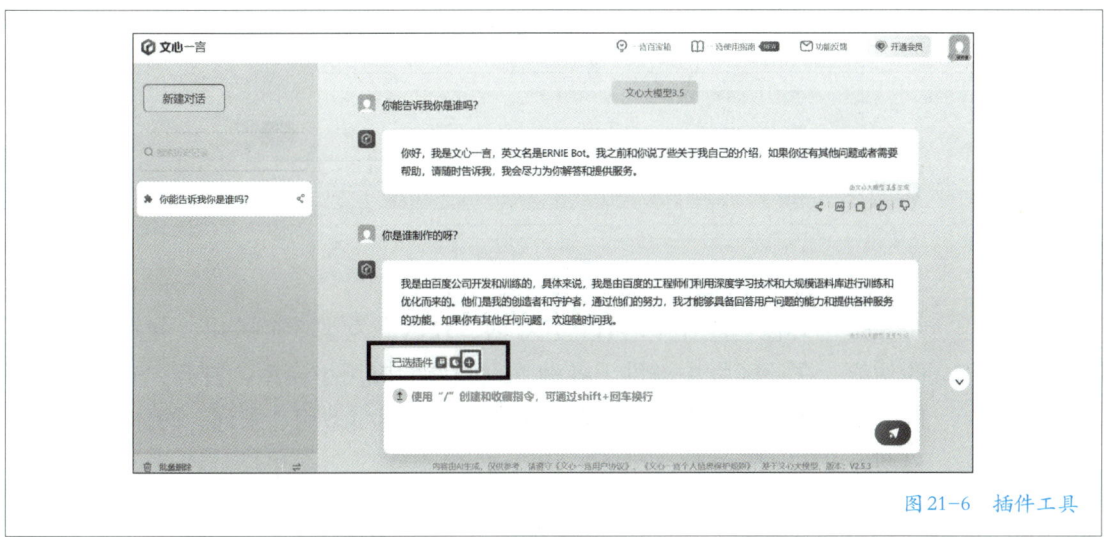

图 21-6　插件工具

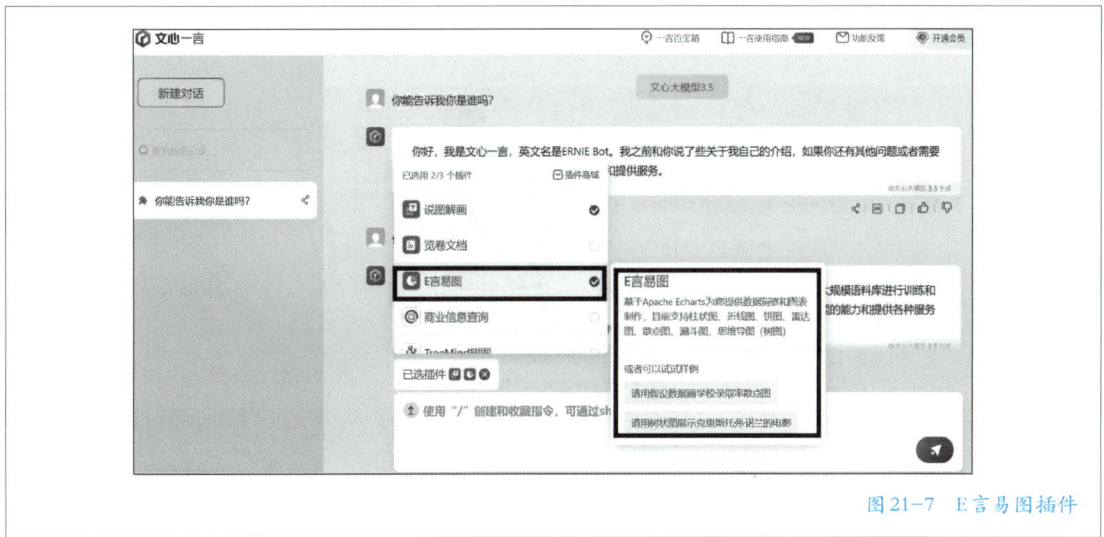

图 21-7　E 言易图插件

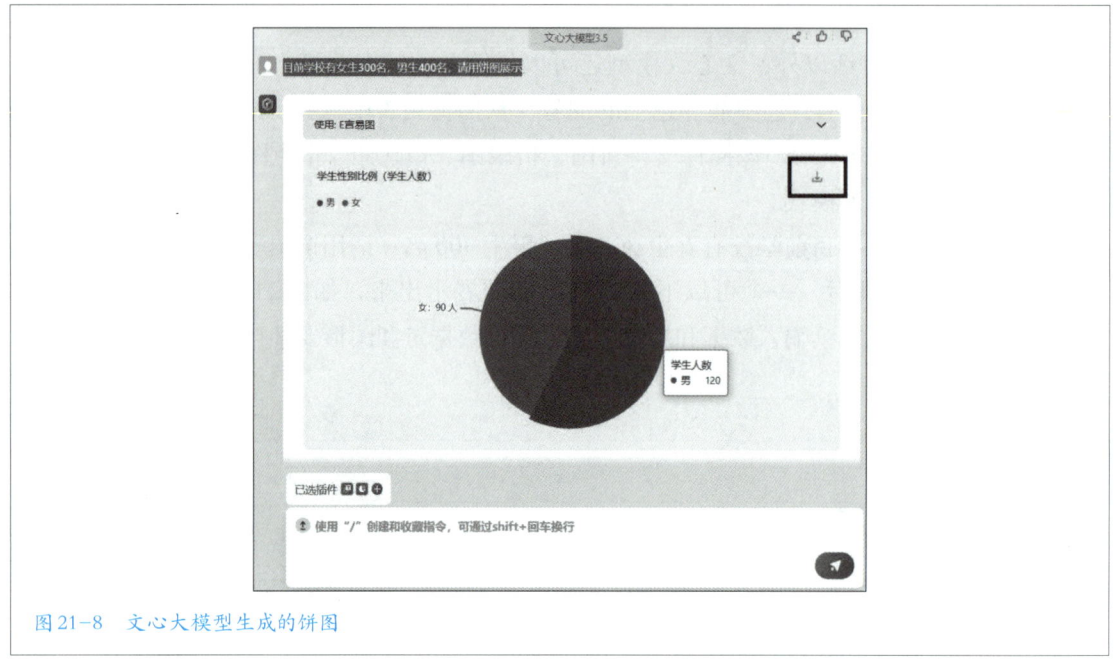

图21-8　文心大模型生成的饼图

5. 看图写诗小助手

打开文心一言 APP，APP 有对话、社区和发现 3 个版块，分别提供不同的功能，在社区版块提供了各种垂直领域的应用小模型，打开"看图写诗小助手"，如图 21-9 所示，输入一张图片，告诉模型用"宋词"的体裁来创作，模型给出了一段文本。

图21-9　看图写诗小助手

二、试用WPS AI

打开一个 WPS 文档，单击菜单栏最右边的"WPS AI"，如图 21-10 所示。

图 21-10　WPS AI

1. 用 WPS AI 写会议纪要

连续按下两次 Ctrl 键，如图 21-11 所示，可激活 WPS AI。选择下拉菜单里的"会议纪要"，如图 21-12 所示，WPS AI 会给出格式提醒，如图 21-13 所示。根据提醒，可以修改会议地点、时间等信息，随后单击"限时体验"，即可生成一个规范的会议纪要范文，如图 21-14 所示。

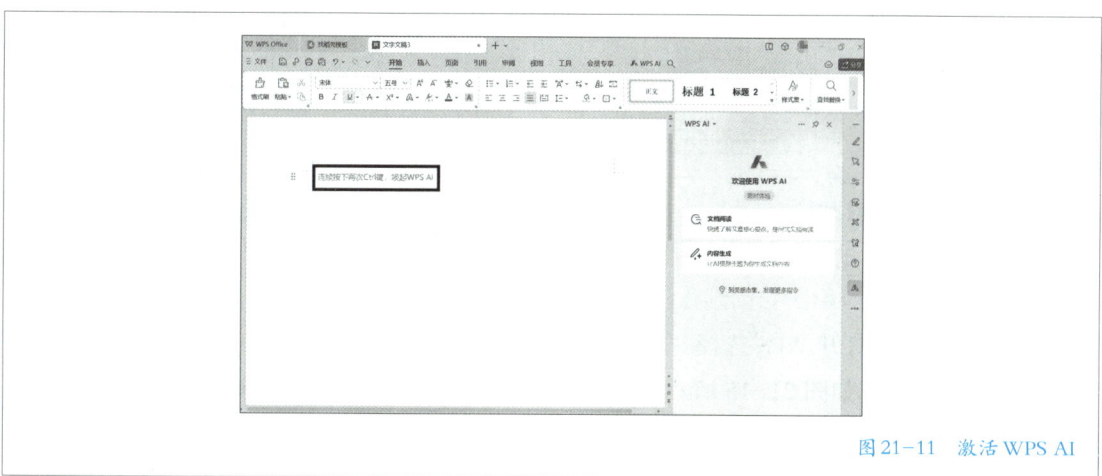

图 21-11　激活 WPS AI

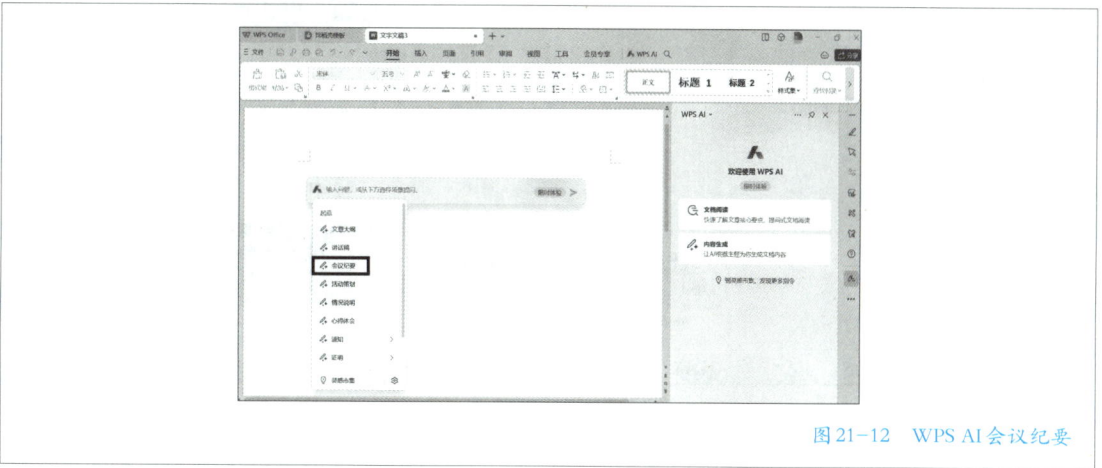

图 21-12　WPS AI 会议纪要

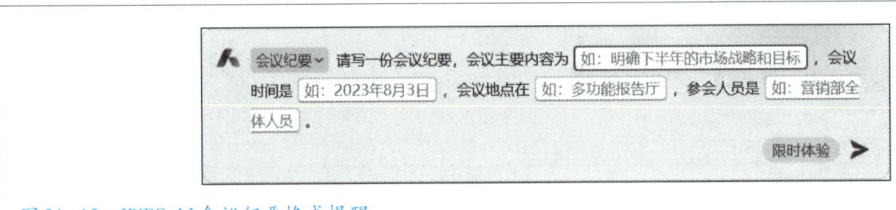

图 21-13　WPS AI 会议纪要格式提醒

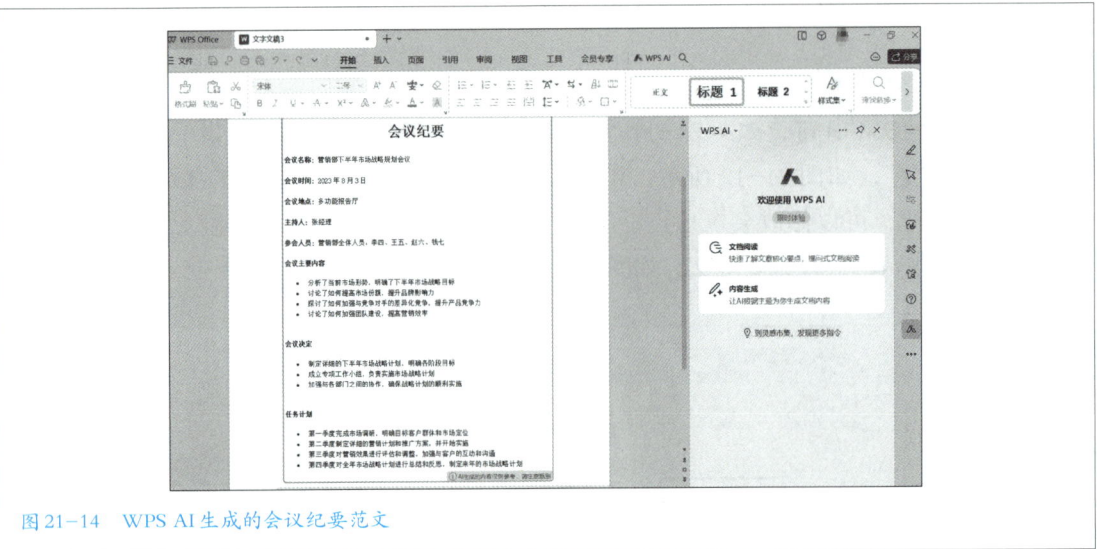

图 21-14　WPS AI 生成的会议纪要范文

2. 用一句话制作演示文稿

打开 WPS 选择"新建演示文稿"，可以直接选择"WPS AI 一键生成幻灯片"，如图 21-15 所示。或者，在打开空白演示文稿后，选择菜单栏最右侧的 WPS AI 助手，如图 21-16 所示。

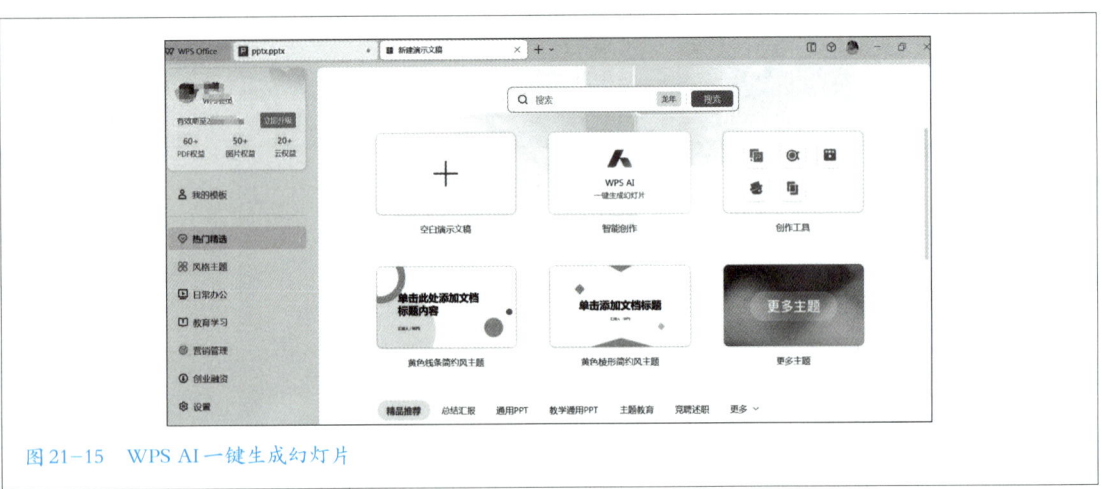

图 21-15　WPS AI 一键生成幻灯片

　　输入需要制作的演示文稿的主题，例如"无线智能鼠标产品介绍"，即可生成演示文稿大纲，如图21-17所示。可以修改大纲内容，确认后，单击"立即创建"，演示文稿就会自动生成，如图21-18所示。如果对风格不满意，可以调整右边的风格栏，进行风格的一键修改。

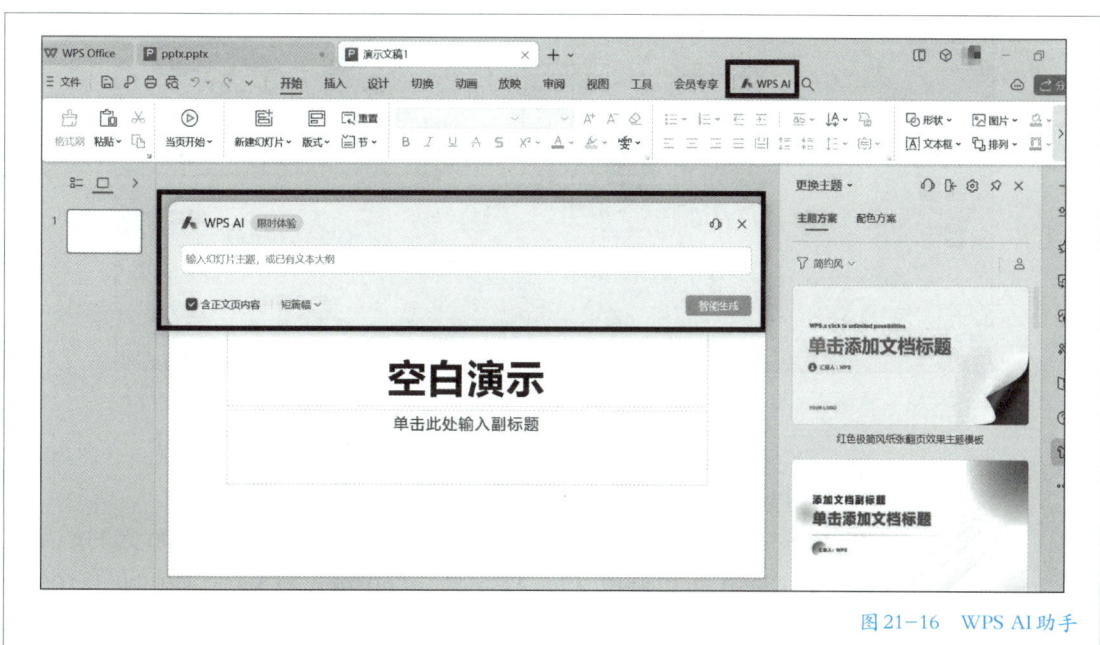

图21-16　WPS AI助手

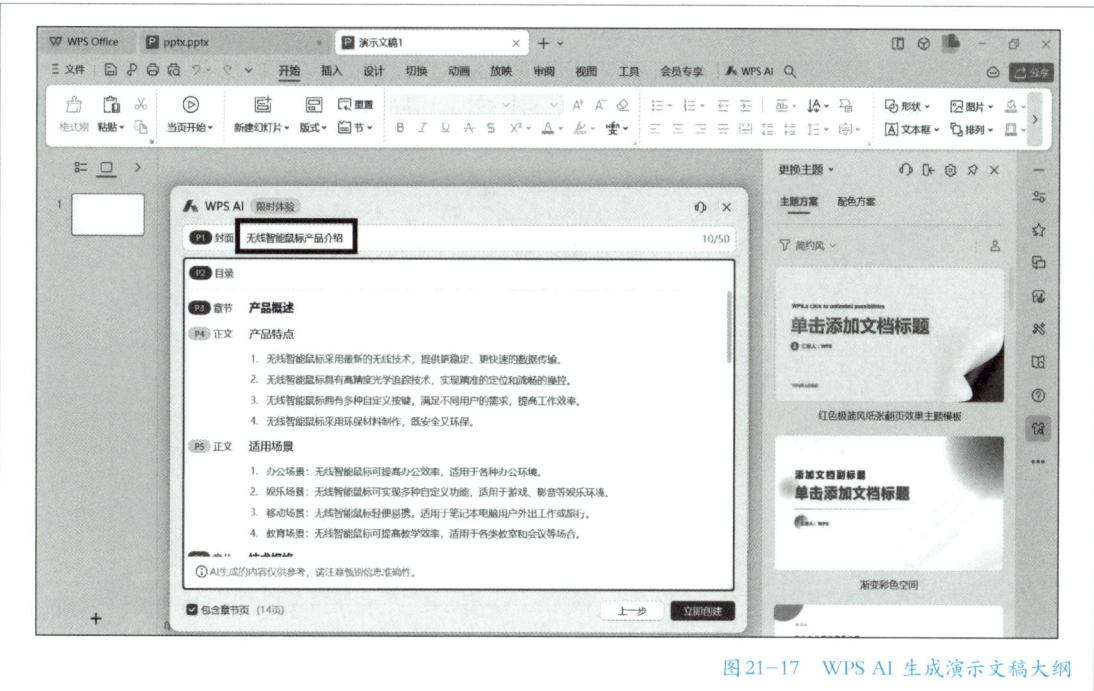

图21-17　WPS AI生成演示文稿大纲

图 21-18　WPS AI 生成演示文稿

3. 一句话处理数据

在 WPS 中打开"鼠标产品销量表",需要计算零售价低于 100 元的产品中销量最高的产品,可以调用 WPS AI 工具,直接输入需求:D 列中小于 100 的在 C 列中的最大值",如图 21-19 所示,WPS AI 工具会给出计算公式,让用户确认,如果公式中的取值范围有误,直接修改后可得到正确答案。

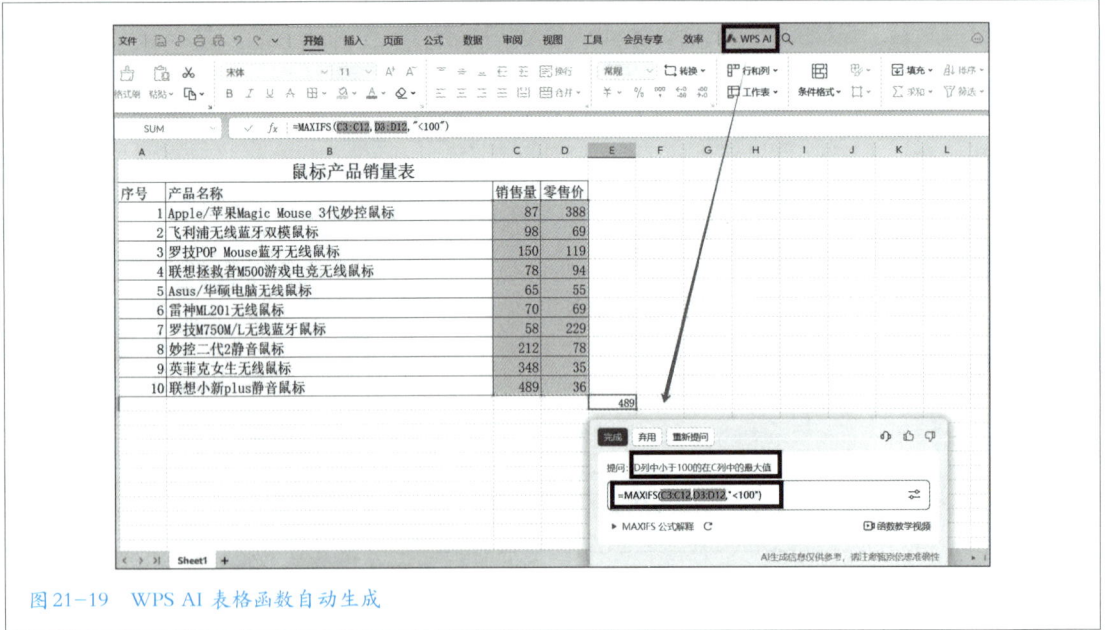

图 21-19　WPS AI 表格函数自动生成

任务拓展

随着计算机技术的飞速发展，我们的生活、工作和学习方式发生了巨大的变化。然而，与此同时，计算机伦理和法律法规问题也日益突出。计算机伦理关注的是使用计算机技术时应当遵循的道德原则，而计算机法律法规则是确保计算机技术健康、安全发展的法律保障。以下将介绍计算机伦理和法规的基本概念、原则和实践。

一、计算机伦理

1. 尊重他人

使用计算机技术时，应当尊重他人的权益，不侵犯他人的隐私、尊严和自由。例如，未经他人允许，不得擅自获取、传播他人的个人信息。

2. 保护知识产权

尊重他人的知识产权，不盗用他人的创意、设计和成果。在使用他人的作品时，应当遵守相关的法律法规。

3. 促进公平

在对计算机技术的使用中，应当遵循公平、公正的原则，不利用技术优势进行不正当竞争或损害他人的利益。

4. 保持诚信

在计算机领域，应当保持诚信，不进行欺诈、造假等行为。同时，对于自己掌握的技术和信息，也应当合理地使用和披露。

5. 保护环境

在对计算机技术的使用中，应当关注环境保护，合理利用资源，减少对环境的负面影响。

二、计算机法律法规

1. 隐私保护法律法规

在对计算机技术的使用中，应当遵守相关的隐私保护法律法规，保护个人隐私不受侵犯。例如，欧盟《通用数据保护条例》是严格的隐私保护法规。

2. 知识产权法律法规

在使用计算机技术时，应当遵守相关的知识产权法律法规，确保知识产权得到充分保护。例如，《中华人民共和国著作权法》是重要的保护知识产权的法律。

3. 网络安全法律法规

在对计算机技术的使用中，应当遵守相关的网络安全法律法规，确保网络安全、稳定、可靠。例如,《中华人民共和国网络安全法》是重要的保护网络安全的法律。

4. 电子商务法律法规

在电子商务领域,应当遵守相关的法律法规,确保电子商务活动合法、规范。例如,《中华人民共和国电子商务法》是重要的电子商务法律。

5. 个人信息保护法律法规

在处理个人信息时,应当遵守相关的法律法规,确保个人信息的安全、保密和完整。例如,《中华人民共和国个人信息保护法》是重要的个人信息保护法律。

三、实践应用

在实际应用中,我们应当遵循计算机伦理和法律法规的要求,确保计算机技术的健康、安全、合法发展。以下是一些实践应用建议。

- 了解并遵守相关法律法规:在使用计算机技术时,应当了解并遵守相关的法律法规,确保自己的行为合法合规。

- 重视隐私保护:在处理个人信息时,应当充分考虑隐私保护问题,采取合理的措施保护个人隐私。

- 尊重知识产权:在使用他人的作品时,应当遵守相关的法律法规,尊重他人的知识产权。

- 保持公平竞争:在对计算机技术的使用中,应当遵循公平、公正的原则,不利用技术优势进行不正当竞争或损害他人的利益。

- 加强自我约束:在使用计算机技术时,应当加强自我约束,遵循诚信原则,不进行欺诈、造假等行为。

郑重声明

高等教育出版社依法对本书享有专有出版权。任何未经许可的复制、销售行为均违反《中华人民共和国著作权法》，其行为人将承担相应的民事责任和行政责任；构成犯罪的，将被依法追究刑事责任。为了维护市场秩序，保护读者的合法权益，避免读者误用盗版书造成不良后果，我社将配合行政执法部门和司法机关对违法犯罪的单位和个人进行严厉打击。社会各界人士如发现上述侵权行为，希望及时举报，我社将奖励举报有功人员。

反盗版举报电话　（010）58581999　58582371
反盗版举报邮箱　dd@hep.com.cn
通信地址　北京市西城区德外大街4号
　　　　　高等教育出版社知识产权与法律事务部
邮政编码　100120

读者意见反馈

为收集对教材的意见建议，进一步完善教材编写并做好服务工作，读者可将对本教材的意见建议通过如下渠道反馈至我社。

咨询电话　400-810-0598
反馈邮箱　gjdzfwb@pub.hep.cn
通信地址　北京市朝阳区惠新东街4号富盛大厦1座
　　　　　高等教育出版社总编辑办公室
邮政编码　100029

防伪查询说明

用户购书后刮开封底防伪涂层，使用手机微信等软件扫描二维码，会跳转至防伪查询网页，获得所购图书详细信息。

防伪客服电话　（010）58582300

网络增值服务使用说明

一、注册/登录

访问http://abook.hep.com.cn/，点击"注册"，在注册页面输入用户名、密码及常用的邮箱进行注册。已注册的用户直接输入用户名和密码登录即可进入"我的课程"页面。

二、课程绑定

点击"我的课程"页面右上方"绑定课程"，正确输入教材封底防伪标签上的20位密码，点击"确定"完成课程绑定。

三、访问课程

在"正在学习"列表中选择已绑定的课程，点击"进入课程"即可浏览或下载与本书配套的课程资源。刚绑定的课程请在"申请学习"列表中选择相应课程并点击"进入课程"。

如有账号问题，请发邮件至：abook@hep.com.cn。